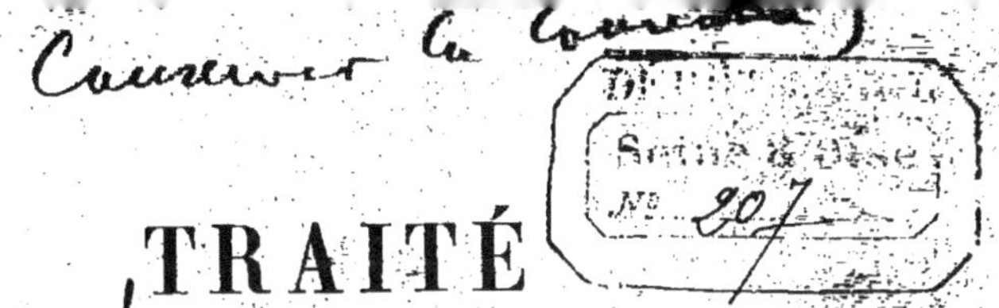

TRAITÉ
DE PHYSIOLOGIE

PAR

J.-P. MORAT,

Professeur à l'Université de Lyon,

ET

Maurice DOYON,

Professeur adjoint à la Faculté de médecine de Lyon.

FONCTIONS ÉLÉMENTAIRES,

PROLÉGOMÈNES. CONTRACTION	**SÉCRÉTION. MILIEU INTÉRIEUR;**
et autres manifestations énergétiques	Sang; Lymphe;
analogues à la Contraction	Liquide céphalo-rachidien
PAR	PAR
J.-P. MORAT	M. DOYON

194 figures noires et en couleurs.

PARIS

MASSON ET Cie, ÉDITEURS

LIBRAIRES DE L'ACADÉMIE DE MÉDECINE

120, BOULEVARD SAINT-GERMAIN

1904

TRAITÉ

DE

PHYSIOLOGIE

AVIS DES ÉDITEURS

Voici le plan complet de l'ouvrage :

I. — **Fonctions élémentaires.** — Prolégomènes. — Nutrition en général. — Physiologie des tissus en particulier (moins le système nerveux). — Sang ; lymphe ; liquide céphalo-rachidien.

II. — **Fonctions d'innervation.** (Système nerveux.)

III. — **Fonctions de nutrition.** — Circulation ; calorification.

IV. — **Fonctions de nutrition** (suite). — Respiration ; digestion ; absorption excrétion.

V. — **Fonctions de relation** (Sens ; langage ; expression ; locomotion) **et fonctions de reproduction** (à l'exception du développement embryologique).

En préparation, le cinquième et dernier volume, **fonctions de relation** (sens ; langage ; expression ; locomotion) **et fonctions de reproduction** (à l'exception du développement embryologique).

7687-03. — Corbeil, Imprimerie Éd. Crété.

TRAITÉ
DE PHYSIOLOGIE

PAR

J.-P. MORAT
Professeur à l'Université de Lyon,

ET

Maurice DOYON
Professeur adjoint à la Faculté de médecine de Lyon.

FONCTIONS ÉLÉMENTAIRES

PROLÉGOMÈNES. CONTRACTION et autres manifestations énergétiques analogues à la Contraction PAR **J.-P. MORAT**	**SÉCRÉTION. MILIEU INTÉRIEUR;** Sang; Lymphe; Liquide céphalo-rachidien PAR **M. DOYON**

194 figures noires et en couleurs.

PARIS

MASSON ET Cie, ÉDITEURS

LIBRAIRES DE L'ACADÉMIE DE MÉDECINE

120, BOULEVARD SAINT-GERMAIN

—

1904

INTRODUCTION

L'homme, depuis qu'il en a eu le loisir et la curiosité, a réfléchi sur ses actes et ses fonctions et a cherché à s'en expliquer le mécanisme intérieur. Telle a été l'origine de la physiologie et de l'art de guérir. Mais ce n'est que lorsque les lois qui gouvernent les phénomènes généraux de l'univers ont commencé de lui être dévoilées qu'il a eu les éléments d'une comparaison et partant d'une explication vraiment scientifique des actes de la vie. Le moyen, sinon le plus court, au moins le plus sûr, qui lui est offert pour se connaître, c'est de regarder d'abord en dehors de lui, puis de rechercher en lui-même et dans les êtres qui lui ressemblent l'application des lois et des principes découverts au cours de cette analyse, portant sur les phénomènes plus facilement isolables de la nature inanimée.

Cette comparaison entre lui et ce qui l'entoure, l'homme l'a, consciemment ou inconsciemment, toujours faite. Suivant les époques, suivant les degrés de sa connaissance, suivant les tendances diverses qui l'ont sollicité, elle a fait prévaloir à ses yeux, tantôt l'unité des lois qui le rattachent au cosmos, tantôt la différence qui le sépare, lui et tous les autres vivants, de cet univers qui lui sert de milieu, mais auquel il se sent opposé. De là sont nées deux conceptions de la vie qui, à travers les formes ou les nuances variées qu'elles ont revêtues, se sont tour à tour ou simultanément partagé les esprits. L'une est une explication purement *mécanique* des phénomènes vitaux, les ramenant au seul mouvement et les subordonnant aux seules lois qui gouvernent le changement de la matière et de l'énergie. L'autre est une explication dite *vitaliste*, en ce qu'elle assigne aux actes vitaux une cause propre ou réserve tout au moins en ces actes un côté qui échappe à l'explication mécaniste ou physique des phénomènes de l'univers.

Le regain de faveur qu'obtient, chacune à son tour, l'une ou l'autre de ces deux théories (cela est vrai surtout de la seconde) est fait, en grande partie, de l'opposition qu'appellent inévita-

blement les exagérations de la théorie adverse. Pendant longtemps on peut prévoir que les deux tendances auront leurs partisans, le débat étant en quelque sorte inépuisable. Son principal
intérêt est dans les recherches qu'il provoque et les données de
l'ordre positif qu'il fait découvrir.

Toutes les fois que les sciences du mouvement ou du changement
matériel sous toutes ses formes ont réalisé quelque grand progrès,
ce progrès a eu son retentissement en biologie. Les découvertes
qui se font dans celles-là se prolongent inévitablement dans celle-
ci. Toujours elles nous fournissent l'explication de certains phénomènes auparavant inexpliqués et avancent d'autant l'état des
questions qui s'y discutent. Mais l'esprit de l'homme va toujours
au delà de l'horizon que ses yeux peuvent embrasser. Il ne se
contente pas de noter le bénéfice acquis, il escompte volontiers les
bénéfices à venir. Rarement une ère nouvelle de progrès dans la
physique et la chimie s'est ouverte devant lui, sans qu'il ait conçu
l'espoir d'y trouver la solution définitive du problème biologique.
Lorsque la désillusion se fait sur ce point, les esprits sont de
nouveau mûrs pour le vitalisme et on voit cette doctrine renaître
sous une forme appropriée aux connaissances du temps. C'est ce
qui arrive en ce moment même.

*
* *

Le siècle qui vient de finir a été marqué, dans le domaine de la
physico-chimie, par des découvertes profondes qui semblent assurer
à l'homme la possession des forces de la nature. La biologie en a
eu sa part. L'être vivant a été soumis à une analyse qui nous a
donné de lui une connaissance plus exacte et conféré sur lui une
puissance incontestable. Mais la conquête la plus précieuse que
nous ayons faite, ç'a été de comprendre que les lois générales de
l'univers se prolongent en lui et sont à la base même de son existence, que le déterminisme physique gouverne ses phénomènes
comme ceux du cosmos. On s'est vu dès lors en possession d'un
principe général, qui forme comme l'assise commune des sciences
et tend par là même à les rapprocher, voire à les fondre en un
tout harmonique.

L'unité rêvée a donc été entrevue, a-t-elle été atteinte? Même
si on se restreint au domaine de la nature inanimée, cela n'est pas
certain; mais, si on entend joindre à celle-ci le règne vivant, cela
est plus que douteux. Sans doute la pénétration de cet être que
nous appelons vivant par les forces cosmiques et son assujettis-

sement aux lois générales est un fait acquis, qui peut compter
parmi les plus belles synthèses que la science ait réalisées ; mais,
ceci reconnu, trop de faits restent en lui qui demeurent irréductibles aux lois de l'énergétique, trop de points de vue s'ouvrent
sur lesquels ces lois ne nous suggèrent pas le moindre aperçu.
Force nous est de faire en lui le départ entre ce que la physico-
chimie reconnaît comme son bien propre et ce qu'elle refuse
d'accueillir dans ses cadres actuels ; force nous est, par là même,
d'instituer des cadres indépendants qui nous permettent de caté-
goriser, systématiser, sinon expliquer, ces faits offerts par l'être
vivant à notre étude et à notre méditation. C'est ce que, d'une
façon ouverte ou déguisée, on a du reste, de tout temps, consenti ;
sur le terrain de la pratique les deux doctrines ont toujours été
amenées à se faire certaines concessions ; leurs points de vue
extrêmes, seuls, ont résisté jusqu'ici à toute tentative de conci-
liation.

L'activité de l'être vivant n'est que la restitution à son milieu
de l'énergie qu'il en a reçue ; c'est en même temps ou en d'autres
termes une réponse à une sollicitation extérieure. On n'a pas manqué
de remarquer que c'est là une expression plus ou moins modifiée
de la loi de l'inertie et de l'égalité de la réaction à l'action. Mais
quelle différence entre les réactions d'un corps inanimé et celles
d'un être vivant ! A la simplicité des premières a succédé la complexité, l'ordonnancement, nous pouvons dire la finalité des
secondes. Il y a plus, dans ce cycle à mille ramifications intérieures
qui, en allant de l'action initiale à la réaction finale, compose
entre elles les réactions présentes avec des sollicitations passées et
s'ordonne dans le temps comme dans l'espace d'après des lois si
particulières, on voit naître un phénomène que rien ne rappelle
dans la nature morte, la *sensation*, la *perception*, l'*idée*. Manifestement, ni la transformation, ni l'équivalence ne suffisent à nous
rendre compte d'un tel phénomène, pas plus que de la vie elle-
même à aucun de ses degrés. Celle-ci, comme l'a compris CLAUDE
BERNARD, n'est pas seulement une transformation, c'est une « création », avec son corollaire obligé de destruction. Aucuns mots ne
peuvent, en tout cas, mieux que ceux-là, marquer la différence si
profonde que la vie apporte avec elle dans les objets qu'elle anime.

*
* *

Avec les réalités matérielles et énergétiques que leur indestructibilité caractérise elle sait, en les prenant pour éléments, en

construire de nouvelles, qui sont périssables, mais qui sont, tant qu'elles durent, empreintes plus que toutes les autres d'unité, de cohésion, de personnalité. Elle marque positivement un « enrichissement du réel » (1), et cet enrichissement est lié à ce phénomène qu'on appelle la *sensibilité*. Car c'est la sensibilité qui donne à l'être vivant sa caractéristique, ou, si l'on aime mieux, c'est son nom qui nous sert à syncrétiser toutes les différences caractérisant cet être au milieu des autres. Guidé par sa sensibilité, sans cesse l'être vivant analyse, c'est-à-dire décompose le monde extérieur, puis se l'assimile, pour en reconstruire un qui n'est autre que lui-même et qui, à des degrés variables suivant la puissance de son organisation, est doué de la conscience de soi et de la connaissance de ce qui l'entoure. Qu'il fasse abstraction de sa sensibilité, c'est-à-dire qu'il extériorise, autant que cela lui est possible, ses sensations, et le monde extérieur, y compris ses propres organes, lui apparaît uniquement comme matière en mouvement ; et c'est là justement l'artifice auquel ont recours toutes les sciences qui ne connaissent que les formes ou les changements matériels comme objets de leur étude. Mais qu'il veuille connaître l'être qu'il est lui-même, il n'échappe alors pas à la nécessité de donner une place, dans son examen, à ces faits intérieurs de la conscience et à la relation qui s'établit entre eux et les réponses motrices qu'il fait aux provocations de ce milieu.

Assurément, si les faits de la conscience ne faisaient qu'illuminer les changements énergétiques et matériels qui se produisent en nous et sont la cause efficiente de nos actes, ce serait nous imposer un travail superflu que d'en tenter l'examen et l'analyse, et c'est ce qu'ont prétendu ceux qui rayent ces faits de la phénoménalité proprement dite, en les réduisant à l'état d'*épiphénomènes*. Mais comment admettre que la sensibilité, l'idée, n'ait pas une influence déterminante sur la direction du mouvement de l'être vivant ! Ne savons-nous pas par nous-même que la seule représentation d'un mouvement tend à réaliser ce mouvement au milieu de tant d'autres possibles et le réalise dans nombre de circonstances ? Que cette représentation et la détermination qui la suit soient libres, c'est ce qu'il n'y a pas lieu d'examiner ici. Tout le débat se concentre sur la question de savoir s'il y a influence, conditionnement réciproque, entre le mouvement et la sensibilité. Le sens intime et le sens commun affirment qu'il en est ainsi. La difficulté

____

(1) Le mot est d'A. Comte.

ne vient pas de l'obscurité de leur témoignage, mais seulement de l'impossibilité où nous sommes de l'accorder avec les lois du mouvement, telles qu'elles nous apparaissent, quand nous étudions celui-ci en dehors de toute sensibilité. En effet, pour changer la direction d'un état de mouvement ou d'un état d'équilibre, il faut une force, si petite qu'on la suppose ; or, l'idée n'est pas une force au sens mécanique du mot et pourtant elle se montre à nous comme une cause. Cette contradiction a paru si grave à certains esprits qu'ils ont préféré récuser le témoignage de la conscience, plutôt que de limiter la généralité d'une loi physique. Elle ne prouve en réalité qu'une chose, l'impossibilité où nous sommes de nous faire de la notion de causalité une idée adéquate et de l'énoncer sous la forme d'un principe général et simple ; l'impossibilité, en d'autres mots, de constituer actuellement l'unité entrevue comme terme assigné à nos différentes sciences.

*
* *

L'ancien vitalisme excluait de l'être vivant les forces cosmiques et constituait à son usage une force indépendante, la force vitale, unique exécutrice des manifestations de cet être. Dans cette doctrine la différence entre l'organique et l'inorganique était poussée jusqu'à l'exclusion de celui-ci par celui-là. L'expérience a réfuté cette erreur et montré comment l'être vivant tire du monde cosmique toute l'énergie qu'il nous manifeste. Le mécanicisme a adopté ce point de vue et s'y est cantonné étroitement ; pour lui, inversement, la ressemblance de l'organique avec l'inorganique est poussée jusqu'à l'identité. Ces thèses ne résolvent pas le problème plus restreint qui nous est posé : en quoi le vivant diffère-t-il du non-vivant ? C'est pour l'aborder à nouveau, qu'entre ces doctrines intransigeantes un vitalisme plus récent prend dans le débat une position particulière. Du mécanicisme il accepte toutes les explications qu'il peut lui fournir ; il n'ignore pas qu'en dehors des énergies dont celui-ci lui donne les lois il n'a aucun moyen direct d'agir sur l'être vivant, pas plus que d'en recevoir les réponses ; mais néanmoins il ne lui semble pas que la considération de ces énergies et de leurs transformations soit le tout du problème que celui-ci nous pose. Ne pouvant embrasser l'être vivant d'un seul point de vue, il le considère sous deux aspects, qui lui restent irréductibles, sans rien préjuger de la fusion possible des deux ou de l'absorption de l'un par l'autre. Ce n'est pas de sa part présomption ou parti pris, c'est simplement prudence et nécessité.

Au surplus ces artifices de doctrine n'ont de valeur ou d'utilité que par les progrès qu'ils nous font accomplir dans la connaissance pratique des choses ; c'est leur fécondité qui fait leur justification. Le mécanicisme, malgré ses exagérations, ou peut-être en raison de ses exagérations mêmes, a eu sur le développement de la biologie une influence des plus heureuses ; s'il n'exprime pas ses lois propres, il est incontestable qu'il lui livre les éléments indispensables à leur connaissance. Le vitalisme, sous toutes ses formes, passe, au contraire, pour une doctrine inféconde, qui marque l'impuissance de notre science à se développer, quand il n'arrête pas de lui-même ce développement. En cela, il y a quelque exagération et quelque oubli des services rendus. Nous n'en voulons pour preuve que les succès les plus récents et les plus retentissants de la biologie dans le domaine même de la vérité pratique.

Les fermentations sont, sans conteste, des phénomènes d'ordre chimique. Il y a quarante ou cinquante ans, on pouvait penser que tous les progrès à réaliser dans leur étude ne pourraient venir que de l'extension de plus en plus généralisée des lois de la chimie et qu'il n'y avait pas à chercher dans une autre voie, sous peine de faire fausse route. PASTEUR vit les choses autrement et ne craignit pas, contre l'opinion régnante, d'introduire dans la question le point de vue vitaliste, en faisant ces phénomènes corrélatifs de l'évolution de ces microorganismes à peine connus avant lui, qu'on a appelés depuis les êtres-ferments. Non seulement la question n'en a pas été obscurcie ou arrêtée, mais elle en a reçu une clarté singulière et un développement théorique et pratique qui a dépassé toute attente. D'où vient la fécondité de cette vue ? Elle vient de ce qu'elle a élargi notre notion de la causalité. Peu importe, au fond, la justesse de nos théories du moment ou leur ruine future, si elles nous mettent en main ce déterminisme qui assure notre puissance sur les choses. Or, de toutes les causes qui agissent à la surface de notre globe, on n'en sait point de plus puissante, peut-être de plus générale et aussi de plus fragile que la vie. Connaître sa relation de mutuelle dépendance avec les phénomènes de l'univers, c'est nous assurer sur eux un pouvoir aussi grand que le sien propre.

En fait, l'intervention de la vie, loin de supprimer le déterminisme, le complique au contraire, en allongeant la chaîne des causes ; mais comme en même temps elle hiérarchise celles-ci et les subordonne à quelque condition facilement accessible, elle nous permet de les gouverner sans être obligés d'en connaître le détail.

Le chimiste agit sur des unités de durée illimitée et indéterminée, les *molécules*, qui n'ont pas d'évolution et dont tout changement intérieur implique en somme la destruction ; le biologue a à sa disposition des unités bien différentes, les *germes*, qui ont une évolution déterminée, c'est-à-dire dont les états successifs sont astreints à un ordre particulier dans le temps, comme ses éléments le sont dans l'espace à chaque instant de sa durée. Agir sur un germe (et toute partie de l'être vivant est assimilable à un germe) c'est agir sur une évolution et les conséquences possibles de cette évolution. La puissance du biologue s'accroît ainsi de toute celle qui est incluse dans le germe, toutes les fois qu'il peut influencer celui-ci dans un sens favorable ou défavorable à son développement, et cela alors même que les lois intérieures de cette évolution lui restent masquées ou inconnues. Entre la molécule et le germe il y a sans doute un fond commun de ressemblance ; mais il y a des différences saisissantes ; ce sont celles-là mêmes qui sont l'objet de la biologie.

Il est très vrai, les êtres-ferments livrent à l'analyse d'autres complexes, plus simples qu'eux-mêmes, plus rapprochés par conséquent des éléments inorganiques et qui nous paraissent les agents essentiels de leur puissance ; de sorte que le point de vue mécaniste semble, sur ce terrain même, reprendre sa revanche. Mais cela ne doit pas nous surprendre ; nous savons d'avance que les deux points de vue ne s'excluent pas, mais tendent au contraire à se concilier, tout en se maintenant dans leurs limites respectives.

*
* *

Ce que l'être vivant livre à notre observation, c'est bien d'une part des phénomènes de la physique commune, comme le travail de ses masses contractiles, la chaleur de ses organes, la tension de ses artères, etc., ou bien des corps de la chimie minérale, comme l'acide carbonique et l'eau de ses excrétions ; mais c'est aussi des complexes, dans lesquels les forces élémentaires ou les principes minéraux sont si intimement associés dans leurs rapports et leur succession, qu'ils y disparaissent en tant qu'éléments et constituent des unités nouvelles ayant leur physionomie propre et leurs lois particulières ; telles sont la contraction des muscles, la sécrétion des glandes, la conduction des nerfs et toutes les fonctions variées des différents protoplasmes. — Sans doute l'analyse s'efforce de pénétrer dans ces groupements organisés, d'en déterminer la structure à tous les degrés, d'en éclairer le mécanisme intérieur : mais il faut bien reconnaître que cette analyse, malgré ses succès de détail, est restée jusqu'ici insuffisante et inadéquate à son objet. En revanche elle fait, par sa difficulté même, ressortir l'unité de ces complexes, lesquels tous, d'une façon spéciale à chacun d'eux, font converger leurs rouages et leurs énergies intérieures vers quelque phénomène terminal simple, d'ordre mécanique, physique ou chimique ordinaire. Et alors, pour ne pas nous perdre dans ce détail, qui pour une grande part nous est voilé, nous donnons par abréviation de langage des noms synthétiques à ces unités d'un ordre nouveau, et c'est ainsi que nous parlons de *contractilité*, d'*irritabilité*, de propriétés vitales de divers ordres.

Ainsi à l'inverse des phénomènes de la nature inorganique qui s'offrent à nous à l'état en quelque sorte isolé, ceux de la nature animée nous sont donnés dans des associations qui forment des touts cohérents, au sein desquels il faut dissocier ces phénomènes plus simples pour les reconnaître. Isolés par l'analyse, ils sont physiques ; synthétisés par l'être vivant, ils forment ces complexes que nous appelons les phénomènes vitaux et auxquels les manifestations de la sensibilité à ses degrés les plus divers donnent une expression si nouvelle, une caractéristique si tranchée, quand notre examen porte sur les êtres les plus hautement organisés. — Les lois que la biologie cherche à édicter sont donc, avant tout, des formules de *constitution* et d'*évolution*. Dans le monde extérieur à nous, nous ne voyons que les relations prochaines existant entre les phénomènes et les objets qui tombent sous nos sens, tant l'ensemble auquel ils appartiennent est hors de notre portée ; dans l'être vivant c'est le rapport de chaque partie avec le tout qui nous frappe d'abord. Entre celui-ci et celle-là il y a une relation de mutuelle dépendance ; chaque organe travaille à la conservation de l'individu, mais dépend de lui à son tour pour ses conditions d'existence ; et cette relation se répète à tous les degrés de l'organisation. Non seulement du milieu à l'être vivant et de l'être vivant à son milieu, mais de chacune de ses parties à son ensemble et de son ensemble à chacune de ses parties, un circulus d'influence réciproque est établi, qui conditionne cet accord si complexe, garantit cet équilibre si instable, réalise cette unité si cohérente dont notre conscience est le reflet intérieur, pendant que la fin extérieure commune de tous ces actes harmonisés entre eux l'exprime dans l'ordre du mouvement.

*
* *

Du point de vue de la biologie, les manifestations isolées d'un organe n'ont point d'intérêt par elles-mêmes ; elles n'en ont que par sa *fonction*, c'est-à-dire par la relation qu'elle implique entre lui et l'organisme. Dans toute fonction nous trouvons des phénomènes de l'ordre physique, tels que des déplacements de substance, des transformations d'énergie, qui sont nécessaires pour l'exciter, l'alimenter, finalement la manifester à nos yeux. Au cours de leur évolution organique, comme en dehors d'elle, ces phénomènes restent soumis au déterminisme physique qui ne les abandonne jamais et sans lequel ils ne seraient pas compréhensibles. Mais cette évolution, en tant qu'elle *utilise* ces phénomènes pour se réaliser elle-même, est quelque chose de particulier, qui caractérise l'être vivant ; elle est, dans toute fonction, le phénomène que nous appelons *vital*, faute d'un autre mot qui puisse le désigner. Ce qui nous frappe en celui-ci, ce qui fait qu'il nous pose un problème à part, c'est l'allure singulière que prend le déterminisme intérieur, en quelque sorte nouveau et superposé au précédent, qui guide son évolution ou, pour le dire une fois de plus, le lien qui rattache en elle le mouvement à la sensibilité à tous ses degrés, l'enchaînement qui en résulte entre les faits dans ce milieu qui est le temps, sous la forme de ce que nous appelons la mémoire.

L'exposition des fonctions est l'objet même de la physiologie. Celle-ci doit faire un détail minutieux de tous les phénomènes qu'une instrumentation physico-chimique appropriée lui permet de reconnaître dans l'être vivant. Cette analyse est indispensable à la connaissance des lois de la vie, comme à l'action que nous prétendons exercer sur elle. Mais, même en la supposant complète (ce qui est loin d'être), elle ne constitue pas le tout de la tâche du physiologue. Celle-ci ne commence en réalité que lorsqu'il s'applique à mettre ces éléments dans leur ordre et à définir les relations qui existent entre eux, et c'est là la partie la plus difficile de son œuvre, celle qui demande le plus de retouches, à mesure que l'étude des faits découvre de nouveaux points de vue. — Les auteurs du présent traité se sont donné pour objet d'exposer l'ensemble de la physiologie, tel qu'on peut le comprendre à notre époque, en tenant compte des acquisitions importantes qu'elle a faites, dans ces vingt ou trente dernières années, en différents points de son domaine. Sans rompre avec ses anciens cadres, ils ont essayé de les adapter au langage et aux principes de la science générale contemporaine. Sans sacrifier à l'exactitude des faits, ils ont cherché à donner à la science physiologique le plus d'unité possible. Ils ont visé beaucoup moins à être complets dans les détails qu'à être clairs dans leur interprétation.

Les difficultés d'une telle œuvre sont comprises de tous ; elles serviront d'excuse aux imperfections qu'elle présente et dont les
auteurs ont conscience plus que qui que ce soit.

Lyon, mars 1904.

J.-P. MORAT.

TABLE DES MATIÈRES

PROLÉGOMÈNES

FONCTIONS ÉLÉMENTAIRES

LIVRE PREMIER

ÉVOLUTION CHIMIQUE DE L'ÊTRE VIVANT

CHAPITRE PREMIER
LES CORPS CONSTITUANTS ; LES ÉNERGIES EMPLOYÉES

NOTIONS PRÉLIMINAIRES

CHAPITRE II

L'ÉVOLUTION ÉNERGÉTIQUE ; LA GLYCOGÉNIE

CHAPITRE III

L'ÉVOLUTION PLASTIQUE; L'ASSIMILATION

LIVRE II

FONCTIONS CELLULAIRES

CHAPITRE PREMIER

LA CONTRACTION

CHAPITRE II

AUTRES MANIFESTATIONS ÉNERGÉTIQUES ÉQUIVALENTES A LA CONTRACTION

CHAPITRE III

LA SÉCRÉTION

CHAPITRE IV

SÉCRÉTIONS INTERNES

CHAPITRE II

LES GLOBULES ROUGES

CHAPITRE III

LA MATIÈRE COLORANTE DU SANG : HÉMOGLOBINE

CHAPITRE IV

LES GLOBULES BLANCS OU LEUCOCYTES

CHAPITRE V

PARTIE LIQUIDE DU SANG

CHAPITRE VI

GAZ DU SANG.—MODIFICATIONS SUBIES PAR LE SANG HORS DES VAISSEAUX. ANÉMIE ET TRANSFUSION.

DEUXIÈME SECTION

LYMPHE. — LIQUIDE CÉPHALO-RACHIDIEN.

PROLÉGOMÈNES

La physiologie est *la science qui traite des phénomènes propres aux êtres vivants*.

Son domaine. — On distingue dans la nature des objets *inanimés* et des objets *animés*. La science qui traite de ces derniers est la *biologie*, par opposition aux sciences *mécaniques* et *physico-chimiques* qui traitent des premiers (1). Mais d'autre part tout objet peut être envisagé à un double état, l'un *statique* ou d'inactivité; de repos; l'autre *dynamique*, ou d'activité, de mouvement, de changement. Considérée de son point de vue le plus général, la physiologie est la science qui étudie l'être vivant à l'état d'activité, c'est-à-dire l'être vivant en tant que vivant, par opposition à l'*anatomie*, qui l'envisage à l'état d'immobilité absolue et définitive, c'est-à-dire à l'état de mort. Elle comprend dans son domaine toutes les manifestations, tous les changements, toutes les évolutions d'ordre si divers, qui caractérisent cet être au milieu des autres. Elle les observe ou les provoque; les analyse et les compare et s'efforce d'en donner l'explication, en recherchant leurs conditions déterminantes, c'est-à-dire leurs lois.

Ce domaine si vaste n'a pas été exploré également dans toute son étendue. Dans certaines de ses parties il est à peine indiqué. C'est ainsi que le développement embryologique, qui est en soi l'expression d'un fait physiologique, n'a point reçu jusqu'ici d'explication comparable à celle que nous donnons des phénomènes évolutifs mieux circonscrits qui caractérisent les fonctions de l'organisme une fois développé. L'embryologie est restée jusqu'ici une étude descriptive.

Divisions. — Une science si vaste comporte forcément des divisions et des subdivisions dont il faut indiquer les principales.

a. *Physiologie générale*. — Sous son apparente diversité, l'orga-

---

(1) Le langage scientifique n'a pas de terme spécial pour désigner le monde inanimé et l'ensemble des sciences qui en traitent.

nisation des êtres vivants cache une unité fondamentale ou originelle, reconnaissable dans les développements qu'elle a suivis en des sens très variés. Cette unité existe au point de vue dynamique comme au point de vue statique : il y a une *physiologie générale*, au même titre qu'il y a une *anatomie générale*. Son exposition, au moins sommaire, doit servir d'introduction à tout traité de physiologie particulière ou spéciale.

b. *Physiologie comparée*. — Les organisations complexes dérivent d'organisations plus simples, qui en sont comme les éléments composants. La variété des combinaisons de ces éléments a donné naissance à un grand nombre de types ou *espèces* définies, adaptées à des conditions elles-mêmes spécifiques de milieu. Il y a de ce fait une *physiologie comparée*, comme il y a une *anatomie comparée*. L'une et l'autre établissent des équivalences, la première entre des organes ou appareils, la seconde entre des phénomènes ou fonctions qui assurent l'existence du type considéré.

Méthodes. — La physiologie a pour fin l'explication des phénomènes de la vie. Comme moyens elle a l'observation directe ou provoquée des manifestations des êtres vivants. Elle use largement de ce dernier moyen, qui consiste à faire naître les phénomènes à l'heure et à la place voulue, pour pouvoir les considérer à loisir, dans leur succession et leur détail, dans leur intensité et leurs conditions déterminantes, dans leurs rapports entre eux et avec ceux du monde cosmique. La physiologie est essentiellement une *science expérimentale*.

Adaptation des méthodes physico-chimiques à la biologie. — Dans leur détail, les méthodes applicables à l'étude des phénomènes de la vie ne sont autres que celles usitées dans les sciences physico-chimiques. Ce sont en général les mêmes procédés, les mêmes instruments de constatation et de mesure, ayant subi seulement certaines adaptations à la grandeur ou à la délicatesse des phénomènes qu'il s'agit d'étudier.

Étude directe du mouvement. — D'un être vivant, qui nous est donné et dont nous nous proposons l'étude, nous ne pouvons saisir directement que les manifestations *physiques* de cet être, c'est-à-dire ses réactions contre le milieu qui l'entoure, réactions que nous ramenons à des phénomènes de *mouvement* ou massifs ou moléculaires. Les procédés de constatation et d'analyse à employer à son égard ne peuvent donc être que physiques. L'être vivant, il est vrai, n'est pas doué seulement de mouvement, mais, en plus, de sensibilité : phénomène d'ordre *extra-physique*, qu'en tout cas nous devons considérer comme tel, dans notre impossibilité de le soumettre aux lois ordinaires du mouvement. Ce phénomène n'est pas saisissable en lui-même tel qu'il s'offre à nous au fond de notre être, c'est-à-dire qu'il n'est directement saisissable qu'en nous-mêmes et point hors de nous. Nous ne renonçons pas pour cela à l'étudier, soit chez les autres hommes, soit chez les animaux.

Étude indirecte de la sensibilité. — L'étude expérimentale de la sensibilité est rendue possible par ce fait que ce phénomène a sa traduction extérieure sous forme de mouvements, qui nous décèlent plus ou moins fidèlement et sa grandeur et même sa qualité particulière. Nous pouvons étudier les diverses sensations même chez les animaux, en raison de ce que chacune d'elles est lié plus ou moins étroitement à certaine manifestation réactionnelle qui l'accompagne. L'homme, qui peut rendre compte de ce qu'il éprouve, sera toujours le sujet de choix pour les observations de ce genre. Souvent l'observateur peut se livrer sur lui-même à une véritable auto-expérimentation. Non seulement il peut constater ainsi sur lui-même les différentes sensations et nuances de sensations qui résultent de l'application sur nos organes des sens de la série variée et graduée de leurs excitants spécifiques, mais, par une observation purement intérieure, il peut étudier, dans certains cas ou à la faveur de certaines conditions exceptionnelles, le mécanisme intime de l'évolution des principaux phénomènes psychiques. Dans cette étude délicate on a pu établir l'existence de certaines lois proprement *psychologiques*, c'est-à-dire édictées en dehors de la considération de tout mouvement physique apparent.

A. — LES ÊTRES VIVANTS; LEURS CARACTÈRES PRINCIPAUX.

Lorsque nous jetons un regard sur ce qui nous entoure, nous distinguons des êtres que nous appelons *vivants* et qu'à première vue, sans confusion possible, nous distinguons d'autres êtres que nous appelons *non-vivants*. Si toutefois nous examinons attentivement, non pas seulement quelques types d'objets d'entre les plus reconnaissables, mais tous les objets qui peuvent se présenter à notre observation, nous en trouverons forcément certains pour lesquels nous resterons indécis de savoir s'ils sont vivants ou non. Cette indécision est du reste relative à l'état de nos connaissances. Tel être, qui passait autrefois pour inanimé, est considéré aujourd'hui comme manifestement vivant. On se doute que le même fait pourra se reproduire par suite du progrès des moyens d'observation. *La marche de la science biologique* (c'est un fait à noter) *s'accuse par une extension graduelle du champ de la vie dans l'ensemble des êtres.*

Si, d'autre part, prenant les types les mieux reconnaissables des êtres de l'une et de l'autre catégorie, nous cherchons à leur attribuer des caractères objectifs qui soient à la fois communs et exclusifs aux êtres de chacune d'elles, nous y éprouvons également quelque difficulté. Certains caractères, qui de prime abord paraissent spécifiques aux êtres vivants, s'étendent en réalité, si l'on y regarde de près, à tous les objets, à tous les êtres de la nature; ou en tout cas la distinction qu'ils établissent entre ce que nous appelons les êtres animés et les êtres inanimés n'a rien d'absolu ; excellente dans la pratique ordinaire, elle ne saurait être considérée comme l'expression d'une idée théorique parfaitement arrêtée.

I. Caractères généraux. — Les caractères généraux des êtres vivants sont ramenés par Cl. Bernard aux cinq suivants : l'*organisation*, la *génération*, la *nutrition*, l'*évolution*, la *caducité* entraînant avec elle la maladie et la mort.

a. **Organisation**. — L'organisation, c'est le lien harmonique des éléments spécialisés, *la dépendance réciproque du tout à l'égard de la partie et de la partie à l'égard du tout*. Nous pouvons la rencontrer à un état plus ou moins rudimentaire ou perfectionné en dehors de l'être vivant. Partout où on la rencontre elle implique une *idée*, une tendance extérieure ou intérieure à elle-même : elle n'implique pas la vie nécessairement comme effet, elle l'implique seulement comme cause. Dans l'être vivant elle présente en tout cas une perfection telle, que les mots organes et organisation n'ont qu'en lui leur sens propre et prennent en dehors de lui un sens généralement figuré.

b. **Nutrition**. — La nutrition est avec la génération, qui n'en est que l'expression agrandie, le caractère sans doute le plus saillant de l'être doué de vie. La nutrition implique l'idée d'un mouvement perpétuel de construction, d'édification, suivant un plan défini, avec des matériaux venus du dehors, limité et compensé par un mouvement inverse de destruction parallèle, qui conserve à l'être une permanence qui n'est pas celle de ses éléments. Dans les corps inertes l'immobilité apparente de la surface cache aussi, nous le savons, un mouvement incessant d'agitation sur place de leurs molécules composantes, mais ce mouvement n'implique pas échange, renouvellement des éléments. Le corps inanimé ne demande à son milieu que certaines conditions physiques de température et de pression ; l'*être vivant*, lui, a *sa condition d'existence dans la mutation incessante de ses constituants* ; c'est le tourbillon dont parle Cuvier, dans lequel la forme est plus essentielle que la substance. L'être vivant est un moule dans lequel la matière et l'énergie affluent, prennent une forme, une constitution, des liaisons, qu'elles quittent incessamment, pour que leur flux ne s'interrompe pas.

c. **Génération**. — L'équilibre entre les entrées et les sorties garantit à l'être ses proportions normales. La prédominance des premières sur les secondes est la condition de son accroissement, de son extension dans des limites qu'il ne peut du reste pas dépasser. Arrivé à ce point, il a une faculté qui ne le distingue pas moins que les précédentes des êtres inanimés ; il se partage plus ou moins également et sépare de lui un être vivant nouveau, un moule ou germe semblable à lui, qui sera comme lui susceptible d'accroissement et de reproduction.

d. **Caducité.** — Son accroissement n'est pas indéfini, sa durée ne l'est pas non plus. Le flux matériel et énergétique qui le conditionne va se ralentissant après un certain temps, le désordre se met dans ses organes. Leur consensus harmonique est troublé; les liaisons qui les solidarisaient en un tout unitaire sont rompues; l'être vivant fait place à un agrégat de substances de l'ordre purement physique et chimique; en langage ordinaire, il est mort.

e. **Évolution.** — Cette progression, à partir d'un germe, vers un terme fatal de destruction, en passant par une série d'états, à travers les âges de la vie, répond à ce qu'on appelle une évolution. La succession des êtres, qui naissent les uns des autres et constituent à la longue des races à la fois parentes et distinctes, en est une autre dont les termes extrêmes nous sont inconnus ou à peine soupçonnés. Les évolutions individuelles entrent de la sorte comme éléments composants dans une évolution plus générale, qui comprend la succession des individus dans le temps. Les individus sont à leur tour formés d'éléments (notamment cellulaires) dont certains au moins se succèdent pendant sa durée, en se remplaçant pour assurer sa continuité. L'idée d'évolution ne s'applique pas seulement aux éléments morphologiques, mais aussi aux éléments chimiques qui traversent l'organisme, et par là elle se rattache à l'idée de nutrition; il y a une *évolution chimique* ou nutritive, qui est à la base de toutes les autres, dont elle reste la condition primordiale; c'est même celle que, en raison de sa brièveté, nous saisissons le mieux dans son ensemble et dans sa signification profonde. En général elle est *cyclique*. Elle prend la matière et l'énergie à un état donné plutôt simple, l'organise progressivement, la désorganise, la ramène à son point de départ et la rend au milieu d'où elle l'avait reçue.

1. **Irréversibilité.** — *Tous ces cycles*, depuis le plus étendu jusqu'au plus restreint, ont une caractéristique commune; ils *sont irréversibles*. La matière et l'énergie y subissent une rotation continue qui n'est pas susceptible de changer de sens.

Ce caractère de l'irréversibilité des cycles vitaux est un fait sur lequel pour ma part j'ai longuement et à plusieurs reprises insisté. On le retrouve dans tous les cycles proprement dits de l'être vivant, depuis les plus simples jusqu'aux plus compliqués, depuis les actes fermentaires jusqu'aux actes nerveux. Tous ont cette physionomie commune de se dessiner dans un sens déterminé, tel que le chemin de retour n'est pas le même que le chemin d'aller. Ces cycles à la vérité peuvent être composés d'actes dont certains pris individuellement sont réversibles, mais dans leur ensemble, lorsqu'il s'agit d'actes vitaux proprement dits, ils ne le sont pas. J'ai classé à cet égard les phénomènes de l'être vivant en deux catégories bien distinctes, l'une de phénomènes réversibles et l'autre de phénomènes irréversibles qui donnent aux actes de la vie leur véritable signification. La raison de cette irréversibilité est en partie dans la nécessité pour l'être vivant de se constituer un potentiel énergétique, qu'il dépense à son gré ou mieux suivant les indications de sa sensibilité.

Circulation. — Une fois engagées dans ce cycle fermé, la matière et l'énergie peuvent y circuler un certain nombre de fois, mais non indéfiniment. Des évolutions de cet ordre représentent au point de vue dynamique ce qu'on peut appeler les éléments fonctionnels de l'être vivant. En ce qu'ils se suffisent ou tendent à se suffire à eux-mêmes, ils marquent leur propre individualité, leur indépendance ; mais ils sont de plus rattachés à des cycles semblables ou analogues auxquels ils fournissent ou dont ils reçoivent matière et énergie et entrent ainsi dans des cycles plus étendus, qui correspondent à de nouvelles unités ou individualités.

Polarité fonctionnelle. — La plupart des éléments (on peut même dire tous en un certain sens) présentent une *polarité fonctionnelle*. Ils reçoivent la matière et l'énergie à un certain état et la constituent à un autre état différent du premier, ou bien encore ils la reçoivent et la restituent aux mêmes états, mais la réception et l'élimination ne se font que dans une direction particulière pour chacune d'elles, ce qui imprime à la transmission un sens défini. L'absorption intestinale, les sécrétions glandulaires, la transformation du potentiel chimique en chaleur et travail mécanique sont des exemples bien connus de cette polarisation fonctionnelle. Le cas des éléments nerveux (neurones) associés en système est également très significatif. Il ne s'agit plus là, il est vrai, de matière ni même, au sens propre du mot, d'énergie transmise, mais d'un complexe énergétique, propre à l'être vivant, très développé dans le système nerveux et auquel, pour désigner sa fonction principale, on donne habituellement le nom d'excitation. Ce complexe se propage dans le système nerveux suivant un sens déterminé sans inversion possible ; c'est ce qu'on appelle la polarité dynamique des neurones.

La polarité des éléments est en connexion étroite avec l'irréversibilité de leurs manifestations fonctionnelles, dont elle nous présente seulement une expression modifiée. *Elle est de plus en connexion avec la forme cyclique de ces mêmes manifestations fonctionnelles.* Elle nous explique comment l'irréversibilité se concilie avec l'alternance, le rythme, la forme en apparence oscillatoire de certains mouvements, soit simples, soit plus ou moins compliqués. La périodicité de certaines fonctions, la réciprocité de certains phénomènes, même parmi les plus complexes, les fait souvent comparer à des phénomènes réversibles ; mais ce n'est là qu'une apparence. C'est le cas des actes dits *imitatifs* dans le genre d'un son qui frappe notre oreille et que nous reproduisons par notre propre voix. Le phénomène est à la fois cyclique et irréversible. L'effet (son final) est identique à la cause (son initial) ; mais le premier est relié au second par un cycle d'excitation dans lequel le chemin d'aller (de l'oreille au cerveau, trajet sensitif) est manifestement différent du chemin de retour (du cerveau au larynx, trajet moteur). — Quand deux personnes conversent ensemble, on compare invariablement leur système nerveux à deux téléphones, qui tour à tour deviennent récepteurs et transmetteurs et dont l'association constituerait effectivement un appareil réversible. C'est la preuve qu'on ne saisit pas ce qu'il y a d'essentiel dans la constitution du système nerveux.

2. **Conservation**. — Un édifice qui a cette complexité et cette délicatesse paraît forcément d'une fragilité et d'une vulnérabilité extrême. La merveille est non seulement qu'il ait pu être construit, mais qu'il subsiste au milieu des attaques

incessantes qui l'assaillent du dehors. Comparé de ce point de vue à la nature inanimée, l'être vivant a des ressources qui font ressortir une fois de plus ce qu'il y a de particulier en lui. L'équilibre, qui maintient cet édifice debout, est un *équilibre mobile*. Il fait intervenir à chaque instant le double pouvoir de construction et de destruction parallèles, qui alimente les cycles évolutifs de toute grandeur et de toute durée qui assurent son existence ; c'est sa mobilité même qui lui garantit son élasticité et sa permanence. Lorsque des causes extérieures de destruction interviennent, elles hâtent la mort partielle ou locale des éléments vivants et menacent de la sorte son existence même ; mais, à la condition que leur action reste limitée, ces causes elles-mêmes trouvent leur correctif dans le pouvoir d'accroissement des éléments subsistants ; de la sorte, au bout d'un temps les pertes se trouvent réparées et l'équilibre rétabli.

Rédintégration. — Ce pouvoir de rédintégration est dans les êtres vivants quelque chose de général et on peut dire de constant. Il est à la fois moléculaire, cellullaire et, dans certains cas, organique. En tant qu'il est moléculaire, il s'exerce d'une façon incessante ; nous ne vivons que par le remplacement continu de la substance éliminée de notre corps. En tant qu'il est cellulaire, il s'exerce également toute la vie pour certains tissus de revêtement comme l'épiderme et l'épithélium intestinal et pendant la durée seulement du développement pour des tissus plus fixes, comme le tissu nerveux, les os. C'est néanmoins lorsqu'il aboutit à la réparation de pertes de substance un peu considérables, à la restauration d'organes ou de segments enlevés, à la conservation de la forme extérieure et spécifique du corps qu'il nous frappe davantage, par le contraste qu'il établit entre l'organique et l'inorganique. Si saisissant qu'il soit, ce contraste n'est pas absolu. Les corps de la chimie ont aussi leur forme propre et que l'on peut dire naturelle ; leurs cristaux, qui traduisent aux yeux l'arrangement intérieur des molécules, ont des figures spécifiques. On sait comment un cristal plongé dans son eau-mère s'y accroît et offre l'apparence simplifiée d'un germe qui se nourrit de son milieu et se construit avec ses matériaux ; on sait également par les expériences de Pasteur comment le cristal ébréché sur ses angles répare ses pertes, rétablit sa forme d'ensemble, en nous rappelant de plus près encore ce qui de prime abord paraît spécial aux êtres vivants.

Autre distinction. — En somme, pour évidents qu'ils soient, les caractères généraux des êtres vivants, tels que nous venons de les passer en revue, n'ont rien d'absolu et le progrès de nos connaissances ultérieures, en nous faisant pénétrer plus avant dans l'intimité des phénomènes naturels, pourra les atténuer encore. Il faut à cet égard remarquer que la différence entre le *vivant* et le *non-vivant* que nous recherchons dans des caractères objectifs extérieurs à nous-mêmes n'est pas primitive, mais procède en réalité d'une autre, que nous faisons en nous-mêmes entre la *sensibilité* et le *mouvement* (1). Sensibilité et mouvement

---

(1) Cette opposition entre la sensibilité et le mouvement traduit, sous des termes nouveaux plus rapprochés de la réalité directement constatable, l'ancienne distinction entre l'*esprit* et la *matière*. D'autre part en ramenant toute la phénoménalité physique au mouvement, c'est-à-dire à des variétés de mouvement, on fait une hypothèse acceptée par les uns, discutée par les autres. Il doit nous suffire qu'elle soit scientifiquement acceptable. Son avantage principal pour nous est celui de sa simplicité dans l'exposition d'une science, dont l'objet présente, indépendamment de toutes ces discussions préliminaires, une extrême complexité.

restent pour nous les deux phénomènes irréductibles : non pas que nous ne constations entre eux une étroite solidarité ou dépendance réciproque ; mais ils résistent à une assimilation véritable ; la nature du lien qui les unit nous est inconnue ; la gradation qui conduit de l'un à l'autre est voilée : ils sont pour nous les pôles opposés de la phénoménalité.

Autre critère. — Il résulte de là que le critère sur lequel nous fondons la distinction entre le vivant et le non-vivant est en nous et non pas hors de nous. *C'est l'association de ce double caractère d'êtres à la fois sensibles et moteurs, qui est impliquée dans l'idée que nous nous faisons de la vie.* Ce double caractère une fois reconnu en nous-mêmes, nous nous efforçons de le découvrir dans les êtres qui nous entourent.

Raisonnement analogique. — Par les relations qui existent en nous, entre le mouvement et la sensibilité, nous reconnaissons leur sensibilité sous leur mouvement. Plus leurs réactions ou manifestations motrices sont (dans les mêmes circonstances) semblables aux nôtres, plus nous nous sentons en droit d'affirmer en eux une sensibilité, une vie semblable à la nôtre.

De l'homme à l'homme, nous concluons par ressemblance ; de l'homme aux animaux, nous concluons par analogie.

3. Continuité des caractères ; extension de la vie. — Les ressemblances et analogies qui existent entre les êtres vivants eux-mêmes, nous aident à les rattacher les uns aux autres dans une chaîne continue, par une gradation décroissante, chaque anneau se soudant au précédent par certains caractères, et au suivant par certains autres de plus en plus atténués, à mesure que la série se prolonge. La limite à laquelle cette chaîne s'arrête, est indécise et changeante. Nous la voyons se déplacer d'une façon à peu près constante, en englobant de plus en plus l'inorganique dans l'organique. Pendant longtemps, on a admis entre celui-ci et celui-là une séparation tranchée et une opposition irréductible. Les idées sur ce point sont en train de se modifier. En voyant ce déplacement continu d'une limite qui devient de plus en plus insaisissable, on se demande si elle est autre que celle qui est imposée à notre observation et à notre connaissance, si elle existe réellement dans le fond des choses.

A chaque instant les progrès faits dans l'instrumentation et les méthodes scientifiques, nous montrent le mouvement, l'organisation, la sensibilité, là où on ne soupçonnait que l'immobilité, l'homogénéité, l'inertie. Le mouvement de massif devient particulaire, puis moléculaire ; l'organisation qui échappe au scalpel, se retrouve sous le verre grossissant du microscope, lui échappe à son tour, pour se réfugier dans la molécule complexe de certains corps d'apparence homogène ; la sensibilité a perdu ses manifestations éclatantes et se réduit à d'obscures réactions dirigées contre les causes de destruction. A ces traits, on reconnaît l'ébauche d'un être vivant.

La vie et la mort ; relativité de ces termes. — Entre l'organique et l'inorganique l'opposition, qu'on avait cru absolue, n'est donc que relative : contrairement à une définition célèbre, la vie n'est pas le contraire de la mort. Nous sommes amenés à les considérer l'une et l'autre comme les termes opposés d'une série continue. — On peut même aller plus loin dans cette voie, où l'hypothèse règne en souveraine, faute de données tangibles, qui fassent la certitude. La mort absolue, telle qu'on la suppose d'ordinaire, existe-t-elle ? Est-elle compatible avec les propriétés de la matière ? Nous n'en savons rien. Mais à chaque pas nous voyons l'organique se constituer au dépens de l'inorganique, la vie renaître de la mort, comme la mort elle-même procède de la vie. Se rallumerait-elle dans la matière, si elle y était à un moment donné absolument éteinte? L'assimilation de cette matière à l'être vivant serait-elle possible, si elle ne gardait à aucun degré l'attribut essentiel que nous reconnaissons à celui-ci?

Déplacement du problème. — En somme, ainsi qu'on voit, le problème s'est déplacé. Le dualisme subsiste, mais il a pris ou est en train de prendre une nouvelle formule. Des êtres extérieurs, il se réfugie en nous et de la substance il se transpose à la phénoménalité. Partout où le mouvement existe, enchaîné à une conscience, à une sensibilité, qui lui donne, comme en nous-mêmes, sa signification, la vie existe. Elle y existe dans la mesure de cette sensibilité, c'est-à-dire du développement de celle-si sous forme d'actes psychiques dérivés d'elle.

Limites respectives des sciences. — Les sciences se sont constituées en délimitant chacune son objet d'une façon, sinon arbitraire, du moins conventionnelle et plus ou moins consciemment acceptée.

La physico-chimie étudie des mouvements ou des changements matériels sans considération aucune de leur rapport avec les phénomènes de sensibilité. C'est là ce qui la définit par rapport à la biologie et plus spécialement la physiologie qui ne peut faire abstraction de ces phénomènes. La séparation du physique et du vivant peut n'être pas dans la nature, il est nécessaire qu'elle soit dans notre esprit comme moyen d'analyse et comme condition du progrès scientifique. Le physicien et le chimiste peuvent prendre les corps qu'ils étudient dans les objets inertes ou dans les objets animés ; ils retrouveront dans ces derniers, tous les changements qui affectent les premiers, avec leurs mêmes rapports, c'est-à-dire soumis aux mêmes lois, au même déterminisme essentiel. S'ils opèrent en physicien et en chimiste, c'est-à-dire avec la seule considération de ce déterminisme primordial commun à tous les corps, ils pourront ne pas s'apercevoir que cet objet est vivant, c'est-à-dire sensible. Par contre, le physiologue, lorsqu'il intervient en tant que biologue, découvre la sensibilité en se fondant sur un autre critère, dont le principe est dans son observation intérieure, c'est-à-dire dans l'introspection qu'il fait de lui-même et qu'il projette sur les phénomènes extérieurs dont il fait son étude.

Leur fin et leurs moyens. — Dans la physique et la chimie, l'étude du mouvement ou de tout changement réductible au mouvement est une fin en dehors de laquelle ces sciences ne voient pas d'autre but à remplir. Dans la physiologie, cette étude intervient comme moyen de reconnaître certains phénomènes extérieurs liés au mouvement, mais que notre propre analyse distingue de lui et qui lui impriment des caractères, non pas opposés, mais superposés à ceux que la physico-chimie lui connaît d'après ses lois. La discontinuité n'est sans doute pas dans la nature, mais elle est en nous, dans notre connaissance des choses et elle nous impose une distinction profitable au progrès de celle-ci, parce que ce progrès exige qu'avant tout nous fassions le départ du connu et de l'inconnu, afin que, sachant la limite exacte de l'un et de l'autre, nous la puissions franchir dans les points qui nous offrent pour ce faire la plus grande facilité.

4. **Détermination et déterminisme.** — On sait ce que c'est qu'une *détermination*. C'est un phénomène psychique qui comprend les raisons ou motifs qui nous font exécuter un acte dans un sens plutôt que dans tout autre. Avant d'agir, nous sommes déterminés à agir d'une certaine façon. Par analogie avec ce phénomène intérieur et d'une façon en quelque sorte métaphorique, on a

donné le nom de *déterminisme* à l'ensemble des conditions qui, dans l'ordre physique, assurent la réalisation d'un phénomène.

Tout phénomène a son déterminisme ; ce qui veut dire que, en dehors de certaines conditions, ce phénomène ne peut se produire et que, inversement, ces conditions étant présentes, il ne peut pas faire défaut. Les phénomènes de l'être vivant, en tant que matière en mouvement, sont assujettis à ce déterminisme, parce qu'il est général, n'excepte aucun corps ou parcelle de matière dans l'univers. Mais l'être vivant, en plus du déterminisme qui enchaîne ses manifestations, c'est-à-dire ses mouvements à certaines lois, a de plus des déterminations, qui enchaînent d'autre part la succession de ses mouvements à un ordre, on peut le dire, prévu par lui. Ses déterminations psychiques se traduisent extérieurement d'après les lois du déterminisme physique. L'acte que nous appelons physique n'est déterminé qu'à un degré ; l'acte qui résulte d'une manifestation psychique, l'acte d'un être vivant est déterminé à deux degrés.

Le fait que le biologue se propose avant tout l'étude de la sensibilité ne doit donc pas le détourner de l'étude du mouvement. Ce n'est au surplus que sur ce dernier qu'il a une prise directe et c'est par la liaison qu'il offre avec la sensibilité qu'il peut espérer connaître celle-ci et fixer ses lois propres, qui nous apparaîtront un jour (on peut en avoir l'espoir) comme une extension des lois naturelles actuellement connues. Le problème à lui posé est en réalité de déterminer le rapport qui existe entre ces deux phénomènes, comment ils se conditionnent dans l'être vivant, quelles ressemblances ou analogies les rapprochent, quelles différences les séparent, quelle est la nature, la modalité particulière du déterminisme qui les rattache l'un à l'autre, c'est-à-dire conduit de celui-ci à celui-là et réciproquement.

II. Conclusion. — En fin de compte, l'*être vivant c'est l'être sensible, celui dans lequel le mouvement présente une suite, un enchaînement particulier lié aux phénomènes intérieurs de la conscience.* Ce mouvement de l'être vivant n'ignore rien du déterminisme physico-chimique, qui semble gouverner seul la nature inanimée ; mais il obéit en plus à un autre déterminisme qui résulte de la complication qu'apportent en lui les phénomènes de sensibilité ou de conscience. Il est déterminé à deux degrés, à savoir dans sa réalisation par les lois communes et à peu près codifiées de l'énergétique, dans sa direction par les lois particulières et non encore clairement formulées de la sensibilité.

III. Division du sujet. — La connaissance de l'homme et des animaux supérieurs est le but pratique de l'étude de la physiologie. Elle en est aussi le point de départ et cela malgré sa complexité. C'est lorsqu'on a recherché les lois de notre propre organisation que se sont posés les problèmes qui sont devenus depuis ceux de la biologie générale et comparée. — Nous esquisserons donc tout d'abord les traits principaux de l'organisation des animaux supérieurs. La conception qu'on s'en fait de nos jours est fondée sur une donnée qui marque une des conquêtes les plus importantes de la biologie, la donnée cellulaire. Par l'analyse on a ramené les composants de l'organisme animal à une unité fondamentale, la *cellule*. Dans celle-ci, à travers ses variétés morphologiques et fonctionnelles, on retrouve une substance nullement homogène et possédant au contraire une organisation rudimentaire, mais au fond uniforme, le *protoplasme*. Cette substance est à son tour douée d'un attribut caractéristique de l'être vivant, l'*irritabilité*, premier germe de la sensibilité si manifeste des animaux les plus hautement organisés. Enfin cette substance a une modalité fonctionnelle ou réactionnelle élémentaire, elle-même caractéristique à son point de vue de l'être vivant, la *fermentation*.

Comme suite à ce qui vient d'être dit des caractères généraux des êtres vivants, nous décrirons donc successivement *l'organisation animale et ses lois, le protoplasme, l'irritabilité, la fermentation*. Ce n'est qu'après l'exposition de ces données fondamentales que nous pourrons entrer dans l'étude du détail des *fonctions* de l'être vivant. Ces fonctions elles-mêmes, en allant du plus général au plus particulier, sont susceptibles d'un classement comportant un assez grand nombre de divisions et de subdivisions, qui serviront à les exposer dans leur ordre rationnel, autant que cet ordre est possible dans l'état actuel de la science physiologique.

B. — LOIS DE L'ORGANISATION ANIMALE.

L'organisation a des degrés sans nombre, mais elle en a certains qui sont fortement accusés et méritent, pour cette raison, une attention spéciale. Si nous prenons un représentant d'une espèce donnée, soit par exemple de l'espèce humaine, cet *individu* nous apparaît comme une unité parfaitement définie. Mais cette unité est en même temps une complexité. Soumise à une analyse même sommaire, elle se montre composée d'organes et d'appareils dont les actions combinées ou réciproques assurent le jeu des fonctions de cet être. — BICHAT sut voir que, dans ces organes, certains composants se répètent des uns aux autres et, par leurs combinaisons variées, donnent à chacun de ces organes sa physionomie et sa fonction particulière. Il appela ces composants des *systèmes* qu'il considérait comme primordiaux; il eût mieux valu qu'il dît des *éléments*, car c'était le fond de sa pensée. BICHAT admet jusqu'à vingt-deux de ces systèmes ou tissus élémentaires. Sa classification n'a plus guère qu'une valeur historique, mais elle lui permit de jetter les bases de l'anatomie générale.

Plus tard (1839), SCHLEIDEN sur les végétaux et SCHWANN sur les animaux découvrirent que les organes sont réductibles à des corps de dimensions microscopiques, qu'ils appelèrent des *cellules*. Ils décrivaient la cellule comme formée d'une enveloppe extérieure (très accusée chez les végétaux, mais manquant souvent chez les animaux), d'un contenu liquide, et dans l'intérieur de celui-ci d'un noyau. Les travaux ultérieurs de DUJARDIN et de M. SCHULTZE montrèrent le peu d'importance de l'enveloppe adventice en regard du contenu qu'ils appelèrent le premier *sarcode*, le second *protoplasme* et que des travaux plus récents, en particulier ceux de KUNSTLER, désignent comme une substance elle - même visiblement organisée.

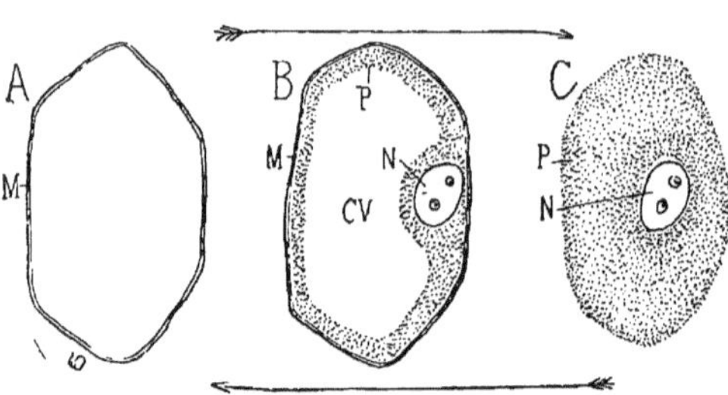

Fig. 1. — *Schèmes de la cellule.*

A, cellule selon Malpighi ; B, cellule selon Schwann ; C, cellule selon M. Schultze.

La flèche supérieure indique l'évolution des conceptions de la cellule ; la l flèche inférieure, l'évolution habituelle de la cellule elle-même avançant en âge (d'après Mathias DUVAL).

Les précurseurs. — Comme toutes les données importantes, la théorie cellulaire a eu ses précurseurs. Les objets que nous appelons maintenant des cellules étaient déjà apparus à divers observateurs qui, depuis le XVIIIe siècle, se servaient des verres grossissants premiers modèles de nos microscopes perfectionnés. MALPIGHI, GREW, LEUVENHŒCK et d'autres jetèrent les premières bases de l'observation microscopique, sans laquelle ces notions seraient restées à jamais ignorées. Robert BROWN découvrit le noyau des cellules végétales. Plus près de nous, TURPIN, RASPAIL, MEYEN, émirent des conceptions qui montrent qu'ils avaient l'intuition des découvertes qui allaient rénover les fondements de la biologie. Le travail de SCHLEIDEN, *Beiträge zur Phytogenesis*, dans les Archives de Müller (1838), eut le mérite de faire entrer ces recherches dans la discussion scientifique proprement dite. Celui de SCHWANN (1839), *sur la concordance de structure et de développement des animaux et des plantes*, exprimait, à travers des conceptions de détail erronées sur la formation de la cellule, une idée générale des plus neuves et des plus fécondes.

I. **Importance de la donnée cellulaire**. — La découverte de la cellule apportait à l'idée de BICHAT plus qu'une confirmation: elle la renouvelait, en lui donnant une extension imprévue. Les systèmes (élémentaires) de BICHAT sont considérés par lui comme irréductibles les uns aux autres ; on ne constate entre eux que des différences ; on ne voit pas leur filiation ni leur origine. Les cellules, elles, forment bien aussi des espèces différentes, des formes spécifiques qui les adaptent à une fonction particulière, mais on peut reconnaître, souvent à première vue, leurs traits communs, leur organisation fondamentale ; elles s'engendrent les unes les autres et ne peuvent naître que les unes des autres. L'axiome de Harvey « *omne vivum ex ovo* » a pu être transposé par Virchow à la cellule, « *omnis cellula à cellulá* ». Ces composants de l'unité vivante individuelle sont eux-mêmes des unités vivantes d'un ordre nouveau jusque-là insoupçonné : les *unités cellulaires*.

Décentralisation de la vie. — Des attributs de la vie ces unités ont les plus essentiels ; nous venons de dire qu'elles se reproduisent par génération. Elles ont leur nutrition et leur fonctionnement propre. Séparées de l'organisme auquel elles appartiennent, elles manifestent ce fonctionnement et sont, par conséquent, susceptibles d'une vie indépendante. Ces données inattendues de l'observation et de l'expérience sont confirmatives de la doctrine de Bichat, d'après laquelle *la vie n'aurait pas un foyer localisé, qui rayonne son influence sur le reste de l'organisme, mais serait au contraire diffuse dans toute sa masse et non centralisée*. Cl. Bernard a de son côté beaucoup insisté sur les caractères, les uns *spécifiques*, les autres *fondamentaux*, des éléments cellulaires. Par quelques-unes de ses plus belles expériences, il a décelé les réactions spéciales de certains de ces éléments à l'égard des agents toxiques et, de ce fait, créé des *méthodes d'analyse proprement physiologiques*. D'autre part, il a montré comment les besoins primordiaux des cellules, de toute cellule, sont la raison de certaines fonctions extérieures et intérieures.

II. **La cellule à la fois organisme et élément**. — La cellule n'est pas seulement l'élément fondamental de l'individu organisé ; à certaine période de l'évolution de celui-ci, elle le représente condensé en elle. *L'individu procède d'un germe qui est une cellule* (ou mieux, dans le cas de génération sexuée, la synthèse de deux cellules, l'une mâle, l'autre femelle) *et qui cumule de la sorte les attributs de la cellule et ceux de l'organisme*. Le stade qu'on peut appeler cellulaire de l'organisation prend de la sorte une importance exceptionnelle. L'évolution, telle qu'on se la représente d'ordinaire, est une série alternante de germes, c'est-à-dire de cellules et d'individus.

Le passage du germe à l'individu est ce qu'on appelle son développement. La cellule germinale fécondée se segmente en cellules nouvelles. Par absorption de la substance du milieu, il y a accroissement, puis division et partant multiplication de ces cellules. A mesure qu'elles augmentent de nombre, ces cellules s'organisent en tissus et appareils spéciaux, qui de plus en plus se partagent les fonctions au début indivises de l'ensemble. Elles sont comme les descendants d'un couple primitif, formant entre eux une associaton si intime qu'un être à la fois collectif et un en résulte, l'individu.

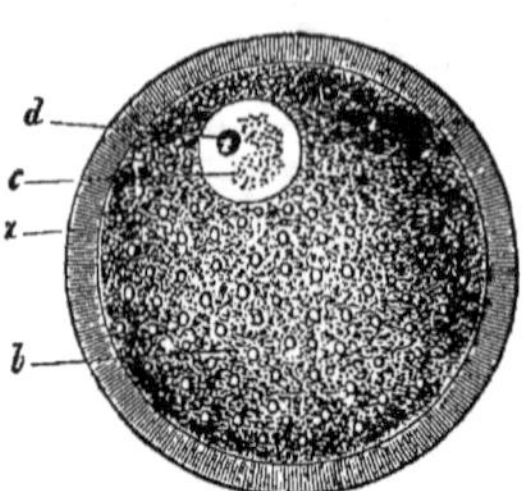

Fig. 2. — *Ovule de lapine à maturité.*

a, membrane vitelline ou zone pellucide ; *b*, vitellus (protoplasme de la cellule) ; *c*, vésicule germinative (noyau) ; *d*, tache germinative (nucléole).

A. LOI DE LA DIVISION DU TRAVAIL. — Les lois qui guident cette organisation sont loin de nous être connues dans ce qu'elles ont de plus essentiel. On a commencé seulement de les pénétrer, et on en peut donner plusieurs formules. La première en date est celle de MILNE-EDWARDS, connue sous le nom de loi de la *division du travail*. Elle s'exprime de la façon suivante : *au cours du développement, chaque cellule perd graduellement certaines de ses aptitudes générales, mais en conserve une (différente suivant l'espèce cellulaire considérée) qu'elle développe au maximum.* Il se crée ainsi des organes ayant des fonctions spéciales. La solidarité et l'indépendance des composants en est rendue très étroite ; la puissance et la perfection de l'ensemble en sont accrus extrêmement. Pour toutes les agglomérations d'êtres vivants, à mesure qu'elles deviennent plus nombreuses, la division du travail est tout à la fois une nécessité et une condition de perfection. La sociologie nous le montre, bien qu'à un moindre degré, dans les agglomérations humaines. Dans les agglomérations cellulaires qui constituent les organismes, le pli professionnel des unités constituantes s'accuse d'une façon tout à fait caractéristique. Leurs différences morphologiques frappent les yeux, alors même que leurs fonctions sont encore inconnues.

B. LOI DE CONSTITUTION DES ORGANISMES. — La loi de la division du travail nous fait bien saisir ce qu'il y a d'extérieur et de plus apparent dans l'organisation des sociétés cellulaires qui constituent les animaux supérieurs, mais elle s'arrête là. La loi de constitution des organismes de Cl. BERNARD va plus au fond des choses et nous montre la raison de ces apparences. *Ce qui est visé par la division du travail des organes, ce qui par elle est rendu possible, c'est l'entretien de la vie cellulaire.* La constitution des appareils, l'établissement des grandes fonctions qu'ils exécutent a, avant tout, cette raison d'être. Les cellules au cours de leur développement embryogénique perdent, avons-nous dit, certaines de leurs aptitudes et s'organisent en vue d'une fonction déterminée, variable de l'une à l'autre suivant l'espèce cellulaire considérée; mais cela n'est vrai que de certaines de ces aptitudes. Il en est qui leur restent communes : ce sont les fonctions en quelque sorte primordiales de tout être vivant, celles qui avant tout doivent être satisfaites pour que la vie s'entretienne, quelles sont-elles? Cl. BERNARD les ramène à quatre et les retrouve dans toute cellule vivante, à quelque règne qu'elle appartienne et quelle que soit l'organisation dont elle fasse partie. Une source inépuisable de variétés dans les êtres vivants, c'est la façon dont elles sont remplies.

Êtres unicellulaires et pluricellulaires. — La cellule, élément fondamental de tout être vivant, et qui le résume à son origine, le représente, dans certains cas, à la fois en totalité et en permanence. A côté des êtres d'organisation élevée et complexe que nous sommes habitués de considérer, il en est une foule d'autres qui sont demeurés à cet état élémentaire, réduits qu'ils sont à une cellule isolée et indépendante. De ce point de vue, on peut donc distinguer des êtres *simples* ou *unicellulaires* et des êtres *composés* ou complexes qui sont *pluricellulaires*.

Les êtres unicellulaires nous offrent une facilité exceptionnelle pour l'étude des conditions générales de la vie. Il existe de ces êtres des représentants assez nombreux. Ceux dont il est le plus souvent parlé à cet égard sont les *Amibes* (*Amœba proteus*, *Amœba limax*, etc.), êtres microscopiques formés d'une masse de protoplasme nucléé, qui est sans revêtement extérieur. Le protoplasme de ces êtres est aussi peu différencié que possible ; tout au plus distingue-t-on à sa superficie une couche hyaline (hyaloplasme) qui recouvre le reste de la masse.

La vitalité de ces êtres s'accuse par les mouvements de leur protoplasme qui consistent en expansions et retraits alternatifs et en diverses déformations de sa masse. Ces mouvements sont adaptés à un but qui dans son ensemble est un but de conservation. Ils consistent en reptation, déplacement de l'animal, cherchant sa proie, et, quand il l'a trouvée, en un englobement de cette proie, qui est entraînée à l'intérieur de la masse puis digérée et absorbée.

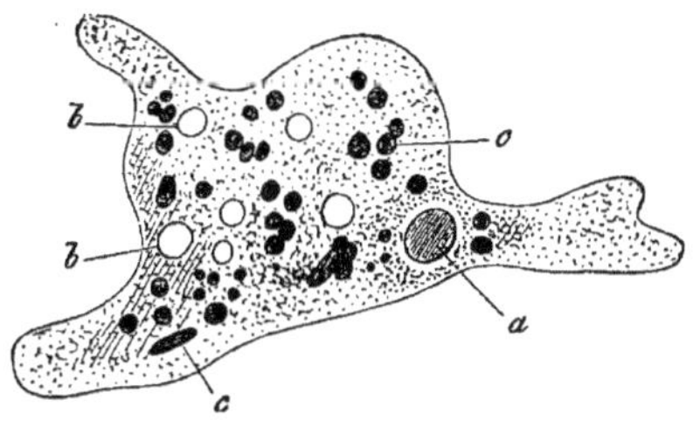

Fig. 3. — *Amibe ayant ingéré des corpuscules alimentaires.*

a, noyau ; *b*, vacuoles ; *c*, corpuscules étrangers englobés par le protoplasme et servant à sa nutrition.

Il est toujours facile de savoir, à première vue, si la vie d'un tel être est en exercice ou si elle est momentanément suspendue ou même détruite.

Les *Infusoires* par les mouvements de leurs cils peuvent se prêter à des expériences de ce genre. Les *levures* et les *bactéries* permettent aussi, dans certains cas, de vérifier ces mêmes lois, en tenant compte des phénomènes fermentatifs par lesquels ces êtres accusent leur vitalité.

I. — *Conditions générales ou élémentaires de la vie.*

Le caractère le plus général auquel se reconnaît un être vivant c'est, d'après Cl. BERNARD, l'*échange qu'il entretient avec son milieu.* « C'est, dit-il, une collaboration impossible à disjoindre et nous devons comprendre qu'en l'absence d'un des facteurs l'être ne saurait vivre. Il ne vit pas davantage lorsque les conditions du milieu *n'existent pas* que lorsqu'elles *existent seules.* La chaleur, l'humidité et l'air ne sont pas la vie; l'organisation seule ne la . constitue pas davantage. »

Il y a donc, du fait de ce conflit ou de cet échange, des conditions *extrinsèques* et des conditions *intrinsèques* ou d'organisation.

A. CONDITIONS EXTRINSÈQUES OU DE MILIEU. — Cl. BERNARD les ramène à quatre, savoir : 1° une composition chimique définie, autrement dit des *aliments*; 2° de l'*eau* ; 3° de l'*oxygène* ; 4° un certain degré approprié de *chaleur*. Ces quatre conditions sont les raisons d'être de quatre fonctions destinées à les satisfaire et d'une façon simple ou compliquée se rencontreront dans tout être vivant.

Ce qu'il s'agit de démontrer ici ce n'est pas précisément l'existence de ces quatre fonctions, elles sont d'elles-mêmes évidentes, mais c'est qu'elles sont des fonctions cellulaires ; autrement dit, que ces quatre conditions doivent être fournies à toutes les cellules; que les cellules, quelles qu'elles soient, libres ou agrégées, végétales ou animales, ne peuvent manifester leur activité, vivre en un mot, qu'autant que ces fonctions sont remplies par un mécanisme simple ou compliqué. Elles expriment l'unité de la vie cellulaire, comme la loi de la division du travail exprime sa diversité.

Cytologie expérimentale. — Pour faire cette démonstration, il faut expérimenter sur des cellules. L'expérience peut se faire sur des cellules vivant naturellement à l'état isolé, ou même sur des cellules d'organismes complexes artificiellement désagrégés, ou encore sur des cellules erratiques qui appartiennent à ceux-ci, comme les globules blancs du sang ou de la lymphe. Avec plus ou moins de commodité elle conduit à la même conclusion. L'expérience a sa plus grande signification, lorsqu'elle peut se faire d'une façon cruciale, c'est-à-dire, lorsque l'une des conditions énumérées étant éloignée, la vie cesse de se manifester, mais pourtant n'est pas définitivement anéantie et reprend ses manifestations quand cette condition est de nouveau réalisée. Il suit de là que la vie peut être suspendue, passer de l'état *manifesté* à l'état *latent*. Pour un grand nombre de cellules et d'êtres vivants cette suspension ne saurait être que d'une durée assez courte ; pour certains, elle a une durée illimitée. C'est avec l'eau et la chaleur que cet état de vie latente prend son caractère le plus saisissant et plus encore avec l'eau, parce que sa disparition s'accuse par un changement de dimensions et de formes, un racornissement de l'être desséché qui, de prime abord, paraît incompatible avec la reprise de la vie.

a. **Vie latente.** — **Animaux reviviscents.** — LEUWENŒCK le premier (1701), à l'aide de ses lentilles grossissantes, a observé le phénomène de la *revivis-cence.*

I. Nécessité de l'eau.

— Cet auteur trouva dans la poussière des toits des animaux microscopiques, qui peuvent être complètement desséchés (à la température ordinaire) et revenir ensuite à la vie, lorsqu'ils sont humectés par l'eau de pluie ou artificiellement. Ce sont des représentants du groupe des *Rotifères*, au corps étiré en forme de lorgnette, portant à son extrémité antérieure des cils (organe rotatoire), dont l'agitation donne l'aspect d'un mouvement de roue. Ce sont

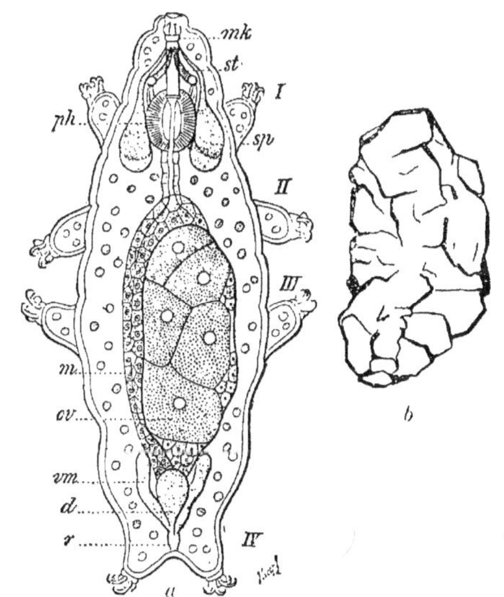

Fig. 4. — *Microbiotus Huflandi* (*tardigrade*).

a, à l'état de vie active : *b*, desséché à l'état de mort apparente.

également des *Tardigrades* d'aspect plus massif et d'organisation plus complète ayant quatre paires de pattes, un appareil digestif et un système nerveux (DOYÈRE, 1840-1841), et aussi les *Kolpodes*, infusoires ciliés étudiés par BALBIANI. On a depuis beaucoup allongé la liste des animaux reviviscents ; on cite notamment les anguillules du blé niellé (*Anguillula tritici*), helminthes nématoïdes microscopiques qui existent par milliers dans le grain niellé à l'état de larves, sans organes sexuels. Elles proviennent d'œufs déposés par d'autres anguillules pourvus d'organes génitaux qui avaient pénétré dans le grain avant sa maturité. Elles ont été étudiées par Baker (1771), qui constata qu'après vingt-sept années de dessiccation elles sont encore susceptibles de reviviscence par humectation, par Spallanzani qui détermina leur dessiccation et leur reviviscence jusqu'à seize fois de suite, par Cl. Bernard qui les prit pour type en vue d'étudier les conditions et formes diverses de la vie. On peut encore citer les amibes, les ferments, les bactéries, etc.

II. **Nécessité de l'oxygène**. — Pour rappeler à la vie les animaux desséchés (dans le genre de ceux indiqués ci-dessus) l'eau est une condition essentielle, mais elle n'est pas la seule. On le montre en chassant par l'ébullition les gaz et en particulier l'oxygène qu'elle contient. Dans ce cas la reviviscence n'a pas lieu, mais se produit si on aère la préparation. Ainsi se démontre la nécessité de l'oxygène.

III. **Nécessité de la chaleur**. — On met en évidence la nécessité de la chaleur en refroidissant la préparation jusqu'à zéro. On voit qu'à cette température les mouvements ne se produisent pas. L'abaissement peut être porté jusqu'à 15° ou 20° au-dessous de zéro sans que la faculté de survivre leur soit enlevée et on peut la porter jusqu'à près de 70° sans les tuer. Les rotifères supportent une température de 100° dans un milieu sans périr.

IV. **Nécessité des aliments**. — La condition d'alimentation est un peu moins simple que la précédente, en ce sens que le petit être a toujours dans son intérieur des *réserves* nutritives. Sans cette réserve la reviviscence se comprendrait difficilement, parce qu'il semble qu'il faille pour amorcer le retour des manifestations vitales une provision disponible si petite soit-elle. Cette réserve épuisée, l'être vivant est destiné à périr si elle n'est pas renouvelée.

1. **Vie latente des graines**. — Les graines des végétaux nous offrent également un exemple très frappant de vie latente. Nous les voyons se conserver pendant des années sans perdre leur aptitude à la germination. Placées dans un sol humide, aéré et à une température suffisante, elles se développent. Dans la graine apparaît bien le rôle de la réserve nutritive. Elle n'emprunte tout d'abord aucun aliment au milieu extérieur, mais commence à édifier sa racine, sa tige et ses premières feuilles, en utilisant ses provisions intérieures, grâce au concours de l'eau, de l'air et de la chaleur extérieurs.

Th. de Saussure a vu que l'embryon, lors même qu'il a commencé son développement, a conservé son aptitude à la reviviscence. On peut le dessécher (avec précaution), arrêter par conséquent son développement et, en lui rendant l'humidité et la chaleur, y faire réapparaître la vie.

2. **Arrêt complet des échanges**. — La vie latente n'est pas simplement une vie extrêmement ralentie et diminuée, elle est réellement une vie suspendue.

Th. de Saussure et plus récemment Kocus en on fait la preuve en montrant que *les échanges avec le milieu aérien sont tout à fait nuls*, ce dont on juge en opérant en vases hermétiquement clos, dans lesquels on pourrait déceler les moindres traces d'acide carbonique s'il s'en produisait. — Les œufs fécondés ne se comportent pas comme les graines ; ils respirent faiblement, ce qu'on démontre en plaçant dans les vases scellés qui les contiennent un peu d'eau de chaux ou de baryte qui se trouble lentement. La graine n'est pas un œuf mais un embryon.

*b. **Vie oscillante**.* — En général, l'eau, l'air, les aliments sont répartis d'une façon permanente dans les milieux où vivent les êtres cellulaires, ou les organismes très simples qui ont fait le sujet de ces observations et de ces analyses. La chaleur, par contre, éprouve des variations périodiques, saisonnières qui entraînent des changements parallèles dans les manifestations vitales d'un très grand nombre d'êtres, ou peut-être du plus grand nombre d'entre eux. Latente pendant l'hiver (du fait de l'abaissement de la température), elle reprend son activité pendant l'été. C'est le cas des végétaux, de tous les animaux invertébrés et de certains vertébrés (reptiles, poissons). Alternativement latente et manifestée, la vie est dite *oscillante* (Cl. Bernard).

Cet effet de la température, qui se fait sentir sur les êtres d'organisation même compliquée, porte en réalité sur les cellules de ces organismes et non uniquement sur quelques tissus particuliers comme le système nerveux. La torpeur de la grenouille est engendrée par le refroidissement de son sang qui baigne ses cellules, et son réveil est produit de même par l'échauffement de son sang, comme il est facile de le démontrer. Si, l'animal étant engourdi, on trempe dans l'eau chaude une de ses pattes dont on a coupé les nerfs et respecté les vaisseaux, le réveil a lieu ; si les nerfs sont intacts et les vaisseaux liés, l'engourdissement persiste (Cl. Bernard).

Ce qui, là encore, rend l'observation saisissante, c'est la durée très longue de la suspension de la vie, avec reprise possible de son activité. Ce qui en fait l'importance, c'est la généralisation du fait à presque tous les êtres vivants, deux classes de vertébrés faisant exception, les oiseaux et les mammifères, et encore pour les premiers, leurs œufs supportent une interruption de ce genre quand elle n'est pas trop prolongée. Ce qui en fait l'intérêt au point de vue physiologique général, c'est que la soustraction ou le retour de la chaleur, qu'il s'agisse d'organismes unicellulaires ou pluricellulaires, simples ou composés, intéresse directement les cellules, suspend les activités non pas organiques ou systématiques, mais cellulaires, agit en un mot sur une des conditions élémentaires de la vie.

c. Vie constante ou libre, ses conditions. — La privation d'eau avec ses conséquences (quand les espèces s'y prêtent) réalise donc ce que Cl. Bernard appelle la vie latente. La privation de chaleur, survenant périodiquement d'après l'ordre des saisons, réalise ce que le même auteur appelle la vie *oscillante*. Pour quelques êtres privilégiés tels que les vertébrés supérieurs, se réalise une troisième forme de la vie qu'il appelle *constante* ou *libre*, c'est-à-dire affranchie en apparence de toutes les irrégularités du milieu, en tout cas contrastant par sa régularité avec les intermittences des conditions présentées par lui.

I. **Généralité des lois cellulaires.** — Un nombre assez restreint d'êtres du règne animal ont acquis cette indépendance à l'égard des conditions susindiquées, inhérentes au milieu cosmique. Cl. Bernard a donné l'explication de cette dérogation apparente à des lois à la fois physiques et physiologiques, qui ne peuvent souffrir d'exception. Le secret de cette constance de la vie, au milieu de l'inconstance des conditions d'où elle dépend, est dans un artifice de construction, dans un perfectionnement de l'organisation des êtres extrêmement complexes qui la manifestent. La solution de ce problème a été donnée par une analyse très profonde, elle marque un progrès décisif dans la constitution de la physiologie générale.

II. **Milieu intérieur des homœothermes ; sa constance.** — Cl. Bernard observe que, dans les organismes des vertébrés supérieurs, les cellules sont, comme partout ailleurs, à la merci des fluctuations et variations diverses de leur milieu immédiat. La constance de leurs manifestations dans la vie normale de ces êtres, est assurée par la constance du milieu dans lequel elles vivent directement. *Ce milieu immédiat, c'est le sang*, avec la lymphe et les humeurs qui en dérivent, véritable MILIEU INTÉRIEUR, comme il l'appelle. La vie de tout être nécessitant de l'eau, de l'oxygène, des aliments, de la chaleur, ce milieu assure aux cellules de l'organisme ces quatre conditions fondamentales et élémentaires. Et, comme il les assure d'une façon constante, la vie cellulaire chez ces êtres ne souffre ni interruptions ni oscillations.

III. **Milieu extérieur ; sa diversité et son inconstance ; ses relations avec le milieu intérieur.** — Par le jeu même des fonctions, autrement dit des échanges continus qui se font entre le sang et les cellules, ce milieu est destiné à s'appauvrir rapidement et à se modifier. Constamment il se renouvelle par un second système d'échanges entre lui-même et le milieu extérieur ou cosmique. Dans ces relations d'un nouvel ordre, l'artifice consiste *à tirer de* *conditions extérieures diverses et variables des conditions de milieu intérieur uniformes et constantes.*

IV. **Relations compensatrices**. — L'organisme des vertébrés supérieurs y arrive par un jeu de compensations très habile et très fidèle entre ces conditions mêmes et de réaction de l'organisme à leur égard. *Les cellules dépendent du milieu intérieur ; mais le milieu intérieur à son tour dépend des cellules et les cellules dépendent les unes des autres.* Différenciées par certaines de leurs aptitudes, étroitement solidarisées entre elles, elles forment un ensemble dans lequel le tout dépend de la partie et la partie du tout. Le lien intérieur qui les rattache dans cette étroite dépendance et assure l'unité de l'ensemble est la *sensibilité*. Elle fait le nœud d'un cycle qui rattache l'effet produit à la cause ou condition provocatrice et le règle sur elle. La chaleur du sang se règle sur la température extérieure, non pas en la suivant étroitement, mais au contraire en se déperdant quand cette dernière augmente et en se conservant quand elle diminue, de manière à rester constante. De même pour les autres conditions ; en sorte que de la diversité extérieure résulte précisément l'uniformité intérieure des conditions de la vie.

V. **Réalisation par des moyens différents**. — Les quatre conditions essentielles que nous appelons d'*alimentation, d'irrigation, d'oxygénation*, de *calorification*, appartiennent donc aux cellules avant d'appartenir à l'individu que ces cellules constituent, ou, pour mieux dire, elles n'appartiennent qu'à ces cellules et appartiennent à toute cellule quelconque (musculaire, nerveuse, glandulaire, animale, végétale). Le problème qui se pose à l'organisation, quand elle doit aboutir à l'un de ces édifices vivants de structure plus ou moins complexe et de forme extérieure si variée, tels qu'ils existent en particulier dans le règne animal, c'est, en premier lieu, d'assurer ces quatre fonctions fondamentales, celles qu'on appelle commencement de nutrition. Ce problème, un au fond, comporte un grand nombre de solutions différentes ; celles-ci varient comme les types ou espèces vivantes et les rapports que ceux-ci entretiennent avec leur milieu extérieur. L'oxygénation, pour prendre un exemple, réclame un appareil différent suivant que l'être vit dans l'air ou dans l'eau ou dans le sol, ou encore que son organisation propre est plus ou moins perfectionnée. Elle est pulmonaire chez certains vertébrés, branchiale chez d'autres, cutanée ou tégumentaire chez un grand nombre d'invertébrés, etc. Les autres fonctions subissent des variations parallèles, elles-mêmes plus ou moins accusées.

VI. **Adaptation à des milieux extérieurs divers**. — *Les*

appareils digestif, circulatoire, respiratoire, excréteur, etc., ont ainsi leur raison d'être dans les besoins communs des cellules vivant en association définie. Ces appareils, différenciés de l'un à l'autre, en raison de leurs fonctions propres, et d'une espèce animale à l'autre, en raison des conditions variées d'existence de ces espèces dans le milieu cosmique, ne sont pas primordiaux; mais leur fonction essentielle est d'assurer, par leur variété même, les conditions primordiales et au fond uniformes de la vie cellulaire. Ils font le trait d'union entre l'unité vivante et la multiplicité des objets et conditions qui l'entourent. Ils font converger vers un résultat univoque cette variété extérieure.

Autre expression de la même loi. — Cl. Bernard remarquait que les conditions de la vie cellulaire, telles qu'elles résultent de l'analyse qui les lui a fait connaître, répondent en somme aux quatre éléments considérés par les anciens comme constitutifs de la nature tant inanimée qu'animée; l'*eau*, l'*air*, la *terre* et le *feu*. On peut donner une autre expression des conditions de la vie à la fois plus générale et plus en rapport avec le langage scientifique actuel. Du milieu qui l'entoure l'être vivant réclame trois choses qu'il lui restitue après transformation, ce sont : la *matière*, l'*énergie* et l'*excitation*, cette dernière étant une énergie qui tire sa valeur moins de sa quantité que de l'emploi particulier qui en est fait. Cette dernière condition, l'excitation, a été du reste proclamée aussi par Cl. Bernard; il la met en regard d'une propriété de l'être vivant, l'irritabilité, qui représente une condition intérieure à l'être vivant par opposition aux précédentes qui sont considérées comme appartenant au milieu.

Dans le conflit entre l'être vivant et son milieu il y a en fait des conditions propres à l'être vivant lui-même, ce qu'il nous faut examiner sommairement.

B. Conditions intérieures ou d'organisation. — Du fait qu'un milieu contient les conditions essentielles à la vie, celle-ci devient *possible*, mais elle n'est pas réalisée par la seule existence de ces conditions. Il faut que dans ce milieu nous déposions pour le moins un *germe*, c'est-à-dire un être déjà en possession d'un rudiment d'organisation. Ce germe va tracer à la matière et à l'énergie le chemin qu'elle doit suivre, pour, en se transformant et se renouvelant perpétuellement, entretenir le mouvement ordonné qui caractérise la vie. Cet ordonnancement va, non seulement se maintenir à l'encontre des perturbations du milieu qui tendent à le détruire ou à le troubler, mais encore s'accroître pendant un certain temps, puis se limiter à de certaines proportions, avant de se dissoudre, mais non sans avoir assuré sa perpétuité par le détachement de germes semblables à lui, issus de sa substance.

Irritabilité ou sensibilité. — En face des conditions offertes par le milieu et que pour cette raison on appelle *extrinsèques*, il y en a donc qui sont apportées par l'être vivant lui-même et qui lui sont *intrinsèques*. Ce sont celles qu'on symbolise sous le nom d'*irritabilité*, expression au fond synonyme de *sensibilité*. C'est en tant qu'il est irritable, c'est-à-dire sensible, que l'être vivant imprime aux éléments de la matière et de l'énergie cet arrangement, cette solidarité, cette unité, qui nous saisissent par leur contraste avec l'indépendance, le morcellement et le désordre que ces mêmes éléments présentent dans le milieu. C'est l'irritabilité, la sensibilité, qui préside à l'organisation de la vie. C'est le souvenir des états passés qui dirige incessamment l'action présente en vue d'un meilleur effet ou tout au moins de la conservation de ce qui est acquis en fait d'organisation. Le mouvement si intense, la rapidité du flux matériel et énergétique qui traverse en permanence l'être vivant, multiplie les épreuves sur lesquelles se fonde son expérience acquise dans tous les degrés de la conscience et de la mémoire et, en même temps que celles-ci, les occasions qui sont données à la sensibilité d'intervenir.

1. Accélération évolutive. — Comment la vie est apparue une première fois dans le milieu cosmique qui ne la contenait pas, c'est ce qui reste pour nous incompréhensible ; mais comment, après qu'un premier germe, c'est-à-dire un premier rudiment de vie y est apparu, ce germe s'est accru et multiplié sous des formes d'organisation progressivement perfectionnée, c'est ce que la sensibilité, telle que nous en voyons l'exercice en nous-mêmes, nous aide à comprendre. Du premier germe les tâtonnements faits en vue de son développement furent d'une extrême lenteur. Dans les germes issus de lui l'organisation commença à subir une première accélération, dont il bénéficia à la fois pour fixer les caractères acquis et pour en acquérir de nouveaux, en augmentant sa complexité et sa puissance.

Sur les structures primitives de cette organisation elle en édifia d'autres, sans jamais abandonner les premières qui demeurent les bases nécessaires de l'édifice vivant, mais en les faisant intervenir comme éléments dans les individualités nouvelles d'ordre supérieur ainsi constituées.

Degrés superposés de l'organisation et de l'évolution.—Cette accélération évolutive se répète à tous les degrés ou étages de l'édifice organique. Elle prend dans les êtres supérieurs une vitesse étonnante. La substance du milieu, quand elle pénètre dans l'être vivant, en peu de temps s'incorpore aux tissus, s'assimile à eux, se désassimile et sort de l'organisme ; c'est son évolution chimique, qui de morte la fait vivante pour un temps, puis morte de nouveau. Les éléments chimiques de cette substance s'agrègent en des cellules dont certaines en quelques heures s'accroissent puis se multiplient ; c'est son évolution cellulaire. Ces cellules à leur tour en quelques jours s'agrègent en des tissus, des organes, et des appareils ; c'est son évolution ontogénique, qui répète en un court espace de temps, sans tâtonnement et presque sans erreur, la longue série des évolutions individuelles dont on a fait, en les syncrétisant, l'évolution phylogénique.

Si haut que l'édifice s'élève, il garde ses fondements primitifs, ses infrastructures, ses emboîtements superposés. La substance qui l'alimente gravit tous les degrés de l'organisation avant de les redescendre.

Mais avec les complexités progressives de celle-ci son chemin s'accidente et les branchements de celui-ci se multiplient. A ces cycles originels très simples s'en sont ajoutés et superposés d'autres, qui allongent son trajet, ajournent son élimination, la maintiennent au moins partiellement dans les individus qui se succèdent en se détachant les uns des autres.

2. Le germe ; l'hérédité. — L'individu est constitué par des cellules qui sont constituées par des molécules sans cesse renouvelées. L'individu s'accroît par la multiplication de ses cellules qui s'accroissent elles-mêmes en retenant en elles une partie de la matière qui sert à leur renouvellement ; mais l'individu qui absorbe de la matière morte, qu'il organise, pour la rejeter de nouveau à l'état de matière morte, l'individu de plus détache de lui des cellules, qui vont répéter son évolution propre : c'est le phénomène de la génération, c'est l'hérédité.

L'individu est voué à la désagrégation cellulaire et moléculaire, à la mort totale ; mais il a le très étonnant pouvoir de conférer à certaines de ses cellules les conditions intrinsèques qui ont assuré son propre développement. Pour faire un individu nouveau semblable à lui point ne sera besoin désormais de repasser par la série interminable des tâtonnements ou des rencontres fortuites qui, en partant de la molécule, ont abouti à l'organisation de la cellule.

L'individu élimine de lui des cellules qui deviendront organismes et ainsi de suite. La distance qui reste à franchir c'est celle qui sépare la cellule germinale de l'organisme individuel d'où elle provient. C'est cette distance que l'hérédité a abrégée extraordinairement, en même temps qu'elle a tracé la route d'une façon sûre pour chaque espèce en particulier. *Du point de vue du développement le germe se comporte comme s'il avait en lui* (à certain point de vue) *l'expérience de tout le passé de l'espèce à laquelle il appartient.* Il semble même qu'il y ajoute quelque chose de celle de l'individu, d'où il provient directement. C'est ce qu'on appelle la *transmission des caractères acquis* par l'individu.

L'individu, à quelque espèce qu'il appartienne, a de la sorte deux points de départ, l'un scientifiquement constaté dans la cellule-œuf dont il procède, l'autre hypothétique, mais rationnel, dans la première cellule (ou l'une des premières cellules) qui est apparue à l'origine du règne vivant. Le chemin suivi dans le premier cas est une répétition extrêmement abrégée de celui suivi dans le second et dans lequel on reconnaît approximativement certaines des principales étapes.

Le procédé qui permet à une cellule de condenser en elle les conditions qui président à l'édification d'un organisme aussi compliqué que celui d'un mammifère est tout à fait inconnu ; à peine pouvons-nous essayer de nous en faire une idée par certaines comparaisons. Une façon par trop simple et manifestement inexacte de se le figurer serait d'admettre dans l'œuf une réduction proportionnelle des organes et des éléments qui doivent en naître. Les organes ne sont pas préformés dans le germe. La segmentation de celui-ci y fait apparaître d'abord des cellules, puis par le groupement de celles-ci des feuillets, puis par les plissements et bourgeonnements de ceux-ci les organes et appareils. L'œuf humain n'est pas un *homunculus*, c'est une cellule. Cette cellule dans l'individu humain donne naissance par sa multiplication à une masse agglomérée d'environ trente trillions de cellules, dont certaines seulement sont *germinales*.

Fixité et variation. — L'hérédité est un fait évident mais dont le mécanisme nous restera longtemps impénétrable. Ce qui frappe avant tout c'est sa fixité. La tendance a été pendant longtemps de considérer cette fixité comme absolue. Les espèces ont été d'abord regardées comme invariables, partant étrangères les unes aux autres au point de vue de la parenté et de la filiation. Les opinions ont été modifiées sur ce point en premier lieu par Lamarck et ensuite d'une façon plus décisive par Darwin. On a compris que certaines conditions pouvaient exister qui sont capables de modifier le type de l'organisation et lui faire prendre un pli nouveau, que l'hérédité, qui ne cesse d'intervenir, pourra fixer à son tour.

Autrement dit, l'espèce ne serait pas immuable mais serait susceptible de donner naissance à de nouvelles espèces plus ou moins différentes d'elle-même. Pour expliquer cette transformation, différentes hypothèses ont été édifiées ; la plus célèbre et qui n'a pas perdu toute faveur est celle de Darwin dite de la sélection naturelle.

3. **Sélection naturelle.** — Les individus d'une même espèce répondent à un même type de conformation, mais ils ne sont pas égaux en résistance contre les causes de destruction qui les assaillent perpétuellement. Un grand nombre d'entre eux y succombe. La profusion des germes, les excédents de la natalité comblent le déficit qui tend de ce fait à se produire. Une partie seulement des êtres qui prennent naissance, accomplit dans son entier l'évolution individuelle à laquelle tous semblent appelés. Il faut encore ajouter qu'en raison de la multiplication indéfinie des êtres vivants, les conditions de milieu tendent à devenir insuffisantes et il s'établit entre eux une *concurrence* pour se les approprier.

La vie n'est donc pas assurée à tous, mais seulement aux *plus aptes*, c'est-à-dire à ceux auxquels certaines différences individuelles de leur organisation assure la supériorité. Dans cette *lutte pour l'existence* les survivants restent seuls pour perpétuer l'espèce, de sorte que l'hérédité intervient pour renforcer ces caractères et les fixer.

Si les conditions du milieu restent semblables à elles-mêmes, il en sera de même de l'*aptitude* qui lui en assure la possession et l'espèce qui la présente prend des caractères de plus en plus fixes.

Si, par contre, ces conditions viennent elles-mêmes à changer, la sélection s'opérera sur des bases nouvelles ; son résultat sera encore d'éliminer les moins aptes à la survivance, en conservant ceux que certaines différences quantitatives de leur organisation avantagent dans la lutte livrée dans ces conditions.

L'hérédité interviendra alors tout à la fois pour modifier dans une certaine mesure les caractères de l'espèce et les fixer sous une forme plus ou moins différente de celle qu'elle possède.

Lamarckisme et darwinisme. — Il y a, comme l'on dit ordinairement, adaptation de l'espèce à son milieu. La sélection naturelle nous explique que cette adaptation de l'espèce procède de l'adaptation préalable d'un certain nombre d'individus, qui lèguent à leurs descendants les aptitudes qui ont apparu une première fois chez eux : elle est muette sur la cause de la variation individuelle qui est à l'origine de ces grands changements. Le mode d'apparition de celle-ci est du reste compris différemment par les partisans et continuateurs de Lamarck d'une part et par ceux de Darwin de l'autre. Pour les néo-darwiniens cette apparition relève du hasard, de circonstances purement contingentes, que la sélection naturelle utilise une fois que cette modification originelle s'est montrée. Pour les néo-lamarckiens les choses se passent autrement.

Lorsqu'un changement se produit dans les conditions du milieu, ce changement même est l'origine d'efforts faits par l'individu pour s'adapter à ces conditions jusque-là inusitées par lui.

« L'emploi plus fréquent, plus soutenu d'un organe... le développe, l'agrandit et lui donne une puissance proportionnelle à la durée de cet emploi; tandis que le défaut constant d'usage... l'affaiblit insensiblement, le détériore et finit par le faire disparaître. » Ce premier effet sur l'individu est suivi d'un second sur sa descendance.

« Tout ce que le nature a fait acquérir ou perdre aux individus par l'influence des circonstances où leur race se trouve depuis longtemps exposée et par conséquent par l'influence de l'emploi prédominant de tel organe ou par celle d'un défaut constant d'un usage de telle partie, elle le conserve par la génération aux nouveaux individus qui en proviennent, pourvu que les changements acquis soient communs aux deux sexes ou à ceux qui ont produit ces nouveaux individus. » Autrement dit, il y a transmission des caractères acquis par l'individu aux cellules germinales de cet individu. Pour les néo-lamarckiens c'est sur cette donnée que la sélection naturelle travaille et non sur une modification due au pur hasard; elle choisit entre les individus et entre leurs descendants, et conserve les plus aptes, c'est-à-dire ceux qui se sont le mieux adaptés.

Cette explication a de convaincus défenseurs, qui se montrent frappés de ce que l'expression, en somme outrée de la théorie darwinienne, a d'insuffisant et même d'arbitraire. A coup sûr la transmission des caractères acquis par l'individu aux cellules germinales qui procèdent de lui est un fait non seulement inexplicable, mais on peut même dire incompréhensible, dans l'état présent de la science. Il ne l'est pas plus (si on est déterminé à ne pas se payer de mots) que celui de la transmission à ces mêmes cellules des caractères ancestraux, et il doit être de même nature. Il faut, d'autre part, remarquer qu'en faisant appel à l'effort individuel ou à ce qu'on appelle de nos jours la réaction responsive ou défensive de l'organisme dirigée contre les attaques de son milieu, on introduit, d'une façon ouverte ou déguisée, la *sensibilité* dans le déterminisme des phénomènes évolutifs. Ce serait elle qui dirigerait, en somme, tout cet enchaînement.

L'hypothèse transformiste est acceptée aujourd'hui par la majorité des esprits. Cela tient d'une part à ce qu'elle est la seule hypothèse rationnelle rendant compte de l'origine des espèces que l'on puisse donner dans l'état présent de nos connaissances; mais cela tient en plus à ce que l'on avait cru trouver dans la sélection naturelle une explication du mécanisme de la transformation des espèces les unes dans les autres. Telle qu'elle a été comprise par DARWIN et surtout par ses successeurs, la sélection naturelle était ramenée à une condition purement physique, écartant toute influence de l'ordre conscient et agissant automatiquement d'après un certain enchaînement pour maintenir la vie des êtres, en adaptant leur organisation aux conditions variées dans lesquelles ils sont appelés à exister.

4. **Critique de la doctrine sélectioniste**. — Les principes sur lesquels repose la sélection naturelle ont été soumis à diverses reprises à une critique qui montre, dans beaucoup de cas, leur insuffisance. La sélection naturelle admet que des variations individuelles, nées du besoin ou de la nécessité et agissant d'une façon cumulative, peuvent, en se fixant par hérédité, donner naissance à des espèces nouvelles. C'est ainsi que le cou de la girafe serait devenu ce qu'il est au cours des générations d'êtres antérieurs appartenant aux ongulés, par des accroissements successifs des vertèbres cervicales, sous l'impulsion du besoin qui pousse l'animal à brouter les feuilles des arbres. Or, cet exemple est des plus propres à montrer le mal fondé d'une telle explication. Un accroissement ou une différence accidentelle de longueur de quelques millimètres ne donnera au porteur de cette variation qu'un avantage absolument insignifiant

en réalité, nul en cas de disette, et ne le sauvera pas de la famine au milieu de ses congénères, sans compter que la mort, au lieu d'épargner les jeunes, meilleurs reproducteurs, en frappera de préférence un grand nombre, à raison de leur moindre taille.

Cette difficulté, qui s'est présentée à beaucoup d'esprits, a fait admettre à certains que la variation qui crée l'espèce est au contraire brusque. Huxley, en particulier, l'explique par l'apparition de véritables monstruosités que l'hérédité tend à fixer en les perfectionnant. Ce ne sont là au surplus que des hypothèses, et la question ne peut se juger que par l'expérience. Des essais ont été tentés sur les végétaux. Jordan, en multipliant les semis d'un grand nombre d'espèces végétales, n'a jamais pu observer l'apparition d'aucune espèce nouvelle. De Vriès, en répétant des essais semblables dans de certaines conditions, est arrivé à un autre résultat. Avec l'onagre biennal (*Enothera Lamarckiana*), cet auteur a obtenu jusqu'à sept espèces nouvelles en quelques années, espèces considérées comme authentiques, *incapables de se reproduire entre elles par le croisement*.

Théorie de la mutation. — D'après de Vriès, il faudrait se faire de la formation des espèces et des conditions qui président à cette formation une idée tout autre que celle qui a prévalu jusqu'ici. On s'est figuré la formation des espèces comme résultant de la variation lente et progressive des individus. En réalité, *c'est l'espèce elle-même qui varie*, et cela brusquement. Les espèces ont, comme les individus, une naissance, une jeunesse, un état adulte, une mort. Une espèce dérive d'une autre espèce (comme un individu d'un autre individu) à un moment précis, qui marque sa séparation d'avec elle. C'est le moment de la *mutation spécifique*. Autrement dit, un individu naît d'un autre à un moment donné en se séparant de lui. Dans l'immense majorité des cas, cet individu est de la même espèce que le parent. Dans d'autres cas exceptionnels, cet individu n'est plus de la même espèce; il constitue une souche désormais indépendante et qui va se perpétuer héréditairement avec ses caractères nouveaux propres à elle; c'est l'espèce nouvelle qui est née en même temps que lui et qui va coexister parallèlement à l'espèce parente, avec laquelle elle entre en concurrence, en lutte pour l'existence. Cette lutte peut avoir pour résultat la suppression de l'une ou de l'autre espèce. Contrairement à ce que soutenait Darwin, la concurrence vitale supprimerait des espèces, elle n'en créerait pas. Entre les deux espèces, l'une parente, l'autre fille, les différences anatomiques ou extérieures peuvent être minimes ; ce qui diffère, ce sont les caractères proprement spécifiques, ceux qu'on tire de l'épreuve du croisement.

Les conditions qui règlent l'apparition de ces espèces nouvelles sont inconnues ; ce qu'on en peut dire, c'est qu'elles affectent surtout la reproduction. Quand elles sont présentes, plusieurs espèces peuvent naître en peu de temps d'une même espèce antérieure. Pour les espèces comme pour les individus, il est un âge favorable à leur reproduction, cet âge est leur jeunesse. Ces conditions paraissent indépendantes de l'adaptation, à laquelle la théorie encore en vogue a fait jouer un si grand rôle.

Ces faits, s'ils se confirment par leur généralisation, comportent des conclusions importantes. L'idée transformiste, formulée initialement par Lamarck et Geoffroy-Saint-Hilaire, se trouverait ainsi démontrée par l'expérience, seule preuve inattaquable qu'on en puisse donner. Par contre, l'idée de la sélection naturelle donnée comme explication par Darwin serait nettement contredite.

II. — *Espèce*, *spécificité*.

Les mots *espèce*, *spécificité* reviennent assez souvent dans le langage de la physiologie ; il importe de prévenir que ce n'est pas toujours exactement avec le même sens. Ce sens est tantôt très général, tantôt au contraire étroitement limité et alors proprement biologique. En général, on range dans un même groupement, une même espèce, les objets ou les faits qui se ressemblent étroitement ou qui sont identiques, et on appelle *spécifiques* les caractères qu'ils ont en commun mais qui les distinguent d'autres groupements analogues. C'est ainsi que les sensations de la vue, de l'ouïe, de l'odorat... sont spécifiques, de même que sont spécifiques également les énergies extérieures qui leur servent d'excitants et les appareils périphériques qui sont adaptés à ces divers genres d'excitation. Mais, d'autre part, dans la classification biologique, on réserve le nom d'*espèces* à des groupements, non plus d'unités quelconques, mais d'*individus*, rattachés entre eux par des caractères communs et séparés des autres groupements analogues par des caractères différentiels de forme extérieure et d'organisation. A ces caractères de ressemblance (ou dissemblance) tant extérieure qu'intérieure on en ajoute un autre tiré de l'*origine*, de l'*évolution* de ces êtres et on peut dire avec Cuvier que l'espèce « est la collection de tous les êtres organisés descendus l'un de l'autre ou de parents communs et de ceux qui leur ressemblent autant qu'ils se ressemblent entre eux ». Autrement dit, nous invoquons comme caractère de l'espèce, non plus seulement la ressemblance, comme pour les objets inanimés, mais la filiation et avec elle la parenté.

Pendant qu'on a pu croire que les espèces étaient fixes, invariables, ce caractère d'origine ou de fixation avait une valeur absolue. Mais, de même que l'individu, l'espèce a eu un commencement, et elle peut avoir comme lui une fin.

L'hypothèse transformiste admet que par une série de déviations que les uns estiment lentes, les autres plus ou moins rapides, une espèce peut donner naissance à des séries divergentes, dont les individus auront perdu ce caractère de pouvoir se reproduire par leur croisement. Ces séries seront parentes en raison de leur origine commune, mais constitueront désormais des espèces nouvelles. Leur origine première reste pour elles un caractère commun, mais leur défaut d'affinité sexuelle est devenu un caractère différentiel.

1. **Spécificité évolutive et spécificité fonctionnelle.** — Pour constituer une espèce, nous groupons des individus d'après certains caractères que nous appelons spécifiques. Mais ces individus sont eux-mêmes composés d'unités qui sont leurs cellules, lesquelles procèdent d'une cellule primitive, l'œuf. Elles

se sont multipliées, elles aussi, en formant des séries divergentes ; elles se sont différenciées morphologiquement et fonctionnellement. De ce fait on est exposé à dire qu'elles forment des espèces cellulaires, dont les cellules nerveuses, musculaires, cartilagineuses, osseuses, etc... sont des représentants bien connus. Chacune de ces soi-disant espèces cellulaires, quand on la compare à l'espèce homonyme d'un individu spécifiquement différent (comme la cellule musculaire d'un lapin avec celle d'un chien) lui ressemble étonnamment. Mais en aucun cas elle ne lui est identique ; elle a conservé, en dépit des apparences extérieures qui établissent ces ressemblances parfois saisissantes, certains caractères intimes qui la rattachent à l'espèce à laquelle appartient l'individu qui en est porteur. C'est ce que l'on voit bien quand on tente de transplanter des cellules d'un individu sur un autre individu au lieu et place des cellules homonymes qui lui ont été enlevées ; en principe, ces greffes ne réussissent qu'autant que les deux individus sont de même espèce (ou d'espèces très rapprochées) ; de même pour la transfusion du sang ou de ses globules d'un animal à l'autre.

Son critère par la greffe. — Un exemple très significatif dans ce genre, c'est celui qu'a signalé OLLIER en faisant des transplantations de périoste. Ce périoste contient des éléments ostéogènes dont l'évolution sur place aboutit à la formation de tissu osseux. On peut détacher de sa place naturelle un lambeau de périoste, le greffer dans un lieu où normalement il ne se forme jamais de tissu osseux (tel que sous la peau) et l'évolution de ce lambeau, continuée hors sa place naturelle, aboutit encore à la formation d'une lamelle osseuse, montrant par ce phénomène de développement, d'une façon évidente la persistance de la vitalité des éléments transplantés. Or *cette formation de tissu osseux*, qui dans l'exemple donné accuse la reprise de la greffe, *n'a lieu que si la transplantation* du périoste *est faite sur le même animal ou sur un animal de même espèce, mais non sur un animal d'espèce différente.* Elle ne réussit pas du chien sur le chat ou le lapin ou inversement : le fragment se résorbe ou bien s'enkyste ou encore est éliminé par suppuration.

2. **Affinité végétative et affinité sexuelle.** — D'après l'expression d'O. HERTWIG, il y a une affinité végétative entre les cellules somatiques d'une même espèce, comme il y a une *affinité sexuelle* entre les *cellules reproductives* des deux sexes de cette même espèce. Toutes les cellules qui composent les tissus d'un individu adulte sont provenues par multiplication d'une cellule originelle, l'œuf, qui est une cellule spécifique, c'est-à-dire appartenant à une espèce zoologique ou botanique déterminée. La spécificité de l'œuf est, dans un grand nombre cas, impossible à déterminer autrement que par son développement même, c'est-à-dire par les caractères devenus apparents de l'individu adulte ou suffisamment développé. Nous devons admettre évidemment que cette spécificité n'en est pas moins déterminée par certains caractères invisibles de l'organisation primordiale de cet œuf. Ces caractères intimes ont été transmis par la cellule-œuf, à toutes les cellules issues de la segmentation ou multiplication sur place, qui ont formé les tissus différenciés de l'organisme développé. Ces caractères, invisibles directement, ne sont plus reconnaissables que par les épreuves de la transplantation ou de la greffe, comme ceux de la cellule-œuf ne le sont que par les épreuves de la fécondation.

Localisation distincte des deux spécificités. — Soit dans la cellule somatique, soit dans la cellule reproductive, les caractères intimes, qui lui confèrent sa spécificité, ne paraissent pas répartis uniformément dans tout le protoplasme, mais affecter au contraire une localisation, sinon exclusive, au moins prépondérante, dans l'*idioplasme*, le *plasma germinatif*, c'est-à-dire la substance caractéristique du noyau. Dans les cellules somatiques différenciées au cours du développement ces caractères spécifiques, réfugiés dans le noyau, se sont recouverts d'autres apparents à première vue, qui sont ceux que nous appelons d'ordinaire les caractères fonctionnels de la cellule, et qui sont spécifiques en leur genre (contraction, sécrétion, transmission des excitations, etc.). Ceux-là sont localisés manifestement dans le protoplasme proprement dit de la cellule et motivent ces espèces nouvelles ou variétés cellulaires, qui cohabitent dans le même innividu qu'elles constituent par leur agrégat.

Leur indépendance. — Le trait le plus saillant de cette différenciation ou spécification fonctionnelle des cellules somatiques, c'est qu'elle est indépendante de la spécificité évolutive ou spécificité proprement dite. Une espèce zoologique étant prise en particulier, on trouve dans un de ses individus des muscles, des nerfs, des glandes, des cartilages, des os, etc... D'autre part, un de ces tissus étant pris en particulier, on le retrouve dans les espèces zoologiques les plus différentes, et même les plus éloignées. Une même cellule peut donc différer d'une autre fonctionnellement et lui ressembler spécifiquement (si elle est prise dans le même individu ou des individus de la même espèce), ou ressembler à une autre fonctionnellement et en différer spécifiquement (si elle est prise dans le même tissu chez deux individus d'espèces différentes). L'attribution pour le moins prépondérante de chacune de ces spécificités, l'une à l'idioplasme, l'autre au protoplasme ou à l'exoplasme qui en procède nous aide à comprendre la coexistence de ces doubles caractères dans le même élément. De ces deux spécificités, la plus essentielle, celle qui est primitive, c'est celle du germe, de l'idioplasme, lequel la cède par descendance aux cellules tant reproductives que somatiques qui dérivent de lui ; l'autre en fait est bien également héréditaire, mais peut être considérée comme héréditairement acquise au cours du développement, en raison des circonstances mêmes de ce développement.

Les mêmes causes ou, si l'on veut, les mêmes nécessités amènent les mêmes résultats dans les organismes construits sur le même plan général, mais avec des matériaux, c'est-à-dire des éléments spécifiquement différents. Certains animaux d'espèces très distinctes et qui vivaient primitivement dans des milieux différents, lorsqu'ils s'adaptent à un milieu commun, prennent des organes fonctionnellement semblables par un phénomène de pure adaptation. Ce qui se passe dans ce cas pour des appareils visibles, tels que ceux de la locomotion, paraît être la règle pour toutes les cellules qui se différencient en vue des fonctions qu'elles auront à remplir.

3. **Volume limité des cellules.** — Une balance exacte entre l'absorption et l'excrétion garantit aux cellules la constance de leur volume. Un excès de la première par rapport à la seconde est la condition de leur croissance lorsqu'elles sont jeunes. Cet accroissement est limité à un certain volume.

Les raisons de cette limitation ne nous sont pas connues. Tout au plus comprenons-nous, quand il s'agit de la cellule, que les conditions de la circulation de la matière au sein de la masse tendent à changer, quand celle-ci s'accroît, et réclament des artifices nouveaux d'organisation pour réaliser ses fonctions élémentaires, d'où son arrêt en quelque sorte forcé à partir d'un volume déterminé.

Accroissement et multiplication. — Mais si l'accroissement des unités vivantes prises en particulier est limité, celui du règne vivant est indéfini. Lorsque la cellule a pris son volume maximum, elle peut continuer simplement de se conserver par un équilibre cette fois rigoureux entre son assimilation et sa désassimilation; mais elle peut aussi, après avoir réparti sa substance d'une certaine façon dans son intérieur, se diviser en deux cellules qui s'accroîtront à l'égal de la cellule primitive, pour se diviser de nouveau et ainsi de suite un certain nombre de fois. La reproduction est une croissance qui a lieu au delà de l'individu (HÆKEL, WEISMAN).

Autrement dit, la cellule s'accroît jusqu'à une limite qui lui est marquée pour les nécessités de son organisation ; à partir du moment où elle ne peut plus s'accroître, elle se multiplie. Cette multiplication est un nouveau processus d'accroissement de la matière vivante. Cette division ou multiplication a son point de départ dans un processus de division des éléments intérieurs ou composants de la cellule, qui précède et prépare la segmentation apparente de celle-ci.

4. **Rapports entre les cellules issues d'un germe.** — Les cellules qui naissent de la division et multiplication d'une cellule primitive peuvent avoir des rapports différents qu'on peut résumer sous les principaux groupes qui suivent :

1° Elles restent semblables et libres, par conséquent, indépendantes les unes des autres, chaque cellule nouvelle est un *individu* au même titre que l'individu primitif d'où il est né. C'est le cas des protozoaires ;

2° Elles contractent entre elles des associations très lâches, à l'aide d'une matière mucilagineuse unissante ou encore en fusionnant les pseudopodes de leur protoplasma à la manière d'un réseau ou très fin (comme dans la Microgromia socialis de R. HERTWIG), ou très épais comme dans les Plasmodies, ce sont des *colonies*; ou bien encore le protoplasma forme une masse indéfinie semée de noyaux qui a reçu le nom de *syncitium*;

3° Elles se multiplient, mais restent étroitement associées, en contractant entre elles des liaisons de toute nature (mécaniques, humorales, nerveuses, etc.) ; elles forment alors des *personnes*;

4° Soit les colonies, soit les personnes peuvent former de nouveaux groupements, sortes de *sociétés* quelque peu analogues aux sociétés humaines, mais dans lesquelles le lien qui établit l'association est bien plus marqué, puisque les individus sont enchaînés mécaniquement les uns aux autres. Telles sont les colonies qui, en se réunissant, forment certains polypes hydroïdes, les colonies de coralliaires, de bryozoaires. Telles sont surtout ces colonies formées, telles que les Syphonophores, d'individus étroitement unis et de plus différenciés professionnellement dans la colonie ; tel individu étant un siphon nourricier, tel autre un bouclier, tel autre une cloche natatoire, tous solidarisés et se prêtant le concours de leurs aptitudes différenciées.

5. **Types d'organisation.** — Il y a ainsi des types divers d'organisation. Ed. PERRIER les classe sous les noms suivants: le plus simple est la cellule qu'on appelle aussi *plastide* : exemple, beaucoup de protozoaires. Les plastides peuvent s'associer en colonies. Lorsqu'ils tendent à former par leur réunion une unité nouvelle (organisme polyplastidulaire), la plus simple comme organisation est le *méride*. Un méride est un individu formé de cellules disposées comme dans la forme larvaire dite *gastrula* : exemple, la planula ou larve des polypes, le nauplius ou larve des crustacés, la trochosphère ou larve des anélides. — Lorsque l'organisation se complique, les mérides s'associent entre eux et deviennent un *zoïte* : exemple, une méduse est un zoïde dans lequel le

manubrium et les quatre secteurs de l'ombrelle sont des mérides ; un lombric est un zoïde dans lequel chaque segment du corps est un méride. — Enfin, chez certains animaux, les zoïdes s'associent entre eux et forment un quatrième type d'organisation qui est le *dème* : exemple, un siphonophore dans lequel les siphons, les cloches, les boucliers sont des zoïdes.

6. **Individus et colonies.** — Le plastide, le méride, le zoïde, le dème sont aussi des types d'organisation dont chacun successivement comprend les précédents, comme éléments constitutifs. Un plastide, un méride, un zoïde, un dème, en vivant à l'état indépendant, pourront former des individus, mais ils pourront aussi former des colonies ; tout dépendra de la valeur des liaisons qui rattachent ensemble les plastides dans le méride, ou les mérides dans le zoïde, ou le zoïde dans le dème. Un dème peut être une colonie d'individus zoïdes ; le zoïde une colonie de mérides, le méride une colonie de plastides.

Le caractère auquel se reconnaît le mieux l'individualité, c'est, d'après Le Dantec, la fixité de composition du type de l'organisation à travers leurs générations successives. Si un dème se reproduit héréditairement avec le même nombre de zoïdes ayant la même structure, dans tuos les cas, ce dème est un individu. Si les zoïdes sont susceptibles de variations, il est une colonie et les zoïdes sont alors des individus. Même raisonnement pour les zoïdes à l'égard des mérides et ceux-ci à l'égard des plastides ; ainsi un caractère essentiel de l'individualité, ce ne serait pas seulement l'organisation actuelle, l'intégration, si complète qu'on la suppose, de ses éléments constitutifs dans un tout défini, mais la fixité héréditaire de cette organisation, qui fait qu'elle est inscrite dans tous ces éléments et, en particulier, dans ses éléments reproducteurs. Seulement, comme les plastides qui forment le premier terme de ces éléments constitutifs sont susceptibles de se reproduire eux-mêmes par hérédité, il conviendra d'appeler individu *l'unité morphologique la plus élevée que l'hérédité reproduise fidèlement dans une espèce donnée.*

7. **Critère différent de l'équivalence entre les individus et les types d'organisation.** — L'individu débute en effet toujours par un germe qui est une cellule. Cette cellule, nous l'avons vu, peut constituer à elle seule un individu. Elle peut, en se groupant avec ses semblables, constituer une colonie, qui sera une ébauche d'organisation du type supérieur ; elle peut constituer des individus d'un type, voire de plusieurs types supérieurs, en associant entre eux les plus simples de ces types ; comme elle peut faire encore des colonies avec ces types plus ou moins simples ou compliqués. Au point de vue de l'individualité, il y a donc en somme équivalence entre ces types inégaux d'organisation, quand ils sont susceptibles de se reproduire par l'hérédité et tel type, qui est individu dans certaine espèce, est employé comme unité constituante dans d'autres espèces dont les représentants sont d'une individuation plus compliquée. L'équivalence entre les types ne préjuge pas l'équivalence entre les individus. Par définition (ne serait-ce que pour la correction et la commodité du langage), il n'y a qu'une individualité dans une espèce donnée (Le Dantec).

8. **Symbiose.** — Une forme d'association cellulaire qui est décrite à part, c'est celle qui a reçu le nom de *symbiose* et qui résulte du groupement de deux espèces de cellules spécifiquement différentes, dont le rapprochement, dont la vie en commun est basée sur le profit retiré par chacune de ce rapprochement même. On en a un exemple dans les *lichens*. Ces plantes sont composées de filaments mycéliens d'un champignon du groupe des Ascomycètes, formant un plexus dans les mailles duquel sont des cellules d'algues contenant une

matière colorante verte, rouge ou jaune. Une espèce déterminée de champignons s'associe à une espèce déterminée d'algues, en donnant un lichen lui-même déterminé. Des espèces quelconques de champignons et d'algues ne sont pas aptes à former une symbiose. L'algue réduit l'acide carbonique et fait profiter le champignon de cette opération assimilatrice du carbone, pendant que lui-même réalise d'autres opérations dont l'algue peut profiter. Séparé de l'algue, le champignon, agissant par son pigment identique ou analogue au pigment chlorophyllien, peut se reproduire et se multiplier longtemps par bourgeonnement, mais pas indéfiniment; si l'algue qui le nourrit ne se rencontre pas, il est destiné à périr.

On a trouvé des *cellules animales* qui, chez certaines espèces de *Radiolaires*, contiennent dans leur protoplasme, d'une façon constante, des algues (cellules jaunes) (Cienkowski). De même, dans l'épithélium de l'intestin primitif de beaucoup d'*Actinies*, de petites cellules jaunes avec membrane de cellulose et grains d'amidon, qui, étant capables de vivre encore après la mort de leur hôte, doivent être considérées comme des algues monocellulaires (O. et R. Hertwig). Des associations semblables ont été trouvées et décrites par Brandt, Geddes, Graff, Geza Entz, notamment chez plusieurs infusoires; des méduses, des échinodermes, des vers, des mollusques. Dans l'*hydra viridis*, cette présence d'algues; est caractéristique. Une telle association symbiotique, sous une forme aussi simple et aussi réduite que possible, ferme le cycle de la matière et de l'énergie allant des végétaux aux animaux.

9. Parasitisme. — Des êtres vivants, végétaux, cellules, microbes, etc., peuvent former avec certains organismes végétaux ou animaux des *associations* non plus symbiotiques, mais *parasitaires*. La différence est dans ce cas que l'organisme porteur no nseulemen tn'éprouve aucun bénéfice d'une telle union, mais en éprouve un dommage réel, pouvant aller jusqu'à sa destruction. Le parasite lui enlève une partie de sa nourriture, mais surtout fabrique avec sa substance des *produits toxiques*, qui apportent le désordre dans ses fonctions. L'association parasitaire est du ressort de la pathologie.

10. Descendance cellulaire. — Lorsque l'individu répond à un de ces types complexes qui retiennent réunies un grand nombre de cellules, issues d'un même germe, ces cellules proviennent de la multiplication répétée des éléments primitifs. Comme, au moins au début, la division de ces éléments est intégrale, il s'ensuit que, lorsque l'organisme est adulte, toutes ces cellules se sont remplacées les unes les autres un assez grand nombre de fois. L'individu a persisté à travers le remplacement de ses éléments par d'autres issus d'eux, comme les cellules elles-mêmes ont persisté à travers le remplacement continu de leurs matériaux de composition. L'unité, l'individualité est attachée, non à la substance en tant qu'elle serait permanente, non à la forme ou à l'organisation en tant qu'elle serait fixe, mais à la continuité de cette organisation à travers ses changements successifs. Son origine est marquée par un changement plus heurté que les autres, sa fin par une véritable destruction de cette organisation, c'est-à-dire par la rupture des liaisons qui intègrent les parties dans un tout harmonique.

Considérée du point de vue exclusivement cellulaire, l'organisme adulte est le descendant d'un germe à travers une série de générations. Mais d'autres voient les choses tout autrement et se représentent l'adulte comme étant la masse du germe à la fois accrue et intérieurement remaniée. Pour les premiers, les choses se passent comme s'il y avait de prime abord séparation des cellules nouvelles et ensuite association de ces cellules; pour les seconds, la masse du germe en s'augmentant reste cohérente, mais subit seulement un cloisonnement intérieur de sa substance qui y établit les divisions nécessaires à la complication croissante de son organisation.

III. — L'unité vivante.

La constitution cellulaire des animaux pose un autre problème, de nature celui-là plutôt philosophique, mais que son importance nous oblige d'indiquer.

I. **Unité individuelle**. — Un individu vivant est une unité. Cette unité est évidente d'elle-même. Elle a pour témoignage principal la conscience que cet individu a de son être, comme chacun de nous peut s'en rendre compte par soi-même et conclure ensuite par ressemblance ou analogie avec des êtres semblables ou analogues à lui. Elle est affirmée aussi par l'accord de ses parties, leur dépendance réciproque, l'harmonie de ses manifestations extérieures. Or l'analyse à laquelle nous soumettons cet être nous y fait découvrir de nouvelles unités, les cellules, qui reproduisent en petit les caractères de l'unité qui les englobe. Il semble contradictoire de dire qu'une unité est composée de parties ; seulement, ce n'est pas en tant qu'objet quelconque, mais en tant qu'être vivant que nous considérons cette unité. Dès que le lien qui rattache ses parties se dissout, nous la voyons elle-même se dissoudre et se détruire en tant qu'unité vivante.

II. **Unité cellulaire**. — C'est du moins ce qu'une observation sommaire nous montre comme évident. La mort est la conséquence des mutilations qui détruisent l'accord fonctionnel des organes. Mais de nouveau quand on examine l'expérience de près, on voit la contradiction renaître sous une forme nouvelle et plus insoluble. — Il est de connaissance vulgaire que des retranchements considérables faits à un organisme le laissent survivre ; la lésion n'est mortelle que si elle porte sur certains organes établissant entre tous des liaisons essentielles. — Certaines parties retranchées peuvent être transplantées, greffées sur un autre organisme semblable et y reprendre (ou pour mieux dire y continuer) la fonction (on peut dire la vie) qu'elles avaient sur l'organisme auquel elles ont été enlevées. Certains organes (en principe tous les organes) une fois séparés de l'organisme (sans même qu'on les transplante dans un organisme semblable) sont susceptibles de manifester leur fonction, de continuer par conséquent de vivre à l'état indépendant et isolé, à la condition qu'on leur assure, d'une façon plus ou moins naturelle ou artificielle, les conditions de milieu qui leur sont nécessaires.

L'expérience de circulation artificielle que l'on réalise avec un cœur détaché de vertébré est typique à cet égard.

Non seulement des systèmes plus ou moins compliqués, comme le cœur muni de ses ganglions nerveux, mais des tissus simples formés par la répétition des mêmes cellules, comme les muscles ordinaires (en principe toutes les cellules dissociées et séparées de l'organisme), peuvent, quand on leur offre des conditions convenables de milieu, manifester pendant un temps relativement long leur vitalité.

D'après ces exemples, la vie, qui a disparu de l'ensemble organisé que nous appelons un individu, n'est pourtant pas éteinte, puisqu'on la retrouve dans ses systèmes composants et en particulier dans ses éléments cellulaires. L'unité de l'individu ne serait donc qu'apparente : celui-ci ne serait qu'un agrégat, une somme de composants vivants, et alors comment expliquer le sentiment si invincible que nous avons de notre personnalité ? Ce problème a depuis long-temps embarrassé tous ceux qui l'ont médité. Nier l'unité de notre individu, c'est aller contre le sens commun ; nier l'individualité cellulaire, c'est aller contre l'évidence expérimentale. La solution ne peut être que dans la substitu-tion d'une idée de relativité à une notion absolue.

Relativité de la notion d'unité. — Quel que soit l'être que nous considé-rions, sa limitation n'est jamais exclusive ; son indépendance des autres êtres coexistants n'est jamais complète. Les divisions, qui sont à la base de nos clas-sements ou catégories, tranchent toujours dans quelques liens, qu'elles ont pour effet d'effacer à notre regard, pour nous permettre d'embrasser mieux l'objet qu'elles circonscrivent. Les plus naturelles d'entre elles sont celles qui portent sur les endroits où la continuité des choses est le plus affaiblie et qui suppriment leurs liaisons les plus lâches en respectant les plus cohérentes. Toutes sont plus ou moins artificielles, parce que l'isolement ou l'indépendance absolue des êtres est impossible. Tout être détaché d'un système se trouve rattaché à un autre plus ou moins semblable ou différent.

Les êtres, en s'agrégeant les uns aux autres, formeront donc des systèmes plus ou moins cohérents. Ces systèmes étant susceptibles eux-mêmes d'agré-gation, leur organisation pourra atteindre un haut degré de complexité et de perfectionnement. Du point de vue absolu, aucun n'est un tout et aucun n'est un élément ; mais du point de vue relatif, chacun peut être l'un ou l'autre ou l'un et l'autre. La cellule, animale ou végétale, n'est elle-même pas autre chose qu'un système de ce genre d'une organisation intérieure déjà extrêmement élevée et perfectionnée et elle n'est un élément que par comparaison. Rien ne prouve que, lorsqu'elle est dissociée en ses parties, la vie ne puisse pas subsister dans chacune de celles-ci, pourvu qu'on leur offre artificiellement les conditions essentielles de milieu que l'organisation de la cellule leur assure normalement. Les manifestations de la vie vont en s'atténuant et se simplifiant à mesure que la dissociation de l'être organisé est poussée plus loin. Nous avons insisté plus haut sur la relativité des caractères attribués à l'être vivant : ce qui vient d'être dit est le complément de cette notion tiré de l'étude de son organisation.

Caractères primitifs. — L'unité vivante est, en somme, celle que les con-ditions actuelles de l'observation mettent en relief, et notre critère reste une fois de plus nous-mêmes. Au regard de notre conscience, nous nous *sentons* délimités par rapport à d'autres êtres, qui nous apparaissent comme extérieurs, c'est-à-dire distincts de nous. C'est là un témoignage en quelque sorte fonda-mental et primaire, qui nous révèle notre propre existence en même temps que celle d'un monde extérieur à nous. — Pour prendre les choses plus au fond, on peut dire : il y a initialement pour nous deux ordres de phénoménalités, l'une *intérieure*, qui est la *sensibilité* ou la conscience de cette sensibilité, l'autre *extérieure*, qui est le *mouvement*. Secondairement, nous constatons des rapports étroits entre ces deux ordres de phénomènes, qui se conditionnent et se commandent. D'une façon plus ou moins empirique ou scientifique, nous arrivons à nous convaincre que le mouvement existe jusqu'à l'intérieur de nous sous tout phénomène de sensibilité, et, à son tour, le mouvement extérieur à nous nous démontre, chez certains êtres, l'existence d'autres sensibilités, plus ou moins semblables ou analogues à la nôtre. Et nous sommes amenés à voir, entre ces sensibilités et mouvements qui nous sont extérieurs, les mêmes rapports, la même dépendance que celle que nous observons en nous.

III. **Unité de la vie cellulaire.** — Dire que les cellules ont partout et en tout temps les mêmes conditions fondamentales d'existence, c'est affirmer l'unité de la vie cellulaire, c'est ramener les fonctions essentielles des cellules à un type uniforme et constant. Cette vue synthétique est encore due à Cl. BERNARD. La difficulté a été, là encore, de discerner les caractères généraux sous les variétés spécifiques et le phénomène intérieur essentiel sous les apparences de la surface.

Dualisme apparent. — Entre les végétaux et les animaux il existe des différences de prime abord si frappantes, des oppositions si accusées qu'on a pu croire que les fonctions des uns étaient la contre-partie de celles des autres. *Le végétal absorbe de l'acide carbonique et exhale de l'oxygène, l'animal fait l'inverse ; le végétal élabore synthétiquement des principes immédiats en partant des éléments chimiques, l'animal les ramène à l'état d'acide carbonique, d'eau et d'urée ; le végétal absorbe les radiations solaires, l'animal dégage de la chaleur ; le végétal est immobile, l'animal se meut.*

Unité fondamentale. — Ces oppositions sont très réelles et correspondent dans le végétal et l'animal à des fonctions qui sont nécessaires à l'équilibre cosmique. Mais ces fonctions, qui n'expriment en somme que la relation ou la dépendance existant entre les deux règnes vivants considérés dans leur ensemble, en masquent d'autres qui sont primordiales et se retrouvent les mêmes dans les cellules des végétaux et des animaux. *La cellule végétale* en réalité *absorbe de l'oxygène et exhale de l'acide carbonique*, c'est-à-dire respire, au sens propre du mot, comme la cellule animale. *La cellule végétale décompose, hydrolyse, oxyde ses réserves, comme la cellule animale, et cette dernière à son tour sait, comme elle, faire des synthèses. La cellule végétale dégage de très petites quantités d'énergie en rapport avec la lenteur de son activité, elle ne présente qu'exceptionnellement des mouvements apparents sous l'influence des excita-*

*tions, mais elle a un mouvement protoplasmique constant, comme la
cellule animale.*

La cellule est une individualité vivante. Comme telle, elle ne
peut se maintenir que par la satisfaction donnée à certaines conditions, qui créent cette individualité et sont ainsi les mêmes pour
toutes les cellules. *Ses fonctions premières sont donc constantes,*
c'est-à-dire à peu de chose près invariables. Lorsque les cellules
s'agglomèrent en vue de créer de nouvelles individualités, ces unités
primitives entrent dans celles-ci comme éléments. Elles y gardent
leurs caractères fondamentaux, mais en même temps les rapports
fonctionnels qu'elles établissent entre elles leur en imposent de
nouveaux, qui ne sont encore que les premiers différenciés de
certaines façons et qui confèrent à ces éléments une variété de
manifestation extérieure qui masque absolument leur uniformité.

Dans l'être vivant, la variété confine partout à l'uniformité et procède d'elle par gradation continue. C'est la coexistence de ces deux
caractères qui fait les difficultés de son analyse et de sa description.

IV. Origine de la cellule. — Tous les êtres vivants sont des cellules ou des agrégats de cellules. Leur organisation, leur développement, leur filiation, leur évolution tant phylogénique qu'ontogénique
s'expliquent par des phénomènes de l'ordre cellulaire. Si une cellule
primitive est donnée, l'explication rationnelle du monde vivant
devient possible. Mais d'où vient initialement la cellule elle-même?
Comment la vie cellulaire a-t-elle pu apparaître dans un milieu
purement inorganique ? La théorie et l'expérience se sont attachées
depuis longtemps à la solution de ce problème si plein d'intérêt.

Hypothèse première sur sa formation. — Schwann, après
avoir reconnu l'existence des cellules animales, expliquait leur
genèse par un phénomène comparable à celui de la cristallisation
des solutions salines. Dans un milieu propice, qu'il appelait *blastème*,
il croyait voir apparaître primitivement le noyau de la cellule, puis
se déposer concentriquement sur lui les autres parties constitutives.

Filiation cellulaire. — L'observation plus précise des faits a
montré que le procédé est tout autre. Quand une cellule nouvelle
apparaît, c'est au dépens d'une cellule antérieure qu'elle s'est
constituée. C'est dans l'intérieur d'une cellule préexistante que
s'est fait le travail de genèse et d'organisation qui lui donne naissance. *Toute cellule vient d'une autre cellule.* Ainsi, dans l'organisme même, les humeurs ou milieux en apparence les plus aptes
à l'éclosion cellulaire restent stériles, tant qu'il sont dépourvus d'un
premier germe organisé. Autrement dit, quand dans un organisme

les cellules augmentent de nombre ou se substituent les unes aux autres, c'est par filiation *endogène*, jamais par formation *hétérogène* que se constituent les nouvelles cellules.

1. Homogénie et hétérogénie. — Si nous appelons endogénie ou *homogénie* le mode de naissance des cellules par filiation, et *hétérogénie* celui supposé par lequel elles pourraient naître sans parents d'un milieu non organisé, nous voyons que le premier mode est seul constatable dans le développement ontogénique ; le second mode y est inconnu. Ce second mode a-t-il existé à l'origine du développemant phylogénique ? Pouvons-nous même l'observer dans des conditions qui rappelleraient celles qui ont dû exister à l'origine ? Ces questions ont été souvent débattues et, autant qu'elles s'y prêtent, soumises à l'expérience.

Génération dite spontanée. — Elles ont porté d'abord sur des êtres à organisation très simple, voire élémentaire, comme les infusoires, êtres monocellulaires qu'on trouve en grande abondance dans une infusion de foin. — Au XVIIIe siècle, Nydham avait cru voir que de tels êtres peuvent apparaître d'une façon spontanée dans un liquide qui préalablement n'en contenait pas et qui ne représente que le milieu dans lequel ils sont susceptibles de se développer. C'est ce qu'on a appelé la *génération spontanée* ou *équivoque*, ou encore hétérogène. — Pouchet, au XIXe siècle, refit ces expériences et affirma l'existence d'un tel mode de génération. Pasteur reprit à son tour l'étude de cette question : on sait comment il la résolut et les conséquences tant pratiques que théoriques qu'il sut en tirer.

Réfutation expérimentale. — C'est par la rigueur de sa critique et la perfection de sa méthode que Pasteur parvint à dégager la vérité. Analysant toutes les expériences antérieures, dans lesquelles on avait constaté des générations prétendues spontanées, il montra, dans chaque cas positif, qu'au cours des manipulations on avait introduit des germes du dehors. Toutes les fois, au contraire, qu'aucune faute n'a été commise au cours de l'expérience, *le milieu s'il a été convenablement stérilisé, ou si initialement il ne contient aucun germe, reste indéfiniment semblable à lui-même, sans trace d'organisation d'êtres nouveaux.*

2. Panspermie. — Pour expliquer l'illusion de ses devanciers et justifier la rigueur des précautions à prendre, Pasteur montra la profusion, avant lui insoupçonnée, des germes vivants répandus dans l'air, dans les eaux, dans le sol, dans tout le milieu cosmique qui nous entoure ; êtres microscopiques sou-

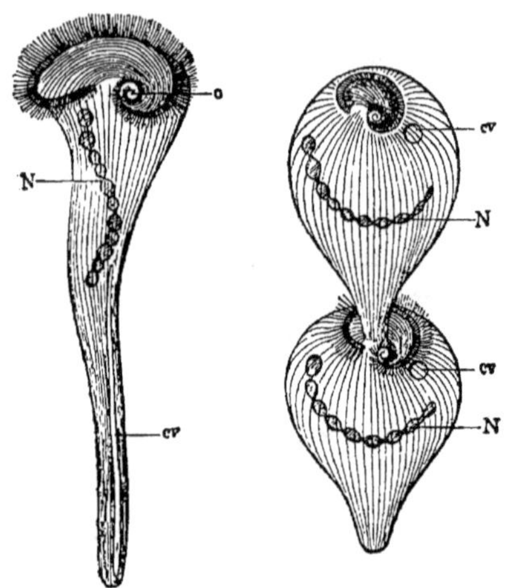

Fig. 5. — *Stentor polymorphus.*

N, noyau en chapelet ; O, orifice buccal ; *cv*, vacuole contractile ; 1, jeune individu en extension ; II, individu âgé en voie de division, contracté (d'après Stein).

vent à peine perceptibles aux plus forts grossissements des meilleurs instruments, et qui constituent une sorte de règne nouveau ou *règne microbien* à
ajouter aux règnes animal et végétal, auxquels il sert de complément, pour
assurer l'équilibre du règne vivant dans son ensemble.

Fermentations. — L'action de ces infiniment petits n'est pas seulement
extrêmement répandue dans le milieu cosmique, elle est de plus extrêmement
puissante. Des transformations physico-chimiques de toute nature, accompagnées de dégagement d'énergie, se manifestant par la production de chaleur,
se rencontrent à chaque pas, tantôt librement, c'est-à-dire au hasard des circonstances, tantôt guidées par l'homme dans ses diverses industries; toutes
transformations qui sont dues à ces êtres vivants : ce sont les *fermentations*
dont il suffit de nommer un certain nombre : la fermentation *putride*, la fermentation *ammoniacale*, la fermentation *nitrique*,... les fermentations *alcoolique*,
acétique, *butyrique*, etc., etc., sans compter celles que la pathologie étudie comme
étant à l'origine d'un grand nombre de maladies.

Leur nature chimique. — En tant que processus chimique, la fermentation
est une décomposition, une désorganisation des principes immédiats d'une complexité moléculaire plus ou moins élevée, tels que l'albumine, l'urée, le sucre,
qui sont ramenés à des termes plus simples, tels que l'azote ou l'ammoniaque,
l'hydrogène, l'acide carbonique, etc., en même temps qu'ils libèrent l'énergie
intérieure qui s'était fixée en eux au moment de leur formation. Le ferment
n'a donc prise que sur des substances ayant un certain degré d'organisation
moléculaire et non sur ceux qui sont tombés en indifférence chimique et qui
représentent comme les éléments des précédents.

Leur cause biologique. — Pasteur vit la relation étroite qui existe entre
les transformations chimiques, souvent à la fois si profondes et si tumul-
tueuses, qui forment le phénomène apparent de la fermentation, et la présence
de ces êtres figurés, à peu près négligés avant lui, qu'on a appelés depuis les
ferments. Il vit aussi la spécificité qui rattache chacun de ces êtres de forme particulière (autant qu'on peut l'apprécier) à une substance fermentescible, autrement dit à une transformation fermentative de nature déterminée. Il constata
également que le ferment, qui accomplit cette transformation, trouve dans l'acte
chimique qui se réalise les conditions de son propre développement et de sa
pullulation. En même temps que la transformation s'opère et que le milieu
s'appauvrit de la substance fermentescible, le ferment, lui, se multiplie jusqu'à
ce que le milieu étant épuisé, son développement s'arrête.

Ainsi, aussi bien et mieux encore que la naissance des infusoires, le phénomène si général de la fermentation se rattache à la question de la génération
spontanée et peut servir à la juger. Un corps, un milieu est dit fermentescible,
quand il peut servir d'aliment à un être vivant (le ferment figuré) qui s'y
développe et s'y multiplie, tout en le décomposant pour en tirer la substance
et l'énergie qui lui sont nécessaires. Mais ce milieu, quelque apte qu'il soit à la
fermentation et au développement corrélatif de l'être organisé qui s'y multiplie
pendant celle-ci, *n'engendrera* jamais de lui-même *cet être organisé*, s'il ne contient pas initialement cet être, ce ferment. Un seul représentant de son espèce,
étant donnée la faculté de pullulation qui lui est dévolue, suffit pour ensemencer le milieu et amorcer le phénomène, qui se déroulera peu après dans toute
son intensité, sous sa double face, l'une chimique de décomposition du milieu,
l'autre biologique d'accroissement du ferment.

Conséquences théoriques. — Les travaux de Pasteur montrent que les tentatives faites pour assister au passage de l'inorganique à l'organique, autrement dit à la naissance de la cellule, sont illusoires ; les conditions du phénomène étant elles-mêmes ou bien irréalisables ou hors de notre portée. La question de l'origine de la cellule et partant de l'origine des êtres vivants n'est pas tranchée pour cela, mais se trouve reculée ou tout au moins déplacée. Échappant à l'expérience, elle se trouve forcément reportée dans le domaine de l'hypothèse.

3. **Origine de la vie**. — Ce que nous savons des conditions de notre globe nous fait admettre qu'à l'origine la vie y faisait défaut. A un moment donné elle y est apparue ; d'où a-t-elle procédé ? — Si on assimile la terre avec son atmosphère à un système complètement isolé, il faut que l'organique à son apparition première y ait procédé de l'inorganique ; le premier germe, si rudimentaire qu'on le suppose, a pris naissance d'un milieu qui ne renfermait pas de germes.

Hypothèse de l'ensemencement. — Mais si isolé que notre globe terrestre nous paraisse. il est visité, son atmosphère souvent traversée par des corps qui sillonnent l'espace (les météorites), lesquels peuvent ou ont pu l'*ensemencer* de germes à eux propres ou importés par eux d'ailleurs. C'est l'explication de ceux qui admettent entre le vivant et le non vivant une barrière infranchissable.

Hypothèse de l'évolution continue. — D'autres, sans nier la possibilité d'une telle origine des êtres vivants, n'y voient qu'un expédient pour reculer la difficulté sans lui donner de solution même théorique. Rationnellement il faut admettre que le règne vivant procède de cet autre règne antérieur à lui, qui nous paraît si différent et que nous appelons inanimé. L'idée d'une évolution qui, à travers leurs formes spécifiques et leurs branchements innombrables, établit la continuité entre les espèces vivantes. en les rattachant à une souche commune, prend de la sorte une nouvelle extension et admet, comme une nécessité logique, une *continuité* semblable *entre tous les règnes de la nature*.

L'idée exprimée communément sur ce point, c'est que la transition d'où procédèrent les premières traces de l'organisation vivante aux dépens de la matière inorganisée, s'est opérée à un moment donné, dans le lointain des âges géologiques, sous l'influence de conditions qui auraient depuis cessé d'exister. Les êtres organisés vivants, qui sont ainsi les premiers apparus. se seraient ensuite multipliés, différenciés, perfectionnés d'après les lois que nous voyons présentement en action, sans faire appel ultérieurement à cette transformation initiale, à laquelle ils doivent leur première origine.

Cette restriction, qui limite le pouvoir évolutif de la matière inorganique, en le confinant dans un passé à jamais révolu. semble imposée à l'esprit par les enseignements de l'expérience ; elle est néanmoins irrationnelle, comme il est facile de le faire voir.

Instituée en vue de manifester ce pouvoir évolutif et de nous faire assister à la transformation qui, sans le secours d'un être organisé, organise la matière, l'expérimentation, avons-nous vu. s'est toujours montrée impuissante. En d'autres mots, elle semble prouver que les *causes actuelles* de l'organisation sont autres que celles qui ont existé en un temps antérieur. Il y a à cet égard un malentendu qu'il faut dissiper.

4. **Les critères de la vie et de ses limites : leur incertitude**. — Ce malentendu a sa source dans la façon nécessairement conventionnelle et arbitraire dont nous définissons et délimitons le règne vivant.

Quand on fait appel à l'expérience, on se rend très bien compte que la transformation spontanée du non-vivant en vivant n'a chance d'être observée qu'autant qu'il s'agit de réaliser les représentants les plus inférieurs de la vie. Dans un milieu purement chimique on ne s'attend point à voir apparaître des vertébrés ou des insectes ou d'autres êtres différenciés de ce genre ; mais on considérerait l'épreuve comme probante si des infusoires ou des vibrions y prenaient naissance. Or rien ne prouve que même ces derniers êtres (les plus rudimentaires que nous connaissions présentement) soient réellement les ébauches les plus inférieures de l'organisation et de la vie. Bien au contraire, plus nous apprenons à les connaître, plus nous sommes amenés à les considérer comme des représentants déjà élevés du règne vivant, au-dessous desquels en existent d'autres que leur dégradation même nous empêche de reconnaître, mais que les progrès des sciences feront sortir à leur tour de l'obscurité qui les environne.

Lenteur et petitesse des transformations dans l'évolution phylogénique. — Si donc, comme il est très probable, les transformations qui, à l'origine, ont tiré le règne vivant du règne inanimé continuent d'agir, elles restent pour nous invisibles, insaisissables. Les changements qui les accusent sont trop peu marqués, ou, ce qui revient au même, trop lents ou encore dépendants de conditions trop inconnues pour se révéler à nos méthodes encore trop grossières. Disons autrement : les origines premières de la vie sont trop loin de ce que nous sommes présentement pour nous laisser discerner rien de précis en ce qui les concerne, car notre critère c'est toujours, au fond, nous-mêmes ; elles se perdent dans l'obscurité qui nous voile les caractères les plus intimes de la matière.

Passage continu de l'inorganique à l'organique. — La transformation qui tire la vie de la matière brute est pourtant bien évidente pour qui sait la voir. Elle s'opère sous nos yeux dans les conditions les plus ordinaires, avec une rapidité d'évolution qui la rend saisissante. Les conditions qui nous la montrent ne sont alors plus celles de la génération spontanée, mais simplement celles de la nutrition et de la multiplication des êtres actuellement vivants.

S'il est vrai que le règne vivant a dû procéder, à ses tout premiers débuts, du règne inorganique, il faut comprendre, en plus, qu'il ne cesse à aucun moment d'en procéder. Les êtres qui le composent ne sont point des objets à l'état statique, mais au contraire soumis à un perpétuel renouvellement. Sans cesse la matière morte du milieu ambiant pénètre en eux, s'organise, se vitalise, puis les quitte à nouveau, pour retomber dans le monde minéral. *Cette évolution que d'ordinaire on appelle « chimique », parce qu'on a en vue surtout ses deux termes extrêmes, qui ne nous livrent que des corps morts, n'est pas seulement à l'origine de la vie, elle en forme la base essentielle et le premier support.* Dans l'édification et le perfectionnement graduel des êtres, cette évolution première s'est compliquée d'autres plus apparentes, plus directement visibles, à savoir, l'évolution cellulaire, celle des individus, puis celle des espèces qui sont représentées dans les classifications botanique et zoologique ; mais elle n'a pas cessé d'exister et elle reste la condition fondamentale des évolutions nouvelles qui se sont superposées à elle-même. Ceci est en vertu d'une loi qu'on pourrait formuler ainsi : *Dans ses perfectionnements graduels, l'être vivant n'abandonne rien de ses fonctions et attributs primitifs ; il les fait entrer seulement comme éléments composants dans les fonctions et attributs supérieurs qu'il acquiert peu à peu, au cours de son développement.*

Continuité entre les diverses évolutions. — En parlant d'une évolution chimique, d'une évolution cellulaire, d'une évolution des espèces, nous introduisons dans le langage biologique des expressions claires, qui nous servent à distinguer les points de vue les plus généraux et à faire œuvre d'analyse ; mais il ne faut pas oublier que ces différentes évolutions ont entre elles les relations les plus intimes, qu'elles se conditionnent et se continuent et que la limite où l'une commence et l'autre finit n'est pas toujours facile à indiquer. Toutes coopèrent à l'organisation de l'être vivant. La molécule en se compliquant et se soudant à d'autres molécules aboutit à la cellule. Celle-ci, en s'agrégeant à son tour avec d'autres unités semblables, forme les individus ou unités spécifiques qui caractérisent les espèces. Ainsi qu'il a déjà été expliqué, elles ne forment pas une série linéaire qui les échelonnerait à la suite les unes des autres, mais elles coexistent dans le temps, les inférieures conditionnant les supérieures.

C. — PROTOPLASME.

Dans l'état présent de nos connaissances, la cellule est l'unité constituante élémentaire des êtres organisés. Mais l'organisation de ces êtres lui a imprimé des caractères différentiels qui masquent au premier abord son uniformité fondamentale. Sous la forme adulte des éléments nerveux, musculaires, tendineux, osseux, etc... on n'aurait jamais soupçonné l'unité de la cellule, si l'on n'avait d'autre part étudié ces éléments dans les tissus jeunes, à l'état de formation embryonnaire. *Sous des dehors extrémement dissemblables les cellules, même complètement développées, gardent certains caractères communs, primitifs et persistants, qui sont ceux que leur étude embryologique met en évidence.*

Formes simples de la cellule. — Le développement très inégal des différents espèces cellulaires conserve à certaines d'entre elles ces caractères primitifs et en fait comme des types témoins, qui, dans l'organisme développé, maintiennent inaltéré l'état initial des différents types divergents. Tels sont les *leucocytes* ou globules blancs du sang et de la lymphe et d'autres cellules semblables, les unes mobiles, les autres fixées dans certains tissus.

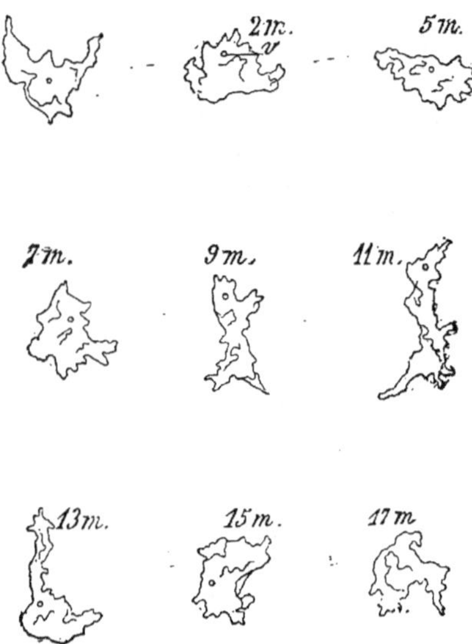

Fig. 6. — *Cellule lymphatique de la grenouille et ses mouvements amiboïdes.*

Dessinée à la chambre claire après 2 minutes, 5 minutes, puis de 2 en 2 minutes (d'après RANVIER).

L'inégal développement des formes vivantes qui affecte l'évolution ontogénique a son pendant dans l'évolution phylogénique. Tout e n bas de l'échelle animale, nous trouvons des êtres monocellulaires et parmi ceux-ci quelques-uns réduits aux formes cellulaires les plus simples, tels les *amibes*, qui ont quelque rapport avec les globules blancs du sang et de la lymphe des animaux plus ou moins hautement organisés.

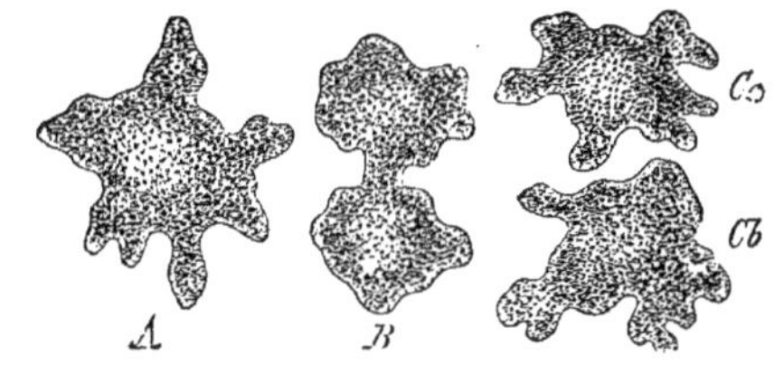

Fig. 7. — *Amibe (Protamœba) en train de se diviser*.

A, ses pseudopodes ; B, sa division au début : C, sa division achevée.

Parties essentielles. — Lorsqu'on suit la cellule dans cette dégradation progressive, on la voit se réduire à des parties qu'elle n'abandonne jamais et dans lesquelles on peut localiser certaines de ses manifestations les plus caractéristiques : ce sont le *protoplasme* et le *noyau*. La plus simple des cellules nous présente ces deux choses à l'état distinct. C'est que la cellule, ainsi qu'il a été répété maintes fois, n'est pas un élément, mais en réalité un organisme microscopique, un tout composé d'organes intérieurs de formes et de fonctions différenciées. Le premier partage que nous

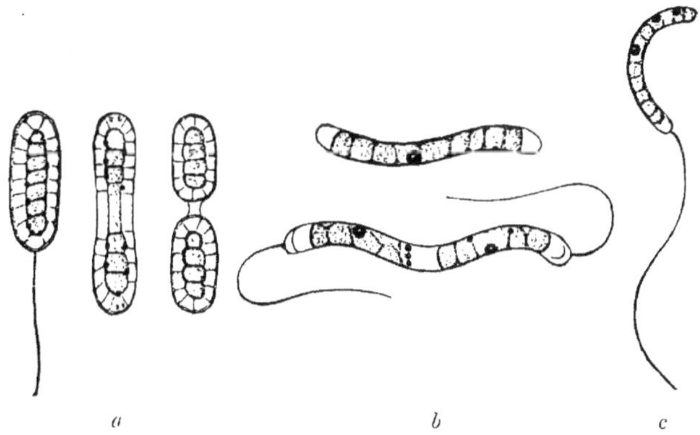

Fig. 8. — *Structure de différentes bactéries* (d'après BÜTSCHLI).

a, *Bacterium linolea*, normal et en train de se diviser ; b, *Spirillum undula* ; c, bactérie d'eaux marécageuses.

rencontrons, en faisant son analyse morphologique et fonctionnelle, c'est donc la distinction du protoplasme et du noyau.

Cytodes. — Existe-t-il des êtres protoplasmiques sans noyau ? A cette question HAECKEL avait répondu par l'affirmative et réservait à ces êtres tout à fait primitifs et dégradés le nom de *cytodes*. Il les trouvait dans les végétaux inférieurs (Algues, Champignons) et chez les protozoaires (Vampyrelles, Polythalames, Myxomycètes). Le perfectionnement des instruments d'optique et des procédés de coloration élective a permis de rectifier cette erreur. Tous ces êtres sont en réalité nucléés. La question, il est vrai, peut encore se poser pour certains microorganismes, tels que les *bactéries* et les formes voisines chez lesquelles, en raison de leur ténuité extraordinaire, il est difficile de distinguer des organes composants. Toutefois, même chez ces êtres, Bütschli est arrivé à trouver des corps renfermant des *granulations très chromophiles*, qu'il assimile à des granulations de nucléine. Ces corps occupent presque toute la cellule dont le protoplasme est réduit à une très mince lamelle. *Même les bactéries ont ainsi l'équivalent d'un noyau*; même chez elles existe déjà la division du travail biologique qui répond à la séparation de cet organe d'avec le protoplasme ; séparation moins nette à la vérité.

Hématies. — Les globules rouges du sang des mammifères adultes sont les seules cellules qui manifestement ne contiennent pas de noyau. La partie protoplasmique de ces cellules n'est, d'autre part, pas moins déchue ; elle ne nous présente plus les réactions qui sont à première vue caractéristiques du protoplasme (irritabilité et contractilité). On ne peut néanmoins refuser à ces globules la qualité d'êtres vivants. Du point de vue de la cytologie, ils sont difficiles à caractériser, parce qu'ils représentent une forme à la fois très spécialisée et très dégradée de la cellule. Pour retrouver leurs caractères cellulaires primitifs, il faut, comme pour tous les éléments très différenciés, remonter à leur état embryonnaire ; ils sont alors pourvus d'un noyau et d'un protoplasme contractile. Leur différenciation chez l'adulte a été poussée jusqu'à leur faire perdre l'un et l'autre, en ne laissant subsister d'eux qu'une sorte de protoplasme spécifique ou deutoplasme, réservé à la fonction d'oxygénation. On peut les considérer comme formant avec la lame épithéliale des vaisseaux une sorte de symbiose analogue à celle qui, dans la fibre nerveuse, fait dépendre la nutrition du cylindraxe des cellules de la gaine de Schwann. Ces éléments singuliers ne nous renseignent pas sur ce que peut être la substance vivante à l'état de simplicité.

I. — *Unité du protoplasme.*

Protoplasme nu. — On ne connaît donc pas, en dehors de la cellule et des êtres cellulaires, de substance vivant à l'état indépendant et qui serait un protoplasme diffus, non modelé, amorphe, en prenant ce mot dans le sens d'une substance à structure homogène, c'est-à-dire répétée la même dans toutes ses parties. Si une telle substance existe, nous ne savons pas la reconnaître et la difficulté peut venir de ce que les attributs les plus rudimentaires de la vie sont encore masqués à nos yeux. L'existence d'une telle substance est néanmoins souvent postulée dans les écrits qui traitent de ces questions et on peut se rendre compte qu'elle est, d'une façon consciente ou inconsciente, au fond des esprits. Cette substance qu'on ne trouve pas à l'état indépendant ou diffus, on pense la trouver dans le protoplasme des cellules, ou, pour mieux dire,

dans la portion la plus primitive, la plus constante, la moins différenciée de ce protoplasme. C'est dans ce sens qu'il faut interpréter
la formule bien connue d'HUXLEY : *le protoplasme est la base physique de la vie.*

Le terme protoplasme est assez peu explicite par lui-même, parce qu'il sert
souvent à désigner des parties de la cellule morphologiquement très différentes les unes des autres. A l'exception du noyau et des formations placées
franchement en dehors d'elle, toutes les parties de la cellule sont souvent
considérées comme du protoplasme. Il faut donc de toute nécessité introduire
dans la matière qui s'y rattache des catégories et des subdivisions.

Parties différentes. — Le protoplasme n'est jamais complètement homogène. Dans les cellules
dont le corps consiste
presque entièrement en
protoplasme et où celui-
ci se montre à l'état le
plus simple, telles que les
amibes, les leucocytes,
on distingue déjà une
couche superficielle non
complètement semblable
à la masse. Cette couche
est hyaline, tandis que la
masse est granuleuse. On
y peut donc distinguer
un *ectoplasme* ou *hyaloplasme* par opposition au
protoplasme proprement
dit. D'autre part, la
masse protoplasmique
renferme souvent à l'état
d'*inclusion* ou d'*enclaves*
des produits très divers,
tels que corpuscules
graisseux, gouttes de mu-
cus, corpuscules d'ami-
don (chez les végé-

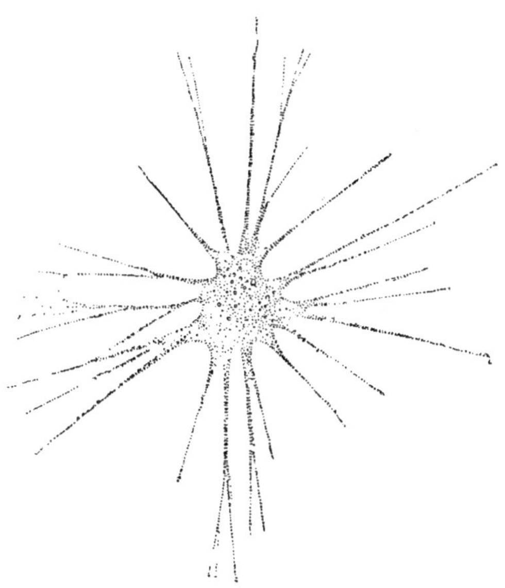

Fig. 9. — *Protogenes porrecta,*

Émettant de longs filaments pseudopodiques (d'après
Ed. PERRIER).

taux), etc... et on a proposé pour désigner ces inclusions le nom de *deutoplasme* ou
paraplasme. Cette désignation peut être trompeuse, en ce que le mot plasma étant
réservé pour les substances albuminoïdes plus ou moins organisées, on semble
y faire rentrer des corps ternaires comme les hydrates de carbone et les graisses.

Idioplasme et protoplasme. — Lorsqu'on envisage spécialement la ·ques-
tion d'hérédité, on désigne souvent sous le nom d'*idioplasme* ou *plasma germinatif* la substance caractéristique du noyau, par opposition au *protoplasme* qui
représente les fonctions actuelles de la cellule.

I. **Protoplasme fondamental**. — Si nous mettons à part, soit
les inclusions, soit les formations différenciées qui donnent aux

diverses espèces cellulaires des aspects souvent si caractéristiques, le protoplasme se montre, dans toutes les cellules tant animales que végétales, sous un aspect assez uniforme, pour que nous n'y puissions découvrir aucune différence essentielle. Ceci peut tenir sans doute à ce que nos moyens d'investigation sont demeurés insuffisants pour accuser certaines différences portant sur des structures très fines, mais la raison peut en être aussi que certains caractères fondamentaux restent dévolus à la substance vivante que nous appelons protoplasme.

Substance organisée. — En prenant le mot protoplasme dans son acception la plus générale, la plus univoque, quelle idée devons-nous nous faire d'une telle substance ? Disons immédiatement qu'elle est une *substance organisée*, et même visiblement organisée. Ce n'est pas un corps purement chimique, mais une matière ayant des caractères morphologiques. — Pas plus qu'un chimiste n'aurait la prétention de réaliser une cellule par des moyens propres à sa science, pas plus il ne songerait à réaliser du protoplasme : *tout corps protoplasmique ne naît que par l'extension ou la multiplication d'un protoplasme préexistant*. La filiation qui (théoriquement) peut le rattacher aux substances proprement chimiques, se perd dans une évolution dont nous ne pouvons apprécier ni les moyens, ni les stades, ni la durée.

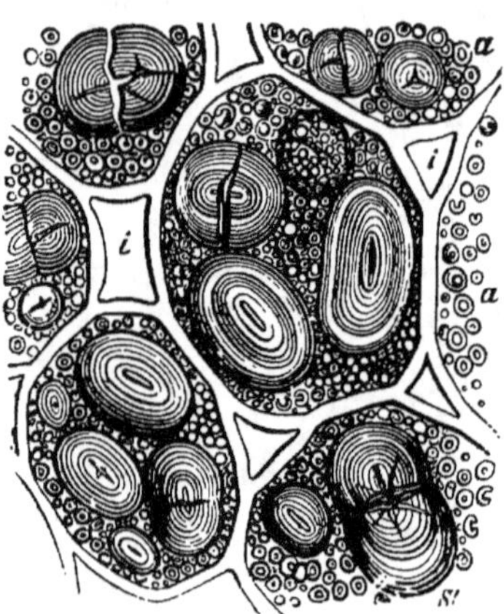

Fig. 10. — *Enclaves protoplasmiques de cellules d'un cotylédon de pois.*

st, grains d'amidon ; *a*, grains d'aleurone ; *i*, espaces intercellulaires (d'après Van Tieghem).

II. **Irritabilité.** — C'est au protoplasme qu'on attribue essentiellement la propriété d'irritabilité (autant vaut dire de sensi-motricité) à l'égard des excitants. Il la manifeste visiblement dans ses formes les plus simples par la production et le retrait d'expansions, de *pseudopodes*, quand il est nu et même par le déplacement de ses granules à l'intérieur de la membrane cellulaire, quand il s'en revêt, comme cela peut se voir dans les végétaux. (Expér. sur les Charas.)

III. **Constituants chimiques.** — Si le protoplasme n'est pas une matière que nous puissions définir chimiquement, il est néanmoins caractérisé par la présence constante de corps chimiques, dont la complexité moléculaire paraît nécessaire à l'exercice de ses fonctions et qui lui servent comme de base. Ces corps sont les *albuminïodes*. La cellule en contient de diverses sortes. *Son noyau renferme surtout des nucléines. Le protoplasme proprement dit contient des globulines, de l'albumine, de la fibrine*, etc. L'analyse chimique portant sur des cellules aussi simples que possible, comme les globules du pus, relève à côté des albuminoïdes un grand nombre d'autres substances, telles que *lécithine, glycogène, graisse, cholestérine, substances extractives*, etc. Il a déjà été dit plus haut que de tels corps ne participent pas précisément à la nature du protoplasme, mais représentent souvent des inclusions de substances élaborées par lui et gardées en provision, soit qu'elles doivent être rejetées, soit qu'elles doivent être retransformées. Quelles liaisons chimiques directes ont-elles avec le protoplasme? Pour certaines, cette liaison semble devoir être nulle, quand, à l'exemple de la graisse, ces corps sont en amas visibles dans la cellule. Pour d'autres, on peut hésiter à trancher la question, notamment pour le glycogène et le saccharose, qui se laissent si difficilement arracher de la cellule tant que celle-ci est vivante (Brasse). — Dans les cendres des cellules de pus on trouve les métaux suivants : *sodium, potassium, fer, magnésium, calcium*, unis à *l'acide phosphorique* et au *chlore*.

IV. **Richesse en eau.** — Le protoplasme est *très riche en eau* (70 p. 100 dans certaines cellules végétales), et il est impossible de la lui faire perdre au delà d'une limite assez restreinte sans détruire ses propriétés et sans doute la composition qui les lui confère. Les rapports du protoplasme avec l'eau ne sont pas ceux des substances ordinaires, c'est-à-dire de celles qu'on peut appeler solubles et qui de l'état solide passent à l'état proprement liquide, quand l'eau les imprègne en suffisante quantité ; ils se rapprochent par contre de ceux des substances dites *colloïdes*, comme l'amidon, la gélatine, la gomme, l'albumine (corps provenant, du reste, généralement des êtres organisés) et qui subissent dans l'eau, non une dissolution d'un poids déterminé de leur masse,

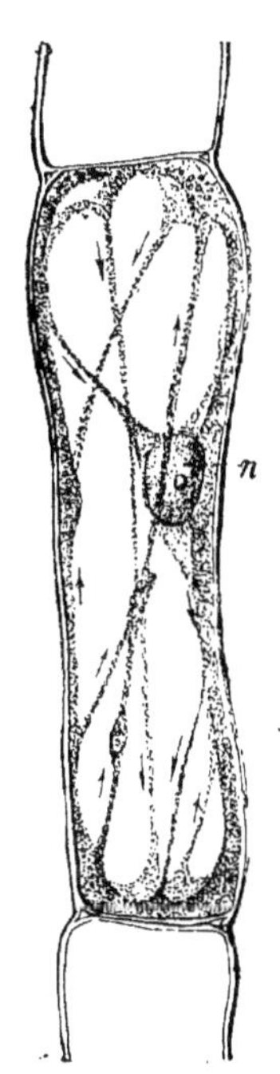

Fig. 11. — *Cellule d'un poil de chélidoine.*

n, noyau avec son nucléole. — Les flèches indiquent le sens dans lequel sont déplacés les granules protoplasmiques.

mais un gonflement de toute celle-ci, fait pour l'explication duquel NAEGLI a imaginé une théorie particulière, la théorie *micellaire*.

1. **Théorie micellaire.** — GRAHAM, en partant de ses expériences sur la diffusion, a divisé les corps en *cristalloïdes* et *colloïdes*. Les premiers sont nettement solubles et diffusent facilement à travers les membranes ; les seconds ne se dissolvent que sous une forme spéciale et ne traversent pas les membranes ou ne les traversent que très difficilement. Les rapports de l'eau et du corps dissous sont évidemment très différents dans les deux cas.

D'après NAEGLI, la solution dans le premier cas est *moléculaire*, tandis que dans le second cas elle est *micellaire*. Qu'est-ce qu'une micelle ? — C'est, suivant le même auteur, un groupement plus ou moins complexe de molécules, qui constituent une unité nouvelle (la micelle), de même qu'une molécule est un groupement plus ou moins complexe d'atomes (la molécule).

Il interviendra donc ici, en plus de la liaison qui rattache les atomes pour constituer la molécule, une liaison nouvelle qui rattache les molécules entre elles pour constituer la micelle, unité d'un ordre supérieur.

2. **Molécules et micelles.** — Quand nous mettons un morceau de sucre à fondre dans l'eau, ses atomes restent unis dans sa molécule ; mais ses molécules se séparent complètement et nagent, pour ainsi dire, dans l'ensemble liquide, au milieu des molécules d'eau. Quand nous mettons de l'amidon dans l'eau, ce que l'eau sépare ce ne sont pas les molécules d'amidon, mais les groupements de celles-ci qui forment les micelles. Ce sont ces groupements, naturellement très supérieurs en grosseur aux molécules, bien qu'invisibles au microscope, qui, en réfractant inégalement la lumière, donnent à la solution une teinte mate et opalescente et qui, mis en présence de la membrane d'un dialyseur, refusent de la traverser.

Les micelles ne sont pas nécessairement composées de molécules semblables, mais peuvent résulter de l'association de molécules chimiquement différentes. La liaison qui dans la micelle rattache les molécules entre elles est souvent assez forte pour ne céder qu'à des moyens physiques ou chimiques énergiques (chaleur, acides minéraux, fermentation). Ceci est à rapprocher de ce qui a été dit plus haut de la difficulté d'extraire l'amidon et le saccharose des tissus de la plante, pendant que celle-ci est vivante, et de la facilité relative avec laquelle elle les cède, quand elle a été tuée par la chaleur.

Limites indécises. — Comme on le comprend du reste, il y a nombre de ces limites où il est difficile de décider ce qui est molécule et ce qui est micelle. On peut se demander par exemple si les molécules du glycose, en s'hydratant et en se condensant, constituent directement la micelle d'amidon, ou bien si l'amidon lui-même a une forme moléculaire qui, en se condensant à nouveau, devient la forme micellaire et lui donne l'aspect qu'il a dans l'empois. Cette dernière interprétation est la plus probable. Soumis à l'ébullition, l'amidon subit une première modification qui le rend plus soluble et facilite sa transformation en glycose. Les ferments de l'organisme animal savent distinguer cette modification préliminaire. La salive (ptyaline) ne transforme pas l'amidon cru en glycose (et maltose), mais seulement l'amidon qui a subi la cuisson. Le suc pancréatique (amylase) agit sur l'amidon même quand il n'a pas été modifié par l'ébullition (Cl. BERNARD). Le suc pancréatique aurait donc la propriété de faire le glycose à partir d'un groupement micellaire, tandis que la salive ne sait le faire qu'à partir d'un groupement moléculaire.

D'après certains indices, on peut supposer à la micelle une forme analogue à celle des cristaux. C'est ce que semble indiquer le *double réfraction* que présentent une foule de corps organisés à la lumière polarisée, témoins l'amidon, la membrane cellulosique, la substance musculaire et le protoplasme lui-même.

3. **Micelles composées.** — De même que les molécules peuvent se grouper entre elles pour former des molécules plus complexes, de même les micelles peuvent s'associer les unes aux autres pour réaliser des formes composées. Leur mode d'association, tel qu'on le suppose, est imaginé pour expliquer certains faits, qui caractérisent les substances colloïdes. Plus haut on a vu que l'unité micellaire (groupe de molécules) a été admise pour rendre compte de la résistance que ces substances colloïdes éprouvent à traverser les membranes. Ces mêmes corps, quand on les mélange avec l'eau, présentent un autre caractère qui de nouveau contraste avec ce que nous montrent les corps cristalloïdes.

4. **Disposition réticulée.** — Ces derniers mis en contact avec l'eau s'y dissolvent plus ou moins totalement, suivant un coefficient de solubilité attaché à chacun d'eux ; tellement que le surplus, s'il y en a un, reste distinct et facilement discernable. Avec les premiers il n'en est pas ainsi ; toute l'eau se mélange en toutes proportions avec tout le corps. — D'autre part, les corps cristalloïdes, une fois dissous, ont la mobilité même du liquide qui leur sert de véhicule. Les corps colloïdes, et ce caractère est important, peuvent au contraire se mélanger à une grande quantité d'eau, sans se liquéfier à proprement parler ; ils restent visqueux, comme leur nom même l'indique. Ils semblent absorber l'eau, mais ne pas se mélanger à elle intimement. Pour qu'un corps qui contient beaucoup d'eau conserve une certaine rigidité, il faut que sa substance reste d'une certaine façon partiellement solide et continue, autrement dit qu'elle ait la forme d'une *charpente réticulée ou trabéculaire.*

5. **Rapports avec l'eau.** — Dans l'arrangement qu'elles forment entre elles, les micelles se soudent donc les unes au autres de manière à former un réseau, dont les mailles sont susceptibles d'amplifications extrêmement variées. Il n'en faudrait pas conclure que les molécules ou les micelles qui les forment aient avec l'eau des rapports de simple contiguïté : les choses se passent beaucoup moins simplement. Naegli admet que dans les corps organisés l'eau se présente sous au moins trois états différents, qu'il distingue sous les noms d'*eau de constitution* ou de *cristallisation*, d'*eau d'adhésion* et d'*eau de capillarité*. La première désigne les molécules d'eau qui sont unies chimiquement et en quantité déterminée avec les molécules de la substance organisée ; la seconde désigne celles qui sont retenues physiquement à la surface des micelles par attraction moléculaire ; la troisième désigne celles qui, en dehors de la sphère d'attraction, remplissent les intervalles des micelles, c'est-à-dire les mailles plus ou moins extensibles du réseau. De la première à la seconde on passe insensiblement par une série de couches dans lesquelles l'attraction moléculaire va diminuant. L'eau de constitution est fixe ; l'eau d'adhésion présente une mobilité relative ; l'eau de capillarité est entièrement mobile. Quand on se sert d'une membrane organique, pour en faire la cloison d'un dialyseur, la diffusion ne peut s'accomplir que par l'eau de capillarité et l'eau d'adhésion (Pfeffer).

II. — *Protoplasme supérieur.*

L'idée que le protoplasme se ramène à une forme simple, d'où sont dérivées les formes innombrables et si divergentes étudiées en cytologie, a été souvent exprimée et sous des noms très divers, par beaucoup d'auteurs. La difficulté est seulement d'établir et la filiation de ces formes perfectionnées et le lien commun qui les rattache entre elles dans toutes les cellules.

STRASSBURGER distingue dans les cellules végétales un *tropho-plasma* qui est une forme primitive dévolue aux fonctions les plus élémentaires de la nutrition, et un *kino-plasma* qui est une forme perfectionnée liée à certaines manifestations motrices intérieures de la cellule. Il désigne de ce nom les fibres du fuseau qui dirige la division indirecte, c'est-à-dire les mouvements de la caryocinèse. BOVERI avait déjà donné le nom d'*archoplasma* à la substance de ces fibres en la considérant surtout dans la partie du fuseau qui avoisine les centrosomes. MEYER et, avec lui. KÖLLIKER distinguent dans la cellule des *organes protoplasmatiques*, c'est le fuseau proprement dit ; des *organes alloplasmatiques*, ce sont par exemple les fibrilles musculaires ou nerveuses dans les cellules du muscle et du neurone ; des *organes ergastiques*, ce sont des formations qui élaborent certaines substances restant plus ou moins longtemps à l'état d'enclaves dans le protoplasme.

Toutes ces désignations établissent en somme l'existence de ce qu'on peut appeler un *protoplasme supérieur* (PRENANT). qu'on appelle aussi parfois un protoplasme *différencié*, toujours par opposition à la matière vivante primitive, d'aspect homogène, qui précède ces formations et qui persiste au-dessous d'elles comme leur support. Elles appartiennent les unes et les autres à des cas très particuliers de la morphologie cellulaire et de la division du travail physiologique (cellules musculaires et nerveuses) ; et certaines n'ont qu'une existence temporaire cellules en voie de division indirecte). La question est donc, une fois de plus, au milieu de leur diversité et de leur spécificité tant morphologique que fonctionnelle, de trouver le lien qui les rattache à un type à la fois commun à toutes les cellules et de plus persistant à travers ses transformations évolutives. C'est ce que PRENANT a essayé de faire en analysant les très nombreux travaux parus sur ces questions.

Cet auteur admet l'*existence générale*, c'est-à-dire dans tous les cytoplasmes et hors la phase de cinèse, *d'une substance analogue à la chromatine du noyau*, mais autrement chromatique qu'elle, *constituée par des filaments distincts des cytosomes*. Cette généralisation une fois admise, on groupera les cas particuliers dans des catégories principales à leur tour subdivisibles.

Caryocinèse et sécrétion, leurs rapports. — Dans la fonction des cellules et partant du cytoplasme, on distingue deux ordres de travaux intérieurs, à première vue complètement différents, mais gardant cependant certaines analogies. C'est, d'une part, la caryocinèse, qui aboutit à la division, au *dédoublement* de l'énergide cellulaire ; c'est, d'autre part, la formation de produits plus ou moins spéciaux, qui se détachent ensuite d'elle, ce qu'on appelle la *sécrétion*. Dans le premier cas, les forces qui entrent en jeu établissent une répartition qualitative et quantitative rigoureusement égale entre tous les constituants de la cellule, ce qui aboutit à la formation de deux cellules semblables remplaçant la première ; dans le second, la séparation laisse persister la cellule primitive et détache d'elle un produit dérivé d'une constitution incomparablement plus simple. Sous leurs différences essentielles les deux opérations ne sont pas sans analogie. Dans les deux cas ce sont des cytosomes reconnaissables à leurs formes et à leurs réactions microchimiques qui accomplissent le travail ou tout au moins qui y coopèrent et le dirigent.

Kinoplasme ou archoplasme et ergastoplasme. — Dans le premier cas, celui de la caryocinèse, l'organisation de ces cytosomes forme ce qu'on appelle le *kinoplasme* ou l'*archoplasme*; dans le second, celui de la sécrétion, elle constitue l'*ergastoplasme*; ces désignations sont ainsi réservées à des catégories principales du protoplasme supérieur. On n'oublie pas, d'autre part, que l'ergastoplasme, comme le kinoplasme, est une substance située principalement autour du centrosome et qui forme la partie du fuseau, ainsi que les asters, qui vont s'irradiant autour de lui. Dans la cellule en mitose, c'est la division cellulaire qui est l'opération à laquelle cette organisation coopère; dans la cellule glandulaire développpée, il n'y a plus de mitose, le kinoplasme est devenu ergastoplasme et coopère à la sécrétion. Dans l'intervalle des sécrétions comme dans celui des mitoses cette figuration s'efface ou disparaît.

Il y a, à première vue, autant de différence entre le travail de la cellule musculaire ou nerveuse et celui de la cellule glandulaire, qu'il peut y en avoir entre ce dernier et la caryocinèse. Mais l'étude des fonctions nous a habitués à voir dans le muscle et la glande des équivalents biologiques et la question serait de savoir si cette équivalence peut s'appuyer sur des données parallèles aux précédentes, c'est-à-dire tirées de la constitution originelle du protoplasme supérieur; autrement dit, si l'ergastoplasme intervient dans le travail fonctionnel spécifique, ou, pour mieux dire encore, si la formation cytoplasmique à laquelle nous rapportons ce travail répond à cette notion particulière d'ergastoplasme.

Ergastoplasme dans les éléments musculaires et nerveux. — Un premier point à noter, c'est que la cellule musculaire et la cellule nerveuse adulte ont perdu l'aptitude à entrer en mitose, aussi bien que la cellule glandulaire complètement développée. Pour ce qui est de l'ergastoplasme, il serait représenté par les *fibrilles musculaires* et les *fibrilles nerveuses*, les unes et les autres, les premières surtout, ayant des caractères de coloration élective, de forme, d'organisation, qui les rapprochent des fibrilles du fuseau des cellules en division. La différence est surtout en ce que les fibrilles musculaires et nerveuses sont permanentes, ce qui est en corrélation avec l'activité tonique de ces éléments (plus ou moins exacerbée à certain moment) au lieu de l'intermittence franche de la mitose ou déjà plus accusée de la sécrétion.

En ce qui concerne spécialement les cellules nerveuses, les graines chromatiques, d'après cette manière de voir, seraient dépendants du kinoplasma. Au surplus, l'auteur de ces rapprochements met en garde contre des assimilations par trop étroites et réserve l'avenir qui est appelé à modifier la conception dans ses détails.

III. — Noyau.

Le noyau a été observé pour la première fois par R. Brown dans les cellules végétales. On le décrit et on le figure souvent comme une vésicule arrondie ou ovoïde noyée dans le protoplasme. En réalité, il a des formes assez variables, non seulement suivant les espèces cellulaires, mais aussi suivant les phases d'activité ou de repos de la cellule. Il peut être allongé comme dans les fibres-cellules des muscles lisses, ramescent comme dans certaines cellules des invertébrés, filamenteux ou pointu et situé à l'extrémité de la cellule, comme dans les spermatozoïdes de beaucoup d'espèces. Il possède une structure plus accusée et plus typique que

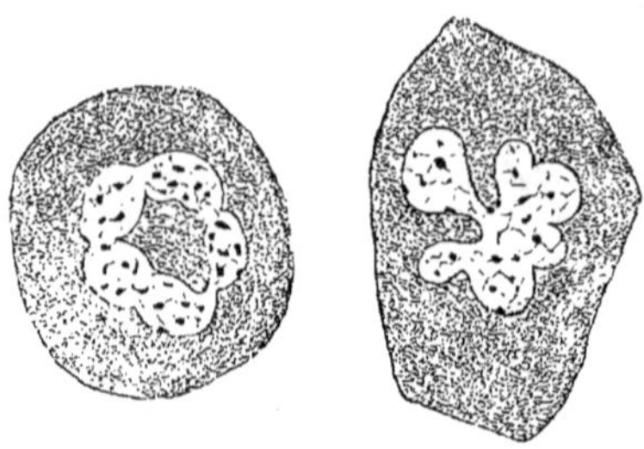

Fig. 12. — *Cellules à noyaux bourgeonnants de la moelle des os* (d'après M. DUVAL).

celle du protoplasme et cette structure varie également avec les phases de son activité, en particulier, dans le phénomène de la division cellulaire indirecte, dite caryocinèse.

1. Constitution chimique. — Si nous laissons de côté les phénomènes caryocinétiques, nous le voyons formé d'une charpente plus ou moins délicate, contenant un suc qui a tendance à s'y accumuler. Le réseau de cette charpente est une substance azotée particulière, la *nucléine*, que MIESCHER a le premier cherché à isoler à l'état de pureté en utilisant les globules de pus et les spermatozoïdes des animaux (poissons), lesquels sont des noyaux de cellules. Cette substance est considérée par KOSSEL comme la combinaison d'un corps albuminoïde avec un complexe atomique renfermant de l'acide phosphorique ; c'est une nucléo-albumine. On la décompose, en effet, assez facilement en albumine et en bases azotées (adénine, hypoxanthine, guanine, xanthine) en même temps que de l'acide phosphorique se sépare. Avec elle coexiste dans le noyau une autre nucléoalbumine, la *paranucléine*.

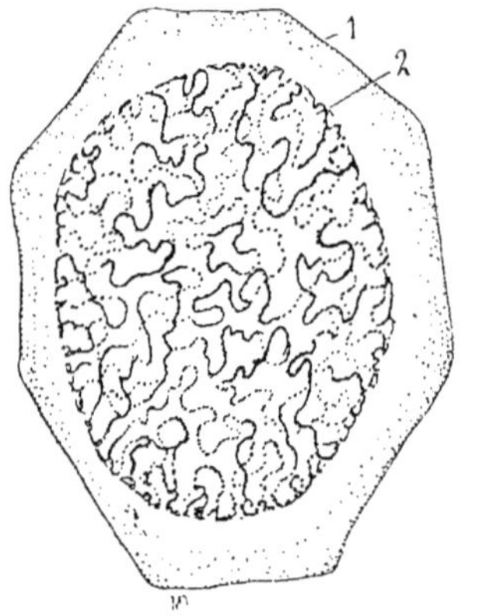

Ces substances sont ce qu'en d'autres termes on appelle la *chromatine*, nom exprimant leur pouvoir particulier d'attirer et fixer certaines substances colorantes et qui est utilisé dans les procédés histologiques pour faire apparaître le noyau des cellules.

Fig. 13. — *Cellule épithéliale de la région buccale d'une salamandre* (d'après FLEMMING).

1, limite du corps cellulaire ; 2, gros noyau formé d'un peloton filamenteux.

II. Fonctions propres du noyau. — Ainsi l'observation microscopique constate dans le noyau des changements visibles très considérables, comme elle en constate aussi dans le protoplasme ;

et les uns et les autres ont à première vue une signification très différente. Le protoplasme par ses déformations apparentes, ses éliminations de substances sécrétées, assure la réaction de la cellule contre le milieu qui lui fournit des excitations ; le noyau veille à la conservation de l'espèce cellulaire, en tout cas il assure à la cellule une descendance, une pérennité, sous une forme ou semblable ou légèrement modifiée par l'évolution. Le premier réalise les fonctions de la cellule actuelle ; le second conditionne sa régénération, c'est-à-dire lui prépare une nouvelle existence. — La substance essentielle du noyau qui est le support de ces importantes fonctions est ce qu'on appelle son *idioplasme* ou *plasma germinatif*.

III. **Division du travail cellulaire**. — Le noyau et le protoplasme assument de la sorte des fonctions éminemment distinctes, qui indiquent jusqu'à quel point la division du travail est déjà poussée dans cet organisme en miniature, qu'est une cellule. Néanmoins, il ne faudrait pas croire, ici pas plus qu'ailleurs, à une localisation exclusive des fonctions. Le noyau et le protoplasme sont dépendants l'un de l'autre. Si, en effet, le premier représente étroitement la création nutritive dans ce qu'elle a de plus perfectionné, la génération, et l'autre, la dépense énergétique dans ce qu'elle a de plus manifeste, le mouvement extérieur, il ne faut pas oublier que ces expressions désignent des aspects différents ou opposés du cycle vital, mais ne sont pas des phénomènes isolables, conditionnés qu'ils sont l'un par l'autre pour l'accomplissement de ce cycle sans cesse renaissant.

Dissociation expérimentale. — L'analyse expérimentale s'est exercée à établir ces rôles différents. Quand on coupe un infusoire en deux fragments, dont l'un contient le noyau, on voit ce fragment non seulement survivre, mais reconstituer l'être en entier, tandis que le fragment non nucléé périt fatalement (NUSBAUM). J'ai fait remarquer que cette expérience est au fond la même que celle qu'on réalise depuis WALLER sur les éléments nerveux et qui y donne les mêmes résultats. Toute fibre nerveuse séparée de sa cellule (on pourrait dire du noyau de sa cellule originelle), dégénère après quelques jours et finalement disparaît. Cette loi est générale. Le fragment protoplasmique garde ses réactions caractéristiques pendant le temps de sa survie ; le nerf séparé de son noyau ganglionnaire reste excitable (LONGET), le segment retranché d'un infusoire est capable de mouvements (BALBIANI) ; mais la mort après un certain délai est fatale.

Par là nous voyons que le noyau ne conditionne pas seulement l'existence future de la descendance de la cellule, mais aussi la conservation de la cellule elle-même. Dès qu'il fait défaut, l'équilibre nutritif du protoplasme est détruit, l'édifice organique s'écroule. Les opérations de la caryocinèse et de la division indi-

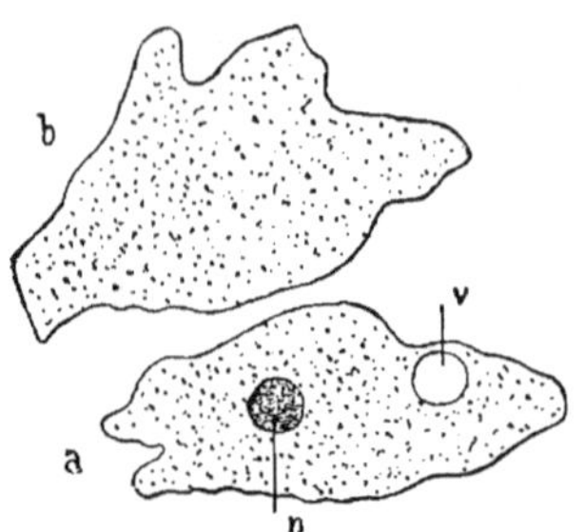

Fig. 14. — *Amibe sectionnée en deux parties.*

L'une (*a*) renfermant le noyau survivra ; l'autre (*b*) séparée du noyau périra plus ou moins rapidement (METCHNIKOFF).

recte ne représentent pas seules son activité, mais seulement une forme caractéristique de cette activité. Le noyau existe, en effet, dans des cellules qui, comme les cellules nerveuses adultes, ont, si on peut dire, passé l'âge de la reproduction, et on voit que son rôle y reste essentiel. — Cl. BERNARD voyait dans le noyau de la cellule l'agent de ses synthèses. Pour la synthèse morphologique, celle qui construit les formes organiques à l'aide de matériaux chimiques eux-mêmes plus ou moins compliqués, cela ne fait guère de doute ; mais pour la synthèse chimique, qui édifie des corps réalisables en dehors de l'être vivant, ses agents sont d'un ordre moins élevé, pour spéciaux qu'ils puissent être.

Expérience inverse. — Si dans la cellule, le protoplasme est voué à la mort quand on l'isole du noyau, que devient ce dernier quand on l'isole du protoplasme ? L'expérience montre qu'il est lui aussi incapable de vivre séparément et qu'il est condamné à la mort. C'est ce qu'a vu VERWORN en opérant sur un grand radiolaire (*Thalassicola*), sur lequel le noyau visible à l'œil nu peut être extrait du protoplasme. Même résultat chez les infusoires. Mais le noyau, d'autre part, avant de mourir, peut manifester son activité particulière. Si comme l'a fait DEMOOR, sur les cellules de filament de *Spirogyra*, on réussit à tuer isolément le protoplasme, en faisant agir sur lui certains agents comme le chloroforme, l'hydrogène, le froid, on voit le noyau présenter encore pendant quelque temps les phases de la caryocinèse, mais sans aboutir à la division de la cellule, ni à la formation de la membrane cellulosique.

1. **Constitution**. — La constitution du noyau a été éclairée par les travaux de FLEMMING, BÜTSCHLI, STRASBURGER, VAN BENEDEN, VAN BAMBEKE, BALBIANI, GUIGNARD, FOL, et tant d'autres à leur suite. Ce corps arrondi, qu'on décrivait autrefois comme une vésicule pleine de liquide, a une constitution en réalité compliquée. Sa substance nullement homogène est *spongieuse* ou *réticulée*, contenant dans ses mailles un *liquide* ou *suc nucléaire*. La trame réticulée est dite *substance chro-*

matique ou *chromatine*, en raison de son avidité pour certaines matières tinctoriales (les couleurs dites acides). Le liquide est dit *substance achromatique* ou *achromatine*, en raison de son peu d'avidité pour ces mêmes couleurs.

Le réseau est formé d'un ou plusieurs filaments, dits *mitomes* ou filaments chromatiques, qui s'enroulent et s'entre-croisent un grand nombre de fois, en donnant à l'ensemble l'aspect réticulé.

Ce sont les *caryomitomes*, analogues aux réseaux ou cytomitomes du protoplasme, mais beaucoup plus accusés et mieux visibles. Le caryomitome est à son tour formé par une suite de grains ou corpuscules (*carymicrosomes*) disposés en chapelet. Dans le noyau, c'est le filament qui se colore ; dans le mitome,

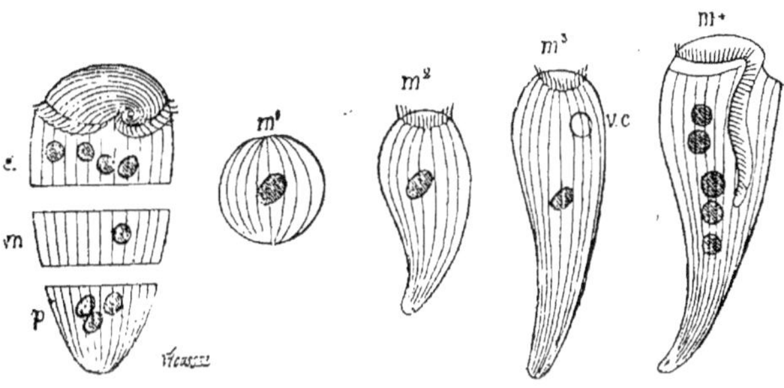

Fig. 15. — *Mérotomie expérimentale de Stentor* (*infusoire cilié*) (d'après BALBIANI).

a, tronçon antérieur ; *m*, tronçon moyen ; *p*, tronçon postérieur ; *m¹*, *m²*, *m³*, *m⁴*, stades de régénération du tronçon moyen (d'après METCHNIKOFF).

c'est le grain qui, en dernière analyse, prend la teinture. Ces grains sont donc la substance chromatique autant qu'on peut la distinguer. Cette substance chromatique est formée d'une matière phosphorée albuminoïde chimiquement définie, la *nucléine*, qui fixe fortement la safranine. La substance qui rattache les grains et qui ne se colore pas est dite la *linine*.

2. **Les nucléoles.** — Sous le nom de nucléoles on a souvent décrit des formations qui ne sont pas équivalentes. Les unes sont de gros nœuds du réseau chromatique composés par conséquent de nucléine et colorables eux-mêmes par la safranine. Les autres sont de gros grains d'une autre substance dite *paranucléine* se colorant par le carmin et non par la safranine.

3. **Phases de la division indirecte.** — Le division indirecte d'une cellule, comprend un certain nombre de phases qui se suivent dans l'ordre suivant et dont chacune se caractérise par une appellation distincte. Nous adoptons pour les décrire les appellations et le classement de M. DUVAL qui sont des plus clairs.

1° *Peloton chromatique ou spirème.* — Le filament s'épaissit, se raccourcit, se condense en prenant l'aspect d'un fil pelotonné bien visible.

2° *Filament en rosette.* — Le filament chromatique toujours plus épais, mais toujours continu, se plie en anses radiaires, qui forment une rosette à étoile (*monaster chromatique*). — Mais de plus la membrane du noyau a disparu et des modifications parallèles apparaissent dans le protoplasme. Dans deux points opposés, séparés par le noyau, se forment des centres (centrosomes) desquels s'irradient des rangées de microsomes les inant deux étoiles (*amphiaster achromatique*).

3° *Anses chromatiques.* — Les angles extérieurs de la rosette chromatique se disjoignent, pendant que les angles intérieurs persistent ; il en résulte des anses indépendantes, qui sont les *anses chromatiques mères*, en nombre régulier et fixe (24 dans certaines cellules, 12 dans d'autres, etc.). D'autre part, dans le protoplasme, les deux étoiles dessinées par les microsomes prolongent leurs

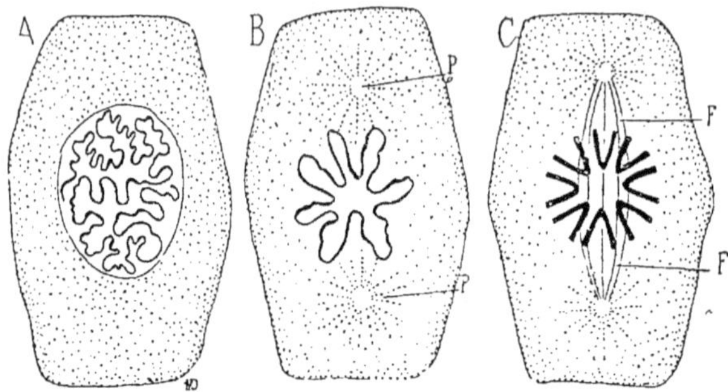

Fig. 16. — *Début de la caryocinèse.*

A. phase du peloton chromatique: B, phase du monaster chromatique (P, P, centres ou asters achromatiques) ; C, phase de la formation des anses chromatiques (F, F, fuseau achromatique) (d'après M. Duval).

rayons du côté du noyau, traversent le champ nucléaire, en allant d'un pôle à l'autre et constituent ainsi les *filaments bipolaires* ou *connectifs achromatiques*. Leur ensemble forme le *fuseau achromatique*.

4° *Plaque et couronne équatoriale chromatique.* — Les anses s'orientent sous la

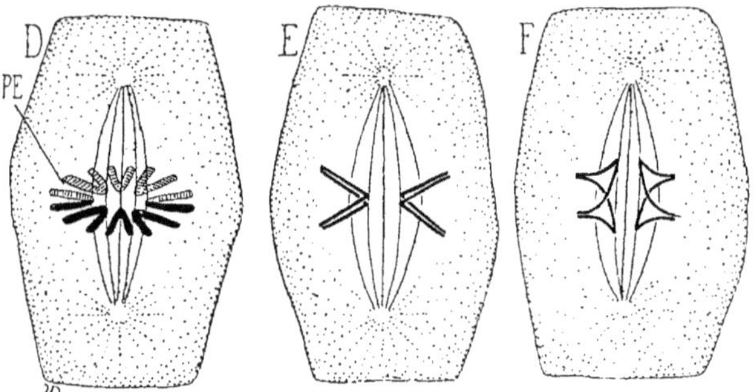

Fig. 17. — *Suite de la caryocinèse.*

D, phase de la plaque ou couronne équatoriale (PE); E, phase du dédoublement longitudinal des anses chromatiques (deux seulement sont représentées); F, phase du dédoublement de la couronne équatoriale (deux anses mères seulement, quatre anses filles) (d'après M. Duval).

forme d'une couronne circulaire dont le plan est perpendiculaire à l'axe du fuseau ; chaque anse a la forme d'un angle dont le sommet est en contact avec un des filaments du fuseau et ses deux branches sont situées dans le plan de la couronne équatoriale qu'elles forment par leur ensemble.

5° *Dédoublement des anses chromatiques.* — Cette phase est caractéristique et essentielle. Chaque anse chromatique se fend et se dédouble longitudinalement dans ses deux branchesou, suivant la comparaison de M. Duval, chaque V chromatique devient un double V ,W . Chaque anse chromatique-mère donne deux

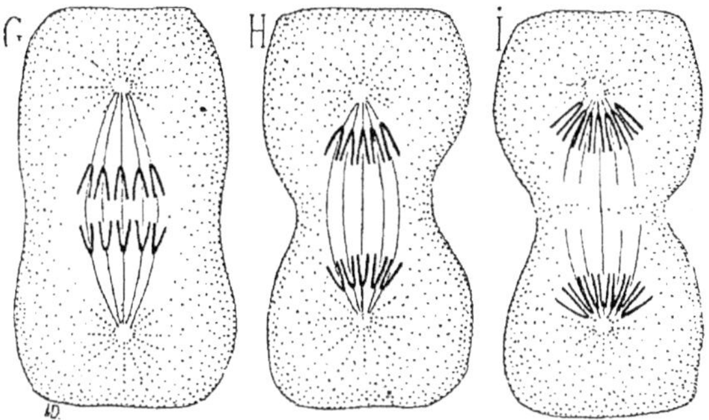

Fig. 18. — *Suite de la caryocinèse.*

G, H, I, stades successifs de la phase d'orientation dicentrique ou d'émigration polaire des anses-filles (d'après M. Duval).

anses chromatiques-filles. La couronne équatoriale est devenue une double couronne dans laquelle les anses dédoublées sont encore enchevêtrées.

Cette phase est comme le point culminant du processus de la caryocinèse, elle termine le travail d'analyse, de bipartition aussi égale que possible, qui

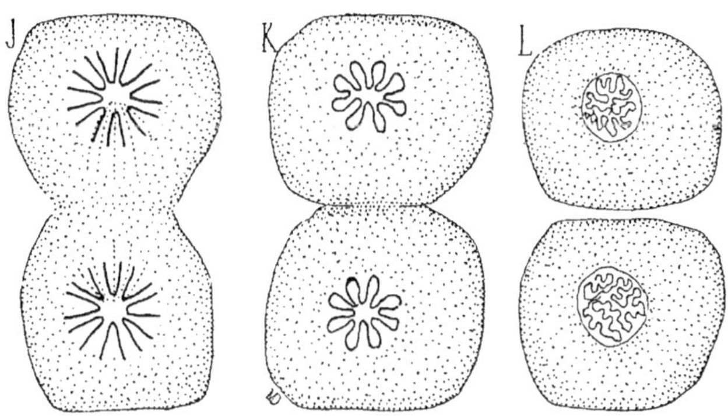

Fig. 19. — *Fin de la caryocinèse.*

J, K, stades de la formation du diaster chromatique ; L, début de la reconstitution du noyau de chaque cellule-fille (stade du spirème) (d'après M. Duval).

d'un noyau et d'une cellule tire deux noyaux appartenant à deux cellules distinctes. Toutes les phases consécutives vont réaliser un travail inverse de restitution de ces parties en leur état primitif.

6° *Dédoublement de la couronne équatoriale.* — Les anses de l'une des deux couronnes s'orientent toutes du côté de l'un des pôles et les autres toutes du côté de l'autre pôle, en tournant d'abord individuellement leur angle dans la direction les unes de l'un, les autres de l'autre de ces deux pôles ; il y a dédoublement de la couronne.

7° *Orientation dicentrique des anses-filles*. — Après avoir orienté leur pointe vers les pôles, les anses-filles glissent le long des filaments du fuseau et vont converger vers les pôles.

8° *Double couronne polaire*. — La convergence des anses-filles autour des pôles réalise une double couronne polaire. Les anses jusque-là indépendantes soudent chacune de leurs branches libres avec la branche de l'anse voisine à droite et à gauche et réalisent deux *rosettes* ou *asters chromatiques*, un à chaque pôle (*diaster chromatique*).

9° *Achèvement des noyaux nouveaux*. — Le filament de chaque rosette s'amincit pendant qu'il s'allonge, perd sa forme régulière et se convertit en un peloton compliqué ; il y a formation d'un *double spirème* puis d'une masse d'aspect réticulé, qui s'entoure d'une membrane. Le noyau a alors repris sa forme et sa structure primitives.

Des modifications parallèles moins importantes ou en tout cas moins visibles se produisent dans le protoplasme également à partir du moment où la couronne équatoriale se dédouble. Le corps cellulaire présente alors un étranglement en son milieu, dans le plan même de l'équateur. Cet étranglement, en s'accusant, aboutit à la séparation des deux corps cellulaires nouveaux. Dans les cellules végétales où le protoplasme est entouré d'une membrane de cellulose, il y a formation d'une cloison qui divise la cavité de la membrane primitive en deux cavités contenant les cellules nouvelles, c'est la *lame équatoriale* ou *plaque cellulaire*.

IV. Centrosome. — En somme, dans le phénomène de la division mitosique de la cellule, nous voyons se dérouler une série de changements morphologiquement reconnaissables qui affectent particulièrement le noyau, mais auxquels le protoplasme n'est pas complètement étranger. De plus, ces changements semblent déterminés par la position et l'influence initiale d'un corps particulier, le *centrosome*, que les uns rattachent au noyau, les autres au protoplasme, pendant que d'autres, par ailleurs, vu l'importance de ce corps, lui attribuent, à lui et à la sphère attractive dont il concentre les rayons, la valeur d'une partie constituante de la cellule à l'égal du protoplasme et du noyau.

Le centrosome ou corpuscule polaire, avec la sphère rayonnée qui en émane, a été étudié par van BENEDEN, HENNEGUY, VIALLETON, FOL, CARNOY, GUIGNARD et nombre d'auteurs. Les opinions sont encore partagées sur son origine et sa permanence. CARNOY le fait sortir du noyau et émigrer dans le protoplasme au moment où la division se prépare ; puis après celle-ci ce petit corps rentrerait dans le noyau (HERTWIG). Il ne serait autre qu'un nucléole pouvant ainsi quitter sa place et la reprendre. Dans cette manière de voir il appartient, en somme, au noyau dont il augmente l'importance directrice dans le phénomène de la division indirecte. Par contre,

Guignard admet sa persistance comme élément du protoplasme.

V. **Fonctions**. — La cellule ou le plastide ou, si l'on veut, le protoplasme dont cet organite est essentiellement composé, forme comme l'axe moyen autour duquel se constitue la science physiologique ou biologique. Au-dessous de ce stade d'organisation, nous allons par degrés vers des éléments proprement chimiques ou minéraux ; au-dessus nous trouvons une organisation dans laquelle ces plastides ou cellules entrent à leur tour comme éléments constituants. L'importance et l'intérêt de ces organismes-éléments sont

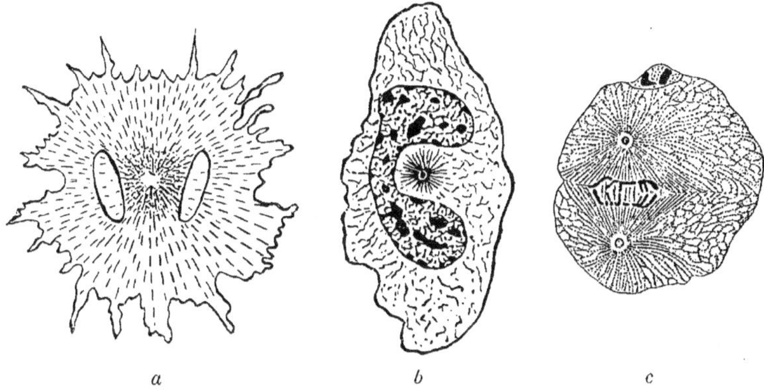

a   b   c

Fig. 20. — *Cellules montrant le centrosome et la couronne des rayons qui en partent.*

a, cellule pigmentaire du brochet ; *b,* leucocyte d'une larve de salamandre ; *c,* cellule-œuf en train de se diviser (d'après Boveri).

dans les caractères unitaires qu'ils présentent et qui ont été développés dans les généralités qui précèdent. Mais cette unité, ainsi qu'il a été dit, se dissimule sous une variété extrême de formes et d'aptitudes, utilisées dans les rapports qu'ils contractent entre eux pour former des unités d'un ordre supérieur ; de même qu'elle masque en eux une composition complexe, des associations multipliées de substances diverses soumises à un renouvellement continu. La description de ce détail rentre dans ce qu'on appelle l'étude des *fonctions*.

Fonctions élémentaires et fonctions systématiques. — Ces fonctions sont de tous ordres. Nous les partagerons en deux grands groupes. Le premier comprendra les fonctions *élémentaires*, c'est-à-dire celles des corps d'organisation plus simple qu'on a l'habitude d'appeler des éléments ; le second, les fonctions *systématiques*, qui ont pour supports des unités nouvelles, des systèmes organisés par l'association, la synthèse des éléments précédents.

D. — IRRITABILITÉ.

Définition. — Il est très difficile de donner une bonne définition de l'irritabilité. On peut dire de la plupart de celles qui ont été proposées qu'elles sont insuffisantes, et de certaines d'entre elles qu'elles n'expriment point franchement ce qu'elles supposent au fond. — Nous définirons l'excitabilité, *la propriété qu'a la matière vivante de réagir aux actions extérieures dans le sens de ce qui lui est utile.*

Comme toute matière quelconque, l'être vivant est soumis à la loi de l'action et de la réaction. Mais chez lui cette loi prend une expression particulière qui tranche avec le caractère de simplicité qu'elle a dans la nature inanimée. Plus d'égalité ni de conformité entre l'action et la réaction. L'action du moment présent se complique de l'intervention d'une foule de résidus, laissés dans la substance par les actions et même les réactions antérieures. Le passé intervient dans le présent et la réaction nous étonne, non par la complexité de son mouvement qui en soi peut être assez simple, mais par l'appropriation de ce mouvement aux besoins de la substance excitée. Autrement dit, le rapport entre l'excitation et le mouvement produit n'est plus dans l'équivalence numérique du second avec la première, mais dans le profit que celui-là doit retirer de l'indication fournie par celle-ci.

I. **Instabilité de la matière vivante**. — Pour qu'une telle relation puisse s'établir entre l'attaque de la substance vivante et la réponse qu'elle y fait, il faut évidemment qu'une mécanique intérieure très compliquée s'interpose entre les deux ; mais nous sommes prévenus que dans la substance vivante une telle complexité existe et nous l'y trouvons à partir des éléments chimiques qui la composent. Les principes immédiats dont elle est formée, aussi bien que ceux qui y sont inclus à l'état de réserves, sont des corps remarquables par leur mobilité et leur instabilité. Le jeu régulier de la formation de ces corps et de leur décomposition nous éclaire déjà sur la mécanique particulière de l'excitabilité. Pendant la formation de ces corps, il s'amasse en eux, d'une façon qu'on peut dire silencieuse, une provision d'énergie. Cette provision se maintient à l'état dit *potentiel,* c'est-à-dire disponible, autant de temps que le corps ne subit pas d'action, de sollicitation, d'ébranlement extérieur. Cet ébranlement vient-il à se produire, l'équilibre instable des molécules composantes du corps se trouve rompu, l'énergie est, comme on dit, libérée, et elle manifeste ces effets moteurs qui nous surprennent par leur intensité si supérieure à celle de leur cause immédiatement provocatrice.

Schème élémentaire. — Donc, dans le langage purement chimique, *la substance excitable c'est celle qui possède de l'énergie potentielle, celle qui est explosive*. L'excitant, c'est l'agent qui produit l'ébranlement destructeur de l'équilibre moléculaire. La réponse, c'est le mouvement plus ou moins apparent qui naît de cette énergie déchaînée. Tel est le schème primitif et élémentaire qui sert de base à l'irritabilité. Il nous explique en particulier la disproportion souvent si énorme qui existe entre la réaction provoquée et la cause provocatrice. Sans la condition d'une réserve d'énergie, qui peut se dépenser sous une sollicitation extérieure, l'irritabilité ne serait pas possible. Mais cette condition ne représente pas toute l'irritabilité, et, pour en éclairer le mécanisme d'une façon même simplement approximative, il faudrait faire au schème précédent des adjonctions nombreuses que nous ne sommes pas présentement à même de formuler. Nous pouvons dire à peu près quelle est la nature de l'énergie qui est dépensée et les corps qui la fournissent en se décomposant, mais le jeu intérieur des leviers, la machine proprement dite qui utilise cette énergie nous est inconnue dans son détail.

II. **Rapport qualitatif du mouvement provoqué au mouvement excitateur**. — Ce que nous pouvons le mieux apprécier, c'est le travail extérieur accompli par l'être ou tissu irritable. Ce travail est très varié suivant la nature de l'élément considéré. Il a par contre une certaine fixité dans un même élément irritable. — Ce que nous pouvons également bien apprécier, c'est la nature ou la forme de l'ébranlement, de l'irritant par lequel nous provoquons la manifestation responsive du tissu irritable, et cela parce que nous sommes maîtres de le choisir à notre gré. Ainsi, la réponse peut être variée comme forme et l'attaque peut être variée aussi comme procédé, quel rapport y a-t-il de l'une à l'autre? C'est là une question d'ordre expérimental dont la solution peut éclairer le phénomène de l'irritabilité. Voici ce que nous apprend l'expérience : *1° Si nous choisissons un élément irritable et que sur lui nous essayions une série variée d'excitants, il n'a guère qu'une façon de répondre, toujours la même, spécifique en un mot. 2° Si nous choisissons un excitant et qu'avec lui nous interrogions une série variée d'éléments excitables, il provoque une série variée de réponses conformes à la manière d'agir de ces éléments.*

Par là, nous voyons déjà tout ce que la fonction d'irritabilité a introduit de nouveau dans cette loi fondamentale de l'action et de la réaction, à laquelle elle se rattache au fond. *De la nature inanimée l'être vivant a conservé l'inertie, en ce sens qu'il ne manifeste ses propriétés que s'il est irrité, c'est-à-dire sollicité du dehors. Mais sa réponse n'est pas modelée sur l'attaque : la modalité de celle-ci est indépendante de la nature de l'excitant et dépendante de la nature de l'être excité.*

Mécanisme de l'excitation. — Dans notre langue, nous n'avons qu'un seul mot pour exprimer l'*état* de la matière qui vient d'être excitée et qui aussitôt va répondre à l'action du dehors et l'*acte* par lequel les choses extérieures engendrent cet état : c'est le mot « excitation » qui a de la sorte tantôt un sens *passif*, tantôt un sens *actif*. Nous-mêmes, à chaque instant, nous sommes en état d'excitation du fait de ceux qui nous entourent et en acte d'excitation quand nous intervenons contre eux de la même manière.

L'état d'excitation est avant tout un changement, une perturbation, ayant pour effet la rupture d'un équilibre instable, préexistant dans l'être vivant. L'acte de l'excitation doit donc consister, lui aussi, dans un changement, une perturbation, un ébranlement général ou limité du milieu, qui affecte l'être vivant. Nous sommes prévenus que ce changement-cause est inadéquat au changement-effet qu'il va produire. C'est l'originalité de cette transmission énergétique que de créer, dans son parcours à travers la matière vivante, un flot grossissant, en déchaînant les énergies latentes qui viennent s'ajouter à lui, pour produire un effet cumulatif. La petitesse de la cause contraste avec la grandeur de l'effet. Les lois de la transmission mécanique n'en sont pour cela nullement violées ; car on voit très bien que si l'effet dépasse la cause, c'est qu'il n'est pas contenu en elle tout entier, mais qu'il se réclame d'autres causes, d'autres conditions si l'on préfère ce mot, sur lesquelles il a pouvoir pour les rendre efficientes de latentes qu'elles étaient.

Deux ordres de causes, les unes efficientes, les autres déterminantes. — En ceci l'être irritable se prête à une analyse de la notion de *causalité*, qui nous y fait distinguer bien nettement deux ordres de causes : les unes *efficientes*, qui se réclament étroitement de la loi de la conservation de l'énergie ; les autres *déterminantes*, qui y échappent par un certain côté, mais qui n'y échappent que parce qu'elles ont une influence hiérarchique directrice sur les premières. Et par cet exemple également nous saisissons un des traits de l'organisation de l'énergie dans l'être vivant. *Les énergies ne font pas que s'y équivaloir, elles s'y commandent ;* elles ne sont pas seulement juxtaposées et successives, elles sont aussi superposées, progressives ou régressives, convergentes ou divergentes, suivant le cas.

I. — *Les formes de l'irritabilité.*

Les mots irritabilité, irritation, agents irritants ou excitants, sont d'un fréquent emploi. Ces mots, il faut en être prévenu, n'ont pas exactement le même sens dans la langue de tous les auteurs. Pour les uns, ils gardent étroitement la signification qui répond à la définition donnée plus haut ; pour d'autres, ils englobent des phénomènes qui n'ont avec les précédents que des liaisons d'analogie et qui, par certains côtés, s'en distinguent franchement. Des exemples feront comprendre ces différences.

I. **Irritabilité fonctionnelle, nutritive, formatrice**. — Virchow distingue trois formes de l'irritabilité : une qu'il appelle *fonctionnelle*, une autre qu'il appelle *nutritive*, et une troisième qu'il
appelle *formatrice*. La première correspond exactement à l'irritabilité, telle qu'on la définit ordinairement et telle que nous l'avons
décrite : c'est l'irritabilité proprement dite, c'est-à-dire la propriété
qu'a l'être vivant de dépenser ses réserves, de se dépenser lui-
même en produisant un travail contre l'extérieur, quand ce dernier
vient à le solliciter par ses perturbations. Mais cette dépense
appelle une reconstitution, et cette reconstitution, c'est la phase
essentielle de ce qu'on appelle la nutrition. Or, pour Virchow, dans
cette restauration, soit qu'elle compense simplement la destruction,
ce qui est le cas de la nutrition ordinaire, soit qu'elle la couvre au
delà, ce qui est le cas du développement embryogénique, c'est
encore l'irritabilité qui intervient et qui prend la forme nutritive
dans le premier cas, formative dans le second. — Ces deux formes
sont au fond très semblables et méritent à peine d'être distinguées.

Discussion. — Même si nous les réduisons à une même moda-
dalité qui soit l'irritabilité nutritive, y a-t-il lieu de distinguer
une irritabilité qui ne soit pas fonctionnelle et qui concerne spécialement la nutrition ? — Puisqu'on en discute, c'est qu'il y a des
raisons de l'admettre et des raisons de s'y refuser. Les deux ordres
de phénomènes présentent à la fois des analogies et des différences.
Les analogies sont en ceci que, 1° le milieu alimentaire entre en
contact avec l'être vivant, comme le milieu excitant; la nutrition
est, comme le fonctionnement, un conflit entre l'être et son milieu.
2° Dans le conflit nutritif, comme dans le conflit fonctionnel, c'est
moins la nature des choses extérieures offertes par le milieu que
leur arrangement intérieur et leur utilisation par la substance
vivante qui sont caractéristiques. L'être vivant manifeste donc ici
encore une propriété tout à fait singulière, inconnue ou méconnais-
sable en dehors de lui, celle qui consiste, à l'aide de matériaux
disparates, à créer des formes régulières et spécifiques, à édifier
des structures délicates et compliquées, à ajouter à la matière reçue
du milieu l'organisation qu'elle ne possédait pas ; et tout cela du
fait du contact ou du conflit avec ce milieu. — On peut seulement
dire que le mot irritabilité ne traduit pas d'une façon expressive
cette propriété si profonde, dont l'irritabilité fonctionnelle nous
donne une image plus perfectionnée et plus saisissable, mais
déjà déformée.

II. **L'excitant et l'aliment**. — Les différences dont il y a à
tenir compte sont d'autre part assez accusées. Elles sont devenues

très visibles, surtout depuis que le point de vue énergétique s'est introduit dans les sciences biologiques et y joue un rôle, pour un temps, prépondérant. De ce point de vue, l'excitant et l'aliment sont deux choses très différentes : le premier est ce que l'on appelle une *énergie de dégagement*, c'est-à-dire une énergie nullement efficiente, mais simplement provocatrice et jusqu'à un certain point directrice des phénomènes fonctionnels ; le second représente, lui, bien réellement cette *énergie efficiente*, qui va se mettre en réserve et sera, à un moment donné, employée par le premier. Dans les êtres supérieurs hautement organisés, cette distinction s'est traduite anatomiquement ; l'énergie efficiente est canalisée par un tissu qui est l'appareil vasculaire, tandis que l'énergie excitatrice est canalisée par un autre tissu différencié qui est le système nerveux. Dans ce cas, l'aliment doit être distingué de l'excitant sous peine de confusion absolue. Lorsque, par contre, on descend la chaîne des êtres et qu'on arrive aux plus simples d'entre eux, la distinction tend à s'amoindrir et à s'effacer. Dans l'être monocellulaire, comme ces localisations ne s'expriment plus anatomiquement, ou qu'en raison de sa ténuité nous ne savons pas découvrir ce qui en peut subsister, il semble que les phénomènes qu'elles caractérisent se soient eux-mêmes confondus. Il n'en est rien. Dans tout élément vivant, nous devons toujours distinguer un cycle excitateur distinct du cycle énergétique, et l'un et l'autre se prêtent encore à une analyse plus détaillée.

1. Cycle excitateur et cycle énergétique. — Soit, comme exemple, une amibe dans une goutte d'eau ; par des actions de contact, des chocs d'induction, des substances chimiques répandues dans le milieu (toutes conditions qui ne représentent que de simples ébranlements) nous provoquons dans cet être des manifestations motrices (expansions et retrait de pseudopodes). C'est là un phénomène de pure excitation, non essentiellement différent de celui qui provoque un phénomène réflexe dans la grenouille décapitée. Si la perturbation apportée dans le milieu résulte de l'introduction dans celui-ci d'une substance, non plus chimique quelconque, mais nettement alimentaire, il y a encore excitation ; mais celle-ci aboutit à des mouvements, qui ne sont plus stériles comme dans le premier cas, car ils ont pour résultat l'incorporation parfois mécanique de l'aliment (s'il est solide) ou tout au moins moléculaire (s'il est en solution). Et alors commence un cycle différent du cycle excitateur, le cycle énergétique, qui du reste le conditionne comme il est conditionné par lui, et celui-ci est bien un cycle dans le sens étroit, et non pas seulement métaphorique du mot ; car il consiste non plus dans la progression d'une série d'états sans déplacement de la substance, mais dans un courant réel de celle-ci, avec transport également réel de l'énergie à travers l'être vivant.

Leur distinction. — Dans le cours de ce cycle, la matière et l'énergie d'abord s'organisent, c'est-à-dire s'agrègent dans des édifices structuraux com-

plexes et instables, puis se désorganisent, c'est-à-dire se désagrègent en ramenant ces composés à leurs éléments chimiques. La même matière ou la même
énergie peut être, suivant les circonstances ou tour à tour un excitant et un
aliment, mais l'emploi et la destination sont bien différents dans les deux cas.

Leur dépendance mutuelle. — Très distincts l'un de l'autre, les deux
cycles ont entre eux des relations et des dépendances multiples. Nous avons
vu plus haut comment le cycle matériel et énergétique dépend du cycle excitateur,
en ce cens que l'aliment provoque d'abord par excitation (réflectivement en
quelque sorte) les mouvements du protoplasme qui doivent l'incorporer à celui-
ci, pour y subir la série de ses transformations. Il en dépend plus étroitement
encore, car sans son intervention la série de ses transformations resterait
incomplète. Celles-ci, avons-nous dit, sont d'abord organisatrices de la substance
qui s'incorpore à l'être vivant, puis désorganisatrices de cette substance.
L'ébranlement excitateur intervient pour rompre l'équilibre des composés créés
par la phase organisatrice et les libérer de l'énergie intérieure qu'ils ont accu-
mulée en eux, autrement dit pour inaugurer la phase désorganisatrice de la
matière vivante. Les deux cycles sont distincts dans une partie de leur trajet,
ils sont confondus à partir du moment où la réaction motrice se dessine et ils
s'achèvent ensemble.

2. **Usure fonctionnelle et restauration.** — Les manifestations de la vie
qui nous sont apparentes, ce sont avant tout les manifestations extérieures. Or
celles-ci ne peuvent se produire que par la destruction de la matière vivante,
et cette destruction se fait à l'occasion de perturbations du milieu qui agissent
comme excitants. Mais, à mesure que cette destruction a lieu, il se fait parallèlement une reconstruction, une création compensatrice, par l'organisation des
aliments (en matière et en énergie). S'il nous est facile de comprendre comment
un édifice fragile peut être détruit quand il est assailli du dehors par les impulsions même très faibles, il nous est par contre beaucoup plus malaisé d'imaginer
comment il se reconstruit de lui-même sans cesse sur le même modèle : et c'est
pourtant ce qui a lieu dans l'être vivant.

La seconde se guide sur la première. — A coup sûr, les forces nécessaires
et les matériaux ne font pas défaut; ils sont toujours présents dans le milieu et
nous savons bien que leur absence arrêterait tout. Ils pénètrent dans l'être
avec facilité. Mais qui peut assurer leur mise en place et diriger la reconstruction avec une telle régularité? — Il semble que ce soit la destruction elle-même.
La reconstruction se modèle sur elle en grandeur et en qualité; devient minima
quand elle languit, s'active au maximum quand elle s'exagère. Chaque molécule dans sa chute en appelle une semblable que le milieu tient disponible, et
elle va là où la place est vide, avec plus ou moins de retard ou de rapidité.

L'irritabilité est l'enchaînement de deux phénomènes. — D'après cela,
ce serait bien l'irritabilité qui gouvernerait non seulement le fonctionnement,
qui est sa manifestation extérieure, mais la nutrition elle-même, qui en serait
une conséquence moins immédiate, mais tout aussi certaine. Au fond, les deux
phénomènes dépendent réciproquement l'un de l'autre ; ils n'existent jamais que
l'un par l'autre. Dans les êtres les plus inférieurs ils tendent à se confondre.
A mesure que l'organisation s'élève, ils tendent à se différencier davantage et à
se localiser dans des organes distincts. Mais cette localisation n'est jamais
absolue parce que les deux phénomènes sans le concours mutuel qu'ils se prêtent
n'auraient pas de raison ni de moyen d'exister.

Une fois de plus, nous nous trouvons en présence d'un phénomène cyclique dont les phases inverses sont dépendantes l'une de l'autre, dont le tourbillon vital de Cuvier nous donne une idée au point de vue non seulement matériel mais aussi énergétique.

II. — *Les irritants et leurs effets.*

Nous avons dit qu'un être simple ou un élément vivant, lorsqu'on le soumet à des excitants de nature différente, n'a qu'une façon de répondre, celle qui est spécifique à sa nature à lui. C'est une formule générale, mais il faut la développer, en examinant ses cas particuliers, pour lui donner son expression complète.

I. **Excitants généraux, excitants spéciaux**. — Tout d'abord, ces différents excitants ne seront pas également efficaces sur tout élément vivant. Dans le nombre, certains se montreront sans effet sur un élément donné, qui seront au contraire très efficaces sur un autre élément. Un certain nombre, il est vrai, paraissent aptes à provoquer les manifestations responsives de toute substance vivante. Ces derniers sont ce qu'on appelle les *excitants généraux*, par opposition aux précédents qui sont les *excitants spéciaux*. Les ébranlements mécaniques, les décharges électriques, sont à mettre au premier rang parmi les excitants généraux ; par contre, la lumière, les vibrations sonores, n'affectent d'une façon évidente que certains éléments particulièrement adaptés à ce genre d'ébranlements (bâtonnets et cônes de la rétine, membrane papillaire de l'oreille interne).

Le fait qu'il y a un certain nombre d'excitants qui sont communs à tous les protoplasmes montre bien que l'irritabilité est une propriété générale de la matière vivante. D'autre part, certains de ces protoplasmes, tout en conservant leur aptitude fondamentale, se sont différenciés et adaptés peu à peu à des ébranlements de nature différente, qui deviennent ainsi pour eux des excitants spécifiques. La variété s'établit par là dans le règne vivant, tout en respectant son unité. Cette variété existe déjà dans les êtres monocellulaires ou paucicellulaires lorsque nous les comparons entre eux ; mais elle existe surtout dans les êtres supérieurs dont les cellules forment une organisation systématisée et centralisée, et on comprend tout le bénéfice qu'ils retirent de cette aptitude à recueillir, par des éléments divers, des informations également diverses, leur venant du milieu qui les entoure et qu'ils comparent ensuite et même combinent entre elles de différentes façons.

II. **Les deux modalités principales de la réponse**. — La réponse la plus générale, ou tout au moins la plus banale, par laquelle se manifeste l'irritabilité, c'est le mouvement mécanique, c'est-à-dire visible, en un mot la *contraction*; mais elle affecte également bien d'autres formes, parmi lesquelles il faut placer en première ligne l'élimination des substances qui termine le cycle matériel de la substance dans l'être vivant, la *sécrétion* ou l'*excrétion*. Ces deux modalités principales de la manifestation responsive offrent dans le détail des nuances sans nombre, spécifiques, qui introduisent de leur côté une variété extrême dans les manifestations de la vie des cellules, tant isolées que systématisées en organismes supérieurs.

III. Rapport quantitatif de l'excitation à l'effet produit. — Un sujet d'un grand intérêt, c'est l'étude du rapport qui existe entre les degrés divers de l'intensité de l'excitant et les effets produits par lui. On dit parfois que *ces effets* (dont la modalité est déterminée par la nature spécifique de l'être excité) *ont une grandeur proportionnelle à cette intensité*. Cela n'est vrai que dans de certaines limites. — Au-dessous d'une certaine valeur, l'effet est nul ; pour une valeur donnée, il commence à se manifester, c'est ce qu'on appelle le *seuil de l'excitation*. L'intensité allant toujours croissant, l'effet grandit d'abord parallèlement ; mais bientôt il atteint un *maximum*, puis il diminue et cesse de se manifester. — C'est à peu près ce que l'on observe lorsqu'on opère sur des éléments fixes, comme ceux des animaux supérieurs, quand on les soumet à cette analyse. S'il s'agit d'éléments cellulaires libres, comme les bactéries ou les infusoires, on peut voir quelque chose de plus : le mouvement provoqué par ces excitations graduellement plus fortes finit par changer de sens ; en admettant qu'il soit d'abord *positif*, il devient *négatif*. Ces réactions particulières ont été étudiées sous le nom de *tropismes* ou *taxies*. Les exemples de tels effets sont très nombreux. Il suffit d'en passer en revue quelques-uns.

1. **Tropismes ou taxies.** — Pour les êtres dont le mouvement est libre, l'excitation, dirons-nous, peut engendrer un déplacement de totalité ; c'est ce qu'on appelle le tropisme ou encore la taxie. Autant il y a d'excitants différents, autant il peut y avoir de taxies ou de tropismes également différents. On comprend facilement ce qu'il faut entendre par les expressions de *chimiotaxie*, *galvanotaxie*, *phototaxie*, *thermotaxie*, etc.

Tous ces tropismes sont, les uns *positifs*, c'est quand l'être vivant va à la rencontre de l'excitant, ou pour mieux dire, dans le sens qui favorise l'excitation ; les autres *négatifs*, c'est quand l'être vivant fuit en quelque sorte l'excitation et va dans le sens qui peut l'y soustraire. A quoi il faut ajouter que le tropisme, qui est positif pour une valeur donnée de l'excitant, devient généralement négatif pour une valeur exagérée de celui-ci.

a. **Chimiotaxie.** — La *chimiotaxie* en particulier nous fournit un moyen commode de vérifier cette loi. — Si, dans un milieu liquide contenant des bactéries on introduit une petite bulle d'oxygène, ces êtres, comme l'a vu le premier ENGELMANN, affluent autour de cette bulle, parce qu'ils présentent pour lui une chimiotaxie positive. Ce phénomène d'attraction apparente s'explique, si l'on songe que l'oxygène, diffusant dans le liquide, y forme des zones de concentration successivement décroissantes et c'est sur ces différences de concentration que l'être vivant se guide pour se diriger vers la bulle centrale : il va d'une zone moins concentrée, c'est-à-dire moins excitante, à une zone plus concentrée et plus excitante. Un certain nombre d'infusoires agissent de même.

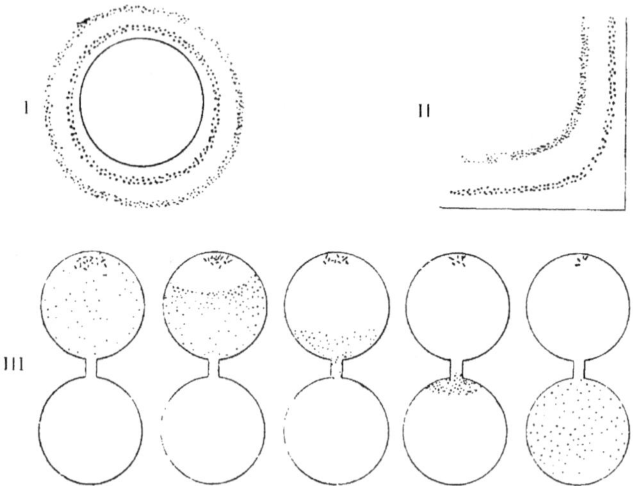

Fig. 21. — *Chimiotaxie des bactéries et des infusoires.*

I, bulle d'air sous le couvre-objet entourée de deux zones dont l'une, la plus rapprochée, est composée d'*Anophrys*, et l'autre, la plus éloignée, de *Spirilles*: II, bords de la lamelle, avec les mêmes zones d'Anophrys et de Spirilles : III, deux gouttes d'eau réunies l'une à l'autre en un point de leur circonférence. Dans la goutte supérieure se trouve du chlorure de sodium. Les Anophrys qu'elle contient émigrent dans la goutte d'eau pure au fur et à mesure que le sel se dissout (d'après MASSART).

Lorsque ces bactéries ou ces infusoires sont arrivés près de la bulle, ils forment autour d'elle une rangée circulaire et, si d'avance ils étaient engagés dans la zone qui avoisine immédiatement la bulle, ils en sortiraient, comme par une répulsion exercée par l'oxygène en concentration trop forte. Ils recherchent une zone déterminée qui pour eux représente l'état d'excitation optima.

Optimum d'excitation. — Cet optimum n'est pas le même pour toutes les espèces et si, comme l'a observé MASSART, on mélange dans le milieu liquide une espèce bactérienne, le *Spirillum*, avec un infusoire cilié, l'*Anophrys*, les deux espèces forment autour de la bulle deux couronnes concentriques séparées par une zone libre, les anophrys plus près, les spirilles plus loin.

Chimiotaxies spécifiques. — De grandes variétés existent à cet égard entre les différentes espèces, pour lesquelles telle substance individuellement est, pour un degré de concentration donné à effet positif ou négatif ou indifférent. Les infiniment petits présentent à l'égard de la qualité et de la quantité de l'excitation extérieure une spécificité très variée : l'anophrys par exemple a une chimiotaxie négative pour le sel marin. Les paramécies ont une chimiotaxie négative pour les alcalis et positive pour les acides, y compris (circonstance qui n'est pas sans surprendre) l'acide carbonique.

Chimiotaxie sexuelle. — Les recherches de PFEFFER ont montré comment les anthérozoïdes des fougères ont une chimiotaxie positive pour les substances contenues dans l'ovule. Cette substance paraît être l'acide malique, qui est très répandu dans toutes les parties de la plante portant des produits sexuels, et qu'on suppose devoir exister dans les archégones mêmes. Les anthérozoïdes des mousses sont indifférents à l'acide malique, mais sont chimiotaxiques pour les solutions faibles de sucre de canne. Sous des modalités diverses, le fait est général. — Un phénomène de chimiotaxie se trouve ainsi à la base de la reproduction sexuelle dans tous les êtres tant animaux que végétaux. Chez les premiers et surtout chez l'homme il se complique des phénomènes intercurrents qui prennent une importance extraordinaire et sont à la base de la vie sociale.

Chimiotaxie et phagocytose. — Dans la pathologie, la chimiotaxie a pris également une importance très grande. Dans les maladies infectieuses les bactéries doivent sans doute obéir, dans leur répartition à travers l'organisme qu'elles envahissent, à leur tropisme individuel ou spécifique. Mais de plus elles sécrètent des produits particuliers, les *toxines*, qui en diffusant dans nos humeurs présentent des zones de concentration décroissante. Or, les leucocytes du sang sont de leur côté doués à l'égard de ces produits d'une chimiotaxie positive. Aussi les voit-on se porter en grand nombre vers le foyer d'infection (LEBER, MASSART et BORDET). Les leucocytes font leur proie des bactéries et, suivant les cas, peuvent en diminuer le nombre ou même les supprimer entièrement. C'est le phénomène de la *phagocytose*, étudié avec tant de détails par METCHNIKOFF.

Chez certains insectes, au moment où s'opère la métamorphose, quand la larve de mouche se transforme en animal parfait, ce sont les leucocytes qui émigrent et dévorent par phagocytose les organes dégénérés ; mais cela seulement chez les insectes à développement rapide et non plus chez les vertébrés comme par exemple dans la dégénération de la queue du têtard (KOWALESKY).

b. Barotaxie. — Sous le nom de barotaxie on peut ranger tous les phénomènes de réaction motrice provoqués par des différences de pression dans le milieu, celles-ci étant du reste exercées par des actes mécaniques très divers. La barotaxie sera positive quand l'être se déplace à la rencontre de la pression la plus forte, négative quand c'est l'inverse. VERWORN a également étudié et classé un certain nombre de ces réactions. — La *thigmotaxie* désignera les contacts comme ceux de la plante qui s'enroule sur une tige rigide. La *rhéotaxie*, l'excitation par un courant liquide de sens déterminé que l'être mobile tend à remonter (SCHLEICHER, STAHL, ROTH) ; la *géotaxie*, la direction prise par rapport au centre de la terre ou autrement dit la pesanteur, soit dans l'immobilité, soit dans le mouvement. La plante qui enfonce ses racines dans le sol et élève sa tige dans les airs a une géotaxie positive pour les premières, négative pour la seconde, variable pour les branches et les feuilles.

c. Phototaxie. — Les exemples de phototaxie sous la forme surtout d'héliotropisme sont bien connus dans le règne végétal. On en trouve également de très caractéristiques dans le règne animal (STAHL, LOEB, DRIESCH, STRASBURGER).

Les zoospores de différentes algues pourvues de chlorophylle sont sollicitées par la lumière et présentent une phototaxie positive. Mais si la lumière devient trop vive, la phototaxie devient négative. Il y a pour les zoospores un degré optimum d'éclairage qui leur donne la valeur d'un réactif *photométrique*.

d. **Thermotaxie**. — Elle fut observée d'abord par Stahl sur les plasmodies de l'*Aethalium septicum*. — Les amibes non phototaxiques sont thermotaxiques

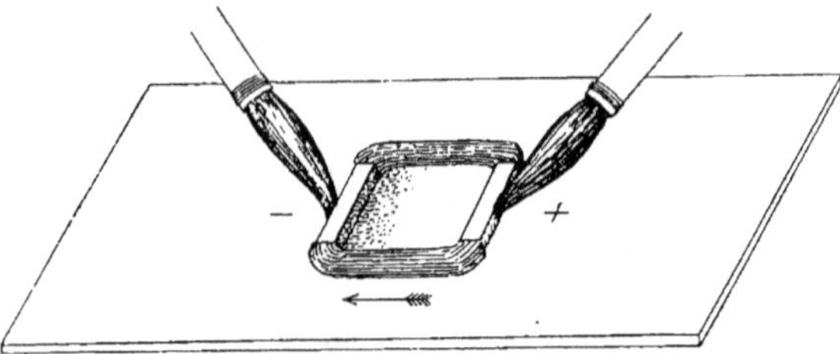

Fig. 22. — *Galvanotaxie des Paramécies.*

Sous l'influence du courant les Paramécies viennent se rassembler contre la bandelette conductrice qui représente le pôle négatif (d'après Verworn).

(négativement) (Verworn). — Les Paramécies présentent la thermotaxie positive au-dessous de 24 à 28° et la thermotaxie négative au-dessus (Mendelsshon).

e. **Galvanotaxie**. — Lorsque dans un milieu liquide homogène on fait arriver un courant électrique par deux pôles placés à une certaine distance l'un de l'autre, ce milieu est parcouru par des lignes de flux qui l'envahissent tout entier. Ces lignes sont coupées par d'autres qu'on appelle équipotentielles, c'est-

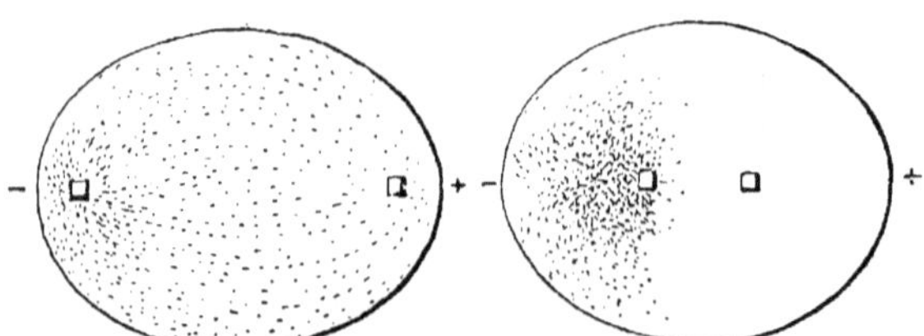

Fig. 23. — *Galvanotaxie des Paramécies.*

Dans leur mouvement les Paramécies suivent les lignes de flux du courant. — A gauche on voit leur orientation et le commencement de leur déplacement. — A droite on voit leur accumulation au pôle négatif (d'après Verworn).

à-dire d'égale tension électrique. Dans les zones, qui séparent ces lignes la tension va en décroissant, depuis le pôle positif jusqu'à une ligne médiane où elle est nulle, pour décroître encore, cette fois négativement, jusqu'à l'autre pôle. De plus, dans ces zones successives, la densité du courant (son intensité dans l'unité de surface) va diminuant en s'éloignant des pôles et en augmentant en se rapprochant d'eux.

Dans un tel milieu il y a donc une concentration du courant, inégale dans tout son parcours et maxima au niveau de chacun des pôles. C'est la reproduction, sous une forme cette fois électrique, de la condition essentielle réalisée précédemment avec les autres excitants. Dans le sens des lignes de flux, deux points très voisins (égalant si l'on veut la longueur d'une bactérie) présentent à la fois des intensités inégales et des tensions inégales au point de vue électrique), c'est pour la bactérie une indication du sens suivant lequel l'excitation est croissante ou décroissante. Seulement avec l'excitant électrique les choses sont plus compliquées, en ce sens que le centre d'irradiation de l'agent irritant n'est pas simple comme dans les exemples précédents, mais double en réalité.

Dans ce milieu homogène qui est traversé par le courant électrique, il y a un point d'entrée (pôle positif ou anode) et un point de sortie (pôle négatif ou cathode). Or, sur les tissus fixes, comme le muscle et le nerf, l'excitation anodique, même à intensité parfaitement égale, n'équivaut pas du tout à l'excitation cathodique, ainsi que l'ont démontré, sous des formes diverses, les travaux de CHAUVEAU, de PFLÜGER, de BOUDET DE PÀRIS.

L'excitant électrique a une spécificité polaire. — Les êtres unicellulaires libres de leur mouvement vérifient cette loi de différentes manières, ainsi que l'a vu VERWORN. Si dans une goutte d'eau on place éparpillées des paramécies, au moment de la fermeture du courant, quand ses lignes de flux s'établissent dans le milieu liquide, on les voit par leur arrangement dessiner ces lignes de flux (sous forme de lignes de petits traits dont chacun est une paramécie) ; puis les suivre et s'accumuler à la cathode. A l'ouverture du courant elles se dispersent et s'égalisent dans le milieu. Si on le ferme en sens inverse, on répète en sens inverse la même expérience avec le même résultat, et cela autant de fois qu'on le veut.

Galvanotaxie cathodique et galvanotaxie anodique. — Les Paramécies et avec elles la plupart des Infusoires ciliés présentent cette galvanotaxie cathodique.

Mais par contre beaucoup de flagellés présentent une galvanotaxie anodique, c'est-à-dire inverse. — Si l'on mélange des infusoires de la première espèce avec ceux de la seconde, on les voit d'abord fourmiller pêle mêle dans la préparation ; mais, aussitôt qu'on ferme le courant, un triage se fait entre eux, en vertu duquel les ciliés vont à la cathode et les flagellés à l'anode, laissant un intervalle vide entre les deux groupements polaires.

Il serait intéressant de rechercher si les variations progressives de l'intensité du courant suivent la loi établie pour les éléments fixes (musculaire et nerveux). Il est vraisemblable que cette intensité présente un optimum, à partir duquel le phénomène décroit et finalement se renverse, comme le montrent les réponses du nerf et du muscle.

Ce renversement aurait pour effet d'attribuer aux premiers de ces êtres la galvanotaxie anodique et aux seconds la galvanotaxie cathodique qu'ils semblent ne pas avoir. On rentrerait de cette façon entièrement dans la loi générale de l'excitation électrique, en vertu de laquelle chaque pôle considéré individuellement est excitant et, pour des intensités progressives, fait passer l'excitation par un seuil, un effet optimum et un effet finalement pessimum ou nul : avec cette différence entre les deux pôles que ces effets successifs s'obtiennent pour des intensités différentes et que la courbe qui les exprime est différente pour chaque pôle. — D'après cela, les infusoires qui, pour un courant d'intensité donné, nous présentent simultanément les uns la galvanotaxie cathodique et les autres la galvanotaxie anodique, différeraient seulement par une susceptibilité plus grande à l'égard de l'excitant électrique ; le même courant se trouvant, en raison de cela, optimum à l'anode pour les uns et optimum à la cathode pour les autres.

Une galvanotaxie tout à fait particulière est présentée par un infusoire cilié, le *Spirotomum ambiguum*. Le passage du courant détermine une contraction soudaine de leurs filaments myoïdaux et, au lieu de se diriger vers l'un ou l'autre pôle, ils tournent leur axe longitudinal perpendiculairement à la direction des lignes de flux.

HERMANN, au début de toutes ces recherches, avait observé que des larves de grenouille et des embryons de poissons, lorsque l'eau qui les contient est traversée par un courant, tournent le grand axe de leur corps dans la direction des lignes de flux, la tête vers l'anode, sans bouger.

2. **Remarque.** — Ce qui dans toutes ces observations ressort le plus clairement, c'est la sensibilité extrême des êtres unicellulaires (infusoires, bactéries, etc.) à l'égard de différences extrèmement minimes existant entre des parties extrèmement rapprochées, dans le milieu qui les contient. Pour la rendre plus évidente, on fait le rapprochement suivant. Des paramécies sont thermotaxiques pour une différence de 0°,01 centigrade aux deux extrémités de leur corps long d'environ 0.2 millimètres (JENSEN). Des anthérozoïdes de fougère ayant 0,015 millimètres de longueur sont chimiotaxiques pour une solution d'acide malique à 1 pour 10000. On en conclut que les deux extrémités du corps de ces êtres sont sensibles à des différences d'excitation incroyablement faibles. Si ces êtres étaient immobiles dans le liquide, le raisonnement serait à peu près inattaquable ; mais ils sont doués de mouvements qui leur permettent une exploration continue dans tous les sens. Et, comme nous-mêmes le ferions en pareil cas, ils arrivent à trouver rapidement la direction de la source excitatrice (positive ou négative). Il faut seulement admettre qu'ils gardent, ne serait-ce que pendant un temps très court, le souvenir de l'excitation perçue dans une direction déterminée et qu'ils ont le pouvoir de diriger leur mouvement à nouveau dans cette même direction.

3. **Mouvement brownien.** — Lorsqu'une goutte d'eau est étalée sous le champ du microscope et qu'elle contient en suspension des particules inertes très fines (de l'ordre du millième de millimètre), on voit ces particules agitées d'un mouvement continu. L'observation fut faite pour la première fois par le botaniste anglais R. BROWN, d'où le nom de mouvement brownien donné à ce phénomène. Il consiste en une trépidation sur place dans tous les sens, éloignant peu les particules de leur position moyenne, mais incessante. Ce mouvement, pour le dire aussitôt, est facile à distinguer, même à première vue, de celui des microbes de toute nature, qui peuvent eux aussi s'agiter dans la préparation. Pour n'avoir aucun doute à cet égard, on peut, par l'action d'une chaleur élevée, tuer complètement tous les microorganismes de façon que le milieu examiné ne contienne que des particules inorganiques, et celles-ci continuent leur agitation. Reste à expliquer ce mouvement d'apparence spontanée dans des particules que nous appelons inertes.

L'analyse du phénomène permet de lui attribuer une explication d'ordre purement physique. GOUY, qui en a fait une étude détaillée, lui voit des relations avec le mouvement dont sont constamment agitées les molécules des corps, même à l'état de repos le plus complet, et dont il nous donne une représentation affaiblie, mais cependant visible à nos moyens optiques. Tous les corps, à tous les états, possèdent une certaine quantité d'énergie, qui est représentée par les mouvements de leurs molécules composantes. Celles-ci se heurtent dans tous les sens avec des vitesses de plusieurs centaines de mètres à la seconde et, grâce à leur élasticité parfaite, conservent ce mouvement sans en rien perdre. Des particules noyées dans le liquide reçoivent ces chocs, si elles sont un peu volumineuses, les impulsions nécessairement très nombreuses reçues par leur surface tendent à s'entre-détruire et se neutraliser ; si elles sont très petites (de l'ordre du millième de millimètre) les chocs prédominent à chaque instant partiellement dans un sens ou dans l'autre et un ébranlement se produit. Il devra être d'autant plus facile et plus grand que la particule immergée est plus petite et l'agitation de celle-ci augmentera, c'est ce que l'observation vérifie. — D'autre part, en chauffant le liquide, nous lui communiquons une énergie intérieure qui augmente l'agitation de ses molécules, le mouvement brownien doit de ce fait encore augmenter et c'est ce qui se vérifie également. — En mesurant le mouvement brownien on le voit de quelques millièmes de millimètre par seconde : les vitesses des molécules peuvent être estimées à plusieurs centaines de mètres dans le même temps. L'agitation moléculaire est donc cent millions de fois plus rapide que l'agitation visible qui constitue le mouvement brownien. Il faudrait un milliard de molécules pour former le poids d'une des particules visibles au microscope entraînées dans ce mouvement.

III. — *Anesthésiques : réactifs de la vie.*

Si la matière vivante est réductible à une organisation rudimentaire et commune, qui est celle du *protoplasme* ; si ses manifestations peuvent, en dernière analyse, se ramener à une propriété caractéristique qui est l'*irritabilité*, ne doit-il pas exister quelque agent ou quelque ordre d'agents qui ait avec cette substance et sa propriété essentielle certaine relation définie ? C'est ce qu'a admis Cl. BERNARD et l'expérience lui a fait voir que cet ordre d'agents est formé par les substances *anesthésiques*. Il appelle ces substances les *réactifs de la vie* ; ce qui veut dire les réactifs du protoplasme vivant, ou les réactifs de l'irritabilité. Le mot réactif est pris ici dans le sens de pierre de touche, d'agent propre à déceler telle ou telle propriété par les conséquences de son emploi. En parlant d'anesthésiques, on a en vue principalement l'éther et le chloroforme : mais ces deux substances ont d'assez nombreux succédanés.

Généralité de leur action. — Les anesthésiques ont sur les êtres vivants, sur les manifestations de la vie, une action très générale. On a reconnu tout d'abord le pouvoir qu'ont ces substances (lorsqu'on les fait pénétrer dans le sang par inhalation) de supprimer la sensibilité consciente : d'où leur nom d'anesthésiques. C'est cette propriété qui est utilisée dans la pratique chirurgicale pour insensibiliser les patients pendant les opérations douloureuses. L'action anesthésique est alors limitée à certaines parties du système nerveux qui conditionnent plus spécialement le phénomène de sensibilité consciente (écorce cérébrale), pendant que les systèmes réflexes et au-dessous d'eux les muscles, les glandes et en général tous les autres tissus restent indemnes de cette action.

L'effet anesthésique est proportionnel à la quantité de l'agent anesthésiant (éther, chloroforme) qui pénètre dans le sang et cette quantité dépend elle-même de la *tension* plus ou moins grande des vapeurs d'éther ou de chloroforme dans le mélange gazeux, qui est respiré ou qui, d'une façon quelconque, est en relation d'échange avec l'être expérimenté. On peut donc, en modifiant leur tension, limiter l'action des anesthésiques au degré qu'on veut. L'expérience apprend qu'à mesure que leur quantité s'accroît dans le sang les systèmes réflexes sont à leur tour paralysés, et la mort survient. Chez les mammifères la mort peut ainsi être la conséquence d'une action anesthésique qui ne dépasse pas le système nerveux. Cl. BERNARD a montré que cette action s'étend en réalité *à tous les protoplasmes animaux ou végétaux* et il l'a démontré en expérimentant les anesthésiques à la fois sur les plantes, sur les végétaux et animaux unicellulaires, ou paucicellulaires, voire sur les tissus séparés des vertébrés inférieurs ou supérieurs.

Critère de l'irritabilité. — Pour étudier un phénomène il faut savoir le reconnaître. A quoi reconnaissons-nous la sensibilité ? Comment savons-nous qu'elle existe, pour pouvoir dire qu'elle disparaît? Nous la reconnaissons (en dehors de nous-même) par les mouvements de l'être sensible et, pour mieux dire, par le caractère particulier de ce mouvement, qui n'est pas quelconque, mais qui est adapté à la conservation de l'être. A cela et à cela seulement nous reconnaissons la sensibilité. Si elle est consciente d'elle-même et à quel degré elle l'est, c'est un point dont nous ne jugeons (toujours en dehors de nous-même jamais que par analogie, c'est-à-dire d'autant plus difficilement que l'être interrogé par nos provocations expérimentales s'éloigne davantage de notre propre constitution. Seule sa liaison avec le mouvement donne à la sensibilité un caractère objectif et la rend accessible à l'expérience et cette liaison est d'une nature en somme facile à reconnaître, en ce sens que le mouvement prend par elle un caractère défensif, voire progressif, en tout cas évolutif, qu'on ne lui reconnaît pas par ailleurs. — Dans sa forme la plus perfectionnée, telle que nous l'observons en nous-même et sur les êtres qui reproduisent plus ou moins étroitement notre propre constitution, elle est la *sensibilité consciente* ou la sensibilité tout court. Dans sa forme la plus inférieure, telle que nous l'observons dans le protoplasme cellulaire, elle est l'*irritabilité*. Il y a continuité entre l'une et l'autre. Cette continuité, cette parenté évolutive, nous est affirmée par sa liaison avec le mouvement, qui reste la même, conserve le même caractère adaptatif, dans ses formes les unes simples, les autres complexes et perfectionnées.

Irritabilité motrice chez les plantes. — Les plantes sont fixées au sol et en apparence vouées à l'immobilité ; mais si on les examine de plus près, on voit que les exemples de mouvements y abondent.

Il est certaines amibes végétales, les *plasmodies* de BARY, qui consistent en masses protoplasmiques parsemées de noyaux, mais sans cellules ni tissus pro-

prement dits. Ces masses sont animées de mouvements de reptation amiboïdes
très lents qui les rapprochent des protistes. — Fixes à leur période de développement complet, certaines plantes comme les *algues* possèdent des éléments reproducteurs, leurs zoospores, qui sont munis de cils et se déplacent pour atteindre
un but déterminé (anthérozoïdes de l'Œdogonium par exemple). — Même à
son état adulte la plante fixée au sol par sa tige présente, dans certaines espèces,
des mouvements de certains de ses organes qui sont de véritables réponses à
des excitations extérieures. On peut citer les mouvements des étamines de
l'épine-vinette (*Berberis*), du rossolis ou *drosera*, de la gobe-mouche (*Dionœa
muscipula*), du sainfoin oscillant (*Hedysarum gyrans*).

Ces mouvements de réponse aux provocations extérieures s'observent sur les
feuilles de certaines légumineuses (*Æschynomene, Desmanthus, Robinia* ou faux-
acacia). De même l'*Oxalis sensitiva*, mais surtout la sensitive (*Mimosa pudica*).

Les mouvements réactionnels de la sensitive ont été observés pour la première fois par Desfontaines. Ils se montrent sous l'influence d'excitations très
diverses, telles que chocs mécaniques consistant en ébranlements localisés ou
généralisés, décharges électriques, actions caustiques, en somme la plupart des
excitants connus. Le mouvement consiste en une inflexion assez brusque des
folioles les unes sur les autres, rapprochement des feuilles et rapprochement
des pétioles communs ou branches vers la tige. Après un moment ces différentes
parties se relèvent et reprennent leur position habituelle. Une nouvelle excitation aura le même résultat ; si l'excitation est souvent répétée il y a une sorte
d'accoutumance. L'excitation et le mouvement réactionnel peuvent être limités
à certaines parties comme une feuille, ou généralisée à toute la plante, lorsque par
exemple on ébranle la tige. C'est une manifestation très caractéristique de l'irritabilité végétale.

a. *Anesthésie de la sensitive.* — Cl. Bernard a vu qu'on peut anes-
thésier la sensitive, comme on anesthésie un animal. Soumise à
l'action des vapeurs d'éther ou de chloroforme (à une tension
déterminée, pas trop forte pour ne pas tuer la plante, mais suffisante pour produire le résultat), la sensitive cesse de répondre aux
excitations extérieures par ses mouvements caractéristiques, c'est-
à-dire cesse d'être irritable. Après éloignements des vapeurs anesthésiques, au bout d'un certain temps nécessaire à leur élimination,
la plante reprend son irritabilité première. Elle se comporte comme
un être humain ou un animal anesthésié.

b. *Anesthésie des anguillules.* — Parmi les animaux inférieurs
Cl. Bernard a réalisé l'anesthésie des anguillules du blé niellé en
les plongeant dans de l'eau chloroformée. Le milieu anesthésique
est obtenu pour ces êtres en prenant une eau saturée de chloroforme liquide en dissolution qu'on dédouble ensuite en y ajoutant
moitié plus d'eau ordinaire. Les anguillules sont des animaux
reviviscents. Desséchées avec précaution, elles reprennent leurs
mouvements quand on ajoute de l'eau à la préparation microscopique qui les contient. Si cette eau est mélangée de chloroforme ou

d'éther les mouvements ne réapparaissent pas : ils réapparaissent quand on la remplace par de l'eau ordinaire. Pendant l'anesthésie le corps a un aspect comme grenu qui semble indiquer une légère coagulation du protoplasme.

c. Anesthésie des tissus séparés des animaux. — Chez les vertébrés, on peut constater que les *cils vibratiles* perdent leurs mouvements sous l'influence des vapeurs anesthésiques et les reprennent après éloignement de celles-ci. Cl. BERNARD a encore constaté l'inexcitabilité et la rigidité qui s'empare des *muscles* sous la même influence, en injectant un liquide anesthésique dans l'épaisseur de ceux-ci.

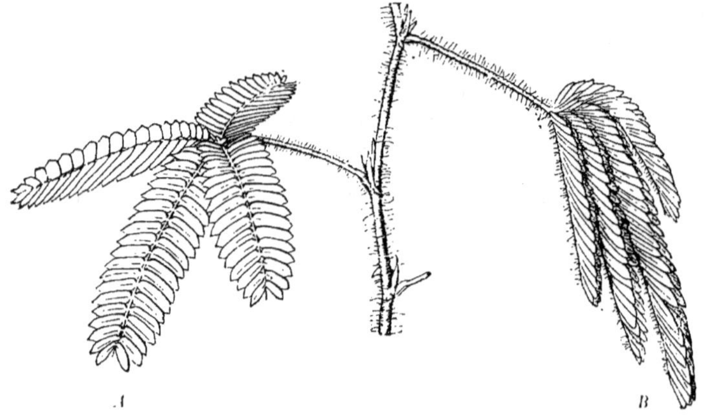

Fig. 24. — *Mimosa pudica (sensitive).*

A, rameau non excité en état d'extension; B, rameau en état d'excitation, abaissé avec ses folioles repliées.

Pour ce qui est du *nerf*, WALLER a constaté qu'en le maintenant plongé dans un milieu éthéré ou chloroformé il perd la propriété de réagir aux excitations par la variation négative et la reprend quand on change son milieu.

Action univoque sur le protoplasme. — De toutes les expériences de ce genre, Cl. BERNARD conclut que les anesthésiques ont une action générale et uniforme sur les protoplasmes cellulaires ou, pour mieux dire, sur *le* protoplasme, en envisageant ce qu'il y a de commun dans les représentants si variés de cette substance vivante primitive. Les uns sont plus sensibles à cette action, les autres moins, mais aucun n'échappe à l'altération particulière, non permanente, éminemment réparable, inconnue, il est vrai, dans son détail, qui suspend les manifestations de leur propriété commune, l'irritabilité.

Envisagée de ce point de vue, on peut dire que la physiologie nous donne, sur l'unité du protoplasme, une indication que la morphologie est loin de nous fournir au même degré. — En tout cas la disparition temporaire de la sensibilité, sous l'influence de l'éther ou du chloroforme, n'est pas due à une action élective de ces substances sur un ordre particulier d'éléments nerveux ; elle n'est qu'un cas particulier de leur action générale sur tout protoplasme quelconque. Le chloroforme et l'éther ne suppriment pas la sensibilité en tant que sensibilité ; ils n'atteignent pas dans son ensemble le complexe phénoménal que nous désignons de ce nom ; ils altèrent l'irritabilité des cellules, ils rendent impossible le phénomène élémentaire qui est à l'origine de la sensibilité consciente, ils détruisent momentanément le complexe en s'adressant à la manifestation plus simple qui est à sa base. Et si en réalité cette manifestation n'est pas complètement éteinte, on comprend en tout cas que la fonction complexe résistera moins à une altération quelconque, que la fonction élémentaire dont elle utilise les associations systématiques.

1. Phénomènes chimiques et phénomènes vitaux intérieurs à l'organisme. — Cette analyse de l'être vivant est très profonde, puisqu'elle met en relief une propriété qu'on peut considérer comme irréductible, du moins en tant qu'elle caractérise l'être vivant dans l'ensemble de la nature. Mais dans cette dernière l'être vivant n'est pas isolé. Lui-même nous présente entre la vie et la mort une série continue d'intermédiaires. La matière et la force l'abordent du dehors, pénètrent en lui, s'y organisent, s'y désorganisent et l'abandonnent à l'état d'excreta substantiels et dynamiques. A quel signe reconnaître dans l'être vivant ce qui est vital, ce qui ne l'est pas encore, ou ce qui a cessé de l'être ? Cette analyse nouvelle, Cl. BERNARD l'a comprise et a essayé de même de la réaliser à l'aide des anesthésiques.

S'ils sont les réactifs de l'irritabilité ou vitalité élémentaire, ils conviennent pour cette dissociation. Ils s'adressent à la plus générale et la plus simple des fonctions de la vie ; ils l'atteignent partout où elle existe. Ils suppriment à la fois et les complexes et les éléments fonctionnels de l'ordre que nous appelons vital. Toute la vie est supprimée, ce qui revient à dire : toute la sensibilité, sous ses formes hautes et basses, est momentanément éteinte, quoique prête à renaître. Les manifestations réactionnelles qui persisteront dans l'être ainsi complètement anesthésié seront nécessairement de l'ordre physico-chimique ordinaire.

On sent tout ce qu'une pareille analyse a de délicat dans son détail et peut présenter de difficultés dans sa réalisation. Le critère sur lequel elle est fondée a, il faut le reconnaître, un peu la forme d'un postulat. Nous ne saisissons pas en lui-même le mécanisme de l'action anesthésique, nous ne connaissons de celle-ci que ses manifestations extérieures. La légitimité du raisonnement se tirera surtout du succès de la tentative et de l'accord harmonique des résultats. Les faits qu'elle a révélés sont en tout cas, en dehors même de la question débattue, d'un très haut intérêt.

2. Création et destruction organique. — L'idée directrice de Cl. Bernard est dans l'opposition qu'il admet entre les phénomènes de création et de destruction organique. Jusqu'au sein de l'être vivant la vie naît de la mort et la mort procède de la vie. L'être est irritable, parce qu'il a amassé des provisions qu'il peut dépenser, organisé des matériaux, édifié des structures, qu'il peut désunir et désorganiser. Et devant ce contraste nous sommes incertains de ce qui proprement caractérise la vie, ou son phénomène primordial, l'irritabilité. Si nous en jugeons par l'aspect extérieur des choses, elle nous apparaît comme une destruction, comme une mort continuelle. Plus elle se manifeste, plus cette destruction s'accuse et s'accélère ; sans elle la vie nous serait inconnue. Mais cette manifestation, à son tour, suppose de toute nécessité une aptitude à construire, à organiser, qui en est l'antécédent à la fois logique et chronologique. Avant d'être l'irritation, c'est-à-dire la dépense, l'irritabilité est le pouvoir de dépenser, qui ne se conçoit que par le pouvoir d'amasser, d'édifier. De ce point de vue *la vie est une création*, une organisation, une synthèse. Les deux phénomènes inverses, nous le savons du reste, se complètent et se commandent : mais il y en a un, la création, qui se conçoit sans l'autre, tandis que l'inverse n'est pas.

Contrôle expérimental. — Telle est l'idée ; soumettons-la au contrôle de l'expérience ; refaisons à ce point de vue l'épreuve du réactif anesthésique. D'après Cl. Bernard, ce sont les phénomènes de création ou de synthèse organique qui sont arrêtés par l'action de l'éther et du chloroforme, pendant que les manifestations destructives continuent leur cours. Il pense le démontrer par les expériences qu'il a réalisées sur les plantes en germination et sur la fonction chlorophyllienne et sur la fermentation alcoolique.

a. *Anesthésie de la germination*. — Des graines de cresson alénois sont mises à germer sur une éponge humide, dans deux éprouvettes semblables, mais dont l'une a dans son fond (au-dessous de l'éponge) une couche d'eau chloroformée, tandis que l'autre a seulement une couche d'eau ordinaire. Dans cette dernière la germination se fait normalement ; dans la première elle reste suspendue tant que l'eau chloroformée ou éthérée est maintenue, et elle reprend si on remplace celle-ci par de l'eau ordinaire.

b. *Anesthésie de la fonction chlorophyllienne des plantes*. — Sous une cloche tubulée à sa partie supérieure et remplie d'eau contenant de l'acide carbonique, on place des plantes aquatiques de *Potamogeton* ou de *Spirogyra*. La cloche étant immergée dans l'eau, on dispose sur la tubulure une éprouvette renversée pleine d'eau pour recueillir les gaz. La cloche contient avec les plantes une éponge imbibée de chloroforme. Elle est exposée au soleil en même temps qu'une cloche témoin sans chloroforme. Dans la cloche témoin il y a dégagement d'oxygène presque pur ; dans la cloche avec chloroforme il n'y a pas de dégagement d'oxygène, mais seulement d'un peu d'acide carbonique. — La fonction chlorophyllienne (celle qui absorbe l'acide carbonique et dégage l'oxygène) a été suspendue ; la fonction respiratoire (celle qui absorbe l'oxygène et dégage l'acide carbonique) a été maintenue au moins partiellement. La première serait donc bien la fonction protoplasmique ou vitale par excellence ; l'autre étant une fonction d'ordre plutôt chimique.

c. *Anesthésie des ferments figurés*. — La levure de bière soumise à l'action de l'eau chloroformée ou éthérée ne produit plus la fermentation alcoolique, mais le sucre de canne est inverti comme d'ordinaire.

d. *Non-anesthésie des ferments solubles*. — Les anesthésiques distinguent entre les ferments figurés et les ferments solubles, suspendant l'action des premiers et

aissant intacte la propriété des seconds ; c'est ce qu'on peut vérifier sur les dias-
ases végétales ou animales, sécrétées soit par certains champignons comme les
evures, soit par les cellules du tube digestif, etc.

IV. — *Excitation et inhibition.*

Dire de la matière vivante qu'elle est irritable, c'est dire qu'elle
a un potentiel, une force en réserve qu'elle peut dépenser, sous la
sollicitation d'une force incomparablement plus faible que celle
maintenue en provision et qui va se libérer. Mais d'autre part il est
remarquable que *si énergique que soit l'impulsion excitatrice,
cette force en réserve ne se dépense jamais en totalité.* Pour
l'épuiser, il faut une série d'excitations survenant les unes après
les autres. La condition qui limite la dépense à n'être jamais qu'une
fraction minime du total disponible est très difficile à déterminer.
Beaucoup la cherchent dans l'excitation elle-même, qui aurait un
double pouvoir, l'un d'amorcer la dépense énergétique, l'autre de la
faire cesser presque aussitôt après l'avoir engagée. Le premier de ces
deux pouvoirs c'est l'excitation proprement dite, dégagée de tout ce
qui n'est pas elle : le second a reçu le nom d'arrêt et celui plus
récent et à la fois plus répandu d'inhibition.

I. **Origine de la notion d'inhibition.** — C'est dans le système
nerveux que ces deux phénomènes et aussi leurs relations mutuelles ont été d'abord aperçus. Le système nerveux, lui-même
très excitable, a sur les autres tissus un pouvoir excitateur incomparablement développé. Ce même système, ainsi que le montrent
les expériences d'une grande netteté, a, par certaines de ses
parties, la possibilité de soustraire les tissus à l'excitation qui leur
vient de certaines autres de ses parties. L'excitation et l'inhibition se
montrent en lui comme deux fonctions anatomiquement séparées,
par conséquent aussi distinctes que possible. Mais les fonctions à la
fois localisées et hautement différenciées, qui sont manifestées par
le système nerveux, ont leur germe premier dans les fonctions élémentaires et plus ou moins indivises de l'organisation cellulaire.

Fonctions systématiques et fonctions cellulaires. — Il
est donc probable que le phénomène de l'inhibition qui est répandu
dans les systèmes complexes de l'organisme animal, se retrouve
sous une forme dissimulée ou élémentaire dans le fonctionnement
de la cellule. Cette généralité du phénomène est, entre autres, une
des causes qui introduisent la confusion dans son étude. Il en est à
cet égard de l'inhibition comme de toutes les autres fonctions nerveuses ou tenues sous la dépendance du système nerveux ; on ne

distingue le plus souvent pas suffisamment les fonctions, qui résultent du jeu combiné d'un ensemble systématisé d'éléments, de celles qui sont réalisées individuellement par les cellules ; on confond souvent les fonctions systématiques avec les fonctions cellulaires et leur ressemblance contribue à cette confusion.

Inhibition intra-cellulaire. — En ce qui concerne l'inhibition, la notion nous est venue du système nerveux. Ce n'est que par analogie et par extension que nous pouvons l'étendre à l'organisation intérieure de la cellule. En tant qu'elle se manifeste dans le système nerveux et les sous-systèmes qui le constituent, elle est un fait donné par l'expérience et défini par certaines conditions ; en tant qu'on l'attribue à la cellule, elle est une hypothèse permise, mais dont la légitimité reste subordonnée à la convenance des preuves invoquées, c'est-à-dire à la ressemblance d'un phénomène cellulaire avec le phénomène systématique qui lui sert de modèle.

Caractères communs et différentiels de l'excitation et de l'inhibition. — Dans un système neuro-musculaire susceptible à la fois d'excitation et d'inhibition motrice (tel que le système neuro-cardiaque), nous définissons l'excitation par le rapport de grandeur existant entre la cause provocatrice (excitante) et l'effet produit. Ce dernier surpasse incomparablement la première, ce qui tient à ce que la cause que nous appelons provocatrice n'est nullement toute la cause, mais seulement une cause d'un ordre très particulier. L'inhibition participe à la nature de ce phénomène causal ; elle naît d'une excitation, c'est-à-dire d'une provocation extérieure. Le rapport de grandeur qu'elle a avec l'effet produit nous la montre de même incomparablement plus faible que cet effet et pour la même raison ; mais ce qui la caractérise vis-à-vis de l'excitation proprement dite. c'est que le rapport de la cause à l'effet, qui ne vise nullement la grandeur relative de ces deux choses, vise au contraire leur sens relatif. Dans l'*excitation* le mouvement initial que nous appelons excitateur a pour effet un mouvement, une dépense énergétique incomparablement plus grande que lui-même, mais qui reste un *phénomène de même sens* (passage du repos à l'activité). Dans l'*inhibition* le mouvement initial excitateur a pour effet une cessation d'un mouvement préexistant (passage de l'activité au repos) ou une impossibilité de provoquer le mouvement, en tout cas une *succession de phénomènes inverse de la précédente*. Et ce qui doit encore attirer notre attention, c'est la faiblesse de la cause mise au regard de la grandeur de l'effet, un petit mouvement initial pouvant faire cesser une dépense énergétique énorme.

II. **Place de l'inhibition dans l'enchaînement des causes**

qui produisent le mouvement. — Par plus que l'excitation n'est une force motrice dans le sens mécanique et précis du mot, c'est-à-dire égale et de même sens que l'effet produit, pas plus l'inhibition n'est une force résistante, c'est-à-dire égale et contraire à celle qui se développe comme effet ultime de l'excitation. La conséquence qui s'en dégage est importante ; l'antagonisme, qui se manifeste dans l'inhibition et qui caractérise ses effets, réside entre la force excitatrice et une autre force contre-excitatrice, opposée à elle en grandeur et en direction : force dont l'origine est également dans un mouvement (très faible) venu du dehors, mais dont le point d'application dans la matière vivante est tel qu'elle puisse interférer avec le mouvement excitateur, avant que celui-ci ait produit l'effet de déclenchement, qui déchaîne les énergies potentielles d'où naît l'effet moteur proprement dit. Il faut qu'il en soit ainsi, sous peine d'enfreindre une des lois les plus fondamentales de la mécanique, celle de l'égalité entre l'action et la réaction.

a) *Dans l'inhibition systématique.* — Quand il s'agit de l'inhibition développée dans un système neuro-musculaire, cette localisation peut s'indiquer clairement. L'opposition entre les forces excitatrice et contre-excitatrice est consommée dans la partie nerveuse du système. Ce système contient des éléments excitateurs et, parallèlement à ceux-ci mais distincts d'eux, des éléments contro-excitateurs ou inhibiteurs. Les uns et les autres propagent le long de leurs fibrilles la même onde d'excitation, qui naît en eux des provocations venues du dehors ; mais, sur un point particulier, avant qu'ils atteignent l'organe moteur pourvu d'un potentiel énergétique, ils contractent certains rapports particuliers qui les met en opposition, qui les fait interférer dans le sens d'une extinction de l'excitation transmise. Et c'est à coup sûr le moyen le plus économique que l'organisme ait à sa disposition, pour réaliser ses arrêts de mouvement avec la plus grande économie.

b) *Dans l'inhibition cellulaire.* — Quand il s'agit de l'inhibition telle que nous supposons qu'elle peut être développée dans une cellule, considérée elle-même comme système indépendant et isolé, il est de tout point impossible de réaliser une analyse du même genre, de localiser dans cette petite masse organisée le trajet de l'excitation, d'indiquer le point où l'énergie excitatrice de grandeur infime reçue de l'extérieur se grossit soudain des énergies potentielles libérées par elle, encore plus difficile de dire où l'onde contro-excitatrice doit atteindre la précédente pour l'éteindre avant qu'elle ait ses effets de dépense énergétique. Ce qui est certain, c'est qu'elle doit l'atteindre avant ce point et ce moment, si elle est de nature inhibitrice.

Limitation de l'excitation par un phénomène inverse contro-stimulant. — Le point de départ de cette discussion est, on se le rappelle, dans le fait qu'une excitation, qui atteint un élément cellulaire, se limite d'elle-même, en ce sens que la rupture d'équilibre qu'elle produit dans cet élément n'est pas définitive, mais aboutit presque aussitôt à un rétablissement de cet équilibre instable un instant altéré. Quelques-uns supposent que toute onde excitatrice est suivie d'une onde inverse (dans l'espèce inhibitrice) ou, si les dimensions de l'élément sont trop restreintes pour parler d'ondes proprement dites, tout ébranlement excitateur serait suivi sur place immédiatement d'un mouvement inverse, opposé par conséquent à la naissance de nouvelles excitations ; tellement que, pour faire renaître celle-ci avec ses conséquences, il faut une nouvelle attaque de l'extérieur.

Généralité du phénomène. — D'après cette manière de voir l'inhibition serait un phénomène encore plus répandu qu'on ne l'indique généralement, puisqu'il serait la conséquence comme forcée et en même temps limitatrice des excitations isolées. En fait, nous voyons que tout élément cellulaire, toute organisation protoplasmique présente cette succession d'effets, cette intermittence obligatoire des excitations qui lui sont fournies. Pour maintenir un muscle en état de contraction, il faut lui communiquer une série de chocs ou décharges d'induction répétés. Si on s'adresse au nerf, il en est de même et à toute cellule quelconque. La continuité du phénomène moteur (ou réactionnel quel qu'il soit) ne s'obtient que par le renouvellement des provocations élémentaires. La succession, même très rapide de celles-ci, laisse subsister entre elles des intervalles qui rompent sa continuité ; quant à celle du phénomène moteur, elle est plus apparente que réelle, parce qu'elle résulte d'un groupement des contractions élémentaires qui masque leur séparation. Ajoutons que dans certains muscles, comme le cœur, cette discontinuité reste la règle ; l'organisation de ce muscle est, il est vrai, très spéciale.

III. **Conclusion**. — Rien ne s'oppose donc, en somme, à ce

qu'on admette un phénomène d'inhibition cellulaire qui est comme la contre-partie de l'excitation et empêche les effets de celle-ci de se continuer au delà d'une certaine limite. Il est pour nous indissociable du phénomène d'excitation qu'il suit comme sa contre-partie nécessaire. Telle serait la forme rudimentaire sous laquelle se montre ce phénomène dans l'organisation de la cellule. C'est seulement quand les éléments nerveux sont associés en systèmes qu'il s'amplifie et nous apparaît sous la forme saisissante qui l'a fait d'abord reconnaître. Dans le conflit qui s'établit au sein de la substance grise, entre les fibres de divers ordres qui la composent, les excitations se trouvent, dans certaines cas, annulées d'une façon complète, de manière à entraîner l'inactivité prolongée des organes. Il ne s'agit plus là d'excitations suivies individuellement d'effets contro-stimulants aussi passagers qu'elles, mais d'excitations parallèles qui s'entre-détruisent pendant une durée parfois indéterminée, et c'est à ce phénomène d'ordre systématique qu'il faut, plus qu'à tout autre, conserver le nom d'inhibition.

Excitation, inhibition, paralysie, fatigue. — L'excitation est une possibilité d'action qui passe à l'état d'acte. Ce phénomène a sa contre-partie dans une impossibilité d'action de la substance qui reçoit les provocations extérieures. La substance excitable se montre dans certaines conditions inexcitable. Il suffit de réfléchir à la complexité innée de toute matière vivante, de tout protoplasme, de toute cellule, pour comprendre que cette impossibilité peut résulter de conditions multiples et différentes les unes des autres, c'est ce qui fait que, suivant les cas, nous l'exprimons par des mots eux-mêmes différents, comme ceux de *paralysie*, de *fatigue*, d'*inhibition*, d'*anesthésie*, etc. Si nous pouvions saisir à l'intérieur de la substance excitée la condition particulière qui, dans chacun de ces cas, l'empêche de répondre, il n'y aurait jamais aucune ambiguïté dans l'emploi de ces termes ; chacun se définirait par la condition intrinsèque qui empêche la réponse de se produire. Mais cette analyse intérieure est souvent ou impossible ou incomplète ; nous ne saisissons bien que le changement extérieur ou les conditions extérieures apportées à ce changement ; d'où le vague que conservent les termes par lesquels nous essayons de distinguer ces catégories dont nous sentons néanmoins l'existence, la réalité ; d'où aussi la confusion qui se fait entre ces termes employés trop souvent les uns pour les autres.

E. — FERMENTATIONS.

Pasteur définissait la fermentation : « un acte chimique corrélatif d'un acte vital, commençant et s'arrêtant avec ce dernier ». Cl. Bernard, à peu près à la même époque, voyait dans la vie une fermentation (1). Le premier, partant d'un acte chimique à allure très caractéristique, était amené à le rattacher à une fonction des êtres vivants. Le second, prenant pour étude les phénomènes de la vie, était conduit de son côté à en trouver l'expression symbolique dans cet acte lui-même. C'est la preuve de son importance en tant que manifestation élémentaire du processus de la vie, dans ce qu'il a de plus général. Des notions nouvelles acquises depuis cette époque dans le développement progressif de la question, ont pu modifier quelque peu les définitions de détail et les mécanismes supposés des actes fermentatifs ; elles n'ont rien enlevé à la valeur de l'idée exprimée en termes réciproques dans les deux définitions qui précèdent ; elles ont seulement étendu cette conception à un champ plus vaste et, ce qui est remarquable, c'est que les limites de ce champ paraissent, après leur déplacement, tracer de nouveau les limites de la vie elle-même.

1. Historique. — Il faut rappeler en quelques mots la découverte de faits saillants et aussi les idées qu'on s'est faites successivement des phénomènes de cet ordre.

Étymologie. — Fermentation vient de *fervere*, bouillir. Les anciens donnaient ce nom à tous les phénomènes qui s'accompagnent d'un dégagement gazeux rappelant plus ou moins l'*ébullition* de l'eau, dont la cause leur était connue, ou encore l'*effervescence* de la craie par les acides et le mot fermentation leur servait tout à la fois à rapprocher et à distinguer ces trois ordres de phénomènes.

---

(1) Textuellement une « pourriture », d'après le mot de Mitscherlish qu'il reproduit et qui lui sert à exprimer la désagrégation de sa propre substance par laquelle l'être vivant manifeste ses fonctions.

La fermentation n'a en effet pas l'aspect des réactions ordinaires dont la cause réside dans le conflit de deux corps de masse plus ou moins équivalente. Elle paraît spontanée. Ce caractère d'apparente spontanéité est tellement frappant, qu'il a fait comprendre dans la liste des fermentations un grand nombre d'actes chimiques, dans lesquels on ne voit aucune production de gaz, aucun bouillonnement ; telle la transformation du vin ordinaire en vinaigre autrement dit de l'alcool en acide acétique, et, par extension, de l'amidon en glycose, des albumines en peptones etc., etc. Mais si on remarque que toutes ces transformations s'accompagnent, sans exception, d'une libération d'énergie, sous forme de dégagement de chaleur, on conviendra que le terme « fermentation » reste encore un des mieux appropriés de ceux qu'on aurait pu choisir pour la désigner.

2. **Ferment, être vivant.** — Ce n'est pourtant pas qu'on n'ait su depuis longtemps que la fermentation nécessite l'intervention de corps particuliers, comme les *levains* ou les *levures* et que nous appelons maintenant les *ferments*. Mais cette intervention est singulière, quand on la compare à celle des réactifs ordinaires de la chimie. Elle frappe par la *disproportion entre la masse du ferment et celle de la substance fermentescible*, qui subit la transformation. Cette disproportion s'éclaire, lorsque nous savons que *le ferment est un être organisé capable de végéter, se reproduire et se multiplier* dans la substance fermentescible, qui lui sert d'aliment. CAGNARD-LATOUR, SCHWANN avaient soupçonné cette nature organisée du ferment et sa relation avec le phénomène fermentatif. PASTEUR l'a mise hors de doute et lui a donné les développements que l'on sait. Au fond de l'acte fermentatif nous retrouvons la condition ordinaire de la vie : le conflit entre un être vivant et son milieu, attesté par la transformation on pourrait dire la viciation de ce milieu, transformation en quelque sorte indéfinie, si on a soin de maintenir la composition de ce milieu, en enlevant les produits formés et en remplaçant ceux disparus. Ce conflit nous apparaît ici dans des circonstances à la fois relativement simples pour chaque être-ferment, mais extrêmement variées quand on les compare entre eux.

Si simple que soit l'acte vital qui entraîne la fermentation, on se doute bien qu'il prête lui-même à l'analyse. De fait, avec celle-ci la complexité du phénomène apparaît, soit dans le milieu, où, à côté d'un produit caractéristique largement représenté on en trouve d'autres qui témoignent d'échanges multiples, soit dans le ferment lui-même, où on réussit à trouver des facteurs distincts chargés d'opérer ces réactions.

3. **Produits multiples de la fermentation.** — Le microorganisme de la fermentation alcoolique (la levure de bière) a été largement utilisé pour les recherches de ce genre. — Ce ferment transforme le glycose en alcool et acide carbonique. C'est là le fait principal utilisé dans les fermentations industrielles et vinicoles. Mais, en plus de ces deux produits caractéristiques, on trouve de l'*acide succinique* (SCHMIDT), de la *glycérine* (PASTEUR), de très petites quantités d'*acide acétique* (BÉCHAMP). Ces produits représentent du reste à peine 4 à 5 p. 100 du produit total de la fermentation. — Dans le même ordre d'idées, il faut remarquer que, si le glycose est l'aliment essentiel du ferment, il ne suffit pas à lui seul ; le milieu fermentescible doit renfermer encore différentes substances : à savoir des sels minéraux (principalement phosphate de potasse, sels de magnésie, de chaux) et des substances azotées qui peuvent être des sels ammoniacaux, des nitrates, des substances albuminoïdes.

Composition chimique de la levure. — La composition de la levure en principes immédiats atteste du reste cette nécessité. D'après Naegli et Loew, elle est la suivante (levure basse desséchée) :

Cellulose avec mucilage végétal	37
Matières protéiques { Albumine ordinaire	36
{ Matières phosphorées peu stables	9
Peptones précipitables par l'acétate de plomb	2
Matière grasse	5
Matières extractives (leucine, tyrosine, guanine, xanthine)	4
Cendres	7
	100

A quoi il faut encore ajouter un peu de glycose et d'acide succinique, de l'invertine, peut-être du glycogène, de la cholestérine, de la nucléine, de la lécithine.

4. Aliments multiples. — En somme, à cet être-ferment il faut des aliments, les uns purement *minéraux*, les autres *azotés*, qu'il consent à recevoir encore sous une forme minérale et avec lesquels il fait la synthèse de ses albumines, un autre enfin organique, c'est le *glycose*, qu'il détruit en grande quantité, en le dédoublant en acide carbonique et alcool. Tandis que l'azote, par exemple, qui disparaît du milieu se retrouve à peu près poids pour poids dans la levure formée pendant la fermentation, il n'en est plus de même du glycose décomposé, dont l'excès est évident par rapport à la masse de cette levure. C'est que l'azote est ici un aliment purement *plastique*, tandis que le glycose est proprement un aliment *énergétique*. Ce gaspillage d'une substance organique aussi précieuse est en vue d'en tirer l'énergie intérieure qu'elle renferme.

Source de l'énergie suivant les cas. — Toute cellule quelconque est traversée par un courant énergétique, grâce auquel elle est en mesure d'accomplir ses travaux intérieurs ou extérieurs.

a) *Énergie radiante.* — Pour les cellules à chlorophylle, ce courant a sa source dans une énergie radiante, libre d'attache avec la matière, et qui, en s'incorporant à celle-ci, enchaîne les atomes de carbone, d'hydrogène et d'oxygène, de manière à en former les hydrates de carbone (le glycose en particulier).

b) *Énergie chimique* — Pour les cellules dépourvues de chlorophylle, et la levure est dans ce cas, ce courant a son origine dans la destruction d'un composé chimique (le glycose précisément) qui, en déchaînant ses atomes, rend disponible tout ou partie de l'énergie qui les maintenait agrégés.

Combustion complète. — Dans beaucoup de cas, les cellules poussent cette décomposition des hydrates de carbone jusqu'à la formation de corps qui, comme l'acide carbonique et l'eau, ne sont plus susceptibles d'en fournir par une nouvelle décomposition. C'est lorsque l'oxygène intervient dans la réaction destructive et que cette oxydation est complète. Le glycose est alors consommé d'une façon économique, puisque l'être en tire toute l'énergie qu'il peut fournir.

Destruction partielle. — Tel n'est pas le cas de la levure, qui dédouble le glycose en deux corps, dont l'un, l'acide carbonique, est, il est vrai, complètement brûlé ; mais dont l'autre, l'alcool, est encore très endothermique, c'est-à-dire conserve une grande quantité d'énergie, les 9/10 de celle qui était contenue dans le glycose dédoublé. Du corps qu'elle détruit comme aliment énergétique la levure ne retire donc que la dixième partie, d'où il suit que, pour accomplir ses travaux intérieurs et extérieurs de végétation et multiplication, elle doit en détruire dix fois plus que si elle l'oxydait.

Et c'est bien là ce qui lui donne son caractère de *ferment*, c'est-à-dire ce qui diminue le rapport quantitatif de la masse agissante à la masse transformée. La cellule de levure néanmoins n'est pas réduite à s'alimenter d'énergie exclusivement de cette façon ; elle peut vivre aussi comme une plante ordinaire, cela dépend des conditions qui lui sont offertes par le milieu dans lequel elle est ensemencée. Tout ce qui a été dit plus haut suppose que la levure a été introduite dans un milieu convenable (nécessairement sucré) dont l'oxygène a été chassé et n'y a pas d'accès. Ce milieu, au contraire, contient-il de l'oxygène en dissolution, et pour cela laisse-t-il à l'air un accès suffisant, les choses alors se passent autrement. L'oxygène intervenant, la cellule de levure l'emploie à oxyder plus ou moins complètement le glycose (qui ne doit jamais faire défaut, mais dont une quantité beaucoup plus faible suffit alors à ses besoins), dégage de l'acide carbonique, mais forme peu ou pas d'alcool, se comporte, en un mot, comme les cellules des tissus végétaux ou animaux dans les conditions habituelles.

5. **Êtres aérobies et anaérobies.** — L'organisme ferment, comme l'a le premier vu PASTEUR, a donc deux façons de vivre : l'une *aérobie* qui est la façon pour ainsi dire ordinaire ; l'autre *anaérobie* qui est spéciale et dans laquelle il trouve encore à satisfaire aux conditions de son existence ; d'où la formule célèbre que la *fermentation est une vie sans air*, c'est-à-dire *sans oxygène*. Et ceci ne veut pas dire que l'oxygène n'intervienne en rien dans le processus vital qui conserve et multiplie les cellules de levure ; mais seulement que cet oxygène n'est pas de l'oxygène initialement libre, comme celui que nous respirons. Libéré de ses combinaisons, lors de la décomposition de la molécule de glycose, cet oxygène est immédiatement réemployé par la cellule-ferment et se retrouve dans l'acide carbonique qu'elle dégage. La formule théorique par laquelle on exprime la réaction fermentative est globale, empirique et même simplement approximative. Elle exprime un *état initial* et un *état final* de la réaction ; elle ne peut rien nous dire de précis sur les *transformations intermédiaires* que nous savons d'avance complexes, et que nous sommes autorisés à supposer calquées sur celles des processus vitaux les plus répandus.

6. **Adaptation de l'être au milieu.** — En ce faisant, nous rattachons les fermentations à ces processus vitaux, comme il a été dit ; mais, en même temps, nous les caractérisons au milieu d'eux par des conditions spécifiques. *La fermentation* (il s'agit surtout de la fermentation alcoolique, plus étudiée et mieux connue que les autres) *n'est donc pas un attribut exclusif de certains êtres organisés*, comme on a pu avoir tendance à le croire à un moment donné, *mais un processus, une fonction vitale de ceux-ci, adaptée à certaines conditions de leur milieu.* Toute cellule végétale ou animale présente, à des degrés très divers, des adaptations de ce genre.

Des fruits mis à l'abri de l'air, dans une atmosphère d'acide carbonique, donnent de l'alcool au dépens de leur sucre (LECHARTIER et BELLAMY) ; des plantes entières peuvent faire de même (MUNTZ).

Seulement dans ces derniers cas, la quantité d'alcool est extrêmement faible. Dans le sens général, toute cellule est bien à quelque degré un ferment : mais, dans le sens pratique, il faut réserver cette expression pour les microorganismes qui opèrent avec facilité dans ces conditions de vie particulière et avec lesquels la réaction fermentaire a un grand rendement.

I. **Analyse du phénomène fermentaire.** — En rattachant la fermentation à un phénomène vital, nous faisons une constatation d'une grande importance, car elle nous indique par là même l'ordre de conditions auquel il faut toucher pour nous rendre maîtres du phénomène; mais elle n'est pas une explication, dans le sens analytique du mot et on comprend que les chimistes aient tenté de rejeter ces études hors de leur science, comme échappant à son objet. La fermentation alcoolique s'est encore chargée de fournir les faits et les arguments qui, rapprochés de certaines données de la physiologie animale et végétale, ont fait évoluer la question dans le sens proprement chimique.

II. Ferments figurés et ferments solubles. — Si, au lieu du glycose, la solution qui sert de milieu à la levure contient du sucre de canne, la fermentation se fait encore, mais elle n'a plus lieu directement. Elle est précédée d'une transformation préalable du sucre de canne en glycose et lévulose, qui sont, eux, des sucres directement fermentescibles. Cette transformation n'est pas le fait de l'acidité de la liqueur comme on l'avait pensé d'abord. Elle peut avoir lieu en milieu alcalin. L'agent qui la produit est une substance, facilement isolable de la levure (lavage à l'eau glacée), précipitable par l'alcool, redissoluble d'eau et, qui borne son action à hydrater le saccharose, en le dédoublant en deux sucres réducteurs, après quoi la fermentation alcoolique peut commencer. Cette substance (l'*invertine* ou *sucrase*) appartient à la classe des *ferments* dits *solubles*, appelés encore les *diastases* ou les *enzymes*. C'est, comme on voit, un ferment *hydrolysant* et *dédoublant* et, par ses caractères de précipitation et de solubilité, il se distingue nettement de l'organisme ferment (la cellule de levure) d'où il procède (Berthelot).

Diastases. — Les diastases, ferments généralement hydrolysants, sont très répandues dans les organismes tant végétaux qu'animaux. Il suffit de nommer la diastase de l'orge germé, celles de la salive et du pancréas, la pepsine, la trypsine, etc., toutes substances de nature organique, mais qui ne passent pas pour être organisées, dans le sens qu'on donne communément à ce mot. Elles sont élaborées par des cellules qui, chez les animaux notamment, les déversent à la surface du tube intestinal, où elles opèrent les fermentations digestives.

---

1. **Unité du complexe fermentaire.** — Généralisant l'idée de Berthelot, Cl. Bernard voyait dans les cellules glandulaires, qui sécrètent ces substances, les équivalents des organismes ferments ou ferments figurés et dans les produits sécrétés les ferments solubles ou diastases analogues à l'invertine de la levure de bière. Cela d'autant mieux que les glandes de l'intestin, par exemple, sécrètent une invertine qui dédouble le saccharose en glycose et lévulose. D'après cette

manière de voir, la fermentation se rattache bien toujours à un processus vital, mais son agent exécuteur s'en sépare et se présente à nous sous la forme d'un réactif, à la vérité très spécial, mais qui se rapproche des espèces chimiques proprement dites. On peut donc supposer que, dans tous les actes fermentatifs la cellule-ferment (levure, bactérie, moisissure, etc.), élabore un réactif de ce genre et que c'est à lui qu'il faut imputer le travail de décomposition, qui caractérise chacun de ces actes en particulier.

Son analyse. — Pour revenir à la fermentation alcoolique, *la cellule de levure, en plus du ferment hydrolisant par lequel elle invertit le sucre de canne pour en tirer des sucres réducteurs, en élaborerait un autre, par lequel elle dédouble ces sucres réducteurs en alcool et acide carbonique.* Cette seconde diastase ne se laisse pas séparer aussi facilement que l'invertine; un lavage de la levure n'y suffit pas. BUCHNER a réussi, en broyant mécaniquement la levure, de manière à rompre les membranes de ses cellules, à retirer de celles-ci une substance soluble dans l'eau, ayant les caractères généraux des diastases et qui, mise en présence d'une solution de glycose, y détermine la fermentation alcoolique.

2. Le phénomène vital et le phénomène chimique. — Ainsi, dans la cellule-ferment, on isole un réactif formé par elle et qui est capable, en dehors d'elle, d'opérer la fermentation. Et ce réactif serait d'ordre chimique et non vital comme la cellule d'où il provient. En passant de celle-là à celui-ci, on franchirait la limite des deux règnes qui se partagent la nature. C'est une conclusion qui ne faisait pas doute il y a seulement quelques années. Présentement on se montre moins affirmatif. On n'est plus aussi certain qu'il faille séparer les diastases du règne vivant, pour les ajouter à la liste des réactifs simplement chimiques.

Les critères invoqués. — *La solubilité dans l'eau et dans divers véhicules, l'absence de toute forme spécifique, la non multiplication de ces corps,* les distinguent évidemment de ceux qui ont l'organisation cellulaire. Par contre, l'*impossibilité de les obtenir autrement qu'en les retirant d'un être lui-même vivant, la diminution de leur activité par le froid, l'augmentation de celle-ci par la chaleur dans certaines limites, son annihilation définitive par des températures qui approchent plus ou moins de 100 degrés,* sont des caractères qui leur appartiennent en commun avec les êtres manifestement doués de vie. Les critères qui nous servent à distinguer la vie d'avec la nature inanimée n'ont, dans le fond, rien d'absolu. Extrêmement accusés quand on oppose des témoins bien caractérisés des deux règnes, ils deviennent indécis dans les cas limites comme celui qui est ici en discussion. La question ne peut s'éclairer, sinon se trancher, que par une analyse plus approfondie des propriétés et fonctions de ces corps, analyse pour laquelle des méthodes nouvelles sont à créer.

La distinction est dans le point de vue. — En attendant, par cet exemple comme par tant d'autres, nous voyons que ces expressions de chimique et de vital, par lesquelles nous cherchons à caractériser les phénomènes dans les êtres qui nous entourent, correspondent à des points de vue plus qu'à des objets nettement séparables. Ce sont des faits discernables, mais non localisables.

Les phénomènes accomplis par l'être vivant sont chimiques dans leurs résultats, chimiques par conséquent dans leur cause efficiente : et pourtant nous avons le sentiment que l'être vivant ne peut pas être confondu avec un objet ordinaire quelconque. A quoi attribuer cette différence?

La séparation est dans notre esprit, l'union persiste dans le fond des choses. En passant, comme on le dit, du physique au vital, on atteint le vital sans abandonner le physique. On passe d'une catégorie d'un ordre inférieur à une catégorie d'un ordre supérieur dont l'existence implique la première à l'état d'élément composant. La catégorie vitale implique la catégorie physique, au point qu'elle ne se comprend pas sans elle; l'inverse n'est pas. En s'édifiant sur des fondements physiques, la catégorie vitale s'impose à notre esprit, parce qu'en elle le physique s'organise et s'assimile, au point de constituer une unité évidente, plus frappante en soi que celle des éléments qui la constituent et que l'analyse y fait apparaître.

III. Synonymie. — En somme, sous le nom de ferments on désigne tantôt des êtres cellulaires (champignons, bactéries, etc.), ce sont les ferments dits figurés, tantôt des corps non visiblement organisés qui dérivent des précédents ou de toute cellule quelconque végétale ou animale (ce sont les ferments dit solubles, ou enzymes ou diastases, etc.) et ce sont ces derniers qui sont proprement les agents de la réaction fermentaire, laquelle est simple quand on les fait agir isolément et au contraire complexe quand on fait intervenir l'être cellulaire en totalité. Seulement, même dans ce dernier cas, la fermentation garde encore une simplicité relative, en raison de ce qu'elle est caractérisée pratiquement par une réaction dominante, au regard de laquelle toutes les autres opérations nécessaires à la vie du ferment disparaissent en quelque sorte au point de vue quantitatif.

Les fermentations, ramenées à l'action plus élémentaire des enzymes, nous expliquent en somme d'une façon suffisante les processus de destruction organique, qui sont ceux qui forment la partie la plus visible du cycle vital. C'est quand on vise les manifestations extérieures apparentes de la vie, qu'on peut dire d'elle qu'elle est une fermentation. La chaleur animale, les travaux extérieurs qui accompagnent son dégagement sont d'origine fermentative.

IV. Opérations synthétiques. — Mais ces phénomènes ont une contre-partie nécessaire dans l'incessante reconstruction du protoplasme, qui refait à la fois sa substance plastique et ses réserves énergétiques, à mesure de leur destruction. Le tourbillon ou cycle vital a une phase *ascendante*, comme il a une phase *descendante*. Les opérations chimiques, qui répondent à cette phase constructive ou restauratrice, sont ce qu'on appelle des *synthèses*, comme les précédentes étaient des *analyses*. Et ces mots doivent être pris non dans le sens vague ou superficiel de combinaisons ou décombinaison de corps hétérogènes, mais dans le sens profond qu'ils ont en énergétique. La synthèse est essentiellement une réaction chimique qui crée des corps endothermiques, c'est-à-dire dans laquelle il y a pas d'énergie intérieure intra-moléculaire ; l'analyse étant l'opération inverse, dans laquelle cette énergie, enchaînée à la molécule, et qui lie ses éléments constituants, se déchaîne extérieurement à elle, sous des formes variées, mais le plus ordinairement sous forme de chaleur ou de travail mécanique.

Leurs formes multiples. — Les opérations analytiques de fermentation sont, comme on a vu, des *dédoublements*, des *hydratations*, des *oxydations*. Les opérations synthétiques qui les préparent ou les suivent consistent en *polymérisations* ou *condensations* de la molécule, en *déshydratations* et en *réductions*, c'est-à-dire sont les inverses des précédentes et forment avec elles, dans une cellule donnée, un ensemble très complexe et non exactement symétrique.

1. Les procédés de la chimie vivante. — La chimie minérale, aussi bien que la chimie vivante, connaît ces opérations synthétiques et endothermiques, comme elle connaît les opérations inverses dont il est question plus haut. Mais, dans un cas comme dans l'autre, dans les synthèses comme dans les analyses, si les produits obtenus sont les mêmes, la seconde a des procédés que la première est incapable de mettre en œuvre, cela au moins d'une façon générale.

L'action fermentaire, il est vrai, a en chimie minérale son pendant dans la catalyse, mais les exemples de ce genre sont peu nombreux. Dans l'être vivant, chaque opération analytique a son catalyseur approprié. Ce sont ces catalyseurs auxquels on donne le nom d'enzymes ou de diastases.

Dans les opérations synthétiques, l'être vivant paraît avoir aussi un procédé général, un genre d'instrument adapté à ce mode de réactions et qui dans le détail est approprié à chaque cas particulier. On en peut voir un spécimen dans la *chlorophylle* des plantes, dont on connaît l'action à la fois réductrice sur l'acide carbonique de l'air et fixatrice du carbone sur la plante elle-même. On tend à multiplier, à généraliser ces agents de synthèse. L'opération synthétique ou assimilatrice aurait son instrument approprié, comme l'opération analytique fermentaire ou désassimilatrice a le sien dans la diastase. Quel nom général conviendrait-il de donner à ces agents synthétiques assimilateurs pour marquer à la fois les relations qu'ils ont avec les diastases et la différence profonde qui les sépare d'elles? Quelques-uns, frappés surtout de la ressemblance, ont poussé la comparaison de ces deux ordres de corps ou d'agents jusqu'à l'assimilation. Ils proposent de ne voir dans les réactions synthétiques de l'être vivant que des actes fermentaires d'un ordre particulier, la fermentation comprenant des réactions aussi bien synthétiques qu'analytiques. Cette manière de voir nous paraît exagérée.

Convenance des termes. — La définition des mots, on le sait, est arbitraire et c'est à chaque instant qu'un terme, par suite du progrès des connaissances et de la pauvreté de la langue, est détourné de son sens primitif, pour en prendre un plus conforme à la réalité des choses d'abord méconnue. Mais encore, convient-il qu'un mot ne désigne pas le contraire de ce qu'il indiquait primitivement ou de ce qu'il signifie éthymologiquement. Le mot fermentation (*fervere*) nous paraît devoir être réservé spécialement pour les réactions réalisées par des catalyseurs d'origine organique, s'accompagnant d'un dégagement de chaleur, d'une libération d'énergie; et il faut conserver le nom de *diastases* διάστασις, séparation) à ces réactions avant tout exothermiques. On pourrait donner le nom de *synaptases* (συνάπτω, je réunis) aux agents réalisant les opérations analogues, mais inverses, c'est-à-dire endothermiques, de l'être vivant. Les fermentations complexes, comme celles qui sont provoquées par les levures et les bactéries, comprennent forcément des actes diastasiques et des actes synaptasiques, mais dans l'ensemble les premiers ont la prédominance et donnent sa caractéristique à l'acte fermentaire envisagé dans sa totalité.

2. Comparaison des procédés d'analyse et de synthèse. — L'étude détaillée des réactions tant diastasiques que synaptasiques si incomplète encore (malgré d'importants travaux) pour les premières et à peine commencée pour les secondes, pourra seule mettre en évidence la ressemblance, comme les différences, qui existent entre elles. Les premières études sur la question sont en faveur de leur ressemblance. Une telle recherche n'a guère porté jusqu'ici que sur l'analyse et la synthèse de corps très voisins, nominativement le glycose et le maltose, étudiés de ce point de vue par Croft-Hill. Cet auteur a observé le fait suivant, très digne d'intérêt, quelque explication qu'on en donne. Soit un mélange de glycose et de maltose dans une solution, si on y introduit un ferment retiré de la levure de bière, que l'auteur identifie avec la maltase, on peut voir le glycose augmenter de proportion au dépens du maltose dédoublé qui diminue, c'est le cas ordinaire bien connu ; mais on peut également voir le maltose augmenter dans la solution par condensation du glycose, ce qui est l'indice d'une réaction déshydratante, partant synthétique, qui associe l'une à l'autre deux molécules de glycose, pour donner un nouveau maltose nouvellement constitué.

Opérations réversibles. — La réaction n'a pas lieu indifféremment dans les deux sens, mais se fait dans l'un ou dans l'autre, suivant les proportions prédominantes de l'un des deux corps, à partir d'un certain taux. Il semble qu'il y ait *réversibilité* entre la formation du maltose quand le glycose prédomine et celle du glycose quand c'est le maltose qui est en excès.

On a comparé cette réversibilité à celle qui a été observée par Berthelot et Péan de Saint-Gilles dans la formation des éthers. Un alcool étant mis en présence d'un acide, il se forme un éther correspondant et la réaction s'arrête quand le mélange contient une proportion déterminée des trois corps en présence : elle change de sens si le corps nouveau (l'éther) est introduit en excès dans le mélange. A s'en tenir aux apparences, il y a évidemment une grande ressemblance entre les faits signalés plus haut et ceux relatifs aux phénomènes d'éthérification. Dans les phénomènes observés par Croft-Hill, comme dans ceux observés par Berthelot et Péan de Saint-Gilles, il s'établit un équilibre chimique ; autrement dit, dans de certaines conditions déterminées *une réaction donnée est limitée par la réaction inverse* : si l'équilibre vient à être rompu, au bout d'un certain temps il se rétablit de nouveau par le jeu d'une réaction compensatrice. Dans l'éthérification, la réaction est spontanée ; dans la transformation des monoses en bioses et réciproquement, la réaction ne se produit que sous l'influence d'un catalyseur. Dans ce second cas, les corps mis en présence ne réagissent pas d'eux-mêmes, la réaction qu'ils sont susceptibles de donner éprouve une résistance que l'action catalytique du ferment sait vaincre. Cette différence n'est pas propre à l'être vivant, la catalyse existant en dehors de lui ; elle est néanmoins caractéristique du genre de réaction en question.

On peut exprimer les choses de la façon suivante : en l'absence du catalyseur la vitesse de la réaction des monoses sur les bioses et réciproquement est nulle ; en rompant l'obstacle qui est apporté à cette réaction, le catalyseur permet à celle-ci de se faire avec une vitesse donnée, jusqu'à ce que l'équilibre soit établi ; il ne change pas la place, le niveau auquel s'établit cet équilibre. Une question reste toutefois indécise : est-ce un seul et même ferment qui opère, suivant les conditions, les deux réactions inverse et réalise, tantôt l'action diastasique, tantôt l'action synaptasique ? La question peut être considérée comme encore indécise.

Si oui, le phénomène serait à proprement parler réversible ; si non, la réversibilité serait seulement apparente : il s'agirait de deux phénomènes inverses, mais indépendants. Nous n'avons aucun moyen d'identifier les corps de la nature des ferments autrement que par les effets qu'ils produisent. Avec nos moyens actuels, la question ainsi posée est insoluble expérimentalement. Théoriquement, il est vrai, il n'y a pas de difficulté à ce que le même catalyseur opère les deux réactions inverses, suivant les conditions qui lui sont offertes. Tout ce qu'il réclame, c'est qu'on lui fournisse l'énergie appropriée dans le sens convenable à la transformation qui doit s'opérer, la réaction étant exothermique dans un cas, endothermique dans l'autre. Il agirait alors comme une machine réversible.

Les procédés synthétiques de l'être vivant restent entourés d'une grande obscurité ; ses procédés analytiques, par contre, commencent à être un peu mieux connus et on peut formuler dès maintenant certaines lois concernant leur action. Ces lois ne concernent pas précisément la mécanique moléculaire de l'action des enzymes ou ferments, mais seulement les notions préalables sur lesquelles repose leur classification en groupes et sous-groupes plus ou moins nombreux et compliqués, ainsi que les rapports qu'ils ont entre eux dans l'exercice des fonctions ou en un seul mot dans l'organisation des êtres vivants.

I. — *Rapports entre le ferment et la substance fermentescible.*

Entre la substance fermentescible et le ferment il y a un rapport défini. *Le ferment est adapté à la substance fermentescible comme une clef l'est à sa serrure,* suivant la comparaison très expressive de FISCHER. Pour prendre nos comparaisons dans les hydrates de carbone, la transformation du maltose exige une maltase, celle du sucre de canne une sucrase (ou invertine), celle de l'amidon une amylase, celle du lactose, une lactase, etc. — Dans les cas qui viennent d'être cités l'opération fermentaire consiste en des dédoublements de la molécule du corps fermentescible avec généralement *fixation d'eau* sur les molécules plus simples qui résultent de ce dédoublement. D'autre part, ces transformations ne sont pas les seules que ces corps soient susceptibles de subir sous l'influence des ferments. Leur molécule plus ou moins complexe pourrait être disloquée autrement, avec *fixation* non plus d'eau mais d'*oxygène* sur les produits de la fermentation. Les ferments du premier genre, beaucoup mieux connus, sont dits *hydrolysants* : ceux du second genre sont dits *oxydants*. Il ne fait plus doute à l'heure présente que des ferments solubles, des enzymes oxydantes (celles qu'on appelle oxydases), existent dans les microorganismes, bactéries, cellules végétales et animales, dans lesquelles, ou au contact desquelles s'opèrent de telles oxydations.

I. **Groupes généraux des ferments**. — On peut donc établir des groupes généraux de fermentations caractérisés d'après la nature en quelque sorte qualitative de la réaction et le corps auxiliaire, eau ou oxygène qui se fixe sur les produits de la transformation.

II. **Groupes secondaires**. — Ces groupes dont nous n'indiquons ici que les deux plus communs, une fois constitués, des subdivisions nouvelles y sont à introduire d'après la considération suivante. La molécule attaquée par le ferment peut être plus ou moins complexe, c'est-à-dire formée par la condensation de deux, de trois, ou d'un plus grand nombre de molécules considérées comme simples. L'acte fermentaire pourra avoir pour résultat de détacher du groupement moléculaire primitif une ou plusieurs de ses molécules composantes, autrement dit de le laisser subsister avec une partie de sa complexité primitive, ou bien de le ramener à ses constituants moléculaires pris pour éléments.

L'hydrolyse des hydrates de carbone nous fournit des exemples typiques de ces fragmentations opérées par les agents fermentaires et permet dans une certaine mesure d'en indiquer les lois.

Suivant la remarque de Bourquelot, pour comprendre comment les ferments disloquent les complexes moléculaires qu'ils attaquent et quels sont à la fois et les produits et les degrés de la décomposition, il faut montrer comment ces complexes se forment en partant des molécules les plus simples.

a. **Hexobioses**. — Le glycose est une *hexose*, ce qui veut dire que sa molécule renferme six atomes de carbone, et c'est une *saccharo-monose* ou *hexomonose*, ce qui signifie que sa molécule est simple. Cette molécule, en se soudant à elle-même de différentes façons avec élimination d'eau, donne naissance à plusieurs composés isomériques, des saccharobioses ou hexobioses. Citons le maltose, le tréhalose, le gentiobiose, le touranose. *Pour dédoubler ces différentes bioses et les ramener par hydrolyse à la molécule de glucose, il faut pour chacune d'elles un ferment particulier (maltase, tréhalase, gentiobiase, touranase), autrement dit, autant de ferments particuliers que le glycose fait, en s'associant à lui-même, de combinaisons diverses.* Mais le glycose peut ainsi se combiner en perdant une molécule d'eau, avec d'autres hexoses, telles que le lévulose, pour former le saccharose, le galactose pour former le lactose, le galactose pour former le mélibiose, en donnant naissance à des hexobioses (éthers oxydes) analogues aux précédents. Pour dédoubler chacun de ces éthers, il faut naturellement aussi un ferment particulier (invertine ou sucrase pour le saccharose, lactase pour le lactose, mélibiase pour le mélibiose).

b. Hexotrioses. — Tous ces éthers qui sont des hexobioses (tant ceux qui sont formés de deux molécules de glycose condensées que ceux qui sont formés d'une molécule de glycose associée à une molécule d'un autre hexomonose) peuvent, à leur tour, se combiner à du glucose ou à tout autre hexose, de façon à former des *hexotrioses*, le *gentianose*, par exemple, qui renferme une molécule de lévulose et deux molécules de glucose. La triple molécule résultant de cette union pourra être attaquée par les ferments précédents; mais chacun de ces ferments n'est apte à en séparer que la molécule qu'il détache en s'attaquant à une hexobiose correspondante. C'est ainsi que l'invertine ou sucrase détache du gentianose la molécule de lévulose, en laissant intacte une hexobiose qui est le gentiobiose (composé de deux molécules de glucose). — Pour compléter l'hydrolyse, il faut faire intervenir un autre ferment des hexoses, la gentiobiase.

c. Polysaccharides. — Par voie de combinaison progressive on ferait de même des hexotétroses et généralement des polysaccharides plus condensés. Leur attaque par les ferments suit la même loi. *Il faudra autant de ferments moins un qu'il y a de molécules hexoses dans le complexe moléculaire attaqué;* chaque molécule, peut-on dire, a un mode spécifique d'association dans le complexe et réclame un agent spécifique pour en être détachée. Si, il est vrai, cette association spécifique se rencontre plusieurs fois dans la même molécule, autrement dit si le polysaccharide renferme plusieurs fois le même hexose (maltose par exemple), on peut admettre que le même ferment intervienne plusieurs fois. Le principe général n'en subsiste pas moins.

L'attaque du complexe moléculaire qui doit être hydrolysée complètement ne se fait pas indifféremment, ni simultanément sur toutes ses molécules composantes : *les ferments doivent agir successivement et dans un ordre déterminé.* Si le composé primitif est insoluble, le premier effet produit sera celui qui liquéfie le corps à hydrolyser : même pour le composé soluble, il paraît y avoir un ordre invariable. Pour reprendre la comparaison très expressive de la clef et de la serrure, les polysaccharides et composés analogues seraient munis d'une série de serrures qui s'enclenchent les unes les autres dans un ordre qui détermine celui dans lequel doivent agir les clefs destinées à les ouvrir (BOURQUELOT et HÉRISSEY).

d. Glucosides. — Le glucose (hexomonose) peut se combiner à d'autres corps que des hexoses, par exemple à des dérivés phénoliques qu'on appelle des *glucosides.* Ces associations du glucose avec des dérivés phénoliques divers sont également spécifiques; mais ces modes d'association peuvent se présenter les mêmes dans des glucosides divers. Dans ce cas un même ferment peut dédoubler plusieurs glucosides. *La spécificité du ferment se rapporte non à la matière de la molécule et de ses constituants, mais au groupement particulier des atomes par lesquels se fait la liaison.* C'est ainsi qu'un même ferment, l'émulsine, paraît dédoubler la salicine, la coniférine, l'aucubine, etc. Il est à remarquer que tous ces glucoses dédoublables sont lévogyres (BOURQUELOT et HÉRISSEY).

e. Glucosides complexes. — Les hexobioses du glucose peuvent, à leur tour, se combiner à des dérivés phénoliques, pour donner des glucosides d'un ordre plus complexe, tel l'*amygdaline* qui résulte de la combinaison d'un hexobiose (peut-être le gentiobiose) avec l'aldéhyde benzoïque et l'acide cyanhydrique.

L'hydrolyse totale demande alors l'intervention de deux ferments : la gentiobiase et l'émulsine.

Ferments multiples. — D'une moisissure commune, l'*Aspergillus niger*,
obtenue en la cultivant sur le liquide de Raulin, on retire un mélange qui a la
propriété de saccharifier l'amidon et l'inuline, de dédoubler le sucre de canne,
le maltose et le tréhalose, et qui, comme l'a vu BOURQUELOT, dédouble encore
la salicine (glucoside de l'alcool saligénique). Ce mélange doit donc contenir
les ferments solubles correspondants, à savoir : l'amylase, l'inulase, l'invertine
ou sucrase, la tréhalase et l'émulsine. — Du *Penicillium glaucum*, on peut retirer
de l'invertine, un peu de maltase et d'amylase, plus de l'inulase et de la tréhalase.
Ces végétaux microscopiques ont ainsi à leur disposition des agents digestifs
(hydrolisants et dédoublants) capables d'agir sur un certain nombre de
substances pouvant servir à leur nutrition et conformes à leur nature
particulière et variée dans le milieu. *Un organisme élémentaire, une cellule unique,
peut ainsi avoir à sa disposition une série d'agents fermentaires pour réaliser les
opérations d'où dépendent ses fonctions.*

III. **Ferments complémentaires**. — *Certains ferments ne sont
capables d'agir sur les substances qu'ils sont aptes à transformer,
qu'autant qu'ils sont aidés dans leur action par d'autres ferments,
qui eux-mêmes seraient inactifs sans le concours des premiers.* Peut-être
ce fait est-il plus général qu'il ne paraît; mais il est particulièrement évident quand les deux ferments proviennent de cellules topographiquement distinctes et même éloignées les unes des autres. —
L'exemple le plus caractéristique est fourni par la digestion tryptique des substances albuminoïdes. La *trypsine* est originaire du
pancréas. Le suc pancréatique qui la contient passe pour avoir le
pouvoir d'hydrolyser l'albumine qu'il amène à l'état non seulement
de peptones mais d'acides amidés (leucine, tyrosine, etc.). Or cette
dislocation de la molécule d'albumine n'a lieu en réalité que si une
autre substance, l'*entérokinase* qui est contenue dans le suc entérique vient ajouter son action à celle de la trypsine. Le suc intestinal favorise également la saccharification de l'amidon par le suc
pancréatique, mais le fait est moins net que pour la trypsine, la
saponification des graisses n'est que très peu influencée (PAWLOW,
CHEPOLVANIKOW 1899, LINTWEREW 1900, HANICKE 1901).

**Suc pancréatique et suc intestinal; trypsine et entéro-
kinase**. — On démontre ces faits très facilement. Lorsqu'on se
procure du suc pancréatique par le moyen de fistules du pancréas et
qu'on le mélange avec du suc intestinal pris dans le duodénum,
l'activité protéolytique est toujours considérablement augmentée,
ce dont on juge par la vitesse et la grandeur de la transformation.
Il arrive souvent que *le suc pancréatique seul n'opère aucune digestion*, et cela d'autant moins qu'il est plus pur d'éléments étrangers,
le mélange avec *le suc duodénal lui communique aussitôt toute son*

activité. On fait des observations analogues avec l'extrait aqueux ou glycériné, qui essayé seul est toujours très peu actif.

1. Conditions des essais. — Le suc pancréatique peut être fourni par un chien à fistule permanente créée par la transplantation à la peau de la partie du duodénum qui supporte l'orifice du canal de Wirsung; mais il faut le recueillir dans le canal même en évitant tout mélange avec le liquide sécrété par la collerette duodénale fixée à la peau. Il est alors inactif (DELEZENNE). Le pancréas prélevé sur un chien, puis introduit aussitôt dans une solution de fluorure de sodium à 2 p. 100, fournit également une macération inactive (DELEZENNE).

Comme substance à transformer à la fois commode et sensible pour réaliser la digestion, on peut se servir de lait centrifugé, débarrassé de la plus grande partie de ses matières grasses par la filtration sur papier mouillé, puis stérilisé à 105° pendant vingt minutes. Additionné du mélange de suc pancréatique et d'entérokinase, il devient transparent en quelques minutes (BIERRY et HENRI).

L'entérokinase n'est pas une sécrétion des microbes qui pullulent dans l'intestin; elle existe dans le suc stérile (non pas stérilisé) pris sur un chien à peu près à terme (DELEZENNE et FROUIN). Elle est un produit appartenant à l'organisme animal et formé par certains de ses éléments.

C'est un corps qui passe à travers les bougies de filtration (BIERRY et V. HENRY).

Activité. — L'entérokinase manifeste son activité à des doses extrêmement faibles. D'après DELEZENNE, il suffit de 1/10000 de milligramme pour activer 10 centimètres cubes de suc pancréatique inactif.

Rapport quantitatif entre le ferment et l'effet produit. — On ne peut pas le fixer en valeur absolue, puisqu'on n'a aucun moyen d'isoler le ferment à l'état de pureté et de l'identifier à lui-même dans toutes les préparations que l'on en fait. Mais, en agissant d'une façon comparative sur un ferment d'une origine donnée, employé en quantités variables pour la même masse de substance à transformer, DASTRE et STASSANO ont établi qu'*il existe dans de certaines limites une proportionnalité entre la masse du ferment et la vitesse de la transformation*. Les quantités de substance transformées croissent avec celles du ferment employé. Si on diminue indéfiniment la proportion du ferment il y a une limite à partir de laquelle la transformation est nulle; c'est la *dose minimale*. Si on l'augmente indéfiniment, il y a une autre limite à partir de laquelle la transformation ne croît plus pour des doses croissantes, c'est la *dose maximale*. Les auteurs précédents lui donnent le nom de *seuil* de la fermentation. Nous transférons, quant à nous, cette désignation à la dose minimale, pour mettre cette expression en rapport avec celle admise dans l'excitation des nerfs et des autres tissus. Il est admis que le seuil de l'excitation correspond à l'effet obtenu par la plus faible excitation.

Quand le phénomène fermentatif dépend de l'action combinée de deux enzymes, il ne commence évidemment à se produire que pour les deux doses minimales correspondant aux deux ferments.

2. Origine de l'entérokinase. — L'entérokinase est sécrétée particulièrement par la muqueuse duodénale. Contrairement à ce qu'on serait tenté d'admettre, elle ne provient pas des cellules des glandes de Lieberkühn, ni des cellules à mucus de l'intestin. DELEZENNE admet qu'elle provient des organes lymphoïdes de la muqueuse, particulièrement des plaques de Peyer. Si, en effet, on lave le duodénum, de manière à le débarrasser de tout le suc intestinal épandu sur sa surface, et qu'alors on enlève les plaques de Peyer, on peut en extraire

l'entérokinase par l'eau chloroformée, comme les autres ferments. Lorsqu'on
traite la muqueuse par une solution de carbonate de soude (3 p. 1000) l'entérokinase s'extrait avec les nucléo-albumines; l'acide acétique précipite ces
corps; derechef réduits à l'état de poudre fine, ils se dissolvent entièrement
dans une solution légèrement alcaline, en conférant au liquide un pouvoir
favorisant marqué (Billon et Stassano). On n'en extrait point des autres parties
de la muqueuse contenant les glandes de Lieberkühn. Ce ferment est sécrété
par les mononucléaires. Delezenne a réussi à le retirer des exsudats qui contiennent ces éléments en abondance. La couche leucocytaire du sang coagulé
lui a montré encore les mêmes propriétés. L'origine leucocytaire de l'entérokinase est contestée par Gley et Camus.

Ces faits donnent une signification nouvelle aux anciennes expériences de
Schiff et de Herzen, relativement à l'action favorisante qu'ils attribuent à
l'extrait de rate sur la digestion pancréatique, et cela en raison de la quantité
de mononucléaires qui sont contenus dans les organes lymphoïdes de la rate.

Explication des anciennes expériences avec le suc pancréatique. —
Il reste toutefois à expliquer comment le suc pancréatique extrait des fistules et
celui qui est préparé à l'aide de la glande, et vendu dans le commerce est néanmoins actif assez souvent (et le dernier même ordinairement) dans une certaine
mesure, quand on s'en sert pour les digestions artificielles. Delezenne explique
ces résultats en admettant que l'entérokinase s'y trouve déjà plus ou moins
mélangée, et qu'elle provient dans ce cas des globules blancs de l'organe ou
extravasés dans le canal de la glande. La quantité nécessaire pour activer la
digestion peut être des plus minimes.

Généralité. — On trouve l'entérokinase dans toute la série des vertébrés :
mammifères, oiseaux, reptiles, poissons. Le suc intestinal d'une espèce donnée
active le suc pancréatique même d'espèces très éloignées et parfois avec plus
d'énergie que le suc entérique de l'espèce même (Delezenne).

3. **Nature fermentaire de l'entérokinase.** — Delezenne a montré que
l'entérokinase est un véritable ferment, ce qu'on reconnaît aux caractères suivants
qui sont ceux des ferments : *a*) elle est entraînée par les substances précipitantes,
telles que collodion, phosphate de chaux, alcool ; *b*) elle est altérée, puis détruite
par la chaleur, à partir de 65° ; *c*) elle se fixe sur la fibrine avec beaucoup de
facilité, ce qui permet de l'enlever complètement aux liquides qui la contiennent.
La fibrine qui a fixé l'entérokinase peut, à son tour, enlever la trypsine d'un
autre liquide la contenant ; tandis que la fibrine pure l'y laisse intacte.

Les kinases des leucocytes. — De même que les ferments digestifs sont
devenus les types des enzymes ou diastases diverses qu'on trouve de plus en
plus nombreuses dans beaucoup d'éléments cellulaires, de même l'entérokinase
est devenue le type de ces ferments adjuvants qu'on rencontre également
parallèlement avec les précédents. Ce sont encore les globules blancs qui ont
fourni les exemples de ces enzymes complémentaires. On démontre, en tout cas,
leur existence dans les sérums dans lesquels baignent ces globules et on peut
montrer qu'ils sont exsudés par ces globules dans ces sérums sous l'influence
de certaines conditions.

4. **Ferments hémolysants.** — Si on injecte du sang d'un animal d'une espèce
donnée dans le péritoine d'un animal d'une espèce différente, on détermine par
ces injections (au bout de peu de temps) l'apparition, dans le sérum sanguin
de l'animal injecté, d'une substance qui est hémolysante (destructive des globules rouges) à l'égard de l'espèce qui a fourni le sang injecté. Ce sont les

leucocytes (les grands mononucléaires) qui ont fabriqué l'agent hémolytique, le ferment destructeur des hématies étrangères destinées à disparaître. Et en ce faisant ils ont obéi à la loi d'après laquelle chaque organisme, chaque glande digestive, chaque cellule, adapte sa sécrétion à la nature de l'aliment qui lui est offert. Le pancréas, par exemple, sécrète des ferments amylolytique, lipasique et tryptique, adaptés en grandeur et en qualité aux substances que reçoit l'intestin.

Deux espèces de ferments hémolysants complémentaires. — Mais le fait qu'il faut maintenant mettre en évidence, c'est que *la substance hémolysante qui se développe dans le sérum de l'animal injecté avec du sang étranger, ou, comme l'on dit, de l'animal « préparé », est formée de deux substances qui n'agissent pas l'une sans l'autre.* — On démontre cette dualité en chauffant le sérum de l'animal préparé à 55°-56°. Ce sérum se montre alors privé de l'aptitude hémolysante ; mais si on le mélange avec du sérum d'un animal non préparé (qui à lui seul n'est pas hémolysant), il redevient hémolysant. On en conclut que le sérum non préparé contient une substance nécessaire à l'hémolyse, mais insuffisante à la produire ; que le sérum préparé en contient deux, dont l'une se détruit par la chaleur à 55°-56°, tandis que l'autre résiste à cette chaleur et que celle qui est détruite par cette température, est la même que celle qui existe normalement dans le sang.

Indépendance du pouvoir agglutinant. — Il faut noter que le sérum de l'animal préparé, qui par le chauffage perd son pouvoir hémolysant, conserve néanmoins son pouvoir agglutinant à l'égard des globules étrangers (les hématies se réunissent en amas volumineux visibles à l'œil nu, mais restent intacts indéfiniment). *Le fait de l'agglutination est indépendant du fait de l'hémolyse.*

Ainsi les deux substances qui interviennent sont bien *complémentaires* l'une de l'autre, elles sont toutes deux des substances-ferments ; elles se distinguent néanmoins par certains caractères, comme il va être indiqué. On leur a donné des noms généraux pour les distinguer : ces noms, malheureusement, varient avec les auteurs et suivant les idées qu'ils se font de leur rôle et du mécanisme de leur action.

5. **Kinases végétales et microbiennes.** — Dans la sécrétion de divers micro-organismes du groupe des bactériacées, DELEZENNE a trouvé des kinases analogues à celles de l'intestin des mammifères. Diverses espèces de champignons (en général réputés toxiques) donnent également, d'après le même auteur, des kinases qui ajoutées au suc pancréatique inactif digèrent l'albumine. Sous l'influence de la chaleur, ces corps commencent à perdre leur propriété à partir de 60-65° et sont détruits à 70°. Pour certains cette perte d'activité ne serait pas totale même après un chauffage pendant 10 à 15 minutes à 100° et même 120°.

Entérokinase et sécrétine. — BAYLISS et STARLING ont vu que si on fait macérer une muqueuse duodéno-jéjunale dans une solution acide (par exemple, HCl à 4 p. 1000) et qu'on injecte le liquide de macération dans les veines d'un animal, on provoque une abondante sécrétion de suc pancréatique (ce suc est inactif). WERTHEIMER et LEPAGE avaient antérieurement observé que l'ingestion d'une solution acide dans le duodéno-jéjunum a ce même effet excito-sécréteur. La conclusion à tirer du rapprochement de ces faits c'est que, sous l'influence de l'acide, il se forme un produit particulier, la *sécrétine*, qui agit sur certaines sécrétions d'une façon non exactement semblable mais analogue à celle de la pilocarpine par exemple. Il existerait dans la muqueuse duodéno-jéjunale une substance particulière, le *prosécrétine*, dépourvue de l'effet excitateur en question, que l'action des acides venus de l'estomac transformerait en substance efficace. Et ainsi l'évacuation du liquide gastrique dans le duodénum exciterait la sécrétion pancréatique, la fin du premier acte de la digestion ayant pour effet direct de provoquer celui qui lui fait suite.

Le sécrétine n'a pas pourtant une action étroitement limitée sur la sécrétion pancréatique. Dans les conditions artificielles de l'expérience faite par injection intraveineuse un peu massive, elle excite en même temps la sécrétion biliaire (Victor HENRY et P. PORTIER) et d'autres sécrétions plus éloignées, telles que la salive (GLEY et CAMUS).

La provision de sécrétine toute formée n'est dans la muqueuse intestinale qu'à l'état de trace (GLEY et CAMUS). Elle est emportée par le courant sanguin (WERTHEIMER et LEPAGE l'ont retrouvée dans les vaisseaux efférents et l'intestin) et probablement aussi par le courant lymphatique (DELEZENNE trouve un effet sécrétoire à la macération acide des ganglions, la macération acide de la rate ne donne rien de pareil).

Le sécrétine peut se retirer de muqueuses riches en kinase : mais elle est (ainsi que la prosécrétine) bien distincte de la kinase. Cette dernière est détruite par une température de 66°, comme certains ferments : *La sécrétine, elle, résiste à l'ébullition* et se conserve indéfiniment (CAMUS).

6. **Mode d'action de la sécrétine.** — La sécrétine est de ce fait désignée comme un agent excito-sécréteur, plus spécialement adapté à la fonction pancréatique. Le mode d'excitation par lequel elle intervient est à distinguer de celui qu'on se figure habituellement et qui suit le cycle nerveux réflexe qu'on sait exister pour chaque organe. Dans le réflexe acide de PAWLOW et POPIELSKY, l'agent soi-disant excitant formé dans la muqueuse par le contact de l'acide est transporté, transmis par le sang à l'organe sollicité ; quel est le lieu de son action et la nature des éléments sur lesquels il agit ? Ce point est encore obscur. Ce qui est certain c'est que l'effet produit par injection vasculaire de sécrétine va croissant à mesure que l'injection est faite dans un vaisseau plus voisin du pancréas et se montre maximum quand elle est faite dans une artère pancréatique (ENRIQUÈS et HALLION). On peut se demander, à cause de cela même, s'il s'agit bien d'une excitation, au sens défini et non pas seulement métaphorique du mot. La sécrétine développée par l'acidité duodénale est une condition propre à faire apparaître la sécrétion pancréatique, voilà ce qui est démontré. Sur la nature de cette condition on ne sait rien de précis.

7. **Substance du génre trypsine ; alexine, complément.** — La substance banale, qui est détruite dans le sérum par un chauffage à 55°-56°, n'est autre que l'*alexine* de BUCHNER, c'est celle des deux à laquelle EHRLICH réserve le nom de *complément*. Elle existe dans le sérum des animaux même non préparés ; elle répond au ferment trypsique dans la digestion intestinale des albuminoïdes.

8. **Substance du genre kinase intermédiaire, sensibilisatrice, fixatrice.** — L'autre substance, qui résiste à un chauffage poussé même 60°-65°, est ce qu'EHRLICH appelle la substance *intermédiaire* ; ce que BORDET appelle la substance *sensibilisatrice* ou le *fixateur*. Elle se développe dans le sérum des animaux préparés par injection dans une séreuse d'un sang étranger. Elle répond à l'entérokinase dans l'exemple de la digestion intestinale.

Le fixateur (substance sensibilisatrice, substance intermédiaire) se fixe aux globules rouges avec une grande facilité, et cela sans les altérer le moins du monde. On peut se servir de cette propriété pour l'enlever à un sérum dans lequel elle existe, en y ajoutant des globules rouges qu'on retire ensuite. Les hématies emportent le fixateur ; c'est ce qui est démontré par l'expérience suivante d'Ehrlich et Morgenroth.

On prend du sérum d'un animal préparé, on le chauffe à 56°. Il est alors incapable de détruire les hématies de l'espèce qui a fourni le sang injecté dans ses tissus pour la préparation. On lui ajoute des hématies de cette espèce. Après quelques heures on centrifuge pour séparer le sérum et les globules. Le sérum a perdu sa substance fixatrice restée adhérente aux hématies et est alors incapable de dissoudre les globules rouges, malgré l'addition d'une grande quantité de complément, c'est-à-dire d'un sérum non chauffé ordinaire. — Par contre, les hématies séparées, mises en contact avec du sérum neuf, se dissolvent rapidement.

Le complément, l'alexine, le ferment banal, quand il est seul, ne se fixe pas aux hématies.

9. **Explication théorique.** — Ces faits ont servi à Ehrlich à établir une théorie de l'action de ces substances. Le fixateur posséderait deux affinités différentes, une pour le globule rouge, l'autre pour le complément. La première, la plus forte, se fait à une température plus élevée.

La molécule du fixateur posséderait deux groupements capables de combinaisons chimiques ou deux groupements *haptophores*. Le premier le réunit avec une molécule correspondante du globule rouge (le *récepteur*), le second à la molécule du complément et, grâce à cela, l'introduit dans le globule rouge.

Pour Bordet, l'opération aurait plus d'analogie avec le mordançage qui sert à fixer la teinture sur les étoffes.

L'assimilation de l'alexine avec le ferment protéolytique du suc pancréatique et celle de l'entérokinase avec la substance sensibilisatrice des sérums peut se démontrer par expérience directe. 1° Le mécanisme est le même. On peut sensibiliser de la fibrine et de l'albumine en les mettant en contact avec le suc intestinal ; débarrassées de ce dernier par des lavages répétées, elles deviennent attaquables par le suc pancréatique inactif. L'entérokinase est bien un fixateur. 2° Les substances détruites peuvent être les mêmes. Des globules rouges de lapin) soigneusement lavés et débarrassés de leur sérum restent longtemps intacts dans le suc pancréatique (de chien) inactif. Si, d'autre part, ces globules rouges semblables sont introduits dans du suc intestinal, ils s'agglutinent mais sans se détruire. Par contre, si ces hématies sont portées dans un mélange de suc pancréatique et de suc intestinal, elles subissent rapidement l'hémolyse. L'action destructive est seulement portée plus loin qu'avec les sérums hémolytiques, car finalement il y a digestion de l'hémoglobine et mise en liberté de l'hématine. L'entérokinase se fixe du reste sur le globule rouge, comme le fait le sensibilisateur du sérum hémolytique (Delezenne).

II. — *Anticorps, antiferments.*

L'être vivant réalise les transformations si nombreuses et si variées de sa substance (et celles de l'énergie qui leur sont connexes) par le moyen des ferments, réactifs puissants, peu encombrants, eux-mêmes nombreux, adaptés chacun à une opération déterminée à pratiquer dans des corps également déterminés. Par le jeu combiné de ces infiniment petits, de l'ordre au fond moléculaire, il réalise les actes chimiques qui sont à la base de ses fonctions, les coordonne dans leur situation et leur succession régulière. Toute sa chimie si active est en quelque sorte en puissance dans la masse si réduite de ces agents diastasiques. — Nous savons déjà que par suite d'un consensus dont le mécanisme est obscur, mais dont l'existence est très réelle, ces ferments n'apparaissent que là où la fonction les réclame. De plus, alors même qu'ils sont déjà formés dans la cellule, ils attendent encore, pour agir, leur transport parfois à de longues distances, en tout cas leur mise en rapport avec les substances qui doivent subir leur attaque; toutes conditions qui règlent, non seulement les rapports du ferment avec la substance fermentescible, mais les rapports des actes fermentaires entre eux. Un autre moyen de régulation de ces rapports consiste dans l'existence de substances comparables aux ferments, mais ayant le pouvoir de neutraliser les propriétés de ces ferments, d'empêcher, d'annihiler leur action.

Fonction économique de ces agents. — On comprend tout l'avantage d'un tel procédé. Pour arrêter le mouvement (le changement quelconque) qui dépend d'une force, on peut lui opposer une force égale et contraire ; ce procédé est vulgaire et gaspille forcément de l'énergie. Mais si la force qu'on veut annihiler ne se développe que sous l'influence d'une force infime en quantité qui joue à son égard le rôle d'amorce (le rôle d'excitant), on empêche ses effets tout aussi sûrement et avec le maximum d'économie en opposant à la force amorçante une force égale et contraire (c'est-à-dire elle-même infime) qui en annule l'effet et empêche le mouvement à son origine même ; c'est le rôle des *anticorps* ou antiferments dont on a reconnu quelques exemples et dont le degré de généralité reste à démontrer. — Il suffit que nous indiquions ici quelques exemples caractéristiques de ce mode d'agent qui est en son genre si particulier.

C'est dans les sérums que nous trouverons de nouveau des substances correspondant au type de l'action des anticorps. Pour les y surprendre il faut encore user d'artifice, les y faire naître par des procédés du genre de ceux indiqués plus haut. Nous les trouverons d'autre part dans certains organismes parasites habitant l'intestin et pour lesquels ils sont un procédé de défense.

1. **Relation définie entre la cause agressive et la réaction de l'organisme.** — Pour faire apparaître dans les sérums les ferments divers dont il a été question plus haut, ou du moins quelques-uns d'entre eux, on voit à quel artifice on a recours. On utilise la propriété générale qu'a l'être vivant de réagir

contre les atteintes du dehors et de donner à sa réaction la forme la plus appropriée à le préserver de ces atteintes. Cette réaction, qui se traduit dans certains cas par un mouvement visible, emploie ici pour moyens exécutifs les opérations les plus délicates de la chimie la plus compliquée. Il y a une relation définie entre la substance qui menace l'organisme et celle par laquelle cet organisme (ses leucocytes) neutralise les effets destructeurs ou simplement gênants de cette substance. Cette relation deviendra plus simple, si le corps agresseur est lui-même mieux défini, moins complexe qu'un ennemi vivant introduit dans l'organisme, sous forme d'hématies et de bactéries. Elle sera surtout intéressante, si l'agresseur est quelqu'un de ces corps à la limite de l'organisation, comme les albuminoïdes ou les enzymes, sur lesquels l'attention est attirée, en tant qu'agents élémentaires de la vie.

L'injection dans les séreuses d'une substance albuminoïde provoque dans l'organisme la formation d'un agent destructeur de cette substance. — Des albuminoïdes existent naturellement dans le sérum sanguin à l'état de tolération parfaite. Par contre, de l'albumine d'œuf introduite dans ce sérum s'y mélange bien, mais n'est pas tolérée dans le sang circulant. Pour rendre plus visible l'effort d'élimination fait par l'organisme, *préparons* un animal, en lui injectant cette ovalbumine dans le péritoine. Si on prend du sérum à cet animal ainsi préparé et qu'on le mélange avec de l'ovalbumine, il y a précipitation de celle-ci (Leclainche et Vallée). On peut citer un certain nombre de faits analogues et même antérieurs à celui-ci, qui montrent, dans de semblables conditions, la formation de ferments spécifiques (de *précipitines*) capables d'altérer la substance agressive. Delezenne, sur des animaux préparés avec de la gélatine, a vu apparaître dans le sérum un ferment dissolvant la gélatine, ce qui nous montre mieux encore le rôle défenseur de la réaction provoquée, et ce ferment peut être extrait des phagocytes, desquels évidemment il passe dans le sérum.

L'injection d'une diastase provoque la formation d'une antidiastase ou anticorps. — En injectant dans les séreuses une albumine étrangère, nous provoquons la formation de ferments destructeurs de cette albumine. En injectant dans les séreuses des corps albuminoïdes d'une espèce particulière, les enzymes, nous provoquons la formation d'*anti-enzymes*, d'*antiferments*, d'*anticorps*, qui paralysent l'action éminemment nocive des ferments étrangers, des corps introduits artificiellement. Gley et Camus d'une part, Kossel de l'autre ont vu le fait suivant. — Le sérum d'anguille renferme, comme on le savait déjà, une toxine (ichtyotoxine) qui, introduite dans le sang des mammifères, détruit leurs globules rouges. En traitant ces animaux avec des doses croissantes de sérum d'anguille, on crée en eux une condition protectrice qui empêche la destruction des hématies par l'ichtyotoxine. *Le sérum de ces animaux devient antitoxique.* Un mélange de ce sérum avec du sérum hémolytique d'anguille, mis en contact avec des globules rouges (pris à des animaux mammifères de la même espèce que celle à laquelle appartient l'animal préparé), laisse ces globules intacts (Th. Tchitstowitch). *Le ferment hémolytique du second est neutralisé par le ferment antihémolytique du premier.*

On a, de la sorte, dans l'organisme vivant un réactif qui permet avec un ferment donné d'obtenir l'antiferment, la substance antagoniste qui lui correspond. On a pu obtenir un assez bon nombre de ces anticorps. Avec l'émulsine on obtient une anti-émulsine (Hildebrand); avec la trypsine, une anti-trypsine (Fermi et Pernossi); avec la présure, une anti-présure (Briot et indépendamment Morgen-

ROTH). En général les cytotoxines donnent lieu à la production d'anticytotoxines, comme il a été dit plus haut à propos du sérum d'anguille injecté à des mammifères.

2. **Anticytotoxines naturelles et anticytotoxines artificielles.** — Non seulement des substances de ce genre peuvent être préparées artificiellement par le procédé de la réaction défensive de l'organisme, mais on démontre que le sérum normal du sang des animaux en contient à l'égard de certains sangs de provenance étrangère. L'organisme, suivant les conditions dans lesquelles il vit, est déjà naturellement « préparé » à certaines attaques du dehors. Il faut donc distinguer des *antihémolysines naturelles* et des *antihémolysines artificielles*. Ces dernières, dont on provoque et dont on règle la production, nous intéressent particulièrement, en tant qu'elles se rattachent aux actes fermentatifs, dont elles nous font entrevoir toute la délicatesse et la complexité. Le point de vue pratique de l'*immunité* a de son côté une extrême importance, mais ici nous n'avons à l'envisager qu'accessoirement.

Deux espèces de cytases ou cytotoxines complémentaires l'une de l'autre. — Les ferments des leucocytes, les hémolysines, cytotoxines, etc. sont, ainsi qu'il a été dit plus haut, de deux catégories (au moins), dont chacune a sa fonction, non exactement précisée, mais manifestement distincte et qu'on caractérise déjà par des noms généraux. On distingue une enzyme banale, comparable aux ferments digestifs ordinaires, destructible à 56° (alexine, complément, cytase ordinaire) et une autre comparable à l'entérokinase, destructible à une température plus élevée (substance intermédiaire ou sensibilisatrice, fixateur). La question se pose donc de savoir si l'antiferment agit en s'opposant à l'une ou à l'autre de ces deux substances; autrement dit, si l'antiferment est une anticytase ou un antifixateur, ou encore s'il est un mélange des deux.

Deux espèces probables d'anticytases. — BORDET a montré que les deux substances peuvent exister ; seulement, dans ses expériences, tandis que l'anticytase est en abondance, la quantité d'antifixateur est très faible. EHRLICH et MORGENROTH ont de leur côté éprouvé des difficultés qu'ils n'ont pu surmonter pour mettre en évidence l'antifixateur, tandis qu'ils obtiennent des anticytases très actives. — Comment obtenir l'un et l'autre de ces deux anticorps? Comment surtout obtenir l'une à l'exclusion de l'autre ? On sait le procédé général ; il consiste à utiliser une réaction de l'organisme, une aptitude de celui-ci, en vertu de laquelle, s'il est attaqué par une substance, il produit la substance antagoniste, par un ferment, le ferment antagoniste. Si le corps agressif est une cytase, l'organisme produira l'anticytase correspondante. Les anticytases sont faciles à obtenir, parce que les sérums pris à des animaux d'espèces différentes contiennent, ou naturellement ou après préparation de ces animaux, des cytases en abondance. Certains de ces sérums contiennent peu ou pas de fixateurs; il est naturel et conforme à la règle établie plus haut que, dans ce cas, l'anticytase soit la seule substance élaborée par la réaction défensive. Pour obtenir l'antifixateur, l'artifice consistera à injecter dans le péritoine d'un animal en préparation un sérum d'un animal riche en fixateur spécifique pour les globules de l'espèce choisie (sérum de mouton pour le sang de chien par exemple), mais, même dans ce cas, on se heurte à certaines difficultés, l'antifixateur pouvant rester fixé à la cellule qui le produit, ce qui empêche qu'on le retrouve dans le sérum.

D'autre part, s'il est facile d'obtenir l'anticytase seule ou à peu près seule, il est, comme on voit, difficile ou impossible de provoquer la formation isolée de l'antifixateur. On peut encore s'aider pour y arriver de la propriété élective qu'a la chaleur de tuer la cytase à une température moindre que le fixateur.

3. **Antikinases.** — Ainsi qu'on l'a vu, on connaît des kinases de diverses provenances, en plus de celles qu'on trouve dans le suc entérique. On a établi d'autre part l'existence d'antikinases, c'est-à-dire de corps capables d'empêcher ces kinases d'exercer leur action fixatrice sur les substances que le ferment tryptique est capable de digérer.

Exemple des vers parasites de l'intestin. — Une antikinase a été trouvée par Dastre et Stassano dans les tissus des *vers parasites* de l'intestin ; antikinase dont la fonction est d'empêcher la digestion trypsique de ces vers par les sucs pancréatique et intestinal mélangés, et ainsi s'explique la résistance présentée par ces êtres à l'action digestive de ces sucs, dans lesquels ils vivent en permanence. Leur moyen de défense n'est pas un antiferment (antitrypsine) comme l'avait admis E. Weiland. — La démonstration de cette antikinase peut se faire avec le *tænia serrata* du chien, le suc pancréatique et la kinase du même animal.

Soit un mélange de suc pancréatique (plutôt en excès) et de macération d'intestin contenant la kinase (en quantité nettement suffisante pour digérer un cube donné d'albumine dans un temps donné), si on ajoute une certaine quantité de macération de tænia ou d'ascaris contenant l'antikinase, la transformation de l'albumine n'a plus lieu ; il faudra par exemple 5 gouttes de macération antikinasique pour annihiler 2 gouttes de macération kinasique. Si on augmente la quantité de kinase il faut augmenter proportionnellement la quantité d'antikinase pour annihiler l'effet digestif. Si on augmente la quantité du suc pancréatique, la même dose d'antikinase suffit. L'opposition est entre la kinase et la macération d'ascaris et non entre le suc pancréatique et celle-ci ; elle contient donc bien une antikinase et non une antitrypsine.

Antikinase du sérum sanguin. — Delezenne trouve également une antikinase dans le sérum sanguin. Ce sérum possède normalement le pouvoir d'empêcher ou retarder la digestion trypsique des albuminoïdes, ainsi que l'ont vu Fermi, Pugliese et Coggi, Hahn, Camus et Gley, etc. Ce pouvoir empêchant est antikinasique et non antitrypsique.

Action de la température sur la kinase et l'antikinase. — D'après Dastre et Stassano, les macérations de kinase et d'antikinase perdent leurs propriétés quand on les soumet à l'action un peu prolongée d'une température d'étuve de 37°, température normale des mammifères desquels ces macérations ont été retirées. Par contre, la kinase, si elle est en présence d'un cube d'albumine et soumise aux mêmes conditions de température, ne se détruit pas, mais alors, ainsi qu'on sait, elle ne digère pas à elle seule l'albumine. La kinase additionnée de suc pancréatique mise en présence de l'albumine et portée à l'étuve digère l'albumine. La kinase additionnée de suc pancréatique et de macération de tænia contenant de l'antikinase, le tout mis en présence de l'albumine et porté à l'étuve, cesse de digérer l'albumine. L'absence de protéolyse dans cette dernière épreuve est due à l'action empêchante de l'antikinase. Il importe dans ces expériences de se mettre à l'abri des effets destructeurs de la température, qui pourraient être confondus avec l'effet inhibiteur de l'anticorps.

4. **Laccase. Antilaccase.** — La laccase est un ferment oxydant qu'on extrait de l'arbre à laque (Bertrand) et qu'on trouve également dans certains champignons (Bertrand et Bourquelot). Ce ferment a la propriété de fixer l'oxygène sur le laccol, substance (soluble dans l'éther) contenue dans l'arbre à laque et qui

noircit sous cette influence ; il agit dans le même sens sur l'hydroquinone pour
donner de la quinone et de l'eau, sur l'acide pyrogallique et sur l'acide gallique pour
donner de l'acide carbonique. Si par exemple dans un ballon à robinet on fait
réagir une bouillie de *Russula fœtens* sur de l'acide gallique, on a :

Après une heure d'agitation :

$$CO^2 \text{ dégagé} \dots\dots\dots\dots\dots\dots\dots\dots\dots\dots\dots\dots \quad 15^{cc},9 \atop 13^{cc},9 \Big\} \ QR = 0,874$$

Après trois autres heures :

$$CO^2 \text{ dégagé} \dots\dots\dots\dots\dots\dots\dots\dots\dots\dots\dots\dots \quad 17^{cc},6 \atop 11^{cc},1 \Big\} \ QR = 0,630$$

Le ferment se sépare du suc végétal qui le contient en le précipitant par
l'alcool. La poudre blanche qu'on obtient en recueillant le précipité ne contient
en réalité que peu de laccase mélangée à beaucoup de substances étrangères
($0^{gr},15$ du ferment environ pour 1 gramme de la poudre).

Dans un suc cellulaire renfermant de la laccase, on décèle facilement ce
ferment, en y ajoutant quelques gouttes de teinture de gaïac ; le suc se colore
immédiatement en bleu. On peut se servir de cette réaction pour doser son
pouvoir oxydant.

En injectant sous la peau du lapin la laccase à plusieurs reprises, on obtient
de cet animal un sérum antagoniste de la laccase, une antilaccase (C. GESSARD).
Le sérum du lapin normal montre une ébauche de cette action et atténue déjà
les réactions colorées de la diastase. Le sérum de lapin traité empêche leur
apparition à la dose de deux gouttes pour une solution de laccase à 2 p. 100.

5. **Les ferments et l'inhibition.** — L'action antagoniste des ferments et des
antiferments est comparable aux actions dites d'*arrêt* ou d'*inhibition* qu'on provoque, dans certaines conditions, par le moyen du système nerveux. Ces actions
inhibitrices, qu'on a dans bien des cas étendues à des phénomènes n'ayant avec
elles qu'une lointaine analogie, se retrouvent au contraire dans les phénomènes
fermentatifs en question avec tous leurs principaux caractères.

Dans le système nerveux, *l'inhibition est représentée par l'action contro-excitante
de certains éléments, s'opposant à l'action excitante de certains autres, et empêchant,
par cette opposition, les manifestations tant chimiques qu'énergétiques qui dépendent
de cette excitation.* J'ai depuis longtemps signalé la ressemblance qui existe entre
les actions produites par les diastases ou les ferments en général et celles
provoquées par les éléments nerveux sur les tissus qui dépendent d'eux (grandeur
de l'effet comparée à la petitesse de la cause, transformation de substances,
dégagement d'énergie). Le fait que des enzymes s'opposent entre elles, comme
les éléments nerveux eux-mêmes, pour annihiler leur action et cela sans la
détruire mais en la suspendant seulement, renforce évidemment cette analogie.
Théoriquement l'action excitatrice des nerfs sur les tissus peut s'expliquer par
une action de l'ordre diastasique ; les rapports des éléments nerveux entre eux
auraient également pour base les rapports des agents diastasiques dans le genre
de celui qui vient d'être signalé.

III. — *Mécanisme de l'action générale des enzymes.*
Ses lois générales.

Le mode d'agir des diastases paraît de prime abord quelque
chose de très particulier et qui ne se retrouve pas en dehors de

l'être vivant. On connaît toutefois en chimie générale des exemples, pas très nombreux, mais très caractéristiques, de réactions de ce genre, dans lesquelles un des corps *réagissants est sans rapport de grandeur avec le produit de la réaction*, autrement dit, est extrêmement ou même infiniment petit par rapport à lui. L'action ainsi exercée qui semble ne tenir qu'à la présence du corps introduit, s'appelle une action *catalytique*, le corps est un *catalyseur*. La question est de savoir si les diastases ne sont rien autre chose que des catalyseurs dans le sens purement chimique du mot, ou bien si elles présentent quelques caractères qui les en distinguent.

Actions catalytiques. — Berzélius le premier a parlé des actions catalytiques. Il les définit en ce que certains corps, par leur seule présence, sans prendre part à la réaction, par conséquent sans que leur affinité intervienne, peuvent susciter des réactions entre deux corps. La transformation de l'amidon en glycose par l'acide sulfurique, la décomposition de l'eau oxygénée par le platine, par différentes poudres et par la fibrine, l'action du platine sur un mélange d'hydrogène et d'oxygène sont des exemples anciennement connus d'action de cette nature. Ces exemples et ceux du même genre qu'on pourrait encore citer ont entre eux des points de ressemblance, mais ils présentent aussi des différences qui obligent à les répartir en un certain nombre de catégories distinctes.

I. **Définition de la catalyse; plusieurs cas à distinguer.** — D'après Berzélius et conformément à l'idée qu'on se fait souvent du phénomène, un corps est dit catalyseur, quand, à la fin de la réaction et même pendant le cours de celle-ci, on le retrouve le même en qualité et en quantité.

a. Tel est le cas des acides minéraux en présence d'une solution de sucre de canne (portée à l'ébullition). Le saccharose est peu à peu et finalement tout entier transformé en glycose et lévulose ; or si on titre l'acidité de la liqueur pendant le cours de l'opération, on la trouve égale à elle-même à tout moment de celle-ci ; à la fin elle est exactement ce qu'elle était au début. Si on ajoute du saccharose, le phénomène d'interversion pourra recommencer et ainsi de suite.

b. D'autres fois le corps catalyseur participe à la réaction ; il entre dans une combinaison qui se fait d'un côté et se détruit de l'autre cycliquement et sert à transporter sur un corps donné un autre corps (par exemple l'oxygène) que le premier ne fixe pas spontanément. Telle est l'action favorisante du salpêtre dans l'oxydation de l'acide sulfureux par l'oxygène de l'air, par formation d'oxyde d'azote intermédiaire (Clément et Désormes). A la fin de la réaction le catalyseur se retrouve encore en entier, mais on voit que son rôle est plus chimique que dans le premier cas.

c. D'autres fois encore le corps catalyseur participe à la réaction, mais ne se retrouve plus le même ni en qualité ni en quantité à la fin de celle-ci : et de ce fait l'action catalysante se trouve modifiée. Plusieurs cas sont alors à distinguer : il peut arriver que la réaction amorcée par le catalyseur donne naissance à un corps nouveau faisant lui-même office de catalyseur; si cette nouvelle catalyse est positive, la vitesse de la réaction s'en trouve augmentée, mais si le nouveau catalyseur est empêchant, la vitesse totale de la réaction se trouve diminuée. On démontre en effet l'existence de catalyses négatives aussi bien qu'il y en a de positives. Il peut arriver encore que le catalyseur primitif forme avec l'un des corps participant à la réaction une combinaison stable, qui l'immobilise partiellement et diminue ainsi la vitesse de la réaction.

Dès le début de ces observations on avait compris parmi les corps catalyseurs à la fois et des substances purement physiques ou chimiques et des diastases dont certaines étaient déjà connues, comme celle de l'orge germé et à sa suite les diastases digestives. Tant que le phénomène catalytique fut envisagé sous sa forme la plus simple, cette assimilation ne fit pas doute ; mais lorsque l'analyse des phénomènes tant catalytiques proprement dits que diastasiques eut montré leur complexité et la variété de leur marche dans nombre de cas particuliers, la question se posa de savoir si les lois qui régissent les premiers sont aussi celles qui régissent les seconds.

Cette question ne peut plus se juger comme on pensait autrefois, en comparant un catalyseur physique ou chimique pris pour type général de l'action catalytique et une diastase également prise pour type des actions diastasiques. Il faut faire intervenir une analyse et une discussion beaucoup plus détaillées. Les actions catalytiques réparties en diverses catégories se ramènent individuellement aux lois générales de la chimie. Les actions diastasiques examinées à leur tour individuellement devront être comparées à ces différentes catégories, dans lesquelles elles trouveront généralement leur place. Ces catégories se distinguent les unes des autres par certains caractères, parmi lesquels il faut placer en première ligne la vitesse des réactions chimiques.

2. **Résumé**. — En somme, il peut y avoir :

1° *Catalyse par action de présence* (ou comme si le corps n'agissait que par sa présence) ; c'est le cas de l'interversion du saccharose par un acide minéral.

2° *Autocatalyse*. — C'est le cas où un ou plusieurs produits de la réaction interviennent à leur tour comme catalyseur, en accélérant ou retardant la réaction.

3° *Formation de produits intermédiaires se produisant très rapidement*. — Suivant que la réaction entre le catalyseur et le corps attaqué est complète ou incomplète (comme quand un équilibre s'établit avant son achèvement), les conditions sont plus ou moins compliquées.

4° *Combinaison intermédiaire se produisant lentement* et se défaisant également lentement en régénérant le catalyseur et en réalisant les produits de la réaction. Ces réactions intermédiaires sont également plus ou moins compliquées.

5° *Action d'un catalyseur sur une série de réactions successives*. — A une première réaction provoquée par le catalyseur en succède une deuxième entre les produits de la réaction. Ce catalyseur peut agir sur les produits secondaires après avoir agi sur le corps primitif.

3. **L'équilibre chimique ; la constance de sa position**. — Dans certaines réactions, la transformation n'est pas complète ; mais, après qu'une certaine quantité de produits nouveaux s'est formée, elle s'arrête, parce qu'il s'est établi un équilibre chimique entre les différents corps présents dans le milieu. Si on fait intervenir un catalyseur dans une telle réaction à son début ou dans son cours, il pourra accélérer la transformation, mais il ne changera pas la position de cet équilibre. C'est vers lui qu'il ramène le mélange quelles que soient les proportions des corps réagissants et des produits formés, au moment qu'il intervient ; on pourrait dire quel que soit le point de départ de la réaction.

Soit par exemple du maltose mis en présence de la maltase qui est sa diastase dédoublante, il se fera une transformation du maltose en glycose, mais non complète ; la réaction s'arrêtera lorsque les *proportions* de maltose et de glycose auront atteint un taux déterminé, qui répond à l'équilibre chimique de la réaction. Mais inversement, si nous mettons le glycose en présence du maltose (ou, ce qui revient au même, un mélange de maltose et de glycose dans lequel la proportion de glycose excède celle qui correspond à l'équilibre), c'est la réaction inverse qui se produit ; le glycose se transforme en maltose, jusqu'à ce que l'équilibre soit rétabli (Croft Hill).

Cette réaction inverse est une synthèse et les travaux de Hill, Emmeling, E. Fischer ont fait connaître un certain nombre de réactions du même genre ; la lactase qui hydrolyse le lactose peut inversement régénérer ce corps en combinant le glycose et le galactose ; l'émulsine hydrolyse l'amygdaline et peut la régénérer toujours suivant les conditions du point de départ. Ces synthèses doivent se produire d'autant plus facilement que les solutions de ces corps sont plus concentrées.

4. Vitesse des réactions. — Les vitesses des réactions plus ou moins complexes qui se passent dans un milieu homogène, sont le critère qui va nous servir à les comparer entre elles et à comparer les réactions diastasiques avec les réactions catalytiques de la chimie générale. Ces vitesses servent de critère, parce qu'elles sont différentes suivant les ordres principaux de réactions auxquelles elles appartiennent et affectent des allures particulières, suivant chacun de ces ordres.

A. Loi de l'action des masses. — D'après la loi de l'action des masses *la vitesse d'une réaction est proportionnelle au produit des masses actives des corps qui interviennent dans la réaction.*

Ordre des réactions. — Soient plusieurs corps A, B, C, en présence dont les masses soient m, p, q, constituant un milieu homogène dont la formule est $m\,A + p\,B + q\,C$. Soient $a-x$, $b-x$, $c-x$ les quantités de ces corps à un moment donné t ; soit v le volume occupé par le système ; la vitesse de la réaction sera la quantité $\dfrac{d\,x}{v}$ (exprimée en molécules-grammes) des corps A, B, C, qui se combinent par unité de volume pendant l'intervalle de temps $d\,t$, c'est-à-dire $\dfrac{d\,x}{v.\,d\,t}$ Cette vitesse sera égale à :

$$\mathrm{K}.\ \left(\frac{a-x}{v}\right)^{m}\ \left(\frac{b-x}{v}\right)^{p}\ \left(\frac{c-x}{v}\right)^{q}$$

En intégrant et en déterminant la constante d'intégration par la condition qu'au début (c'est-à-dire pour $t = o$) x est égal à zéro, on mettra en évidence une certaine relation entre t, a, b, c, x et k. — On établit par un certain nombre d'expériences les valeurs de x pour un certain nombre d'intervalles de temps déterminés. On introduit ces valeurs dans la formule et on vérifie si les valeurs de K qui s'ensuivent sont réellement constantes. Pratiquement trois cas cas sont à considérer.

1° *Réactions du premier ordre.* — La réaction est dite du premier ordre quand un seul corps A se décompose avec une certaine vitesse. Dans ce cas m est égal à 1 (disparaît par conséquent) et la vitesse est exprimée par la formule :

$$\frac{dx}{v.dt} = K\left(\frac{a-x}{v}\right)$$

a est la quantité du corps au début. En intégrant d'après la condition ci-dessus (pour $x = o$, $t = o$), la loi suivant laquelle se produit la réaction du premier ordre a la forme suivante :

$$Kt = \log.\ nep.\ \frac{a}{a-x} \quad \text{ou}\ K = \frac{1}{t} \log.\ nep.\ \frac{a}{a-x}$$

Dans cette relation le volume v occupé par le système n'intervient pas. Les opérations à faire sont : 1° de déterminer la valeur de x pour une série de temps différents, la valeur de K doit rester constante ; 2° établir la vitesse pour différentes valeurs de a (pour différentes concentrations du corps à transformer), la *proportion* de matière transformée doit rester constante.

Exemple. — On intervertit du sucre de canne par un acide. On fait deux séries d'expériences, l'une avec une solution de concentration donnée pour déterminer la quantité de saccharose transformée après des temps successivement plus longs, l'autre avec des solutions de concentration différentes pour déterminer la *proportion* de saccharose invertie dans ces solutions choisies successivement plus fortes. Avec ces données utilisées à l'aide de la formule, on établit que le résultat satisfait à la loi de la réaction du premier ordre, parce que K est constant et que la quantité transformée restant proportionnelle à la concentration, la vitesse de la réaction est constante.

2° *Réactions du deuxième ordre.* — Deux corps réagissent et donnent un corps nouveau A+B = AB, soit a et b les quantités exprimées en grammes-molécules des corps A et B au début, x la quantité de AB formée après t minutes, v le volume du mélange, on aura au moment t par litre $\frac{a-x}{v}$ du corps A, $\frac{b-x}{v}$ du corps B et la vitesse s'exprimera par la formule :

$$\frac{dx}{v.dt} = K.\ \frac{a-x}{v}\ \frac{b-x}{v}$$

Si les corps A et B sont en quantités équimoléculaires, on a alors $a = b$ et la vitesse a pour expression :

$$\frac{dx}{dt} = K\left(\frac{a-x}{v}\right)^2$$

pour $t=o$, $x=o$, on aura après intégration

(II)
$$\frac{K.at}{v} = \frac{x}{a-x}$$

La relation de t et x dépend ici du volume occupé par le mélange et par conséquent de la concentration des corps A et B.

Si les quantités a et b ne sont pas égales, on a :

$$\frac{dx}{v.dt} = K.\ \frac{(a-x)(b-x)}{v^2}$$

Et après intégration :

(II *bis*)
$$\log.\ nep.\ \frac{b(a-x)}{a(b-x)} = \frac{a-b}{v} K.t$$

Exemple : On saponifie de l'acétate de méthyle par la soude ; on fait les deux séries d'expériences indiquées plus haut, l'une avec une solution de concentration donnée pour déterminer x à différents intervalles de temps et voir si lorsqu'on introduit ses valeurs dans l'une des formules II ou II *bis* K reste constant ; l'autre avec des solutions de concentration différente pour voir si la vitesse reste la même. Et on voit que dans ce cas la dilution de la solution diminue la vitesse de la réaction, avec une dilution double la vitesse devient deux fois moindre. A ces caractères on reconnaît une réaction du deuxième ordre.

3° *Réactions du troisième ordre.* — Trois corps sont en présence $A+B+C = ABC$. La vitesse a alors pour expression :

$$\frac{dx}{v.dt} = K . \frac{a-x}{v} . \frac{b-x}{v} . \frac{c-x}{v}$$

Elle dépend ici du carré du volume occupé par le mélange.

Ces formules expriment des types généraux de réactions catalytiques, chacun de ces types (particulièrement les deux derniers) peut présenter un certain nombre de cas particuliers, en raison des réactions intermédiaires, différentes suivant ces cas, qui peuvent se produire entre les corps en présence. Des constantes supplémentaires pourront de ce fait intervenir dans les formules qui leur répondent et celles-ci ne seront établies que par tâtonnement et à l'aide d'hypothèses qu'elles-mêmes serviront à vérifier.

Quoi qu'il en soit, on peut par ce moyen établir la loi de chaque réaction catalytique en particulier, en la rattachant à la loi des masses. Dans l'étude des diastases on devra procéder de la même manière. Pour l'action de l'invertine en particulier on peut arriver à une formule qui satisfait à toutes les conditions de l'expérience.

B. Lois générales de l'action des diastases. — Les lois générales de l'action des diastases ont été recherchées par plusieurs auteurs, principalement en se servant de l'invertine.

O. Sullivan et Tompson qui ont inauguré ces recherches concluent que l'action de l'invertine sur le saccharose suit la loi logarithmique des réactions monomoléculaires, autrement dit que la diastase se comporte comme les acides. Leurs expériences, incomplètes sur certain point, ne comportaient par cette conclusion.

Tammann, qui a étudié l'émulsine en même temps que l'invertine, conclut que la loi de leur réaction est très complexe et bien différente de la loi logarithmique des acides.

Duclaux reconnaît que les diastases et en particulier l'invertine ne suivent pas la loi des acides, la vitesse de la réaction, d'abord uniforme au début de celle-ci, va ensuite en se ralentissant. Sa conclusion est que la loi des diastases s'écarte de la loi des masses.

Les recherches de A. Brown, de H. Brown et Glendinning, de Hezog, de Medwedew, ne conduisent pas non plus à une théorie complète de l'action des diastases.

Étude de l'invertine. — V. Henry a repris l'étude de cette question en expérimentant sur l'émulsine, l'amylase, mais particulièrement sur l'invertine. Nous reproduirons ses conclusions en ce qui concerne cette enzyme.

La vitesse d'inversion du saccharose produite par l'invertine est plus rapide que ne l'indique la loi logarithmique des acides. — Le ferment reste comparable à lui-même pendant toute la durée de la réaction, son activité ne dépend que de la composition du milieu dans lequel il se trouve. — Le sucre interverti ralentit la réaction produite par l'invertine; ce ralentissement est d'autant plus fort que la quantité de sucre interverti est plus grande. — Une même quantité de sucre interverti ralentit une inversion d'autant plus que la quantité de saccharose présente dans la solution est plus faible. — L'action ralentissante des produits de la réaction est due presque uniquement au lévulose. — Lorsqu'on étudie la vitesse d'inversion pour des solutions de concentration différente en saccharose, on trouve que pour les solutions diluées (au-dessous de 0,1 normale) la vitesse augmente avec la concentration; pour les solutions moyennes (entre 0,1 et 0,5 normale) la vitesse est indépendante de la quantité de saccharose, et pour les solutions concentrées la vitesse diminue à mesure que la concentration augmente. — La vitesse d'inversion est proportionnelle à la quantité d'invertine.

Si l'on suppose que la diastase forme avec le saccharose et le sucre interverti deux combinaisons, donnant lieu à des équilibres, et que l'on applique la loi de l'action des masses à ces deux équilibres, on en déduit pour la loi de l'action de la diastase une formule qui satisfait complètement toutes les expériences sur l'invertine. D'après cette loi, la vitesse de l'action diastasique a pour expression :

$$\frac{dx}{dt} = \frac{K\,(a-x)}{1 + m(a-x) + nx}$$

Les constantes m et n sont caractéristiques de la diastase, de la température et du milieu.

Conclusion générale. — Ces importantes recherches nous amènent à conclure que, dans l'état présent de nos connaissances et de nos moyens, *les actions diastasiques rentrent dans les lois générales des actions catalytiques*. Ce qui a pu faire le doute dans les esprits, c'est que ces actions catalytiques ne s'expriment pas par une seule formule, mais comprennent des catégories différant entre elles par le mécanisme de la catalyse. En étudiant une diastase isolément on arrive à la faire rentrer dans l'une de ces catégories dont elle subit les lois particulières.

Bibliographie.

Conception générale de la vie ; caractères généraux des êtres vivants (ouvrages généraux). — Cl. Bernard, Introduction à la médecine expérimentale. Les phén. de la vie communs aux végétaux et aux animaux. — Bichat, Considérations sur la vie et la mort ; anat. générale. — A. Dastre, La vie et la mort. — Milne-Edwards. Anat. et physiol. des animaux. — Preyer, Physiol. générale. — Spencer, Principes de biologie. — M. Verworn, Physiol. générale. — Virchow, Pathologie cellulaire.

Cellule. — R. Brown, Observ. on the org. and mode of fecund. in Orchidæ and Asclepiadæ ; *Transact. of the Linnean Society*, London. 1833. — Carnoy, Série d'articles dans *la Cellule*. — Flemming, Arch. f. Microscop. Anat. Bd XXXVII et Anat. Anzeig. Bd VI. — O. Hertwig, La cellule et les tissus, trad. par Julin (bibliogr.). — Henneguy. Leçons sur la cellule. Paris. 1896. — Malpighi, Anatome plantarum. — Meyen, Phyto-tomie. Berlin, 1830. — Mirbel (Brisseau de), Exposition de la théorie de l'organisation végétale. Paris, 1820. — M. Schleiden, Beiträge zur Phytogenesis, *Müller's Arch.*, 1838. — Th. Schwann-Strasburger, Zell bildung und Zell theilung 2. Aufl. Iéna, 1876. — Vialleton, Rech. sur les premières phases du développement de la seiche. Paris, 1888.

Protoplasme. — Van Bambeke, *Bull. Soc. belge de microscopie*, 1896. — Yv. Delage, Struct. du protopl. et théorie de l'hérédité. Paris, 1895. — Dujardin, Mém. sur l'org. des infusoires, *Ann. sc. natur.*, zool., 1838. — M. Duval, Placenta des rongeurs, 1892 ; Placenta des carnassiers, 1895 ; Embryologie des cheiroptères, 1899. — Kunstler, De la constitution du protoplasme, *Bull. sc. dép. du Nord*, 1882. — Verworn, Physiol. géné-rale. — Weismann, Die continuität des Keimplasma als Grundlage einer Theorie der Vererbung. Iéna, 1885.

Fermentations ; ferments (Voy. Bibliographie des ferments digestifs, fonctions de nutrition ; digestion). — Arloing, Les virus. Paris. Alcan, 1891. — Arthus et Huber, *Arch. de physiol.*, 1892. — Béchamp, Les microzymas. Paris, J.-B. Baillère, 1883. — Bourquelot, Les fermentations, 1893. — Bourquelot et Hérissey, *Biologie*. Série de com-munications. — Chauveau, *Assoc. franç. avanc. sciences*, 1882. — Duclaux, Traité de microbiologie, 4 vol. 1901. — Green, Sol. ferm. and fermentat. Cambridge, 1899. — Metchnikoff, L'immunité dans les maladies infectieuses, 1901. — Pasteur, Ferm. alcooliq., *Ann. chim. et phys.*, 1860 ; ferm. lactique, 1857. — Schutzenberger, Les fermentations, 1896. — Trouessart, Les microbes, les ferments et les moisissures, 1886. — Voy. sur-tout *Ann. Institut Pasteur ; Jahresbericht* de A. Koch ; *Jahresb.* de Baumgarten et Tangl ; *Centralbl. f. Bakteriol.*

Anticorps. — Bourquelot et Hérissey ; Dastre et Stassano ; Delezenne, *Biol.*, 1903.

Lois générales de l'action des diastases. — Victor Henry, *Biol.* et *Thèse Fac. sc. Paris*, 1903.

FONCTIONS ÉLÉMENTAIRES

L'idée de fonction implique l'*adaptation d'une propriété ou d'un ensemble de propriétés à un résultat déterminé*; cela, soit que ce résultat ait été prévu, recherché dans un but connu d'utilité, soit qu'il ait été acquis en dehors de toute considération de cet ordre, mais pour indiquer, même dans ce cas, à notre esprit la relation entre la cause et l'effet. En physiologie, le mot fonction est pris dans son sens propre, avec (on peut le dire) sa signification finaliste : le même terme est usité dans d'autres sciences, notamment en chimie, dans un sens qu'on peut appeler figuré ou métaphorique, c'est-à-dire par comparaison avec ce qui existe dans l'être vivant, ou dans les organisations dans lesquelles entrent des êtres vivants.

Fonctions physiologiques ; fonctions chimiques. — Il y a des fonctions *physiologiques* et des fonctions *chimiques*, mais il se trouve que les fonctions chimiques qui nous expliquent la constitution, le maintien en équilibre de certains corps plus ou moins complexes, nous rendent aussi compte, lorsque ces corps entrent dans la constitution des êtres vivants, de l'organisation, de la réalisation de l'équilibre de ces êtres, de sorte que les fonctions physiologiques ont leur explication dernière dans les fonctions dites chimiques, nouvel argument en faveur de la continuité entre les règnes de la nature et de l'unité des lois qui les régissent.

Fonctions cellulaires. — Les plus élémentaires des fonctions sont donc celles de la matière envisagée du point de vue qu'on appelle chimique, cette matière étant considérée dans son évolution à travers le règne, dit vivant. A un degré autre, dans une catégorie bien distincte, viennent ensuite celles des plastides ou cellules, qui sont désignées couramment sous le nom d'*éléments histologiques*. Leur valeur d'éléments leur vient, ainsi qu'il a déjà été expliqué, seulement de leur comparaison avec les organes, appareils et systèmes qu'ils forment en s'associant les uns aux autres de façon variée. D'une manière absolue ils sont eux-mêmes déjà d'une grande complexité. — De ces fonctions cellulaires ne seront décrites que celles qui sont typiques, comme la *contraction musculaire*, la *sécrétion glandulaire*, la *fonction excitatrice* que les neurones exercent sur les autres éléments. Dans leur détail, ces fonctions comportent des variétés intermédiaires qui les rapprochent les unes des autres; de plus, il est des éléments morphologiquement bien déterminés, dont les fonctions nous sont inconnues, parce que nous ne disposons pas de méthode qui nous permette de les analyser dans leur détail.

LIVRE PREMIER

ÉVOLUTION CHIMIQUE DE L'ÊTRE VIVANT

Les fonctions chimiques sont naturellement les plus élémentaires de celles que nous avons à considérer. Il est nécessaire de donner un aperçu de celles d'entre elles qui ont dans la manifestation de la vie le rôle le plus essentiel. L'être vivant, pour s'édifier, emploie un assez petit nombre de corps simples et qui n'ont pas tous en lui la même importance ; mais il sait en choisir parmi eux, qui sont remarquables par le nombre en quelque sorte indéfini des liaisons, des rapports structuraux qu'ils peuvent contracter dans les molécules auxquelles ils servent de base ou de noyau. C'est ce que l'on voit surtout lorsqu'on suit l'évolution de ces corps à travers le règne vivant, qui les reçoit à un état des plus simples, les complique parfois prodigieusement et les restitue à un état également simple au monde minéral.

Une telle évolution, pour être décrite, même sommairement, suppose connue dans leurs grands traits les fonctions physiologiques auxquelles elle se trouve mêlée et qu'elle conditionne. On se trouve, de ce fait, dans la nécessité, pour motif de clarté, de faire intervenir ces fonctions particulières dans l'exposition des phénomènes évolutifs élémentaires, partant beaucoup plus généraux, dont il est ici question. C'est une complication qu'il est impossible d'éviter. Elle tient à la nature même des fonctions de la vie, à leur forme cyclique, à la liaison ou dépendance réciproque qui y existe entre le tout et la partie, entre le particulier et le général, liaison qui empêche qu'on puisse déduire le détail des phénomènes d'un certain nombre de principes premiers qui les contiendraient en eux. Leur exposition est tenue de procéder, comme leur recherche, par approximations successives, en revenant souvent au point de départ et en rectifiant les prémisses provisoires qui servent originellement à fixer les idées.

CHAPITRE PREMIER

LES CORPS CONSTITUANTS ; LES ÉNERGIES EMPLOYÉES.

Dans l'étude de la nature, la première distinction qui s'impose, c'est celle qu'on fait entre la *matière* et l'*énergie*. Il est inutile de nous étendre ici sur les définitions qu'on en donne et les discussions auxquelles ces définitions peuvent prêter. *La matière et l'énergie sont les deux réalités objectives fondamentales sur lesquelles s'exercent les sciences expérimentales et d'observation.* Elles ont un caractère commun qui est l'indestructibilité qui leur est assurée au milieu des transformations qu'elles peuvent subir. Les caractères qui les distinguent peuvent paraître évidents à première vue ; ils sont suffisants pour que nous ne puissions pas les confondre ; ils nous montrent toutefois, lorsqu'on les examine de près, qu'il nous serait impossible de comprendre l'une de ces choses sans l'autre et réciproquement ; ils attestent, par là même, la liaison foncière qui les attache l'une à l'autre. — Le point de vue énergétique, duquel il est devenu usuel de considérer le monde matériel, est nouveau en physiologie, où il a été, après des tentatives restreintes, définitivement introduit il y a une quinzaine d'années. Nous donnerons un court aperçu des principes fondamentaux de l'énergétique et de la façon dont le problème de cette science se pose en biologie.

A. — ÉLÉMENTS CHIMIQUES.

I. Corps simples. — L'être vivant présente une complexité de composition dont nous entrevoyons à peine la réalité. La liste des corps qui entrent dans cette composition est extrêmement étendue. Mais ces corps si nombreux, dont on découvre tous les jours de nouveaux, résultent de la combinaison entre eux d'un assez petit nombre de corps simples ; une vingtaine au plus, et parmi eux il n'en faut guère considérer qu'une quinzaine ayant un rôle essentiel à nous connu : ce sont l'*azote*, le *carbone*, l'*hydrogène*, l'*oxygène*, le *soufre*, le *phosphore*, le *chlore*, le *fluor*, le *silicium* parmi les métalloïdes ; le *potassium*, le *sodium*, le *calcium*, le *magnésium*, le *fer* parmi les métaux.

Ajoutons encore à ces corps l'*iode*, le *brome*, le *silicium*, le *manganèse*, le *cuivre*, qui ne s'y rencontrent ou bien qu'en très petite quantité comme l'iode, ou dans certaines plantes à habitat particulier (iode et brome), ou dans certains animaux invertébrés (cuivre).

Ce ne sont donc pas les éléments premiers qui sont multipliés. Ces éléments paraissent au contraire comme choisis au milieu de ceux que présente la nature en raison de propriétés spéciales et c'est par le jeu en quelque sorte infini des combinaisons de la chimie organique qu'ils arrivent à réaliser ces substances si étonnamment variées et nuancées, qui, en s'associant elles-mêmes à leur tour en proportions diverses, constituent les éléments histologiques, les organes, les appareils. Grâce à leurs affinités particulières, ces éléments chimiques ont des fonctions spéciales dans le jeu des réactions qui entretiennent la vie. Certains d'entre eux, tels que l'azote, le carbone, le phosphore, le soufre, l'oxygène, mais principalement les deux premiers, ont un rôle tout à fait caractéristique dans la chimie vivante. Au milieu des combinaisons dans lesquelles ils entrent, individuellement, parmi les atomes dont ils se chargent dans les complexes moléculaires qu'ils édifient, on les reconnaît chacun comme le corps essentiel, qui donne à la molécule sa signification et sa fonction générale. Le jeu de ces combinaisons, avec sa marche cyclique définie, est ce qu'on appelle la *nutrition*, ou en tout cas il en forme la base première et essentielle. L'évolution chimique de ces éléments en est comme le squelette primitif ; il en offre le schème simplifié, prélude nécessaire d'un examen plus détaillé et plus approfondi.

Nous examinerons donc de ce point de vue les principaux corps simples qui entrent dans la constitution des êtres organisés avec la marche caractéristique qu'ils suivent à travers le règne vivant. Le problème se pose ainsi : à quel état initial chaque élément chimique est-il offert par le monde minéral au monde vivant ? Sous quelle forme finale celui-ci le restitue-t-il à celui-là ? Comment se fait le passage des végétaux aux animaux ? quelles sont les étapes principales de ces transformations ?

II. Éléments constitutifs ; agent de transformation. — De ces éléments chimiques, les uns sont véritablement constitutifs de l'être vivant, tels l'*azote*, le *carbone*, le *phosphore*, etc., en ce sens qu'ils forment la trame de sa substance ou le fond de ses réserves, les autres interviennent comme instruments de la transformation des premiers, instruments purement chimiques et immédiats qu'il ne faut pas confondre avec les ferments, lesquels sont des instruments plus complexes qui les emploient, tels sont l'*oxygène* et l'*eau* qui interviennent dans l'immense majorité des réactions de l'être vivant.

III. Deux ordres de transformations. — Les transformations ont une double marche inverse et parallèle. Elles sont *constructives* ou *édificatrices* avant d'être *destructives* et *simplificatrices*. Dans les premières de ces opérations, les corps éliminent généralement de l'oxygène ou de l'eau, pendant que leurs molécules se polymérisent, se condensent en se soudant à elle-même ou à d'autres semblables, tout en croissant de complexité ; dans les secondes, sous l'attaque de l'oxygène ou de l'eau, on voit les complexes moléculaires ainsi formés, se disloquer en fragments de plus en plus petits, dont chacun se complète avec une molécule d'eau ou d'oxygène, pour satisfaire les affinités rendues libres par la rupture des liaisons antérieures.

IV. **Les cycles caractéristiques**. — Il n'y a donc pas proprement de cycle de l'oxygène, de l'hydrogène ou de l'eau, mais il y en a un de l'*azote*, un du *carbone*; on peut en décrire aussi un du *phosphore*, un du *soufre* plus ou moins liés aux deux précédents, et pour ce qui concerne les métaux nous en décrirons un du *fer* comme étant lui aussi très caractéristique.

B. — PRINCIPES IMMÉDIATS.

On appelle *principes immédiats* les corps que l'on retire de l'organisme (végétal ou animal) à une première analyse, conduite avec des moyens aussi peu destructeurs que possible. Ce sont des groupements chimiques élevés, complexes, dont le poids moléculaire pour certains est très élevé (l'albumine par exemple).

I. **Substances quaternaires et substances ternaires**. — Du point de vue chimique, ces principes se divisent en deux classes, la première formée par les corps azotés *quaternaires*, les *albuminoïdes*; la seconde par des corps *ternaires* (non azotés), laquelle se subdivise en deux groupes, les *graisses* et les *hydrates de carbone*. Tous ces corps ont dans l'organisme des représentants assez nombreux, séparés par certains caractères de structure moléculaire. En plus d'eux, l'organisme renferme encore des produits de structure plus ou moins simplifiée qui en dérivent et les acheminent vers des formes chimiques voisines des éléments, tels que l'acide carbonique et l'eau.

Fonctions différentes. — Les fonctions de ces principes immédiats, les uns quaternaires, les autres ternaires, sont très distinctes. Les premiers (albuminoïdes) entrent dans la trame même des tissus, des cellules composantes de l'organisme. Les seconds (graisses et hydrates de carbone) imprègnent ces tissus, dans lesquels il forment des dépôts plus ou moins circonscrits ou apparents, mais sans participer à la constitution de ces tissus, auxquels, en tout cas, ils ne sont liés chimiquement que d'une façon très lâche.

II. **Substances plastiques et substances énergétiques**. — Les premiers sont des substances proprement *plastiques*. D'une construction moléculaire extrêmement complexe; ils arrivent à former, en se rattachant les uns aux autres, les structures microscopiques, c'est-à-dire déjà visibles, de la cellule et de ses dérivés. Les seconds sont des substances *énergétiques*, c'est-à-dire explosives. Ils mettent l'énergie dont ils sont pourvus au service de l'organisme, pour faire sa chaleur et ses travaux mécaniques.

Renouvellement incessant. — Les uns et les autres de ces principes chimiques sont soumis à un perpétuel renouvellement. Pour les seconds, la nécessité de ce renouvellement s'explique par la dépense elle-même de l'organisme. Pour les premiers, cette nécessité paraît moins évidente; mais le fait est constant; et du reste la perpétuité de l'évolution chimique est un fait primordial de l'organisation vivante. La vie est un fait d'ordre avant tout moléculaire, et qui, d'autre part, ne connaît pas l'état statique.

III. Assimilation et désassimilation. — Les substances plastiques, comme les substances énergétiques, subissent une désassimilation continue, contrebalancée par une assimilation parallèle. Constamment, la trame des tissus se désagrège moléculairement et se réagrège. Sa forme permanente couvre un mouvement incessant de remplacement de sa substance.

L'équilibre entre l'apport et le départ, assure la régularité de cette forme, de même que les fluctuations de cet équilibre se traduisent par des *atrophies* ou des *hypertrophies* des éléments cellulaires.

Fluctuations de l'équilibre. — Ces fluctuations sont beaucoup plus grandes pour les substances énergétiques que pour les substances plastiques. Sans que le nombre de ses éléments varie, ont peut voir un muscle grossir ou maigrir par augmentation de volume ou atrophie relative de ses faisceaux primitifs composants; mais ces variations de volume n'atteignent jamais les écarts que présentent les cellules du panicule adipeux sous-cutané. Dans ce dernier cas, c'est une substance énergétique, la graisse, qui tantôt s'accumule dans les éléments en gouttelettes distinctes et tantôt s'en retire presque complètement; dans le premier, c'est la charpente des éléments eux-mêmes, qui se grossit ou s'amoindrit, indépendamment des oscillations propres des substances de réserve.

Réserves cellulaires, réserves somatiques. — Il n'est pas d'élément, pas de cellule, qui ne contienne, au milieu des substances plastiques qui la constituent proprement, des substances de réserve ayant la fonction énergétique. Ces substances de réserve, différentes suivant les cas (graisses et hydrates de carbone représentées par des espèces variées), forment dans les organes les dépôts qui sont tantôt pour la consommation locale, intra-cellulaire (*réserves cellulaires*), tantôt pour une consommation qui s'effectue à distance dans d'autres cellules, après modification et transport de la substance (*réserves somatiques*). Le muscle contient dans la trame de ses fibres un hydrate de carbone (le glycogène), qui représente sa provision d'énergie; c'est une réserve cellulaire; le foie contient dans ses cellules la même substance, qu'il n'emploie pas pour son travail propre, en réalité minime, mais qu'il fait parvenir aux muscles (ou tissus semblables), à mesure que leur provision locale s'épuise par l'activité de leur fonctionnement; c'est une réserve somatique. La graisse du tissu cellulaire est une réserve du même genre, d'une nature chimique différente, mais qui a avec la précédente des relations de substitution réciproque, suivant les conditions ou les besoins. On verra par la suite que des substitutions de ce genre peuvent se faire, dans de certaines limites, même entre les substances ternaires et quaternaires ; pour le moment on insiste sur les fonctions essentielles des unes et des autres, en ajournant l'examen des contingences.

IV. **Éléments caractéristiques des corps ternaires et quaternaires ; carbone et azote.** — L'élément chimique qui caractérise les substances ternaires énergétiques, c'est le *carbone*. Nous le voyons suivre, au cours de l'évolution nutritive, une marche qui l'achemine à son élimination sous la forme d'*acide carbonique*, par la voie du poumon. L'élément caractéristique des substances quaternaires plastiques, c'est l'*azote*. Nous voyons ce corps sortir de l'organisme par la voie rénale, sous la forme d'*urée* et autres composés azotés similaires.

Ces deux modes d'égestion, si loin de l'autre au point de vue tant physique que chimique et anatomique, soulignent la différence fonctionnelle des deux corps qui en sont l'objet. Après l'avoir ainsi dégagé en l'accentuant, il nous reste à faire les remarques qui corrigent ce schème dans ce qu'il a d'exclusif.

Substances ternaires carbonées ; substances quaternaires azotées et carbonées. — Les substances ternaires sont des corps carbonés, les substances quaternaires sont des corps azotés : mais ces derniers, il ne faut pas l'oublier, sont aussi des corps carbonés. Il suit de là évidemment que, dans le jeu des échanges interorganiques, les premiers ne pourront pas se substituer aux seconds, quand il s'agira de remplir leur fonction plastique ; tandis que les seconds pourront se substituer aux premiers, pour remplir leur fonction énergétique. Non seulement la substitution dans ce second sens est possible, mais le rôle énergétique de la molécule d'albumine n'est jamais nul : elle le doit à son carbone (pour parler plus exactement, à une partie importante de son carbone, qui de bonne heure se détache d'elle sous forme d'hydrate ou de graisse, suit l'évolution de ces deux ordres de corps et va grossir le courant d'acide carbonique qui sort par le poumon.

V. **Produits de décomposition.** — *La molécule des corps ternaires, en se décomposant, donne de l'acide carbonique et de l'eau ; la molécule des corps quaternaires donne de l'acide carbonique, de l'eau et de l'urée.* La molécule d'albumine se scinde donc en deux fragments contenant l'un le carbone et l'autre l'azote. Elle a un noyau à fonction énergétique, à côté de son noyau essentiel à fonction plastique.

Toutefois, le partage entre le carbone et l'azote n'est pas rigoureux ; mais une petite quantité de carbone reste liée au noyau azoté. Il faut remarquer, en effet, que l'azote n'est pas éliminé à l'état gazeux, mais sous forme d'un composé *amidé*, l'urée, sorte d'ammoniaque composée. L'urée est, en effet, du carbonate d'ammoniaque moins de l'eau (on sait qu'elle donne facilement du carbonate d'ammoniaque en s'hydratant). Ce composé au moment qu'il sort de l'organisme, renferme encore une notable quantité d'énergie, comme on peut s'en assurer, en le brûlant dans un calorimètre.

L'évolution de la molécule d'albumine, qui la conduit à sa double destinée de substance énergétique et plastique, se complique d'un grand nombre d'opérations chimiques, consistant en dédoublements, hydratations, oxydations. Seules ces dernières dégagent une quantité notable de chaleur. — Par les termes ultimes de la réaction, nous voyons que l'oxygène, en attaquant la molécule d'albumine, s'est fixé, sur l'hydrogène et le carbone, en négligeant entièrement l'azote, qui se retrouve dans l'urée à l'état d'ammoniaque exclusivement. Avec l'hydrogène, cet oxygène a formé de l'eau ; avec le carbone, il a formé de l'acide carbonique. Cet acide carbonique, lui, se divise en deux parts inégales : l'une, la plus importante, est de l'acide carbonique libre, qui sort par la voie pulmonaire ; l'autre, la moindre, est de l'acide carbonique fixé à l'ammoniaque qui entre dans la constitution de l'urée carbonate d'ammoniaque moins de l'eau et sort par la voie rénale.

Noyau primitif de l'albumine, la molécule d'ammoniaque. — Lorsqu'on dit que l'azote n'est pas un aliment énergétique, cela est donc rigoureusement vrai, mais à une condition, c'est qu'on envisage cet azote ou, ce qui revient au même, la molécule d'ammoniaque dont il fait partie isolément dans la molécule albuminoïde. En effet, entré dans l'organisme à l'état de composé ammoniacal constituant le noyau essentiel de cette albumine, il en sort à l'état de composé ammoniacal constituant le radical de l'urée : à aucun moment il ne s'est oxydé ; ce qui s'est oxydé, c'est uniquement le carbone et l'hydrogène des albuminoïdes (BERTHELOT).

Remarque. — La distinction entre deux ordres de fonctions, les unes plastiques, les autres énergétiques, faisant le fond de l'évolution nutritive, a pour elle, ainsi qu'on voit, des faits à la fois positifs et d'une signification claire. Il reste à dire que ces fonctions, si nettement distinctes qu'on les admette, ne sont pas susceptibles de localisations exclusives : l'une des deux, la plus complexe, ne se comprendrait même pas sans l'autre. Pour former les tissus végétaux ou animaux, pour édifier ces structures à la fois si délicates et si complexes et les maintenir constantes pendant le renouvellement incessant de la substance, il faut une participation si faible soit-elle et elle-même incessante de l'énergie. Les mutations de la première vont de pair avec les transformations de la seconde. En raison de la quantité infime qui en est réclamée pour ces opérations que nous appelons plastiques, l'énergie ne fera jamais défaut ; et de plus elle est toujours à la disposition de l'opération qui va se réaliser, puisque la même molécule peut, en modifiant un de ses chaînons, reporter l'énergie rendue disponible sur le reste pour faire les frais de son organisation.

En somme, les corps que nous appelons énergétiques doivent ce nom à la grande quantité d'énergie qu'ils peuvent fournir pour les travaux tant intérieurs qu'extérieurs de l'organisme ; ceux que nous appelons plastiques doivent leur nom à l'emploi particulier qu'ils font de l'énergie, pour réaliser des combinaisons à la fois très variées et hiérarchiquement superposées.

NOTIONS PRÉLIMINAIRES

A. — L'ÉNERGIE; SES TRANSFORMATIONS; SA MESURE.

Les corps ne modifient pas d'eux-mêmes le mouvement qu'ils possèdent : ils sont incapables de se le donner quand ils sont au repos et incapables de le perdre spontanément quand ils l'ont reçu (première loi de Galilée). D'autre part l'observation nous montre qu'un corps peut communiquer une partie ou même la totalité de son mouvement à un autre corps, en perdant une partie complémentaire ou la totalité du sien. Il peut arriver aussi qu'un corps perde son mouvement, sans le communiquer d'une façon apparente à des corps voisins ; mais alors des phénomènes nouveaux se manifestent dans ces corps ; ils s'échauffent, deviennent lumineux, s'électrisent, rendent des sons, changent d'état ou même de composition, etc... Ces changements, qui ne se manifestent plus à nos sens par un déplacement de totalité dans l'espace, sont rapportés généralement à un mouvement oscillatoire de leurs molécules composantes, lequel affecte, alors suivant sa modalité, tel ou tel de nos sens, d'une façon plus ou moins spécifique ou isolée, ou même ne leur est révélé que par des artifices d'expérience.

a. **Conservation de l'énergie.** — Dans l'ordre de la phénoménalité, comme dans l'ordre de la substance (on pourrait dire, en d'autres termes, dans l'ordre du mouvement comme dans l'ordre de la matière), *il y a donc quelque chose qui persiste indéfiniment*, remplaçant ce qui a disparu, préparant ce qui va suivre et dont la grandeur n'est pas susceptible d'augmentation ni de diminution ; c'est ce que dans la langue physique nouvelle on désigne d'un seul mot, *l'énergie*. Ses modalités sont diverses, ses transmutations incessantes, ses combinaisons infinies et inépuisables; sa somme totale est constante à travers la succession des temps.

Le principe de la conservation de l'énergie est, comme on voit, formulé à l'image de celui de l'indestructibilité de la matière ; il se rattache à celui de *l'égalité de l'action et de la réaction;* il implique également celui de *l'inertie de la matière.* Ce principe se rattache d'autre part à la notion de *causalité*, qu'il ne renferme pas tout entière, mais dont il précise un des points de vue: tout phénomène actuel a sa cause *efficiente* dans un phénomène antécédent, ou différent ou semblable, mais rigoureusement équivalent. La causalité considérée de ce point de vue, s'objective sous une forme à la fois rationnelle et saisissable. Renonçant à découvrir, soit l'origine des choses, soit leur fin dernière, nous établissons avec précision leurs relations immédiates, notre esprit s'en trouve dans une certaine mesure satisfait, en même temps que notre puissance sur elles considérablement augmentée.

1. **Force et énergie.** — On dit communément qu'*une force est toute cause qui produit le mouvement ou qui s'oppose au mouvement.* — Dans le premier cas la force est *active* ou *motrice*, telle la pesanteur qui sollicite tous les corps de notre globe à acquérir un mouvement dans la direction du centre de gravité de celui-ci ; dans le second cas elle est *passive* ou *résistante*, tel l'obstacle opposé par les corps interposés entre ce centre de gravité et ceux qui tendent dans sa direction. Certaines forces agissent d'une façon continue comme c'est le cas de la pesanteur, ou durable comme l'aimantation; d'autres d'une façon soudaine, c'est le cas des

explosifs; on appelle parfois ces dernières des forces instantanées pour les opposer aux précédentes.

La force est ainsi définie en considération du mouvement (du changement visible quelconque) qu'elle produit ; on peut la voir apparaître, disparaître augmenter, diminuer. Il n'en est pas de même de l'énergie, qui se définit avant tout en considération de sa constance, de son indestructibilité.

2. Le travail des forces. — L'énergie représente le *travail* réalisé par les forces; la force y intervient comme un facteur qui, à égalité de travail, grandit ou diminue suivant qu'inversement diminue ou grandit un autre facteur. Un kilogramme d'eau qui tombe de dix mètres effectue le même travail que dix kilogrammes d'eau tombant d'un mètre ; dans l'un et l'autre cas la quantité d'énergie dépensée est la même, mais dans le second la force (pesanteur) est dix fois plus grande, pendant que le chemin parcouru (hauteur de chute) est dix fois plus petit.

Différentes formes d'énergie. — L'énergie qui s'évalue ainsi sous forme de travail est l'énergie dite *mécanique*, c'est-à-dire celle qui se manifeste par un mouvement de totalité des masses. Elle a servi de modèles aux autres énergies, que l'on s'imagine volontiers sous la forme de mouvements moléculaires ou atomiques, gouvernés par les lois de la mécanique proprement dite. Elle est dite *chimique* lorsqu'elle est corrélative d'un changement des corps. Elle peut affecter aussi les formes *thermique, lumineuse, électrique*, qui se ressemblent par plus d'un côté, entre autres par leur radiation dans le milieu éthéré, lequel les reçoit des corps qui les engendrent et peut les transmettre à distance à d'autres corps; ce sont les énergies dites *radiantes*.

La notion d'énergie, avons-nous dit, est indépendante de celle de tout mouvement ou même de tout changement quelconque apparent des corps. Alors que ce mouvement ou ce changement a cessé de se produire, elle ne cesse pas d'exister : son indestructibilité le veut ainsi. Elle est alors comme la matière, qui dans certaines opérations paraissait aux anciens chimistes se détruire, diffusée, volatilisée qu'elle est alors et par là même dissimulée à ceux de nos sens qui peuvent le mieux la percevoir. Mais de même que cette matière, si l'on y prend garde, peut se recueillir et, par une opération inverse, reprendre sa forme tangible première, en témoignant ainsi de son indestructibilité; de même l'énergie se conserve sous une forme latente, invisible, inconstatable, elle, autrement que par sa retransformation en une forme qui se traduit par un mouvement ou un changement de la matière dont nous saisissons l'égalité avec le précédent; c'est ce qui fait dire qu'elle est tantôt *en action*, tantôt *en puissance*.

3. Énergie actuelle et énergie potentielle. — Tantôt donc l'énergie se manifeste par quelque phénomène apparent ou plus ou moins directement décelable et qu'on rattache au mouvement : elle est dite alors *actuelle* ou *cinétique*; tantôt au contraire elle est latente, dissimulée sous une immobilité qui n'en laisse rien voir, mais elle n'en existe pas moins : elle est dite alors *potentielle* ou de *position*. L'exemple le plus clair et le plus souvent cité est celui de la pierre qui tombe (énergie actuelle ou cinétique), par opposition à la pierre maintenue à sa hauteur primitive mais prête à fournir le travail que représente sa chute (énergie potentielle ou de position). La pierre qui va tomber a, en puissance, toute l'énergie qu'elle dépensera en tombant sur le sol. Elle tient cette énergie d'une dépense antérieure rigoureusement égale et inverse d'énergie cinétique, faite en vue de l'élever à la hauteur d'où elle va tomber. On saisit bien, par cet exemple, le passage de l'énergie cinétique à l'énergie de position, puis de nouveau à une énergie cinétique se dépensant en sens opposé. L'égalité évidente entre la première et la dernière de ces formes énergétiques nous garantit leur équivalence avec la forme intermédiaire qui les sépare. La nécessité d'une continuité entre deux phénomènes aussi rigoureusement égaux nous fait accepter cette forme intermédiaire d'énergie, à la fois insolite et inconnue dans son mécanisme intime.

Travail positif ; travail négatif. — La pierre qui tombe accomplit un travail *positif*; celle qu'on élève à la hauteur d'où elle doit tomber accomplit un travail *négatif*. Ces deux travaux sont égaux mais de signes contraires : on dit que le travail d'un corps est positif quand ce corps l'accomplit contre une résistance; négatif quand le corps est résistant et laisse accomplir un travail contre lui.

Travail et énergie. — La notion de travail se rattache ainsi à celle d'énergie ; elle s'en distingue néanmoins. Le travail est lié à l'idée d'une transformation, ou en cours s'il est voie d'exécution, ou antérieure s'il est accompli. L'énergie, elle, peut être considérée en dehors de toute transformation ; nous savons qu'elle est transformable mais c'est sa constance qui est son caractère essentiel. — Si on met dans le plateau d'une balance un poids A rigoureusement suffisant pour soulever un poids B placé dans l'autre plateau, le poids A accomplit un travail positif contre le corps B qui accomplit ou subit un travail négatif. Toute dépense d'énergie cinétique à chaque instant de la descente de A se traduit par la création d'une énergie potentielle de B à chaque instant correspondant de sa montée, ou réciproquement. Le travail a toujours un sens, négatif ou positif, mais que le fleau oscille ou reste indéfiniment dans une position quelconque d'équilibre, l'énergie du système n'aura pas changé.

4. **Réversibilité.** — Un tel système est réversible, parce que la transformation peut s'accomplir indifféremment dans un sens ou dans l'autre *en repassant par les mêmes étapes.*

Inégale facilité des diverses transformations. — Les formes diverses de l'énergie sont aptes à se substituer et à s'équivaloir. Les substitutions ne se font pas avec une égale facilité dans tous les sens. Toutes les énergies aboutissent facilement à la forme *chaleur* ; tandis que la chaleur n'aboutit le plus souvent que partiellement aux autres formes. Dans la somme constante des énergies, la chaleur tend donc à prendre une place prépondérante. C'est ce qu'on appelle l'augmentation de l'*entropie*.

Mesure des diverses énergies par leur transformation en chaleur. — Cette facilité qu'ont les diverses énergies à se transformer intégralement en chaleur fait qu'on prend souvent cette dernière comme mesure des autres. C'est le cas pour l'énergie chimique, qui ne se laisse pas saisir ni par conséquent estimer directement. L'artifice consiste à opérer la réaction chimique dans un calorimètre qui recueille et mesure la quantité de chaleur dégagée pendant celle-ci. On exprime en *calories* l'énergie ainsi dépensée. — Dans un grand nombre d'opérations chimiques, de l'énergie emmagasinée dans les corps réagissants est ainsi cédée sous forme de chaleur, mais dans un certain nombre d'autres, c'est l'inverse qui a lieu ; la réaction, pour se faire, emprunte de la chaleur au milieu environnant, au lieu de lui en céder, et comme le milieu environnant est ici un calorimètre, celui-ci indique encore en calories la quantité d'énergie déplacée (ici absorbée) pendant la réaction.

5. **Réactions endothermiques et exothermiques.** — Il y a de la sorte des réactions chimiques qui dégagent, libèrent, dépensent de l'énergie, laquelle apparaît aussitôt sous forme de chaleur; on les appelle *exothermiques*; il y en a

d'autres qui absorbent de l'énergie, laquelle reste en provision, à l'état potentiel, dans le corps nouvellement formé : on les appelle *endothermiques*. Au point de vue énergétique, les premières sont proprement des réactions *analytiques*, autrement dit dédoublantes et simplifiantes, les secondes des réactions *synthétiques*, autrement dit condensantes, et cela malgré ce qui semble être lorsqu'on examine les choses superficiellement. Comme exemple, la formation de l'acide carbonique par fixation de l'oxygène sur le carbone est une analyse, malgré qu'elle associe deux corps préalablement séparés : inversement la réduction du carbone de l'acide carbonique par les énergies radiantes est une synthèse, malgré la dissociation du carbone et de l'oxygène. C'est qu'en réalité dans le premier cas on a détruit une molécule de carbone (C^n), dans laquelle des atomes de carbone étaient associés entre eux, et dans le second on a reconstitué cette molécule de carbone avec les atomes de corps résultant de la destruction de l'acide carbonique. — Au surplus, une opération chimique est presque toujours analytique et exothermique par un certain côté, synthétique et endothermique par quelque autre ; c'est la résultante des deux tendances contraires qui lui donne sa signification.

b. ***Circulation de l'énergie***. — Il existe dans l'univers une circulation continue de l'énergie, circulation au cours de laquelle une forme fait place à une autre, d'après un taux réglé qui fixe leur équivalence. Chaque forme énergétique est censée avoir son étalon particulier ; toutefois, dans la réalité pratique, il n'existe guère que deux étalons usuels : celui de l'énergie mécanique, le *kilogrammètre* (travail produit par le soulèvement d'un poids d'un kilogramme à un mètre de hauteur) et celui de la chaleur, la *calorie* (quantité de chaleur nécessaire pour élever un kilogramme d'eau de un degré). Le rapport d'équivalence de ces deux étalons est fixé à $\frac{1}{425}$ (une calorie équivalant à 425 kilogrammètres) (1).

Formes successives et formes parallèles. — Dans les transformations de l'énergie, différents cas peuvent se présenter : tantôt la transformation est *totale*, en ce sens que la forme nouvelle, subséquente, remplace intégralement la forme primitive antécédente ; tantôt elle est *partielle* en ce sens qu'une partie de l'énergie primitive subsiste en même temps qu'une ou plusieurs formes nouvelles apparaissent. Le flux énergétique est ainsi capable, non seulement de se transformer, mais de se scinder en des flux nouveaux parallèles. Nous rappelons que parmi ces énergies, il en est une, la chaleur, qui a une grande tendance à se substituer aux autres ; aussi la voyons-nous souvent apparaître au cours de ces opérations, tantôt pour accaparer à elle seule le courant énergétique, tantôt pour en distraire une partie, en se mêlant aux énergies nouvelles issues de la transformation.

1. **État initial, état final.** — L'énergie ne quittant jamais une de ses formes

---

(1) Dans la pratique, on a été amené à employer tantôt la quantité qui répond à l'échauffement d'un degré d'une masse d'eau *d'un kilogramme* et qu'on appelle souvent la *grande calorie*, tantôt la quantité qui répond à l'échauffement d'un degré d'une masse d'eau *d'un gramme* et qu'on appelle alors la *petite calorie*. — Les physiologues sont convenus entre eux de prendre pour unité de chaleur invariablement cette dernière quantité ou *gramme-calorie*, qui est pour eux l'unité fondamentale. Les conventions du système métrique leur permettent d'établir facilement des multiples et des sous-multiples. La calorie ordinaire ou grande calorie devient ainsi pour eux une *kilocalorie* et on se servirait, s'il était besoin, d'hectocalories, etc. — Pour la mesure du travail, on peut de même se servir de *grammètres* (poids d'un gramme élevé à la hauteur d'un mètre, d'hectogrammètres, de kilogrammètres, etc.).

que pour en prendre une autre au cours de transformations en quelque sorte illimitées, il importe, lorsque l'on veut définir une opération énergétique, de bien fixer ses limites extrêmes dans le temps. On part d'un état donné que par définition on appelle *initial*, pour aboutir à un autre état donné qu'on appelle *final*, entre lesquels deux s'interposent les transformations envisagées. On sait que la somme des énergies finales doit égaler rigoureusement celle des énergies initiales. Le problème est dans la détermination des énergies partielles successives ou parallèles qui évoluent du commencement à la fin.

2. **Cycles énergétiques.** — Soit un corps qui subisse une série de transformations de sa substance et de son énergie et qui, à un moment, donné se retrouve dans le même état qu'au début. Il aura suivi un cycle, c'est-à-dire un chemin fermé sur lui-même. C'est le cas du carbone dans son cycle biologique. Pris par la plante à l'acide carbonique de l'air, il s'assimile aux tissus végétaux et animaux, pour être finalement restitué à l'air, à l'état d'acide carbonique. Avec ce carbone la plante absorbe une énergie radiante (lumière) que l'animal restitue également en totalité (chaleur). A la différence près qui existe entre la lumière et la chaleur, les choses, au double point de vue de la substance et de l'énergie, sont ramenées à un état final identique à l'état initial.

Un cycle de ce genre est extrêmement compliqué et renferme un grand nombre de cycles partiels plus ou moins complets ou indépendants. — Pour qu'un cycle soit dit *fermé sur lui-même*, il n'est du reste pas nécessaire que l'énergie revienne intégralement à sa forme première; il suffit que le corps soit ramené à son état primitif, après une série de changements. Les machines thermiques (comme la machine à vapeur), dans lesquelles une énergie initiale, la chaleur, présente à son état final la forme à la fois de chaleur et de travail mécanique, suivent un cycle de ce genre.

Cycles directs et cycles inverses. — Lorsqu'il se déroule de l'état considéré habituellement comme initial à celui dit final, le cycle est dit *direct*. Mais si on invertit les conditions, en prenant l'état dit final pour état initial, le cycle est dit *inverse*. C'est le cas de la machine à vapeur; sous certaines conditions son cycle est, comme on voit, réversible. Dans ce cas la machine ne fournit plus de travail extérieur; il faut au contraire lui en fournir. Elle ne fait plus un travail positif mais un travail négatif ; elle ne laisse plus écouler de la chaleur d'un corps chaud à un corps froid, elle en transporte d'un corps froid à un corps chaud. Elle n'est plus motrice, elle est devenue frigorifique.

B. — ORGANISATION DE L'ÉNERGIE.

Toutes les énergies qui se manifestent dans la nature physique, l'être vivant nous les présente. Chaleur, lumière, électricité, énergie chimique, énergie mécanique, toutes ces modalités se retrouvent en lui. Et non seulement les modalités, mais les deux états fondamentaux, l'un actuel, l'autre potentiel, qu'elle est susceptible de prendre, s'y rencontrent également, et du passage alternatif de l'un à l'autre il tire, comme on verra, un parti avantageux.

Évolution de l'énergie. — L'énergétique biologique nous présente une fois de plus un problème d'évolution. Ce que le biologue considère, en effet, ce qui fait l'objet de sa science ce ne sont pas les énergies en elles-mêmes, leurs caractères différentiels, leurs lois circonstanciées, c'est leur succession dans le règne vivant, dans les individus qui le composent, dans les unités qui à leur tour constituent ces individus. C'est en chaque cas l'origine et la fin de ce courant énergétique,

avec ses mutations intermédiaires. Celles-ci, dans l'être vivant, ne sont plus
accidentelles, mais au contraire incessantes et d'une complexité qui, au premier
abord, défie l'analyse. Mais, en revanche, elles présentent les deux caractères
suivants, qui nous les rendent abordables : elles suivent un chemin invariable
qui, dans chaque cas, les achemine d'un état défini à un autre état également
défini ; leurs principales étapes sont marquées par l'organisation des êtres,
organes ou éléments qui leur servent de support. Les formes extérieures ne nous
apprennent rien sur les phénoménalités qu'elles recouvrent, mais elles nous
garantissent leur identité, quand celles-ci ont été une fois déterminées.

Énergie physique, énergie, vitale. — Si l'être vivant manifeste toutes les
modalités connues de l'énergie physique, ne renferme-t-il que celles-là? En
a-t-il à sa disposition une ou plusieurs qui lui soient propres? C'est une question
qui, sous des aspects divers, n'a pas cessé d'être discutée jusqu'à présent. On
peut d'emblée écarter certaines des solutions proposées et examiner celles qui,
cette élimination faite, restent en présence.

Position du problème. — Dans l'examen de la question ainsi posée, il y a
deux choses à considérer, à savoir : 1° l'*origine* de l'énergie des êtres vivants ;
2° la *modalité* de cette énergie, différente ou semblable à celle du reste de
l'univers.

a. *Origine de l'énergie dans l'être vivant.* — S'il s'agit de l'origine, la
question est simple ; elle a sa réponse dans l'axiome de Berthelot : *La vie ne
s'entretient par aucune énergie qui lui soit propre.* — Il n'y a point de
force innée à l'être vivant ; tout lui vient du dehors. A cet égard comme à
tant d'autres, il dépend de son milieu, auquel il emprunte tout et restitue
tout, en quantité strictement égale. L'expérience sur ce point a prononcé.
L'énergie, comme la substance, circule dans l'être vivant ; elle ne s'y crée point
ni ne s'y détruit ; elle reste en continuité avec celle du dehors : elle est une
fraction de la somme totale constante qui existe dans l'univers, et qui est mise
pour un temps à la disposition de l'être vivant ; elle ne s'en distingue que par la
possession qui lui en est temporairement assurée. Elle est vitale pendant qu'elle
lui appartient ; elle a été physique et redeviendra physique inévitablement.

b. *Nature ou modalité de cette énergie.* — S'il s'agit de la modalité, la
question est autre, et peut se discuter. En dehors comme au dedans de l'être
vivant, les transformations de l'énergie sont nombreuses et faciles. L'énergie
reçue de son milieu par l'être vivant ne pourrait-elle pas acquérir en lui une
forme particulière caractéristique de la vie? Incapable de la tirer *ex nihilo*, la
vie conférerait cependant à l'énergie une forme spécifique, inconnue en dehors
d'elle.

Sans qu'on l'affirme d'une façon bien tranchée, cette façon de voir paraît
acceptée par beaucoup ou tout au moins sous-entendue comme la solution la
plus acceptable dans un certain nombre d'ouvrages contemporains. Ainsi définie
l'énergie vitale n'accapare pas à elle seule toute la phénoménalité vivante ; elle
n'exclut pas de l'organisme les modalités purement physiques que nous savons
y reconnaître ; elle est seulement la forme la plus intérieure de l'énergie, en-
cadrée qu'elle est toujours entre une forme antécédente (énergie chimique), et
une forme subséquente (énergie thermique), qui lui servent, la première
de prépapation, la seconde de déterminaison, à son entrée dans l'organisme et
à sa sortie de celui-ci.

Chaque tissu, chaque espèce cellulaire (muscle, glande, nerf, etc.) aurait de la
sorte une énergie conforme à sa fonction, énergie dont l'origine et la fin nous

sont connues, dont par conséquent nous estimons la quantité, mais qui se dissimule entre les formes auxquelles elle sert d'intermédiaire et reste insaisissable à nos moyens de constatation directe.

1. **Discussion**. — Ainsi posé, le problème échappe à toute solution expérimentale : peut-être est-il susceptible d'une solution rationnelle. — Dans l'ordre de la substance on s'est posé des questions analogues. On sait que la vie ne crée point de matière, pas plus qu'elle n'en détruit. Non seulement elle n'en crée ni n'en détruit, mais elle travaille sur des éléments indestructibles, non transmutables entre eux. Les corps nouveaux qu'elle fait naître ont leur origine dans une synthèse d'abord moléculaire de ces éléments, puis particulaire, cellulaire, et finalement organique des corps, ainsi nés par agglomération des plus simples d'entre eux dans des combinaisons successivement plus compliquées. C'est ce que nous exprimons en disant que la vie est corrélative de l'organisation de la substance. Dans un organisme toute la matière à des degrés, il est vrai, inégaux, est vivante, parce que toute cette matière est organisée. Nous ne distinguons pas entre tel ou tel composant qui la constitue, ou entre tel ou tel organe qui fait partie de l'ensemble. La vie n'est pas attachée à une substance spécifique ; elle dépend de la liaison qui, en mille sens différents, s'établit entre toutes ces structures hiérarchiquement superposées.

Ce qui est vrai de la substance doit l'être aussi de l'énergie. Dans l'être vivant celle-ci comme celle-là subit une organisation. Ce qui empêche que nous saisissions cette organisation, ce sont les lacunes sans doute encore trop grandes de la science énergétique, les catégories encore trop incomplètes des formes diverses sous lesquelles se manifeste l'énergie. Une classification aussi pauvre de divisions et de subdivisons rappelle encore de trop près, dans l'ordre dynamique, les quatre éléments de la chimie des anciens. Ces formes, qui nous paraissent irréductibles et qui néanmoins se transmutent des unes aux autres, doivent avoir quelque élément commun non encore aperçu ni défini : les lacunes de l'analyse nous expliquent de reste celles que présente la synthèse dans le même ordre d'idées.

2. **Conclusion**. — Quoi qu'il en soit, nous ne sommes nullement autorisés à admettre qu'il existe dans l'être vivant une énergie à lui propre, vitale par destination. Qu'il s'agisse de la matière ou qu'il s'agisse de l'énergie, une fois de plus *ce qui est vital ce ne sont pas les éléments, ce ne sont pas les choses c'est l'arrangement des choses.*

A. — AZOTE.

L'azote subit une circulation continue à travers les trois règnes de la nature. De l'air et du sol il passe dans les plantes, des plantes aux animaux et de ceux-ci à nouveau au sol et à l'air. Des cycles de détail accidentent cette marche d'ensemble, la raccourcissent ou l'allongent suivant les conditions ou les circonstances. Au point de vue purement chimique, cette circulation est accompagnée de transformations extrêmement nombreuses et compliquées ; au point de vue physiologique on y distingue une phase d'organisation, au cours de laquelle l'azote minéral forme les substances *albuminoïdes* des tissus végétaux ou animaux et une phase de désorganisation, au cours de laquelle ces substances albuminoïdes retournent de nouveau à l'état d'azote *minéral*. D'un point de vue purement extérieur, l'organisation paraît appartenir exclusivement aux végétaux et la désorganisation exclusivement aux animaux. Mais cette marche, ascendante dans un cas, descendante dans l'autre, n'est pas uniforme ; à chaque instant elle se complique de phases intercalaires qui en accidentent le sens général. Ces évolutions locales paraissent répéter, dans des cycles restreints, l'évolution générale de l'azote. A l'opposition si accusée qui semble séparer les deux règnes vivants, elles substituent une unité de procédé qui fait le fond des fonctions de la vie partout où elle se manifeste.

Si, comme l'a fait Cl. Bernard, au lieu de prendre le phénomène dans son ensemble, on le soumet à l'analyse, on voit que l'*élément cellulaire* dans les deux règnes vivants, est le siège d'une organisation et d'une désorganisation parallèles, qui s'exercent en particulier sur la molécule albuminoïde. Le dualisme n'est donc qu'apparent.

Il est d'ordre cosmique plutôt que physiologique.

I. — *Passage de l'azote minéral dans les végétaux.*

L'azote minéral est à la fois dans l'air et dans le sol. — Dans l'air il est à l'état de corps simple, d'*azote libre* et forme les 4/5 du volume de l'atmosphère ; mais il y est également contenu à l'état d'*ammoniaque* et même de nitrates et de nitrites (traces impondérables).

Dans le sol, il est à des états très divers, parmi lesquels il faut signaler l'*ammoniaque* (sels ammoniacaux), le *nitre* (nitrate de soude et de potasse), l'*humus*, composé organique mal défini, dans lequel l'azote se trouve associé au carbone. Enfin les débris végétaux et animaux en voie de décomposition qui, au cours des diverses fermentations qui s'en emparent, donnent naissance à de l'azote libre, à de l'ammoniaque, à du nitre.

Organes absorbants ; formes chimiques absorbées. — Le contact de la plante avec son milieu ayant lieu à la fois par ses racines avec le sol et par ses feuilles avec l'air atmosphérique, quels de ces organes sont le siège de l'absorption azotée? D'autre part, les formes de l'azote dans le milieu tant aérien que terrestre étant multiples, quels de ces corps azotés sont absorbés par la plante? — Les expériences par lesquelles on a tenté de répondre à ces questions sont anciennes; elles sont, comme on peut le comprendre, hérissées de difficultés qui en ont retardé longtemps la solution. Les rapports de l'air ou du sol à la plante ne sont en effet pas toujours simples, mais se compliquent eux-mêmes d'échanges entre l'air et le sol, entre la terre et l'eau, cela en raison des courants de toute nature qui entraînent continuellement les substances dans les circulations diverses qu'elles subissent à la surface de notre globe.

Ferments transformateurs. — D'autre part, la relation du milieu à la plante n'est pas non plus toujours directe, mais se complique, dans certains cas, de l'intervention d'un facteur nouveau, lui-même vivant, les *ferments* qui incessamment transforment les matières organiques azotées dans un milieu ayant à la fois l'humidité et la température convenables.

Il faut enfin savoir que la forme chimique des aliments, aussi bien que l'organe et le mode de leur absorption ne sont pas univoques dans toute la série des végétaux, mais varient d'une espèce à l'autre ; celles-ci empruntant à l'air, celles-là plutôt au sol des principes plus ou moins simples, qui suivant le sort de la plante, retournent au sol ou à l'air plus ou moins directement ou en passant par les animaux.

Symbioses. — Comme les différents règnes eux-mêmes, les espèces tant végétales qu'animales se prêtent, dans l'ensemble de l'évolution vitale, une sorte de concours qui fait profiter certaines d'entre elles de l'action végétative de certaines autres et les met de ce fait dans la dépendance de celles-ci. Il faut donc procéder à l'examen de cas particuliers.

a. *Absorption azotée par les racines.* — Les racines ont à leur disposition une matière azotée organique, l'*humus*, et des matières azotées minérales, les unes *nitriques*, les autres *ammoniacales*. Pendant longtemps on a pu croire que les plantes ne s'alimentaient guère qu'aux dépens de l'humus. C'est maintenant l'idée contraire qui prévaut, soit à cause de la faible diffusibilité de l'humus, soit surtout en raison des expériences qui prouvent l'absorption de l'azote minéral. L'azote nitrique est celui dont on démontre le plus facilement l'utilisation par les végétaux. Boussingault avait déjà mis ce fait hors de doute ; il est corroboré par tous les expérimentateurs qui ont repris la question aussi bien que par la pratique agricole. Le poids d'une récolte pour la même quantité de semence, peut être considérablement accru par l'addition de nitrate dans le sol en temps utile. L'absorption de l'azote nitrique n'est toutefois pas exclusive de celle de l'azote ammoniacal ; mais la démonstration pour être faite demande quelques précautions.

1. **Nitrification de l'ammoniaque dans le sol.** — *L'ammoniaque répandue dans le sol se transforme facilement et rapidement en acide nitreux puis en acide nitrique* par fixation de l'oxygène (Schloesing et Müntz). Cette oxydation est l'œuvre d'un ferment découvert et bien étudié par Winogradsky. Ce ferment présente cette particularité de ne pas se développer dans un milieu qui renferme des traces de matières organiques ; il se développe au contraire très bien dans un milieu privé de ces matières. Il peut en tout cas arriver qu'une plante, à laquelle on fournit de l'ammoniaque, absorbe en réalité l'acide nitrique (nitrates), qui se forme par oxydation de celle-ci quand le ferment nitrifiant trouve les conditions de son action et, dans la nature, le cas doit être fréquent. Toutefois dans des expériences où toutes précautions et tous contrôles ont été pris pour garantir du ferment nitrifiant, on a vu des plantes réaliser des gains considérables en azote dans des milieux qui le leur offraient uniquement sous la forme ammoniacale (Müntz, Mazé). Il faut de plus observer que les engrais ammoniacaux, dès qu'ils dépassent une certaine dose, ont un effet nocif sur la végétation, ce qui leur constitue une infériorité à l'égard des nitrates qui sont acceptés pour ainsi dire en toute proportion.

2. **Fixation de l'azote de l'air dans le sol.** — Si on compare le poids de l'azote enlevé par chaque récolte avec celui de l'azote contenu dans les fumures, on constate que le premier excède souvent notablement le second et on devrait

s'attendre à un appauvrissement et finalement à un épuisement de l'azote du sol. Or il n'en est rien. Dans certains cas même où la fumure est nulle, comme dans le cas des forêts et de certaines prairies de montagne, le sol reste très riche en azote malgré le prélèvement continu qui en est fait par l'enlèvement régulier des récoltes. *Il y a donc de l'azote restitué au sol et celui-ci a sa source dans l'air atmosphérique.* L'atmosphère contient des traces de nitrates et de très faibles quantités d'ammoniaque en plus de sa réserve inépuisable d'azote gazeux. Tous ces corps interviennent-ils et lequel est le principal? — Les composés oxygénés de l'azote peuvent se former dans l'air, pendant les orages, sous l'influence des étincelles électriques; mais c'est une source peu importante qu'on peut mettre hors de cause. L'ammoniaque de l'air est plus abondante. L'océan en évapore à l'état de carbonate une appréciable quantité. Elle provient de la décomposition des algues entraînées par les fleuves au fond de la mer et ces algues elles-mêmes tirent leur azote des nitrates des eaux de drainage du sol (Schloesing). Il y aurait de la sorte entre le sol et l'océan et réciproquement une circulation d'azote, sous la forme alternative de nitrate et d'ammoniaque qui suffirait à réparer les pertes incessantes du sol (Schloesing).

En réalité cette circulation existe, mais elle est très insuffisamment compensatrice des pertes du sol qui sont énormes; l'azote combiné atmosphérique y est représenté à peine pour 4 p. 100 (Lawes et Gilbert, Dehérain). La restitution se fait par une autre voie, celle de l'azote libre, ainsi que l'avait soupçonné et déjà constaté G. Ville.

Le sol a plusieurs façons inégalement efficaces de fixer l'azote libre atmosphérique. Les effluves électriques y peuvent contribuer; mais c'est surtout par les microorganismes qui pullulent dans la terre (bactéries, moisissures) que cette fixation est opérée. *Dans une terre préalablement chauffée les gains d'azote cessent d'avoir lieu*; ils augmentent par l'introduction des matières humiques dans la terre (Berthelot).

3. **Fixation de l'azote libre par les légumineuses.** — Les légumineuses ont, comme l'avait constaté G. Ville, un pouvoir très grand d'assimilation de l'azote. Elles le doivent à une condition qui a été découverte et précisée par Hellriegel et Wilfarth. Des pois ensemencés dans une solution minérale privée de composés azotés peuvent se développer, prospérer et fixer une grande quantité d'azote, venant nécessairement de l'air et qui est nécessairement de l'azote libre, quand cet air a été privé de son ammoniaque. A côté des pois qui prospèrent il en peut exister dont la végétation se suspend et s'arrête. Les premiers portent sans exception sur leurs racines des *nodosités*. Ces nodosités renferment des *corpuscules* dits *bactériformes* qui sont de véritables *bactéries*, susceptibles d'être isolées, cultivées à part, inoculées à la plante (Prasmowsky, Beyerinck, Laurent, Bréal).

L'expérience démontre en effet les trois points suivants : 1º Dans les sols stérilisés et maintenus à l'abri des germes de l'air il ne se développe jamais de tubercules sur les racines des légumineuses ; 2º Si on arrose les sols stérilisés par une délayure de terre prise dans un champ qui a porté des légumineuses, ou si on se contente simplement de répandre à la surface du vase quelques particules de cette terre, on voit apparaître des nodosités en très grand nombre ; 3º Lorsqu'on fait bouillir la délayure de terre pendant quelques minutes, les nodosités ne se forment plus.

4. **Rôle des bactéries.** — Ces bactéries forment avec la plante une *symbiose*, dans laquelle les deux espèces vivantes utilisent leurs aptitudes différentes pour

se prêter un mutuel concours. D'après une hypothèse générale de Duclaux, on admet que la plante fournit à la bactérie des hydrates de carbone que celle-ci décompose pour sa nutrition. En compensation *la bactérie fixe l'azote de l'air sur la plante pour constituer ses albuminoïdes*. Cette seconde opération de nature synthétique, autrement dit endothermique, trouverait l'énergie qui lui est nécessaire pour se réaliser dans celle qui est rendue libre par la première opération qui est d'ordre analytique ou exothermique.

En fait, on trouve dans les tubercules jeunes qui contiennent les bactéries des grains d'amidon qui, élaborés par la chlorophylle, fourniraient par leur destruction l'énergie que les bactéries utilisent pour réaliser les combinaisons quaternaires de l'azote.

Les *algues* (certaines espèces du moins) possèdent la même propriété que les légumineuses de fixer l'azote de l'air, et comme elles sont toujours accompagnées de bactéries dont il est impossible de les séparer, il est possible qu'il y ait là une symbiose du même genre que la précédente (Schloesing et Laurent). Ainsi qu'on voit, l'énergie nécessaire à la fixation de l'azote sur la plante est fournie par la décomposition parallèle d'un autre composé endothermique (l'amidon) qui a été antérieurement fabriqué par elle. La synthèse de ce composé carboné a été réalisée par la chlorophylle, en utilisant l'énergie de la radiation solaire. C'est donc, dans le cas des algues comme dans celui des légumineuses, la fonction chlorophyllienne qui fournit initialement l'énergie nécessaire, en élaborant une réserve carbonée qui se détruit au moment voulu pour faire les frais de la réaction synthétique de l'azote.

Rôle du glycose comme aliment énergétique. — Les expériences de Winogradsky, de Kossowitch, de Mazé ont montré analytiquement le rôle adjuvant ou décisif du glycose dans les milieux de culture qui contiennent, soit certaines bactéries fixatrices de l'azote, soit les symbioses (telles que algues et bactéries) qui ont ce pouvoir fixateur. Winogradsky a étudié particulièrement à ce point de vue, un microbe anaérobie, le *clostridium pasteurianum*, qui décompose jusqu'à 1 000 parties de glycose pour fixer 1,5 d'azote gazeux. Ce clostridium qui est capable de vivre en milieu aéré, trouve les conditions de son développement dans le voisinage immédiat de microbes aérobies, qui consommant jusqu'à épuisement l'oxygène dans son entourage, lui forment un milieu convenable, ce qui est une nouvelle symbiose d'un genre différent. Avec les bactéries des algues la consommation du glycose se réduit à 200 p. 1 d'azote fixe, parce que la décomposition du glycose est dans ce cas complète, tandis qu'avec le clostridium elle s'arrête à l'acide butyrique.

b. *Absorption par les feuilles.* — Schloesing a montré que des plantes de tabac, cultivées sous cloche, dans une atmosphère renfermant des traces de vapeurs ammoniacales émises par une solution étendue de carbonate d'ammoniaque, peuvent réaliser des gains d'azote. Cet azote en excès (évalué par comparaison avec des plants cultivés dans une atmosphère sans ammoniaque et toutes choses égales d'ailleurs) n'est dans la plante, ni à l'état d'ammoniaque, ni à l'état de nitrates, ni à l'état de nicotine, mais fait partie du protoplasme de ses tissus. *L'assimilation par les feuilles est donc possible, mais ne s'exerce que dans des conditions spéciales* (vapeurs ammoniacales non trop abondantes) *et non sur l'azote libre*.

II. — *Organisation de l'azote dans les végétaux*.

L'azote que les légumineuses reçoivent des bactéries de leurs nodosités est un composé déjà complexe ; ces bactéries constituent, en effet, pour ces plantes à proprement parler, un appareil de nutrition. Mais ce cas est spécial. L'azote est absorbé par la plupart des végétaux à l'état principalement de *nitrates*, parfois d'*ammo-niaque*, par les racines de ceux-ci et très accessoirement par les feuilles en ce qui concerne la seconde de ces deux formes. *C'est donc à partir de l'azote minéral* (acide nitrite ou ammoniaque), *que s'élaborent les matières protéiques du protoplasma des cellules végétales.* La question qui se pose, c'est de savoir quelles sont les *formes intermédiaires* qu'affectent les composés azotés qui dérivent de ces formes initiales, pour aboutir à la molécule albuminoïde. Cette question est restée presque entière. Une idée simpliste qui a encore cours, mais que les faits réfutent de plus en plus, c'est, ainsi qu'il a été dit plus haut, que cette élaboration de matières protéiques suivrait une marche régulièrement ascendante et uniforme. Il n'en peut rien être, parce que le cycle évolutif des substances est avant tout d'ordre cellulaire. Chaque cellule, comme chaque individu vivant, agissant pour son propre compte, organise ses substances pour se les assimiler et les désorganise pour les éliminer, elle les prend à un état initial donné pour les amener à un état final donné ; l'un et l'autre de ces états différant suivant la spécificité fonctionnelle de la cellule. Ces cycles cellulaires s'harmonisent entre eux dans le végétal, comme dans l'animal, en un cycle d'ensemble caractéristique de l'espèce considérée et dont l'état initial et l'état final marquent de nombreuses oscillations intermédiaires.

1. Réduction des nitrates. — Le noyau constitutif de l'albumine, c'est *l'ammoniaque*. Lorsque ce corps est absorbé en nature, et cela soit par les racines (sels ammoniacaux), soit par les feuilles (vapeurs ammoniacales), il est tout disposé à l'assimilation qui l'élèvera au rang d'albumine. Toutefois dans certaines espèces, comme les *amarantes*, il s'oxyde et forme des réserves considérables à l'état de nitrates dans les tissus pendant la période de végétation (BERTHELOT et ANDRÉ). On peut logiquement admettre que cette réserve de nitrates se convertit en ammoniaque, pour aboutir à la formation de la substance protéique. Lorsque la plante absorbe des nitrates, il se fait une réduction de l'acide nitrique pour l'amener à l'état d'ammoniaque. Le passage de l'ammoniaque à l'acide nitrique et réciproquement peut donc s'observer, soit dans le sol, soit dans les tissus de la plante, et cela probablement à plusieurs reprises. Suivant les besoins et les conditions, la même substance prendrait tantôt une forme chimique qui facilite sa mise en réserve, tantôt une autre qui facilite son emploi dans les tissus de la plante.

Influence sur le quotient respiratoire. — La réduction des nitrates se fait surtout dans les feuilles, mais aussi quelque peu dans les autres tissus (Franck). L'oxygène libéré par la réduction se dégagerait à l'état gazeux. Cet oxygène s'ajoutant à celui qui résulte de la réduction de l'acide carbonique expliquerait la valeur inférieure à l'unité que prend la fraction $\frac{CO^2}{O^2}$ dans la fonction chlorophyllienne (Schimper).

2. **Action de la lumière sur la réduction des nitrates**. — La réduction des nitrates dans les feuilles est favorisée par la lumière (Pagnoul). L'assimilation de l'ammoniaque dans les feuilles est également beaucoup plus rapide à la lumière qu'à l'obscurité (Müntz). Que l'assimilation de l'azote minéral soit facilitée par les radiations lumineuses, c'est un point sur lequel tous les auteurs sont d'accord. La discussion est seulement sur la possibilité de cette assimilation (dans des proportions plus ou moins réduites) à l'obscurité ; les uns avec Müntz, Franck, Kinoshita, Hansteen admettant cette possibilité, les autres avec Laurent, Godlewsky la niant.

Action directe ou indirecte. — Le phénomène est à la fois complexe et d'une analyse délicate. L'action des radiations solaires peut n'être pas directe ou n'être que partiellement directe dans la synthèse des matières protéiques. Ces substances renferment en effet du carbone qui leur est fourni à peu près exclusivement par la fonction chlorophyllienne. On comprend que l'activité de cette fonction entraine une activité parallèle de la synthèse des albuminoïdes, sans que la radiation soit l'agent immédiat de cette synthèse. Ceux qui, comme Laurent, admettent la participation directe de la lumière à cette opération notent que les radiations les plus actives sont les radiations ultra-violettes, bien différentes de celles qui se montrent efficaces dans l'assimilation chlorophyllienne. L'élaboration des substances protéiques et l'assimilation du carbone seraient donc des phénomènes tout à fait indépendants.

3. **Action possible d'autres énergies**. — D'autre part, nous avons vu déjà comment une énergie disponible dans le milieu peut se substituer à l'énergie radiante pour opérer certaines réductions. Les ferments nitrifiants (bactéries incolores) peuvent réduire l'acide carbonique en utilisant l'énergie dégagée par la transformation de l'ammoniaque en acide nitreux et ensuite nitrique. Les bactéries des nodosités des légumineuses assimilent l'azote de l'air. D'après Mazé, les cellules végétales, sous l'influence d'une nourriture hydrocarbonée copieuse, sont capables d'élaborer leur substance protéique en partant de l'azote minéral. Et ainsi s'explique comment les plantes peuvent fixer une certaine quantité d'azote même à l'obscurité.

4. **Asparagine ; azote de réserve**. — L'acide nitrique en se réduisant donne naissance à de l'ammoniaque qui s'élève à l'état d'albuminoïde. Entre l'ammoniaque et l'albumine végétale, on connaît un produit intermédiaire, l'*asparagine*. Cette substance se rencontre surtout dans les graines de germination. On la fait dériver par oxydation des albuminoïdes de réserves de la plante. Chimiquement elle correspondrait à l'urée dans le règne animal ; mais physiologiquement, elle en diffère en ce qu'elle n'est pas un produit d'excrétion. Sous l'influence de la lumière on la voit disparaître ; c'est, d'après Boussingault, pour se transformer en albumine végétale. L'asparagine serait la forme sous laquelle circule l'azote de réserve pour aller ailleurs s'organiser à nouveau grâce à la présence des hydrates de carbone.

5. **Noyau primitif de l'albumine**. — On admet généralement que l'ammo-

niaque est le noyau primitif sur lequel s'édifie la molécule albuminoïde, mais certains auteurs, à l'exemple de A. GAUTIER, considèrent l'*acide cyanhydrique* comme le noyau initial de cette molécule. Ce composé n'existe à l'état libre que dans un petit nombre de plantes des pays chauds, mais on peut le retirer par hydrolyse de certains composés, par exemple de l'amygdaline (des amygdalées) qu'un ferment, l'émulsine, dédouble en glycose, aldéhyde benzoïque et acide cyanhydrique. Dans cet ordre d'idées, la réduction de l'acide azotique conduirait à l'acide cyanhydrique, en passant par la formiamide et des composés intermédiaires.

III. — Passage de l'azote des végétaux aux animaux.

Les animaux reçoivent leur azote des végétaux sous la forme de composés *albuminoïdes*, c'est-à-dire sous la forme moléculaire, la plus complexe que ce corps soit susceptible de revêtir. On considère de ce fait que c'est l'albumine qui marque l'état initial de l'azote dans son évolution à travers l'animal ; pendant que l'ammoniaque, l'acide carbonique et l'eau marquent l'état final sous lequel ce corps fait retour au milieu extérieur.

I. **Plan de partage entre les deux règnes vivants**. — Si, en examinant les choses de ce point de vue, nous prenons, comme on le fait vulgairement, l'entrée des voies digestives pour le plan de partage qui sépare l'animal du végétal, nous commettons une erreur topographique. Le plan de partage est en réalité marqué par la muqueuse intestinale, les réactions digestives qui décomposent les tissus et substances alimentaires étant en quelque sorte extérieures à l'organisme. Le déplacement de cette limite ne paraissait, il est vrai, pas beaucoup modifier les termes du problème, tant qu'on a pu croire que les aliments ne subissaient dans le tube digestif qu'une transformation peu profonde, limitée ou à peu près à une hydrolyse, et que les substances absorbées sont ainsi peu différentes de celles ingérées. Mais les idées sur ce point sont en train de se modifier, à la suite d'expériences qui montrent que la décomposition digestive est poussée jusqu'à la production de corps cristallisés, qui sont ceux qui représentent l'azote absorbé.

II. **État initial vrai de l'azote dans les animaux**. — *La forme initiale de l'azote n'est donc plus, dans les animaux, l'albumine ou des albuminoïdes de transformation, comme les différentes peptones, mais des corps en réalité beaucoup plus simples.* Ces corps, pendant leur traversée à travers la membrane digestive, recomposent *de suite*, par voie de synthèse, les albuminoïdes du sang et du chyle et c'est cette recomposition immédiate qui a fait croire à une absorption d'albuminoïdes en nature. La question est donc tout d'abord de prouver que cette décomposition suivie de recomposition est réelle.

Action des ferments pepsique et tryptique. — Pour se rendre compte de l'action complète des ferments digestifs, quelques auteurs ont institué des digestions artificielles prolongées pendant des semaines et des mois.

a. *Digestion pepsique.* — On voit dans ces conditions que la digestion pepsique elle-même ne s'arrête pas à la formation de peptones, mais se poursuit jusqu'à la formation de leucine, tyrosine, lysine, putrescine et cadavérine (tétra et pentaméthylènediamine). (LAWROW, ZUNTZ, LANYSTEIN). L'absorption stomacale comparée à celle de l'intestin est, comme on sait, très faible. Cette absorption peut néanmoins s'exercer dans une certaine mesure sur les produits cristallisables, ainsi qu'on s'en assure en plaçant les produits de la digestion dans un estomac isolé par ligature, et c'est ce qui explique comment ces produits ne se rencontrent guères dans la digestion gastrique normale, étant résorbés à mesure de leur production.

b. *Digestion tryptique.* — L'étude de la digestion tryptique faite dans les mêmes conditions par KUTSCHER, lui a montré que les albuminoïdes, après leur transformation en peptones, sont à peu près complètement amenés à l'état de corps cristallisables : leucine, tyrosine, lysine, arginine, histidine, ammoniaque, acide asparaginique et glutaminique. La tyrosine subit même une nouvelle transformation qui l'amène à l'état d'oxyphényléthylamine (EMERSON), par perte d'acide carbonique.

Dans les digestions artificielles, cette désagrégation de l'albumine exige, ainsi qu'on voit, pour être complète, un temps très prolongé. Toutefois, dès les premières heures, les produits caractéristiques commencent à apparaître. Dans les conditions de la digestion normale, la décomposition est beaucoup plus rapide et quelques heures après l'ingestion des aliments, les produits cristallisables commencent à apparaître en grande quantité dans l'intestin.

III. **Reconstitution synthétique des produits de la digestion.** — Les corps cristallisables ainsi formés aux dépens des albuminoïdes et résorbés par la muqueuse intestinale ne se retrouvent pas dans le sang de la veine porte ni dans le chyle et pas même dans la paroi intestinale. On en a conclu que ces substances doivent, dans l'épaisseur même de la muqueuse, reconstituer par synthèse des substances albuminoïdes analogues à celles d'où elles proviennent. Cette hypothèse est corroborée par le fait observé par Löwi que les corps cristallisables en question peuvent être substitués avec succès aux albuminoïdes dans l'alimentation. Ayant obtenu par une autodigestion de pancréas un mélange de ces corps, cet auteur a pu, en faisant ingérer ce mélange à un chien, maintenir pendant cinq semaines cet animal en équilibre azoté, en même temps que le poids du corps montait de quelques centaines de grammes.

Spécificité des principes immédiats des êtres vivants. — Une autre raison plaide encore en faveur de la formation synthétique de l'albumine dans le corps des animaux : c'est ce fait que chacun d'eux a ses substances albuminoïdes en quelque sorte spécifiques. Ces corps se ressemblent d'un animal à l'autre assez étroitement pour paraître identiques, si on en juge d'après leurs réactions chimiques ; et néanmoins, l'albumine d'un animal injecté dans l'organisme d'un autre s'y comporte comme un corps étranger. Elle y provoque (par réaction défensive) la formation d'une substance qui a le pouvoir de produire sa coagulation. L'animal n'utilise donc pas tels quels les produits du dehors, si semblables soient-ils aux siens propres. Il les décompose, et les recompose afin de leur donner l'individualité particulière qui les fait siens.

IV. — *Substances protéiques.*

Dans la plante, dans l'animal, dans tout être vivant, les composés azotés sont très variés. Ils forment comme une série de complexité croissante, dont le terme le plus simple serait l'ammoniaque (ou quelque composé analogue), et le plus compliqué la molécule albuminoïde (ou, comme on dit d'ordinaire, l'albumine). Les relations de filiation de ces corps les uns avec les autres et aussi avec les substances ternaires qui les accompagnent dans le protoplasme sont le fond même de la chimie physiologique ; elles constituent comme la base première de l'organisation vivante. Cette genèse est très mal connue, ses étapes principales elles-mêmes à peine indiquées.

Molécule albuminoïde : dissociation méthodique de ses groupements intérieurs. — La molécule albuminoïde est un édifice chimique d'une structure très complexe. Son poids moléculaire est au minimum d'environ 6 000. Pour le chimiste qui veut pénétrer cette structure, le problème est d'opérer une dissociation méthodique, qui lui livre successivement les composants de plus en plus simples, lesquels forment dans son intérieur des groupements eux-mêmes moléculaires et finalement anatomiques, emboîtés les uns dans les autres. La difficulté est d'opérer cette fragmentation graduelle dans un édifice aussi fragile, composé de groupements secondaires et tertiaires eux-mêmes facilement destructibles. Un autre embarras vient de ce qu'en plus de sa complexité la molécule albuminoïde a des représentants très variés, plus ou moins équivalents les uns aux autres, mais différents néanmoins les uns des autres, d'où la difficulté de la rapporter à un type moyen qui en fixe la structure essentielle.

Lorsque nous parlons du terme le plus élevé de la complication des composés azotés de l'organisme, nous pourrions citer le protoplasme lui-même, puisqu'il procède des substances ayant l'azote pour base. Mais le protoplasme est un corps déjà visiblement organisé et que des constituants d'un ordre intermédiaire à l'ordre morphologique et à l'ordre chimique rattachent à la molécule albuminoïde. Or, il s'agit ici, seulement d'espèces chimiques déterminées par des moyens chimiques. Avant d'étudier la constitution des éléments cellulaires, il faut avoir quelques données sur la constitution des éléments moléculaires qui participent à sa formation.

Trois classes d'albuminoïdes. — On peut extraire du protoplasme un assez grand nombre de composés azotés parmi lesquels les *albuminoïdes* qui se partagent en trois groupements, trois classes principales. Le premier de ces groupements est constitué par les *protéides* ou *nucléo-albumines* ; le deuxième par les *albumines* et les *globulines* ; le troisième par les *albumoïdes*.

A. Nucléo-albumines. — Les protéides sont les corps les plus complexes que le chimiste ait à analyser. Le nom de *nucléo-albumine* qu'on leur donne indique qu'ils sont constitués par deux ordres de composants, qui sont les *nucléines* d'une part et les albumines ou *histones* de l'autre.

La séparation de ces deux composants est réalisable par l'action du suc gastrique qui détache et hydrolyse l'albumine, tandis que la nucléine résiste à son action. Les nucléo-albumines entrent dans la constitution de la partie la plus essentielle du protoplasme, à savoir de sa trame même, dont les mailles et les lacunes sont comblées par des albumines plus simples, des dépôts de corps ternaires, plus des résidus azotés ou carbonés voués à l'élimination. Mais c'est dans le noyau de la cellule, sorte de protoplasme spécialisé pour des fonctions de la plus haute importance, que se trouve principalement la nucléo-albumine. C'est dans des éléments cellulaires où le noyau occupe une place prépondérante (laitance des poissons, spermatozoïdes du brochet) que Miescher a reconnu tout d'abord la nucléine et que Kossel, reprenant ultérieurement cette étude, a pu pénétrer sa constitution. Les globules nucléés du sang (globules blancs principalement) ont été de même utilisés en vue de ces recherches ; Lilienfeld en a extrait pour la première fois une *nucléo-histone*. On a retiré depuis des nucléoprotéides de la plupart des organes et cellules (foie, pancréas, corps thyroïde, champignons, levures, bactéries, etc.).

Nucléines. — Kossel a montré que la nucléine peut se décomposer en deux constituants immédiats, qui sont, d'une part une albumine, d'autre part l'acide nucléinique, et qu'on peut reconstituer la nucléine par la synthèse de ces deux composants. L'acide nucléinique soumis à l'analyse livre trois composants ; un corps de la nature des hydrates de carbone ; un mélange de corps azotés cristallisables connus sous le nom de bases puriques ou xanthiques (xanthine, hypoxanthine, guanine, adénine) ; un acide contenant du phosphore, l'acide thymique. De l'acide thymique on peut retirer une base cristallisable, la thymine et de l'acide phosphorique. Exception faite de l'albumine dont il va être question ci-après, on peut donc par l'analyse chimique ramener les nucléines à des constituants tous nettement définis.

B. **Albumines.** — Qu'il soit question de protéides (nucléo-albumines) ou des nucléines elles-mêmes, nous trouverons dans ces corps complexes un constituant qui est l'albumine. Les albumines peuvent exister aussi à l'état de corps indépendants à côté des précédents, aussi bien qu'on peut trouver à côté de l'albumine elle-même, au sein des tissus les produits de sa destruction ; tous ces corps étant en perpétuelle voie de mutation au sein de l'organisme vivant.

1. **Méthodes de décomposition.** — C'est de nouveau par la connaissance des produits successifs d'une décomposition ménagée, qu'on a cherché à connaître la constitution de la molécule d'albumine. Cette décomposition peut être réalisée par l'attaque de la molécule au moyen de l'hydrate de baryte en présence de la chaleur, ou encore par l'ébullition avec les acides minéraux étendus, ou enfin par les ferments organiques tels que le suc gastrique, la trypsine, l'érepsine dont la fonction est précisément de produire de tels dédoublements par la voie de l'hydrolyse. Les dédoublements ainsi obtenus ne sont pas tous semblables, ils ne font pas le partage de la molécule toujours d'après un même plan passant entre les mêmes groupements. Ses résultats n'en sont que plus fertiles en enseignements.

L'initiateur de ces recherches a été Schutzenberger, qui le premier (principalement par l'hydrate de baryte) réussit à décomposer l'albumine en produits tous, ou gazeux, ou cristallisables, partant bien définis. La nature de ces composés, dont quelques-uns assez caractéristiques, offrait aux spéculations sur la constitution de l'albumine une base expérimentale qui leur avait jusque-là toujours manqué.

2. **Comparaison avec d'autres corps organiques connus.** — La difficulté d'une telle analyse est surtout dans le classement des groupements obtenus. Ces groupements ont la valeur, les uns de divisions primaires, les autres de divisions secondaires, tertiaires, etc. La molécule d'albumine a bien les traits essentiels de l'organisation systématisée des êtres vivants. Pour fixer les idées et sans préjuger naturellement les rectifications que l'avenir apportera à des formules nécessairement provisoires, on a assez heureusement comparé les albumines aux polysaccharides, dont la structure moléculaire est incomparablement mieux connue et on a établi des classes ou stades de complication, qui correspondent à ceux de ces derniers corps.

Peptides. — En allant du simple au composé, comme si au lieu de la dissocier on la construisait, on trouve dans l'albumine d'abord des groupements qui répondent à ceux qui sont à la base de la constitution des sucres (les monosaccharides ou monoses) ; ce sont les *peptides* de E. Fischer formés par des acides monoamidés, tels le *glycocolle* ou glycine $CH^2 AzH^2 COOH$, l'*alanine* ou acide manoamidé propionique, la *leucine* classée par Kossel dans les acides mono-amidés (acide monoamidocaproïque).

Dipeptides. — Ces groupements ont la possibilité de se souder entre eux pour former des *dipeptides* équivalant aux bioses ou dissacharides du genre maltose, lequel est, comme on sait, un diglucose ; tels sont la *glycyl-glycine* ou *glycyl-glycocolle*, $AzH^2 - CH^2 - CO\,AzH - CH^2\,COOH$, l'*alanylalanine* et la *leucyl-leucine* qui contiennent deux molécules de l'acide amidé. Ils en forment aussi qui équivalent aux bioses du genre saccharose (glucose + lévulose), telles la *glycylleucine*.

Tripeptides ; peptones. — Toujours d'après la même comparaison, ces groupements, pris comme éléments de la molécule d'albumine, peuvent se tripler, en formant des *tripeptides*, équivalant aux trioses ou trisaccharides de la classification des sucres, telle la *glycyl-glycylleucine* qui contient deux molécules de glycocolle et une molécule de leucine. Et par cette superposition des molé-cules, on peut arriver à la constitution d'anhydroses équivalant aux amidons des hydrates de carbone et qui seront les *peptones*. Plusieurs molécules de peptones s'unissent entre elles (et avec les groupements qui suivent) pour former l'*albumine*.

Protones. — Ce schème, fait pour la simplicité, a laissé à dessein en dehors de lui un autre groupement analogue, non moins essentiel dans la constitution de l'albumine, celui des *protones* de Kossel. La différence entre les deux groupes est en ceci : les peptides se composent d'acide amidés uniquement, les protones contiennent les acides amidés soudés avec une base hexonique, l'*arginine*, et l'arginine est le groupement qui contient l'*urée*. Les peptides, avons-nous vu, s'unissent entre elles, les protones font de même et s'unissent de plus avec les peptides dans des proportions variées suivant la provenance de l'albumine con-sidérée. Les protones sont, au surplus, des groupements moins élémentaires que les peptides et qui se rapprochent davantage des peptones, avec lesquelles elles sont susceptibles de s'unir comme avec leurs équivalents. On les obtient, du reste, facilement dans la digestion peptique de certaines albumines simples, comme la protamine, ou par l'action ménagée des acides.

a. **Protamines**. — Dans l'albumine, non seulement les groupements sont divers, non seulement ils sont systématisés, mais encore ils sont variables, et de plus ils sont associés en proportions différentes suivant la provenance de l'échantillon étudié ; autrement dit on distingue des variétés nombreuses de cette substance. Le mérite de Kossel est, après avoir reconnu l'existence de ces variétés, d'avoir compris qu'il en est entre elles qui résument, sous une forme beaucoup plus simple que d'autres, la constitution essentielle de ces corps, d'où l'intérêt qui s'attache à ces formes rudimentaires. La première connue est la *protamine*, elle a été découverte par Miescher (de Bâle) dans les testicules du saumon. Kossel lui a donné le nom de *salmine*, attribuant le nom de prota-mine à toute la classe des corps analogues, mais différents entre eux, que four-nissent les testicules des poissons (*clupéine* du hareng, *sturine* de l'esturgeon, *cycloptérine* du lump). Nous devons à cet auteur des données d'une grande im-portance sur la constitution de la protamine (protamines en général).

Arginine. — Le dédoublement de la protamine démontre l'existence en elle de trois complexes, un groupement qui fournit un acide monoamidé, l'acide diamido-valérique, un autre représenté par l'acide diamido-valérique, et un troisième qui donne l'urée. La séparation de ces complexes est obtenue par l'eau de baryte bouillante. Mais, si on opère à l'aide d'acides étendus, deux de ces groupes restent combinés. Leur réunion est elle-même un complexe qui est l'arginine dont E. Schultze a établi la constitution par analyse et par synthèse.

$$\begin{array}{l} AzH^2 \\ | \\ C = AzH \qquad\qquad\qquad AzH^2 \\ | \qquad\qquad\qquad\qquad\qquad | \\ AzH - CH^2 - CH^2 - CH^2 - CH - COOH \end{array}$$

La protamine n'est pas la soudure d'une, mais de deux molécules d'arginine avec une molécule d'acide amido-valérique, et ce complexe lui-même n'est pas encore la protamine, mais une protone.

Les protones, dont on sait la parenté avec les peptones, sont soudées entre elles pour constituer la protamine.

Bases hexoniques. — L'arginine a ainsi dans la constitution de la protamine et par extension de l'albumine, une fonction essentielle. C'est une base hexonique (un acide diamidé en C^6). L'arginine est une guanidine substituée, basique par 2 Az H^2 et acide par COOH, et c'est en raison de sa fonction guanidine qu'elle est le groupe formateur de l'urée. Ce n'est en somme pas l'albumine qui donne de l'urée, c'est un groupement arginine, en [tant qu'il contient la guanidine. La guanidine

$$\text{Az HC} \Big\langle \begin{array}{l} Az\ H^2 \\ Az\ H^2 \end{array} \text{ peut fixer de l'eau en donnant } AzH^3$$

$$\text{et } CO \Big\langle \begin{array}{l} Az\ H^2 \\ Az\ H^2 \end{array}$$

Complications variées. — Tel est le squelette de l'albumine dessiné, schématisé, d'après celui d'une des plus simples des protamines. Sans même quitter cet ordre de corps, on peut voir la complication y naître de plusieurs façons. La molécule de protamine comprend deux parties, l'une basique représentée par l'arginine, l'autre représentée par un radical acide monoamidé, l'acide amido-valérique. Telle protamine (la sturine) contiendra à côté de l'acide monoamidé trois bases : l'arginine, l'histidine et la lysine; telle autre (la cycloptérine) ne fournit qu'une base d'arginine, mais trois acides monoamidés (la tyrosine, la scatolglycine et l'acide monoamido-valérique).

A côté de l'arginine, il y a aussi d'autres bases hexoniques qui peuvent intervenir, à savoir : l'*histidine* encore mal connue, la *lysine* de Drechsel, qui a la constitution d'un acide diamido-caproïque (Fischer), analogue à l'acide diamido-valérique, mais qui n'est pas lié à la cyanamide comme ce dernier. — De même à côté de l'acide monoamido-valérique, nous trouvons dans des albumines plus complexes une variété de plus en plus grande des acides monoamidés, par exemple des dérivés du benzène, la *tyrosine* et le *tryptophane*.

b. Albumines complexes. — C'est la multiplicité de ces acides monoamidés qui complique de plus en plus la molécule d'albumine, à mesure qu'on envisage des albuminoïdes dans le sens ordinaire du mot. Ce sont d'abord des acides monoamidés de la *série grasse* commençant par le glycocolle ou acide amido-acétique (par exemple dans la gélatine, la kératine, la fibroïne de la soie, l'édestine, etc.), l'alanine ou acide amidopropionique, la butulanine (homologue supérieur), la leucine ou acide monoamido-caproïque (bien qu'il ne précipite pas par l'acide phospholungstique).

Ce sont ensuite de la *série aromatique* la phénylalanine ou acide phénylamidopropionique. Enfin, la tyrosine ou acide paraoxyphénylamidopropionique. On y rencontre de plus un corps sulfuré, la cystine de MOERNER, sulfure dérivé de l'acide amidothyolactique ou cystéine.

C. ALBUMOÏDES. — On désigne de ce nom certaines substances difficiles à classer parmi les précédentes, dont certains caractères les éloignent ; ce sont notamment les substances *collagènes* (gélatine), les *mucines*, les substances *kératiniques*, etc. (Voyez *Fonctions de nutrition* ; *digestion*, p. 196).

Répartition différente de ces composés dans le protoplasme.

— Nous avons dit plus haut que les nucléo-protéides forment la trame même du protoplasme, qui ne serait qu'un complexe formé par l'association d'un certain nombre de ces corps en unités d'ordre plus élevé, associées elles-mêmes entre elles pour aboutir à la structure visible de cette trame, à ses filaments chromatiques ou mitomes ; c'est le *spongioplasme*. Les albumines sont à l'intérieur des alvéoles de celui-ci ; elles forment l'*hyaloplasme*. Elles y sont mélangées du reste, avec des corps quaternaires cristallisables et des corps ternaires, tels que les hydrates de carbone et les graisses qui y forment des enclaves distinctes quand leur proportion devient considérable. Un mouvement incessant de transformation et de substitution de ces corps les uns aux autres, suivant un ordre déterminé, établit dans l'ensemble du protoplasme une circulation continue dans le sens autant chimique que mécanique du mot. Par rapport au spongioplasme, l'hyaloplasme joue le rôle d'une sorte de milieu, à l'intérieur même de l'organisation protoplasmique et cellulaire. Les albumines et les globulines existent encore dans les plasmas sanguin et lymphatique, et y représentent cette albumine dite *circulante* (visiblement circulante) de certains auteurs, ainsi nommée par comparaison avec celle qui est plus ou moins engagée dans la constitution des tissus. Entre cette albumine des plasmas vasculaires, et celle des éléments fixes il n'y a pas, du reste, de différence fonctionnelle essentielle. Le plasma, qui progresse dans l'intérieur des vaisseaux, est en relation de dépendance, autrement dit, conserve des liaisons chimiques avec les éléments, soit du sang lui-même, soit de la paroi vasculaire, dont il représente comme une substance intracellulaire commune à l'ensemble de ces éléments étalés en surface.

B. — SOUFRE.

Le soufre qui entre dans la constitution chimique des êtres vivants subit dans ses métamorphoses une destinée analogue à celle des autres corps simples. Puisé dans le sol par le végétal, il subit chez ce dernier une élaboration synthétique, qui l'engage dans des molécules plus ou moins complexes. Il est ensuite transmis à l'animal, qui le restitue au milieu minéral sous des formes chimiques diverses.

Cette circulation du soufre à travers le règne vivant, est une suite d'opérations isolées, très complexes, dont la succession n'est pas toujours nettement comprise. Sambuc s'est livré à un travail de revue de tous les ouvrages parus sur la question. De l'analyse, et de la critique de ces travaux il dégage une formule différente de celle qui a prévalu jusqu'ici. Dans ce qu'elle a de plus général, il l'exprime de la façon suivante : *l'ensemble des migrations subies par le soufre à travers les êtres vivants, peut se ramener à un cycle qui s'ouvre et se ferme sur une même forme chimique, l'acide sulfurique* ; absolument comme les migrations du carbone s'ouvrent et se ferment sur une forme unique qui est l'acide carbonique. Le cycle du soufre, tel qu'il va être exposé, exprime fidèlement les vues de cet auteur.

1. **État initial dans le sol**. — C'est en effet sous la forme d'acide sulfurique combiné à diverses bases que le soufre est puisé par les plantes dans le sol ; car au sein des terres végétales sont diffusés des *sulfates*, notamment ceux de *chaux* et de *magnésie* (Berthelot et André). Et d'autre part, les animaux supérieurs rejettent le soufre en dehors de leur organisme, soit sous la forme d'acide sulfurique, soit sous la forme de molécules plus complexes, qui sont vraisemblablement destinées à être amenées à l'état d'acide sulfurique par l'action des microbes du sol ; en sorte que le même cycle de métamorphoses chimiques peut se répéter indéfiniment.

2. **Premières transformations ; soufre des végétaux**. — Les premières transformations subies par les sulfates que puisent dans le sol les racines des plantes sont à peu près inconnues. Les travaux de Berthelot et André ont montré seulement que *le soufre existe dans le végétal sous des formes chimiques multiples, qui correspondent sans doute à celles que nous retrouverons chez les animaux et qui se distinguent par leur résistance inégale à l'action des divers réactifs.* Une partie du soufre s'y trouve à l'état d'acide sulfurique précipitable par la baryte, soit immédiatement, soit après hydrolyse ; mais une autre portion ne passe à l'état d'acide sulfurique précipitable qu'après une oxydation plus ou moins énergique effectuée, soit par l'acide azotique bouillant, soit par l'oxygène et le carbonate sodique agissant au rouge.

Réduction et incorporation à l'albumine. — On peut seulement supposer avec vraisemblance que l'acide sulfurique absorbé par la plante subit dans ses cellules chlorophylliennes une *réduction*, parallèle à celle que subissent aussi l'acide carbonique et l'acide azotique, pour arriver en définitive à l'édification de la molécule d'*albumine*.

3. **Passage dans les animaux ; décomposition digestive et recomposition parallèle de l'albumine après absorption**. — *La molécule albuminoïde est* en effet la plus compliquée de celles qu'élabore la synthèse chimique au sein du végétal. Cette molécule, passant dans l'organisme d'un animal herbivore ou

frugivore, *subit d'abord, dans le tube digestif* de ce dernier, *une décomposition que d'aucuns estiment être poussée beaucoup plus loin que la simple hydrolyse : mais, après l'absorption intestinale, les fragments de cette molécule sont de nouveau réunis par une synthèse qui reconstruit un édifice albuminoïde, sinon identique, du moins analogue à celui du végétal.* Le soufre est un élément constitutif de la plupart des molécules albuminoïdes ou protéiques, qui peuvent en contenir de 1 à 5 ou 6 p. 100 de leur poids. Il y existe certainement, sous des modes divers de liaisons chimiques, qui ont été étudiés surtout par Moerner.

4. **État divers du soufre dans les divers albuminoïdes.** — D'après ce chimiste, les albuminoïdes des cheveux humains et de la corne de bœuf contiendraient une partie de leur soufre à l'état *d'acide sulfurique*, lié au reste de la molécule de la même façon qu'il l'est aux bases dans les sulfates salins ; ce qui n'a rien de surprenant, puisque la molécule albuminoïde, basique par certains de ses côtés, peut se combiner aux acides libres (Joeqvist). — Dans d'autres matières protéiques, telles que celles du cartilage hyalin, on trouve de l'acide sulfurique incorporé non plus sous forme de sel mais sous forme *d'éther*. On a isolé en effet de ce cartilage un composé, l'acide *chondroïtine-sulfurique*, dont la formule est, d'après Schmiedeberg, du type $R—CH^2—O—SO^2.OH$, rappelant par conséquent les éthers acides tels que l'acide méthylsulfurique $H—CH^2—O—SO^2.OH$. — Enfin dans un grand nombre d'albuminoïdes le soufre fait partie d'un fragment moléculaire que l'hydrolyse détache sous la forme de *cystine*, composé qui constitue à l'état libre certains calculs urinaires et qui possède, d'après Friedmann, la formule

$$CH^2 — S — S — CH^2$$
$$|\qquad\qquad\qquad\qquad |$$
$$CH.AzH^2\qquad H^2Az.CH$$
$$|\qquad\qquad\qquad\qquad |$$
$$CO.OH\qquad\qquad CO.OH$$

Groupe cystinogène. — Dans la matière protéique de la corne de bœuf et des cheveux humains, dans l'albumine et probablement aussi dans la globuline du sérum sanguin, tout le soufre, à l'exception de celui qui est à l'état d'acide sulfurique, formant avec certaines de ses molécules des combinaisons salines, fait partie d'un *groupe cystinogène*, c'est-à-dire séparable par hydrolyse sous forme de cystine. Mais dans d'autres matières protéiques, une fraction seulement du soufre est incorporée sous cette forme à l'édifice moléculaire, le reste y étant contenu sous des formes encore inconnues. Ainsi les coquilles d'œuf de poule ont seulement les trois quarts de leur soufre dans un groupe cystinogène, et il en résulte que, la cystine renfermant deux atomes de soufre, la molécule albuminoïde doit posséder au moins huit atomes de cet élément ou un multiple entier de huit. — Dans le fibrinogène, la moitié seulement du soufre est liée sous forme de cystine, ce qui révèle pour la molécule d'albumine la présence de quatre atomes de soufre ou d'un multiple entier de quatre. — Dans l'ovalbumine ou albumine du blanc d'œuf, un tiers seulement du soufre existe sous forme de cystine, un autre tiers s'échappe par hydrolyse sous la forme d'un composé volatil, qui est sans doute un mercaptan ; le dernier tiers est lié sous une forme inconnue : ce qui indique pour la molécule albuminoïde un total de six atomes de soufre ou d'un multiple de six. — Enfin la caséine n'a qu'un dixième de son soufre compris dans un groupe cystinogène, ce qui révélerait dans cette molécule l'existence d'au moins vingt atomes de soufre.

Les résultats précédents sont résumés dans le tableau suivant :

Albuminoïdes.	Soufre total. P. 100.	Soufre cystique. P. 100.
Corne de bœuf	3,23	3,30
Cheveux humains	5,43	5,43
Sérum-albumine non cristallisée	1,36	1,33
— cristallisée	1,73	1,72
Sérum-globuline	0,97	0,89
Coquille d'œuf de poule	4,19	3,29
Fibrinogène	1,07	0,62
Ovalbumine non cristallisée	1,55	0,72
— cristallisée	1,58	0,57

Élimination du soufre par l'épiderme. — Il résulte de ce tableau que les molécules les plus riches en soufre sont celles qui se trouvent à la périphérie de l'organisme, notamment dans les productions de nature épidermique (cheveux, cornes). L'épiderme constitue donc, grâce à son renouvellement incessant, une des principales voies d'élimination du soufre. Et ce résultat est à rapprocher de celui qu'A. GAUTIER a obtenu relativement à l'élimination de l'arsenic normal de l'organisme. *Le soufre éliminé par ce mécanisme est entièrement ou presque entièrement incorporé aux matières protéiques sous la forme chimique de cystine.*

Autres voies d'élimination. — Mais l'épiderme n'est pas l'unique voie d'élimination du soufre. Les *matières fécales* en contiennent notamment sous la forme de *mercaptans*. Seulement on ne sait si ce soufre provient des résidus de la digestion ou de déchets de l'organisme. D'autre part, une minime quantité de cet élément est excrétée avec la salive de l'homme et des animaux supérieurs, sous la forme d'*acide sulfocyanique* $S=C=Az=H$, lequel y serait, d'après TIEDMANN et GMELIN, à l'état de sel sodique. ŒHL, évaluant ce composé sous forme de sulfocyanate potassique à l'aide d'une méthode colorimétrique de dosage, estime qu'il y a au plus 0,0036 p. 100 de ce sel dans la salive sous-maxillaire de l'homme. Il estime d'après cela que les deux glandes parotides donnent en vingt-quatre heures 0,0264, les deux glandes sous-maxillaires 0,0108 de sulfocyanate potassique. JAKUBOWITSCH trouve dans 1 000 parties de salive buccale mixte 0,0621 de sulfocyanate potassique ; d'autres chimistes ont donné des nombres différents. — L'acide sulfocyanique ingéré avec la salive est résorbé par le tube digestif, passe dans le sang, où sa présence a été signalée par LEARD, puis dans l'urine, où nous le retrouvons.

Élimination du soufre par l'urine. — Le poids de soufre éliminé en vingt-quatre heures par un homme adulte est très variable d'un individu à l'autre et même d'un jour à l'autre chez le même individu. On peut dire qu'il est compris en moyenne entre 0gr,50 et 2 grammes. VOIRIN a trouvé qu'à l'état normal comme à l'état pathologique les variations du soufre dans l'urine accompagnent en général celles de l'azote, de telle sorte que le rapport entre le poids d'azote et le poids de soufre a pour valeur moyenne 13,5, nombre qui est du même ordre de grandeur que celui qui mesure le rapport entre les poids moyens de ces deux éléments dans les molécules albuminoïdes. Cette constatation nous révèle la *commune origine protéique du soufre et de l'azote urinaire.* Il nous reste donc à rechercher comment s'établit la filiation entre le soufre et les molécules albuminoïdes d'une part et le soufre urinaire d'autre part.

5. **Soufre acide ; sulfates et phénolsulfates.** — Le soufre contenu dans l'urine y est sous des formes chimiques diverses qui malheureusement ne sont pas toutes bien connues. Une première partie, la plus importante puisqu'elle constitue en moyenne les quatre cinquièmes du soufre total (mais avec des varia-

tions normales étendues d'un individu à l'autre ou d'un jour à l'autre chez le même individu), a reçu le nom de *soufre acide*. La quantité relative en paraît plus forte chez les carnivores que chez les herbivores. Ce soufre acide est ainsi nommé parce qu'il est à l'état d'acide sulfurique, soit combiné à des bases sous forme de sels (sulfates ordinaires) et par conséquent précipitable immédiatement par la baryte, soit conjugué à des phénols sous forme d'éthers (phénol-sulfate) et ne devenant alors précipitable par la baryte qu'après une hydrolyse préalable faite à la température de 100° environ.

6. **Soufre neutre ; taurine.** — La seconde partie du soufre de l'urine est ce qu'on appelle le *soufre neutre*. SALKOWSKI désigne sous ce nom une portion du soufre urinaire qui n'est pas précipitable par la baryte ni immédiatement, ni après hydrolyse à 100° et qui ne le devient, comme l'a montré VOIT en 1860, qu'après une oxydation énergique réalisée par calcination avec un mélange de nitre et de potasse. Les travaux de LÉPINE et de GUÉRIN et FLAVARD ont montré que le soufre neutre n'est pas une individualité chimiquement homogène, mais un mélange de divers corps. Sa masse se montre en effet composée de parties inégalement attaquables par les réactifs oxydants. Une fraction de ce soufre est facilement oxydable et transformable en acide sulfurique par l'eau de brome, tandis que le reste de cet élément ne passe à l'état d'acide sulfurique que par le procédé énergique de VOIT, c'est-à-dire par la calcination avec un nitrate alcalin. Cette dernière portion si stable et si résistante du soufre neutre est constituée, d'après LÉPINE, par un composé chimique, la *taurine*, qui en forme, d'après VOIT, une part importante.

La taurine est un composé dont la formule de constitution est :

$$H^2Az - CH^2 - CH^2 - SO^2.OH$$

Elle est originaire du foie, où elle apparaît conjuguée comme le glycocolle $H^2 Az - CH^2 - CO.OH$ à un même acide, l'*acide cholalique* (ou cholique). Il se forme ainsi deux composés, les *acides tauro-cholique et glycocholique*, appelés *acides biliaires* parce qu'ils font partie de la bile. Ils sont déversés normalement dans le duodénum et sans doute la taurine, libérée de sa combinaison avec l'acide cholique, est résorbée en totalité ou en partie le long de la muqueuse intestinale, puis éliminée par le rein, après avoir traversé sans altération l'organisme. Les expériences de SALKOWSKI ont en effet montré que du moins chez l'homme, la taurine introduite par la voie buccale ou hypodermique se montre d'une grande stabilité, car elle se retrouve intacte dans l'urine simplement conjuguée avec l'acide carbonique $OH - CO - Az H^2$ sous la forme d'un acide tauro-carbamique de formule :

$$H^2Az - CH^2 - CH - SO^2.OH$$
$$| $$
$$CO - Az H^2$$

7. **Autres composés soufrés.** — Indépendamment de la taurine, on a signalé dans l'urine des composés divers qui constituent avec elle le soufre neutre, dont ils formeraient, d'après LÉPINE, la partie la plus oxydable. GOLDMANN et BAUMANN y ont indiqué la présence normale de minimes quantités de *cystine* ou d'un corps analogue à la cystine. — SCHMIEDEBERG trouve de l'acide hyposulfureux dans l'urine du chat et du chien, mais chez ce dernier seulement d'une façon constante. Ce même composé n'a pas été retrouvé par SALKOWSKI et par d'autres observateurs dans l'urine humaine. Enfin LÉARD et GSCHEIDLEN ont signalé la

présence de petites quantités d'acide sulfocyanique, comme dans la salive, d'où ce composé provient, du reste; car il suffit de détourner au dehors le cours de la salive pour voir l'acide sulfocyanique disparaître de l'urine. D'après Gscheidlen, un litre d'urine humaine contiendrait une quantité moyenne d'acide sulfocyanique qui, évaluée en sel sodique, serait égale à 0,0314 gr. — Telles sont les substances signalées jusqu'ici comme faisant partie normalement du soufre neutre urinaire.

Soufre incomplètement oxydé et complètement oxydé. — Le soufre neutre est quelquefois appelé soufre *incomplètement oxydé* ou soufre *non-oxydé* par opposition au soufre acide, qui serait du soufre *complètement oxydé*. D'après Sambuc, ces expressions sont défectueuses. Au point de vue chimique, en effet, le soufre contenu dans la taurine est à l'état de groupe SO^3 H, absolument comme dans les éthers sulfuriques du soufre acide; il n'est donc ni plus ni moins complètement oxydé dans un cas que dans l'autre. Au point de vue physiologique ces dénominations se rattachent à certaines hypothèses relatives à l'origine des diverses formes chimiques de soufre urinaire, hypothèses qui ne méritent peut-être pas la confiance qu'on leur accorde.

8. Désassimilation de l'albumine ; son mécanisme supposé. — Le travail de désassimilation consiste, on le sait, en une destruction des molécules chimiques complexes de l'organisme. Cette désagrégation a été rapportée à un processus d'oxydation dû à l'oxygène introduit par la respiration, ou encore à un processus combiné d'hydrolyse et d'oxydation, comme l'admettent Gautier et d'autres avec lui. Quoi qu'il en soit du mécanisme de cette désagrégation, on est unanime à admettre qu'elle s'opère par degrés. Elle consisterait en un démembrement progressif de la molécule primitive, qui réduirait peu à peu celle-ci en fragments de plus en plus ténus, si bien qu'entre la molécule protéique très compliquée et les molécules les plus simples résultant de cette désagrégation (acide carbonique, eau, ammoniaque, acide sulfurique, acide phosphorique, etc.) s'échelonneraient un certain nombre de composés intermédiaires, comme les étapes successives qui marquent sa progression. Quand, sous l'influence d'un trouble pathologique, il se produirait un certain ralentissement dans l'intensité du travail désassimilateur, certains de ces produits intermédiaires ne seraient pas détruits ou le seraient incomplètement; ils encombreraient l'organisme; telle serait la pathogénie des maladies par ralentissement de la nutrition.

Parmi les molécules intermédiaires qui marquent cette évolution du soufre, serait d'après Goldmann la cystine, qui d'ordinaire est détruite à peu près complètement et amenée à l'état d'acide sulfurique, mais qui, respectée dans certains états pathologiques, apparaîtrait alors en abondance dans l'urine, d'où l'excès de ce corps peu soluble se déposerait pour former des calculs.

9. Autre idée directrice. — La destruction des albuminoïdes par une marche progressive et régulière est une idée qui s'est en quelque sorte imposée aux esprits comparant l'état initial et l'état final de cette substance chez les animaux et avant que l'analyse ait pu pénétrer le détail des réactions intermédiaires; cette idée est du reste corrélative de cette autre que dans le corps de l'animal, à l'inverse de ce qui se passe dans le végétal, les réactions sont analytiques et non synthétiques. Mais les faits donnent de jour en jour des démentis plus nombreux à cette doctrine. Cl. Bernard a montré l'aptitude de certaines cellules animales (cellule hépatique) à former par synthèse un hydrate de carbone. Le foie fabrique de même l'urée synthétiquement (Pawlow). L'organisme des oiseaux peut faire synthétiquement l'acide urique par l'union de l'urée avec l'acide tartronique, composé à trois atomes de carbone (MINSKOWSKI, WIENER). Il devient dès lors probable que la filiation des composés soufrés, telle qu'elle est imaginée encore dans beaucoup d'esprits, doit subir une sorte de renversement et qu'à la formation purement analytique de ces composés on doit substituer dans nombre de cas une provenance synthétique. Il faut admettre en conséquence que *la molécule d'albumine donne tout d'abord et sans intermédiaires les formes chimiques les plus simples (acide carbonique, eau, ammoniaque, acide sulfurique), et que ces molécules simples sont ensuite reprises, en partie par synthèse, dans certaines cellules de l'organisme, pour former les molécules plus complexes de certains composés comme la taurine, la cystine et les éthers du soufre acide que l'on trouve dans les diverses excrétions et notamment dans l'urine.*

10. **Origine du soufre neutre.** — L'origine du soufre neutre (comme du reste celle du soufre acide) dans l'urine peut être déduite de l'étude de ses variations tant normales que pathologiques. — Sachons d'abord que le soufre total de l'urine subit des variations considérables et que ces variations dépendent d'une certaine façon de l'alimentation. La quantité de soufre rejeté avec l'urine varie en effet dans le même sens que la quantité de soufre total apporté par les aliments. Mais si, au lieu d'estimer en bloc le soufre total, on estime à part les variations de ses deux constituants, le soufre neutre et le soufre acide, on constate que ce dernier reproduit, dans son élimination quotidienne, avec toute leur ampleur, les variations du soufre total, tandis que le soufre neutre ne le reproduit que d'assez loin. C'est ce qui résulte des recherches de HEFFTER, de BENEDIKT, sur des adultes, et surtout de celles plus récentes de W. FREUND sur des nourrissons.

Sa formation synthétique. — Si le soufre acide reproduit si fidèlement les fluctuations du soufre total, autrement dit du soufre ingéré avec les albuminoïdes, c'est, sans doute, qu'il procède directement de la désintégration de ceux-ci. Si le soufre neutre au contraire ne les reproduit que très imparfaitement, c'est qu'il appartient à quelque corps construit par synthèse au dépens du soufre acide et faisant plus ou moins réserve dans l'organisme. *Le soufre de la molécule d'albumine détruite se dirige ainsi vers son organe d'élimination, le rein, par deux voies, l'une directe qui reproduit fidèlement dans l'urine, les oscillations du soufre total ou ingéré, l'autre indirecte qui l'attarde dans des combinaisons synthétiques contenant le soufre neutre, mais finalement l'achemine lui aussi vers l'urine, sous cette forme de composé soufré plus complexe.* — L'hypothèse inverse que le soufre acide procéderait du soufre neutre est en contradiction avec la marche parallèle du premier avec le soufre total. L'hypothèse que le soufre acide et le soufre neutre seraient des fragments simultanément détachés de la molécule albuminoïde en décomposition n'est pas davantage conciliable avec la marche indépendante des deux constituants neutre et acide du soufre total. Seule l'hypothèse d'une formation synthétique du soufre neutre au dépens du soufre acide est bien compréhensible.

11. **Forme chimique du soufre neutre : la taurine.** — La combinaison synthétique qui retient dans l'organisme le soufre neutre, c'est la *taurine*, au moins principalement. *Le lieu de formation de la taurine, c'est le foie.* On peut donc dire que *l'organe hépatique est le siège principal de la transformation synthétique de l'acide sulfurique en taurine*, comme il est le siège principal de la transformation synthétique de l'acide carbonique et de l'ammoniaque en urée; taurine et urée étant distinées à être éliminées par l'émonctoire rénal.

Sa présence dans la bile et dans l'urine; relation quantitative. — On peut démontrer expérimentalement les rapports de la taurine avec le soufre urinaire. La taurine est excrétée du foie avec la bile (dont elle représente à peu de chose près tout le soufre), puis réabsorbée par la muqueuse de l'intestin, pour passer finalement dans l'urine. En expérimentant sur des chiens à fistule biliaire, Kunkel a vu que si l'écoulement de la bile est dérivé extérieurement, le poids moyen du soufre neutre diminue dans l'urine. Cette diminution représente environ un dixième du soufre total et un demi à un tiers du poids du soufre neutre. Cette quantité concorde d'autre part assez bien avec le poids du soufre contenu dans la bile dérivée au dehors. Il est par là démontré qu'une partie notable du soufre neutre de l'urine vient de la taurine de la bile. — La quantité de taurine, issue de la fistule, suivait les variations de la quantité de soufre ingéré avec les aliments, lesquelles variations se reproduisent, nous l'avons vu, dans l'élimination du soufre total de l'urine. Seulement les variations du soufre biliaire présentaient un retard de deux ou trois jours sur celles du soufre alimentaire et se montraient avec une atténuation considérable. Ce retard et cet amortissement paraissent s'accorder avec l'hypothèse d'un rôle régulateur du foie fabriquant de la taurine avec les débris des molécules albuminoïdes soufrées, autrement dit avec des molécules d'acide sulfurique. Ceci est en opposition avec l'hypothèse commune qui est celle de Kunkel que la taurine proviendrait d'une fragmentation des molécules albuminoïdes de l'organisme ou des aliments.

Éléments de formation de la taurine. — Parmi les produits de la destruction des matières albuminoïdes, nous trouvons l'acide carbonique, l'ammoniaque et l'acide sulfurique. On sait que dans une molécule d'albumine le nombre moyen des atomes de carbone et d'azote est de beaucoup supérieur à celui des atomes de soufre; il en résulte que le nombre moyen de molécules d'acide carbonique et d'ammoniaque est bien supérieur à celui des molécules d'acide sulfurique. Donc l'acide sulfurique trouvera dans le sang bien au delà de la quantité d'ammoniaque qui lui serait nécessaire pour se combiner à cette copule dicarbonée que nous voyons apparaître dans la cellule hépatique sous la forme de *glycocolle* $H^2Az - CH^2 - CO.OH$; et on comprend ainsi la possibilité d'une construction synthétique de la molécule *taurine* $H^2Az - CH^2 - CH^3 - SO^2.OH$.

La formation de la taurine est entravée par les altérations dégénératives des cellules hépatiques (Lépine, Guérin et Flavard); elle est augmentée dans les cas d'obstacle non absolu à l'écoulement de la bile, sans doute en raison de la déperdition moindre qui s'en fait alors dans l'intestin avec les fèces.

1. Autre produit analogue de synthèse : la cystine. — La cystine existe dans l'urine, ou tout au moins un composé très voisin (Goldmann et Baumann). On en trouve de faibles traces dans le foie et dans les reins. On peut la faire apparaître en proportions notables dans l'urine du chien (mais non dans celle de l'homme) en faisant digérer à l'animal un dérivé monohalogéné de la benzine (chloro, bromo, ou iodobenzène). Elle se montre alors, non pas à l'état libre, mais sous la forme de son produit de réduction, la cystéine $C^3H^7AzSO^2$, qui est conjuguée au reste du dérivé benzénique pour former ce qu'on appelle un acide mercapturique tel que $C^4H^4Cl - C^3H^6AzSO^2$, qui se dépose sous forme de cristaux. Chez l'homme, cette surproduction de cystine qui constitue la *cystinurie*, se manifeste dans des cas assez rares, sous l'influence d'une cause pathogénique inconnue, mais où la prédisposition héréditaire paraît jouer un grand rôle.

Origine de la cystine. — On se rappelle que dans les molécules albumi-

noïdes, tout ou partie du soufre est incorporé sous la forme d'un groupe cystinogène, c'est-à-dire d'un groupe que l'hydrolyse détache à l'état de cystine
libre. On a pu en déduire assez logiquement que, dans l'organisme également,
la formation de cystine représente une première étape du travail désassimilateur, une première phase du démembrement progressif de la molécule protéique,
un produit intermédiaire entre [l'albumine et l'acide sulfurique (Goldmann).
Il y a lieu là encore d'examiner l'hypothèse inverse : celle d'une formation
synthétique de la cystine par les molécules simples provenant de la dislocation de l'albumine.

Relations quantitatives avec l'acide sulfurique. — Il est prouvé par un
grand nombre d'observations que l'apparition de la cystine dans l'urine s'accompagne d'une diminution du soufre acide éliminé (Niemann, Ebstein, Stadthagen,
Bruno Mester). C'est ce qu'on voit par l'estimation des poids moyens de celle-là
et de celui-ci. Si d'autre part on étudie les oscillations quotidiennes de ces deux
corps, on voit qu'elles sont de même sens (Beale, Tollen et Niemann). De cette
double constatation Sambuc tire la preuve que la cystine provient de l'acide sulfurique par voie synthétique, au lieu que ce soit l'acide sulfurique qui provienne
de la première par oxydation, ou encore que les deux corps soient détachés
simultanément de la molécule albuminoïde. En effet, ce détachement simultané
de deux fragments censés en proportions définies dans la molécule albuminoïde devrait imposer aux deux corps une certaine fixité de la proportion de leurs
poids moyens : le balancement de ces poids moyens indique que l'un provient
de l'autre. D'autre part, si c'était l'acide sulfurique qui provint de la
cystine, les variations quotidiennes ne devraient pas être parallèles mais
inverses, toute parcelle de cystine épargnée par la transformation aurait pour
effet de diminuer l'acide sulfurique. Si on admet que la cystine provient de
l'acide sulfurique mis en liberté par la destruction de l'albumine, toute augmentation de cette destruction augmentera à la fois et l'acide sulfurique et la cystine
(dans le cas bien entendu où cette transformation trouve les conditions de sa
réalisation).

Synthèse de la cystine. — Sambuc se la représente de la façon suivante.
La formule de la cystine est :

$$CH^2 - S - S - CH^2$$
$$\;\;\;|\qquad\qquad\qquad\;\;\;|$$
$$CH.AzH^2 \qquad H^2Az.CH$$
$$\;\;\;|\qquad\qquad\qquad\qquad|$$
$$CO.OH \qquad\qquad CO.OH$$

Elle se compose de deux moitiés symétriques ; elle pourrait se former synthétiquement par la combinaison de deux molécules identiques. De fait, Baumann a
montré qu'elle prend naissance par simple oxydation au contact de l'air, grâce
à la réunion, avec élimination d'une molécule d'eau, de deux molécules d'un
mercaptan, qui est la *cystéine* de formule :

$$CO.OH \qquad CH^2 - SH$$
$$\;\;\;|\qquad\qquad\qquad\;\;\;|$$
$$H^2Az - C - SH \quad CH.AzH^2$$
$$\;\;\;|\qquad\qquad\qquad\qquad|$$
$$CH^3 \qquad\qquad CO.OH$$

Il suffira donc d'expliquer la formation de la cystéine (la cystine pouvant en
provenir par oxydation grâce aux oxydases du sang). — La cystéine possède une

chaîne à trois atomes de carbone, qui la rattache à l'acide lactique CO. OH — CH. OH — CH³. Elle est un acide amido-thio-lactique et cette constatation suggère un rapprochement avec l'acide urique

$$\text{CO} \Big\langle \begin{matrix} \text{AzH} - \text{CO} \\ | \\ \text{C} - \text{AzH} \\ || \\ \text{AzH} - \text{C} - \text{AzH} \end{matrix} \Big\rangle \text{CO}$$

dans la formule duquel entre aussi une chaîne tricarbonée. On sait du reste qu'Horbaczewski a reproduit synthétiquement l'acide urique par union de l'urée et de l'acide trichlorolactique et on a vu plus haut que l'organisme des oiseaux réalise cette synthèse sous une forme à peine différente, par les combinaisons de l'urée et de l'acide tartronique. On peut se demander si la cystine ne se formerait pas synthétiquement dans l'organisme par la rencontre de l'acide sulfurique et de l'ammoniaque avec une copule tricarbonée, absolument comme l'acide urique se forme par la rencontre de l'urée (provenant elle-même de l'acide carbonique et de l'ammoniaque) avec cette même copule tricarbonée. La cystine serait ainsi, dans les mutations du soufre, l'équivalent physiologique et sans doute aussi pathologique de l'acide urique dans la mutation du carbone et de l'azote (Sambuc).

En fait on observe dans certains cas (non toujours) une diminution de l'acide urique dans le cas de cystinurie. Ce qui peut tenir à ce que la copule tricarbonée, qui entre dans l'un comme dans l'autre corps, insuffisante en quantité, se trouve accaparée par la cystine.

Lieu de formation de la cystine. — Le lieu de formation de l'acide urique est dans les leucocytes. La leucocythémie s'accompagne d'un accroissement considérable de l'excrétion de l'acide urique, comme l'a vérifié encore récemment P. Courmont. Horbaczewski fait provenir l'acide urique de la destruction de la nucléine des leucocytes, mais on peut comprendre également que ce corps se forme par synthèse, comme la cystine elle-même, au sein des éléments figurés du sang.

En résumé, *de l'acide sulfurique et de l'ammoniaque, provenant tous deux directement de la destruction albuminoïde, s'unissent au sein de la cellule hépatique à une copule dicarbonée pour former synthétiquement de la taurine.* — Mais de l'acide sulfurique et de l'ammoniaque *peuvent aussi se combiner au sein des leucocytes à une copule tricarbonée pour former de la cystine,* en quantité faible dans les conditions normales, notable dans les cas pathologiques. Et l'on conçoit que la formation de cystine puisse exceptionnellement suppléer celle de taurine, comme dans un cas observé par Marowsky.

Rien à dire de précis sur les autres constituants du soufre neutre de l'urine qui y sont en quantité proportionnellement infime.

2. **Soufre acide de l'urine.** — Il y en a une partie à l'état de *sels* qu'on reconnaît à ce qu'elle se précipite immédiatement par la baryte. Une autre partie est à l'état d'*éthers* (phénols proprement dits, crésols, etc...) qui se reconnaît à ce que, après hydrolyse par l'acide chlorhydrique à la température de 100°, il apparaît dans l'urine une nouvelle quantité d'acide sulfurique précipitable par la baryte, quantité provenant de la saponification de ces éthers.

Entre les sels et les éthers le partage de l'acide sulfurique est inégal et variable. Chez l'homme c'est la forme saline qui l'emporte de beaucoup (9/10 et plus de la quantité totale). L'alimentation végétale semble accroître la proportion des éthers. Dans l'urine de cheval, cette proportion peut être supérieure à celle des sels.

Origine des éthers sulfuriques de l'urine. — La molécule d'albumine contient de la tyrosine, composé cyclique hexagonal pouvant donner des phénols auxquels s'unirait l'acide sulfurique. Pour que cette hypothèse fût admissible, il faudrait que dans la molécule albuminoïde la tyrosine fût liée directement au fragment soufré (cystinogène ou autre) qui entre dans sa constitution. Or il n'y a pas de rapport constant entre le poids de la tyrosine et le poids de la cystine. Elle ne renferme donc pas de fragment formé par la soudure de ces deux molécules. Tout prouve plutôt que *l'acide sulfurique et les phénols se combinent par éthérification*. BAUMANN, après avoir découvert ces éthers dans l'urine, a établi l'aptitude de l'organisme à réaliser leur synthèse. L'ingestion stomacale ou l'ingestion hypodermique d'un phénol augmente la proportion de l'acide sulfurique conjugué dans l'urine et on peut isoler le composé éthéré. On fait également apparaître l'éther sulfurique dans l'urine en administrant à la fois du phénol et du sulfate de soude. Cette formation synthétique a l'avantage de transformer deux produits toxiques en un produit inoffensif (BAUMANN et NELNIKOFF). L'acide sulfurique provient évidemment de la destruction des albuminoïdes; quant aux phénols, ils dérivent vraisemblablement de la tyrosine des albuminoïdes organiques et aussi alimentaires. L'expérience a en effet montré que la proportion des éthers sulfuriques mesure en quelque sorte l'activité de la fermentation intestinale; ce qui indique qu'une partie au moins des phénols conjugués à l'acide sulfurique tire son origine de la décomposition des albuminoïdes de l'intestin.

3. **Siège multiple de leur formation.** — Comme siège de la transformation BAUMANN a indiqué le *foie*. Néanmoins l'élimination des éthers sulfuriques se fait encore après l'ablation de cet organe chez les oies (MINKOWSKI). Le *rein*, qui sous l'action des diamines est inapte à la synthèse de l'acide hippurique, laisse persister celle de ces éthers (POHL); toutefois cet organe, comme le pancréas, serait apte à la réaliser pour de petites quantités. Elle se ferait surtout dans la *muqueuse intestinale* (LANDI). Ces résultats divers se concilient, d'après SAMBUC, en admettant que cette synthèse se fait un peu partout dans l'organisme et en raison de cela plutôt par les *éléments du sang* ou certains groupes d'entre eux. — L'oxyde de carbone et le nitrite d'amyle la diminuent (KATSUYAMA), l'empoisonnement par le phosphore l'augmente (MUNZER).

C. — PHOSPHORE.

Le phosphore qui entre dans la constitution des êtres vivants présente dans l'histoire de ses mutations chimiques une destinée analogue à celle des autres éléments de la matière organique. Comme eux *il parcourt un cycle de transformations qui s'ouvre et se ferme sur une même forme chimique*, qui est pour lui *l'acide orthophosphorique* PO^4H^3. SAMBUC a déduit ce principe d'un examen détaillé des travaux parus sur les transformations du phosphore organique. Nous exposerons le cycle du phosphore d'après la conception de cet auteur.

1. **Forme initiale.** — C'est à l'acide phosphorique du sol, principalement au *phosphate de chaux*, que le règne vivant emprunte son phosphore ; il le restitue au règne minéral sous cette même forme d'acide phosphorique combiné à des bases telles que la chaux. Aussi de nos jours le phosphate de chaux que l'on trouve dans les couches superficielles de notre globe a une double origine : l'une est purement minérale, comme c'est le cas de cette *apatite* dont on trouve les cristaux dans les roches les plus anciennes et qui a certainement fourni le phosphore nécessaire aux premières manifestations de la vie ; l'autre est organique et est due à l'accumulation des squelettes et des diverses parties résistantes des organismes animaux, comme c'est le cas pour ces immenses dépôts qu'ont formés jadis sur l'emplacement actuel de l'Algérie et de la Tunisie les anciens habitants de la mer Suessonnienne.

Solubilisation dans le sol. — Le phosphate de chaux, et, dans une mesure moindre, les phosphates de *magnésie* et de *fer* sont puisés dans le sol par les racines des plantes, surtout après que l'action des liqueurs acides les ont amenés de leur forme insoluble de sels *tricalciques*, tels que $P^2O^5.3CaO$ à la forme soluble de sels monocalciques tels que $P^2O^5. CaO.2H^2O$; d'où l'avantage que l'on trouve à fournir à la plante cet aliment sous cette forme immédiatement absorbable à l'aide des superphosphates industriels.

2. **Phosphates chez les animaux ; solubles et insolubles ; forme migratrice du phosphore.** — L'acide phosphorique se rencontre à l'état de sels minéraux chez tous les êtres vivants, tant végétaux qu'animaux. Tantôt il y est déposé sous la forme de *phosphate tricalcique insoluble*, comme dans le squelette osseux des vertébrés ; tantôt il y est à l'état *soluble*, principalement sous la forme de sels *sodique* et *calcique*. On peut dire que tous les liquides de l'organisme contiennent du phosphate dissous. Cet état de dissolution est du reste indispensable pour permettre le transport de l'acide phosphorique d'un point à un autre de l'être vivant. D'après les recherches de VAUDIN, le phosphate tricalcique est solubilisé au sein du végétal par l'intermédiaire des sucres et des sels à acides organiques fixes, tels que malates, citrates, etc. Et cette forme de voyage semble se retrouver aussi chez les animaux, car d'après le même auteur c'est grâce au lactose et aux citrates alcalins que le phosphate de chaux est tenu en dissolution dans le lait des mammifères.

Il faut sans doute considérer comme la plus simple des formes migratrices dé l'acide phosphorique cette combinaison soluble, découverte par POSTERNACK chez les végétaux, qu'il forme avec *l'aldéhyde formique* et qui a pour formule $PO^4H^3+CH^2O$. L'aldéhyde formique est en effet le plus simple de tous les sucres, qui sont tous ses polymères ou se rattachent à ceux-ci. Et comme, d'après l'hypothèse si probable de BAEYER, cet aldéhyde est le premier terme de la synthèse végétale à partir de l'acide carbonique et de l'eau, il en résulte que le composé de POSTERNAK nous apparaît aussi comme le premier terme de la synthèse phosphorée, comme la première étape de cette marche ascendante, qui va nous conduire à la formation d'une importante famille de composés, où l'acide phosphorique se trouve conjugué à des molécules organiques : j'ai nommé les *lécithines*.

3. **Combinaisons organiques, lécithines ; réserves phosphorées.** — On désigne sous ce nom des molécules ayant pour noyau commun l'acide *phosphoglycérique*, formé par l'éthérification mutuelle de l'acide phosphorique et de la glycérine. Sur ce noyau viennent se fixer d'une part deux *acides gras*, l'un saturé.

$$PO \begin{cases} O - C^3H^5 \begin{cases} OH \\ OH \end{cases} \\ OH \\ OH \end{cases}$$

(*acides stéarique, palmitique, margarique*), l'autre non saturé '*acide oléique*) qui éthérifient les deux derniers hydroxyles alcooliques OH de la glycérine ; d'autre part, des *bases* dites *névriniques*, telles que la *choline* $OH - Az \begin{cases} (CH^3)^3 \\ C^2H^4 \ OH \end{cases}$ qui se soudent par l'intermédiaire de l'un des hydroxyles acides de l'acide phosphorique.

Formation synthétique de l'acide phospho-glycérique. — Il est aisé de concevoir le mécanisme de la formation synthétique de ce noyau d'acide phospho-glycérique au sein du végétal.[La polymérisation de l'aldéhyde formique donne, par un phénomène d'*aldolisation* bien connu, le sucre trimère $C^3H^6O^3$ ou *glycérose*, qui peut être de l'adéhyde glycérique $CH^2. OH - CH. OH - CHO$ ou de la dioxyacétone $CH^2. OH - CO - CH^2. OH$. Mais la même action réductrice qui forme de l'aldéhyde formique CH^2O aux dépens de $CO^2 + H^2O$, doit agir aussi sur ce glycérose et le transformer en *glycérine* $CH^2. OH - CH. OH - CH^2. OH$, laquelle s'éthérifie alors avec l'acide phosphorique. Et ce mécanisme même nous indique que le siège de cette synthèse végétale des lécithines doit être l'*appareil chlorophyllien*. Schimper a pu suivre en effet, à l'aide de réactions microchimiques, la présence de l'acide phosphorique minéral jusqu'aux plus fines ramifications des nervures des feuilles : mais il a constaté sa disparition dans le mésophylle, ce qui prouve que dans ces cellules il s'incorpore à des molécules organiques. Stoklasa a en effet montré de son côté que la synthèse de lécithines a bien lieu dans les parties vertes des plantes, comme celle des hydrates de carbone, et quelle exige aussi le concours de l'énergie apportée par la radiation solaire, car elle n'a pas lieu dans l'obscurité.

Céphalines ; protagons. — Les lécithines qui renferment environ 4 p. 100 de phosphore sont très répandues dans les deux règnes vivants. Elles sont d'ordinaire accompagnées de matières grasses, ce qui explique leur constitution chimique. On les trouve surtout en grande quantité dans le tissu nerveux, surtout dans la substance blanche qui en contient 11 p. 100 de son poids, tandis que la substance grise n'en renferme que 2,5 p. 100. Cette abondance des lécithines dans la substance nerveuse se rattache sans aucun doute à la présence simultanée d'une famille chimiquement très voisine, celle des *céphalines* (Thudicum) lesquelles entrent certainement dans la constitution de ces composés phosphorés à individualité chimique mal définie que l'on a extraits du cerveau et désignés sous le nom de *protagons*.

Lécithanes. — W. Koch a notamment retiré de la substance nerveuse une céphaline contenant 3,7 p. 100 de phosphore et dont la formule probable est $C^{42}H^{82}$ $Az \ PO^{13}$. Elle contiendrait à côté d'un acide gras saturé un acide gras incomplet, l'acide céphalique, correspondant à l'acide oléique des lécithines. De plus, la base névrinique de la lécithine aurait perdu deux de ses groupes méthyles dans sa transformation en céphaline, qui n'en garderait par conséquent plus qu'un seul. Tous ces composés de constitution voisine que Koch propose de réunir sous le nom de *lécithanes*, jouent certainement un rôle important dans la vie des cellules en général et des cellules nerveuses en particulier. Le noyau phospho-glycérique semble demeurer immuable dans ces transformations chimiques et même dans les dégénérescences nerveuses, le poids de phosphore ne commence à décroître qu'au bout d'un certain temps (HALLIBURTON). La désagrégation moléculaire des lécithanes, sous des influences pathologiques, porte d'abord sur leurs branches latérales ; c'est ainsi que dans certaines maladies du système nerveux, notamment dans les paralysies, ont voit passer une plus grande quantité de choline dans le liquide céphalo-rachidien.

Réserve phosphorée. — Au point de vue physiologique, il semble que la lécithine constitue une *réserve phosphorée*. Ainsi dans la germination de l'orge elle paraît se changer progressivement en une céphaline ou en une substance analogue moins méthylée. Il se peut donc que chez l'animal la lécithine serve à la construction des molécules phosphorées complexes qui entrent dans la constitution de la substance nerveuse.

4. Nucléines. — Indépendamment du groupe des *lécithanes*, il existe chez les êtres vivants une famille de molécules très complexes, les *nucléines*, dont le rôle paraît être capital dans la vie des éléments cellulaires en voie de reproduction, comme nous allons le voir.

Berthelot a remarqué que, chez les espèces végétales dont la floraison s'arrête à une époque déterminée de l'année, l'absorption du phosphore dans le sol cesse au même moment, car la masse totale de cet élément contenu dans la plante demeure dès lors immuable. Mais il se fait alors un changement dans la distribution du phosphore au sein du végétal. Ce corps se porte en effet vers les inflorescences, c'est-à-dire vers les *organes reproducteurs* et on le trouve en effet accumulé dans le pollen, les ovules et les embryons, absolument comme il s'accumule dans les *spermatozoïdes* et les *œufs* des animaux. L'analogie est du reste ici encore étroite entre les deux règnes. Osborne et Harris ont en effet montré que dans l'embryon du blé et sans doute aussi dans les autres embryons végétaux, le phosphore entre sous une forme chimique en tout semblable à celle que l'on retrouve dans les éléments reproducteurs des animaux, comme par exemple dans les spermatozoïdes des poissons. Cette forme commune est celle *d'acide nucléique*. Or, la molécule d'acide nucléique contient le phosphore en puissance à l'état d'acide phosphorique, et il est bien évident que chez les végétaux étudiés par Berthelot, cet acide phosphorique ne provenant pas du sol, doit être au moins partiellement emprunté aux lécithines élaborées par les cellules à chlorophylle. Et comme ces lécithines sont insolubles dans l'eau et que, du reste, leur squelette phospho-glycérique n'entre pas dans la constitution des molécules nucléiques végétales, il faut bien admettre qu'elles subissent à ce moment une décomposition qui libère et mobilise leur acide phosphorique. Et donc *cette rétrogradation de lécithines reproduit la forme chimique sous laquelle le phosphore a été puisé dans le sol et ferme ainsi un premier cycle de transformations* accomplies au sein même du végétal. On peut rapprocher de ces faits l'hypothèse de W. Maxwell, suivant laquelle ce sont *les lécithines animales* qui *fourniraient* chez les vertébrés *l'acide phosphorique nécessaire à l'ostéogénèse*.

Nucléo-albumines ; constitution. — Quoi qu'il en soit, on trouve chez les êtres vivants une famille de composés renfermant jusqu'à 5 p. 100 de phosphore et même davantage que l'on désigne sous le nom de *nucléines* et qui sont habituellement et même toujours, d'après Cohnheim, unis à des matières albuminoïdes pour former des *nucléo-albumines* ou *nucléo-protéides*. Ces nucléines sont elles-mêmes composées, d'après Kossel et Lilienfeld, de deux molécules vraisemblablement unies entre elles comme le sont une base et un acide dans un sel : d'une part une molécule albuminoïde qui peut parfois se réduire (Miescher) à ces albumines ébauchées que Kossel a décrites sous le nom de *protamines*, et d'autre part un acide appelé *nucléique* ou *paranucléique* suivant son origine. Il existe en effet deux groupes de nucléines, qui paraissent présenter à la fois une ressemblance fondamentale et des dissemblances secondaires de structure chimique : ce sont les nucléines vraies et les *paranucléines*. Les vraies nucléines qui forment le groupe le mieux connu et sans doute le plus important par son rôle physiologique, se rencontrent dans les noyaux, c'est-à-dire au centre même de la coordination de la vie cellulaire ; d'où le nom de *Kernuclein*, littéralement nucléines de noyaux que leur donnent parfois les Allemands. Elles se distinguent principalement des paranucléines par ce fait que seules elles donnent par hydrolyse des bases puriques, c'est-à-dire des corps qui, comme la xanthine, l'hypoxanthine, l'adénine, la guanine, possèdent le même squelette atomique que l'acide urique.

Existence dans les deux règnes. — Telle est la première en date de toute les nucléines, celle que Miescher découvrit en 1869 dans les globules du pus et qui provient manifestement de leurs noyaux, comme ce savant l'a reconnu. Ayant en effet traité ces globules par le suc gastrique qui dissout les molécules albuminoïdes, il obtint la nucléine comme résidu. Et sa masse, examinée au microscope, représentait le squelette même de leurs noyaux. Cette constatation fut l'origine du nom de nucléine. Il faut rapprocher la *leuconucléine* découverte par Lilienfeld dans les noyaux des leucocytes. Beaucoup d'autres nucléines ont été ainsi isolées chez les animaux dans le thymus, la rate, le pancréas, les éléments reproducteurs, etc... et on en a retrouvé aussi chez les végétaux. C'est ainsi que Hoppe-Seyler a, peu de temps après la découverte de Miescher, retiré de la levure de bière une vraie nucléine, comme Kossel l'a reconnu plus tard, en dégageant par hydrolyse des bases puriques. Et longtemps après, en 1902, Osborne et Harris trouvèrent une seconde nucléine végétale dans l'embryon du blé.

Rapport avec la prolifération cellulaire ; chromatine. — On voit que d'une façon générale ces vraies nucléines se rencontrent principalement d'une part dans les leucoytes et les organes lymphoïdes, d'autre part dans les éléments reproducteurs, en un mot dans tous les éléments anatomiques qui ont un noyau développé, partout où règne la *prolifération cellulaire* et où les tissus par le fait de leur activité vitale sont en voie de renouvellement incessant, comme le vérifiait encore récemment Percival. Ces vraies nucléines forment donc sans doute la substance ou le support de cette *chromatine* des histologistes, qui prend les matières colorantes et dessine les figures caryocinétiques dans le dédoublement des noyaux.

5. **Paranucléines ; caractères distincts.** — Mais à côté de ces vraies nucléines il existe, nous l'avons dit, un second groupe de composés phosphorés assez voisins, qui sont les *paranucléines* de Kossel, les *pseudo-nucléines* de Hammarsten. Celles-ci sont formées, comme les vraies nucléines, d'une molécule albuminoïde unie à une molécule d'un *acide* dit *paranucléique* assez semblable aux acides nucléiques vrais, sauf qu'il ne contient pas de corps puriques dans sa molécule. On trouve ces paranucléines dans le lait, dans le jaune d'œuf ; on n'a pas encore démontré avec certitude leur présence dans le règne végétal, bien que Wimann pense avoir retiré de certaines graines de légumineuses une paranucléine mêlée d'une petite quantité de vraies nucléines. D'une façon générale, *tandis que les vraies nucléines résident dans les noyaux, les paranucléines paraissent plutôt localisées dans le protoplasme de ces cellules qui sont vouées par destination à l'emmagasinement des aliments de réserve.* Ainsi donc, à la différence

de constitution chimique correspond manifestement une différence de fonction physiologique. Les paranucléines sont certainement une réserve destinée à assurer la production ou le renouvellement des vraies nucléines, molécules un peu plus complexes, nécessaires aux noyaux cellulaires : c'est ainsi qu'on voit la paranucléine du jaune d'œuf faire place à une vraie nucléine dans le développement de l'embryon.

6. **Les acides nucléiques**. — Sous quelle forme chimique le phosphore est-il incorporé à ces composés ? Seule cette dissection patiente que permet l'hydrolyse peut nous renseigner sur ce point. Ce fut ALTMANN qui, le premier à partir de 1887, dégagea des nucléines, par une hydrolyse ménagée, des composés, les *acides nucléiques*, qui conservent tout le phosphore de la molécule primitive. Ils présentent tous une indiscutable parenté, qu'ils soient d'origine animale ou végétale. Ce sont des poudres généralement blanches, plus ou moins solubles dans l'eau. Ils paraissent tous contenir quatre atomes de phosphore (OSBORNE et HARRIS) qui forment huit à dix pour cent de leur poids. Ils sont exempts de soufre et n'offrent pas les réactions de coloration des matières albuminoïdes.

Leur constitution. — A son tour KOSSEL, en collaboration avec NEUMANN, essaya de pénétrer la structure des acides nucléiques vrais. Il reconnut que l'hydrolyse de certains d'entre eux, tels que celui qui provient du thymus, donne, quand elle est effectuée par l'action suffisamment prolongée de l'eau bouillante, un acide organique, *l'acide thymique* qui rassemble en lui tout le phosphore de la molécule primitive. Cet acide thymique, traité par l'acide sulfurique à 30 p. 100 agissant pendant une heure environ à la température de l'ébullition, perd tout son phosphore sous forme d'acide orthophosphorique PO^4H^3 et donne en outre une base cristallisée, la *thymine*. Il en est de même avec d'autres acides nucléiques d'origine végétale tels que ceux qui proviennent de la levure de bière (ASCOLI) et de l'embryon de blé (OSBORNE et HARRIS), comme aussi pour un acide retiré du pancréas et pour un autre retiré des spermatozoïdes du hareng (KOSSEL et STEUDEL). On trouve à côté de l'acide phosphorique non plus de la thymine mais de *l'uracile* dont la thymine est du reste le dérivé méthylé. Uracile et thymine possèdent en effet un noyau chimique commun constitué par ce qu'on appelle *l'anneau de pyrimidine*. Celui-ci est formé par la soudure d'un squelette d'urée Az—C—Az avec une chaine tricarbonée C—C—C d'acide lactique, comme le figure le schéma suivant :

$$
\begin{array}{ccc}
Az & - & C \\
| & & | \\
C & & C \\
| & & | \\
Az & - & C
\end{array}
$$

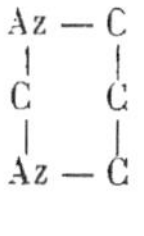

Dans ce mode de représentation l'uracile reçoit la formule

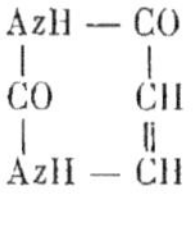

$$
\begin{array}{ccc}
AzH & - & CO \\
| & & | \\
CO & & CH \\
| & & \| \\
AzH & - & CH
\end{array}
$$

Et la thymine ou méthyl-uracile a la formule :

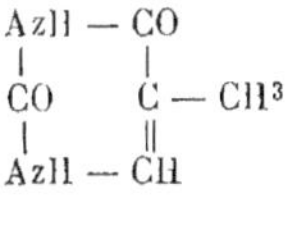

$$
\begin{array}{ccc}
AzH & - & CO \\
| & & | \\
CO & & C - CH^3 \\
| & & \| \\
AzH & - & CH
\end{array}
$$

La constitution de ces bases, soupçonnée d'abord par KOSSEL et STENDEL, a été définitivement établie par leur reproduction synthétique artificielle due à Emil FISCHER et G. Rœder.

A côté de l'uracile et de la thymine, KOSSEL et NEUMANN ont rencontré dans l'hydrolyse de l'acide nucléique du thymus un corps qu'ils ont appelé la *cytosine* et qu'ils ont retrouvé plus tard dans les acides nucléiques provenant de spermatozoïdes de l'esturgeon et du hareng. Ce composé de formule brute C^4A^3zO possède aussi un noyau de pyrimidine, comme le montrent ses réactions générales : c'est sans doute une *aminoxy-pyrimidine*. Il est moins fortement lié que les autres bases pyrimidiques au corps même de la molécule nucléique, car il s'en détache plus aisément pas hydrolyse.

Bases puriques ou xanthiques. — Indépendamment de ces composés pyrimidiques la molécule nucléique contient, nous l'avons déjà dit, d'autres bases dites puriques ou xanthiques qui, du moins dans l'acide nucléique retiré de l'embryon du blé, sont unies à un seul et même atome de phosphore par un lien vraisemblablement analogue à celui qui unit l'acide à l'alcool dans un éther (OSBORNE et HARRIS). La structure chimique de ces corps a été établie par les travaux classiques de E. FISCHER : ils possèdent, comme l'acide urique, un complexe atomique formé par la soudure d'un squelette d'urée Az—C—Az sur un anneau de pyrimidine, ce qui constitue le double anneau, dit de purine (E. FISCHER) que figure le schème suivant :

$$
\begin{array}{ccc}
Az & - & C \\
| & & | \\
C & & C - Az \\
| & & | \\
Az & - & C - Az
\end{array} \Big\rangle\, C
$$

Sucres. — Enfin, outre les bases pyrimidiques et puriques l'hydrolyse des acides nucléiques donne des *sucres* qui sont des pentoses $C^5H^{10}O^5$ dans les acides d'origine végétale (levure de bière, embryon de blé) ainsi que dans l'acide guanylique extrait par IVAR BANG du pancréas, mais qui paraissent être des hexoses $C^6H^{12}O^6$ dans les autres acides d'origine animale comme celui du thymus.

7. **Les acides paranucléiques.** — Tel est l'état actuel de nos connaissances chimiques sur les nucléines et les acides nucléiques vrais. En ce qui concerne les paranucléines, nous sommes moins avancés. Nous avons vu qu'elles sont formées par l'union d'une matière albuminoïde avec un acide paranucléique. SALKOWSKI a isolé celui que contient la caséine du lait, en détruisant le côté albuminoïde de la molécule par une digestion chlorhydro-pepsique : il a ainsi obtenu une poudre blanche soluble dans l'eau, contenant 4.3 p. 100 de phosphore. Ces molécules d'acides paranucléiques se montrent d'une fragilité extrême, car les procédés habituels d'hydrolyse les détruisent complètement en donnant d'emblée l'acide phosphorique PO^4H^3, sans qu'on puisse isoler aucune forme intermédiaire susceptible de nous renseigner sur la structure de la molécule primitive.

Ossature commune formée par l'acide phosphorique. — Quoi qu'il en soit, l'acide phosphorique PO^4H^3 apparaît comme la forme ultime à laquelle aboutit le phosphore dans le dédoublement des molécules d'acides nucléiques, comme dans celui des molécules d'acides paranucléiques. C'est donc sous cette forme, ou sous une forme très voisine, qu'il entre dans la constitution de ces deux

groupes de composés. D'après Osborne, les acides nucléiques et paranucléiques
posséderaient en quelque sorte une même ossature phosphorée.

Celle-ci serait engendrée par la soudure, en une molécule unique, de quatre
molécules de l'acide phosphorique normal hypothétique $P(OH)^5$ lesquelles s'uniraient entre elles, avec élimination d'eau, par l'intermédiaire de l'oxygène de façon
à constituer une chaîne d'atomes de phosphore et d'oxygène alternant, comme
l'indique le schème suivant :

$$\begin{array}{ccccccc}
 & OH & & OH & & OH & & OH \\
 & | & & | & & | & & | \\
OH - & P & - O - & P & - O - & P & - O - & P & - OH \\
 & \diagdown & & \diagdown & & \diagdown & & \diagdown \\
 & OH\ HO & & OH\ HO & & OH\ HO & & OH\ HO
\end{array}$$

Sur cette épine dorsale commune viendraient se souder, par un mécanisme
analogue sans doute en certains cas à celui de l'éthérification, des molécules
variées, plus ou moins différentes en nature pour les acides nucléiques et paranucléiques, ces derniers étant notamment dépourvus de bases puriques. L'identité
du squelette commun à toutes ces molécules permettrait de comprendre leurs
faciles transformations mutuelles que nous révèle la physiologie, lorsqu'elle nous
montre par exemple la paranucléine du jaune d'œuf remplacée par de vraies
nucléines dans l'embryon.

Acide guanylique. — Ce même squelette formerait aussi, d'après Bang,
l'ossature d'un composé qu'il a extrait du pancréas et nommé *acide guanylique*.
Ce corps de formule brute $C^{44}H^{66}Az^{20}P^4O^{34}$ donnerait par hydrolyse quatre
molécules de guanine, trois de pentose, trois de glycérine et quatre d'acide
phosphorique PO^4H^3. Il se rapprocherait donc des acides nucléiques par la
présence de quatre atomes de phosphore et d'une base purique, la guanine ;
mais celle-ci est seule et l'adénine, d'ordinaire présente, manque ici. En revanche,
il s'en éloignerait par l'absence de bases pyrimidiques. De plus, la présence de la
glycérine paraît révéler l'existence de noyaux phosphoglycériques. Tout semble
donc indiquer que ce composé est une sorte d'acide nucléique incomplet, présentant en outre par certains côtés la constitution des lécithines. Et son
existence est d'autant plus remarquable que Levene croit avoir trouvé à côté
de lui, dans le pancréas, un acide nucléique véritable et complet.

8. **Assimilation et désassimilation du phosphore.** — L'histoire précédemment résumée du démembrement progressif de la molécule nucléique par les
réactifs de nos laboratoires, nous renseigne au moins d'une façon sommaire
sur les divers composés auxquels doit s'associer l'acide phosphorique, pour la
construction de cet édifice moléculaire. Mais elle ne nous indique pas si, au sein
de l'être vivant, cette élaboration synthétique par laquelle s'assimile le phosphore se fait peu à peu par des adjonctions successives, dont chacune marquerait
un nouveau progrès de la construction, ou si, au contraire, elle se réalise d'un
seul coup par l'union simultanée de tous les éléments constitutifs de la molécule sans étapes intermédiaires. Et elle ne nous indique pas davantage si la
désagrégation de la nucléine, en laquelle consiste la désassimilation du phosphore, donne d'emblée les formes chimiques relativement simples auxquelles
elle aboutit dans l'organisme, ou si elle n'engendre ces dernières que par une
filiation plus ou moins lointaine qui interposerait, entre la forme initiale et les
formes finales, une suite plus ou moins étendue de molécules intermédiaires de
complexité décroissante. Sur tous ces problèmes essentiels nous ne possédons
que des données incertaines.

L'assimilation est de nature synthétique même chez les animaux. — Ce qui paraît probable, c'est que *les animaux doivent refaire à nouveau d'une façon complète ou partielle le travail d'élaboration synthétique accompli par les végétaux.* Que l'animal puisse réaliser une synthèse au moins partielle des nucléines, c'est ce qui résulte de ce fait que, nourri exclusivement avec du lait qui ne contient guère qu'une paranucléine, il sait cependant fabriquer de vraies nucléines. Mais ce pouvoir d'élaboration synthétique que possède l'animal semble encore plus grand que ne l'indique l'exemple précédent, car il est aujourd'hui à peu près certain que les molécules complexes fabriquées par le végétal ne sont pas transmises intactes à l'animal qui se bornerait à les user et à les détruire ; mais qu'elles subissent au contraire, dans leur passage à travers le tube digestif, une dislocation plus ou moins profonde et qu'après l'absorption les éléments anatomiques de l'animal doivent, avec ces fragments, reconstruire une molécule plus ou moins semblable à la molécule primitive. Tel est donc vraisemblablement le sort des nucléines et des autres composés organiques phosphorés que l'alimentation introduit dans le tube digestif. Où et comment s'accomplit le travail de reconstitution synthétique ? Nous sommes sur ce point réduits à des conjectures. L'analogie porte à croire cependant que c'est au sein des leucocytes si l'on considère ce qui se passe pour l'arsenic, d'après A. GAUTIER. Introduit dans l'organisme sous forme de préparation minérale, ce corps, affirme-t-il, passe d'abord tout entier dans les globules blancs mononucléaires (particulièrement dans les grands mononucléaires à noyaux irréguliers), cellules spéciales dans lesquelles il faut qu'il soit au préalable transformé, mis sous une forme organique (probablement albuminoïde) avant de pouvoir être utilisé. L'analogie chimique du phosphore avec l'arsenic, la présence de nucléine dans les leucocytes rendent vraisemblable le rôle attribué à ces derniers (organes lymphoïdes, parois intestinales) dans l'édification synthétique des nucléines animales.

Construction des noyaux puriques et pyrimidique par les leucocytes. — Même à supposer que l'animal doive reprendre cette synthèse à partir de l'acide phosphorique, il est facile de concevoir comment il pourra fournir les molécules latérales destinées à se souder sur cette chaîne centrale ; car il y a tout lieu de supposer, comme on l'a vu dans les mutations du soufre, que les leucocytes savent fabriquer le noyau purique et par conséquent, *a fortiori*, le noyau pyrimidique. Et d'autre part ils trouvent dans le sang les sucres nécessaires. Ces nucléines élaborées par les leucocytes sont-elles ensuite transmises par eux à d'autres éléments cellulaires ? On ne sait. Peut-être ces nucléines sont-elles l'origine des paranucléines qui s'accumulent comme réserve alimentaire dans certaines cellules. Cette transformation entraînerait une séparation des bases puriques, qui pourrait être une des origines de l'acide urique ordinaire.

Puissance synthétique des éléments de fonctions inférieures. — Quoi qu'il en soit, il semble que les leucocytes apparaissent chaque jour plus nettement dans cette société de cellules qu'est l'organisme, comme une sorte de caste inférieure vouée aux synthèses chimiques dont ils paraissent être, plus encore que les cellules hépatiques, les ouvriers les plus actifs (SAMBUC). Suivant la remarque de BERTHELOT, *la puissance de synthèse chimique est développée surtout chez les êtres inférieurs*, dont les leucocytes se rapprochent par leur plasticité morphologique, tandis que, par contre, elle semble s'affaiblir dans les éléments anatomiques destinés à l'exercie des fonctions physiologiques les plus élevées. La division du travail chimique se retrouverait donc dans l'animal lui-même aussi bien et mieux qu'entre les deux règnes vivants.

Moindre élimination du phosphore dans la leucémie. — Autre argument en faveur de la synthèse des nucléines par les leucocytes : dans la leucémie caractérisée par une énorme augmentation de ces leucocytes il y a un notable abaissement de l'acide phosphorique minéral éliminé par le rein, tant en valeur absolue que relativement à l'azote. Cette diminution, constatée d'abord par Milroy et Malcolm, a été de nouveau vérifiée en 1900 par White et Hopkins. Si donc il n'y a point ailleurs une élimination compensatrice, on n'aperçoit qu'une interprétation possible de ce fait : c'est que l'organisme retient, pour l'édification d'une plus grande quantité de nucléines par le nombre accru des leucocytes, une partie de l'acide phosphorique normalement éliminé. Et comme ce dernier provient, au moins pour une part, du travail désassimilateur, on est amené à cette conclusion que *dans l'organisme animal, comme sans doute aussi dans l'organisme végétal, le phosphore décrit dans l'ensemble de ses métamorphoses ascendantes et descendantes un véritable cycle*, c'est-à-dire une suite fermée de transformations susceptibles de se répéter indéfiniment. Et ce cycle se suffirait à lui-même, c'est-à-dire qu'une même masse de phosphore pourrait servir à sa reproduction indéfinie chez l'adulte, s'il ne se produisait dans son parcours des pertes qui font sortir une certaine quantité de phosphore, principalement dans ses formes les plus diffusibles, laquelle est destinée à être rejetée hors de l'organisme par ses divers émonctoires.

9. **Phosphore dans le lait.** — Le phosphore ainsi *éliminé* est *sous des états chimiques multiples*, depuis la forme simple d'acide phosphorique, terme ultime de la désagrégation des molécules phosphorées, jusqu'à la forme complexe des nucléines. Ces diverses formes paraissent se retrouver dans le *lait* des mammifères qui ne constitue à vrai dire qu'un mode à la fois particulier et exceptionnel d'alimentation. D'après Siegfried et Stoklasa, le phosphore entrerait dans le lait de femme à l'état minéral pour 15 p. 100 et à l'état organique pour 85 p. 100. Dans le lait de vache il n'y aurait que 50 p. 100 de phosphore organique ; et moins encore, 41 p. 100, dans le lait de chèvre, d'après Paton, Dunlop et Aitchinson. Ce phosphore organique du lait est en majeure partie, comme il a été dit, à l'état de paranucléine et aussi de lécithine. La proportion de lécithine par rapport aux matières albuminoïdes est plus forte, d'après Burow, dans le lait de femme que dans celui des animaux, ce qui tient peut-être aux besoins plus grands du nourrisson humain pour le développement du cerveau.

Élimination du phosphore par l'urine. — Dans l'*urine*, au contraire de ce qu'on voit dans le lait, c'est l'acide phosphorique minéral qui domine de beaucoup sous la forme de *phosphates de soude*, de *potasse*, de *chaux*, de *magnésie* et éventuellement de phosphate *ammoniaco-magnésien*. Leur masse totale par litre d'urine correspond à $2^{gr}, 5$ environ de P^2O^5 en moyenne chez l'homme, dont les deux tiers sous forme de phosphates terreux. Quant au phosphore organique, qu'on appelle encore quelquefois le phosphore incomplètement oxydé, sa proportion est très faible et ne paraît pas dépasser 1 et 1,5 p. 100 du phosphore total de l'urine. Sa masse absolue serait de deux centigrammes en moyenne par vingt-quatre heures. Il paraît être surtout à l'état d'acide glycéro-phosphorique ; peut-être en existe-t-il aussi des traces sous forme de nucléines.

Élimination par les fèces. — Indépendamment du rein, il existe d'autres organes susceptibles de rejeter le phosphore hors de l'économie. C'est ainsi qu'il faut accorder cette aptitude, soit à la *paroi intestinale*, soit au *foie*, car il s'élimine du phosphore avec les fèces aussi bien qu'avec l'urine ; et il semble même qu'il y ait entre ces deux modes d'élimination un certain balancement compensateur, qui leur permet de se suppléer mutuellement, au moins d'une façon partielle. Déjà certains chimistes, notamment EMERY et KILGORE, JORDAN, PATON, DUNLOP et AITCHINSON, avaient remarqué que surtout chez les herbivores une partie seulement du phosphore des aliments était éliminée par l'urine et le reste par les fèces. Mais on pouvait se demander si cette dernière portion n'était pas un résidu de la digestion, qui aurait traversé sans être absorbé toute la longueur du tube digestif. Sans doute VOIT avait constaté l'existence de phosphates même dans les fèces d'un chien à jeun ; mais la preuve décisive d'une élimination phosphorée par la voie intestinale ne pouvait être donnée qu'à la condition d'introduire ce corps dans l'organisme par des voies autres que la voie digestive.

Voies différentes suivant le régime alimentaire. — C'est ce que firent PATON, DUNLOP et AITCHINSON par des injections hypodermiques de phosphate disodique, FALK par des injections intraveineuses du même sel. Ils constatèrent des résultats semblables à ceux que donne l'ingestion stomacale des phosphates ou des glycéro-phosphates. Chez les *carnivores* l'élimination phosphatée se faisait à la fois par les urines et par les fèces, tandis que chez les *herbivores* elle était exclusivement intestinale. WOFGANG BERGMANN conclut de ses expériences à une opposition encore plus tranchée : chez les carnivores l'acide phosphorique injecté sous la peau à l'état de phosphate disodique, serait éliminé par les reins seulement, tandis que chez les herbivores il passerait presque tout entier dans les fèces.

Élimination chez l'homme ; balancement possible. — Chez l'homme, dont l'alimentation est généralement mixte, l'élimination du phosphore semble donc devoir se partager normalement, abstraction faite de la sécrétion lactée, entre les voies rénale et intestinale. Il pourrait se faire du reste que, sous l'influence de troubles pathologiques, son élimination phosphorée fût en quelque sorte déviée, soit vers le type des carnivores, soit vers le type des herbivores. Peut-être faudrait-il interpréter dans cet ordre d'idées ces faits où l'on voit une élimination exagérée de phosphate se porter tantôt vers la voie rénale, tantôt vers la voie hépatique ou intestinale. On sait, en effet, qu'en certains cas on peut observer dans les urines une abondance anormale d'acide phosphorique, qui peut atteindre 10 grammes par vingt-quatre heures dans le *diabète phosphatique* décrit par J. TEISSIER. Et d'autre part dans certaines entérites, on voit apparaître dans les selles une certaine quantité de *sables intestinaux*, formés principalement de phosphate calcaire et magnésien.

Résumé. — En résumé, les mutations du phosphore au sein de l'animal paraissent constituer des cycles qui se suffiraient à eux-mêmes pendant toute la vie adulte de l'individu, si par les divers émonctoires de l'organisme ne se produisaient des déperditions que compensent directement ou indirectement les apports de l'alimentation végétale. A son tour le végétal, chez lequel le phosphore parcourt sans doute des cycles analogues, répare ses pertes par des emprunts faits au monde minéral. Il en résulte que, *à travers les trois règnes de la nature, le phosphore décrit des cycles à grand développement, qui enveloppent en quelque sorte les cycles de moindre envergure parcourus au sein de chaque être vivant.*

D. — FER.

Parmi les corps simples entrant dans la composition de l'organisme, le fer est un des *moins abondants* et probablement un des derniers venus dans l'acquisition progressive qui en a été faite par la matière en voie d'évolution et d'organisation. Sa présence s'explique par son extrême diffusion et sa grande abondance dans le milieu cosmique, dans le sol, où il forme à l'état de peroxyde, d'oxydule et de carbonate, un des minerais les plus communs. Sa minime quantité est commandée par sa densité relativement élevée (7, 8) par rapport à celle de l'eau et des composés organiques, et son poids atomique considérable (56) par rapport à ceux de l'hydrogène, du carbone, de l'azote, de l'oxygène, du phosphore et du soufre (1, 12, 14, 16, 31, 32), du sodium, du magnésium, du potassium et du calcium (23, 24, 39, 40). Au point de vue de la pesanteur, comme à tant d'autres points de vue, les molécules de l'organisme doivent présenter un certain équilibre, en tout cas ne pas trop s'en écarter, pour faciliter des réactions qui doivent être rapides et incessantes. L'atome de fer pour entrer dans ce mouvement doit être noyé dans une molécule très grosse et très complexe dont les autres atomes rachètent son excès de poids. La molécule de la matière colorante du sang contient pour un atome de fer 712 de carbone, 1130 d'hydrogène, 214 d'azote, 245 d'oxygène et 2 de soufre. Pour cette seule raison, on comprend déjà que le fer soit en très petite quantité dans l'organisme. Des corps encore plus lourds s'en trouvent exclus ou bien comme l'iode (127) s'y trouvent à l'état de trace infime et à la faveur de composés également complexes comme l'iodothyrine. Pour ce qui est du fer, l'organisme en contient 1 à 2 dix-millièmes de son poids, le sang 5 dix-millièmes, des organes comme le foie un dix-millième et demi environ. La fonction du fer est relative à l'oxydation des matériaux organiques : *il est un transporteur d'oxygène.*

1. Quantité. — **Fer total de l'organisme**. — La quantité totale de fer dans l'organisme des animaux supérieurs, toujours faible d'une façon absolue, est sujette à de grandes variations. On la voit osciller de 0,4 dix-millième à 2 dix-millièmes du poids sec.

Teneur comparée des éléments minéraux d'une chienne en lactation et des cendres du jeune à l'allaitement.

100 PARTIES DE CENDRES	Fe^2O^3	P^2O^5	Ca	Cl	K^2O	Na^2O	MgO
A. Lait............ ...	0,12	34,22	27,21	16,90	14,98	8,80	1,54
B. Jeune............ ...	0,72	39,42	29,52	8,35	11,42	10,64	1,82

BUNGE admet comme un fait constant que *la quantité de fer, toujours plus élevée au moment de la naissance, décroît rapidement* dans le temps qui suit. Ce même auteur met ce fait en parallèle avec un fait inverse qui, selon lui, l'explique. *Le lait*, qui est l'aliment du jeune, *contient très peu de fer*. Sa richesse minérale, qui correspond à celle du jeune animal alimenté, se trouve en notable déficit au point de vue du fer. Il faut donc que l'organisme se constitue une réserve pour parer à cette insuffisance du lait en ce qui concerne ce métal.

Comparé aux autres aliments, le lait est pauvre en fer ; il en contient dix à quinze fois moins.

Teneur comparée des divers aliments en dix-millièmes
de sesquioxyde de fer du poids sec.

LAIT DE FEMME ET DE VACHE	JAUNE D'ŒUF	POMME DE TERRE	BLANC D'ŒUF	FROMENT	POIS
3	40	46	26	26	24

Distribution dans l'organisme. — Le fer est très inégalement réparti dans les tissus et les humeurs de l'économie animale. Partout il se montre de préférence incorporé aux éléments cellulaires, particulièrement dans la chromatine de leur cytoplasme. Nous le trouvons : en premier lieu dans le *sang*, pour mieux dire, dans ses globules rouges, dont la substance colorante, l'hémoglobine, en contient une notable proportion ; en second lieu dans le *foie*, qui est un organe relativement riche en fer ; puis dans certains organes qui méritent, comme la *rate*, d'être distingués des autres à ce point de vue. On le signale d'autre part dans certaines *excrétions* ; en premier lieu les excrétions intestinales (y compris le suc gastrique) ; les produits épithéliaux desquamés de la superficie ; la bile ; enfin l'urine qui en renferme extrêmement peu.

La présence du fer dans les excrétions implique une absorption parallèle de ce métal, présent dans la plupart des aliments, et indique de sa part une circulation, peu active si on considère tant sa masse que la vitesse de ses déplacements, mais réelle et du reste complexe si on envisage les multiples transformations des principes immédiats auxquels il se trouve lié.

2. **Composés ferrugineux de l'organisme : deux classes principales.** — Théoriquement on peut distinguer deux catégories de composés ferrugineux, d'après leurs réactions élémentaires et, partant, d'après leurs fonctions chimiques dans l'organisme. La première répond à ce qu'on appelle communément le fer *salin* ou *minéral* ; elle comprend des composés *ferreux* et *ferriques* divers : oxydes engagés de diverses manières et liés faiblement (*rubigine*, *hémosidérine*) ; sels ferriques à acides forts ; sels ferreux à acide fort ou à acide faible, tels que carbonates ferreux, albuminates, acides-albuminates, nucléinates ferreux. Ces composés ont les réactions des sels de fer, c'est-à-dire : en solution légèrement alcaline ou ammoniacale, ils précipitent rapidement par le sulfure d'ammonium ; si on acidifie par l'acide chlorhydrique et qu'on ajoute du ferrocyanure de potassium, on obtient le précipité de bleu de Prusse. Ces composés sont solubles dans le réactif de Bunge (alcool à 95°,90 volumes ; HCl à 25 p. 100, 10 volumes). — La seconde classe répond à ce qu'on appelle le fer *organique* ou *dissimulé* (ou encore le fer *alimentaire*). Elle comprend en première ligne l'*hémoglobine*, puis

les *nucléo-albumines ferrugineuses*, présentes dans la *chromatine* du noyau des cellules, peu abondantes dans le lait, très abondantes dans le jaune d'œuf où elles forment l'*hématogène* de BUNGE. Ces substances ont leur fer disimulé dans une combinaison organique où il est fortement lié. Elles ne présentent pas les réactions des sels de fer indiquées plus haut. — Entre ces composés à caractères si tranchés, il convient toutefois d'interposer une troisième catégorie faisant transition et dans lesquels la réaction, d'abord absente, se produit plus ou moins complètement, à mesure qu'elle se prolonge. C'est le cas de la *ferratine* de MARFORI et SCHMIEDEBERG, de la *ferrine* de DASTRE et FLORESCO et des protéosates et peptonates de fer pharmaceutiques.

La ferrine brute est un mélange de nucléo-albumines ferrugineuses et de protéoses ferrugineuses. Elle existe surtout dans le foie, auquel elle donne sa couleur plus ou moins foncée. La ferrine pure débarrassée des nucléo-albumines et des peptones et réduite aux protéoses ferrugineuses (protéosates de fer) n'a pas été isolée.

3. **Fonctions chimiques.** — Les fonctions chimiques de ces différents composés sont très importantes à connaître, parce qu'elles sont l'expression de leur fonction biologique ou rôle du fer dans l'organisme.

Les composés de la première catégorie jouissent d'une propriété très remarquable, celle d'être des *agents d'oxydation* très puissants sinon énergiques. A l'origine, l'oxygène de l'air, des sels de fer et une matière organique (sciure de bois, charbon, matière animale...) se trouvent en présence, il y a oxydation lente et finalement complète de cette dernière. Le mécanisme de cette oxydation consiste dans le passage alternatif de la base du sel de l'état de peroxyde à l'état de protoxyde et inversement. Le peroxyde (dit encore sesquioxyde Fe^2O^3) cède son oxygène à la matière organique. Cette oxydation s'accomplit à basse température, très différente en cela de celle qui se produit dans la combustion proprement dite, laquelle réclame une température élevée et à cause de cela ne s'amorce pas d'elle-même, mais nécessite que la température soit d'abord portée à un certain degré dans au moins un point de la masse. Cette condition (de basse température) la rapproche des oxydations qui se passent dans l'être vivant, au cours desquelles les quantités de chaleur dégagées pendant la réaction peuvent être très grandes, mais le niveau thermométrique de cette chaleur toujours peu élevé. Ce mécanisme a d'autre part de l'analogie avec celui des actions dites catalytiques et des fermentations dans lesquelles intervient un corps qui ne subit pas d'usure, régénéré qu'il est à mesure de sa destruction, grâce à un cycle d'opérations qui le ramènent à sa composition première après l'en avoir éloigné.

Dans le cas des sels de fer ce cycle s'exprime par les équations qui suivent :

$$\text{(1)} \qquad Fe^2O^3, 3H^2O + \text{mat. org,} = 2(FeO.H^2O) + H^2O + (O + \text{mat. org.}).$$
$$\text{(2)} \qquad 3FeO.H^2O + CO^2 + O = CO^3Fe + Fe^2O^3, 3H^2O$$
$$\text{(3)} \qquad 2CO^3Fe + O + 3H^2O = Fe^2O^3, 3H^2O + 2CO^2$$

La ferrine découverte par DASTRE dans le foie et qui par ses propriétés se rapproche des sels de fer, doit avoir, d'après cet auteur, un rôle de ce genre, conférant au foie une fonction particulière de cet ordre.

Les composés de la seconde catégorie, parmi lesquels on a en vue spécialement l'hémoglobine, ne présentent plus cette propriété oxydante et sont chimiquement très différents. L'hémoglobine jouit pourtant d'une propriété analogue s'exerçant dans des conditions particulières. C'est elle qui se charge d'oxygène pendant la traversée du sang dans le poumon et qui le cède aux tissus à l'autre extrémité du système circulatoire. Ce composé ferrugineux est un *transporteur d'oxygène* dans le sens mécanique du mot.

a. Sang. — Chez les vertébrés le sang est le tissu le plus riche en fer. Sa teneur moyenne est de cinq dix-millièmes. Ce corps n'existe que dans les globules rouges, fixé à leur pigment.

Foie. — Le foie, débarrassé de son sang par un lavage avec la solution physiologique, est un tissu relativement riche en fer. Sa plus grande richesse se montre à la naissance. Le phénomène est constant chez le lapin, irrégulier chez l'homme et chez le chien (Lapicque). Ce fer est en grande partie à l'état de ferrine (Dastre) et en plus faible proportion à l'état de nucléo-albumine ferrugineuse. Cette quantité diminue dans les premiers temps de la vie extra-utérine (Zaleski, Bunge), passe par un minimum voisin de 0,3 (Lapicque) au moment de la plus grande croissance. Les variations du fer du foie sont très lentes (un jeune de quinze jours ne suffit pas à les produire). Elles sont largement indépendantes de l'alimentation, mais peuvent se produire dans le cas de destruction des globules.

b. Foie ; Bile. — L'hémoglobine dissoute dans le sang est en grande partie détruite par le foie et amenée par lui à l'état de ferrine (Dastre et Floresco) et de nucléo-albumines ferrugineuses, avec production d'un pigment indéterminé. Dans le cas de destruction brusque d'une grande quantité de sang, le foie se charge d'un hydrate ferrique ($2Fe^2O^3,3H^2O$), lié à une petite quantité de matière organique (hydrate ferrique de Kunkel ; *hémosidérine* de Neumann ; *hépatine* de Zalesky ; *rubigine* de Lapicque et Auscher).

Le foie de l'homme contient en moyenne deux fois et demie plus de fer que celui de la femme ; cette inégalité est spéciale à l'espèce humaine (Lapicque).

Chez les invertébrés, dont le sang ne contient pas de fer, l'organe hépatique (hépatopancréas) est riche en fer et il est seul à l'être ; il contient vingt-cinq fois plus de fer que les autres tissus.

La bile est une des voies d'excrétion du fer, comme il sera indiqué plus loin.

c. Rate. — La rate des animaux à la naissance est toujours pauvre en fer (Lapicque). La teneur de cet organe en fer a été généralement exagérée. Elle augmente avec l'âge ; elle est souvent liée à des états pathologiques (tuberculeux, brightiques). Les quantités considérables trouvées par certains auteurs sont liées à des états pathologiques, à la destruction des globules rouges du sang donnant lieu à des dépôts dans la rate d'hydrate ferrique (rubigine de Lapicque) parfois reconnaissables au microscope. On a pu trouver dans ces cas jusqu'à 5 p. 100 du poids sec (Nasse).

d. Autres tissus. — Les quantités trouvées oscillent entre 0 et 2 dix-millièmes. Les chiffres indiqués pour la totalité de l'organisme sont de 1 à 2 dix-millièmes du poids frais.

4. Élimination du fer. — Les voies d'élimination du fer sont en premier lieu la muqueuse intestinale (25 milligrammes par jour), puis accessoirement la bile (5 milligrammes) et pour une part extrêmement faible l'urine (1 milligramme) : il faut compter aussi comme voie d'excrétion les productions épidermiques desquamées.

a. Intestin. — Le fer contenu dans les fèces est en grande partie du fer *excrémentiel*, pour une faible partie du fer *résiduel* non absorbé. Si on séquestre une anse intestinale, en la mettant hors du cours des matière alimentaires et qu'après l'avoir lavée on la ferme sur elle-même, cette anse se remplit d'une sécrétion riche en fer (1 milligr. 6 pour 1 gramme de sécrétion sèche) (Fritz, Voit). Chez des animaux mis en état d'inanilon minérale, l'excrétion fécale renferme un poids de fer notablement supérieur à celui du fer ingéré (Forster). Si on injecte dans la jugulaire un sel de fer, on retrouve, après quelques heures, le fer dans la sécrétion gastrique (Cl. Bernard), dans la sécrétion intestinale (Bucheim et Mayer). Le suc gastrique est riche en fer (Bunge). Le méconium du fœtus contient toujours du fer, environ 5 milligrammes chez l'homme (Guille-minot).

L'élimination doit se faire par un double mécanisme, à savoir : 1° de sécrétion proprement dite par les liquides exsudés de la muqueuse de l'intestin ; 2° de desquamation de l'épithélium intestinal dont les cellules sont riches en fer (4^{mgr},6 par gramme de l'épithélium desséché) (Bunge).

b. **Bile.** — La bile contient normalement une certaine quantité de fer, variable du simple au double et cela indépendamment de l'alimentation. Un chien de 22 kilos excrète en 24 heures 2 milligr. 34, soit en moyenne 0 milligr. 09 par jour et par kilo d'animal (Dastre).

c. **Urine.** — L'urine normale ne contient que des traces impondérables de fer, moins d'un demi-milligramme par litre (Lapicque). Même quand ce métal est injecté dans les veines à l'état de sel soluble alcalin (citrate de fer ammoniacal à 5 pour 100) l'urine n'en entraîne qu'une proportion extrêmement faible (Jacoby).

5. **Absorption du fer.** — Bien que non étroitement dépendante de l'alimen-tation, la réserve de fer de l'organisme, par le fait qu'elle entre dans un cycle de transformations qui finalement l'éliminent, doit être entretenue par une absorp-tion compensatrice.

Au point de vue de l'absorption, il faut distinguer de nouveau les deux états principaux sous lesquels se montre le fer. On admet comme vérité démontrée et maintenant courante que le fer à l'état salin n'est pas, ou à peu près pas absorbé, si toutefois il l'est ; le fer dissimulé dans les composés organiques est seul absorbé par la muqueuse intestinale (Hamburger, Bunge). Les sels de manganèse, si analogues aux sels de fer, sont tout à fait réfractaires à l'absorption du tube digestif et pour eux il n'y a pas d'erreur possible de dosage ; injectés dans les veines, ils sont éliminés néanmoins par l'intestin comme les sels de fer. — Les sels de fer ingérés (sels minéraux, sels à acide organique, albuminate de fer) sont transformés par le suc gastrique en chlorure et perchlorure de fer. Arrivés dans l'intestin, le chlorure et le perchlorure de fer, en présence du carbonate de soude qui fait le fond de sa réaction alcaline, deviennent de l'oxyde ferrique et du carbonate ferreux. Ces composés, le premier solubilisé par la substance organique, le second directement soluble, ne sont pas absorbés (on accepte le fait comme donnée de l'expérience sans l'expliquer). En présence des combinai-sons sulfurées de l'intestin l'oxyde ferrique et le carbonate ferreux donnent de l'hydrogène sulfuré et sont eux-mêmes transformés en sulfures ; c'est à cet état qu'ils sont éliminés avec les fèces.

Hématogène. — Le fer absorbable est contenu dans des combinaisons orga-niques du genre de celle que le vitellus de l'œuf de poule renferme assez abon-damment, l'*hématogène* de Bunge. C'est une nucléo-albumine ferrugineuse. Son nom lui vient de ce que, dans l'œuf des oiseaux, c'est elle qui fournit le fer de l'hémoglobine, au moment où les globules du sang sont en voie de formation dans l'embryon. Des combinaisons de ce genre existent assez abondamment dans les aliments d'origine tant végétale qu'animale.

L'hématogène est une nucléine ferrugineuse combinée elle-même avec l'albumine. Mise en digestion dans le suc gastrique, cette nucléo-albumine abandonne son albumine qui est peptonisée. La nucléine qui se sépare contient 0,29 p. 100 de fer, c'est-à-dire presque autant que l'hémoglobine de cheval et de chien, qui en contiennent 0,33 p. 100 (BUNGE).

Si on ingère à des animaux de grandes quantités de jaune d'œuf, l'élimination du fer en est augmentée au point que l'urine en contient de notables quantités (SOCIN). Si on nourrit des souris avec des rations contenant d'une part uniquement le fer à l'état salin et d'autre part à l'état organique, ce sont ces dernières seules qui survivent lorsque ce régime se prolonge. De même chez les invertébrés si on prend pour témoin de l'absorption du fer non plus la survie qui peut être très longue, mais la teneur du foie en fer (DASTRE et FLORESCO).

E. — CARBONE.

Le carbone est commun à tous les principes immédiats que l'on retire des êtres vivants. Il existe en particulier dans les substances dites *ternaires*, dont il forme, au point de vue biologique, l'élément principal.

Ces substances sont d'une part les *hydrates de carbone* dans lesquels l'hydrogène et l'oxygène sont associés suivant les proportions qu'ils ont dans l'eau [comme si une certaine quantité de carbone était unie à une ou plusieurs molécules d'eau, $C^n(H^2O)^p$]. — Ce sont d'autre part les *graisses*, dont la structure est plus compliquée et dans lesquelles les quantités d'hydrogène et d'oxygène sont telles qu'il y a toujours excès du premier de ces corps sur l'autre, par comparaison avec la molécule d'eau. — Le carbone existe aussi dans les substances dites *quaternaires*, conjointement avec l'azote, qui donne à ces dernières leur caractéristique.

La molécule si complexe des albuminoïdes renferme des composés carbonés, eux-mêmes multiples, et lorsqu'elle s'est simplifiée, en passant à l'état d'urée ou corps similaire, elle renferme encore du carbone, qui se trouve ainsi pour une faible partie lié à la totalité du cycle de l'évolution de l'azote.

I. État initial et final. — La source du carbone organique est dans l'acide carbonique de l'air. Les feuilles des végétaux ont le pouvoir de réduire ce composé, c'est-à-dire de séparer l'oxygène d'avec le carbone, en fixant ce dernier dans leurs tissus. Ce pouvoir leur est conféré par la fonction chlorophyllienne, laquelle utilise l'énergie de la radiation solaire, pour opérer des réactions endothermiques ou synthétiques, qui sont à la base de l'organisation vivante.

Par l'action de la chlorophylle, les hydrates de carbone, les graisses, les albuminoïdes eux-mêmes sont, par des procédés plus ou moins directs ou indirects, élaborés dans les plantes. Des végétaux ces principes immédiats passent aux animaux, qui restituent le carbone à l'air atmosphérique, sous une forme finale identique à sa forme initiale, à savoir l'acide carbonique.

II. **Cycle fermé sur lui-même.** — Tel est, simplifié, schématisé, le cycle du carbone dans le règne vivant. Il est, comme on voit, fermé sur lui-même. Il comprend dans son développement total un grand nombre de cycles partiels, qui ne sont encore que très imparfaitement définis et que nous ne connaissons que par la différence de leurs états initiaux et finals.

Historique. — Bonnet (1769) avait observé que des feuilles de vigne immergées et exposées au soleil laissaient dégager des bulles de gaz. Le phénomène n'avait plus lieu quand l'eau était préalablement bouillie. Priestley (1772) avait reconnu qu'une atmosphère confinée, viciée par la combustion d'une bougie ou par la respiration d'un animal, est régénérée par un pied de plante qui y séjourne et y prospère et rendue par lui de nouveau propre à entretenir la combustion et la respiration. Jngenhousz (1787) vit que la radiation solaire était une des conditions essentielles du phénomène. Sennebier démontra que l'oxygène dégagé a pour origine la décomposition de l'acide carbonique de l'air, dont le carbone reste fixé à la plante. Th. de Saussure (1804) fit connaître le rôle également essentiel de la matière verte des feuilles. Il montra que la réduction de l'acide carbonique appartient spécialement à cette matière que nous appelons maintenant la chlorophylle. Pendant la germination, la plante dépourvue de cette substance respire à la façon ordinaire, absorbe de l'oxygène et dégage de l'acide carbonique ; ses parties d'autre couleur font de même ; et de plus, placée à l'obscurité elle agit en totalité pour altérer l'air à la façon des animaux. Enfin Garreau alla plus loin encore, en montrant que le phénomène d'échange gazeux avec l'atmosphère ne s'invertit pas en passant de l'obscurité à la lumière, mais que l'activité réductrice de la chlorophylle masque simplement, en raison de sa prépondérance, l'activité respiratoire du protoplasme ordinaire qui ne cesse jamais. En somme, la plante, comme tout être vivant, ne peut se passer d'oxygène pour vivre : elle absorbe ce gaz et rend de l'acide carbonique. C'est là une fonction à la fois essentielle et continue ; mais elle en possède une autre, spéciale à la chlorophylle, intermittente comme l'action des rayons solaires et dont l'intensité, quand elle s'exerce, prime la fonction respiratoire. De sorte que l'absorption d'acide carbonique avec dégagement d'oxygène n'est que la résultante d'un double courant inverse dû à l'activité simultanée des deux fonctions elles-mêmes inverses.

Quotient de réduction ou d'assimilation ; comparaison avec le quotient respiratoire. — On sait ce qu'on désigne sous le nom de quotient respiratoire : c'est le rapport de l'acide carbonique exhalé à l'oxygène absorbé par un être vivant, dans l'échange dit respiratoire. Ce quotient $\frac{CO^2}{O^2}$, qui exprime un phénomène d'oxydation, a une grande importance dans la physiologie animale, où il a été étudié à tous les points de vue. Le phénomène inverse d'absorption de l'acide carbonique avec exhalation de l'oxygène par les plantes à chlorophylle prête à l'établissement d'un rapport du même genre, dans lequel les termes du précédent sont inversés. On peut appeler *quotient de réduction* le rapport $\frac{O^2}{CO^2}$ de l'oxygène exhalé à l'acide carbonique absorbé (par les plantes chlorophylliennes). Comme la réduction de l'acide carbonique va de pair avec l'assimilation du carbone, on pourrait par extension en faire un *quotient d'assimilation* de ce dernier corps par les végétaux chlorophylliens.

De l'égalité ou de l'inégalité, soit dans un sens, soit dans l'autre, des volumes d'acide carbonique et d'oxygène (ou, ce qui revient au même, du poids de l'oxygène entrant libre et de ceux de l'oxygène fixé au carbone) on peut tirer, dans un cas comme dans l'autre, certaines indications et parfois même des conclusions importantes.

Le quotient respiratoire peut être tantôt inférieur, tantôt égal, tantôt même supérieur à l'unité ; cela dépend, comme on sait, de la nature du corps qui s'oxyde en fournissant l'acide carbonique et des réactions parallèles qui compliquent le phénomène essentiel de la respiration. En est-il de même du quotient de réduction de l'acide carbonique ? Quelles circonstances peut-on imaginer qui le feraient varier, soit dans un sens, soit dans l'autre ?

Valeur de ce quotient. — En principe, on suppose que la réduction de l'acide carbonique est complète, c'est-à-dire que toute la quantité de ce gaz, qui est absorbé par la plante chlorophyllienne, est dissociée en carbone qui se fixe sur les tissus végétaux et oxygène qui est rendu à l'atmosphère. — Avant toute chose on peut demander à l'expérience de prononcer sur cette question. Elle est assez délicate à réaliser d'une façon péremptoire. L'échange gazeux qui se produit dans la plante verte exposée au soleil est, comme il a été dit déjà, la résultante de deux courants inverses, de sorte que dans l'estimation du quotient de réduction il faut tenir compte du quotient respiratoire.

L'artifice consistera à faire tout d'abord la part de ce dernier, en mettant la plante à l'obscurité ou en la soumettant aux vapeurs d'éther, l'une et l'autre condition ayant pour effet de supprimer la fonction chlorophyllienne en laissant persister la fonction respiratoire. Bonnier et Mangin ont trouvé que la valeur du quotient respiratoire $\frac{CO^2}{O^2}$ est toujours inférieure à l'unité.

Comme dans l'expérience à la lumière l'oxygène dégagé égale sensiblement l'acide carbonique absorbé, il faut en conclure que le quotient $\frac{O^2}{CO^2}$ est lui-même supérieur à l'unité.

Il y a ainsi un excès d'oxygène qui ne provient pas de la décomposition de l'acide carbonique et s'ajoute à lui. Certains ont admis qu'il vient de la réduction de l'eau. Schimper suppose que ce surplus vient de la réduction des nitrates qui se fait en même temps que celle de l'acide carbonique.

I. — *L'énergie solaire et la chlorophylle.*

I. Absorption de l'énergie solaire par la plante. — La réduction de l'acide carbonique, c'est-à-dire la séparation de l'oxygène d'avec le carbone auquel il est uni dans ce composé, est une opération *endothermique*, nécessitant l'intervention d'une énergie extérieure, étrangère à celle que peut posséder le corps ainsi transformé. Cette énergie est ici représentée par la radiation solaire. Elle a une valeur considérable. Nous ne pouvons pas l'estimer directement, mais nous en avons une mesure indirecte. Cette énergie, empruntée au milieu radiant, est égale à celle que ces deux corps séparés dégagent en se combinant dans l'oxydation du carbone, pour la formation de l'acide carbonique.

$$C + O^2 = CO^2 + 94 \text{ kilocalories, 3}$$

Dans la formation de l'acide carbonique, cette énergie réapparaît sous forme de chaleur sensible au thermomètre. Le calorimètre nous en donne alors la mesure. Quand, par un moyen purement chimique, on veut opérer la réduction de ce composé, on s'adresse également à la chaleur ; les chimistes savent que pour réaliser cette dissociation il faut employer une température très élevée. *La radiation solaire, elle, opère avec les rayons éclairants plutôt qu'avec les rayons calorifiques et elle réalise, par l'intermédiaire de la chlorophylle, cette opération à la température ordinaire. La chlorophylle agit ici comme un transformateur d'énergie.*

Sources accessoires du carbone. — C'est par l'air, à la surface de ses feuilles, que le végétal fait provision de carbone. Cette source est la principale mais elle n'est pas exclusive. Elle lui fait même défaut au début de son existence. *L'embryon d'une plante est d'abord dépourvu de chlorophylle* (aussi bien qu'il est à l'abri de la lumière) ; il consomme les réserves de sa graine et se nourrit alors exclusivement de carbone organique. A l'état adulte, il est encore en état d'utiliser, dans une certaine mesure, le carbone organique du sol (humus, hydrates de carbone, etc.). On en a la preuve par ce fait que la matière humique influe sur la croissance ou développement de certains végétaux (Dehérain). On arrive même à faire pousser certaines plantes, en leur offrant une solution nutritive additionnée de sucres et de composés minéraux nécessaires à la végétation, tout en les maintenant à l'obscurité, c'est-à-dire en les privant de la condition essentielle qui assure la fixation du carbone atmosphérique (Mazé).

II. Leucites ; chloroleucites. — A l'exemple des diastases et de toutes les substances qui dans l'être vivant opèrent les transformations de l'énergie nécessaire à ses fonctions, *la chlorophylle n'apparaît donc qu'au moment où son rôle va être utile et disparaît quand elle n'a plus d'emploi.*

La chlorophylle est localisée sur des corpuscules protoplasmiques qu'elle colore en vert. Ce sont les *leucites*, disséminés dans les cellules, de préférence vers leurs parois. Ils préexistent dans les cellules de l'embryon ; ils deviennent les *chloroleucites* quand la plantule commence à recevoir les rayons lumineux et prend alors sa couleur verte.

III. Radiations actives. — Les lumières artificielles, à défaut de la lumière solaire, sont capables de provoquer la formation de la

chlorophylle et de la faire réapparaître dans les plantes étiolées. Mais les diverses radiations du spectre ne sont pas également efficaces. Les plus actives sont celles qui présentent le maximum d'éclairement : ce sont donc les rayons lumineux proprement dits, qui, à l'exclusion des rayons calorifiques et chimiques, provoquent sa formation. Ce que nous disons de l'action des radiations lumineuses sur la formation de la chlorophylle, nous pouvons le dire également de cette même action sur l'absorption du carbone par cette substance dans les plantes. Toutes les radiations, quand on les fait tomber isolément sur les feuilles, n'ont pas le même pouvoir de réduction à l'égard de l'acide carbonique de l'air, et partant de fixation de carbone dans les feuilles ainsi insolées.

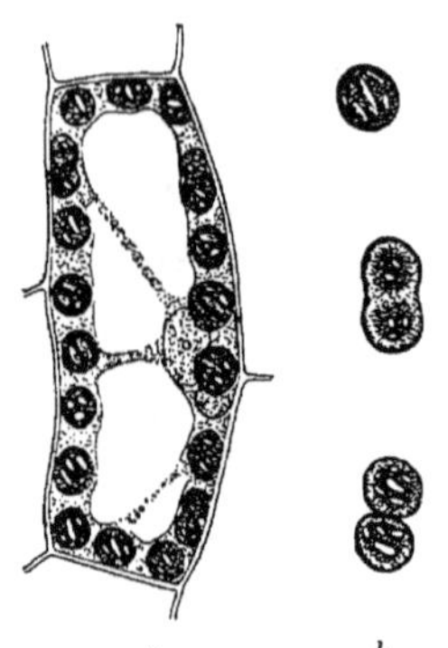

Fig. 25. — *Cellule végétale avec ses chloroleucites.*

A droite un corps chlorophyllien se présente isolément en train de se diviser.

Si, dans une éprouvette pleine d'eau et renversée sur une cuve à eau, on a placé des feuilles et qu'on la fasse traverser par la lumière blanche, un dégagement gazeux d'oxygène apparaît immédiatement et cesse au contraire dès qu'on fait l'obscurité.

Si entre l'éprouvette et la source lumineuse un prisme est interposé, de manière à décomposer le spectre en ses couleurs élémentaires et qu'on dirige celles-ci l'une après l'autre isolément sur l'éprouvette, *le dégagement d'oxygène est très inégal suivant les radiations expérimentées. Il peut s'exprimer par une courbe qui, partant du rouge, s'élève brusquement, puis s'infléchit dans le jaune vers zéro* (TIMIRIAZEFF). Il y aurait néanmoins un *second maximum mais beaucoup plus faible dans le bleu* (ENGELMANN).

1. Bandes d'absorption de la chlorophylle ; leur correspondance avec les radiations actives. — Certaines radiations du spectre ont donc sur la chlorophylle une action élective dont témoigne l'intensité du phénomène biologique. On la met d'autre part en évidence par une expérience d'ordre purement physique qui la contrôle. Si on examine au spectroscope une solution (alcoolique par exemple) de chlorophylle, on constate dans le spectre des bandes d'absorption qui répondent précisément aux radiations sus-indiquées. Ces bandes sont au nombre de sept : quatre dans la partie la moins réfrangible, la plus sombre et la plus large est dans le rouge entre les raies B et C, trois autres plus estompées et moins larges situées respectivement dans l'orangé, le jaune, le vert ; enfin trois autres bandes s'échelonnent de la raie F à l'extrémité du spectre.

Les radiations qui correspondent à ces bandes disparaissent en tant qu'énergie lumineuse ; c'est l'indice de leur transformation en une énergie autre que lumineuse, que nous pouvons appeler *chimique* en raison de ses effets dans la feuille.

Différentes chlorophylles. — Frémy, Hoppe-Seyler, mais surtout A. Gautier et plus récemment Etard ont étudié la composition de la chlorophylle. Gautier a montré que cette composition varie d'une plante à l'autre. Etard établit qu'une même plante peut renfermer plusieurs espèces de chlorophylle. Elles se distinguent, entre autres caractères, par leur solubilité dans des réactifs de nature nettement différente. Cette affinité des unes par exemple pour les carbures, des autres pour l'eau, rendrait compte des synthèses de diverses catégories de principes immédiats qui se réalisent dans les feuilles, les premières s'employant à la fabrication des *huiles* et des *essences*, les autres à celle des *hydrates de carbone*, des *tannins*, etc.

Les spectres d'absorption de ces différentes chlorophylles sont très semblables, mais néanmoins se distinguent les uns des autres quand on emploie des solutions très étendues. Les bandes, en se rétrécissant de plus en plus, marquent finalement la place des axes qui leur correspondent et qui n'est pas tout à fait la même pour les différents types.

Certains végétaux tels que les fougères, les conifères, le gui, se distinguent des autres par cette particularité qu'ils n'utilisent que les rayons infra-rouges à l'exception des autres.

2. **Comparaison des deux moitiés du spectre.** — Pour la partie la moins réfrangible du spectre (rouge et jaune), il ne fait aucun doute que certaines de ses radiations ont une action relative sur le phénomène d'assimilation chlorophyllienne; la discussion porte seulement sur les limites plus ou moins précises de ces radiations dans le spectre. Pour la partie la plus réfrangible (bleu et violet), le désaccord est plus grand, les uns n'admettant pas l'influence de ces radiations (Reinke), les autres la considérant comme possible, les autres enfin pensant l'avoir démontrée (Engelmann), certains les étendant même jusqu'à la région ultra-violette (Bonnier et Mangin). Les résultats peuvent en effet différer suivant la nature et la sensibilité des méthodes employées et même suivant la conduite du raisonnement. Le dégagement d'oxygène, qui est (quand il existe) un témoin irrécusable de l'activité de la fonction chlorophyllienne, peut dans certains cas être masqué suffisamment par la fonction inverse de nature respiratoire pour ne pas apparaître, de sorte que son absence ne dénote pas expressément l'absence de réduction.

En somme, à des degrés très inégaux, toutes les radiations du spectre pourraient donc intervenir dans le phénomène. Non seulement pour la moitié la moins réfrangible, mais aussi pour la partie qui comprend le violet, il y aurait concordance entre les bandes d'absorption du spectre de la chlorophylle et les radiations qui sont actives dans la fonction chorophyllienne.

Radiations actives, radations inactives. — Une des parties les moins actives c'est celle qui correspond à la lumière verte. Des plantes placées dans des lanternes munies de verres verts s'étiolent rapidement, à peu près comme à l'obscurité (P. Bert). Des plantes recevant de la lumière qui a traversé une solution de chlorophylle s'étiolent de même. Sous le couvert des grands bois on sait que la végétation et à peu près nulle. — Inversement, si on place une plante sous des verres rouges, elle y vit presque indéfiniment. C'est donc bien la partie rouge du spectre qui est la plus indispensable à la végétation et c'est parce qu'elle est arrêtée par les verres verts, les solutions de chlorophylle, et les frondaisons superposées des grands arbres des forêts que la végétation devient impossible pour les plantes qui ne reçoivent que de la lumière dépourvue de ces radiations actives (P. BERT, REGNARD).

3. **Pigments particuliers.** — Les algues possèdent des pigments particuliers qu'on a rapprochés de la chlorophylle et auxquels on attribue le pouvoir de réduction que possèdent ces végétaux. La bactério-purpurine des bactéries aurait également, d'après quelques-uns, une fonction analogue.

Pour étudier les pigments assimilateurs (y compris la chlorophylle elle-même) dans l'intimité des cellules, ENGELMANN utilise l'avidité des bactéries de la putréfaction (*bacterium termo*) pour l'oxygène. Un filament d'algue étant mis au point sous le champ du microscope dans une goutte d'eau contenant de ces bactéries, lorsqu'on projette sur ce filament un spectre microscopique, la décomposition de CO^2 dissous se produit et l'oxygène est dégagé avec des intensités différentes dans les diverses radiations du spectre. Les bactéries viennent se ranger en nombre proportionnel à cette intensité dans ces diverses régions et dessinent une courbe représentative du phénomène. Pour la chlorophylle cette courbe est celle indiquée plus haut. Pour les autres pigments elle est variable et très différente de celle de la chlorophylle.

ENGELMANN établit comme règle que, dans chaque cas particulier, *la lumière colorée la plus active au point de vue de la décomposition de CO^2 est complémentaire de la coloration des plastides chromophores.* Si ces plastides sont verts, comme c'est le cas de la chlorophylle, la lumière rouge sera la plus active ; s'ils sont rouges, ce sera la lumière verte.

4. **Autre mode de réduction de l'acide carbonique ; réduction par le protoplasme ; énergie chimique utilisée.** — Le pouvoir d'assimiler le carbone de l'acide carbonique n'est pourtant pas lié exclusivement à la présence de la chlorophylle ou des pigments. Des *bactéries incolores* telles que les *ferments nitrifiants* étudiés par WINOGRADSKY, *décomposent l'acide carbonique*; elles *utilisent pour cela l'énergie libérée par les réactions parallèles d'ordre exothermique qu'elles sont aptes à mettre en train*, à savoir la transformation de *l'ammoniaque en acide nitreux et nitrique*.

Dans l'organisme animal qui constitue ses réserves propres et ses tissus avec les principes immédiats qu'il accepte tout formés du règne végétal, il est à supposer qu'il en est souvent ainsi. Les réactions endothermiques qui s'y réalisent trouvent dans des réactions exothermiques parallèles et voisines l'énergie qui leur nécessaire. La rapidité des transformations, la similitude entre les produits, les uns détruits, les autres reconstitués, nous masquent les termes intermédiaires de ces opérations.

5. **Animaux pourvus de chlorophylle.** — On connaît des animaux (planaires, hydre verte, etc.) qui contiennent des grains de chlorophylle et l'utilisent pour leur nutrition en décomposant l'acide carbonique : ils recherchent la lumière et meurent dans l'obscurité (P. GEDDES). En réalité ces grains de chlorophylle ne sont pas fixés dans les tissus de ces animaux, mais contenus dans des algues unicellulaires formant avec eux une sorte de *symbiose* (G. ENTZ et K. BRANDT). Chez certains infusoires (vorticelles) la chlorophylle est au contraire répandue d'une manière diffuse dans le protoplasme ; ces êtres réduisent également l'anhydride carbonique (ENGELMANN).

6. **Végétaux dépourvus de chlorophylle.** — Certains végétaux tels que les champignons (orobanche, cuscute, etc.) sont dépourvus de chlorophylle. Ils sont dans l'impossibilité de fixer le carbone de l'air ; ils vivent par conséquent

au dépens du carbone organique du sol ou du milieu qui leur sert de support. Ils sont *parasites* ou *saprophytes*.

II. — *Formation des hydrates de carbone.*

Formation d'amidon dans les feuilles. — Corrélativement avec la réduction de l'acide carbonique (accusée par l'apparition de l'oxygène dégagé) sous l'influence des radiations solaires, on peut constater la production d'amidon dans les feuilles de la plante (SACHS). Quand la plante est mise à l'obscurité cet amidon disparaît peu à peu, utilisé pour les fonctions. L'amidon est déposé sous forme de grains que l'iode décèle en les colorant plus ou moins vivement. On peut, dans de certaines conditions, constater des augmentations de poids qui s'expliquent par le carbone fixé, lequel compense et au delà, celui qui est éliminé par la respiration.

Tel est le phénomène le plus saillant, le plus visible ; il se décompose en un certain nombre d'opérations secondaires, elles-mêmes plus ou moins complexes. L'amidon est le terme le plus élevé de la formation des hydrates de carbone, mais il n'est pas le seul. Ces différents hydrates de carbone ont, dans le végétal comme dans l'animal, des rôles de métamorphoses ou de substitutions, pour l'exercice des fonctions. Il y a à indiquer le sens général de ces substitutions, la loi qui les régit. De plus, avant d'arriver à l'état d'hydrates proprement dits, le carbone doit passer par des états intermédiaires plus simples qui nous rendent compte de la synthèse de ces derniers.

I. **Les hydrates de carbone des végétaux**. — Les hydrates de carbone qui existent dans les feuilles sont : *a*, de l'amidon ; *b*, un sucre non réducteur (le saccharose) ; *c*, des sucres réducteurs (du glucose, du lévulose et du maltose). L'amidon et le saccharose paraissent se former sur place. La nature peu diffusible de ces composés se concilie avec leur rôle de réserve. Lorsque ces réserves doivent être mobilisées pour les besoins de la plante, l'amidon et le saccharose sont hydratés, ramenés à l'état de sucre réducteur, de nature éminemment diffusible. Cette hydratation est réalisée par des diastases qui existent dans les feuilles (BRASSE, SCHIMPER).

1. **Diastases transformatrices**. — On a isolé un certain nombre de ces diastases ; on a trouvé dans les feuilles de l'amylase d'une façon constante (BRASSE, SCHIMPER). Les feuilles renferment également de la sucrase (invertine), mais pas de maltase (BROWN et MORRIS). On doit en conclure que le glycose et le lévulose proviennent du saccharose (par action de la sucrase), et le maltose de l'amidon (par action de l'amylase), mais non le glycose du maltose (la maltase faisant défaut).

L'activité diastasique est plus grande la nuit que le jour. Les diastases se forment là où doit s'opérer la transformation qu'elles sont susceptibles de réaliser. C'est pendant la nuit que l'amidon élaboré dans les feuilles a besoin d'être hydrolysé et transformé en substances sucrées diffusibles qui sont utilisées par l'activité respiratoire continue.

2. **Mécanisme de la synthèse.** — Pour ce qui est du mécanisme chimique (jeu des atomes) de la formation des hydrates de carbone dans les feuilles, on ne possède sur lui que des hypothèses plus ou moins probables. — BAEYER se fonde sur la facilité avec laquelle l'aldéhyde formique se polymérise pour le faire intervenir dans la formation de ces corps. *L'eau et l'acide carbonique donneraient après cela naissance à de l'aldéhyde formique et c'est ce corps qui ensuite condenserait sa molécule, en éliminant une certaine quantité d'eau pour faire, par exemple, du saccharose.* Il y a élimination d'un peu d'oxygène dans la réaction, ce qui concorderait avec la valeur attribuée au quotient de réduction.

$$CO^2 + H^2O = HCOH + 2O$$
$$12 HCOH = C^{12}H^{22}O^{11} + H^2O$$

Mais comment s'opère la réaction qui donne naissance à l'aldéhyde formique ? D'après BACH, on pourrait la comprendre ainsi : L'acide carbonique dissous dans l'eau (qui peut s'écrire CO^3H^2) est comparable à l'acide sulfurique en solution. Les rayons solaires décomposent facilement ce dernier en acide sulfurique, soufre et eau. Ils décomposeraient de même (mais avec le secours de la chlorophylle des feuilles) l'acide carbonique en acide percarbonique, carbone et eau d'après l'équation :

$$3CO^3H^2 = 2CO^4H^2 + C + H^2O$$

Le carbone et l'eau s'uniraient directement pour former l'aldéhyde formique, lequel se condenserait en perdant de l'eau comme il a été dit. Quant à l'acide percarbonique qui intervient comme terme nouveau, il se dissocierait à mesure de sa formation en anhydride carbonique (CO^2) et eau oxygénée (H^2O^2) qui se décomposerait à son tour en eau et oxygène libre, d'où l'oxygène dégagé.

$$2CO^4H^2 = 2CO^2 + 2H^2O^2$$
$$2H^2O^2 = 2H^2O + 2O$$

Preuve théorique et expérimentale. — Comme raison théorique appuyant cette explication, on peut citer les travaux de FISCHER qui a obtenu synthétiquement des sucres hexoses en partant de l'aldéhyde formique. Ce dernier corps, il est vrai, n'existe jamais qu'à l'état de trace dans les feuilles, quand on l'y trouve ; mais il peut être transformé à mesure de sa formation, d'autant qu'en quantité un peu considérable il serait toxique. — On peut même alimenter des algues avec du méthylal qui se dédouble facilement en alcool méthylique et aldéhyde formique et assister à la formation de grains d'amidon dans les chloroplastes des spirogyres. L'amidon ne provenait pas de l'alcool méthylique, car l'expérience ne réussit pas avec l'oxyméthylsulfite de sodium que l'eau dédouble à une température plus élevée en aldéhyde formique et sulfate acide de sodium (des précautions étaient prises pour neutraliser l'action toxique de ce dernier corps).

3. **Dépendance ou indépendance à l'égard des réactions formatrices du protoplasme.** — Dans l'exposition qui précède, on explique la formation des

hydrates de carbone dans le végétal par une série de réactions chimiques réalisées par des moyens assurément spéciaux, tels que notamment l'intervention de la chlorophylle, mais considérés indépendamment des autres réactions qui s'opèrent dans le protoplasme et qui contribuent à édifier et renouveler celui-ci. Autrement dit, le protoplasme serait le support de ces réactions amylogènes, mais il n'y interviendrait pas. La réserve amyloïde et les corps qui la précèdent seraient une enclave sans liaison chimique véritable avec lui. Cette façon de voir est probablement beaucoup trop exclusive et partant trop simple. Son mérite principal est de rendre ces phénomènes intelligibles, en les dégageant mentalement des complications auxquelles ils prennent part. — D'autres voient les choses autrement et tendent à les unifier sinon à les simplifier. Il n'y aurait en somme qu'une seule synthèse, celle du protoplasme lui-même, duquel, une fois constituées, les substances de réserve se sépareraient.

Même en admettant cette manière de voir, les raisonnements précédents ne se trouvent ni contredits ni foncièrement modifiés ; il faut toujours expliquer par des réactions au fond chimiques (des jeux d'atomes et de molécules) la transformation du carbone de l'acide carbonique réduit en réserves sucrées et amylacées. Toute la question est de savoir quel est le degré d'isolement ou d'indépendance de ces réactions avec celles qui réalisent la trame du protoplasme proprement dit. Il est impossible que les substances qui sont absorbées par les racines et les réactions elles-mêmes multipliées, mais peu connues qu'elles subissent, n'y apportent aucune complication. Le problème reste de savoir dans quelle mesure et de quelle façon.

II. Fonctions chimiques des sucres. — Les sucres sont des corps reconnaissables organoleptiquement à leur saveur particulière dite *sucrée*. Chimiquement ce sont des *composés ayant plusieurs fois la fonction alcoolique*, des *alcools polyatomiques* ou *polyalcools* ; le glycol, la glycérine, à ce titre, sont des sucres, aussi bien que le glycose ou le saccharose.

Constitution. — Ils appartiennent à la série grasse ou série linéaire. Pour prendre un exemple, le glycose est formé de six groupes d'atomes placés à la suite les uns des autres. Les quatre médians sont quatre groupes alcools secondaires CHOH ; les deux extrêmes sont, l'un un groupe alcool primaire CH^2OH, l'autre un groupe aldéhyde CHO ; d'où la formule :

$$CH^2OH - CHOH - CHOH - CHOH - CHOH - CHO.$$

Dyssymétrie ; pouvoir rotatoire. — La chaîne est donc dyssymétrique à ses deux bouts. *Cette dyssymétrie se rattache au pouvoir rotatoire de la substance.* Ce pouvoir est acquis à toute molécule possédant au moins un atome de carbone asymétrique. — La quercite $CH^2(CHOH)^5$ et l'inosite $(CHOH)^6$ sont deux sucres cycliques.

Classification. — Du point de vue chimique on établit en effet une classification des sucres plus large que celle qui a cours dans les livres de physiologie.

a. **Sucres en ite**. — Dans une première catégorie, on comprend des sucres ne possédant que des fonctions alcooliques. Tels sont le glycol, la glycérine, l'érythrite, l'arabite, la mannite, la perséite, qui sont respectivement 2, 3, 4, 5, 6, 7 fois alcool. La formule générale est $C^nH^{n+2}(OH)^n$.

Ce sont les sucres en *ite*. Ils forment des séries suivant le nombre d'atomes de carbone qu'ils contiennent.

L'érythrite $C^4H^6(OH)^4$ est une *tétrite*; l'arabite $C^5H^7(OH)^5$ une *pentite*; la mannite $C^6H^8(OH)^6$ une *hexite*; la perséite $C^7H^9(OH)^7$ une *heptite*. Il peut y avoir des dérivés de ces sucres; exemple, la rhamnite $(CH^3) C^5H^6(OH)^5$ est une méthylpentite.

b. **Sucre en ose ; Monoses**. — Dans une deuxième catégorie, on comprend des corps qui, en outre de la fonction polyalcool commune à tous les sucres, sont en même temps aldéhydes ou acétones. Tels sont le glucose, qui est cinq fois alcool et une fois aldéhyde; le fructose ou lévulose qui est cinq fois alcool et une fois acétone. Ce sont les sucres en *ose ; ils réduisent tous la liqueur cupropotassique.*

Aldoses et cétoses. — Cette deuxième catégorie comprend elle-même deux subdivisions ou sous-familles, les *aldoses* et les *cétoses*. Le mannose, le dextrose ou glucose sont des *hexoaldoses*; le fructose ou lévulose est un *hexocétose*.

c. **Polyoses**. — Dans une troisième catégorie, on comprend enfin les corps qui résultent de l'union, avec élimination d'eau, de deux ou plusieurs molécules de sucres, soit aldéhydiques, soit cétoniques, qu'ils peuvent régénérer par hydrolyse, sous l'influence des acides étendus et de certaines diastases. Ce sont encore des sucres en *ose*, dont la molécule est alors composée de deux ou plusieurs molécules de la catégorie précédente. Ce sont les *polyoses*, par opposition aux sucres de la catégorie précédente qui sont les *monoses*. Tels sont le maltose qui est composé de deux molécules de glucose ou deux hexoaldoses, et le saccharose composé de deux molécules également, l'une de glycose (hexoaldose), l'autre de lévulose (hexocétose).

Cette catégorie comprendra donc de nouvelles subdivisions suivant le nombre de molécules ou *monoses* ainsi agglomérées. Et dans ces subdivisions, des séries différentes suivant l'ordre des monoses réunies synthétiquement. Le maltose et le saccharose sont des bioses (deux molécules), formées d'hexoses (à six atomes de carbone); ce sont des *hexobioses*. Le raffinose est une *hexotriose*, etc.

III. — *Formation des matières grasses.*

Localisation des graisses. — Les réserves d'amidon et d'hydrates de carbone existent soit dans les feuilles, soit dans les fruits, où elles sont très abondantes : il en est de même des graisses, les grains de chlorophylle en contiennent constamment, mais on sait qu'elles sont surtout abondantes dans certaines graines, telles que celles du colza, du lin, dans l'olive, dans la noix, etc.

1. **Leur formation aux dépens des hydrates de carbone.** — La formation des graisses a des rapports étroits avec celle des hydrates de carbone. C'est par transformation (réduction incomplète) de ces derniers ou de corps analogues qu'elles se constituent (sur place vraisemblablement) dans les organes qui les renferment. C'est ce qu'on déduit des observations de Luca, et de celles ultérieures de Muntz et de Gerber. Dans l'olive jeune on trouve d'abord très peu de graisse, mais en revanche beaucoup de mannite ; avec la maturation du fruit la mannite diminue pendant que l'huile augmente. Il y a donc substitution très probablement par transformation du premier de ces corps dans le second. La mannite n'est pas un sucre mais un alcool hexatonique, ayant avec les hydrates de carbone une assez étroite parenté (il en diffère par deux atomes d'hydrogène en plus (Luca).

Dans le colza la substitution se fait entre la silique et la graine ; la première, riche d'abord en matières hydrocarbonées, s'en appauvrit à mesure que la graine s'enrichit en graisses. C'est donc que cette dernière sait transformer celle-là en celle-ci.

Indication donnée par le quotient respiratoire. — Lorsqu'un hydrate de carbone se transforme en graisse, il perd de l'oxygène et la libération de ce gaz doit modifier la valeur du quotient respiratoire. Si ce gaz était rendu à l'état libre, cette valeur devrait diminuer. En réalité ici l'oxygène entraine une partie du carbone et sort à l'état d'acide carbonique, d'où l'abaissement de la valeur du quotient respiratoire. Pour une olive jeune pesant $0^{gr},42$ et encore dépourvue d'huile ce quotient respiratoire était 0,79, tandis que pour une autre du poids de $3^{gr},30$ il était 1,51. Il redevient égal à l'unité quand la mannite a complètement disparu (Geber).

2. **Agent transformateur.** — Quel que soit le corps qui fournisse la matière première au dépens de laquelle se fait la graisse, la nature vivante a son procédé équivalant à celui des agents chimiques vulgaires, mais différent, moins brutal et probablement plus compliqué. Ce procédé paraît général et l'agent de transformation de la graine est de nouveau la matière verte comme pour les hydrates de carbone. Étard a vu qu'on pouvait distinguer les unes des autres plusieurs chlorophylles assez semblables, mais distinctes entre autres choses par leur solubilité les unes dans l'eau, les autres dans les carbures. Ces dernières seraient pour la formation des graisses, les premières pour la formation des sucres et de l'amidon.

3. **Transformations inverse.** — Les réserves de graisses, qui sont faites par la graine pendant sa maturation, sont employées par elle pendant la germination ; on les voit alors subir une transformation inverse de celle qui les a constituées. Des sucres réducteurs apparaissent alors dans ces graines qui n'en contenaient auparavant que très peu ou pas, tel l'acide ricinoléique de la graine de ricin qui

se transforme en glycose pendant la germination (MAQUENNE). Il y a donc substitution et en quelque sorte réversibilité non seulement des hydrates de carbone entre eux, mais des graisses aux hydrates de carbone et réciproquement et la signification fonctionnelle de ces transformations reste encore la même : la marche synthétique des transformations ascendantes a pour effet de constituer des réserves sous des formes chimiques aussi peu diffusibles que possible, telles l'amidon et les graisses; la marche analytique des transformations descendantes a pour effet de mobiliser ces réserves, de leur donner la forme diffusible, qui leur permet d'être transportées au lieu de leur utilisation.

IV. — *Carbone des albuminoïdes.*

La molécule albuminoïde contient une substance caractéristique qui est l'azote, mais elle contient en même temps du carbone, on peut même dire un ou plusieurs noyaux carbonés, qui sont rattachés à son noyau azoté.

Remarque. — Au cours des oxydations qui attaquent la molécule albuminoïde, l'oxygène se porte exclusivement sur le carbone et l'hydrogène de celle-ci, nullement sur l'azote. Le carbone ainsi oxydé forme l'anhydride carbonique, qui est éliminé par la voie pulmonaire. Une petite partie de l'acide carbonique formé choisit néanmoins une autre voie, celle de l'élimination rénale. C'est celui qui existe dans l'urée, laquelle est du carbonate d'ammoniaque moins de l'eau. L'azote, ainsi qu'on voit, accomplit tout son cycle sans se laisser attaquer par l'oxygène. On le retrouve en fait sous forme d'ammoniaque, corps non oxygéné entraînant du carbone oxydé sous forme d'acide carbonique.

CHAPITRE II

L'ÉVOLUTION ÉNERGÉTIQUE ; LA GLYCOGÉNIE.

Le corps qui dans l'organisme remplit la fonction énergétique, c'est le *carbone*; la forme chimique autour de laquelle il évolue dans cette fonction, c'est le *sucre*; le corps qui par son conflit avec lui manifeste cette fonction, c'est l'*oxygène*. L'évolution énergétique se trouve comme condensée dans ces trois termes correspondant à des fonctions dont les noms usuels rappellent mieux à l'esprit la complexité et les détails et qui sont : l'*alimentation*, la *glycogénèse*, la *thermogénèse*.

Historique. — Les origines de l'énergétique animale se confondent avec celles de la chimie scientifique. Ce chapitre de la physiologie s'inaugure avec LAVOISIER et LAPLACE. Il se constitue avec Cl. BERNARD. Dans ses grandes lignes il se parachève à notre époque, sous nos yeux. Et, s'il est difficile d'assigner à des travaux contemporains leur exacte valeur, on ne peut nier que l'œuvre des auteurs précédents n'ait trouvé une sorte de synthèse et de complément dans les travaux de Chauveau et de son école.

Évolution de la matière sucrée des animaux. — Le point en quelque sorte nodal de l'énergétique biologique, celui duquel on entrevoit le mieux les grandes lignes du sujet, en même temps que les multiples croisements des phénomènes évolutifs qui le compliquent à tous les stades de son développement, c'est l'origine et la destination de la matière sucrée chez les animaux, la glycogénèse envisagée au point de vue à la fois somatique et cellulaire. Vers elle convergent toutes les évolutions nutritives particulières depuis la digestion ; d'elles dépendent, d'une façon directe ou indirecte, tous les phénomènes énergétiques de l'organisme. C'est elle qui, dans l'état encore incomplet de nos connaissances, nous permet de faire l'unité dans la nutrition.

Anciennes idées sur la nutrition. — Pour comprendre jusqu'à quel point cette unité était insoupçonnée dans l'époque qui s'étend de Lavoisier à Cl. Bernard, il suffit de rappeler les oppositions que rencontrèrent les faits sur lesquels elle est établie. Pour les auteurs de cette époque, les opérations de la nutrition se bornent à peu de chose près à celles de la digestion. La chimie vivante, celle qui s'opère au sein des tissus pour reconstituer ce qu'ils perdent sans cesse, cette chimie proprement assimilatrice leur est inconnue ; bien plus, ils la jugent inutile. A leurs yeux, c'est le végétal qui en est chargé, à l'exclusion de l'animal qui accepte tout formés les principes immédiats de ses aliments. L'assimilation se réduit ainsi à une simple *transposition chimique*, en raison de laquelle le sang et les tissus ne peuvent contenir que ce qui était préalablement dans les aliments. Dans le cas d'alimentation sucrée ou grasse, le sang et les tissus contiendront du sucre et de la graisse ; sinon, ces principes immédiats y feront défaut. — Si on démontre que la présence de ces corps dans les tissus ou le sang, est indépendante de l'alimentation, la théorie de la transposition s'écroule et, de conséquence en conséquence, nous arrivons à une doctrine nouvelle très différente de ces vues primitives. Cette démonstration a été donnée par Cl. Bernard en ce qui concerne le sucre. Cette substance s'élabore dans l'organisme animal, d'une façon constante, au dépens de principes qui ne sont pas nécessairement les substances sucrées. C'est ce qu'il faut d'abord mettre en relief ; c'est l'histoire de la glycogénie.

A. — LA GLYCOGÉNIE HÉPATIQUE ET LA GLYCÉMIE.

Glycogénèse chez les animaux. — Dans une première série d'expériences, Cl. Bernard démontra qu'il existe chez les animaux un organe, le *foie*, qui constamment contient un sucre ayant les propriétés du *glycose*, et cela indépendamment de l'alimentation.

Ce sucre déversé dans les veines sus-hépatiques et par celles-ci dans la veine cave, les artères pulmonaires et le poumon, était censé disparaître à ce niveau par oxydation en contact de l'oxygène de la respiration. Chauveau montra de bonne heure que le sang artériel de la grande circulation contient du glycose et que le lieu de l'utilisation de cette substance est, non dans le poumon,

mais dans les capillaires généraux. Cl. Bernard accepta cette recti-
fication et s'attacha plus tard à démontrer la constance de la glycémie artérielle, au milieu des variations dues à l'espèce animale, à
son alimentation, et à la plupart des conditions physiologiques. Il
fit également quelques déterminations montrant clairement la disparition partielle de la matière sucrée du sang dans les capillaires
généraux au contact des tissus.

I. — *Source sucrée d'origine hépatique.*

*Ainsi, dans l'organisme animal il existe, indépendamment de l'ali-
mentation, une source sucrée (le foie) ; par elle le sang est maintenu
dans une teneur sucrée sensiblement constante (glycémie physiologique) ; la substance sucrée se dépense dans les organes pendant la
traversée des capillaires généraux (dépense énergétique).*

**I. Évolution chimique de la matière sucrée; glycogène et
glycose.** — Cette évolution topographique est corrélative d'une
évolution chimique dont Cl. Bernard a fait connaître également un
des stades importants. Dans le foie, il a découvert l'existence d'un
hydrate de carbone, autre que le glycose, et que certains de ses
caractères rapprochent de l'amidon des végétaux; il lui a donné le
nom de *glycogène*, en raison de la propriété qu'a ce corps de se
transformer en glucose sous l'influence des acides forts aidés de la
chaleur et sous celle de certains ferments. C'est ce glycogène qui
est élaboré par la cellule hépatique, dans laquelle il forme une
réserve plus ou moins abondante, et c'est lui qui, se transformant
en glycose, passe dans la circulation à mesure que la provision du
sang artériel tend à s'épuiser, afin de la maintenir constante.

Le foie n'est pas le seul organe qui contienne du glycogène. Cl. Bernard
en a signalé d'assez notables quantités dans les muscles : et à mesure que les
procédés de constatation et de dosage se sont perfectionnés, cette substance a été
trouvée dans la plupart des éléments cellulaires, où elle forme des réserves plus
ou moins importantes, mais toujours minimes en comparaison des muscles et
surtout du foie. Déterminer les rapports que ces glycogènes, les uns tissulaires,
l'autre hépatique, ont entre eux et le sucre du sang, c'est décrire l'évolution de
la matière sucrée dans les animaux.

II. Formes alternantes; leur raison d'être. — Le glycogène
et le glycose sont deux formes alternantes sous lesquelles les hydrates
de carbone se retrouvent à plusieurs reprises dans leur évolution
à travers l'organisme animal. De même que le second peut provenir
du premier, le premier peut provenir du second. Cette transforma-

tion inverse n'est pas réalisée par le moyen de la chimie ordinaire, mais il faut admettre qu'elle l'est par l'être vivant.

III. Expérience du foie lavé. — L'expérience qui mit Cl. Bernard sur la trace de l'existence du glycogène hépatique est celle qu'il appelle du *foie lavé*. Un courant d'eau est dirigé à travers les vaisseaux du foie, de la veine porte aux veines sus-hépatiques, de manière à entraîner par diffusion tout le sucre présent dans l'organe (ce dont on juge en constatant que l'eau qui sort, ou un fragment du foie, ne réduisent plus la liqueur cupropotassique). On laisse ensuite le reste de la masse en repos, à une température pas trop basse. Au bout d'un moment, on constate que l'eau de lavage ou un fragment du foie contiennent de nouveau du sucre. C'est la preuve que, *sur l'organe* ainsi *détaché, il se forme du glycose au dépens d'une matière préexistante*. Cette matière isolée par Cl. Bernard est celle qu'il a appelée le *glycogène*.

Extraction et dosage du glycogène. — Cl. Berrnard le premier a donné pour extraire le glycogène une méthode que Brücke a améliorée et à laquelle Kultz a donné ses plus récents perfectionnements. C'est celle que nous exposons ci-après. Le tissu dont on veut extraire le glycogène (foie, muscles, etc.) est détaché de l'animal immédiatement après la mort, puis haché en menus morceaux. On pèse exactement la quantité sur laquelle on opérera (soit 50 grammes ou une quantité moindre). Le tissu est jeté dans de l'eau bouillante préparée à l'avance. Après un quart d'heure d'ébullition on met les deux liquides contenant les muscles hachés dans deux grands verres de Bohême qu'on met au bain-marie. On y ajoute 10 centimètres cubes d'une solution de potasse à 20 p. 100. On chauffe pendant deux, quatre ou huit heures, suivant le tissu, l'âge ou l'espèce de l'animal employé. Au bout de ce temps les cellules sont complétement détruites, quelques détritus floconneux nagent seulement dans le liquide et tout le glycogène est en solution dans le liquide. Dans le cas où le tissu aurait encore une certaine consistance, on le broierait dans un mortier et on continuerait le chauffage pendant une heure ou deux. Pflüger insiste sur ce fait que le glycogène s'altère au contact des solutions faibles de potasse et non au contact des solutions fortes.

Après refroidissement on neutralise par l'acide chlorhydrique et on procède à la séparation des albuminoïdes par la méthode de Brücke. — On ajoute alternativement par petites portions de l'acide chlorhydrique et de l'iodure double de mercure et de potassium, jusqu'à ce qu'il ne se fasse plus de précipité. On filtre. Le précipité volumineux resté sur le filtre est repris avec une petite quantité d'eau, réduit en bouillie et filtré à nouveau. On recommence cette dernière opération jusqu'à ce que le liquide filtré ne donne plus la coloration du glycogène par l'eau iodée et ne se trouble plus par l'addition d'alcool absolu, résultat obtenu après trois ou quatre filtrations en général. Il faut alors additionner les liquides réunis de deux fois leur volume d'alcool à 96° en agitant fortement et laisser reposer ving-quatre heures à une température basse.

Au bout de ce temps le glycogène s'est déposé sous forme d'un précipité blan_

12***

châtre floconneux. On filtre. Le filtre est lavé avec de l'alcool absolu. Le précipité resté sur le filtre est repris avec un peu d'eau chaude et précipité de nouveau par l'acool à 96°. On porte ensuite le liquide sur un filtre taré. Le précipité resté sur le filtre est lavé avec de l'alcool à 62°, avec de l'alcool absolu, puis avec de l'éther, enfin avec de l'alcool absolu. Il est alors desséché à l'étuve à 110° jusqu'à invariabilité de poids et finalement pesé. Le poids trouvé, déduction faite de la tare, donne le poids du glycogène contenu dans le poids du tissu soumis au traitement.

Comme moyen de contrôle on peut redissoudre ce glycogène dans l'eau, y ajouter un peu d'acide, le chauffer à l'étuve en vase clos et, après transformation du glycogène en glycose, doser ce dernier au moyen de la liqueur cupropotassique.

IV. Réserve fixe et réserve mobile. — Ces deux formes chimiques correspondent à deux nuances de la fonction des hydrates de carbone. — L'une et l'autre sont des réserves alimentaires de l'ordre énergétique. Le glycogène est une réserve *fixe* dans le sens topographique du mot. Quand la formation des hydrates de carbone est excédente, ils prennent, dans l'animal, cette forme condensée, de même que dans le végétal ils prennent la forme d'amidon ou encore de saccharose; gorgent les cellules du foie, enrichissent les faisceaux des muscles, approvisionnent tous les éléments cellulaires susceptibles de retenir ce corps dans leur protoplasme. — Le glycose est une réserve *mobile* dans le sens mécanique du mot. Quand les tissus (le musculaire principalement) ont besoin pour leur fonctionnement d'hydrates de carbone, le glycogène du foie s'hydrolyse, donne du glycose qui est emporté à mesure de sa formation par la circulation. Une balance exacte, réglée par le système nerveux, s'établit entre la consommation de ce glycose faite à la périphérie et sa production dans le centre glycogénique, le foie : aussi la proportion de ce corps dans le sang ne varie-t-elle pas sensiblement.

Caractères du glycogène et du glycose. — Les propriétés des deux corps nous rendent compte de ces différences dans leur utilisation fonctionnelle. — Le glycogène est, comme l'amidon, une *anhydrose*; c'est un corps à molécule très condensée; il est peu soluble dans l'eau, à laquelle il donne toujours une teinte opalescente; extrêmement peu diffusible, il est fixé au contraire fortement dans le protoplasme des cellules qu'il faut détruire par une ébullition prolongée (en présence des alcalis), quand on veut l'en extraire. — Le glycose est une *saccharomonose*; c'est un corps, comme on sait, très soluble dans l'eau et éminemment diffusible.

Dans les végétaux il en est exactement de même. L'amidon est par excellence la forme de provision et le glyose la forme de voyage des hydrates de carbone; le saccharose étant une forme intermédiaire. La lenteur plus grande du déplacement des substances, la forme saisonnière de l'activité des organes, rendent chez eux l'analyse plus facile.

Le glycogène tissulaire ; ses rapports avec le glycose du sang et le glycogène hépatique. — La plupart des tissus contiennent du glycogène, quelques-uns, il est vrai, seulement à l'état de traces. Le foie des animaux de laboratoire en peut contenir plus de 10 p. 100 de son poids frais (environ 5 p. 100 de son poids sec). Les muscles en peuvent contenir 1/2, 1, 1 et 1/2 p. 100 de leur poids frais et parfois plus. Dans l'inanition le glycogène hépatique, qui est une réserve somatique, s'épuise beaucoup plus vite que le glycogène des muscles, qui est une réserve cellulaire. Les muscles (pris comme exemple des tissus) dépensent le glycogène que le foie élabore, absolument comme ils consomment l'oxygène que le poumon introduit dans le sang. Le glycogène musculaire, disons-mieux, le glycogène tissulaire procède du glycogène hépatique, mais il n'en procède pas directement; il en procède par l'intermédiaire du glycose du sang. Le glycose du sang est à la fois la fin du glycogène hépatique et la source du glycogène tissulaire. On démontre notamment que les muscles, épuisés de leur glycogène par une contraction intense et soutenue, absorbent et retiennent pendant leur repos le glycose du sang qui traverse leurs capillaires (MORAT et DUFOURT). La fin du glycogène tissulaire est dans l'acide carbonique et l'eau de la respiration des tissus. Telle est, à partir du foie, et résumée dans ce qu'elle a d'essentiel, l'évolution de la matière sucrée dans les animaux. Dans le détail elle se complique de relations de transformation réciproques de cette matière avec les graisses et les albuminoïdes, voire de retours de ces matières transformées vers leurs formes premières, ce qui accidente et complique le cycle, mais n'en contribue pas moins à lui donner, grâce aux compensations qui s'établissent, son unité finale ou fonctionnelle.

La preuve que le glycogène musculaire provient du sucre du sang est encore donnée par l'expérience suivante due à FÜLTZ. Sur les grenouilles on peut enlever le foie et conserver ces animaux en vie pendant un temps suffisant.

Si à ces grenouilles privées de leur foie on fait des injections de sucre sous la peau, on peut constater que leurs muscles s'enrichissent de ce fait en glycogène. Dans des grenouilles normales cet auteur a trouvé que les muscles contenaient 6^{gr},68 de glycogène p. 1000 ; dans des grenouilles privées de foie et mises à l'inanition les mêmes muscles contenaient 6^{gr},29 pour 1000 ; dans des grenouilles privées de leur foie et soumises à des injections de sucre, les muscles en contenaient 7^{gr},97 p. 1000. Ces muscles, dans ses expériences s'étaient donc manifestement enrichis de glycogène et ce glycogène a ici bien évidemment pour provenance celui qui circule normalement dans le sang.

Conditions principales influençant la quantité de glycogène dans le foie et les tissus. — La quantité de glycogène dans tout organe dépend évidemment dans tous les cas d'une balance entre sa production et sa consommation. Ces deux facteurs sont influencés dans chaque organe en particulier par des conditions sans nombre. Notons les plus générales et les plus actives à la fois, à savoir : 1° l'*inanition* qui supprime l'apport originel des substances de remplacement ; 2° le *travail* des organes (*musculaire* surtout) qui force la dépense des substance énergétiques ; 3° le *froid* qui agit dans le même sens en activant les combustions qui règlent le thermogénèse.

II. — *Constante glycémique.*

Sous sa forme fixe, la réserve en hydrates de carbone jouit d'une certaine élasticité ; sous sa forme mobile elle est astreinte à ne pas dépasser certaines limites assez étroites. *La glycémie physiologique* (proportion normale du sucre du sang artériel) *s'exprime par un chiffre qu'on peut dire constant* (1,25 environ pour 1 litre de sang). Ce chiffre est à peu près le même chez les herbivores et les carnivores, chez les mammifères et les oiseaux, chez les sujets à jeun ou en digestion ; le repos, le travail, les différents régimes alimentaires ne l'influencent pas sensiblement, tant que ces conditions diverses restent elles-mêmes dans les limites physiologiques ; son augmentation, comme sa diminution, trahissent, au contraire, des troubles graves dans l'équilibre nutritif.

Le taux de la glycémie est réglé par des compensations qui se font entre l'activité de la production du sucre dans le foie et celle de sa dépense dans les tissus. Le système nerveux y intervient manifestement et met sa sensibilité au service de cette régulation. Par des cycles réflexes, dont l'un des centres les plus importants paraît être dans la moelle allongée, sur le plancher du quatrième ventricule, le foie reçoit des excitations proportionnées à l'entretien régulier de sa fonction, suit dans la production du glycogène les exagérations de la dépense de celui-ci et devient par ce mécanisme le collaborateur du muscle (Chauveau).

Équilibre moléculaire. — Parmi les constantes physiologiques, la constante glycémique est une des plus importantes. Comme celle de la température à laquelle elle se trouve liée, elle exprime un *niveau* et non une quantité concrète. Le flux du glycose peut s'exagérer à travers l'organisme, dans le système vasculaire, ou se ralentir, suivant les fluctuations de la dépense énergétique des organes moteurs, le taux de la glycémie n'en est pas changé, ou s'il l'est il est appelé à se corriger promptement par l'action des mécanismes régulateurs. La matière sucrée du sang obéit en ceci à une loi qui s'impose à tous les constituants du sang et à ceux de toutes les humeurs, loi qui a son expression dans l'*équilibre moléculaire* de ces substances maintenues en solution dans un même véhicule.

Démonstration de l'origine hépatique du glycose du sang. — L'origine hépatique du glycose du sang peut se démontrer par un certain nombre d'expériences. L'une des plus simples est la suivante :

Expériences. — Un animal est tué brusquement par hémorragie, son sang est recueilli, ses principaux organes (foie, muscles, cerveau, rein, rate, peau, etc...) sont détachés. Une certaine proportion du sang et des fragments de ces organes sont traités suivant les méthodes propres à déceler l'existence du glycose et à le doser s'il est nécessaire. *Le foie et le sang sont trouvés contenir constamment une substance ayant toutes les propriétés du glycose* (réduction du réactif cupropotassique, déviation de la lumière polarisée, fermentation alcoolique par la levure de bière). *Aucun des autres organes ne renferme d'une façon appréciable cette substance.*

Un animal à jeun (chien de moyenne ou grande taille) est immobilisé sur la table d'opération. On fait sur cet animal trois prises de sang ; l'une dans la veine porte, l'autre dans la veine sus-hépatique, la troisième dans le sang artériel. Ces prises sont effectuées, sans troubler la circulation et sans ouvrir les cavités du corps, à l'aide de sondes flexibles et minces introduites par des vaisseaux superficiels en communication avec ceux qu'on veut cathétériser. L'une de ces sondes est introduite dans une veine hémorroïdale et de là glissée jusque dans le tronc de la veine porte ; une autre est introduite dans la veine jugulaire et de là dirigée dans la veine cave supérieure, puis dans la veine cave inférieure, jusqu'à l'embouchure des veines sus-hépatiques ou même dans l'une d'elles ; le sang artériel est pris directement dans une des artères superficielles. Les trois échantillons de sang sont soumis au traitement approprié pour y doser le glycose. Les chiffres obtenus sont significatifs.

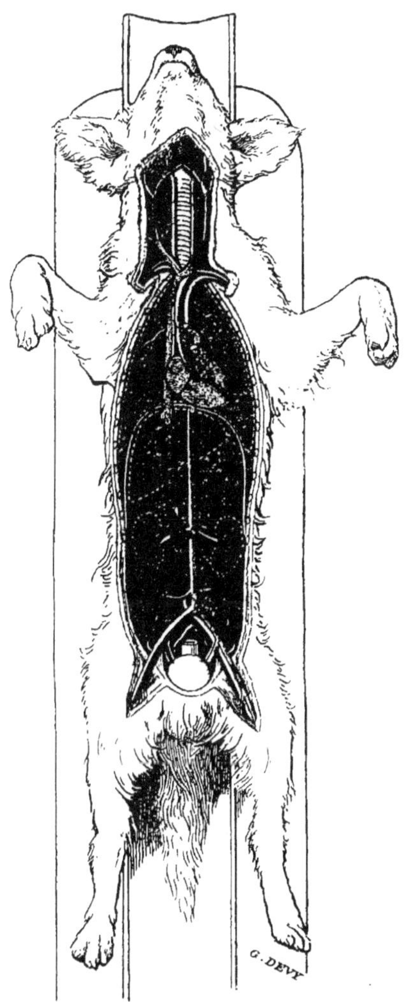

Fig. 26. — *Ensemble du système circulatoire (artériel en rouge, veineux en bleu).*

Les sondes engagées par les vaisseaux cervicaux ou fémoraux peuvent le parcourir dans toute l'étendue des deux grandes cavités du tronc, pour recueillir le sang dans les principaux troncs artériels et veineux (surtout au niveau des principaux affluents veineux). — Sur ce schéma on ne voit plus la veine porte.

TABLEAU COMPARATIF DES TAUX DU GLYCOSE DU SANG DANS LES POINTS PRINCIPAUX DU TRAJET CIRCULATOIRE.

a. *Comparaison du sang des différentes artères.*

Uniformité de la teneur sucrée du sang dans tout l'arbre artériel.

Sucre p. 1000.		Sucre p. 1000.		Différence.
Artère crurale droite..........	1,04	Artère crurale gauche..........	1,03	0,01
— —	1,21	— carotide................	1,21	0,00
— —	1,30	— —	1,30	0,00
— —	1,14	— aorte................	1,14	0,00

b. *Comparaison des sangs artériels et veineux dans différents organes ou territoires.*

Infériorité du taux du glycose dans le sang veineux; perte à la périphérie, mais inégale suivant les régions ou les conditions fonctionnelles.

Sucre p. 1000.		Sucre p. 1000.		Différence.
Artère crurale..............	1,45	Veine crurale..............	0,73	—0,72
— —	1,24	— —	0,99	—0,25
— —	1,17	— —	0,88	—0,29
— carotide..............	1,10	— jugulaire	0,67	—0,43
— —	1,10	— —	0,83	—0,27
— —	1,51	— —	0,95	—0,56
— crurale (pour mésentér.).	1,30	— Veine porte..............	0,83	—0,47
— — .	1,30	— —	0,90	—0,40

c. *Comparaison des sangs veineux de la jugulaire et de la veine cave supérieure.*

Sensible égalité de la teneur en glycose : point d'enrichissement par l'arrivée du chyle.

Sucre p. 1000.		Sucre p. 1000.		Différence.
Veine jugulaire..............	0,91	Veine cave supérieure........	0,90	0,01

d. *Comparaison du sang artériel général et du sang veineux mélangé dans le cœur droit.*

Supériorité du taux du glycose dans le sang veineux ; c'est dans un des affluents veineux qu'est la source sucrée.

Sucre p. 1000.		Sucre p. 1000.		Différence.
Artère (pour ventricule gauche).	1,17	Ventricule droit..............	1,81	+0,64

e. *Comparaison des sangs veineux périphérique et sus-hépatique.*

Enrichissement du sang veineux en glycose à partir des veines sus-hépatiques.

Sucre p. 1000.		Sucre p. 1000.		Différence.
Veine cave inférieure (au niveau des veines rénales)....	1,00	Veine cave inférieure (au niveau des veines sus-hépatiques).....................	2,66	+1,66

f. *Comparaison des sangs artériel et veineux sus-hépatique.*

Enrichissement du sang veineux sus-hépatique par rapport au sang artériel.

Sucre p. 1000.		Sucre p. 1000.		Différence
Artère...	1,70	Veine sus-hépatique.........	2,05	+0,35
		—	à 3,00	à +1,30

Dans ses premières recherches, Cl. BERNARD, au lieu de cathétériser les vaisseaux afférents et efférents du foie, se contentait de les lier rapidement sur un animal qu'on venait de mettre à mort, puis d'en retirer le sang pour y constater et doser le glycose. Dans ces conditions, on peut ne pas trouver de sucre dans la veine porte, ni même dans le sang artériel, tandis qu'on en trouve des quantités considérables dans le foie et les veines sus-hépatiques. La différence sera d'autant plus grande que le délai entre l'arrêt de la circulation et les

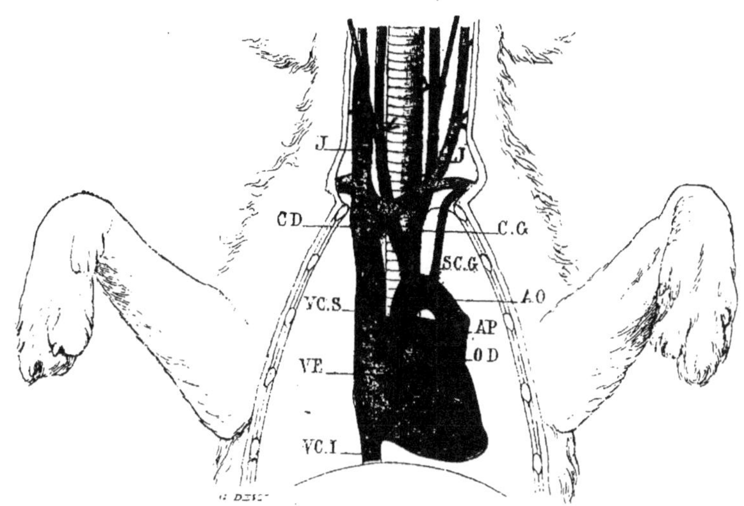

Fig. 27. — *Cathétérisme du cœur et des gros vaisseaux du cou.*

VD, ventricule droite ; OD, oreillette droite ; AP, artère pulmonaire ; VCI, veine cave inférieure ; J, jugulaire ouverte à droite ; le double trait pointillé indique le trajet de la sonde pour pénétrer dans l'oreillette droite. En tournant le bec courbé de la sonde en dehors on la dirigerait tout aussi facilement dans la veine cave inférieure VCI : VE, valvule d'Eustache ; AO, crosse de l'aorte ; SCG, artère sous-clavière gauche ; CD et CG, artère carotide droite et artère carotide gauche naissant d'un tronc brachio-céphalique commun. Deux sondes sont engagées, une dans chacun de ces vaisseaux ; les doubles traits pointillés indiquent comment on pénètre, par la carotide droite, dans l'aorte descendante et, par la carotide gauche, dans l'aorte ascendante et dans le ventricule gauche (d'après Cl. Bernard).

opérations du dosage sera lui-même plus prolongé. Cela tient à ce que *après la mort le sucre se détruit dans le sang pendant qu'il augmente dans le foie;* d'où le précepte; si l'on veut avoir des chiffres exacts, de faire les dosages sur des portions de sang ou de tissu traités immédiatement après leur prise sur l'animal expérimenté. Néanmoins, même dans ces conditions défectueuses l'expérience a encore sa signification. Puisque le sucre tend d'une part à diminuer dans le sang et d'autre part à augmenter dans le foie, c'est un indice que sa source est dans ce dernier organe.

Glycolyse. — Le fait que le sucre du sang se détruit rapidement après son extraction du corps a été vu d'abord par Cl. Bernard. L'expérience qui suit indique la marche de cette destruction. 125 grammes de sang artériel pris sur un chien sont distribués en cinq capsules de cinq parties de 25 grammes chacune pour être dosées successivement. Le sang était laissé à la température ordinaire en saison d'été.

		Sucre p. 1000.
1re analyse faite immédiatement		1gr,07
2e —	après dix minutes	1gr,04
3e —	après trente minutes	0gr,88
4e —	après cinq heures	0gr,44
5e —	après vingt-quatre heures	0gr,00

La destruction du sucre est ralentie par le froid et à peu près supprimée vers 0°. L'élévation de la température lui donne une grande activité. Si le sang est porté à l'ébullition elle est empêchée. Cl. Bernard a montré également qu'on peut l'arrêter sensiblement en mêlant au sang liquide de l'acide acétique dans la proportion d'un centième.

Ferment glycolytique. — Lépine a fixé la température à partir de laquelle la glycolyse, après s'être exagérée, s'arrête définitivement. Si le sang est chauffé vers 54°, la destruction n'a plus lieu.

Cet auteur en conclut à l'existence dans le sang d'un ferment particulier, le *ferment glycolytique*, dont l'activité est tuée à cette température et auquel il confère des fonctions importantes dans la nutrition.

III. — *Opérations transformatrices réalisées dans le foie.*

Le foie a parmi ses attributions celle de fournir à l'organisme le glucose dont celui-ci a besoin. En principe, il le lui fournit dans tous les cas, même quand l'organisme en reçoit du dehors. C'est une loi en quelque sorte absolue, que l'être vivant n'utilise pas les combinaisons, pas plus que les structures toutes faites, qui sont mises à sa disposition, mais seulement les éléments de ces combinaisons. Le mécanisme de l'autoformation du sucre dans le cas d'alimentation sucrée est même des plus intéressants, parce qu'il nous prépare par sa simplicité relative à comprendre celui plus compliqué de la formation de cette substance par les autres aliments.

I. **Pouvoir rétenteur du foie à l'égard du glycose.** — Les carnivores qui n'ingèrent jamais de sucre, les herbivores qui, mis à l'inanition, ont cessé d'en ingérer, présentent la constante glycémique. Cette constante est assurée par le foie, source sucrée de l'organisme; mais cet organe n'est pas seulement un producteur de la matière sucrée, il en est un *régulateur*. C'est ce qui apparaît par les observations et expériences qui suivent.

Lorsque sur un animal en digestion de substances amylacées ou sucrées on dose le glycose simultanément dans le sang de la veine porte et dans celui des artères, on peut trouver une proportion de sucre plus forte dans le premier. On peut aussi injecter le glycose dans la veine porte en quantité relativement considérable sans augmenter sensiblement le taux de la glycémie. Ce résultat indique que *si le foie a le pouvoir de fabriquer la matière sucrée de l'organisme, il a parallèlement celui de retenir celle qui lui vient du dehors*; il a, si on peut se servir de ces termes, à la fois un pouvoir *émissif* et un pouvoir *absorbant* à l'égard du glycose. Et il n'y a qu'une explication à donner de ce fait, c'est que *le glycose*, parfois excédent, qui a sa source dans la digestion, *est converti en glycogène, par condensation de sa molécule,* c'est-à-dire par un procédé inverse de celui qui transforme le glycogène en glycose.

Transformation du glycose en glycogène par le foie. — Le pouvoir rétenteur du foie à l'égard du glycose de la veine porte s'explique rationnellement par une transformation de ce dernier en glycogène. Lüchsinger a démontré expérimentalement qu'il en est bien ainsi. Si sur un foie extrait du corps on fait par une circulation artificielle passer du sang chargé de glycose, on constate par des dosages directs qu'au cours de ce passage le foie s'est enrichi en glycogène. Le même poids de substance hépatique en contient après le passage du sang une quantité supérieure à celle qu'il contenait tout d'abord.

II. Substances alibiles ou assimilables ; condition d'alibilité.

— Certaines substances, lorsqu'elles sont introduites dans les vaisseaux, sont conservées par l'organisme et utilisées pour ses besoins ; on dit d'elles, dans ces conditions, qu'elles sont *directement assimilables ;* certaines autres ne sont point retenues et apparaissent bientôt dans les urines, on en conclut qu'elles ne sont pas assimilables, ou qu'elles ne le sont pas avec la forme sous laquelle elles ont été introduites dans les vaisseaux.

a. *Saccharose.* — Mialhe, Cl. Bernard ont montré que le saccharose ou sucre de canne injecté dans les veines d'un animal, passe aussitôt et on peut dire intégralement dans l'urine. Par contre, l'injection d'une solution de glycose dans les veines ne donne pas lieu à une élimination de sucre par la voie urinaire. Si le saccharose ou sucre de canne est dédoublé préalablement en glycose et lévulose par l'action des acides ou des ferments inversifs, la solution injectée est également retenue par l'organisme. L'intestin contient normalement un ferment inversif qui dédouble le sucre de canne ingéré avec les aliments. C'est ce qui explique comment ce sucre, qui tient une place sérieuse dans l'alimentation, ne se trouve jamais dans l'urine.

b. *Lactose.* — Dastre a montré que le lactose se comporte de même. Une solution de 10 grammes de lactose dans 400 centimètres cubes d'eau salée à 7 p. 100 ayant été injectée lentement dans une veine, 8gr,26 de lactose furent retrouvés dans les urines après vingt-quatre heures. Le lactose, qui tient une large place dans l'alimentation du nouveau-né et souvent aussi dans celle de l'adulte, est dédoublé dans l'intestin en glycose et galactose, qui sont des sucres directement assimilables. Le dédoublement du lactose dans l'intestin est le fait d'un ferment particulier, qui n'apparaît bien que chez les individus soumis à l'alimentation lactée ; ce qui explique qu'il ait pu échapper aux recherches de quelques auteurs.

c. *Maltose.* — Le maltose est un troisième sucre qu'on peut chimiquement comparer aux deux précédents (saccharose et lactose). Ce sucre se produit dans l'action de la diastase sur l'amidon, qui transforme ce corps en maltose et glucose ; et comme on n'a pas jusqu'ici isolé de ferment transformant le maltose en glucose, on considère comme possible l'absorption en nature du maltose par l'intestin. Dastre et Bourquelot ont vu que ce sucre injecté dans les veines est consommé par l'organisme, sa consommation étant seulement un peu moins facile que celle du glycose.

D'après Dastre, la série des sucres rangés par ordre d'alibilité directe, est la suivante, en commençant par les plus réfractaires :

Saccharose, lactose, — maltose — galactose et glucose.

a. Influence de la vitesse de pénétration. — Dans des essais de ce genre, la vitesse de l'injection dans la veine est un facteur important, l'organisme ne pouvant utiliser la substance introduite que si on lui laisse un délai suffisant. Dans les essais comparatifs cette vitesse devra être rigoureusement égale.

b. Influence du lieu originel de la pénétration. — L'injection de la substance dans le tissu cellulaire sous-cutané revient à la faire absorber par les veines de la peau ; cette absorption demandant un certain temps, c'est comme si elle était injectée lentement dans ces veines. — Les injections par les veines superficielles et les injections dans le tissu cellulaire ont ceci de commun que la substance évite le contact avec les ferments de la digestion et qu'elle n'atteint d'autre part pas le foie directement, mais seulement après un certain nombre de tours de la circulation. Elle échappe de la sorte d'une part complètement aux transformations hydrolysantes, qui dans l'intestin ramènent les différents hydrates de carbone à la forme commune de sucres-monoses et surtout de glycose ; et elle ne subit qu'à la longue l'action synthétique du foie, qui d'autre part condense ces monoses en une anhydrose, le glycogène, substance de réserve qui, les mettant pour un temps hors de la circulation, contribue à maintenir le taux de la constante glycémique. — Lorsque l'injection est faite par la veine porte la substance évite les transformations intestinales d'ordre analytique, mais subit de la part du foie la transformation synthétique ou condensante en anhydrose, quand cette substance est, comme le glycose, le lévulose, le maltose, le galactose (en général les hexomonoses), susceptible de l'éprouver. — Lorsqu'enfin on fait ingérer la substance par la voie digestive, on lui impose le cycle complet et normal des transformations, qui d'une part sont nécessaires à son utilisation et d'autre part maintiennent l'équilibre de la composition du sang et qui sont : hydrolyse dans l'intestin, reconstitution synthétique dans le foie, oxydation dans les tissus, avec comme moyen supplémentaire de régulation le trop-plein rénal, qui élimine directement les substances non assimilables ou même assimilables mais par trop surabondantes. — Lorsque les substances sont absorbées par la voie rectale elles ne sont pas absolument indemnes de transformations fermentaires et elles tombent pour une part directement dans le système de la veine porte avec lequel les veines hémorroïdales s'anastomosent largement.

Dans les cas d'injections sous-cutanées et rectales le lactose, le saccharose sont éliminés totalement ; le xylose est utilisé pour moitié ; le glycose, le lévulose sont utilisés à peu près en totalité (E. Voit).

c. Influence de la nature des substances. — Quel que soit le lieu d'introduction de la substance, quel que soit le stade de l'évolution circulatoire qui marque pour elle l'étape initiale de son évolution chimique dans l'organisme, il y a, ainsi qu'on a vu, des comparaisons à faire entre les différents corps (ici des hydrates de carbone) introduits plus ou moins artificiellement dans le courant sanguin. La liste de ces substances peut comprendre non seulement les types sus-indiqués, mais tous les sucres connus, en procédant d'après le classement qui en a été donné plus haut. — Les différences s'atténuent à mesure que le lieu d'introduction se rapproche du point de départ normal de l'évolution des substances alimentaires, la voie gastro-intestinale. Même dans ce cas on peut constater des écarts entre l'assimilabilité des divers sucres ou anhydroses essayés.

Bien qu'il soit difficile d'établir une classification rigoureuse, on peut dire que l'ingestion de pain et de substances féculentes provoque moins facilement la glycosurie que l'ingestion de sucre. D'après BLUMENTHAL, la quantité de fécule qui peut être ingérée sans amener la présence du sucre dans l'urine est pour ainsi dire sans limite.

Méthodes diverses. — D'ordinaire on compare les résultats d'ingestions successives de sucres ou substances diverses faites à certains temps de distance. Marcel BROCARD procède par ingestions simultanées (mélange de plusieurs sucres mis ainsi en concurrence pour l'utilisation et l'élimination) et on dose la quantité excrétée (on déduit par différence la quantité utilisée). D'après cet auteur, on peut ranger par ordre décroissant les hexoses dans l'ordre suivant, du point de vue de leur utilisation : lévulose, galactose, glucose.

d. Influence de la digestion. — Ces comparaisons, dans la méthode ordinaire, supposent que les différents organes qui s'échelonnent sur le cycle évolutif de la substance ingérée gardent, dans tous les cas, la même activité. Or, même en excluant le cas de maladie, cette activité est variable. L'équilibre nutritif a, pour se maintenir, des limites tantôt plus étroites, tantôt plus espacées. C'est ce qu'on appelle les différences individuelles. Les bihexoses devant être préalablement dédoublées par les ferments digestifs, on comprend que leur utilisation dépend de l'activité de ces ferments, de la sécrétion de ceux-ci proportionnée à un régime alimentaire auquel le sujet est habitué. Chez l'enfant habitué au lait lactosé on obtient comparativement plus difficilement la lactosurie que la saccharosurie. L'organisme de l'adulte dédouble plus facilement le maltose que les deux autres bihexoses (M. BROCARD).

e. Influence du foie. — Le foie a, comme on peut penser, un rôle de premier ordre dans l'utilisation des hydrates de carbone. Même les plus alibiles d'entre eux, lorsqu'ils sont introduits sous la peau ou dans les veines superficielles, passent assez facilement dans l'urine, parce qu'ils ne l'atteignent qu'indirectement, au lieu de prendre contact avec lui avant de passer par le rein.

f. Conditions diverses. — Le jeûne le plus prolongé n'augmente pas l'aptitude de l'organisme à utiliser le glycose (DOYON et DUFOURT). L'ictère consécutif à la ligature des cholédoques, l'alcoolisation prolongée sont sans effet (DOYON et DUFOURT).

Produits retrouvés dans l'urine. — S'il s'agit des monoses, on les retrouve dans l'urine tels qu'ils ont été ingérés (au cas où il y a glycosurie). S'ils s'agit des bioses (saccharose, lactose), tantôt on les retrouve en nature, tantôt on retrouve les produits de leur dédoublement (glycose et lévulose; glucose et galactose); cela dépend de leur hydrolyse préalable dans le tube digestif.

Intermittence de l'absorption digestive ; fixité de la composition du sang. — Ces faits nous donnent l'explication du contraste qui existe entre, d'une part, l'intermittence de la digestion et partant de l'approvisionnement du sang en hydrates de carbone et, d'autre part, la fixité assez régulière du niveau glycosique de ce milieu sanguin dans l'intervalle plus ou moins long et parfois même prolongé de ces digestions. Les aliments et, pour ne parler que d'eux, les hydrates de carbone, ramenés par les fermentations digestives à la forme de glycose, sont absorbés par les radicules de la veine porte, dont le courant les amène au contact des cellules hépatiques. Le foie joue, à leur égard, le rôle d'un régulateur, qui les met en réserve sous la forme de glycogène au moment de leur plus active absorption et les cède ensuite au sang, dans les intervalles qui séparent ces périodes d'activité digestive. Le système porte, avec son réseau capillaire intra-hépatique ou supplémentaire, est constitué en raison de cette fonction. Grâce à lui, le foie s'interpose entre l'intestin et le sang proprement dit et évite à ce dernier les fluctuations de sa composition qu'y auraient déterminées les à-coups de l'absorption alimentaire.

Oblitération de la veine porte. — Il suit delà que si la veine porte vient à s'oblitérer, ces à-coups pourront se produire avec leurs conséquences, dont l'une sera le débordement du glycose sanguin dans l'urine, dans le cas de digestion amylacée un peu copieuse. C'est ce que vérifient à la fois l'expérience et l'observation clinique.

Procédé expérimental. — Expérimentalement l'oblitération de la veine porte peut être réalisée chez le chien ; mais, ainsi que l'a vu Oré, seulement à la condition de la produire d'une façon progressive, par le développement de caillots adhésifs, consécutif à son inflammation. Par une plaie abdominale, le doigt est introduit au-dessous du foie, derrière le tronc de la veine porte, en y glissant un fil, dont les deux chefs libres noués ensemble sont amenés au dehors de la plaie; celle-ci est recousue. Le fil passé derrière la veine porte ne fait que la contourner, ou en tout cas ne fait que l'entourer lâchement, le nœud n'ayant pas été serré. C'est la présence de ce fil qui provoque la phlébite adhésive, qui amène progressivement l'oblitération du tronc de la veine.

La ligature ordinaire ou extemporanée de la veine porte est suivie rapidement, en moins d'une heure, de la mort de l'animal. Le mécanisme de la mort ressemble à celui d'une hémorragie. Le sang, poussé par la contraction du cœur, distend excessivement les parois de ce vaste système, qui se gorge du sang ainsi dérobé aux autres organes. Dans l'oblitération progressive, des circulations dérivatives ou supplémentaires ont le temps de s'établir qui ramènent le sang de l'intestin dans la veine cave (par la veine abdominale, par exemple) et évitent l'engorgement veineux de l'intestin. La survie peut être de moins d'une heure (Cl. Bernard) ou dépasser trois heures (Roger ; Doyon et Dufourt).

Conséquences fonctionnelles. — Chez des animaux ainsi préparés, l'ingestion de matières amylacées ou sucrées provoque facilement la glycosurie. Il ne faudrait pas croire néanmoins que les sujets normaux soient indemnes de toute possibilité d'une glycosurie alimentaire. Entre eux et ceux dont la veine porte est oblitérée c'est question de degrés. La cirrhose du foie peut avoir des conséquences semblables (Colrat, Couturier).

IV. — *Objections faites à l'existence d'une fonction glycogénique : leur nature et leur origine théorique.*

La signification des faits découverts par Cl. Bernard resta longtemps incomprise et fut même combattue dans ce qu'elle a à l'heure qu'il est de plus clair pour nous.

Théorie du dualisme des êtres vivants, végétaux et animaux. — Cette méconnaissance était due d'une part à ce que ces faits heurtaient une théorie régnante, fortement ancrée dans les esprits d'alors, celle du dualisme

absolu des deux règnes vivants (végétal et animal); d'autre part, à ce que l'idée
de l'évolution chimique des substances dans l'animal, qui nous est maintenant
familière, était totalement étrangère à ces mêmes esprits. L'opposition entre les
végétaux et les animaux est un fait réel et frappant, quand on fait le bilan des
opérations effectuées dans les uns et dans les autres ; mais, dans le détail, ces
opérations se ressemblent; l'antagonisme, qui s'observe entre eux, vient seulement de ce que les unes (celles de formation des principes immédiats) sont prédominantes dans les premiers, tandis que les autres (celles de destruction de ces
principes) l'emportent dans les seconds ou y sont plus apparentes.

Le sang et les tissus. — La découverte du glycogène hépatique, destinée
à éclairer le mécanisme de la production du glycose, heurtait également les
convictions régnantes, en transportant les opérations essentielles de la nutrition, du sang, où on avait l'habitude de les localiser, dans les parenchymes,
qui étaient alors considérés comme passifs dans le phénomène. Nous savons
maintenant que *la nutrition est un fait avant tout cellulaire.* La preuve expérimentale, la plus décisive que l'on en puisse donner, se tire encore, à l'heure
présente, des opérations de la glycogénie et de celles qui lui sont connexes.

Idée vitaliste. — Le fait que le glycogène hépatique continue de se transformer en glycose sur le foie détaché de l'animal ou, comme l'on dit, après la
mort, fut également l'origine d'objections à la réalité de cette transformation
pendant la vie. La glycogénie fut considérée par quelques-uns (PAVY) comme un
phénomène cadavérique, sans réalité sur l'être vivant. Cette objection avait sa
source dans une conception vitaliste, qui fait dépendre les manifestations de
l'être vivant d'un principe unique et centralisé, hors de la présence duquel ils
ne pourraient plus se produire. Contre cette doctrine du passé les faits se sont
depuis accumulés. Nous ne confondons plus la vie de l'individu avec la vie cellulaire. Nous sommes maintenant habitués à voir les organes manifester leurs
propriétés après leur séparation de l'organisme. Le foie fait (*post mortem*) du
glycose, comme d'autres glandes donnent leurs produits de sécrétion, comme le
muscle se contracte et comme le nerf répond à l'excitation.

Confusion entre la fonction systématique et la fonction cellulaire. —
Le fait que le glycogène se rencontre, non seulement dans le foie, mais dans
bon nombre de tissus (notamment chez le fœtus), fut également l'objet d'une
interprétation fautive, qui tout en généralisant la fonction glycogénique, détruisait l'enchaînement des opérations qui lui donnent sa signification véritable,
celle d'une évolution cyclique de la matière sucrée à travers l'organisme, évolution au cours de laquelle la même substance prend des formes en corrélation
avec les fonctions particulières des éléments qui se la transmettent.

Quelques-uns voulurent faire de la glycogénèse, une fonction purement cellulaire, nécessaire sans doute, mais banale en quelque sorte et commune aux
éléments (ROUGET). Nous savons bien maintenant ce qui, du point de vue de la
fonction, distingue le glycogène hépatique du glycogène des tissus (notamment
musculaire) : le premier est une réserve *somatique*, destinée à être distribuée
sous forme de glycose à tout l'organisme; le second est une réserve *locale*, destinée à être consommée sur place dans le fonctionnement des organes. Le second
provient du premier, mais son transport n'est pas direct, parce que les conditions mêmes de sa mobilisation exigent qu'il se transforme en une substance
diffusible, le glycose.

Autre confusion. — Le sang qui contient du sucre renferme aussi des traces
de glycogène. Le premier est en dissolution dans le plasma, le second infiltre

le protoplasme des globules blancs. Il en est de même dans la lymphe. Il est *a priori* évident que le glycogène des globules n'est pas l'origine du glycose de la lymphe. Les données quantitatives réfutent une telle supposition, qui a été faite néanmoins. On ne peut admettre non plus que ce glycogène des globules soit le mode de transport du glycogène du foie, qui parviendrait ainsi en nature au muscle et aux tissus. Le passage d'une cellule à une autre impliquant la forme glycose, la transmission n'en serait que plus compliquée. La très petite quantité de glycogène contenue dans les leucocytes est vraisemblablement une réserve à eux propres, dont l'existence s'explique au sein d'éléments doués de mouvements.

B. — ORIGINE DU GLYCOGÈNE HÉPATIQUE.

Le glycose du sang provenant du glycogène du foie, la question s'est posée à son tour de l'origine de cette seconde substance. On a cherché naturellement du côté des aliments (tout vient forcément de ceux-ci au sang et aux organes), quel est celui dont elle dérive par transformation plus ou moins profonde, mais là encore la question s'est élargie et a dépassé toutes les prévisions. Ce n'est pas un aliment en particulier, ce sont tous les aliments, qui, d'une façon directe ou éloignée, assurent la réserve énergétique, qui s'élabore dans le foie. Ce n'est même pas le tube digestif, ce n'est pas la digestion, qui, de plain-pied entretient cette réserve : ce sont, de concert avec les aliments et en les utilisant de diverses façons, toutes les réserves de l'organisme, qui viennent converger vers cette substance, ramenée qu'elles sont ainsi à un type uniforme, en vue de leur fonction énergétique.

I. — *Sa formation dans l'animal à jeun.*

La glycogénie hépatique, la glycémie qui en est l'expression constante et directe, sont indépendantes, non seulement de la nature de l'alimentation, mais, dans une certaine mesure, de l'alimentation elle-même ; ce qui veut dire, à défaut d'un aliment ternaire ou quaternaire, un autre aliment par une transformation appropriée fournira les matériaux de la glycogénèse; ce qui veut dire, d'autre part, en l'absence de tout aliment et autant de temps que durera l'inanition (jusqu'au moment où l'équilibre organique et fonctionnel étant définitivement rompu, la mort est proche), la glycogénie et la glycémie se maintiendront à leur taux normal, en tout cas, à un taux constant, sensiblement voisin du taux habituel. Fait significatif, qu'il faut rappeler en passant, le niveau de la chaleur (mesure principale de la dépense énergétique) fait de même. La chute du glycose, quand elle survient, entraîne la chute de la température et c'est la ruine définitive de l'organisme inanitié (Chauveau).

Pendant que la dépense énergétique continue, et si réduite qu'on la suppose, nous savons qu'elle ne peut pas s'arrêter, l'animal perd une partie considérable de son poids. Un prélèvement très inégal est fait sur les différents tissus ; certains résistent à la destruction. Le sang est de ce nombre ; en tout cas sa constitution garde une certaine constance qui contraste avec l'appauvrissement de quelques systèmes en certains principes immédiats (pannicule adipeux sous-cutané).

Usure et reconstitution incessante même chez l'animal à jeun. — Quelles sont ces réserves sur lesquelles l'animal peut faire fond, pendant des jeûnes qui, comme certaines observations en font foi, même dans l'espèce humaine, ont pu excéder trente jours ? — La réserve du glycogène hépatique est trop peu de chose pour faire face à une dépense de si longue durée. C'est une encaisse disponible qui couvre à peine les déboursés de la journée, et doit par conséquent se reconstituer incessamment.

Nous avons dit plus haut que le glycogène est par rapport au glycose une réserve fixe. Mais cette fixité est toute relative. La mobilité est le fond de la chimie vivante. Si le foie des animaux inanitiés renferme constamment du glycogène, c'est que cette substance s'y reconstitue à mesure de sa conversion en glycose. Pour épuiser cette réserve hépatique, le jeûne, même poussé à l'inanition commençante, ne suffit pas ; il faut exagérer la consommation, en imposant à l'animal un travail musculaire qu'on s'efforcera de rendre maximum.

Soient deux chiens inanitiés qui ont été astreints de plus à un travail de ce genre pendant une journée. On sacrifie l'un d'eux immédiatement et l'autre seulement après un repos de douze heures, tout en le maintenant à l'inanition. Le foie du premier est à peu près dépourvu de glycogène ; celui du second, qui a dû au même moment en être aussi dépourvu, est trouvé en contenir une notable quantité (Külz). Rien ne montre mieux que cette expérience, à la fois le rôle énergétique du glycogène hépatique et sa non dépendance directe de l'alimentation.

Source intérieure du glycogène. — Ainsi que le disait Cl. Bernard, *la source du glycose* (partant la source du glycogène) *est intérieure à l'animal.* Ainsi que le disait également le même auteur, l'animal inanitié consomme sa substance. En énonçant cette formule, on semble d'ordinaire admettre que, dans ce cas, les tissus de l'animal se substituent aux aliments en défaut. Mais, ainsi que le remarque Chauveau, les lois de l'évolution nutritive ne doivent pas être susceptibles d'un tel bouleversement. *Les substitutions chez l'animal inanitié suivent le même ordre que chez l'animal alimenté.*

La différence est en ce que, dans le second, elles sont complétées par des substitutions compensatrices, en vertu desquelles les aliments prennent la place des réserves épuisées ; tandis que dans le premier ces substitutions continuent à se faire à partir des réserves, sans compensation de la part des aliments. Le cas de l'animal inanitié est donc, en dépit de son anormalité, plus simple que celui de l'animal alimenté. Il nous permet une analyse qui sans cela serait impossible.

Des réserves nous pouvons dire ce que nous avons dit des aliments : ce n'est pas tel principe à l'exclusion de tout autre qui est appelé à couvrir la dépense du glycogène hépatique ; c'est, suivant les cas, l'un ou l'autre ou l'ensemble de ceux qui sont à la disposition de la fonction nutritive. L'animal inanitié a à sa disposition d'une part les graisses, d'autre part les albuminoïdes.

a. Utilisation de la réserve adipeuse. — Les graisses occupent dans l'animal des régions et des tissus assez différents. Elles sont avant tout dans les cellules dites *adipeuses* du tissu cellulaire sous-cutané, et des interstices musculaires, dans les épiploons, dans la moelle de certains os, dans le foie lui-même. Ces principes, ainsi qu'il sera indiqué plus loin, ont une multiple origine. En tant que substance de réserve, la graisse présente cette particularité de pouvoir s'accumuler dans l'organisme en quantité considérable, parfois énorme et d'y séjourner d'une façon en apparence immobile, comme d'en pouvoir disparaître aussi en presque totalité. C'est la réserve qui présente la plus grande élasticité. Lorsqu'elle existe dans les tissus de l'animal, au moment qu'il est mis à l'inanition, c'est elle qui se transforme en glycogène et glycose, pour assurer la constance de la glycémie. C'est sur elle ainsi que frappe tout d'abord la diminution de poids que subit le sujet non alimenté. Elle quitte les cellules du pannicule adipeux, soit qu'elle les vide simplement, soit qu'elle y soit remplacée par une substance séreuse comme il arrive chez les phtisiques.

Transformation de la graisse en glycogène par oxydation. — Les transformations qui rendent possible son départ de la cellule et son voyage dans le sang sont inconnues ou à peine soupçonnées. Sa transformation en glycogène dans le foie est affirmée sur le fait même de la constance de la glycémie, corrélative de la disparition graduelle de la graisse. On ne connaît point de réaction chimique qui nous fasse assister à la naissance du glycogène ou du glycose au dépens d'une graisse qui disparaît dans l'opération. Par l'examen des formules de ces corps, on sait qu'une telle transformation nécessite la *fixation d'une quantité donnée d'oxygène* sur le corps gras, pour en faire un hydrate de carbone. Les graisses sont, en effet, des corps ternaires dans lesquels l'oxygène est, par rapport à l'hydrogène, en déficit pour former l'eau de la molécule. L'équation brute de la transformation serait, d'après CHAUVEAU, la suivante, dans le cas où l'hydrate de carbone formé serait le glycose :

$$\left.\begin{array}{l} C^{57}H^{110}O^{6} \quad (0^{kg},890) \\ \underbrace{\hphantom{C^{57}H^{110}O^{6}}} \\ \text{Stéarine.} \\ + 67O \quad (1^{kg},072) \\ \hline \overline{1^{kg}.962} \end{array}\right\} = \left\{\begin{array}{l} \underbrace{8(C^{6}H^{12}O^{6})} \quad (1^{kg},440) \\ \text{Glycose} \\ + 18CO^{2} \quad (0^{kg},396) \\ + 14H^{2}O \quad (0^{kg},126) \\ \hline \overline{1^{kg},962} \end{array}\right.$$

A défaut d'une réaction chimique faite sur les corps isolés, on pourrait invoquer les expériences de Seegen, faites en mettant des graisses en contact avec la substance du foie, expériences dans lesquelles cet auteur dit avoir constaté l'augmentation du glycose. Le résultat n'a pas été confirmé et on ne peut se dissimuler que ces essais présentent des causes d'erreurs difficiles à éliminer, la réaction supposée étant parallèle d'une autre, qui donne également du glycose par la transformation du glycogène toujours préexistant dans le foie.

La transformation des graisses en hydrates de carbone restant ainsi forcément théorique, il peut paraître oiseux de rechercher si elle aboutit au glycose directement ou en passant par le glycogène. Le fait que, chez les animaux inanitiés, le foie, pendant plusieurs jours, contient du glycogène, semble indiquer que c'est bien à ce corps, au moins pour partie, qu'aboutissent les graisses.

Indications du quotient respiratoire. — Par l'examen des formules, on a vu plus haut que la graisse ne peut devenir hydrate de carbone qu'en fixant de l'oxygène. Dans l'animal qui réalise cette substitution pour en tirer son glycose, il doit y avoir une quantité d'oxygène absorbée supplémentairement à celle qui s'échange, volume à volume, avec l'acide carbonique, du fait de la combustion du glycose arrivé au terme de son évolution. En d'autres termes, l'organisme doit absorber plus d'oxygène qu'il ne restitue d'acide carbonique. Le quotient $\frac{CO^2}{C^2}$ doit être inférieur à l'unité, et cela d'autant plus que la réaction transformatrice a plus d'activité. C'est bien ce qui se voit chez l'animal gras mis à l'inanition, mais nulle part avec plus d'évidence que chez les hibernants, chez lesquels pendant l'état de torpeur, le quotient respiratoire a pu tomber à 0,39 p. 100, et on sait que chez ces animaux à ce moment la graisse disparaît pendant que le glycogène hépatique augmente, tous phénomènes concordant avec la théorie, auxquels il ne manque que d'avoir une expression quantitative plus rigoureuse.

Lorsque l'absorption de l'oxygène excède à ce point l'exhalation de l'acide carbonique, la respiration ne se traduit plus par une perte du poids du sujet, mais, au contraire, par une augmentation. L'excédent d'oxygène fixé sur le corps à oxyder arrive à compenser au delà la perte du carbone qui se fait par la sortie de l'acide carbonique. C'est ce qu'on constate chez la marmotte en pareil cas. Dans l'intervalle qui sépare deux mictions, son poids augmente graduellement. Le même phénomène plus réduit peut s'observer sur les mammifères non hibernants et on l'obtient en leur faisant ingérer des corps gras, après les avoir mis en inanition (Bouchard et Degrez). On a pu constater une légère augmentation parallèle du glycogène mais fixé sur les muscles.

b. Utilisation des résidus carbonés de l'histolyse. — Les albuminoïdes sont les substances constitutives de tous les tissus. Ces substances sont soumises à un perpétuel renouvellement. L'inanition fait apparaître une usure propre des tissus, qu'il ne faut pas confondre avec celle de leurs réserves. Chez l'animal inanitié les muscles perdent une grande partie de leur poids. Cette perte ne peut pas être due simplement à la disparition de la graisse interstitielle et du glycogène qui infiltre les éléments. Les faisceaux primitifs eux-mêmes sont diminués de volume, comme le montre l'examen histologique. On a pu, sur une grenouille vivante, examiner au microcoscope, en les comptant et en les mesurant, les fibres d'un muscle, dont le corps charnu était mis à nu et libéré des tissus sus-jacents, tout en maintenant intactes ses connexions tendineuses. Cet examen, fait une première fois sur l'animal alimenté, puis une seconde fois sur l'animal profondément inanitié, a montré que l'amaigrissement ne résulte nullement d'une diminution du nombre des fibres, mais uniquement d'une diminution de leur grosseur.

Dislocation de l'albumine en un fragment azoté et un fragment carboné. — L'albumine, en se détruisant, aboutit à l'urée. La comparaison des formules de l'albumine et de l'urée nous montre que dans la première le rapport du carbone à l'azote est considérablement plus élevé que dans la seconde. L'albumine contient six à huit fois plus de carbone que l'urée. La molécule d'albumine, en donnant l'urée, doit livrer en même temps un produit carboné dépourvu d'azote. Ce produit, en passant dans le foie, pourrait être utilisé à la reconstitution du glycogène en vue de la persistance de la glycémie.

C'est en quelque sorte par voie d'élimination qu'on est conduit à admettre une telle relation entre la destruction des albumines des tissus et la formation du glycogène ou, si l'on préfère, du glycose du foie. Les données de l'observation sont les suivantes. La destruction des albuminoïdes, avec l'urée pour terme principal, est un fait constant, chez l'animal à jeun. Cette destruction suit une marche régulière, normalement indépendante du fonctionnement musculaire.

Quand l'inanition se prolonge, au moment où l'édifice organique menace ruine, on la voit s'exagérer notablement. A ce même moment les réserves antérieures en hydrates de carbone et celles beaucoup plus importantes en graisses sont épuisées. La glycémie se poursuit néanmoins encore quelque temps d'une façon régulière, avant de se supprimer elle-même à l'agonie du sujet. *Le carbone qui est libéré par la dislocation de la molécule d'albumine est le seul qui nous explique la provenance du glycose du sang et l'entretien de la thermogénèse.*

II. — *Formation du glycogène dans l'animal alimenté.*

Le sujet alimenté est celui dans lequel, à la différence du sujet inanitié, l'épuisement des réserves est compensé par un apport périodique de substances venues du dehors. Les conditions de la permanence de la glycémie, chez l'animal inanitié, nous ont préparé à comprendre le rôle des aliments dans la reconstitution du glycogène et du glycose. Toutes les réserves, comme en témoignent leurs constitutions moléculaires et leurs chaleurs de combustion, contiennent de l'énergie. Toutes, suivant les circonstances et les besoins, peuvent être appelées, au prix de transformations chimiques plus ou moins profondes (dédoublements, hydratations, oxydations incomplètes), à prendre la forme typique, univoque, de la substance énergétique appropriée au fonctionnement des cellules (glycogène, glycose). En principe, tout le carbone (ou presque tout le carbone) des substances de réserve peut avoir cette destination. Le carbone de tous les aliments peut être conduit aux mêmes fins, à travers des substitutions d'autant plus compliquées qu'elles deviennent à la fois plus nombreuses et plus indirectes.

Substitution réciproque des aliments et des réserves. — Dans leur ensemble, les aliments se substituent aux réserves ; mais les réserves, ainsi qu'on a vu, peuvent se remplacer l'une l'autre dans leur fonction glycogénétique. Les aliments peuvent faire de même. De ces substitutions, les unes parallèles et les autres successives, résulte une complexité évolutive, qui, ainsi qu'on pense, n'est pas de nature à faciliter les vérifications expérimentales. La simplification n'est pourtant pas aussi absente qu'il paraît à première vue ; elle est apportée dans le problème par la fin commune à laquelle tendent ces transformations. Dans le nombre, il en est qui sont forcément inverses les unes des autres et s'annulent, par conséquent, plus ou moins, dans le résultat total.

L'uniformité et la constance de la fonction glycémique font mieux ressortir les variations et les contingences de l'alimentation et de son corollaire intrasomatique, la formation des réserves. Les lois particulières de l'organisation animale nous expliquent ce contraste. Ses fonctions profondes ou, comme on dit, végétatives, sont tenues à cette uniformité. Le milieu intérieur est, là surtout, astreint pour une foule de raisons, à cette constance.

Les rapports si variés de l'individu avec le milieu extérieur, lui-même changeant dans tant de conditions, ne peuvent s'exprimer que par des fonctions elles-mêmes variables, en tout cas douées de plasticité. C'est ce que nous montre l'alimentation à l'origine du cycle évolutif, les excrétions de la substance et de l'énergie à la fin de celui-ci.

I. **Régimes alimentaires**. — Du point de vue de l'alimentation les animaux se distinguent en *herbivores, carnivores, omnivores*, expressions qui n'ont pas besoin d'être définies. Ces régimes divers ont leur expression anatomique et fonctionnelle dans les organes digestifs de ces différents animaux, et, on peut dire aussi, dans leur instinct particulier et dans l'habitus général de leur organisation, toutes les fonctions dépendant les unes des autres dans une certaine mesure.

L'interversion des régimes n'est pas impossible, mais dans un sens seulement à cause de la valeur inégale des aliments qui les caractérisent. Cl. Bernard a pu habituer des chevaux à se nourrir de viande pendant un certain temps. La substitution du régime carné au régime herbacé ne peut pas se faire indéfiniment. Les animaux, alors même que leur goût ne proteste plus contre une alimentation inusitée, finissent par dépérir, indiquant de la sorte, entre leur régime normal et leur organisation, une dépendance qu'on ne peut pas éluder complètement.

La caractéristique de ces différents régimes est dans le mélange, très inégal, suivant chacun, des substances albuminoïdes, grasses et hydro-carbonées. Dans le régime herbivore, les premières sont réduites à un minimum qui ne peut pas être dépassé, les hydrates de carbone forment la plus grande partie de la ration, la graisse est variable.

II. **Rapport des diverses substances alimentaires avec la formation du glycogène.** — La question est de savoir quel rapport chacune de ces substances peut avoir avec la formation du glycogène. Cl. Bernard, qui, le premier, a fait cette recherche, mettait les animaux à l'inanition, dans le but d'épuiser autant que possible la réserve antécédente de glycogène, et, après l'ingestion de l'une de ces substances, dosait le glycogène reconstitué dans le foie. Comme tous ceux qui, depuis, ont refait ces mêmes expériences, il éprouvait des difficultés assez grandes à épuiser la réserve antérieure.

a. *Action des albuminoïdes*. — Quoi qu'il en soit, ces expériences témoignent qu'un *régime exclusivement azoté augmente le taux du glycogène hépatique*. L'expérience suivante de von MERING est tout à fait démonstrative. Un chien, après un jeûne de vingt-quatre jours, est nourri pendant quatre jours exclusivement de fibrine de sang de bœuf lavée. L'animal étant sacrifié six heures après le dernier repas, on trouve 16^{gr},3 de glycogène dans le foie qui pesait 540 grammes. Le foie d'un chien témoin inanitié pendant vingt et un jours en contenait 0^{gr},48.

b. *Action des graisses*. — Les graisses de l'alimentation, d'après Cl. BERNARD, n'ont qu'une action douteuse ou nulle sur la reconstitution du glycogène épuisé. Les corps gras ne semblent pouvoir atteindre le foie qu'indirectement ; ils se fixent d'abord dans le tissu adipeux et c'est ultérieurement qu'ils subissent la transformation en hydrate de carbone, qui les fait concourir parfois si activement à l'entretien de la glycogénie et de la glycémie.

c. *Action des hydrates de carbone*. — L'alimentation par les hydrates de carbone a une influence évidente sur la reconstitution du glycogène, principalement chez les herbivores. (P. T.)

III. — *Données quantitatives.*

Le chiffre 1 à 1,5 p. 1000, qui indique la quantité de glycose contenu dans le sang, peut paraître faible, si on l'envisage d'une façon absolue. Cette quantité est néanmoins de l'ordre de grandeur de celles des autres corps de toute nature, dont on y constate l'existence, et que l'on peut y doser, soit la fibrine par exemple, ou l'urée dont la proportion est beaucoup plus faible, etc.

La donnée quantitative qui se rattache à cette substance ne devient significative que si on tient compte de la *formation incessante* de celle-ci par le foie, en même temps que de sa *destruction parallèle* par les tissus. L'estimation faite sous cette forme, nous rend compte de l'importance de la fonction.

Valeur du débit du glycose livré par le foie à la circulation. — Quelle est la quantité de glycose qui est versée par le foie dans la circulation au cours d'un espace de vingt-quatre heures ? Cette quantité est représentée par le produit de deux chiffres, l'un exprimant la quantité de sang qui traverse le foie dans cet espace de temps (coefficient d'écoulement), l'autre exprimant l'enrichissement du sang en glycose dans sa traversée à travers le foie (augmentation de la teneur en glycose du sang ayant traversé le foie).

a. *Enrichissement du sang en glycose à son passage à travers le foie*. — Ce dernier chiffre est donné par les dosages comparatifs du glycose dans la veine porte et la veine sus-hépatique. Chaque litre de sang qui traverse le foie emporte, d'après SEEGEN, au moins 1 gramme de glycose.

b. *Débit du sang à travers le foie*. — Le premier chiffre est établi au moyen de mesures directes de l'écoulement du sang de la veine porte, en tenant compte de la résistance qu'il éprouve à traverser le foie.

Sur un chien de 10 kilogrammes, Seegen en introduisant une sonde dans la veine porte, par l'intermédiaire de la veine splénique liée, et pendant qu'il opposait à l'écoulement du sang une contre-pression de 8^{mm},2 de mercure, a recueilli 59 centimètres cubes de sang en trente secondes, ce qui fait 144 litres en vingt-quatre heures. Ce chiffre est vraisemblablement inférieur à celui qui représente l'écoulement à travers le foie d'autant que la veine splénique est liée.

Chaque litre emportant 1 gramme de glycose, c'est pour le moins 144 grammes de glycose que, sur un animal de cette taille, le foie verse journellement dans la circulation. Sur un homme pesant 70 à 80 kilogrammes ce sera une quantité 7 à 8 fois plus forte, soit près de 1 000 grammes de glycose dans les vingt-quatre heures, en tout cas une quantité qui ne doit guère être inférieure à 700 ou 800 grammes.

Valeur énergétique du glycose fabriqué par le foie en vingt-quatre heures. — Or si nous multiplions le nombre minimum de 700 par le nombre 3,73 qui exprime la chaleur de combustion du glycose, nous trouvons 2 600 kilocalories, nombre très voisin de celui qui exprime la dépense énergétique du corps humain au repos (chaleur rayonnée) et qu'on déduit habituellement, par un calcul théorique, de la chaleur de combustion de ses aliments d'après le le tableau ci-joint :

ALIMENTS	RATION DE REPOS	VALEUR ÉNERGÉTIQUE Kilocalories.
Albuminoïdes	108 gr. × 4,6 =	497
Graisses	49 gr. × 9,3 =	455
Hydrates de carbone	403 gr. × 4,1 =	1 652
Soit pour 24 heures		2 604 kilocal.

Si nous multiplions le maximum de 1 000 litres en vingt-quatre heures par la chaleur de combustion du glycose, nous trouvons 3 730 kilocalories; nombre également voisin de celui qui exprime la dépense énergétique totale (chaleur rayonnée et travail mécanique réunis) d'un homme dans l'exercice d'une profession manuelle et qui se tire, lui aussi, de la chaleur de combustion des aliments ingérés par un homme exerçant une profession ouvrière, en tenant compte du surcroît d'aliments que nécessite son travail.

ALIMENTS	RATION DE TRAVAIL	VALEUR ÉNERGÉTIQUE Kilocalories.
Albuminoïdes	(108 + 42 = 150) × 4,6 =	690
Graisses	(49 + 11 = 60) × 9,3 =	558
Hydrates de carbone	(403 + 160 = 563) × 4,1 =	2308
Soit pour 24 heures		2604 + 952) = 3556 kilocal.

Totalisation de l'énergie des aliments par le glycogène hépatique.

— Ainsi qu'on voit, *le sucre qui est versé dans le sang par le foie représente à lui seul toute l'énergie des aliments*, ou autrement dit *toute l'énergie que l'organisme va utiliser.* C'est précisément le rôle de la fonction glycogénique de reporter à peu près exclusivement sur le glycose hépatique l'énergie intérieure des différentes substances alimentaires. Toutes, en effet, hydrates de carbone, graisses, albuminoïdes, convergent vers la formation du glycogène hépatique, et partant du glycose.

Tout le carbone des aliments (à l'exception de la très petite quantité qui se retrouve dans l'urée) se retrouve, ou à peu près, dans le carbone de ce glycogène et de ce glycose et il s'y retrouve avec l'énergie intérieure qu'il avait dans les aliments. En effet, les albuminoïdes, pour devenir glycogène et glycose, ont disloqué leur molécule en deux fragments : l'un azoté, qui se retrouve dans l'urée (et autres corps azotés urinaires) et qui traverse l'organisme sans pour ainsi dire abandonner aucune énergie ; l'autre carboné, qui entre dans la constitution du glycogène hépatique et auquel est attaché plus spécialement le chiffre 4,6 qui exprime la chaleur de combustion de l'albumine mesurée dans le calorimètre. Les graisses, elles, pour devenir glycogènes doivent s'oxyder, ce qui est cause, pour elles, d'une perte de chaleur très sensible (la chaleur de combustion des graisses est de 9,2, celle des hydrates de carbone de 4,1 environ) ; mais ces corps sont relativement peu abondants dans l'alimentation. Enfin les hydrates de carbone de l'alimentation (amidon, saccharose, glycose, lévulose, etc. se convertissent eux-mêmes en glycogène hépatique au prix, suivant les cas, d'une absorption minime d'énergie (glycose, lévulose et autres monoses) ou d'une dépense insignifiante de celle-ci (amidon, etc.).

C. — LA GLYCOSURIE.

La constante glycémique ne s'exprime pas par un chiffre absolu. L'équilibre des fonctions de la vie est un équilibre mobile, qui ne se maintient qu'à travers certaines fluctuations. A la condition que celles-ci ne soient ni trop grandes ni trop prolongées, la normalité de la fonction n'est pas compromise. — Si le taux du glycose artériel est notablement au-dessous de 1,50 ou de 1,25 p. 1000, il y a *hypoglycémie* : s'il le dépasse de beaucoup, il y a *hyperglycémie*. Normalement, le glycose est entièrement utilisé pour les oxydations intra-organiques ; c'est un aliment des organes, ce n'est pas un produit excrémentiel. Mais si le taux normal vient à doubler et atteindre 3 p. 1000, le sucre déborde hors du système circulatoire par la voie rénale ; il y a *glycosurie*.

Sucre de l'urine normale. — On a souvent discuté la question de savoir si l'urine normale contient du glycose. En pratique et en usant des méthodes suffisamment sensibles qui sont à la disposition du clinicien, on peut répondre non. Mais si on opère sur de grandes quantités d'urine que l'on concentre avant de faire la recherche du produit, on peut y déceler une très petite quantité de glycose, moins de 50 centigrammes par litre.

Ceci n'est pas spécial au glycose, mais presque tous les corps qui sont contenus dans le sang peuvent diffuser, en très faible quantité, dans l'excrétion urinaire. L'analyse de l'urine, quand on l'institue sur de grandes quantités qu'on concentre, y fait découvrir tous les jours des corps nouveaux que leur très faible proportion empêche de reconnaître à une analyse très ordinaire, même bien faite.

I. **Conditions théoriques de la glycosurie**. — L'hyperglycémie, avec la glycosurie comme conséquence, peut reconnaître des
causes très nombreuses, dont l'analyse physiologique fait entrevoir
les principales. — La constante glycémique dépend des compensations établies entre deux facteurs qui sont, d'un côté, l'apport du
sucre dans le sang, et de l'autre, sa consommation par les tissus.
Quand le premier de ces facteurs s'exagère jusqu'à l'emporter
franchement sur le second ou, ce qui théoriquement est admissible, quand le second s'abaisse relativement au premier, l'équilibre
est rompu, le sucre augmente dans le sang, et la sécrétion rénale
intervient comme un régulateur d'un nouveau degré, pour y
empêcher son accumulation indéfinie. Certains faits semblent
établir que le rein peut lui-même intervenir à contre-temps pour
éliminer le glycose, alors que son taux dans le sang n'est nullement
exagéré ; d'où une nouvelle cause de glycosurie possible, due à
une perversion de la fonction rénale.

a. Glycosurie alimentaire. — L'exagération de l'apport sucré peut avoir sa
source dans l'intestin même, quand l'ingestion des aliments sucrés dépasse :
° ce que le foie peut absorber directement pour constituer sa réserve de glycogène ; 2° ce que les tissus adipeux eux-mêmes peuvent utiliser pour la formation
des graisses de réserve. Le surplus, non utilisé, s'accumule forcément dans le
sang et finit par déborder dans l'urine. La capacité de rétention du sucre alimentaire, ce que LINOSSIER et ROCQUE appellent le *coefficient d'utilisation*, est très
variable. Suivant les individus, les auteurs l'ont vu varier de 50 à 350 grammes.
On l'a vu s'élever exceptionnellement jusqu'à 600 grammes de saccharose dis-
ribués en plusieurs fois dans la journée (BOUCHARD). Lorsque le glycose est
injecté dans un des rameaux de la veine porte, on produit à volonté l'hyperglycémie et la glycosurie ; c'est une question de dose et de rapidité dans l'injection (BUTTE, GRÉHANT, LAULANIÉ).

b. Glycosuries nerveuses. — L'augmentation de l'apport sucré dans le sang
peut être produite, d'autre part, non plus à partir de l'intestin, mais simplement à partir du foie, et le moyen expérimental qui est à notre disposition pour
la réaliser, c'est d'agir sur l'organe hépatique en excitant ses nerfs. Nous l'obli-
geons de la sorte à exagérer l'hydrolyse de son glycogène, et comme sans doute
ce produit se reforme sur place à mesure et dans la proportion de sa destruction,
on s'explique les grandes quantités de glycose qui peuvent être versées dans le
sang en peu de temps. Le foie obéit à ses nerfs comme toute glande quelconque.
Normalement ceux-ci lui distribuent des excitations proportionnées aux besoins
de la fonction, c'est-à-dire proportionnées à la dépense sucrée qui se fait dans
les organes, et ces excitations ont leur source première dans le besoin de ces
organes, rattachés au foie par un cycle réflexe sensitivo-moteur, qui est la
pièce délicate et essentielle de ce phénomène de compensation.

Dans notre expérience, nous rompons ce cycle, nous substituons nos excitations artificielles et exagérées à celles qu'il écoule avec mesure et le trouble de
la fonction s'accuse par l'hyperglycémie et la glycosurie.

Le système cyclique qui gouverne la glycogénie et équilibre la glycémie, si nous le parcourons en sens inverse de l'excitation, nous présente d'abord les nerfs sécréteurs du foie, puis des lieux de la substance grise, qui les associent avec des nerfs sensitifs assurément nombreux et de provenance très généralisée. Nous pouvons dérégler la glycémie, en détruisant ou excitant, soit les nerfs moteurs (ici sécréteurs) du système, soit ses centres, soit ses nerfs sensitifs. La glycosurie qui pourra en résulter sera, dans tous ces cas, d'origine nerveuse.

En ce qui concerne les centres, on sait les effets de la *piqûre du quatrième ventricule* (dans l'intervalle compris entre les origines des nerfs vagues et des nerfs acoustiques). On a vu encore la glycosurie se produire dans l'assommement, la piqûre de la couche optique ou du pédoncule cérébral, les lésions de la protubérance, etc. L'excitation des nerfs sensitifs en général, et spécialement celle du vague et de son rameau dépresseur, la produisent également.

*c. **Glycosurie asphyxique***. — Dastre a vu que, si on supprime l'oxygénation, le glycose augmente dans le sang et déborde dans l'urine. L'expérience se fait commodément sur un animal curarisé, auquel on pratique l'insufflation pulmonaire, en supprimant celle-ci et en la reprenant à volonté. L'hyperglycémie et la glycosurie sont ici sûrement d'origine nerveuse. L'état asphyxique du sang est une condition excitatrice pour le système nerveux. Cette excitation dite asphyxique atteint le foie parallèlement à d'autres glandes, qui sont mises en état d'active sécrétion par ce besoin général d'oxygène (la salive, par exemple, coule abondamment) ; l'hypersécrétion cesse dans les unes et dans les autres, dès que l'oxygénation se fait de nouveau.

*d. **Glycosuries toxiques***. — Il est peu de poisons dont l'action ne retentisse sur la fonction glycogénique. Et cela tient encore à ce que la plupart de ceux qui sont en usage, comme moyens d'étude ou comme agent thérapeutique, agissent sur le système nerveux. Le curare, le chloroforme, le chloral, la morphine, la strychnine peuvent produire l'hyperglycémie et la glycosurie.

Le curare présente ce double effet d'une façon très nette, quand l'intoxication est complète et dure depuis quelques heures. L'action de cette substance a pour effet la paralysie des nerfs moteurs squelettiques. La consommation du glycose par les muscles en est sûrement diminuée, d'où l'hypothèse que l'hyperglycémie résulterait d'une accumulation dans le sang de ce sucre non consommé. Laulanié remarque que cette condition n'est pas suffisante, en raison du pouvoir qu'a le foie de retransformer le glycose en glycogène et de l'emmaganiser sous cette forme de réserve. D'autre part, pour être moindre, l'action du curare sur les nerfs moteurs viscéraux (sécréteurs) n'en est pas moins encore réelle. Le mécanisme du diabète curarique n'est donc pas simple.

*e. **Glycosurie phloridzique***. — Un des diabètes les plus particuliers de ceux qui sont produits par intoxication est celui de la phloridzine découvert par von Mering. Cette substance produit une glycosurie accompagnée d'azoturie et d'amaigrissement des animaux, symptômes qui se rapprochent de ceux du diabète clinique. Ces effets sont indépendants de l'alimentation et s'observent chez l'animal en état de jeûne prolongé. — Le diabète phloridzique est caractérisé par ce fait exceptionnel dans le cas de glycosurie, qu'il y a *hypoglycémie*. On en conclut que la phloridzine a une action élective sur le rein, en vertu de laquelle la perméabilité de cet émonctoire par le glycose est augmentée.

*f. **Glycosurie pancréatique***. — L'ablation du pancréas, sa destruction par des lésions étendues déterminent une glycosurie intense, accompagnée de symptômes graves qui sont ceux qui caractérisent le diabète connu en clinique. Cette glycosurie est décrite plus loin (Voyez *Équilibre glycémique et nutritif*).

Lévulosurie. — Le lévulose se rencontre exceptionnellement dans l'urine des diabétiques. SEEGEN, dans une observation de ce genre, a vu que l'augmentation des amylacés dans l'alimentation entraîne un accroissement de la quantité de lévulose. Dans le diabète léger, il y aurait donc possibilité à l'organisme de faire du lévulose aux dépens de l'amidon.

Action des hydrates de carbone. — L'alimentation hydrocarbonée a une action immédiate très évidente sur le taux du glycogène hépatique. A la suite d'un repas de soupe ou de lait additionné de sucre, ce taux peut passer subitement de 2 à 3 p. 100 à 10 ou 12 p. 100 (Cl. BERNARD, SEEGEN). Il en est de même si on injecte du glycose par un des rameaux de la veine porte (Cl. BERNARD). — Le glycose livré par la digestion intestinale des féculents et des sucres, ou introduit dans la veine porte est, au contact du foie, déshydraté, polymérisé, d'après une réaction synthétique, dont l'équation est des plus simples, et qui est l'inverse de celle qui restituera ultérieurement ce glycose à la circulation, par hydrolyse du glycogène ainsi formé.

II. Conclusion. — Les trois ordres de principes immédiats peuvent, en somme, concourir à la réserve de glycogène et à l'entretien de la glycémie ; seulement pour les graisses, le chemin est toujours indirect, tandis que pour les hydrates de carbone et les albuminoïdes il est direct. Mais, même pour ces deux substances, il peut être indirect dans certains cas : c'est lorsque l'aliment est surabondant. Une fois la réserve hépatique reconstituée, ces substances se jettent dans les réserves adipeuses et assurent pour l'avenir une provision secondaire, où il sera puisé quand l'alimentation de surabondante deviendra normale ou insuffisante.

Les rapports des aliments aux réserves sont, comme on voit, sensiblement les mêmes que ceux des aliments entre eux ou des réserves entre elles. Des transformations et substitutions ont lieu des albuminoïdes aux graisses et aux hydrates de carbone, comme des graisses aux hydrates de carbone et des hydrates de carbone aux graisses.

D. — LA GLYCOGÉNIE CHEZ LE FŒTUS ET L'EMBRYON.

Les fonctions de l'adulte diffèrent de celles du fœtus en ce que la fin remplie par la fonction restant la même, les moyens ou mécanismes par lesquels elle s'exécute, vont se modifiant avec les conditions et complications du processus évolutif. La glycogénie, qui a une importance primordiale dans ce qu'on appelle communément la nutrition, est intéressante à examiner de ce point de vue.

Moyens de constatation. — Pour des raisons qu'on comprend bien, nos moyens d'étude sont, chez le fœtus, malheureusement beaucoup plus restreints que chez l'adulte. A la vérité, les formes chimiques principales qui marquent l'évolution du carbone (glycogène, glycose, acide carbonique) s'y peuvent déceler, mais leur dosage comparatif dans les voies qui se transmettent la substance et dans les organes qui la retiennent et la modifient, ce dosage qui, fait dans de bonnes conditions, donne sa signification à la fonction glycogénique, est pratiquement impossible dans le fœtus. La substance la plus facilement reconnaissable et qu'on pourrait doser est le *glycogène*. Elle est très répandue dans les tissus du fœtus, c'est elle presque seule qui nous fournira des renseignements sur les transformations de la fonction.

Cette substance infiltre les cellules d'un certain nombre de tissus ou organes. On l'y décèle par le moyen de l'iode, qui lui donne une coloration brun-acajou très caractéristique et, par la valeur de la teinte, permet d'apprécier comparativement sa quantité. On peut du reste souvent l'extraire et la doser.

Double fonction de l'œuf. — L'œuf est astreint : 1° comme tout être, à assurer sa nutrition, par des échanges avec son milieu ; 2° comme germe, à préparer les conditions qui réaliseront la vie si différente de l'adulte. La relation avec son milieu ne s'établit pas par ses propres organes ou organes définitifs, mais par des organes caducs qui sont les *annexes*. C'est par eux qu'il échange avec le milieu extérieur, directement chez les oiseaux et tous les *ovipares*, indirectement (par l'intermédiaire de la mère) chez les *vivipares*.

Segmentation ; division en feuillet. — L'œuf fécondé se segmente. Les cellules nées de cette segmentation, à mesure qu'elles se multiplient, se disposent sur deux rangées, deux feuillets concentriques (*ectoderme* et *endoderme*) ; mais un troisième feuillet lui-même dédoublé, s'intercale entre ces lames cellulaires primitives (*mésoderme*). Une dépression circulaire, comme celle qui, dans une gourde, sépare la petite extrémité de la grosse, se dessine, se creuse et établit une sorte de pédicule qui rattache les deux excavations, dont l'une, la plus petite, est l'*embryon*, l'autre, la plus grosse, la *partie annexielle* de l'œuf.

Organisation parallèle des annexes. — Les annexes subissent de leur côté une évolution morphologique qui varie suivant les différentes classes des mammifères, mais dont le dessin général reste en somme le même. Elles sont représentées par quatre membranes cavitaires, de forme, d'origine, de durée et de fin différentes, qui sont le *chorion*, la *vésicule ombilicale*, l'*amnios* et l'*allantoïde* avec son épaississement qui forme le gâteau *placentaire*.

Le *chorion* délimite l'œuf extérieurement, comme le fait la membrane coquillière chez l'oiseau. Sa formation est complexe et s'accomplit par la substitution à la membrane vitelline primitive de l'ovule de tissus nouveaux d'origine surtout ectodermique, qui lui sont apportés par le feuillet externe de l'amnios.

La *vésicule ombilicale* est d'origine endodermique ; elle représente le feuillet interne dans les annexes. Elle s'atrophie assez rapidement chez les mammifères.

L'*amnios* dérive de ce qu'on appelle la somatopleure, lame formée par le feuillet externe doublé de la lame externe du feuillet moyen. Partie de l'ombilic, cette lame contourne le corps du fœtus pour venir se fermer en arrière de lui, en lui offrant une gaine protectrice remplie du liquide amniotique. C'est là l'amnios proprement dit ; mais, de plus, à partir de ce point (qui reste ouvert assez longtemps) la même membrane forme en se repliant en sens inverse un second feuillet, qui double le chorion avec lequel il est confondu et qui, comme cette membrane, est continu avec lui-même et enveloppe tout l'œuf, contient par conséquent l'amnios proprement dit et la vésicule ombilicale. Ces deux membranes bien distinctes sont lâchement unies par du tissu conjonctif muqueux (*tissu interannexiel* et *cœlome externe* de DASTRE). Une dernière vésicule se constitue en dissociant les lames de ce tissu, c'est l'allantoïde.

L'*allantoïde* dérive à la fois du feuillet moyen et du feuillet interne du blastoderme. Le bourgeon creux, qui la représente au début, naît de la partie inférieure de l'intestin, dissèque la cavité virtuelle qui existe entre les vésicules précédentes *cœlome externe*) et s'étale sous le chorion, où elle se double d'un épaississement villeux (*placenta*) affectant suivant les espèces des formes très variées (discoïde, zonaire, cotylédonée, etc.). Le pédicule qui le rattache au fœtus n'est autre chose que le *cordon ombilical*. L'allantoïde manque chez les reptiles (où elle n'existe qu'à l'état de trace), d'où la désignation d'anallantoïdien qui leur a été donnée par MILNE-EDWARDS. Chez les oiseaux, les vésicules ombilicale et allantoïdienne persistent jusqu'à l'éclosion. Chez les mammifères, la première s'atrophie de bonne heure; chez l'homme, non seulement la vésicule ombilicale mais aussi l'allantoïde s'atrophie et n'est plus reconnaissable à la naissance. Le placenta acquiert ainsi une importance fonctionnelle qu'il n'a qu'à un moindre degré dans les autres espèces.

I. — *Glycogénie annexielle ou placentaire.*

Fonctions générales du placenta et des annexes du fœtus. — Il est évident que le placenta est pour le fœtus un organe de nutrition, c'est-à-dire d'échange avec la mère. Mais le mécanisme de cet échange a été compris diversement.

FABRICE d'AQUAPENDENTE croyait au passage *in toto* du sang des canaux de la mère à ceux du fœtus et réciproquement. L'anatomie et la physiologie sont d'accord pour réfuter cette erreur. Il n'y a pas abouchement des vaisseaux utérins avec ceux du placenta. Les globules du fœtus sont différents de ceux de la mère et les bactéries introduites dans le sang de celle-ci ne se répandent pas dans celui du fœtus (DAVAINE).

HALLER a d'autre part admis que la nutrition du fœtus se fait par une sécrétion de lait, provenant du placenta maternel et absorbé par le placenta fœtal. Cette opinion, qui assimile la nutrition du fœtus à un phénomène d'alimentation ordinaire, n'est pas davantage fondée.

Cl. BERNARD a produit le premier fait qui donne la caractéristique des fonctions placentaires. Celles-ci ne consistent ni en une transfusion mécanique du sang, ni en une absorption simple d'un produit sécrété. *Le placenta constitue des réserves qui sont utilisées par le fœtus.* Les matériaux qu'il utilise viennent nécessairement du sang maternel; mais, pour son activité propre, il les transforme en des produits propres que ses cellules élaborent et conservent pour les livrer à la circulation fœtale. *Les cellules du placenta renferment constamment du glycogène.*

Cette substance existe en abondance dans le placenta des *rongeurs* (pl. discoïde). Elle est contenue dans des cellules blanchâtres formant une couche intermédiaire entre le disque placentaire du fœtus et le disque maternel. La masse cellulaire va en augmentant jusqu'au milieu de la gestation (qui est de trois semaines), et s'atrophie ensuite.

Même observation chez le lapin dont la durée de gestation est de quatre semaines.

Chez les *carnivores* tels que le chien (gestation neuf semaines) et le chat (huit semaines), le placenta de forme zonaire renferme également dans son épaisseur même de la matière glycogène, qui tend à disparaître vers la fin de la gestation.

Chez les *ruminants*, la fonction glycogénique du placenta existe également mais se trouve localisée d'une façon différente. Les cotylédons qui forment le placenta, disséminés sur la surface de l'allantoïde, ne contiennent point de matière glycogène. Celle-ci existe par contre sur la surface de l'amnios. Elle infiltre les cellules d'organes transitoires, les plaques amniotiques affectant la forme de villosités auxquelles la solution iodée communique une teinte brun-acajou se fonçant jusqu'au noir. À leur maximum de développement, ces villosités ont 3 à 4 millimètres d'épaisseur. Développées dès les premiers temps de la vie intra-utérine, elles décroissent dans la seconde moitié de la gestation, deviennent jaunâtres et se résorbent. Leur destruction se fait par dégénérescence graisseuse; de plus, parfois, on trouve à leur place des cristaux octaédriques d'oxalate de chaux, qui indiquent que la matière glycogène s'est détruite dans ce cas par oxydation.

Chez le *porc* les cellules du revêtement intérieur de l'allantoïde se montrent également pourvues de matière glycogène.

Glycogénie dans l'œuf de l'oiseau.

— Chez les ovipares, les conditions de la nutrition ne sont plus les mêmes. Isolé et indépendant, l'œuf de l'oiseau ne peut plus compter sur les apports fournis régulièrement par l'organisme maternel. Au lieu de recevoir les matériaux de sa nutrition sous forme d'un courant qui se renouvelle, il s'en constitue (dans les voies de la mère) une réserve globale, qu'il emporte avec lui. et qui fera les frais du développement jusqu'à l'éclosion. Cette réserve est formée surtout par le *vitellus* ou *jaune* d'œuf. Les parties extérieures, comme l'albumine, la membrane coquillière et la coquille elle-même, y participent d'une façon moins évidente et moins directe, mais néanmoins effective.

L'œuf est primitivement une cellule de l'ovaire dont le noyau est ce qu'on appelle la vésicule germinative et la membrane d'enveloppe, la membrane vitelline. Entre la membrane vitelline et la vésicule germinative se développent des vésicules diaphanes qui, augmentant sans cesse, repoussent excentriquement la vésicule germinative. C'est l'origine du jaune ou vitellus de l'oiseau. Plus tard. dans son trajet à travers l'oviducte, le globe vitellin s'entoure d'un *albumen* ou *blanc*, sécrété par la muqueuse de ce conduit. Enfin, cet albumen s'enveloppe à son tour d'une double membrane et d'une coque solide formée également par une sécrétion des villosités de l'oviducte.

A la surface du jaune est la *cicatricule*. C'est le germe, qui, en se développant, va étendre ses annexes, de manière à englober la réserve nutritive. La vésicule amniotique prolonge ses doubles replis, d'une part sur la masse vitelline, d'autre part sur l'embryon lui-même, en arrière duquel elle se referme comme une enveloppe protectrice. En dedans d'elle et partant du feuillet interne du blastoderme, la vésicule ombilicale emprisonne immédiatement le jaune, dans lequel ses vaisseaux viennent puiser la substance des tissus en formation. Chez l'oiseau, cette membrane gardera très longtemps (jusqu'à la fin de l'incubation) les fonctions qui, chez les mammifères, sont peu à peu dévolues à l'allantoïde et au placenta. Dans l'espace virtuel qui sépare la vésicule amniotique de la vésicule ombilicale, l'allantoïde partant du mésoderme et du feuillet interne s'engage et s'étend à son tour vers la périphérie. Nettement pédiculisée dans la partie qui la rattache à l'embryon, elle va s'étaler sous la coquille dont elle n'est séparée que par le feuillet le plus externe de l'amnios ou faux amnios, qui fait fonction de chorion ou enveloppe générale. Elle a dans l'oiseau une fonction très spécialisée, manifestement en rapport avec la respiration de l'œuf. Par elle ce dernier réalise avec l'air extérieur les échanges gazeux qui le fournissent d'oxygène et éliminent son acide carbonique.

L'embryon du mammifère et celui de l'oiseau se ressemblent, en ce que l'un et l'autre puisent les matériaux de leur développement dans des réserves constituées dans leurs annexes ou à leur portée directe. En cela ils obéissent à une loi primordiale qui veut que la nutrition ne soit pas une transposition directe des substances extérieures, mais une élaboration propre de ces substances ayant, si l'on peut dire, le cachet de l'espèce vivante et de l'individu qu'elles vont constituer. Mais ils diffèrent en ce que, pour le premier, ces réserves sont *mobiles*, c'est-à-dire se reconstituent à mesure de leur épuisement et évitent ainsi une trop grande accumulation, tandis que pour le second elles sont *fixes*, c'est-à-dire accumulées d'avance sous le germe, qui par ses annexes va les transformer et graduellement les employer.

Réserves du vitellus. — De ces réserves, la partie essentielle est formée par le jaune ou vitellus. On y trouve une substance *albuminoïde*, la vitelline, qui est une globuline, des *graisses* liquides (oléine et margarine), de la cholestérine, des *écithines* (graisses phosphorées), une substance *ferrugineuse*, l'hématogène, du *glycose*, des *sels minéraux* (chlorures de potassium et de sodium, sulfate de potasse, phosphate de chaux et de magnésie, etc.).

L'albumen de l'œuf de poule est formé d'albumine proprement dite ou *ovalbumine*, dont on peut distinguer deux espèces au moins, qui diffèrent par leur température de coagulation. Il contient de très faibles quantités de graisse, du glycose, des matières extractives azotées, des matières minérales solubles et insolubles.

Les hydrates de carbone de l'œuf de l'oiseau. — Pour ce qui concerne spécialement les hydrates de carbone, nous les trouvons dans l'œuf de poule sous leurs deux formes les plus habituelles. Nous avons déjà plus haut signalé le glycose comme un des principes constants de l'œuf.

a. Glycose. — Cl. BERNARD a établi que le glycose existe dans les œufs de tous les oiseaux, granivores, frugivores, insectivores ou carnivores ; non seulement sa présence mais sa quantité est constante, tout au moins sensiblement pour l'œuf d'une espèce donnée. La proportion est en moyenne de 3,70 p. 1000 dans l'œuf de poule avant l'incubation. Si l'œuf (fécondé) mis à couver ne se développe pas, cette quantité reste la même, sauf s'il y a altération, auquel cas le sucre disparaît.

La quantité de glycose de l'œuf, qui est fixe pour une période donnée de l'incubation, va au contraire en se modifiant pendant la durée de celle-ci. Du chiffre de 3,80 elle descend au-dessous de 1 vers le milieu de l'incubation pour remonter à 2 à la fin de celle-ci. A quelque phénomène que se rattachent ces variations, elles indiquent, la première, qu'il y a consommation de glycose dans l'œuf, la seconde qu'il y formation de ce produit au dépens forcément d'une substance préexistante.

b. Glycogène. — La matière glycogène n'existe pas dans les réserves fixes de l'œuf de poule. On n'en trouve point dans le vitellus, qui renferme, comme on a vu, abondamment les graisses, les albuminoïdes et une proportion sensible de glycose. L'œuf en contient cependant, mais elle est incluse, comme chez les mammifères, dans des cellules de ses annexes ou de ses tissus propres.

Au début de l'incubation on la trouve uniquement dans la cicatricule où le réactif iodé la décèle avec facilité. On la trouve ensuite à mesure du développement dans le champ envahi par les vaisseaux sur l'*area vasculosa*. Les cellules glycogéniques y sont disposées en amas le long du trajet des veines, plus en certains points où la vascularisation n'a pas encore pénétré. Vers le huitième jour les extrémités des veines vitellines forment de véritables villosités glycogéniques flottantes dans la substance du jaune, où elles dessinent des plis nombreux. D'après Cl. Bernard, auquel on doit la connaissance de tous ces faits, la matière glycogène est distribuée dans les cellules blastodermiques sous la forme de granulations arrondies comme le granule d'amidon dans les cellules végétales.

II. — *Glycogénie tissulaire de l'embryon.*

Comme pour les annexes, il faut distinguer des périodes qui se succèdent. La première et la seconde moitié de la gestation présentent ici encore une sorte d'opposition dans l'évolution de la fonction glycogénique. La topographie de la matière glycogène est, en effet, très différente suivant qu'on envisage l'une ou l'autre de ces périodes. La marche de la fonction n'est, du reste, pas différente chez les mammifères et les oiseaux.

A. Mammifères. — *Dans la première moitié de la gestation les tissus ou éléments qui la renferment sont les tissus épithéliaux des surfaces cutanée et muqueuse* (digestive, respiratoire, génito-urinaire) *plus les muscles. Elle est absente des tissus nerveux* (cerveau, moelle et nerfs), *des séreuses et des parenchymes glandulaires proprement dits* (pancréas, glandes salivaires, etc.); seuls les *canaux excréteurs* de ces glandes, qui sont des prolongements de l'épithélium extérieur, *renferment la matière glycogène.* Elle est absente également de la rate et des ganglions lymphatiques. Le *foie* forme surtout une exception très remarquable, en ce que cet organe, qui ultérieurement résumera en quelque sorte la fonction, en est d'abord dépourvu à cette période du développement.

B. Oiseaux. — Chez l'oiseau c'est dans le cœur qu'on voit apparaître la première trace de la matière glycogène, puis elle se montre d'une façon diffuse dans une foule de tissus, mais particulièrement les épithéliums et les organes qui en dérivent (épiderme, bulbe pileux, griffes, matière cornée, bec), tous tissus où la partie la plus molle renferme la substance glycogène, alors que les parties déjà organisées n'en renferment plus. On la décèle également sur les muqueuses digestive et respiratoire où elle suit la même loi. Et à mesure que sa disparition se prononce dans ces différents tissus, on voit le foie accaparer la fonction pour, au moment de l'éclosion, la représenter d'une façon définitive. Le tissu musculaire des embryons d'oiseaux se montre extrêmement pauvre en glycogène.

En somme, nous voyons dans le cours du développement embryologique le glycogène affecter certains tissus, puis les abandonner et élire domicile dans le foie. Si on regarde les choses de très près, cette inversion très saisissante n'est pourtant pas absolue. Chez l'adulte les muscles contiennent encore une quantité dosable de glycogène et cette substance existe à l'état de trace dans un grand nombre d'éléments.

III. — *Évolution de la matière sucrée dans l'embryon.*

Dans l'organisme adulte nous saisissons bien maintenant l'évolution de la matière sucrée. Nous sommes surtout fixés sur la valeur des deux termes qui sont, l'un le glycose et l'autre le glycogène. Nous savons les relations parfois réciproques (mais non forcément réciproques) qui existent entre eux. Nous savons encore que la fin de leur cycle aboutit invariablement à l'acide carbonique, mais que l'origine de ce cycle les lie aux deux autres ordres de principes immédiats, les graisses et les albuminoïdes, suivant les circonstances. — Dans l'embryon, dans l'œuf, ce cycle reste le même en ses grands traits ; mais l'évolution embryologique déplace les localisations fonctionnelles qui le dessinent topographiquement, et les données de l'expérience ne sont pas encore assez bien assises sur tous les points, pour que nous puissions décrire dans ses menus détails cette évolution d'une évolution. Toutefois, on peut déjà envisager les solutions possibles.

1. **Son utilisation dans l'organisation des tissus.** — La première question qui se pose est celle-ci : Si les hydrates de carbone sont des substances énergétiques, à quelle dépense de ce genre sont-ils employés dans l'embryon qui n'exécute sensiblement pas de mouvements. Le seul travail, auquel nous puissions rapporter cette dépense, est le travail à la fois intérieur et silencieux de l'édification des tissus par la multiplication des cellules et leur organisation propre. Les plantes font de même ; c'est au moment de leur végétation que se

fait en elles la plus grande dépense de glycose et la consommation de leurs réserves de saccharose ou d'amidon. Ainsi un tissu comme le musculaire, quand il est une fois développé, consomme du glycogène pour remplir sa fonction énergétique, son travail extérieur avec l'excrétion de chaleur qui l'accompagne ; mais ce même tissu a dû en consommer d'abord pour s'organiser, et c'est au moment où cette organisation se réalisait qu'il en contenait la plus grande quantité et probablement en consommait le plus (1). Les tissus épithéliaux de revètement emploient de même le glycogène, pour faire les frais de la multiplication cellulaire qui accompagne leur organisation et qui se poursuit à un degré moindre pendant la vie extra-utérine. D'après cette vue, il faudrait admettre que le glycogène présent dans les tissus de l'embryon, dans la première phase de son développement, y est en vue d'une consommation locale, différant en cela de celui qui apparaît dans le foie dans la seconde moitié de la vie intra-utérine et qui est une réserve somatique, destinée à être distribuée aux tissus par le sang, après avoir repassé par l'état de glycose.

2. **Déplacement de la fonction.** — Le balancement, qui existe de l'une de ces phases à l'autre entre les tissus glycogéniques de l'embryon et le foie, n'indiquerait pas une équivalence, un déplacement de la fonction, qui de tissulaire et diffuse deviendrait hépatique et centralisée, mais une substitution plus compliquée dont le milieu de la vie intra-utérine marque le moment principal et qu'on peut comprendre ainsi. Dans la seconde période du développement, comme pendant la vie extra-utérine, il existe une réserve somatique localisée dans le foie et des réserves cellulaires très diminuées, encore apparentes dans les muscles ; le glycose du sang est le terme de passage qui constitue celles-ci au dépens de celle-là. Dans la première période de la vie intra-utérine, la réserve somatique est dans les annexes (placenta) et les réserves cellulaires beaucoup plus importantes, sont en grande partie dans les tissus épithéliaux de revètement et dans les muscles ; le glycose du sang est le terme de passage qui, là également, constitue les secondes au dépens de la première.

Des difficultés subsistent pour expliquer comment des tissus aussi importants que le nerveux s'organisent sans avoir besoin du glycogène. On peut à la rigueur répondre que la période de multiplication des éléments nerveux est terminée de bonne heure, alors que celle des autres tissus dure encore et qu'au surplus le glycogène ne fait pas complètement défaut.

3. **État initial de la substance.** — De la sorte, le cycle des hydrates de carbone dans l'embryon s'harmonise avec celui de l'organisme constitué, tout en présentant avec lui des différences de localisation très caractéristiques. Reste à se demander quelle est la substance qui est à l'origine de ce cycle et qui fournit les matériaux premiers de la réserve placentaire.

a. Chez l'oiseau. — C'est chez l'oiseau que le problème paraît le plus abordable. Le glycose qu'on trouve dans l'œuf n'est pas une réserve inépuisable : sa mobilité même nous indique qu'elle se dépense et se renouvelle tout à la fois. L'origine du glycogène des villosités blastodermiques ne peut être, en dehors du glycose, que dans les albuminoïdes et les graisses. Par un certain côté *l'œuf de l'oiseau en voie de développement est assimilable à un animal qu'on a mis à l'ina-*

---

(1) Il faut remarquer néanmoins que chez l'embryon la thermogénèse paraît très réduite, elle passe du moins pour telle. On n'a aucune mesure correcte de son intensité, pas plus du reste que de la consommation du glycogène, dont le dépôt dans les cellules est seulement très abondant.

nition et qui vit un certain temps sur sa réserve graisseuse. La graisse en s'oxydant peut former le glycogène. Quand cette transformation s'opère dans un organisme, nous en sommes avertis par la valeur particulière que prend le *quotient respiratoire.* Le surplus d'oxygène qui est nécessaire pour comburer l'hydrogène des corps gras s'accuse dans ce quotient, en rompant l'égalité des volumes d'acide carbonique et d'oxygène qui caractérise la combustion des hydrates de carbone. De fait, *dans les œufs en incubation* on a noté que *ce quotient prend une valeur très inférieure à l'unité.*

b. **Chez les mammifères.** — Chez les mammifères, il est beaucoup plus difficile d'indiquer la forme chimique antécédente au glycogène du placenta. Ce peut être le glycose du sang de la mère, qui refait la provision annexielle comme il entretient celle des muscles et des autres tissus maternels. Ce peut être aussi une substance élaborée par le placenta maternel et qui nous laisse le choix entre les albuminoïdes et les graisses, et ce peut être enfin ces différents corps dans une proportion qui varie avec les circonstances, à l'imitation de ce qui se passe dans les rapports de la glycogénie avec l'alimentation chez les sujets complètement développés.

E. — LA GLYCOGÉNIE CHEZ LES ANIMAUX A SANG FROID.

Cl. Bernard a établi que la fonction glycogénique est générale. On la retrouve chez les animaux à sang froid, vertébrés ou invertébrés et son existence chez les végétaux est un fait anciennement connu. Chez tous les hétérothermes, elle présente seulement, comme toutes les autres fonctions, une élasticité plus grande et surtout des *variations saisonnières*, qui sont liées aux changements extérieurs de la température, contre lesquels ces êtres ne sont pas organisés pour se défendre.

A. Batraciens et reptiles. — Chez la grenouille, la tortue, les reptiles en général, le sucre ne fait défaut ni dans le sang ni dans le foie qui renferme également en plus une provision de glycogène. Tout le schème ordinaire de la glycogénie leur est applicable. La différence avec les vertébrés homœothermes consiste en ceci : *vers la fin de l'automne la provision de glycogène hépatique augmente et atteint un maximum.* Bientôt l'animal entre en torpeur. Il passe l'hiver dans un état d'inanition qui peut se prolonger, parce que ses manifestations fonctionnelles sont réduites au minimum. *Pendant l'hiver (surtout vers la fin) le foie renferme extrêmement peu de sucre et de glycogène.* Cette réserve se reconstitue quand l'animal, sortant de son engourdissement, recommence à s'alimenter (Cl. Bernard).

Ablation du foie sur la grenouille. — Les animaux à sang froid ont pour les mutilations étendues une tolérance que n'ont pas les animaux à sang chaud. La déséquilibration qui en résulte pour les fonctions n'a pas chez eux les mêmes conséquences immédiatement destructives que chez ces derniers. Sur une grenouille on peut enlever le foie ou encore lier tous les vaisseaux de cette glande sans entraîner la mort à bref délai. La conséquence est, dans les deux cas, la suppression de la fonction glycogénique. Si ensuite on enlève la ligature, de manière à réintercaler le foie dans le cycle circulatoire, la fonction reparaît. Seulement pour avoir un témoin de l'existence de la fonction, il faut recourir à un artifice ; on ne peut pas songer à faire des prises de sang sur les grenouilles. On la rend préalablement diabétique en lui faisant la piqûre du plancher du quatrième ventricule. Après cette opération on recueille son urine qui se montre sucrée ; après la ligature des vaisseaux hépatiques, le sucre disparaît de l'urine ; après l'enlèvement de la ligature il réapparaît. La quantité d'urine est augmentée par la polyurie qui accompagne le diabète ; cette quantité est rendue plus grande en agissant sur plusieurs grenouilles placées ensemble sur un entonnoir, qui collecte l'urine dans une éprouvette. Cette élégante expérience est due à Schiff. Elle est une des formes qu'on peut adopter pour démontrer la *localisation hépatique* de la fonction. Cette localisation est, comme on voit, la même chez les vertébrés inférieurs que chez les mammifères.

B. Poissons. — Chez les *poissons* on trouve dans le sang du glycose et dans le foie du glycose et du glycogène. Il faut seulement être prévenu que dans les conditions de mort par asphyxie, ce qui est habituel chez les animaux, ces substances disparaissent rapidement (Cl. Bernard).

C. Mammifères hibernants. — Les hibernants ne sont pas des animaux à sang froid ; on peut les appeler des *homœothermes à deux degrés*. Ces animaux règlent en effet leur température pour la saison chaude à un taux qui est celui des autres mammifères, et pour la saison froide à une température plus inférieure comprise entre $+ 5°$ et $+ 10°$ environ (Voy. *Calorification*, p. 465). Ce double régime thermique est le fait chez eux, non de l'absence complète d'un système régulateur de la chaleur, mais d'une adaptation de leur système nerveux à des conditions thermiques extérieures très différentes. C'est ce qui ressort des expériences de Cl. Bernard sur la façon dont le réveil s'opère chez eux, comparée à celle des animaux proprement hétérothermes. Chez ces derniers la chaleur pénètre du dehors par le sang, envahit les tissus et leur fournit individuellement une condition essentielle de la manifestation de leurs propriétés. Chez les hibernants, la chaleur agit sur les nerfs cutanés (ou sur les nerfs sensitifs en général), excite le système nerveux, qui commande alors les réactions thermogènes propres à ramener la température à son taux supérieur. Le mécanisme du réchauffement est, comme on voit, très différent dans les deux cas : dans le premier il se fait par un apport extérieur de la chaleur (facilement répartie par le sang) ; dans le second il se fait par une création intérieure de chaleur (excitée par le système nerveux).

1. Glycogénèse indépendante de l'alimentation. — Le cycle glycogénique de l'hibernation présente un grand intérêt, parce que, pendant l'état de torpeur de l'animal, il se montre à nous dégagé des complications qui lui sont apportées par l'alimentation. — *L'animal en hibernation est comparable à l'animal inanitié ou encore à l'œuf de l'oiseau ;* il vit (d'une vie, il est vrai, très réduite) sur une réserve constituée antérieurement dans certains de ses tissus. Cette réserve, c'est chez lui manifestement la *graisse*. En saison d'automne, à l'approche du sommeil hibernal, elle se constitue dans l'abdomen, sous la peau, mais surtout dans une glande particulière, la *glande hibernale*, que l'on voit pendant le sommeil diminuer peu à peu, à mesure que ses cellules perdent leur contenu graisseux. Cette graisse se transforme dans le foie en glycogène. Ce glycogène, pour une part livré au sang sous forme de glycose, se consomme dans les tissus et se traduit finalement par l'acide carbonique qui est excrété faiblement mais constamment par le poumon ; pour une autre part, il s'accumule dans le foie, où il constitue une réserve d'un degré plus rapproché et plus immédiatement disponible, qui fera face aux premiers besoins du réveil.

Constante glycémique. — Lorsque le réveil survient, cette réserve de glycogène hépatique s'entame à son tour. Il est remarquable que, quelle que soit l'activité glycogénique, le sucre ne s'accumule pas dans le sang, où il ne dépasse jamais 2 p. 1000. La destination de ce sucre nous est connue ; il alimente les organes en glycogène et couvre à chaque instant la dépense énergétique des muscles et des tissus, qui est devenue subitement très grande. Un phénomène corrélatif d'augmentation de la thermogénèse en est la conséquence directe et immédiate ; la température de l'animal peut augmenter de 30° dans l'espace de 3 ou 4 heures.

2. **Transformations des graisses en glycogène.** — Nous suivons ainsi plus commodément la substitution qui se fait des graisses au glycogène hépatique et au glycose, puis de celui-ci au glycogène tissulaire et à l'acide carbonique. Il nous manque de le pouvoir faire pondéralement. C'est que, de toutes ces réserves qui s'échelonnent sur le trajet du cycle, aucune, à part la provision initiale de graisses, n'est constituée à aucun moment à l'état global ; mais toutes ont leur valeur fixée par une balance entre l'apport qui les crée et la dépense qui les détruit. La transformation des graisses en hydrates de carbone ne peut néanmoins faire aucun doute dans l'espèce. Elle nous est attestée par les indications du quotient respiratoire.

Indications du quotient respiratoire. — Ce quotient (rapport de l'acide carboniqué exhalé à l'oxygène absorbé) prend, chez l'animal en hibernation, une valeur tout à fait caractéristique. Regnault et Reiset l'ont vu descendre très au-dessous de 0,5 (exactement 0,399 dans une expérience). Pour rendre compte de l'exagération du chiffre de l'oxygène sur celui de l'acide carbonique nous pouvons faire deux hypothèses. La première serait que les graisses sont directement et complètement oxydées : la formule des corps gras montre que dans ce cas l'oxygène employé se divise en deux parts, l'une qui oxyde le carbone et se retrouve dans un volume égal d'acide carbonique, l'autre qui oxyde l'hydrogène (incomplètement oxydé par l'oxygène préexistant dans la molécule) et c'est le surplus qui donne sa valeur prépondérante au dénominateur de la fraction $\frac{CO^2}{O^2} = \frac{2}{2+3} = 0,399$. La seconde hypothèse admet que le phénomène est moins direct, partant plus compliqué. Simultanément il y a oxydation des hydrates de carbone jusqu'à l'état d'acide carbonique et d'eau et reconstitution des hydrates de carbone dépensés par une oxydation incomplète des graisses. Dans l'oxydation des hydrates de carbone, l'oxygène est uniquement employé à oxyder du carbone et fait retour sous un volume égal d'acide carbonique. Dans l'oxydation incomplète des graisses, qui a pour effet de leur fournir l'oxygène qui leur manque pour parfaire la molécule d'eau censée incluse dans la molécule d'hydrate de carbone, il n'y a pas d'acide carbonique formé. C'est cette quantité supplémentaire que nous retrouvons dans ce cas comme dans le précédent et qui abaisse la valeur du quotient $\frac{CO^2}{O^2}$ à environ 0,40 ; c'est cette seconde explication qu'il faut admettre comme seule conforme à l'ensemble des données de l'expérience.

3. **Augmentation de poids.** — Un fait qui concorde avec la transformation des graisses en hydrates de carbone, c'est l'augmentation parfois assez sensible de poids que présente l'animal hibernant, par exemple dans l'intervalle de deux mictions. On ne la comprend pas avec une oxydation complète de la molécule de graisse qui aurait pour effet d'éliminer celle-ci en entier, sous forme d'acide carbonique et d'eau. On la comprend au contraire avec une oxydation incomplète

de cette molécule, qui alors, non seulement n'en élimine rien, mais la laisse fixée dans l'organisme avec addition du poids d'oxygène qui a servi à sa transformation en hydrate de carbone. Cette transformation est donc, à certains moments, assez active, pour que le poids du supplément d'oxygène absorbé l'emporte sur celui du carbone et de la vapeur d'eau éliminés par la combustion parallèle jamais complètement supprimée des hydrates de carbone.

Glycogénie chez les invertébrés.

Chez les invertébrés on trouve facilement la matière glycogène, soit en l'isolant chimiquement pour essayer ses réactions, soit en la décelant sur place à l'aide du réactif iodé. Le sucre est beaucoup plus difficile à constater. La localisation du glycogène est encore sensiblement la même que chez les vertébrés supérieurs. On le trouve dans le foie, où il affecte une situation particulière par rapport à l'organe sécréteur de la bile, et dans certains tissus qui sont spécialement les revêtements ectodermiques et aussi les muscles, le tout présentant certaines différences quantitatives ou même topographiques, suivant les classes.

A. Mollusques. — Chez les *Mollusques* (gastéropodes, acéphales...) on le trouve en grande abondance, notamment dans les huîtres dites grasses, où il infiltre les tissus. Le foie de ces animaux est composé de tubes s'ouvrant dans l'intestin, qui y déversent un liquide semblable à la bile. Le glycogène est accumulé autour de ces tubes ou dans leurs interstices. Dans l'huître en voie de développement il se localise principalement dans une sorte de disque ou de bourrelet garni de cils vibratiles, qui fait hernie entre les valves et qui tombe quand l'animal, perdant la faculté de se mouvoir, se fixe sur le rocher (Cl. Bernard).

B. Articulés. — Chez les *Articulés* la fonction glycogénique nous présente à relever les faits suivants. — Chez les *Crustacées* le glycogène est tantôt abondant et tantôt rare ou même presque absent. Ces différences sont liées au phénomène de la *mue*. A certaines périodes, d'autant plus rapprochées que le sujet est plus jeune, la carapace devenue trop étroite tombe et l'accroissement de l'animal redevient possible. *Cet accroissement se fait aussi par poussées successives et c'est à ce moment que la fonction glycogénique prend, pour quelque temps, une activité nouvelle.* Le foie contient alors le glycogène en abondance, de même le revêtement cutané et de même aussi les muscles. — Chez les *Insectes* à l'état adulte on trouve le glycogène et le glycose. Lorsqu'ils sont à l'état de larves, on n'y décèle pas de glycose, mais ils sont infiltrés de glycogène qui constitue à peu près entièrement ce qu'on a appelé le corps adipeux de l'animal. A l'état de chrysalide le sucre commence à devenir décelable (Cl. Bernard).

C. Vers. — Dans les *Vers* (lombricoïdes, entozoaires, tænias, cysticerques) on peut constater également la matière glycogène (Cl. Bernard).

F. — ÉQUILIBRE GLYCÉMIQUE ET NUTRITIF.

La glycémie, par sa constance, est l'indice d'un *état d'équilibre entre la production et la dépense sucrée de l'organisme* et, comme elle-même est liée à l'évolution des graisses et des albuminoïdes, elle traduit l'*équilibre de la nutrition dans son ensemble*. Cette liaison, qui appelle les trois ordres de principes immédiats à contribuer à l'entretien de la substance énergétique (glycose), est affirmée par les faits, mais mal connue dans son mécanisme et dans sa localisation organique. Elle se réalise sans doute au prix de transformations nombreuses, complexes, faisant intervenir des cycles partiels, inclus dans le cycle général de l'évolution nutritive et impliquant des retours plus ou moins nombreux de la même substance à des formes chimiques qu'elle avait quittées et qu'elle reprend partiellement. Nombre d'organes dont les fonctions nous sont inconnues (rate, ganglions lymphatiques, etc.) peuvent avoir un rôle plus ou moins direct ou effacé à jouer dans ces transformations. L'expérience physiologique en a fait connaître un que les idées courantes ne désignaient nullement comme devant intervenir dans le cycle intérieur de la nutrition. Cet organe est le *pancréas*. Les faits sont d'une grande évidence, leur explication satisfaisante est encore à trouver.

I. **Diabète dit pancréatique**. — Von MERING et MINKOWSKI (1889) observèrent que l'ablation du pancréas chez le chien, et en général les vertébrés, a pour effet une glycosurie très abondante accompagnée des *symptômes principaux et habituels du diabète*, polyurie, polyphagie, autophagie, amaigrissement, consomption graduelle aboutissant à la mort. Ces faits furent confirmés par LÉPINE, THIROLOIX, HÉDON et beaucoup d'autres expérimentateurs.

1. **Extirpation du pancréas.** — La condition à remplir pour obtenir ce résultat c'est que l'ablation soit totale ou tout au moins presque totale. Si on laisse une portion de la glande équivalent à 1/5, d'autres même disent 1/10, la glycosurie peut manquer. La fonction digestive du pancréas est hors de cause, car l'ablation de la tête de l'organe, qui forcément supprime les rapports avec l'intestin et son influence sur les aliments, ne suffit pas à produire le diabète. L'action irritante ou destructive de l'opération sur les plexus nerveux est également à éliminer, car si on fait l'opération en plusieurs temps, séparés par des intervalles suffisants pour laisser les plaies se cicatriser, le diabète ne se produit que lorsque la dernière portion a été enlevée.

L'opération est délicate et la survie difficile à obtenir, parce que pour l'intestin les menaces de gangrène sont grandes et l'établissement du diabète augmente la tendance à la suppuration.

2. **Destruction in situ.** — En présence des difficultés de l'ablation extemporanée on a songé à utiliser la méthode de Cl. BERNARD, consistant à provoquer la sclérose atrophique de la glande par injection dans ses canaux excréteurs de corps gras ou autres substances (gélatine, bitume de Judée, etc.). Cette méthode a été employée par GLEY, THIROLOIX, HÉDON, avec succès en ce qui concerne l'atrophie ; mais le diabète, ou bien fait défaut, on se montre très léger avec tendance à

guérir; ce qu'Hédon explique par la *lenteur* apportée à la suppression de la fonction, lenteur permettant à des *fonctions vicariantes* de se développer, tant en ce qui concerne le rôle digestif que le rôle glyco-régulateur de la glande disparue.

3. **Transplantation et greffe sous-cutanée du pancréas.** — Pour mieux accuser la dissociation des fonctions digestive et glyco-régulatrice, on choisit un fragment notable de la glande sa portion descendante qu'on amène au-dessous de la peau pour l'y greffer en lui laissant son pédicule vasculaire qui passe entre les lèvres de la plaie. Ce fragment se fixe dans le tissu cellulaire et déverse son suc par une petite fistule. Si des connexions vasculaires nouvelles s'y établissent avec la circulation cutanée, on pourra même sectionner son pédicule sans risquer de l'atrophier.

Lorsque sa nutrition est ainsi assurée on peut enlever ce qui reste du pancréas dans l'abdomen. Cette ablation n'entraine pas de glycosurie. Mais enlève-t-on la portion greffée, les symptômes du diabète apparaissent aussitôt (Minkowski, Hédon).

L'expérience est très probante, mais elle exige que l'on n'attende pas trop de temps entre le moment de la section du pédicule et l'ablation du reste du pancréas, car, avec le temps, la portion greffée est vouée à l'atrophie. En somme, l'exécution de sa fonction glyco-régulatrice ne garantit pas à l'organe déplacé sa persistance; preuve que, tout en étant distincte, cette fonction conserve quelque lien avec celle qui oblige le pancréas à déverser son produit dans l'intestin.

4. **Observation clinique.** — Nous avons indiqué plus haut les symptômes par lesquels se traduit l'ablation du pancréas et qui ne sont autres que ceux du diabète, dans une de ses formes les plus graves, tel qu'on l'observe cliniquement. Avant que l'expérience intervint on avait eu, à plusieurs reprises, l'occasion de noter, dans l'autopsie des diabétiques, des altérations du pancréas. Lancereaux et Lapierre ont établi cette relation d'une façon définitive. Le diabète peut néanmoins exister sans lésion apparente du pancréas (Lépine, Mollard, Sandmeyer); il peut, d'autre part, faire défaut dans les cas d'altérations limitées de cet organe; il coexiste par contre fatalement avec toute altération totale de la glande, chez l'homme comme chez les vertébrés supérieurs; il se rencontre particulièrement avec la sclérose périacineuse (Lépine, Lannois et Lemoine).

II. **Examen des symptômes.** — Les plus intéressants à examiner pour nous, sont ceux concernant les troubles des échanges avec le milieu, la modification des *egesta*.

a. Glycosurie. — La quantité de glycose éliminée par l'urine est considérable. La glycosurie s'établit rapidement : elle ne cesse que peu de temps avant la mort. Elle va de pair avec une *hyperglycémie* également considérable, mais qu'elle ne suit pas étroitement. Pendant ce temps *le foie contient très peu ou pas de glycogène, les muscles sensiblement pas*, au moins dans les cas de diabète grave.

b. Azoturie. — Le trouble de la nutrition ne se traduit pas seulement par l'hyperglycémie et la glycosurie ; l'urée, l'azote de l'urine est également augmenté, il y a azoturie. *L'élimination anormale du sucre s'accompagne par conséquent d'une destruction exagérée des substances albuminoïdes.* Le rapport du sucre à l'azote dans l'urine est assez fixe ; il est en moyenne de 2,8 p. 1. Il semble indiquer que la source du sucre déperdu est dans la destruction des albuminoïdes.

c. Échanges pulmonaires. — Les échanges par le poumon ne sont pas modifiés. Le quotient respiratoire, contrairement à ce qu'on pourrait supposer, ne subit aucun abaissement, du fait de l'établissement du diabète.

III. État du glycogène hépatique. — Chez l'animal normal, le glycose de l'alimentation est retenu par le foie qui en constitue sa réserve de glycogène. Chez l'animal et le malade atteint de diabète grave, il n'en est plus de même ; le glycose ingéré est éliminé (quand le rapport du sucre à l'azote atteint 2,8 p. 1 dans le cas de régime carné exclusif) et se retrouve en surplus dans l'urine. Fait inexpliqué, certains sucres autres que le glycose sont beaucoup mieux retenus : tel le fructose (KÜLZ, MINKOWSKI), qui peut constituer un abondant dépôt de glycogène dans le foie (MINKOWSKI) : tel encore le lactose qui, ingéré par les diabétiques, ne se retrouve pas dans leur urine (BOURQUELOT et TROISIER). Dans le cas du saccharose, la moitié est retenue (le lévulose), l'autre moitié seulement se retrouve dans l'urine (glycosurie). Quand le diabète affecte des formes plus légères, il peut y avoir utilisation partielle du glycose et reconstitution du glycogène, plus ou moins suivant les cas.

IV. Effet surajouté de la piqûre du quatrième ventricule. — Dans le diabète même grave, alors qu'il semble que la glycosurie soit près d'être maxima, elle ne l'est cependant pas ; car, ainsi que l'a vu HÉDON, on peut la faire augmenter encore par la piqûre diabétique du quatrième ventricule. Cette augmentation se produit soit dans l'état de digestion, soit dans l'état de jeûne. Chez un chien ayant au régime de pain une glycosurie de 100 grammes p. 1000, la piqûre fit monter ce chiffre à 150 p. 1000.

Théories du diabète pancréatique. — Une explication rationnelle et légitime de cet ensemble de faits, en d'autres termes une théorie du diabète, serait un précieux appoint pour la connaissance de cette fonction primordiale et complexe que nous appelons la nutrition. C'est ce qu'ont bien senti tous ceux qui ont répété ces expériences. Malheureusement les faits, malgré leur évidence, n'ont pas encore cette signification qui les fait parler d'eux-mêmes et impose l'explication qui leur convient. On a l'impression que cette explication ne viendra que de leur rapprochement avec d'autres faits qui nous sont encore inconnus.

L'équilibre glycémique dépend, avant tout, d'une balance bien établie entre la production et la dépense sucrées de l'organisme. Dans le diabète cet équilibre est rompu ; il y a hyperglycémie. Est-ce la dépense qui est diminuée ? Est-ce la production qui est augmentée? Et, si nous admettons l'une ou l'autre hypothèse, quel sera le mécanisme de la perturbation? Tel est le thème développé dans les différentes théories proposées. La solution diffère suivant les tendances des auteurs. A aucun il n'a échappé qu'elle comporte, dans chaque cas, une part d'arbitraire. Nous devons les exposer brièvement.

a. **Consommation diminuée.** — Pour plusieurs le diabétique est un malade qui restreint sa dépense de glycose. Comment cette dépense est-elle liée à l'intégrité du pancréas? LÉPINE a proposé l'explication suivante. — On sait que dans le sang tiré des vaisseaux le glycose se détruit rapidement. Cet auteur a montré que cette destruction cesse d'avoir lieu quand le sang est soumis à une température de 55°, ce qui ne peut s'expliquer que par la destruction d'un ferment, qu'il appelle *glycolytique*. La source de ce ferment serait le pancréas, qui normalement le verserait dans le système vasculaire, sous la forme d'une sécrétion interne, analogue à celle du glycose lui-même dans la glande hépatique.

Les objections à faire à cette explication sont les suivantes : 1° On ne réussit pas à isoler du pancréas un ferment ayant la propriété glycolytique, ni aucune substance qui, ingérée ou injectée dans les vaisseaux, diminue l'intensité du diabète (HUGOUNENQ et DOYON). 2° Le ferment glycolytique, dont l'existence n'est pas douteuse dans le sang un certain temps après son extraction, n'y préexiste pas, mais paraît excrété par les globules blancs, comme celui qui produit la coagulation (ARTHUS). — On peut encore remarquer que le lieu de la consommation du glycose n'est pas le sang, mais les tissus. LÉPINE admet à cet égard que le lieu de l'action du ferment, convoyé par le sang, peut être l'ensemble des tissus.

b. **Production exagérée.** — Pour beaucoup le diabétique est un malade qui exagère sa production glycosique, en la portant au delà de ce que réclame la consommation tissulaire : d'où hyperglycémie et décharge par le rein. — CHAUVEAU et KAUFMANN, par des dosages comparatifs du glycose dans les artères et les veines du système aortique, trouvent que chez les chiens dépancréatés et diabétiques la consommation de glycose n'est pas diminuée ; ils en concluent à une sur-production non commandée par le fonctionnement des organes. La fonction du pancréas serait de proportionner la glycogénèse hépatique à la glycolyse tissulaire. Ce mécanisme régulateur s'exercerait par un cycle nerveux, ou mieux vasculo-nerveux. Le pancréas serait frénateur du foie, organe glyco-formateur. Le premier de ces organes déverserait dans le sang un produit capable d'agir convenablement sur les centres inhibiteurs et excitateurs du second et l'équilibre glycémique serait ainsi maintenu. Il deviendrait impossible quand on extirpe le pancréas.

Des objections sont également venues à la traverse de cette manière de voir. KAUFMANN a vu que la section de tous les nerfs du foie ne change pas les conditions de la production du diabète. Sur des chiens dont le foie a perdu ses connexions nerveuses l'ablation du pancréas a ses effets habituels. L'influence frénatrice serait donc directe et s'exercerait surtout par voie vasculaire. Ajoutons que l'exagération de la glycogénèse chez le diabétique n'est pas directement prouvée, mais plutôt déduite, aussi bien que la diminution de la glycolyse dans la théorie précédente, et cependant l'hyperglycémie et la glycosurie existent.

Diabète rénal. — Une troisième théorie consisterait à demander au rein l'explication de ce déséquilibre. LÉPINE insiste sur ce fait qu'il peut y avoir un *diabète rénal*. — Dans la régulation de la glycémie le rein remplit la fonction d'un trop-plein. Quand dans le sang artériel le sucre atteint la proportion de 3 p. 1000, la glande rénale se laisse traverser par ce corps en excès, pour éviter son accumulation indéfinie ; mais, de même que la perméabilité rénale peut être variable pour les médicaments et diverses substances, elle peut l'être pour le glycose. L'augmentation de la perméabilité du rein peut donc attirer le glycose dans l'urine, indépendamment de toute modification du côté de la consommation ou de la dépense.

L'effet diabétique de la phloridzine est expliqué par une action de ce genre. Mais il faut réfléchir que le déplacement d'un trop-plein dans la hauteur d'un réservoir ne peut avoir qu'un effet temporaire. Un régime régulier ne tarde pas à s'établir en regard du niveau plus ou moins abaissé qui sera ici le taux de la glycose du sang. Un diabète rénal à la fois permanent et intensif supposerait une formation de sucre par le rein lui-même, ce qui ne saurait guère s'admettre de cet organe même modifié par la maladie.

Relation possible entre les muscles et le pancréas. — Cohnheim a récemment fait connaître un fait qui peut-être se rattache à l'explication du diabète, mais qui, en tout cas, présente un intérêt certain ; car il met en évidence une des conditions qui président à la destruction du glycose par le tissu musculaire. Le protoplasme des muscles a, ainsi qu'on sait, le pouvoir de détruire le glycose qui lui vient du sang (ou, ce qui revient au même, le glycogène qu'il s'est constitué à l'état de réserve). Mais ce pouvoir ne se vérifie que dans le muscle vivant et à la sollicitation de ses nerfs moteurs. Du glycose mis en présence de la substance musculaire hors de ces conditions restera intact. Cohnheim établit que, si on retire du pancréas et du muscle des liquides dépourvus de tous éléments cellulaires, ni l'un ni l'autre de ces extraits n'est capable de détruire le glycose ; mais, si ces liquides sont mélangés pour être mis à agir *simultanément* sur le glycose, il y a de celui-ci une destruction attestée par la réduction de la liqueur cuivrique. Le passage d'un courant d'air active la destruction.

G. — LA GLYCOGÉNIE ET LE SYSTÈME NERVEUX.

Pour rattacher entre eux, les harmoniser, tant de phénomènes et tant d'organes, et aboutir à cet équilibre chimique mobile qui est au fond de la nutrition, il faut évidemment la participation du système nerveux, l'intervention de la sensibilité, qui fait que tout écart sert d'excitant à un phénomène compensateur qui ramène aussitôt les choses à leur taux normal. *Le système nerveux règle la constante glycémique, comme il règle toutes les autres constantes de notre organisme.* Nous pouvons ajouter que ce c'est pas telle ou telle partie déterminée de ce système qui gouverne cette fonction à l'exclusion de toutes les autres, pas plus qu'on ne saurait exclure un seul des organes d'une participation plus ou moins lointaine ou médiate à cette fonction. La différence entre eux réside seulement dans une spécialisation plus ou moins grande à cet égard et leur rapport plus ou moins direct avec le phénomène essentiel qui est désigné par le nom donné à la fonction. Et cette remarque est générale. Chaque organe pris individuellement est relié à tous les autres, à des degrés divers, et à des points de vue fonctionnels également divers.

1. Cycles énergétiques réglés et harmonisés par le cycle nerveux ou excitateur. — L'acte particulier que chacun réalise est préparé de différentes façons à la fois parallèlement et successivement dans d'autres organes, puis continué sous des formes également diverses (transformation de substance et d'énergie) de nouveau dans d'autres.organes, au cours d'une sorte de circulus à la fois continu et accidenté, dont le sens est défini, toujours le même. Le système nerveux intervient très activement pour régler ce circulus, lui donner son sens, le maintenir dans ses limites, sa régularité : et cela il le fait par un autre circulus qui lui est propre, circulus qui ne déplace pas de substance et pour ainsi dire pas d'énergie, mais qui a le double pouvoir suivant : 1° de représenter en lui l'état des organes à tout moment par les excitations ou avertissements qu'il en reçoit ; 2° de les diriger dans leur fonctionnement et les ramener à la normale par les excitations qu'à son tour il leur fournit ou, si l'on aime mieux, qu'il leur fait échanger entre eux, en intervenant lui-même dans ces échanges pour leur donner leur meilleur effet.

Cycles nerveux partiels différenciés en vue des fonctions spéciales. — Si, en principe, tout le système nerveux coopère à la fonction glycogénique, parce que cette fonction se ramifie dans toutes les autres, il y a évidemment des distinctions essentielles à établir de ce point de vue entre ses parties, toutes n'y coopérant pas de la même façon ni avec la même activité ou la même nécessité. En premier lieu, il faut classer les rapports qu'il a avec le *foie*, organe en quelque sorte central de la fonction considérée ; puis d'une façon plus lointaine ceux qu'il a avec les organes consommateurs du glycose, en particulier les *muscles*. On soupçonne d'autre part que son influence peut encore s'exercer par des viscères comme le pancréas, voire le rein, mais d'une façon mal déterminée, en raison de l'obscurité actuelle des fonctions de ces organes relativement à la glycogénèse.

2. Rapport d'opposition entre la production et la dépense ; rôle initial de la dépense. — En réalité, la constante glycémique dépend d'un équilibre entre la production du glycose par le foie et sa dépense par tous les autres organes, plus spécialement les muscles en raison de leur fonction éminemment énergétique. Il y a de ce point de vue, opposition entre le premier de ces organes et les autres et par conséquent entre les nerfs directement excitateurs qui les gouvernent. Ces nerfs sont tenus, pour la conservation de l'équilibre, de proportionner leur action excitatrice les uns par rapport aux autres : *c'est la production qui se règle sur la dépense et non l'inverse* ; la dépense a le rôle initial dans la succession des phénomènes et cette règle est générale. Manifestement des arcs réflexes doivent exister, qui par l'intermédiaire des masses grises centrales dispensent au foie les excitations et aussi les inhibitions, qui règlent son activité glycogénique sur celle des organes moteurs consommateurs du glycose.

C'est principalement l'innervation du foie qu'on entend désigner lorsqu'on parle de l'innervation glycogénétique.

Ressemblance et opposition entre les fonctions. — Si on ne tient compte que de la destruction du glycogène qui s'opère dans le foie et dans les organes périphériques, tous ces nerfs semblent avoir la même fonction. Si on fait au contraire abstraction du terme glycogène, ils sont en opposition évidente, les uns étant glyco-sécréteurs et les autres glyco-destructeurs.

3. **Inégalité de la dépense dans les organes.** — La consommation du glycose (ou du glycogène) est très inégale suivant les tissus et elle s'y montre parallèle à l'intensité de la fonction énergétique de ces tissus ou, ce qui revient à peu près au même, à leur pouvoir thermogène. En tête se place le *tissu musculaire*, dans lequel manifestement la destruction de cet hydrate de carbone aboutit à la formation de l'acide carbonique. On pourrait dire en d'autres mots : la fonction énergétique appartient à tous les tissus, mais très inégalement, et c'est le tissu musculaire qui la représente au premier degré.

I. **Expérience initiale, piqûre diabétique**. — Les rapports de la glycogénèse avec le système nerveux ont été pour la première fois mis en évidence par Cl. BERNARD au moyen de sa classique expérience de la piqûre diabétique. Une lésion très circonscrite du *plancher du quatrième ventricule* dans un point médian, compris entre les origines des nerfs de la huitième et de la dixième paire, produit en même temps que la polyurie, l'*hyperglycémie* et le *passage du glycose dans l'urine*. Les éléments nerveux, par lesquels se fait la liaison de ce centre avec le foie, descendent par la moelle cervico-dorsale, gagnent dans le grand sympathique les filets d'origine du nerf grand splanchnique et vont au foie par l'intermédiaire des ganglions semi-lunaires du plexus solaire.

1. **Centres multiples superposés.** — Le point sus-désigné fait partie d'une région de la substance grise bulbaire, qui tient sous sa dépendance un grand nombre de fonctions ou de mécanismes de l'ordre sécréteur et vaso-moteur, c'est-à-dire de phénomènes du même ordre ou avec lesquels la fonction glycémique peut avoir des relations. — Ce centre à siège bulbaire est remarquable, parce que, soit à cause de sa condensation anatomique, soit à cause de son importance réelle, il est celui par lequel on agit le plus puissamment sur la glycogénèse ; mais il n'est certainement pas le seul. Soit au-dessus, soit au-dessous de lui, il en existe d'autres, marqués ou par l'expérience ou par les données de l'anatomie, qui sont comme des relais échelonnés que l'excitation peut atteindre ou traverser suivant les cas et qui établissent des relations variées entre les nerfs du foie et un grand nombre de voies nerveuses de provenances diverses. Les noyaux d'origine des nerfs du foie sont, comme ceux de tous les viscères, dans les ganglions du grand sympathique (g. caténaires, intermédiaires ou terminaux). Ces noyaux sont rattachés à la moelle épinière allongée et même au cerveau par des fibres de projection d'un deuxième ordre, qui, en raison de leurs rapports multipliés à l'intérieur du système nerveux, mettent celui-ci pour ainsi dire tout entier au service de chaque fonction prise individuellement (Voyez *Innervation, grand sympathique*).

2. **Effet excitateur de la piqûre.** — L'hyperglycémie qui suit la piqûre du plancher bulbaire est considérée généralement comme étant le résultat d'une action excitatrice de cette piqûre. On se fonde pour l'admettre sur le fait que, 1° la lésion est très limitée, par conséquent très peu destructive et que, 2° l'hyperglycémie et la glycosurie qui en est la conséquence disparaissent après quelques heures. En réalité, on n'a point de preuve absolue que cette lésion soit de nature purement excitatrice, surtout si l'on sait que, dans des centres de

cette nature, les éléments inhibiteurs côtoient souvent de très près les éléments positivement excitateurs. Ce qui est certain, c'est que l'équilibre des forces nerveuses est de ce fait rompu et aussi qu'après un temps de surprise il peut se rétablir, grâce au peu d'étendue de la lésion.

3. **Trajet de l'excitation.** — Si on sectionne préalablement les deux vagues, la piqûre bulbaire n'en a pas moins son effet habituel. Si, par contre, on sectionne la moelle épinière entre les origines du splanchnique et celles du phrénique (pour ménager la respiration), la piqûre est alors sans effet sur la glycogénèse (Cl. Bernard). C'est la preuve que la transmission de l'effet bulbaire se fait essentiellement (sinon exclusivement) par la moelle épinière et le grand splanchnique.

4. **Nerfs vaso-moteurs et sécréteurs.** — On a considéré pendant longtemps le phénomène de la sécrétion (externe ou interne) des glandes comme dépendant directement de la circulation et suivant étroitement les variations de celle-ci. Ultérieurement, des expériences faites sur la glande sous-maxillaire montrèrent la dissociation possible de ces deux phénomènes. En principe, on doit donc admettre pour le foie deux ordres de nerfs (dont les fibres sont, il est vrai, mélangées dans les troncs nerveux allant à ce viscère), qui les unes vont se terminer dans les vaisseaux de cet organe et les autres dans ses cellules glandulaires constituantes.

Les nerfs vaso-moteurs du foie sont hors de conteste et se démontrent au moyen des changements circulatoires qu'on peut provoquer dans ce viscère par l'excitation des splanchniques. Les nerfs qui gouvernent la sécrétion glycogénique ne peuvent se reconnaître que par les modifications chimiques apportées à la comppsition des cellules du foie (destruction plus ou moins grande de son glycogène) ou à celle du sang (enrichissement plus ou moins grand en glycose), lorsqu'on excite les troncs nerveux qui sont censés contenir ces éléments à fonction sécrétoire. L'existence indépendante de ces deux ordres de nerfs à éléments confondus se tire d'expériences, dans lesquelles on a pu faire varier isolément l'un ou l'autre des deux phénomènes ou les faire varier dans des sens différents ou encore inégalement.

Leur dissociation expérimentale. — L'excitation portée sur le splanchnique (avec les courants induits alternatifs ordinaires) provoque à la fois une constriction de ses vaisseaux, c'est-à-dire une diminution de sa circulation propre et une hyperglycémie, due incontestablement à l'exagération de sa fonction glycogénique. On peut déjà en conclure que le phénomène de sécrétion glycosique n'est pas lié étroitement à l'activité de la circulation hépatique, qu'il représente au contraire un acte capable de varier d'une façon indépendante. Et il est logique d'admettre que le splanchnique renferme des éléments les uns *vaso-constricteurs*, les autres *glyco-sécréteurs* (Morat et Dufourt).

Remarque. — Le fait, que l'excitation artificiellement faite de ces deux ordres d'éléments contenus dans le tronc du splanchnique modifie en sens inverse la circulation du foie et sa fonction glycogénique, ne prouve point que, dans l'activité normale de l'organe, les choses se passent ainsi. D'autres nerfs vaso-moteurs, les vaso-dilatateurs, interviennent alors parallèlement aux sécréteurs, excités qu'ils sont dans ce cas par des voies physiologiques et non sur leur trajet, comme dans l'expérience en question.

5. **Nerfs glyco-sécréteurs.** — On peut encore démontrer l'existence indépendante des nerfs glyco-sécréteurs par l'expérience suivante, dans laquelle le phénomène circulatoire est complètement éliminé. L'aorte est liée au-dessus du

diaphragme pour supprimer toute circulation dans le foie; on met la moelle et
le bulbe en état d'excitation asphyxique par suppression de la respiration et
cette excitation se transmet au foie par les splanchniques. Seulement un lobe
du foie a été séparé et laissé en place comme témoin, ne recevant pas les
excitations du système nerveux. On dose ensuite le glycogène comparativement
dans les parties excitées et non excitées. Les premières renferment constamment plus de glycogène que les secondes. *Le système nerveux a donc pouvoir pour
provoquer la destruction du glycogène hépatique indépendamment de la circulation
(au moins pendant un certain temps, car l'indépendance ne saurait être absolue)*
(Morat et Dufourt)

GLYCOGÈNE P. 100.

	Dans la partie non excitée.	Dans la partie excitée.
Lapin	1,26	0,91
Chien	2,89	2,21
—	1,00	0,90
—	4,12	1,61

Lépine, en refaisant cette expérience dans des conditions assez semblables, a
obtenu des résultats confirmatifs de ces conclusions.

E. Cavazzani a vu dans le même sens les cellules hépatiques diminuer de
volume après l'excitation du plexus cœliaque et A. et E. Cavazzani ont constaté
également la diminution du glycogène hépatique.

6. **Sécrétion de la bile et formation du sucre.** — L'expérience réalise en
somme la dissociation des effets vaso-moteurs et glyco-sécréteurs et établit par
là même l'existence de deux espèces nerveuses correspondantes, l'une destinée
aux muscles vasculaires, l'autre aux cellules glandulaires hépatiques. La question est maintenant de savoir si cette dissociation ne peut pas être poussée plus
loin et si la cellule hépatique, qui sécrète d'un côté la bile pour être versée
dans l'intestin, et de l'autre le glycose pour être versé dans le sang, obéit à
deux espèces de nerfs sécréteurs distincts et pouvant agir d'une façon également indépendante. La question n'a pas été soumise directement à l'expérience, qui du reste présenterait des difficultés. On la retrouve non seulement
à propos de toutes les glandes, mais à propos de tous les organes exécuteurs des fonctions. Leurs manifestations se présentent en effet à nous sous
des faces diverses dont la liaison, intérieure à la cellule, n'est pas toujours
visible. En ce qui concerne la cellule hépatique, il est fort probable que la sécrétion de la bile et celle du sucre sont deux phénomènes connexes d'un même
ensemble fonctionnel. Les actes qui se passent dans une cellule sont dépendants
les uns des autres et se déroulent dans un certain ordre, qui ne leur permet pas
de s'invertir ou de se réaliser isolément; ceux de ces actes qui constituent proprement son fonctionnement ne se déroulent qu'autant qu'elle est excitée. Si la
cellule ne reçoit point d'excitation les manifestations extérieures languissent ou
sont supprimées; si elle reçoit une excitation son activité se déroule dans
l'ordre réglé par sa nature fonctionnelle et ces manifestations se produisent. Il
est au plus haut point invraisemblable qu'une même cellule reçoive, pour les
différentes parties de son protoplasme, ou pour les différents actes qui trahissent
l'activité de ce protoplasme, des fibres nerveuses distinctes, indépendantes, qui
gouverneraient isolément les unes et les autres. Du système nerveux les
cellules placées à l'extrémité des nerfs moteurs (ou sécréteurs) reçoivent de ces
nerfs l'ordre d'agir, mais non l'indication sur la manière d'agir, qui est déter-

minée d'avance en elles par leur organisation propre. Inversement les cellules placées au contact de l'origine des nerfs sensitifs communiquent à ces nerfs uniquement l'excitation, sans influencer la nature du phénomène sensitif qui en est la conséquence et qui dépend de l'organisation du système.

7. Nerfs et ferments. — L'impulsion communiquée par les nerfs aux cellules du foie a pour conséquence visible l'hydrolyse du glycogène de ces cellules qui le transforme en glycose versé dans le sang. Cette *hydrolyse* est un *acte fermentatif* qu'il est possible de réaliser avec certaines enzymes des glandes digestives amylase du pancréas. On a souvent recherché dans les cellules du foie un ferment de ce genre pour expliquer la transformation de son glycogène en glycose. Cl. Bernard, Wittich et beaucoup d'autres admettent l'existence de ce ferment que F. Eves, Seegen, Dastre ne trouvent pas suffisamment démontrée par les épreuves destinées à le mettre en évidence. — Son existence est néanmoins des plus probables. De plus en plus toutes les transformations attribuées à l'activité du protoplasme sont rapportées à l'élaboration par celui-ci de ferments solubles ou zymases. Non seulement toutes les cellules opèrent avec ces réactifs si particuliers, mais chacune d'elles en contient d'ordinaire plusieurs adaptés à chacune des réactions qui se fait dans son intérieur ou dans son entourage plus ou moins immédiat et qu'elle fait intervenir dans l'ordre voulu par le cycle transformateur dont elle est chargée. Les insuccès dans la recherche de certains de ces ferments ne sont pas une preuve absolue de leur non existence. Il arrive chaque jour qu'on en met en évidence de nouveaux qu'on avait vainement recherchés antérieurement.

Zoamylase des cellules hépatiques. — Nous pouvons donc admettre comme très vraisemblable l'intervention d'une amylase particulière ou zoamylase dans les cellules du foie, pour l'hydrolyse de leur glycogène. Mais l'action de cette zoamylase a besoin d'être réglée d'après les besoins de l'organisme en glycose et c'est la fonction du système nerveux que d'opérer cette régulation. Il suit de là que lorsqu'on attribue la formation glycosique, tantôt à un ferment spécifique, tantôt aux nerfs sécréteurs du foie, on n'émet pas des opinions contradictoires, ni même indépendantes; on envisage seulement deux termes consécutifs l'un dépendant de l'autre de l'action provocatrice ou excitatrice de la formation du glycose; les nerfs glyco-sécréteurs de l'organe hépatique n'ayant pouvoir pour hydrolyser son glycogène que par un agent propre à cette hydrolyse, c'est-à-dire par un ferment.

Rapprochement entre l'action fermentative et l'action excitatrice nerveuse. — Le mode d'action des nerfs moteurs (et, en général, de tous les éléments nerveux) quand on l'envisage de son point de vue le plus général, se ramène à celui des actions fermentatives. Sa caractéristique est en effet, comme celle de ces dernières, la petitesse de la cause comparée à la grandeur de l'effet énergétique soudainement déchaîné. *Le nerf* (disons le neurone) *et le ferment ont pour fonction de libérer des potentiels*; on peut ajouter que *le premier*, qui est un organisme cellulaire, *agit par l'intermédiaire du second*, qui est une substance organique ou organisée rudimentaire et qui est adaptée à la réaction spécifique que l'excitation nerveuse a pour but d'obtenir. On peut donc poser le principe suivant : entre l'extrémité terminale du nerf moteur (ou sécréteur) et la substance de l'organe auquel il se rend un ferment est interposé, et c'est ce ferment qui suscite la réaction particulière et la transformation matérielle et énergétique dont ce tissu est le théâtre du fait de l'excitation. Dans un espace aussi restreint que le corps d'une cellule, on comprend que l'analyse d'une telle succession n'est pas facile à faire, ni anatomiquement ni expérimentalement. Elle n'est réalisable que dans des cas très particuliers, où le ferment exsudé par la cellule, au lieu d'agir dans son intérieur ou son voisinage immédiat, est transporté plus ou moins loin d'elle au contact des substances qu'il doit attaquer. Tel est le cas des glandes digestives, lorsqu'on excite leurs nerfs sécréteurs ; ceux-ci provoquent (par l'intermédiaire de cellules glandulaires) l'hydrolyse des aliments amylacés au moyen de l'amylose exsudée de ces cellules et déversée dans l'intestin. Le phénomène est ici plus compliqué et la comparaison non rigoureuse de tout point ; mais elle montre néanmoins comment le ferment est sous la dépendance de certains nerfs et réalise l'opération même que ces nerfs ont pour fonction de provoquer et de régulariser.

II. Section de la moelle épinière. — Cl. BERNARD a montré que si on sectionne la moelle épinière entre la dernière cervicale et la première dorsale, la glycogénie est également profondément troublée, mais d'une tout autre façon que par la piqûre bulbaire. L'animal se refroidit progressivement. Au moment de la mort, le sang et le foie sont dépourvus de sucre, mais le foie renferme une quantité énorme de glycogène.

Le déterminisme de cette expérience est complexe, comme, du reste, toutes les fois qu'intervient une section de la moelle en totalité et un peu haut. Le refroidissement de l'animal qui est considérable (j'ai vu, chez le lapin, la température s'abaisser jusqu'à 20° au moment de la mort), l'absence du glycose dans le sang et le foie, l'augmentation du glycogène dans ce dernier organe sont des phénomènes corrélatifs. La paralysie d'un grand nombre de muscles, la vaso-dilatation cutanée, qui sont d'autre part la conséquence de la section de la moelle, sont de leur côté des modifications allant de pair avec le refroidissement. La question est de savoir, entre tous ces phénomènes, quel est celui qui est initial et entraîne les autres à sa suite.

Arrêt de la glycogénie hépatique. — Il y a un fait saillant entre tous qui est l'abaissement de la thermogénèse. Cet abaissement pourrait avoir sa cause dans une diminution des combustions par suite du défaut d'activité des muscles paralysés ; seulement, si cette cause agissait d'une façon prépondérante, le glycose augmenterait dans le sang en même temps que le glycogène dans le foie, tandis que dans le cas donné le glycose est absent du sang et du foie et le glycogène hépatique est en grande abondance. Le fait initial d'où résulte l'abaissement de la thermogénèse c'est, semble-t-il ici, l'arrêt de la transformation du glycogène hépatique en glycose. Non seulement, en effet, le combustible n'est plus employé par un assez grand nombre de muscles, séparés de leur centre excitateur le cerveau, mais ce combustible lui-même sous sa forme de glycose cesse d'être livré par le foie à la circulation et cette paralysie de la glycogénèse hépatique supprime un élément à la fois essentiel et initial de la thermogénèse.

Destruction de nerfs ou centres glyco-sécréteurs. — Dans l'expérience en question la section de la moelle épinière entre la huitième cervicale et la première dorsale a donc, entre autres effets qui ne nous intéressent pas ici, celui de supprimer une des conditions de l'activité des cellules hépatiques transformatrice du glycogène en glycose, en laissant intactes les conditions qui assurent la formation et le dépôt du glycogène dans ces cellules. Les origines apparentes du grand splanchnique (qui, ainsi qu'il a été dit plus haut, contient les nerfs glyco-sécréteurs) se font dans la région dorsale de la moelle épinière, depuis la neuvième dorsale environ jusqu'à la troisième lombaire. Il est très difficile d'indiquer exactement les lieux de la substance grise médullaire où sont les cellules originelles des fibres, qui, par l'intermédiaire des racines et des rameaux communicants, vont rejoindre les ganglions de la chaîne sympathique où prennent naissance de nouveaux neurones qui vont aux viscères. La section de la moelle, au niveau sus-indiqué, se comporte comme si elle détruisait ou annihilait d'une façon quelconque les origines des nerfs glyco-sécréteurs. De ce point de vue elle est la contre-partie de l'expérience de la piqûre bulbaire, qui détermine l'hyperglycémie et la glycosurie.

J. Mayer a étudié avec détails les effets de la section médullaire sur la glycogénèse et la glycémie. Cet auteur procède de la façon suivante. Ses expériences sont faites sur des lapins tenus à jeun pendant quatre à six jours pour épuiser leur réserve hépatique de glycogène. La section est faite à des niveaux différents depuis la cinquième cervicale jusqu'à la quatrième lombaire exclusivement. Deux heures après la section on injecte dans la jugulaire avec précaution 40 centimètres cubes d'une solution de glycose à 10 p. 100, soit 4 grammes, et quatre heures plus tard on dose le sucre du sang, on sacrifie promptement l'animal et on traite aussitôt le foie pour en extraire et doser le glycogène. — Les sections ont été faites à six niveaux différents indiqués dans le tableau ci-joint, cela dans six séries de huit expériences chacune, plus une série témoin, où la moelle n'est pas coupée.

Influence de la section de la moelle à divers niveaux sur la quantité de sucre dans le sang et de glycogène dans le foie.

NIVEAU DE LA SECTION	SUCRE DU SANG p. 1000.	QUANTITÉ D'URINE en c.c.	SUCRE TOTAL trouvé DANS L'URINE	GLYCOGÈNE DU FOIE p. 1000.
Entre 5e et 6e cerv.....	2,2	14	0,46	2,02
— 8e cerv. et 1re dors.	**2,16**	**13**	**0,40**	**8,61**
— 2e dors. 3e —	1,32	17	0,41	3,83
— 6e — 7e —	1,36	46	1,89	0,00
— 14e — 1re lomb.	2,00	35	0,82	2,97
— 3e lomb. 4e —	2,59	35	1,04	0,95
Moelle non coupée.....	2,35	43	1,33	7,23

Nebelthau a trouvé également une augmentation du glycogène hépatique seize heures après la section de la moelle entre la huitième cervicale et la première dorsale. — Cet auteur note qu'après la section de la moelle à ce niveau les muscles sont également riches en glycogène. On peut expliquer ce fait par l'abaissement de la consommation de cette substance dans des organes inactifs par le fait de la paralysie.

III. Excitation des nerfs moteurs, influence sur la consommation du glycogène. — L'influence des nerfs périphériques sur la destruction du glycogène est démontrée directement en ce qui concerne les muscles. Plusieurs auteurs l'ont recherchée en coupant les nerfs moteurs d'un groupe musculaire, dont on dosait le glycogène, un certain temps (se chiffrant par jours) après l'opération. Les résultats accusent, en général, une augmentation de cette réserve dans les muscles énervés (CHANDELON, MANCHE, BOLDT, etc.). La tétanisation du nerf produit le résultat inverse (S. WEISS). L'incertitude des résultats peut tenir dans certains cas à ce que, la circulation persistant dans le muscle, le glycogène se reproduit assez rapidement à mesure de sa destruction. Pour accuser nettement la consommation du glycogène pendant la contraction des muscles, il faut lier complètement les vaisseaux de ceux-ci, de manière à supprimer toute reconstitution plus ou moins parallèle du glycogène qui se dépense. Dans ces conditions on a pu, dans le cours d'une excitation de trente minutes, constater une perte de 40 à plus de 80 p. 100 de glycogène dans le muscle contracté (MORAT et DUFOURT).

IV. Réflexes glycogénésiques. — Il est naturel de supposer que la liaison, existant entre les organes en travail consommant le glycose et le foie qui le leur fournit en proportion de sa consommation, est de nature nerveuse. Et on peut se la figurer sous la forme des nerfs centripètes convergeant vers les centres des nerfs glycosécréteurs, et leur apportant de la périphérie des excitations, dont l'intensité est proportionnée au travail de ces organes, sur lequel le foie doit modeler son activité. Étant donné tout ce que nous savons du système nerveux et de son rôle coordinateur des fonctions, il est presque indéniable qu'un tel mécanisme réflexe doit exister, bien qu'on n'en ait fait la preuve expérimentale que par des exemples restreints et en somme douteux. — Mais ce mécanisme nerveux peut n'être pas le seul. L'exemple de la fonction respiratoire nous indique qu'il pourrait y avoir place pour un autre mode de régulation travaillant de concert avec le premier, et d'une nature en quelque sorte plus primitive que lui-même.

Comparaison. — Le sang présente une constante d'oxygénation, comme il présente une constante glycémique (disons que, d'une façon générale, il présente une constante de composition chimique). Le taux de l'oxygène, celui de l'acide carbonique y sont réglés par un rapport fonctionnel établi entre les oxydations dans les organes de la grande circulation et les mouvements respiratoires qui assurent les échanges entre le milieu aérien et le sang de la circulation pulmonaire. D'après la comparaison faite plus haut, le poumon est l'organe central d'approvisionnement distribuant l'oxygène à tous les autres. L'activité respiratoire de l'appareil thoraco-pulmonaire se règle de même sur le besoin des organes. Le poumon fournit le comburant (l'oxygène) comme le foie fournit le glycose (le combustible) d'après un taux réglé sur la consommation que nous appelons périphérique.

Production et transport de l'excitation par le milieu sanguin. — Cette régulation, mieux étudiée en ce qui concerne l'oxygène, ne se fait pas uniquement par le mode réflexe, tel du moins qu'on l'imagine d'ordinaire. Les écarts de la composition du sang paraissent y intervenir à chaque instant, à titre d'*excitants, portant non plus sur l'extrémité des nerfs sensitifs des organes en travail, mais sur les centres nerveux* respiratoires eux-mêmes. La modification influençante est donc inexercée par le milieu (par ses changements chimiques); rapidement diffusée par l'active circulation de celui-ci, elle se trouve agir, non plus sur l'origine, mais sur la partie centrale du cycle nerveux, cette partie (substance grise) qu'on suppose d'habitude ne recevoir d'autre excitation que celle que lui apportent ses nerfs sensitifs. Le sang, par sa composition modifiée, agit-il sur elle comme un excitant proprement dit, ou bien modifie-t-il simplement son aptitude à être excité par ses nerfs sensitifs ? On ne sait exactement. En tout cas l'influence d'ordre chimique exercée par la composition du sang a un rôle décisif dans la régulation des mouvements respiratoires.

Ce qui est vrai de l'oxygène peut l'être également du glycose. Les variations de sa proportion dans le sang peuvent contribuer, par un mécanisme du même genre, à régler sa production par le foie et ce résultat peut être dû, non seulement à l'action de la substance hydrocarbonée elle-même sur les centres, mais peut-être aussi à celle des produits de sa combustion, tels que l'acide carbonique. La glycogénèse et l'oxygénation étant des fonctions connexes, il ne serait pas surprenant que les agents régulateurs de l'une fussent dans une certaine mesure participants à la régulation de l'autre.

Excitation centripète du vague et du dépresseur. — Quoi qu'il en soit du mécanisme régulateur en question, il est possible d'agir sur la glycogénèse, de produire l'hyperglycémie et même la glycosurie par l'excitation de certains nerfs sensitifs.

On désigne comme ayant ce pouvoir le tronc du vague (Cl. Bernard) et son rameau dit dépresseur (Filehne, Laffont), lorsque l'excitation électrique est portée sur leur bout supérieur ou centripète. — Ces expériences nous montrent que des cycles d'excitation réflexe, allant de certains organes aux cellules du foie, sont possibles; mais elles ne nous indiquent pas dans quelle mesure ils interviennent normalement dans la régulation de la fonction glycogénique. Les excitations artificielles que nous portons sur les nerfs sensitifs à l'effet d'obtenir ces actions réflexes sont trop différentes, comme forme, répartition et intensité, de celles que ces mêmes nerfs reçoivent normalement, pour que nous puissions conclure à cet égard d'une façon certaine.

Diffusion anormale des excitations artificielles du nerf. — En général, quand on excite avec les moyens ordinaires (courants tétanisants quelque peu intenses), un nerf sensitif ou centripète quelconque, l'excitation transmise par ce nerf aux centres nerveux s'accuse par des manifestations réflexes très étendues et désordonnées (modification des mouvements du cœur et de la circulation périphérique, dilatation de la pupille, sécrétion des glandes, contraction des réservoirs, etc.). L'excitation ainsi transmise à ces centres en raison de son intensité déborde hors de ses voies habituelles ou normales et détermine des réactions multipliées, dysharmoniques, au milieu desquelles les réactions régulatrices de la fonction sont comme perdues et invisibles.

Dans l'espèce les excitations, qui normalement paraissent remonter le long du vague, pour agir réflectivement sur la glycogénèse, peuvent provenir du poumon : elles représenteraient un lien fonctionnel entre la formation du sucre et l'oxygénation. Celles qui suivent le dépresseur ne peuvent provenir que du cœur, qui a le même droit que tout muscle d'activité pareille à la sienne à contribuer à régler la production sucrée.

Adipogénie.

Un chapitre des plus intéressants, on peut ajouter des plus indispensables pour compléter l'histoire de la fonction énergétique des êtres vivants, c'est celui de l'évolution de la graisse dans l'organisme particulièrement des animaux Il ferait pendant à celui de la matière sucrée, avec laquelle les substances grasses ont tant de relations fonctionnelles et présentent des transformations et substitutions si remarquables. Malheureusement les documents les plus essentiels manquent encore pour l'écrire. Même ses cadres généraux nous font défaut en grande partie. Le programme serait de déterminer la nature, c'est-à-dire la composition exacte de différents corps qui portent le nom général de graisses, dans les différents organes qui en contiennent ; d'établir les relations de transformations possibles et réelles entre ces corps ; d'établir aussi celles qui existent entre eux et les graisses fournies par l'alimentation ; et enfin celles qui existent entre tous ces corps et les matières glycogéniques et sucrées d'une part et albuminoïdes de l'autre.

Ce qui retarde l'exécution de ce programme, ce sont les difficultés techniques de son accomplissement. La distinction entre les différentes graisses n'est relativement facile que pour quelques-unes en utilisant leur part de fusion ; l'épuisement des organes est toujours laborieux ; or on n'a pas, comme avec le glycose, la facilité de faire des expériences en séries, et de suivre, par leur emploi, l'évolution de la graisse à travers les différents organes dans des conditions variées.

A propos de la glycogénie, on a discuté les raisons qui rendent probables la transformation de graisses en hydrates de carbone, comme aussi la transformation inverse de ces derniers en graisses, suivant les conditions variées d'alimentation, de suralimentation, de jeûne ou d'inanition, sous lesquelles se trouve le sujet. Dans ce jeu de substitutions, l'organisme trouve le moyen de se constituer, par le moyen de graisses, si on peut dire, une deuxième ligne de réserves, qu'il appelle à s'employer quand ses réserves de première ligne et ses aliments viennent à faire défaut. Par-dessus tout, il arrive par de telles compensations à sauvegarder l'unité de sa composition au milieu de la contingence et de la variété quantitative et qualitative de son alimentation. A propos de la calorification, est discutée également la transformation possible, chez certains animaux et dans des conditions déterminées, de l'albumine en graisse, conjointement ou supplémentairement à sa transformation en hydrates de carbone, quand la ration de ceux-ci est insuffisante et qu'un supplément d'albumine est appelé à les remplacer (Voyez *Fonctions de nutrition, calorification,* pages 328 et suivantes). Il est inutile de produire ici en détail les faits et les raisonnements sur lesquels on se fonde pour admettre cette transformation.

CHAPITRE III

L'ÉVOLUTION PLASTIQUE ; L'ASSIMILATION.

On compare souvent l'être vivant à une machine. Comme toute machine, il est en effet composé de pièces se transmettant le mouvement, d'organes transformant l'énergie ; mais il se distingue des machines industrielles par le caractère suivant. Dans ces dernières, le cycle énergétique qu'elles réalisent peut être aussi compliqué qu'on veut, c'est affaire de construction ; mais, le mécanisme une fois construit, son type extérieur et intérieur ne change plus. La machine industrielle a une évolution énergétique, elle n'a pas d'évolution plastique. La machine vivante a tout à la fois l'une et l'autre. Sa forme originelle, sa structure intérieure vont changeant progressivement. De la cellule-œuf qu'elle était d'abord, elle devient l'organisme adulte, sous les traits duquel nous nous la représentons de préférence. Et, même quand elle a passé l'âge de la croissance, alors qu'extérieurement elle ne paraît plus changer, elle est soumise à un renouvellement de ses parties, renouvellement qui a lieu cellulairement pour certains organes et à certaines périodes, moléculairement pour tous et en tous temps. — Dans une machine industrielle, l'énergie évolue à travers des organes de composition fixe (étant mis à part les corps qui, par leurs changements chimiques, fournissent l'énergie). Dans la machine vivante, l'énergie évolue à travers des organes soumis eux-mêmes à une évolution intérieure, qui maintient leur forme par un remplacement continu de leur substance moléculairement émiettée et change à la longue cette forme par les écarts qui s'introduisent entre l'entrée et la sortie de ce courant moléculaire.

Le cycle plastique ou de la substance rappelle en somme le cycle de l'énergie ; il n'en saurait différer fondamentalement, puisque toute mutation de la première s'accompagne d'une transformation ou d'un déplacement de la seconde ; mais il justifie son nom en ce que les transformations si remarquables de la substance qui le caractérisent se font au prix d'une dépense extrêmement minime d'énergie ; tandis qu'inversement le cycle dit proprement de l'énergie s'accuse par une dépense de celle-ci autrement considérable à poids égaux de substance transformée. Le corps qui, en réagissant avec d'autres (surtout avec l'oxygène), déplace d'aussi grandes quantités d'énergie, c'est, avons-nous dit, le carbone, l'aliment énergétique par excellence ; le corps qui, par des réactions extrêmement nombreuses et nuancées peut édifier des structures moléculaires complexes (comme celle de l'albumine) et, par la complication crois-

sante de celles-ci, édifier la trame des tissus, c'est l'azote, l'aliment proprement
plastique.

Les trois cycles de l'organisation animale. — Plus exactement et en
laissant de côté toute métaphore, il y a un cycle à la fois matériel et énergétique
du carbone qui, du point de vue de sa fonction semble n'exister que pour fournir l'énergie ; il y a parallèlement un cycle également à la fois matériel et
énergétique de l'azote qui, du point de vue de sa fonction, s'emble n'exister que
pour l'organisation de la substance. Rappelons qu'il existe un troisième cycle,
qui, comparé aux deux autres, n'est ni matériel, ni proprement énergétique, qui
suit un chemin tracé, non plus dans les organes en général, mais dans un système particulier, le système nerveux, et qui est le cycle de l'excitation. Naturellement ce dernier n'est pas sans relations avec les précédents, pas plus que
ceux-ci sont indépendants l'un de l'autre, mais le cycle d'excitation présente
avec le cycle énergétique un rapport particulier qu'on ne lui connaît pas avec
le cycle plastique ; il lui est superposé et le gouverne dans son exécution. La
dépense du carbone est commandée et réglée directement par le système nerveux ; le travail d'organisation et d'entretien des tissus paraît soustrait à son
influence, ou, pour mieux dire, ne la subit qu'indirectement.

I. — Analyse du processus nutritif.

1. **Assimilation et désassimilation.** — L'assimilation est le phénomène en
vertu duquel les substances qui, du milieu, pénètrent dans l'être vivant,
prennent la composition de celles de cet être. De dissemblables, ces substances,
peut-on dire, deviennent non seulement semblables, mais identiques à celles
de l'être vivant et, on peut ajouter, se rattachent à elles comme dans un tout
continu. L'assimilation comporte donc, avant tout, l'idée d'un *changement
d'ordre chimique* des substances absorbées et d'une *liaison également du même
ordre* de ces substances avec la matière vivante préexistante. Le milieu ne
fournit que des éléments ; l'être vivant donne à ces éléments le groupement
particulier qu'ils ont en lui et finalement les fusionne à lui.

Le sens du changement qui s'opère dans la substance du milieu, pour devenir
celle de l'être vivant, est donc de nature constructive, autrement dit synthétique.
L'assimilation est une synthèse, dans le sens réel et profond du mot. En apparence, il est vrai, les choses ne se présentent pas toujours ainsi. La substance
offerte par le milieu est tantôt plus simple, tantôt d'égale complexité, tantôt
même d'une complexité moléculaire supérieure à celle de l'être qu'elle doit
renouveler ; et l'on a pu croire que l'assimilation, suivant les cas, consiste tantôt
en une édification, tantôt en une transposition pure et simple, tantôt même en
une transformation analytique des substances variées qui servent d'aliments ;
mais un examen plus approfondi des faits démontre qu'une telle divergence
n'existe pas et se heurterait même à des impossibilités.

On peut poser le principe suivant : *l'être vivant n'utilise aucune des structures
qui sont mises à sa disposition* ; que ces structures soient de l'ordre histologique,
ou qu'elles soient de l'ordre simplement moléculaire, il commence par les
détruire et les ramener à des éléments d'un ordre inférieur, et c'est avec ces éléments seulement qu'il édifie à neuf sa propre substance. Des faits de jour en jour
plus nombreux montrent que c'est ainsi qu'il procède. Ce qui, dans bien des cas,
nous masque la réalité, c'est que la destruction et la reconstruction s'opèrent
simultanément et côte à côte. L'état initial et l'état final de la transformation

sont les seuls termes nettement accessibles à notre observation ; lorsqu'ils sont voisins l'un de l'autre, ils nous donnent l'illusion d'une simple mise en place de substances en quelque sorte déjà organisées. A voir les choses de plus près, on reconnaît que c'est impossible. Les aliments, les principes immédiats alimentaires peuvent être semblables, équivalents, isomériques même à ceux qu'ils doivent remplacer dans les tissus ; ils ne leur sont jamais identiques. Pour cette seule raison déjà, l'être vivant est obligé de les décomposer pour les reconstruire à son usage particulier.

2. **Caractéristique individuelle des éléments morphologiques et des principes immédiats.** — Comme l'avait déjà remarqué Cl. BERNARD, *les substances composantes d'un être vivant portent la caractéristique de cet individu.* Cette caractéristique n'est pas seulement de l'ordre histologique, elle est aussi de l'ordre chimique. Tous les éléments (musculaires, nerveux, etc.) se ressemblent entre eux généralement, mais ils diffèrent aussi par certaines particularités d'un individu à l'autre, même dans des espèces très rapprochées. Les principes immédiats (albuminoïdes, graisses, hydrates de carbone, etc.) se ressemblent aussi et plus étroitement encore, envisagés en général ; mais ils ne sont pas identiques, comme nous l'apprend leur étude physique et chimique, et nullement interchangeables directement, comme le démontre d'autre part l'expérience. Pour certains d'entre eux, tels que les albuminoïdes, le maintien de leur composition moléculaire est lié à des conditions si délicates que, une fois en dehors de l'animal auquel ils appartenaient, ils sont déjà modifiés et, si on les réinjecte à cet animal, sont éliminés comme substances étrangères.

3. **L'état initial vrai à partir duquel se fait la construction assimilatrice; variation; incertitude.** — Jusqu'à quel degré est poussée la destruction préalable de ces principes et quels sont, dans chaque cas, les *groupements élémentaires* à partir desquels se fait leur reconstruction dans le protoplasme vivant, c'est ce qu'il n'est souvent pas facile de dire, pour les raisons mêmes qui viennent d'être indiquées ; mais la règle posée n'en doit pas moins être considérée comme générale, et le phénomène d'assimilation a la même expression d'ensemble chez tous les êtres à tous les degrés d'organisation.

La désassimilation est le phénomène inverse de l'assimilation qui, combinée avec elle, entretient dans l'être le flux perpétuel de substance et d'énergie d'où dépend avant tout la vie. Elle est d'ordre par conséquent *analytique*, ramenant la composition moléculaire de la substance vivante à un état également fixe, différent pour chaque être plus ou moins simple ou complexe, mais gardant elle aussi une expression générale à travers ses cas particuliers.

4. **Assimilation plastique et assimilation énergétique.** — Les principes chimiques que l'être vivant s'assimile sont, au point de vue biologique, les uns *plastiques*, c'est-à-dire étroitement constitutifs du protoplasme vivant, les autres *énergétiques*, c'est-à-dire accumulés en lui à l'état d'enclaves et destinés à fournir, à un moment donné, l'énergie que le protoplasme utilise pour l'exécution de ses fonctions. Les premiers sont des corps *azotés quaternaires*, dits protéiques ou albuminoïdes ; les seconds des corps *carbonés ternaires*, les graisses et les hydrates de carbone. Les uns et les autres sont spéciaux à l'individu auquel ils appartiennent et on peut admettre, comme règle générale, qu'ils se forment par synthèse, puis se détruisent par voie analytique. Ils subissent les uns et les autres une assimilation suivie de désassimilation ; mais avec cette différence que, pour les premiers, l'assimilation va par condensations croissantes, jusqu'à l'organisation proprement dite, c'est-à-dire jusqu'à la constitution d'éléments

morphologiques reconnaissables, de structures visibles sous forme de tissus et d'organes ; tandis que pour les seconds elle s'arrète à la forme moléculaire, c'est-à-dire constitue des amas d'aspect homogène comme les gouttes graisseuses qui gonflent les cellules du pannicule adipeux, ou des granulations simples comme celles du glycogène dans les cellules du foie, ou des amas à couches concentriques comme les corps amylacés des végétaux.

5. Histopoièse et histolyse. — Pour mieux marquer la différence de destination de ces deux ordres de principes immédiats, CHAUVEAU a donné le nom d'*histopoièse* à la formation incessante du protoplasme cellulaire par les substances protéiques, et celui d'*histolyse* à leur destruction également incessante jusqu'au terme urée (ou corps similaires) qui, chez les vertébrés, marque la fin de leur transformation et mesure le courant d'azote qui traverse l'organisme. L'histopoièse c'est l'assimilation dans ce qu'elle a de plus significatif, de plus essentiel. *Le tourbillon vital est avant tout un circulus d'azote.* Ce circulus, qui continuellement amène la substance à un très haut degré d'organisation pour l'en faire aussitôt redescendre, s'établit à très peu de frais. Les synthèses s'opèrent en consommant extrèmement peu d'énergie et se défont en en libérant de même extrèmement peu. Il est remarquable par la multiplicité, l'enchevêtrement, la superposition graduelle de ses édifices moléculaires, qui, en se raccordant les uns aux autres, aboutissent à des structures visibles ; de sorte qu'on peut dire que la synthèse morphologique est le prolongement de la synthèse chimique dans l'être vivant : il ne l'est nullement par la puissance énergétique mise en jeu.

Limites d'élasticité des deux phénomènes. — Ce circulus est encore remarquable par sa constance. L'histolyse se poursuit égale à elle-même sans oscillations très sensibles et indépendamment de tout travail proprement dit des organes. La machine vivante est soumise à une usure continue. La condition mortelle de l'être vivant s'impose en effet à ses moindres parties et, comme leur durée est extrèmement limitée, sa continuité dans le temps exige cette destruction continue, corrélative d'une formation continue. L'histopoièse se modèle sur cette destruction et rétablit à chaque instant cet équilibre mobile qui, sans elle, serait aussitôt détruit. Les deux phénomènes inverses (mais surtout l'histopoièse) ont, à l'égard l'un de l'autre, une certaine élasticité. Dans l'inanition l'histolyse persiste seule, alors que l'histopoièse est rendue impossible ; d'où un amaigrissement, une *atrophie* dans le sens le plus général de ce mot, des éléments anatomiques et partant des organes et du corps de l'individu. Dans certaines conditions (mais particulières) de suralimentation, il peut y avoir accroissement, *hypertrophie* des éléments et de l'ensemble formé par eux.

6. Constitution et destruction des réserves énergétiques. — Les êtres vivants, leurs organes, leurs éléments cellulaires ne s'entretiennent que grâce à une circulation de substances susceptibles de transformations très complexes, que nous caractérisons par leur élément le plus remarquable, l'azote. Mais ces éléments n'en sont pas moins susceptibles de développer des puissances énergétiques considérables, grâce au second circulus affectant les substances dont l'élément chimique le plus caractérisé est le carbone. Cette deuxième circulation qui vise la production de l'énergie pour elle-même (au lieu que la première vise le maintien de la structure et de la forme), cette deuxième circulation n'est pas absolument indépendante de la première, mais elle en est néanmoins bien distincte. Elle n'a point sa constance ou fixité relative, mais se fait remarquer au contraire par ses intermittences parfois irrégulières et ses écarts souvent très grands. Elle a surtout une destination tout autre. Elle met à la disposition des éléments et de l'organisme une puissance considérable, au moyen de laquelle individuellement ou dans leur ensemble ils réagissent contre ce qui les entoure par des effets moteurs, calorifiques, ou autres effets énergétiques analogues. Tandis que la première existe surtout par la substance qu'elle organise, la seconde, elle, ne paraît exister que pour l'énergie qu'elle accumule et fournit à la machine vivante. La première se conçoit idéalement sans phénomènes énergétiques concomitants (tant ces phénomènes y tiennent peu de place) ; la seconde peut inversement se concevoir sans matière pondérable qui lui serve de support et c'est ce qui se voit, au moins partiellement, dans les végétaux à chlorophylle, où certains éléments reçoivent directement de l'extérieur une énergie radiante, sans décomposition préalable d'une matière qui cède celle de ses molécules en voie de destruction.

7. **La désassimilation et le fonctionnement**. — Il arrive souvent qu'on oppose l'un à l'autre la nutrition et le fonctionnement. Ces mots n'ont pas dans la langue physiologique des significations bien arrêtées : cela tient à ce que les phénomènes de l'être vivant se ressemblent eux-mêmes tous par certains côtés et diffèrent par certains autres. Pris dans le sens le plus large, le mot fonction s'applique à tout acte quelconque de l'organisme ; il implique seulement l'idée d'une corrélation harmonique de cet acte avec les autres actes du même organisme, en vue d'un résultat déterminé. Pris dans son sens le plus restreint, le mot fonctionnement sert à désigner la manifestation extérieure ou apparente d'un organe ou d'un élément, sa réaction spécifique à l'égard des excitants : c'est ainsi que le fonctionnement du muscle c'est sa déformation particulière ou contraction, celui de la glande sa sécrétion ; l'un ou l'autre phénomène étant considéré indépendamment des phénomènes antérieurs plus ou moins éloignés qui les préparent, ou tout au moins en ne tenant compte que des plus immédiats de ces phénomènes intérieurs.

Le fonctionnement du muscle pris pour exemple est directement lié à sa désassimilation énergétique ; plus ce fonctionnement est actif, plus il épuise sa réserve d'hydrate de carbone. Ce fonctionnement, par contre, ne paraît pas directement lié à sa désassimilation plastique. En effet, quand un groupe musculaire important entre en activité, nous voyons l'excrétion carbonée (acide carbonique de la respiration) s'accroître notablement, mais nous ne voyons pas l'excrétion azotée (azote total de l'urine) changer sensiblement son taux. Un muscle en état de contraction prolongée ou répétée perdra son carbone, perdra par conséquent son poids : c'est ce qui fait dire que le fonctionnement use les organes. En réalité l'usure porte, non sur la machine musculaire, mais sur la substance qui en elle joue le rôle de combustible. L'histolyse et l'histopoièse marchent du même pas et s'équilibrent par les mêmes chiffres constants dans le muscle contracté et dans le muscle au repos, dans l'organe actif et dans l'organe inactif.

Le fonctionnement des organes est lié à l'excitation qu'ils reçoivent par les ramifications terminales du système nerveux. L'excitation, la désassimilation des réserves énergétiques, le travail extérieur des organes sont, comme on dit, trois phénomènes corrélatifs dont les deux derniers (mais non le premier avec les deux autres) sont équivalents au point de vue énergétique.

8. **Le fonctionnement et l'assimilation**.—Le fonctionnement, qui détruit dans les organes les substances dépositaires de l'énergie nécessaire à sa réalisation,

a comme conséquence secondaire une reconstitution de ces réserves dépensées. La capacité du protoplasme pour ces dépôts de corps carbonés est limitée. Si son repos se prolonge, s'il ne les dépense pas, leur reconstitution est arrêtée ou ralentie au maximum ; s'il les consomme activement leur formation reprend de plus belle. Mais le fonctionnement des organes a encore une autre conséquence plus imprévue ; la reconstitution des réserves n'est pas seule à en bénéficier, l'assimilation plastique en éprouve elle-même un accroissement. On sait que des muscles souvent exercés grossissent et accroissent leur puissance. Non seulement ils récupèrent l'énergie dépensée, mais ils acquièrent une aptitude plus grande à l'employer. La machine motrice s'est renforcée, l'histopoièse s'est donc accrue du fait de l'activité motrice.

Ce fait est une des formes de l'expression d'une des lois primordiales de l'être vivant. Parmi les conditions essentielles de la vie nous avons indiqué l'excitation. *Un être, un élément auquel on supprime toute excitation est condamné à disparaître au même titre que si on lui supprimait ses substances ou ses énergies de remplacement.* En faisant croître l'excitation et partant le fonctionnement jusqu'à une certaine limite, on réalisera de mieux en mieux cette condition essentielle et l'être vivant en bénéficiera. La nature du lien qui fait dépendre l'histopoièse d'un élément du fonctionnement de cet élément nous est au fond inconnue ; nous savons seulement que c'est un fait général. La succession des phénomènes a lieu dans l'ordre suivant. Le fait primitif d'où les autres dépendent, c'est l'excitation ; celle-ci amorce le fonctionnement par un mécanisme que nous comprenons à peu près ; ce fonctionnement avant toute chose dépense les réserves énergétiques du protoplasme ; ces réserves se reconstituent aussitôt ; cette activité donnée au circulus énergétique entraîne à la longue (seulement à la longue) une activité non pas égale mais quelque peu exagérée du circulus plastique ; et l'élément se trouve avoir gagné quelque chose en substance organisée et en puissance, ou, si l'on préfère, a évité l'atrophie relative qui eût résulté de son trop peu d'activité.

Dépendance réciproque. — La dépendance réciproque entre l'assimilation et la désassimilation se voit bien, nous voulons dire se constate aisément, dans l'ordre énergétique de ces deux phénomènes ; plus le muscle fournit de travail, plus il fournit au sang d'acide carbonique par la destruction de son glycogène, plus aussi il prend au sang de glycose pour reconstituer ce glycogène à mesure de son épuisement (MORAT et DUFOURT) et se trouve prêt à recommencer son travail. La reconstitution de la réserve carbonée marche de pair avec sa destruction et c'est l'excitation du muscle qui donne le branle à cette suite nécessaire.

Une dépendance de même ordre doit exister aussi entre l'histolyse et l'histopoièse, mais elle est bien plus difficile à apercevoir et nos expériences ne nous montrent pas la condition qui amorce et entretient la succession de ces deux phénomènes. Une certaine impulsion venue de l'extérieur, une excitation n'est-elle pas non plus nécessaire pour provoquer ce mouvement intime de la substance? Probablement oui : mais rien ne nous indique ni son existence, ni sa nature, ni sa provenance ; nous ignorons si le système nerveux est chargé de la fournir ou si elle vient simplement du milieu intérieur.

II. — *Conception unitaire de la nutrition.*

1. Synthèse commune des deux ordres de substances dans le protoplasme. — La distinction entre les substances, les unes plastiques, les autres énergétiques, a quelque chose de très fondé. Elle est, en tout cas, un artifice commode pour porter l'analyse dans un sujet aussi complexe. Si accusée toutefois qu'elle nous paraisse, ce serait une exagération manifeste que de la croire absolue. Cl. Bernard et avec lui tous ceux qui ont réfléchi sur ce sujet se sont demandé si les faits de l'expérience ne s'accorderaient pas également avec une vue plus uniciste des choses. Au lieu de deux ordres de synthèses parallèles et indépendantes il n'y en aurait qu'un, toutes les synthèses partielles convergeant, tout d'abord, vers la formation du protoplasme. Ce protoplasme, une fois constitué, laisserait dériver de lui tout ce que nous trouvons dans la cellule comme enclave ou en dehors d'elle comme excrétion. La graisse, le glycogène, les réserves énergétiques en général se sépareraient de lui après en avoir fait partie, et auraient, à partir de là, le sort que nous leur connaissons. Toute la différence entre cette manière de voir et celle qui a cours généralement, c'est l'incorporation préalable de ces substances dites de réserve ou énergétiques dans le protoplasme par une liaison chimique si faible qu'on la suppose, avant qu'elles passent, en s'en détachant, à l'état d'enclaves, dans ses mailles, au lieu de leur formation indépendante directement à l'état d'enclaves ou de dépôts utilisables.

A cette façon de concevoir les choses il n'y a aucune fin de non-recevoir à opposer. Les opérations supplémentaires qu'elle fait intervenir n'y introduisent aucune difficulté, en raison de ce qu'elles ne réclament qu'une dépense énergétique infime et qu'elles sont du reste de valeur égale dans le sens synthétique et le sens analytique. Cette vue se rattache à une autre qui suppose dans les cellules un mouvement encore plus caractéristique de leur unité, mouvement que l'expérience ne saisit pas directement mais que certaines analogies rendent probable.

2. **Circulation de la matière**. — L'être vivant (individu, système, cellule) échange constamment avec son milieu. C'est là le fait le plus frappant, le plus tangible, le plus caractéristique de la vie. C'est celui que l'on vise communément quand on parle de la circulation de la matière et de l'énergie dans l'être vivant. Dans l'idée qu'on s'en fait, l'être et son milieu forment ensemble un système dont l'un et l'autre ne représentent chacun qu'une partie; comme si le premier, aussi bien que le second, était simplement traversé par le courant.

Plus on pénètre dans le détail des phénomènes, plus on s'aperçoit que ce n'est là qu'un côté de la vérité. Dans l'être vivant la matière et l'énergie circulent réellement au sens étroit du mot : elles y forment des cycles qui, en grande partie, se suffisent à eux-mêmes, se renouvellent, en allant d'un état initial à un état final identique à travers des déplacements et des changements d'état gradués et nombreux. Ils se suffisent à eux-mêmes, mais présentent néanmoins des déperditions, qui nécessitent des remplacements, des alimentations compensatrices. Et comme nos moyens ne nous permettent de bien voir que le courant d'entrée et le courant de sortie, le phénomène intérieur vraiment caractéristique nous échappe le plus souvent.

Image symbolique. — La circulation sanguine, telle que l'a comprise la première fois Harvey, est un modèle que nous pouvons transposer dans tous les domaines de la biologie. Avant qu'elle eût été définie comme nous la comprenons maintenant, la circulation mécanique des aliments allait des *ingesta* aux *egesta*, à travers les vaisseaux, sans l'idée de ce retour et de ce recommencement incessant, qui font l'originalité de la conception de Harvey. Depuis que l'attention a été attirée sur elle, les fuites et la réalimentation de ce courant dans certains organes en contact direct avec le milieu extérieur sont devenues des actes sinon secondaires, en tous cas un peu effacés, devant ce phénomène typique de la circulation intérieure incessante du sang.

3. **Tourbillon vital; courant d'entrée, courant de sortie.** — *Tous les actes physiologiques quelle que soit leur nature chimique, énergétique, nerveuse même, sont des processus cycliques qui reproduisent ce schème.* Ils s'entretiennent une fois amorcés, mais ils ont avec ce qui les entoure des relations de dépendance, qui greffent des cycles de dérivation extérieure sur le cycle intérieur fondamental qui les caractérise. Il existerait, d'après cette manière de voir, au fond de tout acte physiologique, un cycle fermé sur lui-même, dans lequel la substance et l'énergie, après des transformations ascendante puis descendante, feraient retour à la forme initiale sous laquelle elles se trouvaient au début de l'acte, cela d'après la comparaison classique du tourbillon, qui roule sur lui-même, tout en s'alimentant d'un côté, pendant qu'il se décharge de l'autre. Si toutefois l'on compare le courant d'entrée au courant de sortie d'un tel acte de forme supposée tourbillonnaire, ont voit qu'il y a souvent une grande différence entre les deux, au double point de vue de la composition de la matière et de l'état de l'énergie, ce qui détourne la pensée de la possibilité d'un cycle fermé. En réalité, il y a de grandes présomptions pour que ce cycle existe et d'une façon générale.

4. **Cycle énergétique.** — Le type du genre est celui de la cellule hépatique qui reçoit du glycose (de la veine porte), le transforme en glycogène et rend du glycose (à la veine sus-hépatique). Tous les produits caractéristiques des cellules paraissent faits par synthèse et restitués par analyse. Seulement le cycle est précédé ou suivi (ou à la fois précédé et suivi) de transformations, les unes préparatoires, les autres consécutives, qui établissent une plus ou moins grande différence entre les entrées et les sorties et répondent à la division du travail, qui s'établit entre les éléments, tout en conservant leur fond commun d'activité. C'est ainsi que le sucre avec lequel le foie fait son glycogène provient pour partie ou d'une destruction des albuminoïdes et d'une oxydation incomplète des graisses. Le courant total va de ces corps au glycose, mais le cycle intérieur va du glycose au glycose, en passant par le glycogène.

Si du foie nous passons au muscle, nous voyons cet organe absorber du glycose pour en faire de nouveau par synthèse du glycogène, puis celui-ci passer analytiquement, non plus seulement à la phase glycose, mais jusqu'à l'état d'acide carbonique, en libérant en entier sa provision d'énergie. Transportés par la circulation à des appareils ou à des surfaces qui les déperdent, le carbone et son énergie vont quitter définitivement l'organisme.

D'organe en organe, la substance énergétique est ainsi venue jusqu'au muscle à travers une série d'oscillations, d'allers et de retours à sa forme première, jusqu'à ce quelle trouve le courant de sortie, qui l'élimine en utilisant précisément l'énergie qu'elle renfermait, le long de cette pente qui pour elle est particulièrement déclive.

5. **Cycle plastique.** — La substance plastique (l'albumine) suit un chemin analogue, mais certainement plus accidenté, bien que beaucoup plus mal connu que celui de la substance énergétique. Son trajet se fait de l'intestin au rein, à travers des organes nombreux. Dès l'intestin l'albumine subit des décompositions en somme profondes, suivies de reconstitution dans la paroi absorbante. Ce qui se passe dans l'intestin, nous sommes autorisés à supposer que cela se répète autant de fois que l'albumine doit traverser une membrane cellulaire, soit pour sortir d'un élément, soit pour entrer dans un autre. La fixité apparente de sa

composition masque un renouvellement incessant, qui se fait dans chaque cellule à partir de ses constituants, lesquels seuls sont des substances dialysables. En fait cette substance présente un grand nombre de cycles locaux, accidentant son passage à travers l'organisme. Et ces cycles eux aussi présentent des fuites partielles et des réalimentations, entre les courants d'entrée et de sortie, des différences, qui introduisent la variété dans le cycle général des transformations de la substance et qui expriment à leur façon la division du travail cellulaire.

Ses étapes reconnaissables. — Pour la matière plastique, le foie et le muscle représentent également des étapes importantes, que l'on peut choisir, pour poser le problème et fixer au moins provisoirement les idées sur les transformations qu'elle subit. Le foie fait du sucre, mais il fait aussi de l'urée. Cette urée provient de la décomposition d'une partie de l'albumine absorbée, d'une séparation effectuée entre leur noyau azoté et leur noyau carboné. Cette opération est importante dans le cas de régime carné plus ou moins exclusif. Elle a pour résultat de transformer la matière plastique excédente en la matière énergétique qui est en déficit ou qui fait défaut. L'urée ainsi formée trouve le rein qui l'élimine ; et le noyau carboné suit désormais la marche des substances ternaires, qui s'acheminent à la formation de l'acide carbonique. Ce qui persiste de la substance plastique, après cette séparation, circule dans les organes parmi lesquels le tissu musculaire occupe une place prépondérante ; elle aboutit encore finalement à une dislocation analogue et qui livre les mêmes produits, noyau azoté d'une part sous forme d'urée et noyau carboné d'autre part qui suit la série des transformations des hydrates de carbone, pour aboutir encore une fois à l'acide carbonique.

L'albumine, substance à la fois plastique et énergétique. — La substance plastique (l'albumine) n'est donc en réalité plastique que par son azote (par son ammoniaque) et elle est en même temps énergétique par son carbone (par son noyau sucré). Ceci nous montre que les différents ordres de principes immédiats ont une évolution forcément connexe, celle de chacun dépendant de celle des autres, toutes étant du reste confondues dans l'évolution générale du protoplasme.

6. **Cycle intra-cellulaire de l'azote.** — Un muscle contient 25 p. 100 de substances solides pour 75 parties d'eau environ. Sur ces 25 parties, près de 20 sont formées par des albuminoïdes, tandis que le glycogène y occupe au maximum 1 à 1 1/2 p. 100 (en moyenne 1 à 10 p. 1000). Le muscle est un organe dont la fonction est avant tout énergétique. D'aucuns, en voyant cette prédominance des matériaux azotés sur les matériaux ternaires qui entrent dans sa constitution, ont cru qu'il était impossible de refuser aux premiers un rôle (et même prépondérant) dans le développement de l'énergie musculaire (PFLÜGER). La question n'est pas simple ainsi qu'on l'a vu plus haut, et le difficile est d'y introduire les divisions et d'y dégager les points de vue qui permettent de l'éclairer.

La substance que nous appelons énergétique est celle qui, entre son entrée et sa sortie du muscle, perd d'une façon définitive, c'est-à-dire sans la récupérer, une quantité d'énergie correspondant au dégagement de chaleur et au travail du muscle. Il n'y a aucun doute que cette substance soit un hydrate de carbone. Le muscle, comme tous les tissus, laisse bien échapper une certaine quantité d'azote (qu'on retrouve dans l'urine, surtout à l'état d'urée) ; mais cette quantité est 1° beaucoup trop faible pour expliquer sa dépense énergétique, et 2° sans rapport de proportionnalité avec le travail musculaire. A la vérité, dans l'alimentation carnée exclusive ou prédominante, l'hydrate de carbone qui se dépense dans le muscle peut provenir d'une transformation de l'albumine opérée entre l'intestin et le muscle.

De plus, ainsi qu'il a été dit, la destruction de l'albumine dans le muscle lui-même laisse à nu, à côté du noyau azoté, qui, sans grande perte d'énergie, s'élimine par l'urine, un noyau carboné, qui contient la plus grande partie de l'énergie de l'albumine et compte, par conséquent, pour une part dans l'estimation de la substance énergétique ; de sorte que le corps proprement énergétique c'est le carbone, quelle que soit sa provenance, pourvu qu'il soit offert au muscle sous une combinaison par lui assimilable qui est le glycose, tandis que le corps plastique c'est l'azote, offert bien entendu aussi sous forme chimique appropriée.

Mais, dans l'être vivant, la forme, sous son immobilité apparente, cache un mouvement intérieur, non seulement de rénovation, mais de rotation de la matière sur elle-même, au cours de combinaisons qui se font et se défont perpétuellement. On peut admettre comme très vraisemblable que l'azote circule de la sorte dans l'élément musculaire (et dans tous les éléments cellulaires quelconques) en allant de la molécule albuminoïde à des molécules quaternaires plus simples la rapprochant de l'urée et inversement ; cela au cours d'un cycle fermé partiellement sur lui-même, dont le courant d'azote qui s'élimine par l'urine chez les individus à l'inanition exprime, non la valeur intrinsèque, mais simplement la déperdition compensée, chez l'individu alimenté, par l'alimentation azotée.

Sa liaison avec le mouvement musculaire. — C'est ce mouvement de rotation intérieure de l'azote que quelques-uns voudraient rattacher au phénomène de l'activité musculaire. Il ne fournirait pas l'énergie, puisque dans son cycle complet les choses reviennent en l'état, mais il interviendrait dans son emploi ; il serait au fond de cette déformation caractéristique (et par extension de tout travail intérieur cellulaire quelconque) qui change la forme de l'élément musculaire et la lui laisse reprendre. Nous savons que l'élément moteur est une machine à la fois moléculaire et complexe, dont les moindres transformations doivent impliquer des changements chimiques ; il ne serait donc pas surprenant que les choses se passent comme il vient d'être dit. Toutefois une objection subsiste du fait suivant. Ce cycle intérieur de l'azote a une fuite, faible à la vérité, mais constante (celle qui est mesurée par l'azote urinaire dans l'inanition) ; pourquoi cette fuite (qui ne mesure pas l'énergie dépensée mais qui est supposée liée à sa dépense) n'a-t-elle pas une valeur proportionnelle à cette dépense ? pourquoi n'augmente-t-elle pas dans l'activité musculaire ? On ne se tire de l'objection qu'en admettant qu'elle est indépendante elle-même du cycle intérieur de l'azote, ce qui est une hypothèse tout à fait gratuite.

Son schème. — Quoi qu'il en soit, le schème de cette circulation très simplifiée serait le suivant. Toutes les substances, qui du sang passent dans le muscle, s'assimilent, chacune suivant sa loi, dans une substance vivante, complexe mais une, qui est le protoplasme ; c'est l'assimilation considérée dans son expression la plus synthétique. Au moment du fonctionnement le protoplasme laisse se séparer de lui la substance hydrocarbonée qui va être éliminée de l'organisme sous forme d'acide carbonique en même temps que son énergie se déperd. Le noyau azoté mis à nu et simplifié reste, au contraire, en place, soude à lui une quantité d'hydrate de carbone venant du sang égale à celle qu'il a perdue et régénère ainsi le protoplasme. L'azote ainsi mis en circulation se déperd toutefois partiellement sous forme d'urée, ainsi que nous l'avons rappelé déjà bien des fois, et nécessite un remplacement qui se fait par l'albumine que le sang fournit au muscle. L'idée essentielle dans cette conception, c'est que tout ce qui vient du sang converge vers le protoplasme et en fait partie à un moment donné, aussi bien que tout ce qui retourne au sang, pour revenir au muscle ou pour être livré aux émonctoires, en dérive.

Bibliographie.

Azote; fixation de l'azote atmosphérique. — Boussingault, *Ann. Chim.* (2), t. LXVII, 1838 et (3) t. XLI, 1854 ; t. XLIII, 1853 ; Agronomie, chimie agricole et physiologie, Paris, 1860, t. I. — Dehérain, *C. R. Ac. sc.*, t. LXXIII ; t. LXVI ; *Ann. agron.*, t. VIII ; t. XII. — Lawes et Gilbert, *Ann. agron.*, t. IX. — Truchot, *C. R. Ac. sc.*, t. LXXXI. — G. Ville, *Rech. expér. sur la végétation*, Paris, 1852 ; *C. R. Ac. sc.*, t. XXXI ; t. XXXV ; t. XXXVII ; *Ann. chim.*, t. XLIX, 1855-56.

Ammoniaque de l'atmosphère et du sol. — Audoynaud, *Ann. agron.*, t. I. — Berthelot et André, *Ann. chim.* (6), t. XI. — Hébert, *Ann. agron.*, t. XV. — A. Mayer, *Landw. Vers. Stat.*, t. XVII. — Muntz et Coudon, *C. R. Ac. sc.*, t. CXVI. — Schloesing, Contribution à l'étude de la chimie agricole (*Encyclopédie Frémy*), Paris, 1885 ; *C. R. Ac. sc.*, t. LXXVIII ; t. CVI ; t. CVII ; t. CX.

Rôle des microorganismes. — Berthelot, *Ann. chim.* (6), t. XIII. — Beyerinck, *Jahresb. Agrik. Chem.*, t. XIII. — Joulie, *Ann. agron.*, t. XII. — Bréal, *Ann. agron.*, t. XV. — Hellriegel, *Landw. Vers. Stat.*, t. XXXIII. — Hellriegel et Wilfarth, *Ann. sc. agr. franç. et étrang.*, t. I, 1890, traduct.; *Ann. agron.*, t. XV, résumé. — Frank, *Chem. Centralbl.*, 1888 ; *Jahresb. Agrik. Chem.*, t. XII. — Schloesing fils et Laurent, *Ann. Inst. Pasteur*, t. VI ; t. V. — Winogradsky, *Arch. Soc. biol. de Saint-Pétersb.*, t. III, 1895 ; *Ann. Inst. Pasteur*.

Carbone. — André, *Dictionnaire de physiol.* (bibliographie).

Chlorophylle. — Arnaud, Carotine, *C. R. Ac. sc.*, 1885 et suiv. — Baeyer, *Berichte deut. Chem. Gesell.*, III, 63, 1870. — E. Belzung, Le chlorophylle et ses fonctions, *Thèse agrégat.*, 1889. — Berthelot, *C. R. Ac. sc.*, t. CXII, 1891. — Cl. Bernard, Leçons sur les phénom. de la vie comm. aux anim. et aux végét. — P. Bert, *C. R. Ac. sc.*, 1870-71. — Boehm, *Ann. agron.*, t. IX, 1883. — Bonnier et Mangin, *C. R. Ac. sc.*, 1885. — Boussingault, Agronomie..., t. V. p. 1. — Chautard, Spectre de la chlorophylle, *Ann. chim. et phys.* (5), t. III, p. 5, 1874. — Engelmann, *Ann. agron.*, t. IX, 78, 1889. — Etard, *C. R. Ac. sc.*, 1894 à 1897. — Famintzin, *Ann. sc. nat.* (6), t. X. — Gautier, *Revue scient.*, 1877. — Laurent, *Ann. agron.*, 1888. — Loew, *Ann. agron.*, 1883. — Marchlewski, *Die Chimie der Chlorophylls*, Leipzig, 189 (bibliographie au point de vue physico-chimique). — Mazé, Évolution du carbone et de l'azote (*collection Scientia*). — Meyer, *Ann. agron.*, t. XII, 1886. — Pringsheim, *C. R. Ac. sc.*, 1880. — Reinke, *Ann. agron.*, 1882. — Sacchse, *Die Chem. und Physiol. der Farbstoff*, Leipzig, 1877. — Timiriazeff, *C. R. Ac. sc.*, 1883.

Soufre; état dans le sol. — Berthelot et André, *Ann. chim. et phys.* (6), t. XV, 1888.

État dans la molécule d'albumine. — Gscheidlen, *Pflüg. Arch.*, t. XIV. — Moerner, *Zeit. f. phys. Chem.*, t. XXXIV, 1901-02. — Schmiedberg, *Arch. f. experim. pathol.*, t. XXVIII.

Soufre neutre. — Guérin et Flavard, *Revue de méd.*, 1881. — Voit, *Die Gesetze der Ernahrung des Fleischfreners*.

Acide sulfocyanique. — Gscheidlen, *Pflüg. Arch.*, t. XIV, 1877. — Leared, *Proced. of Roy. Soc.*, t. XVI, 1870.

Soufre neutre et soufre acide. — Benedikt, *Zeits. f. klin. Med.*, t. XXXVI. — Walther Freund, *Zeits. f. phys. Chem.*, t. XXIX, p. 24. — Heffter, *Pflüg. Arch.*, t. XXXVIII.

Formation et é'imination de la taurine. — Baginsky et Sommerfeld, *Arch. f. Kinderheilk.*, t. XIX. — Jakubowitsch, *Zeits. f. phys. Chem.*, t. XXIX. — Marowsky, *Deut. Arch. f. klin. Med.*, t. IV.

Cystine. — Baumann, *Zeit. f. phys. Chem.*, t. VIII. — Beale, Urine, urinary deposits and calculi, 1864, 2e édit., Londres. — Ebstein, *Deut. Arch. f. klin. Med.*, t. XXIII. — Goldmann, *Zeit. f. phys. Chem.*, t. VIII, 1883-1884 ; t. IX, 1885. — Loebisch, *Liebig's Annalen*, t. CLXXXII. — Moerner, *Zeit. f. phys. Chem.*, t. XXXIV, 1901-02. — Marowsky, *Deuts. Arch. f. klin. Med.*, t. IV. — Br. Mester, *Ibid.*, t. XIV, 1890. — Niemann, *Deut.*

Arch. f. klin. Med., t XVIII. — Tollens et Niemann, *Liebig's Annalen*, t. CLXXXVII.

Taurine; élimination par le foie. — *Pflüg. Arch.*, t. XIV.

Phénolsulfates. — Baumann, *Pflüg. Arch.*, t. XII et XIII. — Baumann et Stolnikoff, *Zeit. f. phys. Chem.*, t. VIII, 1883. — Lang, *Zeit. f. phys. Chem.*, t. XXIX. — Minkowski. *Ergebn. d. allgem. Path. und path. Anat.*, 1897.

Lieu de leur formation. — Kochs, *Pflüg. Arch.*, t. XXIII. — Landi, *Jahresb. Thier.*, 1897. — Pohl, *Arch. f. exper. path. und Pharm.*, t. XLI.

Influence des poisons. — Katsuyama, *Zeits. f. phys. Chem.*, t. XXXIV, 1901-02. — Munzer, *Deut. Arch. f. klin. Med.*, t. LII.

Phosphore; acide phosphorique; solubilisation; transport. — Posternak. *Revue gén. de botanique*, t. XII, et *Ann. agron.*, 1900. — Schimper, *Botan. Zeit.*, 1888. — Voirin, *Ann. Inst. Pasteur*, t. IX, 1895.

Formation des lécithines. — Hugounenq, *Précis de chimie phys.* — W. Koch, *Zeit. f. phys. Chem.*, t. XXXVI, 1902. — Stoklasa, *Zeit. f. phys. Chem.*, t. XXV, 1898.

Formation des nucléines. — Berthelot, *Ann. de chim. et de phys.* (6), t. XV, 1888. — Osborne et Harris, *Zeit. f. phys. Chem.*, t. XXXVI, 1902.

Nucléines. - Cohnheim, Die Eiweiskörper; Braunschweig, 1901. — Kossel, *Zeit. f. phys. Chem.*, t. III, 1879 et t. IV, 1880. — Lilienfeld, *Zeit. f. phys. Chem.*, t. XVIII. 1893. — Miescher, *Med. Chem. untersuch.* — Percival, *C. R. Ac. sc.*, 1902. — Wiman (paranucléines), *Jahresb. f. Thier.*, 1897.

Acide nucléique. — Ascoli, *Zeit. f. phys. Chem.*, t. XXXI, 1900. — Bang, *Zeit. f. phys. Chem.*, t. XXXI. — E. Fischer et G. Roeder, *Berichte*, t. XXXIV, 1901. — Kossel et Neumann, *Du Bois Reymond's Arch.*, 1894, et *Berichte*, t. XXVII. — Kossel et Stendel. *Zeit. f. phys. Chem.*, t. XXIX, XXX, XXXII. XXXVII.

Acide paranucléique. — Osborne, *Zeit. f. Chem.*, t. XXXVI. — Salkowski, *Zeit. f. phys. Chem.*, t. XXXII, 1901.

Synthèse dans les animaux. — Burian et Schur, *Zeit. f. phys. Chem.*, t. XXIII, 1897

Acide phosphorique de l'urine. — Denigès, Précis de chimie analytique. — Hugounenq, Précis de chimie physiol. — Milroy et Malcolm, *Jahresb. f. Thier.*, t. XXIX. 1899. — White et 11 pkins, *Jahrb. f. Thier.*, t. XXX, 1900. — W. Bergmann, *Arch. f. exper. Pathol. und Pharm.*, t. XLVII.

Élimination par les fèces. — Emery et Kilgore, *North Carolina Saint Bull.*, t. CXVIII. 1893. — Falk, *Jahresb. f. Thier. Chem.* — Jordan, *Jahresb. f. Thier.*, t. XXX, 1900. — Paton, Dunlop et Aitchinson, *Journ. of Phys.*, t. XXV.

Phosphore dans le lait. — Burow, *Zeit. f. phys. Chem.*, t. XXX, 1900. — Paton, Dunlop et Aitchinson, *Jahrb. f. Thier*. t. XXX, 1900.

Fer. — Auscher et Lapicque. Accumul. d'hydrate ferrique dans l'organisme, *Arch. de phys.*, 1896. — Bunge, Ueber die Assimil. des Eisens, *Zeit. p. c.*, 1885. — Dastre, Élimination du fer par la bile, *Arch. de phys.*, 1891; fonction martiale du foie, *C. R. Ac. sc.*, 1898. — Floresco, Rech. sur les mat. color. du foie et de la bile et sur le fer hépatique. *Thèse Fac. sc. Paris*, 1898. — Guillemonat et Delamare, Le fer du gangl. lymphatique, *Biol.*, 1901. — Guillemonat et Lapicque, Teneur en fer du foie et de la rate chez l'homine, *Arch. de phys.*, 1896; quantité de fer contenu dans les fèces de l'homme, *Biol.*, 1897. — Guillemonat, Teneur en fer du foie et de la rate, *Biol.*, 1897; fer dans le méconium. *Biol.*, 1898. — Hugounenq. Composition minérale de l'organisme chez l'enfant nouveau-né, *Arch. de phys.*, 1900; la statique minérale du fœtus, *Arch. de phys.*, 1900; rech. sur la statique des éléments minéraux chez le fœtus humain, *C. R. Ac. sc.*, 1899; composition minérale de l'organisme... *Arch. de phys.* et *C. R. Ac. sc.*, 1899. — Lapicque. Répartit. fer nouveau-né; *Biol.*, 1889; quantité fer rate et foie, *Biol.*, 1889; fer et rate fœtus humain, *Biol.*, 1895; foie détruit hémoglobine dissoute et en garde le fer, *C. R. Ac. sc.*, 1897. — Marfori, Ferratine, *Ann. di farmac. e chim.*, 1898; *Arch. ital. biol.*, t. XXX, 1898. — Martz, Le fer dans l'organisme, *Province méd.*, Lyon, 1899. — Picard, Du fer dans l'organisme, *C. R. Ac. sc.*, 1874. — Regaud, Hémosidérose viscérale, *Biol.*, 1897. — Zaleski, Le fer et l'hémoglobine dans les muscles dépourvus de sang, *Arch. slaves de biol.*, 1887.

Glycogénie (Ouvrages d'ensemble). — Cl. Bernard, Leçons sur le diabète; leçons sur les phénomènes de la vie; formation de la matière sucrée chez les animaux, *Arch. de phys. et chim.*, 1876, 1877. — Seegen, La glycogénie animale, 1890. — Chauveau, La vie et l'énergie; le travail musculaire et l'énergie qu'il représente; glycose, glycogène et glycogénie, *Revue scient.* — Lépine, *Revue critique, Revue de méd.*, 1900 et 1902. — Schiff, *Journ. anat. et phys.*, 1886.

Glycogène hépatique. — Cl. Bernard, Nouvelle fonction du foie, *Thèse Fac. sc. Paris*, 1853 et *C. R. Ac. sc.*; *C. R. Ac. sc.*, t. LXXII, 10, 17 janvier; 17 et 14 août 1876.

Formation du sucre dans le foie. — Boehm et Hoffmann, *Pflüg. Arch.*. Bd XIII. — Seegen et Kratschmer, *Ibid*. Bd XXII et XXIV. — Dalton, *Transact of the New York Acad.*, 1871. — Pavy, *Croonian lectures*. 1878.

Isolement du foie ; ablation. — Bock et Hoffmann. *Experiment. Stud. üb. Diabetes*, Berlin, 1874. — Minkowski. *Arch. f. exper. pathol.*. Bd XXI.

Glycogène hépatique. — Cl. Bernard, *C. R. Ac. sc.*, t. XLIV, 1857. — Tieffenbach. *Inaug. dissert.*, Kœnigsberg, 1869.

Sa disparition. — Kultz, *Pflüg. Arch*. Bd XXIV. — Luchsinger. *Experim. u. kint. Beitr. z. Phys. u. Path. d. Glycogen*, Zürich. 1875. — Tscherinoff, *Wien. Akad. bericht.*. Bd LI.

Formation du sucre par les albuminoïdes et les peptones. — Plosz et Gyergai. *Pflüg. Arch*.. Bd X. — Seegen, *Virchow's Arch.*, Bd XXI, 1861 ; *Pflüg. Arch.*. Bd XXV et XXVIII.

Sucre du sang. — Chauveau. *C. R. Ac. sc.*. 1856. — Seegen, *Pflüg. Arch.*. Bd XXXV. — Lépine et Boulud. *C. R.. Ac. sc.*. 1901-1902.

Dosages comparatifs. — Abeles. *Wien. med. Jahrb.*, 1875 et 1887. — Cl. Bernard, *Ann. chim. et phys.*. 1876-1877. — Bleile, *Du Bois Reymond's Arch,*, 1879. — Lehmann. *Bericht. d. Gesell. d. Wiss. z. Leipzig*. 1850, Bd VII.

Section de la moelle. — Cl. Bernard. *Leçons sur le diabète*, p. 365. — J. Mayer. *Pflüg. Arch.*. t. XVIII, 1898 et t. XX, 1899.

Glycogène musculaire ; sa formation et sa consommation. — Cl. Bernard. *C. R. Ac. sc.*. t. XLVIII. 1859. — Chandelon, *Arch. f. Phys.*. t. XIII. 1876. — Kultz. *Pflüg. Arch.*. Bd XXIV, 1881. — Manche, *Zeitsch. f. Biol.*. 1889. t. XXV. — Marcuse, *Pflüg. Arch.*. t. XXXIX. 1886. — Morat et Dufourt, *Arch. de phys.*, 1892. — O. Nasse, *Arch. f. d. ges. Phys.*, t. II, 1869 et t. XIV, 1877. — Nebelthau, *Zeitsch. f. Biol.*, 1891. t. XXVIII. — Weiss, *Wien. Akad. Bericht.*. t. LXIV. 1871. — Werther, *Pflüg. Arch.*. t. XLVI.

Glycosurie asphyxique. — Dastre, *Thèse doct.*, Paris, 1879. — Lépine et Boulud. *C. R., Ac. sc*. 1902.

Glycosurie alimentaire. — Colrat. *Lyon méd.*. 1875. — Couturier, *Thèse de Paris*. 1874. — Crolas. *Soc. nat. méd.*, Lyon. 1896. — Roque, *Revue de méd*.. 1890 ; *Arch. de méd. expér.*. 1895 ; les glycosuries non diabétiques, *Actualités méd.*, 1899.

Diabète. — Lépine, *Étude pathog. Arch. méd. exp.* 1902. (Bibliographie.)

Diabète phloridzique. — Von Mering, *Verhand. d. VI Congress f. innere Med*.. 1887. — Lépine, *Arch. méd. exp.*, 1901.

Assimilation des sucres ; lactose. — Dastre. *Arch. phys.*, 1890. — M. Brocard. *Biol.*. 1902.

Maltose. — Bourquelot et Dastre. *C. R. Ac. sc.*. t. XCVIII. 1884.

Muscle et pancréas, combustion des hydrates de carbone. — Cohnheim, Hope Seyler, *Zeits. f. phys. chem.*. 1903.

Acide glycuronique du sang. — Lépine et Boulud, *C. R. Ac. sc.*, 1903.

Sucre virtuel du sang. — Lépine et Boulud. *C. R. Ac. sc.*, 1903.

LIVRE II

FONCTIONS CELLULAIRES

La cellule est un organisme en miniature. Cet organisme est susceptible d'entrer comme élément composant dans les organismes d'un ordre supérieur. En y entrant il garde quelque chose de l'individualité et de l'indépendance que nous lui voyons quand il vit à l'état isolé ; mais de cette indépendance il perd néanmoins la plus grande partie. Par contre, il acquiert de nouvelles aptitudes, ou plutôt il accentue certaines de celles qui lui sont inhérentes. A mesure qu'il se multiplie, ses descendants développent ces aptitudes nouvelles dans des sens différents et en quelque sorte complémentaires, pour l'édification des systèmes qui assurent les fonctions de l'organisme que leur association compose. Le protoplasme d'abord uniforme se différencie visiblement dans certaines de ses parties et ces changements dans sa structure vont de pair avec des différenciations de son dynamisme général.

Chacune de ces différenciations représente une fonction particulière, qu'on pourrait appeler spécifique, si ce mot ne prêtait à certaine confusion. Ces fonctions sont dites *cellulaires*, parce qu'elles sont exercées par des cellules ou mieux par des organes de la cellule adaptés à les remplir. Elles ne sont pas le tout de la vie cellulaire, mais une certaine partie du complexe qui la représente, et qui a acquis, dans chaque variété différenciée des cellules de l'organisme, une amplification et un perfectionnement en rapport avec les conditions elles-mêmes plus complexes de la vie de cet organisme d'un ordre supérieur. Par les rapports qu'elles contractent entre elles, elles constituent à leur tour des groupements nouveaux, multiples et étagés, auxquels je donne le nom de fonctions *systématiques*. Il importe de bien distinguer ce qui revient à la cellule isolée d'avec ce qui appartient aux associations qu'elle est susceptible de former, en se groupant avec d'autres variétés auxquelles elle prête un secours analogue à celui qu'elle reçoit d'elles, ce qui est le principe même de ces associations.

Trois types de fonctions cellulaires. — Vues par leur détail, les fonctions que nous appelons cellulaires sont extrêmement nombreuses. Nous pouvons les ramener toutefois à trois types généraux, qui sont représentés d'une façon évidente et en apparence exclusive dans certaines variétés de cellules, bien qu'à des degrés très variables elles soient l'attribut de tout élément cellulaire. Ce sont : 1° la *contraction*, qui se manifeste avant tout dans le tissu *musculaire*; 2° la *sécrétion*, qui est l'apanage des éléments épithéliaux *glandulaires*; 3° la *transmission de l'excitation*, qui est le fait des éléments *nerveux*. La première est une fonction essentiellement énergétique, dont l'existence est en vue du mouvement qui joue un si grand rôle dans la vie des animaux. La seconde vise les transformations matérielles de la substance organisée, transformations elles-mêmes du reste liées aux manifestations énergétiques qu'elles préparent ou qu'elles accompagnent. La troisième est celle d'éléments qui eux aussi transforment de la substance et dégagent de l'énergie; mais leur spécificité fonctionnelle ne leur vient pas de là et cela d'autant moins qu'au point de vue quantitatif ces transformations et ces dégagements sont extrêmement peu de chose. Elle leur vient du pouvoir qu'ils ont sur les autres éléments de les faire passer de la phase que nous appelons du repos à celle dite d'activité ou de manifestation extérieure de leur aptitude propre.

Ainsi qu'on voit, cette dernière fonction est importante, puisqu'elle résume les autres fonctions sous une forme extrêmement abrégée ou condensée. Sa présence dans un organisme est symbolique de l'état de perfection ou de complexité de celui-ci ; son développement va de pair avec un perfectionnement progressif. Mais ce qui fait sa puissance, ce n'est pas seulement le pouvoir qu'ont les éléments qui la représentent sur les autres éléments, c'est celui qu'ils se ménagent les uns sur les autres, dans leur organisation en un système d'une complexité et d'une précision extrême, le *système nerveux* duquel, dans les animaux supérieurs, tout dépend et qui tire des forces qu'il gouverne un si merveilleux emploi.

L'étude du système nerveux, en tant qu'elle en considère les éléments, rentre dans celle des fonctions cellulaires ou élémentaires; en tant qu'elle envisage les principaux groupements de ceux-ci, elle appartient manifestement aux fonctions systématiques. L'exposition des fonctions d'ensemble du système nerveux évoque nécessairement toutes les fonctions de la vie, puisque ce système est le lien le plus évident, qui la crée en quelque sorte par la coordination qu'il établit entre les organes. L'étude de l'innervation peut donc servir de transition entre les fonctions élémentaires et les fonctions systématiques. En raison de son importance elle constitue à elle seule une partie importante de la science physiologique, telle que nous la comprenons présentement.

D'autre part, les fonctions cellulaires, quand elles aboutissent, comme chez les animaux supérieurs, à un organisme de grande complication, ne peuvent se comprendre sans un *milieu* lui-même complexe (le *sang* et la *lymphe*) qui, par les éléments cellulaires que ce milieu renferme, est lui-même l'équivalent d'un tissu (à éléments mobiles), dont la description s'impose à côté ou à la suite des types d'éléments cellulaires considérés en physiologie générale. L'étude de ce milieu terminera ce volume, celle des éléments nerveux est placée en tête de l'étude systématique de l'innervation pour ne point séparer des notions qui ont entre elles une étroite connexité.

CHAPITRE PREMIER

LA CONTRACTION

Dans les êtres pluricellulaires plus ou moins différenciés, le phénomène de la contraction ou, si l'on veut, l'attribut de la contractilité prend une forme tout à fait significative dans une espèce cellulaire particulière, qui constitue par sa répétition le *tissu musculaire*. Le mouvement diffus du protoplasme s'oriente dans les cellules du muscle, suivant un sens défini toujours le même : il acquiert de ce fait une grandeur et une régularité qui le rendent évident aux yeux. Partout en effet où existe quelque mouvement bien apparent, c'est un muscle, autrement dit un ensemble de fibres musculaires, qui l'exécutent. C'est donc la contraction musculaire qu'il faut étudier en premier lieu. Une fois bien défini le procédé qui est à l'origine du mouvement, nous comprendrons facilement l'usage qui en est fait dans chaque fonction motrice particulière, la variété de ces fonctions s'expliquant par les combinaisons si diverses réalisées par l'association des muscles en vue de fins différentes. — D'un autre côté, si la contraction musculaire représente dans l'organisme vivant le procédé moteur le plus caractéristique et le plus usuel, celui-ci n'est pas le seul : à côté de lui nous trouvons des procédés moteurs tout aussi différenciés dans leur genre, adaptés à d'autres fins et tout aussi réguliers ; par exemple le mouvement des cils vibratiles de certains épithéliums. Il y a plus, l'énergie initiale, qui dans le muscle aboutit à la production d'un mouvement mécanique, c'est-à-dire massif et bien visible, par suite d'une déviation fonctionnelle de l'organe transformateur chez certaines espèces animales, dégage une énergie autre que mécanique, par exemple de l'*électricité* dans l'appareil spécial de la torpille et autres poissons dits électriques, ou de la *lumière* chez certains végétaux et animaux, tels que le ver luisant de nos contrées.

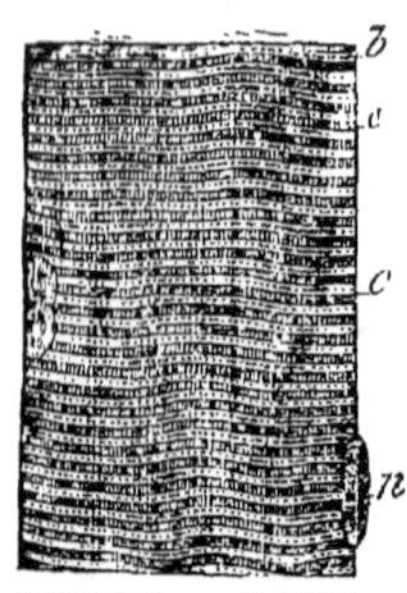

Fig. 28. — *Portion d'une fibre musculaire (faisceau primitif)*, provenant du grand adducteur du lapin, examinée dans son propre plasma, à l'état vivant et en extension.

a, disque épais ; *b*, disque mince ; *c*, espaces clairs : *n*, noyau vu de profil. — Grossissement de 700 diamètres (d'après Ranvier).

Ainsi l'énergie finale que l'être organisé restitue au monde extérieur peut affecter des formes équivalentes, dans certaines desquelles le mouvement proprement mécanique fait défaut, et ces différentes différenciations dynamiques sont corrélatives des différenciations structurales des éléments qui l'emploient. L'analyse de ces dynamismes fonctionnellement différenciés ne s'éclairera que par la comparaison que nous en ferons avec la contraction musculaire, qui est d'un type à la fois plus répandu, plus accessible à nos moyens d'investigation et partant mieux connu.

Origine embryologique du tissu musculaire. — Elle est dans le mésoderme (feuillet moyen du blastoderme), dans la couche supérieure ou corticale des prévertèbres où existe une lame (dite musculaire) formée de cellules plus ou moins fusiformes (*myoblastes*) qui n'existent tout d'abord qu'en cet endroit mais qui de là se répandront dans les différentes parties du corps (bourgeons des membres) où elles donneront lieu à la formation de masses musculaires. Chacune de ces cellules myoblastiques, d'abord

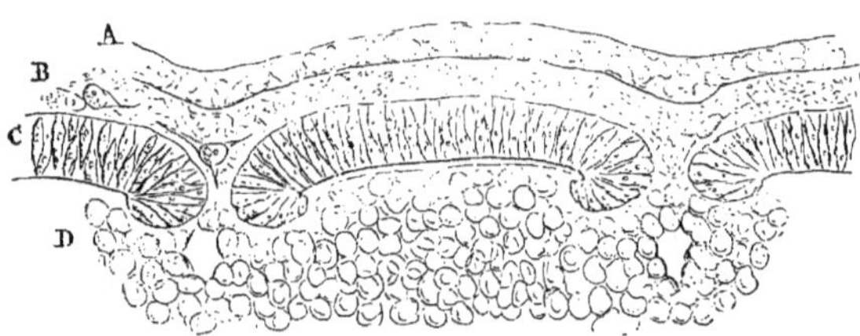

Fig. 29. — *Origine du tissu musculaire dans la prévertèbre ; lame musculaire de celle-ci formée de cellules allongées dites myoblastes.*

A, ectoderme ; B, cellules mésenchymateuses sous-jacentes à l'ectoderme ; C, lame musculaire (couche dorsale ou corticale de la prévertèbre) ; D, cellules mésenchymateuses dérivant de la partie ventrale des prévertèbres (d'après Pouchet et Tourneux).

fusiforme et courte, s'allonge pendant que son noyau se multiplie donnant peu à peu naissance à un cylindre dont le protoplasme accuse sa différenciation en présentant des stries transversales et prend la forme d'un cylindre allongé, sur la longueur duquel les noyaux sont échelonnés.

I. **Irritabilité musculaire**. — En tant que tissu vivant, l'élément musculaire a ainsi une propriété qui le distingue de tous les autres, c'est sa *contractilité*, c'est-à-dire son aptitude à se déformer spécifiquement. Vers la réalisation de cet acte convergent tous les phénomènes dont il est le siège intérieurement. Mais cette aptitude elle-même n'est que l'expression différenciée d'une propriété générale de l'élément vivant, qui est son *irritabilité* et qui, dans tout protoplasme, se traduit par des déformations analogues moins apparentes et surtout beaucoup plus irrégulières.

Historique. Synonymie. — HALLER est le premier qui ait cherché à distinguer expérimentalement les aptitudes propres aux tissus vivants. Cet observateur était frappé du fait suivant. En stimulant le muscle on le fait contracter ; pour cet raison il appelle le muscle un tissu irritable ; en stimulant les nerfs, on provoque de la sensibilité ; pour cette raison il appelle le nerf un tissu sensible. Pour lui donc l'irritabilité est inhérente au muscle, comme la sensibilité est inhérente au nerf. Seulement ce qu'il appelle irritabilité, nous l'appelons contractilité. Le terme irritabilité a été par contre étendu depuis à une fonction ou manifestation commune à tous les protoplasmes. L'irritabilité est la propriété la plus générale de la matière vivante. D'autre part, lorsque HALLER emploie le mot contractilité, il le fait synonyme de *rétractilité passive*, c'est-à-dire d'*élasticité*, entendue au sens physique du mot. Telle est la synonymie de ces termes dans la langue de HALLER et dans la nôtre.

Pour ce qui est du fond des choses, c'est-à-dire de la localisation particulière de chacune de ces propriétés ou aptitudes dans des tissus différents, il faut remarquer qu'elle ne correspond nullement à une série parallèle d'organes ou éléments équivalents. L'irritabilité est la propriété *commune à tous les protoplasmes* de réagir aux ébranlements extérieurs : la contractilité est l'irritabilité *particulière de l'élément musculaire* ; la sensibilité est la manifestation d'un groupement d'éléments, le système nerveux, *considéré en tant que système*. La contractilité dérive de l'irritabilité par différenciation fonctionnelle cellulaire ; la sensibilité en dérive à son tour par systématisation des éléments vivants ; l'irritabilité et la sensibilité sont les termes extrêmes des aptitudes de l'être vivant. La seconde n'est que l'expression perfectionnée de la première.

Autre expression du même problème. — Le problème de localisation posé par HALLER, peut encore s'envisager d'une façon différente. Étant donné ce que nous savons des rapports normaux du nerf et du muscle, peut-on admettre que le muscle est apte à entrer en contraction indépendamment de l'action réalisée sur lui par le nerf ? Autrement dit, *peut-on exciter le muscle sans que l'excitation lui soit transmise par le nerf* ? Bien que dépourvu des moyens par

Fig. 30. — *Fibre musculaire en voie de développement* (chez un embryon humain de trois mois environ).

n, noyau : *t*, écorce de substance striée (*myoplasme*); *p*, protoplasme central (*sarcoplasme*). — Grossissement de 300 diamètres (d'après RANVIER).

lesquels nous jugeons cette question, HALLER se prononce pour l'affirmative et c'est son opinion qu'on exprime quand on parle de l'*irritabilité hallérienne du muscle indépendante de l'action nerveuse.*

Pour trancher la question, il faut pouvoir exciter le muscle sans que les excitations portent sur les fibres nerveuses contenues dans son intérieur. Cette dissociation anatomique ou fonctionnelle des tissus nerveux et musculaire était irréalisable à l'époque où se posait pour la première fois ce problème. Les progrès de la physiologie l'ont rendue depuis possible.

Les observations et expériences par lesquelles s'appuient à l'heure qu'il est notre conviction, sont les suivantes :

1° *Certains muscles dans lesquels on ne voit pas de nerfs sont irritables par les excitants ordinaires* (tissu de l'allantoïde) *ou même présentent des contractions spontanées* (ceux de l'embryon au premier début de son développement, ceux de certains vertébrés).

2° *L'irritabilité des éléments nerveux moteurs peut être entièrement supprimée par certains poisons tels que le curare, alors que celle des éléments musculaires leur correspondant persiste* (Cl. BERNARD).

3° *Les éléments nerveux moteurs peuvent être supprimés par la dégénération* (après section des troncs qui les contiennent), *et le muscle correspondant répond néanmoins aux excitations directes portées sur lui* (LONGET).

Individualité musculaire. — Sous son vrai nom, la question qui se pose ici c'est non pas précisément celle de l'indépendance du tissu musculaire à l'égard du système nerveux, mais plutôt celle de l'*individualité* des éléments de l'un et de l'autre tissu. Le muscle et le nerf ou, sous des noms différents, le faisceau primitif et le neurone moteur, sont des individus cellulaires, ayant

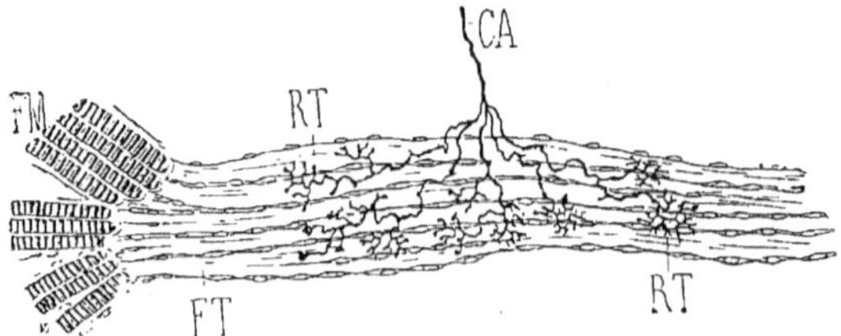

Fig. 31. — *Éléments sensitifs des tendons.*
(Corpuscule de Golgi du tendon de l'homme représenté dépouillé de sa gaine lamelleuse.)

FM, fibres musculaires ; FT, fibres tendineuses ; CA, fibre nerveuse (cylindraxe nu) ; RT, RT, les ramifications terminales à la surface des faisceaux tendineux.

chacun son organisation complète en soi, comme toute cellule, mais néanmoins dépendants de conditions extérieures, également comme toute cellule ou tout élément vivant. Et l'une des plus importantes de ces conditions (l'excitation) se trouve être fournie par l'un des éléments à l'autre, le nerf moteur l'apporte au muscle ; il convient même de remarquer que la réciproque est vraie, car la contraction musculaire agit à son tour, comme excitant, sur des éléments centripètes qui ont leurs arborisations dans le muscle et surtout dans le tendon, de sorte que l'excitation descendue des centres remonte vers eux, grâce à cette réflexion opérée à la périphérie.

II. **Conditions essentielles de l'irritabilité.** — Le faisceau

primitif du muscle est soumis aux conditions générales de la vie cellulaire. Il reçoit en permanence des *matériaux* destinés à remplacer ceux qui le quittent ; il est sans cesse alimenté d'*énergie* pour récupérer celle qu'il dépense ; il reçoit d'une façon plus inégale, mais en somme constante, l'*excitation* sans laquelle le double courant précédent finirait par s'arrêter.

Le courant matériel et énergétique lui est apporté par les *vaisseaux*, par le sang, que les capillaires distribuent à son contact immédiat ; le courant excitateur a une voie distincte, celle des *nerfs*, montrant par cette différenciation anatomique l'importance de cette condition et la valeur qu'elle prend dans le perfectionne-

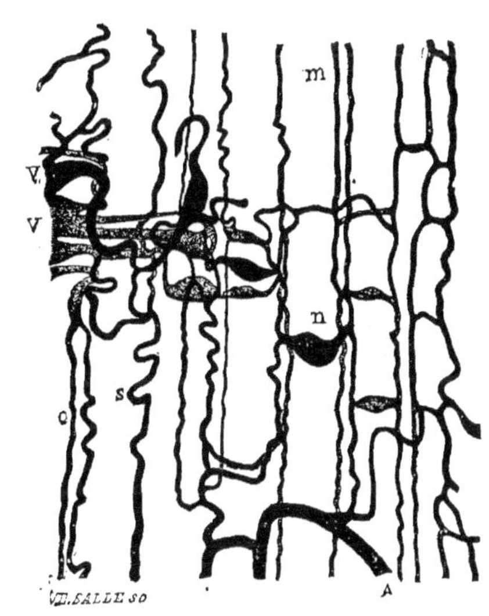

Fig. 32. — *Réseau vasculaire du muscle demi-tendineux du lapin.*

A, artère. — V, V, veines ; *n*, dilatations placées sur le trajet des branches transversales des capillaires ; *m*, place occupée par les fibres musculaires non figurées dans ce dessin ; *s*, branche longitudinale sinueuse. — Grossissement de 100 diamètres (d'après Ranvier).

ment de l'organisation. Il y a donc dans le muscle, comme pour presque tous les tissus fixes, des conditions, les unes d'alimentation, en prenant ce mot dans son sens le plus large, et les autres d'excitation. On a étudié l'influence séparée de ces deux ordres de conditions sur le tissu musculaire, en prenant pour témoin la réaction globale de ce qu'on appelle son irritabilité.

A. Conditions d'alimentation. — On les met en évidence par la ligature des vaisseaux.

Ligature des vaisseaux. — L'expérience a été réalisée la première fois par Swammerdam et indépendamment par Sténon sous le nom duquel elle est plus connue. On produit l'anémie des membres inférieurs par la ligature ou la compression de l'aorte abdominale (au-dessus de sa bifurcation). Cette expérience a été refaite depuis par nombre d'observateurs (Longet, Schmulevitch, Stannius, Scheffer, Richet, etc.). Les résultats demandent à être analysés et interprétés, car ils sont complexes. Au bout de quinze minutes, d'après Richet, les mouvements volontaires et réflexes sont abolis, l'animal paraît paraplégié. Les membres sont froids, leur sensibilité est obtuse. Ces manifestations, à elles seules, ne prouvent pas que les muscles anémiés sont inexcitables ; l'analyse montre au contraire qu'ils répondent à l'excitation directe portée sur eux : elles s'expliquent par la perte des propriétés des nerfs du membre, plus altérables, ainsi qu'on voit, que celles des muscles placés dans les mêmes conditions.

Observation sur l'homme. — Une variante de cette expérience, réalisable sur l'homme, consiste dans l'application de la bande élastique d'Esmarch, de manière à anémier complètement un membre tel que le bras (Richet). Au bout de dix minutes les mouvements volontaires deviennent plus lents. Les doigts manquent de force et d'agilité. Après un quart d'heure, vingt minutes, il n'y a plus de mouvements volontaires possibles. Mais les muscles sont encore excitables directement. La douleur devient intolérable et limite l'expérience à cette phase. Chez les hystériques, lorsqu'on fait l'expérience sur un bras contracturé, on voit le membre, dès qu'il est privé de sang, perdre d'abord sa contracture et seulement ensuite (après vingt minutes environ) sa contraction volontaire. L'anesthésie générale des hystériques permettant de continuer l'épreuve, on voit *après deux heures disparaître l'irritabilité musculaire à l'excitation électrique directe*. Si on enlève la bande on voit revenir presque aussitôt et la contractilité volontaire et la contracture (Richet).

Ligature de l'aorte. — Chez les animaux auxquels on a lié l'aorte la perte de l'irritabilité musculaire se montre au bout de deux ou trois heures.

Cas du cœur. — Le cœur subit la même loi, mais les délais ne s'y montrent plus les mêmes. Ce muscle dont l'activité survit à celle de tous les autres muscles et qu'on a vu parfois se contractant encore pendant qu'une rigidité précoce envahissait déjà les autres muscles (B. Séquard), *perd sa motricité beaucoup plus vite lorsqu'il est privé de sang*. Si sur un chien dont la poitrine est ouverte et dont la vie est entretenue par la respiration artificielle on fait la ligature de l'artère coronaire, les battements diminuent presque aussitôt de force et au bout de deux minutes l'arrêt est définitif. Mais il faut remarquer que cet arrêt des battements spontanés doit dépendre d'un trouble de l'innervation ; l'irritabilité musculaire se prolonge vraisemblablement beaucoup plus longtemps.

B. Conditions d'excitation. — On les fait apparaître en interrompant la continuité des conducteurs nerveux qui fournissent au muscle son excitation.

Section du nerf. — L'excitation que le muscle reçoit de ses nerfs moteurs n'est pas seulement une condition de son fonctionnement, comme il apparaît dès qu'on a interrompu leur continuité, elle est aussi une condition de sa nutrition, de sa conservation. Les conséquences de cet ordre, les troubles de la nutrition et de la structure musculaire apparaissent beaucoup plus tardivement que la perte de ses manifestations fonctionnelles, qui, elle, est immédiate. C'est que l'influence du nerf sur le fonctionnement est directe, sans intermédiaire, tandis que celle sur la nutrition est indirecte. Il semble que le désordre qui s'empare du muscle après la section de ses nerfs moteurs, soit dû à son défaut d'activité fonctionnelle. La nutrition semble dépendre du fonctionnement, comme celui-ci dépend de celle-là.

Les désordres structuraux qui s'emparent du muscle paralysé, de ses nerfs moteurs n'apparaissent d'une façon très reconnaissable qu'au bout de quelques semaines. Comment l'élément musculaire, privé d'une condition aussi importante que l'excitation peut-il continuer de vivre d'une façon même anormale, pendant un aussi long délai. Dans les organismes supérieurs l'excitation est distribuée aux éléments fixes par un système différencié, le système nerveux, et ce système est sans doute la source essentielle qui la leur fournit. Mais cette source, malgré les apparences, n'est peut-être pas exclusive. Toute cellule a commencé par recevoir l'excitation de son milieu alimentaire, qui est alors en même temps son milieu excitant. La différenciation fonctionnelle de cette cellule, en spécialisant les voies excitatrices qui l'atteignent, n'a sans doute pas supprimé complètement les voies banales qui la lui fournissaient originellement. L'organisation vivante procède généralement par des superstructures qui ménagent en les utilisant les assises primitives de son édifice. Ainsi peut-on s'expliquer que le muscle privé de nerfs change sa nutrition et rénove même sa structure, mais ne meurt pas.

Nature de l'altération. — Elle a quelque analogie avec celle qui envahit les fibres nerveuses dans le segment qui a été détaché de sa cellule trophique. Les noyaux du faisceau primitif se multiplient, le sarcoplasme (protoplasme trophique) devient prédominant, le myoplasme (protoplasme fonctionnel) disparaît. Après un certain temps variable suivant la nature et l'âge de l'animal ces désordres sont susceptibles de réparation et le muscle peut se reconstruire.

L'atrophie dégénérative des muscles est bien connue des pathologistes, qui l'ont décrite sous ses diverses formes et rapporté à ses conditions déterminantes, en général, les lésions du système nerveux.

Points de vue multiples. — Très simple dans son résultat apparent, le phénomène de la contraction musculaire est au fond très compliqué et encore bien des détails de son exécution nous restent inconnus.

III. **Déformation spécifique du tissu musculaire**. — Ce phénomène, avant tout s'offre à nous sous un aspect *mécanique*. Le muscle présente une *déformation caractéristique*. En ce faisant, il lutte contre des résistances tant intérieures qu'extérieures; soulève, par exemple, un poids d'une valeur donnée à une hauteur donnée; produit, de ce fait, un *travail* déterminé. La quantité de ce travail n'est pas uniquement ce qui est à considérer, mais aussi sa qualité, sa modalité, c'est-à-dire la succession de ses valeurs dans le temps; c'est ce qu'on appelle la *forme* de la contraction. Ce travail même ne représente pas à lui seul toute la dépense du muscle, tout ce qu'il cède d'énergie pendant son activité; car, pendant qu'il s'opère, des quantités notables de chaleur sont dégagées par le muscle. Il y a donc un phénomène *thermique* dans la contraction musculaire. Le rapport du travail exécuté à la chaleur dégagée est variable : les deux quantités forment une somme qui représente toute l'énergie mise en jeu par l'organe au moment de son activité.

Les évaluations de ces différentes quantités se font en appliquant au muscle des apppareils ordinaires de la physique (thermomètres, dynamomètres ou dynamographes) adaptés aux conditions de l'expérience.

IV. **Origine chimique de l'énergie musculaire.** — Ayant constaté que le muscle dégage de la chaleur et produit du travail, autrement dit libère une certaine quantité d'énergie, nous remontons à la source de cette énergie. Nous la voyons dériver de réactions qui s'opèrent dans son tissu. Elle est donc en lui tout d'abord à l'état chimique. — Le muscle contient dans son protoplasme une substance combustible, oxydable (hydrate de carbone). Cette substance possède dans ses molécules une énergie intérieure, un *potentiel chimique* que son conflit avec l'oxygène fait passer à l'état d'*énergie chimique actuelle*. Le protoplasme spécifiquement différencié de l'élément musculaire, *le myoplasme, est la machine qui emploie l'énergie qui procède de ce combustible. Il l'utilise en la transformant*, ce qui est la fonction de toute machine.

V. **Alimentation du muscle**. — En se contractant, le muscle dépense son potentiel énergétique : il faut donc que celui-ci soit renouvelé, que la machine musculaire soit alimentée en énergie. Elle ne peut l'être que par des organes en connexion directe avec elle. Nous voyons que les muscles sont en connexion avec deux ordres de conducteurs, à savoir des *nerfs* et des *vaisseaux*. — Le fait que les nerfs qui se rendent aux muscles ont un pouvoir évident pour les faire contracter semblerait de prime abord indiquer que le nerf est la source directe de l'énergie musculaire. Il n'en est rien. Le nerf ne fournit au muscle que des impulsions qui sont extraordinairement faibles, si on les compare au travail qui est fourni par celui-ci pendant qu'il reçoit ces impulsions. *Ce n'est pas l'énergie nerveuse qui alimente le muscle*. Son intervention, nécessaire à certains égards, se borne à réaliser la condition qui fait passer le potentiel musculaire à l'état de force vive. C'est, d'après la comparaison souvent employée, l'étincelle qui met le feu aux poudres. C'est le phénomène qu'en biologie on appelle l'*excitation*. — *L'alimentation énergétique du muscle se fait par le système vasculaire*, ainsi qu'il a déjà été dit plus haut.

Échanges avec le milieu sanguin. — Le sang pendant son passage dans le muscle fait des échanges avec ce dernier. Il lui laisse certaines substances et en recueille d'autres. En faisant le bilan de ces échanges, on voit que *certaines substances, en traversant* *le muscle, ont perdu de l'énergie qu'elles possédaient en y entrant ; un hydrate de carbone* a quitté le sang pour pénétrer dans la substance du muscle ; de l'*oxygène* a de même quitté le sang pour le muscle. *Ces deux corps sont entrés en conflit dans le protoplasme musculaire,*

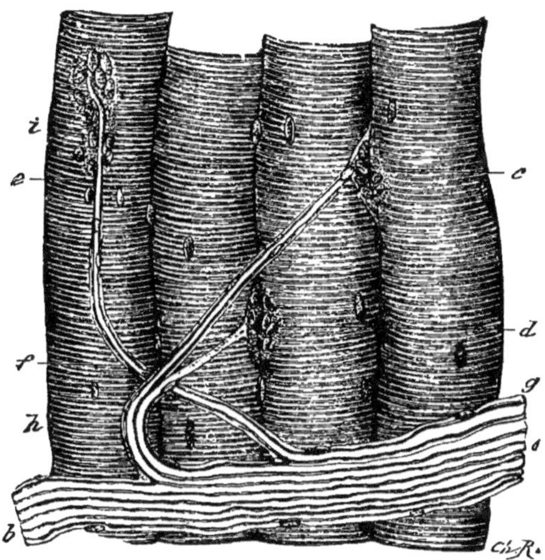

Fig. 33. — *Plaques motrices ; terminaisons des éléments nerveux moteurs dans le muscle droit supérieur de l'œil d'un chien.*

ab, faisceaux nerveux dont se séparent des fibres (*f*) ; *cd*, plaques terminales vues de côté ; *e*, plaque terminale vue de face ; *ih*, noyaux situés sous le sarcolemme. — Grossissement de 400 diamètres (d'après Pouchet et Tourneux).

y ont formé de l'acide carbonique et de l'eau, qui sont retournés au sang, accusant ainsi un phénomène d'*oxydation*, dont l'intensité évaluée numériquement nous rend compte de l'*énergie libérée* par le muscle.

1. Transformations multiples. — Chimique à son origine, mécanique et thermique à sa fin, l'énergie musculaire subit-elle d'autres transformations entre ces deux états extrêmes ? C'est le point sur lequel nous sommes le plus mal renseignés. Manifestement le muscle est le siège de phénomènes *électriques*, qui sont en corrélation avec son activité. *Il est admissible que cette forme de l'énergie s'intercale entre les deux autres,* comme dans une pile qui s'use pendant qu'elle produit un travail ; mais il n'y a à cet égard aucune certitude. Trop de données nous manquent sur les conditions dans lesquelles se produit l'électricité musculaire, pour que l'on puisse rien affirmer de positif à cet égard. Dans le muscle on constate entre certains points choisis des différences de potentiel, qui prouvent en lui l'existence de courants électriques. Sur l'intensité réelle de ces courants, sur la forme des circuits qu'ils affectent, sur les mécanismes qu'ils actionnent dans l'intérieur de l'organe, sur la modalité des déplacements qu'ils produisent, nous ne possédons rien qui découle nettement de l'expérience, au lieu d'être fondé sur des hypothèses plus ou moins ingénieuses.

2. La machine musculaire. — Le muscle, avons-nous dit, est une machine et une machine est un transformateur d'énergie. Connaître l'énergie initiale que celle-ci emploie et l'énergie finale qu'elle restitue est assurément un point fondamental dans son étude. Mais, ceci acquis, il reste à faire l'analyse intérieure de la transformation qu'elle réalise, rechercher les transmissions qu'elle subit et les réactions qui changent sa nature. Cette analyse, avec les moyens dont nous disposons, n'est pas réalisable au sens positif, c'est-à-dire expérimental du mot. Pouvons-nous au moins délimiter ou localiser cette machine dans certaines structures particulières anatomiquement définies? Même sur ce point nous devons rester très réservés.

3. Localisation du mécanisme. — Soit un muscle pris sur un animal à sang froid, comme le gastro-cnémien ou le demi-membraneux de la grenouille. Rien de plus facile que de provoquer ce muscle à l'action, en excitant soit son nerf, soit lui-même directement. Coupons ce muscle en segments, soit suivant sa longueur, soit suivant son épaisseur, il réagit encore aux excitations portées sur lui. La machine musculaire n'est donc pas le muscle lui-même, car elle ne survivrait pas à sa mutilation, mais un certain nombre de mécanismes inclus dans le muscle. L'élément histologique du muscle est la *cellule musculaire* ou *faisceau primitif*. Cet élément histologique n'est pas non plus l'élément dynamique où contractile du tissu musculaire. Comme le montre l'analyse microscopique, cette cellule est fort complexe. Allongée et cylindrique, elle est fasciculée, c'est-à-dire composée intérieurement de faisceaux de *fibrilles* et celles-ci, sur leur longueur, sont formées d'*éléments discoïdes* superposés, les uns clairs, les autres sombres, qui se répètent avec symétrie. Les disques sombres sont individuellement contractiles, comme chaque cellule. Il n'est nullement prouvé, ni même probable, que ces disques soient des éléments dynamiques irréductibles. Ces disques qui forment la striation transversale des muscles dits striés, font défaut dans les muscles dits lisses qui n'en sont pas moins contractiles.

4. Sa grandeur et sa nature moléculaire. — *L'élément à proprement parler contractile est en somme de grandeur moins que microscopique, mais plutôt moléculaire. En se répétant parallèlement les uns à côté des autres, ces éléments multiplient la puissance musculaire. En s'ajoutant à la suite, dans le sens de l'action de la force et en s'actionnant mutuellement, ils donnent à celle-ci une forme ondulatoire, analogue à celle qui régit la propagation des forces physiques ordinaires.* La structure de la fibre musculaire, celle du muscle lui-même peut nous rendre compte de certains détails de la contraction, variables à la rigueur d'un muscle à l'autre; elle ne nous explique en rien le mécanisme intime de la contraction qui reste pour nous une inconnue.

A. — LA DÉFORMATION MUSCULAIRE.

Dans l'ordre statique, la forme est ce que nous saisissons le plus directement dans les objets. Dans l'ordre dynamique, les changements de cette forme sont également pour nous ce qu'il y a de primitivement saisissable, avant toute explication sur la cause de tels phénomènes. Les changements de la forme du muscle, autrement dit les *phénomènes mécaniques* de la contraction ont donné lieu à des recherches très circonstanciées dont il ne sera donné ici que les résultats principaux ou les mieux acquis.

Ces phénomènes de déformation sont les uns extérieurement apparents, affectant le muscle d'une façon globale ; les autres intérieurs, affectant des éléments de grandeur microscopique. Ces derniers par lesquels nous expliquons les précédents nous en laissent soupçonner d'autres, plus intimes encore, de grandeur moléculaire, qui échappent à toute constatation directe et sur lesquels nous ne pouvons faire que des hypothèses.

I. — *Déformation extérieure ou globale du muscle en contraction.*

Sa modalité particulière. — Le muscle qui se contracte est le siège d'une déformation particulière, spécifique. *Dans l'une de ses dimensions qui est celle de la longueur de ses fibres (celle suivant laquelle agit la force) le muscle se réduit, pendant qu'il augmente suivant ses autres dimensions. Il y a compensation exacte entre ces deux déformations inverses;* le muscle contracté ne change pas de densité.

Expérience. — On démontre le fait en faisant contracter un muscle (une patte de grenouille) dans l'intérieur d'un vase transparent, rempli d'un liquide neutre (sérum artificiel) et surmonté d'un petit tube capillaire, dans lequel viendrait se totaliser le moindre changement de volume, au cas où il se produirait. Le muscle est mis en contraction par un courant induit, apporté par deux fils perçant le verre et terminés par des crochets, auxquels la patte galvanoscopique est suspendue par son nerf. Un bouchon à l'émeri, qui porte le tube capillaire, permet d'introduire l'organe contractile et ensuite le liquide. Le bouchon, en s'enfonçant, fait monter le liquide dans le tube capillaire muni de divisions. Une précaution à prendre c'est de bien chasser l'air de l'appareil, pour éviter les erreurs qui naîtraient de la contraction ou de l'expansion des bulles. — *Il n'y a aucun changement dans le niveau du liquide du fait de la contraction* (BARZELLOTTI).

A. LA CONTRACTION ÉLÉMENTAIRE. — Les mouvements des animaux sont extrêmement variés, parce que les combinaisons du jeu des muscles sont elles-mêmes extrêmement diverses. L'analyse les ramène néanmoins à un mouvement élémentaire toujours identique à lui-même : c'est ce qu'on appelle la *secousse musculaire*.

I. **La secousse musculaire.** — Soit un muscle dans lequel (ou dans le nerf duquel) on envoie une excitation simple, comme un choc d'induction ; il y répond par un *raccourcissement, suivi aussitôt* *d'un relâchement.* c'est le mouvement élémentaire de ce muscle, sa *secousse* en un mot. La méthode graphique l'exprime aux yeux

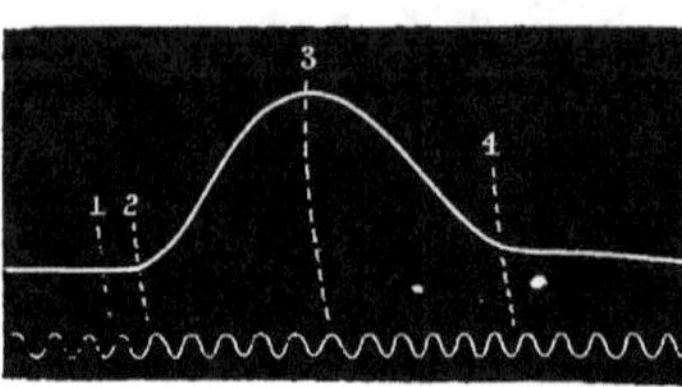

Fig. 34. — *Graphique de la secousse musculaire : contraction simple ou élémentaire.* 1, moment de l'excitation ; 2, début de la contraction ; 3, son sommet ; 4, sa fin.

De 1 à 2. temps de l'excitation latente ; de 2 à 3. période de raccourcissement ; de 3 à 4, période de relâchement du muscle.

Un diapason vibrant inscrit une ligne sinueuse qui marque des centièmes de seconde.

mieux qu'on ne peut la décrire. On y distingue un mouvement d'ascension d'abord brusque, puis ralenti vers sa fin (*ligne d'ascension*), qui passe graduellement à un mouvement inverse (*sommet arrondi*) ; ce mouvement de descente (*ligne de descente*) va à son tour en se ralentissant, de manière que le trait se confond insensiblement avec l'abscisse. Sur l'abscisse sont comptés les temps en unités conventionnelles de longueur. L'écartement compris entre la ligne d'ascension et la ligne de descente marque donc la *durée* de la secousse. Sur la ligne des ordonnées est mesurée l'intensité, proportionnelle par conséquent à la *hauteur* de la secousse.

Sa propagation. — Lorsqu'une excitation est portée sur un point d'un tissu irritable, c'est naturellement ce point tout d'abord qui réagit. Mais de plus l'excitation se propage à distance et envahit le tissu avec une vitesse définie. Cela est vrai du muscle, comme d'autres tissus, le nerf par exemple. L'expérience le démontre sur certains muscles de la grenouille : une excitation limitée à l'une de leurs extrémités gagne de proche en proche l'autre extrémité après un temps qu'on peut mesurer. Comme la fibre musculaire a une certaine longueur, le phénomène de sa contraction s'accompagne forcément d'un phénomène de propagation de cette contraction.

Ce phénomène de propagation peut être comparé à une sorte d'*onde* analogue à celle qui envahit un milieu élastique, mais très particulière dans sa nature et sa forme. *Cette onde* ne peut pas s'appeler condensante, puisque la densité du tissu ne change pas ; elle *est simplement déformante. La déformation n'a lieu que dans un seul sens* ; elle n'est pas suivie, comme dans les milieux élastiques ordinaires, d'une déformation inverse de la déformation initiale (dans le genre de l'onde raréfiante qui, dans certains milieux élastiques, comme l'air, succède à l'onde condensante). — Il suit de là que, lorsque deux ou plusieurs ondes contractiles se suivent sur la même fibre musculaire, leur effet s'additionne et augmente d'autant le raccourcissement.

II. **Addition des excitations.** — Soit en effet une excitation lancée dans un muscle, elle provoque une secousse d'une hauteur donnée ; si, avant que cette secousse soit achevée, on lance dans le muscle une seconde excitation, elle produit une surélévation du tracé, qui montre que les effets des deux excitations s'ajoutent (HELM-HOLTZ). C'est ce qu'on appelle un effet d'*addition* ou de *sommation*.

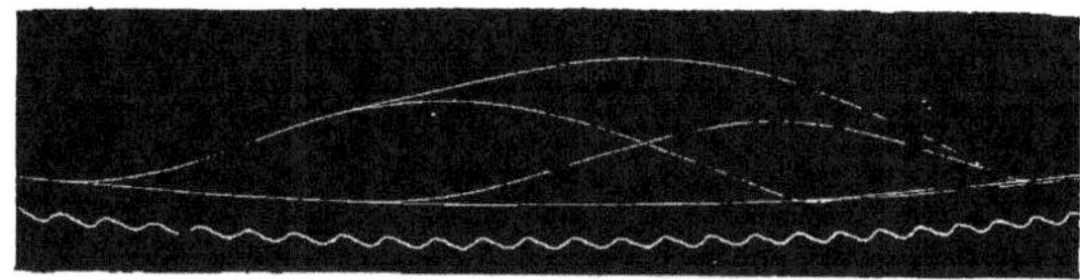

Fig. 35. — *Addition ou superposition des excitations.*

Les deux secousses qui se suivent sur la ligne des abscisses sont d'abord inscrites isolément, en laissant entre les deux inscriptions un temps assez prolongé : puis on répète coup sur coup les deux excitations qui les ont produites, on a alors une troisième contraction dont le sommet dépasse de beaucoup celui des deux précédentes.

Cet effet est probablement assez complexe, surtout quand l'excitation parvient au muscle par l'intermédiaire de son nerf : il a dans tous les cas sa principale explication dans ce qui vient d'être dit.

Propagation limitée. — Les muscles sont formés d'un corps charnu, composé de fibres parallèles, qui de prime abord semblent avoir la longueur du muscle lui-même. L'analyse histologique montre cependant qu'il n'en est pas toujours ainsi et un certain nombre de fibres se terminent, loin de l'extrémité du muscle, par des tendons microscopiques, qui cheminent au milieu des fibres musculaires. L'expérimentation montre de son côté qu'une excitation portée sur une extrémité du corps charnu ne se propage pas toujours sur toute sa longueur mais peut s'arrêter en chemin. C'est ce que CHAUVEAU a observé sur le muscle sterno-mastoïdien du cheval, qui présente à cet égard des commodités à cause de sa grande longueur.

La propagation dont il est question est indépendante de la nature de l'excitation. Celle-ci, qu'elle soit mécanique, électrique, nerveuse, est censée agir en une région limitée du muscle à partir de laquelle elle se déplace le long de ses fibres, suivant les lois propres au muscle lui-même.

Quand on emploie le courant électrique (notamment sous la forme de courant constant) et que les lignes de flux de ce courant suivent la longueur du muscle sur une certaine étendue, il se présente des phénomènes qui sont particuliers à ce genre d'excitation.

1. **Action polaire de l'excitant électrique.** — Le courant a un point d'entrée (pôle positif, *anode*), un point de sortie (pôle négatif, *cathode*) plus un trajet intermédiaire d'une certaine longueur dans le muscle. Il y a de plus à considérer un moment très court pendant lequel se fait l'établissement du courant dans le muscle (fermeture), un autre pendant lequel il cesse (ouverture) et enfin un temps intermédiaire plus ou moins prolongé pendant lequel il conserve son intensité. Ces circonstances de temps et de lieux introduisent des distinctions dans les résultats de l'excitation, résultats qui peuvent encore varier suivant l'intensité du courant.

Dans leur ensemble, les effets ne sont pas essentiellement différents de ceux qui ont été longuement étudiés en appliquant l'électricité au nerf moteur.

Ils accusent seulement certains détails que le nerf est inapte à faire ressortir parce que son état local d'excitation ne se traduit par rien de visible, mais seulement par l'excitation que lui-même transmet au muscle, tandis que le muscle a une réponse directe, s'accusant par un changement mécanique, qui traduit visiblement son activité en tout point où elle existe. — Un muscle sur lequel on ferme un courant de pile se contracte localement au niveau de la cathode (pôle négatif); on voit parfois au niveau de l'anode (pôle positif) une légère dépression. Il y a donc deux effets inverses, l'un d'excitation (cathodique), l'autre de contro-stimulation ou, si l'on veut, d'inhibition (anodique), dont le premier est prédominant dans l'ensemble, effets localisés aux points de sortie et d'entrée du courant, pendant que la partie intermédiaire est peu ou point affectée. Au moment de l'ouverture, les effets sont inverses et équivalent à ceux de la clôture d'un courant de sens contraire moins intense. On opère sur le muscle curarisé pour éliminer l'action du système nerveux.

2. **Contraction persistante pendant le passage du courant**. — Il faut noter que ces effets peuvent présenter certaines différences suivant la force du courant. Lorsque celui-ci a une certaine intensité, la contraction localisée au cathode persiste (affaiblie il est vrai) pendant son passage (WUNDT).

On peut voir la contraction se produire aussi à l'anode, non pas, il est vrai, directement à son point d'application; mais dans son voisinage (BEIDERMANN), et, quand le courant est très fort, des ondes visibles de contraction peuvent partir de ce point, pour envahir le muscle dans le sens de la direction du courant; dans ces circonstances, à coup sûr, il se développe, dans la transmission du courant, de fibre à fibre, suivant des lignes plus ou moins inflexes, des polarisations qui compliquent beaucoup les conditions de l'excitation (HERMANN).

Conclusion. — En somme, *dans le muscle comme dans le nerf, le courant a un effet augmentateur (catélectrotonisant) au niveau du pôle négatif (cathode) et dépresseur (anélectrotonisant) au niveau du pôle positif (anode), plus une légère action excitatrice persistante pendant la durée de son passage, cette dernière plus visible dans le muscle que dans le nerf.*

3. **Contraction dite idio-musculaire**. — Le renflement contractile, qui se produit et se localise au pôle négatif, dans le cas d'excitation électrique du muscle, a été observé d'abord par SCHIFF, dans les muscles privés de circulation ou soumis à l'action de certains poisons. Le nom d'« idio-musculaire » qu'il lui a donné vient de ce que, dans sa pensée, le défaut de propagation de cette excitation est une preuve qu'elle s'adresse spécialement au tissu musculaire, sans passer par les terminaisons nerveuses mises hors de cause par les altérations qu'elles ont subies du fait des conditions de l'expérience. CHAUVEAU le premier a démontré l'action polaire absolument générale des courants électriques sur les muscles et les nerfs, et par des expériences en séries, a contribué à débrouiller les lois complexes de cette action (Voyez *Innervation*, p. 67).

4. **Myographie**. — L'appareil (qui peut être à la fois dynamographique et dynamométrique) avec lequel on recueille le tracé de la secousse est le *myographe*. Il est essentiellement un levier interpuissant, dont l'extrémité mobile trace, en l'amplifiant plus ou moins, le graphique de la contraction, sur une surface présentant un déplacement régulier, dans un sens perpendiculaire à son propre mouvement.

Le muscle en se contractant présente une double déformation : il diminue sa longueur ; il augmente son épaisseur. On peut inscrire soit l'une, soit l'autre de ces deux déformations, par des appareils appropriés.

Le stylet écrivant peut être actionné directement par le muscle, le myographe est alors *direct*; il peut être actionné par une transmission à air au moyen de deux tambours de Marey conjugués, le myographe est alors dit *à transmission*.

La résistance à surmonter que le myographe présente au muscle peut varier à volonté, au moyen de poids additionnels qui le chargent plus ou moins, ou de ressorts étalonnés. Lorsque cette résistance est telle que le muscle puisse la surmonter, la contraction est dite *isotonique*, parce que la tension du muscle demeure la même pendant toute l'excursion du levier. Lorsque cette résis-

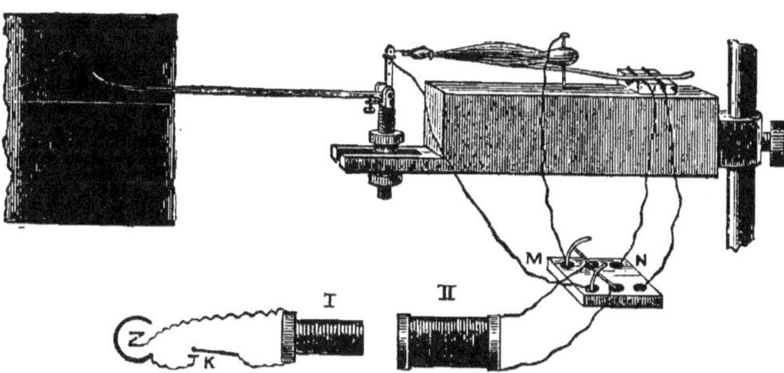

Fig. 36. — *Dispositif pour l'excitation d'un muscle et de son nerf et l'enregistrement de la contraction; myographe direct.*

Z, pile électrique; K, coupe-courant; I, bobine primaire; II, bobine secondaire (où naissent des courants d'induction par la fermeture et l'ouverture du circuit de la pile); MN, distributeur permettant de faire passer le courant ou dans le muscle (clef en M) ou dans le nerf (clef renversée en N).

tance est telle que le muscle ne puisse la vaincre, la contraction est dite *isométrique*, parce que la longueur du muscle ne varie pas, alors que sa tension s'accroît progressivement. Si la résistance est constituée par un ressort relativement fort qui ne cède que très peu, la contraction est encore sensiblement isométrique : en augmentant la longueur du bras de levier qui porte le style inscripteur, on arrive à sensibiliser le déplacement très restreint de la résistance et on obtient ainsi un tracé de la contraction isométrique. Ce tracé diffère de celui de la contraction isotonique.

2. Manométrie. — Les muscles squelettiques sont des prismes contractiles plus ou moins réguliers, agissant à leurs extrémités sur des leviers *rigides*, mobiles autour de leurs articulations. C'est une disposition de ce genre que reproduit le myographe ordinaire. Les muscles viscéraux sont, eux, de forme cavitaire, disposés pour agir sur des masses *liquides* qui transmettent la pression en tous sens (cœur, vaisseaux, réservoirs glandulaires, etc.). Le myographe qui leur convient est un *manomètre* rendu *inscripteur* par quelque artifice de sa construction.

a. Isométrie et isotonie; définition. — Lorsqu'une masse gazeuse est enfermée dans un espace rigide (soit un ballon de verre) et qu'on modifie l'énergie intérieure de ses molécules en la chauffant, deux cas peuvent se présenter que des artifices expérimentaux nous permettent de réaliser d'une façon isolée et typique. Ou bien le gaz augmente son volume d'une certaine quantité (par exemple en déplaçant un index dans un tube horizontal qui prolonge le ballon); on dit alors que *le volume varie, tandis que la pression reste constante*; ou bien, si la résistance est insurmontable, le gaz augmente sa pression d'une certaine quantité (mesurable à l'aide d'un manomètre dont la colonne capillaire ne modifie pas sensiblement le volume); on dit alors que *la pression varie tandis que le volume reste constant*. On pourrait dire en d'autres mots que, dans le premier cas, le volume gazeux est *anisométrique et isotonique*; dans le second cas, inversement, *anisotonique et isométrique*. Le muscle en contraction se comporte en somme comme la masse gazeuse en question. Son énergie intérieure est changée, dans le sens d'un subit accroissement. Suivant les conditions de l'expérience, il a le choix entre deux changements; l'un affectant, si l'on veut, exclusivement sa tension; l'autre, également si l'on veut, exclusivement sa forme. Seulement ce qui peut changer dans le muscle ce n'est jamais son volume, qui est condamné à rester invariable; c'est l'une des dimensions qui, en fonction d'une autre, exprime ce volume, soit sa longueur.

Application aux muscles cavitaires. — En se servant de certains muscles cavitaires comme le cœur, on peut donner à la contraction musculaire une forme qui se rapproche davantage de l'expérience de physique avec laquelle nous la comparons ici. Un cœur étant en diastole et plein de sang, nous pouvons lui adapter un dispositif qui rappelle cette expérience même.

Dans un cas le cœur expulsera une partie du sang qu'il contient, sans surmonter de résistance appréciable. La contraction sera à la fois isotonique et anisométrique : et si on considère, non exclusivement le muscle cardiaque mais le système qu'il forme avec le sang, le changement de forme se traduit en réalité ici par un changement (une diminution) de son volume, sans changement de sa pression. Dans l'autre cas, le cœur rencontrant une résistance insurmontable, sa contraction sera à la fois anisotonique et isométrique ; le système ne change pas de volume mais augmente sa pression intérieure.

1. **Historique**. — Sauf par Marey et seulement en ce qui concerne le cœur, la mesure des tensions que le muscle est susceptible d'acquérir dans les différentes conditions de son travail a été peu faite en France. Par contre, elle a suscité de nombreux travaux à l'étranger, mais qui se rapportent à peu près exclusivement aux muscles articulo-moteurs, non cavitaires. On peut encore rapprocher des études de ce genre les travaux de Donders et Van Mansfeld et ceux plus récents de Chauveau et Tissot sur l'élasticité musculaire et ses changements pendant la contraction.

Schwann le premier observa que *la puissance de l'effort musculaire varie avec la longueur du muscle*. — Le tendon d'un muscle est attaché à l'un des fléaux d'une balance, de manière à l'abaisser quand le muscle se contracte; on détermine quel est le poids maximum qui, placé dans le plateau de l'autre fléau, peut être soulevé par cette contraction. Le fléau qui porte ce poids est limité dans sa descente par un support, qui donne au muscle sa longueur initiale, point de départ de la contraction. Dans une série d'essais on abaisse successivement ce support, ou inversement, après l'avoir placé un peu bas, on le relève par degrés, on voit que *plus le muscle est déjà contracté (raccourci*, *moins il est capable de surmonter la résistance*. — Helmholtz refit cette expérience en maintenant le muscle à la même longueur, mais en mesurant les tensions acquises par lui successivement pendant sa contraction. Il y a une relation entre ces tensions et les temps consécutifs à l'excitation auxquels elles se produisent. Un graphique construit en mettant les temps en abscisses et les tensions en ordonnées figure ce que cet auteur nomme la « courbe d'énergie » du muscle. Cette courbe est celle qu'on appelle communément isométrique. On a des moyens de la faire tracer directement par le muscle. On oblige celui-ci à lutter contre un ressort suffisamment résistant pour que sa longueur change à peine, et c'est ce mouvement considérablement amplifié par un levier qu'on enregistre.

La couche isométrique retrace et mesure une succession de tensions, à l'aide d'un levier résistant mais presque immobile à son point d'application ; la courbe isotonique retrace et mesure une succession de longueurs du muscle, à l'aide d'un levier présentant un déplacement sensible de son point d'application.

Marey, dès le debut des études de myographie, insista sur les déformations apportées par l'*inertie* du levier à la courbe des contractions qu'on leur demande. Cette courbe était alors et est encore aujourd'hui la courbe isotonique. Fick a inauguré les méthodes permettant l'étude directe de l'isométrie.

2. Rapport de la longueur à la tension. — Des expériences qui précèdent et de celles qui vont suivre il résulte qu'il n'est pas indifférent à un muscle qui doit soulever une charge de le faire en partant d'une longueur initiale quelconque. *La tension d'un muscle auquel il est fait résistance* (spéciablement dans la première partie de son effort) *est plus grande, en proportion de sa longueur, que celle du même muscle, quand il a atteint cette longueur dans le cours de sa contraction isotonique.*

a. Dans les corps élastiques. — Dans les corps élastiques, il y a, ainsi qu'on sait, une relation définie entre la longueur et la tension, tellement que de l'une on peut déduire l'autre.

b. Dans le muscle. — Dans le muscle, la relation de ces deux grandeurs est beaucoup plus compliquée. Le muscle, comme le dit Fick, est bien une structure élastique, mais c'est une structure élastique qui, au lieu d'être invariable, est susceptible de changement. Chauveau dit de son côté que le muscle dans sa contraction, change son *coefficient d'élasticité*, qu'il crée de la force élastique. Dans la déformation du muscle par laquelle il exprime son activité, l'élasticité peut être considérée comme un facteur essentiel, mais à la différence des corps dits élastiques qu'étudie spécialement la physique, ce facteur n'est pas seul, il se complique d'autres qui changent la valeur du résultat, suivant une loi nouvelle beaucoup plus difficile à formuler et qui sera, si on arrive à la connaître, la loi physiologique de la contraction.

La sensibilité et le mouvement ; leur liaison réciproque. — La difficulté vient une fois de plus (paraît venir en tout cas) de ce phénomène qui, dans l'être vivant, enveloppe tous les autres, en leur donnant un agencement et une sorte d'expression d'ensemble, la sensibilité, l'irritabilité, dont la liaison avec les phénomènes proprement physiques est si particulière, si intime et d'une nature au fond si inconnue. — On admet en principe qu'à une excitation d'une grandeur donnée (supposons-la maxima) le muscle répond par un effort d'une grandeur donnée (dans l'espèce, maximum) ; cela est vrai, mais c'est à la condition qu'il y ait parité d'abord du côté de la résistance, puis, comme nous l'avons vu, du côté de la longueur initiale à partir de laquelle se fait le raccourcissement musculaire. Une excitation donnée n'engendre dans le muscle le même résultat que si les conditions mécaniques de sa réponse sont les mêmes. Si elles changent tout peut changer.

Excitation secondaire ou en retour. — Quelques auteurs, en particulier J. v. Kries, admettent, pour expliquer ces variations d'effets, l'existence d'une stimulation secondaire du muscle, naissant de son effort même et variable suivant sa grandeur et les circonstances de sa production. Quand, au lieu d'un muscle isolé, il s'agit d'un organe comme le cœur, gardant avec lui lors de son exportation l'équivalent d'un système nerveux, cette excitation en retour ne fait pas doute et nous savons comment cet organe l'utilise pour régler, non seulement son effort, mais le rythme le plus convenable à l'utilisation de cet effort. L'excitation secondaire est dans ce cas un réflexe de régulation, comme il en existe dans tous les appareils moteurs considérés dans leur ensemble. Quand, par contre, il s'agit d'un muscle articulo-moteur détaché du corps de l'animal et ne possédant plus que les extrémités terminales et initiales des conducteurs moteurs et sensitifs qui lui fournissent son innervation, on ne voit plus l'arc réflexe qui sert de support à ce cycle d'excitation. Néanmoins on doit considérer même dans ce cas comme très admissible un cycle de ce genre, borné aux limites du protoplasme musculaire, dont l'irritabilité répond à cette excitation intérieure de l'effort, comme on sait qu'elle répond aux sollicitations extérieures qui attaquent le muscle directement en l'absence de tout nerf.

3. **Hypothèses parasites.** — Gad, Kohnstamm, Schenck, admettent d'autre part, en concordance avec V. Kries, l'existence dans une secousse musculaire de deux processus plus élémentaires qu'elle-même, l'un de raccourcissement, l'autre de relâchement, tous deux thermogènes le premier plus que le second, tous deux favorisés par certaines conditions comme l'élévation de la température, le premier seul favorisé par l'accroissement de la tension, et c'est de la variation inégale de ces deux processus inverses que résulteraient les différences d'effets observés. Avec Burdon-Sanderson, il faut reconnaître que cette hypothèse, non seulement ne donne pas d'explication proprement dite du phénomène à éclaircir, mais qu'une consommation d'énergie employée à faire le relâchement du muscle paraît peu vraisemblable et qu'y faire intervenir, comme quelques-uns, l'inhibition, ce phénomène en soi si obscur et compris de tant de façons différentes par les auteurs qui s'en sont occupés, ne peut qu'augmenter la confusion dans les idées. — Le relâchement n'est pas un acte proprement dit, c'est un phénomène passif, qui naît *ipso facto* de la cessation du raccourcissement. La force qui produit ce dernier vient-elle à cesser ou à décroître, les résistances soit extérieures, soit intérieures du tissu musculaire qu'il surmontait ramènent les parties à leurs position et forme premières.

b. Analyse isométrique et isotonique de la contraction. — En nous en tenant étroitement aux faits, l'isotonie et l'isométrie représentent deux conditions, bien définies, dont l'influence sur la puissance musculaire sont intéressantes à étudier dans leur détail.

1. **Myographes spéciaux.** — Fick, Blix, Schenck, Kaiser, etc., ont imaginé ou employé des myographes permettant d'obtenir à volonté, avec le même muscle, la courbe isotonique et la courbe isométrique de celui-ci. Deux leviers sont disposés parallèlement, l'un isotonique (point d'application de la force aussi rapproché que possible de l'axe d'oscillation, résistance constituée par un ressort), l'autre isométrique (levier ordinaire aussi léger que possible). Un muscle est attaché par l'une de ses extrémités à l'un et par l'autre à l'autre (les courbes seront tracées en sens différents). La résistance du levier isométrique est assez grande par rapport à celle de l'isotonique pour qu'il serve d'attache fixe au muscle ; dans ces conditions l'excitation de ce dernier lui fera tracer sa courbe isotonique. Veut-on ensuite avoir la courbe isométrique, le levier isotonique est rendu fixe par le serrage d'une pince entre les mors de laquelle il oscille et le muscle, si on l'excite, travaille alors contre le ressort du levier isométrique.

2. **Variations des conditions mécaniques pendant le cours de la contrac-**

tion ; passage de l'isométrie à l'isotonie et réciproquement. — Un autre myographe construit sur le même type permet d'obtenir d'un muscle une construction qui est isométrique en commençant et isotonique à sa fin, ou encore l'inverse ; autrement dit, permet de faire varier les conditions mécaniques

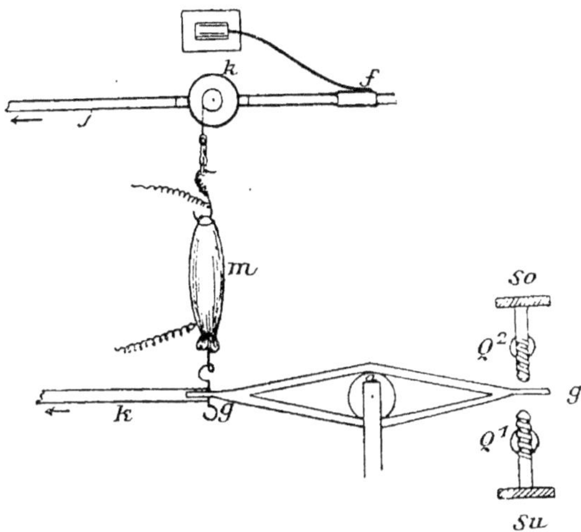

Fig. 37. — *Myographe à deux leviers permettant d'obtenir des courbes isométriques ou isotoniques suivant les conditions.*

j, levier qui inscrit la courbe isométrique quand l'autre levier *k g g* est immobilisé par des vis calantes *So*, *Su* (raccourcissement dans ce cas très faible du muscle *m*, en raison de la résistance du ressort *f* et de la grande disproportion entre les deux bras du levier, le muscle agissant sur lui près de l'axe *k* et le ressort résistant loin de cet axe ; amplification considérable de ce petit raccourcissement par la longueur donnée au bras *j* qui porte le style inscripteur) ; *k g g*, levier qui inscrit la courbe isotonique quand les vis calantes sont enlevées (le muscle prend alors son insertion fixe sur le levier *j* qu'il déplace à peine et soulève le levier *k g g* très mobile d'autant plus facilement que celui-ci est moins chargé ; amplification beaucoup moindre donnée à la courbe isotonique pour la comparer à la courbe isométrique ; elle est obtenue par la disproportion moindre des deux bras du levier inférieur).

La vis calante *So* peut être employée seule pour donner au muscle une longueur au repos déterminée avant l'excitation et variable suivant les cas, lorsqu'une charge variable est attachée au levier *g*. — La vis calante *Su* peut être employée seule pour limiter l'excursion du levier isotonique *k g g* pendant son déplacement. — Le jeu de ces vis combiné avec la variation des charges permet de réaliser des contractions qui commencent isométriquement et s'achèvent isotoniquement ou inversement.

Les contractions isométriques (levier supérieur) sont inscrites avec leur sommet dirigé en bas ; les contractions isotoniques (levier inférieur) sont inscrites avec leur sommet dirigé en haut.

pendant le cours même de la contraction. — Un muscle se contracte, par exemple, contre une résistance qui d'abord le maintient à sa longueur première (sensiblement, mais en traçant néanmoins une courbe que le levier amplifie au point de la rendre visible — isométrie), puis qui est surmontée (en traçant une autre courbe à l'aide de l'autre levier — isotonie). — Inversement, pendant que la contraction est en cours et que le levier isométrique l'inscrit, on s'arrange pour qu'il se produise un subit accroissement de la tension par l'immobilisation de

ce levier; à partir de ce point, c'est le levier isométrique qui se déplace et
trace une courbe ; commencée isométriquement, la contraction s'achève alors
isotoniquement. — Cet appareil, très semblable au précédent, présente en
plus une vis d'arrêt Su réglable à volonté, qui bute un prolongement du
levier isotonique et constitue la résistance insurmontable que celui-ci rencontre dans cette seconde condition. Dans la première condition cette vis est
placée en sens inverse, en So, pour maintenir la charge en position fixe, jusqu'à
ce que le muscle ait acquis la tension suffisante pour la surmonter.

Ainsi qu'on le comprend, dans les tracés répondant à la première condition
les courbes isométriques (inflexion en bas) s'arrêtent et sont remplacées par des

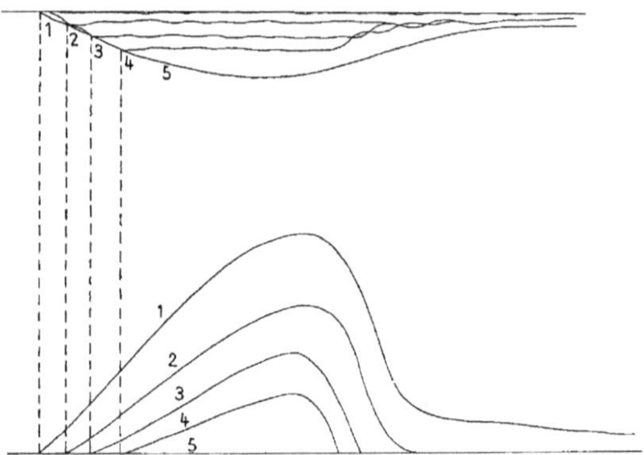

Fig. 38. — *Série de contractions qui commencent isométriquement* (lignes supérieures)
et s'achèvent isotoniquement (lignes inférieures).

De 1 à 5 la charge va croissant. La longueur initiale ou position de repos du muscle
est malgré cela toujours la même, parce que le levier inférieur est calé par la vis *So*
(d'autre vis *Su* est enlevée). — En 1, la charge étant très faible, la contraction est
entièrement isotonique; en 5, la charge étant suffisamment forte, la contraction est
entièrement isométrique; dans l'intervalle la contraction agit sur le ressort du levier
isométrique avant de soulever la charge et d'autant plus longtemps que la charge est
plus forte (d'après V. KRIES).

droites dès que les courbes isométriques correspondantes (inflexion en haut)
commencent. Dans les tracés de la seconde condition, c'est l'inverse.

3. **Variations de la charge; déplacement du moment où se fait la transition.** — Ces tracés sont pris en séries. Dans ces séries on fait varier le moment
où la contraction d'isométrique devient isotonique ou inversement. Dans la première condition, la longueur du muscle ou position initiale de la charge est rendue
invariable par l'arrêt So; mais les charges sont croissantes régulièrement et on
voit la contraction isométrique augmenter de valeur, pendant que l'isotonique
diminue. Dans la seconde condition, la position initiale de la charge varie et la
contraction part de plus en plus bas à mesure que cette charge croît. La rencontre du levier isotonique avec les vis d'arrêt Su se fait de plus en plus tardivement et la contraction isométrique qui s'ensuit va diminuant.

4. **Facultés distinctes dans le muscle; leur relation.** — En prenant les
choses au pied de la lettre, le muscle nous montre deux aptitudes différentes
ou pour le moins dissociables; celle de *se raccourcir* et celle de *produire des ten
sions*. Dans quelle mesure sont-elles indépendantes, ou quelle relation existe

entre elles, c'est toujours le fond du problème. Cette relation, elle doit apparaître de préférence dans des expériences sériées telles que les précédentes, où il y a transition entre l'isométrie et l'isotonie ou réciproquement. A ce moment précis, l'une et l'autre aptitude sont représentées par l'obliquité des courbes, soit isométriques, soit isotoniques, au moment que le levier part de *So* ou rencontre *Su*. Dans la première série, celle qui commence isométriquement pour finir isotoniquement, l'inclinaison initiale de la courbe isotonique diminue à mesure que la charge s'accroît, tandis que la courbe isométrique a la même inclinaison initiale, sensiblement. La faculté du muscle d'engendrer des tensions resterait donc intacte, pendant que sa faculté de produire le raccourcissement diminue. La relation entre les deux est ce qu'on appelle « l'apparente extensibilité du

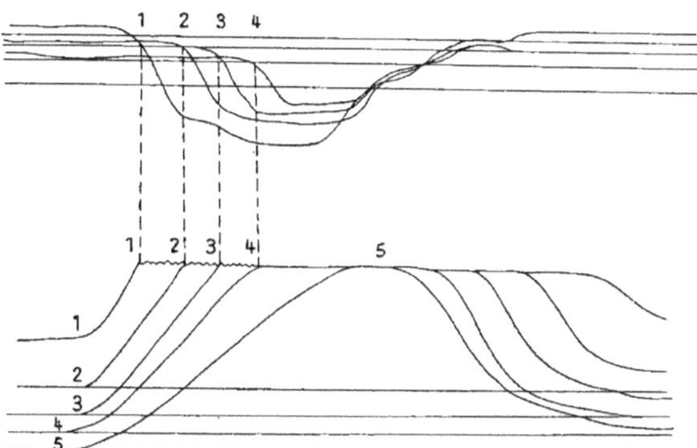

Fig. 39. — *Série de contractions qui commencent isotoniquement* (lignes inférieures) *et s'achèvent isométriquement* (lignes supérieures).

De 1 à 5 la charge va croissant. Le levier isotonique arrivé à un certain point de sa course rencontre un obstacle insurmontable *Su* ; il trace alors un plateau pendant que le levier supérieur trace une courbe isométrique.

muscle ». — Dans la seconde série, celle où la contraction commence isotoniquement pour finir isométriquement, la valeur du raccourcissement va diminuant comme précédemment avec la valeur croissante de la charge, mais dans ces conditions nouvelles l'accroissement des tensions n'est pas constant comme précédemment, mais va lui-même diminuant avec le raccourcissement, tellement que l'apparente extensibilité reste alors sensiblement la même.

Variation de cette relation. — Ainsi, les expériences auxquelles nous demandons de définir la relation existant entre les deux aptitudes du tissu musculaire nous apprennent que cette relation elle-même est variable. Toutefois, d'après v. Kries, si les deux facultés sont bien, si on veut, indépendantes, un mécanisme régulateur (intra-musculaire, protoplasmique) interviendrait pour les mettre d'accord. Pour cet auteur, l'état du muscle, à un moment donné de sa contraction, dépendrait, non pas seulement des conditions présentes à ce moment, mais des conditions dans lesquelles il se trouvait dans les moments antécédents. Ces conditions antécédentes régleraient par exemple le nombre des éléments actifs, régleraient, en d'autres termes, la valeur du changement de tension sur celle du changement de la forme du muscle. Burdon-Sanderson remarque à cet égard que la discordance entre les deux séries n'appelle pas nécessairement une hypothèse auxiliaire de cette nature. Les deux séries, dit-il, ne sont en réalité pas comparables. Chacune des mesures de la première représente, dans le développement de la contraction, un stade moins avancé que celle qui est censée lui correspondre dans la seconde. Or l'effort musculaire ne peut pas croître indéfiniment ; il a un maximum et c'est parce que ce dernier est atteint plus tôt dans la seconde que dans la première que la divergence s'y fait sentir.

5. **Influence de la température sur la contraction isométrique.** — Elle a été étudiée par v. KRIES et par SCHENCK à l'aide de la méthode suivante. On fait tracer à un muscle sa courbe isotonique avec une petite charge ; puis on l'oblige à en tracer une nouvelle en mettant un arrêt à mi-hauteur du raccourcissement. Cette seconde contraction est comme décapitée de sa partie supérieure. La question est de savoir si sa partie inférieure se surperpose à la partie correspondante de la courbe isotonique tracée d'avance et cela dans les différentes températures. Or pour certaine température moyenne sa durée est la même le relâchement coïncide avec celui de la contraction prise pour comparaison ; pour une température basse 6° sa durée est plus longue le relâchement est reporté plus loin ; par une température haute 31°.5 sa durée est moindre le relâchement se fait plus tôt . Dans les trois cas la seconde contraction diffère de la première en ce que, dans la seconde moitié, la tension du muscle a été augmentée. On voit que cette augmentation de tension agit différemment suivant la température du muscle.

6. **Position dite d'équilibre.** — Parmi les manifestations extérieures de l'activité du muscle, il en est une plus évidente, plus caractéristique que les autres, c'est sa déformation, son changement de longueur. Il faut donc avant tout préciser la valeur de ce changement dans une circonstance bien déterminée : ce qu'il est par exemple dans le cas d'une excitation simple, maximale, fournie à un muscle non chargé. Ce muscle a au repos (avant l'excitation) une position d'équilibre ; par son raccourcissement il prendra une nouvelle position d'équilibre ; quelle est cette seconde position exactement ? On répondra : c'est celle qui est marquée par le sommet de sa courbe isotonique. En principe c'est vrai ; mais dans la pratique cette courbe peut subir d'importantes déformations du fait de l'imperfection inévitable des appareils employés.

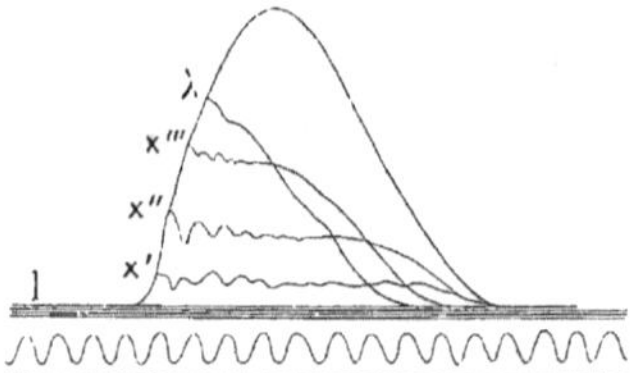

MAREY avait déjà insisté sur les déformations qui résultent en particulier de l'inertie des leviers. KAISER donne un procédé pour obtenir fidèlement la deuxième position du muscle, celle qui correspond (pendant un temps très court, lors de sa contraction simple) à sa déformation maxima.

Fig. 40. — *Recherche de la position d'équilibre du muscle contracté.*

Courbes isotoniques d'un muscle non chargé soumis à des excitations maxima à la température ordinaire. — X', X'', X'''. λ, hauteurs différentes auxquelles la contraction a été arrêtée. Le point λ auquel le relâchement se produit sans plateau est le point d'équilibre d'activité. La ligne *l* correspond à l'équilibre de repos. Le muscle dont la contraction n'est pas arrêtée projette le levier plus haut que le point λ et déforme sa courbe réelle (d'après KAISER).

Comme dans les expériences précédentes, le levier isotonique rencontre dans son soulèvement un arrêt qui limite son excursion. La contraction, la secousse isotonique est décapitée par cet arrêt du levier. En plaçant l'obstacle chaque fois un peu plus haut, la portion détronquée diminue graduellement : le plateau (le plus souvent un peu tremblé) se réduit de longueur; après quelques essais un point est atteint, pour lequel ce plateau n'existe plus, le relâchement du muscle se faisant immédiatement. Ce point marque la deuxième position d'équilibre du muscle, il est le plus souvent loin de coïncider avec le sommet de la courbe isotonique tracé avec les moyens ordinaires. Appelons λ ce deuxième point d'équilibre (*équibre d'activité*) et l le premier point d'équilibre (*équilibre de repos*) et désignons par les mêmes lettres les lignes horizontales qui passent par ces points.

7. **Influence de la température sur la contraction isotonique.** — Ces lignes et ces points étant déterminés, faisons varier la température. La position

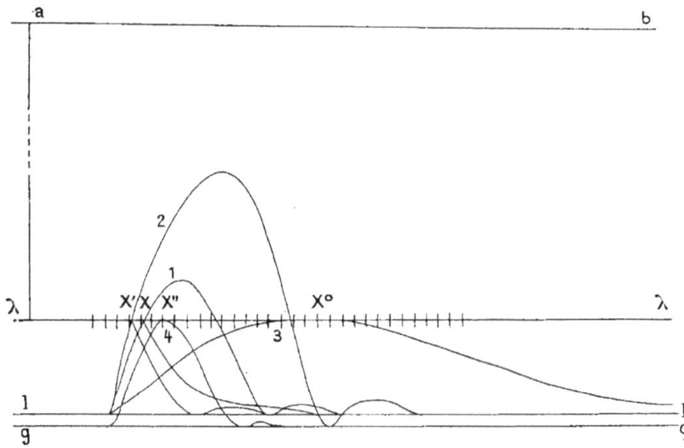

Fig. 41. — *Courbes isotoniques à différentes températures.*

1. muscle non chargé à 14°; 2, le même non chargé à 25°; 3, le même non chargé à 0°; 4, le même chargé à 14°; *ab*, niveau de l'extrémité fixe du muscle; *l*, niveau de son extrémité libre ou longueur du muscle dans la première position d'équilibre (au repos, non chargé); λ, longueur du muscle dans la seconde position d'équilibre (en réponse à une excitation maxima, non chargé); *g*, longueur du muscle quand il est assez chargé pour que le sommet de sa courbe atteigne naturellement λ; *xx'* points à partir desquels le levier retombe sans plateau aux températures de 14° et 25°; *x°* et *x'* sommets des courbes à la température 0° le muscle étant chargé. Les divisions de la ligne λ indiquent des centièmes de seconde (d'après KAISER).

du point λ ne sera pas modifiée par les variations de celle-ci, il sera le même à 30°, à 14°, à 0°; autrement *le sommet de la courbe n'est pas déplacé en hauteur*, mais, comme celle-ci s'allonge avec l'abaissement de la température, il se trouve, à la température 0° par exemple, *reporté beaucoup plus loin* sur la ligne λ. Il y a donc bien une position d'équilibre du muscle en activité. Elle a une certaine constance, puisque la température ne l'affecte pas; cette condition si importante n'agit, comme on l'a vu, que sur la durée du développement de la force contractile et partant de la contraction elle-même.

8. **Influence de la charge.** — La charge, condition des plus importantes avec la température, ne l'affecte pas davantage, pourvu, bien entendu, que cette charge demeure dans les limites où elle peut être facilement surmontée, qu'en un mot la contraction reste isotonique. Le premier équilibre (équilibre de repos) pourra avoir été un peu déplacé par la charge, de *l* il sera descendu en *g*; tant

que la contraction restera dans les limites de l'isotonicité on retrouvera la position du deuxième équilibre (équilibre du muscle excité). Et si, au moment précis où ce second équilibre est atteint, on enlève la charge, le muscle ne se contracte pas davantage, ce qui indique, d'après Kaiser, qu'il ne possède à ce moment aucune force contractile disponible. De plus, du fait de l'absence de charge pendant son relâchement, il revient à sa position l qui est celle de son équilibre de repos quand il est non chargé. — Lui fait-on supporter une charge trop forte, il prend au repos une nouvelle position g' et si alors on le décharge au sommet de sa courbe il fournit une surélévation de sa courbe indiquant que l'effort contractile persistait encore à ce moment.

Développement de la force contractile. — En apparence instantané, le développement de la force contractile réclame un certain temps, soit sur place là où elle commence à naître, soit pour sa propagation à travers l'élément musculaire. C'est ce temps que la chaleur abrège et que le froid allonge, sans changer en réalité les limites d'équilibre du muscle pour une excitation et une charge donnée. Le froid n'ajoute point de force, mais, en répartissant l'effort sur un temps plus long, il

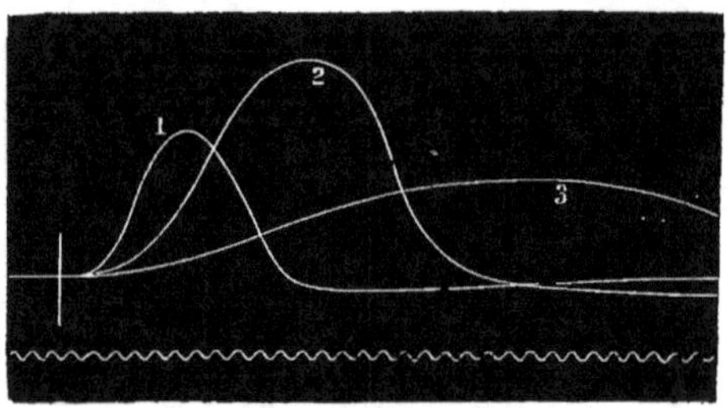

Fig. 42 — *Influence d'un refroidissement croissant (1, 2, 3) sur la courbe isotonique d'un muscle ; allongement de la secousse.*

Ces graphiques, ayant été pris dans les conditions ordinaires sans rechercher la position d'équilibre, n'ont pas leurs sommets au même niveau.

lui permet de mieux s'utiliser et même, dans certaines conditions choisies, de soulever une charge à une hauteur qu'il n'atteindrait pas lorsque cet effort est par trop précipité.

9. Variations de la position d'équilibre suivant la valeur et la sommation des excitations. — La position d'équilibre λ correspond à une excitation maximale du muscle et c'est la valeur bien définie de cette excitation qui fait son intérêt. Pour d'autres valeurs de l'excitation cette position changera. Pour une excitation sous-maximale elle sera λ^o, située plus bas que λ, comme le vérifie du reste l'expérience par l'artifice indiqué plus haut. — Si on lance dans le muscle deux excitations maximales (deux chocs d'induction par exemple) séparées par un intervalle de moins de $1/100$ à $2/100$ de seconde, il y a sommation de ces excitations et de leurs effets; cela constitue ce qu'on appelle assez improprement une excitation supra-maximale. On vérifie dans ce cas que la position d'équilibre prend un niveau λ^2 plus élevé que λ. — Si enfin on fait succéder ces excitations, en grand nombre cette sommation aboutit assez vite à un régime régulier qui se traduit par une ligne horizontale Λ; c'est la position d'équilibre du muscle dit tétanisé.

B. Contraction soutenue ; tétanos physiologique. — Le muscle est apte à se maintenir contracté pendant un certain temps. C'est ce que nous voyons se produire souvent dans l'effort volontaire. On peut réaliser expérimentalement cette forme de la contraction : il faut pour cela faire parvenir au muscle une succession d'excitations, dont l'intervalle soit moindre que la phase d'ascension d'une secousse musculaire. Le muscle est comme fixé dans une contraction durable, qu'on appelle le *tétanos physiologique*.

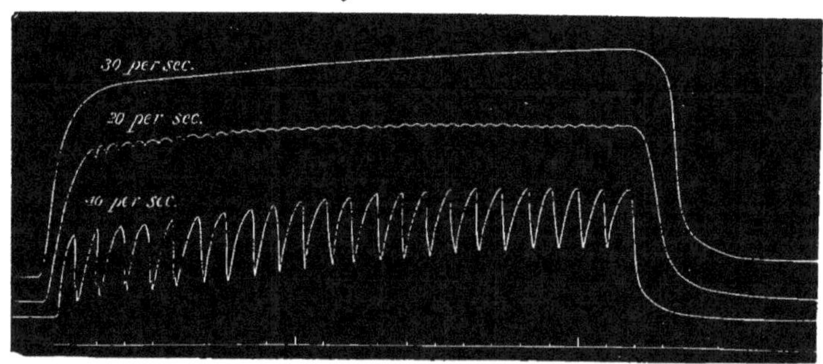

Fig. 43. — *Genèse du tétanos.*

Excitation d'un muscle ou de son nerf moteur avec des chocs d'induction d'un rythme croissant; fusion de plus en plus parfaite des secousses et intensité de plus en plus grande de la contraction.

1. Genèse du tétanos.

1. Genèse du tétanos. — On montre bien la genèse du tétanos en procédant de la façon suivante. On lance dans le muscle (ou dans son nerf moteur) des excitations d'abord espacées, qui provoquent des secousses elles-mêmes distinctes et espacées. Puis on rapproche ces excitations graduellement. Peu à peu les secousses arrivent à se toucher. Puis l'une commençant avant que la précédente soit terminée, le muscle ne se relâche plus qu'incomplètement. Enfin, leur intervalle diminuant toujours, il n'y a plus de relâchement apparent du muscle, qui reste uniformément contracté pendant tout le temps que ces excitations lui arrivent. On dit alors qu'il y a *fusion des secousses.*

1. Vibrations intérieures du muscle maintenu en contraction tétanique. — Le mécanisme de cette fusion n'est pas absolument éclairci. On peut néanmoins en donner une explication rationnelle. — Sous sa rigidité et son immobilité apparente, le muscle tétanisé cache des vibrations intérieures. Celles-ci sont rendues évidentes par les vibrations sonores qu'on peut percevoir dans la masse musculaire contractée de différentes façons, soit par exemple en y appliquant l'oreille à l'aide d'un stéthoscope, soit en approchant de lui des lames élastiques, qui entrent en mouvement, quand la période de leurs vibrations se trouve d'être semblable à celle du muscle (Helmholtz). On peut encore placer sur le muscle tétanisé le nerf d'une patte galvanoscopique et on voit cette patte se tétaniser elle-même ; ce qui est la preuve que le nerf de la patte secondaire reçoit du muscle qu'il touche autant de petits chocs électriques qu'il en est lancé dans le nerf primaire pour l'exciter. Et nous verrons plus loin que ce ne sont nullement les courants de l'appareil excitateur qui se propagent au deuxième nerf, mais que l'excitation de celui-ci est due à des courants locaux nés dans le muscle primaire du fait de ses contractions répétées. Le problème est celui-ci : comment cet état d'agitation intérieure de la substance musculaire se concilie-t-il avec la rigidité et l'immobilité apparente du muscle contracté ?

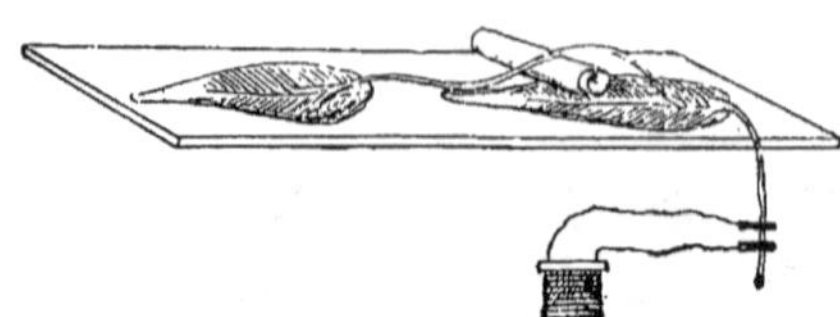

Fig. 44. — *Expérience de la contraction dite secondaire ou induite.*

Le nerf de la patte galvanoscopique secondaire reçoit du muscle de la patte galvanoscopique primaire autant d'excitations que le nerf de celle-ci en reçoit de l'appareil excitateur, de sorte que les deux muscles entrent en contraction, le second avec un léger retard sur le premier.

2. Propagation et composition diverse des vibrations. — Si le levier du myographe reste immobile dans sa position soulevée, alors que l'intérieur du muscle est animé de vibrations, c'est que celles-ci se déplacent le long de la fibre, s'y maintiennent de ce fait un certain temps et, arrivées à son extrémité, y sont remplacées par de nouvelles vibrations prenant naissance au point d'excitation. Une sorte de régime régulier s'établit ainsi dans la fibre entre l'entrée et la sortie des ondes contractiles, qui rappelle celui qui existe dans tout milieu élastique qui subit un ébranlement de période courte et régulière. La différence la plus essentielle est que, dans les milieux élastiques ordinaires, la vibration dans un sens est suivie d'une vibration de sens inverse qui, en complétant l'oscillation, annule le déplacement en masse de la substance de ces milieux ; tandis que dans le muscle l'onde contractante n'est pas suivie d'une onde allongeante, mais consiste uniquement en un raccourcissement suivi du retour à la longueur primitive de la partie d'abord contractée.

Ainsi, pour expliquer le son musculaire, l'ébranlement des lames vibrantes, le tétanos secondaire de la patte galvanoscopique, il faut admettre l'existence dans le muscle de *vibrations*, c'est-à-dire de déplacements de ses particules, suivis d'un retour à leur position primitive, chacune d'elles se contractant pour se décontracter aussitôt après ; pour expliquer le raccourcissement musculaire, il faut admettre que ces vibrations se font *dans un seul sens*, la première moitié de la vibration étant proprement la contraction et la seconde le relâchement ; pour expliquer la permanence du raccourcissement pendant le tétanos, il faut admettre un *déplacement de l'onde contractile*, qui, née en un point, tend à se propager le long de la fibre et, pendant sa propagation, comble les intervalles entre les secousses naissantes et expirantes et maintient le raccourcissement.

Propagation limitée. — Cette explication, il faut le redire, reste théorique par plusieurs côtés ; nos moyens expérimentaux ne nous permettent de déterminer ni la longueur de l'onde, ni bien exactement sa vitesse de propagation, ni surtout le champ qu'elle parcourt dans la substance musculaire. Rarement ce champ est représenté par la longueur du corps charnu du muscle, parce que les fibres musculaires n'ont pas toujours individuellement cette longueur, parce que de plus elles paraissent présenter des coupures sur leur trajet, parce que, enfin, les divisions terminales d'une même fibre nerveuse ramifiée à son extrémité ont pour effet de répartir l'excitation simultanément à plusieurs points du trajet de l'élément musculaire, faisant ainsi naître dans plusieurs

segments à la fois des ondes contractiles, qui vont à la rencontre les unes des autres, s'atteignent assez rapidement et interfèrent d'une façon qui est également inconnue.

II. **Nécessité de la nature vibratoire de l'excitation**. — Quoi qu'il en soit, lorsque nous voulons obtenir d'un muscle un effort soutenu, il semble que nous n'ayons pour cela qu'un moyen, c'est de faire renaître en lui les vibrations intérieures que nous appelons des ondes de contraction à mesure qu'elles s'y éteignent, car leur nature est telle qu'au raccourcissement qui les caractérise succède aussitôt le relâchement.

Toute excitation est une vibration ; une force continue perd par sa continuité

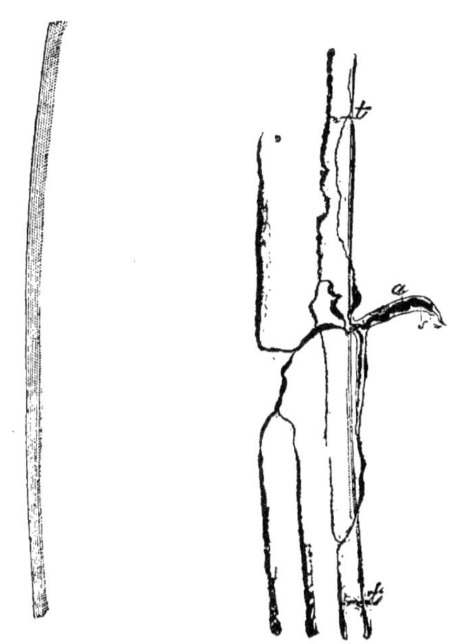

Fig. 45. — *Terminaison d'une fibre nerveuse motrice dans un faisceau primitif musculaire* (buisson terminal d'une fibre du gastrocnémien de la grenouille, traité par le chlorure d'or).

a, fibre nerveuse motrice (branche mère du buisson); *s*, sa gaine de HENLE ; *t*, ses tiges terminales (d'après RANVIER).

même sa valeur excitatrice. Toute contraction est dans le même cas, même quand elle nous paraît continue. On en peut conclure avec R. WAGNER que *l'effort volontaire lui-même, quand il est soutenu, ne peut naître que d'une excitation vibratoire propagée par les nerfs moteurs.* Telle serait par conséquent la nature fondamentale de l'acte nerveux comme de l'acte musculaire ; la vibration étant unique dans le cas d'excitation et de contraction simple, forcément répétée pour produire la contraction composée.

1. Son musculaire. — Un muscle en contraction soutenue émet un son que l'oreille peut percevoir au moyen du stéthoscope (HAUGTON). La tonalité de ce son nous donne quelques indications sur le nombre de svibrations du muscle contracté. Quand l'excitation est forte sur le nerf moteur ou sur le muscle, *ces vibrations sont en nombre sensiblement égal à celui des excitations fournies au muscle* (ou à son nerf moteur). La tonalité du muscle contracté est en effet à peu près celle du trembleur de l'appareil électrique excitateur (HELMHOLTZ).

Si au lieu du nerf moteur on excite la moelle épinière, cette concordance n'existe plus et, alors même que le nombre des excitations dépasse 100 par seconde, les vibrations musculaires sont au nombre de 18 environ. Cette différence s'explique par le fait que les centres nerveux transforment le rythme excitateur et le ramènent, quel qu'il soit, à un nombre normal, qui paraît être voisin de 18 à 20 par seconde (Du Bois-Reymond). Lorsqu'on ausculte un muscle pendant sa contraction volontaire, c'est en effet ce rythme de 19 environ qu'on perçoit à l'oreille, et quand on place près du muscle de petits ressorts vibrants, ce sont ceux accordés pour cette tonalité qui sont le mieux entraînés par la vibration musculaire (Helmholtz).

2. **Tétanos secondaire de la patte galvanoscopique.** — Si on met le nerf d'une patte galvanoscopique en contact avec un muscle et que celui-ci entre en contraction volontaire, la patte galvanoscopique n'entre pas en état de tétanos, elle donne seulement quelques secousses isolées, soit au début de la contraction, soit quand celle-ci présente quelque brusque changement (Harless, Friedrich, Morat et Toussaint). Il semble d'après cela que, dans la contraction volontaire, la fusion des secousses soit beaucoup plus parfaite que dans le tétanos artificiel, et cela malgré le rythme relativement lent qu'elles adoptent dans la première par rapport à la seconde. On en donne l'explication suivante : dans le tétanos produit par les chocs d'induction les fibres du nerf moteur reçoivent des excitations synchrones, qui entraînent des secousses elles-mêmes synchrones dans les éléments musculaires ; la fusion de ces dernières dépend, dans ce cas, uniquement de leur fréquence dans un temps donné ; dans la contraction volontaire, les excitations distribuées par les centres aux éléments moteurs ne sont plus synchrones ; la fusion des secousses dépend alors, à la fois de la succession des secousses dans la même fibre et de la composition des secousses asynchrones des différentes fibres du muscle.

Même dans le tétanos artificiel, la patte galvanoscopique ne répond pas toujours et nécessairement par un tétanos. Si on précipite suffisamment le rythme des excitations, si surtout on fait intervenir la fatigue qui allonge les secousses musculaires, la contraction secondaire se réduit à une secousse initiale, comme dans le cas de l'effort volontaire (Morat et Toussaint). La patte galvanoscopique est en somme un excellent réactif pour montrer la discontinuité des éléments dynamiques de la contraction composée. Elle fait apparaître cette discontinuité alors que le myographe, témoin d'ordre mécanique, n'en décèle plus trace. Sa sensibilité, ainsi qu'on voit, a toutefois des limites ; cela tient à ce que le nerf du muscle secondaire replié sur le muscle primaire y couvre une certaine longueur de la fibre, et au lieu de nous renseigner sur ce qui se passe dans un seul de ses points, somme les ondes qui au même temps coexistent sur les différents segments de sa longueur.

3. **Application du téléphone.** — Le téléphone, qui est apte à transformer en ondes sonores des variations élastiques extrêmement faibles, est, ainsi que l'a montré d'Arsonval, beaucoup plus sensible que la patte galvanoscopique ; il peut donc pousser plus loin que ce dernier réactif l'analyse des vibrations intérieures du muscle. D'après Wedensky, le muscle ne suivrait pas étroitement le rythme des excitations portées sur le nerf moteur, mais prendrait souvent un rythme propre, non complément synchrone avec celui des impulsions nerveuses.

4. **Paradoxe. Tétanos de fermeture et d'ouverture du courant constant.** — Lorsqu'au lieu d'employer les chocs d'induction, on se sert, pour exciter le

nerf, du courant continu, il arrive (dans de certaines conditions) que le muscle, au lieu d'une seule secousse, soit de fermeture, soit d'ouverture, présente un véritable état tétanique, soit pendant le passage du courant (tétanos de fermeture), soit aussitôt après sa rupture (tétanos d'ouverture). Quelle est la nature de ce tétanos? En réalité on l'ignore. Peut-être se crée-t-il dans le nerf un état discontinu et périodique d'excitation par le fait d'une réaction propre de son tissu sous l'influence du courant; la condition qui lui donne naissance est moins dans l'intensité du courant que dans la longueur de la portion de nerf qu'il traverse. — Le tétanos de fermeture s'obtient surtout avec le courant descendant (dans l'excitation bipolaire) et avec le pôle négatif (dans l'excitation unipolaire). C'est l'inverse pour le tétanos d'ouverture qui s'obtient plutôt avec le courant ascendant ou le pôle positif placé sur le nerf. L'explication de l'un vaut pour l'autre, car les contractions d'ouverture (secousse ou tétanos) sont dues à l'établissement d'un post-courant dont le sens est inverse de celui qui a traversé le nerf et dont les effets sont, de même, inverses par conséquent.

5. **Réaction particulière du muscle cardiaque**. — Lorsqu'au lieu d'un muscle squelettique on agit sur le cœur, muscle également strié transversalement mais d'espèce particulière, on touve certaines différences quant à ses manières de réagir aux excitants.

a. Excitation simple. — Si l'excitation est simple (choc d'induction, fermeture ou ouverture d'un courant...), la réaction est simple également; c'est une secousse, qui a sensiblement les caractères de la systole ou contraction normale du cœur. Elle les a à ce point que *la systole est couramment assimilée à une secousse élémentaire du muscle cardiaque.* Elle est, il est vrai, plus lente, et présente un temps de latence plus long que celui de la secousse d'un muscle squelettique du même animal, mais ce ne sont là que différences de degré. — Nous étudierons également sur un ventricule isolé, ou même sur une lanière découpée dans ce ventricule (animaux à sang-froid), la propagation de l'excitation à partir du point excité, et cela facilement, parce que le phénomène lui aussi est lent. Les différences les plus essentielles se montrent quand on soumet le muscle cardiaque à une excitation composée.

Fig. 46. — *Faisceaux primitifs du muscle cardiaque* (de l'homme) *formant un réseau anastomotique.*

b. Excitations tétaniques. — Si les chocs d'induction se succèdent avec une certaine fréquence, le cœur suit d'abord le rythme de cette excitation. Mais si cette fréquence dépasse un certain taux (pour telle condition relevant de la nature de l'animal, de la température, etc.), le cœur refuse de suivre ce rythme précipité; ses secousses restent mécaniquement dissociées; les deux temps de la vibration musculaire (contraction et relâchement) s'accomplissent intégralement avant qu'une nouvelle vibration (une nouvelle secousse) renaisse. C'est ce qui existe en tout muscle, puisqu'intérieurement il vibre; mais ce qui est particulier au cœur, c'est que la vibration ne puisse pas renaître avant d'avoir parcouru le champ tout entier qui lui est offert le long des fibres du myocarde. Le cœur attend d'avoir fini sa systole avant d'en recommencer une nouvelle. Dans les autres muscles le point localement excité peut vibrer plusieurs fois, pendant que la vibration se propage vers son extrémité. Le cœur composé de cellules musculaires distinctes, mais soudées bout à bout, forme un réseau de fibres étroitement solidaires. Les autres muscles sont des faisceaux d'éléments parallèles, mais distincts, et dont les segments successifs paraissent avoir plus d'indépendance. Ces différences fonctionnelles ressortissent-elles à la nature du tissu musculaire ou à l'intervention des éléments nerveux qui pénètrent les masses musculaires? C'est une question qui est discutée ailleurs, mais qui ne peut pas être considérée comme résolue. On comprend du reste que la fonction du cœur réclame cette dissociation de ses systoles, comme celle des muscles volontaires réclame la possibilité de leur association dans un effort soutenu, mais cette constatation n'est pas une explication.

Fig. 47. — *Terminaisons nerveuses motrices dans le muscle cardiaque (ventricule) du rat (préparation par la méthode de Golgi).*

C. Contraction tonique. — Soit un muscle à l'état de repos apparent, supportant une charge même faible, si on vient à couper ses nerfs moteurs ou détruire ses centres nerveux, il subit un léger allongement. C'est la preuve que l'état, que, pour motif de simplicité, nous appelons de repos, cache une légère activité entretenue par un flux continu d'excitations nerveuses, elles-mêmes très faibles. C'est ce qu'on appelle le *tonus musculaire. Il résulte*, comme on voit, *d'un état de tonus nerveux*, qui lui donne son intensité et ses variations. Celles-ci rentrent, par conséquent, dans le domaine des fonctions nerveuses, avec leurs compensations, leurs inhibitions, leurs interférences, leurs régulations de toute sorte.

1. **Inhibition anodique**. — Lorsque le muscle est séparé de ses centres moteurs conserve-t-il néanmoins une certaine activité tonique propre, si atténuée soit-elle? C'est encore, en principe possible. Et les faits observés sur la pince de l'écrevisse (Piotrowsky) et sur le cœur isolé de l'escargot rendent cette supposition admissible. Le passage d'un courant à travers ce dernier muscle a pour effet de produire, au contact de l'anode, un relâchement marqué par la distension de sa cavité sous la faible pression du liquide qui le remplit. C'est ce qu'on appelle l'*inhibition anodique*, et l'inhibition ne se comprend que par la cessation d'une activité préexistante, qui serait ici de l'ordre tonique. Toutefois, quand il s'agit du cœur, il faut prendre garde qu'il possède en lui, même isolé, non seulement des fibres nerveuses, mais un réseau systématisé de ces fibres.

2. **Caractères de la contraction tonique, sa localisation probable dans le sarcoplasme**. — Le tonus musculaire est une contraction à la fois durable, égale à elle-même, peu intense ; à ces caractères distinctifs qui n'en font qu'une modalité de la contraction ordinaire, il faudrait, d'après quelques auteurs (Bottazzi, Yotevko), en ajouter de nouveaux qui lui donnent, bien que réalisée par le même élément (faisceau primitif), une réalité indépendante au double point de vue physiologique et anatomique. La contraction proprement dite est, comme chacun sait, réalisée par la partie différenciée du protoplasme qu'on appelle myoplasme, c'est-à-dire dans les fibrilles, plus exactement par les disques épais ou substance anisotrope de ces fibrilles ; le tonus serait une contrac-

tion de forme particulière, élémentairement distincte de la précédente, réalisée par la partie granuleuse dans laquelle sont noyées les fibrilles, autrement dit dans le sarcoplasme, en tout cas dans une substance organisée appartenant à ce dernier. Cette opinion se fonde sur les arguments suivants.

Dédoublement de la secousse musculaire ; isolement artificiel de la contraction tonique. — Lorsque par des excitations directes (ou même indirectes), qu'on choisit de nature variée, on provoque les différents muscles à donner leur secousse élémentaire, on est frappé de la forme très différente (portant principalement sur sa seconde partie) qu'elle peut affecter, non seulement d'un muscle à l'autre, mais dans le même muscle. La plus significative de ces formes, c'est celle qui nous montre la secousse musculaire dédoublée en deux secousses, l'une brève qui suit immédiatement l'excitation, et l'autre beaucoup plus longue qui ne se détache bien de la précédente qu'en raison de la longueur de son temps de latence. La première est la réponse des fibrilles du myoplasme, la seconde serait la réponse du sarcoplasme ; la première est la contraction élémentaire qui, en s'ajoutant à elle-même dans le tétanos, est utilisée dans les mouvements visibles des muscles ; la seconde est la contraction, elle aussi élémentaire, qui en s'additionnant, entretient le tonus dans l'intervalle des mouvements que nous appelons le repos. Cette seconde secousse est souvent tellement allongée qu'elle ressemble elle-même à un tétanos, mais ce n'est jamais qu'une apparence : elle n'en réalise que mieux la fusion qui constitue l'état tonique. La première de ces contractions a ses caractères les plus accusés dans les muscles blancs (ou dans les fibres blanches des muscles mixtes), lesquels ont un myoplasme très fibrillaire à striation très accusée, la seconde a les siens dans les muscles rouges et aussi dans le cœur, qui sont riches en sarcoplasme. La première est suscitée de préférence par les excitations à état variable bref et brusque, comme les chocs d'induction, surtout de rupture, la seconde principalement par les excitations à état variable, lent ou même continues, comme l'établissement et surtout le passage du courant de pile ; et en cela elle ressemble à la contraction idio-musculaire, dont elle se distingue néanmoins, parce qu'elle est susceptible de propagation le long de la fibre, au lieu de rester comme elle confinée au point d'application de la cathode. Comme elle encore, elle est facilitée, non seulement par la nature lente de l'ébranlement excitateur, mais par les modifications chimiques apportées dans le muscle par les poisons comme la vératrine et par la rétention de ses produits de désassimilation au cours de la fatigue. C'est la combinaison méthodique de ces diverses conditions d'excitation et d'alimentation du muscle, qui, avec l'analyse histologique des éléments musculaires, a permis de dissocier en eux ces deux modes de contraction de ses deux modalités de protoplasme, l'un comme l'autre jamais absent de sa structure, mais suivant les muscles et les circonstances de leur excitation, prédominant soit l'un, soit l'autre dans leur réaction et leur substance.

Rapport avec le nerf moteur. Hypothèse à vérifier. — Dans le fonctionnement normal du muscle, nul doute que le myoplasme ne reçoive ses excitations des fibrilles terminales du nerf moteur. En est-il de même du sarcoplasme ? Très probablement oui, car le tonus, sous toutes ses formes, paraît bien réglé par le système nerveux. Mais alors comment les deux fonctions musculaires que l'on considère comme indépendantes sont-elles dirigées chacune dans son sens, par un excitant unique, qui, s'il est approprié à l'une, le sera moins ou ne le sera pas à l'autre ? C'est peut-être le lieu de rappeler que le nerf lui-même, suivant les circontances et la nature des excitants, suscite dans le muscle deux réponses, l'une brève et intense sous l'influence des excitants brefs, l'autre prolongée sous l'influence des excitants à période variable plus longue ou continus (tétanos d'ouverture, de fermeture et du passage du courant continu).

Les réponses ne sont tétaniques qu'en apparence. On sera amené, si on tient compte des analogies entre le muscle et le nerf, à rechercher en lui également un *névroplasme* et un *sarcoplasme* auxquels on conférerait des excitabilités différentes.

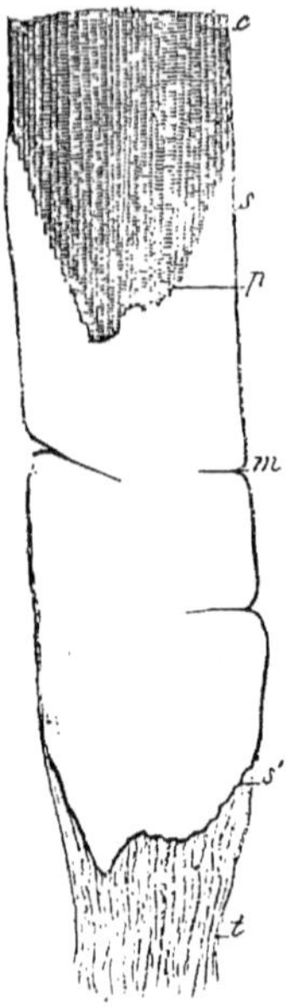

3. **Contracture.** — La contracture, même celle qui est dite physiologique parce qu'elle se rencontre expérimentalement chez les animaux (TIEGEL), est un phénomène anormal, qui a pour cause l'intoxication du muscle par les produits de désassimilation et qui ressemble beaucoup à la contraction vératrinique (YOTEYKO).

4. **Réaction de dégénérescence.** — Elle consiste en ce que le muscle excité directement ne répond plus aux courants brefs (faradiques), mais répond aux courants plus longs (continus) (ERB). Le muscle dégénéré a perdu son myoplasme : c'est sa contraction tonique qui se montre seule.

Fig. 48. — *Fibre musculaire striée* (de la grenouille), *isolée avec son tendon propre* (après l'action de l'eau à 55°).

c, cylindres primitifs (ou de Leydig); p, substance striée détachée du tendon et rétractée; s, sarcolemme; s', continuation du sarcolemme à l'union du tendon et du faisceau primitif musculaire : m, pli du sarcolemme ; t, tendon. — Grossissement de 140 diamètres (d'après RANVIER).

II. — *Déformation intérieure ou élémentaire.*

Les expériences instituées sur le muscle en masse reproduisent bien, si l'on veut, d'une façon grossie la déformation caractéristique de la contraction musculaire, mais seulement dans les circonstances les plus simples et, même alors, pas avec une fidélité entière ; dès que le phénomène se complique, l'allure extérieure de la déformation contraste avec celle des éléments intérieurs, en raison de la composition particulière qui intervient dans l'emploi de ces éléments. C'est ce que nous déduisons rationnellement de certaines expériences (son musculaire, contraction secondaire, téléphone, etc.). L'idée est venue de bonne heure d'employer les méthodes microscopiques pour saisir dans sa réalité la déformation élémentaire des tissus contractiles.

A. ÉTAT STATIQUE. — L'élément musculaire est originellement une cellule. Cette cellule, en se différenciant, devient ce qu'on appelait autrefois la *fibre musculaire* et ce qu'on appelle maintenant le *faisceau primitif.*

Le faisceau primitif. — Dans le protoplasme originel ou organotrophique de cette cellule se sont développées des fibrillations d'aspect cylindrique irrégulier, les *cylindres de Leydig.* Chacun de ces cylindres est lui-même constitué par le groupement parallèle de formations cylindriques plus petites, les *fibrilles musculaires.* Tout le faisceau primitif, protoplasme différencié, protoplasme originel persistant et noyau cellulaire compris, est enveloppé par une membrane, le *sarcolemme.* Un faisceau primitif a parfois, mais non toujours, la longueur du muscle auquel il appartient. En tout cas il a une longueur relativement considérable. Un tel faisceau est une cellule à noyaux multiples, car on voit ceux-ci s'échelonner de distance en distance sur son trajet.

La fibrille musculaire. — Morphologiquement la fibrille musculaire est l'élément contractile. Loin d'être lui-même

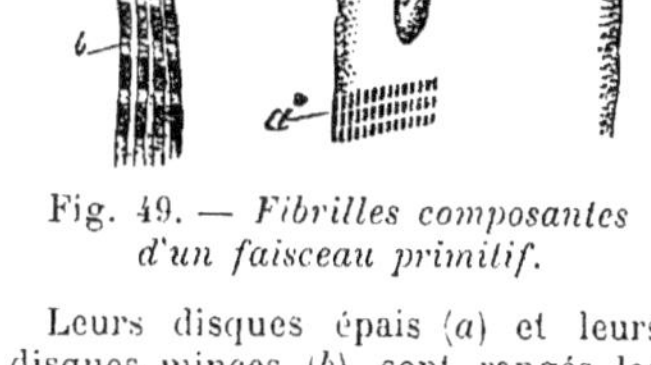

Fig. 49. — *Fibrilles composantes d'un faisceau primitif.*

Leurs disques épais (*a*) et leurs disques minces (*b*) sont rangés les uns et les autres sur un même plan tranversal, en figurant des disques continus occupant toute l'épaisseur du faisceau.

irréductible, cet élément nous montre d'assez nombreux détails de structure. A première vue, les fibrilles sont marquées de traits transversaux, qui segmentent régulièrement la substance en disques superposés. Affrontés exactement les uns à côté des autres sur le travers du cylindre de Leydig et du faisceau primitif, ces traits donnent à ce dernier cet aspect strié si régulier qui le fait reconnaître.

Le segment fibrillaire, ses pièces composantes. — Il y a donc dans la fibrille musculaire forcément deux substances accusées par la différence de leur aspect et de leur coloration, autant que par celle de leurs propriétés fonctionnelles. — A première vue, on distingue un *disque épais* et un *disque mince* qui se répètent alternativement sur la longueur de la fibre. A un examen plus détaillé, on voit le disque épais repartagé de deux *demi-disques* épais par une *strie intermédiaire* (HENSEN). De plus, chaque demi-disque épais est séparé du disque mince qui l'avoisine par une *bande claire*; de sorte que d'un disque mince au suivant, on trouve successivement une bande claire, un demi-disque épais, la strie intermédiaire, un autre demi-disque épais et une bande claire. Cet ensemble (symétrique par rapport à la strie intermédiaire) constitue ce qu'on appelle un *segment fibrillaire.* Les disques minces qui limitent ces segments se continuent d'une fibrille à l'autre, dans toute la largeur du faisceau primitif et vont s'attacher au sarcolemme qui recouvre ce faisceau. C'est la raison pour laquelle le sarcolemme forme, à la surface de celui-ci, des festons dont la partie rentrante correspond au disque mince et la partie saillante au disque épais. Le faisceau primitif, au niveau de son insertion sur le tendon minuscule qui lui correspond, se termine par une rangée de disques minces. Dans certains insectes d'autres subdivisions s'établissent; on y compte de chaque côté du disque épais, deux bandes claires (quatre en tout) séparées l'une de l'autre par un *disque épais accessoire.*

Substances isotropes et anisotropes. — Quand on examine un faisceau musculaire à la lumière ordinaire, on trouve que ces diverses parties sont alternativement les unes sombres, comme les disques épais et minces, les autres claires comme les bandes qui les séparent. Quand l'examen est fait à la lumière polarisée, *les parties sombres se montrent biréfringentes* (isotropes), *les parties claires monoréfringentes* (anisotropes). Il y a donc, dans l'ordre sus-indiqué, une succession de disques et bandes alternativement sombres et claires ou biréfringentes et monoréfringentes.

Substances contractiles et élastiques. — A ces différences fondées sur des caractères optiques de forme et de transparence s'en ajoutent d'autres plus essentielles. Le disque épais ou pour mieux dire les deux demi-disques épais sont exclusivement les parties *contractiles*. Les autres parties, y compris le sarcolemme, sont plus ou moins *élastiques*. L'extensibilité la plus grande appartient à la bande claire.

Équivalences cytologiques. — L'unité cytologique, qui, par sa répétition parallèle, forme le muscle, est devenue, ainsi qu'on voit, un objet fort compliqué (le faisceau primitif), dans lequel néanmoins on reconnaît les parties essentielles de la cellule originelle. Le sarcolemme est la membrane de cette cellule, allongée en forme de cylindre, fermée à ses extrémités et cloisonnée sur sa longueur par les disques minces. C'est, comme toute *membrane cellulaire*, une formation secondaire adaptée aux fonctions de l'organe, et dont l'élasticité a certainement un rôle important dans la contraction, en ramenant l'élément à sa forme initiale après sa déformation. Dans son intérieur est le *protoplasme*. Celui-ci est formé d'un *cytoplasme* ou protoplasme originel (parsemé des noyaux qui sont nés par multiplication du noyau primitif) et d'un *myoplasme* ou protoplasme différencié (qui n'est autre que les cylindres de Leydig et leurs fibrilles composantes avec leurs segments, leurs disques et leurs bandes).

Sarcoplasme et myoplasme. — Tout protoplasme est contractile : à ce titre, le sarcoplasme doit présenter des mouvements intérieurs lents et obscurs comme celui de toute cellule quelconque. Le myoplasme, lui, réalise la déformation spécifique du tissu musculaire à l'aide de ses disques épais. Lorsqu'on parle de la contractilité du muscle, c'est celle de son myoplasme qu'on veut désigner et non celle de son sarcoplasme : la première représentant la fonction propre et d'ordre extérieur, en vue de laquelle le tissu s'est différencié, la seconde une fonction interne très obscure qui semble se rapporter à la nutrition.

Toutefois Fano, Bottazzi et d'autres admettent que le sarcoplasme peut donner naissance à un mouvement de contraction visible des fibres musculaires, orienté comme celui du myoplasme, bien que plus lent et ne concordant pas par conséquent avec lui. On se fonde sur l'observation suivante. Lorsqu'on prend un tracé des contractions de l'oreille de la tortue (*Emys europæa*), on enregistre les systoles rythmées de ce muscle cavitaire. Sur ce tracé on remarque que les minima de ces systoles figurent dans leur ensemble une ligne, non pas droite, mais elle-même régulièrement sinueuse. Ces sinuosités représenteraient, d'après cet

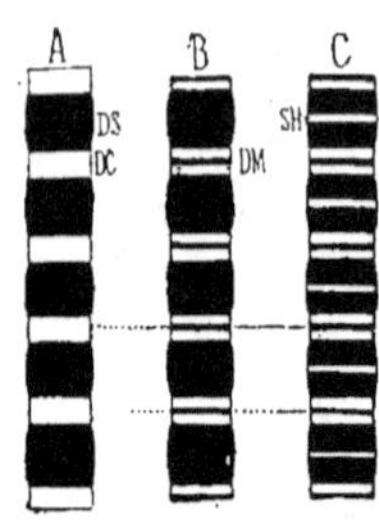

Fig. 50. — *Schème de la fibrille striée.*

A, premier aperçu ; disques sombres (DS) et disques clairs (DC) ; B, mêmes parties avec en plus les disques minces (DM) ; C, mêmes parties avec en plus les stries intermédiaires de Hensen (SH). — L'ensemble compris entre les deux lignes pointillées (passant dans les disques minces) représente un segment fibrillaire.

auteur, autant de contractions d'un rythme lent interférant avec les systoles proprement dites ayant le rythme ordinaire. C'est la contraction tonique.

B. ÉTAT DYNAMIQUE. — Quelles formes affectent individuellement ces différentes parties, pendant la déformation d'ensemble qui réalise la contraction musculaire ? Et quelles d'entre elles ont un rôle prépondérant dans la production de cette déformation ? Telles sont les questions dont on peut demander la solution à l'examen microscopique du muscle contracté. Les réponses ne sont pas aussi précises ni aussi univoques qu'on pourrait le souhaiter ; mais la recherche est délicate. On s'entend néanmoins sur ce point que *le disque épais est la partie active*, proprement contractile du petit segment

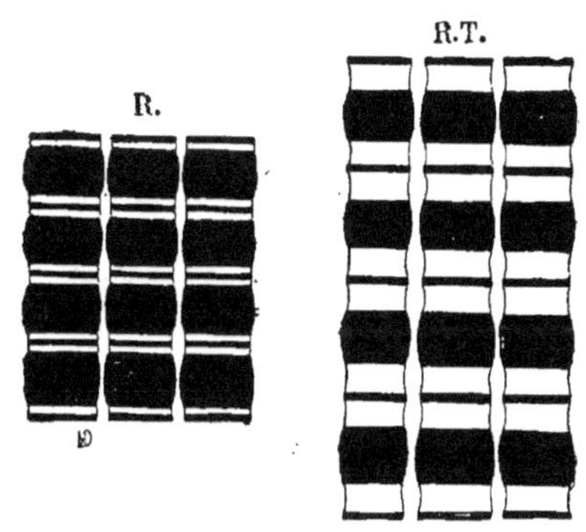

Fig. 51. — *Schème de trois fibrilles au repos.*

En A, elles sont relâchées (non soumises à une tension extérieure sur leurs extrémités) : en B, elles sont tendues passivement.

élémentaire, dont la répétition forme la fibrille musculaire. Cette détermination localisatrice a son prix : elle est le terme actuel d'une série de cons- tatations, qui ont rattaché le mouve- ment, d'abord au tissu musculaire, puis dans celui-ci à sa cellule spécifique composante ou fais- ceau primitif, dans ce dernier à sa fi- brille et dans celle- là enfin à son disque épais.

Le disque mince est un organe passif, qui subit ou trans-

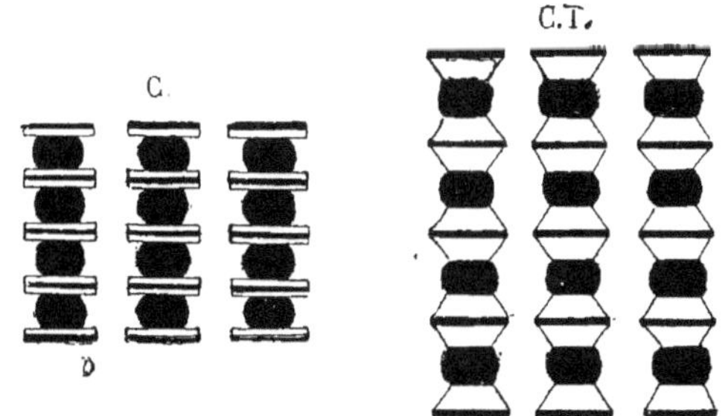

Fig. 52. — *Schème de trois fibrilles en contraction.*

En A, elles sont contractées (sans être soumises à aucune tension extérieure sur leurs extrémités) ; en B, elles sont contractées.

(Dessin de M. DUVAL exprimant les vues de RANVIER sur le mécanisme de la contraction.)

met le mouvement mais ne le crée pas. C'est ce qu'on peut voir en obligeant à la contraction (par une excitation tétanisante) un muscle dont on a fixé solidement les deux extrémités pour les empêcher de se rapprocher. Les parties contractiles faisant effort sur les pièces intermédiaires, les distendent jusqu'à ce que leur élasticité fasse équilibre à la force de contraction. L'aspect de la fibrille est changé, les disques minces et surtout les bandes claires se sont allongés, dans le sens du muscle, de tout l'espace perdu par les disques épais, donc ces derniers sont *actifs*, c'est-à-dire contractiles, pendant que les premiers sont *passifs* et *élastiques* (Ranvier).

1. **Localisation du mécanisme déformateur.** — Ainsi, *le disque épais est la machine transformatrice de l'énergie accaparée par le muscle et mise en jeu par lui.* En tout cas, il contient cette machine, puisque c'est lui et lui seul qui présente la déformation élémentaire, qui, grossie par sa répétition à la fois parallèle et successive (suivant le travers et suivant la longueur des faisceaux), se reproduit amplifiée sur le corps charnu du muscle contracté. L'analyse histologique, qui nous permet de localiser ainsi finement cette déformation, ne nous en livre pas le mécanisme intime. Comment s'utilise la force d'origine chimique créée par la combustion du glycose? Quel est son point d'application? Quelles transmissions et quelles transformations nouvelles subit-elle dans ce petit corps organisé qu'est un disque épais? Autant de questions à l'heure qu'il est sans réponse.

2. **Tentatives d'explication.** — Quelques auteurs ont voulu pousser plus loin l'analyse microscopique de cette déformation élémentaire, et ont cherché à l'expliquer par un phénomène simple de déplacement du liquide dans le disque contractile. Malheureusement les observations sont en désaccord les unes avec les autres. Engelmann admet une absorption d'eau par le disque épais; Ranvier par contre admet une exsudation du liquide plasmatique par ce même disque. Ces auteurs, avec le concours d'hypothèses auxiliaires, différentes évidemment dans l'un et l'autre cas, arrivent à expliquer le raccourcissement musculaire, l'un par l'un, l'autre par l'autre de ces deux phénomènes opposés. On ne donne du reste aucune indication sur la nature de la force qui obligerait l'eau à entrer ou à sortir du disque épais. En somme, le mécanisme de nature vraisemblablement moléculaire par lequel se réalise la contraction élémentaire échappe à toute explication rationnelle, à toute théorie digne de ce nom.

3. **Comparaison.** — Avec sa double striation, l'une longitudinale, l'autre transversale, un faisceau primitif reproduit la figure conventionnelle, par laquelle on représente en physique un *champ de force*. Le champ est naturellement limité aux dimensions du faisceau (ou par extension à celles du muscle). Les surfaces qui enveloppent les fibrilles sont assimilables à des *tubes de force*. Les cloisons perpendiculaires, qui correspondent aux disques minces, représentent des *surfaces équipotentielles* qui, en recoupant ces tubes en segments, y dessinent des *cellules de force* (le mot cellule étant pris, comme l'entendent les physiciens, dans son sens général et non biologique). Entre un champ de force musculaire et un champ de force électrique ou magnétique, il y a de très grandes et très essentielles différences, mais il y a aussi quelque analogie. L'intensité du champ (c'est-à-dire de la force) est proportionnelle, dans les deux cas, au nombre des lignes de force; la grandeur de la déformation (c'est-à-dire le travail produit) est proportionnelle au nombre des segments ou cellules ajoutées bout à bout.

C'est ce qu'on exprime en d'autres mots quand, prenant pour unités le fais-

ceau primitif qu'on appelle encore la fibre musculaire, on dit que *le poids soulevé est proportionnel au nombre des fibres* (supposées égales en grosseur) *et la
hauteur du soulèvement proportionnelle à la longueur de ces fibres.*

III. — *Variétés des éléments contractiles.*

Nos mouvements sont les uns *extérieurs*, c'est-à-dire nécessités
par les relations de notre organisme avec le dehors, les autres
intérieurs, c'est-à-dire nécessités par les rapports fonctionnels de
nos organes entre eux. Les premiers se font par le *jeu de leviers
rigides et articulés* qui forment le squelette, les seconds par le *changement de capacité d'organes membraneux cavitaires*, comme le
cœur, l'estomac, les réservoirs glandulaires, qui déplacent les
liquides contenus dans leur intérieur. Les premiers, en plus des
actes instinctifs auxquels ils coopèrent, répondent aux excitations
de la *volonté*, les seconds ne connaissent que les excitations *émo-
tives* ou d'ordre *réflexe*. Chez l'homme et les vertébrés (et aussi
certains invertébrés comme les insectes), les premiers sont
exclusivement des muscles striés, mais chez les invertébrés
(mollusques par exemple) ils sont des muscles lisses; les seconds
sont chez l'homme et les vertébrés généralement des muscles
lisses, mais même dans les vertébrés ils affectent pour certaines
fonctions la forme striée, tels le cœur, les muscles de certains segments veineux, l'œsophage qui est un mélange des deux ordres de
muscles, etc.

Les modalités lisse et striées ne sont nullement liées, comme on
le répète trop souvent, *au caractère volontaire ou non volontaire de
l'excitation, mais uniquement à la forme plus ou moins prompte ou
lente des mouvements*, à l'évolution plus ou moins rapide de la
secousse musculaire. De ce point de vue il y a entre les muscles
lisses et striés des différences énormes; mais il y en a aussi soit
dans l'une, soit dans l'autre catégorie, quand on compare individuellement les organes.

A. MUSCLES STRIÉS. — Les muscles striés ne sont pas tous composés d'éléments identiques, pas plus qu'ils ne présentent tous
exactement les mêmes réactions à l'égard des excitations qui leur
sont adressées.

Muscles blancs et muscles rouges. — Chez l'homme, tous les muscles
dits striés ont la même coloration rougeâtre. Dans un certain nombre de vertébrés (poissons, oiseaux, mammifères) on distingue à première vue des muscles
d'une coloration blanche à peine rosée, et au milieu d'eux dans certaines régions
des muscles d'une teinte rougeâtre beaucoup plus foncée. Tels sont le crural, le
demi-tendineux, le petit adducteur, le carré crural, le soléaire.

Différences morphologiques fonctionnelles. — Les muscles rouges se distinguent des blancs par différents caractères morphologiques et fonctionnels qui ont été étudiés par Ranvier. Le sarcoplasme y est plus abondant, et accuse d'autant leur striation longitudinale, en séparant les cylindres. Les noyaux plus abondants y sont à la fois marginaux et intérieurs au faisceau primitif. Les fibrilles y sont plus grosses et moins nombreuses. Les segments y sont plus longs et moins exactement affrontés, ce qui rend la striation transversale moins nette. Les pièces élémentaires y sont en somme moins multipliées que dans les muscles blancs, dont la structure est plus parfaite.

L'analyse myographique du mouvement des muscles rouges montre qu'il est beaucoup plus lent à s'établir, et ensuite à s'éteindre que celui des muscles blancs essentiellement brusque et prompt. Leur temps de latence est également très long, et la fusion des secousses s'y opère facilement dans le tétanos. Ces muscles semblent destinés à soutenir l'effort que les muscles blancs accomplissent eux avec rapidité, mais qu'ils ont moins d'aptitude à prolonger.

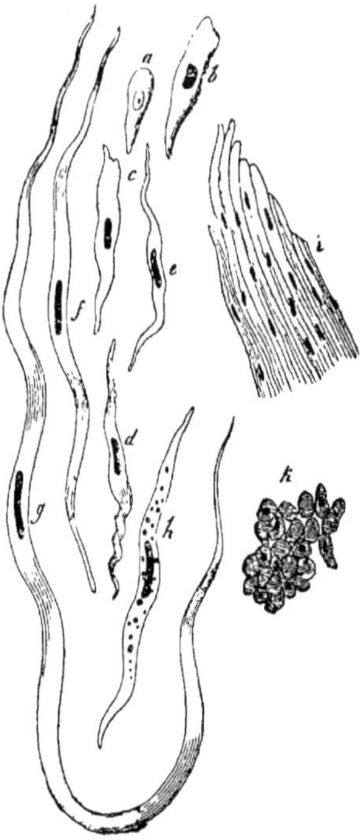

Fig. 53. — *Éléments des muscles lisses.*

a, en voie de formation; *b*, état plus avancé; *c*, *d*, *e*, *f*, *g*, différents types de fibres lisses chez l'homme; *h*, avec granulations graisseuses; *i*, faisceaux de fibres lisses; *k*, coupe transversale d'un faisceau de fibres lisses (d'après M. Duval).

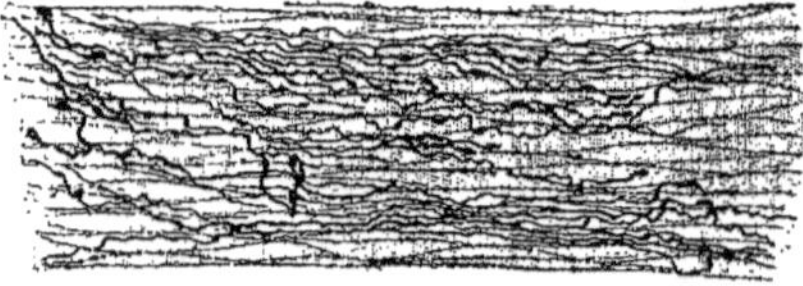

Fig. 54. — *Terminaisons nerveuses dans les muscles lisses.*

Éléments musculaires de la tunique moyenne de l'intestin (formant des losanges allongés dans le fond pâle du dessin); fibres nerveuses du grand sympathique avec leurs boutons terminaux noyés dans le protoplasme de ces éléments musculaires (en noir foncé) (d'après Mathias Duval).

B. Muscles lisses. — Les muscles dits striés présentent en réalité deux ordres de striation, l'une longitudinale qui répond aux limites des fibrilles et faisceaux primitifs, l'autre transversale qui est caractéristique. Les muscles lisses sont dépourvus de cette seconde striation et la première n'y apparaît que vaguement.

Fibre-cellule. — L'élément cytologique du muscle lisse est ce qu'on appelle la *fibre-cellule*; il répond au faisceau primitif des muscles striés. Il est en effet, comme lui, composé d'un petit faisceau de *fibrilles* parallèles de nature contractile, noyées dans un protoplasme, qui contient le noyau de la cellule. Ce noyau est allongé dans le sens de la longueur de l'élément ; il est nucléolé. Ce faisceau de fibrilles n'est pas cylindrique comme celui des muscles striés, il est *fusiforme*, c'est-à-dire terminé en pointe à chaque extrémité ; il n'y a pas de membrane enveloppante, pas de sarcolemme. Ses dimensions (en longueur surtout) sont très variables suivant les organes. Sa forme, en général régulière, s'adapte néanmoins aux interstices qu'il occupe et dont il prend parfois les empreintes.

L'alimentation de ces muscles est assuré par un réseau vasculaire approprié. L'excitation leur est distribuée par des fibres nerveuses très grêles dont les extrémités, en forme de boutons, prennent contact avec leur protoplasme.

1. **Unités composées.** — Comme les faisceaux primitifs des muscles striés, les fibres-cellules des muscles lisses se groupent en faisceaux composés, secondaires, tertiaires, suivant les circonstances. Leur insertion ne se fait pas sur des tendons, mais sur un ciment qui les réunit, les solidarise, et les convertit en une cavité cylindrique ou sphérique, dont la paroi est continue.

L'effort de semblables muscles se traduit par une tension de la membrane cavitaire, et une pression du liquide y contenu, laquelle est également répartie dans toute sa masse. L'effet utile de cette pression peut être l'expulsion du liquide, comme dans le cœur, les réservoirs glandulaires ; sa progression, comme dans l'intestin, l'uretère, les vaisseaux lymphatiques ; une résistance opposée à sa progression dans un but de régulation, comme on le voit dans les petites artères. — Seuls les muscles redresseurs des poils, constitués par des tendons élastiques, insérés à la base de ces formations rigides comme sur des leviers, imitent en petit les dispositions des muscles squelettiques.

2. **Impossibilité d'une étude analytique des fonctions des muscles lisses.** — L'étude des réactions des muscles lisses présente en soi autant d'intérêt que celle des muscles striés. On l'a du reste tentée à diverses reprises, mais l'expérimentateur se heurte à une difficulté qui rend indécises les interprétations des résultats et limite les conclusions à tirer des expériences ; c'est l'impossibilité où on se trouve d'agir sur l'élément musculaire sans atteindre en même temps par l'excitation le petit système nerveux local qui lui commande. Pour les muscles articulo-moteurs cette dissociation, sans être parfaite, est du moins suffisante, quand on a coupé les conducteurs qui les rattachent aux centres nerveux. Pour les muscles cavitaires (lisses ou autres) cette séparation est impossible, à cause du voisinage immédiat des ganglions nerveux, qui jouent par rapport à eux le rôle que joue la moelle vis-à-vis des précédents, celui d'un centre primaire ou immédiat. La réaction obtenue dans ces conditions, résulte en somme d'une excitation de certains centres et faite encore dans de mauvaises conditions. La dissociation des éléments musculaires et nerveux par les poisons serait un moyen analytique précieux, si dans l'espèce il était réalisable. Mais justement le curare qui semblerait tout indiqué n'agit que très peu sur les éléments nerveux qui sont ici en cause, et encore n'a-t-on pas de certitude qu'il paralyserait les neurones terminaux des ganglions en question,

puisque l'expérience de vérification qui attesterait cette action est irréalisable. On ne connaît en somme pas exactement la réaction élémentaire des fibres-cellules des muscles cavitaires.

Pour une raison du même genre, si l'on prétendait faire le bilan énergétique ou celui des transformations matérielles d'une masse de muscles lisses, on se trouverait arrêté par l'impossibilité de séparer le tissu qui le compose de ceux voisins, qui entrent dans la constitution des organes où ils se trouvent et où ils ne sont jamais en masses comparables à celles qui composent les muscles articulo-moteurs. Faute de mieux, on fonde la physiologie générale de l'élément musculaire à peu près uniquement sur la connaissance retirée de l'étude des muscles squelettiques.

IV. — *La perte de l'irritabilité ; la rigidité musculaire.*

La vie du muscle se manifeste à nous par les réactions de son irritabilité, sous l'influence des ébranlements extérieurs que nous appelons les excitants. Ses altérations et sa mort nous sont témoignées par la diminution, l'altération et la perte de cette irritabilité. La mort du muscle s'accompagne en lui d'un changement physique qui se traduit par sa *rigidité*. Ce changement est attribuable à la modification de l'une des substances albuminoïdes constituantes du muscle.

A. Composition chimique du muscle. — L'analyse chimique du muscle n'aurait une complète signification que si elle pouvait porter sur les éléments histologiques isolés et sur les structures isolées qui composent elles-mêmes ces soi-disant éléments ; nous sommes loin d'un tel résultat. A son défaut, l'analyse qu'on pratique en masse sur le muscle est une sorte d'indication moyenne des substances contenues dans son tissu, voire dans son protoplasme en le séparant des membranes cellulaires. Elle consiste à séparer les uns des autres ou à retirer isolément un certain nombre de principes immédiats, dont certains sont dosables, tels que le glycogène, les graisses, même les lécithines.

Les muscles, après la mort, acquièrent, au bout de quelques heures, une rigidité particulière (*rigidité cadavérique*), qui est due à la coagulation d'une substance albuminoïde. C'est l'indice d'un changement de composition qui débute presque aussitôt après l'arrêt de la circulation et des échanges qu'elle entretient. Pour éliminer ce phénomène de décomposition, on opère sur des muscles d'animaux à sang froid, débarrassés de sang, coupés en morceaux et maintenus dans un mélange réfrigérant à — 10° ; on les broie, dans un mortier refroidi, avec du verre pilé. L'expression de cette masse laisse exsuder un liquide sirupeux qui est le *suc propre* des musles ou *plasma musculaire* (Liebig).

I. **Plasma musculaire.** — Abandonné à la température ordinaire le plasma musculaire (*myoplasma*) se coagule, comme le plasma

sanguin, forme un caillot (*myocaillot*) qui est la myosine et laisse
exsuder un sérum qui est le *sérum musculaire (myosérum)*.

Ce phénomène rappelle assez étroitement celui de la coagulation
du sang. Il est influencé par les mêmes circonstances, c'est-à-dire
activé par l'agitation et la chaleur, retardé par le froid, le chlorure
de sodium, les sulfates de soude et de magnésie. On l'attribue à
un ferment soluble présent dans le plasma ; il y a dégagement
d'un peu d'acide lactique.

Myosine. — Le caillot floconneux, qui n'est que très légèrement rétractile, est
formé d'une substance albuminoïde, la *myosine*, qui est de la classe des globulines (insoluble dans l'eau, soluble dans la solution à 5 ou 10 p. 100 de sel
marin et d'autres sels alcalins. Elle est coagulée à 56° (comme la fibrine et le
fibrinogène). La myosine entraîne avec elle une autre substance albuminoïde,
la *musculine* ou *paramyosinogène*, autre globuline qui se distingue de la précédente
par sa coagulabilité à 70°.

Sérum musculaire. — Le sérum musculaire exsudé contient encore deux
substances albuminoïdes, dont l'une est également une globuline, la *myoglobine*
coagulable à 63°, et l'autre une albumine, la *myoalbumine* coagulable à 73° ; cette
dernière est équivalente à la sérine du sang. Reste encore une petite quantité
de peptone.

Ferments diastasiques. — D'après Brücke, Nasse et d'autres, il existerait dans
le muscle des traces de ferments solubles. On en a retiré par l'alcool une diastase
capable d'agir sur le plasma musculaire, pour coaguler la myosine, mais sans
action sur le plasma sanguin. Il y existerait des traces de pepsine et d'un ferment saccharifiant l'amidon et le glycogène.

II. **Substances extractives.** — En plus de ces substances
albuminoïdes on retire du muscle d'autres substances quaternaires
azotées cristallisables dites *extractives*, assez nombreuses, appartenant
les unes au groupe *créatinique*, les autres au groupe *urique*. Les
premières sont la *créatine*, la *créatinine*, la *crusocréatinine*, la
xanthocréatinine, l'*amphicréatine* qui se forment de préférence dans
le protoplasme ; les secondes sont l'*acide urique*, la *xanthine*, la
guanine, l'*hypoxanthine*, la *pseudoxanthine*, la *carnine*, qui proviennent principalement des éléments nucléaires.

Créatine. — La créatine en particulier nous offre des réactions
ayant quelque intérêt ; bouillie avec de l'eau de baryte caustique,
elle donne entre autres produits de l'*urée*, dont on a cru trouver
des traces dans le muscle. Bouillie avec les acides dilués, elle perd
de l'eau, et se transforme en créatinine, qui se trouve également
dans le tissu musculaire et qui existe dans l'urine en notable quantité. La créatine, dont le muscle contient 2 à 4 p. 1000, peut être
considérée comme un produit de désassimilation des substances

albuminoïdes de ce tissu et sa forme d'élimination serait l'urée et la créatinine.

III. Matière colorante ; myohématine.

— Les muscles, même débarrassés du sang que contiennent leurs vaisseaux par un lavage à l'eau salée, restent colorés par un pigment de même nature que l'hémoglobine du sang. Le muscle lavé donne par macération dans l'eau une liqueur présentant à l'examen spectroscopique les raies de l'oxyhémoglobine. — En plus de ce pigment, le muscle contiendrait une autre substance, la *myohématine*, pouvant se transformer par oxydation en *oxymyohématine* et qu'on caractérise par son spectre d'absorption. Cette substance peut provenir d'une transformation de l'hémoglobine du sang ; elle existe néanmoins dans les muscles des insectes qui ne possèdent pas d'hémoglobine.

Le pigment du muscle fait avec l'oxygène la même combinaison dissociable que le pigment du globule rouge du sang. Sa fonction est de puiser dans le sang l'oxygène dont le muscle a besoin, comme le globule rouge le puise dans l'air alvéolaire pour le céder aux tissus, en particulier au muscle par l'intermédiaire de sa matière colorante.

IV. Substances ternaires.

— Parmi les substances ternaires que renferme le muscle, il faut citer en premier lieu le *glycogène*, puis l'*acide lactique* et l'*inosite*.

Le glycogène est un hydrate de carbone qui représente la principale provision d'énergie du muscle. Il se forme par déshydratation du glycose du sang et par sa destruction donne l'acide carbonique que le muscle verse dans le sang veineux. Sa quantité peut varier de 14 à 40 pour 1000. Dans certains cas, comme le travail forcé fait pendant l'inanition, sa quantité peut être à peu près nulle.

L'inosite est un hydrate de carbone ayant la formule du glycose $C^6 H^{12} O^6$, mais en différant par ses propriétés. L'inosite ne dévie pas la lumière polarisée, n'est pas réductrice, ne fermente pas par la levure de bière. Elle est susceptible d'éprouver la fermentation lactique.

L'acide lactique du muscle est appelé acide *sarcolactique*. Il diffère par quelques caractères de l'acide lactique dit de fermentation qu'on retire du lait. Il est dextrogyre, tandis que l'acide lactique est inactif.

Acidité du muscle ; ses variations pendant le travail. — On a constaté que le muscle tétanisé pendant un certain temps devient acide (Du Bois-Reymond) ; on a reconnu dans le muscle ainsi soumis à un effort prolongé et fatigué la présence d'*acide lactique* (Liebig, Ranke). Des constatations du même genre furent faites par nombre d'expérimentateurs. On a cru voir un certain rapport entre l'acide lactique (ou sarcolactique) ainsi produit et le glycogène consommé, mais le rapport est loin d'être démontré et la provenance exacte de l'acide lactique n'est pas connue. Il faut en plus dans l'acidité qui suit son effort faire une part à l'*acide phosphorique* (phosphate acide) et une autre également assez importante à l'*acide carbonique* (Moleschott et Battistini). La fatigue musculaire peut s'accompagner d'une augmentation de l'acidité de l'urine, quand cette surproduction de corps acides aboutit à leur élimination. Mais sur ce point les résultats sont assez contradictoires ; les conditions qui retentissent sur la réaction de l'urine étant assez nombreuses et obéissant à une loi compliquée non encore bien dégagée.

Remarque. — Toutes les substances qui viennent d'être décrites et celles sans doute plus nombreuses encore qui y seront dans la suite isolées ont une évolution, en vertu de laquelle elles ont des rapports de filiation, soit entre elles, soit avec d'autres corps dont nous savons la présence dans les autres tissus et dans les excrétions. Mais, sauf ce qui concerne les hydrates de carbone, cette évolution nous est inconnue. Le chapitre qu'on pourrait appeller des phénomènes chimiques de la contraction musculaire, est a peine ébauché ; il n'y a pas lieu de le traiter plus longuement.

B. RIGIDITÉ MUSCULAIRE. — La coagulation du myoplasma donne l'explication de la rigidité musculaire. *La rigidité du muscle n'est autre que la traduction du phénomène intérieur de coagulation qui s'empare du plasma musculaire après la mort.* D'un muscle rigide on ne peut plus retirer de liquide coagulable spontanément, mais seulement une myoglobuline et une myoalbumine. On n'en retire, par conséquent, pas de myosine, ni soluble, ni coagulée, ni resolubilisée. D'un muscle rigide, si on le hache dans une solution de chlorure de sodium ou de chlorhydrate d'ammoniaque à 10 p. 100, on peut, au contraire, retirer une liqueur contenant alors la myosine en solution (et du paramyosinogène). La rigidité apparaît dans le muscle à partir du moment où on en extrait plus de liqueur coagulable. *Les conditions qui amènent la rigidité sont celles qui amènent la coagulation et réciproquement.*

Si on ne prend pas la précaution de refroidir à très basse température le muscle, pour en extraire son plasma, on n'en obtient que du sérum, c'est-à-dire une liqueur ne contenant pas de substance coagulable. C'est qu'à la température ordinaire les actions mécaniques de la préparation ont suffi pour produire la coagulation pendant cette préparation même, le myocaillot reste dans le tissu soumis à l'expression.

Allure du phènomène. — La rigidité est un phénomène constant ; elle envahit tous les muscles (LOUIS) ; elle les envahit dans un certain ordre (NYSTEN). En général, ce sont les muscles des mâchoires qui se raidissent les premiers, puis ceux du cou, puis ceux des membres, tantôt les inférieurs, tantôt les supérieurs, car l'ordre peut varier quelque peu (NIDERKORN, Thèse Paris, 1872). Le début est généralement deux heures et le maximum quatre heures après la mort (RONDEAU); mais ces délais peuvent varier considérablement en avance ou en retard. La durée du phénomène peut varier également beaucoup.

L'attitude donnée au corps est assez caractéristique. Le pouce est replié dans la paume de la main et recouvert par les autres doigts : les mâchoires fortement contractées ; les yeux grands ouverts ; la tête et le cou portés en arrière ; le membre supérieur en demi-flexion ; l'abdomen excavé ; le membre inférieur légèrement fléchi ; l'extrémité du pied allongée est portée en bas.

1. **Rigidité et raccourcissement.** — Le muscle en devenant rigide se raccourcit comme un muscle en contraction, aussi a-t-on assimilé ce phénomène à une contraction ultime de la substance musculaire, au moment qu'elle perd son irritabilité dont elle marque la fin. De la lutte entre les extenseurs et les fléchisseurs dépend l'attitude prise par le corps et les membres.

Chez certains animaux, comme les poissons, la rigidité est extrèmement précoce et disparaît très vite. Chez les batraciens et les reptiles, la rigidité est au contraire très lente à s'établir. Chez la grenouille elle peut ne survenir que plusieurs jours après la mort.

2. **Conditions qui l'influencent.** — La rigidité peut commencer alors que le muscle est encore chaud : elle ne dépend pas étroitement de la frigidité cadavérique. Elle dépend cependant de la température. *La chaleur hâte son apparition*, et sa disparition, le froid la retarde et prolonge sa durée. Sur des lapins morts à l'étuve, elle apparaît presque immédiatement et disparaît très vite : chez des lapins refroidis par la section de la moelle épinière, elle survient très tard (Cl. BERNARD).

Une autre influence de premier ordre sur la rigidité, c'est la *fatigue*. Chez les animaux forcés à la chasse ou morts dans les convulsions strychniques, la rigidité apparaît presque immédiatement. La chaleur des muscles est alors maxima et leur provision d'oxygène toujours à la limite. Lorsque l'animal strychnisé est maintenu dans de l'eau glacée, la rigidité est retardée de deux heures et se prolonge jusqu'à vingt-quatre heures (RICHET).

3. **Arrêt de la circulation.** — L'arrêt complet de la circulation dans un membre, produit la rigidité de celui-ci après un certain temps (expérience de STENON, ligature de l'aorte abdominale). L'irritabilité musculaire disparaît peu à peu et la rigidité s'établit graduellement. L'irritabilité commence à s'atténuer au bout de trois heures ; mais la rigidité survient plus tard.

Le sang artériel, en tant que représentant les conditions les plus importantes de la vie cellulaire, maintient les propriétés du muscle. D'après BROWN-SÉQUARD, le sang artériel défibriné injecté dans les vaisseaux d'un membre rigide, leur restitue leur irritabilité et leur souplesse. Le sang veineux n'a pas les mêmes propriétés. Ces faits sont contredits par KÜHNE qui n'admet la possibilité de cette restauration que pour des muscles incomplètement rigides.

Ces détails nous rendent compte du phénomène de la rigidité musculaire. Ils ne nous éclairent pas sur le rôle physiologique des substances mises en évidence par cette sommaire analyse. L'hypothèse qui assimile la contraction musculaire à une rigidité momentanée manque entièrement de preuves décisives et de plus elle ne nous explique pas, ce qui serait pour nous l'essentiel, la façon dont se produit la déformation caractéristique du muscle. A quelle fonction réelle correspond la propriété du myosinogène de coaguler, nous l'ignorons absolument. Est-elle utilisée dans l'organisation du protoplasme musculaire, dans les contractions de son mécanisme intérieur ? La partie réellement organisée, d'où, sous l'action de la presse, s'écoule le plasma, est à coup sûr d'une composition infiniment plus complexe que ce dernier : les molécules albuminoïdes s'y groupent en liaisons nombreuses, par suite de condensations multipliées, aboutissant finalement aux structures que le microscope nous décèle, et au-dessous desquelles en existent d'autres qui font transition avec la molécule proprement dite.

V. — *Fatigue musculaire.*

Soit un muscle en place, dans les conditions normales, auquel on fournit des excitations maximales suffisamment espacées les unes des autres (l'expérience indique la valeur de cet espacement qui est variable suivant les muscles et les individus auxquels ils appartiennent), sa contraction pourra se renouveler indéfiniment avec la même énergie, les mêmes effets moteurs. A chaque contraction il dépense une partie de son potentiel, mais dans l'intervalle de deux contractions il le récupère. C'est le cas en particulier du cœur, qui ne connaît ni les longs repos ni les efforts soutenus. Mais si les contractions (simples ou composées) se suivent à trop bref délai, la dépense l'emporte sur la reconstitution ; il y a *épuisement* du muscle, en même temps qu'il y a *encombrement* de celui-ci par des résidus inutilisables de son travail. La sensibilité qui veille à la conservation de l'organisme traduit cet état dans la conscience par une sensation particulière dite de *fatigue*. Ce mot « fatigue », qui désigne essentiellement le côté subjectif du phénomène, est néanmoins habituellement employé dans le langage physiologique pour désigner les effets purement objectifs de celui-ci : au fond le muscle est un tissu irritable dans lequel la sensibilité est inséparable des réactions motrices.

Ses effets objectifs. — Ces effets sont multiples ; ils affectent forcément tout le cycle fonctionnel de l'organe fatigué ; il en est de directement apparents, qui traduisent immédiatement l'état de fatigue et auxquels les autres, plus cachés, sont plus ou moins proportionnés. Le muscle, qui s'est fatigué à soulever un poids donné, n'est plus capable de le soulever à la même hauteur ; ou bien, pour l'y obliger, il faut renforcer l'excitation qu'on lui fournit. Ce qui revient à dire que la valeur qui donnait à l'excitation son effet maximum se trouve déplacée. Le rapport de grandeur entre l'effet moteur et sa cause excitatrice se trouve ainsi modifié dans le sens d'une diminution. Cette altération de l'effet moteur va se prononçant de plus en plus à mesure que le muscle s'épuise davantage par l'effort trop grand qu'on lui demande.

Leur représentation. — Les changements, qui traduisent aux yeux cette altération de l'excitabilité musculaire, ont leur expression dans le tracé de la contraction du muscle, tel qu'on l'obtient par le procédé myographique ordinaire, c'est-à-dire isotonique. La forme de la secousse est modifiée : ses différents éléments, amplitude (ou hauteur), durée, temps de latence, vitesse de propagation, etc., sont individuellement déformés d'une façon plus ou moins indépendante, d'où résulte pour elle un aspect assez caractéristique. Ce qui frappe tout d'abord dans cette modification du tracé de la contraction élémentaire, c'est la *diminution de son amplitude* (diminution du raccourcissement musculaire et partant du soulèvement de la charge) *allant généralement de pair avec l'allongement de sa durée* (et aussi de celle de son temps de latence ainsi que de son temps de propagation le long de la fibre musculaire). Toutefois ces deux modifications inverses ne débutent pas simultanément et ne se règlent pas l'une sur l'autre dans leur marche elle-même variable. Quand le muscle est soumis à des excitations maxima. répétées coup sur coup en vue de son épuisement, l'allongement de ses secousses se montre dès le début et s'accentue progressivement ; l'abaissement de sa hauteur, non seulement ne se produit pas d'emblée, mais est précédé d'une phase d'accroissement de celle-ci, à laquelle on a donné le nom significatif d'*escalier* (Bowditch). Cet accroissement est bientôt suivi d'une diminution, qui ramène l'amplitude à sa valeur primitive : alors commence l'abaissement régulier qui va jusqu'à l'extinction des contractions et qui est pris généralement par les auteurs comme caractéristique de la fatigue.

1. **Graphique de la fatigue.** — Lorsqu'on a recueilli sur la surface d'inscription, allignées les unes à côté des autres, toutes les secousses qui ont amené

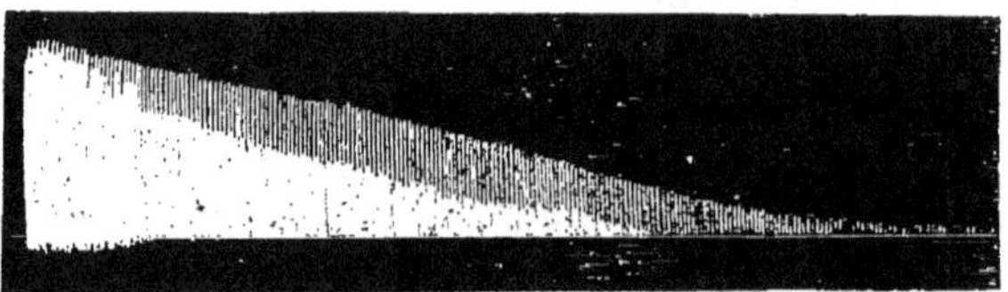

Fig. 55. — *Graphique de la fatigue musculaire.*

Gastrocnémien de la grenouille. Contractions isotoniques dont on n'a inscrit que l'amplitude représentée pour chacune par une ligne verticale. Le muscle reçoit alternativement une excitation de clôture et une excitation de rupture. Les lignes les plus hautes répondent aux ruptures ; les lignes les plus courtes aux clôtures, les unes et les autres donnant des courants d'induction. Les contractions de clôture disparaissent plus tôt que celles de rupture. Le graphique de la fatigue est la ligne idéale qui réunit les sommets des secousses. Ce graphique est différent pour l'ensemble des clôtures comparé à l'ensemble des ruptures.

l'épuisement du muscle et qu'on réunit leurs sommets par une ligne, on a ce que Kronecker, qui a inauguré ces recherches, appelle le *graphique de la fatigue*, expression synthétique de la modification progressive de ces secousses depuis le début jusqu'à la fin de l'expérience qui a amené l'épuisement musculaire. D'après cet auteur, ce graphique est une ligne droite. Si on désigne par y' la hauteur de soulèvement de la première contraction, par y celle d'une contraction quelconque de la série, par n le nombre des contractions qui ont précédé la contraction y, on a $yn = y' - nD$.

D'après les auteurs qui ont repris cette étude (particulièrement Ioteyko) et ainsi qu'il a été dit déjà plus haut, le phénomène est plus compliqué. Le graphique de la fatigue (exprimé, on ne l'oublie pas, par le changement d'un seul des éléments de la secousse, son amplitude) est une courbe, dont les inflexions changeantes marquent des phases dans le degré de la fatigue ; une première phase, celle de l'escalier, correspond à une période d'*entraînement* du muscle, dont les résistances intérieures semblent d'abord diminuer avant d'augmenter par l'exagération même de son travail.

Puis vient la fatigue proprement dite marquée par la décroissance de l'amplitude des secousses. Celle-ci se divise en deux phases, exprimées l'une et l'autre chacune par une ligne droite, la seconde beaucoup moins oblique sur l'abscisse, et qui sont raccordées entre elles par une ligne à concavité tournée en haut. Ces résultats obtenus sur des muscles de grenouille se rapprochent de ceux de Rossbach et Harteneck sur les animaux à sang chaud. En dehors de ce type moyen ou habituel on en trouverait d'autres plus irréguliers dont la description ne présente pas d'intérêt spécial (Boehm, Santesson, Ioteyko, Warren-Lombard, etc.).

2. **Ergographie.** — Mosso, à l'aide d'un dynamomètre particulier, l'*ergographe*, qui enregistre la contraction des fléchisseurs d'un des doigts de la main, a fait sur l'homme une étude très circonstanciée de la fatigue de ces muscles dans des conditions très variées.

Dans ses lignes principales, cette courbe est celle indiquée plus haut. Mais notons néanmoins parmi ses conclusions que chaque individu a sa courbe de fatigue, qui le caractérise comme son écriture, par exemple. Maggiora a observé sur lui-même que cette courbe peut changer après des années. L'exercice peut aussi la modifier (Adduco).

Modification indépendante des éléments de la secousse. — Pendant que l'amplitude des secousses passe par ces phases successives, leur durée subit une modification uniforme consistant en un allongement progressif.

L'amplitude (hauteur du soulèvement) exprime la valeur du travail accompli par le muscle : dans la série des contractions obtenues, cette valeur croît légèrement, puis décroît de plus en plus suivant l'ordre indiqué plus haut. La durée, de son côté, exprime le temps employé à accomplir ce travail; dans la même série ce temps va s'allongeant de plus en plus du fait de la fatigue. Celle-ci n'imprime pas aux deux éléments de la secousse la même altération.

3. **Travail total de la secousse et travail dans l'unité de temps; leurs variations différentes.** — Si on tient compte de ces deux facteurs, on comprend qu'il y a plusieurs manières d'envisager la modification de l'excitabilité qui est apportée au muscle par les excitations trop rapprochées qui ont produit sa fatigue.

On l'exprimera dans tous les cas par la variation de son travail; mais on peut prendre pour mesure le travail produit par chaque secousse, sans considération du temps qu'elle met à s'accomplir (plus justement de la durée de sa phase ascendante, et c'est cequ'on fait habituellement), comme on peut prendre aussi pour mesure le travail produit dans l'unité de temps. Si l'amplitude et la durée croissent ensemble d'une secousse à l'autre, il y aura accroissement du travail total de la secousse, mais le travail dans l'unité de temps pourra rester égal, voire s'accroître lui-même d'une secousse à l'autre, c'est ce qui tend à se produire dans la phase préparatoire dite d'entraînement ou de l'escalier. Si l'amplitude restant la même la durée croît seule, le travail total reste égal, mais le travail dans l'unité de temps décroît. Si l'amplitude diminue pendant que la durée continue d'augmenter, le travail total diminue et le travail dans l'unité de temps diminue encore davantage. — Dans le travail musculaire, la considé-

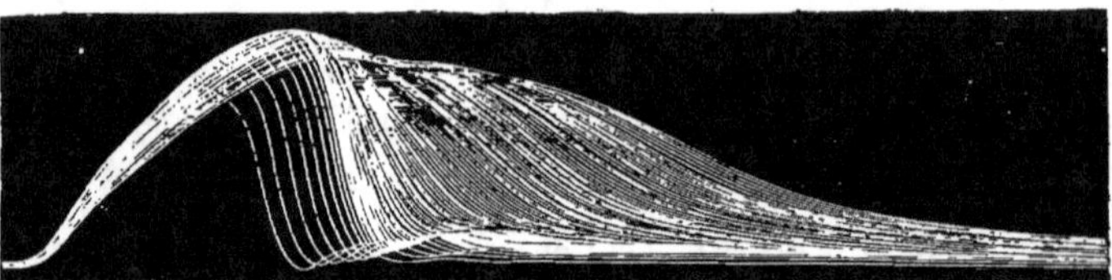

Fig. 56. — *Déformation progressive de la secousse musculaire par la fatigue*
(d'après WALLER).

Gastrocnémien de grenouille ; excitation directe ; 125 contractions maximales successives se suivant à une seconde et demi d'intervalle et ayant toutes le même point de départ à gauche de la figure, pour les superposer et accuser par ce moyen les variations progressives de leur forme par la fatigue croissante. L'expérience cesse avant l'épuisement du muscle.

Pour l'amplitude, on distingue une première phase d'accroissement avec retour à la hauteur normale (escalier), puis une seconde de fatigue commençante.

Pour la durée, on voit l'allongement progressif de la secousse plus marqué dans sa phase descendante ou de relâchement que dans sa phase ascendante ou de raccourcissement.

ration du temps n'est pas toujours essentielle, aussi peut-on estimer que l'allongement de la secousse est un phénomène compensateur facilitant l'économie du travail qu'elle doit développer. Les effets de la fatigue se dessinent franchement à partir du moment où cette compensation est insuffisante.

4. **Froid et fatigue.** — Le froid, comme la fatigue, produit l'allongement de la secousse ; mais tandis que sous l'influence du froid, le rapport entre la partie ascendante et la partie descendante de la courbe reste à peu près le même (GAD et HEYMANS), dans la fatigue l'allongement porte surtout sur la période de descente.

5. **Les deux phases ascendante et descendante d'une même secousse ; leurs variations indépendantes.** — Une secousse complète se compose de deux déformations du muscle inverses l'une de l'autre, l'une qui est sa *contraction* proprement dite (phase ascendante du graphique), l'autre qui est son *relâchement* (phase descendante). Égales en amplitude, nous voyons qu'elles peuvent différer beaucoup comme durée et comme forme.

Essentiellement la première est *active*, la seconde *passive*.

Toutefois une explication aussi simple ne suffit pas, car la passivité du relâchement ne nous rend pas compte des variations que celui-ci éprouve pour une même charge, sous l'influence de conditions affectant le muscle seul. Même en tenant compte des variations possibles de son élasticité purement physique, ces différences ne sont pas expliquées. Aussi quelques auteurs font-ils du relâchement un processus lui-même actif, particulier à la fonction musculaire. Cela peut s'admettre si on définit ce processus, non comme une activité de relâchement, mais comme une activité de contraction devenue trop faible pour maintenir la charge soulevée. En rapportant tout à l'élasticité on dirait : dans la phase ascendante de la secousse le coefficient d'élasticité musculaire va croissant pour soulever la charge jusqu'au sommet du graphique ; dans la phase descendante ce coefficient va décroissant jusqu'à ce qu'elle soit retombée à la hauteur initiale. La vitesse de l'accroissement et du décroissement donne sa forme à la secousse musculaire. Il n'y a qu'un processus d'activité, c'est celui de la force élastique dont l'intensité change à chaque instant et différemment suivant les conditions imposées au muscle (température, fatigue, etc.).

6. **Localisation de la fatigue.** — La fatigue musculaire peut être produite soit par l'excitation indirecte (excitation du nerf moteur), soit par l'excitation directe (excitation appliquée sur le muscle). Dans le premier cas il est admis que la diminution d'excitabilité n'est pas le fait du nerf, qui est incomparablement plus résistant à la fatigue que le muscle (voyez *Innervation*). Dans le second cas l'excitation (courant électrique généralement) atteint bien le muscle, mais elle atteint aussi en même temps les terminaisons motrices de l'appareil nerveux intra-musculaire et la question est de savoir si, même dans ce cas, ces terminaisons ne jouent pas le rôle essentiel dans la transmission de l'excitation aux fibres musculaires et si ce ne sont pas elles qui se fatiguent ; de sorte qu'après avoir exclu le nerf moteur comme siège du phénomène de la fatigue, il faudrait exclure le muscle lui-même et localiser l'altération à l'appareil intermédiaire qui rattache le premier au second. C'est la conclusion admise par Yoteyko. — Cet auteur admet en principe que le muscle est inexcitable par les courants d'induction (ceux précisément dont on se sert pour produire la fatigue par voie directe ou indirecte); la seule preuve de l'irritabilité musculaire serait la contraction idio-musculaire produite par le courant continu. On peut faire des réserves sur ce point. Les muscles privés de leurs nerfs par la dégénération vallérienne consécutive à la section des troncs moteurs répondent au courant induit. L'argument tiré de l'objection que les extrémités des nerfs sectionnés échappent à la dégénération est théorique, en tout cas n'a pas la force de la chose jugée.

7. **Résistance inégale des muscles à la fatigue.** — La résistance des muscles à la fatigue présente de grandes différences spécifiques, individuelles, élémentaires. *Les muscles rouges se fatiguent beaucoup moins vite que les muscles blancs.* Les premiers sont riches en sarcoplasme, les seconds riches en fibrilles. Le myocarde est comparable aux premiers. La résistance à la fatigue, à la rigidité, à toutes causes amenant la mort serait en rapport avec l'importance relative du sarcoplasme (Grützner). — Les muscles fléchisseurs obéissent à des courants plus faibles que les extenseurs; quand l'excitation est poussée jusqu'à la fatigue, la différence s'efface. On admet que dans les premiers les fibres blanches sont plus nombreuses que dans les seconds. La fatigue aurait pour effet de mettre hors de cause les fibres blanches plus excitables que les rouges (Rollett, Grützner, Botazzi).

Influence de la caractéristique d'excitation. — Un muscle fatigué devient moins excitable pour les courants de brève durée (Neumann); mais suivant la phase de la fatigue on peut aussi observer l'inverse (Yoteyko). La rapidité avec laquelle le courant s'établit et prend sa valeur maxima est ce qu'on appelle parfois sa caractéristique d'excitation. Les courants induits de rupture sont brefs et intenses, les courants de rupture moins intenses et plus longs. Dans les conditions normales les premiers sont plus excitants que les seconds, au moins pour le nerf. Quand il s'agit du muscle excité directement (les terminaisons nerveuses étant mises hors cause) la différence n'est pas aussi nettement établie. Quelques-uns pensent que le muscle n'est excitable que par le courant continu.

8.Réparation de la fatigue ; adaptation aux conditions qui la produisent. — Un muscle qui a fourni des contractions jusqu'à épuisement de sa faculté contractile, s'il est laissé à lui-même, répare ses pertes et, si son alimentation par la voie sanguine est normale, les répare intégralement au bout d'un certain temps. Une nouvelle série d'excitations semblables redonnera parfois une courbe tout à fait superposable à la première. Mais d'autres fois le muscle garde longtemps l'influence de ses excitations et réactions antérieures, non pas qu'il ne soit pas réparé ; mais à de nouvelles excitations tendant à l'épuiser il répond par une modification de sa courbe de fatigue comme s'il s'adaptait à ces nouvelles conditions (Rollett).

9. Fatigue dans la contraction isométrique. — Si au lieu d'une série de contractions isotoniques on enregistre une série de contractions isométriques, on pourra de même construire un graphique de la fatigue dans ces nouvelles conditions. C'est ce qu'a fait Waller. Ce graphique a la forme générale d'une S. La courbe est d'abord concave, puis convexe vers l'abscisse.

Modification des autres manifestations énergétiques. — Le travail produit par le muscle est le témoin le plus visible de son activité, mais cette activité se traduit néanmoins encore par d'autres modalités énergétiques parallèles au travail mécanique ou antécédentes à lui, tels la chaleur dégagée, les courants développés dans son intérieur, etc. Les valeurs de ces différents phénomènes sont affectées par le développement de la fatigue.

10. Fatigue de la thermogénése. — Elle a été étudiée par Fick, Heidenhain, Lukjanow, Chauveau, etc. Avec Heidenhain on peut dire qu'*un muscle fatigué dégage moins de chaleur qu'un muscle reposé*. Comparée à celle de la fatigue mécanique, la courbe de la fatigue thermogénique paraît de prime abord s'en écarter sensiblement et de façons diverses suivant les conditions (isotonie, isométrie, température initiale du muscle, etc.). Chauveau a montré que ces écarts sont purement apparents et imputables à certaines conditions apportées par la fatigue, voire à une conception fautive du phénomène mécanique qu'on entend comparer au phénomène thermique. Dans un muscle reposé *l'échauffement est proportionnel au degré du raccourcissement*. Mais comment faut-il entendre le raccourcissement? On le comprend d'ordinaire comme une différence entre les longueurs du muscle d'abord inactif puis contracté : en réalité c'est le *rapport* de l'une à l'autre de ces deux quantités. Or dans la fatigue ces quantités vont se modifiant du commencement à la fin à la fois l'une et l'autre. Du fait de la fatigue, sous l'influence de la charge, le muscle dans l'intervalle de contractions s'allonge de plus en plus (dénominateur de la fraction) ; quand la contraction survient, à supposer qu'il lui fasse parcourir le même chemin en hauteur (numérateur de la fraction) on comprend que la valeur du rapport en sera changée. En réalité, numérateur et dénominateur changent, celui-ci en augmentant, celui-là en diminuant et le raccourcissement ainsi défini se réduit en réalité plus encore qu'en apparence. Ajoutons que l'allongement produit par la charge intervient encore comme travail négatif pour soustraire de la chaleur au muscle.

11. Changement dans l'élasticité. — Boudet de Pàris a montré que l'élasticité du muscle entendue dans le sens physique du mot est modifiée par la fatigue et que ses modifications suivent d'une façon étroite celles du raccourcissement contractile. Cette influence de la fatigue sur un phénomène aussi purement physique ne se comprendrait pas si on ne savait que le muscle est une structure et une substance en voie de perpétuel remplacement de ses parties composantes. L'élasticité est à la base de la contractilité comme l'irritabilité est à la base de la sensibilité.

12. Fatigue de l'électrogénèse. — Quelque délicate que soit la constatation, on a pu montrer que la variation négative ou courant d'action du muscle a une intensité proportionnelle à la grandeur de la contraction (HARLESS) et augmente avec la charge du muscle (LAMANSKY). *La variation négative du muscle diminue avec la fatigue de celui-ci, elle est toutefois plus résistante à la fatigue que la contraction elle-même et lui survit un certain temps ; la variation négative du muscle est beaucoup moins résistante à la fatigue que la variation négative du nerf* ; cette différence est un argument invoqué en faveur de l'infatigabilité du nerf.

Dans le tétanos musculaire les secousses composantes fusionnées mécaniquement sont encore reconnaissables électriquement à leurs variations négatives, ce que l'on voit en plaçant sur le muscle contracté le nerf d'une patte galvanoscopique de grenouille qui entre elle-même en tétanos.

Le tétanos dans la patte secondaire comme dans la patte primaire résulte d'une excitation électrique discontinue portée sur le nerf.

Or, à mesure que le tétanos primaire se prolonge, on voit le tétanos secondaire faiblir et disparaître (MORAT et TOUSSAINT). C'est la preuve que les oscillations électriques du muscle primaire deviennent moins excitantes pour le nerf secondaire, soit qu'elles diminuent d'intensité, soit qu'elles prennent comme la contraction elle-même une forme plus infléchie, moins brusque et par là même moins efficace.

VI. — *Poisons des muscles.*

Comme poison spécial des muscles on ne connaît guère que la *vératrine*, qui, au début de son action, augmente l'excitabilité musculaire, ce dont on juge par l'accroissement en hauteur, mais surtout

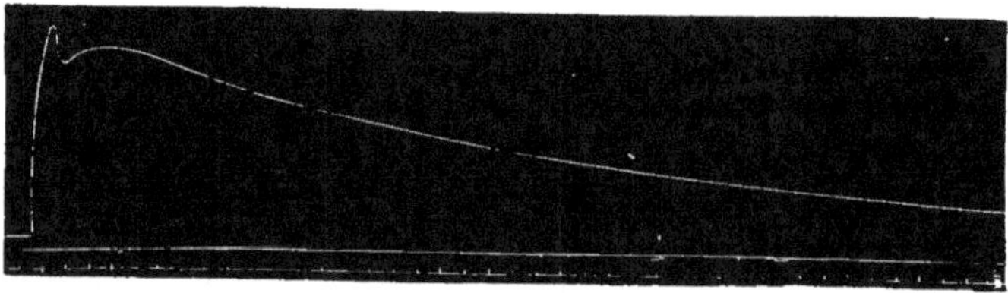

Fig. 57. — *Secousse musculaire dans l'empoisonnement par la vératrine.*
Allongement très prononcé portant surtout sur la phase de relâchement.

en durée, de la secousse, quand on produit celle-ci isolément par une seule excitation. Avec les progrès de l'empoisonnement, quand la dose est suffisante, l'excitabilité va ensuite en diminuant et disparaît finalement.

Méthode de recherche. — On range souvent dans les poisons musculaires un certain nombre de substances, d'après le seul fait que la réaction du muscle à l'excitation est modifiée quand ces substances sont administrées au sujet de l'expérience. Mais la question est toujours de savoir si l'excitation, même quand on la porte sur le muscle, ne lui parvient pas par l'intermédiaire des terminaisons nerveuses motrices et si la variation d'excitabilité constatée n'appartient pas à ces terminaisons. Une précaution à prendre pour éviter cette cause d'erreur c'est de mettre les nerfs moteurs hors de cause par le moyen du curare. Sur des muscles ainsi curarisés on a pu constater que la vératrine a la double action signalée plus haut, d'abord augmentatrice, puis dépressive de leur irritabilité.

B. — CHALEUR DÉGAGÉE.

Le travail mécanique est la forme directement apparente sous laquelle se traduit la dépense énergétique du tissu musculaire, mais nous avons expliqué déjà que cette forme n'est pas constante. Elle peut, dans certains cas, faire défaut entièrement. Le flux d'énergie qui sort du muscle se traduit dans ces conditions uniquement par de la chaleur sous laquelle il est alors totalisé. Parmi les phénomènes dont l'ensemble constitue la contraction musculaire, l'*énergie thermique* joue, comme on voit, un rôle essentiel. On a discuté sur la place que la chaleur occupe dans la série des transformations du cycle qui fait le fond de la contraction musculaire. Elle est, dans tous les cas, à la fin de ce cycle. Elle représente l'énergie quittant le muscle (avec ou sans travail mécanique qui en distrait une partie); autrement dit, elle représente cette énergie au moment où son rôle est fini dans le muscle. Aussi, dans l'ordre dynamique, la compare-t-on à une sorte d'*excretum*, analogue, dans l'ordre matériel, à telle substance qui est rejetée par un organe ou par l'organisme lui-même, qui n'a plus rien à en tirer.

Son utilisation après qu'elle a quitté le muscle. — Ce n'est pas que le rôle de la chaleur, lorsqu'elle quitte le tissu musculaire ou tout autre tissu qui en dégage, soit absolument terminé. Elle est répartie, diffusée, avec le sang, dans tout l'organisme, qu'elle ne quitte définitivement, qu'autant qu'un certain niveau thermique favorable aux réactions organiques est atteint et garanti. Une température appropriée est au nombre des conditions essentielles de la vie. Dans cette formation ou excrétion de la chaleur, le tissu musculaire a le rôle prépondérant, et c'est lui qui, pour beaucoup, assure le débit thermique nécessaire à une bonne régulation de la température chez les homœothermes.

L'idée ancienne, suggérée par les machines à feu, d'après laquelle la chaleur serait convertie dans le moteur musculaire en travail mécanique, n'a plus cours aujourd'hui. Le travail mécanique procède, non pas de la chaleur, mais d'une autre énergie antécédente ; il en procède conjointement avec la chaleur elle-même, formant avec elle un total, dans lequel la chaleur occupe une place d'autant plus réduite que le travail est plus grand et réciproquement.

1. Rendement du moteur musculaire en travail. — Dans les moteurs à feu, qui sont, comme on sait, construits en vue de transformer la chaleur en travail mécanique, le rapport de la quantité de chaleur convertie en travail à la quantité totale de la chaleur dépensée est ce qu'on appelle le *rendement* de la machine. Le muscle, venons-nous de dire, n'est pas un moteur à feu, ni une machine thermique quelconque. Son rendement doit donc s'exprimer autrement. C'est en réalité le *rapport de la quantité d'énergie initiale* (énergie chimique) *convertie en travail à la quantité totale d'énergie* (également chimique) *dépensée*. Toutefois comme nous n'avons pratiquement d'autre mesure de l'énergie chimique que par la chaleur qu'elle dégage et comme nous avons la possibilité de convertir, dans le muscle lui-même, cette énergie chimique entièrement en chaleur, en réalisant des conditions qui ne lui imposent pas de travail mécanique, le rendement musculaire pourra s'exprimer encore par la comparaison de deux quantités de chaleur. Nous ferons accomplir par le muscle deux contractions aussi semblables que possible (en lui communiquant dans les deux cas la même excitation), mais dont l'une déplacera une résistance (en faisant un travail mécanique), tandis que l'autre se fera à vide (sans travail mécanique). Le muscle dans les deux cas dégage une certaine quantité de chaleur, moindre dans le premier que dans le second de toute la quantité de chaleur qui correspond au travail accompli. Nous aurons ainsi les nombres qui établissent le rapport, la fraction par laquelle on exprime le rendement musculaire ; fraction dont le numérateur est donné par la différence entre les deux quantités de chaleur, et le dénominateur par la quantité de chaleur dégagée par le muscle travaillant à vide.

Remarque. — Dans le langage physique et industriel, ce qu'on appelle le rendement en travail, exprime la valeur de l'énergie utilisée dans le moteur pour la fonction que ce moteur doit remplir, le reste étant de l'énergie dépensée en pure perte, sans destination utile. Transporté dans le langage physiologique le mot rendement y exprime la même idée, comme si le muscle n'avait d'autre fonction que de faire du travail mécanique. Mais c'est considérer les choses d'un point de vue trop restreint. Le muscle dépense son énergie et, on peut dire la dépense utilement, en dehors de la considération du travail accompli : aussi est-ce la forme de son mouvement que l'on considère en physiologie plutôt que celle de son travail. Sa chaleur n'est, d'autre part, pas une énergie uniquement gaspillée, puisqu'elle représente dans l'organisme une condition essentielle de la vie des cellules. Son gaspillage apparent est nécessité par les besoins de la régulation, chez des êtres appelés à vivre dans un milieu dont le niveau thermique change à chaque instant.

2. Échauffement du muscle. — L'échauffement du muscle est facile à conslater. On a pu l'observer sur l'homme en enfonçant dans ses muscles des aiguilles thermo-électriques à travers la peau (Becquerel), ou en fixant sur les membres un thermomètre avec des bandes de flanelle (Chauveau). On peut l'étudier très commodément chez les animaux, avec surtout plus de liberté pour l'application des appareils thermométriques. En choisissant de préférence des animaux à sang froid, on peut opérer sur des muscles isolés et apprécier les phénomènes propres de la thermogénèse musculaire, sans complication de l'apport concomitant de chaleur par les vaisseaux, qui est presque inévitable dans le muscle en place, en raison de l'augmentation de sa circulation résultant de son fonctionnement (Helmholtz).

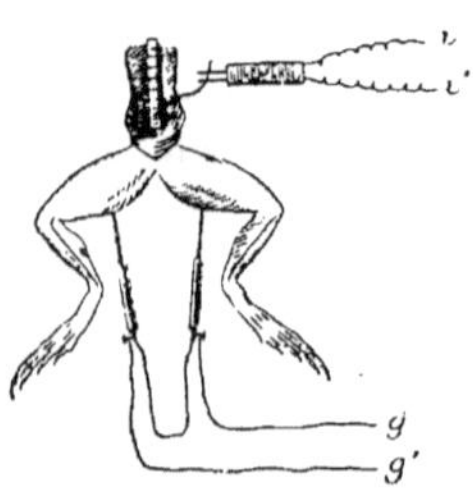

Fig. 58. — *Aiguilles thermo-électriques pour la mesure de l'échauffement du muscle pendant sa contraction.*

ii', fils d'un induit disposés pour l'excitation du nerf d'un côté; *gg'*. fils des aiguilles thermo-électriques implantées dans deux muscles symétriques, l'un contracté, l'autre au repos.

3. Calorimétrie musculaire. — L'élévation du degré de chaleur corrélatif du fonctionnement des muscles constaté dans de telles conditions, est un fait important à connaître, parce que, à lui seul, il est la preuve de l'aptitude thermogénétique si remarquable de ces organes. Mais l'appréciation du degré de cette élévation n'est pas précisément ce qui importe. Rapidement en effet cette élévation s'efface, par égalisation de la chaleur ainsi localement produite avec celle de l'organisme, en raison du courant circulatoire qui irrigue le muscle. La donnée numérique qu'il importe de dégager c'est celle de la *quantité de chaleur* (du nombre de calories) qui est produite par le muscle par le fait de son activité. On a imaginé des méthodes qui permettent de faire avec une approximation suffisante la *calorimétrie musculaire*.

Méthode directe. — En principe, la quantité de chaleur dégagée par un muscle pendant sa contraction est égale au produit de l'élévation thermométrique *t-t'* par la masse échauffée M et de plus par sa chaleur spécifique *c*, d'après la formule :

$$Q = M \times (t' - t') \times c.$$

La masse échauffée est ici le muscle lui-même, plus le sang qui le traverse pendant la durée de la contraction. La chaleur spécifique du sang et du muscle est sensiblement 0,085. Le poids du muscle et celui du sang écoulé à travers lui (coefficient de circulation pendant la contraction), l'élévation de la température tirée de la lecture du thermomètre, telles sont les données que doit fournir l'expérience pour évaluer la quantité cherchée.

Chauveau a fait des déterminations de ce genre sur le muscle masséter et le releveur de la lèvre supérieure du cheval (Voyez *Calorification*).

La dépense énergétique du muscle (comme celle de l'organisme lui-même) peut s'évaluer de deux façons, par deux méthodes; l'une immédiate, dont il vient d'être question, qui consiste à évaluer la chaleur dégagée du muscle par des moyens thermométriques ou calorimétriques, c'est la calorimétrie directe; l'autre, détournée, qui consiste à faire le bilan des échanges entre le muscle et son milieu (le sang) et à établir par le calcul la perte d'énergie subie par les substances, au cours de leur traversée dans le muscle, c'est la calorimétrie indirecte.

Méthode indirecte. — Réduite à ce qu'elle a d'essentiel dans la question qui nous occupe, l'équation des échanges entre le sang et le muscle est d'une grande simplicité. Il y a consommation par le muscle d'un hydrate de carbone et d'oxygène empruntés au sang et restitution par lui d'une quantité équivalente d'acide carbonique rendue au sang. C'est ce phénomène de respiration cellulaire, qui explique le dégagement d'énergie opéré par le muscle. En raison de son intensité propre, comme en raison de la masse si considérable du tissu musculaire, il tient une place prépondérante dans la production de l'énergie animale et en particulier dans celle de la chaleur. Le muscle est l'organe énergétique par excellence.

4. Dépense continue ; contraction tonique et contraction clonique. — La dépense du muscle en énergie est continue et elle s'exagère seulement subitement pour un temps, quand il passe de son état de repos relatif ou tonus à celui d'activité proprement dite accusé par sa contraction. L'étude des échanges fait ressortir cette différence. La calorimétrie indirecte, qui est fondée sur la mesure de ces échanges, peut donc nous renseigner sur la dépense énergétique du muscle, soit à l'état dit de repos, soit à l'état d'activité contractile ; tandis que la calorimétrie directe ne mesure que les différences de ces deux états. La calorimétrie indirecte a pour base expérimentale, outre la connaissance de la nature et du taux des substances échangées, celle des chaleurs de combustion (autrement dit d'oxydation) de ces substances obtenues en les brûlant dans le calorimètre (dans l'espèce la chaleur de combustion d'un hydrate de carbone, le glycose).

C. — ÉNERGIE ÉLECTRIQUE DU MUSCLE.

Tous les tissus vivants sont le siège de phénomènes électriques, consistant en différences de potentiel, accusant entre certains points choisis dans leur masse l'existence de courants plus ou moins permanents. Ces courants n'ont quelque régularité et partant quelque intérêt, que dans les tissus dont les éléments ont une orientation régulière, en même temps qu'une masse et des dimensions suffisantes, pour fournir les points de repère, et faciliter les prises de contact avec les électrodes des instruments de constatation et de mesure. Le muscle et le nerf sont dans ces conditions. L'un et l'autre sont formés d'éléments fasciculés ou fibrillaires de grande longueur, qui se répètent parallèlement. Chacun est assimilable à une cellule (ou fragment de cellule) répétée côte à côte un grand nombre de fois et, par ce grossissement artificiel de l'élément, le rend plus abordable à nos expériences. C'est ce qui fait que ces deux tissus sont souvent pris pour exemple du fonctionnement cellulaire, et c'est sur leur connaissance principalement que repose la physiologie générale ou cellulaire.

Problème à résoudre. — Le problème est le suivant (peu différent au fond dans les différents tissus), tel qu'il se pose pour le muscle. Étant donnée la direction de la force que nous voyons agir mécaniquement (direction des fibres) quelle est la direction, l'orientation du courant? Quels sont les changements de sens ou d'intensité corrélatifs de l'activité ou du repos du muscle? Quelle est la place de l'énergie électrique dans le cycle énergétique musculaire? Quelle aide tirons-nous de ces données pour l'explication de la déformation du muscle dans sa contraction? — Seules les deux premières de ces questions comportent une réponse à peu près satisfaisante. Sur tout le reste l'expérience est muette et il n'y a qu'hypothèses. Le fait que le muscle développe des forces électromotrices, et que celles-ci éprouvent des changements corrélatifs de son activité est un fait néanmoins trop important pour n'en pas tenir compte : c'est une pierre d'attente pour l'explication de la contraction musculaire, mais l'explication n'est pas trouvée.

Historique. — GALVANI avait observé (au cours d'expériences sur l'électricité atmosphérique) que les muscles des membres postérieurs de la grenouille touchés par le scalpel entraient en contraction lorsqu'une machine électrique placée dans le voisinage produisait des étincelles (1780). Un peu plus tard (1788), il fit l'observation suivante beaucoup plus significative : le train postérieur d'une grenouille étant suspendu à une balustrade métallique par un crochet lui-même métallique passé dans le plexus lombaire, des contractions se produisaient toutes les fois que les membres touchaient les barreaux de la balustrade. GALVANI comprit le déterminisme du phénomène. La secousse est due à la fermeture d'un circuit, dans lequel des tissus excitables (nerfs et muscles) sont interposés, et elle se produit toutes les fois que ce circuit vient à être fermé.

Dans ce circuit, où prend naissance la force qui produit l'excitation? On connaît sur ce sujet la discussion entre GALVANI et VOLTA. Pour ce dernier c'est au contact de deux métaux hétérogènes, ou encore au contact de deux substances hétérogènes dont une métallique (l'arc extérieur et l'animal); pour le premier, la source électrique est au contraire *intérieure* à l'animal excité, et il en donne pour preuve qu'on peut provoquer la secousse en repliant le nerf de la préparation sur les muscles de celle-ci, *sans métaux* par conséquent (1793). Il n'est pas même nécessaire de mettre en contact deux tissus différents (hétérogènes) comme le muscle et le nerf : si on prend deux pattes galvanoscopiques et qu'on réalise un circuit en les mettant en contact muscle à muscle et nerf à nerf, au moment du contact il y a contraction légère dans les deux pattes. L'étude de l'électricité animale et celle de l'électricité dite dynamique ont pour origine commune l'expérience de GALVANI. L'une et l'autre sont au fond identiques. La pile, inventée par VOLTA, est une synthèse, dans l'ordre purement physique, du courant observé sur les organes vivants des animaux : dans cet appareil comme dans le muscle, l'électricité est d'origine chimique, ce que montrera BECQUEREL un peu plus tard. Le courant de la grenouille, comme celui de la pile, dévie l'aiguille du galvanomètre, ainsi que le vit NOBILI, en sensibilisant cet instrument par l'usage des aiguilles astatiques imaginées par AMPÈRE.

I. — *Courant électrique musculaire.*

Matteucci le premier démontra l'existence du courant propre des muscles. Du Bois-Reymond précisa les conditions dans lesquelles il existe. — Soit un muscle vivant de forme cylindrique, détaché de l'animal, en faisant deux sections nettes, l'une sur chacune de ses extrémités ; *des différences de potentiel s'observent entre des points déterminés pris sur les faces de ce cylindre, à savoir sa surface naturelle ou cylindrique, et ses faces artificielle ou de section.* On appelle *équateur* la ligne idéale qui divise la surface longitudinale en deux moitiés symétriques. Lorsqu'on réunit par un circuit galvanométrique *deux points quelconques inégalement distants de l'équateur, il y a entre eux une différence de potentiel, au profit de celui le plus rapproché de ce dernier*; différence d'autant plus grande que l'inégalité de la substance est elle-même plus grande. Si les points sont également rapprochés de l'équateur, la différence est nulle, le galvanomètre est immobile.

Ces points peuvent être pris des deux côtés ou du même côté de l'équateur, sur la surface longitudinale ou sur les surfaces de section. Si l'on réunit un point de l'équateur au centre de l'une des surfaces de section, on observe la différence maxima; c'est ce qu'on appelle le *contact fort.* Sur chacune des surfaces de section, on trouve également des différences en réunissant des points inégalement différents de son centre; l'exploration de points plus ou moins voisins appartenant à la même surface s'appelle un *contact faible.* Les prises de courant se font par des *électrodes impolarisables,* la constatation et la mesure se font à l'aide d'un galvanomètre de Thompson, de Wiedmann ou de d'Arsonval, ou d'un électromètre de Lippmann. (Voyez *Fonctions d'innervation,* pages 60 et suivantes.)

Courant d'inclinaison; rhombe musculaire. — Lorsque dans un cylindre musculaire formé de fibres parallèles la surface de section, au lieu d'être perpendiculaire à l'axe du cylindre est oblique par rapport à cet axe (ce qui donne à cette surface la forme d'un rhombe ou d'une ellipse), la distribution du potentiel se trouve modifiée ; ce potentiel n'est plus égal pour des points exactement symétriques. Son changement de distribution peut s'exprimer en disant que l'angle aigu du rhombe devient négatif par rapport à l'angle obtus. Sur la surface transversale l'équateur prend une obliquité dirigée en sens inverse de celle de la surface du rhombe. Le contact fort se fait alors entre cet équateur et un point de la surface du rhombe qui n'est plus à son centre, mais dans le voisinage plus ou moins rapproché de son angle aigu.

1. **Courant longitudino-transversal.** — Le prisme musculaire ainsi observé est pourvu, ainsi qu'on voit, de polarités opposées, présentant une distribution en somme très régulière ; mais ce qui est remarquable, c'est la place tout à fait singulière des pôles

contraires. Ceux-ci ne sont pas, comme on s'y serait peut-être attendu, aux extrémités du cylindre musculaire. Dans son ensemble le courant n'est pas axial, mais au contraire *longitudino-transversal*. Les cercles parallèles, tracés symétriquement de chaque côté de l'équateur, ont exactement les mêmes tensions décroissantes à partir de celui-ci.

1. **Courant dérivé**. — Quand on réunit deux points dyssymétriques des surfaces du muscle par l'intermédiaire d'un galvanomètre, on réalise un circuit qui permet à ces points de manifester leurs tensions opposées, comme il arrive quand on relie le galvanomètre aux deux pôles d'une pile. Dans cette dernière, il n'y a aucun courant, avant que le circuit extérieur soit établi. Il n'en est pas de même dans le muscle. Des circuits intérieurs existent en lui qui sont fermés sur eux-mêmes d'une façon permanente et dans lesquels circulent la plus grande partie du courant. Les contacts établis par les fils du galvanomètre ne font qu'en *dériver* une partie probablement très faible et dont nous ignorons le rapport avec le courant intérieur véritable. C'est ce qui fait que le galvanomètre ne nous renseigne nullement sur l'intensité réelle du courant musculaire.

Lignes de flux. — Dans un objet de ce genre les lignes de flux du courant ont une disposition qu'on ne rencontre dans aucun appareil électrique connu. Elles naissent à partir de l'équateur et, s'éloignant en sens inverse dans chacune des deux moitiés, suivent la surface naturelle du muscle et vont converger symétriquement vers les centres de chacune des deux sections transversales. Voilà ce qui se passe à la surface du muscle. Nous n'avons aucun moyen de rechercher directement ce qui se passe dans sa profondeur; toute mutilation faite en vue d'y placer des électrodes ayant pour effet d'y créer une surface artificielle qui se comportera plus ou moins comme celles étudiées plus haut. Mais un courant n'existe qu'autant qu'il y a circuit fermé. Dans l'espèce, l'existence de lignes de flux extérieures, allant de l'équateur aux centres des surfaces extrêmes, postule l'existence de lignes de flux inverses, allant, dans l'intérieur du muscle, de ces centres à l'équateur. Que l'on suppose deux tores, comme ceux de la machine Gramme, placés parallèlement sur un axe commun et dont les fils seraient parcourus par des courants de sens inverses, c'est-à-dire s'éloignant dans le trajet extérieur des fils et allant à la rencontre l'un de l'autre dans le trajet de ceux-ci qui avoisine l'axe et on aura une représentation schématique assez fidèle des courants du muscle.

2. **Courants particulaires**. — Si on coupe le prisme musculaire en deux moitiés par une section passant par son équateur, chacune des deux moitiés se comportera comme le muscle entier. On peut poursuivre cette division aussi loin qu'on voudra; pourvu que le fragment séparé présente une orientation de ses éléments reproduisant celle du muscle, on y retrouve la même distribution symétrique des lignes de flux par rapport à un équateur, autrement dit, la même direction de ces lignes sur les surfaces extérieures du segment réalisé supposant une direction inverse de celle-ci dans son intérieur. Ainsi que l'avait déjà remarqué Du Bois-Reymond, on reproduit de la sorte, sous une forme nouvelle, l'ancienne expérience de l'aimant qui, brisé sur sa longueur, forme deux aimants ayant des polarités semblables à celles de l'aimant primitif. C'est l'indice que, *dans le muscle*, comme dans l'aimant, *les circuits qui forment les courants sont de grandeur moléculaire ou tout au moins particulaire*, attachés à des struc-

tures de dimensions extrèmement réduites, inférieures même à celle des éléments cellulaires (faisceaux primitifs) qui composent le muscle par leur juxtaposition.

Comme dans l'aimant, les courants dont nous pouvons percevoir l'action sont ceux de la superficie et nullement ceux de la profondeur. Comme dans l'aimant, les circuits particulaires du muscle cumulent leurs tensions, à mesure qu'ils s'ajoutent les uns aux autres, dans un certain sens. Mais, ainsi qu'on l'a vu, les systèmes particulaires du muscle sont bien plus complexes que ceux de l'aimant. Ceux-ci en effet sont assimilables à de petits solénoïdes. Ainsi qu'il a été dit plus haut, ceux du muscle sont assimilables à des solénoïdes fermés sur eux-mêmes, comme le tore de la machine Gramme, et de plus ce tore est double, c'est-à-dire formé par une double couronne de circuits dont les courants sont dirigés en sens inverse. Un tel système suspendu librement par son centre de gravité, quelle que soit l'intensité des courants qui y circulent, n'affectera aucune position particulière par rapport au méridien magnétique, chaque élément de solénoïde qui entre dans sa composition étant exactement compensé par un élément opposé qui développe une force exactement contraire. On remarquera de plus que *les lignes de force que la circulation des courants développe dans des systèmes de ce genre sont toutes à l'intérieur de ces systèmes.* Cette disposition annule les effets d'induction qui sans cela se développeraient dans leur voisinage et troubleraient le fonctionnement indépendant d'éléments voisins.

3. **Y a-t-il préexistence du courant ? Courant de repos.** — Tout ce qui vient d'être dit s'observe sur le muscle en repos, c'est-à-dire en dehors de tout état d'activité ou de contraction de sa part. Nous verrons plus bas comment les choses se modifient pendant la contraction. Ainsi qu'on a vu, on opère sur des muscles isolés sectionnés sur leur longueur et on semble supposer que ces fragments détachés se comportent comme le muscle en place et intact. Pour contrôler la légitimité de cette supposition, on a répété ces observations sur des muscles dénudés, mais laissés en place, sans mutilation. Un muscle étant terminé à ses extrémités par deux tendons (tissus inertes au point de vue moteur), on peut, en plaçant l'une des électrodes sur l'un de ceux-ci, l'autre sur sa surface charnue, réaliser (sans faire de mutilation) une dérivation transverso-longitudinale à peu près équivalente à celle d'un muscle coupé, le tendon représentant une sorte d'électrode appliquée contre une surface transversale naturelle du muscle considéré.

Parélectronomie. — Or, dans ces conditions, il arrive qu'on ne trouve pas de différence de potentiel entre le muscle et le tendon (autrement dit pas de courant longitudino-transversal), ou bien cette différence est très faible, ou bien encore elle se renverse et le tendon a un potentiel légèrement plus élevé que le muscle lui-même. Ces faits observés par Du Bois-Reymond semblent indiquer que le courant longitudino-transversal fait défaut dans les muscles exempts de mutilation, qu'en d'autres termes le courant musculaire dit de repos est dû à un artifice de l'opération. Telle ne fut pas cependant la conclusion de Du Bois-Reymond, qui, pour sauvegarder la formule de la préexistence, imagina la *parélectronomie*; explication purement arbitraire, en vertu de laquelle les tendons développeraient à leur point d'attache contre les muscles des forces électro-motrices particulières, inverses de celles du tissu musculaire à cet endroit et capables de les neutraliser plus ou moins. Il n'est pas besoin d'insister sur ce qu'une pareille explication présente d'illégitime et d'antiscientifique.

4. Rhéoscope physiologique. — Dans l'expérience initiale de Galvani, l'appareil neuro-musculaire représenté par le train postérieur d'une grenouille est tout à la fois un générateur d'électricité et un rhéoscope très sensible, manifestant la présence d'un courant, quand on vient à donner à cet appareil une position spéciale de ses parties, qui fait circuler le courant dans ses nerfs en les excitant et par ceux-ci les muscles : c'est une expérience d'*auto-excitation* de la patte de grenouille. — On peut dissocier les deux phénomènes, prendre un muscle isolé pour faire le générateur et une patte munie de son nerf pour en faire le rhéoscope (patte galvanoscopique). Si on place le nerf de cette patte sur le muscle de manière qu'il touche à la fois la section longitudinale et la section transversale, au moment où se fait le contact il y a contraction de la patte (secousse de fermeture) et si les conditions sont favorables aussi au moment où ce contact se rompt (secousse d'ouverture).

L'apparition des contractions et leur grandeur relative suivent les lois essentielles de l'excitation électrique, comme cela a été établi par Chauveau.

5. Courant d'altération ou de démarcation. — Frappés de ces faits et d'un certain nombre d'autres analogues, Hermann, Engelmann et avec eux bon nombre d'électrophysiologistes expliquent la production du courant dit de repos par les *altérations créées par la section du tissu musculaire à son extrémité*. L'instrument tranchant ne fait pas que séparer des éléments fonctionnels distincts ; il détruit des structures délicates jusqu'à une certaine profondeur, mêle des substances auparavant séparées, qui entrent en réaction et développent de ce fait des forces électromotrices. Le sens de celles-ci est tel que la partie altérée est négative par rapport aux parties saines. La partie altérée se comporte comme une partie très vivement irritée : ainsi qu'on le verra plus loin, un point excité est négatif par rapport au reste du muscle qui est en repos.

II. **Rapport avec la vie du muscle**. — La réaction d'où procèdent les forces électro-motrices est donc *à la limite* du tissu sain et du tissu altéré, d'où le nom de *courant de démarcation* qui a encore été donné à ce phénomène. Cette altération se poursuit peu à peu dans la longueur des fibres et, tant qu'elle se prolonge, maintient l'existence du courant longitudino-transversal. *Le courant dure ainsi autant de temps que le muscle conserve ses propriétés dans quelque partie encore saine.* On voit par là les rapports qui existent entre la vie du muscle et son courant électrique. Quand le muscle est mort tout courant a disparu.

Muscles pléomères. — Certains muscles (comme le droit de l'abdomen) sont coupés par l'intersection de tendons courts ; certains autres (comme le cœur) sont formés d'éléments courts, ajoutés bout à bout, qui sont séparés par un ciment de nature non musculaire. Quand sur de tels muscles, on prend une dérivation du courant longitudino-transversal, ce courant se manifeste d'abord comme dans les autres muscles, mais décroît rapidement et disparaît, bien que ces muscles restent parfaitement excitables. On explique le fait en disant que l'altération due à la section s'arrête rapidement, au niveau de la première intersection tendineuse ou à la première tranche du ciment intercellulaire.

Action de la chaleur. — L'élévation de la température, en tant qu'elle est compatible avec la vie, augmente l'intensité du courant longitudino-transversal probablement par l'intensité qu'elle imprime à l'altération, en tout cas par l'action adjuvante qu'elle imprime à toutes les réactions des êtres vivants. *A partir du degré où elle tue le muscle elle fait cesser complètement son courant.* La réfrigération agit en sens exactement inverse de l'échauffement maintenu dans les limites physiologiques : un muscle congelé ne développe plus de réactions électro-motrices.

II. — *Variation négative ; courant d'action.*

Soit un muscle sur lequel on prend une dérivation longitudino-transversale qui mette en évidence son courant dit de repos ou d'altération : si on excite le nerf de ce muscle, ou que de toute façon on le mette en état de contraction, on voit l'aiguille du galvanomètre revenir du côté du zéro, accuser par conséquent une *diminution de l'intensité du courant primitif*, sans toutefois changer de sens ni même l'annuler (la diminution sera par exemple de 40 p. 100). Ce phénomène a été découvert par Matteucci, et étudié ensuite par Du Bois-Reymond qui en a précisé la nature et les conditions, et lui a donné le nom de *variation* ou *oscillation négative* sous lequel on le désigne encore habituellement.

I. **Courant d'action.** — Toutes les fois que le courant longitudino-transversal existe avec netteté (toutes les fois qu'il y a eu mutilation du muscle pour établir la section transversale sur laquelle porte l'une des électrodes), la variation électrique, qui accompagne la contraction, se présente sous la forme d'une simple diminution du courant primitif, et mérite le nom de négative qui lui a été donné. Mais il est des cas où, le courant longitudino-transversal faisant défaut (dérivation prise sur un muscle non mutilé ou sur un muscle pléomère), la mise en état de contraction d'un tel muscle y produit néanmoins un changement électrique. Celui-ci se présente alors comme un courant créé de toutes pièces et toujours de sens inverse à ce que serait le courant musculaire s'il existait. C'est ce qui fait que beaucoup d'auteurs le désignent préférablement sous le nom de *courant d'action* et lui assimilent la variation négative, comme étant un courant de ce genre masqué par le courant longitudino-transversal dû à l'altération.

II. **Son importance.** — Quoi qu'il en soit, le phénomène a une très grande importance : manifestement il est lié à l'activité musculaire, qu'il accompagne étroitement et dont il épouse la forme et l'intensité.

Contraction dite induite ou secondaire. — La variation négative peut être constatée très simplement avec le rhéoscope physiologique (patte galvanoscopique). Ce dernier est éminemment propre à déceler, non pas précisément le courant, mais les moindres variations de celui-ci. C'est par un artifice de ce genre, qu'en faisant envahir le nerf de la patte galvanoscopique par le courant musculaire, on constate son existence, ou encore en rompant le circuit, comme on l'a vu plus haut. Si, le nerf de la patte galvanoscopique étant maintenu en contact avec le muscle, ce courant vient à éprouver quelques brusques changements d'intensité, il y aura excitation du nerf par ces variations du courant et contraction de la patte. — C'est ce qui arrive lorsque, comme l'a vu le premier Matteucci, on maintient le nerf d'une patte de grenouille sur le muscle d'une autre patte également détachée, pendant qu'on excite le nerf de cette dernière. Chaque excitation du nerf primaire produisant une variation électrique dans son muscle, le nerf secondaire en éprouve autant d'excitations qui se transmettent à son propre muscle.

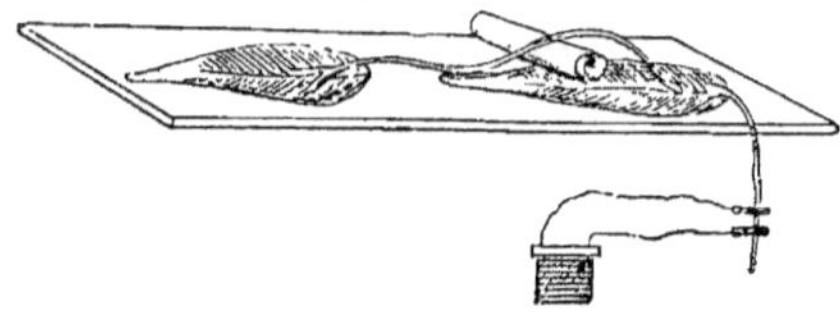

Fig. 59. — *Disposition des deux systèmes névro-musculaires primaire et secondaire dans la contraction dite induite.*

L'expression « contraction induite » employée d'abord par cet auteur, est impropre, parce que manifestement l'induction électrique n'est pour rien dans le phénomène, qui s'explique par une simple dérivation du courant musculaire dans le nerf de la patte galvanoscopique, assez forte pour exciter celle-ci à se contracter. Cette contraction dite préférablement « secondaire » peut, par le même mécanisme, engendrer une contraction tertiaire dans une troisième préparation et ainsi de suite. — Il peut arriver que la contraction manque, par exemple, dans la deuxième préparation, alors qu'elle se produit dans la première et la troisième. C'est l'indice que le phénomène électrique se produit pour des intensités moindres que le phénomène mécanique de la contraction, toutes choses égales du côté de l'excitabilité propre des diverses préparations.

Le rhéoscope physiologique est un tissu excitable ; il subit forcément la loi de l'excitation qui est de ne se produire que sous l'impulsion d'une force variable et point sous l'action d'une force continue. Quand les chocs d'induction qui excitent le nerf primaire sont suffisamment rapprochés, le muscle de celui-ci entre en tétanos par la fusion mécanique de ses secousses composantes ; le muscle secondaire en fait d'abord autant et entre lui-même en tétanos. Mais, bientôt ce muscle cesse de se contracter, alors que le premier est toujours rigide. C'est la preuve que ses variations négatives, du fait de leur rapprochement trop grand et de l'allongement que leur imprime la fatigue, tendent à se fusionner en une seule variation continue, qui n'a plus d'effet excitant. (Voyez *Fonctions d'innervation, lois de l'excitation*, page 61.)

III. Sa place dans le temps. — La variation négative (ou courant d'action) est nécessairement postérieure à l'arrivée de l'excitation dans le muscle, mais elle précède le phénomène mécanique de la déformation musculaire ou contraction ; *elle se place* donc *dans le cours du temps de latence de l'excitation du muscle.* L'expérience suivante le prouve. Une patte galvanoscopique est repliée sur le cœur vivant d'une grenouille. A chaque pulsation cardiaque il y a contraction de la patte. Si le cœur ne bat pas trop vite, on peut voir distinctement que cette contraction (malgré qu'elle ait elle-même un temps de latence) débute avant la systole cardiaque. Le temps de latence de cette dernière se trouve être assez long pour que tout le cycle de la contraction secondaire qu'elle provoque puisse se dérouler pendant sa durée (KÖLLIKER et H. MÜLLER).

Autre expérience. — Étant donnée une patte galvanoscopique dont le nerf est placé sur le muscle d'une autre préparation, on peut s'arranger pour lancer un courant induit, une fois dans le nerf primaire et une autre fois dans le nerf secondaire, en même temps qu'on mesure le temps qui sépare l'excitation de la contraction dans les deux cas. Ce temps est de 1/200 de seconde plus long dans le premier cas que dans le second. Comme le retard normal de la contraction du muscle de grenouille sur l'excitation de son nerf est de 1/100 de seconde, il s'ensuit bien que la variation négative du muscle primaire tombe au beau milieu de ce temps de latence (HELMHOLTZ). Si on réfléchit que l'excitation secondaire par la variation négative est probablement plus faible que l'excitation directe par le courant induit employé, on est autorisé à diminuer la différence des deux temps, ce qui place la variation négative au début du temps de latence musculaire dans le cycle de la contraction (BEZOLD).

La durée qui s'écoule entre l'excitation et la variation négative peut encore être appréciée

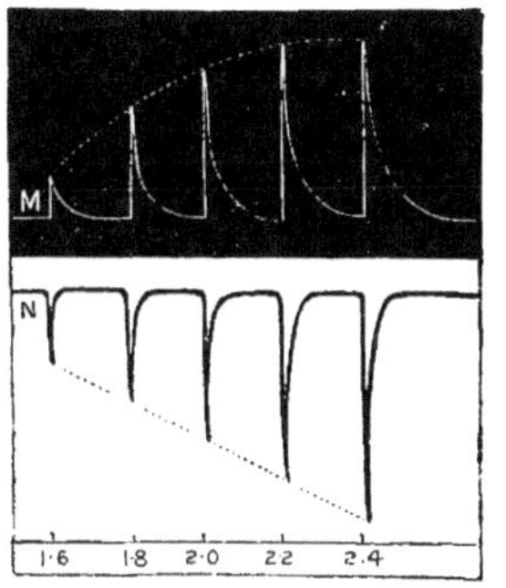

Fig. 60. — *Rapport d'accroissement de la variation négative avec la grandeur de l'excitation* (d'après WALLER).

M, contraction du muscle ; N, variations négatives correspondantes.

d'une façon plus directe par des mesures galvanométriques. BERNSTEIN a employé pour cela un rhéotome différentiel fondé sur la méthode de GUILLEMIN (Voyez *Fonctions d'innervation,* pages 59 et 60). Cet instrument permet de réaliser la clôture d'un circuit galvanométrique pendant une durée voulue (très courte) et cela à un temps déterminé, réglable à volonté (très court également), après que le courant d'excitation a été lancé dans le nerf. Une roue en rotation réalise les contacts à la fois du circuit d'excitation et du circuit galvanométrique l'un après l'autre et à un intervalle de temps déterminé par une vis de réglage qui éloigne ou rapproche ces courants.

IV. **Son intensité**. — Pas plus que celle du courant dit de repos, on ne peut l'apprécier en valeur absolue, et pour les mêmes raisons ; mais on démontre que, comme celle de la contraction, cette valeur s'accroît avec celle de l'excitation et semblablement d'après les mêmes lois. Il est certain d'autre part que les courants d'action qui accompagnent la contraction des gros muscles, comme le cœur, poussent des dérivations dans les tissus voisins, lesquelles

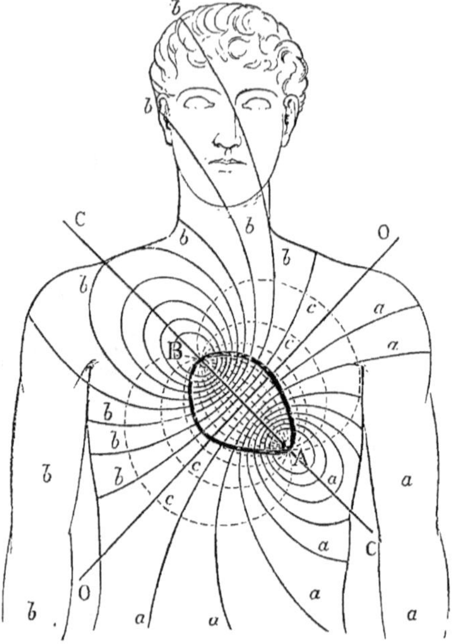

Fig. 61. — *Distribution du potentiel électrique dans le cœur et par extension dans le reste du corps au moment de sa variation dans le cœur* (d'après WALLER).

A, pointe; B, base du ventricule présentant à un moment donné une différence de potentiel; C, direction générale ou axe des lignes de flux c, c, c, du courant; a, a, a. b, b, b, lignes équipotentielles autour des pôles A et B; O, équateur ou plan de potentiel zéro. On peut dériver un courant dans l'électromètre en réunissant par son circuit des points de potentiel inégal, plus ou moins intense suivant les places choisies pour placer les électrodes.

peuvent être recueillies à travers la peau humide dans le galvano-mètre, chez l'homme lui-même (Du Bois-Reymond, Waller).

V. Sa forme. — La forme de la variation négative est au fond celle de la contraction musculaire. C'est, en tenant compte de certaines différences dues à la nature particulière des deux phéno-mènes, ce qu'on peut voir en enregistrant par la photographie, ainsi que l'a fait Marey, les excursions de la colonne mercurielle d'un électromètre de Lippmann.

La contraction du cœur est une secousse lente, qui se prête bien à cette analyse simple. Quand on se sert du galvanomètre et surtout qu'on opère sur un muscle squelettique, l'inertie de l'aiguille ne permet pas à celle-ci de suivre aussi fidèlement l'allure du phénomène. On en construit la courbe par artifice de la façon suivante: avec le rhéotome différentiel, on fait varier la place de la clôture (très brève) du circuit galvanométrique par rapport au moment de l'excitation et dans une série d'excitations on note les valeurs de l'impulsion communiquées à l'aiguille. On voit ces valeurs aller d'abord croissant puis décroissant; ce sont les éléments avec lesquels on construit la courbe du phénomène.

Propagation du courant d'action, courant diphasique. — Nous savons qu'une secousse musculaire consiste en une déformation mécanique qui considérée sur place grandit, atteint un maximum puis rediminue et s'éteint. Mais de plus, cette déformation se déplace le long de l'élément considéré, ce qui apporte aux figurations qu'on peut faire de cet élément une nouvelle complica-

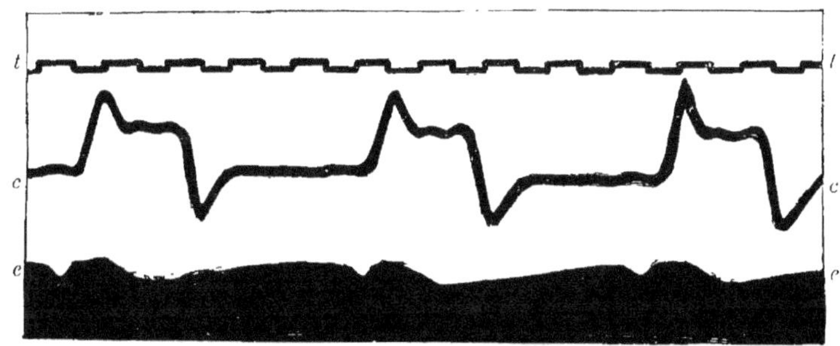

Fig. 62. — *Variation diphasique du cœur humain ou courant d'action de la systole cardiaque.*

e, e, variation diphasique (inscription photographique des déplacements de la colonne mercurielle d'un électromètre de Lippmann); *c, c,* cardiogramme inscrit simultanément, *t, t,* unités de temps. Les fils de l'électromètre étaient en contact, celui de l'acide sulfurique avec la bouche, celui du mercure avec le pied gauche.

tion. Le phénomène électrique qui accompagne la secousse fait de même. — Pour n'avoir pas à parler de variation négative, prenons un muscle intact, ne présentant pas de courant dit de repos, c'est-à-dire d'altération par sa section. On l'intercale en entier dans le circuit d'un galvanomètre ou d'un électromètre de Lippmann, dont les électrodes impolarisables sont en contact l'une avec l'une de ses extrémités, l'autre avec l'autre. Point de différence de potentiel pour commencer. On excite une des extrémités (on s'arrange pour que le courant excitateur ne puisse pas dériver dans le circuit de l'électromètre). C'est un pôle négatif qui se crée localement du fait de l'excitation sous l'électrode correspondant à cette extrémité, tout le reste du muscle joue le rôle d'électrode positive par rapport à cette tranche excitée. Il y a déplacement de l'aiguille ou de la colonne mercurielle dans un sens. — L'excitation se déplace, gagne peu à peu le milieu du muscle; il y a alors une tranche négative entre deux segments musculaires, jouant le rôle d'électrodes positives. L'aiguille ou la colonne est revenue au zéro. — L'excitation se déplace encore et gagne l'extrémité opposée; c'est alors un pôle négatif qui se crée sous l'électrode qui correspond à cette autre extrémité du muscle considéré, il y a déplacement de l'aiguille ou de la colonne en sens opposé au premier déplacement. Le courant s'est renversé dans le circuit.

La propagation de l'excitation le rend diphasique. — Graphiquement, une telle variation électrique a la forme d'une S couchée, dont une moitié est au-dessous et l'autre moitié au-dessus de l'abscisse, indiquant un renversement complet des conditions. Graphiquement le phénomène mécanique auquel nous comparons sans

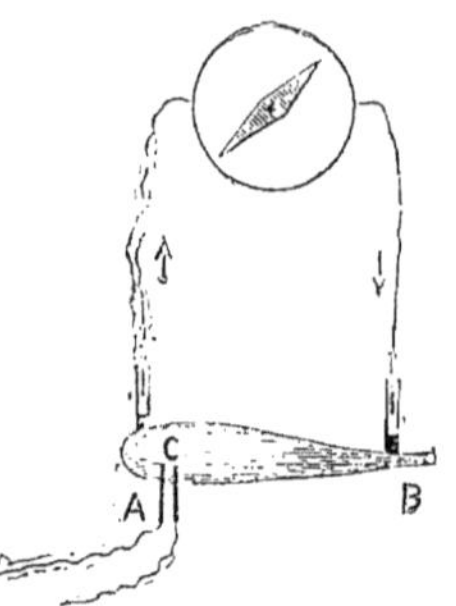

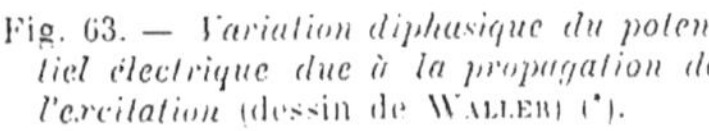

Fig. 63. — *Variation diphasique du potentiel électrique due à la propagation de l'excitation* (dessin de WALLER) (*).

Fig. 64. — *Variation diphasique d'un cœur de chat* (**).

(*) AB, muscle intact intercalé en entier dans le circuit d'un galvanomètre; C, point limité recevant l'excitation. Ce point prend au moment de l'excitation un potentiel négatif et le courant va d'abord de B en A en déviant l'aiguille dans un sens. A mesure que l'onde d'excitation se déplace en allant de A en B ce courant décroît; quand elle occupe le milieu du muscle il devient nul et l'aiguille repasse par zéro; quand l'onde d'excitation ou d'activité toujours caractérisée par son potentiel négatif atteint l'extrémité B, le courant se renverse (dans le sens indiqué par les flèches) et l'aiguille tourne en sens opposé. Puis l'activité cessant, le courant décroît et disparaît.

(**) Première phase pendant laquelle la base est négative par rapport à la pointe. L'onde de contraction se propageant de la base à la pointe, dans une deuxième phase la situation des pôles s'est renversée: la pointe est devenue négative par rapport à la base. Photographie de l'excursion de la colonne mercurielle d'un électromètre de Lippmann.

cesse le courant d'action ne prend jamais cette forme, sa représentation comme on la figure n'a jamais de valeur au-dessous de l'abscisse. Cela tient à ce que le phénomène électrique affecte des polarités, tandis que le phénomène mécanique n'en a pas. A cette différence près, ils sont comparables et généralement semblables.

Variation négative dans l'excitation tétanique. — Il y a pourtant des circonstances où le phénomène électrique prend la forme renversée il est vrai du phénomène mécanique de la contraction: c'est dans le cas de l'excitation *tétanique* d'un muscle coupé à son extrémité et dont on a dérivé dans le galvanomètre le courant longitudino-transversal d'altération. Dans ce cas, d'une part les ondes, sans cesse renouvelées, se pressent à la suite les unes des autres et tendent à occuper à la fois toute la longueur de la fibre, d'autre part elles n'arrivent que très incomplètement à l'extrémité altérée (sans cela elles s'annuleraient électriquement). Il en résulte une simple diminution moyenne et persistante du courant d'altération, qui est la variation négative, telle qu'on l'observe dans le tétanos.

VI. Conclusion. — En somme, la variation négative ou courant d'action, se modèle sur la contraction elle-même, et traduit électriquement le phénomène mécanique qui la caractérise. De plus, elle la précède immédiatement, comme si *l'énergie que nous appelons électrique s'intercalait entre l'énergie chimique initiale et l'énergie mécanique qui termine le cycle.* Ce que nous savons de la plasticité de l'électricité et de son rôle de plus en plus grand dans des phé-

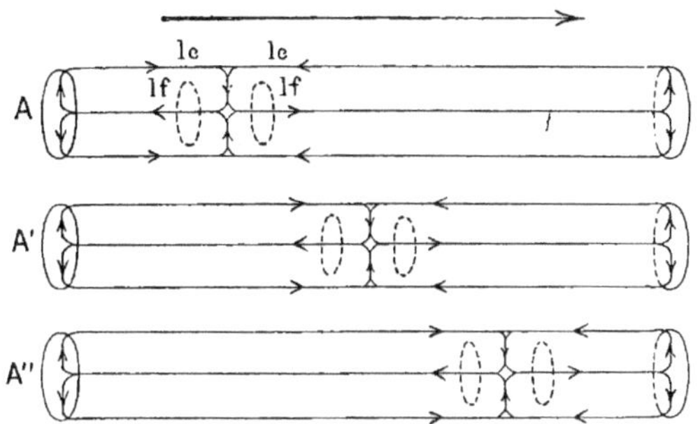

Fig. 65. — *Schème représentant les courants d'action, leur forme tourbillonnaire et leur propagation le long d'un élément musculaire ou nerveux.*

lc, lignes de flux de ces courants dont la direction est indiquée par des flèches. A la surface ces lignes se dirigent des parties non excitées (inactives) vers la tranche excitée (active) de l'élément, gagnent sa profondeur, se contournent pour suivre dans son intérieur un chemin inverse et se fermer sur elles-mêmes. Une double couronne de ces lignes se dessine ainsi symétriquement de chaque côté de la tranche excitée : *lf*, lignes de force (marquées en traits) circulant uniquement à l'intérieur de ces tores.

A, A', A'', le même élément pendant que l'excitation se propage suivant sa longueur, comme l'indique la grande flèche placée en haut de la figure. Renversement des courants tourbillonnaires, dans chaque tranche, du fait de leur propagation : d'où la forme diphasique de ces courants due au déplacement des polarités le long de l'élément excité.

nomènes où on la croyait absente donne certainement du crédit à une telle façon de voir. Les forces que nous appelons chimiques ne sont probablement qu'une variété des forces électriques engendrant les attractions et répulsions entre les atomes, comme l'a supposé Helmholtz. Quant à imaginer (en dehors des expériences directes actuellement irréalisables) un mécanisme par lequel l'énergie devenue électrique réaliserait la déformation spécifique du muscle, c'est une tentative vaine, un nombre en quelque sorte illimité de solutions s'offrant à l'esprit qui pourraient en rendre compte.

D. — ÉLASTICITÉ MUSCULAIRE.

Physiquement, un corps est dit *élastique* lorsqu'ayant subi une déformation, il est susceptible de *reprendre sa forme première*, une fois l'influence déformante éloignée. Lorsque la déformation a été poussée trop loin, il y a rupture du corps ou bien persistance de la déformation : on dit alors que les *limites de l'élasticité* ont été dépassées. Ces limites sont très variables suivant la nature des corps élastiques. On appelle *force élastique* la résistance opposée

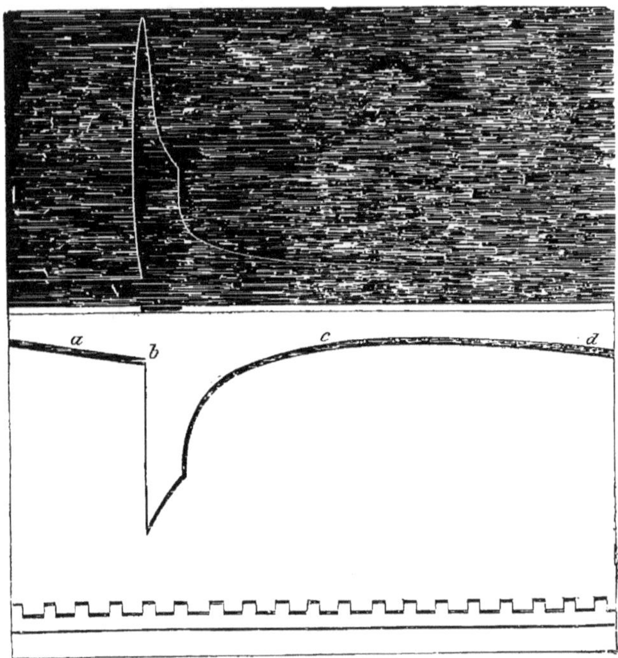

Fig. 66. — *Variation négative dans un gastrocnémien de grenouille* (d'après WALLER).

Graphique simultané d'une contraction tétanique (ligne blanche sur fond noir) et de la variation négative correspondante (ligne noire sur fond blanc) : *a*, courant d'altération en train de diminuer lentement; *b*, diminution soudaine de la variation durant le tétanos (variation négative); *c*, le courant augmente de nouveau après le tétanos (variation subséquente positive); *d*, le courant d'altération reprend sa marche normale, lentement descendante.

Les oscillations galvanométriques sont enregistrées au moyen d'un rayon de lumière que le miroir réfléchit sur un cylindre tournant autour d'un axe horizontal et recouvert de papier sensible.

par le corps à la cause qui tend à le déformer. Dans le langage physique l'élasticité est dite d'autant plus grande que la déformation est moindre, sous une influence donnée. Dans le langage vulgaire, le mot a un sens tout autre : l'élasticité s'y mesure à l'étendue des limites entre lesquelles se fait la déformation. Pour les physiciens, l'élasticité et l'extensibilité sont des propriétés inverses; pour le commun ce sont des expressions synonymes.

Le muscle est contractile : on sait ce qu'on entend par ces mots. L'expérience démontre que le muscle est également élastique. Quel rapport ont ces deux propriétés? sont-elles distinctes? sont-elles localisées séparément, dans l'élément musculaire? la première n'est-elle qu'une modalité de la seconde? comment s'influencent-elles mutuellement? c'est ce qu'il faut discuter et essayer de préciser.

I. **Contractilité ; élasticité.** — Soit un muscle au repos ; il est placé verticalement ; son extrémité supérieure est fixe ; son extrémité inférieure, libre de se mouvoir, supporte une charge. On l'excite ; il rapproche l'une de l'autre ses deux extrémités, en soulevant la charge. Suivant l'expression convenue, il se *contracte*. — Soit, à la place de ce muscle, une bande de caoutchouc, à l'extrémité de laquelle nous attachons la même charge ; nous constatons que cette bande s'allonge, puis, si on enlève la charge, elle se *rétracte* de la même longueur qu'elle s'était allongée.

La contraction du muscle et la rétraction de la bande élastique nous apparaissent, de prime abord, comme des phénomènes en quelque sorte opposés. Si on varie les conditions de l'expérience, on arrive à leur trouver quelque ressemblance. En tous cas nous voyons que soit le muscle, soit le caoutchouc *équilibrent une charge*. Le caoutchouc l'équilibre en se laissant déformer ; le muscle, après l'avoir soulevée, l'équilibre en résistant à la déformation qu'elle tend à lui imprimer. Le caoutchouc l'équilibre en satisfaisant à son élasticité ; le muscle l'équilibre en changeant son état intérieur, *comme s'il augmentait tout d'un coup, dans une mesure donnée, son coefficient d'élasticité*.

II. **Constatation de l'élasticité musculaire.** — Il faut d'abord montrer que le muscle n'est pas seulement contractile, mais qu'il est aussi élastique. Pour cela, nous le traiterons comme la bande de caoutchouc ; c'est-à-dire qu'avant de lui attacher la charge, nous noterons sa longueur ; et après l'avoir attachée nous la noterons de nouveau ; on constatera alors un allongement, qui sera suivi d'un retrait égal, si la charge est de nouveau enlevée. *Le muscle se comporte comme un corps élastique.*

1. **Comparaison de l'élasticité du muscle pendant son repos et pendant son activité.** — Nous avons fait cette constatation sur le muscle pendant qu'il était *au repos*. Nous pouvons en faire une seconde toute semblable sur le même muscle mis en *état de contraction* soutenue par une excitation tétanisante. Pendant qu'il est contracté, nous lui attachons, lui enlevons et lui rattachons la même charge que tout à l'heure ; et chaque fois nous notons exactement la longueur qu'il prend, c'est-à-dire son allongement et son retrait.

Dans l'état de contraction, comme dans l'état de repos, nous trouvons qu'il est élastique. Mais l'expérience nous apprend que le coefficient d'élasticité n'est pas le même dans les deux cas, et, chose qui surprend au premier abord, il est plus grand dans le cas du muscle au repos que dans celui du muscle contracté. En d'autres termes plus clairs, *le muscle contracté est plus extensible* (sa force élastique étant moindre) *que le muscle au repos*.

Valeur du raccourcissement dans les cas du muscle chargé et non chargé. — Il suit de là que, si nous comparons les déplacements de l'extrémité inférieure d'un muscle, dans deux contractions semblables, l'une sans charge et l'autre avec charge, les points de départ et d'arrivée de ces déplacements seront (en raison de l'allongement opéré par la charge) situés dans le premier cas plus bas que dans le second ; mais de plus (en raison de la valeur croissante de cet allongement pendant la contraction) ces déplacements eux-mêmes seront inégaux, celui du muscle chargé sera moindre que celui du muscle non chargé ; autrement dit, un muscle très chargé prend sa charge un peu plus bas et la porte beaucoup moins haut qu'un muscle peu chargé (et par extension qu'un muscle non chargé). L'un et l'autre se raccourcit, mais le premier beaucoup moins que le second.

2. **Paradoxe de Weber.** — On voit que l'élasticité du muscle introduit dans l'expression de son raccourcissement une valeur inverse, autrement dit négative, qui tend à la compenser, à mesure que la charge à soulever devient plus forte. Pour une charge dont la valeur va croissant, peut-il arriver que la compensation soit suffisante ou même excédante, à tel point que l'excitation d'un muscle aurait pour effet, non plus de le raccourcir, mais de l'allonger ? c'est ce que Weber a soutenu, et quelques auteurs ont produit des faits tendant à la même conclusion (Richet, de Varigny).

3. **Conditions possibles intercurrentes.** — Avec la généralité des physiologues nous admettons que *l'effet univoque de l'excitation d'un muscle est la contraction, c'est-à-dire le raccourcissement*. Les faits en apparence contraires à cette formule s'expliquent par l'intervention de conditions étrangères à celles qu'elle suppose et tenant à la complexité des objets sur lesquels ont porté les expériences. L'allongement d'un muscle peut-être la conséquence de son excitation dans les circonstances suivantes :

1° Quand cette excitation atteint des muscles *antagonistes* de ceux sur lesquels porte spécialement l'observation ;

2° Quand elle atteint des nerfs ayant pouvoir pour *inhiber* les nerfs moteurs se rendant à ces muscles ;

3° Quand, ayant une intensité très grande, elle anélectrotonise (c'est-à-dire *paralyse* au lieu de les exciter) les nerfs moteurs de ces muscles et leur fait perdre de ce fait l'état d'activité tonique qu'ils communiquent normalement à ces mêmes muscles.

Sous sa forme outrée, le paradoxe de Weber est donc insoutenable. Il persiste sous sa forme réduite, en ce sens que l'état d'excitation a pour effet de diminuer le coefficient d'élasticité des muscles et de restreindre d'autant l'effet utile de leur contraction, mais cela seulement dans des conditions anormales.

4. **Conditions artificielles.** — Il faut à cet égard faire en effet une remarque : c'est que ce phénomène, lui-même assurément paradoxal, ne s'observe bien que pour des charges un peu fortes et dans le cas d'excitation artificielle. De plus, lorsqu'on fait l'épreuve de l'élasticité, soit au repos, soit pendant la contraction, on remarque que l'allongement et le retrait sont loin d'être des

quantités égales, comme le voudrait la définition de l'élasticité. Le muscle chargé puis déchargé ne revient pas à sa longueur première ni dans un cas ni dans l'autre. On est donc, somme toute, en dehors des conditions proprement physiologiques, qui doivent servir de bases à l'expérience et aux conclusions qui en découlent.

5. **Conditions normales.** — Donders et van Mansfeld ont étudié l'élasticité musculaire, sur l'homme, dans le cas de contraction soutenue, entretenue par la volonté. Ils opéraient sur les muscles fléchisseurs de l'avant-bras (biceps et brachial antérieur). Le bras étant assujetti à une position fixe, l'avant-bras muni d'une charge attachée au poignet par un fil, était immobilisé volontairement dans une position fixe à angle droit à un moment donné. Le fil brusquement rompu le libérait de sa charge. Les muscles fléchisseurs, agissant alors comme un ressort, se rétractaient subitement, entraînant l'avant-bras dans un mouvement de flexion angulaire, dont la valeur était estimée sur un cadran portant des degrés de 0° à 90°. Cette rétraction est la mesure de l'allongement subi par l'organe élastique (ici les muscles) occasionné par la charge. En opérant avec des charges variables, ces auteurs observaient que la rétraction est proportionnelle au poids de la charge, d'où on peut conclure que l'allongement des muscles a la même proportionnalité.

Chauveau a repris ces études en s'entourant de conditions qui en garantissent la précision, et en variant davantage la forme primitive de l'expérience. Dans un travail fait avec la collaboration de Tissot il s'est astreint à donner à ses mesures la forme graphique.

Expérience. — L'avant-bras, muni d'une charge attachée au poignet, est maintenu en position fixe par un effort volontaire. Pendant que cet effort dure on ajoute à la charge primitive une charge additionnelle, puis on enlève cette charge additionnelle, le tout par une manœuvre automatique qui est masquée aux yeux du sujet de l'expérience. Au moment où la charge additionnelle s'ajoute, il y a allongement; au moment où elle s'enlève, il y a retrait égal à l'allongement. C'est la preuve que le muscle se comporte comme un corps élastique et même fidèlement élastique. On peut encore vérifier que *l'allongement* (ainsi que le retrait) *est proportionnel à la valeur de la charge additionnelle qui sert à le mettre en évidence.* Ces faits sont la confirmation de ceux qui étaient connus ou en tout cas admis. Ils montrent que, dans certaines conditions, le muscle se comporte à la manière d'une lame de caoutchouc, c'est-à-dire d'un corps fidèlement élastique. Les faits qui suivent sont par contre nouveaux. Au lieu de varier le poids de la charge additionnelle, on lui laisse la même valeur, mais on varie le poids de la charge primitive; on trouve alors que *l'allongement déterminé sur le muscle par cette même charge additionnelle est en raison inverse de la charge équilibrée par le muscle pendant son effort.* La résistance du muscle à l'allongement produit par une même charge n'est pas la même. La résistance du muscle à l'allongement (son élasticité) est proportionnelle au poids qu'il équilibre.

III. Création de force élastique dans le muscle en état de contraction.

— Si de nouveau nous comparons le muscle à une bande de caoutchouc, et que sur l'un et sur l'autre nous fassions exactement la même expérience, nous trouverons entre les deux une différence. Sur le caoutchouc il est évident que la charge primitive et la charge additionnelle auront le même effet et contribueront, chacune pour sa part, à un allongement proportionnel à leur poids. Sur le muscle elles se comportent tout différemment. La première est équilibrée par un certain raccourcissement du muscle que nous appelons sa contraction : la seconde produit un allongement qui met en évidence l'élasticité musculaire. Mais cet allongement lui-même n'est pas ce qu'il serait, si le muscle n'était en ce moment dans un état particulier que nous appelons sa contraction et en vertu duquel il équilibre déjà sa charge primitive. Cet allongement, par sa diminution, traduit une *augmentation du coefficient d'élasticité du muscle* et cette augmentation est proportionnelle à la dépense d'énergie faite par le muscle pour équilibrer la charge primaire plus ou moins lourde.

En somme, à l'égard de la charge primitive le muscle se comporte en modifiant franchement sa force élastique et en augmentant celle-ci de manière à équilibrer cette charge exactement dans la position qu'elle a, et c'est ce qu'on appelle sa contractilité. À l'égard de la charge secondaire, il se comporte d'une façon différente, mixte en quelque sorte, c'est-à-dire tenant de la contractilité et de l'élasticité : en ce sens que le muscle se laisse distendre (élasticité), mais moins qu'il ne le ferait s'il ne supportait déjà la charge primitive (contractilité) et d'autant moins que cette charge est plus forte. Et c'est ce phénomène, participant à la fois à la déformation contractile et à la déformation élastique, qu'on invoque comme preuve de la nature au fond commune des deux phénomènes.

Elle est proportionnelle à l'intensité de l'excitation. — La relation qui existe entre l'élasticité et la contractilité apparaît, disons-nous, dans l'expérience précédente, parce que d'une part la charge additionnelle se traduit par l'effet ordinaire de l'élasticité, à savoir un allongement, et que d'autre part cet allongement va s'annulant progressivement avec l'intensité de l'effort antérieur à la surcharge, quand on augmente dans des épreuves successives la valeur de la charge primitive. Mais on peut se demander pourquoi la charge additionnelle s'accuse par un allongement, au lieu d'être, elle aussi, rigoureusement compensée, comme l'est la charge primitive. La raison en est que *l'excitation qui est fournie au muscle par la volonté est proportionnée* intentionnellement, *à la charge primitive* et ne présente aucun renforcement au moment de l'adjonction de la surcharge. C'est cette excitation, en somme, qui régit la résistance du muscle à l'allongement, son coefficient d'élasticité, si l'on veut. Pour empêcher la surcharge d'avoir cet effet allongeant, il faudrait que l'excitation subît un accroissement proportionnel à elle ; tandis qu'elle reste proportionnée à la charge primitive.

1. **Différence avec le paradoxe de Weber**. — Le paradoxe de Weber nous a amené à dire que le muscle est moins élastique (plus extensible) dans sa contraction que dans son repos, tandis que les faits précédents nous font dire l'inverse. Mais il faut remarquer que, dans le premier cas, les conditions, outre qu'elles sont artificielles et peu correctes, ne sont pas équivalentes à ce qu'elles sont dans le second. Dans le premier cas, on compare l'élasticité du muscle dans les raccourcissements successifs qu'il subit pendant la contraction ; dans le second, on compare cette élasticité dans des muscles soutenant des charges différentes avec le même degré de raccourcissement.

2. **Localisation distincte de la déformation contractile et de la déformation purement élastique**. — L'examen microscopique d'un élément musculaire que l'on tétanise, pendant que les deux extrémités sont fixées à des résistances insurmontables, montre qu'il existe en lui deux substances : l'une proprement contractile, formée par le disque épais ; l'autre purement élastique, formée par les bandes claires et que cette dernière se distend dans la mesure où l'autre se contracte (la longueur totale de l'élément ne pouvant, dans ces conditions, pas changer). Nous pouvons toujours dire de la substance contractile qu'elle a le pouvoir d'augmenter son coefficient d'élasticité, tandis que la substance purement élastique ne change pas le sien du fait de l'excitation reçue par le muscle. Seulement, d'après l'examen microscopique du muscle contracté, il faut admettre l'existence séparée et en permanence de ces deux substances dans l'élément musculaire. La première transmettant les effets moteurs par l'intermédiaire de la seconde, voici ce qui arrivera :

Pendant que la substance contractile présentera un raccourcissement R, la partie élastique subira un allongement A. La modification totale de longueur du muscle r aura pour valeur R-A. Si les deux extrémités sont fixées à des obstacles insurmontables, A égalera R et le changement de la longueur totale r sera nul. Si l'extrémité du muscle porte une charge surmontable, on aura A plus petit que R et d'autant plus petit que la charge sera moins forte. Si la charge est nulle, A sera nul et le raccourcissement total sera mesuré par R seul ; R = r. R dépend de l'état d'excitation du muscle ; A dépend de la valeur de la charge. L'intensité de l'excitation que la volonté distribue au muscle se règle néanmoins sur la valeur R — A = r et non exclusivement sur R ; car c'est r qui est le but qui lui est fixé.

Ainsi, lorsqu'il maintient à une hauteur donnée une charge donnée, le muscle présente un allongement A de son tissu purement élastique, allongement compensé par le raccourcissement R de son tissu proprement contractile, auquel l'excitation donne intentionnellement la valeur suffisante pour que la charge soit maintenue à la hauteur voulue. Il est donc fait par là un premier appel à l'élasticité passive du tissu non contractile. L'allongement A qui mesure la force élastique employée, n'est pas apparent, parce qu'il est noyé dans la somme R — A = r que l'excitation dirigée par la volonté a pour but d'obtenir. Si, sans rien modifier à l'état d'excitation (on s'arrange pour que le sujet ne voie pas la manœuvre) on ajoute alors au muscle une charge additionnelle, il sera fait un nouvel appel à l'élasticité du tissu non contractile (les choses ne changeant en rien du côté du tissu contractile) et un nouvel allongement A' surviendra. On aura alors R — A + A' = r + A' : autrement dit l'allongement produit par la surcharge est apparent. Non seulement cet allongement est apparent, mais il ne sera pas le même, il sera moins grand, se produisant sur un corps élastique qui supporte déjà une charge, que s'il se produisait sur un corps élastique libre de tout appel fait à son élasticité. On sait en effet qu'une lame de caoutchouc à laquelle on suspend à la suite les uns des autres une série de poids égaux s'allonge à chaque nouveau poids de quantités successivement décroissantes.

Avantage de l'élasticité musculaire. — MAREY a beaucoup insisté sur les avantages de l'élasticité mise au service de la contractilité des muscles. Cet avantage consiste surtout en un emmagasinement de l'énergie déplacée par le muscle et en vertu duquel celle-ci peut continuer d'agir un certain temps après que l'effort musculaire a cessé ; ce qui a pour effet de diminuer les chocs, de vaincre l'inertie des leviers et d'augmenter par là l'effet utile de la dépense énergétique.

E. — CYCLE ÉNERGÉTIQUE DU MUSCLE.

Nous pouvons maintenant rassembler dans une vue d'ensemble ces phénomènes considérés isolément et en tracer la succession regulière, en faisant l'examen de quelques cas particuliers parmi les plus remarquables.

Le cycle énergétique du muscle se déroule en procédant d'une énergie chimique, qui en constitue la forme initiale, pour aboutir à une forme finale, représentée par un dégagement de chaleur et l'accomplissement d'un travail mécanique. Ces deux derniers termes représentent une somme dont le total égale le premier terme.

$$(1) \qquad \text{Énergie chimique} = \begin{cases} \text{Chaleur.} \\ + \text{ Travail mécanique.} \end{cases}$$

L'énergie affecte ainsi des formes les unes contemporaines, les autres successives. Le total chaleur plus travail mécanique est formé d'éléments inégaux dont le rapport est très variable. Il peut arriver que le travail mécanique soit nul, auquel cas l'équation devient :

$$(2) \qquad \text{Énergie chimique} = \text{Chaleur.}$$

1. Contraction sans travail mécanique produit. — La chaleur est mesurée par ses effets sur le thermomètre et le calorimètre. Le travail mécanique l'est de son côté par le déplacement qu'il imprime à des résistances déterminées (poids connu soulevé à une hauteur connue). Le travail mécanique, avons-nous dit, peut être nul dans la somme finale. Cette annulation peut s'étendre et se réaliser de plusieurs manières. Le muscle qui soulève un poids fait un travail positif (il accomplit du travail contre ce poids) ; s'il le laisse abaisser à sa hauteur primitive, il fait un travail négatif (il laisse accomplir contre lui un travail produit par ce poids). Ces deux valeurs sont rigoureusement égales et contraires.

Dans de telles conditions, un muscle peut subir un très grand nombre de déformations, accomplir des mouvements très compliqués, sans qu'il y ait travail au sens mécanique du mot, si à la fin de l'opération il est revenu à la forme qu'il avait au commencement.

Le cas le plus simple serait celui où un poids serait alternativement soulevé et abaissé de la même quantité avec des vitesses égales, un certain nombre de fois, dans un temps donné. Le muscle, dans ce cas, inscrirait une courbe sinusoïdale au-dessus d'une abscisse marquant sa position d'allongement ou de repos et qui aurait sont commencement et sa fin sur cette abscisse. Une figure ce genre exprime une forme de mouvement, de déplacement, d'un corps revenu à son point de départ (l'abscisse marque le temps); elle n'exprime aucun potentiel gagné ou perdu par le corps déplacé.

1. **Utilisation de la dépense.** — Le muscle, qui a tracé cette courbe, laquelle pourrait être beaucoup plus compliquée sans qu'elle cessât d'exprimer la même chose, a néanmoins dépensé de l'énergie chimique qui se retrouve alors entièrement sous forme de chaleur, conformément à ce qui a été dit ci-dessus. C'est là un point à bien retenir et sur lequel, par conséquent, on ne saurait trop insister : *l'activité musculaire n'est pas nécessairement liée à la production d'un travail mécanique; elle est liée à une dépense d'énergie qui s'accuse, dans tous les cas, par une production de chaleur; dans certains cas particuliers une partie de cette énergie peut être détournée, pour la production de ce travail mécanique.* L'équivalence entre l'énergie initiale et l'énergie finale se retrouve dans les deux circonstances, avec cette différence que dans l'une c'est la chaleur seule qui représente l'énergie dépensée, tandis que dans l'autre c'est une somme formée de deux termes (chaleur et travail mécanique). Ce cas n'est évidemment pas spécial au muscle. On en peut citer en dehors de lui des exemples variés, en particulier celui des moteurs électriques. Une pile fermée sur elle-même consomme son potentiel chimique, qui se retrouve alors intégralement sous forme de chaleur; si on l'emploie à faire du travail, la chaleur dégagée sera moindre de toute la quantité de travail produit (évalué en unités caloriques).

2. **Irréversibilité du cycle.** — Dans le cas spécialement du muscle, le cycle énergétique, quoi qu'on veuille lui demander, n'est susceptible de se dérouler que dans un seul sens. Seulement la possibilité lui est laissée de faire ou de ne pas faire du travail mécanique. A la vérité il serait peut-être plus exact de dire qu'il a la possibilité de l'annuler, quand c'est nécessaire, en mettant à profit la faculté qui est laissée au phénomène mécanique de changer de signe. Le muscle commence dans tous les cas par détourner une partie de son énergie pour vaincre des résistances intérieures ou extérieures. Si les choses en restent là, il y a travail mécanique; puis il peut laisser accomplir contre lui le travail inverse, en totalité ou en partie; et alors il y a annulation totale ou partielle de ce travail. L'énergie temporairement distraite pour la production de ce travail est restituée et finalement déperdue sous forme de chaleur.

II. **Contraction sans mouvement apparent.** — Dans l'exemple précédent il y a déplacement du point d'application (avec retour à la position première). Mais l'organe musculaire, en raison de sa constitution et de sa fonction particulière, peut nous présenter quelque chose de plus imprévu. Un muscle peut maintenir soulevé et immobile pendant un certain temps, un poids à une hauteur fixe. Pendant tout ce temps, il n'y a pas de travail au sens mécanique du mot et, de plus, si nous ne considérons que la masse sur laquelle il opère, il n'y a aucun mouvement produit. Nous savons cependant que dans cette circonstance les éléments du muscle ne sont pas immobiles, mais animés d'un mouvement vibratoire qui, si nous l'analysons, nous présente une série de déformations suivies de retour à la forme première, partant une série de travaux partiels alternativement positifs et négatifs ou, comme l'on dit dans le langage physiologique, une série de secousses, qui naissent en un point de la fibre, s'y déplacent à la façon d'une onde et s'y renouvellent avant leur extinction, de manière à maintenir le muscle en état de contraction tonique.

1. **Vibrations intérieures.** — Dans cette contraction dite tétanique ou tonique du muscle, la somme des déformations ou travaux négatifs élémentaires intérieurs annule à chaque instant celle des déformations ou travaux positifs de même ordre. Les choses se passent donc encore comme si le muscle avait réalisé une série de soulèvements et abaissements alternatifs et égaux de la même charge, en d'autres termes comme s'il avait réalisé une série de secousses dissociées ; mais ici avec cette différence que les déformations élémentaires sont non plus dissociées, mais composées entre elles d'une certaine façon, pour maintenir le muscle dans un état de déformation durable ou contraction soutenue.

2. **Résistances intérieures.** — La charge que le muscle soulève ainsi et abaisse alternativement ou qu'il maintient dans une situation fixe peut avoir une valeur plus ou moins forte, cette valeur n'est jamais nulle. En effet, alors même que le muscle est libéré de ses attaches par la section de son tendon, toutes les fois qu'il se contracte il a à lutter contre des résistances intérieures élastiques, qui tendent à le ramener à sa forme première.

Ainsi : 1° l'activité musculaire donne lieu aux mouvements les plus compliqués sans produire de travail mécanique. 2° Cette activité peut se manifester même par une immobilisation apparente du muscle et de sa charge. Dans tous les cas il y a consommation d'énergie (dépense de son potentiel chimique), aboutissant à un dégagement de chaleur, accompagné ou non d'un phénomène mécanique évaluable lui-même en chaleur.

Travail physiologique.

Cette activité a donc sa mesure dans la dépense énergétique du muscle, évaluée sous sa forme initiale (chimique) ou finale (thermique), laissant place entre elles deux pour une ou plusieurs formes intermédiaires, qui ont forcément la même valeur. Cette transformation intermédiaire qui approprie l'énergie au rôle qu'elle doit jouer dans le moteur musculaire, avant qu'elle se dissipe en chaleur, est ce qu'on appelle le *travail physiologique* du muscle, le mot travail étant ici destitué de son sens habituel en physique pour en prendre dans notre science un autre qui rappelle le sens vulgaire qui lui est attaché (1). L'équation du cycle énergétique devient ainsi :

(1)   Énergie chimique = Travail physiologique = Chaleur.

ou encore :

(2)   Énergie chimique = Travail physiologique = $\begin{cases} \text{Chaleur.} \\ + \text{Travail mécanique.} \end{cases}$

Cette seconde équation comporte elle-même deux cas suivant que le travail mécanique est positif comme dans le cas où le muscle soulève un poids, ou négatif comme dans celui où il le laisse abaisser. Nous aurons à examiner comment se comporte le travail physiologique dans chacune de ces conditions à savoir : *a*) quand le travail méca-

---

(1) On appelle *travail, le déplacement d'une masse effectué à l'encontre d'une résistance.* L'homme qui soulève un fardeau accomplit un travail. Ce travail, phénomène extérieur, est corrélatif d'une dépense d'énergie, phénomène intérieur, ayant avec lui une certaine équivalence. Par contre, l'homme qui maintient, sans bouger, le fardeau soulevé sur ses épaules n'accomplit pas de travail, dans le sens mécanique et ordinaire du mot. Néanmoins, il réalise un effort, il fait une dépense de son énergie intérieure. Dans ce cas, l'être vivant nous met en présence d'un emploi tout à fait singulier de son énergie, qui contraste avec les fins, d'ordinaire si économiques, qui dirigent cet emploi. Dépenser de la force simplement pour maintenir un objet contrairement à l'action de la pesanteur paraît un pur gaspillage, si on songe aux moyens plus simples qui pourraient réaliser cet effet. Néanmoins, c'est ce que nous faisons à chaque instant et cette dépense, en apparence stérile, s'intercale dans une foule d'actes de leur nature plus ou moins moteurs. L'immense variété des attitudes et mouvements que prend notre corps ou qu'il communique aux objets environnants, exige qu'il en soit ainsi ; il n'a pas la possibilité de les réaliser à moindres frais : *à certains moments il faut qu'il dépense de l'énergie pour faire l'immobilité.* Dans nombre d'appareils purement physiques (mais qu'on peut considérer comme des prolongements de nos organes dont ils partagent certaines fonctions en augmentant leur puissance), il en est de même : dans la transmission des signaux par le télégraphe électrique, l'énergie de la pile se dépense en grande partie à maintenir des contacts plus ou moins prolongés entre un électro-aimant et un levier écrivant, et une partie seulement à produire le travail mécanique qui amène les pièces au contact.

La mécanique n'a pas considéré ce cas que la physiologie rencontre à chaque instant. Elle n'a surtout pas de terme qui exprime cette immobilisation, conséquence d'une dépense énergétique ; la physiologie a donc dû en créer un à son usage. Elle appelle *travail statique* l'emploi qui est fait de l'énergie musculaire pour soutenir un poids dans une position fixe contre une résistance constante ; et elle réserve le nom de *travail dynamique* à l'emploi de cette même énergie pour déplacer la charge, et ce travail dynamique à son tour reconnaît deux formes : l'une de travail *moteur* proprement dit, quand il surmonte la résistance ; l'autre de travail *résistant*, quand il est surmonté par celle-ci.

Si, en effet, en comparant le travail que nous appelons statique au travail dynamique, le mécanicien est surtout frappé par la dissemblance des résultats extérieurs, le physiologue, lui, est obligé de tenir compte de l'étroite ressemblance des phénomènes intérieurs, qui sont, dans les deux cas, une contraction, une dépense d'énergie musculaire. Et, comme la notion de travail est en somme empruntée à la nature animée, nous sommes obligés de transposer le mot dans notre science, en lui donnant une signification adaptée aux fonctions animales. Lors donc qu'il est question de *travail physiologique*, ce n'est plus l'effet extérieur, mais bien la cause intra-organique qui est en considération. Chaque organe travaille intérieurement à sa façon, c'est-à-dire a son travail physiologique propre. Pour ce qui est du muscle, ce travail prend, suivant les circonstances, la forme statique (travail extérieur seul) ou la forme dynamique (travail extérieur positif ou négatif).

nique est absent ; *b*) quand le travail mécanique est présent, mais alternativement positif et négatif, de manière à s'annuler ; *c*) quand le travail mécanique affecte isolément, soit le signe positif, soit le signe négatif.

A. Cas où la contraction est statique. — Au point de vue physiologique le cas le plus simple est celui où le muscle est en apparence immobilisé dans un état de raccourcissement stable, sans travail mécanique, et où toute l'énergie est dispersée sous forme de chaleur.

I. **Les effets visibles du travail physiologique ; facteurs composants.** — Le travail physiologique est donc une *dépense énergétique opérée dans l'intimité des éléments musculaires*, et cette dépense est par voie indirecte susceptible de mesure. Cette dépense est appropriée à un but et elle se règle sur l'obtention de ce but. Dans le cas de la contraction statique, ce but est de maintenir le muscle dans un état de déformation donné à l'encontre d'une résistance donnée, autrement dit, dans l'exemple le plus souvent employé, de maintenir une certaine charge à une certaine hauteur. L'effet produit comporte ainsi toujours deux facteurs, l'un qui est représenté par la *grandeur de la résistance* (la valeur de la charge), l'autre par la *grandeur de la déformation* (la valeur du raccourcissement musculaire).

II. **Variations du travail physiologique proportionnelles à ses effets extérieurs.** — Si on fait varier l'un ou l'autre de ces deux facteurs ou tous les deux, on fera nécessairement varier d'une façon proportionnelle le travail physiologique et partant la dépense énergétique ; c'est ce que l'on peut vérifier en mesurant cette dépense, d'un côté par les réactions chimiques opérées, de l'autre par la chaleur dégagée.

III. **Variations de la dépense chimique corrélative de la contraction musculaire.** — Le chimisme musculaire, qui fournit l'énergie nécessaire au travail physiologique, consiste essentiellement en une oxydation d'un hydrate de carbone ; les témoins de cette oxydation sont l'oxygène absorbé par le muscle et l'acide carbonique rejeté par lui : un premier échange de ces gaz se fait entre le sang et le muscle ; puis, grâce à la rapidité de la circulation, ces deux gaz transportés en sens différent vont s'échanger extérieurement à l'orifice des voies pulmonaires. On sait avec quelle facilité et quelle fidélité l'activité respiratoire se proportionne à l'activité du travail musculaire. Il suffit qu'un groupe de muscles un peu important entre en contraction pour qu'aussitôt la valeur des échanges pulmonaires s'accroisse d'une façon sensible.

Méthode de mesure. — Chauveau et Tissot ont étudié les variations des échanges respiratoire corrélatives des variations du travail physiologique dans les conditions suivantes. Une charge donnée était soutenue à une hauteur déterminée par la contraction des muscles fléchisseurs de l'avant-bras sur le bras. Les gaz de la respiration étaient recueillis par un appareil à dérivation adapté aux narines. Cet appareil muni de soupapes permet de réaliser l'inspiration de l'oxygène par un branchement et l'expiration de l'acide carbonique par un autre branchement(1).

La mesure des échanges est faite comparativement au repos et pendant la contraction pendant la même durée (six minutes). L'excès d'acide carbonique exhalé et d'oxygène absorbé indique la consommation supplémentaire, qui est due à l'activité du muscle contracté et lui sert de mesure.

Ces auteurs ont examiné séparément l'influence qu'ont sur la dépense chimique d'un muscle ainsi contracté, d'une part les variations de la charge, d'autre part les variations du raccourcissement musculaire.

Si, le muscle étant maintenu dans un degré donné de raccourcissement, on lui fait supporter des charges variables, on voit que la dépense chimique corrélative (qui a sa mesure dans l'excès de valeur que prennent les échanges pulmonaires par rapport à l'état normal) *est proportionnelle à la valeur de ces charges.*

Soutien d'une charge variable avec raccourcissement musculaire constant.

VALEUR DE LA CHARGE.	EXCÈS DE CO_2 dû AU TRAVAIL.	EXCÈS D'O_2 dû AU TRAVAIL.
Soutien de 1ᵏᵍ,666	120 cm³	119 cm³
— 3ᵏᵍ,333	214	204
— 5ᵏᵍ,000	329	319

Si le muscle supportant la même charge, on lui impose des degrés de raccourcissement variables, la dépense chimique corrélative est proportionnelle au degré de raccourcissement.

Soutien d'une charge constante avec raccourcissement variable.

DEGRÉS EXPRIMANT LE RACCOURCISSEMENT (2).	EXCÈS DE CO_2 dû AU TRAVAIL.	EXCÈS D'O_2. dû AU TRAVAIL.
Soutien à — 20°	0ˡ,253	0ˡ,283
— à 0°	0ˡ,365	0ˡ,355
— à + 20°	0ˡ,449	0ˡ,407

(1) Cet appareil a été décrit à propos de l'échange des gaz dans la respiration (Voy. *Respiration*, p. 39). Par erreur il a été classé parmi les appareils ne permettant que la mesure de l'acide carbonique.

(2) Conventionnellement l'angle 0° désigne la position de l'avant-bras sur le bras à angle droit. Les valeurs angulaires affectées du signe + désignent des positions de l'avant-bras correspondant à des angles plus petits, et celles affectées du signe — des positions correspondant à des angles plus grands que 90°.

La proportionnalité n'est pas rigoureuse, comme on pouvait s'y attendre : elle est plus approchée si on mesure les dépenses sur l'acide carbonique, que si on la mesure d'après l'oxygène.

Ces résultats peuvent se condenser dans la conclusion suivante : *La dépense chimique des muscles en contraction varie proportionnellement à la charge qu'ils soutiennent et au degré de leur raccourcissement.* Autrement dit, cette dépense est proportionnelle *au produit de la charge par le raccourcissement.*

IV. Variations de la chaleur dégagée par le muscle corrélative de sa contraction.

— Le travail physiologique, la dépense énergétique du muscle se règle, avons-nous dit, sur l'effet à obtenir. Cet effet c'est une déformation, un raccourcissement plus ou moins prononcé du muscle ; et c'est en même temps la résistance qui a été surmontée par ce raccourcissement. Cette dépense énergétique a son expression à nous connaissable dans la dépense chimique du muscle (dont procède le travail physiologique) ; mais elle l'a également dans la chaleur dégagée par le muscle (terme final du cycle énergétique). La chaleur déperdue par le muscle devra donc, comme la dépense chimique dont elle procède, subir le contre-coup des variations imposées d'une part à la déformation et d'autre part à la résistance surmontée par cette déformation. *La chaleur dégagée en un temps donné devra être proportionnelle, d'une part au raccourcissement, d'autre part à la charge imposée au muscle : c'est-à-dire, elle sera proportionnelle au produit de ces deux quantités.*

C'est ce que l'expérience indique également, en dépit des difficultés que rencontrent de semblables mesures en particulier sur l'homme et de certaines causes d'erreur, qui interviennent dans les expériences sur les animaux.

Mesure de l'échauffement des muscles sur l'homme. — Cette mesure se fait à travers la peau, à l'aide d'un thermomètre très sensible, sur quelque muscle superficiel, comme le biceps huméral, en ayant soin d'envelopper le membre d'une épaisse couche d'ouate, pour annuler autant que possible le rayonnement extérieur et égaliser sa température avec celle des organes profonds et du sang lui-même, c'est-à-dire afin d'éviter les déplacements de chaleur, dues aux modifications de la circulation corrélative de l'activité musculaire.

Variation négative de la température musculaire. — Malgré ces précautions, le premier effet de la contraction des muscles s'accuse au thermomètre par un léger abaissement de sa température, qui peut se prolonger parfois pendant autant de temps que la contraction, et qui est aussitôt suivie par un échauffement progressif d'assez longue durée. Cet abaissement, observé par Cl. Bernard, puis par Brissaud et Regnard, est rapporté par ces derniers auteurs à la déplétion mécanique des vaisseaux du muscle comprimés par ses fibres rigidifiées. Malgré l'enveloppement, il y a un léger déplacement de chaleur masquant l'échauffement, qui ne se produit nettement qu'après le rétablissement normal de la circulation.

Soutien d'une charge variable avec raccourcissement musculaire constant.

VALEUR DE LA CHARGE.	MOMENT DE LA LECTURE THERMOMÉTRIQUE.		INDICATIONS thermométriques.	REFROIDISSEMENT ÉCHAUFFEMENT.
1 kilogramme.	Pendant la contraction .	Début............	33°,80	— 0°,02
		Après 1 minute.	33°,79	
		» 2	33°,78	
		» 3	33°,78	
	Après la contraction .	» 4	33°,80	+ 0°,08
		» 5	33°,82	
		» 6	33°,85	
		» 7	33°,85	
		» 8	33°,86	
		» 9	33°,86	
		» 10	33°,86	
3 kilogrammes.	Pendant la contraction .	Début............	33°,79	— 0°,04
		Après 1 minute.	33°,78	
		» 2	33°,75	
		» 3	33°,76	
	Après la contraction .	» 4	33°,79	+ 0°.19
		» 5	33°,84	
		» 6	33°,88	
		» 7	33°,91	
		» 8	33°,92	
		» 9	33°,93	
		» 10	33°,93	
		» 11	33°,94	
		» 12	33°,94	
5 kilogrammes.	Pendant la contraction .	Début.....	33°,84	— 0°,05
		Après 1 minute.	33°,82	
		» 2	33°,79	
		» 3	33°,84	
	Après la contraction .	» 4	33°,90	+ 0°,46
		» 5	33°,98	
		» 6	34°,06	
		» 7	34°,12	
		» 8	34°,17	
		» 9	34°,21	
		» 10	34°,23	
		» 11	34°,24	
		» 12	34°,25	

Le retour à la température normale étant très long, on peut sans l'attendre répéter les épreuves, en ne tenant compte que des échauffements successifs, dont les effets s'accumulent sans se confondre.

Soutien d'une charge constante avec raccourcissement musculaire variable.

	DEGRÉS DE RACCOURCISSEMENT.	ÉCHAUFFEMENT.
Soutien à............	— 40°	0°,28
— à............	— 20°	0°,50
— à............	0°	0°,67
— à............	+ 20°	0°,78
— à............	+ 40°	0°,88

B. Cas de la contraction dynamique ; travail mécanique alternativement positif et négatif s'annulant. — Si, au lieu de soutenir une charge pendant un temps donné, on la soulève lentement pour la laisser retomber de même pendant le même temps, on substitue une contraction

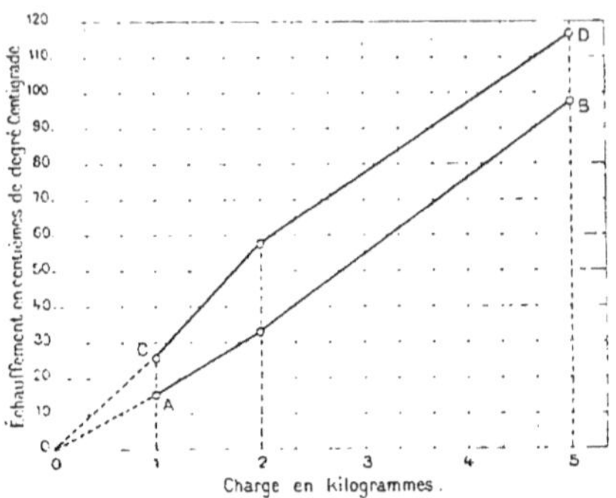

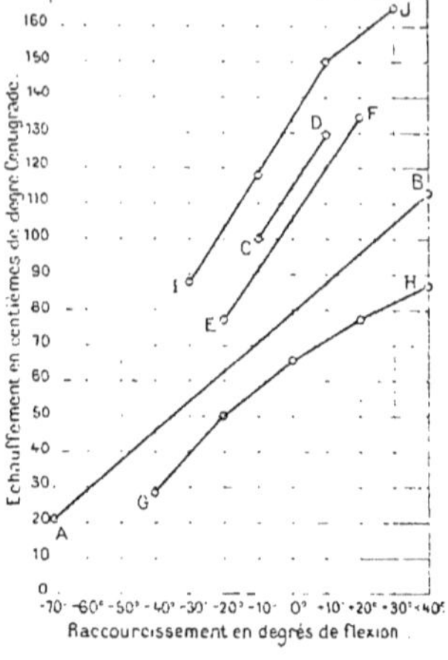

Fig. 67. — *Variations de l'échauffement en fonction de la charge* [*].

Fig. 68. — *Variations de l'échauffement d'un muscle en fonction de son raccourcissement* [**].

[*] Raccourcissement musculaire constant; charge variable.

Chaque ligne AB; CD, exprime la comparaison de trois contractions marquées par des points, soutenues pendant le même temps (deux minutes pour AB ; quatre minutes pour CD), exécutées par le même sujet avec le même degré de raccourcissement (avant-bras à angle droit).

[**] Charge constante, raccourcissement variable.

Chaque ligne (Ab... IJ) exprime la comparaison de deux ou plusieurs contractions (marquées par des points), exécutées par le même sujet en soulevant une même charge (AB; CD; EF; IJ, cinq kilos ; GH, deux kilos) pendant le même temps (deux minutes) à des hauteurs différentes.

Le raccourcissement est exprimé par des degrés de flexion. L'angle 0° répond à la position où l'avant-bras fait avec le bras un angle droit. Les nombres marqués du signe — et du signe — indiquent des valeurs angulaires comptées à partir de cette position, les premiers dans le sens de l'extension, les seconds dans le sens de la flexion (d'après Chauveau).

dynamique à la contraction statique précédente. On peut vérifier que dans ces conditions le dégagement de chaleur subit les mêmes lois. L'échauffement du muscle est donc bien proportionnel à la valeur de la charge et à celle du raccourcissement, c'est-à-dire au produit de la charge par le raccourcissement.

Influence des vitesses de contraction. — Si, au lieu d'une seule élévation et d'un seul abaissement durant par exemple une minute, on réalise, pendant le même temps, un certain nombre d'élévations et d'abaissements, la proportionnalité précédente se retrouvera encore, mais on trouve que, dans ces conditions, l'échauffement est plus considérable. Un muscle dépense plus pour faire six contractions égales qu'une seule de même amplitude ayant la durée des six. L'explication de ce surplus de dépense n'est pas facile à donner d'une façon bien satisfaisante. On l'attribue à des influences éloignées, comme celle du cœur, de la respiration, voire même à l'échauffement de l'organe nerveux excitateur (CHAUVEAU).

C. CAS DE LA CONTRACTION DYNAMIQUE AVEC TRAVAIL MÉCANIQUE DE SIGNE DÉTERMINÉ. — Un muscle soulève un poids donné à une hauteur donnée. Le soulèvement de ce poids représente un travail mécanique positif. Ce fait extérieur a sa source dans une dépense intérieure du potentiel chimique musculaire. Ce même muscle laisse abaisser ce même poids de la même hauteur. Cet abaissement représente un travail mécanique négatif, autrement dit un travail positif du poids accompli contre le muscle. Ce fait extérieur inverse du précédent s'accompagne-t-il d'une récupération par le muscle du potentiel inversement dépensé? Pas précisément; une telle récupération, on le sait, n'est théoriquement possible que dans les systèmes parfaitement réversibles qui n'existent pas dans la nature animée. Mais il n'en est pas moins visible qu'il n'est pas indifférent pour le muscle d'avoir à faire le second ou le premier de ces deux travaux : il accomplira le second beaucoup plus facilement que le premier, cela tient à ce que, s'il ne récupère pas dans un cas ce qu'il perd dans l'autre, *sa dépense sera toutefois moindre dans le cas du travail négatif que dans celui du travail positif*. Mais il dépensera dans les deux cas, sa loi est de ne pouvoir manifester son activité que par une dépense. Cette dépense s'accuse invariablement par un courant énergétique de forme irréversible, qui aboutit à un état final, dans lequel le travail mécanique trouve place, ou non, et quand il le fait, sous deux signes inverses suivant les conditions.

1. **Remarque.** — Lorsque nous comparons deux muscles semblables faisant, l'un un travail de signe positif, l'autre un travail égal de signe inverse, ou (ce qui revient au même) le muscle faisant alternativement le premier ou le second de ces travaux, la comparaison doit porter sur le cycle énergétique complet de l'un et de l'autre; l'équation du premier de ces cycles est :

$$\text{Énergie chimique} = \text{Chaleur} + \text{Travail positif.}$$

Celle du second est :

$$\text{Énergie chimique} = \text{Chaleur} - \text{Travail négatif.}$$

Il ne faut pas croire, comme on serait tenté de le faire, qu'il y a égalité entre les membres des deux équations. Il y a égalité entre les valeurs des travaux changées de signes; il y a d'autre part égalité entre les quantités de chaleur dégagée dans les deux cas; il y a par conséquent *inégalité entre les énergies chimiques dépensées*, qui sont représentées dans le premier membre de chacune des deux équations. L'égalité des valeurs des travaux changées de signe est une donnée du problème. Quelle est la raison de l'égalité des chaleurs, qui entraîne l'inégalité des énergies chimiques ?

Si, pendant que le muscle élève ou abaisse sa charge, nous considérons ce qui se passe à chaque instant infiniment court, nous pouvons admettre qu'une partie de la dépense chimique est employée à équilibrer la charge au point où elle est parvenue. Nous savons en effet par l'expérience que, pour immobiliser cette charge en ce point, le muscle dépenserait de l'énergie, comme nous le voyons faire dans la contraction dite statique. Cette énergie, nous en avons la mesure dans la chaleur qui se dégage de lui. A égalité de raccourcissement du muscle la quantité de cette énergie, ou de cette chaleur, employée exclusivement à l'équilibration de la charge est la même, soit que la charge s'élève, soit qu'elle s'abaisse.

2. Double élément de la dépense énergétique. — Dans la dépense d'énergie employée à soulever un poids, comme dans celle employée à modérer sa descente, il y a deux éléments confondus que l'analyse peut isoler. L'un d'eux est représenté par une *dépense de soutien de la charge*, dépense qui est, à chaque instant, et en chaque point du trajet exactement, celle qui est nécessaire pour équilibrer cette charge ; cette dépense de soutien est représentée par la chaleur qui est dégagée par le muscle ; *elle est manifestement la même à la montée et à la descente.* Il y a en second lieu une *dépense affectée à mobiliser la charge* et qui n'apparait pas sous forme de chaleur, mais sous forme de travail. A la montée cette dépense énergétique supplémentaire est de signe positif, c'est le travail positif ; à la descente, elle est de signe négatif, c'est le travail négatif. Ce deuxième élément intervient donc dans le premier cas pour majorer la dépense chimique originelle, et dans le second pour la diminuer de la même quantité.

Théorème de Chauveau. — Soient P le potentiel chimique, C la chaleur dégagée et T le travail. Nous avons à la montée :

$$P = C + T.$$

A la descente C conserve la même valeur, T devient négatif, et P prend une valeur nouvelle plus petite que P.

$$P' = C - T.$$

De ces deux équations soustraites membre à membre nous tirons :

$$P - P' = 2T.$$

C'est l'expression du théorème de CHAUVEAU.

La dépense chimique attachée à la production de travail positif excède la dépense du travail négatif, correspondant d'une quantité égale au double de l'énergie représentée par le travail mécanique.

Méthode de vérification. — La vérification des données qui précèdent peut être tentée de deux façons. D'une part on peut réaliser la mesure de la dépense chimique corrélative de la contraction dans le cas de travail, soit positif soit négatif, et voir si la différence concorde avec la quantité indiquée dans le théorème ci-dessus. D'autre part, on peut mesurer l'échauffement du muscle corrélatif de sa contraction dans les deux cas, et voir s'il y a égalité. Disons immédiatement que la première de ces deux mesures, la plus digne de foi, vérifie le principe ; la seconde est en désaccord avec elle, mais elle présente dans sa réalisation des difficultés d'ordres multiples.

a. Dépense chimique comparée dans le travail positif et le travail négatif. — Un homme monte, puis descend un escalier, réalisant ainsi un travail connu. On mesure les gaz de sa respiration pendant la montée, puis pendant la descente. La différence des échanges sert a évaluer la dépense chimique excédente du travail positif sur le travail négatif. La réaction qui fournit l'énergie consiste dans une oxydation de glycose donnant de l'acide carbonique. L'énergie correspondante à la quantité de CO_2 s'obtient en partant de la donnée que dans la combustion du glycose un litre de CO_2 donne 5 calories,030. Cette estimation n'est pas directe, car il y a une part à faire à la dépense du cœur et de la respiration qui ne s'interrompt pas : on estime cette part à 1/6 qui est à défalquer. De plus, comme le glycose dépensé se reconstitue par une oxydation incomplète des graisses, laquelle donne une petite quantité d'acide carbonique, il faut encore défalquer cette quantité. On l'établit en partant de l'excès de l'oxygène consommé sur l'acide carbonique produit, et de la valeur 0,27 du quotient respiratoire de la combustion imparfaite des graisses. Le reste exprime le surcroît de dépense des muscles actifs dans le travail positif comparé au travail négatif.

Le travail réellement produit pendant la montée comme pendant la descente était de 3.315 kilogrammètres, dont le double est 6.630, qui divisé par 425 donne 15 calories 600.

L'excès réel de l'acide carbonique du travail positif sur celui du travail négatif était de 3 litres 152 qui multiplié par 5,03 donne 15 calories 854.

Détail des opérations.

Travail produit ou détruit $= 3.315$ kilogrammètres.

Échanges excédents du travail positif $= \begin{cases} O_2 = 5^l,434 \\ CO_2 = 4^l,137 \end{cases}$

Excédent de O_2 sur $CO_2 = \overline{\qquad 1^l,337}$

CO_2 dérivant de l'oxydation imparfaite de la graisse pour le renouvellement du glycose $= 1^l,337 \times 0,27 = 0^l,355$.

Reste de CO_2 dérivant de la combustion du glycose $= 3^l,782$.

Part attribuable au cœur et à l'appareil respiratoire $= \dfrac{3^l,782}{6} = 0^l,630$.

Part restante pour l'excès des combustions du travail positif sur celle du travail négatif $= 3^l,152$.

Excès théorique de la dépense du travail positif sur celle du travail négatif $= 3\,315 \times 2 = 6\,630$ kilogrammètres ; en calories, 15 calories 600.

Excès réel de cette dépense d'après l'acide carbonique $= 3^l,153 \times 5.03 = 15$ calories 854.

b. Échauffement comparé dans le travail positif et le travail négatif. — D'une série d'expériences de montée et de descente, en mesurant la température des muscles triceps crural, on a relevé les nombres moyens suivants :

Échauffement dans le travail positif $= 0°,539$.

Échauffement dans le travail négatif $= 0°,427$.

Dans toutes les expériences, l'excès de température se montre dans le même sens.

Cette inégalité est de toutes façons difficile à expliquer.

Donnée initiale différente dans les expériences sur les animaux. — Dans les exemples précédents, où les muscles tantôt soulèvent, tantôt laissent abaisser une même charge, on a vu que *la dépense se règle, à la montée et à la descente, sur l'effet à obtenir. Cette régulation se fait par l'intermédiaire d'un cycle nerveux, qui proportionne les excitations motrices à la résistance de l'obstacle, appréciée par* *les nerfs sensitifs musculo-tendineux.* — Dans les expériences sur les animaux, on rompt ce cycle et on fournit directement au nerf moteur des excitations. Ce n'est plus ici l'excitation motrice, et partant la dépense d'énergie qu'elle commande, qui se règle sur l'effet à obtenir. L'excitation est donnée égale dans tous les cas, et c'est le total énergétique qui va changer. La conduite et le schème de l'expérience deviennent très différents. La comparaison entre le travail positif et le travail négatif ne peut plus s'y faire de la même façon que plus haut. Fick pour faire cette comparaison dans ces conditions particulières a imaginé l'artifice suivant :

Artifice expérimental; collecteur de travail. — Le nerf moteur est excité par des décharges d'induction égales, provoquant des secousses isolées à chacune d'elles. Le muscle soulève un poids qu'il laisse retomber. Mais un dispositif permet, si l'on veut, de retenir le poids au sommet de sa course, en laissant le muscle se décontracter à vide. Dans le premier cas il y a travail positif, puis travail négatif; dans le second, il y a travail positif seulement.

Dans l'un et l'autre cas, l'échauffement est mesuré par une pile thermoélectrique dont une des soudures plonge dans le tissu musculaire. On constate que l'échauffement est plus grand dans le premier cas que dans le second, c'est la preuve que *le travail négatif dû à la retombée du poids, restitue sous forme de chaleur une certaine quantité d'énergie, détournée pendant son élévation au profit du travail positif.*

Dans les expériences précédentes où la dépense de potentiel chimique se réglait sur le travail à produire (par l'intermédiaire du cycle d'excitation qui le relie à ce travail) nous avions pour le travail positif et pour le travail négatif:

$$P = C + T$$

Et pour le travail négatif :

$$P' = C - T;$$

P' étant plus grand que P de la valeur 2T.

Ici dans les deux épreuves successives la dépense de potentiel P garde la même valeur (étant commandée par des excitations motrices rigoureusement égales entre elles). Les deux équations qui y correspondent sont:

$$P = C + T$$

et

$$P = C' + T - T$$

d'où

$$C' > C.$$

Résumé et conclusion. — L'étude de la contraction, fonction essentielle de l'élément musculaire, est avant tout un problème d'énergétique. La déformation contractile résulte d'un cycle de transformations, dont l'état initial et les états finals nous sont connus, mais dont les états intermédiaires échappent encore à notre constatation. — L'élément contractile est une machine transformatrice d'un ordre de grandeur extrêmement réduit, moins que microscopique. Il paraît mettre en jeu des forces élastiques, dont le coefficient au lieu de demeurer invariable, comme celui de l'élasticité purement physique, c'est-à-dire statique des corps, est susceptible d'un changement, d'une modification dynamique, liée à la transformation énergétique qui s'accomplit dans la substance musculaire. — Le cycle énergétique du muscle se greffe sur un autre d'ordre plastique ou nutritif, dont le détail est resté jusqu'ici encore beaucoup plus obscur que le premier, et les variations de ces deux cycles sont dans une large mesure indépendantes. — En dépit des ses lacunes, l'étude fonctionnelle du muscle est, parmi les fonctions dites cellulaires, une des plus avancées et nous sert de schème ou de modèle pour la description des autres.

Bibliographie.

Irritabilité musculaire. — Cl. Bernard, Leçons sur les tissus vivants; leçons sur les phénomènes de la vie, t. I. — Duval, *Gaz. méd.*, 1880. — Engelmann, Excitabilité, conductibilité, contractilité, *Arch. néerland.*, 1901. — Haller, Mémoire sur la nature sensible et irritable des parties du corps humain. Lausanne, 1756 (trad. franç.). — Longet, Traité de physiologie, 3e édition, t. II, p. 560. — Schiff, Recueil de mémoires.

Circulation dans le muscle. — Athanasiu et Carvallo, *Biol.*, 1898. — Kaufmann, *Arch. Physiol.*, 1892. — Sténon (expérience de), Haller, Elementa physiologiæ, t. IV, p. 544.

Élasticité musculaire. — Chauveau, Le muscle et l'énergie qu'il représente. — Tissot, Arch. de physiologie. — Van Mansvelt, *Dissert.* Utrecht, 1863. — E. Weber, Wagner's Handwörterb. d. Physiol., 1846, III, II. — Wedensky, *C. R. Ac. sc.*, CXVII, 1893, 181.

Forme de la secousse musculaire. — Brücke, *C. R. As. sc.*, Vienne, 1877, t. LXXV. — Navalichin, Myotherm. unters. *Arch. Pflüger*, t. XIV. — Marey, Mouvement. — Ioteyko, Diction. de physiologie. — Mendelssohn, Types pathologiques. *C. R. Ac. sc.*, 1891, t. LXIII.

Onde musculaire. — Ædy, *Müller's Arch.*, 1860. — Marey, Mouvement dans la fonction de la vie.

Temps de latence. — Gad, *Arch. f. Physiol.*, 1879. — Mendelssohn, Trav. lab. de Marey, t. IV, 1880. — Ch. Richet, Leçons sur la physiol. des muscles et des nerfs.

Contraction idio-musculaire. — Babinsky, *Biol.*, 1899. — Brunet-Dower, Exposé par Br.-Séquard, *Journal de la physiol.*, t. I, p. 37. — Frederico, *Bull. Acad. roy. de Belgique*, 1878. — Schiff, Recueil de mémoires.

Contracture. — Ranvier, Leçons sur le syst. muscul., p. 199. — Richet, *C. R. Ac. sc.*, 1879 et *Diction. de Physiol.* — Tiegel, *Arch. de Pflüger*, t. XIII.

Contraction dite initiale. — Bernstein, *Arch. de Pflüger*, t. V, p. 318 et t. XVIII, p. 121. — Engelmann, *Ibid.*, t. IV, p. 3 et t. XVII, p. 85. — Kronecker et Stirling, *Ibid.*, 1878, p. 1 et p. 394. — Grünhagen, *Ibid.*, t. VI. — Schetchenoff, *Ibid.*

Isotonie et isométrie. — Blix, *Skandin. Arch. f. Physiol.*, Leipzig, t. VI. — Fick, Mecanische Arbeit... bei Muskel thätigkeit, Leipzig, 1882. — V. Frey, *Beitr. z. Physiol. C. Ludwig z. s. 70 Geburtst*, Leipzig, 1886. — Kaiser, *Arch. f. d. g. Phys.*, Bd. LXV; *Zeitsch. f. Biol.*, München, 1896. — V. Kries, *Arch. f. Physiol.*, 1892. — Schenck, *Arch. f. d. ges. Physiol.*, 1891, 1892, 1894, 1895. — Schwann (Experience), Physiologie de J. Muller, t. II. — Weber, Wagner's Handworterbuch, Bd III, Abth. 2.

Tétanos physiologique. — Carvallo et Weiss, *Biol.*, 1898 et *Journ. de physiol.*, 1899. — Kronecker und Stirling, Die Genesis des tetanos, *Arch. f. Physiol.*, 1878. — Marey, Mouvement.

Tonicité. — Anrep, *Arch. Pflüger*, t. XXI, p. 226. — Benedicenti, *Arch. ital. Biol.*, t. XXV. — Bottazzi, Act. du vague et du symp. sur les oreillettes, Emys. europæa, *Arch. ital. Biol.*, 1900, t. XXXIV et 1901, t. XXXVI. — Brissaud et Richet, *C. R. Ac. sc.*, 1879.

Muscles lisses. — Botazzi, *Arch. ital. Biol.*, 1900. — Engelmann, Uretère, *Arch. Pflüger*, t. IV. — Legros et Onimus, *Journ. Anat. et Physiol.*, 1869, t. VI. — Polaillon, Utérus, *Arch. Physiol.*, 1880.

Rigidité musculaire cadavérique. — Cl. Bernard, Chaleur animale. — Brown-Séquard, *Journ. Physiol.*, t. I, III et IV. — Carvallo et Weiss, *Biol.*, 1899. — Guillemòt, Th. Paris, 1878. — Louis, *Ac. roy. chirurg.*, 1792. — Ch. Richet, Physiol. des muscles et des nerfs. — Ronpeau, Th. Paris, 1880. — C. Schipiloff, *Revue méd. de la Suisse romande*, 1899. — Tissot, Phénom. de survie dans les muscles, *Th. Fac. sc.*, Paris, 1895.

Phénomènes électriques. — Biedermann, Électrophysiologie. — Burdon-Sanderson, Text Boock of physiology de Schäffer. — Du Bois-Reymond, Unters, et *Arch. f. Phys.*, 1876. — Matteucci, *An. ch. et phys.*, 1845; *C. R. As. sc.*, 1856; leçons sur les phén.

phys. de corps vivants. Paris, 1847. — MARTINS, *Arch. f. Phys.*, 1883. — RIVIÈRE, *An. d'Électrobiol.*, 1898. — SANDERSON. J.-P., 1895. — SCHENCK, *Arch. f. d. g. Physiol.*, 1896. — WALLER, *Brit. med. Journ.*, 1885.

Bruit musculaire. — BERNSTEIN, *Arch. de Pflüger*, t. XI. p. 194. — BRISSAUD et BORDET, *Gaz. médic.*, 1880. — BORDET, Applicat. du téléphone. *Gaz. médic.*, 1880. — HAUGHTON, Outliness of a theory of muscular action, 1863. — HELMHOLTZ, *Berlin. Monatsb.*, 1864 ; *Verhandl. d. natur. hist. Ver. z. Heidelberg*, t. IV, 1868.

Phénomènes microscopiques de la contraction musculaire. — ENGELMANN, *Arch. néerland.*, t. XIII. — RANVIER, Leçons sur le système musculaire.

Fatigue musculaire. — ABELOUS, *Arch. Physiol.*, 1893, 1894. — BINET et VASCHIDE, *An. Psych.*, IV, 1898. — BROCA et RICHET, *Arch. de Physiol.*, 1898. — HAUGHTON, *Proc. Roy. Soc.*, XXX, 1880. — IOTEYKO, *An. Psychol : Diction. de Physiol.* (bibliographie). — KRONECKER. *Arb. aus d. phys. Anstalt zu Leipzig*, 1871 ; *Monatsb d. Berliner Acad.*, 1870 ; *Ber. d. Sächs Acad.*, 1871. — MAGGIORA. *Arch. ital. Biol.*, 1890 et 1898. — MANCA, *Ibid.*, 1894. — MORAT et TOUSSAINT, Phén. électriq., *C. R. As. sc.*, 1876 et 77. — MOSSO, *Arch. ital. Biol.*, 1890: la fatigue intellectuelle et physique. Paris, 1894. — I. NOIR. *Arch. ital. Biol.*, XXII. — ROSSBACH et HARTENECK, *Arch. f. d. ges. Physiol.*, 1877. — TISSIÉ, *Biol.*, 1897. — SANTESSON, A. P. P., 1895, XXXV. — SCHENCK, *Arch. f. d. ges. Physiol.*, 1891 et 1892. — WALLER, *Brit. med. Journ.*, 1885 et 1886; éléments de physiologie humaine. Paris, 1898.

Réparation. — BROCA et RICHET, *Arch. Physiol.*, 1896. — IOTEYKO et RICHET, *Biol.*, 1896. — MAGGIORA. *Arch. ital. Biol.*, 1891.

Poisons musculaires. — **Anesthésiques**. — IOTEYKO et STEFANOWSKA, *An. Soc. Sc.*, Bruxelles, 1901.

Vératrine. — BEZOLD und HIRT, *Wurzburg Labor.*, 1867, Bd I. — KOLLIKER, *Virchow's Arch.*, 1856, Bd X. — FICK et BÖHM, *Fick's myothermische unters.*, 1889. — MAREY, Machine animale, p. 34. — MENDELSSHON. *Biol.*, 1883. — RINGER. *Journ. of Physiol.*, 1884-85. — SANTESSON. *Centralb. f. Physiol.*, 1902.

Oxyde de carbone. — P. BERT. *Gaz. médic.*, 1878. — NEURINE. *Biol.*, 1897. *Arch. Pharmaco-dynam.*, 1898.

CHAPITRE II

AUTRES MANIFESTATIONS ÉNERGÉTIQUES ÉQUIVALENTES A LA CONTRACTION.

L'être vivant reçoit du dehors des excitations de nature variée engendrées en lui par les diverses énergies qui se propagent dans le milieu qui le contient ; à son tour il réagit contre ces excitations par des manifestations énergétiques elles-mêmes diverses, lesquelles peuvent redevenir des excitants pour les êtres avec lesquels il est en relation de multiples manières. Dans certains organes de certains êtres, l'énergie qui termine le cycle, l'énergie extérieurement libérée est par exemple l'*électricité*, dans d'autres la *lumière*. Avant de les décrire, il nous faut parler encore d'une forme de l'énergie proprement motrice, qui s'accuse par des mouvements microscopiquement visibles, celle des organes *vibratiles* de certaines cellules ou libres ou associées sur la surface libre de certaines membranes.

A la suite de la contraction musculaire, il y aurait à décrire, si on les connaissait mieux, un certain nombre d'autres phénomènes moteurs d'une différenciation moindre, mais qui s'y rattachent.

Signalons en passant, le mouvement de contraction et d'expansion des cellules pigmentaires (*chromoblastes, chromatophores*) de la peau de certains animaux (caméléon, grenouille, etc.), qui sont, comme la contraction des muscles, manifestement sous la dépendance des nerfs moteurs (l'excitation du bout périphérique des nerfs cutanés produit la contraction, la section de ces nerfs est suivie de l'expansion de ces cellules). Des cycles d'excitation réflexe gouvernent ces mouvements, et les rendent solidaires de l'état d'éclairement du milieu ou de la couleur des objets environnants que l'animal imite plus ou moins dans un but de sauvegarde (*mimétisme*).

A. — LE MOUVEMENT VIBRATILE.

I. Cellules vibratiles. — Le mouvement vibratile est, au même titre que la contraction musculaire, une forme spécifiquement différenciée du mouvement protoplasmique. Dans les cellules dites vibratiles une organisation très particulière du protoplasme s'est produite, analogue à la striation musculaire, mais très différente d'elle, qui se traduit par un mouvement bien défini dans sa forme et son orientation, le mouvement vibratile.

II. Cils vibratiles. — Ce mouvement a son siège dans de petits bâtonnets à extrémité libre, implantés sur une des faces de la

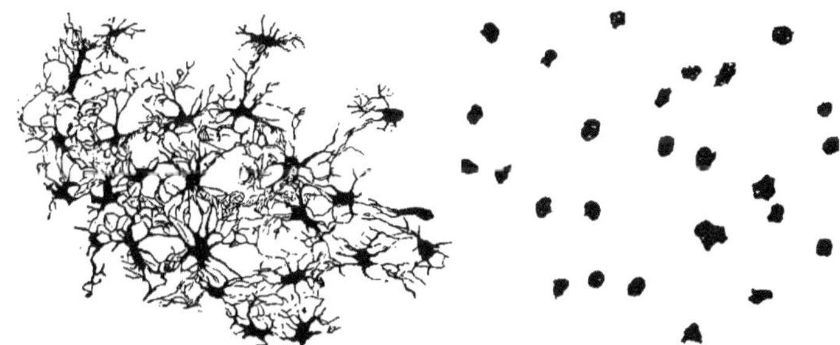

Fig. 69. — *Cellules pigmentaires de la grenouille, les unes en extension, les autres en contraction.*

A gauche, cellules ayant leurs prolongements étalés, sous l'influence de l'obscurité du jour ; peau à teinte plutôt foncée.
A droite, cellules contractées sur elles-mêmes, sous l'influence de la lumière ; peau à teinte plutôt claire (d'après Lister).

cellule, les *cils vibratiles*, lesquels s'infléchissent d'une façon rythmée autour de leur point d'implantation. Suivant les cellules et la fonction qu'elles remplissent, ces inflexions sont de forme assez variée mais généralement d'une période très régulière.

Il existe dans l'hydre d'eau douce des cellules que Kleinenberg qui les a découvertes a appelées neuro-musculaires et qui sont en réalité *myo-épithéliales*. Ces cellules ont quelque analogie de forme avec celles des épithéliums vibratiles.

Elles sont constituées par un corps de cellule épithéliale bien reconnaissable, qui est muni de prolongements à fonctions motrices. Dans le myo-épithélium ces prolongements tournés vers la profondeur des tissus sont contractiles ; dans l'épithélium cilié ils sont libres à sa surface et vibratiles.

1. Généralité de ce mouvement dans les sphères inférieures. — Le mouvement vibratile, qui tient peu de place chez les animaux supérieurs comparativement au mouvement musculaire, est par contre extrêmement répandu dans le règne vivant. Un grand nombre d'êtres unicellulaires le possèdent. La cellule libre présente alors un ou plusieurs cils, dont les vibrations assurent son déplacement dans le milieu liquide où elle nage. Tels sont les spermatozoïdes des animaux, qui ne sont autre chose que des cellules *uniciliées*, et qui ont ce moyen de locomotion pour aller à la recherche de l'ovule.

Végétaux inférieurs. — Dans les *végétaux inférieurs*, la fécondation est assurée par un moyen du même genre, tels les zoospores et spermatozoaires des algues et des champignons, les spermatozoaires des characées, muscinées et cryptogames vasculaires.

Dans les *protozoaires* nous trouvons les mastigophores et surtout les *infusoires ciliés*, munis d'appareils vibratiles remarquables pour leur fonctionnement.

Métazoaires. — Chez les *métazoaires*, depuis l'éponge jusqu'à l'homme, le mouvement vibratile est l'apanage de cellules épithéliales, formant le revêtement de certaines surfaces appartenant à des cavités où se meuvent des fluides, qui se trouvent entraînés (eux et surtout les particules qui y sont en suspension) par le mouvement régulièrement orienté et en quelque sorte solidaire des cils de ces épithéliums vibratiles. Ces épithéliums manquent chez les nématodes, les acanthocéphales et les arthropodes.

2. Cellules spermatiques. — Les cellules spermatiques des animaux, toujours douées de mouvements, sont, ainsi qu'il a été dit, des éléments ciliés. — La surface des œufs ou même des embryons de beaucoup d'invertébrés et de vertébrés inférieurs (poissons, amphibiens) présentent souvent des cils vibratils, de même l'épiderme de beaucoup de colentérés, de vers, d'échinodermes, de mollusques; le canal intestinal de cœlentérés, de vers, de mollusques, de poissons, des amphibiens ; la surface respiratoire de beaucoup de mollusques, d'amphibiens, de reptiles, d'oiseaux, de mammifères; la vessie natatoire des ganoïdes; le système urogénital des vertébrés.

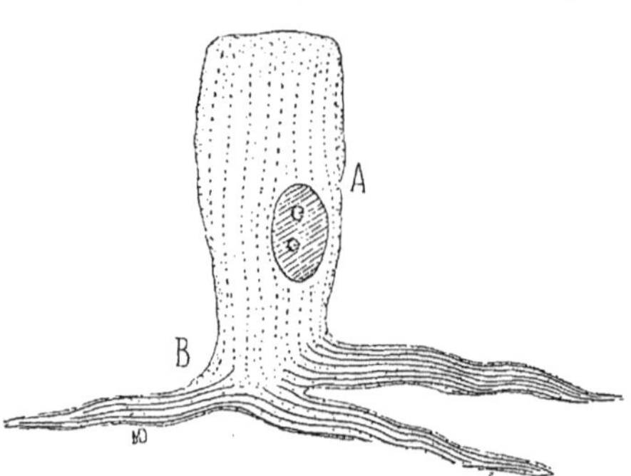

Fig. 70. — *Cellule myo-épithéliale de l'hydre d'eau douce.*

A, corps cellulaire épithélial. — B, sa partie profonde se prolongeant sous forme de fibres contractiles.

3. Distribution dans l'espèce humaine. — Dans l'espèce humaine à l'âge adulte, des revêtements épithéliaux vibratiles couvrent les surfaces suivantes : 1° Dans l'*appareil respiratoire*, la muqueuse des fosses nasales et cavités voisines, canal nasal, sac lacrymal, partie supérieure du pharynx, trompe d'Eustache, caisse du tympan, larynx à partir de l'épiglotte à l'exception des cordes vocales, trachée, bronches. 2° Dans l'*appareil génital*, chez la femme, l'utérus,

l'oviducte, le parovarium ; chez l'homme, l'épididyme. 3° Dans l'*appareil nerveux*, la surface épendymaire du canal central de la moelle et des ventricules du cerveau. — Chez l'embryon humain du quatrième au septième mois, on a trouvé des cils vibratiles dans l'œsophage et par places dans la cavité buccale et dans l'estomac.

4. Historique. — J. Ham, étudiant à Leyde en 1677, observa pour la première fois les mouvements des spermatozoïdes de l'homme et les assimila à des animaux vivants, d'où le nom de spermatozoaires qui leur fut d'abord donné. Le fait fut généralisé par Leeuwenoek chez les animaux. Cet observateur découvrit également les mouvements ciliaires des infusoires. — Les mouvements vibratiles furent étudiés particulièrement et méthodiquement par Purkinje et Valentin (1835), par William Sharpey (1835). Plus récemment, Engelmann les a étudiés expérimentalement, a cherché à en donner une explication théorique et en a donné de bonnes monographies.

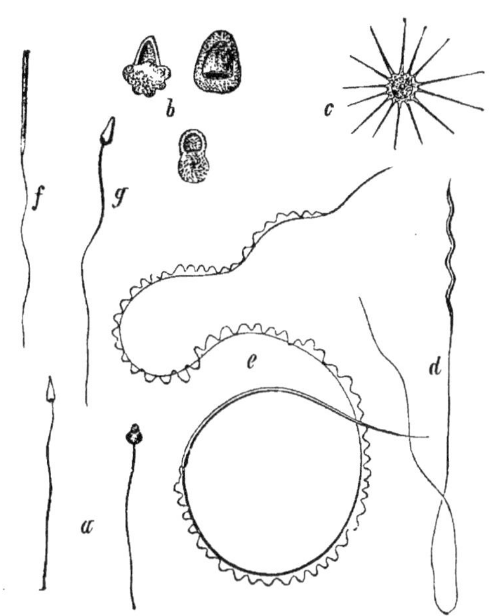

Fig. 71. — *Diverses formes et dimensions des spermatozoïdes dans la série animale.*

a, spermatozoïde de méduses ; *b*, de l'ascaride lombricoïde ; *c*, d'un crabe ; *d*, de la torpille (poisson plagiostome); *e*, de la salamandre; *f*, de la grenouille; *g*, d'un singe cercopithèque (d'après M. Duval).

I. — Caractères généraux.

A. État statique. — Envisagés dans leur généralité, les cils vibratiles affectent des formes très différentes.

Forme. — Certaines cellules libres, comme les spermatozoïdes, n'ont qu'un seul cil ; il prend alors le nom de *flagellum*. Dans les cellules fixes des épithéliums vibratiles, la surface libre de ces cellules présente un plateau sur lequel sont implantés les cils à la façon des crins d'une brosse. Chacun d'eux est un cylindre allongé, parfois effilé à son extrémité, ou même plus ou moins conique. L'épaisseur est en général moindre que 0,3 μ et la longueur comprise entre 4 et 15 μ. Ceux de l'épendyme de l'homme ont jusqu'à 33 µ., ceux des plaques mobiles des cténophores jusqu'à 1 à 2 millimètres. Par contre, ils peuvent dans certains êtres microbiens devenir invisibles par leur petitesse. Dans certaines bactéries les cils sont visibles à de très forts grossissements, mais dans beaucoup ils sont invisibles et on est réduit à supposer leur existence du fait même des mouvements que présentent ces infiniment petits.

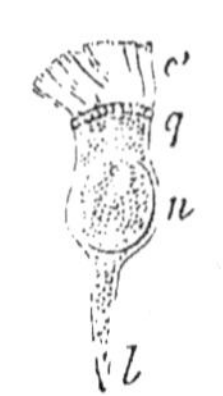

Fig. 72. — *Cellule épithéliale à cils vibratiles de la trachée du cochon d'Inde.*

c, cils; *q*. plateau; *n*. noyau; *l*, extrémité effilée de la cellule à sa partie profonde (d'après RANVIER).

1. **Cils élémentaires.** — Chez certains invertébrés (embryons de bivalves) et chez certains infusoires ciliés, les organes vibratiles peuvent affecter la forme de cônes d'un certain volume, plus ou moins aplati, que l'analyse histologique montre composé d'un pinceau de *cils élémentaires* non visibles à un premier examen. Ce sont des cils composés.

2. **Disposition; nombre.** — De même que leur mouvement, la disposition des cils sur le plateau d'une cellule est très irrégulière. Ils forment des rangées parallèles ou en quinconce régulièrement orientées. Suivant leur nature, les cellules en portent de un (spermatozoïdes, mastigophores) à plusieurs milliers (grands infusoires ciliés holotriches et hétérotriches). — Sur une cellule de l'épithélium de la muqueuse œsophagienne de la grenouille, le nombre peut aller de 100 à 200.

3. **Structure; articles composants.** — D'après ENGELMANN et FRENZEL, chaque cil vibratile se décompose en trois ou quatre articles superposés : le cil proprement dit ou *pièce terminale*, le bulbe, la *pièce basale* ou corpuscule basal, la *pièce radiculaire* ou racine. Le bulbe n'a pas une existence constante. Le cil est extracellulaire ; le corpuscule basal est situé au niveau du plateau de la cellule ; la racine est intracellulaire et plonge plus ou moins profondément dans la cellule. Un grain, d'où partiraient en direction opposée deux filaments, schématiserait assez bien cette figuration.

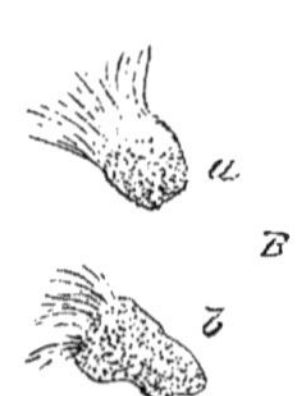

Fig. 73. — *Cellules à cils vibratiles des fosses nasales de l'homme, dans le coryza* (d'après RANVIER).

4. **Origine.** — RANVIER a remarqué que, dans les cellules épithéliales de la muqueuse nasale enflammée, les cils se continuent directement avec le protoplasme. Cette observation se fait commodément sur des cellules desquamées entraînées par le liquide séreux de la première période du coryza. Le plateau est alors détruit et la continuité se voit avec netteté.

Dans les spores des myxomycètes, des flagellés et dans l'épithélium vibratile des éponges calcaires, on a vu des cils provenir directement des pseudopodes, et inversement des pseudopodes se transformer en cils (DE BARRY, HAECKEL, CLARKE).

5. **Caractères physiques.** — Les cils sont incolores; d'après quelques auteurs, ils présenteraient parfois un indice de striation transversale (Alex. STUART, KUNSTLER, NUSSBAUM). Ils accusent une forte réfraction et, si on les examine en couche suffisamment épaisse, une double réfraction de la lumière. L'axe optique coïn-

cide avec l'axe morphologique; la double réfraction est positive (Valentin, Engelmann).

6. Caractères chimiques. — Ces caractères sont, en général, ceux d'une substance albuminoïde : gonflement facile dans l'eau et les solutions neutres faiblement hypertoniques, en même temps que diminution de la réfringence et raccourcissement notable ; dissolution dans les solutions alcalines faibles et dans les acides concentrés ; augmentation de la résistance et de la réfringence ; *réaction xanthoprotéique* ; enfin, après la mort, imprégnation facile par l'éosine, le bleu d'aniline et autres matières colorantes. — Ces caractères généraux n'empêchent pas ces éléments de différer entre eux par certaines particularités, surtout suivant le milieu auquel ils se sont adaptés par leur fonction (Sharpey) ; les cils des infusoires et des animaux marins sont détruits par l'eau distillée ; ceux des animaux d'eau douce le sont par l'eau de mer. — Les pièces d'implantation sont plus résistantes que les cils eux-mêmes ; elles n'ont pas la double réfraction. — Les racines qui plongent dans le protoplasme de la cellule sont extrêmement altérables ; elles diffèrent des bâtonnets extérieurs par leur réaction colorante ; elles ont la double réfraction (axe optique suivant leur longueur).

B. État dynamique. — *Les mouvements élémentaires de la matière organisée peuvent se ramener à des déformations vibratoires locales de cette matière qui se propagent ensuite à la façon d'une onde.* — Le mouvement musculaire est déjà quelque chose de ce genre. Le mouvement vibratile en est un exemple plus saisissant. Dans le *muscle* la vibration considérée par rapport à sa transmission est *longitudinale* ; dans le *cil vibratile* elle est *transversale*. Si le cil est un flagellum, elle y prend l'aspect d'une corde dont l'ébranlement produit à l'une de ses extrémités va atteindre l'autre extrémité. Sur un cil court cette propagation n'est pas très sensible ; mais le mouvement a encore une autre façon, suivant sa longueur, de se propager. Les cils semblent se communiquer le mouvement des uns aux autres suivant une direction déterminée, non pas passivement, mais par un processus d'excitation qui les gagne de proche en proche. Il y a en somme à examiner le mouvement individuel de chaque cil et sa propagation aux cils voisins quand il appartient à une surface épithéliale vibratile.

1. Mouvement individuel. — La forme du mouvement ciliaire peut varier beaucoup suivant l'élément qu'on considère. Quand le cil est long, surtout s'il est unique, comme dans les spermatozoïdes, le mouvement peut être ondulatoire, comme celui d'un fouet (*motus undulatus*). S'il est court, le mouvement consiste généralement en une inclinaison sur le pied considéré comme lieu d'articulation. Mais souvent aussi, le cil tend en même temps plus ou moins à s'incurver en forme de crochet (*motus uncinatus* de Valentin). Un mouvement assez rare, c'est celui qui est régulièrement pendulaire, c'est-à-dire consistant en un double déplacement de chaque côté (*motus vacillans*). Un autre mouvement qui s'observe chez les flagellés consiste en un déplacement circulaire ou hélicoïde de l'extrémité libre du cil pendant que lui-même représente la génératrice d'un entonnoir (*motus infundibuliformis* de VALENTIN). — Sauf le dernier, ces mouvements se font, en général, dans un plan qui est perpendiculaire à celui de la surface d'implantation. — Si le cil appartient non à une surface mais à une bande linéaire, son plan d'oscillation peut être parallèle à cette bande (racines natatoires des cténophores) ou bien perpendiculaire (cellules latérales des bivalves).

En général, le déplacement du cil n'est pas symétrique par rapport à la position verticale de celui-ci sur la surface qui le supporte ; il ne l'est ni dans ses positions extrêmes, ni dans sa forme générale, ni dans les positions de son extrémité libre, ni dans ses vitesses. Et cela se comprend, surtout pour le cas assez fréquent où le cil, appartenant à une surface fixe, a pour fonction d'imprimer un déplacement dans un sens donné à des corps placés sur cette surface, comme les particules que le courant d'air respiratoire entraîne dans les voies aériennes et que ces mouvements ont pour fonction de ramener vers l'extérieur. Un tel résultat ne peut être obtenu que si l'une des deux vibrations qui composent l'oscillation du cil a un effet ou seul efficace ou prépondérant à l'égard du corps à déplacer.

Le plus souvent, la forme, la direction et la vitesse du mouvement étant données, elles restent constantes dans les mêmes conditions. C'est le cas des surfaces épithéliales des mammifères, où ces mouvements présentent la fixité des fonctions de nutrition auxquelles ils appartiennent. Mais chez les infusoires, il peut y avoir des modifications de vitesse, voire des renversements de la direction ; les cils vibratiles de ces êtres équivalent chez eux à des appareils de locomotion.

2. **Fréquence**. — Les mouvements d'organes aussi petits sont très rapides, les périodes, par conséquent, très courtes : de plus, elles se suivent sans aucun intervalle appréciable. On peut les compter approximativement par les méthodes stroboscopiques (MARTIUS) ; leur fréquence doit dépasser quinze à la seconde.

3. **Décomposition de l'oscillation**. — L'oscillation complète d'un cil se compose de deux demi-oscillations de durée et partant de vitesse inégale. Le mouvement communiqué par le cil aux objets en contact avec lui se fait dans le sens de la vibration la plus rapide. On est donc autorisé à dire que, des deux vibrations, c'est celle qui est active ; l'autre n'est peut-être qu'un simple phénomène d'élasticité, qui ramène le cil à sa position première.

Comme le cil se meut sans cesse en dehors de toute excitation apparente, on ne sait pas bien quelle est sa position de repos. On la détermine d'après celle qu'il prend dans l'anesthésie chloroformique ou éthérée. Chez les cténophores, en général, le premier mouvement qui se produit en partant de cette position est le plus rapide ; mais chez les vertébrés et beaucoup d'invertébrés, la première vibration est la plus lente. On n'a, en somme, pas de critère bien décisif pour savoir ce qui est repos ou position de repos et activité et s'il y a une différence essentielle entre les deux vibrations quant aux forces qui les produisent.

II. — *Coordination et propagation du mouvement des cils.*

Un phénomène non moins régulier et constant que celui de ces oscillations individuelles des cils, c'est leur propagation dans un sens défini, qui est du reste en rapport avec une fonction également déterminée, comme l'entraînement des liquides et des particules qui y sont contenues à la surface de ces épithéliums vibratiles. C'est ainsi que dans la muqueuse respiratoire cet entraînement se fait du côté des orifices extérieurs, dans le pharynx (de la grenouille) du côté de l'estomac. Même à l'œil nu et sans le secours de particules déposées sur ces surfaces, on peut voir parfois une couche liquide entraînée ondulatoirement. Sur la muqueuse pharyngée de la grenouille, la vitesse du déplacement peut aller à 1 millimètre par seconde, mais varie avec un grand nombre de conditions.

1. **Plan de vibration et de propagation**. — La propagation se fait suivant le plan dans lequel s'effectue la vibration. Les cils d'une rangée transversale s'inclinent simultanément, puis successivement ceux des rangées suivantes. Quand le mouvement arrive au bord d'une cellule, il gagne les cils de la cellule voisine avec la même facilité. On a comparé avec assez de justesse l'agitation des cils à celle des épis d'un champ de blé agités par le vent, s'inclinant et se relevant les uns après les autres.

Quelques mesures; vitesse. — Pour mesurer la vitesse de cette propagation et aussi ses variations sous les diverses conditions qui peuvent la modifier, on a imaginé diverses méthodes. Calliburcès, Cl. Bernard eurent l'idée, reprise et perfectionnée par Engelmann, de faire agir ces mouvements sur la jante d'une roue mobile sur un axe fixe et dont la vitesse angulaire peut être appréciée au moyen d'un index sur un cadran gradué.

Travail mécanique. — Bowditch, Wyrmann ont essayé de mesurer la force de ces mouvements, en leur donnant des poids plus ou moins lourds à déplacer sur la surface muqueuse, soit avec une certaine pente, soit tout simplement en traction horizontale. Le premier de ces auteurs trouve un travail de près de 7 grammo-millimètres par centimètre carré et par minute. Le second trouve qu'en direction horizontale la muqueuse pharyngée de la grenouille fait un travail maximum de 336 grammes par centimètre carré.

2. **Phénomènes électriques**. — Comme le mouvement musculaire, le mouvement vibratile s'accompagne de manifestations électromotrices. Dans la muqueuse œsophagienne, on constate entre ses deux faces une opposition de tension électrique; *la surface extérieure est négative, la surface profonde positive* (Engelmann). La différence de potentiel est en moyenne de 0,01 volt, mais peut être plus considérable. — La relation de ce phénomène électrique avec le mouvement mécanique est ici plus difficile à établir que dans le muscle, parce que, d'une part, les cellules vibratiles sont accompagnées de cellules caliciformes sécrétantes qui, comme telles, développent également un courant et que, d'autre part, les mouvements vibratiles ne présentent pas les alternatives de repos et d'activité qui, dans les muscles, nous font mieux saisir la concordance des deux ordres de phénomènes. Il semble, toutefois, que les variations d'intensité aillent de pair avec celles des mouvements.

On n'a point observé de développement de chaleur lié à cette activité vibratile et sans doute pour la même raison. En effet, outre que les masses actives sont très faibles et sont en égalité de température avec le sang; les modifications de cette activité sont trop faibles pour nous permettre d'y constater un suréchauffement comme celui qu'on observe dans les muscles quand ils viennent à se contracter brusquement après une période de repos.

3. Irritabilité propre des cils vibratiles. — Les cils des cellules vibratiles, en y comprenant leur base d'implantation et aussi leurs racines, sont des appareils très différenciés au point de vue tant morphologique que fonctionnel. Ils sont les équivalents des fibrilles musculaires et appartiennent comme elles à ce protoplasme supérieur, qui s'est distingué du reste de la masse cellulaire par des aptitudes, sinon tout à fait nouvelles, au moins très développées dans un sens particulier. Séparés de leur cellule et de son noyau, les cils vibratiles perdront leurs mouvements; mais, ce qui est significatif, ils le conservent pendant un certain temps. Ce fait se vérifie sur des queues de spermatozoïdes séparées de leur tête, qui continuent pendant plus ou moins longtemps à s'agiter dans le milieu liquide qui les contient; parfois, des fragments de ces queues font de même ANKERMANN. On peut faire la même observation sur des fragments de cellules épithéliales contenant les cils vibratiles séparés du noyau, cela tout au moins chez certains invertébrés. — Le mouvement des cils comme celui des fibrilles musculaires, comme aussi la propagation de l'excitation dans le prolongement cylindraxile d'un neurone est donc, dans une certaine mesure, indépendant du noyau et du reste de la cellule; autrement dit, *ces appareils ont en eux les conditions déterminantes de leur mouvement* ENGELMANN, NUSSBAUM, BALBIANI; ils ont leur irritabilité spécifique et la cellule qui les porte n'a à leur fournir que les conditions qui les entretiennent et les provoquent, les aliments et l'excitation.

4. Origine de l'excitation. — L'excitation qui les entretient est fournie par la cellule, qui peut la tenir elle-même d'une voie extérieure, peut-être et même probablement du système nerveux. La relation des épithéliums vibratiles avec le système nerveux n'est établie d'une façon certaine ni anatomiquement, ni expérimentalement.

Anatomiquement, ENGELMANN et MAUPAS ont décrit, chez les grands ciliés hypotriches, des fibres extrèmement fines qui vont des parties centrales du corps à la base des cils latéraux et anaux et dont ils signalent la ressemblance avec des fibrilles nerveuses. — Chez les vertébrés, on n'a encore rien vu qui démontre la présence de terminaisons nerveuses dans les épithéliums vibratiles.

Physiologiquement, les mouvements des cils paraissent indépendants du système nerveux, parce qu'ils se montrent sur des cellules ou même des cils détachés, c'est-à-dire dont toute liaison avec ce système est nécessairement rompue. Mais, si ces mouvements persistent après une telle séparation, cela ne prouve néanmoins pas qu'ils ne puissent recevoir de ces nerfs supposés une influence excitatrice et régulatrice, la distribution de cette excitation ne devant pas forcément être calquée sur celle que les nerfs moteurs ordinaires fournissent aux muscles et le mouvement des cils pouvant peut-être continuer de lui-même pendant un certain temps après l'excitation reçue.

5. Sa propagation intra-ciliaire. — En tout cas, l'excitation qui provoque ces appareils au mouvement les atteint primitivement sans doute dans leurs racines, car le mouvement visible commence à se manifester à partir du point d'implantation ou base du cil et de là se propage vers sa pointe. La cellule fournit ainsi aux cils qui lui appartiennent une liaison coordinatrice, qui semble être d'un ordre un peu différent de celle qui propage l'excitation d'une cellule à l'autre et coordonne ces cellules entre elles. Les cils d'une cellule donnée gardent, en effet, tant qu'ils se meuvent, toujours leurs mouvements syn chrones, alors que les cellules voisines pourraient avoir un rythme différent.

6. **Propagation intracellulaire et extracellulaire.** — Le mouvement vibratile se propage dans chaque cil individuellement de sa racine à sa pointe extérieure. Il naît dans la cellule et se communique, d'après ses lois propres, de proche en proche à la partie extracellulaire du cil. D'autre part, l'excitation qui lui a donné naissance se propage dans la cellule successivement à d'autres cils également dans un ordre déterminé. Cette propagation, bien différente de la première, doit se faire sans doute par quelque liaison d'ordre inconnu, qui existe entre les racines. Enfin quand le mouvement est arrivé à la limite de la cellule, il envahit la cellule voisine, puis d'autres à la suite toujours dans un sens bien défini. Ainsi se passent les choses, si nous envisageons une rangée de cils considérée sur une membrane dans le sens de la propagation du mouvement. Ce que nous disons de chacun de ces cils qui se meuvent successivement, nous pouvons le dire de toute la rangée transversale (perpendiculaire à la propagation du mouvement) à laquelle ils appartiennent. Dans toute l'étendue de cette rangée, sur toutes les cellules, le mouvement est synchrone et il se propage de rangée en rangée dans le sens indiqué.

7. **Explication mécanique insoutenable.** — Les conditions qui assurent d'une part ce synchronisme et d'autre part cette propagation coordonnée nous sont inconnues. Une explication simpliste serait de supposer que chaque cil de la rangée qui se meut agit, par son choc sur celui qui lui correspond dans la rangée suivante, comme une excitation mécanique, qui met en jeu ses forces de tension incessamment renouvelées à mesure de leur consommation. Mais cette hypothèse est inadmissible. La partie du cil qui se meut la première (donc qui reçoit la première l'excitation) n'est pas sa partie libre (celle qui reçoit le choc) mais sa partie fixe ou profonde qui est immobile. Il faut considérer d'autre part que le cil qui va se mouvoir n'attend pas pour le faire le choc mécanique du cil précédent, mais commence à entrer en mouvement un temps extrèmement court après le commencement de l'entrée en mouvement de ce cil qui est censé lui transmettre l'excitation.

8. **Propagation de l'excitation indépendante de son effet moteur.** — Il faut donc admettre qu'*il y a un processus d'excitation, qui se propage dans le même sens et avec la même vitesse que le mouvement visible auquel il donne lieu, mais qui est indépendant de la réalisation de ce mouvement lui-même*, sur lequel il a, comme on voit, une légère avance. Nous pouvons nous le figurer comme un mouvement moléculaire, ou tout au moins particulaire, qui affecte la région de la cellule vibratile avoisinant son plateau, et qui se transmet aux racines des cils du plateau de la cellule suivante par un mécanisme tout aussi inconnu. Ainsi : *le mouvement visible est bien dépendant du mouvement invisible excitateur, mais l'inverse n'est pas vrai*; le mouvement réalisé ne sert pas à propager l'excitation. Cette indépendance relative de la transmission de l'excitation à l'égard du mouvement visible réalisé nous est démontrée par le fait suivant : entre deux cellules placées en succession, il peut arriver qu'une ou plusieurs cellules ne présentent pas de mouvement de leurs cils et néanmoins la propagation de l'excitation se fait de la première à la dernière, à travers les cellules intermédiaires immobiles. Dans ces cellules immobiles il y a donc un mouvement invisible, qui est proprement le mouvement excitateur, propagé de molécule à molécule ou de particule à particule dans la substance protoplasmique en quelque sorte continue et indépendante des noyaux cellulaires qui contient les racines de cils.

Des faits du même genre ont été observés dans les cellules musculaires du cœur et comportent la même conclusion avec les mêmes difficultés pour l'interprétation du mécanisme propagateur de l'excitation. Là encore, l'hypothèse très simple et pour cela séduisante, que le mouvement mécanique qui résulte de l'excitation locale d'un élément servirait à exciter le mouvement de l'élément suivant, est réfutée par certaines observations. Dans le cœur, comme dans les épithéliums vibratiles, le mouvement visible qui est la conséquence de l'excitation n'est pas intercalé dans le processus qui assure sa progression. Entre certaines régions musculaires qui se contractent en se transmettant l'excitation, on peut voir parfois des îlots musculaires qui restent au repos et qui ont dû être traversés forcément par celle-ci. La même observation peut être faite dans tous les organes à mouvement péristaltique.

9. **Le péristaltisme est dans l'appareil excitateur.** — Dans tous ces organes *ce qui, avant tout, est péristaltique c'est le processus d'excitation*, le mouvement intime excitateur. Le mouvement visible (mécanique ou autre) qui en est la conséquence peut faire défaut à certaines places suivant l'état actuel de l'organe moteur local. En ce qui concerne les membranes à cils vibratiles, telles que la muqueuse respiratoire par exemple, la propagation de l'excitation, envisagée dans son ensemble, peut y être représentée sous la forme d'une ligne ou d'une série de lignes parallèles, dirigées suivant la longueur de la membrane, en allant vers son orifice extérieur. Chacune de ces lignes porte des branchements aussi nombreux que les cils eux-mêmes et, comme eux, perpendiculaires à sa direction. Dans chacun de ces branchements l'excitation s'engage et cela sans se traduire d'abord par aucun mouvement visible. A partir du plateau de la cellule elle trouve un organe moteur ou énergétique proprement dit, qui est pour elle ce que la fibre musculaire est à l'égard de la fibre nerveuse qu'elle reçoit, un élément exécuteur d'une fonction déterminée dont les manifestations extérieures sont, celles-là, visibles. Comme la fibre musculaire, cet élément a intrinsèquement l'organisation et les forces qui lui permettent de réaliser son fonctionnement. Ces forces sont incomparablement supérieures en intensité à celles qui sont développées par le mouvement excitateur, ce dernier étant réduit là comme partout ailleurs à un ébranlement strictement suffisant pour le déclenchement du mécanisme moteur à l'état de tension. Jusqu'au plateau il n'y a donc qu'une onde excitatrice dont l'existence ne nous est attestée que par ses effets. A partir du plateau il y a une onde à la fois motrice et excitatrice (les deux phénomènes sont indissociables) qui se propage jusqu'à la pointe des cils.

En somme, la *coordination des effets moteurs est assurée indépendamment de leur réalisation*. Avant qu'ils soient réalisés, leur dessin général est représenté sous une forme aussi réduite et économique que possible, moléculaire en un mot, dans ce quelque chose que nous appelons l'excitation.

10. **Nature inconnue de l'appareil excitateur.** — Quel est l'appareil qui sert de support à la propagation du mouvement excitateur? Ou tout au moins à quel appareil connu pouvons-nous le comparer? — La propriété de transmettre une onde invisible, qui, arrivée au contact des éléments moteurs, est apte à les mettre en activité, est caractéristique des éléments nerveux et mieux encore des fibres qui représentent la partie différenciée de ces éléments. — Nous avons dit plus haut qu'on avait recherché des terminaisons et une organisation nerveuses dans ces épithéliums, mais sans pouvoir les démontrer. — D'autre part, en ce qui concerne d'une façon générale les organes à mouvement péristaltique, un certain nombre d'observateurs, sans nier toute participation du système

nerveux à l'excitation de ces mouvements, admettent en eux une propagation de celle-ci se faisant de cellule en cellule par des dispositifs autres que nerveux. Pour ce qui concerne en particulier le cœur, il y a une explication dite *myogène* de son mouvement, opposée à l'explication habituelle ou *névrogène*. Il est possible que dans la réalité il y ait une part à faire à chacune de ces deux explications, qui ne sont contradictoires que dans notre manière souvent exclusive d'envisager les choses.

11. L'excitation condition essentielle de la vie cellulaire ; ses modes et origines variables suivant les cas. — Ce que nous appelons l'excitation est une des conditions essentielles de la vie des cellules, au même titre que le renouvellement de sa substance ou celui de son énergie. Cette excitation peut leur être fournie par des voies et des moyens très différents. — Les cellules *libres* comme les globules du sang, ne peuvent la recevoir que du milieu liquide qui les entoure et les entraîne dans son mouvement. Parmi les cellules *fixes* des tissus proprement dits, grand est le nombre de celles qui la reçoivent d'un tissu spécialement organisé à cet effet, qui est le système nerveux ; et de jour en jour s'augmente la liste des éléments, qui sont sous la dépendance de ce système si hautement différencié. Le mode nerveux représente le plus haut degré de perfection donné à l'excitation des cellules. Il ne doit pas être le seul, même dans les êtres pourvus d'un système nerveux et, dans ceux-ci, même pour les cellules en rapport avec ce système perfectionné.

12. Organisation progressive de l'excitation. — Dans l'organisation vivante, en effet, on remarque que l'adjonction de moyens nouveaux plus perfectionnés ne supprime d'habitude pas complètement les moyens primitifs, qui peuvent continuer d'agir dans le même sens, d'une façon plus effacée ou en se subordonnant fonctionnellement aux appareils nouveaux, rendus nécessaires par la complication croissante de l'organisation. On peut donc comprendre que des éléments fixes, comme ceux qui forment les cellules musculaires du cœur, reçoivent des excitations, qui leur viennent à la fois du système nerveux et du voisinage cellulaire et peut-être aussi du milieu liquide qui les entoure et que ces excitations de modalités et de sources diverses s'harmonisent entre elles, sous la direction supérieure du système nerveux. On comprend aussi que la part laissée à ces modalités excitatrices soit différente suivant les organes et leur degré d'organisation. La part du système nerveux, nécessairement nulle quand il s'agit d'éléments erratiques, comme les globules du sang, douteuse encore en ce qui concerne les épithéliums vibratiles, devient évidente dans certains muscles péristaltiques, comme le cœur, et tend à se substituer à toute autre dans les muscles exécuteurs des fonctions volontaires.

III. — *Influence des agents physiques et chimiques.*

I. Analyse des conditions d'activité. — Comme tous les tissus et plus facilement que beaucoup d'entre eux, les épithéliums vibratiles peuvent être soumis à l'analyse expérimentale, qui fait intervenir sur eux les différents agents physiques ou chimiques, qu'on sait avoir de l'influence sur les éléments vivants. Une telle étude revient invariablement à étudier, sur un tissu donné, les conditions essentielles de la vie cellulaire et à voir ce que sont, en grandeur et en qualité, ces conditions pour un tissu, une espèce cellulaire déterminée.

II. **Excitants et aliments**. — L'analyse consiste à faire intervenir sur ce tissu des *énergies*, comme la chaleur, la lumière, l'électricité, ou des *substances chimiques* comme l'oxygène, l'eau, les solutions salines diverses, etc. Les unes et les autres agissent, suivant les circonstances, soit comme *aliments*, c'est-à-dire comme des corps ou des forces qui entrent à l'état de constituants dans l'organisme cellulaire expérimenté, soit comme *excitants*, c'est-à-dire comme des contacts ou impulsions propres à amener le jeu des forces qui interviennent dans le fonctionnement de cet organisme rudimentaire. Il n'est pas toujours facile de dire si tel corps ou telle énergie est alimentaire ou excitante. Parfois elle est l'un et l'autre dans une mesure variable ou mal déterminée. L'*oxygène*, l'*eau*, voire les corps salins en dissolution sont des aliments de la cellule ; l'*électricité* agit incontestablement comme un excitant artificiel mais commode à appliquer et à étudier. La *chaleur* est une condition qui se rapporte, soit au rôle de l'aliment, soit à celui de l'excitant, mais peut-être plus du premier que du second.

a. Électricité. — On démontre que l'excitation électrique fait varier le travail mécanique des cils vibratiles. comme celui des muscles et des différents éléments contractiles (KISTIATOWSKY). On peut employer, comme avec ceux-ci, soit le courant continu, soit les courants faradiques.

ENGELMANN a fait une étude méthodique de l'action de ces différents courants sur les éléments vibratiles. D'une façon générale, on retrouve les lois de l'excitation électrique, telles qu'elles ont été établies en opérant sur les nerfs et les muscles.

Conditions expérimentales. — Pour voir nettement l'effet d'un excitant sur un organe, le mieux est de prendre cet organe au repos ou à un état aussi voisin que possible du repos. On comprend que si le travail de l'organe est maximum. l'excitation qu'on lui applique ne saurait rien y ajouter. Pour l'épithélium vibratile. qui est sans cesse en mouvement, il faut choisir des membranes isolées, dont les cils sont devenus lents à se mouvoir par suite de certaines altérations (légère dessiccation, refroidissement, privation d'oxygène). *L'excitation électrique augmente alors leur mouvement.*

Courants divers. — L'excitation peut être produite par la clôture ou la rupture d'un courant *continu* ; la clôture est plus efficace que la rupture ; il y a une légère action excitante même pendant le passage du courant. — L'excitation est également obtenue par le courant *induit*, soit de clôture, soit de rupture : ce dernier est plus excitant que l'autre. La répétition de l'excitation sous forme de courant *tétanisant* même très faible, a un effet plus considérable que d'assez fortes décharges très espacées, à cause de la sommation des excitations.

Temps de latence. — Il y a un *temps de latence* qui peut être de trois secondes dans le cas d'excitation faible, mais qui devient rapidement inappréciable avec les excitations fortes.

Alternances de Volta. — On remarque encore qu'après le passage d'un courant dans un sens, l'excitabilité devient pour quelque temps plus grande pour le courant de sens inverse, ce qui est l'équivalent de ce qu'on appelle l'*alternative de Volta* dans l'excitation du nerf et s'explique par la dépolarisation que produit ce courant passant à l'inverse du premier.

Concordances et différences avec la contraction musculaire. — Tous ces faits concordent avec ce que nous savons de l'excitation des nerfs et des muscles. Ce qui suit introduit, par contre, quelques différences. Le nerf et le muscle répondent à une excitation unique (telle qu'une décharge d'induction) par une manifestation (secousse) elle-même unique. L'épithélium vibratile répond, lui, par des battements multiples, qui s'accélèrent pendant quelques secondes jusqu'à un maximum, pour décroître et parfois même donner une réaction inverse. Ce qui répond ici à la secousse musculaire c'est, comme on voit, une série de mouvements élémentaires qui présentent, après un temps de latence, d'abord une accélération, puis un maximum, puis une décroissance graduelle ; cette succession reproduit bien, en somme, l'aspect du graphique de la secousse si, au lieu d'exprimer les valeurs successives d'un raccourcissement, ce graphique exprime les valeurs successives d'une fréquence. Toutefois, les grands cils latéraux des branchies des bivalves, après une excitation de cette nature, se courbent tous dans le même sens (coude en avant) et restent contracturés un certain temps, si l'excitation a été forte, avant de reprendre leur position habituelle.

En somme, sauf exception, l'excitation électrique se traduit par une déformation, non des organes moteurs, les cils, qui, individuellement, présentent les mêmes inflexions, la même forme rythmique, mais de la fréquence de ces inflexions en un temps donné.

Action destructive des courants très forts. — Lorsque le courant est très fort, il peut y avoir *arrêt* des mouvements ciliaires ; mais cet arrêt n'est pas un effet direct de l'excitation. Il semble résulter plutôt de l'action destructive du courant sur les cellules qui, généralement alors se désagrègent plus ou moins et rompent une partie de leurs connexions.

b. Chocs mécaniques. — Les chocs mécaniques portés sur les cellules ciliées libres, comme les spermatozoïdes, ne paraissent pas avoir d'action excitatrice sur elles. Par contre, les cellules fixes des mollusques et des vertébrés semblent bien être excitables mécaniquement, soit que le choc porte sur la cellule, soit qu'il porte directement sur les cils ; auquel cas une propagation de l'excitation se fait sur les cils voisins et ceux des cellules voisines (STEINBACH, GRUTZNER, VERWORN, KRAFT). Ainsi les cils sont non seulement des appareils moteurs, mais aussi des appareils adaptés à recevoir l'excitation sensitive et à la transmettre à distance, et c'est une nouvelle analogie qu'ils ont avec les muscles. Les deux phénomènes paraissent liés l'un à l'autre dans un cycle fonctionnel ayant quelque analogie avec un réflexe. Suivant la remarque de GRUTZNER, les corps étrangers qui tombent sur une surface munie de cils l'excitent par là même à activer le mouvement par lequel ils seront éliminés.

c. Chaleur. — La chaleur est une condition générale et essentielle pour tous les êtres vivants, pour toutes leurs cellules, sans exception ; c'est ce dont témoignent toutes les expériences de la physiologie ; dire exactement ce que représente cette condition est plus difficile. Les manifestations de la vie sont liées à l'existence dans les êtres d'un certain niveau de la chaleur, à une température non pas fixe mais optima, au-dessous de laquelle on les voit se ralentir puis s'arrêter. Cet optimum est généralement voisin d'un maximum, à partir duquel ces manifestations cessent assez rapidement et sont supprimées pour toujours, si la température a atteint un certain degré, variable suivant les êtres et, dans ceux-ci, variable avec les espèces cellulaires qui les composent. Il s'ensuit que l'optimum est lui-même variable suivant les conditions de température auxquelles l'être et surtout l'élément considéré sont adaptés, dans les conditions de la vie normale.

Limites supérieure et inférieure. — Chez les vertébrés à sang chaud ces limites s'étendent entre 45° et 6° (Purkinje et Valentin). Chez la grenouille et l'anodonte elles seraient entre 40° et 1°. Dans les êtres ciliés qui vivent dans les mers polaires, le minimum est au-dessous de 0°; pour les infusoires vivant dans les sources chaudes, le maximum atteint 50° (Engelmann). Pour les paramécies, la limite inférieure est indiquée par la congélation (Verworn). L'action de la chaleur se fait sentir sur la fréquence et l'amplitude de l'oscillation, non sur sa forme et son rythme particuliers.

Rigidité thermique. — L'excès de chaleur produit une rigidité des cils comparable à celle des éléments musculaires. Avant qu'elle se produise il y a d'abord une rapide diminution de l'amplitude, tandis que la fréquence augmente encore jusqu'à la coagulation définitive (Engelmann). La position des cils à ce moment est celle de repos chez les vertébrés, et celle de leur concentration chez les infusoires (Verworn). Il y a aussi une rigidité par le froid. La résistance dans le sens de l'abaissement de la température est bien plus élastique que dans le sens contraire. Des infusoires ciliés peuvent être refroidis jusqu'à — 8° ou — 9° sans être tués (Spallanzani), les cils de l'anodonte jusqu'à — 6° (Roth), les spermatozoïdes de l'homme jusqu'à — 19° (Mantegazza).

d. Lumière. — La lumière n'a pas d'influence directe sur le mouvement des cils. Dans certains êtres contenant dans leur protoplasme des corps chromophylles (*Paramæcium bursaria*), l'accélération du mouvement ciliaire est liée à un dégagement plus abondant d'oxygène, qui exagère pour son compte leur mouvement.

e. Oxygène. — On démontre que dans un milieu privé d'oxygène, les cils s'arrêtent et recommencent à battre quand ce gaz leur est rendu (Kühne). On cite néanmoins des microorganismes ciliés anaérobies. Les épithéliums ciliés et les spermatozoïdes peuvent, du reste, être considérés comme des aérobies facultatifs, en ce sens qu'ils peuvent battre encore longtemps, parfois plusieurs heures, dans un milieu désoxygéné. D'après Engelmann, cette résistance à l'asphyxie doit s'expliquer par une combinaison oxygénée faite au contact de l'oxygène ambiant, laquelle constitue pour les cils une réserve considérable d'oxygène, qu'ils épuisent quand le milieu n'en fournit plus pendant un certain temps.

Variations de sa tension. — Les mouvements des cils ne s'atténuent et ne disparaissent ainsi que pour des abaissements extrêmes de la tension de l'oxygène dans le milieu. L'augmentation de cette tension au-dessus de la normale provoque en revanche nettement une accélération. Quand la pression devient très forte, le mouvement disparaît, pour se rétablir quand elle est de nouveau diminuée. — On retrouve ici l'application de la loi de P. Bert sur l'optimum de la tension oxygénée, laquelle n'est elle-même qu'une expression particulière d'une loi très générale, celle des limites entre lesquelles sont toujours contenues les conditions propres à la manifestation des phénomènes vitaux. La limite supérieure de la tension oxygénée est variable suivant les animaux. Chez la grenouille, à 4 atmosphères les cils s'arrêtent; chez l'anodonte, à 12 atmosphères ils sont encore actifs; de même les spermatozoïdes de salamandres et de grenouilles (Van Overbech de Meyer).

L'ozone et l'eau oxygénée agissent toujours comme destructeurs (Van Over-
beck de Meyer).

f. Eau. — Chez les vertébrés (grenouille, mammifères), l'hydratation des cils
augmente d'abord leur activité, mais si elle devient trop grande, elle la fait
disparaître. Les cils augmentent d'épaisseur en diminuant de longueur, deviennent plus mous et perdent de leur pouvoir réfringent; en même temps la cellule et son noyau se gonflent en augmentant de transparence (Engelmann). Le
retour à l'activité peut se faire en diminuant l'hydratation, si elle n'a pas été
poussée trop loin (Kölliker). — Pour produire et graduer cette hydratation des
cils et de leurs cellules, on les maintient dans un milieu de concentration
déterminée avec lequel ils se mettent en équilibre. En employant des milieux
soit hypotoniques, soit hypertoniques, on produit à volonté l'hydratation ou la
déshydratation. La déshydratation diminue l'amplitude et la force des mouvements. Les épithéliums vibratiles comme les autres cellules se comportent normalement dans des solutions équimoléculaires de substances inoffensives. Si la
concentration vient à varier, mais lentement, comme par exemple dans le cours
de plusieurs semaines, on peut voir des infusoires ciliés d'eau douce s'habituer
à des milieux contenant 4 p. 100 de chlorure de sodium, et des infusoires
marins à des milieux contenant 12 p. 100 avec, il est vrai, diminution des mouvements (Engelmann).

g. Substances salines ; alcalis; acides. — A des doses extrêmement faibles
les alcalis et les acides agissent sur le mouvement des cils; les alcalis le ralentissent en augmentant son amplitude, les acides l'accélèrent. Sur l'épithélium de
la grenouille, les alcalis caustiques agissent à moins de 1/75 du poids moléculaire par litre dans une solution de 0,6 de chlorure de sodium; les acides à
moins de 1/1 000 de ce poids par litre dans la même solution de sel marin.

h. Anesthésiques. — L'*éther* et le *chloroforme* excitent d'abord le mouvement,
puis finissent par l'arrêter et le corps de la cellule apparaît trouble. En chassant
la vapeur anesthésique par un gaz indifférent, l'activité se manifeste à nouveau
en même temps que le trouble de la cellule disparaît (Engelmann). L'alcool, le
sulfure de carbone, le nitrite d'amyle agissent de même. — On ne connaît pas
d'*alcaloïde* ayant sur les cils vibratiles une action à la fois spécifique et manifeste.

Mécanisme intime du mouvement ciliaire. — Il nous est entièrement
inconnu. Avec Engelmann, on peut sans doute rapprocher ce mouvement de
celui auquel est dû la contraction musculaire. Cet auteur appelle *inotagmes*
des éléments particulaires très petits, qui seraient le siège d'une déformation
semblable à celle des particules du muscle, consistant en un raccourcissement
suivant leur longueur, avec épaississement dans le sens de l'épaisseur. Chaque
cil serait formé par la réunion d'un grand nombre de ces inotagmes.

L'incurvation du cil serait due à ce que la déformation des inotagmes, au
lieu de porter simultanément sur tous ceux qui sont symétriques par rapport à
son axe, se fait d'un seul côté ou alterne d'un côté à l'autre une ou plusieurs fois
dans sa propagation, le long du cil, selon que le mouvement de celui-ci est
vibratoire ou ondulatoire.

Origine de l'énergie dépensée. — L'énergie qui accomplit ce mouvement
est certainement d'origine chimique, comme dans le muscle, et due à l'oxydation de quelque hydrate de carbone, que la cellule épithéliale reçoit du sang.
C'est du moins ce qu'indique l'analogie; une vérification expérimentale est irréalisable dans des éléments de ce volume, répartis sur la surface d'une membrane.

B. — ÉLECTROMOTRICITÉ.

Les réactions dites motrices, par lesquelles se termine le cycle de l'énergie dans les animaux, ne sont pas représentées uniquement ni toujours par des phénomènes mécaniques. Dans certaines espèces de poissons, certains organes particuliers réagissent électriquement contre les excitations du dehors. L'électricité s'est en quelque sorte substituée en eux au mouvement mécanique, comme moyen, soit d'attaque, soit de défense. A la réserve de sa différence de nature, la réaction conserve sensiblement la même forme, les mêmes rapports, la même allure générale.

I. — *Caractères généraux.*

Poissons électriques. — Comme poissons électriques on cite la *torpille* qui vit dans la Méditerranée; le *gymnote* qui habite dans les affluents de l'Orénoque; le *malaptérure* qu'on trouve dans le Nil et les rivières de l'Afrique orientale; on peut ajouter le *mormyre* et certaines espèces de *raies* dont les décharges sont beaucoup moins puissantes que celles des espèces précédentes et qu'on appelle pour cette raison *pseudo-électriques*.

A. ORGANES ÉLECTROGÈNES. — Les organes électriques sont dans tous formés par des *prismes hexagonaux* groupés, parallèles entre eux à la façon des colonnes de basalte et qui viennent affleurer la peau à leurs deux extrémités. Ces prismes, séparés par des cloisons conjonctives, reçoivent des vaisseaux et des nerfs.

a. *Torpille.* — Dans la *torpille*, ils forment deux masses, une de chaque côté, situées en arrière des ouies, et orientées perpendiculairement à la direction du corps de la face ventrale à la face dorsale; dans la torpille occidentale, on peut compter jusqu'à 1 069 prismes, dans la torpille de Californie 895, dans la torpille marbrée 450 à 500.

b. *Gymnote.* — Dans le *gymnote*, ils constituent quatre masses distinctes, deux dorsales, deux ventrales, mais orientées parallèlement à la colonne vertébrale, de la tête à la queue.

c. *Mormyre.* — Dans le *mormyre*, ce sont également quatre cylindres allongés entre les muscles de la colonne.

d. *Raie.* — Dans la *raie*, ce sont deux cylindres disposés de chaque côté de la portion caudale de l'animal.

e. *Malaptérure.* — Dans le *malaptérure*, l'organe atteint son plus haut degré de différenciation. Il est situé dans l'épaisseur de la peau, est vaguement divisé par une cloison sur la face ventrale et enveloppe le corps à l'exception des nageoires et d'une partie de la tête. A noter que ce poisson est d'une grande mobilité comparé à la torpille et au gymnote (GOTCH).

1. **Disque électrique**. — Chaque prisme, séparé de ses voisins par des lames conjonctives est lui-même divisé en segments ou disques superposés par d'autres lames conjonctives, perpendiculaires aux précédentes. *L'unité fonctionnelle est ainsi le disque*. Dans la comparaison qu'on ne peut s'empêcher d'établir avec le muscle, on voit de suite qu'il y a de très grandes et très essentielles différences. Le faisceau primitif du muscle est une cellule à noyaux multiples. On ne saurait en dire autant du prisme de l'organe électrique.

2. **Ses lames superposées**. — En allant d'une de ces cloisons séparatives à l'autre, on trouve successivement : 1° une *lame nerveuse* formée par les ramifications d'abord myéliniques puis dépourvues de myéline des nerfs de l'organe ; 2° une *lame protoplasmique* dite *nucléée* parsemée de noyaux sur une rangée ; 3° une *lame striée* dont les feuillets superposés se voient sur une coupe perpendiculaire à sa direction ; 4° une lame de nouveau parsemée de quelques noyaux, dite *alvéolaire*, parce que ses festons s'enfoncent dans le tissu conjonctif sous-jacent, comme les parties épaissies du corps muqueux de Malpighi entre les papilles du derme ; puis du tissu conjonctif lâche et enfin de nouveau une cloison séparative. La lame nucléée, la lame striée et la lame alvéolaire forment le disque proprement dit. La lame nucléée, arrivée à la limite conjonctive qui sépare les prismes s'infléchit, longe cette cloison et se continue avec la substance de la lame alvéolaire en enfermant la lame striée.

Dans la torpille marbrée chaque organe possède environ 450 prismes de 400 disques chacun, soit 180 000 disques.

Un tronc nerveux se rend à chacun des deux organes (ou des quatre organes) symétriques. Il répartit des branches dans tous les prismes, et celles-ci en répartissent à tous les disques. Dans la torpille chaque disque reçoit ses terminaisons nerveuses par la face ventrale, dans le mormyre et dans le gymnote par la face caudale, dans la raie par la face céphalique, dans le malaptérure par la face caudale. Ce qui caractérise le mode de distribution de ces nerfs, c'est la dichotomie parfaite, qui assure leur répartition égale à tous les disques de tous les prismes. Les fibres terminales débarrassées de leurs gaines de Schwann et de leur myéline (devenues amyéliniques sur une petite longueur en mettant à nu leur cylindraxe) affectent à leurs extrémités libres la forme de renflements, qui sont noyés isolément dans la lame protoplasmique nucléée.

B. Appareil excitateur. — Il se compose, comme pour tout appareil moteur, de conducteurs et de centres nerveux.

1. **Nerfs dits électriques**. — Les conducteurs ou troncs nerveux qui se rendent aux organes électriques sont dits nerfs électriques, comme les nerfs qui vont aux organes moteurs sont dits nerfs moteurs ; ce qui est une façon purement métaphorique de désigner les uns et les autres d'après la fonction qu'ils provoquent dans les appareils qui sont dépendants d'eux. Ils ne sont ni plus ni moins électriques ou moteurs les uns que les autres et le mouvement intime de fonction excitatrice, qui existe dans les uns, est le même que celui qui existe dans les autres, tous les éléments nerveux ayant la même nature fonctionnelle et ne différant entre eux que par leur rapport avec les autres éléments nerveux ou non nerveux.

Les nerfs électriques rentrent dans la catégorie de ceux que nous appelons (d'après leur situation dans le cycle excitateur) « terminaux » et que d'autres appellent « efférents » et qu'on appelle encore assez généralement « moteurs », en raison de ce que l'effet qu'ils suscitent dans les organes auxquels ils commandent est le mouvement considéré sous son acception la plus étendue (mouvement mécanique, chimique, électrique, lumineux, etc.).

2. **Lobe électrique.** — Les nerfs électro-moteurs sont, comme les autres nerfs moteurs, formés de fibres émanant de cellules contenues dans la moelle ou épinière ou allongée et y formant un lobe distinct (*lobe électrique*) apparent à la surface dorsale de celle-ci. Ce lobe de substance grise, avec les prolongements de ses cellules et leur organisation sans doute particulière, marque la place d'un centre, dans le sens où l'on entend d'ordinaire ce mot. C'est lui le facteur direct, ou centre immédiat de l'excitation de l'organe électrique ; il reçoit lui-même les excitations dites volontaires, qui lui viennent de l'écorce cérébrale et celles dites réflexes, qui lui sont fournies par les nerfs sensitifs. Dans la torpille marbrée, le nombre de ces cellules et celui des fibres qui en émanent est d'environ 58000 de chaque côté. Ces dernières forment cinq troncs nerveux dont les moyens sont les plus volumineux. Chaque fibre nerveuse en pénétrant entre les prismes fournit dix-huit branches, ce qui lui donne l'aspect d'un bouquet. Chacune de ces dix-huit branches pénètre la colonne à l'angle de l'un des dix-huit disques consécutifs auxquels elle est dévolue. Les prismes étant hexagonaux, chaque angle est le point de convergence de trois disques, chaque fibre répète trois fois sa distribution et chaque disque reçoit des terminaisons de six fibres qui le côtoient.

Neurone géant. — Dans le malaptérure, il existe de chaque côté une seule cellule nerveuse de dimension gigantesque (1/5 de millimètre de diamètre) située dans la substance grise latérale ou parfois dorsale du canal central de la moelle, entre les origines de la première et de la deuxième racine médullaire, cellule possédant un gros noyau, un protoplasme fibrillé et des prolongements extrêmement nombreux. Ce corps cellulaire exceptionnel est pénétré par des vaisseaux propres pour son alimentation nutritive. C'est l'unique cylindraxe de cette cellule (un de chaque côté) qui, par d'innombrables divisions, subdivisions et fibres terminales, distribue l'excitation aux disques de chaque organe, lesquels sont, dans cet animal, particulièrement multipliés. Si l'on compare la section totalisée des fibres terminales à celle du cylindraxe à son origine, la première est au moins 350000 fois la seconde. L'excitation ne s'en fait pas moins avec une intensité au moins égale à celle qu'elle peut avoir dans les autres poissons électriques. Une cellule (peut-être un seul des prolongements de celle-ci) suffit à l'amorcer dans ce grêle mais vaste conducteur arborisé et, par lui, à tout l'organe terminal. Elle n'éprouve donc point d'amoindrissement par son partage entre tant de voies divergentes parallèles. Sa valeur, en chaque point considéré, dépend essentiellement de l'état local de ce point, ou autrement dit de la valeur du potentiel de ce point, et non exclusivement de la quantité d'énergie qui lui est transmise des points situés en amont. C'est l'étincelle qui allume l'incendie. Ceci est déjà évident du nerf à l'égard de l'organe excité par lui. L'exemple ci-dessus montre que c'est vrai de toute partie d'un nerf par rapport à la suivante.

3. **Nature électrique de la réaction.** — L'énergie dégagée par les organes spéciaux de la torpille, du gymnote et autres poissons semblables est bien de l'énergie électrique, car elle en a sans aucune exception tous les caractères. Elle dévie le galvanomètre, aimante l'acier et le fer doux (DAVY), produit des étincelles (MATTEUCCI), se laisse recueillir dans un condensateur (A. MOREAU), électrolyse les liquides, induit des courants dans les circuits voisins de celui où elle circule, etc.

Analogies physiques avec les appareils producteurs d'électricité dynamique. — L'analogie qui existe entre les disques de l'organe électrique et ceux d'une pile à colonne de Volta est assez saisissante pour avoir frappé tous les observateurs. Manifestement la disposition qui est commune à ces deux appareils doit répondre à quelque condition également commune de leur fonctionnement. Cette condition est la suivante : dans la pile de Volta comme dans l'organe des poissons électriques, chaque disque ou paire de disques crée pour son propre compte une différence de potentiel ; tous ces disques étant séparés par un milieu liquide conducteur, un courant s'établit à travers eux tous, qui représente l'effet sommé de tous ces éléments superposés. Il est facile de comprendre que la multiplication des disques en superposition ou en série augmente le voltage ou la tension, tandis que leur multiplication en surface (correspondant au nombre des prismes parallèlement disposés) augmente la quantité. C'est un fait constaté par les observateurs que le flux de la torpille présente tout à la fois les caractères des courants de haute tension et ceux des courants de quantité (Marey).

4. **Origine chimique de l'énergie électrique. Réaction spécifique de nature inconnue.** — Les analogies s'arrêtent là. La comparaison poussée plus loin, en vue d'éclairer le mode de production de l'électricité dans l'organe particulier qui lui donne naissance chez ces poissons, échouera. Tout ce qu'on peut dire, c'est que bien vraisemblablement cette électricité est d'origine chimique, comme celle de la pile ; mais la nature de cette réaction nous échappe. Elle n'est assurément pas due à l'action d'un acide sur un métal comme dans les piles ordinaires. Elle semble liée à quelque état ou modalité de l'albumine. Moreau déduit cette conclusion de l'expérience suivante. Ayant sur une torpille transpercé avec un poinçon les prismes de l'organe électrique, il versa dans chacun d'eux, par le petit canal, ainsi fait, d'abord de l'acide sulfurique ; l'excitation du nerf électrique produisait encore des décharges ; puis de la potasse, organe restait encore excitable ; la nature soit acide soit alcaline du milieu ne modifie pas sensiblement le fonctionnement. Mais ayant versé de l'acide azotique, les décharges cessèrent de se produire. *La coagulation des albuminoïdes supprime la réaction d'où procède le flux électrique.*

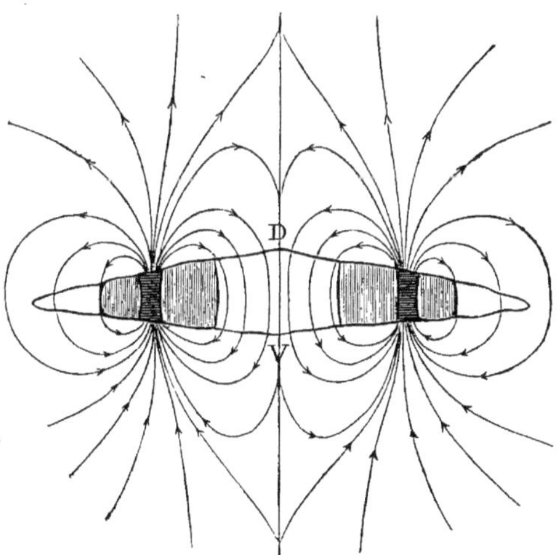

Fig. 74. — *Section transversale d'une torpille.*

D, surface dorsale : V, surface ventrale. — Lignes de courant de sa décharge, dans le milieu liquide et dans l'animal, figurées par des flèches (d'après Du Bois-Reymond).

5. **Sens du courant dans les disques et les prismes.** — Dans l'organe électrique les lignes de flux du courant sont orientées dans le sens de la longueur

des prismes et le sens de ce courant est tel que *la surface du disque qui reçoit les terminaisons nerveuses est négative par rapport à la surface opposée de ce même disque* (PACINI). Il suit de là que, dans la torpille par exemple, le courant va intérieurement de la surface ventrale à la surface dorsale du corps de l'animal et extérieurement de la surface dorsale à la surface ventrale. Pour qu'un tel courant s'établisse, il faut qu'il se ferme extérieurement par un conducteur réunissant le dos au ventre. Dans les expériences qu'on réalise sur la torpille, ce conducteur est un fil métallique partant de plaques également métalliques formant électrodes (l'une dorsale et l'autre ventrale) et par lequel on dirige le

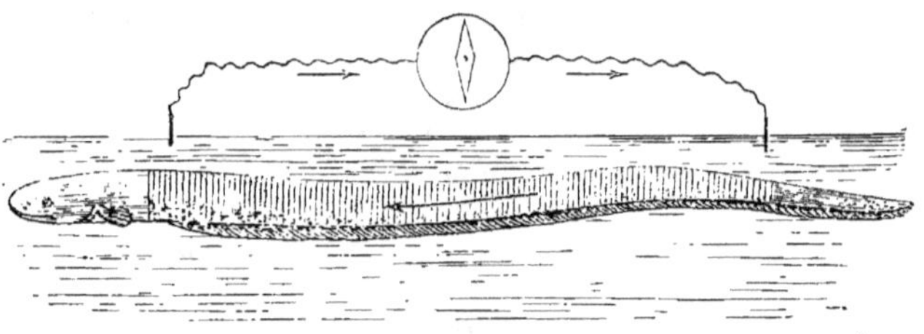

Fig. 75. — *Gymnote*.

Direction du courant dans le corps de l'animal et dans le milieu liquide environnant indiqué par les flèches. (Dessin de WALLER.)

courant sur les instruments divers en usage dans les recherches de ce genre (galvanomètre, électromètre, signal de Deprez, téléphone, etc.). — Dans les conditions ordinaires de la vie de l'animal, ce circuit est formé par l'eau de mer très conductrice, comme l'on sait. Dans ce milieu homogène, le courant étend ses lignes de flux circulaires et d'autant plus denses qu'elles sont plus voisines de la surface cutanée de la torpille. Le courant est ainsi dispersé dans un conducteur de volume pour ainsi dire infini, mais sa haute tension le rend efficace dans les points non trop éloignés de son origine et, malgré ces conditions désavantageuses, il peut engourdir des poissons d'assez grande taille.

6. **Immunité des poissons électriques à l'égard de leur propre décharge.** — Non seulement le milieu salé environnant, mais la peau et les tissus de l'animal, que leur humidité rend conducteurs et qui sont disposés de manière à faire en quelque sorte court circuit entre les surfaces polaires, reçoivent leur part de ce courant, si intense quand l'animal n'est pas épuisé. C'est une question non encore complètement résolue que de savoir comment l'animal est immunisé contre sa propre décharge. Est-ce un procédé purement physique d'isolement ou de shuntage du courant qui préserverait ses tissus ? ou est-ce un procédé d'ordre biologique qui rend ces tissus réfractaires à une excitation électrique qu'ils reçoivent réellement, mais qui, en vertu d'une adaptation particulière, est devenue pour eux inefficace ? Ce qui est certain, c'est que pour exciter les nerfs de la torpille (notamment ceux des organes électriques) il faut employer des courants induits beaucoup plus forts que pour les autres animaux (MAREY).

7. **Analogies fonctionnelles entre l'organe électrique et le muscle.** — L'organe électrique est adapté à la production d'un courant, comme le muscle est adapté de son côté à la production d'un mouvement : ce qu'on exprime d'une façon plus saisissante, mais un peu outrée, en disant qu'il est un muscle

transformé en un appareil créateur et distributeur de potentiel électrique. Si les deux organes dérivent d'une origine commune, s'ils représentent la même fonction sous des aspects différents, on doit retrouver entre eux des traits communs dans leur mode général de fonctionnement. Physiquement dissemblables, les manifestations de leur activité seront biologiquement analogues et susceptibles d'une figuration commune. C'est bien ce qui est en effet.

Traduction de la décharge en énergie mécanique. — Pour s'en rendre compte, un moyen très simple consiste à transformer en énergie mécanique l'énergie électrique fournie par les organes d'une torpille ou d'un gymnote,

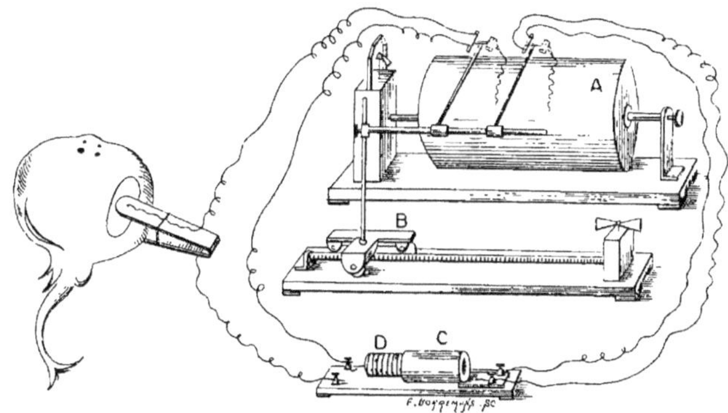

Fig. 76. — *Inscription des décharges d'une torpille avec le signal de Déprez.*

Le corps de l'animal, au niveau des organes électriques d'un côté, est pris entre les mors d'une pince, dont les contacts métalliques recueillent les courants et les envoient dans un signal qui les inscrit sur un cylindre A. — Dans le circuit est intercalée une bobine primaire D, qui induit dans une bobine secondaire C un courant actionnant un second signal.

Dans un autre dispositif qu'on peut imaginer on peut employer l'un des signaux pour inscrire l'excitation et l'autre pour inscrire la décharge.

pendant qu'on inscrit les mouvements ainsi obtenus, comme on ferait de ceux d'un muscle. La ressemblance de tels graphiques avec ceux de la contraction musculaire est saisissante. — Le procédé est très simple : deux plaques métalliques sont placées l'une sur chacune des deux surfaces polaires de l'organe électrique. Des fils en partent qui forment circuit à travers un électromètre de Lippmann ou un signal de Deprez (1) ou un galvanomètre. Pour le détail de l'expérience nous renvoyons aux ouvrages spéciaux, car, quel que soit le procédé employé, il faut des précautions ou des artifices auxiliaires pour dresser la courbe du phénomène à observer. L'électromètre de Lippmann, si on photographie l'excursion de la colonne capillaire de mercure, donne de ce phénomène la reproduction la plus directe, à la condition seulement de shunter l'appareil, car le courant entier serait trop fort et en décomposerait l'eau. Le signal de

---

(1) Le signal de M. Deprez est essentiellement un électro-aimant qui, lorsqu'il est traversé par le courant, attire à lui une petite armature de fer doux, en surmontant la résistance d'un ressort antagoniste. Ce mouvement plus ou moins amplifié par un style solidaire de l'armature, s'inscrit sur le cylindre enfumé et marque le moment de l'établissement du courant. Quand le courant cesse de passer, le ressort ramène l'armature et le style à leur place première et marque la fin du courant.

M. Deprez, en lui adaptant un arrêt élastique, peut être converti en un ampère-mètre enregistreur qui donnera une courbe approchée du phénomène. Le galvanomètre, en raison de son inertie, ne peut être employé que combiné avec le rhéotome différentiel d'après la méthode de Guillemin (Voyez MAREY, *Trav. labor.*, 1877).

II. — *La décharge des poissons électriques.*

A. RÉACTION SIMPLE. — Une excitation simple par un choc d'induction provoque une décharge de l'appareil électrique. Convertie en phénomène électromoteur par l'un des procédés sus-indiqués, cette décharge ressemble à une secousse musculaire. C'est ce qui résulte de l'analyse de la réaction ainsi produite par différents procédés.

Temps de latence. — Comme une secousse musculaire la décharge électrique présente, par rapport au temps de l'excitation, un certain retard ; c'est la *période latente* de l'excitation de l'organe électrique. Ce retard, il faut le dire, est assez difficile à apprécier d'une façon exacte.

MAREY, en excitant le lobe électrique de la torpille, a trouvé que la décharge (inscrite avec un signal de Deprez) survient 3/200 de seconde après l'excitation. Mais ce temps doit être décomposé en deux parts : l'une affectée à la transmission de l'excitation à travers le nerf, depuis le lobe nerveux excité, jusqu'à l'organe électrique ; l'autre représentant le temps de latence proprement dit de cet organe, c'est-à-dire le temps qui s'écoule depuis le moment où le nerf lui transmet l'excitation jusqu'à celui où la décharge commence.

Forme générale. — Comme une secousse musculaire, la *décharge électrique présente un début brusque et atteint rapidement son maximum d'intensité ; après cette phase rapide d'augmentation survient une phase inverse de décroissance beaucoup plus lente.* C'est dans son ensemble le graphique de la contraction simple du muscle.

1. **Courant résiduel.** — Cette décroissance est assez lente pour qu'avec des instruments sensibles, il soit possible de constater la persistance d'un courant, il est vrai très faible, pendant un temps relativement long après l'excitation. C'est cet effet résiduel qu'on a parfois assimilé à tort à un courant de repos.

2. **Self-excitation.** — En principe, une excitation isolée (comme un choc d'induction ou un pincement de nerf coupé) produit un seul flux, une décharge isolée. On peut observer néanmoins que cette décharge est parfois suivie d'une seconde plus faible, voire d'une troisième plus faible encore. Cet effet se remarque quand la préparation est très excitable et disparaît au bout d'un temps lorsque cette hyperexcitabilité s'est calmée. On l'explique très simplement, en admettant que la première décharge provoquée par l'excitation agit à son tour comme un excitant sur le nerf, lequel reçoit ainsi le contre-coup de l'action même qu'il a provoquée. Il s'établit de la sorte un cycle du nerf au muscle et réciproquement, qui renouvelle l'excitation une fois ou deux et la laisse finalement s'éteindre. On peut se demander si la section du nerf ne favorise pas ce phénomène de self-excitation, en ouvrant ce nerf en quelque sorte aux lignes de flux

de la décharge. Il est peu probable que cette auto-excitation se produise dans les conditions normales du fonctionnement.

En excitant les centres nerveux par un choc d'induction qui traverse le cerveau et la moelle, MAREY a également vu la décharge de l'organe électrique se traduire par une série de flux formant une décharge composée; mais l'excitation des centres peut différer également de son côté de celle des nerfs moteurs.

3. **Le courant électrique musculaire et le flux de la torpille.** — Le muscle transforme son potentiel chimique, partie en travail mécanique, partie en chaleur. L'organe électrique transforme son potentiel chimique en électricité. Vraisemblablement, il doit en déperdre une partie également sous forme de

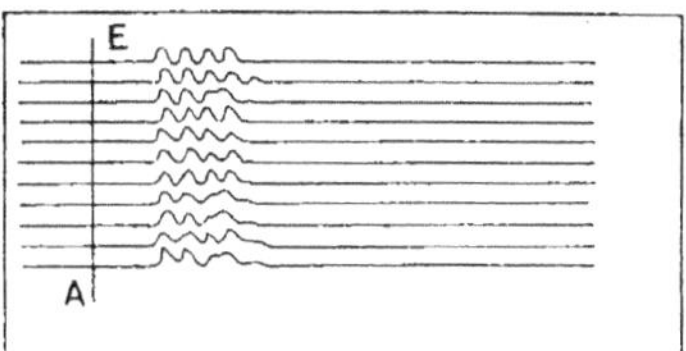

Fig. 77. — *Décharges d'une torpille provoquées par une excitation électrique des centres nerveux.*

A chaque tour du cylindre une excitation se produit automatiquement à l'instant marqué par la ligne verticale EA. — Temps de latence entre l'excitation et l'apparition des flux composant la décharge. — L'excitation étant faite sur les centres (cerveau) provoque, bien qu'unique (choc d'induction), une décharge composée de plusieurs flux.

chaleur, à l'exemple de la plupart des tissus connus. Ce point ne paraît pas avoir été vérifié ni qualitativement ni quantitativement.

Différences essentielles. — L'énergie en quelque sorte spécifique du muscle, c'est son travail *mécanique*; celle des prismes de la torpille, c'est le flux *électrique* qu'ils déchargent dans le milieu qui les entoure : du point de vue de la fonction propre des deux organes, le premier est l'équivalent du second et réciproquement. Mais nous avons vu que le muscle, lui, produit également un courant électrique : quelle place lui revient dans ces équivalences ? En vérité, il ne correspond aucunement au flux de décharge des organes spéciaux électrogènes. D'abord, il est extraordinairement faible. Cette faiblesse, il est vrai, peut tenir simplement à ce que nous n'en mesurons que des dérivations elles-mêmes très faibles par rapport à son intensité réelle. Mais, si c'est ainsi, c'est que ce courant représente une *forme intérieure* de l'énergie du muscle, un *état intermédiaire* de la transformation de son potentiel et non plus une énergie finale, comme la décharge des poissons électriques. La configuration de ses lignes de flux est également bien différente de celle de cette dernière. Dans les prismes électriques tout est disposé pour créer à leurs deux extrémités des polarités aussi distinctes que possible. Dans le muscle, c'est le contraire : aussi bien le muscle entier que chacune de ses parties élémentaires présente à ses deux extrémités deux pôles de même nom, qui s'opposent à la partie moyenne qui est de polarité inverse.

On peut rappeler encore que dans le muscle, il existe un *courant de repos*, encore dit *d'altération*, et un *courant d'action* qui se traduit par une *variation négative* du premier. *Rien de pareil dans les prismes électriques.* Mutilés ou non, ces prismes ne présentent de courant qu'autant qu'ils sont excités, c'est-à-dire qu'ils sont actifs. Si, parfois, ils présentent un léger courant pendant leur repos, celui-ci n'est autre qu'un effet persistant de l'irritation dû à l'enlèvement de l'organe ou aux excitations antérieures.

B. Réaction composée. — Quand les excitations qui sont envoyées à un muscle (ou directement ou par son nerf moteur) se succèdent avec une certaine fréquence, les réactions de ce muscle se fusionnent, c'est-à-dire se confondent en un effort soutenu dans lequel les contractions élémentaires ne sont plus reconnaissables que par certains artifices. On sait que la contraction volontaire est assimilée

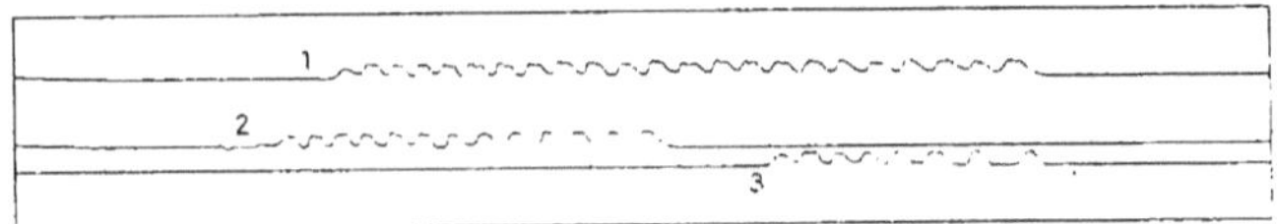

Fig. 78. — *Trois décharges volontaires d'une torpille.*

Elles sont composées chacune par des flux successifs plus ou moins dissociés mais montrant au début de la décharge une tendance à la fusion. — La forme de ces flux indique une période d'établissement du courant brusque pendant que sa décroissance est lente.

à un effort de ce genre. C'est encore ce qui arrive avec l'organe électrique. Sa *décharge volontaire* qui nous paraît simple quand nous la percevons avec la main, *est en réalité composée d'un certain nombre de flux qui se succèdent rapidement et assez vite pour nous donner une impression unique et continue.* Si en effet on la recueille dans un signal de Deprez, l'instrument vibre et laisse sur le papier la trace écrite de ses vibrations (Marey).

A la vérité, la fusion des éléments de la décharge volontaire est bien moins parfaite que celle des éléments de la contraction des muscles. Tandis que dans ces derniers la fusion mécanique des secousses est réelle, dans la décharge électrique de la torpille, elle est plutôt apparente, réalisée qu'elle est par la persistance des impressions successives de ses flux composants sur nos nerfs sensitifs, comme on sait qu'il arrive toutes les fois que ces impressions sont suffisamment rapprochées.

1. Tétanos dit électrique. — En excitant artificiellement le lobe ou le nerf électrique par des courants d'induction d'un rythme déterminé, on produit de même une série de flux qui rappellent la décharge composée volontaire, comme le tétanos des muscles imite l'effort spontané de notre système nevro-moteur.

Différences fonctionnelles. — Dans le muscle, surtout dans son effort volontaire, une série de conditions (élasticité de la substance, propagation des excitations le long des fibres, distribution non simultanée de celles-ci) interviennent pour fusionner les contractions élémentaires ; dans l'organe électrique les flux élémentaires restent beaucoup plus dissociés, grâce à des conditions inverses des précédentes (répartition simultanée de l'excitation à tous les disques de tous les prismes, absence de propagation de l'excitation d'un disque à l'autre). La présence ou l'absence de chacune de ces conditions, avec les conséquences qui en résultent, est conforme à la fonction de chacun des deux organes. Dans le muscle, la dissociation des secousses composantes eût rendu impossible le travail moyen et soutenu qui est réclamé de lui dans la plupart des circonstances; dans l'organe électrique, la fusion des flux en un seul courant net (d'après ce qu'on sait de l'action excitante des flux électriques) diminuerait d'autant l'effet utile que la torpille lui demande pour engourdir l'ennemi qu'elle veut attaquer ou dont elle se défend. Le type commun d'où dérivent les deux organes s'est ainsi prêté à des différenciations très accusées.

Fusion des flux élémentaires. — En étudiant un flux isolé (avec la méthode de Guillemin), MAREY lui assigne une durée d'environ 7/100 de seconde. En enregistrant la succession des flux d'une décharge composée volontaire (avec le signal de Deprez), il trouve d'autre part que ces flux se succèdent à intervalle très courts de 1/100 et parfois 1/200 de seconde. Il faut donc de toute nécessité que ces flux empiètent les uns sur les autres pendant une notable partie de leur durée. Il suit de là que le circuit conducteur qui les recueille est parcouru, pendant le cours d'une décharge composée, par un courant *continu*; mais ce courant n'est pas *constant* au sens propre du mot. Chaque flux isolé, à sa naissance, acquiert en un temps très court (moindre que 1/200 de seconde) son maximum d'intensité, pour décroître aussitôt après, par une pente qui se ralentit de plus en plus. L'intensité de la décharge présente de la sorte un élément constant de peu de valeur et un élément variable d'une valeur beaucoup plus grande, dont la représentation graphique serait une ligne dentelée dont les minima resteraient au-dessus de l'abscisse.

2. Excitation de l'organe isolé. — Exporté du corps de l'animal, en totalité ou en partie, l'organe électrique peut être provoqué au fonctionnement par une excitation artificielle, de la même façon qu'un muscle détaché; il y répond par une *décharge*, comme ce dernier y répond par un *mouvement*. Cette excitation sera adressée de préférence à l'un de ses nerfs, dont on a ménagé un segment. On a ainsi un petit système *névro-électrique* analogue au système *névro-musculaire*, qu'on réalise en préparant une patte de grenouille et qui se prête aux mêmes expériences d'analyse.

Excitabilité des nerfs électriques. — Les nerfs dits électriques sont très sensibles aux excitations mécaniques, peu sensibles par contre aux excitations chimiques (chlorure de sodium, par exemple), moins sensibles que les nerfs moteurs de grenouille aux excitations électriques. La décharge obtenue par une excitation faite sur le bout périphérique du nerf est beaucoup moins forte que celle que l'animal émet spontanément ou que celle qu'on obtient en excitant les centres nerveux : à ce détail près, elle en a tous les caractères essentiels.

Excitation directe. — On peut exciter un fragment d'organe électrique sans s'adresser à son nerf, simplement en lançant un courant d'induction dans sa masse, et il répond encore par une décharge.

Pour que le courant excitant n'atteigne pas le circuit galvanométrique destiné à recevoir la décharge de la préparation, on se sert d'un rhéotome qui opère la fermeture de ce circuit un temps très court ($0^{sec},005$) après le passage de l'excitation à travers celle-ci.

L'excitation pratiquée ainsi directement sur l'organe électrique atteint tout à la fois le tissu électrique et les ramifications nerveuses qui le pénètrent. Par comparaison avec le muscle, on a pu espérer dissocier les deux tissus, en éliminant l'action des nerfs par l'emploi du curare, mais sans y arriver complètement.

III. — Influences diverses.

A. Action des poisons. — Les plus intéressants à examiner sont ceux dont on a déjà déterminé l'action sur l'appareil névro-moteur.

a. **Curare.** — Le curare n'est pas sans action sur les nerfs électriques de la torpille, mais cette action est très faible comparée à celle qu'il a sur les nerfs moteurs des animaux et de la torpille elle-même. Si on emploie la *dose ordinaire, on voit l'animal, paralysé de tous les mouvements, donner encore de fortes décharges.* Si on fait dans le système circulatoire une injection de 15 centimètres cubes d'une solution à 4 p. 100, *à cette dose forte, l'organe électrique ne répond plus à aucune excitation, ni directe ni indirecte,* c'est-à-dire ni à celle qui est portée sur ses nerfs ni à celle qui est portée *sur cet organe lui-même* (Schönlein). La méthode usuelle par laquelle on sépare le muscle de son nerf moteur, en mettant en évidence son excitabilité, nous fait ici défaut. Dans l'espèce, on voit que le curare dissocie beaucoup mieux les nerfs électriques d'avec les nerfs moteurs ordinaires qu'il ne dissocie les premiers d'avec l'organe électrique lui-même. De ce fait particulier, nous ne sommes pas autorisés à conclure, comme quelques-uns l'on fait, contre l'analogie qui rattache les nerfs dits électriques à des nerfs moteurs et l'organe électrique lui-même à un appareil qui équivaut au muscle. L'analogie n'implique pas. en effet, une identité de propriétés, mais seulement une ressemblance générale, dans laquelle certains traits particuliers sont effacés, à côté d'autres qui persistent. Le curare, ainsi qu'on sait, paralyse en général les nerfs moteurs (certains disent leurs terminaisons); mais cette action est très inégale suivant les catégories fonctionnelles de ces nerfs; les nerfs proprement moteurs du cœur chez tous les animaux y échappent plus complètement encore que les nerfs électriques des poissons.

b. **Atropine.** — Les nerfs électriques sont tout aussi réfractaires à l'*atropine* dont l'action est très nette sur certains nerfs centrifuges, comme ceux qui gouvernent les glandes.

c. **Anesthésiques.** — D'après Gotch. qui a expérimenté sur le malaptérure, des fragments d'organes exposés aux vapeurs d'*éther* ou de *chloroforme* perdent leur aptitude à donner des décharges. Dans le cas de l'éther, l'excitabilité réapparaît quand on éloigne les vapeurs. Ces deux substances sont de la classe des poisons généraux, et comme telle, agissent sur tous les protoplasmas excitables, à des degrés divers.

B. Polarisation par le passage d'un courant étranger. — Indépendamment de ses effets excitants, l'électricité extérieure a sur les organes électrogènes une influence intéressante à examiner.

Dans tous les tissus vivants formés, comme on sait, non de substances homogènes, mais de structures alternées qui se répètent un grand nombre de fois, le passage d'un courant détermine des polarisations, c'est-à-dire, crée des polarités inverses de celle du courant, lesquelles laissées libres d'agir après la cessation de celui-ci, donneront lieu dans le circuit à un courant inverse et plus faible. C'est ainsi pour les nerfs et des muscles; la loi se vérifie sur les prismes électriques.

D'autre part, ces polarisations modifient l'excitabilité des tissus et la modifient en sens différent suivant la direction du courant polariseur.

1. **Effets électro-moteurs**. — Appelons *homodrome* le courant polariseur qui circule suivant le sens de la décharge, et *hétérodrome* celui qui circule en sens inverse ; chacun de ces courants est suivi, après son passage, d'un post-courant de polarisation, dirigé en sens inverse, hétérodrome pour l'homodrome et réciproquement. Mais ceci à une condition, c'est que le courant polarisant soit assez faible pour ne pas exciter de décharge, car celle-ci, si elle vient à se produire, se somme algébriquement avec le post-courant et dans le cas du courant homodrome semble produire un post-courant de même sens ou, comme on dit, une polarisation positive. Or, la polarisation en principe est toujours négative, c'est-à-dire d'un sens inverse de celui du courant qui la produit.

2. **Modifications de l'excitabilité**. — D'autre part, ces polarisations modifient l'excitabilité des tissus et cela d'une façon différente suivant leur sens. Cette modification de l'excitabilité est surtout apparente dans le tissu nerveux et, comme en faisant traverser les prismes électriques par un courant polarisant, on atteint forcément les nerfs qui les pénètrent, elle est attribuable à ces nerfs eux-mêmes suivant les lois connues de l'électrotonus. Un courant homodrome provoque une décharge plus forte qu'un courant hétérodrome ; c'est que le courant homodrome, qui a, par définition, son pôle négatif du côté de la terminaison du nerf et son pôle positif du côté des centres nerveux, se trouve être un courant descendant, et nous savons que le courant descendant appliqué aux nerfs moteurs des muscles est celui qui donne une forte secousse de fermeture. Le courant hétérodrome est, pour la même raison, un courant ascendant ; moins efficace, par conséquent, que le courant homodrome ou descendant. Ces faits se vérifient sur la torpille. Le malaptérure présente une exception, qui est peut-être apparente, due à une complication structurale de l'arrangement de ses prismes et de la distribution des nerfs.

3. **Décharges secondaires**. — On a vu plus haut que les phénomènes électromoteurs qui se développent dans le muscle en contraction sont susceptibles d'exciter le nerf d'une patte galvanoscopique (contraction dite induite ou secondaire). A plus forte raison la décharge de l'organe électrique excite-t-elle vivement un rhéoscope aussi sensible, quand il est en contact avec lui. On peut, d'autre part, employer comme rhéoscope de la décharge un fragment détaché de l'organe électrique mis en contact avec l'organe dont on excite le nerf. Ce fragment donnera lui-même une décharge en réponse à la sienne. Cette décharge qu'on peut recueillir dans un électromètre capillaire n'est pas une dérivation de celle de l'organe primaire directement excité ; ce qui le prouve, c'est qu'elle présente un temps de latence par rapport à la première, et que, quelle que soit la position donnée au fragment, sa décharge propre ne varie pas de sens (Gotch).

C. — LUMINOSITÉ.

Parmi les énergies que l'être vivant sait produire il faut compter la *lumière*. C'est, comme la chaleur, une énergie radiante, mais sa signification fonctionnelle est en réalité bien différente. La production de chaleur répond à une des conditions les plus générales de la vie ; la production de lumière vise au contraire (autant que nous la connaissons) une fonction très spéciale d'éclairage.

Exemples connus. — La lumière des êtres vivants est connue vulgairement par celle qu'émettent certains insectes, comme le *ver luisant* de nos climats, ou la *luciole* d'Italie ou encore les *pyrophores* de certains pays chauds ; mais le phénomène est en réalité beaucoup plus répandu que ne sembleraient l'indiquer ces exemples restreints. La *fonction photogénique* s'observe dans tous les règnes de la nature, depuis certaines bactéries et certains infusoires jusqu'à certains vertébrés, en passant par des cœlentérés, des mollusques, des articulés, des tuniciers. Des bactéries photogènes s'ensemencent parfois et se multiplient sur les viandes de boucherie auxquelles elles donnent un aspect phosphorescent. C'est là l'explication commune de la luminosité qui se développe dans certains cas sur des tissus en général privés de vie. — La *phosphorescence de la mer* est due à des protozoaires, dont les plus connus sont différentes variétés de *noctiluques*.

La production de lumière a été constatée chez les végétaux supérieurs, sur des fleurs telles que celles de la capucine, du lis bulbifère, de l'onagre à gros fruits, du soleil des jardins, etc., dans des conditions spéciales et du reste variables suivant les plantes et pouvant pour cela prêter à contestation. En réalité la photogénèse des végétaux n'est certaine que chez certains champignons (certains agarics) et chez certaines algues incolores.

Le fond de l'Océan, par des profondeurs de 1 000, 2 000 mètres et plus, n'est pas dépourvu d'êtres vivants. Ces abîmes où la lumière solaire est absolument impuissante à pénétrer sont néanmoins éclairés. On y a reconnu l'existence de sortes de forêts de *polypiers lumineux*. Des végétaux et des animaux y vivent qui ont l'aptitude photogène et s'éclairent avec la lumière qu'ils produisent. On en a retiré des *poissons* dont la tête est pourvue de *fanaux* qui illuminent les espaces qu'ils parcourent. La lumière serait pour les êtres vivants une condition plus générale qu'elle paraît au premier abord. Là où ils ne la reçoivent pas toute faite du soleil, ils la produisent eux-mêmes et l'utilisent à des fins dont toutes ne nous sont peut-être pas connues.

Les organes photogènes des poissons lumineux sont de forme et de distribution variée. En plus de fanaux proprement dits, on observe le plus souvent des *taches oculiformes* régulièrement situées le long du corps. On s'est demandé si ces fanaux photogènes ne cumuleraient pas les fonctions à la fois d'œil et de lanterne, d'appareil éclairant et d'appareil percepteur de la lumière. Ces organes res-

semblent morphologiquement à des glandes mucipares transformées.
Au début la phosphorescence a pu être due à la production d'un
mucus lumineux. Chez certains mollusques la luminosité est
produite par la sécrétion d'un mucus de ce genre.

C'est la lumière des insectes qui a été jusqu'ici la plus étudiée du
point de vue de ses propriétés et des conditions de sa production.

I. — Photogénèse chez les Insectes.

Les insectes producteurs de lumière appartiennent aux groupes des *lampyrides* et des *élatérides*. Les derniers sont les plus remarquables par la grandeur
de leur corps et l'éclat de leur luminosité. Parmi eux les Pyrophores (*Phyro-
phorus* ou *Elater noctilucus*) ont été plus particulièrement étudiés. R. Dubois en a fait
en particulier une monographie détaillée. Les pyrophores n'existent que dans
certains pays chauds (Amérique et Océanie), dans une région comprise entre le
trentième degré de latitude sud et le trentième degré de latitude nord et
entre le quarantième degré de longitude et le cent quatre-vingtième.

La luminosité existe déjà dans l'œuf et dans l'animal à l'état de larve. Dans la
larve du premier âge l'organe lumineux est unique. Il occupe la partie postérieure du premier membre (segment céphalique) et la partie antérieure du
second (segment prothoracique) ainsi que l'espace intermédiaire. Cet organe
médian est composé de deux moitiés symétriques (deux masses protoplasmiques
hyalines remplies de granulations particulières qu'on trouve dans l'organe de
l'insecte parfait. Dans la larve du second âge le phénomène photogène s'étend
à tous ses anneaux et se montre localisé dans certains points de ceux-ci.
Chaque anneau porte trois points lumineux (le dernier n'en porte qu'un seul),
ce qui donne naissance à trois cordons d'illumination parallèles.

Chez l'insecte parfait (il s'agit toujours du pyrophore) les foyers lumineux
sont au nombre de trois, un ventral et deux autres sous les taches jaunes du
corselet. Dans les lampyres l'appareil forme une double masse placée à l'extrémité postérieure du corps.

Organes photogènes. — Les tissus qui composent l'organe lumineux de
l'insecte sont les uns communs à d'autres appareils, les autres particuliers à
cet organe lui-même. On y trouve en effet des trachées, des nerfs, des muscles
des tissus adipeux. Mais on y trouve en plus deux espèces de cellules propres
à cet organe : les unes plus superficielles sont les *cellules lumineuses*, les autres,
plus profondément situées sont les cellules granuleuses et doivent avoir aussi
quelque rôle particulier, bien qu'elles forment une couche par elle-même
non éclairante.

Les cellules de la couche superficielle sont disposées à la suite les unes des
autres sous forme de cylindres et maintenues entre elles par une membrane
tubulée et parsemée de noyaux, qui les contient à peu près comme le sarcolemme contient la substance contractile du faisceau primitif dans l'élément
musculaire. Ces tubes remplis de ces cellules appartiendraient à une variété
particulière de tissu adipeux trouvé par Leydig chez certains insectes.

La zone sous-jacente est formée d'une substance crayeuse opaque, dont l'aspect
crayeux est du reste plus ou moins prononcé suivant les circonstances et qui
est due à des fragments irréguliers mêlés à des granulations à contours plus

nets. Sa texture, à cette différence près, est la même et elle ne se sépare pas de la zone précédente.

L'appareil dans son ensemble est pédiculé et ce pédicule reçoit un lacis abondant de *trachées* ramifiées. Les ramifications s'arrêtent avant d'atteindre la zone proprement lumineuse.

Les *muscles*, les uns intrinsèques, les autres extrinsèques, ont encore à jouer un rôle dans le fonctionnement de cet appareil.

Les *nerfs* partant du ganglion correspondant, se dirigent vers le hile et ont été suivis jusqu'aux muscles et jusqu'aux ramifications trachéennes ; certains auteurs disent les avoir suivis, d'autres non, jusqu'à l'organe lumineux.

II. — Caractères de la lumière émise par les êtres vivants.

La lumière émise par les êtres vivants n'a pas chez tous exactement les mêmes caractères. Celle des *champignons* qui se développent sur les corps organisés en voie de décomposition paraît *monochromatique*, comme l'a vu Achard (1783) : le prisme ne réussit pas à y distinguer des couleurs différentes.

1. **Étude du spectre.** — *La lumière des pyrophores se laisse* au contraire *décomposer* : elle donne un spectre fort beau, continu, sans apparence de raies (Pasteur et Gernez). Il en est de même pour les *lampyres*. Le spectre, assez étendu du côté du rouge, va jusqu'aux premiers rayons bleus ; ses limites approximatives sont d'un côté la raie B, qu'il dépasse, de l'autre la raie F du spectre solaire, celui-ci étant examiné conjointement par comparaison. Lorsque l'intensité varie, ce sont les rayons verts qui commencent à apparaître, quand elle va croissant à partir d'un minimum, pour s'étendre surtout du côté du rouge ; et ce sont les rayons verts qui disparaissent les derniers, quand inversement elle va décroissant. Ce sont eux qui ont toujours le maximum d'éclat. Ce phénomène d'extension et de réduction du spectre, portant surtout du côté du rouge, s'observe avec les éclairages ordinaires ; il est dû à la visibilité différente des diverses radiations les plus visibles, persistant seules quand l'intensité devient assez faible (R. Dubois).

Le spectre des animaux marins (Pholades, Eledones, Alcinoès, Hippodium, Méduses) est compris à peu près dans les mêmes limites que celui des pyrophores, au moment où il atteint son minimum de luminosité (Panceri, Ray-Lankaster).

La lumière des pyrophores et des lampyres a, indépendamment de sa couleur, un éclat particulier difficile à définir comme toute notion purement subjective.

Longueur d'onde. — La longueur d'onde de la lumière d'un pyrophore à son maximum d'éclairement a été trouvée de 0.530 environ : nombre voisin de celui fixé par Mascart pour la raie verte du thallium. On peut comparer l'impression de la lumière du pyrophore sur la rétine à celle de la lumière du jour tamisée par un rideau de feuillage (R. Dubois).

Les rayons actiniques ou chimiques existent surtout dans la partie la plus réfrangible du spectre. La limitation du spectre des pyrophores précisément du côté de ces rayons indique que leur lumière doit en être presque dépourvue. C'est ce qui ressort de la comparaison suivante : un œil normal peut dans une pièce obscure lire avec un seul pyrophore à une distance de 33 centimètres les caractères correspondants à $D = 0,5$ de l'échelle de Snellen, le foyer lumineux étant placé à 1 centimètre et demi de l'échelle du tableau (cette première épreuve prouve *l'abondance des rayons lumineux* et leur adaptation favorable à l'acuité nouvelle) : si avec ce même pyrophore présentant son maximum d'éclairement on essaye d'influencer une plaque photographique même très sensible, il faut une durée d'au moins plusieurs minutes, tandis qu'il suffirait avec une lumière ordinaire de même intensité éclairante seulement d'une fraction de seconde (cette deuxième épreuve démontre la *pauvreté de la lumière animale en rayons actiniques*).

La lumière des pyrophores ne contient pas non plus en notable quantité les rayons qui favorisent la production de chlorophylle dans les feuilles des végétaux ; de jeunes pousses incolores de cresson alénois et de radis n'ont point verdi sous l'influence de cette lumière, comme ils le font sous l'influence de celle des sulfures phosphorescents dans l'expérience de REGNARD. A la lumière du jour une solution éthérée de chlorophylle vue par transparence paraît verte, elle paraît rouge quand elle est vue par réflexion ; ce dichroïsme, qui est dû à un phénomène de fluorescence, ne s'observe pas avec la lumière des pyrophores. La fluorescence peut cependant s'obtenir, mais faiblement, avec les dissolutions d'éosine, de fluorescine et d'azotate d'urane, non avec le sulfate de quinine et l'esculine.

Pauvreté des rayons actiniques. — Tous ces faits sont en accord avec ce qui a été dit plus haut de la pauvreté du spectre des pyrophores en rayons très réfrangibles. Le dichroïsme de la fluorescence est dû à ce que les radiations plus réfrangibles sont transformées en radiations moins réfrangibles, autrement dit les radiations chimiques en radiations lumineuses. L'absence de fluorescence, dans la chlorophylle soumise aux rayons de la lumière animale, s'explique donc par la pauvreté dans celle-ci des radiations chimiques et va de pair avec l'impuissance de cette lumière particulière à provoquer sa formation dans les plantes rendues incolores par leur séjour à l'obscurité.

La phosphorescence ne diffère de la fluorescence que par la persistance du phénomène lumineux (BECQUEREL). Certains corps (sulfure de calcium par exemple) après leur exposition à la lumière sont lumineux à l'obscurité. Cet effet est dû, comme le phénomène de fluorescence, à l'action des rayons chimiques les plus voisins du violet. La lumière des pyrophores ne détermine pas la fluorescence des sulfures calcaires.

2. **Autres énergies.** — Dans les appareils éclairants des lampyrides et des élatérides, la lumière représente une transformation *finale* de l'énergie analogue à l'électricité des plaques de la torpille (organes, comme les précédents, assez spéciaux) et au travail mécanique des muscles (organes, au contraire, communs à tous les animaux). Cette forme finale dérive évidemment, comme le travail mécanique lui-même, d'une ou plusieurs énergies antécédentes, dont l'organe spécial opère la transformation en vue de sa fonction particulière, mais qui peut être initialement la même dans ces différents appareils (muscles, plaques électriques, organes lumineux). L'énergie *initiale* est sans doute de nature chimique et d'espèce très voisine dans ces protoplasmas d'organisations diverses; mais sur ce point, nous sommes réduits à des conjectures. Les masses sur lesquelles on est réduit à opérer sont trop restreintes pour permettre une analyse comparable à celle qu'on peut instituer sur les muscles.

a. Électricité. — Entre la forme inititale chimique et la forme finale lumineuse, on peut de même supposer l'existence de formes *intermédiaires* ou de transition, parmi lesquelles serait (comme dans le muscle) la forme *électrique* (qui se trouve être finale dans l'appareil de la torpille). On suppose en effet maintenant volontiers, que l'énergie cellulaire est ramenée généralement à cette forme électrique, qui par sa plasticité facilite toutes les transformations ultérieures adaptées aux diverses fonctions. On n'a point trouvé dans l'appareil lumineux d'opposition de tensions électriques, comme on en constate dans beaucoup (on peut dire dans la plupart) des cellules animales et même végétales. Mais ce résultat négatif ne prouve pas absolument la non-existence de phénomènes électriques intérieurs à l'organe lumineux. Pour les mettre en évidence, on sait contre quelles difficultés on a à lutter toutes les fois qu'on les recherche. Cette difficulté consiste à trouver les pôles réels de ces appareils électromoteurs intracellulaires, qui individuellement sont de grandeur moléculaire, et dont la puissance réside en leur multiplication. Dans le muscle, on a déjà quelque peine à se figurer l'orientation réelle de ces courants. Dans l'appareil lumineux beaucoup moins isolable et analysable, on n'en a aucune idée.

b. Chaleur. — En prenant toujours le muscle comme terme de comparaison, on sait qu'une partie assez notable de son énergie se dissipe extérieurement sous forme de chaleur. En est-il de même de l'organe lumineux ? Tout le corps de l'animal dégage une petite quantité de chaleur. Quant aux appareils lumineux eux-mêmes, la chaleur dégagée est ou nulle ou extrêmement faible (Maurice GIRARD, R. DUBOIS).

3. **Nature fermentaire du phénomène**. — Les manifestations de la vie cellulaire se ramènent très généralement à des actes chimiques, dont l'ensemble est compliqué, mais dont l'expression la plus simple s'observe dans les actes dits fermentatifs. La production de la lumière pourrait, d'après R. DUBOIS, être ramenée à un acte de ce genre. Les appareils lumineux contiendraient une substance spéciale fermentescible, la *luciférine*, et celle-ci serait mise dans un état particulier de décomposition d'où résulte le phénomène lumineux par une autre substance de la nature des ferments dits solubles, la *luciférase*. Cette opinion est fondée sur l'expérience qui suit. La substance lumineuse d'un animal lumineux, comme la pholade dactyle, est broyée et mélangée d'eau. On en fait deux parts dans deux tubes séparés. L'un de ces deux tubes est porté à une température de 55°, capable de tuer le ferment, mais laisse subsister la substance fermentescible (la luciférine); l'autre est longuement agité et finit par perdre sa luminosité par épuisement de la substance fermentescible, mais conserve son ferment (la luciférase). On mélange alors les liquides des deux tubes. La luminosité réapparaît pendant un certain temps.

III. — Influences diverses sur la photogénèse.

1. **Conditions de milieu**. — Comme tous les appareils composés de cellules l'organe lumineux est soumis aux conditions générales de la vie cellulaire, dont on sait les principales (oxygénation, température, hydratation, etc.), mais qui, pour chaque espèce déterminée de cellules, peuvent prendre quelque expression particulière relative à leur nature et à leur fonction. Une fois de plus ces conditions se placent sous deux chefs principaux : les unes visent l'*alimentation*, c'est-à-dire le remplacement des substances et des énergies qui se dépensent dans l'organe; les autres visent son *excitation*, c'est-à-dire la mise en train de son fonctionnement.

a. Eau. — C'est une observation souvent faite que les insectes lumineux par les temps trop secs cessent de produire leur lumière, tandis que par la rosée, ils présentent leur plus vif éclat. On démontre que cette action de l'eau est directe en ce qui concerne l'organe lumineux. L'eau est nécessaire à toutes les cellules, mais elle l'est plus à celles de l'organe lumineux qu'à toutes les autres, car par la sécheresse la photogénèse cesse déjà, alors que la vie de l'animal n'est pas compromise ; d'autre part, si l'organe est séparé de l'animal et soumis à un certain degré de dessiccation, la luminosité, qui cesse d'abord, reprend quand on humecte la substance ainsi isolée. Il en est de même pour les œufs. On peut répéter l'expérience sur la substance broyée, réduite en poudre, cellulairement désorganisée et desséchée dans le vide ; il suffit de l'humecter (dans le vide) avec de l'eau même bouillie, par conséquent, non aérée. La lumière dure quelques minutes et s'éteint sans retour. Toutes les substances lumineuses, de provenance animale, végétale, microbienne (Noctiluques, Agaricus olearius, etc.), se comportent de même. Il y a positivement une réviviscence de la lumière comparable à la réviviscence du mouvement chez certains infusoires (P. Secchi, Fabre, Darwin, Carus, R. Dubois). — Comprimés dans l'eau, après dessiccation préalable, à des pressions de 500 atmosphères et retirés ensuite, les organes des pyrophores ont été trouvés lumineux. Dans le fond de la mer des poissons lumineux existent qui subissent de hautes pressions comparables à celles-ci (R. Dubois et P. Regnard).

b. Oxygénation. — Les insectes lumineux ont besoin, comme tous les animaux, d'oxygène libre pour vivre. On peut même dire que leur fonction photogénique dépend de la fonction d'oxygénation, car la luminosité disparaît quand la tension de l'oxygène devient trop faible dans le milieu (dépression). Elle est peu ou pas modifiée par des tensions très fortes (surpression). Il faut donc admettre que *l'oxygène est nécessaire aux cellules de l'organe photogénique en tant que cellules. Mais on n'est pas autorisé à en déduire que la luminescence soit due à une oxydation lente de quelque substance particulière*, comme l'avaient pensé plusieurs auteurs, puisque, ainsi que l'a vu R. Dubois, la substance broyée soumise au vide et humectée dans le vide par de l'eau privée d'oxygène peut redevenir lumineuse.

c. Température. — Matteucci a vu que chez les lampyrides la lumière augmente quand on élève la température jusque vers 37° et qu'à 50° elle devient rougeâtre et disparaît sans retour. Chez les élatérides cette disparition a lieu vers 47° (R. Dubois).

Macare, Matteucci ont étudié l'influence du refroidissement sur les lampyrides. D'après le second de ces auteurs, la lumière s'éteint vers 6°,25. R. Dubois en étudiant les élatérides a vu la luminescence persister à une température extrêmement basse (— 100°) lorsque le refroidissement est brusque. Le refroidissement lent vers 0° l'éteint par un procédé tout autre, résultant d'une altération générale de l'animal lentement refroidi.

d. Lumière. — L'idée que la lumière émise par des êtres vivants ayant la fonction photogénique serait de la lumière extérieure condensée par leurs appareils spéciaux et restituée à la façon de celle des corps phophorescents, est réfutée par le fait que ces animaux, placés à l'obscurité, restent lumineux indéfiniment, pourvu qu'ils trouvent dans le milieu les conditions ordinaires de la vie (Peters, Matteucci).

2. Excitation. — En principe tout protoplasma est excitable. La question pour chacun est de rechercher à quels excitants il est susceptible d'obéir, avec quelle facilité et dans quelles conditions particulières.

a. Excitations mécaniques. — L'organe isolé des pyrophores est sensible aux excitations mécaniques ; les chocs, les tractions réveillent la lumière qui vient de s'éteindre ou l'augmentent légèrement pendant qu'elle existe. Les larves, l'œuf lui-même donnent de la lumière par les excitations mécaniques très légères. L'irritabilité de la substance spécifique photogène est donc bien, comme l'irritabilité motrice hallérienne des muscles, indépendante de l'action nerveuse. Quand on agit sur l'animal entier par des chocs, des attouchements, des pressions localisées, des ébranlements de ses poils tactiles, on provoque ou augmente sa luminosité. L'excitation a cet effet quel que soit le point du corps touché, mais plus net quand on se rapproche de l'organe lumineux ou qu'on le touche lui-même. L'excitation dans ces cas (sauf le dernier) passe par le système nerveux et agit par réflexe sur l'appareil photogène. Les mouvements vibratoires un peu rapides (250 à la seconde) éteignent, au contraire, la lumière Dubois).

Les excitations mécaniques pas trop fréquentes, mais indéfiniment répétées, finissent par épuiser l'appareil photogène, en raison de l'usure ou *fatigue* qu'elles y engendrent à la longue. L'aptitude photogénique ne réapparaît qu'après plusieurs heures de *repos*.

*b. **Excitations électriques**..* — Les *décharges statiques* à très haut potentiel produisent une illumination des appareils. Les *courants d'induction* traversant le corps peuvent aussi provoquer leur éclairage. Suivant les circonstances de l'application, tantôt le courant porte son effet sur des muscles qui suscitent l'entrée en jeu des organes photogènes, tantôt elle atteint ceux-ci directement et les excite sans intermédiaire.

Chez les pyrophores, en implantant des aiguilles dans le corps de l'animal suivant sa longueur et en les mettant en communication avec les pôles d'une pile, on peut vérifier les lois d'excitation du courant continu. Le courant ascendant ou centripète détermine l'apparition de la lumière au moment de sa fermeture ; le courant descendant ou centrifuge la provoque au moment de sa rupture ; ces effets se produisent toujours dans le même sens, que l'on agisse sur toute l'étendue de la chaîne nerveuse ou sur une partie seulement de son trajet comprenant, soit le ganglion en rapport avec les organes prothoraciques, soit le ganglion de l'organe abdominal.

L'influence excitatrice est démontrée par l'apparition de la lumière, si l'organe est inactif, ou son augmentation s'il est déjà en activité modérée. En plaçant les épingles, non plus à distance et sur la ligne médiane du corps, mais en contact direct avec une plaque prothoracique et l'autre avec la plaque symétrique du côté opposé, on voit en lançant le courant que le foyer en contact avec le pôle négatif s'éteint s'il est actif, pendant que le foyer en contact avec le pôle positif prend un éclat considérable au moment de la fermeture et persiste pendant le passage du courant ; au moment de la rupture, il y a apparition fugitive de la lumière au pôle négatif, tandis que l'appareil en contact avec le pôle positif s'éteint (R. Dubois). Ce résultat est à rapprocher de l'effet d'inhibition anodique qu'on observe sur le muscle cardiaque dans des conditions analogues, mais avec cette différence que l'inhibition est ici cathodique.

Poisons. — La plupart des substances toxiques employées comme agents d'analyse en physiologie ou comme agents thérapeutiques portent leur action, ou élective ou tout au moins principale, sur le système nerveux.

*a. **Anesthésiques**.* — Parmi les anesthésiques, on peut comprendre l'acide carbonique, l'éther, le chloroforme, le protoxyde d'azote. — Les trois premiers sont à l'égard des insectes lumineux et de leur luminescence des anesthésiques incontestables. En ce qui concerne l'acide carbonique, il faut, pour éviter les effets d'asphyxie, le mélanger à l'oxygène et assurer, par une pression sur le mélange, une tension suffisante de chacun des deux gaz. L'anesthésie est complète pour un mélange de une partie d'oxygène et quatre parties d'acide carbonique à une pression de sept atmosphères.

b. Poisons spéciaux. — Le curare n'a qu'une action très douteuse; la strychnine a des effets analogues à ceux qu'elle engendre dans le système moteur. La morphine, l'atropine, la digitaline abolissent et le mouvement et la luminosité en amenant la mort de l'animal.

BIBLIOGRAPHIE.

Mouvement vibratile. — BÜTSCHLI, in BRONN's, *Klassen und ordnungen des Thierreichs. z. Protozoa.* — ENGELMANN in HERMANN's, Handwörterb (bibliographie) et dictionn. de physiol. — VALENTIN, in WAGNER's, Handwörterb. — WEINLAND, *Arch. f. d. ges. Phys.*, LVIII. — VERWORN, Physiol. générale.

Décharge électrique des poissons. — BIEDERMANN, Électro-physiologie. — DU BOIS-REYMOND, *Arch. f. Physiol.*, 1885, 1887; *Sitz. d. K. Acad. d. Wiss.*, Berlin, 1883, 1885, 1888. — GOTCH, Text book of physiol. of SCHAFFER. — MAREY, *Trav. de labor.*, 1877. — MOREAU, *An. sc. nat.*, Paris, 1862, t. XVIII. — SCHÖNLEIN, *Zeitsch. f. Biol.*, München, Bd. XXXI, XXXIII.

Production de lumière par les êtres vivants. — R. DUBOIS, Les élatérides lumineux, Thèse Fac. sc., Paris, 1886; leç. de physiol. — R. DUBOIS et P. REGNARD, *Biol.*, 8, I. — EMMERT, *Arch. f. mikros. An.*, VIII. — C. F. HOLDER, Living lights, London, 1887 (bibliographie). — KÖLLIKER, *Monatsb. d. Ak. d. Wis.*, Berlin, 1857. — MACÉ de LÉPINAY et NICATI (photométrie), *An. d. et phys.*, t. XXIV, 1881; XXX, 1883. — PFLÜGER, *Arch. f. d. ges. Phys.*, X. — M. SCHULTZE, *Arch. f. Mikrosc. An.*, I. 1865.

CHAPITRE III

LA SÉCRÉTION

Distinction entre la sécrétion et l'excrétion. — Le mot *sécrétion* (secernere, séparer) signifie le plus communément élaboration d'un produit nouveau résultant de l'activité des éléments cellulaires. Par un artifice de langage, on donne souvent le nom de sécrétion au produit sécrété lui-même.

On réserve le nom particulier d'*excrétion*, pour désigner l'acte par lequel certaines glandes séparent du sang des substances qui y sont contenues normalement ou qui y ont été introduites.

La distinction entre la sécrétion et l'excrétion est fondamentale, mais n'est pas absolue. La glande qui sécrète un produit particulier peut en même temps servir et, en réalité sert, de voie d'excrétion pour un ou plusieurs autres produits normaux, accidentels ou pathologiques du sang. Il n'est pas un produit de sécrétion, aussi spécial soit-il, qui ne soit accompagné, mélangé de substances salines provenant du plasma sanguin (chlorures, carbonates, phosphates).

Différenciation des glandes. Principaux types morphologiques. — L'acte sécrétoire est une propriété générale du proto-

plasme. Toute cellule donne naissance à des produits qui résultent de son fonctionnement même.

Les glandes sont des cellules chez lesquelles la propriété sécrétrice s'est plus spécialement développée et qui se sont adaptées à la sécrétion comme les cellules musculaires se sont adaptées à l'exécution des mouvements.

Dans ce qu'on appelle communément une glande les cellules sécrétoires forment des associations plus ou moins complexes. Au point de vue morphologique l'unité glandulaire proprement dite c'est l'*acinus* (MALPIGHI), sorte de cul-

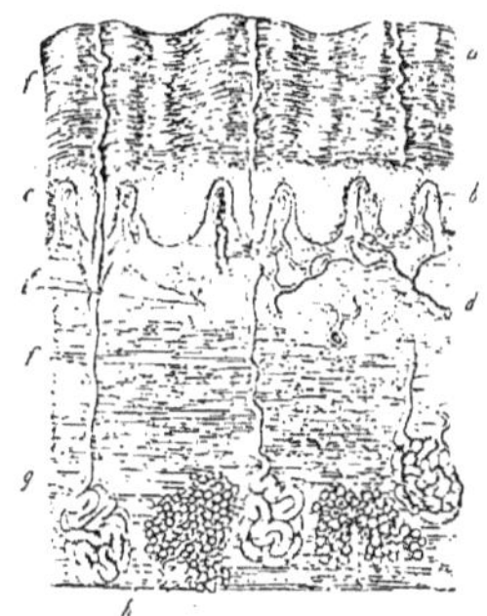

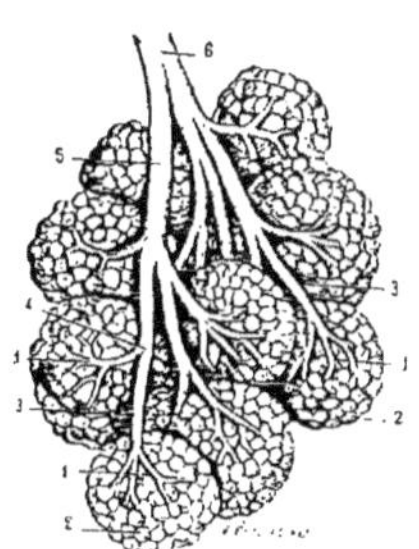

Fig. 79. — *Glandes sudoripares* (*).   Fig. 80. — *Lobe, lobules et acini d'une glande en grappe (mamelle)* (**).

(*) Coupe de la peau de l'homme, perpendiculairement à sa surface : *a*, couche cornée de l'épiderme ; *b*, corps muqueux de MALPIGHI ; *c*, papilles du derme ; *h*, amas de cellules adipeuses sous le derme ; *g*, glomérule de la glande sudoripare ; *e*, *f*, canal excréteur de la glande ; *d*, vaisseaux ; *i*, nerfs (d'après DUVAL).

(**) 1, 2, 3, 4, 5, conduits excréteurs des lobules ; 6, conduit d'un lobe (dit galactophore) ; 2. lobules (d'après DUVAL).

de-sac formé par une membrane tapissée à son intérieur d'un revêtement cellulaire. Ce cul-de-sac se continue par un canal formé, lui aussi, par une membrane qui continue celle de l'acinus et par un revêtement cellulaire qui, lui, présente des caractères un peu différents. Lorsqu'un seul acinus se continue avec le canal excréteur la glande est dite simple (glandes intestinales de LIEBERKÜHN). Le canal et le fond de la glande peuvent, tout en restant simples, être plus ou moins inflexes (glandes sudoripares) (fig. 79). La glande est dite composée quand le canal excréteur se partage en ramifications correspondant à plusieurs acini (glandes gastriques à pepsine, glandes sébacées, glandes mammaires) (fig. 80). La division plus ou moins régulière du canal excréteur en segments de divers ordres donne naissance à des groupements nouveaux. Les acini en se réunissant forment des lobules ; ceux-ci, en se groupant à leur tour, des lobes. Aux uns et aux autres correspondent des canaux excréteurs de plus en plus larges et qui, en se réunissant, constituent le canal de la glande (glandes salivaires). Ces unités morphologiques de divers ordres sont séparées les unes des autres par des cloisonnements de tissu conjonctif ; la glande quand elle est un peu volumineuse est entourée d'une membrane en forme de capsule. Les canaux glandulaires donnent naissance à leur tour à des formations beaucoup plus différenciées consistant en des réservoirs dans lesquels le produit de la sécrétion s'accumule pour en être expulsé à un moment donné. Le type le plus parfait des appareils de ce genre est la vessie urinaire ; vient ensuite la vésicule biliaire. Les dilatations ampuliformes qu'on remarque sur les conduits galactophores sont une sorte de transition entre ces réservoirs proprement dits et les simples canaux glandulaires tels que ceux de la parotide ou de la sous-maxillaire.

Certaines glandes ont été remaniées par les vaisseaux et s'écartent beaucoup par leur forme et leur structure de ces données schématiques ; telles sont le foie, le thymus, la thyroïde, le pancréas.... On leur donne le nom de *glandes vasculaires* (BURKARDT, MILNE-EDWARDS), ou de *glandes conglobées* (RENAUT). Quelques-unes n'ont pas de canal excréteur ; leurs produits sont nécessairement repris soit par le sang, soit par la lymphe.

Il y a des glandes représentées par une seule cellule. Les cellules qui sécrètent le mucus gastrique réalisent sous des proportions microscopiques toutes les parties essentielles des glandes proprement dites. L'élément cellulaire est creusé d'une cavité ouverte en dehors et terminée en ampoule du côté de la profondeur. Ce cul-de-sac représente un acinus. L'ouverture par laquelle il communique avec le dehors représente un canal excréteur. La membrane cellulaire figure la membrane de la glande (1). Les Protozoaires (amibes, infusoires) et les globules blancs possèdent à un haut degré la propriété sécrétoire et peuvent être considérés à ce point de vue comme de véritables glandes unicellulaires.

Sécrétions externes et internes. — Certaines sécrétions sont externes, c'est-à-dire se déversent sur des surfaces cutanées ou muqueuses que l'on peut considérer comme extérieures à l'organisme, tandis que d'autres sont internes, c'est-à-dire rentrent dans le sang immédiatement par les vaisseaux (lymphatiques ou sanguins) qui traversent la glande. L'exemple le plus remarquable que l'on puisse citer de ces dernières, ainsi que le mieux connu, est la formation de la matière sucrée qui a lieu dans le foie (Cl. BERNARD).

On groupe volontiers dans un même chapitre, sous le nom de sécrétions internes, les produits déversés dans le sang par un certain nombre d'organes tels que la thyroïde, la rate, les capsules surrénales, le pancréas. Parmi ces produits les uns s'identifient avec ceux qui résultent de toute activité cellulaire ; les autres ont le caractère de produits particuliers élaborés en vue d'une fonction spéciale et doivent être rapprochés des sécrétions proprement dites déversées à l'extérieur.

A. — ACTES SUCCESSIFS ET PHÉNOMÈNES CHIMIQUES DE LA SÉCRÉTION.

Actes successifs. — La sécrétion comprend deux actes distincts.

---

(1) Il ne faut pas oublier cependant que la cellule caliciforme n'est que temporairement une glande ; après avoir fonctionné comme telle elle va se reformer comme cellule cylindrique avec ou sans cils pour redevenir ensuite caliciforme et ainsi de suite.

a. Le premier est, suivant l'expression de CLAUDE BERNARD, un acte de synthèse organisatrice ; il consiste en l'élaboration et l'accumulation des matériaux de la sécrétion.

b. Le second est caractérisé par un processus de désintégration. C'est de plus un acte moteur. Les matériaux accumulés sont amenés à leur état définitif et mobilisés.

Ces deux actes dans leur ensemble sont successifs. Ils peuvent néanmoins se poursuivre parallèlement, comme on le constate sur la cellule du pancréas en action ; la séparation commence au pôle basal de la cellule, pendant que le pôle opposé est le siège des phénomènes définitifs de la sécrétion. L'excrétion cellulaire peut suivre immédiatement le stade de sécrétion sans passer par celui d'emmagasinement ou de repos (HEIDENHAIN, STOEHR, VAN GEHUCHTEN, NICOLAS).

D'une manière générale, la constitution et l'élaboration des réserves répond au repos apparent de la glande ; le phénomène de désintégration et de migration exocellulaire à la phase d'activité glandulaire, de sécrétion telle qu'on l'entend dans le langage usuel.

Phénomènes chimiques. — Les phénomènes chimiques de la sécrétion sont de deux ordres :

a. Les uns lui sont communs avec ceux qui accompagnent toute activité cellulaire ; ils sont liés à la phase de fonctionnement du protoplasme sécréteur :

b. Les autres ne peuvent être compris dans une formule unique ; ils varient, suivant la nature du produit sécrété, d'une glande à l'autre et parfois dans une même glande, d'une cellule à l'autre.

Phénomènes chimiques communs liés au fonctionnement. — Les glandes sont le siège d'une oxydation. Le sang veineux qui sort de l'organe est moins riche en O^2 et plus riche en CO^2 que le sang artériel qui entre. Le *phénomène* a lieu même pendant le repos apparent de la glande ; il *s'exagère pendant le fonctionnement proprement dit*. Pour apprécier ces différences à leur valeur réelle, il faut se rappeler que la circulation est en moyenne trois fois plus forte pendant l'activité glandulaire que pendant le repos (CHAUVEAU).

Il disparaît du glucose en même temps que de l'oxygène. CHAUVEAU estime que CO^2 en excès dans le sang veineux, est le témoin de l'oxydation du glucose et que, dans la glande comme dans le muscle, cette réaction est la source principale, sinon exclusive, du travail physiologique de la glande, c'est-à-dire de la dépense d'énergie qui est liée à l'activité spécifique du protoplasme sécréteur.

La démonstration est faite sur la parotide du cheval. Les dimensions et la topographie des vaisseaux de la glande se prêtent à des analyses comparées de O^2, CO^2 et de glucose dans les sangs veineux et artériel. Pour provoquer la salivation il suffit de donner à manger au sujet en expérience. Les prises de sang doivent être simultanées. Dans le calcul on tient compte de la suractivité circulatoire qui accompagne le fonctionnement.

L'activité des combustions dont la glande est le siège est toujours très inférieure à celle du muscle (Chauveau).

	GLANDE EN REPOS.					GLANDE EN TRAVAIL.				
Sang artériel..................	70,5	53,1	15,3	2,1	»	70,5	51,3	15,6	3,6	»
— veineux	69,0	55,2	11,4	2,4	»	66,2	51,5	12,9	1,8	»
O^2 absorbé...................	»	»	»	»	3,9	»	»	»	»	2,7
CO^2 produit...................	»	»	»	»	2,1	»	»	»	»	0,2
Activité relative des combustions, d'après la totalisation de O^2 et de CO^2 multipliés par le coefficient d'irrigation sanguine.....	$6,0 \times 1 = 6,0$					$2,9 \times 3 = 8,7$				

	GLUCOSE contenu dans 1 000 gr. de sang artériel.	GLUCOSE contenu dans 1 000 gr. de sang veineux.	GLUCOSE disparu dans les capillaires.
Glande en repos......	$0^{gr},936$	$0^{gr},920$	$0^{gr},007 \times 1 \times 0^{gr},007$
Glande en travail.....	$0^{gr},980$	$0^{gr},977$	$0^{gr},003 \times 3 = 0^{gr},009$

Moussu et Tissot conseillés par Chauveau ont constaté chez le bœuf, en tenant compte de la circulation et de la salive écoulée, que la parotide absorbe deux fois et demi plus d'O^2 lorsqu'elle sécrète sous l'influence de l'excitation du nerf parotidien que lorsqu'elle est au repos.

Produits ultimes de la sécrétion. — En tenant compte de leur destination, les produits de sécrétion peuvent être ramenés à quelques types principaux, à savoir :

a. Des substances possédant une valeur alimentaire et énergétique. Telles sont les albuminoïdes, les graisses, les sucres. Ces substances sont utilisées, soit par l'animal lui-même qui les produit, soit par un autre organisme (lait) ;

b. Des ferments solubles doués de pouvoirs chimiques très étendus, par lesquels les cellules à leur tour opèrent des réactions chimiques sur les matériaux de la nutrition ;

c. Des résidus qui sont purement et simplement rejetés au dehors et repassent du monde organique au monde minéral, tels les matières qui constituent l'urine et la sueur.

d. Des produits particuliers plus spécialement affectés :

soit à une fonction déterminée (rouge rétinien, mucus);

soit à la défense et à la conservation de l'individu et de l'espèce (productions épidermiques, telles que la chitine ; venins ; noir de seiche).

Certaines substances sont déplacées à travers l'organisme lui-même : elles sont sécrétées, déversées sur une surface qui les absorbe à nouveau et les entraîne dans le sang plus ou moins modifiées et mélangées à d'autres. Les liquides des séreuses, les milieux de l'œil, le liquide des ventricules sont soumis à ce mouvement de rénovation, c'est-à-dire de sécrétion et d'absorption simultanées.

Substances intermédiaires. — Les substances sécrétées par les glandes ne proviennent pas toujours directement du protoplasme glandulaire. Ce que nous appelons le produit de sécrétion, le produit définitif, provient généralement d'une substance intermédiaire entre le protoplasme et lui. Le sucre déversé par le foie dans la circulation provient d'une substance glycogène élaborée par cet organe (Cl. Bernard).

La mucine des glandes à mucus provient d'une substance mucigène. Les ferments ont un antécédent : la trypsine pancréatique provient du zymogène, la pepsine d'une substance pepsinogène ou propepsine, etc. (Heidenhain).

B. — ÉNERGIE UTILISÉE PAR LES GLANDES POUR LA SÉCRÉTION.

La cellule glandulaire possède une énergie intrinsèque, capable de créer la force qui fait passer les substances sécrétées d'un côté à l'autre de la barrière cellulaire et les entraîne. Le phénomène est intérieur à la cellule, spécifique, variable d'une glande à l'autre et dans une même glande d'un point à un autre. Une telle énergie est parfois dite vitale, parce qu'elle est d'origine cellulaire, toutefois elle ne se crée pas sur place, mais provient incontestablement de la transformation d'une énergie chimique, d'après les lois physiques et mécaniques générales.

Des forces extrinsèques peuvent intervenir également dans certains cas et contribuer à l'acte sécrétoire : à savoir la pression sanguine, la pression osmotique.

La pression sanguine est au fond aussi d'origine cellulaire, puisqu'elle a le cœur pour origine.

La part respective des deux ordres de forces — intrinsèque et extrinsèque — n'est pas toujours facile à démêler. Dans certaines glandes, leur point d'application peut différer. C'est ainsi que dans le rein, le phénomène pression paraît localisé dans les glomérules, le phénomène sécrétion proprement dit et l'échange osmotique au niveau des *tubuli contorti*.

C. — PHÉNOMÈNES MORPHOLOGIQUES ET MICRO-CHIMIQUES.

I. — PRINCIPAUX TYPES DE SÉCRÉTION.

D'une manière générale, on peut avec RANVIER diviser les glandes en deux catégories :

1° Celles dont l'épithélium sécréteur se détruit et passe dans le produit excrété ;

2° Celles dont les éléments sont fixes.

1° Glandes dont l'épithélium sécréteur se détruit (holocrines). — Ces glandes reforment pour les étapes successives de la sécrétion chaque fois un épithélium sécréteur ; les éléments cellulaires de cet épithélium sont destinés à se morceler et à passer fragmentairement dans les produits de sécrétion qu'ils ont eux-mêmes élaborés.

Les exemples les plus typiques de ce mode de sécrétion sont fournis par les glandes qui élaborent l'encre de la seiche et les glandes sébacées.

L'encre de la seiche est formée de fines particules de pigment en suspension dans un liquide aqueux. Ces grains de pigment existent dans les cellules de l'épithélium de la glande qui produit cette encre ; celle-ci résulte de ce que les cellules en question, après avoir abondamment élaboré ce pigment dans leur intérieur, se détruisent, fondent, tombent en deliquium (GOODSIR, 1842, 1843 ; P. BERT, GIROD, 1881).

Les glandes sébacées sont acineuses, de petit volume, formées seulement de quelques culs-de-sac s'ouvrant dans une cavité commune qui forme un canal excréteur allant s'ouvrir dans un follicule pileux. L'épithélium qui tapisse ces acini rappelle la constitution de l'épiderme dont il dérive ; il est stratifié ; sa couche profonde ou basale est formée de cellules cylindriques génératrices d'où dérivent les éléments sus-jacents. L'évolution se fait des cellules basales à celles qui sont situées plus vers le centre du cul-de-sac. Dans ces cellules immédiatement sus-jacentes à la couche basilaire on voit apparaître de fines granulations graisseuses éparses dans le protoplasme. Dans les rangées superposées à celle-ci, les granulations sont plus volumineuses et plus abondantes. La cellule se gonfle en raison de cette surcharge de graisse. Plus près du centre de l'acinus, le protoplasma n'est plus représenté que par une écorce qui limite la cellule et par de fines travées protoplasmiques formant un large réseau dont les mailles sont occupées par la graisse ou sébum. Le noyau s'émiette et disparaît ; puis les gouttelettes de sébum, confluent, dilatent l'écorce de protoplasme et la font éclater (RANVIER, DUVAL).

2° Glandes dont les éléments sont fixes (mérocrines). — La plupart des glandes sont organisées pour sécréter un certain nombre de fois sans se détruire ; les éléments sécréteurs n'expulsent qu'une portion de leur substance, celle qu'elles ont constituée au sein du protoplasme en vertu de l'activité de ce dernier.

La forme et les réactions histo-chimiques varient suivant que la glande est au repos, en pleine activité ou épuisée (Heidenhain, Ranvier, Renaut, etc.).

Les variations sont spécifiques, caractéristiques des cellules du même ordre, de sorte qu'une formule unique ne peut les comprendre toutes ; toutefois, d'une manière générale, les actes successifs de la sécrétion s'accompagnent de certaines modifications comparables.

II. — MODIFICATIONS CYTOLOGIQUES ACCOMPAGNANT LES ACTES SUCCESSIFS DE LA SÉCRÉTION DES GLANDES A ÉLÉMENTS FIXES.

1° **Phase d'élaboration des matériaux de la sécrétion.** — Cette phase est caractérisée par la formation de granulations ou de vacuoles remplies de liquides.

Les granulations sont plus ou moins volumineuses. Elles sont constituées, soit par des préproduits, tels que le mucigène des cellules à mucus, le glycogène des cellules hépatiques, la propepsine, le zymogène pancréatique, soit par les produits de sécrétion définitifs, tels que la graisse formée par les éléments épithéliaux de la mamelle ou de l'intestin, soit encore par des réserves accumulées en vue de la nutrition de la cellule (graisses des cellules épithéliales des *tubuli conturti* du rein, Glawitsch).

La nature des liquides vacuolaires a pu être déterminée dans quelques cas, d'une façon approchée, en particulier dans les cas de digestion intra-cellulaire.

La digestion intra-cellulaire s'observe chez les organismes unicellulaires tels que les Protozoaires (amibes, infusoires), les myxomycètes à l'état de plasmode, les globules blancs phagocytes. Chez les Invertébrés, elle est plus spécialement localisée dans les organes digestifs. Metchnikoff l'a observée en particulier chez les Planaires, dans les cellules épithéliales de l'intestin ; chez les actinies, dans les cellules des filaments mésentériques. Plus on s'élève dans la série animale, plus elle tend à céder la place à la digestion par les sucs digestifs sécrétés par le tube gastro-intestinal ; cependant, même chez les êtres les plus élevés, elle persiste en ce sens que les cellules des organes ont la propriété de remanier les réserves constituées à leur intérieur ; le foie notamment représente à ce point de vue un véritable organe de seconde digestion (Cl. Bernard).

La digestion intra-cellulaire est caractérisée d'abord par l'englobement de la nourriture (animalcule, plante, microbe). Elle se poursuit généralement en milieu acide. Des grains de tournesol bleu ingérés par des infusoires virent au rouge au bout de quelque temps. Les vacuoles digestives prennent la coloration

caractéristique des acides sous l'influence d'une solution d'alizarine sulfo-conju-
guée ou d'une solution à 1 p. 100 de rouge neutre d'EHRLICH (METCHNIKOFF).
Après la mort l'acidité des vacuoles est neutralisée par le protoplasma et le
milieu liquide ambiant qui sont alcalins.

Les agents digestifs sont des ferments. Ceux-ci peuvent être extraits par l'eau
dans bien des cas [amibes (MOUTON), globules blancs ; filaments mésentériques
des actinies (L. FRÉDÉRICQ, MESNIL)]; cependant en général l'extrait aqueux ne
possède qu'une partie des propriétés digestives qui caractérisent le protoplasme
vivant.

Dispositif en rapport avec la formation des produits de la sécrétion. — La
formation des produits de la sécrétion est en rapport avec le développement d'un
dispositif particulier auquel GARNIER [1897] a donné le nom d'ergastoplasme (de
εργαζομαι, élaborer en transformant). L'ergastoplasme est une partie différenciée
du protoplasme ; il consiste en des filaments ou des bâtonnets colorables par les
teintures basiques et qui sont placés dans la partie inférieure de la cellule,
autour du noyau. Ces filaments sont en continuité avec le réticulum du protoplasme cellulaire et aussi, par l'intermédiaire du réticulum, avec le noyau
duquel ils semblent recevoir la matière colorable dont ils sont imprégnés.
Comme le noyau joue dans la sécrétion un rôle prouvé par les phénomènes de
cariolyse ou de multiplication amitotique qu'il subit alors, les filaments ergastoplasmiques servent d'intermédiaires entre le noyau et le protoplasme ordinaire pendant les phases préparatoires de la sécrétion ; ils sont aussi les intermédiaires entre le protoplasme et le plasma nutritif apporté par les vaisseaux,
et ce sont eux, qui, finalement, élaborent les grains de sécrétion. L'activité
sécrétoire ne s'exerce pas d'une manière continue dans le corps cellulaire, aussi
l'ergastoplasme n'est pas un organe permanent de la cellule. Il apparaît dans
cette dernière au moment où, après un repos, elle va recommencer à sécréter,
et il est totalement employé à produire la substance sécrétée ; cependant il en
peut persister parfois une certaine quantité, qui, condensée et agglomérée en
boule, forme certains de ces corps intra-cellulaires colorables auxquels on a
donné le nom de paranuclei ou de nebenkerne. Les données de GARNIER ont été
établies surtout d'après l'étude des glandes salivaires et lacrymales. En dehors
de ces organes et du pancréas, l'ergastoplasme n'a guère été retrouvé par les
différents auteurs qui ont depuis étudié cytologiquement la sécrétion.

2° Phase de désintégration et de migration exocellulaire. —

L'acte de décharge, de migration exocellulaire est caractérisé en
général par les phénomènes morphologiques suivants. Les masses
granuleuses disparaissent peu à peu ; les vacuoles se vident ; le
protoplasme revient à l'état grenu ; l'ergastoplasme qui s'était réduit
à la fin de la période précédente (période de maturité) se développe
à nouveau. Le plus souvent, la cellule se réduit et devient plus
basse, comme l'a fait voir HEIDENHAIN, dans les cellules pancréatiques, et RENAUT dans les sudoripares épuisées.

Les cellules séro-muqueuses telles que les cellules caliciformes ou celles des
glandes mucipares différenciées fournissent un exemple typique, bien décrit par
RANVIER, du mouvement vacuolaire dont les cellules peuvent être le siège. Les

vacuoles se meuvent, se fusionnent, bourgeonnent, montent de la partie basale vers la surface libre. Les boules de mucigène s'agrandissent, deviennent moins réfringentes, rompent par leur expansion les travées protoplasmiques séparatives à l'orifice de la cellule caliciforme ; du mélange du liquide vacuolaire avec le mucigène ou de leur action réciproque l'un sur l'autre résulte le mucus exporté. Dans une sous-maxillaire de chien il diffusera à travers la mince ligne protoplasmique séparant la cellule glandulaire de la lumière glandulaire. — Il reste, une fois l'exportation terminée, plus de vacuoles que de mucigène et çà et là des masses indistinctes de mucigène malformé reconnaissable au sein du protoplasme quand on a eu soin de colorer différentiellement et électivement le protoplasme et le mucigène.

III. — EXEMPLES PARTICULIERS.

Glandes gastriques. — A l'état de maturité, à la phase prédigestive, les cellules principales du fond de l'estomac sont volumineuses, bourrées de gros grains ; l'ergastoplasme est peu développé, le noyau est refoulé vers la base. — Depuis le moment où la cellule commence à évacuer dans la lumière glandulaire son produit de sécrétion, on constate des modifications qui deviennent très apparentes au bout de quelques heures (en général cinq ou six heures chez le chien, le chat) après l'ingestion alimentaire et persistent quelque temps. Les cellules sont moins volumineuses, la lumière glandulaire est plus nette, il y a très peu de grains, l'ergastoplasme est plus net, plus étendu, plus développé. Le noyau se place à l'arrière du tiers moyen et du tiers externe de la cellule et occupe même parfois son tiers moyen (fig. 81).

Les modifications des cellules bordantes sont de même ordre, mais moins apparentes (Cade).

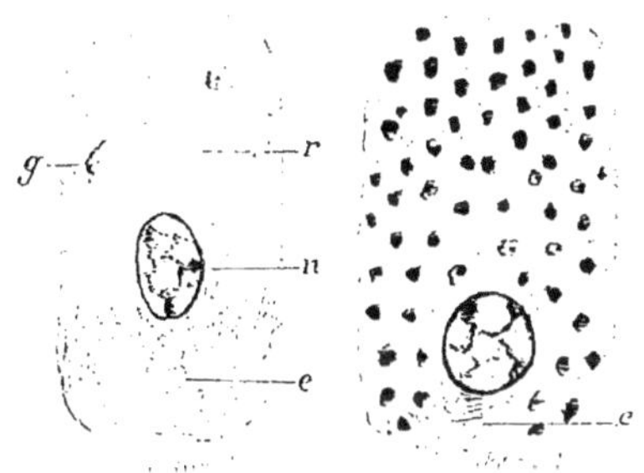

Fig. 81. — *Cellules principales du fond. Glandes gastriques du fond chez les mammifères.*

1, cellule au stade de mise en charge ; *e*, ergastoplasme ; *g*, grain de ségrégation : *n*, noyau ; *r*, réseau protoplasmique.

2, cellule au stade de maturité ; *e*, ergastoplasme (très réduit). Le cytoplasme est rempli de grains de ségrégation (schématique d'après Cade).

Pancréas. — Au repos, c'est-à-dire dans l'intervalle de deux digestions, la zone interne de la cellule est bourrée de grosses granulations, solubles dans l'eau, qui se colorent en brun par l'acide osmique. Ces granulations sont formées par une substance que Heidenhain a désignée sous le nom de zymogène et qui représente, d'après cet auteur, un antécédent de la trypsine. La zone externe, basale, de la cellule est plus homogène et renferme de fines granulations auxquelles Mouret a donné le nom de granulations prézymogènes.

Pendant la digestion l'aspect des cellules diffère suivant qu'il s'agit du début ou de la fin et dépend de la prédominance des phénomènes de désintégration ou de synthèse réparatrice.

Chez le chien, dans une première période de la digestion s'étendant jusqu'à six à dix heures, on voit la zone granuleuse interne (qui à l'état de repos ne se colore pas par le carmin ou l'hématoxyline) devenir trouble et colorable, puis diminuer de volume jusqu'à disparaître complètement, tandis que la zone externe et colorable augmente d'étendue et s'empare de toute la cellule. L'accroissement de la zone externe ne progresse pas toutefois aussi vite que la disparition de la zone interne, de telle sorte que les cellules et avec elles tout l'acinus se rapetissent. Le noyau devient arrondi et pourvu de corpuscules très nets. Dans une deuxième période de la digestion, dix à douze heures après le repas, on trouve que les acini et les cellules sécrétantes ont augmenté de nouveau de volume. La zone interne granuleuse s'étend maintenant à presque toute la cellule, tandis que la zone externe homogène ne forme plus qu'une bordure étroite qui n'est guère plus épaisse que dans l'état de jeûne. Les noyaux sont devenus pour la plupart aplatis et anguleux (Heidenhain).

Mouret a confirmé ces faits et constaté de plus que pendant une active sécrétion il se forme dans le protoplasme des vacuoles contenant un liquide incolore.

Chez le lapin les phases de repos et d'activité sont plus difficiles à délimiter, l'estomac n'étant jamais vide. Toutefois Heidenhain a constaté que, chez cet animal, les granulations occupent, pendant le jeûne, la plus grande partie des cellules, pendant la digestion seulement le bord interne central de ces éléments. Kühne et Lea ont pu suivre au microscope sur le lapin vivant les modifications des cellules pancréatiques. On sait que chez le lapin le pancréas forme une couche mince comprise entre les lames du mésentère. Pendant le repos, les cellules pancréatiques forment un tout optique continu. Lorsque la sécrétion s'établit les contours des cellules s'accusent, la striation de la base devient plus nette, les granulations de la zone cellulaire interne (centrale) s'avancent vers la lumière de l'acinus, deviennent plus petites, moins apparentes et finissent par disparaître complètement. Si on injecte du sang défibriné dans le canal excréteur, on constate que des globules pénètrent jusqu'entre les faces latérales des cellules et même entre les cellules et la basale. Or les globules qui restent dans la lumière de l'acinus sont rapidement digérés ; les autres peuvent rester pendant plus d'un jour sans subir de modifications, ce qui prouve que seule la zone interne centrale chargée de granulations déverse un liquide actif.

La pilocarpine provoque la sécrétion du pancréas. Wertheimer et Laguesse ont constaté que le secretum qui distend la lumière acineuse prend après fixation le même aspect que le zymogène. Il forme après les mélanges osmiés appropriés un cylindre réfringent homogène, brun assez foncé, vivement colorable par l'hématoxyline au fer, le violet de gentiane, la safranine. Dans les plus petits canaux excréteurs il garde le même aspect, mais tend à se colorer un peu moins ; dans les canaux moyens il se colore très peu, et perd son homogénéité ; dans les gros canaux on ne trouve plus que des débris d'un coagulum finement granuleux et très peu colorable. Les choses se passent comme si le suc pancréatique, presqu'exclusivement constitué par la substance des grains de zymogène au sortir de la cellule, était dilué dans les canaux de gros et moyen calibre. L'excitation réflexe du pancréas provoque des modifications morphologiques et micro-chimiques insensibles : les lumières des acini restent en général presque vides ; toutefois les canaux moyens et gros sont remplis d'un secretum fluide, peu coagulable, peu colorable, sécrété vraisemblablement par les cellules des canaux excréteurs (centro-acineuses comprises). Si on rapproche de ces constatations le fait que le suc obtenu par la pilocarpine est riche en trypsine et celui obtenu par excitation réflexe ne contient que de l'amylase, on est tenté de conclure que l'amylase ne provient pas du zymogène (Wertheimer)(fig. 82).

Foie. — La cellule hépatique présente des modifications en rapport avec un certain nombre de conditions bien déterminées. Les mieux connues sont celles qui dépendent de l'alimentation. Le foie est un grenier d'abondance, un entrepôt de glycogène et de graisses.

Le poids relatif et absolu du foie varie. En moyenne, il est de 6,4 p. 100 du

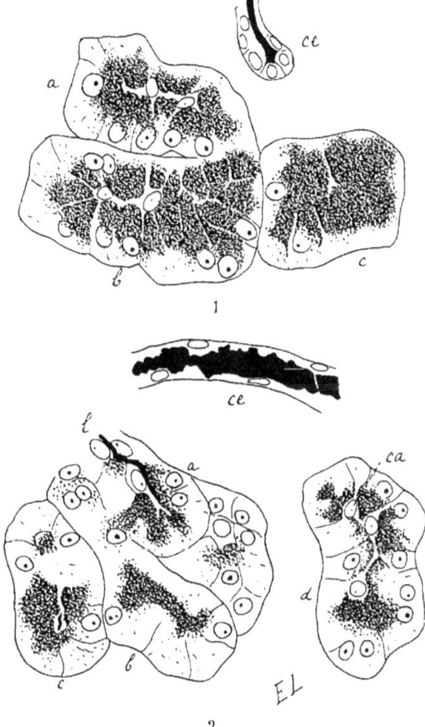

1, pancréas du chien. Fragment prélevé après l'excitation réflexe. Les fins canaux excréteurs intercalaires, ce, ne contiennent qu'un coagulum mince, étoilé. Les acini a, b, c paraissent sensiblement aussi chargés de grains de zymogène qu'avant l'excitation. (Avant excitation, les fins canaux contenaient souvent un mince filet de secretum.)

2. même pancréas. Fragment prélevé après excitation par la pilocarpine. Fins canaux presque partout distendus par un large coagulum de section arrondie, mamelonnée, qui aplatit leurs cellules. Acini parfois aussi chargés que précédemment, mais existence de larges aires, où, comme en a. b. c, d, leurs cellules principales se vident, en voie d'épuisement manifeste. Nombreux filaments d'ergastoplasme à la base. (Dessins à la chambre claire. Coloration, hématoxyline au fer.) (D'après Wertheimer et Laguesse.)

Fig. 82. — *Modifications du pancréas.*

poids du corps (min. 4,8 ; max. 9,5) pour une alimentation riche en hydrates de carbone ; 3,3 p. 100 (min. 3 p. 100 ; max. 4,7) pour une alimentation animale ; 2,1 et 1,5 après un fort travail de cinq heures ou un jeûne de vingt-huit jours (Pavy). Schöndorff a trouvé 6,34 (min. 2,49 ; max. 12,43) après une alimentation riches en hydrates de carbone.

Glycogène. — Le glycogène apparaît sous forme de masses colorées en brun acajou par l'addition d'une solution d'iode dans de l'iodure de potassium (1). Il siège en dehors du noyau dans l'écart des mailles du protoplasme cellulaire. Il existe à l'état normal, probablement sous la forme d'un liquide sirupeux ; il

---

(1) Iode, 1,5 ; iodure de potassium, 10,5 ; eau salée, 500.

est, en effet, entraîné par les gouttes sarcodiques qui s'échappent des cellules hépatiques soumises à la congélation ou rétractées par suite de la rigidité après la mort (RANVIER). Le glycogène n'apparaît sous forme de grains solides que si l'on traite le foie par des liquides coagulants tels que l'acool fort. Si on dissout le glycogène par des réactifs aqueux, on aperçoit les vacuoles vides, le noyau et un réseau protoplasmique plus ou moins net partant du noyau.

Le jeûne prolongé diminue et finit par faire disparaître au bout d'un certain temps le glycogène des cellules hépatiques (Cl. BERNARD). Chez le rat la disparition est totale le plus souvent après quarante-huit heures, chez le cobaye au bout de cinquante heures (BROCARD), chez la poule après trois à quatre jours (TSCHERINOFF), chez le lapin après quatre ou huit jours, chez le chat et le chien seulement après plus de trois semaines (PFLÜGER a trouvé 24^{gr},26 de glycogène, calculé en sucre, dans un foie pesant 507 grammes, chez un chien après vingt-huit jours de jeûne); chez la grenouille au bout de deux ou six semaines en été, plus lentement en hiver (DEWÉWRE). Après deux semaines à l'étuve à 23°-25°, MOSSEIK n'a plus trouvé de glycogène chez la grenouille. Le glycogène existe dans le foie des Invertébrés (Cl. BERNARD). Il disparaît après vingt jours de jeûne chez *Hélix* et *Limax* et reparaît neuf à dix heures après un repas (BARFULTH).

Le glycogène augmente après un repas abondant. Tous les hydrates de carbone n'ont pas la même valeur. Les hexoses, injectés par la veine porte, sont *directement* transformées en glycogène par le foie ; les bihexoses (saccharose, maltose, lactose) doivent subir une transformation préalable dans l'intestin (Cl. BERNARD, VOIT, WEINLAND, DOYON et MOREL). Chez le cobaye à jeun le lévulose est celui des trois hexoses qui, toutes choses égales d'ailleurs, donne le plus de glycogène hépatique. Le glucose en donne moins que le lévulose et plus que le galactose (CHARRIN, BROCARD). Les pentoses paraissent en général sans action. L'ingestion d'arabinose provoque chez le lapin le dépôt d'un peu de glycogène, mais rien ne prouve la transformation directe de l'arabinose en glycogène (SALKOWSKI, EBSTEIN, CREMER). D'après V. MERING, NAKASETO, l'ingestion d'inuline est inefficace, contrairement à l'opinion de KULZ. D'après V. DEEN, WEISS, LUCHSINGER, KULZ, l'ingestion de glycérine augmente le glycogène du foie. L'injection dans la veine porte de glycérine, mannite, arabinose, saccharose, maltose, lactose, inuline est inefficace (DOYON et MOREL).

L'ingestion d'albuminoïdes augmente le glycogène hépatique (Cl. BERNARD, WOEFFBERG, NAUNYN, KULZ, V. MERING); d'après SCHÖNDORFF, BLUMENTHAL et WOHLGEMUTH, seules les albuminoïdes contenant dans leur molécule un hydrate de carbone seraient directement efficaces. La caséine qui ne contient pas d'hydrate de carbone est sans effet. D'après RÖHMANN, COHN, l'ingestion d'asparagine, de glycocolle, d'ammoniaque, d'urée, de leucine augmente le glycogène. Ces résultats ne sont pas admis sans réserves (PFLÜGER).

La formation de glycogène par le foie aux dépens des graisses neutres n'a pas été prouvée expérimentalement. Des chiens inanitiés auxquels on donne des graisses en abondance ne peuvent refaire leur provision hépatique de glycogène qui continue à baisser comme s'ils n'étaient pas alimentés, tandis qu'ils emmagasinent du glycogène dans leurs muscles (BOUCHARD et DESGREZ).

Toutes les causes qui exagèrent la consommation du glycogène dans les tissus [exercice musculaire violent (KULZ, BENDIX) (1); refroidissement prolongé

---

(1) La strychnine agit par ce mécanisme (GURTHER, LANGENDORFF, FRENTZEL). Chez la grenouille, parallèlement à la disparition du glycogène on observe la glycosurie.

(Cl. Bernard)] tendent à diminuer sensiblement le glycogène hépatique. Inversement le glycogène augmente lorsque les oxydations sont ralenties : chez la marmotte, pendant le sommeil hivernal (Cl. Bernard) ; chez la grenouille, en hiver (Langley, Athanasiu).

Le glycogène augmente pendant la grossesse (Charrin et Guillemonat); dans certains états anémiques (Ribadeau-Dumas); il diminue ou disparaît dans le diabète pancréatique (Mering et Minkowski, Hédon), on en trouve cependant dans le diabète grave en clinique même chez les malades nourris de viande, Külz, pendant les maladies fébriles et les infections (Cl. Bernard, Bouley, Roger, Colla, Lacassagne et Martin). L'administration des alcalins favorise le dépôt de glycogène dans le foie (E. Dufourt). L'injection dans une veine intestinale d'adrénaline (un centigr.) ou de pilocarpine (un décigr.) diminue ou fait disparaître le glycogène en trente minutes (chien) (Doyon et Kareff).

Le foie contient peu ou pas de glycogène pendant la première moitié de la vie fœtale (Cl. Bernard, Dietrich, Barfurth, Pflüger).

Il existe de grandes variations individuelles.

Chez le chien, on a observé au maximum 18,69 p. 100 de glycogène dans le foie. La répartition est à peu près égale (Külz, Cramer, Seegen, Kratschmer, Schöndorff). Le foie riche en glycogène est mou, friable (Pavy, Schöndorff).

Graisses. — La cellule hépatique sécrète une certaine quantité de graisses neutres dont une partie passe dans la bile. La graisse n'est jamais contenue dans les vacuoles intertrabéculaires, mais dans les travées protoplasmiques. Elle donne une coloration brune sous l'influence de l'acide osmique. Dans certaines conditions elle apparaît sous forme de gouttelettes très fines ou rassemblées en bloc qui envahissent parfois toute la cellule au point de donner à cette dernière l'apparence d'une vésicule adipeuse.

Il y a normalement de la graisse dans le foie de tous les animaux. On en trouve 2 p. 100 chez le chien. La surcharge de la cellule hépatique s'observe :

a. Dans l'alimentation surabondante ; la graisse est la forme sous laquelle les aliments en excès (1), graisses, albuminoïdes, et surtout féculents (Cl. Bernard, Chauveau, Voit et Lehmann, Bleibtreu) se déposent lorsque les réserves de glycogène sont assurées. Les réserves acquièrent un développement exceptionnel chez les oies gavées de farineux (maïs) et les chiens nourris avec de l'huile de foie de morue. Le foie n'emmagasine pas toutefois d'une façon exclusive les graisses ; le tissu cellulaire sous-cutané, l'épiploon, la moelle des os exercent ce rôle d'une façon très marquée.

D'après P. Carnot et Mlle Deflandre, la quantité de graisse fixée par le foie du cobaye est plus grande après l'absorption d'huiles animales, de lait et de beurre, qu'après l'absorption d'huiles végétales. Après l'ingestion de 10 gr. de beurre, P. Carnot et Mlle Deflandre ont trouvé 7,03 p. 100 de graisses par rapport au foie frais ; les savons représentaient 35 p. 100 des graisses.

Le foie arrête et transforme non seulement les graisses ingérées, mais également les graisses injectées par la veine porte (Rosenfeld, Gilbert et Carnot).

b. Pendant la grossesse, la lactation (Sinéty) ; chez le fœtus à terme, chez le jeune Mammifère au moment de la naissance (Ribadeau-Dumas) ; dans le foie du poulet immédiatement après l'éclosion.

----

(1) Lawes, Gilbert, ont démontré que chez les animaux soumis à l'engraissement il y a une limite dans l'accroissement du muscle. Seule la graisse augmente au delà de cette limite.

c. Chez certaines espèces animales à des saisons déterminées. Chez la grenouille la graisse s'accumule dans le foie pendant l'été ou si on chauffe l'animal (Langley, Athanasiu). Dastre et Davenière ont montré que le foie de certains Crustacés et Mollusques est très riche en graisse (1) ; chez beaucoup de Crustacés le caractère de se charger de graisses devient un trait véritablement distinctif de l'élément anatomique du foie parce qu'il lui est exclusif, le foie étant le seul tissu graisseux.

Mlle Deflandre a vu que les réserves de l'hépato-pancréas sont considérables chez les Mollusques et sujettes à des variations saisonnières. C'est presque toujours au printemps que les réserves sont les plus fortes ; cependant *Mytilus edulis, Pecten asper* ont des réserves adipeuses considérables en hiver. La transformation artificielle d'escargots en animaux à sang chaud (étuve 39° après une accoutumance progressive) a fait disparaître en dix jours la graisse hépatique. Les réserves des Mollusques sont en rapport surtout avec l'alimentation. Le jeûne fait disparaître les graisses. Un *Mytilus* bien nourri conserve toute l'année ses réserves adipeuses et glycogéniques. Les graisses ne servent pas seulement à l'individu mais aussi à sa descendance ; leur accumulation est liée à la fonction génitale. Le foie d'*Hélix pomatia* n'est riche en graisses que pendant les mois de mai et de juin, c'est-à-dire au moment de l'ovulation ; les graisses disparaissent en juillet, où cependant la nutrition est bonne. — Le foie de beaucoup de Poissons est abondamment imprégné de graisses. Chez la morue le foie peut contenir une quantité d'huile qui atteint 18 p. 100 du poids de l'organe (Dastre). Le foie de la lotte est chargé de graisses au point que souvent le noyau de la cellule est difficile à découvrir (Charrin).

d. La surcharge hépatique graisseuse s'observe dans l'intoxication par le phosphore, l'iode, l'iodoforme, l'arsenic, par certains sérums. Gilbert et P. Carnot ont constaté l'accumulation de la graisse dans l'épithélium vasculaire du foie à la suite d'injections intra-péritonéales répétées de cocaïne chez le lapin.

On ne sait pas avec certitude si le phosphore augmente la totalité des graisses. La teneur du foie en graisses oscille chez la souris normale de 5 à 12 p. 100, chez la souris intoxiquée par le phosphore de 7,5 à 37 p. 100. Sous l'influence du phosphore les souris maigrissent ; les graisses de l'organisme n'augmentent pas mais paraissent se déplacer des autres organes vers le foie (Fr. Kraus et A. Sommer).

Mering et Minkowski signalent un dépôt de graisses dans le foie après l'ablation du pancréas.

Lécithines. — Parmi les graisses contenues dans le foie on trouve des graisses phosphorées ou lécithines (Dastre et Morat). Les lécithines augmentent dans le foie des volailles soumises à l'engraissement, dans les dégénérescences dites graisseuses (Dastre et Morat), dans les intoxications, en particulier dans l'intoxication phosphorée, dans les infections, dans l'inanition.

Normalement, d'après Balthazard, le foie du cobaye contient 0,85 p. 100 de lécithines, celui du lapin 1,30 p. 100 ; le même auteur a trouvé chez un homme mort d'accident 1,28 p. 100, chez un homme atteint de dégénérescence graisseuse du foie, liée à l'évolution d'une tuberculose pulmonaire 32,4 p. 100 de graisses et 4,31 p. 100 de lécithines (foie frais). Le foie des oies ou des canards soumis à l'engraissement est formé de graisses ordinaires pour une moitié et de lécithines

---

(1) 2^gr,989 de graisse chez le cancer pagurus (crabe tourteau) et 3^gr,04 chez la langouste (palinurus vulgaris) pour 6 grammes de foie (Dastre et Davenière).

pour 5 à 12 p. 100 de sa masse totale. Carbone a trouvé 2 à 3,37 p. 100 de lécithines chez le chien à jeun.

Pigments et acides biliaires. — Chez le chien, dans les conditions normales et
même après la ligature du canal cholédoque on ne trouve aucune trace de
pigments biliaires au sein des cellules (Doyon, Dufourt, Paviot). Le foie examiné
immédiatement après la mort ne paraît contenir que des traces d'acides biliaires
(Hugounenq et Doyon).

Rein. — Le mieux connu des segments du tube urinipare est celui qui est
caractérisé par l'existence, à la surface libre de ses cellules, d'une cuticule
spéciale appelée *bordure en brosse*. Ce segment existe chez tous les Vertébrés.

Dans les cellules de ce segment, on distingue, outre le noyau : 1° des *différenciations protoplasmiques*, tantôt en forme de grains disposés sans ordre ou bien
alignés en files longitudinales, tantôt sous forme de bâtonnets (Heidenhain) ; elles
occupent principalement les régions infra- ou périnucléaires ; 2° des *enclaves
diverses*, les unes lipoïdes (graisses ordinaires, graisses phosphorées ? Gurwitch,
Regaud), d'autres chromatoïdes (nucléine), d'autres sous forme de grains de
sécrétion ; 3° la *cuticule*, ou bordure en brosse (Nussbaum), permanente, et constituée vraisemblablement par de fins bâtonnets non vibratiles.

Les différenciations protoplasmiques, grains ou bâtonnets, sorte de protoplasme
supérieur, comparable aux fonctions ergastoplasmiques d'autres glandes, ont
probablement pour rôle d'*extraire du sang* (par l'intermédiaire du plasma interposé) les substances à éliminer, qu'elles choisissent ; elles *accumulent* ces matériaux, tantôt en se les incorporant (expériences d'Anten avec l'acide urique chez
le chien, p. 409), tantôt en les déposant à côté d'elles dans le protoplasme
(enclaves, vacuoles, grains de sécrétion).

Certaines enclaves doivent aussi être considérées comme des *intermédiaires*,
des *supports transitoires de matériaux à éliminer*.

La cuticule est permanente. Le passage des matériaux de la cellule dans le
liquide urinaire se fait *non pas par effraction, mais par osmose* à travers la cuticule (Regaud).

Les modifications nucléaires (variations dans la quantité, et dans la qualité de
la chromatine, variations dans l'étendue de la surface nucléaire (plis, amitoses),
font soupçonner que le noyau joue un rôle important dans les phénomènes de
sécrétion urinaire.

D. — PHÉNOMÈNES CIRCULATOIRES ACCOMPAGNANT LA SÉCRÉTION.

I. Dispositions anatomiques particulières aux glandes. — Dans la plupart des
glandes un seul liquide, le sang artériel, alimente l'activité de l'organe. L'artère se ramifie et forme des réseaux capillaires qui entourent les culs-de-sac
glandulaires sans entrer en contact même avec les éléments sécréteurs dont ils
restent séparés par une membrane (vitrée) (fig. 83 et 84). Dans certaines glandes
telles que le foie, le rein, les capillaires et même le tissu conjonctif ont
pénétré dans la glande et l'ont pour ainsi dire remaniée en fragmentant l'épithélium. Les connexions entre l'appareil circulatoire et l'élément sécréteur sont
par suite multipliées. Une disposition particulière rend ces connexions encore
plus intimes dans le lobule hépatique, et dans le glomérule rénal ; l'endothélium des capillaires est constitué, comme à l'état embryonnaire, par une lame
excessivement mince semée de noyaux.

Le foie (chez certains animaux tels que la grenouille, le rein) est placé sur le trajet des ramifications d'une veine en même temps qu'il reçoit une artère.

II. Rapport de la circulation avec la sécrétion. — La sécrétion est un phénomène distinct, mais non indépendant de la circulation.

a. Cl. BERNARD a démontré que l'excitation de la corde du tympan chez le chien provoque la sécrétion de la salive sous-maxillaire ; or si on excite le nerf après avoir au préalable administré de l'atropine (1/2 à 1 milligramme) on

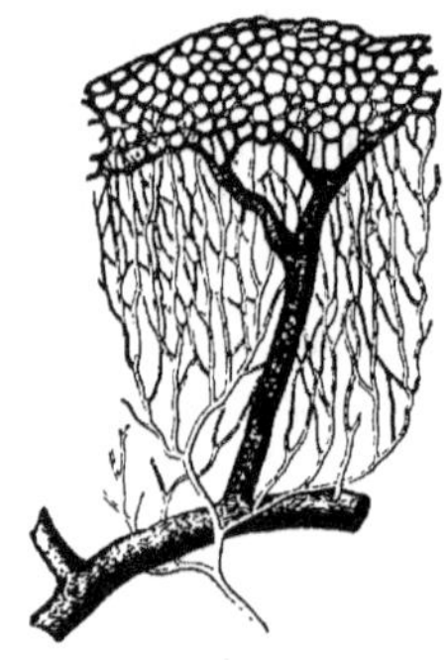

Fig. 83. — *Réseau vasculaire sanguin d'une glande en grappe (pancréas)* (d'après DUVAL).

Fig. 84. — *Réseau vasculaire sanguin des glandes de l'estomac de l'homme* (*).

(*) L'artériole (le vaisseau le plus fin, en blanc) s'épanouit en formant un réseau capillaire à mailles circulaires autour des orifices des glandes, point d'origine des veines (figurées en noir) (d'après FREY).

provoque toujours les phénomènes congestifs mais non la sécrétion (HEIDENHAIN).

b. La pression développée dans le canal excréteur de la sous-maxillaire pendant la sécrétion peut être de 100 millimètres Hg. supérieure à celle qui règne dans la carotide (LUDWIG).

Le sang apporte à la glande les aliments qui entretiennent son activité, ainsi que les matériaux des produits sécrétés. Cl. BERNARD a montré que lorsqu'on soustrait le sang à une glande, celle-ci, au bout de peu de temps, cesse de sécréter ; l'écoulement reprend lorsque l'afflux sanguin est rétabli.

Le vinaigre déposé sur la muqueuse buccale ne provoque plus la salivation sous-maxillaire après une forte saignée (Cl. BERNARD). Si on comprime l'aorte abdominale chez le chien, on détermine néanmoins encore pendant vingt-cinq à trente minutes la sécrétion de la sueur à la pulpe digitale des membres postérieurs en excitant alternativement les deux nerfs sciatiques, mais le phénomène cesse bientôt ; si à ce moment on suspend la compression de l'aorte, la sécrétion reprend (LUCHSINGER).

Les variations de la pression du sang dans les vaisseaux modifient, dans une certaine mesure, les sécrétions. D'une manière générale, l'écoulement croît avec la quantité de sang qui traverse la glande et la pression de ce liquide au niveau des capillaires. Si la pression tombe au-dessous d'une certaine limite, la sécrétion est ralentie ou même suspendue.

III. Circulation comparée pendant l'activité et le repos d'une glande. — Lorsque les glandes sont au repos et n'expulsent rien, le tissu glandulaire est blanc, exsangue; le sang veineux, noir. Lorsqu'elles sont en activité et expulsent leur produit, le tissu glandulaire est rosé, turgescent, gonflé de sang, en quelque sorte érectile; les vaisseaux sont très développés, les capillaires dilatés; le sang veineux présente les caractères du sang artériel, il est rouge et s'échappe par saccades (Cl. BERNARD).

En appliquant le procédé très suffisamment exact qui consiste à ouvrir une veine émergente et à recueillir le sang qui s'en écoule, dans un temps donné, CHAUVEAU a constaté que la circulation est en moyenne trois fois plus active pendant le fonctionnement qu'au repos.

L'augmentation de l'afflux sanguin qui accompagne l'activité physiologique des glandes a le caractère d'un réflexe d'adaptation dont le point de départ est la glande elle-même. L'organe proportionne l'afflux de sang à ses besoins nouveaux par l'intermédiaire des vaso-moteurs, qui individualisent et règlent la circulation de chaque organe.

IV. **Dispositions particulières**. — Le *foie* reçoit du sang artériel par l'artère hépatique, du sang veineux par la veine porte. L'artère hépatique se jette dans le réseau capillaire de la veine porte qui peut être considéré comme sa terminaison. Elle présente avec les autres branches du tronc cœliaque des anastomoses plus ou moins développées suivant les espèces animales. Chez le lapin la ligature de l'artère provoque la nécrose-gangrène humide du foie ; les anastomoses sont peu développées (COHNHEIM et LITTEN . Chez le chien l'opération est inoffensive; pour provoquer la mort il faut lier toutes les collatérales qui sont extrèmement développées (DOYON et DUFOURT). Chez certains animaux (chien) l'artère hépatique est complètement entourée par un plexus nerveux. Les effets de la ligature de la veine porte ont été étudiés page 194.

La *circulation du pancréas* chez le chien présente une disposition qui favorise la greffe de la glande. La partie descendante du pancréas reçoit ses vaisseaux des vaisseaux mésentériques; elle peut être mobilisée et greffée sous la peau de l'abdomen tout en gardant ses connexions vasculaires (HÉDON) (fig. 85 .

La *circulation rénale* est caractérisée par l'existence d'un réseau capillaire interposé sur le trajet des artères. Chez les Mammifères (chien) les artères rénales ne sont pas des artères terminales vraies. Elles s'anastomosent soit dans le rein, soit dans la capsule ou le bassinet, soit même en dehors des reins avec les artères phréniques, les dernières intercostales, les premières lombaires, l'artère vésicale supérieure, l'artère spermatique interne, l'artère abdominale.

les artères sus-rénales et sous-rénales. Les artères sus et sous-rénales sont de petites artérioles qui se détachent de l'aorte du côté oral et aboral par rapport aux artères rénales et se distribuent aux ganglions lymphatiques avoisinants, aux capsules surrénales, au tissu adipeux et à la capsule qui entourent le rein ;

elles s'anastomosent avec les artères phrénique, abdominale et rénale (COHN, 1856. ELLENBERGER et BAUM).

Dans le rein des Batraciens, les glomérules et les tubes urinifères sont desservis par des vaisseaux d'origine différente : les premiers par l'artère rénale, les derniers par la veine porte rénale qui est une branche de la fémorale (NUSSBAUM). Cependant si on lie seulement les artères rénales qui partent de l'aorte, il est encore possible d'injecter par l'aorte la moitié des glomérules. ADAMI, qui a découvert ce fait, l'expliquait en partie par l'existence de collatérales entre les vaisseaux afférents des glomérules et les capillaires du système porte veineux rénal. Or NUSSBAUM puis BEDDART ont démontré que lorsqu'on a lié les artères rénales,

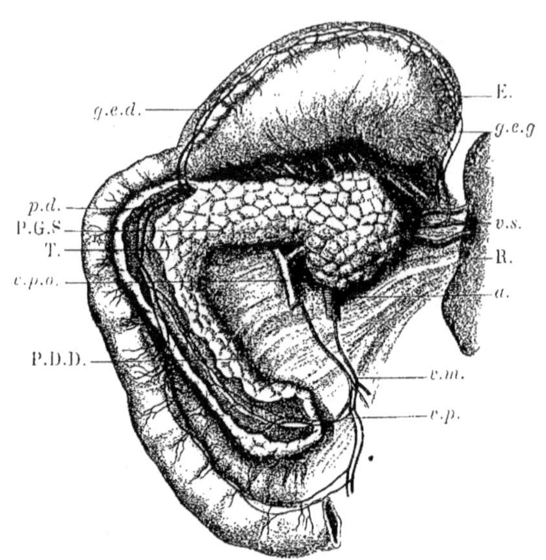

Fig. 85. — *Vaisseaux du pancréas.*

R, rate ; *v.s.*, vaisseaux spléniques ; *c.m.*, vaisseaux mésentériques ; P.G.S., pancréas, portion gastro-splénique ; P.D.D., pancréas, portion duodénale descendante que l'on détache à son union avec la tête de la glande T pour faire la greffe sous la peau de l'abdomen ; E, estomac relevé vu par sa face postérieure, la grande courbure en haut : *g.e.d.*, *g.e.g.*, vaisseaux gastro-épiploïques droits et gauches : *p.d.*, vaisseaux pancréatico-duodénaux disséqués dans le tissu glandulaire de la tête du pancréas : *a.*, aorte : *v.po.*, veine porte ; *v.p.*, vaisseaux pancréatiques venant des vaisseaux mésentériques et servant de pédicule vasculaire lorsqu'on fait la greffe sous-cutanée du pancréas ; on les voit s'anastomoser dans la portion descendante du pancréas avec les vaisseaux pancréatico-duodénaux ; *c.m.*, vaisseaux mésentériques (d'après BÉDON).

les glomérules ne peuvent pas être injectés par la veine porte. BEDDART a constaté que les quatre ou cinq artères rénales qui vont de l'aorte à chaque rein ne constituent pas les seules voies d'apport du sang artériel. De l'angle formé par l'artère cœliaque mésentérique et l'aorte partent de petites artères en nombre variable qui vont irriguer la face ventrale des reins ; le tronc même de la cœliaque mésentérique détache de petites artérioles au bord supérieur du rein. Il est probable que l'injection poussée par l'aorte chez une grenouille dont les artères rénales sont liées se propage aux glomérules par ces collatérales.

La veine rénale n'est pas la voie unique d'écoulement du sang rénal. Il existe notamment des anastomoses entre les capillaires de l'écorce du rein et les veines situées en dehors du rein (v. phr., lombaire et surrénale) par l'intermédiaire des veines de la capsule. Chez l'homme même, il existe aussi plusieurs voies anastomotiques veineuses qui subsistent avec l'émulgente et surtout les surrénales. Chez quelques individus les capsulaires et les branches de la spermatique inférieure sont aussi très développées (Dufour, Gourcet, Liouville, Luton, Rutz, Wood, Micheleau).

V. **Circulations artificielles.** — Les circulations artificielles ont été surtout essayées sur le rein (Locke, 1849; Bidder, 1862; Schmidt, A. Mosso, Bunge Schmiedeberg, Schröder, Munk, Jacobi, Pfaff, Vejnx-Tyrode).

Les résultats sont en somme négatifs. Tantôt on n'obtient rien, tantôt

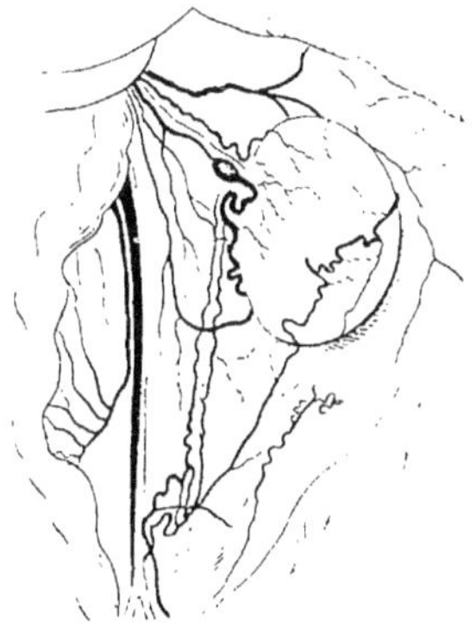

Fig. 86. — *Ligature de la veine rénale chez le lapin.* (Développement de la circulation veineuse collatérale, 7 jours après) (d'après Singer).

Fig. 87. — *Atrophie du rein après la ligature de la veine rénale* (*).

(*) Expérience chez le lapin; *a*, rein droit hypertrophié: *b*, rein atrophié: *c*, branche veineuse collatérale allant de la capsule à la veine cave inférieure: *d*, veine lombaire dilatée, 40 jours après la ligature de la veine rénale (d'après Buchwald et Litten).

20 centimètres cubes d'un liquide alcalin ou acide, albumineux et d'une constitution éloignée de celle de l'urine normale. Les meilleurs résultats ont été obtenus avec du sang rendu incoagulable par l'extrait de sangsues.

VI. **Modifications de la circulation lymphatique.** — On n'est pas d'accord sur ce point. Asher et Barbera soutiennent que la lymphe est un produit de sécrétion et dépend du travail des glandes. D'après ces auteurs, toute condition qui augmente l'activité d'une glande augmente parallèlement la quantité de lymphe sécrétée par cette glande.

Un certain nombre de faits s'accordent avec cette conception. Chez le chien l'excitation de la corde du tympan augmente la circulation de la sous-maxillaire et provoque un flux de salive et de lymphe. Après l'administration d'atropine l'excitation du nerf provoque toujours la suractivité circulatoire, mais non l'écoulement de la salive (Heidenhain) et de la lymphe (Cohnheim, Asher et Barbera Bainbridge). Toutes les constatations ne sont pas cependant univoques. Mosso a observé que si on excite chez le bœuf les nerfs sécréteurs de la parotide en ayant soin de détourner de la bouche le flot de salive pour éviter les mouvements de déglutition, la quantité de lymphe recueillie au niveau du cou n'augmente pas et parfois même est moindre qu'à l'état de repos. Falloise soutient que le travail du pancréas et du foie n'augmente pas nécessairement la quantité de lymphe provenant de ces organes. La sécrétine obtenue avec le jéjunum augmente les sécrétions pancréatique et biliaire et l'écoulement de la lymphe thoracique ; les macérations de la muqueuse de l'iléon sont sans action sur la bile et le suc pancréatique, mais augmentent la quantité de lymphe hépatique, les macérations de l'intestin traitées au préalable par l'alcool exagèrent les sécrétions biliaire et pancréatique sans agir sur la lymphe (FALLOISE).

Tous les lymphagogues ne sont pas excito-sécréteurs au sens habituel du mot. La peptone augmente beaucoup la quantité de lymphe thoracique (HEIDENHAIN) ; or, d'après ASHER, l'action lymphagogue de la peptone s'explique par l'action excito-sécrétoire de cette substance sur le foie. ASHER et BARBERA ont vu que si on injecte de la peptone dans les veines d'un chien porteur d'une fistule biliaire permanente (par abouchement de la vésicule à la peau, le cholédoque étant lié), la quantité de bile qui s'écoule par l'orifice de la fistule augmente considérablement. DOYON a démontré que la peptone exerce une action d'arrêt sur la sécrétion biliaire, mais fait contracter énergiquement la vésicule.

L'expérience est réalisée sur le chien curarisé à la dose limite, on enregistre les mouvements de la vésicule (proc. DOYON, t. IV, p. 359) ; une canule est introduite dans le cholédoque et reliée à un tube placé horizontalement sur une règle graduée ; on compare, avant et après l'injection de peptone, le nombre de centimètres parcourus par le ménisque de bile le long de la règle dans un temps donné. La peptone (de WITTE) est injectée dans la jugulaire à la dose de 60 à 90 centigrammes par kilogramme d'animal dans 25 centimètres cubes d'eau. La contraction de la vésicule peut durer près d'une demi-heure.

RENAUT a signalé dans les sudoripares en travail une inondation circumglandulaire, consistant dans la présence au sein du tissu conjonctif qui entoure la partie glomérulaire de la glande d'un plus ou moins grand nombre de globules blancs et de quelques globules rouges émigrés des vaisseaux par diapédèse.

VII. Modifications de volume des glandes. — Les glandes présentent des modifications de volume que l'on peut apprécier et inscrire au moyen des appareils à déversement dits pléthysmographes. Ces modifications renseignent principalement sur l'état de réplétion des vaisseaux.

D'une manière générale, le volume de la glande augmente pendant la sécrétion. Toutefois, il n'y a pas de relation nécessaire bien nette ; c'est ainsi que la section des vagues ne modifie pas sensiblement le volume du rein, mais augmente la diurèse (ANTEN).

E. — PHÉNOMÈNES ÉLECTRIQUES ACCOMPAGNANT LA SÉCRÉTION.

Toutes les glandes, aussi bien celles de la peau que celles des muqueuses [stomacale, linguale, etc.], présentent un courant allant généralement de dehors en dedans, c'est-à-dire de l'orifice au fond de la glande.

Les glandes présentent non seulement des courants de repos mais aussi des courants d'action, ou plutôt une variation négative de leur courant de repos. Cette variation négative est absolument analogue à celle que l'on observe dans le muscle lorsque celui-ci est mis en jeu par une excitation électrique directe ou indirecte et est indépendante de la direction du courant de repos.

F. — PHÉNOMÈNES MÉCANIQUES.

I. Dispositifs assurant l'écoulement du produit sécrété.

— Dans les glandes munies de canaux excréteurs et qui sont celles que, sauf indication spéciale, nous avons toujours en vue, le produit, à mesure qu'il s'accumule dans les culs-de-sac glandulaires, pousse devant lui le liquide antérieurement sécrété. Il s'ensuit un flux, un véritable courant, quelquefois un jet liquide, en d'autres termes, un mouvement, ce qui constitue un trait de ressemblance entre les organes musculaires et glandulaires.

Des dispositifs variables modifient ou règlent la progression des produits sécrétés lorsque ceux-ci sont une fois parvenus dans la lumière de la cavité glandulaire :

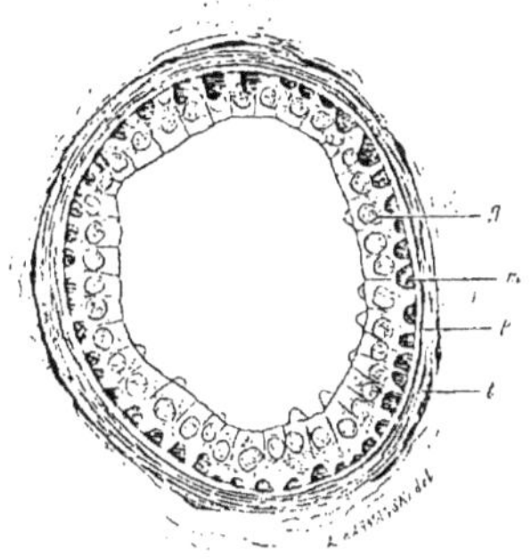

Fig. 88. — *Coupe transversale de l'ampoule d'une glande sudoripare de la pulpe du doigt de l'homme* (RANVIER).

g, cellules glandulaires; *m*, cellules contractiles; *p*, membrane propre (vitrée); *t*, tunique conjonctive

a. Un grand nombre de glandes possèdent un dispositif particulier annexe des culs-de-sac glandulaires eux-mêmes dont il constitue partie intégrante. C'est ainsi qu'on trouve dans les glandes sudoripares au niveau de la partie sécrétante (glomérule) (HEYNOLD) et dans les glandules séreuses de la membrane nictitante de la grenouille (RANVIER), entre la membrane d'enveloppe de la glande et les éléments sécréteurs, des cellules qui se rapprochent des muscles par leur structure. RANVIER a pu observer directement au microscope leur contraction en opérant sur la membrane nictitante excitée par un courant électrique. Dans la parotide, la sous-maxillaire, les glandes lacrymales, les mamelles... existent des cellules qu'un certain nombre d'histologistes considèrent comme une variété des cellules myo-épithéliales des glandes de la sueur. Ces cellules forment un réseau interposé entre la vitrée et l'épithélium glandulaire et se prolongent sur les canaux excréteurs (cellules en panier de BOLL) (fig. 88 et 89).

Fig. 89. — *Cellules en panier isolées par macération de la glande sous-maxillaire du chien* (FREY).

b. Certaines glandes sont dépourvues de dispositif musculaire leur appartenant en propre, mais les tubes ou acini sont doublés extérieurement par des fibres lisses. Les glandes de l'estomac de la muqueuse de l'homme et du chien sont entourées d'une série de relèvements de feuillets de fibres lisses qui remontent et se subdivisent, s'unissent dans l'intervalle des glandes et les doublent en quelque sorte. Le cholédoque et l'uretère possèdent une paroi musculaire située en dehors de la vitrée et développée au sein d'une formation de tissu conjonctif.

	MODIFICATIONS DE LA SÉCRÉTION.	MODIFICATIONS DE VOLUME.	REMARQUES.
Ligature de l'artère rénale.	Suivant que l'oblitération est incomplète ou totale, la quantité d'urine est diminuée ou supprimée. L'arrêt de la sécrétion se produit même avant que l'afflux sanguin ait complètement cessé. Après une obstruction temporaire (1 minute 1/2), la sécrétion ne reprend que peu à peu, parfois après un retard qui peut atteindre 45 minutes. Les premières quantités d'urine contiennent de l'albumine. Parfois, lorsque les vaisseaux de la capsule sont exceptionnellement développés et assurent l'afflux de sang artériel, la sécrétion continue même sans diminution. MUNK, MAX HERRMANN, OVERBECK, V. PLATTERS, ZIELOSKO, NUSSBAUM (1).	Le rein augmente d'abord de volume, de poids et s'hyperhémie. Peu à peu l'hyperhémie fait place à de l'anémie : l'épithélium se nécrose et subit parfois les dégénérescences graisseuse et calcaire. Une obstruction d'une heure (ou moins) suffit chez le lapin. SCHULTZ, 1851 ; COHN, 1856 ; BLESSIG, 1859 ; LITTEN, 1880 ; POSNER, TALMA, 1880 ; WERRA, MARON, FOA et RATTONE, ALESSANDRI, LINDEMANN.	Suivant l'espèce animale et l'individu, on aboutit à une atrophie plus ou moins marquée. Les différences dépendent du rétablissement de la circulation artérielle compensatrice. Chez le lapin l'atrophie est complète au bout de deux à trois mois ; chez le chien on observe parfois une restitution *ad integrum* étendue. CASTAIGNE et RATHERY, BIERRY, ont signalé des lésions histologiques du rein opposé. L'urine contient de l'albumine. Les lésions sont surtout accusées chez le lapin. Dues probablement à des toxines formées dans le rein opposé ; le sérum sanguin devient néphrotoxique ; injecté à un animal neuf il provoque des lésions rénales.
Ligature de la veine rénale.	Diminution puis cessation de la sécrétion (2) ; urines albumineuses contenant du sang, des cellules épithéliales et des cylindres. H. MEYER, 1844 ; FRERICHS, ROBINSIN, MUNK, ERYTHROPEL, BUCHWALD et LITTEN, WEISSBERGER et PERLS, POSNER, VORHOEVE, SINGER, ALESSANDRI.	Les premiers jours, augmentation de volume (plus de moitié) et du poids du rein correspondant, par suite de l'œdème et des hémorragies dont cet organe est le siège ; puis atrophie progressive plus ou moins accentuée suivant le développement de la circulation collatérale. Pas de sclérose, à moins d'infection surajoutée (BARD, PIERRY). Lorsque la circulation collatérale est très développée, tendance à la restitution *ad integrum* au point que le rein normal peut être enlevé sans inconvénient.	Hypertrophie compensatrice du rein opposé.
Ligature simultanée de l'artère et de la veine rénales.	»	Nécrose épithéliale ; cirrhose graduellement progressive ; le volume du rein peut augmenter les premiers temps par suite de l'afflux du sang artériel par les collatérales (LITTEN, ALESSANDRI).	»
Variations de la pression artérielle.	L'écoulement s'arrête dès que la pression du sang dans les artères tombe au-dessous de 40 mm. Hg. ; diminue par la saignée ; se rétablit sous l'influence d'une injection de sang.	»	Pas de rapport constant entre degré pression artérielle générale et sécrétion.

(1) BEDDART a constaté des résultats analogues chez la grenouille. Après la ligature de *toutes* les artères du rein on supprime entièrement la circulation dans les glomérules, on abolit la sécrétion spontanée et on détermine la dégénérescence de l'épithélium des tubes urinifères. Les résultats opposés de NUSSBAUM sont dus à ce fait que l'auteur ne liait que les artères rénales partant directement de l'aorte ; quelques glomérules continuaient à fonctionner.

(2) LUDWIG explique la diminution de l'écoulement par la compression des tubes urinifères dans la zone limitante par les veines dilatées. Si on fait circuler à travers l'artère d'un rein frais de porc une solution filtrée de 3 p. 100 de gomme arabique et de 1 p. 100 de chlorure de sodium — sous une pression d'eau de 1 mètre — le liquide s'écoule à travers la veine rénale sans provoquer l'augmentation de volume du rein et filtre goutte à goutte à travers l'uretère. Si on rétrécit ou ferme la veine, l'écoulement à travers l'uretère diminue ou cesse pour reprendre lorsqu'on ouvre de nouveau la veine. HEIDENHAIN estime que l'obstruction de la veine rénale chez l'animal vivant provoque non seulement la compression des tubes urinifères, mais une véritable diminution de la sécrétion due au ralentissement du cours du sang.

Les canaux excréteurs de la sous-maxillaire, de la glande lacrymale, des glandes muco-labiales n'en possèdent pas.

c. Le liquide sécrété peut être retenu par suite de la présence d'un sphincter dans un réservoir dont il est expulsé par la contraction de véritables muscles à des intervalles réguliers ou irréguliers (urine, bile). L'origine du mouvement d'expulsion dans ce cas est purement musculaire.

II. Pression dans les canaux excréteurs. — On a déterminé pour quelques glandes la pression maxima sous laquelle le produit peut être déversé. Le tableau

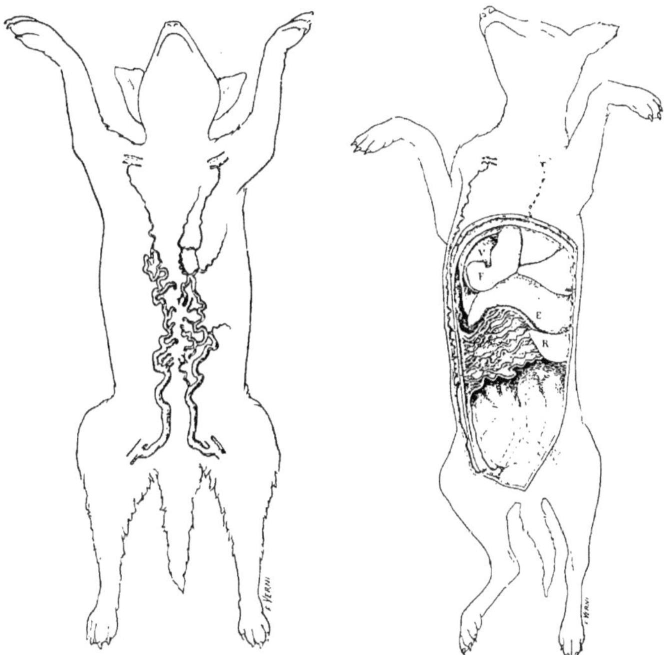

Fig. 90. — *Anastomoses entre le s. porte et e s. veineux général (axillaires, fémorale par l'intermédiaire de l'épiploon suturé dans la plaie abdominale chez un chien mort six mois après la ligature du cholédoque* (Doyon).

suivant résume les principales déterminations qui ont été faites. Les chiffres ont été obtenus, soit en faisant communiquer directement le canal excréteur avec un manomètre à mercure, soit en reliant le canal à un tube vertical dans lequel la sécrétion est forcée de s'accumuler. On connaît moins bien la valeur de la pression qui règne dans les canaux excréteurs dans les conditions ordinaires alors que l'écoulement peut se faire librement. Bürker estime, en ce qui concerne la bile, que ce liquide s'écoule chez un lapin dans les conditions ordinaires sous une pression de 75 à 80 mm. (de bile).

Canal de Wharton.......	Chien.	200 mm. Hg.	Ludwig.
Canal de Sténon.........	Chien.	106 à 108 mm. Hg.	Ludwig.
Canal de Wirsung.......	Lapin.	219 à 225 mm. eau.	Henry et Wollheim.
—	—	16 à 17 mm. Hg.	Heidenhain.

Canal cholédoque........	Cobaye.	184 à 212 mm. de bile.	HEIDENHAIN.
—	Lapin.	169 à 190 mm. de bile.	BÜRKER.
Uretère.	—	Au maximum, 60 à 64 mm. Hg.	MAX. HERMANN. HEIDENHAIN.

III. Ligature des canaux excréteurs. — La simple ligature du canal excréteur d'une glande ne suffit pas toujours pour interrompre d'une manière permanente l'écoulement du produit ; il est plus sûr d'exciser le canal entre deux ligatures.

Lorsque le produit sécrété ne peut plus être déversé à l'extérieur, il s'accu-

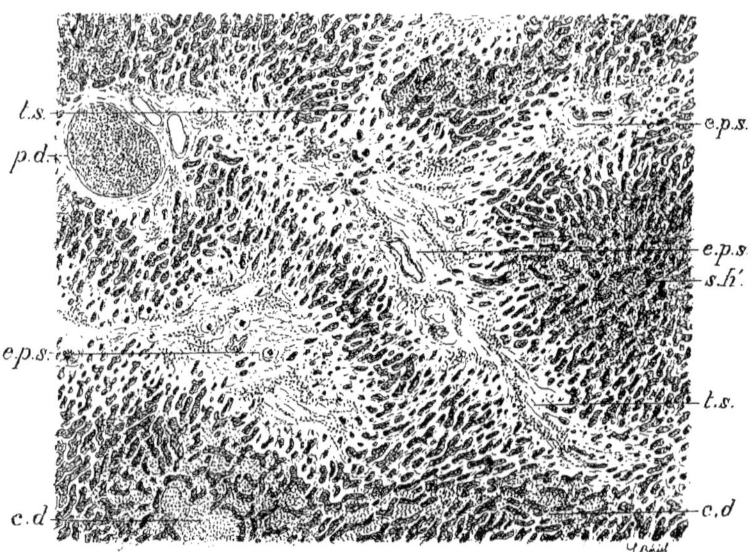

Fig. 91. — *Lésions du foie observées chez un chien mort six mois après la ligature du cholédoque.*

e.p.s., e.p.s., espaces portes sclérosés ; *ts, ts,* travée scléreuse intralobulaire : *cd, cd,* capillaires intralobulaires dilatés : *sh,* veine sushépatique dilatée; *pd,* veine porte dilatée. La sclérose est pauvre en cellules rondes ; ses travées épaisses commencent à irradier en plein lobule *ts, ts,* pour rejoindre des travées voisines et tendre à faire des anneaux complets (DOYON, DUFOURT, PAVIOT).

mule dans les voies d'excrétion et les culs-de-sac glandulaires qu'il distend d'abord énormément. Peu à peu la distension diminue, le liquide se concentre, mais la glande subit des modifications qui aboutissent graduellement à la sclérose conjonctive interstitielle et parfois à l'atrophie des éléments sécréteurs.

L'ablation du cul-de-sac lacrymal provoque l'atrophie de la glande lacrymale (E. ROLLET).

G. — MARCHE DES SÉCRÉTIONS. — CONDITIONS QUI LES INFLUENCENT. — PHÉNOMÈNES D'ADAPTATION.

1. Sécrétions temporaires et permanentes. — Certaines sécrétions sont temporaires ; elles paraissent et disparaissent à certains âges avec la condition qui les a provoquées, telles la sécrétion du lait, la sécrétion du sperme. D'autres sont permanentes et se manifestent pendant tout le cours de la vie soit d'une manière continue (bile, urine...), soit d'une façon intermittente sous l'influence de conditions déterminées (sécrétions digestives, sueur...).

Certaines sécrétions quoique continues s'accumulent dans des conduits (sécrétion lactée) ou réservoirs (bile, urine...); leur écoulement à l'extérieur est subordonné à des conditions particulières et adapté à une fonction spéciale.

II. Méthode générale pour obtenir les sécrétions et étudier leur marche. — Toutes les sécrétions ne peuvent pas être observées directement dans des conditions également parfaites. Lorsque cela est possible on a recours à des fistules. *a.* Un premier procédé consiste à établir une fistule temporaire ; une canule est introduite dans le canal excréteur dénudé et incisé ; *b.* un autre procédé consiste à fixer à la peau l'orifice du canal avec un lambeau de muqueuse qui le supporte. La fistule est alors permanente et permet des observations systématiques et de longue durée sur le même animal. La sécrétion fournie est pure ; elle ne peut être soupçonnée d'être modifiée ni par un traumatisme opératoire récent, ni par l'emploi des anesthésiques ou des agents sécrétoires. Ce procédé a été appliqué tout d'abord par HEIDENHAIN à l'étude du pancréas, perfectionné par PAWLOW puis utilisé successivement par BRUNO pour l'étude de la bile, V. HENRI et MALLOIZEL pour l'étude de la sécrétion sous-maxillaire, chez le chien, DELEZENNE et FROUIN pour l'étude du pancréas chez le chien et les bovidés.

III. Spécificité et cycles des excitations. — Le travail des glandes est commandé par des excitations dont la nature diffère pour chaque glande. L'excitation peut avoir lieu par voie réflexe ou par l'intermédiaire du sang.

Les sécrétions de la *salive* et du *suc gastrique* sont amorcées par un acte psychique puis modifiées par des excitations spécifiques qui n'agissent qu'en des points déterminés et par voie réflexe. La plupart des aliments succogènes sont sans action lorsqu'on les introduit dans le rectum ou lorsqu'on les injecte directement dans le sang (PAWLOW, LOBASSOF, POPIELSKI, V. HENRI et MALLOIZEL).

Sécrétine. — PAWLOW a démontré que les acides constituent les excitants spécifiques du pancréas. BAYLISS et STARLING ont montré que l'acide n'agit pas par lui-même mais par l'intermédiaire d'une substance nouvelle, la sécrétine, qui se forme dans la muqueuse de l'intestin grêle.

Expérience : L'injection *dans les vaisseaux* de 1 centimètre cube d'une infusion de muqueuse avec une solution à 0,4 p. 100 de HCl suffit, même après neutralisation de l'acide, à provoquer pendant quelques minutes chez le chien un flux abondant de suc pancréatique. L'injection isolée soit de la solution acide, soit de l'extrait de muqueuse, est inefficace (BAYLISS et STARLING). Des injections répétées de sécrétine dans les veines provoquent une sécrétion très abondante qui se maintient constante pendant quelques heures (GLEY et L. CAMUS, STASSANO et BILLON).

La sécrétine peut être obtenue principalement sinon exclusivement avec le

	MODIFICATIONS DE LA GLANDE.	MODIFICATIONS DE LA SÉCRÉTION.	REMARQUES.
Ligature de l'urèthre.	Distension de la vessie d'abord, puis de l'uretère; congestion des reins et de la vessie; altérations de la muqueuse vésicale favorisant l'absorption et l'infection; perte de la contractilité des fibres musculaires de la vessie (GUYON et ALBARRAN).	La sécrétion de l'urine (et de l'urée en particulier) est diminuée; si on enlève la ligature à temps, polyurie pouvant aller jusqu'à doubler le volume normal (GUYON et ALBARRAN).	Vomissements; baisse de la *t°* (à moins d'infection); mort en deux ou trois jours. Rupture fréquente de la vessie chez le chien, le lapin, rare chez le cobaye. (GUYON et ALBARRAN.)
Ligature unilatérale de l'uretère.	Au début, congestion veineuse (1) et augmentation de volume, puis anémie et parfois œdème lymphatique du rein. Atrophie consécutive graduelle, l'organe pouvant être réduit à une coque mince. Développement considérable de la circulation collatérale. (AUFRECHT, HOLSTE, CHARCOT et GOMBAULT, STRAUSS et GERMONT, LINDEMANN, HAUSEMANN.) L'hydronéphrose vraie, c'est-à-dire la distension du rein par une grande quantité de liquide, ne se produit qu'en cas d'obstacle progressif ou intermittent (COHNHEIM, TUFFIER, LINDEMANN). Le rein opposé s'hypertrophie généralement; il peut présenter des lésions dues peut-être à des toxines sécrétées par le rein lié (CASTAIGNE et RATHERY, BIERRY).	L'urine sécrétée sous pression (ligature temporaire) est plus abondante, moins dense. Concentration moléculaire et conductibilité électrique considérablement diminuées (PFAUNDER). Si l'obstacle est constant, diminution de la sécrétion (LINDEMANN, FILEHNE et RUSCHAUPT, etc.)	L'absorption par l'urèthre et le rein (strychnine...) est favorisée au moins les premiers temps par la ligature (TUFFIER, HUBER). Dim. d. hématies; leucocytose (RIBADEAU-DUMAS, LECÈNE).
Ligature des deux uretères.	Urémie (Voy. p. 410).	»	»
Ligature du cholédoque.	Chez le chien : sclérose portale envahissant graduellement les lobules; cellules hépatiques à peu près indemnes. Dilatation des veines portes et des capillaires radiés des lobules. Pas d'infiltration biliaire (DOYON, DUFOURT, PAVIOT). Chez le lapin, dépôts de pigments et foyers nécrotiques dans la périphérie des lobules, pendant les premiers jours probablement par suite de ruptures capillaires (BÜRKER). Développement considérable de la circulation porte collatérale, favorisé par la suture de l'épiploon à la paroi abdominale. (DOYON).	Modifications passagères de l'écoulement biliaire sous l'influence de la fermeture momentanée (BÜRKER, chez le lapin). La production glycogénique subit le contre-coup de la modification biliaire; sa quantité diminue en même temps que celle-ci. DASTRE et ARTHUS (procédé de l'ictère partiel, c'est-à-dire ligature d'un seul canal hépatique chez le chien).	Chez le chien, survie de plusieurs mois. Amaigrissement rapide. Ictère. Urines ictériques et albumineuses. Anémie considérable. DOYON, dans un cas, a observé au bout de un mois une diminution de moitié des hématies et 4 p. 100 d'hémoglobine seulement. Pouls 90-130, irrégulier. Altérations des reins et de la moelle osseuse. Atténuation progressive de l'ictère (VERBITZKI, DOYON). Prurit. L'ictère se produit même après la ligature du canal thoracique (WERTHEIMER et LEPAGE).
Ligature du canal de Wirsung ou obstruction par injection huile, de suif, de paraffine, Cl. BERNARD).	Atrophie et transformation scléreuse du pancréas. TIBERTI a constaté deux mois après la ligature chez le lapin l'apparition de cellules riches en granules (acini glandulaires régénérés) à proximité d'acini atrophiques et de conduits dilatés, parmi le tissu conjonctif néoformé.		Pas de retentissement sérieux sur la santé chez le chien (CL. BERNARD), le lapin (PAWLOW). Pas de diabète. Amaigrissement progressif et mort chez le pigeon (LANGENDORFF).

(1) MAX HERRMANN a constaté que lorsque l'uretère est rempli d'eau sous une pression de 35 mm. Hg. l'écoulement de sang veineux se ralentit dans le rein.

duodénum et le jéjunum (Bayliss et Starling, Wertheimer). On l'obtient chez tous les animaux, même chez le fœtus (L. Camus). Tous les acides sont aptes à la former, mais à acidité égale, tous ne sont pas équivalents. Les plus aptes sont les acides chlorhydrique [0,4 p. 100], azotique, sulfurique (L. Camus) (1).

La sécrétine résiste à l'ébullition (Bayliss et Starling, L. Camus). Elle est toujours active même si la solution est neutre ou alcaline (Bayliss et Starling, L. Camus). Maintenue en solution acide à l'obscurité et à l'abri de l'air, elle garde son activité pendant des mois (L. Camus). Elle est détruite par le suc pancréatique actif, les agents oxydants, la plupart des sels métalliques ; elle n'est pas précipitée de ses solutions aqueuses par l'alcool, l'éther, le tannin (Osborne). Elle est légèrement diffusible.

La sécrétine formée dans l'intestin se retrouve dans le sang des veines mésentériques (Wertheimer) et dans le sang de la circulation générale (Enriquez et Hallion, Fleig).

Expérience : On curarise un chien porteur d'une fistule pancréatique temporaire. On injecte dans le duodénum du sujet 20 à 30 centimètres cubes d'une solution HCl à 5 p. 1000. Au moment où la sécrétion pancréatique s'établit, on transfuse une partie du sang carotidien dans la jugulaire d'un autre chien également pourvu d'une fistule pancréatique. La sécrétion pancréatique s'établit chez le second chien comme chez le premier (Enriquez et Hallion).

La sécrétine excite non seulement la sécrétion pancréatique, mais aussi, quoique à un moindre degré, la sécrétion biliaire (V. Henri et Portier, Enriquez et Hallion, Bayliss et Starling), la sécrétion sous-maxillaire (Lambert et Meyer, L. Camus ; contesté par Bayliss et Starling), et même, d'une manière générale, toutes les sécrétions, d'après Popielski.

L'action de la sécrétine est diminuée par l'atropine (Gley et L. Camus) ou l'anesthésie générale (chloroforme L. Camus ; mais non supprimée (Wertheimer).

Les *glandes sudoripares* sont en rapports fonctionnels avec le niveau thermique de l'organisme. L. Fredericq a montré qu'une transpiration abondante pouvait s'établir chez un homme placé entièrement nu dans un local froid (+ 5° à + 10°) si l'on a soin d'élever la température interne du corps en faisant respirer au sujet de l'air chauffé et saturé d'humidité. C'est aussi principalement par l'élévation de la température interne qu'il faut expliquer la transpiration qui accompagne tout travail musculaire énergique. « Tu mangeras ton pain à la sueur de ton front », a dit l'Écriture. Pour que les centres sudoripares

---

(1) Les macérations acides d'estomac, de rectum, de sang (Popielski), des ganglions abdominaux du chien et surtout du porc (Delezenne et Frouin), sont également actives mais moins. Gley, Gley et Camus ont obtenu un résultat positif en injectant dans les veines, soit les produits filtrés de la digestion gastrique d'un chien, soit de petites quantités de peptone du commerce de Witte, 2 à 3 centimètres cubes par kilogramme d'animal d'une solution à 1 p. 100 dans l'eau salée. Batkine a démontré que les savons alcalins exercent une action stimulante sur le pancréas. D'après Fleig, cette action n'est pas de nature réflexe, mais humorale et comparable à celle de la sécrétine. Si on met à macérer la muqueuse des parties supérieures de l'intestin grêle dans des solutions de savons (10 à 1 p. 100) et si on injecte le filtratum dans une veine, il se produit une sécrétion du pancréas.

L'extrait acide de la muqueuse de l'intestin grêle contient normalement une substance qui abaisse la pression artérielle ou prépare la sécrétine, sans mélange avec ce corps, en traitant les cellules desquamées par l'acide (Bayliss et Starling). — L'entérokinase sécrétée par l'intestin ne résiste pas à l'ébullition.

entrent en action, il suffit que la température monte de quelques dixièmes (2 à 4) (L. Fredericq). La chaleur provoque la sudation par l'intermédiaire des centres nerveux (tome IV, p. 572).

IV. **Adaptation du travail glandulaire**. — Le travail des glandes présente un remarquable caractère d'adaptation.

Wasserzug a vu que dans un milieu nutritif contenant du saccharose certaines moisissures développent d'abord leur appareil végétatif sans toucher au sucre ; puis, au moment où elles vont produire leurs spores et seulement à ce moment (les autres éléments nutritifs étant sans doute devenus insuffisants) elles mettent le saccharose en œuvre. A cet effet, elles sécrètent de l'invertine. Dienert a constaté que l'acclimatement d'une levure à un sucre augmente sa sécrétion en diastase.

Brown et Morris dans leurs recherches sur la germination de l'orge ont constaté que l'embryon muni de son scutellum, séparé de son albumen et placé sur des solutions sucrées artificielles, se nourrit et se développe sans sécréter d'amylase. Celle-ci apparaît, au contraire, lorsque le substratum ne renferme que de l'amidon.

Delezenne a constaté qu'il est possible d'entraîner en quelque sorte les globules blancs à digérer la gélatine (v. gl. blancs, adaptation).

Beaucoup de physiologistes ont constaté qu'un régime approprié fait apparaître dans le tube digestif un ferment approprié. Dastre et Portier ont montré que la lactase existe dans le revêtement intestinal des jeunes animaux, particulièrement dans la période d'alimentation lactée et manque chez les adultes granivores (cheval, oiseaux). D'une manière générale, le lactose est d'autant plus abondant que le sucre de lait intervient davantage dans l'alimentation (Pautz et Vogel, Röhmann et Lappe, Weinland). Brocard a constaté, en faisant ingérer simultanément différents sucres, les faits suivants : le lactose est mieux utilisé que le saccharose chez l'enfant qui fait un usage exclusif de lait lactosé; le saccharose est plus activement dédoublé dans l'intestin que le lactose chez le chien habitué au sucre de canne; chez l'adulte omnivore où l'on note l'abondance et la continuité de l'alimentation amylacée, le maltose est le bihexose le mieux utilisé. Brocard conclut que l'emploi exclusif du sucre de lait provoque spécialement la formation du ferment lactase, que l'usage prédominant du sucre de canne donne particulièrement naissance à l'invertine, et qu'enfin l'abondance des amylacées donne une intensité remarquable à la production de l'amylase et de la maltase. Le lait possède la propriété de déterminer, quand il est introduit dans l'estomac, la production d'un suc gastrique riche en labferment. L'eau salée, l'eau, l'eau lactosée, etc. ne possèdent pas cette propriété (Arthus).

La quantité de suc gastrique déversée chez le chien est proportionnelle à la masse d'aliments. La sécrétion se fait suivant une marche déterminée dont le cycle, les minima, les maxima, diffèrent pour chaque aliment, mais est fixe dans des conditions égales et présente par suite une signification précise caractéristique (Pawlow, Chigin).

Les modifications provoquées peuvent devenir stables et affecter non seulement les qualités de la sécrétion (Pawlow), mais la structure même des organes. On admet généralement que l'alimentation est le principal facteur de la longueur de l'intestin lequel est court chez les carnivores, long chez les herbivores (1). La quantité de foie par 1000 grammes d'animal est plus élevée chez les carnivores que chez les granivores et les herbivores (Maurel et Lagriffe,

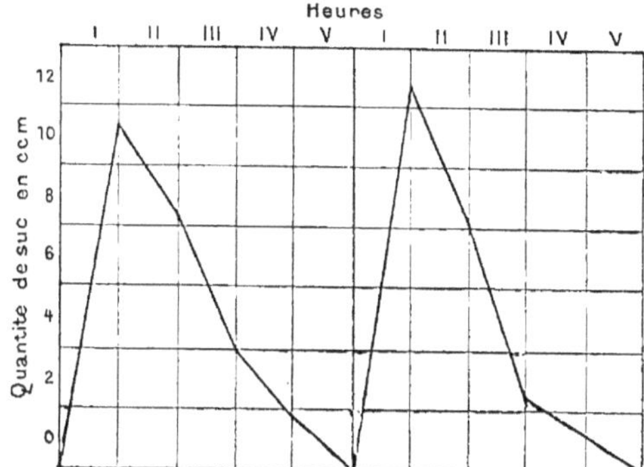

Fig. 92. — *Marche de la sécrétion du suc gastrique après un repas de viande (expérience des 3 et 5 juillet 1894) (Pawlow).*

Noë). La proportion varie suivant l'alimentation. C'est à l'alimentation animale que correspond la plus grande proportion de foie et à l'alimentation par les graisses la plus petite (Maurel). Le pancréas est plus développé chez les carni-

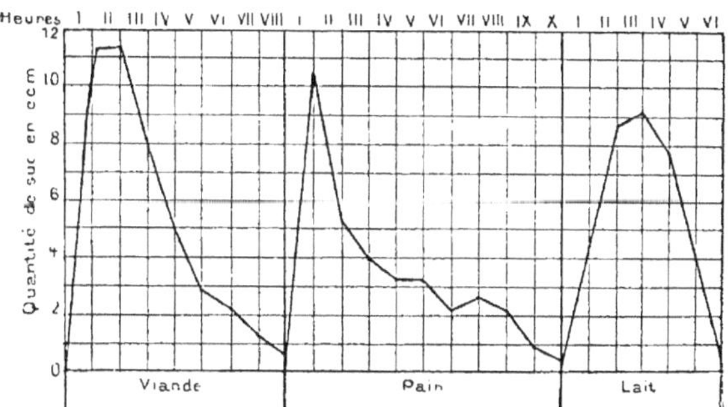

Fig. 93. — *Marche de la sécrétion du suc gastrique dans le repas de viande, de pain, de lait (Pawlow).*

vores que chez les herbivores. Noë a trouvé 3 à 4 grammes de pancréas par kilogramme chez le cobaye, 8 gr. 5 chez le hérisson.

G. Weiss a constaté que si on nourrit des canards avec de la viande, d'autres avec des grains, le ventricule succenturié des premiers prend un aspect très analogue à celui du ventricule du corbeau. Chez les poules, sous l'influence du régime carné, les reins augmentent du tiers de leur poids et l'urée excrétée est

-----

(1) D'après Noë, le régime exerce un rôle secondaire à côté de celui qui revient à la taille.

trois fois plus considérable que sous l'influence du régime des grains (Houssaye). Toutefois toutes les glandes ne sont pas susceptibles de modifier d'une façon durable leur sécrétion ou leur structure. Il y a une sorte de fixité héréditaire dont il n'est pas toujours facile de faire la part. Metchnikoff et Mesnil ont constaté que les extraits des organes digestifs (filaments mésentériques) des actinies avaient les mêmes propriétés quel que soit le mode d'alimentation de ces Invertébrés. Malgré des différences dans la sécrétion gastrique, Pawlow et ses élèves n'ont pas pu s'assurer d'une adaptation prolongée et chronique de la sécrétion stomacale. Le gésier ne se modifie pas chez les canards nourris avec de la viande (G. Weiss). Les moutons « mignards » qui servent à guider les troupeaux vers les abattoirs et qui généralement ne se nourrissent que de sang, meurent au bout de quelques mois très amaigris ; leur foie présente des lésions de dégénérescence graisseuse (Pagès).

H. — LES GLANDES ENVISAGÉES COMME ORGANES D'ÉLIMINATION.

I. **Généralité du phénomène**. — L'excrétion concerne la séparation du sang de substances qui y sont normalement contenues ou qui y ont été introduites. Toute glande non seulement sécrète mais excrète. Il n'est pas un produit de sécrétion aussi spécial soit-il qui ne soit accompagné, mélangé des substances salines provenant du plasma sanguin (chlorure, carbonate, phosphates...).

Jamais la glande n'épuise complètement et immédiatement le sang du produit qu'elle lui enlève. Pour que cette élimination devienne complète il faut que ce dernier fasse nombre de tours dans le système circulatoire et repasse à plusieurs reprises dans l'organe excréteur. Certains sels directement injectés dans le sang mettent souvent plusieurs jours à s'éliminer.

II. **Cycles**. — L'excrétion définitive hors de l'organisme est parfois entravée par les cycles que certaines substances décrivent dans l'économie. L'iodure de potassium ingéré est en partie éliminé par la salive, puis réabsorbé au niveau de l'intestin (circulation entéro-salivaire). Schiff a démontré que si on fait ingérer à un chien de la bile verte de bœuf, certains éléments de cette bile sont absorbés par les ramifications de la veine porte dans l'intestin, conduits au foie, expulsés sans jamais pénétrer dans la circulation générale (circulation entéro-hépatique) et cela d'une manière pour ainsi dire indéfinie. La rhubarbe mélangée à de la bile apparaît presque instantanément dans la bile (Laffter, 1873).

III. **Voies d'élection**. — De même que le produit de sécrétion diffère d'une glande à l'autre, de même les produits d'excrétion diffèrent. Tel s'élimine ici, tel ailleurs.

L'eau, les sels s'éliminent principalement par les reins et la sueur. Chez les animaux qui ne suent pas, les poumons servent de voies d'excrétion à l'eau.

Les déchets azotés provenant de la désassimilation des albuminoïdes dans l'organisme sont éliminés principalement par les reins et la muqueuse intestinale.

Le glucose qui est un élément constant du sang ne se rencontre pas dans les sécrétions à l'état normal. Cl. Bernard a démontré que le glucose apparaît dans l'urine lorsque la proportion de sucre atteint dans le sang 0,25 à 0,3 p. 100. Toutefois, d'après Cl. Bernard lui-même, cette règle ne se vérifie pas dans tous les cas. La glucosurie peut coïncider avec une glycémie presque normale ou même amoindrie. Il en est ainsi, par exemple, dans le diabète provoqué par l'ingestion de phlorydsine. D'autre part, l'hyperglycémie n'est pas toujours suivie de glucosurie (Seegen, Hédon, etc...). Dans les formes graves du diabète la glucosurie est d'autant plus intense que l'hyperglycémie est plus forte ; toutefois le rapport entre les deux phénomènes n'est pas étroit. D'autres facteurs interviennent, notamment l'activité plus ou moins grande du rein (Hédon, etc...). Le rein est la voie principale par laquelle le glucose s'élimine. Chez les diabétiques on trouve du sucre dans les crachats bronchiques, jamais dans la salive. Le glucose injecté en excès dans les veines peut aussi passer dans l'intestin.

Certaines toxines microbiennes et les venins s'éliminent, en partie au moins, par l'intestin grêle ; il en résulte parfois une irritation de la muqueuse, qui conduit aux hémorragies, à l'ulcération et à l'inflammation (Charrin, Courmont et Doyon, Hallion et Henriquez, Sanarelli, Lyonnet, Guinard). Les personnes qui fréquentent les amphithéâtres d'autopsie ont souvent des selles fétides qui rappellent l'odeur putride des émanations cadavériques (Bichat). Le virus de la rage s'élimine plus spécialement par la salive. La salive devient contagieuse deux ou trois jours avant l'apparition des accidents classiques (Nocard et Roux). Le tartre émétique injecté sous la peau ou dans la circulation reparaît dans la paroi stomacale et intestinale.

L'alcool ingéré passe dans le sang, la lymphe, le liquide céphalo-rachidien, pour s'éliminer par la salive, le suc pancréatique, la bile, le lait, l'urine ; de la mère il peut passer dans le liquide amniotique, le fœtus. La teneur en alcool du sang et de ces liquides ou des tissus du fœtus sont très voisines (Nicloux). La présence de l'alcool dans le lait montre que l'alcoolisme de la nourrice peut être la cause des troubles nerveux et des convulsions des nouveau-nés (Nicloux). L'alcool est brûlé en partie dans l'organisme ; il passe en partie inaltéré par les poumons, l'air expiré (5 à 10 p. 100 ; 2 à 2,5 p. 100, Altwater) et par les reins. L'exercice musculaire favorise l'élimination de l'alcool (Gréhant).

Les iodures absorbés ou injectés dans le sang en faible quantité passent dans la salive, les larmes, la sueur et surtout l'urine ; administrés en excès, ils se localisent dans les cheveux (Howald), les poumons, la rate, le cœur, le foie, le cerveau et principalement les reins (J. Roux). L'iode apparaît dans la salive avant d'apparaître dans l'urine. Le début de l'élimination a lieu dès les premières minutes après l'administration. D'après Anten, chez l'homme, après l'ingestion d'une dose de 0,5 d'iodure de potassium, le maximum de l'élimination par heure a lieu généralement dans la deuxième heure. La proportion moyenne excrétée par l'urine est de 75 p. 100. Pour la dose précitée, l'élimination est terminée après quarante heures environ. Si on donne plusieurs doses rapprochées, la durée de l'élimination est prolongée. Les diurétiques (nitrate de potasse, chlorure de sodium) accélèrent l'élimination. Contrairement à l'opinion de Cl. Bernard, Anten soutient que l'iode disparaît d'abord de la salive puis de l'urine. Dans le rhume iodique la sécrétion nasale contient environ 0,9 à 1,5 p. 100 de l'iodure ingéré (Anten). L'iode est fréquemment injecté sous forme de combinaisons avec les acides gras des huiles. Ces combinaisons sont stables; l'iode y est dissimulé aux réactifs et ne peut être décelé qu'après destruction de la matière organique. Sous cette forme, l'iode s'absorbe lentement et se localise surtout dans les dépôts de graisse (péritoine, thyroïde, moelle des os, muscles) sous formes de combinaisons organiques, à l'état de graisses. L'élimination est très lente, graduelle, et peut se prolonger vingt-cinq à quarante jours après la cessation du traitement. Elle a lieu surtout par les reins mais peut également se produire par l'intestin, la bile, la sueur, le lait; elle s'effectue surtout sous forme d'iodure, un peu sous forme de combinaison organique. Par suite de la lenteur avec laquelle les huiles iodées cèdent l'iode, ces huiles sont peu toxiques et ne provoquent pas d'iodisme. Un cobaye de 540 grammes qui avait reçu en quinze jours 25 grammes d'iopine pure (combinaison d'iode avec l'huile de sésame), soit 2^{gr},5 d'iode, soit 0^{gr},33 d'iode par kilogramme et par jour, ne présenta aucun accident sauf un peu d'amaigrissement. Les huiles iodés sont relativement peu attaquées par les sucs digestifs, mieux par le sang (Coronedi et Marghetti, Winternitz, Pillément) (Voy. p. 489).

Les substances volatiles s'éliminent par les poumons. C'est ainsi que l'hydrogène sulfuré injecté dans le rectum s'élimine avec une telle rapidité qu'il ne se produit pas d'intoxication générale; injecté dans le système artériel ou administré sous forme d'inhalations ce gaz détermine à la même dose un empoisonnement mortel.

Le ferrocyanure de potassium injecté dans les veines s'élimine chez l'animal sain par le rein (Cl. Bernard). Il ne passe dans la salive que si on lie les uretères. Injecté en excès, le ferrocyanure passe dans l'estomac (Cl. Bernard), l'intestin (Achard et Loeper), dans l'humeur aqueuse et se dépose dans les tissus (Achard et Loeper).

Le fer s'élimine surtout par la bile (Hammarsten, Anselm, Dastre) et l'intestin (Mayer, Gottlieb, Kobert). L'iodure de fer, injecté dans les veines, passe dans la salive, non le lactate (Cl. Bernard). Le mercure, le plomb, le phosphore, l'arsenic, le cuivre, le bismuth... s'éliminent par la salive et l'intestin. L'élimination a lieu tout le long de l'intestin, un peu par l'estomac, mais surtout, par l'intestin grêle avec le concours des leucocytes, et sous forme de combinaisons nucléiniques (Stassano). Le mercure s'élimine non seulement par les fèces et la salive mais aussi un peu par les urines. A doses toxiques, il amène des lésions rénales et intestinales (Gola).

Le phosphore, l'arsenic, la térébenthine, la cantharide... s'éliminent en partie par le rein et provoquent des néphrites. Le manganèse s'élimine par l'intestin (Cahn).

Les pigments sont éliminés par la bile, les urines, etc.; quelques-uns, tels que le sulfo-indigotate de soude (employé pour la première fois par Chrzonszczewski, 1863), également par la salive (Krause). Le foie fixe la chlorophylle des plantes (Mac Munn, Dastre et Floresco).

Dans l'ictère les pigments et les sels biliaires s'éliminent par les reins; une partie s'accumule dans la peau; le lait, la sueur, la salive (provoquée par le mercure) peuvent aussi accessoirement servir à l'élimination de ces substances (Gilbert et Herscher).

La quinine ne s'élimine pas normalement par la salive; l'iodure facilite son passage par cette sécrétion. Aux doses thérapeutiques la quinine s'élimine assez rapidement par l'urine; le maximum a lieu vers la cinquième heure (Manquat).

Élimination par le lait. — Il y a un intérêt particulier à connaître les substances ingérées par la vache ou la nourrice qui peuvent être éliminées par le lait.

Le lait peut être coloré de diverses façons : en rouge, chez les animaux ayant mangé de la garance ou du cactus ; en jaune, chez ceux qui ont mangé de la rhubarbe, du safran, même de la carotte ; en bleu, chez ceux qui ont mangé de la mercuriale, de l'indigo, des prêles. Ces colorations n'apparaissent que sous l'influence de l'acidification, les matières colorantes étant éliminées à l'état de chromogène.

Le lait peut acquérir une odeur particulière sous l'influence de l'ingestion de certaines substances odorantes. Certains aliments chez les vaches donnent au lait une saveur agréable, par exemple, le trèfle, l'anis, les labiées ; d'autres, comme l'absinthe, le marron d'Inde, l'artichaut, la fleur de genêt, les pousses de sureau, un goût amer et désagréable. Le colza, les drèches, le tourteau, les pommes de terre germées, donnent à la fois une odeur et une saveur désagréables. Les feuilles de chêne donnent au lait des propriétés astringentes ; les euphorbiacées, le colchique, des propriétés toxiques.

L'alcool est très dangereux, de même que l'opium est ses dérivés. L'alcool se retrouve un quart d'heure après l'ingestion dans le lait de femme Nicloux (Voy. p. 402). Le laudanum en lavements et les piqûres de morphine (à doses thérapeutiques) n'indisposent pas le nourrisson. La belladone, l'atropine, l'éther, les huiles volatiles, l'asa fœtida, l'essence d'oignon, d'aneth, d'anis, l'iodure de potassium, le sulfate de magnésie, le principe purgatif de l'huile de ricin, s'éliminent avec le lait. La rhubarbe, la gratiole, l'huile de ricin, le séné, pris par la nourrice, purgent l'enfant. Le chloral peut donner lieu à un sommeil comateux du nourrisson.

L'iode se retrouve après l'ingestion d'iodure surtout dans le sérum, une petite partie sous forme de combinaison organique avec la caséine et les graisses (Barral, Stumpf, Winternitz) ; après l'ingestion d'iode combiné (à la caséine, ou à des huiles), l'iode se retrouve dans le lait à l'état de combinaisons organiques et plus spécialement de graisses iodées (Winternitz, Jantzen, Pillement). Rien ne prouve que les graisses iodées passent en nature. La thyroiodine ingérée s'élimine en partie par le lait. On a constaté des améliorations chez des enfants porteurs de goitre et athrepsiques après l'ingestion de la thyroiodine par la nourrice (Mossé et Cathala) ; des accidents de thyroiodisme ont été observés chez des nourrissons dont les mères étaient traitées pour un goitre exophtalmique. Le fer, le bismuth, l'iodoforme, le mercure, l'acide salicylique, le salicylate de soude passent mais lentement ou en petites quantités. L'arsenic passe en proportion appréciable. L'antipyrine passe faiblement (Bruix, Fieux) ; le sulfate de quinine irrégulièrement.

Le lait peut transmettre des toxines nuisibles (tétanos, diphtérie, typhoïde...) et des antitoxines immunisantes ; toutefois ce fait ne paraît pas se produire chez toutes les espèces animales. Ehrlich a expérimenté avec des souris vaccinées contre plusieurs toxines (ricine, abrine, tétanotoxine...) et des souris neuves, au moment où elles allaient mettre bas des petits ; il changea les progénitures ; les souris vaccinées transmirent l'immunité non seulement aux petits qu'elles avaient mis bas mais à ceux qu'elles allaitèrent. L'expérience ne réussit qu'avec des souris toutes jeunes. (Voy. aussi *Agglutination*).

Microbes. — Les microbes après la pénétration dans l'organisme réfractaire ne s'éliminent par aucun des émonctoires qui servent à l'élimination des poisons solubles.

Expériences. — On injecte plusieurs espèces microbiennes dans les veines de lapins et dans le tissu sous-cutané de cobayes. A divers intervalles on pratique la laparotomie des animaux, on attire la vessie au dehors et on prélève de l'urine de façon qu'il n'y pénètre aucune trace de sang. Jamais lorsque l'expérience se fait dans ces conditions rigoureuses les microbes ne traversent les reins des animaux résistants et ne se retrouvent dans leur urine (METIN). Mêmes résultats négatifs en ce qui concerne la bile (METIN) et la sueur (KRIKLIWY).

Cependant il est prouvé que les microbes injectés dans le sang finissent réellement par disparaître complètement après quelques jours, souvent même après quelques heures (CHAUVEAU 1880, OPITZ). Peut-être les microbes subissent-ils dans l'organisme réfractaire le sort des corpuscules étrangers qui pénètrent ou que l'on introduit dans la circulation. Les grains de carmin ou de vermillon injectés dans le sang ne restent pas longtemps dans le sang ni dans les lymphes mais se déposent dans la rate, les ganglions, la moelle des os, le foie, les reins ; ils restent logés dans le tissu interstitiel de ces organes, dans l'intérieur des éléments cellulaires (HOFFMANN et RECKLINGHAUSEN, PONFICK). Il est plus probable, d'après METCHNIKOFF, qu'ils subissent dans la grande majorité des cas le sort des cellules animales soumises à la résorption ; saisis par les phagocytes, ils sont digérés dans l'intérieur de ces éléments.

Lorsque les bactéries passent dans les sécrétions il s'est produit sûrement des lésions plus ou moins graves des glandes ; l'organisme est malade.

La cavité des glandes sudoripares renferme généralement des microbes probablement d'origine externe ; ceux-ci sont déversés à la surface de la peau avec la sueur. Les chirurgiens doivent donc être prévenus que si l'asepsie des mains est facile à obtenir l'apparition de la sueur crée des chances d'infection (L. DOR, GAILHARD, GENEVET).

Chez le chien normal et l'homme normal ou atteint de cholécystite, le cholédoque et la vésicule sont presque toujours infectés, surtout par des anaérobies ; les voies intra-hépatiques sont à l'état normal stériles (GILBERT, LEREBOULLET, LIPPMANN, FRAENKEL et KRAUSE). Des microbes ont été trouvés aussi dans le canal excréteur du pancréas du chien normal (DOMINICI).

IV. Action régulatrice des reins. — Les reins sont des glandes plus spécialement adaptées au maintien de l'équilibre physique et chimique du milieu intérieur. La sécrétion rénale varie en effet considérablement sans que jamais la constitution du sang artériel soit sensiblement modifiée. Les reins éliminent l'excès des composants normaux et les substances étrangères.

Les reins exercent une sélection indépendante en apparence des lois de la diffusion et de l'osmose. C'est ainsi qu'ils retiennent le glucose, à moins que cette substance ne dépasse dans le sang une proportion assez élevée (en général 3 p. 100) et éliminent l'urée. Ces deux substances sont cependant très solubles et dialysent facilement. NICLOUX a montré que le rein exerce un pouvoir sélecteur pour la glycérine comme pour la glucose et l'urée ; alors que la teneur du sang en glycérine oscillait entre 0,38 et 0,15 p. 100 (par suite de l'injection ou de l'ingestion de glycérine) l'urine éliminée contenait 3,18 p. 100, de cette substance, soit dix à vingt fois plus. Les albuminoïdes du plasma normal sont retenues alors que toutes les albumines étrangères sont expulsées (CL. BERNARD).

Problème particulier au rein. Localisation de l'élimination des diverses substances de l'urine. — L'excrétion rénale présente un problème particulier, celui de la localisation de l'élimination des différentes substances de l'urine dans une partie déterminée du canal urinifère.

Le rein est formé par la juxtaposition d'une série de canalicules qui laissent entre eux d'étroits espaces occupés les uns par des capillaires sanguins formant le réseau labyrinthique, les autres par des espaces lymphatiques. Chaque canalicule même, peut être divisé en deux sections principales, l'une, la plus active, au point de vue sécrétoire, va du glomérule au tube droit ; l'autre, collectrice, comprend les différentes parties du tube excréteur (rayons médullaires, tube de BELLINI, canal papillaire et s'ouvre sur la papille. La première présente chez la plupart des Vertébrés une série de parties différentes soit par leur calibre, soit par leur revêtement épithélial. Ce sont, chez les Mammifères : le glomérule, le col du glomérule, le tube contourné, la portion descendante de l'anse de HENLE, la portion ascendante de cette anse, le canal intermédiaire. Le glomérule est un corps sphérique composé d'une enveloppe, la capsule de BOWMAN, et d'un contenu, le paquet vasculaire. Il présente un pôle vasculaire par lequel entrent (et sortent) les vaisseaux et un pôle urinaire duquel sort le tube urinifère. Sa paroi est formée par une basale bien nette, doublée en dedans d'un épithélium facilement décelable par l'argent et qui représente le feuillet externe du renflement glomérulaire formé chez l'embryon par l'extrémité du tube contourné. Cet endothélium se continue avec l'épithélium du tube contourné. Le paquet vasculaire est formé d'anses capillaires restées à l'état embryonnaire, c'est-à-dire dont la paroi consiste en une mince lame protoplasmique nucléée, non divisible en cellules endothéliales. Ces vaisseaux sont recouverts par une mince lame protoplasmique semée de noyaux, non divisible en cellules, qui provient de la fusion et de l'aplatissement des cellules épithéliales du feuillet interne du renflement glomérulaire de l'embryon.

Les canalicules urinifères sont composés d'une membrane basale ou vitrée très mince se continuant avec la vitrée de la capsule de BOWMAN et d'un revêtement épithélial qui varie suivant la portion du tube considéré : Au niveau du col, à part la différence graduelle de hauteur qui établit la transition avec les cellules endothéliales de la capsule de BOWMAN, ces cellules ressemblent à celles des tubes contournés. Ces dernières sont prismatiques, hautes, granuleuses vues à un faible grossissement, mais montrent à un grossissement plus fort des bâtonnets verticaux parallèles à l'axe de la cellule. A l'aide d'une bonne technique et avec des objectifs puissants on peut résoudre ces bâtonnets en des files parallèles de granulations réunies entre elles par des filaments verticaux et plus rarement par quelques filaments transverses ou obliques qui unissent latéralement deux files de grains voisines. Du côté de la lumière, ces cellules sont limitées par une épaisse bordure striée, bordure en brosse, qui paraît formée par une série de cils égaux, agglutinés, reposant chacun sur un petit grain placé sur la limite du protoplasme. La branche descendante de l'anse de HENLE, très grêle, est tapissée par des cellules plates, sans bâtonnets, dont le noyau fait saillie dans la lumière du tube. La branche ascendante est revêtue de cellules granuleuses, plus hautes, assez semblables à celles du tube contourné bien qu'elles n'aient pas de bâtonnets, et implantées obliquement sur la vitrée comme si elles étaient couchées par le courant de l'urine. Les cellules du canal intermédiaire sont inclinées comme celles de la branche ascendante de l'anse de HENLE et présentent des bâtonnets comme celles du canal contourné. Les tubes collecteurs sont tapissés de cellules prismatiques, claires, régulières, de plus en plus hautes à mesure qu'on avance vers la papille. Leur membrane propre s'amincit au contraire graduellement, à mesure qu'on approche de ce point, jusqu'à disparaître à ce niveau.

Hypothèses concernant la sécrétion. — Pour Ludwig et son école tous les éléments de l'urine filtrent à travers le glomérule ; la sécrétion se débarrasse progressivement de l'eau en excès et arrive à présenter la composition centésimale ordinaire en passant à travers les canalicules contournés, par suite d'un échange entre le filtrat et la lymphe avoisinante. Pour Bowman, Heidenhain, les glomérules livrent passage à l'eau et aux sels; les cellules des tubes contournés et des tubes droits de Henle aux éléments caractéristiques de l'urine (urée, acide urique, corps xanthiques). Koranyi soutient qu'au niveau du glomérule filtre un liquide moins concentré que le sérum sanguin et formé presque exclusivement d'eau et de chlorure de sodium. Ce liquide glomérulaire arrivé dans les tubuli contorti subirait deux modifications capitales : a) de l'eau serait résorbée ; de ce fait, la concentration de liquide augmente, dépasse celle du sang, devient celle de l'urine finale ; b) il y a échange moléculaire. Les substances extractives de l'urine, urée, acide urique... par l'intermédiaire de l'épithélium canaliculaire viennent se dissoudre dans le liquide canaliculaire. Mais, en sens inverse, des particules de NaCl vont dans le sang en quittant le liquide canaliculaire. Koranyi admet que le nombre des molécules qui passe dans un sens est le même que celui des molécules passant dans l'autre sens. Du fait de cette sorte de chassé croisé la concentration moléculaire du liquide canaliculaire ne change pas. La nature seule des molécules change. Au début il n'y avait pas de molécule de NaCl ; il y a maintenant du chlorure de sodium et des molécules extractives, c'est-à-dire l'urine.

Données expérimentales. — L'eau et les sels s'éliminent évidemment par les glomérules qui présentent tous les caractères d'organes plus spécialement adaptés à la filtration. Les données concernant le passage des autres substances de l'urine et la concentration définitive de ce liquide reposent en partie sur des hypothèses. Cependant de nombreuses tentatives ont été faites pour élucider ce problème. Les méthodes auxquelles on a eu recours sont nombreuses.

1. On a cherché à supprimer le glomérule sans rendre impossible la circulation dans les autres parties de l'organe. Nussbaum avait annoncé que chez les grenouilles, les glomérules recevaient du sang et dépendaient uniquement de l'artère rénale, le reste du parenchyme étant irrigué par la veine porte rénale. Adami, Beddard ont démontré que le schéma de Nussbaum était trop absolu (Voy. p. 389). Lindemann a essayé de supprimer la fonction glomérulaire au moyen de l'embolie graisseuse. Il injecte à un chien de l'huile dans une artère rénale. Cette huile obstrue au bout d'une heure à peu près uniquement les glomérules. Dans ces conditions la sécrétion est diminuée du côté correspondant, mais elle continue néanmoins avec ses caractères essentiels. Si on injecte dans les veines de l'indigo carmin, l'élimination de cette substance se fait comme à l'état normal. Lindemann conclut de ses expériences que les canalicules du rein participent à la sécrétion complète et que l'excrétion d'eau n'est pas limitée aux glomérules.

2. Une seconde méthode d'essai de localisation consiste à injecter dans l'organisme une substance facile à reconnaître dans le rein excisé et fixé et à déduire de l'examen microscopique le mécanisme de l'élimination. Cette méthode a été appliquée à l'étude de certaines matières colorantes et de l'acide urique.

Élimination des matières colorantes. — Les constatations diffèrent suivant la nature et la dose du produit injecté, le temps au bout duquel l'animal est sacrifié, l'activité de la diurèse. Il faut aussi tenir compte de l'action réductrice ou oxydante des organes et en particulier des divers segments des tubes uriniféres. Enfin on n'est pas autorisé à conclure que les substances existant normalement dans l'urine s'éliminent nécessairement comme les substances étrangères injectées.

Le sulfo-indigolate de soude s'élimine principalement par les tubuli contorti. Si, à l'exemple de HEIDENHAIN (1874), on injecte ce produit dans la jugulaire d'un lapin, que peu de temps après on tue l'animal et qu'on injecte de l'alcool absolu à travers l'artère rénale, on trouve sur des coupes les grains bleus dans l'épithélium et la lumière des tubes contournés (1). Le pigment se retrouve toutefois, mais en moindre quantité, également dans la capsule si on emploie des solutions concentrées ou si on concentre le sang lui-même en soumettant les animaux à une diète sèche et en leur administrant des purgatifs pendant plusieurs jours (PAUTINSKY et HENSCHEN, SOBIERANSKY).

Si on active le diurèse (caféine) la coloration des cellules des tubes contournés disparaît très rapidement (30 m.) (SOBIERANSKI). La ligature de la veine porte rénale chez la grenouille constitue un obstacle presque absolu à la coloration des tubes contournés ; l'urine filtre cependant très légèrement colorée par l'intermédiaire des artères rénales et des glomérules (GURWITSCH).

En ce qui concerne le carmin et le bleu de méthylène, les résultats ne sont pas univoques. Peut-être le bleu est-il éliminé pour une part par les glomérules à l'état de leuco-dérivé ?

ACHARD et LOEPER ont constaté que le ferrocyanure injecté au lapin donne une coloration bleue (après lavage des coupes dans une solution contenant un peu de perchlorure) limitée aux *tubuli contorti* et à l'anse ascendante de HENLE.

La phtaléine du phénol s'élimine (chez la grenouille) par les tubuli contorti. Si on injecte dans le cul-de-sac lymphatique d'une grenouille une solution de soude (0,5) de phénolphtaléine, l'urine est incolore. L'adjonction de soude donne à l'urine une coloration rouge. Sur une coupe le rein est incolore. Sous l'influence d'une solution faible de soude les tubuli contorti se colorent en rouge, les glomérules restent incolores (DRESER).

D'une manière générale il est donc indiscutable que les cellules des tubes contournés accumulent les pigments. La matière colorante, très diluée dans le sang, est sélectionnée, concentrée dans la cellule avant d'être éliminée (GURWITSCH, POLICARD).

Lieux où passent les acides. — Le liquide qui filtre par les glomérules est alcalin ; les acides paraissent passer par les tubuli contorti. C'est du moins la conclusion que DRESER a tirée des expériences suivantes :

Si on injecte dans le sac lymphatique dorsal d'une grenouille une solution à 5 p. 100 de fuchsine acide, l'urine présente une demi-heure après une coloration rouge. La couleur rouge due à la fuchsine acide disparaît sous l'influence de l'ammoniaque et revient sous l'influence d'un acide. Pendant les premières heures l'urine est rouge ; l'addition d'acide acétique n'augmente pas la teinte. Si on injecte trois ou quatre fois par jour de la fuchsine acide, on constate au bout de quinze à vingt heures que la teinte de l'urine diminue malgré l'apport

---

(1) SOBIERANSKY interprète le fait dans le sens d'une réabsorption de la matière colorante éliminée par les glomérules.

incessant de matière colorante. L'addition d'acide fait réapparaître immédiatement la coloration rouge sombre. La couleur est rendue en partie latente par la combinaison de la fuchsine avec un alcali, car l'addition d'acide fait réapparaître immédiatement la teinte rouge. DRESER conclut de ces faits que le liquide qui filtre au niveau des glomérules est alcalin. S'il était acide il provoquerait l'apparition de la coloration rouge ; une faible réaction acide suffit à cet effet. Sur une coupe les tubuli contorti sont teintés en rouge ; les glomérules sont toujours incolores.

Élimination de l'acide urique. — L'acide urique est en majeure partie sinon exclusivement éliminé par l'épithélium des tubes contournés et de la branche ascendante des tubes de HENLE.

a) MINKOWSKI, SPIEGELBERG sont parvenus à réaliser chez les animaux un dépôt de cristaux d'urates dans les reins, le premier en nourrissant les chiens avec de l'adénine, le second en injectant sous la peau de jeunes animaux des solutions d'acide urique ou plutôt d'urate de sodium. Jamais les dépôts ne se trouvent dans les glomérules, mais souvent dans leur voisinage immédiat, dans les canalicules contournés. Dans les canalicules les dépôts peuvent se trouver soit dans la lumière, soit dans la paroi ; dans ce dernier cas on peut les trouver entre les cellules ou bien dans les cellules elles-mêmes. Parfois ils semblent siéger dans la partie basale de la cellule ou même contre la membrana propria (MINKOWSKI).

b) On pourrait objecter à ces expériences que les cas dans lesquels on constate ces cristallisations ne sont à tout prendre que des cas pathologiques, n'autorisant pas à conclure aux conditions physiologiques du fonctionnement de l'organe. Pour éviter d'encourir ce reproche, H. ANTEN a cherché à saisir en quelque sorte sur le vif, chez un animal normal la formation de l'acide urique dans les reins. Le principe consiste à provoquer la précipitation d'urates insolubles et facilement décelables sur le rein. Dans ce but, ANTEN a tenté de transformer les urates du rein en urates d'argent dans l'intimité des tissus. Chez un chien vivant on applique une pince à pression sur l'artère fémorale et une autre sur la veine de même nom ; des canules sont introduites dans les bouts centraux de ces vaisseaux. On injecte par la canule artérielle une solution contenant : eau distillée 1500 grammes ; ammoniaque liquide 30 centimètres cubes, chlorure d'argent fraîchement précipité et lavé 45 centigrammes. Tous les autres vaisseaux débouchant de l'aorte vers les membres inférieurs et ceux qui s'abouchent dans la veine cave sont ligaturés en sorte que, seules, l'artère et la veine fémorales soient encore en communication avec le cœur. A ce moment on place des pinces sur l'aorte abdominale et sur la veine cave au-dessus des vaisseaux rénaux et on laisse couler immédiatement dans l'artère fémorale la solution. Celle-ci passe fatalement par l'artère rénale et ressort après avoir traversé le rein par la veine. Quand on a laissé passer environ 1 litre de la solution et que le liquide revenant par la veine est bien clair, on fait passer dans le rein de la solution physiologique de chlorure de sodium jusqu'à ce que le liquide de la veine ne donne plus de troubles laiteux quand on l'additionne d'acide nitrique ; dans ces conditions tout l'argent qui n'a pas été fixé par les éléments du rein peut être considéré comme ayant été balayé. Les reins sont extraits, coupés en fragments de 5 millimètres que l'on met dans l'alcool à 40°. Après passage dans la série des alcools et dans le toluol les fragments sont enchâssés dans la paraffine et débités en tranches microscopiques que l'on colore avec le carmin boracique. Les granulations d'argent réduit ne se trouvent que dans la région des canalicules. Elles existent non seulement dans la lumière du canal, mais aussi et surtout dans les cellules elles-mêmes (fig. 94). Dans certains canalicules on ne trouve les granulations que vers la partie basale excentrique de la cellule, la partie tournée vers la lumière en étant dépourvue. Ce dernier fait exclut l'idée d'une résorption de granulations d'argent. On voit encore des granulations dans les cellules de l'anse ascendante de HENLE qui ont des affinités très étroites de structure avec les cellules des canalicules contournés. Exceptionnellement on trouve de très rares granulations dans les glomérules, jamais dans la lumière de la capsule.

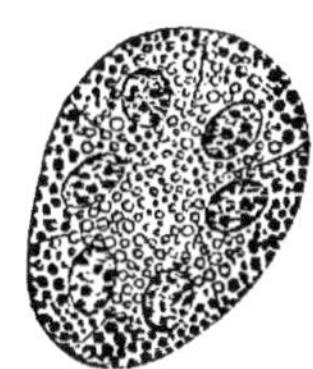

Fig. 94. — *Coupe de canalicules contournés* (ANTEN).

c) Chez les Oiseaux et les Reptiles l'urine a une consistance demi-solide par suite de la présence d'un excès d'urates. Or ces urates forment des concrétions dans les cellules des tubuli contorti. Toutefois on n'est pas d'accord sur l'importance de ces dépôts. Ils sont constants et considérables d'après WITTICH; rares et minuscules d'après SCHOPPE. La façon dont les concrétions intra-cellulaires traversent la cuticule est inconnue.

Remarque. — Tous les auteurs n'ont pas réussi à déceler l'acide urique dans l'intérieur même des cellules des tubes contournés. R. HEIDENHAIN a échoué chez le lapin après l'injection d'une solution d'urates dans le sang : GURWITSCH chez la grenouille, après l'injection d'acide urique dans le cul-de-sac lymphatique. D'après BIEL, les cristaux n'existent chez le serpent qu'entre les cellules des tubes contournés.

3. A l'appui de l'indépendance des fonctions glomérulaire et glandulaire, REGAUD et POLICARD signalent l'existence dans le rein de la lamproie et de quelques espèces de serpents (*Vipera aspis...*) de diverticules du tube urinipare terminés en cul-de-sac. Ces diverticules contiennent un produit de sécrétion épais; ils ne sont pas traversés par le courant d'urine glomérulaire et paraissent fonctionner à la manière d'une glande ordinaire.

Ablation des reins. — L'ablation des deux reins entraîne la mort. Les chiens survivent vingt-quatre à quarante-six heures ; les lapins et les cobayes seize à trente-deux au plus, mais rarement trente-quatre heures (BROWN-SÉQUARD, VITZOU). La survie est un peu plus longue après la ligature en masse des deux pédicules.

La mort est précédée par des symptômes caractéristiques. La pupille est en général rétrécie; l'animal présente des vomissements, des convulsions, parfois le type respiratoire particulier décrit par CHEYNE-STOKES (des respirations fréquentes et de plus en plus énergiques succèdent à des périodes d'apnée. Le syndrome est connu sous le nom d'*urémie*, et résulte d'un empoisonnement mixte par les substances qui devraient constituer l'urine et peut-être aussi de l'absence d'une sécrétion rénale interne (Voy. p. 436).

La masse du sang augmente. Le nombre des globules rouges par millimètre cube diminue, en partie au moins par suite de la dilution (ACHARD et LOEPER). RIBADEAU-DUMAS et LECÈNE, DOPTER et GOURAUD ont signalé une augmentation des leucocytes. Le chiffre total des albuminoïdes s'abaisse. La concentration moléculaire augmente de $\frac{4}{100}$ à $\frac{17}{100}$ de degré, trois et sept heures après l'ablation des reins (Koranyi). A. Mayer et Loeper ont constaté le même phénomène mais moins accusé. La proportion de NaCl p. 1000 ne change pas (Achard et Loeper).

L'eau et les substances résiduelles telles que l'urée (Prévost et Dumas, 1821), qui normalement sont excrétées par le rein, s'accumulent dans le sang. La suppression des fonctions rénales n'équivaut pas cependant à une rétention pure et simple. Des éliminations supplémentaires ont lieu; l'urée en excès s'élimine par la salive, l'estomac et par l'intestin où elle est transformée en carbonate d'ammoniaque (Cl. Bernard et Bareswill, 1847) ; l'eau sort plus abondante par l'intestin et les poumons (Cl. Bernard, Achard et Loeper).

Le sang parvient encore à se débarrasser des substances étrangères qu'on y fait pénétrer mais plus lentement et moins complètement. Les substances en excès passent dans les tissus et les sécrétions, même là où elles ne pénétraient pas dans les conditions ordinaires. La concentration moléculaire tend à se rétablir — non pas au taux normal mais au taux où elle était avant la ligature du pédicule rénal par exemple et avant l'injection — presqu'aussi rapidement que lorsque la voie rénale est perméable (Achard et Loeper).

Le sang d'un animal urémique est toxique. Si on substitue en grande partie au sang d'un animal bien portant, du sang défibriné provenant d'un animal urémique, le chien transfusé ne présente pas les accidents qui caractérisent la dyspnée urémique ; toutefois si on pratique, avant la transfusion du sang uré-mique, l'extirpation des deux reins chez le transfusé, la respiration de ce dernier devient rapidement dyspnéique (Meyer). La toxicité des extraits d'organes ne varie pas, sauf celle du foie qui augmente d'un tiers (Baylac).

Donetti a observé des lésions du système nerveux dans l'urémie expérimen-tale. L'ablation des reins ne réduit pas toujours la survie dans les infections (Charrin et Riche).

Quantité de rein nécessaire à la vie. — Il est établi expérimentalement et cliniquement que l'on peut vivre en bonne santé avec un seul rein. Les premières expériences paraissent dues à J. Zambeccari, 1680. Simon de Heidelberg enleva le premier avec succès, de propos délibéré, un rein sain pour guérir une fistule utéro-cutanée rebelle. On a vu des grossesses évoluer normalement chez des femmes privées d'un rein.

La question de savoir quelle est la quantité de rein nécessaire à la vie a été souvent agitée. D'après Tuffier, Paoli, il suffit de laisser 1/4 de poids de l'organe en place. Micheli a constaté que si on pratique des extirpations partielles successives et espacées de façon à ne laisser que 1/6 du poids d'un rein, la survie est possible. Vitzou a observé chez le chien le maintien d'un excellent état général après l'ablation en une fois de la moitié d'un rein suivie, après guérison, de l'abla-tion totale de l'autre rein. Expérimentalement il est donc prouvé qu'une moitié de rein laissé en place avec ses connexions vasculaires suffit pour assurer les sécrétions externe et interne rénales. Les observations cliniques démontrent également qu'il est possible de survivre avec de très petites portions de substance rénale saine.

En général le rein ou la portion de rein maintenue en place s'hypertrophie. L'hypertrophie s'établit d'autant mieux et la survie est d'autant plus certaine que la soustraction ou la destruction du tissu rénal sont opérées plus lentement, graduellement.

Perméabilité rénale. — Certaines lésions rénales créent un obstacle à l'élimi-nation de l'urine. On voit apparaître parfois dans ces conditions : la céphalée, le myosis, le type respiratoire de Cheyne-Stokes, des vomissements, des convulsions, le syndrome plus ou moins complet de l'urémie.

Les substances étrangères qui pénètrent dans l'organisme ne sont pas éliminées. La térébenthine ingérée ne donne plus aux urines l'odeur habituelle de violette (Haux, 1820); les asperges l'odeur *sui generis* bien connue (Rayer, 1837). Le mercure, la morphine exposent à des accidents très graves à des doses qui seraient inoffensives à l'état normal.

Le volume des urines n'est pas nécessairement modifié ; l'albuminurie est inconstante et peut s'expliquer par d'autres causes. — Comment juger du degré de perméabilité du rein ? On a recommandé plusieurs méthodes.

a) Une méthode consiste à faire pénétrer dans l'organisme des substances faciles à déceler dans l'urine et à comparer la quantité éliminée, le début, la marche et la fin de l'élimination dans différentes conditions. On peut administrer les substances soit par l'intestin, soit par voie sous-cutanée, mais ces deux modes de pénétration ne sont pas absolument comparables, en raison des inégalités de l'absorption et du rôle rétenteur et excréteur du foie.

Chaque substance présente un coefficient propre de passage, de telle sorte qu'il ne faut pas se hâter d'étendre les conclusions obtenues avec un produit à d'autres substances. Toutes ne passent pas probablement par le même segment du tube urinifère (glomérule, tubuli contorti), mais nos connaissances sur ce sujet sont trop peu avancées pour permettre d'en déduire des conclusions utiles à la localisation des lésions.

Parmi les substances les plus employées il faut citer le bleu de méthylène (Achard et Castaigne), l'iodure de potassium, l'acide salycilique, la rosaniline trisulfonate de soude (Dreyfus), le chlorure de sodium (Claude et Balthazar).

Le bleu de méthylène est donné chez l'homme, à faibles doses, 20 centigrammes par jour par la bouche, 5 centigrammes en injection sous-cutanée; il ne s'élimine, dans ces conditions, que par le rein. A doses plus fortes 1 gramme par l'estomac; 8 centigrammes en injection sous-cutanée, il passe à peu près dans toutes les sécrétions. L'élimination a lieu en nature ou sous forme d'un dérivé incolore provenant d'une action réductrice de l'organisme (1); l'acide acétique à chaud régénère la matière colorante. Dans les conditions normales l'élimination commence chez l'homme un quart d'heure à une demi-heure après l'administration et dure trente-cinq à soixante heures.

Après une injection de 0.04 centigrammes d'iodure de potassium, la quantité éliminée dans les quatorze premières heures varie de 0,018 à 0,029 milligrammes. L'apparition est presque immédiate : l'élimination atteint rapidement le maximum, puis décroît progressivement et ne subit que de rares oscillations.

Le chlorure de sodium est donné généralement à la dose de 6 à 10 grammes en supplément du régime lacté. L'augmentation du taux des chlorures dans l'urine commence et cesse brusquement en même temps que le début et la fin de l'ingestion de NaCl chez les sujets normaux.

D'une manière générale l'élimination du bleu ou des chlorures est plus tardive et se prolonge plus longtemps dans les néphrites interstitielles; toutefois les résultats des épreuves ne sont pas toujours univoques. L'attitude exerce une influence. La station debout gène le fonctionnement rénal (Wendt, Quincke, Laehr) et abaisse en général de plus d'un tiers l'élimination du bleu et de

---

(1) Le bleu est décoloré par les tissus frais (Achard et Castaigne) et en particulier par le foie (Mavrojanis).

l'iodure (LINOSSIER et LEMOINE). L'imperméabilité pour NaCl n'est jamais absolue. Elle peut coïncider avec la perméabilité pour l'urée (WIDAL et JAVAL).

ACHARD et DELAMARE ont constaté que chez les individus dont le rein fonctionne mal, la phlorydzine ne provoque pas de glucosurie ; si le sucre apparaît, la quantité est moindre que dans les conditions ordinaires. Chez l'homme normal, après une injection de 0,005 millimètres sous la peau, le sucre apparaît pendant 3 heures environ ; la quantité varie de 0 gr. 5 à 2 gr. 5.

c. La cryoscopie permet de connaître le nombre des molécules physiques éliminées par vingt-quatre heures (diurèse moléculaire totale). On détermine le point de congélation Δ de l'urine. Le nombre de molécules contenues dans 1 centimètre cube de solution P congelant à Δ degrés centigrades est $\dfrac{\Delta}{1850}$. Le volume V d'urine des vingt-quatre heures contient donc $\dfrac{\Delta}{1850} \cdot V = \dfrac{100\,\Delta\,V}{185\,000} = 100\,\Delta\,V$ molécules en supprimant le coefficient de proportionnalité 1/185 000. En divisant ce nombre par le poids P du sujet on a le nombre de molécules éliminées dans les vingt-quatre heures par chaque kilogramme d'individu supposé homogène.

Le nombre de molécules physiques éliminées dans les vingt-quatre heures par chaque kilogramme d'individu supposé homogène est chez l'homme normal de 3 000 à 4 000 ; cependant on constate des écarts notables de cette moyenne. Ces écarts, d'après CHANOZ et LESIEUR, doivent être mis sur le compte des changements d'alimentation ou d'habitude. Les sujets très gras ont une élimination atteignant à peine 3 000 molécules par kilogramme. Ce fait confirme l'idée de BOUCHARD que tout : nutrition, élimination, doit être rapporté non pas au kilogramme de poids, mais au kilogramme d'albumine fixe, seule active (CHANOZ et LESIEUR).

Chez les jeunes sujets la diurèse moléculaire totale est plus élevée que chez les adultes, ce qui vient à l'appui de cette idée que la nutrition chez les enfants est plus active que chez l'adulte. Chez les enfants les variations dans le temps de la diurèse moléculaire totale sont aussi plus importantes que chez les adultes. Les variations dans le temps de $\dfrac{100\,\Delta\,V}{P}$ sont plus importantes chez les enfants que chez les adultes (CHANOZ et LESIEUR).

CLAUDE et BALTHAZAR (avec KORANYI) supposent :

a. Que l'eau et le chlorure de sodium filtrent au niveau du glomérule ;

b. Que toutes les substances autres que le chlorure de sodium, c'est-à-dire tous les substances élaborées par l'organisme sont sécrétées par les tubuli contorti ;

c. Qu'il y a, au niveau des tubuli contorti, résorption d'eau et échange équimoléculaire entre NaCl et les substances élaborées (urée...)

Ils mesurent :

a. L'activité fonctionnelle du glomérule par la diurèse moléculaire totale.

$$\frac{\Delta V}{P}.$$

b. La quantité de molécules élaborées au niveau des épithéliums tubulaires.

$$\frac{\delta V}{P}.$$

c. L'activité des épithéliums rénaux par le rapport de toutes les molécules éliminées au nombre des molécules élaborées achlorées.

$$\frac{\Delta}{\delta} \qquad \text{où} \qquad \delta = \Delta - (p \times 0,605).$$

D'après Claude et Balthazar, le rapport $\frac{\Delta}{\delta}$ croît comme $\frac{100\,\Delta\,V}{p}$. Pour une valeur donnée de $\frac{100\,\Delta\,V}{p}$ il y a une valeur de $\frac{\Delta}{\delta}$ qui ne doit pas être dépassée chez les sujets normaux. Si elle est dépassée il y a, d'après ces auteurs, insuffisance de l'épithélium canaliculaire.

Pour calculer le nombre de ces molécules éliminées on détermine d'abord Δ, c'est-à-dire la somme des abaissements partiels dus à NaCl et aux substances achlorées. Puis on mesure le poids p de NaCl contenu dans 100 de liquide. L'abaissement dû à NaCl est p fois l'abaissement dû à 1 p. 100, soit $p \times 0.605$ d'après Claude et Balthazard, 0,585 d'après Chanoz et Lesieur. Par suite, l'abaissement dû aux substances élaborées est $100\,\Delta - p \times 58,5 = 100\,\delta$. Le nombre de ces particules élaborées est, par suite, $100\,V\,\delta$ et la diurèse de ces molécules élaborées, rapportée au kilogramme d'individu, est $\frac{100\,V\,\delta}{p}$.

Ces valeurs limites, actuellement admises, sont les suivantes :

1,10 pour	$\frac{100\,\Delta V}{p}$ =	500	1,70 pour	$\frac{100\,\Delta V}{p}$ =	3 500
1,20	— =	1 000	1,80	— =	4 000
1,30	— =	1 500	1,90	— =	4 500
1,40	— =	2 000	2,00	— =	5 000
1,50	— =	2 500	2,10	— =	5 500
1,60	— =	3 000	2,20	— =	6 000

Pour permettre la confrontation facile des résultats observés avec la loi limite indiquée, Chanoz et Lesieur expriment graphiquement ces limites portant $\frac{100\,\Delta V}{p}$ en abscisses ; $\frac{\Delta}{\delta}$ en ordonnées. On obtient une droite allant de $\frac{\Delta}{\delta} = 1$ pour $\frac{100\,\Delta V}{p} = 0$ à $\frac{\Delta}{\delta} = 2,20$ pour $\frac{100\,\Delta V}{p} = 6\,000$.

Dans ce mode de réprésentation chaque urine de vingt-quatre heures est figurée par un point : en numérotant les points des différents jours et les réunissant par une courbe on peut rapidement suivre dans le temps les variations de $\frac{\Delta}{\delta}$ par rapport à $\frac{100\,\Delta V}{p}$. D'après Claude et Balthazard, la perméabilité sera normale si le point figuratif est placé au-dessous de la droite, insuffisante si le point est au-dessus. Chanoz et Lesieur ont constaté que la loi de Claude et Balthazard est vraie d'une manière générale, mais que des sujets considérés comme normaux ont parfois des $\frac{\Delta}{\delta}$ caractérisant l'imperméabilité rénale suivant la formule de Claude et Balthazard. Chanoz et Lesieur estiment que l'alimentation est un facteur important. L'absorption de fortes doses de NaCl donne à des sujets sains la formule de l'imperméabilité. Il y a donc lieu, quand on applique la méthode, de soumettre le patient à un régime lacté un ou deux jours avant l'expérience.

I. — TOXICITÉ DES SÉCRÉTIONS.

Les glandes éliminent des produits nuisibles et servent ainsi à la dépuration de l'organisme.

1. Toxicité de la sueur. — La sueur n'est pas un simple moyen de réfrigération pour l'organisme ; elle a un caractère excrémentitiel. La toxicité de la sueur de l'homme en bonne santé a été constatée expérimentalement par Röhrig le premier, puis étudiée surtout par Arloing, Charrin et Mavrojannis.

Conditions expérimentales. — Les conditions expérimentales les plus parfaites ont été réalisées par S. Arloing. Ce physiologiste a utilisé des liquides obtenus par deux procédés : l'un consistait à absorber la sueur dans le tissu d'une flanelle, à l'en extraire ensuite par des lavages à l'eau distillée et à ramener la solution aqueuse au volume de la sueur naturelle. L'autre, à soumettre des personnes saines à l'action d'un courant d'air chaud (55°-60°) dans un appareil approprié (appareil de Berthe). Les personnes familiarisées aux bains d'air chaud peuvent y rester exposées quinze à vingt minutes pendant lesquelles elles peuvent recueillir 120 à 150 grammes de sueur.

Les extraits aqueux ou la sueur naturelle étaient injectés à des animaux soit dans les veines, soit dans le péritoine ou même le tissu cellulaire sous-cutané. Arloing n'est pas parvenu à faire mourir les animaux sur-le-champ. Ses efforts ont abouti à provoquer un empoisonnement dont la durée a été au maximum de trois jours et demi, au minimum de quinze heures.

Doses toxiques. — Les extraits aqueux ramenés au volume de sueur qu'ils contiennent, ainsi que la sueur naturelle de personnes en parfaite santé, possèdent à peu près la même puissance toxique. Injectés dans les veines du chien ils tuent cet animal à la dose moyenne de 10 à 15 centimètres cubes par kilogramme de poids vif. La dose moyenne pour faire mourir le lapin varie de 20 à 25 centimètres cubes par kilogramme de poids vif. Elle s'élèverait à 25 ou 30 centimètres cubes par kilogramme pour le cobaye lorsqu'elle est introduite dans la cavité péritonéale; cependant il est arrivé à Arloing de faire mourir des sujets de cette espèce en vingt heures par une dose de 20 centimètres cubes par kilogramme injectée dans le péritoine et même exceptionnellement dans le tissu conjonctif sous-cutané.

Charrin et Mavrojannis fixent la dose toxique pour le lapin entre 65 et 75 centimètres cubes par kilogramme. Ces auteurs recueillaient la sueur d'un sujet porteur d'un vêtement caoutchouté fermant

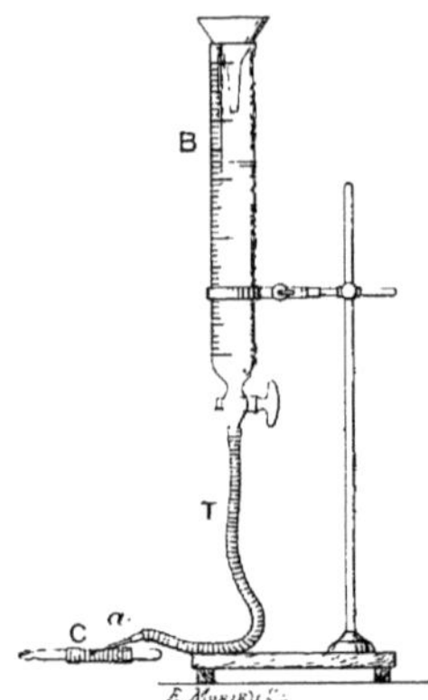

Fig. 95. — *Dispositif pour injecter la sueur dans la jugulaire du lapin* (d'après Arloing).

On place dans la jugulaire une canule C prolongée par un tube de caoutchouc fermé par un fragment d'agitateur. La canule est préalablement remplie d'une solution de NaCl à 9 p. 1000. L'aiguille *a* est enfoncée dans le tube de caoutchouc. On évite mieux ainsi la pénétration de l'air. — B, burette de Mohr contenant le liquide à injecter.

hermétiquement autour des chevilles et des poignets. La sueur s'accumulait dans les parties déclives. Il est probable que la différence qui sépare Arloing, de Charrin et Mavrojannis, s'explique par les procédés différents employés pour la récolte du liquide. Arloing estime de plus que les doses de 65 à 75 centimètres cubes étaient hypertoxiques, car les sujets injectés par Charrin et Mavrojannis, sont tous morts en moins de vingt-quatre heures, quelques-uns entre une demi-heure et deux heures.

Si la sueur était retenue dans l'organisme, la quantité sécrétée en vingt-quatre heures serait capable d'empoisonner un homme du poids moyen de 65 kilogrammes (Arloing).

Caractères généraux de l'intoxication. — Les troubles physiologiques éclatent immédiatement, plus ou moins tumultueusement selon la sueur et les sujets exposés à l'intoxication. Chez le chien si la dose injectée est capable de produire un empoisonnement suraigu, on voit se dérouler les symptômes suivants : d'abord de l'agitation puis de la tristesse ; des tremblements ; l'élévation de la température centrale ; des vomissements répétés ; de la diarrhée parfois sanguinolente. La respiration est d'abord ralentie puis devient petite et accélérée. Le cœur, très précipité au début, reprend pendant quelques heures son

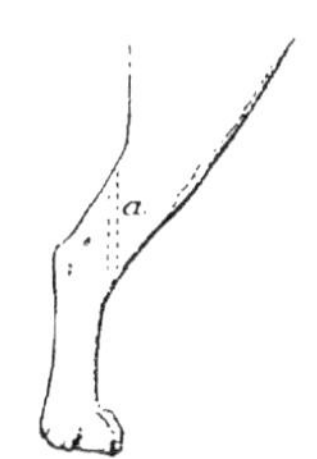

Fig. 96. — *Veine saphène du chien.*

rythme ordinaire puis s'accélère de nouveau tout en s'affaiblissant de plus en plus. L'artère est molle, dépressible ; le pouls à peine perceptible. Les extrémités se refroidissent. La prostration est extrême. La température centrale tombe au-dessous de la normale. Tous ces troubles évoluent en l'espace de quinze à vingt heures. Si l'empoisonnement n'affecte pas le caractere suraigu, il dure plusieurs jours. Une amélioration éphémère se manifeste au bout de vingt-quatre heures. A cette amélioration succède une fièvre modérée, de l'inappétence, un dépérissement profond. Le sujet meurt en hypothermie. Si la dose de sueur est encore moins forte, ou si le sujet est plus résistant, le malade guérit entièrement ou bien il tombe insensiblement dans un état cachectique qui l'emporte en l'espace de quinze à trente jours. Arloing insiste encore sur l'amaigrissement, la destruction des globules rouges (en deux jours il peut y avoir des pertes de 2 millions et plus), la diminution et même la disparition du glucose du sang et du glycogène hépatique. Charrin et Mavrojannis ont contaté de l'hémoglobinurie. — Le lapin ne vomit pas, mais il présente tous les autres symptômes signalés sur le chien.

Variations de la toxicité. Lésions provoquées. — La toxicité varie suivant les conditions qui président à la récolte de la sueur ou à la sécrétion.

La sueur recueillie à la suface de la peau, comprenant la partie adhérente au tégument (Arloing), est plus toxique que la partie vaporisée et condensée sur d'autres surfaces (Charrin et Mavrojannis). La sueur provoquée par le travail est plus toxique que la sueur artificiellement provoquée par des bains de vapeur ou des douches d'air chaud. La toxicité de la sueur sécrétée pendant le travail musculaire augmente avec l'intensité du travail. Si la sueur est provoquée par un moyen artificiel à la suite d'un travail musculaire pénible et prolongé, sa toxicité l'emporte sur celle de la sueur sécrétée après le repos. Arloing a rencontré une personne dont la sueur sécrétée après le repos laissait survivre le chien à la dose de 22 centimètres cubes par kilogramme de poids vif, tandis qu'elle tuait un animal de la même espèce à la dose de 15 centimètres cubes lorsqu'elle était fournie après une longue course en bicyclette.

La sueur sécrétée pendant le travail est vomitive et produit une violente congestion de l'appareil gastro-intestinal. Les lésions ressemblent traits pour traits à celles que Courmont, Doyon et Paviot ont décrites à la suite de l'empoisonnement par la toxine diphtérique. La muqueuse de l'intestin grêle est épaissie, infiltrée, recouverte d'un exsudat sanguinolent, abondant, riche en hématies, en leucocytes et en cellules épithéliales desquamées. La glande hépatique présente chez la plupart des sujets l'aspect et les caractères du foie dit infectieux (Arloing).

La toxicité augmente d'une manière sensible dans la sueur obtenue d'un sujet chez lequel existent des signes de rétention de la sécrétion sudorale causée par le refroidissement de la peau. Chez une même personne la sueur n'a pas une toxicité constante, qu'elle ait été sécrétée pendant le travail ou après le repos. *A fortiori* entre deux personnes se plaçant en apparence dans des conditions identiques peut-on relever quelques différences (Arloing).

La sueur est nécrosante dans le tissu conjonctif à la façon de l'urine aseptique (Arloing).

Nature des poisons sudoraux. — Les poisons sudoraux sont fixes. Il faut les recueillir à la surface de la peau, et non sur les surfaces où la sueur est allée se condenser. Les sueurs odorantes ne sont pas plus toxiques que les inodores. La chaleur n'enlève qu'une petite partie de la toxicité (Arloing, 1898). D'après Mavrojannis les principes solubles dans l'éther sont toxiques et globulicides ; les principes solubles dans l'eau causeraient de la diurèse et des accidents graves de l'appareil digestif.

Comparaison avec l'urine. — La toxicité de la sueur est au moins égale à celle de l'urine, lorsqu'on se borne à produire une intoxication urinaire lente. Elle croît en même temps que celle de l'urine sous l'influence du travail musculaire (Arloing).

II. Toxicité de l'urine. — La toxicité de l'urine normale a été successivement étudiée principalement par Feltz et Ritter 1881, Bocci 1882, Schiffer 1883. Dès 1883, Bouchard reprit cette étude et lui donna un développement considérable.

Bouchard a imaginé une méthode permettant d'évaluer la toxicité urinaire et de comparer cette toxicité dans toutes les conditions. Il a démontré que l'effet nocif est une résultante ; séparé et déterminé l'action des différentes substances actives. Enfin il a fixé les principales variations de la toxicité urinaire, établi la cause de ces variations et montré leur importance en physiologie et en clinique.

Démonstration et mesure de la toxicité urinaire. — L'urine normale injectée sous la peau est peu toxique ; dans les veines, à dose suffisante, elle provoque des accidents et la mort.

Pour mesurer la toxicité, la méthode actuellement la plus parfaite est celle de Bouchard.

L'urine est injectée sous une faible pression avec une vitesse uniforme et lente (15 à 20 centimètres cubes en une minute, par exemple) dans la veine auriculaire d'un lapin jusqu'à ce que l'animal meure. Bouchard désigne sous le nom d'urotoxie le nombre de centimètres cubes nécessaires pour tuer un kilogramme de poids vif de lapin ; le coefficient urotoxique est le nombre d'urotoxies ou d'unités urotoxiques fournies par un sujet en vingt-quatre heures, divisé par le nombre de kilogrammes que pèse le sujet ou, ce qui revient au même, le nombre ou la fraction d'urotoxies fournis par un kilogramme de poids (d'homme) en vingt-quatre heures. En vue de préciser la signification du calcul, Bouchard a proposé récemment de tenir compte uniquement de ce qui dans l'homme est agissant, de ce qui vit et fabrique les poisons, de la matière protéique constitutive des tissus, de l'albumine fixe de tout le corps. Le kilogramme du corps normal d'un homme normal renferme en moyenne 148 grammes d'albumine fixe.

La méthode de Bouchard donne des résultats comparables et suffisamment précis. Quand on soumet à des épreuves successives, rigoureusement identiques, une urine donnée, les chiffres obtenus sont en général très voisins. Toutefois elle n'aboutit pas à une formule où tous les poisons de l'urine sont représentés proportionnellement à leurs toxicités respectives évaluées isolément. L'urine est en effet une solution complexe de poisons dont les uns agissent rapidement, les autres lentement.

Caractères généraux de l'intoxication. — Les accidents provoqués par l'injection intraveineuse d'urine sont les suivants :

La pupille se rétrécit au point de devenir punctiforme. Souvent il y a de l'exophtalmie. La circulation et la respiration sont modifiées. La diurèse est augmentée, la température baisse ; l'animal produit moins de chaleur. Finalement on constate de l'abattement, de la somnolence, la narcose, le coma, parfois de l'agitation, des convulsions BOUCHARD, CHARRIN).

Substances toxiques. — L'urine est un mélange complexe de poisons BOUCHARD) :

Les substances toxiques sont : a) des sels minéraux et surtout la potasse (FELTZ et RITTER : b) des éléments de nature organique provenant de la désassimilation des tissus (BOUCHARD), tels que alcaloïdes, corps amidés, pigments ; des composés, les uns solubles dans l'alcool, les autres insolubles ; les uns retenus par le charbon, les autres filtrant sans être fixés.

Les sels minéraux possèdent chez l'homme les 4/10 de la toxicité ; chez le chien les 6/10 ; chez le cobaye les 7/10 ; chez le lapin au moins les 8/10.

Pour fixer les idées voici, d'après CHARRIN, quelques chiffres qui indiquent la toxicité des différents éléments qui peuvent entrer dans la composition de l'urine. Ces chiffres se modifient d'ailleurs suivant les espèces.

L'urée amène la mort quand on fait pénétrer 6 p. 1000 (de poids vif) de cette substance dans les veines ; KCl : 018 ; PO^4,K^2H : 0,28 ; $NaCl$: 5 ; le sulfate de soude : 6 à 9 ; les sels magnésiés : 0,70 ; les composés calciques : 1,6. Il faut injecter p. 1000 : 0,75 d'acide urique pour faire naître des troubles considérables, et encore ces troubles doivent-ils être mis en partie sur le compte des sels de soude nécessaires à la dissolution de ce corps. L'acide hippurique tue 1 kilogramme de matière vivante à la dose de 4 à 5 gr. La leucine, la tyrosine, la créatine sont très peu toxiques. La taurine est nuisible à la dose de 0,50 par kilogramme. La xanthine, l'hypoxanthine, la guanine peuvent déterminer des perturbations, mais il faut en introduire de fortes quantités.

Une part de la toxicité globale résulte de la perturbation des échanges osmotiques ; les urines injectées ont en général une tension osmotique presque toujours plus élevée que celle du lapin BOUCHARD, HALLION).

La toxicité de certaines dilutions urinaires va d'abord en décroissant jusqu'à une certaine valeur de la dilution et croît ensuite pour atteindre la toxicité de l'eau distillée pour une dilution infinie ; certaines urines peuvent, sans amener la mort, être injectées dans les veines à la dose de 200 centimètres cubes, et pourtant ces urines renferment des poisons, comme on peut s'en assurer en injectant ces résidus secs repris par l'alcool (CLAUDE et BALTHAZARD).

L'eau distillée est nocive à partir de 90 centimètres cubes par kilogramme d'animal et tue vers 120 centimètres cubes (BOUCHARD).

Rapport des symptômes de l'intoxication avec les divers poisons de l'urine. — BOUCHARD a démontré que les divers symptômes de l'intoxication sont produits par des principes différents.

La diurèse est provoquée par l'urée. Le myosis et les spasmes sont dus à des corps organiques, fixés par le noir animal, altérés par la chaleur, peut-être des pigments. Les grandes convulsions sont l'œuvre des sels minéraux, surtout des sels de potasse. On modifie les propriétés offensives de l'urine en enlevant les

sels de potasse à l'aide de l'acide tartrique. De faibles quantités d'urine provoquent la contraction pupillaire ; par contre, pour déterminer en dehors des
sels minéraux des accidents convulsifs, il faut introduire des proportions notables
de liquide. Les principes générateurs de la narcose et de la salivation sont l'un
et l'autre fixes, solubles dans l'alcool et organiques. Le premier n'est pas retenu
par le charbon, le second est ordinairement masqué, quand on introduit le contenu vésical en nature, par des matériaux qui tuent avant que l'animal n'ait
reçu la dose propre à entraîner la salivation. L'hypothermie paraît due aux sels
ammoniacaux.

Les urines jaunes, pâles, à toxicité minérale prédominante, ont pour caractéristique, quand on les injecte dans les veines du lapin, de provoquer l'arrêt du
cœur ; les urines plus foncées, à toxicité organique prédominante, ont pour
caractéristique principale de déterminer le myosis (Bouchard).

Variations. — En moyenne, dans les conditions expérimentales fixées par
Bouchard, 40 à 45 centimètres cubes d'urine humaine sont nécessaires pour
tuer 1 kilogramme de poids vif de lapin. D'après Bénech, la dose mortelle de
l'urine de l'adulte sain, injectée dans la veine auriculaire à raison de 10 centimètres cubes par minute, est de 70 à 80 centimètres cubes.

L'urine du nouveau-né est moins toxique que celle de l'adulte. Bouchard a
établi que la toxicité urinaire croît graduellement à partir du réveil et qu'elle
diminue pendant la nuit. Pendant le jour le maximum de toxicité survient
après le repas de midi (Charrin, Balthazard). La nature des aliments n'est pas
sans importance. L'ingestion de substances riches en potasse, telles que le choux,
provoque l'émission d'urines très convulsivantes et très toxiques. Le régime
lacté fournit peu de potasse et livre aux parasites du tube digestif un minimum
de déchets fermentescibles. L'exercice au grand air abaisse la toxicité d'un quart
environ par suite de l'oxydation des déchets nuisibles de l'économie. Un repos
trop prolongé, le surmenage conduisent à un excès de toxicité. La maladie
imprime à la toxicité urinaire une foule de variations quantitatives et qualitatives. Dans plus d'un cas les toxines microbiennes s'échappent par le rein.
Bouchard a reproduit tous les principaux phénomènes du véritable choléra asiatique humain en introduisant dans la circulation des animaux les urines des
cholériques. Il a fait apparaître l'anurie, le flux intestinal, les crampes, l'hypothermie. La sécrétion rénale des diphtériques provoque des paralysies semblables
à celles qu'engendrent les toxines du bacille de Löffler (Roux et Yersin),
J. Courmont et Doyon ont provoqué des convulsions en injectant au lapin les
urines de chiens tétaniques. Il s'en faut cependant qu'il soit possible de reproduire par des injections d'urine le tableau de toutes les maladies infectieuses.
Les échecs tiennent en partie à ce que le lapin n'est pas sensible à tous les
toxiques comme cela est pour la belladone ; en partie à ce que les toxines
n'agissent pas toujours à la façon des alcaloïdes. Certaines toxines (diphtérie,
tétanos) exigent une période d'incubation (J. Courmont et Doyon). Les urines
des chiens auxquels on a lié la veine porte par le procédé d'Oré sont hypertoxiques (Colasanti).

Si on injecte une dose d'urine légèrement inférieure à celle qui entraîne
fatalement la mort immédiate, le lapin guérit le plus souvent, sauf cependant
le cas où l'urine provient de sujets malades. Charrin a constaté que si les urines
proviennent d'enfants même privés de fièvre mais chétifs et malingres, elles
provoquent des lésions du foie et des reins comparables à celles qui existent
chez les rejetons.

Origine des substances toxiques. — Les matières toxiques de l'urine ont une origine multiple. Les unes dérivent des aliments (minéraux), d'autres des fermentations dont le tube digestif est le siège ; la plupart, de la désassimilation des tissus. En réduisant les fermentations intestinales au minimum soit par des moyens antiseptiques, soit par le régime lacté, les urines deviennent moins toxiques.

Valeur clinique de la détermination. — La détermination de la toxicité urinaire permet de juger la perfection de la destruction, c'est-à-dire la rapidité avec laquelle la matière qui se détruit parcourt toutes les phases de la métamorphose régressive et arrive à être aussi complètement détruite que peut l'être la matière excrémentitielle (BOUCHARD).

III. **Toxicité de la bile.** — La bile dissout les globules blancs et rouges, les cellules hépatiques, les cellules épithéliales, les fibres musculaires. C'est un poison protoplasmique (HÜNEFELD, 1840 ; RYWOSCH).

L'injection sous-cutanée de la bile de bœuf au lapin détermine localement de la nécrose ; les symptômes généraux sont : une légère augmentation de la température, la diminution temporaire des hématies et des leucocytes ; si on injecte assez de bile pour amener la mort, la température *ante mortem* peut tomber à plusieurs degrés au-dessous de la normale. Un à deux centimètres cubes de bile diluée, injectés dans les veines, provoquent les mêmes symptômes (A. RUFFER et MILTON CRENDIROPOULO).

La bile de bœuf étendue de deux fois son volume d'eau et injectée dans les veines du lapin produit la mort à la dose de 4 à 6 centimètres cubes de bile pure par kilogramme d'animal (BOUCHARD). La bile cystique de chien est plus toxique que la bile de fistule. La bile cystique tue le lapin en 3 ou 4 minutes lorsqu'elle est injectée à raison de 6 cc. 3 par kilogramme d'animal : il faut 21 cc. 5 de bile de fistule et la mort survient en 8 à 10 minutes (COLASANTI). La toxicité de la bile diminue après la ligature de la veine porte. La bile introduite par le tube digestif n'est pas toxique (DASTRE).

La bile est toxique surtout par la bilirubine. Décolorée, elle perd une grande partie de sa toxicité (BOUCHARD, TAPRET, de BRUIN, COLASANTI) et en particulier son effet hypothermisant (CHARRIN et CARNOT). Les acides et les sels biliaires dissolvent les hématies et d'autres cellules. Ils provoquent, d'après RÖHRIG, le ralentissement du cœur par paralysie du système accélérateur cardiaque.

Le glycocholate de soude tue à la dose de 0 gr. 54 par kilog. (BOUCHARD, TAPRET, BRUIN), le taurocholate 0 gr. 46; la bilirubine à la dose de 0 cc. 05. On tue instantanément un lapin de 3 kilog. avec 0 gr. 30 taurochol. dans les veines. (RIST et RIBADEAU-DUMAS).

IV. **Toxicité des ferments.** — 0 gr. 1 de pepsine introduite sous la peau d'un lapin tue l'animal en deux ou trois jours. On constate de l'hyperthermie, des tremblements, parfois des convulsions, de la dyspnée: enfin le coma (HILDEBRANDT). Les ferments injectés dans les veines du chien diminuent la coagulabilité du sang (ALBERTONI, FIQUET).

J. — ROLE DES SÉCRÉTIONS ET DES GLANDES DANS LA PROTECTION DE L'ORGANISME

Les glandes sont des instruments efficaces de protection. Elles éliminent en partie les poisons que le sang leur amène. Certaines fixent et même neutralisent en partie les poisons que le sang leur amène. Par leurs sécrétions elles exercent également un rôle défensif, soit mécaniquement, soit en s'opposant à la pénétration des agents pathogènes, soit par la mise en jeu de propriétés spéciales, antitoxiques, bactéricides, etc....

Fonctions antitoxiques du foie. — Cl. Bernard a démontré que si on injecte des sucres, de l'albumine de l'œuf, etc., comparativement dans une veine de la circulation générale et dans la veine porte, la substance injectée se retrouve plus abondante dans l'urine dans le premier cas que dans le second. Si l'injection dans la veine porte est faite avec une lenteur suffisante et si la dose ne dépasse pas certaines limites, la substance peut être entièrement retenue et modifiée par le foie. Bouchard, Roger, Gilbert et Carnot, Plotz et Gyergyai, etc., ont étendu ces expériences à la caséine, aux peptones, à d'autres substances. Lautenbach 1876, Schiff 1877, Heger, Jacques les premiers ont signalé le rôle protecteur du foie vis-à-vis des poisons. Capitan, Gey, Eon du Val, Chouppe, Roger, Garnier, Albanese, Gilbert et Carnot, Carrara, Montuori, etc., ont apporté de nombreux exemples particuliers de cette protection.

On démontre le rôle protecteur du foie, soit en injectant comparativement, d'après la méthode de Cl. Bernard, le poison dans la veine porte et dans une veine de la circulation générale, soit en triturant, *in vitro*, le tissu hépatique avec la substance considérée, soit encore au moyen des circulations artificielles. On constate que le poison perd une partie de sa toxicité si on l'introduit par la veine porte ou si on le met en contact avec le foie. On peut aussi comparer l'action d'un poison chez la grenouille avant et après l'ablation du foie, chez le chien avant et après l'établissement d'une fistule d'Eck.

L'action du foie s'exerce particulièrement sur les alcaloïdes végétaux; elle s'étend aussi sur les produits de putréfaction qui prennent naissance dans l'intestin, à l'acide oxalique, etc..., aux gaz toxiques (hydrogène sulfuré), aux ptomaïnes en général, à certains poisons microbiens et à des microbes (charbon, Roger et Lemaire). Certains métaux s'accumulent aussi dans le foie où ils peuvent être décelés par l'analyse chimique ou des réactions microchimiques (fer, plomb, arsenic, cuivre, mercure, etc.). On sait enfin que le foie fixe et élimine d'une manière élective les pigments.

Le pouvoir antitoxique du foie est en rapport étroit avec la richesse de cet organe en glycogène (P. Teissier). Le glycogène possède des propriétés bactéricides. Il est susceptible, *in vitro*, d'atténuer les effets toxiques de certains poisons (nicotine). L'action antitoxique du glycogène ne s'exerce pas cependant vis-à-vis de tous les poisons; elle peut être nulle (strychnine) ou inverse (toxine diphtérique), ce qui est en accord avec les données de la physiologie expérimentale (P. Teissier). On sait en effet que le foie n'arrête pas tous les poisons (alcool, acétone, digitaline) et que les virus diphtérique et pneumo-bacillaire peuvent être renforcés par leur passage à travers le foie (J. Teissier et Guinard). Gilbert, Lion, Yersin ont montré que le foie ne protège pas vis-à-vis du streptococcus et du coli; l'inoculation par la veine porte est plus dangereuse que par une autre veine; il faut, du reste, tenir compte de la virulence du microbe.

La fonction antitoxique se confond dans une certaine mesure avec la fonction uropoiétique dont le foie est le siège principal (Meissner, 1864). Le foie transforme en urée un grand nombre de déchets dont quelques-uns sont très toxiques et proviennent de la désintégration des albumines et des nucléines ou se forment dans l'intestin (tels que acides amidés, purines, composés ammoniacaux) (Pawlow, Nencki, Salkowski, Dastre). Cette transformation s'opère avec le concours de l'oxygène (Dastre); elle est entravée par la ligature des artères du foie (Doyon et Dufourt).

Le foie n'est pas le seul organe exerçant une action destructive. Le rein broyé avec de l'atropine, de l'arsenic, de la morphine…, neutralise ces poisons ; le muscle neutralise la strychnine, renforce l'arsenic ; le poumon neutralise la morphine, la strychnine, exalte l'arsenic (BROUARDEL et THOINOT). Le mélange *in vitro* de tissu cérébral, de cobaye, de lapin… et de toxine tétanique neutralise les effets de celle-ci (WASSERMANN et TAKAKI, etc.).

Salive. — La salive empêche la stagnation des microbes et les entraîne. D'une manière générale, elle ne possède pas de propriétés bactéricides bien nettes. Aux doses comparables à celles qui se rencontrent dans la salive le sulfocyanure de potassium est inactif (NICOLAS). Par contre, la salive agit sur les produits sécrétés par les microbes et d'autres substances solubles telles que les venins. Les anciens Psylles (Afrique septentrionale) au début de notre ère employaient déjà leur salive contre la morsure des serpents. WEHRMANN a constaté que l'amylase de la salive humaine mélangée à des doses très rapidement mortelles de venin empêche définitivement son action toxique. Par suite des produits microbiens et des diastases qu'elle contient, la salive peut provoquer chez les leucocytes (des amygdales) une sensibilité chimiotaxique positive ; les leucocytes attirés englobent les microbes (HUGENSCHMIDT, METCHNIKOFF).

Suc gastrique. — Le suc gastrique empêche ou arrête la putréfaction. *In vitro* il atténue un grand nombre d'espèces microbiennes, même les spores charbonneuses et le bacille tuberculeux ; toutefois il faut un contact de plusieurs heures avec une quantité suffisante de suc gastrique (FALK 1883, WESENER 1885, STRAUSS et WURTZ 1888, CARRIÈRE 1897). L'action du suc gastrique dépend surtout de l'acidité. La pepsine agit sur quelques produits microbiens : la toxine diphtérique (GAMALEÏA, NENCKI et SIEBER SCHOUMOW-SIMANOWSKY), la toxique tétanique (NENCKI, SIEBER SCHOUMOW-SIMANOWSKY), d'autres toxines microbiennes (CHARRIN et LEFÈVRE). La ricine soumise à l'action de la pepsine et de l'acide chlorhydrique ne perd pas sa toxicité mais perd presque complètement son pouvoir agglutinant (F. MÜLLER). C'est l'inverse pour l'abrine (HAUSMANN). Le suc gastrique détruit le virus rabique (WYRSIKOWSKY ; TIZZONI et CANTANI).

In vivo il est douteux que le suc gastrique exerce une action bien accusée ; le séjour des ingesta dans l'estomac est probablement trop court. Cependant on a signalé une pullulation exagérée des microbes lorsque l'acidité du suc gastrique diminue. Certains microorganismes, la plupart peu pathogènes, il est vrai, poussent bien même en milieu acide : tels sont les blastomycètes (levures, torulas), les sarcines, quelques bacilles dits acidophiles, des spirilles (BIZZOZERO, SALOMON).

Suc pancréatique. — La trypsine agit sur le poison diphtérique (NENCKI, SIEBER SCHOUMOW, CHARRIN et LEVADITI), les venins des serpents (WEHRMANN : 1 centimètre cube de trypsine tue 10 000 à 100 000 doses mortelles de toxine diphtérique ; 0,06 centimètre cube de trypsine et 0,02 centimètre cube de bile tuent 10 000 doses de toxine tétanique. L'abrine résiste à la trypsine et aux oxydases (animales et végétales), (REPIN, HENSEVAL, HAUSSMANN, SIEBER).

Bile. — La bile exerce un effet protecteur vis-à-vis de certains poisons microbiens. Elle neutralise les toxines diphtérique et tétanique, les venins (FRASER, PHISALIX, CALMETTE, VINZENZI), même si elle a été au préalable chauffée à 100°-120°, pourvu que le mélange ait été assuré avant l'injection. Si le venin est injecté dans la vésicule il tue comme s'il avait pénétré par la voie sous-cutanée, par suite probablement de la rapidité de l'absorption (CALMETTE). La bile des animaux morts de peste bovine vaccine les bovidés (KOCH). On préserve les animaux de la rage lorsque le virus rabique injecté est mélangé avec de la bile de lapins morts de rage (Franzius), ou même de la bile de lapins normaux (Vallée). La bile est sans action contre les toxines cholérique et botulique.

La bile paraît exercer une action antiseptique dans l'intestin (voyez page 355, tome IV) ; cependant la bile n'est pas un mauvais milieu de culture. Hugounenq et Doyon ont constaté que si on abandonne de la bile de bœuf ou de chien dans une éprouvette au contact de l'air, à la température du laboratoire ou à l'étuve, peu à peu la teinte verte du liquide disparaît et fait place à une belle coloration rouge, rappelant celle de la bilirubine. La transformation s'opère graduellement des parties profondes de l'éprouvette à la surface. Le changement de coloration est dû à la réduction de la biliverdine et à l'apparition d'un pigment nouveau soluble dans l'eau, formé aux dépens de cette substance. Le pigment néoformé ne donne rien par la réaction d'Ehrlich ni par celle de Gmelin. La bilirubine subit les mêmes transformations que la biliverdine. Le phénomène est dû à des influences microbiennes. Le staphylococcus aureus, le vibrion septique, le bacille du choléra, d'autres encore qu'on peut isoler dans la bile abandonnée au contact de l'air réduisent la biliverdine. — La bile exerce un pouvoir bactériolytique vis-à-vis du pneumococcus de Fraenkel (Neufeld) et du bacille typhique (Braun).

Mucine. — La mucine exerce une action bactéricide et dysgénésique sur certains microbes, principalement les aérobies (b. de Löffler). Elle est sans action sur les toxines (F. Arloing). D'après J. Lépine, la mucine stimule la résistance du cobaye à la tuberculose, et protège les globules rouges contre l'action des sérums hémolytiques. Le mucus vaginal n'a pas de pouvoir bactéricide (Cahanescu).

Chez la femme la surface des muqueuses du vagin et de la vulve est généralement acide ; chez les chiennes, alcaline. Le facteur désinfectant le plus constant réside dans l'accumulation des leucocytes (Metchnikoff).

Larmes. — Les larmes transportent les microbes dans les cavités nasales ; le pouvoir bactéricide des larmes et du liquide nasal n'est pas démontré.

Urine. — L'urine normale est stérile. La vessie doit surtout son immunité contre les microbes à l'écoulement de l'urine. Lorsqu'on réunit deux ballons renfermant du bouillon stérilisé de telle façon que le liquide s'écoule lentement de l'un dans l'autre, le premier ne se contaminera pas par les microbes que l'on ensemencera dans le second ; dans celui-ci le bouillon se transformera bientôt en une purée de bactéries, tandis que le premier conservera un bouillon intact et aseptique (Preobrajensky). La stérilité de la vessie urinaire normale doit être attribuée à une cause de même nature. Lorsque l'urine commence à stagner dans la vessie elle se contamine avec une grande facilité. La ligature de la verge, la rétention de l'urine quelle qu'en soit la cause, amène très rapidement l'infection du bassinet et du rein (Guyon, Albarran). — L'urine possède des propriétés microbicides par suite de son acidité (Rostosky). Il suffit d'ensemencer deux urines, l'une acide, l'autre fermentée, alcaline, pour constater une énorme différence (Charrin).

K. — INFLUENCE DU SYSTÈME NERVEUX SUR LES SÉCRÉTIONS.

I. **Données anatomiques.** — Les nerfs pénètrent dans les glandes en même temps que les vaisseaux. Ils appartiennent au système sympathique et présentent jusque dans la glande des amas ganglionnaires ou visibles à l'œil nu ou microscopiques. Leurs terminaisons n'ont rien de caractéristique. Elles se font par fibres très fines, variqueuses à leur extrémité et qui s'appliquent sur le corps des cellules. L'ensemble de l'arborisation rappelle un peu la forme de l'organe (acinus ou cordon cellulaire) sur lequel elle s'applique, mais il n'y a rien de pareil aux muscles dans lesquelles l'arborisation est typique parce qu'elle est étalée entre le sarcolemme et le muscle dans un espace étroit à la forme duquel elle se plie.

II. Action sur les sécrétions. — Le système nerveux règle les

sécrétions, directement en agissant sur les éléments sécréteurs ou les organes d'excrétion, et indirectement en proportionnant l'afflux sanguin aux besoins de la glande par l'intermédiaire des vaso-moteurs.

Ludwig mit le premier, en 1851, expérimentalement en évidence l'influence du système nerveux sur les sécrétions en démontrant que l'excitation du *lingual* sectionné provoque l'écoulement de la salive sous-maxillaire. Cl. Bernard prouva, d'une part, que l'action du lingual doit être rapportée à un petit filet nerveux, *la corde du tympan*, accolé au lingual et, d'autre part, que l'excitation provoque simultanément l'exagération de l'écoulement de la salive et la vaso-dilatation intense de la glande. Dès lors on pouvait se demander si la sécrétion n'était pas due à une filtration plus abondante des éléments du sang sous l'influence de l'afflux plus considérable de sang. La question fut définitivement jugée par Heidenhain qui distingua les nerfs *sécréteurs* des nerfs *vaso-dila-tateurs* en prouvant que l'atropine paralyse les premiers sans modi-fier sensiblement l'excitabilité des seconds (1868).

Centres régulateurs. — Les centres nerveux qui règlent les sécrétions sont de deux ordres : les uns sont situés dans l'axe cérébro-médullaire, les autres au niveau des ganglions, disséminés le long du sympathique ou dans les parois mêmes des glandes.

Le bulbe représente une région gouvernant toutes les sécrétions. Sous l'influence de la piqûre du plancher du quatrième ventricule toutes les sécré-tions (y compris la bile, Vulpian) sont modifiées et coulent abondamment ; l'urine peut contenir du sucre et de l'albumine (Cl. Bernard).

La preuve que les ganglions peuvent réfléchir l'excitation et transformer une impression sensitive en une incitation sécrétrice a été donnée pour la première fois par Cl. Bernard à propos de la sous-maxillaire. Les expériences plus récentes de Wertheimer sur la sous-maxillaire, de Wertheimer et Lepage sur le pancréas, de Miroxow sur la glande mammaire, de Golz et Ewald sur les effets de l'ablation de la moelle ont confirmé et étendu la découverte de Cl. Bernard.

Sécrétion de la salive. — Si après avoir supprimé l'influence des centres céré-bro-spinaux on excite le nerf lingual à 3 ou 4 centimètres au-dessous du ganglion avec le courant électrique, on voit *la salive* s'écouler par la canule salivaire (Cl. Bernard). Schiff a objecté que lorsqu'on applique le courant électrique à

3 ou 4 centimètres au-dessous du ganglion ce ne sont pas des fibres centripètes qu'on excite, mais bien des fibres récurrentes centrifuges qui, après s'être accolées au nerf lingual sur une partie de son trajet, rebroussent chemin pour retourner à la glande. De fait, si on sectionne d'abord le nerf lingual à quelques centim. au-dessous du ganglion, cette opération laissera intactes les fibres sensitives du bout central, mais amènera au bout de quelques jours la dégénérescence des fibres centrifuges récurrentes. Si à ce moment on coupe le tronc du lingual, à environ un centimètre au-dessus du ganglion sous-maxillaire pour séparer ce dernier du centre encéphalo-médullaire, l'excitation du bout infra-ganglionnaire du tronc nerveux ainsi isolé ne produira plus rien. Wertheimer a montré que l'expérience de Schiff pouvait donner des résultats absolument contraires à ceux qu'il avait indiqués. On n'est donc pas autorisé à s'appuyer sur elle pour refuser au ganglion sous-maxillaire le pouvoir réflexe. Langley a appuyé l'opinion de Schiff, mais en introduisant dans la discussion un élément nouveau. L'auteur admet que les fibres récurrentes n'abandonnent pas toutes le lingual à un même niveau. Dès lors, la section infra-ganglionnaire ne produira la dégénérescence que des seules fibres qui rebroussent chemin au-dessous du point sectionné ; celles, au contraire, qui commencent leur trajet récurrent immédiatement au-dessus de ce point resteront nécessairement intactes. Langley dit, en effet, avoir vu des fibres récurrentes quitter le lingual à des niveaux différents jusqu'à 3 centimètres et demi au-dessous de l'origine de la corde. Toutefois Wertheimer a pu obtenir des effets manifestes en portant l'excitation non plus sur le tronc, mais sur l'une des branches terminales du lingual poursuivie jusqu'à son point de pénétration dans les muscles de la langue, c'est-à-dire à environ 6 centimètres de la corde. Il ne paraît pas vraisemblable que des fibres récurrentes descendent si bas.

D'après Cl. Bernard le ganglion sous-maxillaire semble dépendre du cerveau pour sa propre nutrition. Au bout de trois ou quatre jours après la section du lingual, l'excitation de ce nerf à la périphérie ne produit plus aucune sécrétion de la glande sous-maxillaire.

La corde suffit à elle seule (huit jours après l'extirpation du ganglion cervical supérieur) à provoquer des sécrétions différentes aux différents aliments (V. Henri et Malloizel). Après la section de la corde chez le chien, aucune excitation réflexe, gustative, olfactive ou psychique, ne provoque la salivation (Cl. Bernard, Heidenhain). Le nerf régénère ; deux mois après, la salivation reparaît avec ses caractères d'adaptation aux excitants ; la viande crue provoque une salive épaisse et visqueuse, le sel une salive très fluide et abondante (V. Henri et Malloizel).

C. Ludwig et Spiess ont constaté que la salive a une température plus élevée que le sang carotidien. A excitation égale, l'élévation thermique dans la salive est plus grande dans le cas de l'excitation de la corde [maximum 1°,5] que dans le cas de l'excitation du sympathique [max. 0°,18] (Russel Burton Opitz).

Action directe. — L'excitation des nerfs sécréteurs amorce les phénomènes de désintégration et de mobilisation qui caractérisent la seconde phase de l'acte glandulaire. L'existence de nerfs qui modèrent ou suspendent ces phénomènes, n'est généralement plus contestée ; toutefois il faut avouer que les expériences sur lesquelles s'appuie cette opinion ne sont pas rigoureusement démonstratives. Le plus souvent on provoque en même temps que la diminution de sécrétion une restriction de la circulation dans l'organe correspondant, de sorte qu'il est impossible de faire la part de la diminution de l'afflux sanguin. Contrairement à l'opinion de Cl. Bernard, Morat estime que le système nerveux n'a aucune prise directe sur les réactions de synthèses qui aboutissent à la formation des réserves dans la glande.

Sécrétion pancréatique. — Pour provoquer la sécrétion pancréatique, il suffit de faire parvenir dans l'intestin grêle, soit une solution d'acide à 3 p. 1000 (Pawlow, Dolinski), soit du chloral, soit une émulsion d'une ou trois gouttes d'essence de moutarde (Wertheimer et Lepage).

L'acide agit surtout par l'intermédiaire d'une substance néoformée au contact de la muqueuse, la sécrétine, qui passe dans le sang (V. p. 398, Bayliss et Starling). Peut-être agit-il aussi par voie réflexe ainsi que le chloral et l'essence de moutarde (Wertheimer). Si on injecte, en effet, diverses substances irritantes dans le jéjunum isolé, dont on a respecté les connexions nerveuses avec les ganglions nerveux abdominaux mais dont on a dérivé le sang veineux après ligature du canal thoracique, de façon à éliminer l'intervention de la sécrétine, on provoque néanmoins la sécrétion pancréatique (Fleig).

Les acides, l'essence de moutarde n'agissent qu'au contact de la muqueuse de l'intestin grêle. Dans le rectum ou les veines ces substances sont sans action (Gottlieb, Lobassorr, Popielski, Wertheimer et Lepage). Le chloral agit un peu dans les veines et le rectum (Wertheimer et Lepage).

Les savons alcalins exercent une action stimulante (Babkine) par un mécanisme comparable à celui de la sécrétine (Fleig (V. p. 398).

La section des plexus solaire et mésentérique supérieur, les seuls qui d'après les données anatomiques fournissent des filets au pancréas, jointe à celle des sympathiques et des vagues, ne tarit pas la sécrétion spontanée et n'empêche pas la glande de réagir aux excitations qui partent du duodénum (Cl. Bernard). Il est vraisemblable que c'est dans l'intimité de son propre tissu que le pancréas trouve les éléments nécessaires à la manifestation de son activité réflexe et que les ganglions si nombreux d'ailleurs, qui y sont disséminés font partie constituante d'un arc réflexe dont ils occupent le centre. Les expériences faites sur des chiens dont les organes abdominaux ont cessé d'être en relation avec le système nerveux central et dont le jéjunum a été séparé du duodénum, par section ou par ligature, montrent qu'à côté des centres réflexes qui associent le pancréas au duodénum, et qui ont leur siège dans la glande même, il en est d'autres qui l'associent au jéjunum et qui doivent se trouver dans les ganglions mésentériques et cœliaques (Wertheimer et Lepage).

Foie. — Aucune expérience n'a démontré l'action directe du système nerveux sur la cellule hépatique au point de vue de la formation de la bile. Il n'en est pas de même au point de vue de la fonction glycogénique (V. p. 224).

Sécrétion mammaire. — De fortes excitations du système nerveux (émotions) provoquent, passagèrement, chez les femmes en lactation une diminution et même une cessation de la sécrétion lactée. Le lait peut devenir nuisible et provoquer chez le nourrisson des troubles gastro-intestinaux.

Expérimentalement, chez les animaux, l'excitation de longue durée d'un nerf sensitif est toujours suivie d'une diminution considérable de la sécrétion. Le lait devient plus épais ; le résidu solide peut augmenter de 17 p. 100 de la quantité primitive par suite surtout d'un excès de matières grasses. La persistance et l'intensité des modifications sont en proportion directe avec la durée et l'intensité de l'irritation sensitive ; de plus, plus les individus sont robustes et calmes, moins les effets sont accentués.

La section des nerfs qui vont aux mamelles diminue la sécrétion lactée. Chez la chèvre le tronc nerveux principal qui innerve la glande est le spermatique externe. L'excision unilatérale de ce nerf n'exerce aucune influence appréciable ; l'excision des deux diminue le rendement de plus de 50 p. 100. Toutefois même dans ces conditions, l'action déprimante de l'irritation des nerfs sensitifs sur la vitesse de l'écoulement subsiste. Il existe donc d'autres voies nerveuses.

L'isolement complet de la glande du système nerveux central ne supprime pas tout à fait les fonctions sécrétoires de cette glande, mais les diminue seulement. Il existe donc dans la mamelle des agents locaux, peut-être des centres périphériques qui président à son activité sécrétoire (Miroxow).

Sécrétion rénale. — Chez le chien les nerfs qui vont aux reins quittent la moelle, avec les racines antérieures, de la sixième paire thoracique à la deuxième paire. Le plus grand nombre se trouve dans les trois ou quatre dernières paires thoraciques (Bradford). La section complète des nerfs du hile est impossible, car il y a des nerfs qui cheminent le long des artères et veines rénales et dans l'épaisseur même des parois de ces vaisseaux.

On peut soit par des sections, soit par des excitations portant sur le système nerveux, modifier puissamment la sécrétion rénale sans que l'on puisse affirmer une action directe sur l'élément sécréteur. Le plus souvent les variations de la sécrétion s'accompagnent de modifications circulatoires qui les expliquent en partie, par suite des conditions particulièrement favorables que le glomérule présente pour la filtration.

	SÉCRÉTION DE L'URINE.	VOLUME DU REIN.	REMARQUES.
Destruction du bulbe rachidien.	Diminue.	»	»
Excitation du bulbe rachidien (électrique, Eckhard ; par CO^2, Grützner) (1).	Diminue.	»	»
Piqûre du plancher du 4me ventricule.	Augmente (Cl. Bernard).	»	»
Section de la moelle à la partie supérieure du cou.	Diminue [Sachs] ou arrête.	Diminue.	Baisse de la pression artérielle pouvant atteindre de 30 à 40 mm. Hg.
Excitation du bout périphérique de la moelle coupée.	Diminue.	Diminue.	Vaso-constriction générale.
Section de la moelle au niveau de la région dorsale.	N'empêche pas la sécrétion mais seulement son expulsion.	»	»

(1) Cl. Bernard a constaté que la sécrétion urinaire était supprimée pendant quelques heures chez des lapins soit à la suite de cautérisations du plancher du quatrième ventricule, soit après la section des corps restiformes, soit après la division transversale de la moelle vers la partie inférieure de la région cervicale.

Ablation de la moelle.	Des animaux opérés avec toutes les précautions nécessaires survivent: la sécrétion continue (BIDDER, GOLZ et EWALD).	»	»
Section du vague (ou paralysie par l'atropine).	Augmente.	Pas de changements.	»
Excitation du bout périphérique du vague.	Arrêt (ARTHAUD et BUTTE. MASIUS, CORIN. H. SCHNEIDER et SPIRO). D'après ECKHARD, dépend de l'arrêt du cœur et de la chute de pression; d'après ANTEN, le vague exerce une action directe sur l'élément sécréteur.	Diminue puis augmente sans que la diurèse se rétablisse (MASIUS, CORIN, ANTEN).	Le vague exerce sur le rein, d'après Cl. BERNARD (lapin), JAPELLI et TRIA (chien), une action vaso-dilatatrice directe; d'après MASIUS, ARTHAUD et BUTTE, une action vaso-constrictive.
Section des nerfs rénaux.	Augmente.	Augmente (COHNHEIM et ROY).	Parfois sang (Cl. BERNARD).
Excitation du bulbe après la section des nerfs rénaux.	Augmente.	Augmente.	»
Excitation des nerfs rénaux.	Diminue.	Diminue.	»
Excit. bout central nerfs rénaux.	Parfois diminution (C. et R.).	»	»
Section du splanchnique.	Augmente (Cl. BERNARD. VULPIAN), puis retour à la normale (H. VOGT).	Rien de net ni de constant (C. et R.).	Parfois sang (Cl. BERNARD) ou albumine (VULPIAN).
Excitation du splanchnique.	Diminue ou arrête (Cl. BERNARD. VULPIAN. COHNHEIM et ROY).	Diminue (C. et R.).	»
Excitation d'un nerf sensitif [bout central de l'ischiatique du splanchn.] (1).	Diminue ou arrête.	Diminue.	Augm. des deux côtés si nerfs hile coupés (C. et R.).
Asphyxie	»	Diminue (COHNHEIM et ROY DASTRE et MORAT).	Augm. si nerfs hile coupés (C. et R.).
Strychnine.	»	Diminue.	Augm. si nerfs hile coupés (C. et R.).

Une émotion morale produit parfois une polyurie abondante. Chez certaines hystériques il se produit des crises polyuriques caractérisées par l'émission soudaine d'une urine très abondante et de densité faible (RICHET). On a même pu produire la polyurie et la pollakiurie chez des hystériques par suggestion directe (ABADIE). GUYON a démontré que dans certains états douloureux de la vessie, on constate une exagération fonctionnelle et l'hyperhémie du rein.

(1) L'excitation des filets sensibles abdominaux du vague et des filets pulmonaires provoque une réaction rénale vaso-dilatatrice indépendante de la variation de la pression générale. Dans des cas exceptionnels, le phénomène est inversé. Le nerf laryngé supérieur se rapproche des nerfs cutanés et de la plupart des filets du sympathique; il provoque la constriction (FRANÇOIS FRANCK). VULPIAN a obtenu des résultats négatifs en excitant l'ischiatique.

Une excitation auditive ou sensitive générale ayant déterminé chez un animal curarisé le resserrement réflexe des vaisseaux du rein (de l'intestin et de la rate) se reproduit au même degré une première fois au bout d'une demi-minute, puis plusieurs autres fois après trois, cinq et dix minutes sans sollicitation nouvelle (FRANÇOIS FRANCK).

L'anurie peut être provoquée par voie réflexe, par des excitations, touchant soit le rein, soit d'autres organes. La seule mise à nu du rein arrête momentanément la sécrétion (Cl. Bernard). Les cliniciens ont observé fréquemment l'arrêt de la sécrétion rénale ; lorsque l'un des deux uretères est bloqué par un calcul (Guyon, Albarran, Donnadieu, Chapotot, Israel, Bourgeois, Braud). — Goetzl a constaté que si on adapte d'un côté à l'uretère un robinet, l'écoulement par l'autre rein cesse lorsque le robinet est fermé, c'est-à-dire lorsque la pression augmente dans le rein correspondant, puis reprend après. Dans 13 essais sur le chien, l'auteur a amené chez 3 l'arrêt de l'autre côté en élevant la pression d'un côté. D'après Vulpian, l'excitation électrique de l'uretère est sans effet.

Sécrétion paralytique. — On donne ce nom à la sécrétion qui s'établit dans certaines glandes après la section des nerfs qui se rendent à l'organe (Cl. Bernard).

Après la section de la corde du tympan la sécrétion de la glande sous-maxillaire s'arrête, puis reprend au bout de deux à trois jours et se continue spontanément d'une façon ininterrompue pendant plusieurs semaines. La glande devient plus petite et subit des changements notables dans la structure de ses tissus (Cl. Bernard). Elle se colore en jaune et présente au microscope des altérations partielles et disséminées (Maximow, Gerhardt). La salive est fluide, trouble, riche en mucus et en corps amœboïdes. Au bout de cinq à six semaines, la sécrétion s'arrête ; la glande reprend son volume et son aspect normal (Cl. Bernard). Du côté non opéré, on observe également quelques changements ; la salive s'écoule également d'une façon continue mais plus lentement (Heidenhain, Langley). L'apnée et les anesthésiques arrêtent la sécrétion paralytique ; la dyspnée l'exagère (Langley).

La sécrétion pancréatique est souvent relativement profuse à la suite de la section du plexus solaire (Cl. Bernard) et de la destruction de la moelle (Wertheimer et Lepage). La section des nerfs mésentériques intestinaux provoque la sécrétion intestinale (Moreau, Lafayette Mendel, Biedl).

La sécrétion paralytique n'a pas encore reçu d'interprétation satisfaisante ; elle semble néanmoins dénoter le rôle modérateur du système nerveux central à l'égard des centres ganglionnaires.

Action indirecte, nerfs vaso-moteurs. — L'innervation vaso-motrice des glandes se superpose en général à l'innervation sécrétrice de telle sorte que le plus souvent un même filet nerveux contient à la fois soit les nerfs excito-sécrétoires et les nerfs dilatateurs, soit les nerfs d'arrêt de la sécrétion et les constricteurs. L'exemple de la sous-maxillaire est à ce point de vue très typique et montre que l'origine des vaso-moteurs doit être cherchée aussi bien dans les centres cérébro-médullaires que dans les ganglions échelonnés sur le trajet du système sympathique.

L. — ACTION DES POISONS.

Action des anesthésiques. — D'une manière générale les sécrétions ne sont pas supprimées par l'anesthésie ; l'excitabilité des nerfs sensitifs disparait avant celle des nerfs moteurs.

Cl. Bernard a constaté sur le chien que la sécrétion salivaire est augmentée au début de l'anesthésie par le chloroforme, par suite d'une action locale sur les extrémités terminales du lingual comparable à celle du vinaigre. Lorsque l'animal est complètement anesthésié, la sécrétion salivaire ne peut pas être augmentée en irritant les nerfs sensitifs de la langue par un des moyens ordinairement employés tels que le vinaigre les extrémités des nerfs sensitifs ayant perdu momentanément leur excitabilité, mais si on excite la corde du tympan, on provoque aussitôt la production de la sécrétion salivaire ou son augmentation. Une chloroformisation plus ou moins prolongée entraine par elle-même un abaissement plus ou moins marqué de la sécrétion lactée pendant un à trois jours (Mironow). D'après Wertheimer et Lepage, les réflexes pancréatiques résistent à l'anesthésie ; l'action de la sécrétine est diminuée ou supprimée (Camus).

Le sommeil n'exerce aucune influence sur le travail sécrétoire des glandes gastriques et du pancréas (Pawlow).

Action de l'atropine et de la pilocarpine. Choline. — L'atropine et la pilocarpine sont des alcaloïdes, extraits le premier de la belladone, le second du jaborandi. Le jaborandi a été rapporté d'Amérique par Coutinho et expérimenté pour la première fois par Gubler.

D'une manière générale, l'atropine diminue ou arrête les sécrétions, la pilocarpine les exagère ou les provoque. L'atropine agit sur certaines glandes (sous-maxillaire, glandes de la sueur, déjà à la dose d'une fraction de milligramme ; la pilocarpine est moins active aux mêmes doses.

La pilocarpine augmente non seulement les sécrétions (salive…), mais modifie également la composition du produit éliminé. La salive de chien devient plus riche en mucine et en diastase (Malloizel). Le suc pancréatique est moins abondant que celui qui provient de l'excitation duodénale par les acides, mais il est plus riche en résidu sec (Camus et Gley), et agit sur l'amidon, les graisses et l'albumine (Prévost, Wertheimer, Gley et Camus). D'après Delezenne, le suc pancréatique pur, recueilli dans le canal de Wirsung, sans mélange avec le suc intestinal, n'est actif que lorsqu'il renferme des globules blancs. La pilocarpine, à la dose de 1 milligramme par kilogramme d'animal, provoque le passage de nombreux leucocytes dans le suc pancréatique et l'urine. [L'urine devient trouble et laiteuse (même rouge si la pilocarpine est donnée en excès) ; sans action par elle-même, elle confère, grâce aux globules blancs qu'elle contient, le pouvoir de digérer l'albumine à des sucs pancréatiques inactifs (sucs de fistules permanentes, suc de sécrétine) (Delezenne)].

L'action de l'atropine et de la pilocarpine s'exerce par l'intermédiaire du système nerveux (Morat). L'atropine paralyse les nerfs sécréteurs ; son action rappelle celle du curare sur les nerfs moteurs volontaires. L'excitation d'un nerf glandulaire, soit directement par les courants induits, soit indirectement par l'asphyxie ou par tout autre moyen, n'est suivie d'aucun résultat positif chez un sujet auquel on a injecté, administré au préalable de l'atropine. On connaît moins bien les éléments sur lesquels agit la pilocarpine. Chez un animal intoxiqué par ce poison le nerf sécréteur (la corde du tympan), par exemple reste excitable, à moins que l'on ait employé de trop fortes doses.

L'atropine et la pilocarpine n'influencent pas au même degré toutes les sécrétions. L'atropine est sans action bien nette sur les sécrétions urinaires. La sécrétion mammaire est diminuée par ce poison, mais le taux de résidu solide, la proportion des graisses surtout, augmente (Hammerbacher). Les nerfs sécréteurs

qui proviennent de la chaîne du sympathique résistent dans une certaine mesure à l'atropine. Chez le chien, même après l'ingestion de 100 milligr. de poison dans les veines, on peut encore obtenir la sécrétion sous-maxillaire en excitant le sympathique cervical; il en est de même chez le chat après 30 millig.
(HEIDENHAIN, LANGLEY, WERTHEIMER et LEPAGE). L'atropine supprime entièrement
toute salivation lorsque le sympathique n'intervient pas (après extirpation du
ganglion cervical supérieur) (V. HENRI et MALLOIZEL). De très fortes doses (8 centigr.
par kilo.) ne suppriment et n'atténuent même pas chez le chien les réflexes
sécrétoires du pancréas, la sécrétion peut même être accélérée (WERTHEIMER et
LEPAGE). L'atropine n'empêche pas les effets sécrétoires de l'injection acide dans
le duodénum (WERTHEIMER et LEPAGE, BAYLISS et STARLING) ; elle atténue l'effet de
l'injection de la sécrétine ou d'albumoses (GLEY et CAMUS). La pilocarpine
n'augmente pas la sécrétion lactée ; à haute dose elle diminue l'écoulement et
abaisse le taux du résidu solide du lait (HAMMERBACHER, 1884 ; CORNEVIN, 1892). La
pilocarpine est sans action nette sur la bile. Elle n'augmente pas le volume de
l'urine et diminue l'excrétion de l'azote et de l'acide phosphorique (LOEVI). D'après
SABBATANI la pilocarpine serait diurétique associée à la paraldéhyde. La pilocarpine diminue le glycogène du foie et augmente le sucre du sang. DOYON et
KAREFF, p. 384.

L'action de l'atropine et de la pilocarpine s'exerce comme celle du curare par
la périphérie : Pour le prouver, MORAT isole sur un Mammifère le membre supérieur aussi complètement que possible en sectionnant tous les organes sauf les
nerfs. On injecte alors de l'atropine dans une veine ou sous la peau, du côté
des centres. Si dans ces conditions on asphyxie l'animal la sudation asphyxique
apparaît seulement dans le membre lié ; l'atropine empêche le phénomène
dans le reste du corps. D'autre part, si on injecte dans le corps d'un animal
préparé de la même manière de la pilocarpine, la sudation apparaît dans toutes
les régions sauf dans le membre lié.

L'action de l'atropine et de la pilocarpine ne s'étend probablement pas aux
éléments sécréteurs de la glande. On peut, en effet, provoquer la sécrétion sous-
maxillaire en excitant le sympathique cervical après l'injection d'une forte dose
d'atropine alors que la corde est devenue inexcitable.

Les effets de la pilocarpine après section et dégénérescence des nerfs glandulaires ne sont pas univoques, ce qui tient peut-être à la difficulté de supprimer dans tous les cas toutes les connexions des glandes avec le système nerveux.
Si l'on attend huit à dix jours que la dégénérescence soit faite et que les nerfs
soient inexcitables, on constate que la pilocarpine ne produit le plus souvent
aucun effet dans le domaine correspondant ; toutefois le fait n'est pas général.
C'est ainsi que la pilocarpine agit sur la sous-maxillaire même après la
section de la corde du tympan ou l'extirpation du ganglion cervical supérieur,
l'action de la nicotine et la dégénérescence de la corde du tympan (VULPIAN,
LANGLEY). LANGLEY a cependant constaté que six semaines après la section de la
corde, la salive provoquée par la pilocarpine est plus visqueuse, moins abondante. MALLOIZEL signale de même que la salive provoquée par la pilocarpine
après section de la corde (chez le chien) est cependant moins riche en eau, surtout au début. ARLOING coupe chez le bœuf le sympathique cervical d'un côté
et attend quelques jours pour laisser dégénérer les nerfs. Il injecte alors de la
pilocarpine dans l'animal et voit que la sécrétion est plus forte du côté du nerf
sectionné et dégénéré. Il en conclut à l'existence de fibres d'arrêt que la dégénération a fait disparaître mais qui sont conservées du côté du sympathique non

coupé. La même expérience peut se faire chez le lapin en observant non plus la sueur, mais la sécrétion des larmes.

L'atropine et la pilocarpine sont des poisons antagonistes. La sécrétion provoquée par la pilocarpine peut être arrêtée par l'atropine et réveillée par de nouvelles doses de pilocarpine. Le phénomène est réversible et peut être répété un certain nombre de fois à condition de ne pas dépasser les doses moyennes. Il faut généralement une dose plus forte de pilocarpine pour supprimer l'action de l'atropine que pour produire l'effet inverse (Morat). L'atropine qui chez le chien n'empêche ni la sécrétion spontanée, ni la sécrétion réflexe du pancréas, ne permet cependant pas à la pilocarpine d'agir sur la glande (Wertheimer).

La choline, dont la constitution chimique se rapproche de celle de la pilocarpine, possède comme cette dernière substance un pouvoir sécréteur. A la dose de 0^{gr},002 à 0^{gr},015 par kilogramme, dans les veines, elle exagère les sécrétions urinaire, biliaire, pancréatique, salivaire, etc. Desgrez estime qu'elle agit par son groupement triméthylamine identique à celui de la pilocarpine. La choline est une base très répandue dans l'organisme.

Diurétiques. — Certaines substances dites diurétiques provoquent, lorsqu'elles pénètrent dans le sang, une augmentation de la sécrétion urinaire. Quelques-unes de ces substances sont utilisées en clinique dans les cas d'imperméabilité rénale pour favoriser l'élimination des produits de déchet de l'organisme.

La valeur diurétique d'une substance doit être appréciée à un double point de vue ; il faut tenir compte : a) du volume total de l'urine éliminée par vingt-quatre heures ; b) du nombre et de la nature des molécules éliminées. Une grande excrétion d'eau n'est pas nécessairement accompagnée d'une élimination parallèle des produits de désassimilation et inversement une élimination d'eau relativement faible peut s'accompagner d'un effet utile très réel par l'élimination plus considérable des molécules élaborées (P. Lenoir et J. Camus).

Le mécanisme de la diurèse varie suivant la substance considérée. Dans certains cas la polyurie a nettement le caractère d'un phénomène défensif et de régulation : le rein éliminant les substances en excès dans le sang. D'autres fois elle est la conséquence d'une modification de la circulation générale ou locale. On ne connaît pas la mesure dans laquelle les cellules glandulaires interviennent.

Eau. — Cristalloïdes. — La sécrétion urinaire est augmentée sous l'influence de l'eau, et de substances cristalloïdes telles que l'urée, des sucres (dextrose, saccharose, lactose), de la dextrine, de la glycérine (Ustimowitch, de sels tels que le chlorure de sodium, le nitrate de potasse et de soude, le ferrocyanure de potassium, le phosphate et l'iodure de potassium, les sels de manganèse et de magnésie à dose modérée.

L'ingestion d'eau dans l'estomac suffit à provoquer la polyurie. L'injection d'eau distillée dans les veines provoque à certaines doses non la polyurie mais l'arrêt de la sécrétion urinaire (Kierulf ; Cl. Bernard ; Moutard-Martin et Richet ; Westphal ; Limbeck). L'urée (Ségalas d'Etchepare), les sucres, les sels provoquent la polyurie en injection intraveineuse même à doses faibles ; 4 centigrammes NaCl par kilogramme d'animal suffisent pour produire un effet ; à la dose de 8 centigrammes par kilogramme d'animal NaCl accroît la quantité d'urine sécrétée dans la proportion de 0,1 à 1,0. Les sucres amenant une polyurie très abondante à la dose de 1 gramme par kilogramme d'animal (Moutard-Martin et Charles Richet). D'après Richet, tous les sels minéraux solubles, diffusibles et qui ne précipitent pas l'albumine sont diurétiques lorsqu'on les injecte dans

les veines. Il n'en est pas de même lorsque les sels sont donnés par la voie gastrique (FALCK, et KNAUPP, PUGLIESE, LIMBECK). Certains sels ingérés peuvent même
diminuer l'excrétion urinaire probablement parce qu'ils provoquent une spo-
liation aqueuse par l'intestin (LIMBECK). Les boissons sucrées agissent comme les
sucres en injection intraveineuse. Les raisins agissent par le glucose qu'ils
contiennent, le lait par le lactose.

La quantité d'eau injectée n'intervient pas (au moins en ce qui concerne les
sucres et NaCl). La quantité d'eau excrétée est plus grande que celle qui est
injectée; le sang est déshydraté (MOUTARD-MARTIN et RICHET; vérifié par SCHRÖDER
pour la caféine); la concentration moléculaire de l'urine diminue (DRESER); la
soif se manifeste. Si cependant on répète trop de nouvelles injections l'effet
produit devient plus faible ou nul; la déshydratation du sang ne peut pas
être poussée au delà de certaines limites. Quoique l'urine soit moins dense, la
quantité totale des matières solides excrétées est plus considérable qu'elle
n'était auparavant. Tous les diurétiques agissent en augmentant non seulement
la quantité d'eau mais aussi la quantité totale des molécules éliminées. L'augmentation du résidu total est moindre que l'augmentation de l'eau excrétée en sorte
que le pourcentage des matières solides de l'urine diminue (SCHRÖDER, ANTEN).
L'urée, le chlore éliminés pendant la diurèse sont relativement moins abondants,
mais en somme la quantité totale éliminée est supérieure à la normale (MOUTARD-
MARTIN, RICHET, SCHRÖDER, LÖWI). L'ingestion d'eau augmente rapidement l'urée
en dehors de l'ingestion des aliments (GENTH, SCHÖNDORF, SLOSSE).

La diurèse coïncide avec le passage de la substance injectée dans l'urine
(MOUTARD-MARTIN et CH. RICHET), mais peut se produire sans élimination de la
substance injectée. D'après HAAKE et SPIRO, plus une substance est étrangère au
sang, plus la diurèse est abondante. NaCl agirait surtout si l'organisme est déjà
riche en NaCl; il agit peu si l'organisme a été appauvri en NaCl.

Le phénomène initial est un phénomène osmotique, le sang est dilué; la
polyurie est la conséquence de la dilution; les émonctoires et particulièrement
le rein éliminent l'eau et la substance en excès (MOUTARD-MARTIN et RICHET,
LŒPER).

La polyurie est précoce dans les cas d'injections hypertoniques, moins
rapide dans le cas d'injections isotonique.

Pour des solutions de même volume et de concentration différente, le
volume de l'urine est d'autant plus considérable que la solution est plus
concentrée; pour des solutions de même concentration la polyurie est proportionnelle à la quantité injectée (LŒPER). HÉDON et ARROUS désignent sous le
nom de coefficient diurétique le rapport entre le volume injecté et le volume
éliminé. Chaque sucre a un coefficient diurétique propre. Le coefficient est
indépendant, dans certaines limites, de la dose de sucre injecté. Pour un
même sucre il s'abaisse avec la concentration de la solution. Pour chaque sucre
il présente une valeur optima correspondant à une dilution déterminée. La courbe
diurétique varie avec les différents sucres. L'action diurétique des sucres croît
en raison directe de leur tension osmotique et en raison inverse de leur poids
moléculaire. Les différences qui existent entre les coefficients diurétiques des
sucres qui ont le même poids moléculaire et le même pouvoir osmotique
tiennent vraisemblablement à ce que ces sucres ne sont pas également
consommés par l'organisme (HÉDON et ARROUS).

La diurèse cesse rapidement chez les animaux soumis à la soif (DRESER,
GALEOTTI). Elle ne se produit pas chez les sujets atteints de maladies infec-

tieuses, de septicémies, d'asystolie et d'une manière générale lorsque le rein fonctionne mal. Les injections de NaCl sont donc dans ces conditions inutiles ; elles peuvent être dangereuses, déterminer des œdèmes, etc. Après les hémorragies la polyurie provoquée par les injections est inconstante (LOEPER).

Rapports avec la pression. — La polyurie peut se produire alors même que la pression artérielle est basse ; souvent l'injection intraveineuse des substances diurétiques provoque même une diminution de pression (MOUTARD-MARTIN, CH. RICHET, H. LAMY et A. MAYER, etc.).

L'injection intraveineuse de gomme arrête ou diminue la sécrétion urinaire, malgré l'énorme élévation de la pression artérielle provoquée ; la gomme ne passe pas ou seulement à l'état de traces à travers le rein (MOUTARD-MARTIN CH. RICHET). Un grand nombre d'autres exemples pourraient être cités pour prouver l'indépendance de la sécrétion urinaire de la pression artérielle. Ce qui importe c'est la quantité de sang qui passe à travers les reins. D'une manière générale les diurétiques augmentent la circulation rénale (LANDERGREEN et TIGERSTEDT) (exp. avec le stromuhr). Les sucres augmentent la pression artérielle, l'impulsion du cœur, le volume du rein et provoquent une action vasodilatatrice générale (ALBERTONI, HÉDON et ARROUS). Quelques auteurs ont essayé de comparer les changements de volume du rein et les variations de la sécrétion urinaire ; la diurèse ne coïncide pas fatalement avec une augmentation de volume du rein. Le chloral congestionne le rein et ne produit qu'un accroissement insignifiant dans la quantité d'urine sécrétée ; si, après avoir administré du chloral, on injecte de la caféine, le volume du rein est faiblement modifié, mais la sécrétion urinaire très augmentée (ALBANESE). La section des vagues ne modifie pas sensiblement le volume du rein, mais augmente la diurèse (ANTEN).

L'augmentation de volume du sang ne suffit pas à elle seule à provoquer la polyurie. MAGNUS a montré que la transfusion du sang détermine l'élévation de la pression artérielle et veineuse, l'augmentation du volume du rein sans provoquer la diurèse ; le liquide en excès se dépose dans les tissus. Le facteur le plus important est donc le changement de composition du sang (1). Cette opinion n'est pas cependant universellement acceptée. STARLING et CUSHNY soutiennent que la diurèse s'explique entièrement par une modification circulatoire du rein et qu'une augmentation de volume du sang sans changement des constituants de ce liquide suffit à provoquer l'augmentation de la sécrétion. On éviterait la diurèse provoquée par les sels et les sucres en empêchant soit par la saignée, soit par la compression de l'artère rénale un afflux plus considérable de sang dans les reins (STARLING, CUSHNY).

Théobromine, caféine, digitale. — La théobromine, la caféine, la digitale peuvent être données par la bouche chez l'homme. Pour la théobromine la dose de 1^{gr},50 est faible. La dose de 0^{gr},25 de macération de digitale donne des effets utiles, mais, d'après LENOIR et J. CAMUS, il y aurait avantage à donner une dose un peu supérieure. Avec la caféine on obtient des effets satisfaisants même avec 0^{gr},50.

Ces médicaments bien qu'agissant sur les sujets normaux, ont cependant plus d'action chez les sujets malades. D'une manière générale, l'action de la théobromine et de la caféine, aux doses indiquées, quand elle existe, est rapide et produit l'effet maximum le premier jour, mais l'action de la caféine est plus accentuée

---

(1) La ligature des grosses artères, surtout des carotides, amène une faible hydrurie (ECKARD).

que celle de la théobromine. En général pour ces deux médicaments, l'effet cesse dès qu'on les supprime ou va en s'atténuant quand on les donne plusieurs jours de suite. L'action de la digitale n'apparaît que le lendemain ou le surlendemain ; son effet est plus soutenu que celui des deux autres médicaments.

La caféine, la théobromine, la digitale provoquent généralement une élimination d'eau et une diurèse moléculaire totale $\frac{\Delta\,V}{P}$. L'effet diurétique paraît porter en général surtout sur l'eau et le chlorure de sodium ; la diurèse des molécules élaborées (p. 413) est plus difficilement provoquée (P. Lenoir et J. Camus). D'après Lœwi, la caféine augmente l'élimination de l'urée, de NaCl, du sucre (chez les hyperglycémiques), de l'acide phosphorique injecté en excès.

La caféine provoque la diurèse chez le lapin ; elle n'agit pas le plus souvent chez le chien. Son action est renforcée lorsqu'on administre parallèlement du chloral (Schröder), du curare, de la paraldéhyde (Cervello et Monaco), ou lorsqu'on sectionne les nerfs rénaux (Schröder). La section ou la paralysie des vagues par l'atropine permet à la caféine d'agir comme diurétique chez le chien (Corin).

Substances diverses. — La strychnine, l'ergot de seigle provoquent la diminution de la sécrétion par suite de leur action vaso-constrictive. L'action de la strychnine persiste même après la section des nerfs rénaux (J. Munk). La quinine augmente, à faible dose, la diurèse ; à plus forte dose elle la diminue. Les narcotiques associés aux diurétiques accroissent leur action (Pirocchi). La morphine à haute dose diminue sensiblement la sécrétion. L'antipyrine diminue la quantité de l'urine et tous les éléments de l'urine (Carrière et Leclercq, Bardier et Frænkel). L'acide salicylique à la dose de 3 à 4 grammes par jour augmente de 7 p. 100 environ les échanges généraux (Kumagava) et de 40 à 50 p. 100 les valeurs de l'acide urique (Bohland, Schreiber et Waldvogel, Singer, Ulrici).

Action du froid. — Les cliniciens constatent que les lotions froides augmentent ou provoquent la diurèse. Expérimentalement, Lambert a démontré qu'une réfrigération suffisamment prolongée de la peau produit toujours chez l'homme une suractivité de la sécrétion urinaire soit d'emblée, soit secondairement. Chez le chien les résultats ne sont pas univoques. Wertheimer, Delezenne admettent la vaso-constriction du rein et la diminution de la sécrétion.

Remarques. — Les diurétiques augmentent l'alcalescence de l'urine (Rüdel) et diminuent celle du sang (Pemsel, Spiro).

CHAPITRE IV

SÉCRÉTIONS INTERNES.

Certains organes sont démontrés nécessaires à la vie sans que l'on puisse définir exactement la fonction qui leur revient. Manifestement ces organes entretiennent des échanges avec le sang ; ils reçoivent de lui certaines substances qu'ils lui restituent après transformation ; et c'est la nature particulière de cette transformation qui reste le problème à résoudre pour chacun d'eux. Dans cet échange le phénomène d'entrée est une absorption, comme celui de sortie est une excrétion. La ressemblance morphologique de ces organes avec les parenchymes proprement glandulaires les a fait comparer à des glandes, dont les produits spécifiques se déverseraient dans le sang au lieu d'être dérivés hors de lui par un canal propre.

Nous grouperons arbitrairement dans ce chapitre les principaux faits concernant ces organes en laissant de côté la sécrétion interne la mieux démontrée, celle du sucre par le foie, dont l'étude a été faite à propos de l'évolution des substances énergétiques de l'organisme : les hydrates de carbone.

A. — SÉCRÉTION INTERNE DU REIN.

Quelques physiologistes estiment que les accidents et la mort provoqués par l'ablation des reins sont dus, non seulement au défaut d'élimination des poisons qui devraient constituer l'urine, mais à l'absence d'une sécrétion interne particulière du rein. Brown-Séquard, le premier, a émis cette hypothèse en faveur de laquelle on cite les faits suivants :

a) *Expériences sur les animaux.* — En injectant à des animaux privés de leurs deux reins, soit de l'extrait de rein, soit du sang, on retarde l'apparition de l'urémie et on prolonge la survie (Brown-Séquard, Meyer, Vitzou). Lorsque les signes de l'urémie ont déjà apparu, on peut amender ou même faire disparaître momentanément quelques-uns de ces signes, notamment le type respiratoire de Cheyne-Stokes (Meyer).

Le sang veineux rénal est plus actif que le sang de la circulation générale et que l'extrait de rein. Vitzou a observé la survie de cent neuf heures après l'injection sous-cutanée de sang veineux rénal défibriné et de cent soixante-quatre heures après l'injection de sérum du sang émulgent, chez des chiens, auxquels il avait enlevé les deux reins l'un après l'autre, après un intervalle suffisant pour éviter toute complication d'ordre opératoire. Abandonnés à eux-mêmes, les chiens opérés dans les mêmes conditions meurent au bout de vingt-quatre à quarante heures. Contrairement aux faits précités, Chatin et Guinard ont obtenu des résultats négatifs et constaté que l'injection du sang de la veine rénale paraissait plutôt hâter la mort ; toutefois il est juste de remarquer que ces auteurs ont expérimenté sur des animaux auxquels ils avaient enlevé les deux reins en un seul temps.

b) *Faits cliniques.* — Il existe en clinique des cas où l'on observe la cessation complète de la sécrétion urinaire parfois pendant un temps très prolongé (treize à vingt-huit jours) sans cependant qu'il apparaisse des phénomènes d'intoxication (Brown-Séquard).

L'injection d'extrait de rein a donné des résultats contradictoires. Ils ne faut pas s'en étonner, car généralement on ne s'inquiète pas de préciser si c'est vraiment le rein qui est en cause et si l'albuminurie n'a pas une autre origine. Certaines tentatives cependant ont été bien conduites; parmi elles figurent celles de J. Teissier et Frenkel et celles de I. Renaut qui ont enregistré l'amélioration de l'état général et des modifications favorables des urines. Meyer a constaté chez le vieillard l'amélioration du Cheyne-Stokes; R. Dubois a réussi à améliorer considérablement une albuminurie (d'origine *a frigore*) par l'ingestion répétée de reins de porcs. Capitan cite un cas d'urémie grave guérie.

En définitive, les données concernant la sécrétion interne du rein sont contradictoires. On n'en peut tirer qu'une conclusion certaine, c'est que la fonction du rein nous est encore pour beaucoup inconnue.

B. — CAPSULES SURRÉNALES.

Historique. — Les surrénales ont été découvertes en 1543 par Eustachi; toutefois les premières données précises concernant leur importance et leur rôle datent seulement de 1855. A cette époque Addison, dans un mémoire fondamental, signala les rapports des lésions des capsules chez l'homme avec un syndrome auquel on a donné depuis le nom de maladie d'Addison. Ce mémoire frappa vivement l'attention de Brown-Séquard qui, dès 1856, démontra par des expériences sur les animaux que les capsules sont nécessaires à la vie. Les conclusions de Brown-Séquard furent attaquées par un certain nombre de physiologistes (Gratiolet, Philippeaux, Harley), qui soutinrent que la mort n'est pas due à une lésion spécifique, mais à la gravité de l'opération, à des lésions du péritoine, du foie ou du système nerveux abdominal. De nos jours l'opinion de Brown-Séquard a été confirmée, avec quelques réserves concernant la pathogénie de certains symptômes (pigmentation). Le fait le plus important qu'on ait ajouté aux premières constatations est la découverte (Oliver et Schäfer) et l'isolement (Takamine) d'un principe vasoconstricteur élaboré par les surrénales.

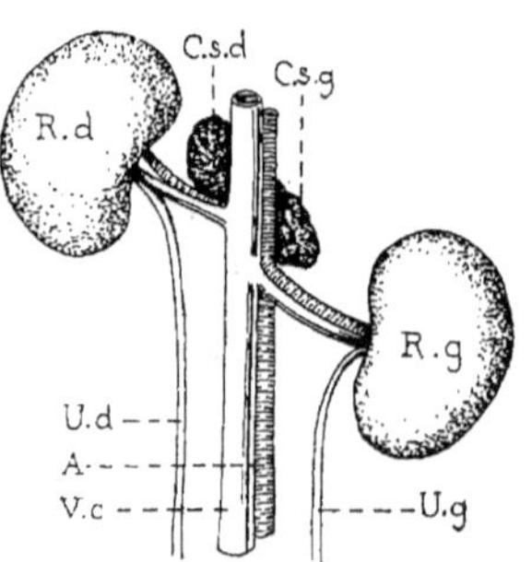

Fig. 97. — *Capsules du lapin.*

C. s. d.; C. s. g., capsules; R. d.; R. g., reins; U. d.; U. g., uretères; A., aorte; V. c., veine cave.

Situation. — Les capsules surrénales sont au nombre de deux. Elles sont situées dans la cavité abdominale, juxtaposées aux reins chez l'homme, le cobaye, la grenouille, plus ou moins éloignées de ces organes chez le chien, le lapin. Dans les conditions ordinaires on les distingue facilement par suite de leur aspect brun jaunâtre.

Capsules accessoires. — Il existe des capsules accessoires (Schiff, Stilling, Velich) soit au voisinage des reins, soit dans la zone du sympathique abdominal, soit au voisinage des glandes génitales. On les rend plus apparentes, en particulier chez le cobaye, en injectant des cultures ou des toxines microbiennes, lesquelles déterminent l'hypertrophie, non seulement des glandes, mais de tous les amas glandulaires disséminés. Chez le lapin on a vu des accessoires derrière la veine cave ou accolées à cette veine (Strehl et Weiss, Gourfein); dans l'écorce rénale (Strehl et Weiss); chez le chat, très près de la veine spermatique

(Gourfein) ; chez la grenouille, au-dessus du rein gauche ou droit (Gourfein).

On n'est pas d'accord sur la fréquence des accessoires. Stilling en a trouvé chez tous les lapins qu'il a examinés ; Alezais et Arnaud, chez un lapin sur vingt. Hultgren et Anderson n'ont pas réussi à en trouver chez le lapin, le chat et le chien. Gourfein, chez la grenouille en a trouvé 8 fois sur 110. D'après Calogero, les accessoires sont constantes chez le rat.

Structure. — La capsule surrénale est une glande vasculaire sanguine. On peut la comparer à un foie qui n'aurait pas de canaux biliaires ; sa structure est assez variable. On décrit une substance corticale et une substance médullaire.

La *substance corticale* est formée de cellules épithéliales diversement groupées entre elles et constituant par suite trois zones distinctes : une externe « zone glomérulaire », une moyenne « zone fasciculée », une interne « zone réticulée ». Dans

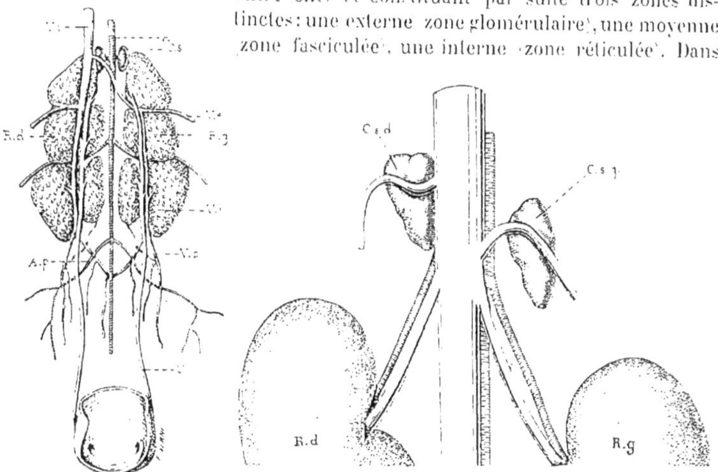

Fig. 98. — *Capsules surré-nales de l'oiseau* (*). Fig. 99. — *Capsules surrénales du chien* (**).

(*) *Columba domestica* (d'après C. Vogt et E. Yung). — C. s., capsules ; A., aorte ; V. i., veine iliaque interne ; V. e., veine iliaque externe ; A. p., arteria pudenda ; V. p., veine pudenda ; R. d., R. g., reins droit et gauche.

(**) R. d., R. g., reins ; C. s. d., C. s. g., capsules.

la zone glomérulaire les cellules sont groupées en petits amas ovoïdes ou arrondis ; elles sont disposées en colonnes verticales dans la zone moyenne ; enfin elles forment des travées anastomosées en réseau dans la zone interne. Entre les glomérules, les colonnes ou les travées, circulent des capillaires sanguins directement accolés aux cellules épithéliales. Ces capillaires deviennent de plus en plus volumineux à mesure qu'ils approchent du centre de l'organe ; leurs rapports avec les travées cellulaires sont les mêmes que ceux des capillaires hépatiques avec les travées de Remak dans le foie (fig. 100).

La *substance médullaire*, que beaucoup d'auteurs considèrent comme formée de cellules nerveuses ordinaires ou d'une variété spéciale de cellules nerveuses, est en réalité composée de travées de cellules épithéliales se continuant sans ligne de démarcation bien tranchée avec celles de la zone réticulée de l'écorce (cobaye), et séparées les unes des autres par des capillaires sanguins de plus en plus développés ; dans l'épaisseur de ces travées épithéliales on trouve, surtout au voisinage du centre de l'organe, de nombreuses cellules nerveuses typiques, semblables à celles du grand sympathique, et souvent munies de deux noyaux. Ces cellules, très reconnaissables, font encore mieux ressortir le caractère épithélial très net de leurs voisines.

Au centre de la substance médullaire se trouve une grosse veine (veine centrale) qui reçoit le sang venu des capillaires interépithéliaux et qui draine l'organe. La situation de cette veine, ses rapports avec les travées cellulaires et les vaisseaux permettent de la comparer à la veine centrale d'un lobule hépatique.

Les *vaisseaux lymphatiques* sont peu importants; ils se réduisent à des réseaux placés dans la capsule conjonctive de l'organe et à quelques troncs accompagnant les vaisseaux.

Parmi les *nerfs*, les uns vont aux vaisseaux; les autres, destinés aux cellules épithéliales, présentent deux modes principaux de terminaison : *a*) ils forment des sortes de corbeilles embrassant les cellules épithéliales comme dans les glandes salivaires; *b*) et constituent des bouquets terminaux assez volumineux (cordons épithéliaux de la substance médullaire) et sur les filaments terminaux desquels on peut voir des renflements ou des élargissements analogues à ceux que l'on trouve dans le bouquet nerveux terminal des corpuscules de Meissner. Hallion, Laignel-Lavastine décrivent des *fibres vaso-constrictives*. Ces fibres quittent la partie inférieure de la moelle dorsale pour aborder le cordon sympathique thoracique à partir du huitième rameau communicant; elles passent de là dans les nerfs splanchniques d'où elles gagnent la capsule du côté correspondant.

Les *glandules accessoires* sont constituées les unes à la fois par la substance corticale et médullaire, les autres uniquement par l'une ou l'autre de ces substances.

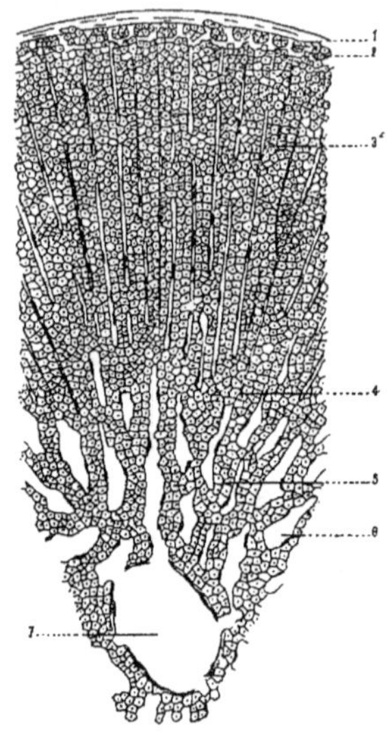

Fig. 100. — *Capsule surrénale de cobaye* (coupe transversale).

1, enveloppe fibreuse; 2, zone glomérulée; 3, zone fasciculée; 4, zone réticulée; 5, substance médullaire; 6, vaisseau sanguin; 7, veine centrale (d'après VIALLETON).

Méthodes pour détruire les capsules. — L'ablation des capsules est une opération difficile, laborieuse, en raison surtout des connexions de ces organes soit avec le rein (grenouille), soit avec des veines volumineuses (grenouille, lapin, chien). L'ablation de la capsule droite présente chez beaucoup d'espèces animales des difficultés particulières par suite de l'accolement de cet organe avec la veine cave. Chez la grenouille les capsules forment un tractus qui se détache en jaune franc sur le fond rouge foncé du rein (fig. 101). Les masses mamelonnées granuleuses qui constituent ces glandes sont adhérentes au rein, accolées aux veines ou développées dans leur épaisseur (GRUBY 1842, ECKER, PETTIT). Pour les détruire, le plus simple est de les cautériser (ABELOUS et LANGLOIS). Chez le chien le tissu conjonctif qui entoure les capsules est très dense et oppose une difficulté particulière à l'ablation (fig. 99). Les capsules du cobaye sont relativement très grosses et faciles à enlever. En moyenne les capsules de cet animal pèsent

12 à 15 centigrammes chaque; leur volume est de 1/8 à 1/6 du volume du rein
sous-jacent (fig. 102).

La destruction des capsules peut être réalisée par l'injection dans la glande
soit de cultures microbiennes (tuberculose, VECCHI), soit de substances toxiques
(alcool, acide chromique, chlorure de zinc à doses très faibles (OPPENHEIM et
LOEPER).

Destruction des deux capsules. — Si on enlève les deux capsules on détermine la mort en quelques heures, au plus en quelques
jours. La durée de la survie dépend de l'espèce animale, des conditions
dans lesquelles est placé le sujet et peut-être du mode opératoire.

Le symptôme qui caractérise l'insuffisance capsulaire est la perte graduelle de la force musculaire (BROWN-
SÉQUARD).

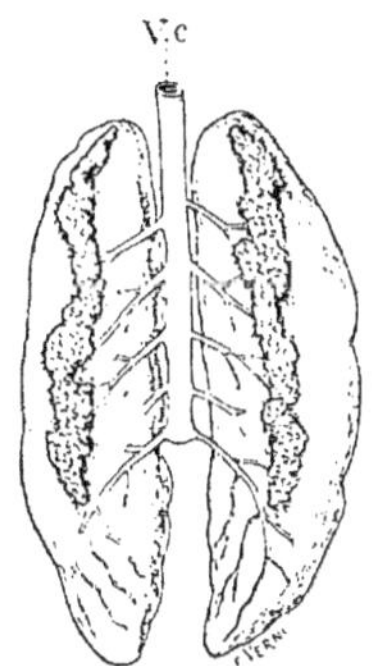

Fig. 101. — *Capsules surrénales
de la grenouille.*

Les capsules se détachent en jaune
sur le rein. — V. c., veine cave.

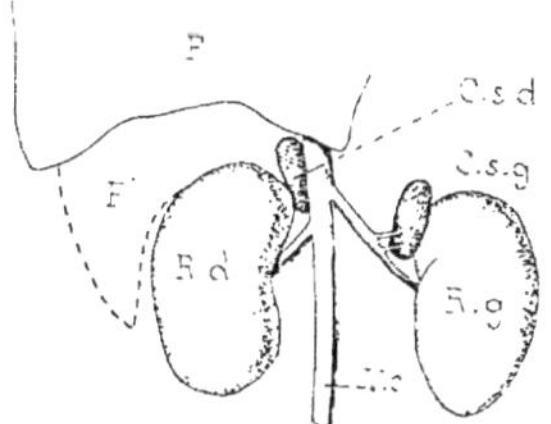

Fig. 102. — *Capsules surrénales du cobaye.*

F. F', foie ; R. d. ; R. g., reins : C. s. d. :
C. s. g., capsules.

Les opérés deviennent apathiques ; ils restent tranquilles et respirent difficilement. Forcés à se mouvoir, ils ont la démarche
incertaine et se fatiguent très vite. Peu à peu l'apathie et la prostration augmentent. Les animaux paraissent paralysés, mais l'excitabilité électrique des nerfs et des muscles persiste jusqu'à la mort
(GOURFEIN, HULTGREN et ANDERSON). L'état général, au début, peut
rester bon en apparence parfois pendant plusieurs heures (six à
sept chez le chien; quatorze à vingt-quatre chez le chat). L'animal
ne mange pas. On a parfois noté des vomissements, l'arrêt de la
digestion; chez le chat une forte salivation. La température diminue
surtout dans les dernières heures (BROWN-SÉQUARD, TIZZONI, ABELOUS
et LANGLOIS, GOURFEIN, STREHL et WEISS, HULTGREN et ANDERSON). La
pression artérielle baisse d'abord brusquement de 20 à 30 millimètres Hg., puis progressivement (BORUTTAU, STREHL et WEISS). Le
cœur est lent, irrégulier; le pouls petit et faible ; la respiration est
d'abord accélérée, mais à l'approche de la mort elle devient lente et

profonde. Parfois, surtout à la fin, on constate des réactions exagérées sous l'influence des excitations sensitives, et même des convulsions notamment chez le chat, le lapin, le chien (Brown-Séquard, Tizzoni, Langlois, Moore et Purinton, Gourfein, Calogero...).

On a constaté, mais rarement, à la suite de l'ablation d'une ou des deux capsules, l'apparition de plaques pigmentées sur la peau et les muqueuses, principalement dans la région de la bouche et à l'orifice nasal (Nothnagel, Tizzoni, Marino-Zucco, Boinet) (1). Dans le cas d'ablation unilatérale les plaques peuvent siéger du côté opposé à la lésion (Calogero). Brown-Séquard, Marino-Zucco, Boinet ont signalé une accumulation de pigment dans le sang, mais le fait n'a pas été généralement confirmé.

La *fatigue* exerce un influence aggravante indiquée pour la première fois par Abelous et Langlois, et confirmée par Albanèse et tous les auteurs. Hultgren et Anderson ont même observé la mort subite à la suite de forts mouvements du corps.

D'après quelques auteurs (Abelous et Langlois, Strehl et Weiss), la survie est plus longue de quelques heures si l'ablation des deux capsules est faite en deux temps en laissant un intervalle de quelques jours entre les deux opérations. Hultgren et Anderson soutiennent même que le lapin peut survivre dans ces conditions pendant des mois sans présenter le moindre trouble. Gourfein n'a pas constaté de différence suivant que l'ablation a lieu en deux temps ou d'emblée. Calogero a constaté une différence nulle chez le rat, appréciable chez le chien.

Le sang des animaux décapsulés injecté à un animal normal ne provoque que des troubles légers et passagers ; injecté à un animal récemment décapsulé il provoque des accidents de paralysie (Brown-Séquard, Abelous et Langlois). Il paraît donc bien établi que des poisons s'accumulent dans l'organisme après l'ablation des capsules ; toutefois on ne sait rien de précis sur la nature et l'origine de ces poisons. Abelous et Langlois localisent la formation des poisons paralysants dans le muscle. Ces auteurs ont constaté que les extraits alcooliques de muscles, surtout de muscles fatigués, sont très toxiques et provoquent des paralysies chez les animaux décapsulés. Gourfein a trouvé : chez les animaux décapsulés, dans le sang et les tissus (notamment dans le foie); chez les animaux normaux, dans les capsules surrénales, une substance soluble dans l'alcool, résistant à la chaleur, qui, injectée sous la peau, provoque des symptômes analogues à ceux que l'on observe chez les animaux décapsulés. Gourfein estime que cette substance formée dans le tissu est normalement détruite dans les capsules ?

A l'autopsie des animaux décapsulés on a constaté : des lésions du système nerveux central (Ettlinger et Nageotte ; Clopatt), l'hypertrophie des organes lymphoïdes (Calogero).

---

(1) Calogero a constaté 3 fois sur 10 chez le rat de la mélanodermie (membres post., lombes) dans des cas où l'on avait produit avec la curette des lésions irritatives du plexus solaire.

Ablation d'une seule capsule. — Contrairement à l'opinion de Brown-Séquard, l'ablation d'une seule capsule est généralement sans aucun effet appréciable (Stilling, Abelous et Langlois, Gourfein). La capsule non réséquée s'hypertrophie. La capsule peut arriver à peser 20 grammes de plus qu'une capsule normale (Stilling, Pettit, Thiroloix, Lucebelli, Oppenheim, Weiss).

Les opérés, particulièrement les lapins, présentent parfois de l'amaigrissement, mais il n'est pas sûr que la dénutrition ne soit pas le fait du choc opératoire. Arnaud, Abelous et Langlois ont observé chez quelques sujets des accidents nerveux éloignés.

Quantité de tissu capsulaire nécessaire à la vie. — La quantité de capsule nécessaire pour maintenir les animaux en vie n'est pas déterminée. Elle paraît varier suivant les individus. Christiani a vu mourir des rats qui possédaient encore de très grosses portions de glandes (1/3 par exemple) ; alors que d'autres survivaient chez lesquels persistait seulement une très faible partie des organes. Langlois estime qu'il suffit de 1/11 du poids total des deux glandes pour assurer la survie chez le chien. Brown-Séquard, Abelous et Langlois ont même observé la survie après l'ablation des deux glandes, probablement par suite de l'existence des glandes accessoires. Strehl et Weiss citent le cas d'un chat qui ne présentait aucun trouble, une semaine après l'ablation des deux capsules ; l'animal fut sacrifié ; on trouva près de la veine spermatique une glande accessoire de la grosseur d'un pois.

Destruction lente des capsules. — La destruction lente des capsules est difficile à réaliser chez les animaux. Par l'injection de produits ou de cultures du microbe de la tuberculose on détermine chez le cobaye une maladie qui évolue en quinze à vingt-cinq jours. La maladie est caractérisée par un amaigrissement pouvant aller jusqu'à la perte de 2/5 du poids du corps, une asthénie très accusée et des troubles digestifs (Vecchi, Oppenheim et Loeper). L'injection intra-capsulaire de substances toxiques telles que l'alcool, l'acide chromique, le chlorure de zinc, à doses très faibles, détermine toujours une évolution très rapide des accidents ; la mort survient en deux ou trois jours (Oppenheim et Loeper).

Effets comparés de l'ablation de la substance médullaire et de l'ablation de la substance corticale. — Vassale et Zanfrognini estiment que la mort rapide provoquée par l'ablation des capsules est due à l'ablation de la substance médullaire ; l'ablation de la substance corticale seule déterminerait une cachexie spéciale et la mort au bout de trois ou quatre semaines. Si l'opinion de ces auteurs est confirmée, le problème concernant les capsules se présenterait dans des conditions comparables à celui de l'appareil thyroïdien (Voy., p. 479, le rôle distinct des thyroïdes et des parathyroïdes).

Destruction des capsules chez l'homme. — Chez l'homme la destruction plus ou moins complète des capsules surrénales est provoquée le plus souvent par des lésions tuberculeuses, parfois par des hémorragies.

Le syndrome d'ADDISON est caractérisé surtout par les symptômes suivants : une asthénie progressive aboutissant à la mort, des troubles gastro-intestinaux (anorexie, vomissements, diarrhées), des douleurs abdominales et lombaires, une pigmentation anormale de la peau et des muqueuses. Les malades sont sensibles au froid, présentent de l'hypotension artérielle, une tendance au collapsus cardiaque, de l'anémie. La maladie évolue généralement lentement ; elle peut toutefois suivre une marche aiguë ; on a observé fréquemment la mort subite.

La faiblesse musculaire est le signe le plus constant. Le sujet se fatigue vite. Il ne peut exécuter un travail que pourrait fournir un sujet sain ou atteint de lésions de même nature mais localisées ailleurs que dans les capsules (1). Les pigmentations sont très inconstantes. Bien des auteurs estiment qu'elles dépendent d'une altération du sympathique abdominal. On connaît des cas de pigmentations bien observés dans lesquels les capsules étaient indemnes, les seules lésions constatées affectant les ganglions et les nerfs sympathiques (VIRCHOW, SEMMOLA, RAYMOND, BRAULT et PERRUCHET, ALEZAIS et ARNAUD, MARTINEAU, MATTEI, JACCOUD, LANCÉREAUX).

Greffe des capsules surrénales. — Les résultats diffèrent suivant l'espèce animale.

Chez la grenouille, LANGLOIS, ABELOUS et LANGLOIS, GOURFEIN ont obtenu des résultats encourageants en tentant des greffes des capsules provenant d'un animal de même espèce. GOURFEIN place dans le cul-de-sac lymphatique d'une grenouille une partie du rein avec la capsule attenante provenant d'une grenouille fraîchement tuée. Il constate que la grenouille greffée se porte bien, puis soit au bout de six jours, soit au bout de seize à vingt jours il cautérise les capsules du sujet en expérience. Celui-ci survit dix à quarante-quatre jours, suivant les conditions de l'expérience, mais finit par périr.

Chez les animaux à sang chaud M. et Mme CHRISTIANI ont obtenu la reconstitution de la substance corticale, mais non de la substance médullaire. Les résultats fonctionnels sont nuls, ce qui prouve que la substance médullaire est la substance essentielle des capsules surrénales.

Médication capsulaire. Transfusion. — L'extrait capsulaire ne peut pas suppléer la fonction des capsules. Les injections n'ont

----

(1) CHARRIN et LANGLOIS ont étudié le phénomène au moyen de l'ergographe de Mosso, sorte d'enregistreur du travail.

jamais permis de conserver les sujets décapsulés. Cependant quelques auteurs ont constaté, dans ces conditions, une prolongation de la survie de quelques heures et l'amendement de certains symptômes. La respiration s'améliore ; la pression et la température se relèvent ; les convulsions sont évitées (Brown-Séquard, Langlois, Hultgren et Anderson, Streil et Weiss, Calogero). En clinique, le traitement des addisoniens n'a pas donné jusqu'ici, malgré quelques observations favorables, des résultats concluants ; parfois même la médication capsulaire aggrave la maladie (P. Courmont et Rendu).

Brown-Séquard (1858-1892), Abelous et Langlois ont constaté que si on injecte à un animal décapsulé à l'agonie auquel on vient de soustraire une certaine quantité de sang, du sang d'un sujet normal de même espèce on augmente la survie de quelques heures.

Réaction et substance caractéristique des capsules. — Vulpian a démontré dès 1856 que la substance médullaire donne avec le perchlorure de fer dilué une coloration brun verdâtre.

Oliver et Schäfer, en 1895, ont constaté que les capsules traitées par l'eau fournissent un extrait qui, injecté dans les veines, ralentit le cœur et élève la pression artérielle. Cybulski 1896, Symonowski 1896, Velich 1898, Livon 1898, ont confirmé ces faits. On a constaté de plus que l'extrait capsulaire appliqué sur une muqueuse provoque l'anémie locale.

Adrénaline. — La substance qui agit sur la circulation est la même que celle qui donne la réaction de Vulpian (Moore, Langlois) (1). C'est l'adrénaline, isolée et caractérisée pour la première fois par Takamine en 1901 et peu après par Aldrich.

L'adrénaline est une substance organique azotée : blanche, légère, cristalline, dialysable. Les cristaux sont prismatiques, en fines aiguilles, en paillettes rhomboïdale, en forme de feuilles, en tomates ou en verrues suivant les conditions de la cristallisation.

L'adrénaline est insoluble dans l'alcool et l'éther, difficilement soluble dans l'eau froide, assez soluble dans l'eau chaude, facilement soluble dans les acides et les alcalis excepté l'ammoniaque et les carbonates alcalins.

A l'état sec l'adrénaline est d'une grande stabilité et se conserve indéfiniment. Chauffée à 250° elle prend une coloration foncée ; à 278° elle fond, se décompose et gonfle simultanément. La solution aqueuse incolore d'adrénaline s'oxyde

(1) La substance qui donne la réaction de Vulpian fut étudiée au point de vue chimique et plus ou moins bien isolée successivement par Krükenberg, Brünner, Moore, Mühlmann, Fraenkel, Boruttau, v. Fürth, Abel. — Krükenberg, Mühlmann la rapprochaient ou l'identifiaient avec la pyrocatéchine ; Moore et Boruttau signalèrent les analogies avec la pipéridine ; v. Fürth la désigna sous le nom de suprarénine et la considéra comme une di- ou hexahydro-oxypyridine. L'épinéphrine obtenue par Abel se rapproche de l'adrénaline. — Vulpian. *Biologie*, 1858, sels fer, iode, etc...

rapidement au contact de l'oxygène de l'air et passe successivement du rose au rouge et au brun. L'adrénaline montre une légère alcalinité au papier tournesol humide et à la phénolphtaléine. La poudre d'adrénaline a une saveur légèrement amère; appliquée sur la langue, elle y provoque une sensation passagère de picotement.

L'addition de chlorure ferrique à une solution donne une belle coloration vert émeraude qui sous l'influence d'un alcali devient successivement pourpre et rouge carminé. Avec l'iode on obtient une coloration rose.

L'adrénaline possède une action réductrice énergique. Elle réduit les sels d'argent et d'or et peut être employée comme révélateur en photographie. Elle absorbe l'oxygène de l'air en solution alcaline et en solution neutre. L'adrénaline résiste à la stérilisation.

L'adrénaline se comporte comme une base vis-à-vis des acides avec lesquels elle se combine pour former des sels. Takamine a obtenu le chlorhydrate, le sulfate et le benzoate, un tartrate, en traitant le principe actif par les acides correspondants. Le chlorhydrate est le plus soluble dans l'eau et convient le mieux pour l'usage thérapeutique. Sa solution aqueuse est limpide, incolore, inodore, non irritante. Exposée pendant quelques jours à la lumière en présence de l'air, elle passe successivement au rose et au brun foncé par suite d'une oxydation, mais sans rien perdre de son activité.

Préparation. — L'adrénaline se prépare en traitant l'extrait de capsules par l'acétate de plomb puis par l'alcool; finalement la substance active est précipitée par un alcali, de préférence l'ammoniaque. Autant que possible l'opération doit être conduite à l'abri de l'air. Takamine, Aldrich, Battelli.

Dosage. — Battelli a essayé d'évaluer la quantité d'adrénaline contenue dans les capsules surrénales, soit au moyen de la réaction de Vulpian, par le chlorure ferrique, soit en examinant les modifications subies par la pression artérielle chez des lapins; toutefois il est à remarquer que ces deux méthodes ne donnent pas dans toutes les conditions des résultats concordants. La coloration verte est d'autant plus fugace que l'extrait est plus acide et la solution de perchlorure plus concentrée (Boulud, Fayol).

Action sur les vaisseaux et le cœur. — L'adrénaline injectée dans les veines provoque une énorme élévation de pression, le ralentissement et le renforcement de l'impulsion du cœur. Appliquée sur une muqueuse, elle détermine l'anémie de l'organe. — L'excitation du dépresseur chez le lapin pendant la période d'hypertension est sans effet (Livon).

Le poison agit à doses infinitésimales. Chez un chien de 8 kilogrammes, Takamine et Houghten ont provoqué une élévation de la pression de 30 millimètres Hg. en injectant dans les veines 1 centimètre cube d'une solution de chlorhydrate d'adrénaline à 1 sur 100 000. Une goutte d'une solution à 1 sur 10 000 déposée sur le mésentère ou la membrane interdigitale, la conjonctive oculaire, etc., suffit à provoquer l'anémie locale.

Les effets sont fugaces. L'élévation de pression provoquée par l'injection intraveineuse dure quatre ou cinq minutes au plus. L'anémie locale provoquée par le contact direct avec la muqueuse dure, en général, seulement quelques minutes, parfois cependant plusieurs heures.

L'action se produit après un court temps perdu. Il n'y a pas d'effets cumulatifs. Chaque injection ou application nouvelle détermine un nouvel effet.

L'injection intravasculaire de doses faibles d'adrénaline dans les différents réseaux donne des élévations de pression artérielle très différentes. Ces diffé-

rences s'atténuent lorqu'on augmente les doses de substance active. Le passage
à travers le foie diminue l'activité sphygmogénique ; le passage à travers le
muscle (1) la diminue beaucoup plus et souvent la supprime ; enfin le double
passage à travers l'intestin et le foie la diminue davantage encore puisque la dose
qui détermine une augmentation allant jusqu'à 17 centimètres de Hg. dans les
veines périphériques, ne provoque plus aucun effet dans l'artère intestinale
(P. Carnot et Josserand).

L'adrénaline est très peu active lorsqu'elle est donnée par voie sous-cutanée
(Reichert, Batelli, P. Carnot et Josserand). Employée en instillations et injections locales au niveau des différents viscères abdominaux malgré une légère
action sur les fibres lisses des vaisseaux et des cavités, elle a des effets hémostatiques minimes et peu utilisables, tout au moins à des doses non toxiques
(P. Carnot et Josserand). Bouchard a pu cependant arrêter des hémoptysies en
injectant la substance dans la trachée.

L'adrénaline agit même après la section de la moelle ; ajoutée au sang que l'on

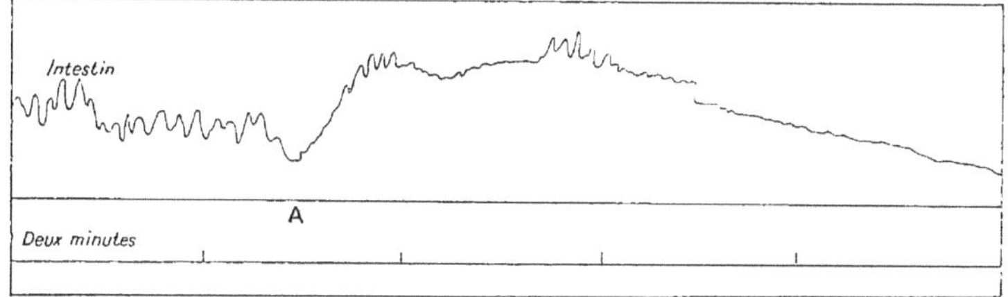

Fig. 103. — *Action de l'adrénaline sur l'intestin* (d'après Doyon).

A, injection intra veineuse d'adrénaline. Une ampoule est placée dans l'intestin ;
l'ampoule est distendue par de l'eau et reliée à un tube vertical mis en communication
avec un tube de Marey.

fait circuler à travers un membre séparé du corps, elle arrête immédiatement
l'écoulement par suite de la vaso-constriction des vaisseaux. Injectée dans la
jugulaire, elle est sans effet sur un membre qui serait relié au corps par les nerfs
seuls (Salvioli).

D'après Livon l'adrénaline altérée à l'air et colorée possède toujours le pouvoir
d'élever la pression, mais peut déterminer des accidents tels que l'arrêt du
cœur. D'après Battelli le produit de transformation obtenu par les alcalins en
présence de l'oxygène n'agit plus sur la pression et présente une toxicité de
beaucoup inférieure à celle de l'adrénaline. Guarnieri et Marino-Zucco, Oliver
et Schäfer avaient déjà constaté le même fait en ce qui concerne l'extrait de
capsules.

L'adrénaline injectée dans les veines à petites doses répétées peut à la longue
provoquer des lésions des vaisseaux (athérome) et du cœur (Josué, Loeper).

Action sur les canaux et réservoirs contractiles. — L'adrénaline en injection
intraveineuse provoque en général : la décontraction et la cessation des mouvements de la vessie, la contraction des muscles bronchiques, de la vésicule

---

(1) L'adrénaline est neutralisée surtout par le muscle fatigué. Du reste une vive agitation, des mouvements de défense suffisent parfois à rendre inactive une dose limite
d'adrénaline injectée dans les veines (P. Carnot et Josserand).

biliaire, du cholédoque (1), de l'œsophage, de l'intestin grêle, de l'utérus ; l'estomac tantôt se décontracte, tantôt se contracte (Doyon) (fig. 103 à 105).

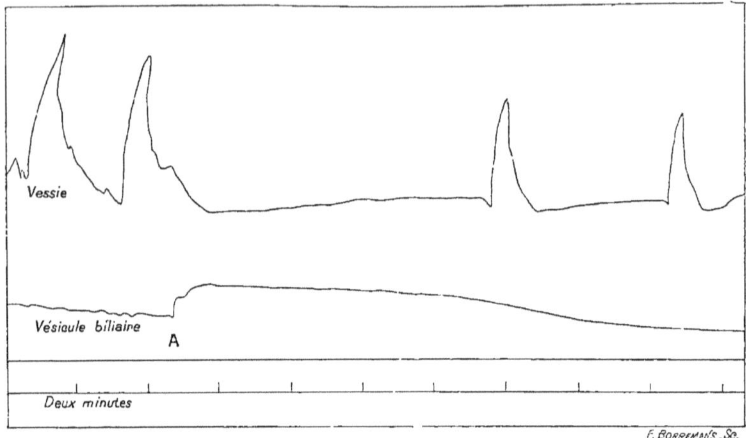

Fig. 104. — *Action de l'adrénaline sur la vessie et la vésicule biliaire* (d'après Doyon).

Expérience sur le chien : On place dans la vessie une sonde solidement liée sur le col ; la vessie est distendue par de l'eau et reliée à un tube vertical mis en communication avec un tambour de Marey. Pour enregistrer les mouvements de la vésicule biliaire on introduit dans cet organe, par le fond, une ampoule en baudruche ; l'ampoule est distendue avec de l'eau et reliée à un manomètre à eau muni d'un flotteur en bougie. — A, injection intraveineuse d'adrénaline.

Le fait que l'adrénaline provoque parallèlement la décontraction d'un organe et la contraction d'un autre organe, semble indiquer que cette substance n'agit

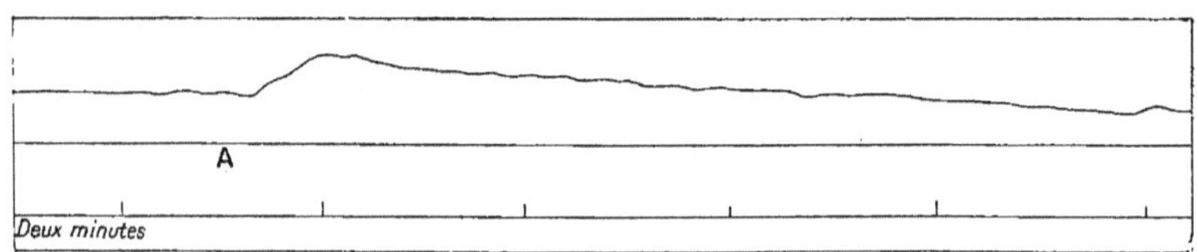

Fig. 105. — *Action de l'adrénaline sur les muscles bronchiques* (d'après Doyon).

Expérience sur le chien : On pratique à l'animal une large ouverture au thorax, on isole la bronche gauche et on introduit dans cette bronche une canule en verre ; la canule était liée solidement. Puis le poumon gauche, modérément distendu avec l'air, était relié à un manomètre à eau muni d'un flotteur en bougie ; l'eau ne doit pas arriver au contact du tissu pulmonaire. On pratique la respiration artificielle par la trachée ; un seul poumon suffit parfaitement à maintenir l'animal en vie. — A, injection intraveineuse d'adrénaline.

pas sur la fibre musculaire et vient à l'appui des expériences qui démontrent l'existence des nerfs inhibiteurs (Doyon).

---

(1) Pour constater la contraction du cholédoque, on introduit une canule par la vésicule, chez le chien, profondément dans le canal cystique et on fait couler à travers le canal de l'huile sous une pression constante. On suit sur une règle horizontale le déplacement de la colonne d'huile ; chaque demi-centimètre parcouru est noté au moyen d'un signal électro-magnétique de Desprez. L'adrénaline provoque l'arrêt prolongé de l'écoulement de l'huile.

Sécrétions. — L'adrénaline ralentit pendant un temps très court, la diurèse (Bardier et Frenkel). puis l'augmente pendant quatre à quinze minutes (Bardier et Frenkel, Charrix et Langlois). L'urine contient du sucre après l'injection dans les veines, dans le péritoine, ou le badigeonnage du pancréas avec ce poison. Le sang devient hyperglycémique. Ingérée ou donnée sous la peau, l'adrénaline ne provoque que difficilement le diabète (Blum, 1901, Zuelzer, Metzger, Herter, Wakemann). Le glycogène hépatique diminue ou disparaît (Doyon et Kareff p. 384). La sécrétion pancréatique est momentanément arrêtée (Doyon). L'extrait de capsules provoque la salive et des larmes (Langley).

Actions diverses. — L'adrénaline augmente d'abord le nombre relatif des hématies par suite de la vaso-constriction, puis provoque la diminution du nombre de ces éléments. Les leucocytes sont augmentés (Loeper et Crouzon). La respiration est plus lente et superficielle (Salvioli et Pezzolini). L'adrénaline provoque la protraction de l'œil, la mydriase l'érection des poils chez le chat (Lewandowsky. Langley). D'après Ioteyko, elle augmente le tonus des muscles striés.

Teneur des capsules en adrénaline. — Le principe actif existe dans les capsules dès la première moitié de la gestation (Langlois et Rehns).

Les capsules du chien contiennent environ $0^{gr},065$ à $0^{gr},120$ d'adrénaline pour 1000 kilogrammes d'animal; la proportion tombe à $0^{gr},022$ sous l'influence de la fatigue poussée jusqu'à l'épuisement, elle augmente lorsque le travail est suivi d'un repos de quelques heures (Battelli). Chez l'homme, l'adrénaline est proportionnelle au poids du corps et diminue dans la cachexie. L'adrénaline est également répartie dans les deux capsules.

Sort et évolution dans l'organisme. — Le sort de l'adrénaline dans l'organisme est inconnu. Il paraît certain que cette substance est déversée dans le sang par les veines capsulaires. Vulpian avait constaté que le sang de ces veines donne la réaction caractéristique de la substance médullaire avec le perchlorure de fer. Cybulski, Biedl, Langlois, Dreyer, Salvioli ont démontré que ce sang ou le plasma du sang capsulaire, injecté dans les veines d'un animal, provoque l'élévation de pression caractéristique. Strehl et Weiss ont constaté que chez un animal dont une capsule a été enlevée, la section ou la ligature de la veine de l'autre capsule provoque une baisse de la pression artérielle absolument comme si cette seconde capsule était enlevée. Dans le cas d'une simple fermeture, l'enlèvement de la pince ramène la pression à sa valeur normale. D'après Battelli, le sérum normal contient généralement des traces d'adrénaline.

L'adrénaline injectée disparaît rapidement du sang (Cybulski, Oliver et Schäfer, Langlois, Battelli). Elle est probablement détruite, car on n'en retrouve peu ou pas dans l'urine.

Emploi thérapeutique. — L'adrénaline est utilisée en clinique, surtout par les ophtalmologistes et les rhinologistes. Employée sous forme de solution diluée en instillation ou badigeon, cette substance provoque l'anémie locale et arrête les hémorragies. Les premières applications cliniques des propriétés vaso-constrictives de l'extrait capsulaire sont dues à Bates 1896, puis à L. Don.

L'adrénaline n'augmente pas la survie lorsqu'on l'injecte chez un animal décapsulé; elle accélère la mort à doses élevées (Battelli).

Toxicité. — L'adrénaline en injection sous-cutanée détermine, chez le lapin et le cobaye, la mort en moins d'une heure, au plus en quelques heures, à la dose de $0^{gr},010$ à $0^{gr},020$ par kilogramme. Dans les veines la dose mortelle chez le lapin est comprise entre $0^{mgr},1$ et $0^{mgr},2$ par kilogramme (Battelli, Bouchard et Claude, Battelli). A la suite d'injections répétées, il se produit une accoutumance; les lapins peuvent supporter dans les veines la dose de $0^{mgr},4$ à $0^{mgr},5$ par kilogramme (BOUCHARD et CLAUDE). Chez le chien, la dose mortelle (par les veines) est comprise entre 1 et 2 milligrammes par kilogramme d'animal (AMBERG). La mort est due à un œdème pulmonaire aigu; parfois à des trémulations fibrillaires du cœur (BATTELLI). Localement on constate la mortification des tissus, des escarres probablement par suite de l'ischémie prolongée. Les symptômes généraux sont les mêmes que ceux qui sont provoqués par l'injection de l'extrait de capsules, à savoir : des troubles du système nerveux central, de l'agitation, de la prostration, de la dyspnée, la paralysie des membres postérieurs, des convulsions toniques et cloniques, de l'opisthotonos, de la mydriase, des ecchymoses péricardiques, diaphragmatiques, capsulaires (BATTELLI, BOUCHARD et CLAUDE). AMBERG a noté souvent chez le chien la diarrhée sanguinolente. BATTELLI, MOUSSET, P. CARNOT et JOSSERAND ont constaté de l'albuminurie, de l'anurie ; BLUM, ZUELZER, etc., de la glucosurie (Voy. *Action sur les sécrétions*). La grenouille résiste relativement mieux (TARAMASIU).

Foa et PELLACANI, GOURFEIN, GLUZINSKI, DUBOIS, CYBULSKI, VINCENT, HULTGREN et ANDERSON, etc., avaient démontré que les extraits de capsule surrénale sont toxiques et peuvent déterminer la mort. D'après BATTELLI, la toxicité de l'extrait dépend principalement sinon exclusivement de l'adrénaline qu'il contient.

Graisses et lécithines. — Les capsules surrénales contiennent des graisses et des lécithines (L. BERNARD, BIGART, ALEXANDER, MULON, BONNAMOUR et POLICARD).

Ces substances sont indifféremment réparties chez l'homme dans toutes les couches de la substance corticale, et donnent aux cellules de cette zone leur texture spongieuse. Chez le cobaye, la graisse et les lécithines sont localisées dans des cellules identiques, dites spongiocytes. Les lécithines se reconnaissent sur des coupes fraîches, faites par congélation et examinées immédiatement dans la lumière polarisée. Elles présentent la croix de polarisation (1). Après fixation par l'acide osmique elles sont solubles dans le xylol.

Le rapport de la graisse phosphorée au poids total de la glande, est, chez le cheval, de 6,77 0/0. Le rapport de la graisse phosphorée à la graisse **totale** : 45,3 0/0 chez le cheval ; 48,8 chez le mouton ; 57,7 chez le lapin.

La réaction des surrénales au travail musculaire se traduit par une augmentation du nombre des spongiocytes et par conséquent par une augmentation des lécithines (L. BERNARD, BIGART, H. LABBÉ, BARDIER, BONNE).

Substances diverses. — Les capsules contiennent : une albumine coagulable à 71°, diverses globulines coagulables entre 56° et 75°, une ou plusieurs nucléoalbumines (NABARRO). On a trouvé comme produits de régression : l'inosite, la leucine, la tyrosine, les bases xanthiques (OKERBLOM), une substance sulfurée et azotée hygroscopique cristallisable (GRÜBER) et enfin des sels. — Les capsules contiennent un ferment diastatique (A. C. CROFTAN), un ferment oxydant des aldéhydes (JACOBY). D'après HERTER et WAKEMANN, si on injecte à un chien du bleu d'alizarine, le pigment se retrouve dans les organes qui réduisent peu ou pas, jamais dans les muscles, poumons, capsules qui sont fortement réducteurs.

Cellules chromophiles. — On désigne sous le nom de cellules chromophiles (STILLING) ou chromaffines (A. KOHN) des cellules qui prennent une coloration brune sous l'influence de l'acide chromique ou des sels de chrome.

---

(1) BONNAMOUR et POLICARD n'ont pas réussi à constater la croix de polarisation sur des préparations fraîches chez la grenouille.

Ces cellules existent : a) dans la substance médullaire des capsules surrénales [Henle, Stilling]; b) dans les corpuscules suprarénaux des Sélaciens [A. Kohn]; c) dans les organes auxquels Zuckerkandl a donné le nom de « Nebenorgane » et qui sont situés chez le nouveau-né et l'embryon dans le réseau sympathique de l'aorte abdominale; d) dans le sympathique (S. Mayer, Stilling, A. Kohn et Rose).

La substance médullaire des capsules, les corpuscules suprarénaux des Sélaciens (Swale Vincent), les Nebenorgane de Zuckerkandl, Biedl et Wiesel) donnent des extraits qui, injectés dans les veines, provoquent la vaso-constriction et élèvent la pression. Les propriétés des capsules, des corpuscules suprarénaux, et des Nebenorgane dépendent donc des cellules chromophiles (A. Kohn, Biedl et Wiesel). Récemment, Mulon a d'ailleurs constaté que la réaction de Vulpian (avec le perchlorure de fer) considérée comme spécifique de la présence de l'adrénaline se produit sur des coupes des corps surrénaux des Plagiostomes.

Grynfeltt, dans un travail dirigé par Vialleton, a constaté que les cellules chromaffines peuvent se présenter sous des aspects différents. A côté des cellules chromaffines typiques pleines de granulations, on en trouve d'autres renfermant de grandes vacuoles claires. La vascularisation est très intense. Sur les préparations de Mulon, la couleur provoquée par l'action du perchlorure de fer est surtout localisée au niveau des granulations intra-protoplasmiques décrites par Grynfeltt.

Fonctions antitoxiques des capsules surrénales. — D'après quelques auteurs, les capsules surrénales protègent l'organisme contre l'action de certains poisons. Les résultats des expériences ne sont pas univoques.

Les injections de cultures virulentes ou de toxines (pyocyanique, diphtérique, tuberculeuse, pneumococcique), les intoxications par le phosphore, le mercure, l'arsenic, le cacodylate de soude, l'adrénaline déterminent des lésions graves des capsules. Souvent même, ces glandes paraissent les seuls organes atteints (Roux et Yersin, Charrin, Langlois, Roger, Gilbert, Oppenheim, Cacace, Loeper). Virchow, Chvosteck, R. May, Oppenheim ont signalé des faits comparables en clinique chez l'homme.

Les capsules augmentent de volume. Chez le cobaye elles peuvent arriver à peser ensemble 1gr,80, au lieu de 0gr,30, poids moyen normal (Charrin et Langlois). On constate de la congestion, parfois même de véritables hémorragies interstitielles. La pigmentation des capsules s'exagère. L'altération des cellules peut aller jusqu'à la nécrose. Il peut se former des thromboses, des nodules infectieux et de petits abcès microscopiques. Les capsules altérées ne présentent généralement plus la réaction caractéristique du tissu médullaire avec le perchlorure de fer; injectées sous la forme d'extrait aqueux dans les veines, elles ne produisent plus l'augmentation de pression que l'on obtient avec l'extrait de capsules normales; cependant, au début de l'intoxication, on peut noter parfois une exagération de cette action tonique.

La gravité des lésions ne paraît pas dépendre de la nature des agents d'infection ou d'intoxication, mais de la virulence de ces agents et de la durée de la survie. Oppenheim et Charrin ont observé les plus fortes augmentations de volume, dans des cas d'intoxication lente, sous l'influence de doses faibles mais répétées de toxines pyocyanique ou diphtérique. Si l'on admet que ce sont les organes qui sont le théâtre de la lutte la plus active qui s'altèrent le plus profondément au cours des infections et des intoxications, on est en droit de voir dans les lésions des capsules surrénales que nous venons de décrire une preuve du rôle joué par ces organes dans la défense de l'organisme. Toutefois, la congestion et l'hypertrophie des capsules se produisent également sous l'influence du système nerveux, soit central (hémisection de la moelle, Brown-Séquard, Vulpian; myélite aiguë, Bouchard), soit périphérique (ganglions). Pillet a signalé les traumatismes graves de l'estomac et du péritoine comme pouvant retentir sur le plexus solaire et amener la congestion de la capsule avec un certain degré de pigmentation.

	Survie :		
	6 à 9 heures.	Ablation d'emblée.	Calogero.
	22 à 28 heures.	Intervalle de un mois.	
Chiens	22 à 75 heures.	Ablation d'emblée.	Strehl et Weiss.
	75 à 138 heures.		
	109 à 214 heures.	Intervalle de un mois.	
	25 à 40 heures.		Thiroloix.
	68 heures en moyenne.	Ablation d'emblée.	
	121 heures (chats châtrés).	Ablation d'emblée.	Hultgren et Anderson.
Chats.	134 heures (chats châtrés).	En deux temps.	
	15 à 28 heures.	Ablation d'emblée.	
	28 à 47 heures.	Ablation d'emblée.	Strehl et Weiss.
	30 à 170 heures.	En deux temps : un mois d'intervalle.	
	11 heures en moyenne.		Brown-Séquard.
Cobayes	5 heures en moyenne.		Abelous et Langlois.
	12 heures en moyenne.	En deux temps ; intervalle de huit à quinze jours.	
	4 à 9 heures.	Ablation d'emblée.	Strehl et Weiss. Brown-Séquard.
	9 heures à 9 h. 1/2 en moyenne.		
	5 à 6 jours en moyenne.	Ablation d'emblée.	Hultgren et Anderson.
Lapins	8 à 14 heures.	Ablation d'emblée.	Strehl et Weiss.
	21 à 76 heures.	En deux temps ; intervalle de un mois.	
Pigeons	4 à 24 heures.		Gourfein.
	15 jours.	Si on laisse 1/8 à 1/10 du poids total.	
	7 à 8 heures en moyenne.		Brown-Séquard.
Rats	6 h. 30 à 9 h. 10	Ablation d'emblée.	Calogero.
	6 h. 30 à 11 h.	Ablation avec un intervalle de dix jours.	
	15 à 19 heures.	Ablation d'emblée.	Strehl et Weiss.
Souris	8 à 13 heures.	Ablation d'emblée.	
Hérisson (un cas).	14 heures.	Ablation d'emblée.	Strehl et Weiss.
Belette (un cas)	21 heures.	Ablation d'emblée.	
	22 à 45 heures.	Ablation d'emblée.	Strehl et Weiss.
	30 à 66 heures.	En deux temps, intervalle de un mois.	
Grenouille	12 à 13 jours en hiver.		Abelous et Langlois.
	48 heures en été.		
	24 h. à 6 jours.	Pas de différences suivant l'été ou l'hiver.	Gourfein.
	10 à 25 jours.	On a trouvé une capsule accessoire.	

L'ablation d'une partie du tissu surrénal, notamment la décapsulation unilatérale, ne détermine pas toujours une diminution de la résistance organique aux infections et intoxications. Charrin et Langlois, Oppenheim ont vu des animaux décapsulés partiellement, résister mieux que les témoins dans certaines infections (pyocyanique...), ou intoxications (toxine diphtérique, phosphore...). Cependant Oppenheim et Lœper ont constaté une moindre résistance aux toxiques, en général, chez des sujets dont les capsules avaient été altérées par des injections de toxines ou de poisons, et qui survivaient quelques jours.

Le tissu ou l'extrait de capsules surrénales mêlé à des substances toxiques diverses ou injecté aux animaux, en même temps que ces substances, augmente dans un grand nombre de cas la résistance de l'organisme à l'intoxication. Des résultats concluants ont été obtenus par Langlois avec la nicotine, par Oppenheim avec le phosphore et les poisons de l'urine humaine. D'après Roux et Vaillard, cependant, l'extrait capsulaire n'aurait aucun pouvoir antitoxique vis-à-vis des toxines bactériennes. Wybann a obtenu des résultats négatifs *in vitro* et *in vivo* avec la diphtérie.

C. — GLANDES THYROIDES ET PARATHYROIDES.

I. — Historique.

Il y a cinquante ans, on ne savait absolument rien concernant le rôle des thyroïdes. Actuellement, nos connaissances sont évidemment très incomplètes ; cependant, on a démontré l'importance de ces organes et précisé les rapports qui existent entre leur altération et certains symptômes caractéristique.

L'histoire de la physiologie des thyroïdes peut être divisée en plusieurs phases.

Première phase. — Dans une première période, on établit l'importance de la thyroïde, et on décrit les symptômes qui apparaissent lorsque cet organe est enlevé, atrophié ou malade. La relation fut longue à établir en raison du polymorphisme des symptômes et de leurs variations suivant l'âge du sujet et l'espèce animale à laquelle il appartient.

Schiff, en 1854, tente les premières expériences : toutefois, les travaux de cet auteur attirèrent peu l'attention.

Peu à peu, en clinique, on acquit la conviction qu'un certain nombre de symptômes observés chez l'adulte par Gull, Morvan, Ord, Charcot, chez l'enfant par Goodart, Bourneville..., ont pour cause, soit les lésions des thyroïdes, soit l'atrophie de ces organes.

Les chirurgiens firent faire un grand pas à la question. Les premiers J.-L. Reverdin, puis A. Reverdin, eurent le mérite de mettre en lumière la gravité de l'ablation des thyroïdes. En 1882, le 13 septembre, J.-L. Reverdin signala à la Société médicale de Genève les modifications chroniques et la tétanie consécutive à l'extirpation totale du goitre ; en 1883, J.-L. Reverdin et A. Reverdin publièrent sur ce sujet un mémoire décisif dans la *Revue de la Suisse romande* (1). Ce travail fut bientôt suivi d'un mémoire important communiqué sur le même sujet par Kocher, au XIIᵉ congrès de la Société allemande de chirurgie, tenu à Berlin. J.-L. et A. Reverdin avaient désigné les accidents chroniques, consécutifs à l'ablation du goitre, sous le nom de myxœdème post-opératoire ; Kocher les engloba sous le nom de cachexie strumiprive.

______

(1) Dès 1874, Kocher avait publié, au milieu de nombreux faits, l'observation d'une jeune fille qui avait présenté, après l'ablation du goitre, un changement de son état mental ; Weiss avait signalé la tétanie dans des conditions analogues, en 1881.

L'étude expérimentale des thyroïdes fut alors reprise. Les premiers travaux de Schiff furent confirmés. On vit de plus que la greffe (Schiff) et l'administration de la glande thyroïde exercent une influence protectrice (Vassale, Gley, Howitz, etc.).

Deuxième phase. — Primitivement, on ne connaissait que les thyroïdes principales. Cependant, dès 1880, Sandström avait signalé de petits organes qu'il considéra comme des glandes thyroïdiennes restées à l'état embryonnaire. Le mémoire de Sandström passa inaperçu. Gley le premier, en 1891, démontra l'importance considérable de ces glandules. La thyroïdectomie était considérée comme inoffensive, le plus souvent, chez certains animaux (les lapins et, d'une manière générale, les herbivores). Gley démontra que l'immunité n'est qu'apparente. L'opération est mortelle lorsqu'elle s'étend à certaines glandules qui, sur le lapin et, d'une manière générale, les herbivores, occupent une situation assez éloignée des glandes principales. Actuellement, on tend à différencier les glandules des glandes principales sous bien des rapports. Moussu, le premier, a nettement indiqué le rôle fonctionnel différent, de ces deux ordres d'organes. Ses travaux ont été confirmés par Vassale, Lusena, Doyon et Jouty.

Troisième phase. — Cette phase est caractérisée par une découverte chimique. Chatin a soutenu que l'insuffisance de l'apport d'iode dans l'alimentation, peut provoquer le goitre et le crétinisme. On savait, d'autre part, que les préparations iodées constituent le traitement électif de ces affections. La pharmacopée ancienne préconisait avec succès des substances que l'on a reconnu depuis contenir de l'iode sous une forme dissimulée. Baumann rapprocha les bons effets de l'iode de l'action curative de la médication thyroïdienne, nouvellement démontrée par Vassale et Gley. Il supposa que la glande thyroïdienne contenait de l'iode et agissait, en définitive, par l'intermédiaire de ce métalloïde. De fait, Baumann démontra que la thyroïde fixe l'iode d'une manière élective.

II. — Situation. — Nombre. — Structure.

On distingue les thyroïdes et les glandules thyroïdiennes ou parathyroïdes.

1. Glandes thyroïdes. — Les glandes thyroïdes sont situées, chez les Mammifères, dans la région cervicale, au-dessous du larynx. Elles sont formées de deux lobes placés de chaque côté de la trachée, et réunis chez certaines espèces par une masse médiane plus ou moins développée. On trouve parfois des thyroïdes accessoires qui ne sont autre chose que de simples lobules erratiques, comme il en existe pour la rate et les capsules surrénales (Gruber, Verneuil, Zukerkandl, Kadji, Wölfer, Zuccaro, Moussu). Les thyroïdes accessoires existent principalement dans un triangle isocèle ayant pour sommet la crosse de l'aorte, et pour base le bord du maxillaire inférieur (Wölfer).

Les glandes thyroïdes sont formées de vésicules arrondies, dont les dimensions varient de quelques μ jusqu'à un dixième de millimètre et plus. Ces vésicules groupées par petits amas arrondis ou ovoïdes comprenant un certain nombre de vésicules de toutes dimensions, constituent les lobules du corps thyroïde, séparés les uns des autres par de minces lames de tissu conjonctif lâche renfermant des vaisseaux sanguins et lymphatiques. Lorsque les lymphatiques ont été préalablement injectés par une solution de nitrate d'argent, les lobules se distinguent très facilement les uns des autres. Chaque vésicule est formée par un rang de cellules épithéliales cubiques ou cylindriques basses toutes semblables entre elles. Quelques-unes de ces cellules, dont le protoplasme se colore par les réactifs comme la matière colloïde contenue dans la vésicule, ont reçu le nom de cellules principales. L'intérieur des vésicules est rempli par de la substance colloïde qui l'occupe entièrement, sauf une très étroite zone périphérique où il existe un vide dû à la rétraction de la masse centrale sous l'influence des réactifs.

Les vaisseaux sanguins forment un élégant réseau autour de chaque vésicule. Les lymphatiques sont très développés ; ils forment d'énormes capillaires enveloppant les lobules et pénètrent même dans leur intérieur. Ils s'accolent étroitement aux vésicules avec les parois desquelles leur endothélium vient en contact. On regarde ces lymphatiques comme les canaux excréteurs de la glande, car on a trouvé leur lumière remplie par places de substance colloïde. Toute la question est de savoir comment celle-ci peut passer dans les lymphatiques (fig. 106).

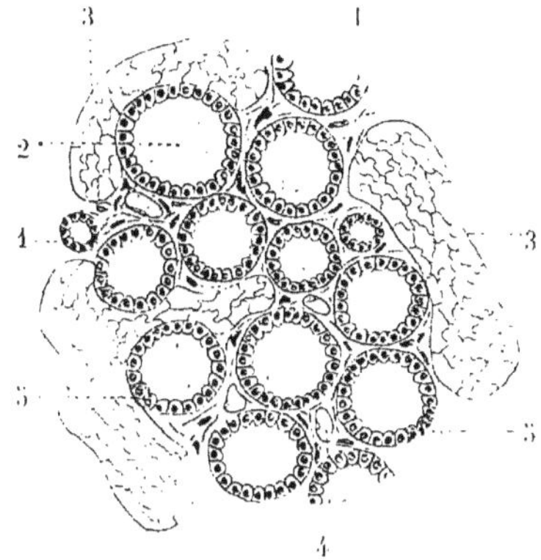

Fig. 106. — *Structure de la thyroïde.*

Lobule de la thyroïde après injection des vaisseaux lymphatiques au nitrate d'argent (demi-schématique).
1, 1, vésicules ; 2, leur contenu colloïde ; 3, 3, vaisseaux lymphatiques avec endothélium imprégné ; 4, capillaire sanguin ; 5, 5, cellules plus colorées dans la paroi des vésicules (d'après VIALLETON).

Deux cas sont possibles : ou bien les vésicules se rompent, vident leur contenu dans les vaisseaux, puis reviennent sur elles-mêmes, et recommencent leur évolution, ou bien elles laissent passer par osmose la matière colloïde. Quoi qu'il en soit, on trouve toujours, à côté de vésicules renfermant de la substance colloïde, de toutes petites vésicules vides, qui pourraient bien répondre à des vésicules venant d'expulser leur contenu et ramassées sur elles-mêmes.

2. Glandules ou parathyroïdes. — Leur nombre et leur situation varient non seulement suivant l'espèce animale, mais dans une même espèce suivant les sujets. En général, on trouve quatre glandules, deux de chaque côté. On distingue des glandules internes et des glandules externes. Les internes sont incluses dans le lobe correspondant de la glande principale ; les externes sont soit à une certaine distance de la thyroïde, soit au contact de la glande. La différence entre les externes et les internes n'est pas cependant fondamentale, car on peut observer des glandules dans des situations intermédiaires très variées.

Les glandules sont généralement plus pâles que les glandes principales. Elles sont pourvues — tout au moins les externes — d'une artériole spéciale.

La structure des parathyroïdes diffère beaucoup au premier abord de celle de la thyroïde. La parathyroïde est formée de cordons épithéliaux épais, séparés les uns des autres par quelques minces cloisons connectives et par des capillaires sanguins étroitement accolés aux cellules épithéliales dont rien ne les sépare. Elle peut offrir des différences suivant les espèces : chez quelques-

unes elle est moins compacte, les capillaires sont plus larges et l'ensemble prend
un aspect caverneux (mouton, SCHAPER; lapin, VIALLETON).

Les cellules sont petites, à noyau volumineux, arrondi, à protoplasme peu
abondant. Dans ce dernier on voit, à l'aide d'objectifs à immersion, des granulations plus ou moins développées, colorées par les réactifs comme l'est la substance colloïde. LIVINI établit un parallèle étroit entre les cellules de la para-

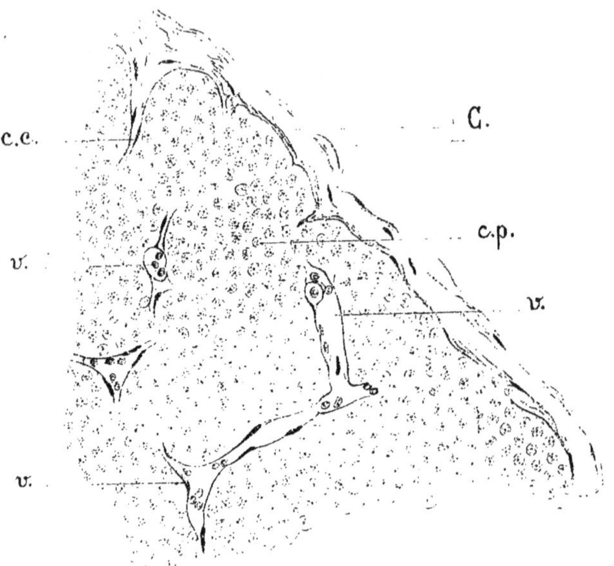

Fig. 107. — *Parathyroïde de chien.*

C., capsule conjonctive; c. c., cloisons conjonctives dans l'épaisseur de l'organe;
c. p., cellule épithéliale de la parathyroïde; v., vaisseaux capillaires sanguins (d'après
VIALLETON).

thyroïde et celles de la thyroïde et conclut qu'elles peuvent contenir les mêmes
éléments de sécrétion (fig. 107).

En quelques points de la parathyroïde on trouve des vésicules ciliées. Ces
vésicules ressemblent à celles de la thyroïde en ce sens qu'elles sont comme ces
dernières, arrondies et limitées par un seul rang de cellules cubiques ou cylindriques suivant l'épaisseur de la paroi. Toutefois les cellules qui les bordent
diffèrent des cellules thyroïdiennes parce qu'un grand nombre d'entre elles
portent des cils. Dans la lumière de ces vésicules on trouve une substance qui
a les réactions de la substance colloïde (nié par KOHN), bien qu'une partie de
cette substance puisse demeurer incolore à côté d'autres colorées comme la
colloïde.

Les parathyroïdes sont, en somme, des glandes dont la structure est très différente de la thyroïde. Elles peuvent toutefois sécréter aussi de la substance colloïde. Cette dernière existe habituellement sous forme de grains très fins et pas
dans toutes les cellules; parfois elle se rassemble en masse. La matière colloïde
n'a d'ailleurs rien de très caractéristique puisqu'on en trouve également dans

l'hypophyse (Ebner) et peut-être dans les lobules thymiques (Livini). De plus,
rien ne permet d'affirmer que la matière colloïde différenciée par les réactifs
histologiques soit partout la même.

3. Dispositions particulières. — Nous examinerons successivement les dispositions présentées par l'appareil thyroïdien chez l'homme et les diverses espèces
animales.

Chez l'homme l'isthme est très développé et présente un prolongement : la pyramide de Lalouette. Le poids moyen de l'organe total est difficile à évaluer,
car on ne peut pas toujours distinguer une glande normale d'une glande un peu
hypertrophiée. Le poids moyen est de 33 grammes d'après Vierordt, 34 grammes
d'après Weibgen, 25 grammes d'après Guiart, 22 à 24 grammes d'après Marchand. En Suisse et dans les pays où le goitre est endémique le poids moyen
peut atteindre 60 grammes (Orth) et même 100 grammes (Oswald). Avant
la fin de la première année la glande pèse 1gr,5 ; jusqu'à 18 mois, 2 grammes
environ.

Les glandules sont constantes et se trouvent dans la généralité des cas au voisinage du point de pénétration des artères thyroïdiennes. Vassale n'a trouvé
que des glandules externes. Sur sept cadavres il a trouvé dans un cas trois glan-
dules, dans un autre cinq, dans cinq autres quatre, deux supérieures et deux inférieures, les inférieures à 1 centimètre environ du corps thyroïde. On admet généralement qu'il existe au moins quatre para, en deux groupes : des glandules supérieures à la face postérieure des lobes thyroïdiens, situées le plus souvent à l'union de son tiers supérieur et de ses deux tiers inférieurs ou deux tiers supérieurs avec le tiers inférieur : des glandules inférieures situées soit dans le voisinage du bord inférieur de la face postérieure, soit au-dessous et à une certaine distance de ce bord, sur les côtés de

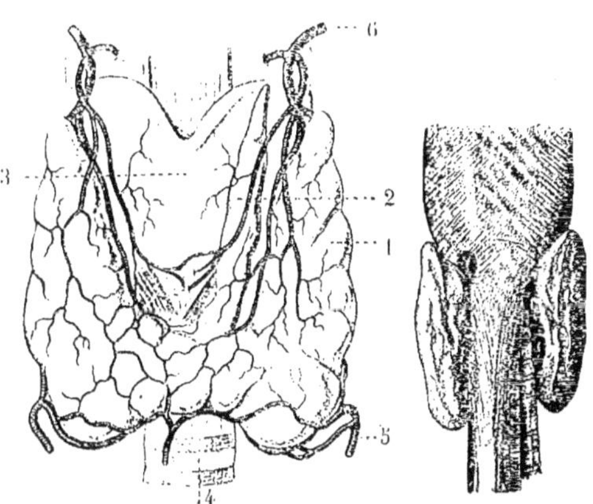

Fig. 108. — *Glande thyroïde chez l'homme.*

1, lobe gauche ; 2, pyramide de Lalouette ; 3, cartilage thyroïde ; 4, trachée ; 5, 6, artères thyroïdiennes (d'après Testut).

Fig. 109. — *Glandules chez l'homme.*

Face postérieure des glandes thyroïdes et de l'œsophage ; les glandules sont figurées en noir (d'après Zuckerkandl).

la trachée et enveloppées dans la graisse rétro-sternale. Outre ces deux groupes,
on a trouvé des parathyroïdes surnuméraires surtout dans le groupe inférieur
(Sandström, Chantemesse et Marie, Kohn, Müller, Schaper, Vassale et Generali,
Fusari, Ganfini, Civalleri) (fig. 108 et 109).

Chez le singe il existe deux lobes thyroïdiens réunis par un isthme ; quatre para : une interne et une externe de chaque côté (Capobianco et Mazziotti).

Chez le chien, les corps thyroïdes sont appliqués sur la trachée immédiatement au-dessous du larynx ; ils s'étendent du cartilage cricoïde au septième anneau de la trachée. L'extrémité inférieure se prolonge parfois sous forme d'un nodule qui descend jusqu'au huitième ou neuvième anneau ; parfois elle se dévie en avant de la trachée, formant une sorte d'isthme que complète sur la région mé-

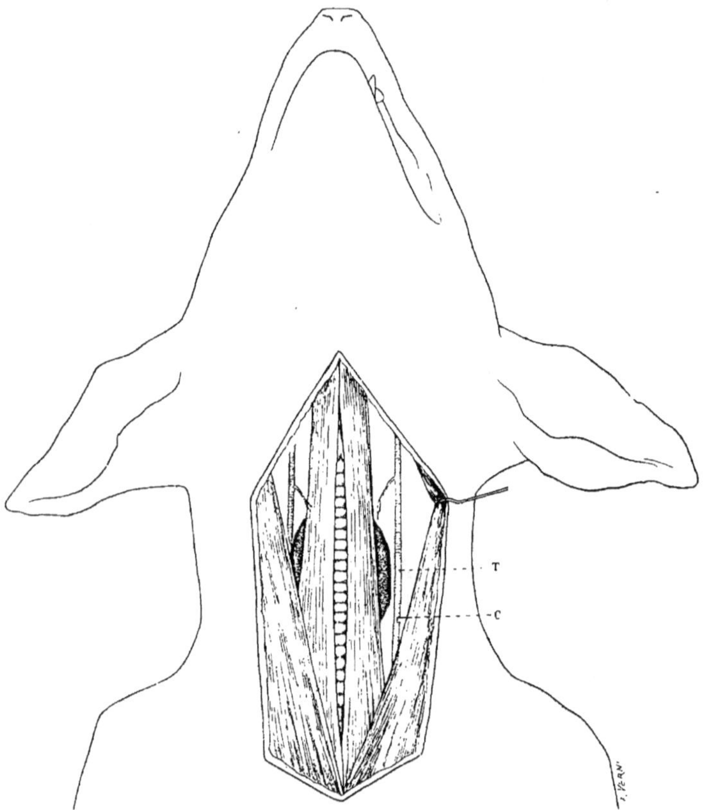

Fig. 110. — *Thyroïdes chez le chien* (Doyon).

T, thyroïdes ; C, carotide.

diane une trame conjonctive. La parathyroïde externe se trouve d'ordinaire à l'extrémité supérieure du corps thyroïde vers le point de pénétration de la thyroïdienne supérieure, libre ou enclavée mais non englobée dans la capsule du corps thyroïde ; le parathyroïde interne, plus petite que l'externe, se rencontre vers le tiers supérieur de la face interne de l'organe enveloppée par la capsule.

Les vaisseaux sont fournis par la grosse artère thyroïdienne qui plonge dans l'épaisseur de l'organe vers le tiers supérieur. Les veines se rendent à la jugulaire externe et à la jugulaire profonde (fig. 110, 111 et 112).

Moussu a décrit parfois une ou deux parathyroïdes supplémentaires. Vassale a trouvé dans quelques cas deux parathyroïdes internes, l'une visible à travers la capsule, l'autre située dans l'épaisseur de la glande, invisible à travers la capsule, plus petite et impossible à extirper. Ball a observé chez un jeune chien porteur d'une hypertrophie du corps thyroïde une tumeur de la grosseur d'une petite cerise située près de la naissance de l'aorte. A l'examen

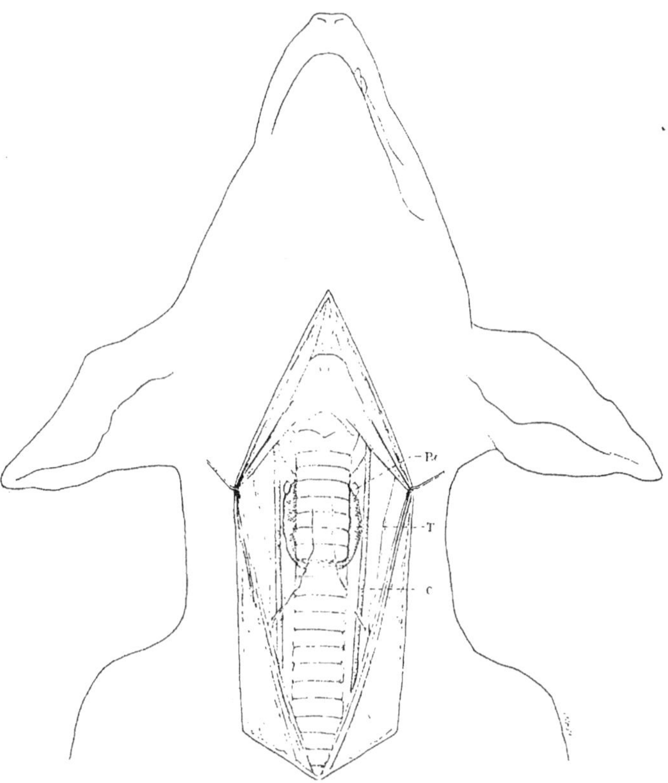

Fig. 111. — *Thyroïdes du chien* (Doyon).

T, glande thyroïde : P. e., parathyroïde externe : C, carotide.

histologique cette tumeur rappelait, suivant le point examiné, soit la structure de la thyroïde, soit celle des glandules ; on voyait en effet, dans le voisinage de grandes cavités remplies de matière colloïdale, des cordons folliculaires pleins. Vassale cite le cas d'un chien qui présentait sept accessoires dont l'une avait la structure des glandules. Ces organes étaient situés un sur le cartilage cricoïde droit, un sur le premier anneau de la trachée, cinq dans le médiastin, deux sur la face antérieure, trois sur la face postérieure de l'aorte.

Chez le porc, la thyroïde forme un bouclier ; les deux lobes latéraux sont réunis à la face antérieure et inférieure de la trachée vers la base du cou. Les glandules ne sont pas connues.

Chez le lapin, la glande thyroïde est située entre l'angle supérieur et postérieur du cartilage thyroïde, le cartilage cricoïde, les neuf premiers anneaux de la trachée. Elle est étroitement appliquée (fig. 116) à la face interne de l'artère carotide et recouverte par le muscle sterno-thyroïdien. Aux environs du

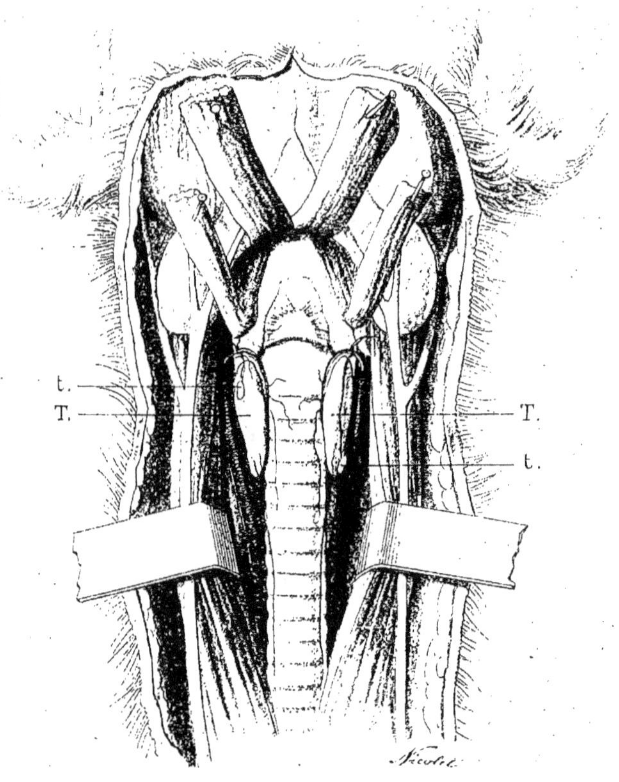

Fig. 112. — *Thyroïdes du chien* (Doyon).

T, glandes principales ; t, glandules.

cinquième au neuvième anneau trachéen, une partie intermédiaire très mince s'appliquant contre la face antérieure de la trachée unit les deux lobes l'un à l'autre. La longueur de chacun des lobes de la thyroïde est environ de 17 millimètres, sa largeur de 7 millimètres (Krause). Leur poids varie entre 70 à 80 milligrammes (Gley). Les glandules externes sont le plus ordinairement placées au-dessous du corps thyroïde, à un demi-centimètre plus bas environ, appliquées sur la carotide, complètement cachées par le muscle sterno-thyroïdien. Parfois cependant elles sont sur le même niveau que le corps principal, mais en dehors de chacun des lobes, recouvertes par le muscle sterno-thyroïdien et reliées chacune par un tractus conjonctif au lobe du même côté (GLEY, MOUSSU). Exceptionnellement la parathyroïde externe est située sur l'extrémité supéro-externe de la thyroïde. Chaque glandule est pourvue de vaisseaux ; sa longueur est de 4 à 6 millimètres ; sa largeur de un à un et demi millimètre, son poids de 0gr,004 à 0gr,006 (GLEY). Les glandules internes sont incluses dans le lobe thyroïdien correspondant vers le tiers supérieur de la face interne ; elles possèdent une capsule propre qui les isole du tissu thyroïdien, sauf en certains points où

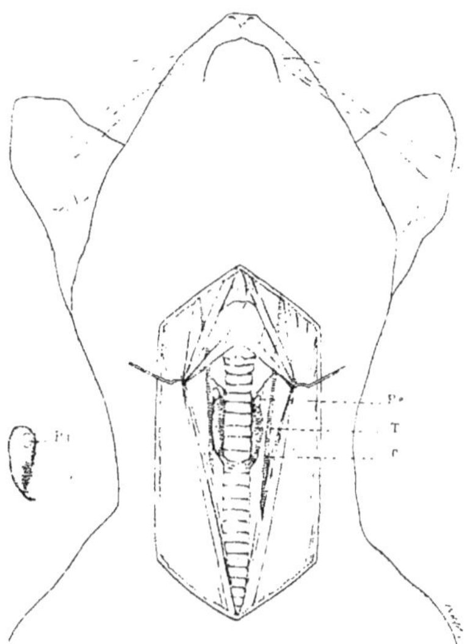

Fig. 113. — *Thyroïdes chez le chat* (DUVOUX).

T, glandes thyroïdes : P. c., parathyroïde externe : C, carotide : P. i., parathyroïde interne située à la face interne de la glande.

elles sont en continuité de tissu avec la glande (KÖHN, NICOLAS). Chaque thyroïde ne paraît avoir qu'une glandule interne distincte (fig. 114 à 117).

La chèvre possède des corps thyroïdes en forme de massue. La parathyroïde externe se trouve le plus souvent à une certaine distance en dehors et en haut, dans le tissu conjonctif de la face interne de la glande sous-maxillaire. La parathyroïde interne ne peut être décelée avec certitude qu'au moyen du microscope, au tiers supérieur de l'organe principal généralement (MOUSSU).

Chez le mouton, l'existence d'un isthme n'est pas constante. On trouve une ou plusieurs parathyroïdes externes au niveau de la bifurcation de la carotide primitive (SCHAPER, JEANDELIZE). La parathyroïde interne existe à la face interne du lobe thyroïdien au niveau du hile.

Chez le cobaye, la parathyroïde interne ferait défaut. Il en est ainsi d'après CHRISTIANI et GROSCHUFF chez tous les Rongeurs.

Chez le rat, il existe deux lobes réunis par un isthme. Les glandules sont au nombre de deux seulement, incorporées chacune au lobe thyroïdien correspondant, au niveau du bord antéro-externe de chaque lobe thyroïdien à l'union du tiers supérieur avec les deux tiers inférieurs. Les glandes sont difficiles à enlever en raison des connexions particulièrement intimes de ces organes avec la trachée et l'œsophage ; les thyroïdes envoient un prolongement en arrière de l'œsophage. *Chez la souris* et le *campagnol* les para sont également au nombre de deux, mais moins enclavées.

Chez le cheval, les corps thyroïdes sont distincts ; les glandules sont presque toujours vers l'extrémité supérieure de la glande (SANDSTRÖM) dans le tissu péri-thyroïdien, le long de la division thyroïdienne de l'artère thyro-laryngée (MOUSSU). *Chez l'âne*, il existe un isthme médian qui s'atrophie avec l'âge.

Chez les Oiseaux, les corps thyroïdes, de forme lenticulaire, sont situés dans la

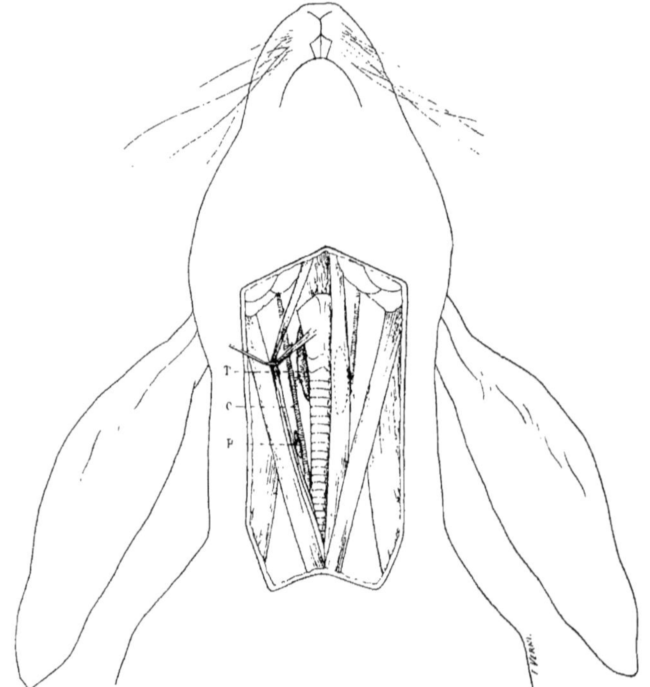

Fig. 114. — *Situation des thyroïdes et parathyroïdes chez le lapin adulte.*

T, thyroïdes ; P, parathyroïdes ; C, carotide (DOYON).

cavité thoracique de chaque côté de la trachée, contre la carotide et la jugulaire. Il existe une ou deux para au-dessous de chaque glande, au contact ou à une certaine distance de la thyroïde. Une artériole émanant de la carotide irrigue les glandes principales (DOYON et JOUTY).

Chez la grenouille, la thyroïde est constituée par deux lobes de couleur rou-geâtre. Chaque lobe est situé dans l'angle formé par la grande et petite corne postérieure de l'os hyoïde, recouvert en avant par le muscle sterno-hyoïdien. Il existe des formations branchiales pouvant être comparées aux glandules para-thyroïdes.

Chez les Reptiles, la forme et la situation des glandes varient. Chez le lézard et l'orvet les thyroïdes sont situées près de la tête ; chez la couleuvre, plus bas ;

chez la vipère, vers la moitié du corps environ. Chez les Crocodiliens on trouve encore une ébauche de deux lobes ; chez les Lacertiens et les Ophidiens il n'existe plus qu'un lobe médian. On n'est pas bien fixé sur l'existence et la situation des parathyroïdes (C. Christiani, Prenant, Verdun).

Chez les Poissons sélaciens, la thyroïde est en rapport avec la bifurcation de l'artère branchiale ; *chez les téléostéens*, elle entoure cette artère (Robin, Legendre, Guiart, Verdun).

Circulation. — L'irrigation sanguine des thyroïdes est, comparativement à celle des autres organes, extrêmement abondante. Le volume de sang qui passe par l'artère thyroïdienne chez le chien oscille entre 0,15 et 1,018 centimètres cubes par seconde, en moyenne (sur 5 essais, 0,372 centimètres cubes par seconde ; 70 à 86 p. 100 seulement, c'est-à-dire en moyenne 0,272 centimètres cubes par

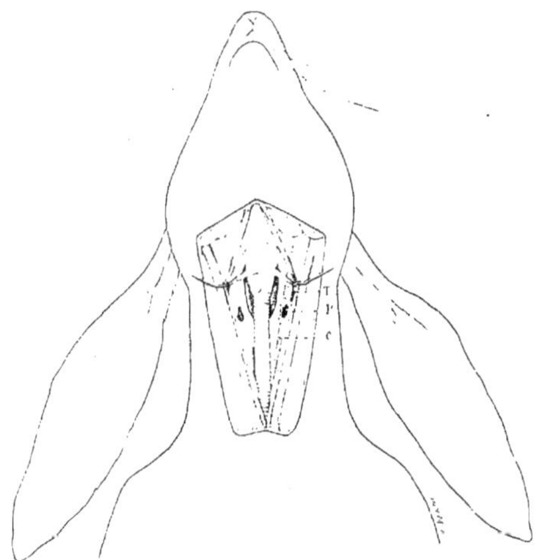

Fig. 115. — *Situation des thyroïdes et parathyroïdes chez un jeune lapin.*

T, thyroïdes ; P, parathyroïdes ; C, carotide (Doyon).

seconde, reviennent à la glande. La quantité de sang qui passe par la thyroïdienne augmente après la section du vague (Tschuewsky).

Nerfs thyroïdiens. — Les nerfs thyroïdiens proviennent avant tout du tronc du sympathique cervical. Ils forment un plexus autour des artères thyroïdiennes. Le laryngé supérieur et le récurrent envoient aussi des filets à la glande. Dans l'intérieur de l'organe on distingue des nerfs vasculaires et des nerfs glandulaires ; ces derniers aboutissent à la surface externe de l'épithélium sans jamais le pénétrer. Il n'existe pas de cellules glanglionnaires dans l'intérieur de la glande.

L'excitation du sympathique cervical chez le chien, au-dessus du ganglion cervical inférieur, provoque la vaso-constriction et la diminution de volume des thyroïdes ; l'excitation du nerf au-dessous du ganglion, provoque les phénomènes inverses (Morat et Briau) (fig. 119, 120, 121).

Origine distincte des glandes et des glandules. — La glande provient d'un bourgeon impair de la paroi ventrale du pharynx ; les glandules de corpuscules pairs proviennent des troisième et quatrième poches branchiales.

III. — Composition chimique des thyroïdes et parathyroïdes.

La composition chimique des thyroïdes et parathyroïdes présente un intérêt particulier pour une double raison :

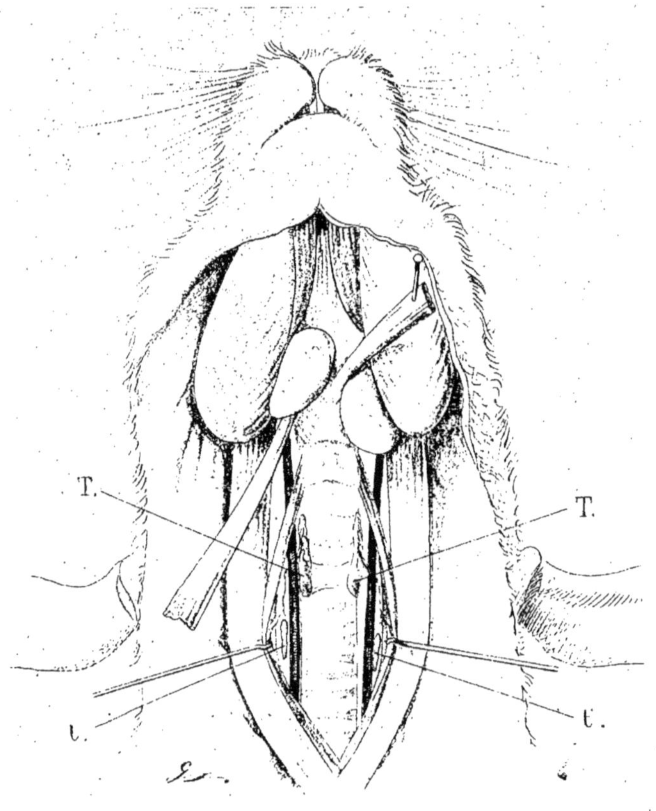

Fig. 116. — *Thyroïdes du lapin* (Doyon).

T, glandes principales ; t, glandules.

1. L'ablation des glandes expose à des accidents graves.

2. L'administration de ces organes à un sujet thyroïdectomisé conjure en partie tout au moins les effets de l'ablation de la glande.

Il importe donc de connaître la nature des principes actifs contenus dans les thyroïdes.

Caractéristique. — Au point de vue chimique, ce qui caractérise surtout les thyroïdes et parathyroïdes c'est la présence de l'iode.

Iode. — La présence de l'iode fut signalée pour la première fois par Baumann à Fribourg, en 1895. Baumann fut frappé des bons effets du traitement thyroïdien dans le goitre; il rapprocha ces effets de l'action curative bien connue depuis longtemps de l'iode et fut

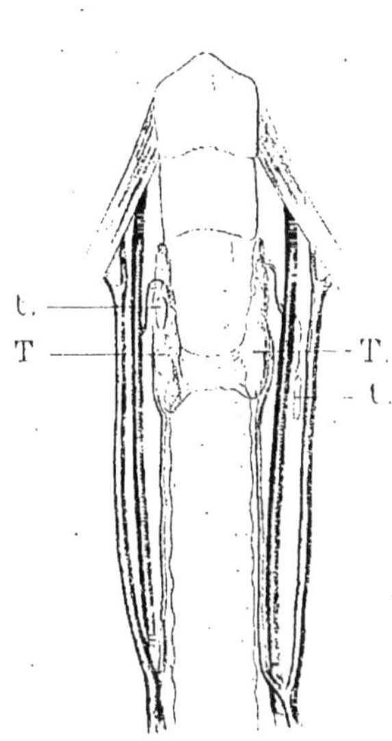
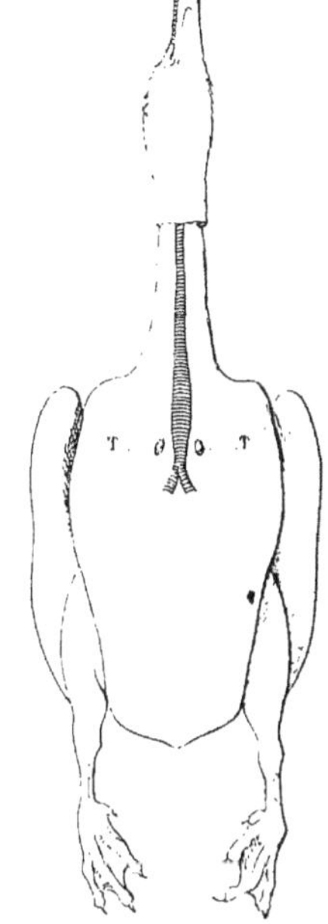

Fig. 117. — *Thyroïdes du lapin.*
T, glandes: t, glandules (Doyon).

Fig. 118. — *Situation des thyroïdes chez l'oie* (Doyon).

conduit ainsi à se demander si ce métalloïde n'était pas contenu dans les glandes thyroïdes.

Moyens de déceler l'iode. — L'iode existe dissimulé aux réactifs. Pour le déceler il faut détruire la matière organique par la calcination.

Pour rechercher l'iode on utilise un procédé général indiqué par Rabourdin (1850). L'organe est fondu avec de la potasse caustique. Pour éviter la grande quantité de charbon qui reste après la simple destruction par la potasse, Baumann conseille d'ajouter une certaine quantité d'azotate de potasse. On calcine. La masse refroidie est dissoute dans l'eau chaude et filtrée. Le filtrat est refroidi puis acidulé avec de l'acide sulfurique. On ajoute alors du chloroforme et on agite. Lorsqu'il y a de l'iode, le chloroforme se colore en violet. La quantité d'iode existant peut être dosée en comparant la teinte produite à celle que donne une égale quantité de chloroforme mélangé avec une solution de sulfate

de soude, de l'acide sulfurique et du nitrite de soude et agitée avec le volume
nécessaire d'une solution titrée d'iodure de sodium pour que l'égalité de teinte
soit obtenue. Nicloux a proposé de remplacer le chloroforme, qui par suite de
sa légère solubilité dans l'eau fournit des résultats un peu faibles, par le sulfure de carbone. De plus, il a déterminé les limites de sensibilité de cette
méthode. Il a trouvé que l'iode dans une liqueur peut être facilement dosé : au
demi-centième de milligramme près si la quantité d'iode est inférieure à $0^{mgr},1$;
à un centième de milligramme près entre $0^{mgr},7$ et $0^{mgr},2$ d'iode ; à deux centièmes de milligramme près si la
quantité d'iode est supérieure à $0^{mgr},2$,
par exemple entre $0^{mgr},0$ et $0^{mgr},4$.
Cette méthode est donc d'une extrême
sensibilité

Lorsqu'il s'agit de retrouver une
fraction de milligramme d'iode dans

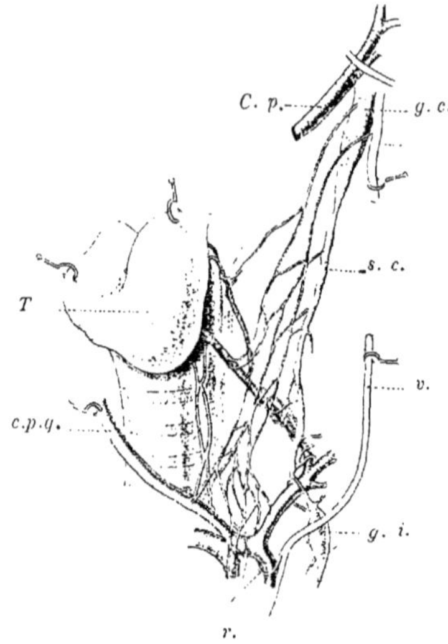

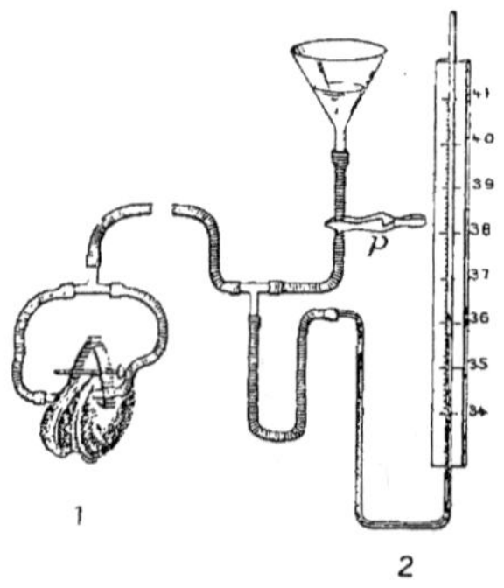

Fig. 119. — *Filets sympathiques allant
au corps thyroïde chez un fœtus humain
de cinq mois* (d'après Briau).

C. p., carotide primitive; g. s., ganglion
sympathique supérieur; s. c., sympathique
cervical; v., vague; g. i., ganglion sympathique inférieur; r., récurrent; c. p. g.,
carotide primitive gauche; T, thyroïde.

Fig. 120. — *Appareil plétysmographique
applicable à la glande thyroïde.*

1, appareil explorateur; 2, appareil d'enregistrement constitué soit par un manomètre à eau (tube capillaire de thermomètre), soit par un tambour à eau muni
d'un style inscripteur (d'après Morat et
Briau).

une grande quantité de matière organiques, 500 grammes ou 1 kilogramme par
exemple, Bourcet recommande le procédé suivant :

La matière est finement hachée ou pulvérisée, humectée avec une solution
diluée de potasse complètement exempte d'iode et desséchée à l'étuve à 100°. La
masse sèche est de nouveau finement pulvérisée puis fondue avec de la potasse
exempte d'iode dans une capsule de fer ou mieux de nickel. La fusion terminée,
on laisse refroidir la masse qu'on épuise par l'eau distillée bouillante jusqu'à ce
que l'eau de lavage filtrée ne soit plus sensiblement alcaline. La liqueur ainsi
obtenue est réduite par évaporation à la moitié de son volume primitif. A la
liqueur froide on ajoute peu à peu de l'acide sulfurique libre et sans iode étendu
de cinq fois son poids d'eau distillée, en évitant tout échauffement et refroidissant au besoin le vase dans lequel s'effectue la saturation. Quand la liqueur
est neutre, on y verse quelques gouttes de solution de potasse sans iode pour

la rendre alcaline et on l'additionne lentement et en agitant de la moitié de son volume d'alcool à 95°. La majeure partie du sulfate de potasse se précipite alors à l'état de poudre fine, qu'on essore à la trompe et lave à l'alcool à 30 p. 100 qui entraîne les eaux-mères dont elle est imprégnée. Le liquide filtré est évaporé au tiers de son volume primitif et additionné, quand il est refroidi, d'alcool à 90°. Une nouvelle quantité de sulfate de potasse se précipite, qu'on essore et lave avec de l'alcool à 30 p. 100 comme précédemment. En renouvelant plusieurs fois la concentration des liqueurs filtrées et leur précipitation par l'alcool on finit par éliminer tout le sulfate de potasse ou à peu près, alors que l'iode, s'il y en a, se concentre dans les liqueurs alcalines solubles dans l'alcool. Les dernières liqueurs ainsi obtenues sont évaporées à sec dans une capsule de nickel ou de porcelaine et le résidu est soumis à un léger coup de feu qui achève de détruire le peu de matières organiques qui pouvaient encore s'y trouver. On laisse refroidir, on reprend par le minimum d'eau distillée chaude, on filtre et c'est dans les quelques centimètres cubes de liqueur ainsi obtenue que se trouve rassemblé tout l'iode contenu dans la matière détruite. Ces quelques centimètres cubes sont franchement acidulés par l'acide sulfurique au tiers (33 p. 100 SO^4H^2) en évitant avec soin tout échauffement. On ajoute alors à la liqueur un centimètre cube de sulfure de carbone parfaitement pur et quelques gouttes d'une solution de nitrite de sodium à 20 p. 100 et on agite énergiquement. S'il y avait de l'iode dans la matière analysée, le sulfure de carbone se colore immédiatement en violet dont l'intensité croît avec la quantité d'iode dissous. En comparant la teinte obtenue avec une gamme de teintes préparée en dissolvant des poids connus d'iode dans un centimètre cube de sulfure de carbone, on arrivera à trouver l'égalité de deux teintes et à déduire la quantité d'iode que l'analyse a fourni.

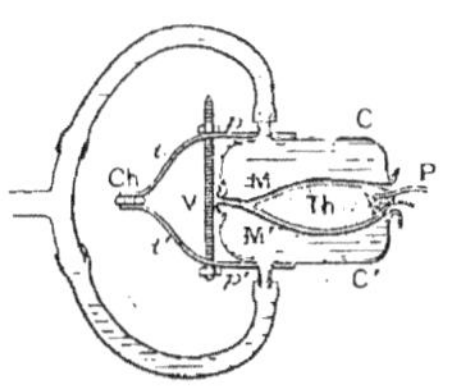

Fig. 121. — *Détail de l'appareil explorateur.*

Deux cuvettes CC en plomb, fermées par des membranes de caoutchouc, reçoivent la thyroïde tout en laissant un espace libre pour le pédicule de l'organe. Une charnière Ch permet d'ouvrir l'appareil. La fermeture est maintenue par une tige a pas de vis garnie de deux écrous p. p'. L'espace clos par la membrane de caoutchouc et les valves de plomb est rempli d'eau sous une pression de 30 à 60 centimètres cubes (d'après MORAT et BRIAU).

Pour déceler l'iode dans des coupes microscopiques, JUSTUS donne le procédé suivant : la préparation est fixée par l'alcool, lavée à l'eau distillée, traitée par l'eau chlorée fraîche pendant une à deux minutes puis par une solution diluée de $AgNO^3$ (500ᶜᶜ eau + 1ᶜᶜ solution 1 p. 100) pendant deux ou trois heures à l'abri de la lumière. On lave ensuite la préparation avec une solution saturée chaude de NaCL qui dissout AgCL formé. Au microscope, on constate un précipité jaune d'AgI. Si on traite, après un lavage à l'eau distillée, la coupe par $HgCL^2$ (solution à 4 ou 5 p. 100) il se forme un précipité rouge de HgI^2. Les préparations doivent être éclaircies par la glycérine et examinées à l'éclairage Abbé (diaphragme très ouvert). JUSTUS a constaté l'existence de l'iode dans tout noyau cellulaire.

Substance iodée contenue dans la thyroïde. Iodothyrine. — La substance iodée de la thyroïde a été isolée et décrite par BAUMANN sous le nom d'iodothyrine.

L'iodothyrine est une substance azotée. Elle ne donne ni la réaction du biuret, ni la réaction de Millon, ni celle de Molisch. Elle donne la réaction xanthoprotéique. Elle contient de l'iode en proportion variable, jusqu'à 10 à 14 p. 100.

L'iodothyrine sèche est presque insoluble dans l'eau ; fraîchement précipitée, elle se dissout un peu mieux. Elle est facilement soluble dans les alcalis très dilués, les carbonates alcalins, l'ammoniaque, l'alcool à 96° bouillant. Elle se dissout dans les acides minéraux concentrés et l'acide acétique en donnant une coloration brun sombre. On peut diluer l'acide acétique sans que l'iodothyrine se précipite. La substance est presque insoluble dans l'éther, le chloroforme.

En solution acétique très diluée l'iodothyrine est précipitée sous forme de flocons bruns par l'acide acétique et le ferrocyanure, le réactif d'Essbach, les acides phosphomolybdique et phosphotungstique, le chlorure mercurique avec addition d'acide chlorhydrique (Roos).

L'iodothyrine est relativement stable. Elle n'est pas décomposée par la chaleur à 100°, ni par les sucs digestifs, ni par les acides minéraux dilués à l'ébullition ; cependant elle souffre dans ces conditions une perte graduelle qui diminue le rendement.

Pour extraire l'iodothyrine, Baumann traite les glandes à maintes reprises par de l'eau bouillante contenant 10 p. 100 d'acide sulfurique. La liqueur filtrée laisse déposer par refroidissement un précipité floconneux brun renfermant la substance iodée. Ce précipité desséché est épuisé par l'alcool à 90° bouillant qui dissout l'iodothyrine. Un traitement à l'éther du résidu de l'évaporation de la solution alcoolique permet d'éliminer les matières grasses. Après quoi on dissout dans la soude à 1 p. 100. De la solution sodique neutralisée par un excès d'acide sulfurique l'iodothyrine se précipite en flocons bruns solubles dans l'alcool et les alcalis. Roos conseille de mettre en digestion les glandes finement hachées avec du suc gastrique artificiel : l'iodothyrine reste en suspension. On la purifie ensuite par le procédé indiqué plus haut. Tout autre ferment des albuminoïdes que la pepsine donne les mêmes effets.

État de l'iodothyrine dans la glande. Thyréoglobuline. — L'iodothyrine n'existe pas à l'état libre dans la glande ; elle est combinée avec les matières albuminoïdes (Baumann). Oswald soutient que la combinaison est une globuline iodée : la thyréoglobuline.

La thyréoglobuline présente une composition élémentaire relativement constante chez l'homme et les divers animaux, sauf en ce qui concerne sa teneur en iode. Celle-ci varie d'une espèce à l'autre et parfois d'un sujet à un autre dans une même espèce. La thyréoglobuline des goitres se distingue de celle de la glande normale uniquement par une teneur moindre en iode.

ESPÈCES.	COMPOSITION ÉLÉMENTAIRE DE LA THYRÉOGLOBULINE P. 100.				
	C.	H.	Az.	I.	S.
Porc....................	52,21	6,83	16,59	0,46	1,86
Mouton.................	»	»	»	0,39	»
Bœuf...................	»	»	»	0,86	»
Homme normal........	»	»	»	0,19-0,3	»
Goitreux...............	»	»	»	0,19-0,04	»

La thyréoglobuline représente dans la glande normale un quart à un demi du poids sec de l'organe ; dans le goitre colloïde, les trois quarts et même plus. Une glande normal fraiche humaine renferme 1 à 3 grammes, parfois 8 grammes de thyréoglobuline pesée sèche ; un goitre colloïdal frais, 10 grammes, 60 grammes et même 93 grammes. La quantité de thyréoglobuline augmente donc dans le goitre colloïdal; toutefois la teneur en iode de cette thyréoglobuline diminue (OSWALD).

La quantité de thyréoglobuline est en rapport avec la quantité de matière colloïde. Celle-ci est constituée d'après OSWALD, par deux substances : l'une contenant tout l'iode de la glande en combinaison organique, l'autre dépourvue d'iode mais contenant du phosphore nucléo-protéide .

La thyréoglobuline peut être obtenue sous forme de masses neigeuses par le procédé suivant : La glande est broyée et épuisée par l'eau. On ajoute à l'extrait un égal volume d'une solution saturée de sulfate d'ammonium. Le précipité formé est lavé avec une solution demi-saturée de sulfate d'ammonium, puis dissous dans l'eau. La liqueur est filtrée, puis on renouvelle la précipitation et la dissolution. Finalement on précipite la thyréoglobuline par l'acide acétique ; le précipité est lavé sur le filtre avec de l'eau faiblement acidulée pour enlever les sels. On peut aussi soumettre la substance à la dialyse et la précipiter par l'alcool.

La thyréoglobuline est difficilement soluble dans l'eau privée de sels ; elle est soluble dans l'eau additionnée de sels neutres et surtout dans les alcalis dilués. Les solutions diluées d'acide acétique ou d'acide chlorhydrique provoquent un précipité qui se dissout dans un excès de réactif. La thyréoglobuline est précipitée par l'acide sulfurique, l'acide nitrique, l'acide phosphomolybdique, l'acide phosphotungstique, le ferrocyanure de potassium et l'acide acétique, l'iodure double de mercure et de potassium, l'acide trichloracétique et le sulfate de cuivre, le sulfate de magnésie à saturation, le sulfate d'ammonium à demi-saturation.

La thyréoglobuline donne les réactions ordinaires des substances albuminoïdes : réactions de MILLON, d'ADAMKIEVICZ, de MOLISCH, la réaction du biuret, la réaction xanthoprotéique.

Les solutions dépourvues de sels de thyréoglobuline se troublent à l'ébullition ; les solutions à 18 p. 100 de sulfate de magnésie coagulent à 65°-67°.

Variations des quantités d'iode dans les thyroïdes. — La proportion d'iode varie suivant un grand nombre de conditions. Cependant, chez des sujets normaux appartenant à une même espèce, soumis à un régime identique et placés dans les mêmes conditions d'existence, la proportion est relativement stable.

Quantité d'iode p. 100
de corps frais.

Moutons de Fribourg...	0^{gr},026 à 0^{gr},036	Baumann et Roos.
Moutons d'Eberfeld............ ...	0^{gr},044 à 0^{gr},156	»
Moutons allemands.............	0^{gr},035	Catillon.
— français	0^{gr},10 à 0^{gr},11	Catillon.

Chez les porcs des abattoirs de Zurich, Nagel et Roos ont trouvé pour 1 gramme de substance glandulaire sèche des traces à 0^{mgr},45 d'iode. Le poids total sec de la glande variait de 1^{gr},5 à 4^{gr},8. Le poids frais des glandes de moutons analysées par Baumann et Roos oscillait entre 3 et 5 grammes.

Nature de l'alimentation. — Elle exerce une influence certaine. Baumann a constaté que chez certains goitreux soumis au traitement iodé interne ou externe la proportion d'iode devient notablement supérieure à celle que l'on trouve chez les sujets normaux. Oswald a observé que la thyréoglobuline des sujets qui ont absorbé de l'iode présente une teneur en iode relativement plus élevée que celle des animaux normaux. D'après Suiffet, les glandes des moutons élevés dans les localités avoisinant les rivages de la mer ou des lacs salés contiennent une quantité d'iode plus considérable que celle des animaux de même espèce élevés en plein continent. Les moutons des parages salés broutent de préférence des Salicornia, des Salsola, des Atriplex (Salsolacées), plantes dans lesquelles Chatin (1850) a démontré l'existence de l'iode et auxquelles il convient probablement d'attribuer l'augmentation de la proportion de ce métalloïde dans la thyroïde. L'air de la mer contient douze fois plus d'iode que l'air de la ville. Ce métalloïde fait partie constituante des Algues (Schizophytes) et des spores iodées d'origine marine. (En aucun cas l'iode n'existe libre ou à l'état de combinaison minérale) (A. Gautier) (1).

MOUTONS ORDINAIRES.		MOUTONS DE PRÉS SALÉS.	
PROVENANCE.	QUANTITÉ d'iode trouvée dans 100 gr. de glandes fraîches.	PROVENANCE.	QUANTITÉ d'iode trouvée dans 100 gr. de glandes fraîches.
1. Moutons français élevés près de Montpellier.....	0^{gr},0738	1. Moutons français élevés près des marais salants de Vic...................	0^{gr},121
2. Moutons africains nourris quatre ou cinq mois à Sommières	0^{gr},088	2. Moutons français élevés sur les bords des étangs de Mauguio............	0^{gr},135
3. Moutons français élevés dans l'Ariège	0^{gr},0735	3. Moutons français élevés dans les environs d'Aigues-Mortes	0^{gr},123
4. Moutons français élevés dans les Pyrénées près de Lourdes............	0^{gr},085	4. Moutons africains nourris cinq mois près Lansargues	0^{gr},140
5. Moutons français élevés à Vic, puis nourris deux mois à Montpellier.....	0^{gr},0756	5. Moutons africains nourris durant trois mois dans les environs d'Aigues-Mortes	0^{gr},127

(1) Wohlmuth n'a pas constaté de différence entre les moutons hongrois et les moutons qui vivent près de la mer.

L'iode est plus abondant chez les herbivores que chez les carnivores ; chez les omnivores, il dépend de l'alimentation. Les thyroïdes des chiens nourris avec la viande et du lait contiennent peu d'iode Baumann, Roos .

Tumeurs de la thyroïde. Goitres. — D'une manière générale, lorsque la glande est malade elle ne contient plus ou contient beaucoup moins d'iode : Baumann, Kocher, Gérard et Massé ont constaté que le corps thyroïde des moutons, dans les pays où le goitre est endémique, contient trente fois moins d'iode que le corps thyroïde des moutons vivant dans les pays où cette maladie est rare.

Certains goitres peuvent cependant contenir plus d'iode que les thyroïdes normales Baumann, Kocher, Oswald .

Oswald distingue les goitres colloïdaux et les goitres strumeux qui ont subi la dégénérescence conjonctive ou les goitres parenchymateux. Les premiers contiennent toujours de l'iode ; les autres ne contiennent ni matière colloïde ni iode. D'après Oswald, la teneur en iode dépend étroitement de la quantité de matière colloïde (1).

Age. État général. — L'iode existe dans l'organisme de l'enfant issu de mère bien portante dès les premiers jours de sa vie. Au contraire, les mères malades ou tarées ont des enfants dont la glande thyroïde ne contient pas trace d'iode (Charrin et Bourcet . Assez souvent la thyroïde présente des modifications de structure chez les nouveau-nés issus de mère malade, et cachectisés eux-mêmes par divers processus (Charrin .

Teneur comparée des glandes et glandules. Ablation partielle. — Les glandules paraissent aussi riches sinon plus riches en iode que les glandes principales Gley, 1897 ; Lafayette Mendel, 1900 . L'ablation d'une glande ne change pas (en seize jours) chez le chien la teneur en iode de la partie qui reste Nagel et Roos .

	POIDS des glandes fraîches.	TENEUR en iode.	POIDS des glandules fraîches.	TENEUR en iode.
	gr.	milligr.	gr.	milligr.
Lapin..............	0,19	0,034	0,012	0.08
Chien..............	1,22	0.22	0,016	0,045

Cycle de l'iode. — Tout autour de nous contient de l'iode : l'air, l'eau de pluie, les eaux douces et les eaux de mer, les plantes qui les habitent : les roches, les terrains et les végétaux qu'ils nourrissent : les animaux eux-mêmes auxquels leur nourriture apporte chaque jour une certaine quantité de ce métalloïde.

L'iode est surtout localisé dans les glandes thyroïdes et les parathyroïdes. Cependant l'iode est extrêmement répandu dans les tissus de l'économie, mais à des doses infiniment petites, si faibles que pour les déceler il faut opérer sur des quantités considérables de matières. On peut admettre que tous les tissus animaux contiennent ce métalloïde (Bourcet .

---

(1) Les goitres des malades atteints de maladie de Basedow contiennent en général peu ou pas de matière colloïde ; cependant, d'après Oswald, quelques-uns en contiennent. L'iode est généralement moins abondant que dans la glande normale.

L'élimination de l'iode est insignifiante par les fèces et l'urine. Elle s'effectue principalement par la peau, la sueur, les cheveux (DRECHSEL, HOWALD, A. GAUTIER) et les ongles (A. GAUTIER).

Arsenic. — L'arsenic accompagne d'une manière générale l'iode. Il existe en petite proportion, mais sans exception, dans les roches primitives, les terres, la mer, toutes les eaux, les végétaux et particulièrement les algues, les animaux terrestres et marins (A. GAUTIER).

A. GAUTIER a donné le premier la preuve que l'arsenic existe *normalement* chez les animaux. BERTRAND a confirmé cette conclusion, mais il existe entre A. GAUTIER et BERTRAND des divergences concernant la constance de l'arsenic dans les divers tissus.

A. GAUTIER soutient que l'arsenic existe toujours dans la thyroïde, le thymus, la peau, les poils, les cheveux, les cornes, les plumes colorées, les os, le sang menstruel, mais qu'il n'existe pas ou en quantité excessivement faible dans les autres organes, comme dans les muscles des Mammifères. BERTRAND soutient que l'arsenic fait partie de toute cellule vivante au même titre que l'azote, le phosphore, le soufre ; d'après cet auteur, les tissus de nature kératinique comme l'écaille de tortue, l'éponge, la peau de germon donnent des résultats facilement mesurables, les autres comme le blanc d'œuf et la glande thyroïde donnent les anneaux les plus faibles.

La difficulté est d'éviter d'introduire l'arsenic avec les réactifs. BERTRAND détruit la matière organique dans la bombe calorimétrique de BERTHELOT et peut déceler aisément un demi-millième de milligramme d'arsenic au moyen de la méthode de MARSH perfectionnée.

A. GAUTIER, JEANDELIZE ont trouvé des traces d'arsenic dans le lait, le colostrum.

Brome. — DARIO BALDI a signalé la présence du brome dans la thyroïde.

Matière colloïde. — La matière colloïde se colore en rose vif par l'éosine, en jaune par le picro-carmin. D'après OSWALD, elle est formée par deux substances : l'une contenant tout l'iode de la glande (thyréoglobuline), l'autre ne contenant pas d'iode, mais du phosphore (nucléo-protéide).

Analyse du corps thyroïde, d'après SUIFFET.

PROVENANCE.	MOUTONS FRANÇAIS.	MOUTONS AFRICAINS.	MOUTONS DE PRÉS SALÉS.
	P. 100.	P. 100.	P. 100.
Humidité......................	70	69	71
Azote........................	3^{gr},78	3^{gr},50	3^{gr},64
Matières albuminoïdes totales..	23^{gr},62	21^{gr},87	22^{gr},75
Iode.........................	0^{gr},0735	0^{gr},088	0^{gr},121 à 0^{gr},140
Phosphore en P^{2}O^5...........	0^{gr},40	0^{gr},46	0^{gr},43
Arsenic......................	Présent.	Présent.	Présent.

Sous l'influence de la pilocarpine (1), de l'iode, de l'intoxication diphtérique

---

(1) Lorsque le sympathique cervical a été préalablement coupé, la thyroïde du côté lésé est toujours plus grosse et plus riche en colloïde que la thyroïde normale (MORAT et BRIAU).

expérimentale, les thyroïdes sont gonflées, les vésicules distendues par la matière colloïde qui se répand dans les espaces lymphatiques intervésiculaires; les cellules s'altèrent ou se nécrosent. La matière colloïde augmente après la ligature du cholédoque (HÜRTHLE), l'ablation de la rate (WLAEFF), sous l'influence du curare (ZIELINSKA, DEMOOR et LINT).

Analyse de glandes thyroïdes fraîches, d'après BALDONI (moyennes).

	H2O p. 100.	RÉSIDU sec p. 100.	ALBU- MINOÏDES p. 100.	EXTRAIT ÉTHÉRÉ.		CENDRES p. 100.
				Procédé Soxhlet p. 100.	Procédé Dormeyer p. 100.	
Porc.................	68,09	31,90	20,80	4,20	4,58	0,92
Bœuf (Toscane).......	74,71	25,29	18,79	2,14	2,36	0,74
— (Maremmes).....	69,79	30,21	21,34	2,46	2,80	1,00
Buffle...............	70,81	29,19	19,94	2,26	2,63	1,03
Mouton..............	73,30	36,69	16,23	1,86	2,36	0,92
Cheval	73,79	26,21	18,51	1,76	2,23	0,98

Analyses des cendres (BALDONI).

	SUBSTANCES solubles p. 100.	SUBSTANCES insolubles p. 100.	Cl p. 100.	P2O5 p. 100.	SO3 p. 100.
Porc	75,05	24,95	8,00	12,59	traces.
Bœufs (Toscane)......	82,36	17,64	11,10	23,24	9,70
— (Maremmes) ...	76,46	23,54	10,91	12,48	13,34
Buffle	73,84	26,16	18,47	13,59	9,06
Mouton..............	73,45	26,55	11,21	14,66	8,85
Cheval	71,86	28,14	11,54	16,31	8,96

Substances protéiques (BALDONI).

	SUBSTANCES SÈCHES DE LA GLANDE.			IODE	
	Albumine p. 100.	Globuline p. 100.	Nucléo- protéines p. 100.	de la glande sèche p. 100.	dans les globulines p. 100.
Bœuf (Maremmes)	70,58	61,44	4,15	0,842	1,33
— (Toscane).......	69,59	60,50	3,49	0,746	1,20
Mouton..............	63,16	53,58	3,69	0,652	1,16
Cheval	70,60	58,56	4,45	0,677	1,10
Buffle	68,17	58,49	3,43	0,615	1,01
Porc.....	64,21	50,46	5,55	0,311	0,58

Teneur en iode de différentes substances.

Air à Paris................	$0^{mgr},00075$ par litre d'air moyen.		Chatin.
Air à Paris......	$0^{mgr},0013$ par litre.	Sous forme d'iode organique en suspension (algues, lichens, mousses, schizopodes ou spores).	A. Gautier.
Air à la mer..............	$0^{mgr},0167$ par litre.		
Poussières { recueillies à 40 mètres du sol sous la colonnade du dôme du Panthéon. recueillies plus haut sous le bandeau de pierres calcaires de la lanterne qui surmonte le dôme du Panthéon...........	$0^{mgr},066$ p. 100 gr. $0^{mgr},1551$ p. 100 gr.	Sous forme de végétaux marins, d'infusoires d'eau douce et terrestres.	A. Gautier.
Eau de Seine.............	$0^{mgr},005$ par litre.	A l'état organique (êtres microscopiques, zooglées, algues, spongiaires, diatomées, constituant le plankton de la haute mer).	»
— de Marne............	$0^{mgr},0031$ par litre.		»
— de mer..............	$2^{mgr},40$ par litre.		A. Gautier.
Algues marines à chlorophylle.	60 milligr. p. 100 de plantes sèches.		A. Gautier.
Homard frais............	$0^{mgr},78$ pour 1000 gr. sec.		Bourcet.
Viande de boucherie.. ...	$0^{mgr},034$ pour 1000 gr.		Bourcet.
OEuf....................	Entre 0 milligr. et $0^{mgr},017$ pour un œuf moyen de 45 gr.		Bourcet.
Ration de l'homme (liquides et solides)...............	1/3 de milligr.		Bourcet.
Lait et colostrum..........	Traces très appréciables.		Chatin, Lohmeyer et Nadler, Jean-delize.
Ongles des doigts et orteils humains.....	$1^{mgr},71$ pour 1000 gr.		Bourcet.
Cheveux.................	$2^{mgr},5$ pour 1000 gr.		Bourcet.
Sang de chien............	$0^{mgr},013$ à $0^{mgr},112$ pour 1000 gr. dans la partie liquide, combiné aux matières protéiques.		Bourcet et Gley.
Sang menstruel...........	$0^{mgr},8$ à $0^{mgr},9$ pour 1000 gr.		Bourcet.

Drechsel a trouvé de l'iode sous forme de combinaison organique dans la substance qui forme le squelette des coraux (gorgonia carolinii [acide iodo-gorgonique dérivé de l'acide butyrique]).

Teneur en iode des thyroïdes chez différentes espèces animales et chez l'homme.

ESPÈCE.	POIDS DE L'IODE.	POIDS DES THYROÏDES.	AUTEURS.
Tigre	2 milligr.	41 gr.	GLEY.
Chats	traces.		GLEY (2 cas).
Rats	0		GLEY.
Renards	0		GLEY (1 cas). Roos (3 cas).
Chiens	Moyenne : 0^{mgr},837 (chiffres extrêmes 0^{mgr},1 à 2 milligr.).	Poids moyen de la glande fraîche : 1^{gr},60 (chiffres extrêmes 0^{gr},745 à 3^{gr},72.	GLEY (34 cas).
Homme (Breslau)	4^{mgr},04.		BAUMANN.
Homme (Hamburg)	3^{mgr},8.		»
Homme (Friburg)	2^{mgr},5.		»
Homme (Berlin)	6^{mgr},6.		»
Homme (Styrie)	3^{mgr},21.		ROSITZKI.
Homme (Lyon)	4^{mgr},5.		MONÉRY.
Homme (Suisse). Thyroïdes non hypertrophiées	9 milligr.		OSWALD.
	1 à 2 milligr. et même moins dans des tumeurs pesant 150 gr. environ à l'état frais.		OSWALD.
Goitres	0^{mgr},8 à 2^{mgr},8 ou seulement des traces.		BAUMANN et WEISS.
	Cas où la tumeur contient 20, 30, 50 milligr. : dans un goitre pesant 250 gr. à l'état frais, 92 milligr. d'iode.		OSWALD.
Veaux normaux (Bâle, Genève, Savoie, Paris).	4 à 6 millig. ; 19 milligr. dans une glande riche en matière colloïde.		OSWALD.
Veaux de Zurich. Goitres colloïdes. Goitres avec peu de colloïde.	0^{mgr},8 à 1 milligr. Traces ; 0^{mgr},1 à 0^{mgr},2.		OSWALD.

IV. — Ablation et destruction des glandes thyroïdes principales.

La suppression des glandes principales — à l'exclusion des glandules — provoque des *troubles trophiques*, compatibles le plus souvent avec une survie très longue. La gravité des accidents dépend principalement de l'âge du sujet. Plus l'animal est opéré jeune, plus les accidents sont précoces et accentués.

Conditions expérimentales. — L'ablation des glandes principales, à l'exclusion des glandules, est une opération difficile, sinon impossible chez certains animaux, le lapin en particulier ; les glandules internes ne peuvent pas être distinguées du tissu thyroïdien sans l'aide du microscope. En réalité, chez l'animal on enlève le plus souvent avec les glandes les glandules internes, mais on peut facilement respecter les glandules externes. L'injection de substances sclérosantes (naphtol) dans les artères thyroïdiennes (Roger et Garnier), la ligature des artères (Moussu) provoque les mêmes effets que l'ablation (1).

Pour bien observer les troubles qui se produisent, il faut opérer plusieurs sujets d'une même portée et garder des témoins.

Ablation chez les jeunes. — Les jeunes animaux sont arrêtés dans leur développement. L'arrêt porte surtout sur les os, les organes génitaux, l'intelligence.

Les opérés restent chétifs, petits ; ce sont de véritables nains. Ils s'élargissent, prennent un aspect trapu, mais ne se développent bien ni en hauteur, ni en longueur. L'abdomen devient proéminent, volumineux, arrondi, mais flasque. Les os ne sont pas déformés, mais plus courts. La maladie fixe le cartilage dans l'état où il a été surpris ; l'ossification subit un retard par suite de lésions dégé-

Fig. 122. — *Ablation des thyroïdes.*

2, 4, sujets thyroïdectomisés ; 1, 3, témoins (d'après Moussu).

nératives spécifiques des cartilages épiphysaires qui président à la croissance. Hofmeister a constaté la diminution de la prolifération normale, le gonflement et la formation de fentes dans la substance fondamentale avec gonflement vésiculaire des cavités cartilagineuses ; l'atrophie et même la perte partielle des cellules. L'arrêt de développement porte sur les os longs, les os plats, la colonne ; seule la boîte cranienne ne participe pas au même arrêt de croissance.

Les testicules sont petits, ne descendent pas, restent dans le ventre. La sécrétion du sperme souvent ne s'établit pas. Les ovaires sont tantôt atrophiés, tantôt présentant une hypertrophie folliculaire. La voix est changée, plaintive, avortée, comme celle du nouveau-né (Hofmeister, v. Eiselsberg, Jeandelize). L'ablation des thyroïdes conduit à la stérilité. Les lapines avortent ; parfois elles prennent des convulsions au moment du part (mais il est probable que ces accidents ne se produisent que lorsqu'on enlève aussi les glandules) ; les petits meurent souvent. Les poules donnent de petits œufs ou deviennent stériles (Lanz). La question de savoir si en produisant l'insuffisance chez la mère on produit l'insuffisance chez les petits est réservée. Trachewski avait annoncé que

---

(1) L'injection est poussée dans la carotide ; on place une ligature sur ce vaisseau au-dessus du point d'émergence de la thyroïdienne.

le rachitisme s'observait chez les descendants, mais les expériences de cet auteur n'ont pas été confirmées (JEANDELIZE). Chez les Mammifères la régression du lait ne se fait pas (JEANDELIZE, RICHON et JEANDELIZE, DRAGO).

L'intelligence n'est pas développée ; les opérés sont moins vifs, tristes, apathiques ; ils demeurent de préférence immobiles, ne cherchent pas à jouer, ils sont malpropres, ne se nettoient pas ; ils sont lents, maladroits et paraissent idiots.

Les poils sont moins lustrés, moins beaux, moins soyeux, plus grossiers, raides, hérissés, tantôt longs, tantôt courts sous forme de duvet et de touffes ; souvent ils tombent par places.

La peau devient rugueuse, sèche, flétrie, ridée, plissée ; elle présente des squames et des écailles, surtout au niveau des oreilles chez le lapin. Tantôt elle

Fig. 123. — *Ablation des thyroïdes.*

Porcelet thyroïdectomisé et porcelet témoin de la même portée. Photographie prise deux mois après l'opération (d'après MOUSSU).

est mince, atrophiée, plaquée sur les tissus en formant des plis, tantôt bouffie par suite d'un œdème dur et résistant. La bouffissure et l'œdème dur résultent de l'infiltration gélatiniforme des tissus par une substance visqueuse, brillante, semblable à la mucine. Cette substance a été retrouvée non seulement dans le tissu sous-cutané, les muqueuses, mais dans le muscle, le cerveau, le médiastin, le sang, l'épiploon, les glandes salivaires, et, d'une manière générale, dans tous les tissus (HORSLEY, ROGOWITCH, JEANDELIZE). On a noté de l'eczéma.

Il y a anémie. Le nombre des globules rouges diminue. La crête des coqs opérés reste pâle (MOUSSU).

La température normale est d'abord conservée ; puis elle baisse progressivement jusqu'à la mort.

Les échanges respiratoires et les processus d'oxydation sont diminués (BALDONI). Dans les urines, l'urée, les chlorures diminuent ; les phosphates augmentent (JEANDELIZE).

Parfois on observe, peu avant la mort, des paralysies ou des convulsions.

L'ablation du corps thyroïde diminue la résistance aux infections (CHARRIN) et aux intoxications (LINDEMANN).

Évolution des symptômes. — Les troubles trophiques n'apparaissent avec netteté, en général, qu'au bout de plusieurs semaines seulement. Ils se développent lentement, progressivement. On observe fréquemment des rémissions (GLEY). Finalement, la maladie aboutit à une véritable cachexie. Les opérés meurent dans l'inanition et la pourriture. Chez les très jeunes animaux, la survie est en moyenne de deux ou trois mois (JEANDELIZE).

La cachexie est myxœdémateuse ou atrophique. Chez les chevreaux, les chats, les lapins, les Oiseaux, elle revêt généralement la forme atrophique. Les animaux restent maigres, leur chair est dans un médiocre état d'engraissement, la peau est mince. Chez les chiens, les porcs, le crétinisme est toujours myxœdémateux; les animaux paraissent gras par suite de l'existence d'œdèmes plus ou moins étendus ; ils sont bouffis, la peau est épaisse, infiltrée, plissée (MOUSSU). La distinction n'est cependant pas absolue. JEANDELIZE a observé qu'un même animal (lapin) peut passer successivement par ces deux formes. Dans l'espèce humaine « *les crétins* » présentent en général la forme atrophique, sans myxœdème.

Ablation chez l'homme. — L'ablation des thyroïdes chez l'homme a été pratiquée dans des cas où les glandes étaient le siège de tumeurs (goitre); l'opération, lorsqu'elle est suffisamment complète, détermine une cachexie de forme myxœdémateuse (J.-L. et A. REVERDIN).

Le malade apparaît bouffi; la figure est gonflée, sans expression. La parole est embarrassée; il y a de la dysphagie, des troubles digestifs; la voix est rauque. Tous ces symptômes relèvent, en partie au moins, de l'infiltration des tissus par la mucine. La peau est sèche, blafarde, grise, plissée ou couverte de squames par places ; les poils et les cheveux tombent ou deviennent secs et cassants. Le malade devient apathique, somnolent, triste, silencieux; les mouvements sont lents, hésitants; les mains maladroites; l'intelligence engourdie, la mémoire affaiblie. Parfois il existe des troubles mentaux. La température du corps est généralement abaissée (36°,5 ; 36°; 35° même). Les extrémités sont cyanosées, le malade a toujours une sensation de froid. Le cœur manque d'énergie, le pouls est filiforme. La quantité d'hémoglobine diminue. Le nombre des globules rouges peut tomber à 3 000 000. Le ventre est volumineux, tombant; parfois il y a de l'ascite. On a noté des irrégularités des règles et des métrorrhagies.

En général, le myœdème post-opératoire apparaît chez l'homme trois ou quatre mois après l'opération, parfois plus tard (un an), très rarement plus tôt. La marche est progressive mais présente des rémissions spontanées. La mort survient par suite d'une complication telle que la tuberculose ou la pneumonie. On constate parfois l'apparition tardive d'une petite tumeur représentant une thyroïde accessoire en voie de développement. Dans ces cas certains symptômes manquent (J.-L. REVERDIN).

Cas exceptionnels. — Exceptionnellement, l'ablation des thyroïdes est sans effet même chez le jeune ou l'enfant (FANO et ZANDA, REYNIER et PAULESCO...), mais il est probable que ces faits s'expliquent par l'existence de thyroïdes accessoires.

Ablation chez l'adulte. — L'ablation des thyroïdes — à l'exclusion des glandules — n'est jamais mortelle à brève échéance (GLEY, MOUSSU). Le développement est définitif; il ne peut plus y avoir de modifications très accusées de l'aspect général ; les troubles font défaut ou sont moins apparents (GLEY, MOUSSU). L'adulte, cependant, n'échappe pas toujours à la maladie. MOUSSU a constaté maintes fois, par l'examen prolongé des chèvres et des chiens thyroïdectomisés, des modifications de la nutrition générale:

de l'anémie, de l'amaigrissement, de la cachexie, des altérations du derme cutané, des poils, du ralentissement léger des battements cardiaques, de l'abaissement de la température. Jeandelize, Richon et Jeandelize citent des lapines chez lesquelles la grossesse détermina la persistance de la sécrétion lactée, certains troubles chroniques et la cachexie.

Chez l'homme adulte, le myœdème est atténué dans la plupart des cas (Kocher, Bourneville et Bricou).

Conditions favorisantes. — L'apparition des troubles trophiques chroniques est favorisée par l'état de gestation (Vassale, Christiani, Jeandelize) ; l'allaitement forcé (Vassale). Morvan a noté l'influence des grossesses répétées et de l'allaitement prolongé sur la production du myxœdème. Les relations du corps thyroïde avec les organes génitaux de la femme ont été signalées depuis longtemps. Le corps thyroïde s'hypertrophie lorsque la femme a eu des rapports sexuels (Malgaigne, Heidenreich) et pendant la grossesse (Lange). L'hypertrophie des thyroïdes chez les chiennes, chattes, chèvres pleines est fréquente (Lange, Moussu).

Les animaux thyroïdectomisés résistent mal au froid (Horsley).

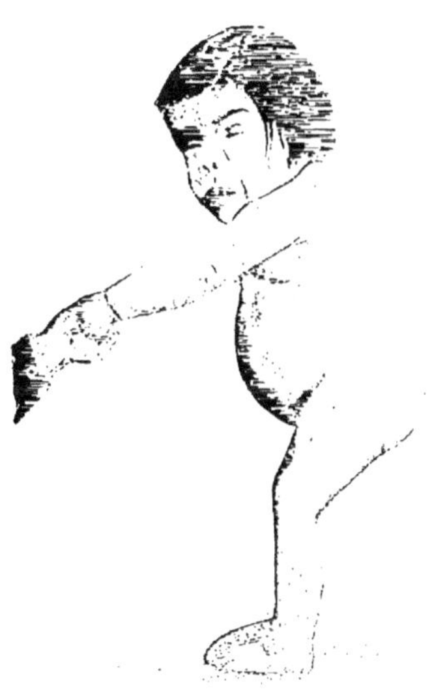

Fig. 124. — *Myxœdème complet.*

Fille de dix ans et demi, taille 0ᵐ,77 ; taille normale 1ᵐ,28. Observation du Dʳ Thiry. Figure extraite de la thèse de Jeandelize.

Altérations ou atrophie des glandes. — Toute cause capable de détruire les glandes thyroïdes (infection, intoxication, arrêt de formation) aboutit à un syndrome caractérisé par :

a. Des troubles de l'intelligence qui consistent principalement dans de l'apathie ; *b.* Des troubles des téguments dont la bouffissure (œdème ou adipose) est le trait principal ; *c.* Des troubles du squelette qui aboutissent au nanisme ; *d.* Des troubles du côté des organes génitaux, dont le caractère le plus saillant consiste dans l'arrêt de développement.

Suivant le degré de gravité de la maladie et suivant qu'elle porte son action sur toute l'économie ou sur certains organes seulement, on distingue des formes complètes, incomplètes, frustes ou partielles.

La maladie peut débuter à l'âge adulte (GULL, MORVAN, ORD, CHARCOT), mais alors les arrêts de développement manquent, les autres symptômes sont atténués. Dans le cas d'absence complète de la glande, les premiers troubles apparaissent avec netteté seulement au moment du sevrage (BOURNEVILLE).

Le goitre équivaut dans bien des cas, malgré l'hypertrophie glandulaire apparente, à une lésion destructive. Il provoque, soit le myxœdème, soit une forme atrophique de la maladie, comme on peut le constater chez certains crétins dans les régions monta-gneuses. Tous les goitres ne déterminent pas ces effets. D'après OSWALD, les goitres riches en col-loïde et en iode sont bien tolérés ; les tumeurs sclé-reuses ayant subi la dé-générescence conjonctive et les goitres parenchy-mateux provoqueraient seuls les troubles tro-phiques.

Chez les animaux l'insuffi-sance spontanée existe, mais elle est rare. MOUSSU a observé un porcelet myxœdémateux dont les lésions étaient tout à fait analogues à celles d'un porcelet opéré du goitre (fig. 125). Chez les animaux, la lésion ordinaire du corps thyroïde est le goitre ; cependant on peut observer des lésions relevant d'une infection ou d'autres tumeurs.

Fig. 125. — *Porcelet de quatre mois, crétinisme myxœdémateux congénital* (d'après MOUSSU).

V. — Ablation soit de l'appareil thyroïdien en entier (glandes et glandules), soit des glandules seules.

Nature et cause des accidents caractéristiques. — La suppression de l'ensemble de l'appareil thyroïdien (glandes et glandules) provoque l'évolution d'accidents à marche rapide, et mortels à bref délai. L'ablation des glandules seules — à l'exclu-sion des glandes — provoque les mêmes effets. Les accidents aigus consécutifs à l'opération totale sont donc sous la dépendance de l'ablation de ces glandules.

Conditions expérimentales. — La suppression totale des glandules. à l'exclusion des glandes. est difficile mais réalisable cependant chez quelques espèces, notamment le chien et le chat ; chez le lapin elle est presque impossible. car on ne peut pas distinguer avec sûreté les glandules internes du tissu thyroïdien. On n'est jamais sûr que l'opération a été complète ; à l'autopsie il faut chercher avec soin les glandules surnuméraires dont la situation et le nombre sont extrêmement variables. L'ablation des para est difficile chez l'Oiseau en raison de la situation de ces organes dans le thorax et de leurs connexions avec la carotide et la jugulaire. Doyon et Jouty conseillent de cautériser les glandules en serrant ces organes entre les mors d'une pince effilée.

Demoor et Lint ont constaté que la vaccination par l'injection d'une émulsion thyroïdienne détermine chez le cobaye, le lapin. le pigeon une réaction organique comparable à la réaction obtenue avec le suc d'autres organes. Le sérum du cobaye vacciné avec le suc thyroïdien de chien acquiert des propriétés qui le rendent très toxique pour le chien et font apparaître chez cet animal tous les caractères d'un hypothyroïdisme très marqué et rapidement mortel ; dans bien des cas les thyroïdes sont profondément altérées.

Symptômes. — Le symptôme dominant est la tétanie. On constate dans les muscles des contractures fibrillaires, des contractions spasmodiques, cloniques et toniques, parfois des contractures et de véritables crises épileptiformes. La tétanie est localisée ou généralisée ; elle se produit par accès, soit spontanément, soit sous l'influence d'un attouchement. Parfois on constate des paralysies (Horsley, Gley, Vassale et Generali, Jean-delize, Doyon et Jouty). Par suite des contractures et des paralysies, la démarche est raide, titubante, difficile ; la station debout impossible.

Pendant les accès, la température s'élève (Schiff, Albertoni et Tizzoni, Gley, Moussu. Herzen, Rogowitch). Elle peut atteindre près de 44°. L'ascension est brusque et rapide. En général, l'élévation de température accompagne les crises convulsives et dyspnéiques ; cependant, elle peut se produire alors qu'il n'y a que de simples secousses. Dans les intervalles et souvent à la fin de la maladie, la température baisse au-dessous de la normale (Gley).

La respiration est très accélérée, dyspnéique. La polypnée s'accuse souvent dès le début. Elle dépasse 100 et même 200 respirations par minute (Gley). La respiration est courte, superficielle surtout au moment des accès. En général, la dyspnée se produit au moment des accès convulsifs, mais elle ne coïncide pas exactement : elle apparaît après et persiste quelque temps après la fin de l'accès convulsif. Chez le lapin, la dyspnée est le symptôme dominant (Rouxeau).

Le pouls est ralenti et dépressible dans l'intervalle des accès ;

pendant les accès, il devient très rapide, tumultueux, parfois impossible à compter.

Les opérés ne mangent pas; ils ont de l'anorexie, de la difficulté dans la préhension et la mastication des aliments. La soif est très vive. On constate du ptyalisme, des vomissements muqueux et bilieux, des selles fétides, diarrhéiques, sanguinolentes; le ventre est parfois ballonné; l'haleine fétide; les animaux ont une écume sanglante à la bouche.

Les opérés ont du prurit; ils paraissent souffrir et se plaignent. Le moindre contact provoque des cris et des contractures. Généralement les animaux sont abattus, somnolents, indifférents; mais parfois ils présentent de l'agitation, de la terreur, des troubles mentaux (HERZEN, REYNIER et PAULESCO).

Le sang artériel contient moins d'oxygène qu'à l'état normal (ALBERTONI et TIZZONI, MASOIN).

Les polynucléaires augmentent (ZEZAS-POKROWSKI, BRETON, MEZINESCU). Les globules rouges diminuent (HORSLEY, MEZINESCU, JEANDELIZE), leur résistance faiblit (BOTTAZZI, GLEY et LANGLOIS).

Les urines sont rares (LAULANIÉ, ECKE, JEANDELIZE). Très souvent on trouve de l'albumine due à des lésions rénales (LAULANIÉ, ALONZO). Presque constamment on trouve aussi des pigments et des sels biliaires, mais en proportion variable, diminuant avec le temps (LAULANIÉ, GLEY, CADÉAC et GUINARD, VERSTRAETEN et VANDERLINDEN). La potasse est en excès; parfois on a signalé la présence de glucose (FALKENBERG, GLEY, CADÉAC et GUINARD, VERSTRAETEN et VANDERLINDEN, PORGES); de l'indican (VERSTRAETEN et VANDERLINDEN). L'urée et les phosphates sont diminués, les chlorures augmentés (v. ECKE).

La toxicité des urines augmente (LAULANIÉ, GLEY, MASOIN), avec les accès épileptiformes et polypnéiques; elle est diminuée par l'inanition. Les urines sont éminemment convulsivantes.

Il est possible que des poisons s'accumulent dans le sang des animaux thyroïdectomisés, mais le fait n'est pas prouvé. Le sérum des chiens opérés et en pleine évolution des accidents n'est pas, absolument parlant, plus toxique que le sérum normal (UGHETTI et MATTEI, GLEY); injecté à un animal sain, il ne produit rien de particulier; injecté à un chien qui a subi au préalable l'ablation des thyroïdes, il provoque des contractions fibrillaires (GLEY). D'après BALDI, le sérum des animaux thyroïdectomisés n'exerce aucun effet aggravant.

Les femelles en gestation accouchent avant terme; les petits ne vivent pas.

On a observé des altérations oculaires, des conjonctivites, blépharites, kératites (SANQUIRICO et CANALIS, ALBERTONI et TIZZONI, FUHR, HERZEN, SGOBBO et LAMARI, VERSTRAETEN et VANDERLINDEN, ROSENBLATT,

v. Ecke, Moussu, Gley, Rochon-Duvigneaud), des lésions valvulaires (Moussu), des altérations des parois vasculaires, de l'athérome (Rosenblatt, v. Eiselsberg).

A l'autopsie, on trouve des lésions des reins (dégénérescence graisseuse des pyramides, congestion, néphrite... (Laulanié, Arthaud et Magon, Rosenblatt), et du foie (congestion, dégénérescence graisseuse) (Laulanié, etc.).

L'intestin est inondé de bile (Laulanié). On a décrit des lésions du système nerveux, mais elles sont inconstantes.

Survie. — La mort est la règle lorsqu'on enlève toutes les glandules, *même s'il reste les glandes thyroïdes*. L'opéré survit s'il reste des glandules. Une seule parathyroïde externe suffit, en général, pour préserver un chien de la tétanie, même si on enlève tout le reste de l'appareil, glandes et glandules (Gley, Vassale, Moussu, Caporianco et Mazziotti). Toutefois, il n'en est pas toujours ainsi. Moussu a observé des chiens qui sont morts même après l'ablation des seules parathyroïdes externes. Vassale a montré qu'il existe souvent chez le chien une seconde glandule interne, mais cette glandule ne paraît pas suffire à protéger un opéré contre le tétanisme mortel (1).

La mort peut survenir au cours d'une attaque ou dans le coma.

La survie est variable. Après l'ablation des glandules seules, la mort a lieu en moyenne trois, quatre, cinq jours après l'opération, parfois huit, dix jours et même quarante-six jours après (Moussu, Vassale et Generali, Lusena, Jeandelize).

Les accidents débutent, en général, vingt-quatre heures après l'opération, parfois plus tôt, parfois plus tard.

La maladie éclate parfois brusquement avec de la dyspnée, de la tachycardie. Le plus souvent, la marche des symptômes est progressive ; il y a cependant des rémissions, les accidents se produisant par accès (Gley).

---

(1) Il arrive fréquemment qu'un opéré survit, tout en présentant parfois des troubles trophiques, sans tétanisme, à l'ablation de toutes les glandules et des glandes principales (Bardleben, Zezas, Albertoni et Tizzoni, Munk, Arthaud et Magon; Doyon et Jouty chez le coq et la poule). En général, on trouve dans ces cas des glandules surnuméraires (Moussu, Vassale). Vassale a observé un chien qui neuf mois après l'ablation supposée totale ne présentait aucun symptôme. L'auteur trouva en sacrifiant le chien une glandule au niveau du troisième anneau trachéal. Dans un autre cas comparable il existait sept nodules thyroïdiens accessoires disséminés sur le cricoïde, le premier anneau de la trachée et sur la face antérieure et postérieure de l'aorte ascendante; tous les nodules présentaient la structure de la thyroïde; quelques-uns étaient hypertrophiés; un présentait des cordons cellulaires semblables à ceux des parathyroïdes (Vassale). Parfois on ne trouve pas de glandules surnuméraires, mais est-il possible d'affirmer qu'il n'y en a pas? La vérification est souvent difficile dans un tissu qui a été soumis à une opération préalable.

Doyon et Jouty ont constaté que les coqs et poules auxquels on cautérise *soit les seules para, soit l'appareil entier*, présentent des accidents comparables à ceux observés chez le chien. Les opérés sont apathiques, leur équilibre est instable, la démarche incertaine, ataxique ; on observe des tremblements, parfois des convulsions généralisées, des paralysies ; l'animal reste étendu, la crête des coqs est rouge violacé, très congestionnée, on note de la dyspnée, une soif vive, des vomissements, de la diarrhée ; les accidents débutent six à dix heures après l'opération ; la survie est de trente-six heures en général, parfois moins (Doyon et Jouty).

Ablation incomplète des glandules. — Lorsque la parathyroïdectomie est incomplète et qu'il reste des glandules, l'opéré survit. La tétanie est légère, transitoire, mais parfois récidivante. L'appétit est capricieux, la température en général légèrement élevée d'une manière permanente, le cœur accéléré, la respiration dyspnéique ou plus fréquente dès que le sujet est soumis à un exercice un peu actif, les urines contiennent de l'albumine, mais d'une manière inconstante et en petite quantité. Moussu établit un rapprochement entre ce syndrome et celui de la maladie de Basedow.

Doyon et Jouty ont observé un coq auquel ils avaient cautérisé une para de chaque côté ; ce coq dès le lendemain présenta de l'apathie, une démarche ataxique, des tremblements, paralysies, de la soif, de la diarrhée ; deux jours après les symptômes s'atténuèrent graduellement ; au bout de huit jours l'animal était presque guéri.

L'insuffisance parathyroïdienne provoquée par la parathyroïdectomie partielle peut persister à l'*état latent* pendant très longtemps. Il suffit, dans ces conditions, d'une cause prédisposante pour amener une récidive passagère de l'état aigu.

Conditions particulières. — La parathyroïdectomie totale faite en deux temps, est aussi grave que si l'opération est faite en un temps (Wagner, Colzi, Sanquirico et Canalis, Albertoni et Tizzoni, Fuhr, Rogowitch, Gley).

D'après Lusena, Vassale et Generali, l'ablation des glandules seules est plus grave que l'extirpation des glandes et glandules ; la tétanie provoquée par l'ablation des glandules seules s'atténue si on enlève les thyroïdes.

D'après Moussu, les accidents consécutifs à la parathyroïdectomie sont les mêmes quel que soit l'âge du sujet. D'après Vassale et Generali, la tétanie est moins grave chez le chien adulte que chez le jeune chien.

La grossesse et la parturition constituent une condition défavorable (Vassale). On a constaté dans ces conditions, après l'extirpation incomplète de l'appareil thyroïdien, des accidents analogues à l'éclampsie dépendant vraisemblablement de l'ablation partielle des glandules. On peut se demander si l'éclampsie puerpérale chez la femme ne trouve pas là une explication dans quelques cas

(Verstraeten et Vanderlinden, Lange, Moussu et Charrin). Chez des éclamptiques sans albumine (cas rares mais non exceptionnels), on a découvert des altérations ou des absences congénitales des organes thyroïdiens (Heile, Fruhinsholz, Jeandelize).

Le froid exerce une action aggravante; la chaleur une action bienfaisante (Vassale, Horsley, Verstraeten et Vanderlinden, Gley, Jeandelize).

Variations suivant les espèces. — Les résultats de l'ablation de l'appareil thyroïdien ne sont pas univoques dans tous les cas. Les divergences s'expliquent probablement par l'existence de thyroïdes ou de glandules accessoires.

Chez l'homme, l'ablation du goitre expose surtout au myxœdème. Cependant, on a observé des cas de tétanie. Il est probable que la tétanie est la conséquence de l'enlèvement des glandules. Les chirurgiens se sont peu préoccupés, jusqu'à ce jour, de ces organes, mais comme ils procèdent généralement, en énucléant la tumeur, ils respectent le plus souvent les glandules qui sont en dehors de la capsule.

Lorsque la tétanie apparaît, les accidents débutent tout de suite ou peu de jours après l'opération et le malade meurt. Parfois, cependant, les accidents convulsifs apparaissent tardivement, au bout de quatre mois, par exemple. La tétanie peut guérir dans ces conditions définitivement, ou reparaître d'une manière transitoire, compliquée ou non de myxœdème suivant qu'il persiste ou non du tissu thyroïdien. Les guérisons répondent vraisemblablement à des parathyroïdectomies partielles. Les accidents consistent en des convulsions localisées dans les extrémités, surtout aux extrémités supérieures; cependant elles peuvent se produire ailleurs. On a noté du trismus. Les mains se contractent en flexion parfois si forte que les ongles pénètrent dans la peau. Ces contractures sont très douloureuses. On peut observer de véritables convulsions épileptiques. Les accidents convulsifs se produisent par accès sous l'influence du moindre effort ou attouchement. Souvent il y a de la dyspnée. La mort peut survenir pendant une crise de dyspnée ou de tétanie.

Chez le singe, on a observé tantôt le myxœdème, tantôt la tétanie (Horsley). On est mal fixé sur les suites de l'opération chez quelques espèces animales. Moussu a opéré un âne âgé de sept ou huit ans; l'essai a été négatif. Horsley a constaté l'apparition d'accidents aigus seulement cent quatre-vingt-quinze jours après l'opération. L'extirpation de l'appareil thyroïdien est très grave chez le rat. Les animaux meurent, en général, un ou deux jours après l'extirpation totale et présentent des accidents aigus (Christiani). On connaît mal les suites de l'opération chez le cobaye. Capobianco, cependant, a observé la mort. Moussu, v. Eiselsberg ont observé le développement du myxœdème chez le jeune porc. Sanquirico et Orechia ont constaté, chez le renard, la tétanie et la mort rapide.

L'ablation des glandes et glandules paraît inoffensive chez la chèvre adulte (Moussu); cependant Moussu, Charrin ont observé chez la chèvre au cours de la gestation soit la mort avec désordres rapides, soit des troubles de la circulation et de la digestion. Chez la chèvre jeune, on a généralement observé des troubles trophiques (Moussu, v. Eiselsberg), parfois, mais rarement, des accidents aigus (Gley).

Chez les Reptiles, les Batraciens, les Poissons, les résultats obtenus sont incertains. Chez les Reptiles, l'ablation des glandes amène la mort après un temps plus ou moins long. On observe quelques symptômes qui rappellent ceux constatés chez les animaux supérieurs, à savoir: de la lenteur des mouvements, des convulsions, de la desquamation du tégument? Gley et Phisalix ont constaté des accidents convulsifs chez la salamandre. Chez les Poissons et les grenouilles on n'a rien observé de net.

VI. — Rapports entre les glandes et les glandules. Suppléances.

Les glandes et les glandules ne peuvent pas se suppléer entre elles. Sans doute, les glandules externes s'hypertrophient parfois chez le lapin après l'ablation des glandes et des parathyroïdes internes (Gley, Moussu, Blumreich et Jacoby, Verstraeten et Vanderlinden, Hürthle, v. Ecke, Rouxeau). On a même constaté des modifications structurales, de la congestion et des figures karyokinétiques (Nicolas). Cependant le fait n'est pas général. Hofmeister ne l'a pas constaté. Il ne paraît se produire que chez le jeune. Les modifications constatées paraissent être en rapport avec la suppression des parathyroïdes internes (Moussu, Jeandelize). La question de savoir si la glandule évolue dans ces conditions vers le type adulte est incertaine, d'après Gley et Nicolas. Certains auteurs considèrent que les glandules sont des organes embryologiquement distincts des glandes thyroïdes; en fait, Moussu n'a jamais pu constater après l'ablation des glandes principales la moindre transformation pouvant faire concevoir un acheminement vers la constitution du tissu thyroïdien adulte. Christiani et Ferrari ont greffé du tissu thyroïdien pris sur des animaux extraits d'un utérus gravide, ou sur un nouveau-né. Ce tissu embryonnaire greffé devenait du tissu thyroïdien adulte, après avoir subi une période de dégénérescence passagère. Au contraire, des glandules greffées après être passées par cette même phase dégénérative n'évoluaient jamais vers le tissu adulte, que cette greffe fût faite à un animal thyroïdectomisé ou non.

Il n'est pas douteux que les glandes principales et les glandules présentent entre elles une corrélation; les unes et les autres accumulent l'iode; toutefois, la nature de cette corrélation ainsi que le mode d'action de ces organes nous échappent encore entièrement.

Après l'ablation des glandes, Jeandelize et Haushalter ont constaté l'atrophie du thymus. On a observé des lésions de la glande pituitaire, mais elles sont inconstantes.

VII. — Greffe et médication thyroïdiennes.

Greffe. — Chez les animaux, la greffe a été tentée avec succès, tant au point de vue morphologique qu'au point de vue fonctionnel; chez l'homme, le succès n'a été que partiel et provisoire.

Les premiers résultats sont dus à Schiff (1884). Schiff enlevait les thyroïdes à un chien, dans le péritoine duquel il avait au préalable introduit les thyroïdes d'un autre chien. Si la thyroïdectomie était pratiquée moins de quatre ou cinq semaines après la transplantation, c'est-à-dire avant la résorption complète des organes transplantés, l'animal en expérience survivait en général. L'expérience de Schiff ne réalisait pas une véritable greffe puisque les organes transplantés ne devenaient pas adhérents, mais, bien au contraire, étaient résorbés; néanmoins sa signification était capitale. Von Eiselsberg, Godart-Danhieux, Fano et Zanda, Christiani ont démontré dans la suite qu'il est possible de déplacer une partie de l'appareil thyroïdien, et d'obtenir sa régénération. Chez un animal placé dans ces conditions la thyroïdectomie est inoffensive. Les accidents ne surviennent que lorsqu'on enlève le lobe ectopié.

La greffe passe d'abord par une phase critique ; les cellules présentent une tuméfaction trouble, reviennent à l'état embryonnaire, puis, régénèrent. La régénération a lieu d'abord à la périphérie, puis progresse vers le centre. Elle est complète, en général, vers le troisième mois et n'a pas de tendance à l'atrophie ; elle peut même acquérir des dimensions plus grandes qu'au moment de l'opération. La greffe peut réussir entre des animaux d'espèce différente, et même parfois de familles différentes (Christiani). La réussite, tant immédiate que définitive d'une greffe, dépend avant tout des dimensions de l'organe greffé et du temps pendant lequel le fragment est exposé au contact de l'air ; plus cet organe est petit, plus sera rapide et sûre sa reprise et sa reconstitution, plus l'opération sera faite rapidement, plus les conditions sont favorables ; c'est par secondes qu'il faut compter. En pratiquant la greffe sur le pavillon de l'oreille d'un animal blanc ou à pelage clair, on peut suivre par transparence toutes les phases de la greffe (Christiani).

La greffe parathyroïde se comporte comme la greffe thyroïdienne (Christiani et Ferrari). Lusena a pu augmenter notablement la survie de chiens ayant subi, soit l'ablation de tout l'appareil thyroïdien (thyroïde et para), soit des seules parathyroïdes, en greffant des parathyroïdes.

Les chirurgiens savent que l'énucléation d'un goitre est moins dangereuse que l'ablation de la tumeur au bistouri. C'est que l'énucléation respecte les capsules (et les parathyroïdes externes). Or, le rôle de la capsule peut se comparer à celui du périoste dans les résections osseuses. La capsule renferme de petits alvéoles qui donnent naissance à des alvéoles nouveaux, et reconstitue en partie l'organe (Christiani).

Médication thyroïdienne. — La cure thyroïdienne réussit, soit contre les troubles trophiques et le myxœdème (congénital ou acquis), soit contre les accidents aigus (tétanie, éclampsie des animaux opérés pendant la gravidité). Elle diminue ou fait disparaître l'hypertrophie du corps thyroïde qui apparaît au cours de la grossesse et atténue certains goitres.

Historique. — Vassale et Gley (1), les premiers, d'une manière indépendante, démontrèrent, dès 1891, que l'extrait aqueux thyroïdien, injecté dans les veines, exerce le même effet favorable que la transplantation des glandes thyroïdes dans le péritoine, réalisée dès 1884 par Schiff.

Action des glandes et des glandules. — D'après Moussu, Lusena, Charrin, les thyroïdes principales agissent sur les formes chroniques et le myxœdème, les parathyroïdes sur la tétanie ; toutefois, les observations ne sont pas encore suffisamment précises et nombreuses pour autoriser une conclusion certaine. En général, on administre un mélange des thyroïdes et des glandules.

---

(1) La première idée appartient à Pisenti et Viola.

Durée de l'amélioration. — L'amélioration est toujours très nette, mais essentiellement transitoire. La guérison définitive des troubles trophiques et du myxœdème n'est jamais obtenue. L'opéré ou le malade doivent être soignés toute leur vie. Il peut arriver cependant que des nodules accessoires échappent à une intervention; le traitement thyroïdien donnant à ces nodules le temps de se développer, peut amener une guérison définitive. Dans le cas d'accidents aigus et de tétanie, la mort survient fatalement au bout d'un temps plus ou moins long, malgré le traitement, si toutes les parathyroïdes ont été enlevées. L'expérimentation et la clinique sont en parfait accord sur tous ces points.

Effets produits. — L'ingestion de thyroïde ou d'extraits aqueux des glandes thyroïdiennes provoque les effets suivants : L'intelligence renaît, l'apathie disparaît; la figure reprend sa mobilité et son expression; les troubles viscéraux s'amendent; les troubles trophiques rétrocèdent; les cheveux repoussent; la température s'élève. Les reins excrètent plus d'urine, plus d'urée, plus d'azote, plus de chlorure et d'acide phosphorique. Les poumons éliminent plus d'acide carbonique. Le taux des échanges se relève. Le nombre des hématies augmente; des globules rouges nucléés peuvent apparaître (Lebreton et Vaquez). On a observé une mono-leucocytose passagère.

Harkowitz, Fraenkel ont montré que sous l'influence de la médication thyroïdienne le cœur s'accélère. Les effets momentanés sur la pression ont donné lieu à des discussions. D'après Oliver et Schæfer, Haskovec, Gley et Langlois, Gomez, Ocaña, la pression artérielle baisse ; de faibles doses peuvent, d'après Livon, produire au début de l'injection intraveineuse une légère élévation de la pression ; d'après Guinard et Chatin, cette élévation du début est fugace et peu importante. Le suc thyroïdien exerce une influence lymphagogue. Le cours de la lymphe, tout au moins de la lymphe du canal thoracique, est accéléré (Godart-Danhieux et Slosse, Heger).

La médication thyroïdienne accélère la réparation des fractures chez les animaux thyroïdectomisés; elle est sans effet sur la formation du cal dans les fractures ordinaires.

Les jeunes animaux en état de croissance soumis à l'alimentation thyroïdienne grandissent plus vite que les témoins; ils ne dépassent pas cependant la limite de la taille des sujets de leur espèce (Moussu).

Modes d'administration. — La médication thyroïdienne agit quelle que soit la voie de pénétration : voie gastrique (Howitz), sous-cutanée, péritonéale, intraveineuse (Vassale et Gley).

Substances actives. — Les meilleurs effets sont obtenus par l'administration de la glande totale.

On recommande, en général, l'ingestion de glandes fraîches sous forme de hachis. La cuisson paraît modifier l'activité du médicament. La dose ordinaire de glande fraîche est pour l'homme de 3 à 4 grammes, de glande de mouton; chez l'enfant, 1 gramme suffit.

Aucun des principes que l'on extrait de la glande ne paraît agir aussi bien que l'organe total. Baumann avait supposé que l'iodothyrine était la seule substance active. De fait, l'iodothyrine améliore les symptômes du myxœdème et certains goitres. D'après Lange, elle fait même disparaître l'hypertrophie du corps thyroïde de la grossesse. Elle provoque, à l'exclusion de tous les autres principes, l'amaigrissement, l'augmentation de l'excrétion azotée (Roos), des échanges gazeux (Magnus et Lévy), la fonte des albumines et des graisses. Elle augmente la sécrétion lactée (Herrgott). L'iodothyrine est sans action sur la tétanie.

L'iodothyrine détermine chez le chien le ralentissement du pouls et une légère diminution de la pression artérielle. Elle augmente l'excitabilité du vague, du dépresseur et des vaso-dilatateurs; elle abaisse celle des nerfs accélérateurs du cœur et des vaso-constricteurs. Elle rend au vague son excitabilité supprimée par l'atropine (Cyon).

Une question non résolue est de savoir si l'iodothyrine doit toutes ses propriétés à l'iode qu'elle contient. De tout temps, on a donné avec succès contre le goitre des préparations iodées, soit sous forme de combinaisons naturelles (éponges torréfiées, Fucus, Laminaires) dans lesquelles l'iode est dissimulé aux réactifs, soit sous forme de sels (iodures). L'iodothyrine semble avoir une activité spécifique, différente et parfois plus considérable que celle des préparations médicamenteuses; les choses se passent comme si ce n'était pas l'iode qui agit, mais la substance totale spécifique (Roos, Cyon et Barbera). D'après Cyon, l'iode métallique ou les sels de l'iode agissent sur les nerfs du cœur et sur les vaso-moteurs en sens inverse de l'iodothyrine.

La thyréoglobuline des glandes normales possède, d'après Oswald, les mêmes propriétés que l'iodothyrine qu'elle contient. La thyréoglobuline extraite des goitres possède une action bien moindre. L'activité de la thyréoglobuline dépend de sa teneur en iode (Oswald).

L'iode jouit de propriétés antiputrides et antiseptiques (Liebig, Magendie, Boinet).

Frænkel a séparé des matières albuminoïdes, une substance azotée cristallisable, soluble dans l'eau et dans l'alcool, précipitable par les réactifs alcaloïdiques. Cette substance injectée dans les veines, provoquerait, à la dose de quelques milligrammes, l'accélération du pouls, la cessation des accidents convulsifs et des troubles respiratoires. Provisoirement, Frænkel la désigne sous le nom de thyroantitoxine. Notkin a isolé une substance toxique qu'il appela la thyroprotéide qui ne serait pas, d'après lui, un produit de sécrétion de la glande, mais, au contraire, un déchet des échanges intra-organiques, venant s'accumuler dans le corps thyroïde lui-même, où il serait neutralisé par un ferment spécial. Drechsel a distingué trois substances dans la sécrétion thyroïdienne, dont l'iodothyrine.

Dangers de la médication thyroïdienne et iodée. — Le fait que l'ingestion des thyroïdes peut présenter des inconvénients est connu depuis longtemps. Certaines législations anciennes prescrivaient de ne pas faire entrer ces organes dans l'alimentation.

La médication thyroïdienne expose, lorsqu'on emploie des doses croissantes, ou lorsqu'on prolonge trop le traitement, à des accidents dont quelques-uns rappellent ceux qui suivent la thyroïdectomie. Les sujets maigrissent. Ils peuvent présenter de l'accélération du pouls, des palpitations, des crampes, des contractures musculaires, des crises épileptiformes, des paralysies, de l'hyperthermie, de l'agitation, de l'insomnie, de l'irritabilité, des troubles urinaires (polyurie, glucosurie, albuminurie).

Les malades ont parfois des troubles psychiques, des maux de tête, des vertiges, des faiblesses. On peut observer le collapsus et la mort.

L'iodothyrine expose aux mêmes accidents que la glande thyroïde. Les accidents peuvent éclater chez l'homme après l'ingestion de 5 à 6 milligrammes et même de doses moindres.

L'iode cause des symptômes d'excitation générale. Il donne d'abord de la sécheresse et de l'ardeur du pharynx ; si le médicament est continué, il survient une véritable angine en même temps que les glandes salivaires fournissent une sécrétion plus abondante (ptyalisme). La circulation devient plus active, la peau plus chaude, l'appétit augmente, les fonctions digestives s'accomplissent mieux (JOUBIN). Parmi les accidents les plus communs des préparations iodées il faut citer : un coryza très violent qui s'accompagne de céphalalgie frontale, de larmoiement; l'insomnie est fréquente; on observe, en outre, un ensemble de symptômes cérébraux, bien décrit par LUGOL et groupés par cet auteur sous le nom d'ivresse iodique; céphalalgie, élancements assez douloureux dans les yeux et dans les oreilles, mouches volantes et éblouissements passagers. L'administration de l'iode produit parfois des éruptions qui lui sont propres, l'érythème, l'acné iodique. La sécrétion urinaire est ordinairement augmentée pourvu, toutefois, qu'il n'y ait pas de sueurs trop abondantes, auquel cas l'urine coule en moindre quantité qu'en l'état ordinaire. Chez les femmes, l'iode cause des phénomènes spéciaux du côté de la menstruation; à peu près constamment son administration amène une exagération du flux menstruel, et chez quelques-unes de véritables hémorragies.

A côté de l'iodisme accidentel il en existe une autre forme : la cachexie iodique signalée par COINDET et bien étudiée par RILLET sous le nom d'iodisme constitutionnel. Dans cette forme d'intoxication, à l'inverse de ce qu'on observe dans la précédente, les effets produits seraient à peu près indépendants, soit des doses du médicament, soit des espèces de préparations employées. Ce serait même lorsqu'il est donné à petites doses, que l'iode produirait avec le plus de facilité l'iodisme constitutionnel. On a signalé un certain nombre de faits dans lesquels l'iodure de potassium donné aux doses de 1 centigramme à 2 milligrammes, aurait déterminé cet empoisonnement. L'iodisme constitutionnel est caractérisé par un ensemble de symptômes dont les plus saillants sont : un amaigrissement rapide, un appétit exagéré, des palpitations nerveuses. A ces trois phénomènes, tout à fait caractéristiques et à peu près constants, viennent s'ajouter plus tard d'autres troubles fonctionnels du côté du système nerveux ayant la plus grande analogie avec ceux de la maladie de BASEDOW. L'iodisme constitutionnel est très rare et ne se produit que chez les personnes affectées de goitre. L'iode et les iodures provoquent des congestions intenses et une excitation des organes lymphoïdes; l'iode surtout une mononucléose, les iodures surtout l'éosinophilie (M. LABBÉ et LORTAT-JACOB).

L'iode se combine avec les acides gras des huiles. A cet état, il forme des composés stables, dans lesquels il est dissimulé et ne peut être décelé qui si on détruit la matière organique. L'iode est bien toléré sous cette forme; il n'est pas toxique, probablement parce qu'il n'est mis en liberté dans les tissus que d'une manière graduelle et lente. Exemple : un cobaye de 540 grammes a pu recevoir en quinze jours, 25 grammes d'iodipine (combinaison d'iode avec l'huile de sésame) à 10 p. 100, en injection, soit $2^{gr},5$ d'iode, soit 33 centigrammes par kilogramme d'animal et par jour, sans autre inconvénient qu'une légère diminution de poids (WINTERNICH) (voy. *Élimination*, p. 404).

D. — RATE.

Structure. — La rate est composée d'une capsule fibreuse, d'une substance propre, de vaisseaux et de nerfs.

La *capsule fibreuse*, munie de fibres musculaires lisses et par conséquent con-

tractile, envoie dans l'intérieur de l'organe des cloisons de même nature qu'elle, le divisant en loges incomplètes communiquant plus ou moins largement entre elles. Dans ces loges est placée la substance propre consistant en pulpe blanche et pulpe rouge.

La *pulpe blanche* comprend des corps arrondis, les corpuscules de MALPIGHI, placés sur le trajet des artérioles terminales qui les traversent et des traînées d'une substance analogue à celle des corpuscules engainant les artérioles sur une longueur variable. Toute cette pulpe blanche, corpuscules et gaines, est formée d'un tissu réticulé très fin, bourré de leucocytes ; elle est identique à la substance des follicules des ganglions lymphatiques.

La *pulpe rouge* se présente sous la forme de travées ou de cordons anastomosés entre eux, de *cordons pulpaires*, qui s'étendent entre la pulpe blanche et la face interne de la capsule et de ses cloisons. Elle constitue un réseau dont les mailles sont occupées par de gros capillaires veineux, origines de la veine splénique. Elle est formée également par du tissu réticulé rempli de leucocytes, mais elle renferme en outre un grand nombre de globules rouges qui lui donnent sa couleur propre.

La présence des *hématies* au sein du tissu de la pulpe rouge s'explique par ce qui suit : les artérioles sur le trajet desquelles sont placés les corpuscules de MALPIGHI, émettent des capillaires qui, après avoir traversé les corpuscules, entrent dans les cordons pulpaires. Là, après un court trajet, ils perdent leur paroi et s'ouvrent dans le tissu réticulé dans lequel le sang s'épanche librement. Le cours du sang dans les cordons pulpaires rappelle alors, suivant une comparaison bien connue, celui d'un fleuve qui s'élargissant brusquement coulerait en surface sur un lit semé de rochers. Le sang dans les cordons pulpaires est repris par les capillaires veineux interposés aux cordons, et conduit par eux dans la veine splénique.

Les *vaisseaux lymphatiques* sont peu importants. Ils se réduisent à un réseau superficiel placé dans la capsule et à des troncs internes accompagnant les gaines connectives des vaisseaux.

Les *nerfs* sont pour la plupart des nerfs vasculaires, quelques-uns se terminent cependant dans le tissu réticulé comme dans les ganglions lymphatiques.

Caractéristiques. — Au *point de vue anatomique*, un fait remarquable est que le sang, au sortir de la rate, est obligé de passer par le foie : la veine splénique étant une branche de la veine porte. On ignore la signification fonctionnelle de cette disposition.

Au *point de vue histologique*, la rate doit être rapprochée des ganglions lymphatiques. La différence principale réside dans ce fait que les ganglions sont sur le trajet des lymphatiques et la rate sur le trajet du sang. Les corpuscules de MALPIGHI peuvent être comparés aux follicules des ganglions, les cordons pulpaires aux cordons folliculaires et les veines qui les entourent aux sinus lymphatiques ; seulement, dans ces derniers, on ne trouve pas de la lymphe, mais bien du sang. Il y a donc dans la rate un contact intime entre le sang et les leucocytes qui constituent une grande partie de la substance propre.

L'*expérimentation* démontre que la rate est contractile et subit des variations de volume considérables, par suite de la quantité de sang que cet organe peut emmagasiner. Elle ne donne pas de résultats décisifs en ce qui concerne le rôle de la rate. D'une manière générale, les physiologistes sont d'accord sur l'existence d'un rapport entre la constitution du sang et la rate. Quelques-uns soutiennent que cet organe intervient dans la digestion et dans la défense contre les infections et les intoxications.

Rapports avec la constitution du sang. — Les physiologistes ont cherché à baser ces rapports sur trois ordres d'expériences, à savoir : *a*) les effets de l'ablation de la rate ; *b*) l'examen comparé du sang dans les artères et veines spléniques ; *c*) les variations du fer dans la rate.

1. *Conséquences de l'ablation de la rate. Modification du sang.* — En général, les animaux survivent. Cependant, quelques-uns maigrissent, deviennent cachectiques et meurent. LAUDENBACH, NICOLAS et BEAU ont observé le fait, le premier chez le chien, les seconds chez le cobaye. Chez *tous* les opérés, on constate des troubles.

a. Les globules rouges et la quantité d'hémoglobine diminuent ; le nombre total des globules blancs augmente (MALASSEZ et PICARD, BARRAULT, TAUBER, KURLOFF, TSCHISTOVITCH, WLAEF, LAUDENBACH, HARTMANN, VAQUEZ, BORDET, OUSKOFF, NICOLAS et DUMOULIN).

EXPÉRIENCES (chiens).	DIMINUTION MAXIMA	
	pour l'hémoglobine.	pour les globules rouges.
I	20,6 p. 100.	19,7 p. 100.
II	55,8 —	52.8 —
III	79,7 —	76,9 —

Diminution de l'hémoglobine et des globules rouges dans le sang. Expériences de LAUDENBACH. L'animal dont le cas est relaté dans l'expérience III, a succombé à la suite de l'ablation de la rate.

Ces modifications n'atteignent pas d'emblée leur maximum. En général, d'après LAUDENBACH, la plus forte diminution des globules rouges se produit pendant le troisième mois qui suit l'ablation de la rate. Les troubles sont souvent passagers. Au bout de quelques mois la composition du sang tend graduellement à revenir à la normale, probablement par suite de l'existence d'organes vicariants (LAUDENBACH, CARRIÈRE).

La ligature de tous les vaisseaux de la rate provoque les mêmes effets que l'ablation de l'organe (CARRIÈRE et VANVERTS).

Après l'ablation de la rate, le poids spécifique du sang diminue (WINOGRADOFF).

b. La moelle osseuse — et parfois même, mais à un moindre degré, les ganglions — présentent des altérations manifestes rappelant celles que l'on observe après de fortes saignées. La moelle des os tubulaires, prend le caractère de la moelle osseuse lymphoïde et renferme un nombre plus ou moins grand de globules nucléés (Mosler, Winogradoff, Bizzozero et Salvioli, Tizzoni, Gibson, Grünberg, Freiberg, Emelianoff, Laudenbach). Il est probable que c'est la moelle osseuse qui supplée la rate. Wlaeff a constaté une augmentation de la thyroïde et de la matière colloïdale de cet organe.

c. La régénération du sang après une saignée est plus lente, plus tardive, moins complète que chez un animal non dératé (Emelianoff, Laudenbach).

Expérience. — Chez un chien pointer de forte complexion on enlève la rate. A partir du quatrième jour après l'opération : diminution graduelle de la quantité d'hémoglobine et des globules rouges qui atteignit son minimum le soixante-deuxième jour, représentant pour l'hémoglobine le 16 p. 100 et pour les érythrocytes le 14.7 p. 100 de la quantité observée avant l'opération. La saignée fut faite le cent septième jour après l'extirpation de la rate. En supposant que la quantité du sang égalait 1/13 du poids du corps, on tira 16.7 p. 100 de la quantité du sang. La régénération se fit très lentement. Les globules rouges furent régénérés le trente-troisième jour, l'hémoglobine le trente-septième. A l'autopsie on trouva d'assez profondes altérations de la moelle des os tubulaires qui étaient très juteuse, de couleur rouge foncé et contenait un nombre assez grand de globules rouges nucléés. Les glandes lymphatiques ne présentaient pas de modifications apparentes (Laudenbach).

2. *Comparaison du sang des artères et veines spléniques.* — Cette méthode a donné des résultats discordants. Malassez et Picard 1874, Bizzozero et Salvioli, Gibson, Otto, Middendorff, Glass, Gurwitsch. Hirt soutiennent que le sang veineux de la rate contient dans toutes les conditions plus de globules rouges et blancs et plus d'hémoglobine que le sang artériel. D'après Malassez et Picard la différence serait faible mais constante. La quantité des globules rouges dans le sang de la veine splénique surpasserait leur quantité dans l'artère carotide en moyenne de 4.9 p. 100, au minimum de 2.6 p. 100 et au maximum de 7.2 p. 100. Contrairement à ces conclusions, un grand nombre d'auteurs soutiennent que les différences signalées ne sont pas constantes et n'ont pas la signification qu'on a voulu leur attribuer (Hayem, Paton, Gulland, Fowler, Pavy). D'après Grigorescu, le nombre des globules rouges augmente dans la veine splénique pendant la digestion et d'une manière générale dans tous les cas de stase de sang dans la rate. Le rôle de la stase sanguine sur le nombre des globules rouges a du reste été déjà maintes fois mis en évidence d'une manière certaine.

3. *Variations du fer de la rate. Composition chimique de cet organe.* — La rate contient du fer, abstraction faite du fer hématique. D'après A. Tedeschi, la rate des cobayes et lapins est l'organe

le plus riche en fer. Le fer s'accumule dans la rate, lorsque l'organisme est le siège d'une destruction globulaire intense ou lorsque ce métal est injecté en trop grande abondance dans le sang. On constate dans ces conditions, par des réactions microchimiques, le dépôt de granulations d'hydrate ferrique (rubigine de LAPICQUE). Inversement la rate s'appauvrit en fer sous l'influence des saignées répétées, dans certaines maladies chroniques, telles que la tuberculose (LAPICQUE), pendant la grossesse (1) (CHARRIN; CHARRIN, GUILLEMONAT et LEVADITI). La rate partage donc avec le foie et la moelle osseuse le rôle de réservoir ferrique destiné à assurer la constance et le taux du pigment ferrugineux du sang. Le fer s'accumule dans le foie et la moelle osseuse après l'ablation de la rate (A. TEDESCHI).

Toutes les conditions qui font varier le fer de la rate ne sont pas connues. L'âge paraît exercer une influence. Au moment de la naissance et pendant les premiers temps de la vie on trouve peu de fer dans la rate ; la quantité de métal augmente avec l'âge, mais irrégulièrement (LAPICQUE, TEDESCHI). Chez les vieux chevaux, NASSE a trouvé beaucoup de fer. Le fer s'accumule dans la rate chez certains tuberculeux et brightiques.

D'après DUILIOPANDOLFINI, BARBERI, le fer s'accumule après l'hémolyse provoquée par les poisons dans la partie périphérique ou sous-capsulaire de la rate.

En accord avec les faits que nous venons de signaler, DENYS a observé dans la rate des hématies en voie de régression.

Pour évaluer le fer propre à l'organe, il faudrait chasser tout le sang, ce qui est impossible. On évalue alors indirectement la quantité de sang contenue dans l'organe et on retranche le fer hématique. Pour apprécier la teneur en fer de la rate on peut se contenter de réactions micro-chimiques. On fait agir sur une coupe de l'organe soit du ferrocyanure et de l'acide chlorhydrique, soit du sulphydrate d'ammoniaque. Dans le premier cas l'organe prend une coloration bleu de Prusse d'autant plus foncée qu'il y a plus de fer; dans le second, il se forme du sulfate de fer de couleur noirâtre.

La rate contient du glycogène (BRÜCKE, PASCHUTIN, PAVY). GOURLAY, BOTTAZZI ont isolé des globulines, des nucléo-albumines en quantité abondante, une nucléo-histone, des protéines, des combinaisons ferrugineuses inorganiques et organiques, etc... On a trouvé des peptones, de la tyrosine, de la leucine, de la taurine, de l'hypoxanthine, de la xanthine, de la guanine, de l'adénine, de l'acide urique, de l'urée, de l'acide lactique, etc., mais il est possible qu'une partie de ces produits résultent de l'autolyse de la rate.

---

(1) La rate augmente de poids chez le cobaye au cours de la grossesse ; moyenne des poids de rate chez les cobayes normaux : $0^{gr},39$; moyenne des poids de rate chez les femelles pleines : $0^{gr},71$ (CHARRIN et GUILLEMONAT). Des constatations analogues ont été faites chez la femme (BIANCHI et LERI). La structure de la rate paraît aussi se modifier (CHARRIN, LEVADITI, GUILLEMONAT).

Teneur de la rate en fer (pour 1000 de poids frais).

Chez l'homme. $\left\{\begin{array}{l}4,6 \\ 2,9\end{array}\right\}$ Oidtmann. $\left.\begin{array}{l}5,4 \\ 0,6\end{array}\right\}$ Stahel. 3,9 Lapicque, de 20 à 40 ans. 2,9 Lapicque, de 40 à 60 ans.	Fœtus humain.......... $\left\{\begin{array}{l}0,4 \\ \text{à} \\ 2,6\end{array}\right\}$ Guillemonat.
Chien .... $\text{à}\left\{\begin{array}{l}3,0 \\ 3,9 \\ 8,0\end{array}\right.$ Moyenne $\left.\begin{array}{l} \\ \\ \end{array}\right\}$ Lapicque.	Jeunes chiens, moyenne. 1,4 Chiens de deux jours.. $\left\{\begin{array}{l}1,0 \\ 1,1\end{array}\right.$ — de huit jours... 1,9 $\left.\begin{array}{l} \\ \end{array}\right)$ Lapicque. — de dix jours.... 2,2 — de quinze jours. 1,7 — de un mois..... 1,5
Bœuf........ 9,0 Krüger.	Veaux .... $\left\{\begin{array}{l}0,9 \\ 0,12\end{array}\right\}$ Krüger.
Cobayes. $\left\{\begin{array}{l}\text{Femelles pleines.} \left\{\begin{array}{l}0,73 \\ 0,72 \\ 0,46 \\ 2,00 \\ 1,07 \\ 0,72\end{array}\right\} \begin{array}{l}\text{Moyenne} \\ 1,01 \\ \text{Charrin.}\end{array} \\ \text{Femelles non pleines.} \left\{\begin{array}{l}2,24 \\ 1,00 \\ 2,76 \\ 2,28 \\ 0,76 \\ 1,17\end{array}\right\} \begin{array}{l}\text{Moyenne} \\ 1,40 \\ \text{Charrin.}\end{array}\end{array}\right.$	Jeunes porcs de cinq à huit semaines. $\left\{\begin{array}{l}0,8 \\ 1,6\end{array}\right.$ Lapicque.

Rapports avec la digestion. — L'ablation de la rate, même pratiquée chez un chien déjà privé de son estomac, ne modifie que passagèrement la digestion (Delezenne et Frouin). La rate n'est donc pas nécessaire à la digestion, toutefois elle paraît y participer. En effet :

a. Pendant la digestion la rate se congestionne et augmente de volume ; le sang circule plus activement dans cet organe ; il ressort noir et non plus rouge comme pendant l'abstinence.

b. L'extrait de rate favorise l'action que le pancréas exerce *in vitro* sur les albuminoïdes. Ce fait, bien démontré par Schiff le premier, a été confirmé par Herzen, Pachon et Gachet, Prevost et Batelli, Bellamy.

Expériences justificatives. — *a*. On prélève sur un chien dér4até, en pleine digestion, une partie du pancréas. On injecte ensuite à l'animal le filtrat de la macération aqueuse de la rate excisée. Vingt minutes après on enlève le restant du pancréas. Si alors on éprouve le pouvoir digestif de la macération des deux échantillons de pancréas successivement enlevés, on constate que le deuxième échantillon, celui qui a été prélevé après l'injection de l'extrait de rate est beaucoup plus actif (Pachon et Gachet).

b. Soit deux macérations de courte durée (deux heures et moins) de pancréas. L'une est obtenue en partant d'un pancréas enlevé à un animal dératé en pleine digestion ; l'autre en partant d'un animal normal en pleine digestion. Si on compare le pouvoir digestif de ces extraits sur l'albumine, à l'étuve, on constate que la macération provenant de l'animal dératé agit plus tardivement (plusieurs heures après) que la macération provenant de l'animal normal. Les macérations de longue durée (vingt-quatre heures et plus) ne présentent à l'étuve au point de vue de leur pouvoir protéolytique aucune différence sensible, qu'il s'agisse de pancréas d'animaux à jeun, en digestion ou dératés (SCHIFF, HERZEN, GACHET et PACHON, 1897-1898 ; PRÉVOST et BATELLI, 1901).

c. Une infusion pancréatique d'un chien à jeun possède — quoiqu'à un faible degré — le pouvoir de digérer la fibrine (CARVALHO et PACHON). Si on ajoute à cette infusion une infusion de rate d'un chien en digestion le pancréas acquiert un pouvoir digestif considérable. L'infusion de rate d'un chien à jeun n'active pas l'infusion pancréatique (HERZEN, BELLAMY).

d. DELEZENNE a prouvé que les infusions de pancréas ne sont jamais actives, que le pancréas provienne d'un animal à jeun ou d'un animal en digestion, si on a soin de recevoir directement le pancréas dans le fluorure de sodium à 2 p. 100. DELEZENNE estime que le pouvoir digestif des infusions pancréatiques ordinaires est dû à l'altération des globules blancs contenus dans le pancréas et à la mise en liberté d'une kinase favorisante. Le fluorure de sodium aurait pour effet d'empêcher cette altération et la diffusion de la kinase. Quoi qu'il en soit, l'extrait de rate donne à une infusion pancréatique inactive un pouvoir protéolytique faible il est vrai, mais net (DELEZENNE).

e. Le sang de la veine splénique d'un chien en pleine digestion agit comme l'infusion de rate de chien en digestion. Le sérum de ce sang est sans effet, ce qui tendrait à prouver que le produit splénique activant est apporté au pancréas par les éléments solides du sang venu de la rate (BELLAMY).

La substance active de l'extrait de rate est précipitée de ses solutions aqueuses par l'alcool ; elle perd son influence à 100° au sein de l'eau (PACHON et GACHET).

PACHON et GACHET, A. GAUTIER ont émis l'hypothèse que la substance active de la rate augmente le pouvoir digestif du pancréas en transformant le zymogène ou proferment en trypsine. DELEZENNE soutient que la substance active de la rate provient des leucocytes que cet organe renferme en grand nombre et doit être identifiée avec l'entérokinase.

Rapports avec la bile. — D'après PUGLIÈSE, les chiens dératés éliminent une bile moins riche en pigments biliaires.

Rapports avec la défense de l'organisme contre les infections et les intoxications. — Le volume de la rate augmente dans une foule de maladies microbiennes ou parasitaires, en particulier dans la fièvre typhoïde et le paludisme. D'autre part, la rate est un organe lymphoïde et contient de nombreux phagocytes. Il est donc fort probable que cet organe exerce un rôle important dans la défense de l'organisme. A l'état normal la rate (du chien, du lapin, du cobaye) renferme des espèces microbiennes variées dont la virulence est nulle ou très atténuée (CARRIÈRE et VANVERTS). L'ablation de la rate donne des résultats absolument contradictoires et déconcertants (Charrin). D'après Montuori, J. Courmont et Duffau, Nicolas et Beau qui ont étudié cette question à la suite d'un grand nombre d'autres auteurs, le résultat varie, entre autres conditions, suivant le choix des virus ou des poisons et l'ancienneté de l'ablation. On remarquera à ce propos que les suppléances de la rate paraissent nombreuses. On a constaté, après la splénectomie, des modifications du côté de la moelle osseuse et des ganglions. Les chiens dératés supportent des doses de pyrodine (et autres poisons hématiques) mortelles pour les chiens normaux (Puglièse, Luzzati). La rate n'exerce aucun rôle protecteur dans l'intoxication par la neurine (Grossi). Le développement de petites rates supplémentaires situées le long des vaisseaux de l'épiploon est admis par quelques auteurs (Tizzoni, Griffini, Orlando), contesté par d'autres.

Volume. — Le volume de la rate dépend de la quantité de sang contenue dans l'organe. Après la ligature de la veine porte la rate d'un chien de 15 kilogrammes peut emmagasiner plus de 500 centimètres cubes de sang (Castaigne et Bender).

CONDITIONS.	EFFETS SUR LA RATE.	OBSERVATIONS.
Section des nerfs spléniques.	Congestion et dilatation.	Pendant quelques jours leucocytose, d'après Tarchanoff, et augmentation des hématies, d'après Malassez et Picard.
Excitation du bout périphérique du nerf sectionné.	Anémie et contraction limitées aux territoires de distribution ; le tissu splénique contracté devient dur.	(Cl. Bernard ; Bulgak).
Excitation des nerfs splanchniques.	Anémie et contraction.	Schäfer et Moore ont prod. une fois dilat. par excit. faible.
Excitation des racines rachidiennes de la 3e post-cervicale à la 14e, surtout des 5e, 6e, 7e, 8e, (Schäfer et Moore).	Anémie et contraction.	Expériences sur le chien, pas de rigoureuse symétrie bilatérale, la racine gauche de chaque paire semble fournir plus de fibres que la droite.
Excitation du bout central du vague, du sciatique (Cl. Bernard, Bochefontaine, Roy, Tarchanoff).	Anémie et contraction.	Par l'intermédiaire des splanchniques.
Excitation de l'écorce grise.	Anémie et contraction.	»
Asphyxie..............	Anémie et contraction.	»
Strychnine, camphre en injection intraveineuse (Cl. Bernard).	Anémie et contraction.	»

Les variations peuvent être suivies, enregistrées au moyen des appareils à déversement dits plétysmographes. Ces appareils sont d'une application particu-

lièrement facile à la rate en raison de la situation isolée de cet organe (Roy ;
Fr. Franck et Hallion ; Schäfer et Moore). Fr. Franck a utilisé la photographie.

Il n'est pas possible de distinguer les nerfs qui agissent sur les
vaisseaux de ceux qui agissent sur les muscles de la capsule. Le
retrait de la rate donne à la surface une apparence chagrinée et
s'accompagne d'une poussée veineuse. L'excitation agit même sur
la rate exsangue. On observe normalement des changements alternatifs de volume (Roy).

Les nerfs spléniques sont peu sensibles sauf pendant la digestion ; l'excitation
du bout central provoque des douleurs et des mouvements généraux (Cl. Bernard,
Picard). Grigorescu a observé un cas d'apoplexie de la rate chez un animal
qui avait été trépané et dont on avait pris la pression du liquide céphalo-
rachidien.

Ligatures. — La ligature du pédicule vasculaire total provoque soit la dégénérescence, soit la transformation caséo-purulente de l'organe. La ligature de
l'artère splénique ou de ses branches ne détermine que l'atrophie simple sans
dégénérescence de la rate (Jonnesco, Carrière et Vanverts).

Action de l'extrait de rate. — Injecté dans les veines l'extrait de rate provoque
de vives contractions de l'intestin (Ott).

E. — HYPOPHYSE OU GLANDE PITUITAIRE.

Situation et structure. — L'hypophyse est un organe peu volumineux faisant saillie à la base du cerveau dans le voisinage de l'origine apparente des
nerfs optiques et reposant sur la selle turcique du crâne.

L'hypophyse dérive de l'union de deux ébauches organiques distinctes. L'une,
glandulaire, venue de l'ectoderme de l'invagination buccale, forme le lobe antérieur, l'autre nerveuse, émanée du plancher du troisième ventricule, donne le
lobe postérieur.

Le lobe antérieur a la structure et la signification d'une glande vasculaire sanguine. Il est formé de cordons cellulaires pleins, rarement creux en quelques
points où ils renferment de la substance colloïde, et entre lesquels circulent des
vaisseaux sanguins. Les cellules du cordon sont de deux sortes : les cellules
principales, claires, et les cellules granuleuses ou chromophiles chargées de
grains qui se colorent en jaune par le picro-carmin, en bleu par l'hématéine, en
rouge par l'éosine. Le lobe postérieur traité par la méthode de Golgi laisse voir
des plexus de fibres nerveuses et des cellules étoilées de nature névroglique.
Sa signification est inconnue.

Composition chimique. — L'hypophyse contient de l'iode (Baumann, Schnitzler et Ewald) et du brome (Paderi).

Données expérimentales. — L'ablation de l'hypophyse a été pratiquée
chez des animaux à sang chaud (chien, chat) et chez les Vertébrés inférieurs
(grenouilles, tortues) (Horsley, Dastre, Marinesco, Vassale, et Sacchi, Gaglio, etc.).

L'opération détermine la mort en quelques jours ou quelques semaines. Chez
la tortue et la grenouille, la survie peut être de plus d'un mois. On ne sait pas
dans quelle mesure la mort est due à l'opération et si l'hypophyse est un organe
indispensable à la vie.

Les troubles provoqués par l'ablation de l'hypophyse sont les suivants: de l'anorexie, de la lassitude, de la dépression psychique, des tremblements fibrillaires, de la dyspnée, l'amaigrissement rapide, l'abaissement de la température, la polyurie, la cachexie et le coma. Chez la grenouille, on a observé une paralysie progressive.

Remarque. — De Cyon fait jouer un rôle important à l'hypophyse dans la régulation par voie nerveuse des altérations de la pression artérielle. Les moindres changements de pression dans la cavité cranienne, dus en général à des changements de pression artérielle, influenceraient directement l'hypophyse ; celle-ci réagirait en mettant en action l'appareil modérateur contenu dans la moelle allongée et par son intermédiaire agirait sur la pression sanguine en modifiant le nombre et la force des battements du cœur. Gaglio a contesté les conclusions de Cyon en ce qui concerne le mécanisme de la régulation par voie nerveuse. Masay a confirmé le fait que l'excitation de l'hypophyse détermine des variations circulatoires, généralement une augmentation de pression.

Données cliniques. - Il existe une relation entre les lésions de l'hypophyse et l'acromégalie (Marie). L'acromégalie est caractérisée par l'hypertrophie des os des extrémités et de la face avec un peu d'hypertrophie de la peau et des muqueuses mais sans infiltration de mucine ; parfois, la maladie est compliquée de diabète (Marie, Launois, Josserand, etc.). Toutes les fois que l'hypophyse est lésée il n'y a pas acromégalie, mais lorsqu'il y a acromégalie, on constate toujours une lésion ou une tumeur de l'hypophyse.

Remarque. — L'hypophyse augmente pendant la grossesse (Launois et Mulon).

Action de l'extrait de l'hypophyse. — L'extrait aqueux du tissu de l'hypophyse injecté dans les veines du chien détermine une augmentation de l'impulsion du cœur et une élévation très caractérisée de la pression artérielle (Schäfer, Livon). L'extrait alcoolique provoque une légère baisse de pression (Schäfer, Magnus, Vincent). On a noté une amélioration de quelques symptômes chez les animaux auxquels on avait enlevé l'hypophyse et chez les malades atteints d'acromégalie sous l'influence de l'administration de la glande.

F. -- LE THYMUS.

Le thymus naît visiblement de l'épithélium endodermique de l'extrémité dorsale des poches branchiales, et cet épithélium se transforme en globules blancs ou bien est envahi par des leucocytes qui se substituent à lui. J. Beard admet que les cellules épithéliales du thymus se transforment en leucocytes et même que c'est là le premier centre de formation des leucocytes. Quoi qu'il en soit, par sa structure lymphoïde, le thymus mérite incontestablement d'être placé parmi les glandes vasculaires sanguines. Mais en même temps, il se distingue des ganglions lymphatiques par des détails de structure qui ne peuvent être énumérés ici, mais surtout par ce fait, d'une énorme importance physiologique, qu'il n'est pas placé sur le trajet de la lymphe dont il barrerait plus ou moins complètement le cours comme le font les ganglions. Il a des lymphatiques efférents mais pas d'afférents. En résumé, le thymus peut parfaitement être défini une glande vasculaire sanguine à rôle leucocytopoiétique.

Le thymus est un organe transitoire qui atteint tout son développement pendant la vie fœtale.

Phénomènes chimiques. — Chauveau, Le travail musculaire, Paris. (Asselin et Houzeau.) — Baycroft, *Journ. of Phys.*, t. XXVI. Moussu-Tissot, *Biologie*, 1903-1904.

Proferments. — Wertheimer et Laguesse. *Biologie*, 1901, p. 497. — Jouvenel, Thèse Lille, 1902. — Glaessner, *Beiträge z. Chem. Phys. u. Pathol.*, t. 1, 1, 24, 1901.

Glycogène hépatique. — Charrin et Brocard, *C. R. Acad. sc.*, 1902. — Charrin et Guillemonat, *Biologie*, 1900, p. 247. — Cohn, *Zeit. f. phys. Chemie*, XXVIII, 1899. — Brocard, *Journ. de Phys. et Pathol. gén.*, 1902. — Bock et Hofman, *Arch. f. Pathol. Anat.*, t. LVI, p. 201. — Brault, *Presse méd.*, 1901, p. 249, foie humain. — Butte, *Biologie*, 1902, 1136, crapaud. — Blumenthal et Wohlgemuth, *Berl. klin. Woch.*, 1901, p. 391. — Bleibtreu, *Arch. f. d. ges. Phys.*, t. 85. — Cremer, *Zeitsch. f. Biol.*, 1901. — Colla, *Arch. ital. biol.*, t. 28. — Doyon et Morel : Doyon et Kareff, *Biologie*, 1904. *C. R. Acad. sc.*, 1904. — Fichera, *Archivio di Fisiologia*, 1903. — Heidenhain, *Handb. Herman's*, t. V, p. 1, 122. — Moszeck, *Arch. f. d. ges. Phys.*, XLII. — Nakaseko, *Am. Journ. of Phys.*, 1900. — Pflüger, *Arch. f. d. ges. Phys.*, 1899, 1903. — Langley, *Proc. Roy. Soc.*, 1882, p. 29 ; 1885, p. 234. — Schöndorff, *Arch. f. d. ges. Phys.*, 1900. — Seegen, La glycogénie. — Voit, *Zeitsch. f. Biol.*, t. 25, p. 543. — Voit et Lehmann, *Zeitsch. f. Biol.*, 1901. — Weinland, *Zeit. f. Biol.*, 1900. — Krauss, *Arch. f. d. ges. Phys.*, 1902, t. 90, peptones aucun effet. — Ribadeau-Dumas, *Biologie*, 836. — **Préparation.** — Pflüger, *Arch. f. d. ges. Phys.*, 1902, t. XC, p. 523 ; t. XCII, p. 81. — Gautier, *C. R. Acad. sc.*, 1899, p. 701, t. CXXIX. — Garnier, *Journ. de Phys. et Pathol. gén.*, 1899, bibl. — Gruzewska, *Arch. Pflüger*, t. 100, 1903.

Injections intraveineuses. — P. Teissier et Aly Zaky, *Biologie*, 1902, p. 1098.

Graisses du foie. — Carnot et Deflandre, *Biologie*, 1902, 1514. — Deflandre, *C. R. Acad. sc.*, 1902. — Frerichs, *Klin. d. Leberkrankh.*, t. 1, p. 289. Braunschweig. — Langley, *Proceedings Roy. Soc.*, London, 1886, n° 240. — Lebedeff, *Zeitsch. f. phys. Chem.*, 1882. — Heidenhain, *Handb. Hermann's*, t. V, p. 1, 224. — Gilbert et Carnot, *Biologie*, 1902, p. 1383. Cocaïne. — Hoffmann, *Beiträge z. Phys. Carl. Ludwig's 70 Geburtst. Leipzig.* — Kraus et A. Sommer. — *Beiträge Hofmeister's*, Phosphore. — Nasse, *Biol. Centralbl. Erl.*, 1886, p. 7. — Paton, *Journ. of Phys.*, 1896, p. 167. — Pflüger, *Arch. f. d. ges. Phys.*, LI, 276. — Sinéty, *C. R. Acad. sc.*, 1872. — Thèse Fac. méd. Paris, 1873. — E. H. Weber, *Ber. d. sächs. ges. Wiss. Math. Phys., Cl.*, 1850, p. 187. — Athanasiu, *Arch. f. d. ges. Phys.*, LXXIV. — Balthazard, *Biologie*, 1901, 1057. — Taylor, *Journ. of exp. Phys.*, IV. — **Crustacés et Mollusques.** — Dastre et Davenière, *Biologie*, 1901, p. 412. — Deflandre, *Biologie*, 1902, p. 762. — **Lécithines.** — Athanasiu, *Arch. f. d. ges. Phys.*, t. LXXIV, p. 511. — Taylor, *Journ. of exp. med.*, t. IV, p. 399. — Balthazard, *Biologie*, 1901, p. 923, 1067. — Hefter, *Arch. f. exp. Pathol. u. Pharm.*, t. 28, p. 97. — Leo, *Zeistch. f. phys. Chem.*, t. IX. — Carbone, *Arch. ital. biol.*, t. 26. — Lindemann, *Zeitsch. f. Biol.*, 1899, t. XXXVIII.

Système nerveux.

Salive. — Calugareanu et V. Henri, *Biologie*, 1901, p. 372, Saliv. abondante pendant la mastication chez un chien à la suite de la suture croisée des nerfs hypoglosse et lingual, 1902, 467, 760. — Gley, *Biologie*, 1894, Sécrétion périodique sous infl. d'une exc. nerveuse continue. — **Estomac.** — Arthus, *Biologie*, 1903, 473.

Centres ganglionnaires. — Cl. Bernard, *Biologie*, 1874. Leçons anesthésie et asphyxie p. 289. — Popielski, *Arch. russes de Pathol. méd. cl. et Bact.*, 1901 ; *Arch. d. ges. Phys.*, 1901. — Wertheimer et Lepage, *Journ. de Pathol. et de Phys. gén.*, 1901, p. 335.

Sécrétion paralytique. — Maximow, *Arch. f. mikr. Anat.*, 1901, bibl. — Lafayette, Mendel, *Arch. f. d. ges. Phys.*, LXIII. — Langley, *Journ. of Phys.*, VI.

Chaleur. — Russel Burton Opitz, *Arch. f. d. ges. Phys.*, 1903, XCVII, 309. — Bayliss et Hill, *Journ. of Phys.*, XVI.

Rein. — Berkeley, *Journ. of Pathol. a. Bacteriol.*, 1893 ; terminaisons. — Bidder, *Arch. f. Anat. u. Phys.*, 1844. — Cl. Bernard, *Leçons de Phys.*, 1835, t. 1, p. 339. — Bradford, *Journ. of Phys.*, 1889, p. 358. — Cohnheim et Roy, *Virchow's Arch.*, 1883, t. XCII. — Eckard, *Beiträge z. Anat. u. Phys.*, 1869, 1870, 1872. — Goetzl, *Arch. f. d. ges. Phys.*, 83, p. 628. — Nöllner, *Beiträge z. Anat. u. Phys.*, Eckhard, Giessen, 1869, p. 139. — Wertheimer et Delezenne, *Arch. de Phys.*, p. 189. — Wittich, *Königsberger Med. Jahrb.*, Wien, 1860, p. 52. — Tria et Japelli, *Arch. ital. biol.*, t. 37.

Lait. — Brown-Séquard, *Biologie*, 1869, p. 147, Section sciatique, moelle augment. — Eckard. *Beiträge z. Anat.*, 1855-1877. — Laffont, *Gaz. méd. Paris*, 1879. — Laf-

500 SÉCRÉTIONS INTERNES.

Font et Vitzone, *Biologie*, 1879, p. 310, 289; *C. R. Acad. sc.*, 1879, vaso-moteurs. — Langlois, Le lait. Encyclopédie Léauté. Masson, Paris. — Mironow, *Arch. biol.*, *Pétersb.*, 1895, bibl. — Röhrig, *Arch. Virchow*, 1876. — Sinéty, *Gaz. méd. Paris*, 1879: *Biologie*. 1879, p. 301. — Vinckler, *Arch. de gynécol.*, t. XI.

Centres corticaux. — Bechterew, *Arch. f. Anat. u. Phys.*, 1902, p. 264.

Poisons.

Anesthésiques. — Camus, *Journ. de Phys. et de Pathol. gén.*, p. 190 (sécrétion). — Mironow, *Arch. de biol.*, *Pétersb.*, 1895 (lait). — Wertheimer et Lepage, *Biologie*, 1900, p. 931.

Atropine et Pilocarpine. — Demir, *Lo Sperimentale*, 1901. — Busch, *Journ. of Phys.*, XXVI, nicotine. — Barcroft, *Journ. of Phys.*, 1901. — Delezenne, *Biologie*, 1902, 891. — Gley, *Arch. de Phys.*, 1889. — Gley et Camus, *Biologie*, 1902, p. 465, bibl. — Heidenhain, *Arch. f. d. ges. Phys.*, 1872-1874. — Langley, *Journ. of Anat. u. Phys.*, 1876; *Journ. of Phys.*, 1878-1889. — Malloizel, *Biologie*, 1902, p. 477, fistule permanente chez le chien. — Prévost, *Arch. de Phys.*, 1877, 801; *Arch. sc. phys. et nat.*, 1897. — Pawlow, *Arch. de Phys.*, t. XVI, p. 173; t. XVII, 1878, p. 55. — Popielsky. *Vratsch*, 1901, p. 465. — Thompson, *Arch. f. Anat. u. Phys.*, 1894, p. 119. — Vulpian, *C. R. Acad. sc.*, 1878. — Wertheimer et Lepage, *Biologie*, 1901, p. 699; bibl. p. 879. — Wertheimer, *Biologie*, 1901, 139. — Riegel, *Zeit. f. klin. med.*, 1900, 347, atropine, morphine sur suc gastrique. — Simon, *Zeit. f. klin. med.*, 1899, XXXVIII, 140, atrop. et piloc. sur suc gast. — Doyon et Kareff, *Biologie*, 1904. *C. R. Acad. sc.*, 1904.

Choline. — Desgrez, *Biologie*, 1902, 839.

Action sur le pancréas. — Camus et Gley, *Biologie*, 1901, p. 194. — Wertheimer, *Biologie*, 1901, p. 139.

Sur le lait. — Cornevin, *Biologie*, 1891, p. 628. — Hammerbacher, *Arch. f. d. ges. Phys.*, 1884, p. 228. — Mironow, *Arch. de biol.*, *Petersburg*, 1895.

Digitale. — Bradford et Phillips, *Journ. of Phys.*, 1887.

Caféine. — Schröder, *Arch. f. exp. Pathol. u. Pharm.*, 1887-1888.

Tannin. — Sabrazès et Frézals, *Journ. de Phys. et Pathol. gén.*, 1899, p. 221.

Cautérisation du rein. — Bardier et Frenkel, *Biologie*, 1901.

Action de la bile. — Werner, *Diss. Bern.*, 1887. — Doyon, Dufourt, Paviot, *Journ. de Phys. et Pathol. gén.*, 1900.

Divers. — Cohnstein, *Arch. exp. Pathol.*, 30, 128, mercure, platine, argent. — Billard, Dieulafé, *Biologie*, 1902, 606, action cholagogue sels minéraux.

Diurétiques. — Sobieransky, *Arch. f. d. ges. Phys.*, 1903. Modif. de l'épithélium suivant les diurétiques. — Modrakowski, *ibidem*, même sujet. — Ruschaupt, *Arch. f. d. ges. Phys.*, 1902. — Löwi, *Arch. f. exp. Path. u. Pharmak.*, 1902. — Cushny, *Journ. of Phys.*, 1902, XXVII, 429. — Albertoni, *Arch. ital. biol.*, 1901, — Dreser, *Arch. f. exp. Pharm. u. Pathol.*, t. 29. — Hédon et Arrous, *Biologie*, 1899, 879, 884. *C. R. Acad. sc.*, 1899, 778. — Pirocchi, *Il Policlinico*, 1901. — Richet, *Dict. de Phys.* Diurétiques.

Marche et adaptation.

Fistules. — Dérivation partielle de la bile; possible chez le chien. — Abelous, Bardier, Dieulafé, *Biologie*, 1902, p. 605. — Tchermack, *Arch. f. d. ges. Phys.*, 1900, t. LXXXII.

Adaptation. — Diénert, *C. R. Acad. sc.*, 1899, t. CXXIX. — Dubourg, *Ann. Institut Pasteur*, 1899, t. III. — Pawlow, Leçons sur la digestion, trad. par Pachon et Sabrazès, librairie Masson. — Portier, Bierry, *Biologie*, 1801, p. 810. — Pagès, *Biologie*, 1902, 654. — Wertheimer et Lepage, *Biologie*, 1901, p. 70. — Wertheimer, *Biologie*, p. 1901, 140, bibl.; infl. jeûne sur ferments du pancréas.

Salive. — V. Henri et Malloizel, *Biologie*, 1902, p. 329-333-467, essai d'analyse nerveuse. — Malloizel, *Biologie*, 1902, p. 761.

Lait. — Abderhalden, *Zeitsch. f. phys. Chemie*, 1899. — Arthus, *Biologie*, 1903, 796.

Modifications suivant le régime. — Houssave, *C. R. Acad. sc.*, t. CXXXIII, p. 1224; t. CXXXV, 1061, 1902. — G. Weiss, *Biologie*, 1901, p. 208.

Point de départ de l'excitation. — Frouin, *Biologie*, 1901, p. 590, exp. sur estomac séquestré. — Popielski, *Arch. f. d. ges. Phys.*, 1901. — L. Fredericq, *trav. lab.*, VI.

Action acide sur la sécrétion pancréatique. — Bayliss et Starling, *Journ. of Phys.*, 1902. — Delezenne et Frouin, *Biologie*, 1902, p. 827. — Stassano et Billet, *Biologie*, 1902, p. 622-937. — Camus, *Biologie*, 1902, p. 143, 791, anesthésie: p. 513, distincte d'entérokinase. — Gley et Camus, *Biologie*, 1902, p. 241, produits gastriques, p. 649, sur sécrétine ; p. 646, extraits estomac. — Fleig, *Biologie*, 1903, 293-462. — Henriquez et Hallion, *Biologie*, 1903, 363.

Sur la bile. — Henri et Portier, *Biologie*, 1902, p. 620. — **La salive.** — Lambert, Meyer, *Biologie*, 1903, 1044.

Savons. — Fleig, *Biologie*, 1903, 1201.

Adaptation foie, intestin, pancréas. Voy. Noe, Maurel, Lapicque, passim. *Biologie*, 1902 ; 1903.

Élimination.

Intestins. — Charrin, *Biologie*, 1893, p. 1043. — Courmont, Doyon, *Arch. de Phys.*, p. 189 ; *Biologie*, p. 189. — Hallion et Henriquez, *Biologie*, p. 189. — Stassano, *Biologie*, 1902, p. 1100.

Muqueuse gastrique. — Dhéré, *Journ. de Phys. et Pathol. gén.*, t. I. fer.

Bile. — Linossier, *Biologie*, 1901, p. 366, ac. salicylique. — Cons. t. IV, p. 360, 365, 366.

Organes kératiniques. — Meillère, *Biologie*, 1902, p. 1134, cuivre, plomb dans intox. chron. s'éliminent par cheveux, barbe, ongles.

Salive. — Zerner, *Wiener med. Jahrb.*, 1886, p. 191, sulfo-indigotate de soude. — Eckard, C. *Ludwig Beiträge z. Phys.*, 1887.

Alcool. — Klingemann, *Arch. f. Pathol. Anat.*, t. CXXVI, lait. — Nicloux, *Biologie*, 1899, 982, 1901. — Gréhant, *Biologie*, 1903, 376, 803.

Attitude. — Linossier et Lemoine, *Biologie*, 1903, 607.

Glycérine. — Nicloux, *Biologie*, 1903, 890. — **Quinine.** — Manquat, *Biologie*, 1899, p. 941.

Élimination de l'acide phosphorique. — Bergmann, *Arch. f. exp. Pathol. u. Pharmakol.*, t. XLVII. — Lowi, *Arch. f. exp. Pathol. u. Pharm.*, 1902.

Mercure. — Gola, *Arch. internat. Pharmakod. et Thérapie*, 1900. — Gaud, *Thèse Lyon*, 1903, bibl.

Divers. — Achard et Loeper, *Biologie*, 1902, p. 338. — Krause, *Arch. f. mikr. Anat.*, t. LIX, 407, sulfo-indigotate de soude par sous-max. — Gilbert et Herscher, *Biologie*, 1902, p. 992.

Lait. — Bang, *Berl. klin. Woch.*, t. XXXIV, p. 1136, Idiothyrine. — Baum et Seeliger, *Arch. f. wiss. u. prakt. Thierheilk.*, t. XXI, p. 297, Plumbum aceticum. — Cecil, *Am. Pract. a. News, Louisville*, 1887, p. 228, Elimination of medicines. — Corenedi, *Ann. di Chim. e di Farmac.*, t. XX, p. 284, Passagio della santonina e della santoninossima nel latte di donna. — Padé, C. R. Acad. sc., t. CIX, 4, p. 154, Rech. et dosage carbonate soude. — Pinzani, *Ann. di Chim. e di Farmac.*, t. XI, 2, p. 81 ; *Chem. Centralbl.*, 1890, n° 22, p. 969, Antipyrine. — Schein, *Wien. med. Woch.*, 1895, p. 514, Schildrüsensecret. — Kraus, *Wien. klin. Woch.*, 1896, p. 1198, Vorhandsein d. antikörper d. Typhus bacillus in der Milch einer mit Typhusleibern immunisirten Ziege und über den Nachweiss derselben. — Heim, *Centralbl. f. Bakt.*, t. II, 1889, 25, p. 1029 ; t. VIII, 2, p. 46, Versuche über blaue Milch. — Menge, *Centralbl. f. Bakt.*, t. VI, 22, p. 596 ; Rothe Milch. — St. v. Rätz, *Chem. Centralbl.*, 1890, t. I, 7, p. 330, Schleimige Milch.

Rein. — **Élimination des matières colorantes.** — Gurwitch, *Arch. f. d. ges. Phys.*, 1892, bibl. — Wenzel Sobieransky, *Thèse Marburg*, 1895. — Policard, *Thèse Lyon*, 1903, bibl.

Hémoglobine. — **Bile.** — Wenzel Sobieransky, *Thèse Marburg*, 1895, p. 32.

Indigo. — Lehmann, *Die Landwirthsch. Versucht.*, 1887, p. 473, Lait. — Zerner, Glandes salivaires.

Acide urique. — Anten, *Arch. intern. de Pharmakodynamie*, 1900. — Ebstein et Nicolaier, *Arch. path. Anat.*, t. CXLIII, 1896. — Bial, *Arch. f. d. ges. Phys.*, t. XLVII, 1890. — Sauer, *Arch. mikr. Anat.*, t. LIII, 1898. — Schoppe, *Anat. Hefte*, 1897, t. VII. — Wittich, *Arch. pathol. Anat.*, t. X, p. 1856.

Réaction. — Dreser, *Zeitsch. f. Biologie*, 1885. — Liebermann, *Arch. f. d. ges. Phys.*, 1894.

Rapport entre poids du rein et poids du corps. — Chez le chien oscille entre 0,31 et 1,07 p. 100, en moyenne 0,57 p. 100. Le rapport entre la superficie du corps et le poids des reins est égal à 0,93 à 1,42 p. 100. Le poids du rein gauche par rapport au poids du rein droit est égal à $\dfrac{101.91}{100}$ Manca.

Passage des aliments en nature. — Jantzen, *Centralbl. f. Phys.*, 1901, p. 505.

Influence des repas sur la sécrétion urinaire et l'excrétion de l'urée. — Houssaye, *C. R. Acad. sc.*, t. CXXXIII, 1901, p. 1224. — Lehmann, *Lehrb. d. phys. Chemie*, t. II, p. 402. — Lereboullet, *Biologie*, 1901, p. 279. — Leven, *Biologie*, 1900, p. 490. — Ségrégé, *Biologie*, 1902, p. 300. — Dopter, Gouraud, *Biologie*, 1903, 58. — Slosse, *Instit. Solvay, trav. du labor. de Heger*, t. IV, fasc. 3, p. 506, 514. — Tschlénoff, *Corresp. f. Schweiz. Aertze*, 1896, n° 3. — Voit, *Allgem. Stoffwesch. in Hermann's Handb. d. Phys.*, t. VI, p. 106. — Veraguth, *Journ. of Phys.*, t. XXI, p. 112. — Yvon, *Biologie*, 1901, p. 201. — Balthazard, *Biologie*, 1901, p. 164. — **Froid.** — Wertheimer, Delezenne, *Arch. de Phys.*, 1894. — Lambert, *Arch. de Phys.*, 1898.

Suppression des glomérules. — Adami, *Journ. of Phys.*, 6. — Beddard, *Journ. of Phys.*, t. XXVIII. — Lindemann, *Zeit. f. Biol.*, 1901, p. 161. — Nussbaum, *Arch. f. d. ges. Phys.*, 16 : 17, *Anat. Anzeiger*, 1.

Circulations artificielles à travers le rein. — Charrier, *Biologie*, 1901. — Cyon, *Biologie*, 1901, p. 513, bibl. — Martz, *Thèse Fac. méd. de Lyon*, 1897. — Munk, *Virchow's Arch.*, t. CVIII, 1887. — Pfaff et Vejnx-Tyrode, *Arch. f. exp. Pathol. u. Pharm.*, 1903.

Comparaison des deux reins. — Bardier et Frenkel, *Journ. de Phys. et Pathol. gén.*, 1900, bibl. — Albarran, *C. R. Acad. sc.*, 1903. Résultats discordants.

Ablation des reins ou de parties de reins. — Bradford, *Proc. royal Soc. London*, 1892. — Loisel, *Biologie*, 1901. Infl. sur spermatogenèse. — Ribbert, *Virch. Arch.*, 1883. — Tuffier, *Bull. Soc. anat.*, 1890, p. 22. — Vitzou, *Biologie*, 1901, p. 1167. *Journ. de Phys. et de Pathol. gén.*, 1802, p. 331. — Donetti, *Biologie*, 1897, 502. —

Imperméabilité rénale. — Delamare, *Thèse de Paris*, 1899, Glucosurie phloridzique. — Achard et Loeper, *Biologie*, 1902, p. 1480. — Mongour et Couratte, *Biologie*, 1903, p. 208. — Baylac, *Biologie*, 1900, p. 803. — Ferranini, *Arch. ital. biol.*, 1901, 484, infl. des néphrites; de l'alcalinité. — Galeazzi et Grillo, *Arch. ital. biol.*, 1900, anesthésiques retardent ou prol. élimination bleu. — Orlandi, *Arch. ital. biol.*, 1901, 472, néphrite chlorato pot. — Curletti, *Thèse de Paris*, 1901, néphr. toxiques. — Jouffray, *Thèse de Lyon*, 1903, bibl. — Widal et Javal, *Biologie*, 1904.

Ferments. — Charlier, *Biologie*, 1901, p. 494, Extrait rein cheval dédouble phloridzine. — **Rein comme glandes.** — Bunge et Schmiedeberg ont vu que le rein opère la synthèse de l'acide hippurique avec le glycocolle et l'acide benzoïque; le sang oxygéné est nécessaire. D'après Abelous et Biarnès, la synthèse de l'acide hippurique peut être ramenée à une simple action dastasique. Bernixzone fait usage de l'aldéhyde benzilique ou de l'alcool benzilique; il obtient l'acide hippurique avec la pulpe rénale non détruite à 37°. — Abelous et Gérard ont constaté l'existence dans le rein de diastases réductrices. L'extrait de rein réduit les nitrates à l'état de nitrites; les nitrites par oxydation disparaissent en partie. L'extrait aqueux de rein de cheval privé de tout élément cellulaire peut hydrater le glycogène, le gaïacol, l'acide oxalique, etc... (Gérard). — Abelous et Biarnès, *Biologie*, 1900, 543. — Bernixzone, *Arch. ital. biol.*, t. 37. — Abelous et Gérard, *C. R. Acad. sc.*, 1899; *Biologie*, 1903, 874. — Gonnermann, *Arch. f. d. ges. Phys.*, 1902, 495.

Gaz. — Berthelot a constaté que l'urine telle qu'elle sort de l'économie ne contient pas d'oxygène, libre à l'état de dissolution, mais CO_2 soit libre (28 à 84 cc. p. 1000) soit combiné. L'urine absorbe O_2 libre à dose supérieure à celle de solubilité de O_2 dans eau pure. *C. R. Acad. sc.*, 131, 547.

Élimination des microbes. — Sueur. — Gaillard, *Thèse Fac. méd. Lyon*, 1901.

Rein. — Biedl, Kraus, *Arch. f. exp. Path. u. Pharm.*, 1896, p. 37. — Vincent, *Biologie*, 1903, 360. — F. Arloing, *Biologie*, 1903, 480. — **Lait.** — Basch et Weleminsky, *Arch. f. Hyg.*, 1899; *Berl. klin. Woch.*, 1897, p. 977. — Löffler, *Deut. med. Woch.*, 1901, p. 885, 909. — Fulton, *Journ. of Hyg.*, 1901. Typhoïde, cas positif. — **Canaux excréteurs.** — Gilbert et Lippmann, *Biologie*, 1902, p. 718, 989; 1903, p. 663. — Roger et Garnier, *Biologie*, 1900, p. 175, Tuberculose. — **Foie. Rôle antitoxique.** — Roger, *Biologie*, 1898, 943, 1899, p. 781, Foie capable arrêter bacilles vivants. — Montuori, *Arch. ital. biol.*, t. 37. — Battistini et Scofone, *Arch. ital. biol.*, 1901. — Carrara, *Arch. ital. biol.*, 1902. — Albanese, *Arch. ital. biol.*, 1900. — P. Teissier, *Journ. de Phys. et de Pathol. gén.*, 1901. — Slowtzoff, *Hofmeister's Beiträge*, 1902. — Roger et Garnier, *Biologie*, 1899.

Artère rénale. — Adami, *Journ. of Phys.*, 1885, VI, 382. — Bierry, *Biologie*, 1902, 1003. — Castaigne et Bierry, *Biologie*, 1901, 1152. — Nussbaum, *Arch. f. d. ges. Phys.*, 1878. — Hermann, *Sitzungsberg k. Akad. Wiss. Wien.*, 1859. — Lindemann, *Zeitschr. f. Biol.*, 31, 1901. — **Vague sur rein.** — Antex, *Arch. internat. Pharmak.*, 1900. — Japelli et Tria, *Archiv. ital. biol.*, t. 37, 1902, 306. — **Ligature pédicule :** Ribadeau-Dumas, *Biologie*, 1903, 32. — Castaigne et Bierry, *Biologie*, 1003. — **Ligature de l'artère**

rénale. — Buchwald et Litten, *Virchow's Arch.*, 145, 1876. — Alessandri, *Revue de Chirurgie*, 1899. — Talma, *Zeit. f. klin. med.*, 11, 1881, 483, *Centralbl. f. d. med. Wiss.*, 1879, nº 46. — **Ligature de la veine rénale.** — Frerichs, *Die Bright'sche Nieren-krankheiten. Braunschweig*, 1851, p. 276. — Meyer, *Arch. f. Phys. Heilkunde*, 1844, 116. — Munk, *Berl. klin. Woch.*, 1864, 334. — Ludwig, *Lehrbuch. d. Phys.*, 1856, II, 275. — Singer, *Prager Zeit. f. Heilkunde*, 6, 1885. — Sacerdotti et Frattin, *Arch. ital. biol.*, t. 37, p. 472, prod. de tissu osseux et de moelle osseuse.

Ligatures canaux excréteurs. — Cholédoque : Doyon et Dufourt. — Paviot. *Journ. de Phys. et Pathol. gén.*, 1901. — Bürker, *Arch. f. d. ges. Phys*, t. 83. — Gerhardt, *Arch. f. exp. Pathol.*, t. 30. — Pancréas : Carnot, *Biol.*, 1828, 240. — Pawlow, *Arch. f. d. ges. Phys.*, 1878. — Langendorf, *Arch. f. Anat. u. Phys.*, 1879. — Heidenhain, *Herman's Handb.* V. — Mankowski, *Arch. f. mikr. anat.* LIX. — Sous-maxillaire : Maximow. *Archiv. f. mikrosc. anat.*, 1901. — Uretère : Riche, *Biologie*, 1898. — Charrin, *Biol.*, 1898, 261. Infections. — Hausemann, *Arch. f. anat. u. Phys.*, 1898, 147.

Toxicité.

Toxicité de la sueur. — Arloing. *Journ. de Phys. et de Pathol. gén.*, 1899, p. 249, 268. — Charrin et Mavrojannis, *Biologie*, 1897, 6 nov. — Mavrojannis, Thèse de Paris, 1898. — Cafiero, *Arch. ital. biol.*, 1901. — **Action des ferments et sucs digestifs.** — Nadine Sieber-Schumoff. Versammlung nordischer naturforscher u. Aertze. Helsingfors, 1902. — Dziergowski et N. Sieber, *Arch. sc. biol.*, Bd VIII. — Metchnikoff, *L'Immunité*, p. 446. — Braun, *Arch. sc. Petersb.*, 1901.

Mucine. — F. Arloing, *Biologie*, 1901, p. 1119 ; 1902, p. 306. — J. Lépine, *Biologie*, 1901, p. 1053. — **Toxicité urinaire.** — Charrin, Les poisons de l'urine : Encyclopédie Léauté, Masson. — Bouchard, Traité de *Pathol. gén.*, III, 231. — Singer, *Arch. intern. de Pharmak. et de Thérap.*, 1901, p. 207. — Santangelo, *Il Policlinico*, 1899, t. XXIII, p. 548. — Stefani, *Arch. ital. biol.*, 1901. — Benech, *Biologie*, 1900, 805. — Bergh, *Riforma medica*, 1899. — **Toxicité du lait.** — Leblanc, *Lyon médical*, 1901, p. 561. — **De la bile.** — Dastre, *in Dict. Phys.* — Richet, art. Bile : A. Ruffer, Crendiropoulo, *Biologie*, 1903, 954. — Colasanti, *Arch. ital. biol.*, 1896. — Rist et Ribadeau-Dumas, *Biol.*, 1803, 1521.

Sécrétions internes.

Rein. — Ajello et Paraxandalo, *Lo Sperimentale*, anno 49, sezione biologica. fasc. IV. — Berninzone, *Inst. Fisiol. Universita Genova ; Societa ligustica scienze naturale e geografiche*, 1900. — Brown-Séquard, *C. R. Acad. sc.*, 1892 ; *Biologie*, 1893 ; *Arch. de Phys.*, 1893, p. 779. — Chatin et Guinard, *Arch. de méd. exp.*, 1900. — Chiperowitch, *Gaz. de Botkine*, 1896, nᵒˢ 41 et 45. — Concetti, *Bol. d. real. Ac. di Roma*, 1898. — G. de Lignerolles, Thèse Fac. méd. Lyon, 1898. — Féréol, *Soc. méd. hôp. Paris*, 1890, p. 98. — Fowler, *Med. Records.* New-York. 1899, p. 200. — Merklen, Thèse Fac. méd. de Paris, 1881. — Meyer, *Arch. de Phys.*, 1893, p. 760 ; 1894, p. 179. — Jaquet, Thèse de Lyon, 1897. — Teissier et Frenkel, *Arch. de Phys.*, 1898. — Vitzou, *Congrès méd. Paris*, 1900, section Physiologie ; *Biologie*, 1901, p. 1167. Bibl. scient. internat., alliance scientifique universelle, *Bucarest*, 1895. — Renaut, *Acad. médéc.*, Paris, 1903. — Capitan, *Biol.*, 1904, 26. — **Action vaso-constrictive de l'extrait.** — Tigerstedt et Bergmann, *Arch. f. Phys.*, 1898, p. 223. — Oliver, *Journ. of Phys.*, t. XXI. p. 22. — Levandowsky, *Zeit. f. klin. Med.*, 1899.

Rate.

Rapports avec les globules. — Grigorescu, *Biologie*, 1887 ; *Arch. de Phys.*, 1891. — Malassez et Picard, *C. R. Acad. sc.*, 1874-1875 ; *Biologie*, 1875, Revue scientifique, 1879. — Laudenbach, *Arch. de Phys.*, 1896. — Phisalix, *Biologie*, 1902, chez Vertébrés inf. cellules de rate peuvent se transformer directement en globules rouges. — Tarchanoff, *Arch. f. d. ges. Phys.*, t. VIII, 1873. — Weil et Clerc, *Arch. gén. méd.*, 1902, t. VIII, p. 560, Splénomégalie avec anémie. — Dumoulin, Thèse Lyon, 1904. — Nicolas et Dumoulin, *Journ. de Phys. et Pathol. gén.*, 1903. — **Destruction de l'oxyhémoglobine.** — Laudenbach, *Arch. de Phys.*, 1896, p. 754, Bibliographie et critique. *In vitro* la pulpe de rate accélère la transformation de l'oxyhémoglobine en hémogl. et méthémogl. — **Constitution chimique.** — Gulewitsch, Jochelsohn, *Zeit. f. phys. Chemie*, t. XXX, 1900, Arginine. — Levene, *Zeit. f. phys. Chemie*, t. XXXII.

p. 541, 1901. Ac. thymonucléique (rate et pancréas). — **Ferments.** — Leathes, *Journ. of Phys.*, 1901. — **Fer.** — Barberi, *Journ. de Phys. et Pathol. gén.*, 1901, p. 911. — Dastre, art. Rate, *Dict. de Phys.*, de Richet. — Dumoulin, Thèse Fac. méd. de Lyon, 1903. — Picard, *C. R. Acad. sc.*, 1874 : *Revue des sciences*, 1879. — Tedeschi, *Journ. de Phys. et Pathol. gén.*, 1879. — Charrin et Guillemonat, *C. R. Acad. sc.*, 1899, 836. — Duiliopandolfini-Barberi, *Journ. de Phys. et Pathol. gén.*, 1901, 911. — **Hémoglobine.** — Malassez et Picard, *Biologie*, 1876. — **Fonctions digestives. — Action sur le pancréas.** — Bellamy, *Journ. of Phys.*, t. XXVII, 1901, p. 323. — Dastre, *Biologie*, 1893. — Delezenne, *Congrès de Turin*, 1901 ; *Ann. Inst. Pasteur*, 1901. — Ewald, *Arch. f. Anat. u. Phys.*, 1878, p. 537. — Herzen, *Centralbl.*, 1877. — Frouin, *Biologie*, 1902, p. 419. — Malassez, *Gaz. méd. Paris*, 1881. — Pachon, *Congrès méd. Paris*, 1900, sect. Physiologie. — Pawlow, Leçons sur la digestion, trad. par Pachon et Sabrazès. — Prevost et Battelli, *Revue méd. Suisse Romande*, 1901. — Rettger, *Amer. Journ. of Phys.*, t. VI, XIV. — Schiff, *Congrès intern. Genève*, 1877 ; *Corresp. bl. Schweizer Aertze*, 1877, n° 21. — Lussana, *Gaz. med. Lombardia*, 1877. — Carvallo et Pachon, *Biologie*, 1893. — **Action du système nerveux.** — Picard, *C. R. Acad. sc.*, 1878, p. 118 ; 1879, p. 1033. — Bochefontaine, *Gaz. méd.*, 1875, p. 391. *Arch. de Phys.*, 1873. — Grigorescu, — Cl. Bernard, *Liquides de l'org.*, t. II, p. 420. — Magnus et Schäfer, *Journ. of Phys.*, t. XXVII, III. — Bulgak, *Virchow's Archiv*, 1877. — Schäfer et Moore, Cons. : Contractions rate. — Roy, *Journ. of Phys.*, t. III. — D'Arsonval, *Biologie*, 1884, p. 101. — Bulgak, *Arch. f. pathol., Anat. u. Phys.*, t. LXIX, p. 181 ; *Centralbl.*, 1876, p. 577 ; *Revue Hayem*, t. XI, p. 443. — Tarchanoff, *Arch. f. d. ges. Phys.*, t. VIII, 1873. — **Action du cerveau.** — *Biologie*, 1875 ; *Gaz. méd.*, 1875, p. 391. — **Contraction de la rate.** — Fr. Franck, *Biologie*, 1904. — Picard, *C. R. Acad. sc.*, 1879. — Bochefontaine, 1875, p. 391 ; *Gaz. méd.*, 26. — Schäfer, Moore. Contractilité rythmique, *Brit. med. Journ.*, 1896 ; *Journ. of Phys.*, t. XX ; *Revue Hayem*, t. XLIX, p. 41. — Roy, *Journ. of Phys.*, t. III. — **Rapports avec la croissance.** — Lancereaux, *Sem. méd.*, 1893. — Dastre, *Arch. de Phys.*, 1893, p. 561, pas de base expérimentale. — **Reproduction.** — Cecchini, *Rassegna di sc. med.*, t. I, 1886. — **Ligature pédicule.** — Balacescu, Atrophie, *Münch. med. Woch.*, 1901. — Carrière et Vanverts, *Arch. méd. exp.*, 1899. — **Défense de l'organisme.** — Beau, Thèse Lyon, 1901, bibliographie. — J. Courmont et Duffau, *Arch. méd. exp.*, 1898. — Nicolas et Beau, *Journ. de Phys. et de Pathol. gén.*, 1901, p. 950. — Nicolas, Froment, Dumoulin, *Journ. de Phys. et Pathol. gén.*, 1903. — Pillet, *Biologie*, 1894, 322. — Pugliese et Luzzatti, *Arch. ital. biol.*, 1901. — Pugliese, *Arch. f. Phys.*, 1899. — **Grossesse.** — Charrin et Guillemonat, *Biologie*, 1899, 236.

Capsules surrénales.

Anatomie. — Pettit, Thèse Fac. sc. Paris, 1896-7 ; *Journ. d'Anat. et de Phys.*, 1896. — Vialleton, *Montpellier méd.*, 1898. — **Vaso-moteurs.** — Hallion, Laignel-Lavastine, *Biologie*. — **Circulation.** — Manasse, *Arch. f. path. Anat. u. Phys.*, t. CXXX, II, p. 263, 1894. — **Action de la pilocarpine.** — Thèse Gieysse, Paris, 1901. — Hultgren et Anderson, Voy. *Généralités*. — **Maladie d'Addison.** — Consulter article du dict. de Physiologie de Richet, par Langlois. — Sergent, Bernard, *Biologie*, 1898, p. 1188, et Insuffisance capsulaire, Encyclopédie Léauté, Masson. — **Généralités.** — Abelous et Langlois, *Biologie*, 1891, 1892. — Brown-Séquard, *C. R. Acad. sc.*, 1856, p. 422, 542 ; *Arch. gén. de méd.*, 1856 ; *Moniteur des hôpitaux*, Paris, 1856 ; *Journ. de Phys.*, 1858, t. I, p. 160 ; *Biologie*, 1892, p. 410 ; 1893, p. 467. — Langlois, Thèse Fac. sc. Paris, 1897, bibl. — Gourfein, *Rev. méd. Suisse Romande*, 1895, p. 513 ; 1896, p. 443 ; *C. R. Acad. sc.*, 1895, 1897. — Weiss, *Arch. f. d. ges. Phys.*, 1901. — Hultgren et Anderson, Monographie, Leipzig, Veit et Cie, 1899 ; *Skand. Arch. f. Phys.*, 1899. — Strehl et Weiss, *Arch. f. d. ges. Phys.*, 1901. — **Ablation chez le chat.** — Moore et Purinton, *Amer. Journ. of Phys.*, t. V, 1901. — **Ablation chez le rat.** — Christiani, *Biologie*, 1902, p. 710. — Calogero, Thèse Fac. méd. Paris, 1901. *Biologie*, 1903. — Boinet, *Biologie*, 1895, p. 1696, 1899. — **Composition chimique.** — Bardier, Bonne, *Biologie*, 1903, 355. — Bernard, Bigart, Labbé, *Biologie*, 1903, p. 120. — Bonnamour et Policard, *Biologie*, 1903, 471. — Beier, Inaug. diss. Dorpat, 1891, Vorkommen v. Gallen u. Hippursaüre. — Biedl et Wiesel, *Arch. Pflüger*, t. 91. — Manasse, *Zeit. f. phys. Chemie*, t. XX, 1895, Zucke rabspaltende phosphorhaltige Körper. — Marino-Zucco, *Chem. Centralbl.*, 1888, p. 1100 ; *Arch. ital. biol.*, 1888, p. 325, Neurine. *Riforma medica*, 1892, n° 64. — Mulon, *Biologie*, 1902, p. 1310 ; 1903, p. 82. — Nabarro, *Proceed. of Phys. Soc.*, 16 mars 1895, Proteids. — Virchow, *Arch. f. Path. u. Phys.*, XII, p. 481,

1857. — Vulpian, C. R. Acad. sc., 1856, p. 663 ; Leçons sur app. vaso-mot., t. II, p. 38,
1875. — Vulpian et Cloez, C. R. Acad. sc., 1857, Acides hippurique et choléique chez
herbivores. — Oker-Blom, Zeit. f. phys. Chemie, XXVIII. — **Greffe.** — Abelous, Biologie, 1892, 12 nov. — Christiani, Journ. de Phys. et Pathol. gén., 190 ; Biologie, 1902,
p. 811, 1124. — Schmieden, Arch. f. d. ges. Phys., 1902, t. XC, I et II. — Gourfein,
Rev. Suisse Romande, 1896. — **Transfusion.** — Brown-Séquard, Biologie, 1893, p. 467.
— Langlois, Thèse Fac. sc. Paris, 1897. — **Influence de la fatigue.** — Abelous et
Langlois, Arch. de Phys., 1892, p. 721 ; Biologie, 1892, p. 623. — Abelous, Arch. de
Phys., 1893, oct. juillet. — Albanèse, Biologie, 1892, p. 338 ; Arch. ital. biol., 1892.
— Boinet, Biologie, 1895. — Bernard et Bigart, Biologie, 1902, p. 1400. — Battelli,
Biologie, 1902, p. 1521. — Carnot et Josserand, Biologie, 1902, p. 51. — **Gaz du
sang.** — Chassevant et Langlois, Biologie, 1893, p. 700. — Alezais et Arnaud, Biologie,
1891, p. 393. — Bernard, Thèse Paris, 1900. — **Toxicité du sang.** — Abelous et
Langlois, Biologie, 1892, p. 165. — Lewin, Amer. Journ. of Phys., t. V, p. 358. —
Bruno, Münch. med. Woch., 1902, p. 137 (sang d'addisonien). — **Des muscles.** —
Abelous et Langlois, Biologie, 1892, p. 490. — **Des tissus en général.** — Gourfein,
C. R. Acad. sc., 1897. — **Modifications histologiques.** — Bernard et Bigart, Biolo-
gie, 1902, p. 1219, 1400 ; 1903, p. 120. — Mulon, Biologie, 1902, p. 1310, 1540. — Guieysse,
Biologie, 1899, p. 898. Voyez Composition chimique. — **Action sang veineux capsulaire.** — Consulter : Langlois, Salvioli et Pezzolini, Arch. ital. biol., t. 37. —
Toxicité des capsules. — Alezais et Arnaud. Marseille méd., 1889, p. 637 ; 1890,
p. 81, 225. — Bardier et Frenkel, Biologie, 1899, p. 544. — Gourfein, C. R. Acad. sc.,
1895, 1897. — Caussade, Biologie, 1896. — Dubois, Biologie, 1896. — Foa, Arch. ital.
biol., 1901, substance nécrosante et coagulante distincte de subst. qui agit sur vaisseaux. — Foa et Pellacani. Arch. p. l. scienze med., t. III, 24, 1879 ; t. VII, 9, 1883. —
Gluzinski, Wien. klin. Woch., 1895, n° 14. — Guarnieri et Marino-Zucco, Arch. ital.
biol., 1886, p. 334. — Langley, Journ. of Phys., 1901, t. XXVII, p. 237. — **Diabète.**
— Blum, Arch. f. d. ges. Phys., 1902, t. XC, p. 617. — Zuelzer, Berlin. klin. Woch.,
1901, p. 1209. — Herter et Wakeman, Arch. f. pathol. Anat. u. Phys., 1902, t. CLXIX,
p. 479. — **Glycogène.** — Doyon et Kareff, Biologie, 1904. — **Action sur la circu-
lation.** — Boruttau, Arch. f. d. ges. Phys., 1899. — Barraud, Thèse Lyon, 1897. —
Fraenkel, Wien. med. Woch., 1896, p. 547. — Gottlieb, Arch. f. exp. Path. u. Pharm.,
1896, 99. — Oliver et Schäfer, Journ. of Phys., 1894, t. IV ; 1895, t. XI. — Langlois et
Rehns, Biologie, 1899 (caps. du fœtus). — Langlois, Thèse Fac. sc. Paris, 1897, bibl. —
Camus et Langlois, Biologie, 1899. — Velich, Wien. med. Blätter, 1896, n°s 15, 21. —
Guinard et Martin, Journ. de Phys. et de Pathol. gén., 1899, p. 774, extrait de capsules
d'homme sain, bibl. — Livon, Biologie, 1898, 1903, p. 271. — Svehla, Arch. f. exp.
Pathol. u. Pharmak., 1900. — Salvioli et Pezzolini, Arch. ital. biol., 1902, p. 382,
subst. médul. et cortic., action différente ; extr. méd. accélère et affaiblit le cœur ;
extr. cortical ralentit si les vagues sont intacts. — Salvioli, Arch. ital. biol., t. 37.
Adrénaline. — Aldrich, Amer. Journ. of Phys., t. V, p. 457. — Battelli, Biologie,
1902, p. 571, 815, 1139, 1179, 1180, 1203, 1205, 1519. — Carnot et Josserand, Biologie,
1902, p. 51, 1346, 1472. — Doyon, Biologie, 1902. — Josué, Biologie, 1902, p. 31. —
Takamine, Therap. Gaz., 1901, p. 221 ; Proceed. phys. Soc. ; Journ. of Phys., t. XXVII,
XXIX. — Trivas, Thèse Bordeaux, 1902, Biologie, 1903. — **Préparation.** — Battelli,
Biologie, 1902, p. 608. — **Dosage.** — Battelli, Biologie, 1902, p. 1203, 1205. —
Boulud, Fayol, Biologie, 1903, 358. — **Toxicité.** — Battelli, Biologie, 1902, p. 1247,
1138, 1139. — Bouchard et H. Claude, C. R. Acad. sc., 1902, t. CXXXV, p. 928. —
Mousset, Thèse Fac. méd. Paris, 190 ; Biologie, 1902, p. 1471. — Amberg, Arch. internat.
Pharm., 1903. — Carnot et Josserand, Biologie, 1903, 51. — **Quantité.** — Battelli,
Biologie, 1902, p. 1205, 1521 ; 1902, p. 1179, 1181, 1203. — **Altérations.** — Battelli,
Biologie, 1902, p. 1435. — Livon, Biologie, 1902, p. 1501. — **Pouvoir antitoxique.**
— Charrin et Langlois, Biologie, 1894, p. 410. — Abelous, Biologie, 1895, 15 juin. —
Boinet, Biologie, 1896, 9 mars. — Oppenheim, Biologie, 1901, p. 314-320. — Oppenheim
et Loeper, Biologie, 1902, p. 153 (arsenic, phosphore). — Oppenheim, Thèse Paris,
1902. — **Lésions dans les infections et intoxications expérimentales.** —
Boinet, Biologie, 1896, Extraits d'organes. — Cacace, Giorn. dell. ass. Napol. dei
medici et naturalisti. 1903. — Martinotti, Congresso della Societa frenatica, Milan,
sept. 1891, Exp. avec strychnine. — Charrin et Langlois, Biologie, 1893, p. 812 ; 1896,
p. 708, 131 ; 1898 ; 1899, Pyocyanique, diphtérie. Mod. chez nouveau-nés issus de mères
malades. — Langlois, Arch. de Phys., 1897, p. 125 ; Thèse Fac. sc., 1897. — Oppenheim
et Loeper, Biologie, 1901, p. 705 ; 1903, p. 330, 332 ; Arch. méd. exp., 1901. — Pettit,

Bull. d. Museum, nᵒ 5, 1896. — Pilliet, *Arch. de Phys.*, VII, p. 555, 1895. Poisons hématiques. — Roger, *Biologie*, 1894, Pneumocoque. — Roux et Yersin, *Annales Institut Pasteur*, 1899. — **Lésions observées en clinique.** — May, *Arch. f. pathol. Anat. u. Phys.*, t. CVIII, p. 3, 446. — Chvostek, *Wien. med. Woch.*, 1877, p. 33. — Petit, Thèse Lyon, 1900 (syphilis), bibl. — Reikhtmann, Thèse Pétersbourg, 1902. — Léon Bernard et Bigard, *Biologie*, 1902, p. 1219. — **Influence de la gestation.** — Gieysse, *Biologie*, 1899, 899.

Cellules chromaffines. — **Grynfeltt.** — *Bull. scientif. de la France et de la Belgique*, 1903. — Biedl et Wiesel, *Arch. f. d. ges. Phys.*, t. 91, 1902. — Mulon, *Biologie*, 1904.

Thyroïdes.

Généralités et bibliographie. — Jeandelize, Thèse de Nancy, 1902. — Monnery, Thèse de Lyon, 1903. — Jouty, Thèse de Lyon, 1903. — **Rapports avec grossesse.** — Moussu, *Biologie*, 1903, 772. — Gley, *Biologie*, 1903, 872, **avec prostate, utérus.** — Dupuy, *Biologie*, 1901, 940. — **Glandules.** — Jouty, Thèse Lyon, 1903, bibl. — Doyon et Jouty, *Biologie*, 1904.
   Iode. — Nagel et Roos, *Arch. Du Bois-Raymond*, 1902. — Charrin et Bouriet, *C. R. Acad. sc.*, 1900, t. 130, 945. — Charrin, *Biologie*, 1899. — Gley, *Biologie*, 1901, 399; *C. R. Acad. sc.*, 1897. — Oswald, *Zeit. f. phys. Chemie*, 1899, XXI, XXIII : *Virchow's Archiv*, 1902. — Justus, *Virchow's Archiv*, 1902. — Wohlmuth, *Centralbl. f. Phys.*, 1902, 587. — Stiffet, Thèse Montpellier, 1900. — Baumann, *Zeit. f. phys. Chemie*, 1895, 319, XXI. — Baumann et Roos, *ibidem*, XXI, 481, 1896. — Baumann, *ibidem*, XXII, 1, 1896. — Lafayette Mendel, *Americ. Journ. of Phys.*, 1900. — Tambach, *Journ. de Phys. et Pathol. gén.*, 1896, 1898. — Thèse Monnery, Lyon, 1903, bibliog.
   Arsenic. — Bertrand, *Bull. Soc. chimique*, 1903. — Brome, *Arch. ital. biol.*, 1898.
   Analyses. — Baldoni, *Unters. zur naturlehre*, 18, 1900 : *Bull. ac. Roma*, 1900, 24.
   Ferments oxydants. — Lépinois, *Biologie*, 1898, 1899. — Enriquez et Sicard, *Actualités méd.* Baillière.
   Action de l'iode. — **Opothérapie.** — **Excitabilité des nerfs.** — Georgiewski, *Zeit. f. phys. Chemie*, 1897, t. 33. — Baldoni, *Arch. ital. biol.*, 1901, 404. — Anderson, *Skand. Arch. f. Phys.*, 1903. — Stockmann et Charteris, *Journ. of Phys.*, XXVI, 277. — Cyon, *Arch. f. d. ges. Phys.*, 1898, 511, LXX. — Lortat-Jacob et Labbé, *Biologie*, 1903. — **Greffe.** — Christiani, *Journ. de Phys. et Pathol. gén.*, 1901 : *Biologie*, 1903, 679, 782. — **Action du sérum.** — Baldi, *Arch. ital. biol.*, 1899, bibl.

Hypophyse. — Thymus.

Cyon, *Arch. f. d. ges. Phys.*, 1900. — Caselli, *Riv. sperim. di frenatria*, XXVI, 1900, 468. — Collina, *Arch. ital. biol.*, 1899. — Comte, Thèse Lausanne, 1898. — Howell, *Journ. of experim. med.*, 1898. — Cleghorn, *Americ. Journ. of Phys.*, 1899.
   Extraits. — Livon, *Biologie*, 1899, 176. — Schaefer et Vincent, *Journ. of Phys.*, 1899. — Oswald, *Virchow's Archiv*, 169.
   Divers. — Pierone, *Riforma medica*, 1903. — Ponfick, *Zeit. f. klin. Med.*, 1899. — Schnitzler et Ewald, *Wiener med. Woch.*, 1896, 29. — Schiff, *Zeitsch. f. klin. Med.*, 1897. — Thom, *Arch. f. mikron. anat.*, LVIII, 632. — Launois et Mulon, *Biologie*, 1903, 448. — Josserand, *Soc. méd. des hôpit. Lyon*, 1903.
   Thymus. — Marvy, Thèse Lyon, 1903, bibl. — Lafayette Mendel, *Amer. Journ. of Phys.*, 1900.

Autolyse des glandes. — *Foie* : Magnus, Lévy, *Hofmeister's Beiträge*, 1902. — Kraus, Siegert, *ibidem*. — Jacoby, *Zeit. f. phys. Chemie*, 1900. — Hugouneno et Doyon, *Journ. de Phys. et Pathol. gén.*, 1899 : *Biologie*, 1899, regression albumines, augment. leucines, diminut. graisses, etc... — Richet, *Biologie*, 1894, 1903, urée. — *Pancréas* : Baum, Swain, *Hofmeister's Beitr.* — *Poumon* : Jacoby, *Zeit. f. phys. Chemie*, XXXIII.

LIVRE III

MILIEU INTÉRIEUR

Le milieu intérieur comprend, chez les Vertébrés, une partie fondamentale, le *sang*, et certaines humeurs qui en dérivent, telles que la *lymphe*, les *sérosités*, les *liquides interstitiels*, etc.

Son étude comprend naturellement deux parties ou sections : 1° celle du sang, de ses éléments constituants, de ses fonctions multiples et importantes dans l'entretien de la nutrition; 2° celle des liquides dérivés du sang, plus simples que lui-même, mais partageant quelques-unes de ses fonctions.

Comme le sang et ces liquides pour la plupart contiennent des éléments figurés, leur étude se rattache à celle des fonctions cellulaires, qui ont leur place dans le plan général de cet ouvrage.

PREMIÈRE SECTION

LE SANG

Avant d'aborder l'étude des propriétés du sang, nous exposerons quelques données préliminaires.

A. — RAISON D'ÊTRE.

Le sang est, suivant l'expression de Cl. Bernard, une sorte d'atmosphère intérieure et liquide dans laquelle vivent nos organes. C'est dans ce *milieu intérieur* qu'ils puisent les substances nécessaires à leur nutrition; c'est là qu'ils rejettent leurs produits excrémentitiels.

1. Le sang forme une *réserve alimentaire et respiratoire* qui se reconstitue périodiquement par le travail digestif et la respiration.

2. Il *entraîne les produits de l'activité cellulaire* et les transporte à d'autres

organes qui achèvent la transformation de ces substances ou éliminent les déchets inutiles.

3. Il *répartit et égalise la chaleur* dans l'organisme en se déplaçant alternati_vement des parties chaudes vers les parties froides et en sens inverse. Ce mécanisme d'équilibration est sous la dépendance du système nerveux par l'intermédiaire des nerfs vaso-moteurs qui règlent le courant sanguin. L'expérience suivante de Cl. BERNARD indique avec une grande netteté l'importance générale de la circulation sanguine dans la répartition de la chaleur :

Si on place dans une étuve sèche (de très grande capacité) chauffée à 80° environ deux lapins, l'un vivant, l'autre mort, mais encore chaud, on constate que la température du premier s'élève plus rapidement. La circulation amène sans cesse à la périphérie le sang qui s'échauffe et remporte dans la profondeur la chaleur empruntée au milieu extérieur. Chez l'animal sacrifié l'échauffement est plus lent car il ne peut se faire que successivement de couche en couche en procédant des parties superficielles vers les parties profondes (Cl. BERNARD). L'un, le lapin vivant, s'échauffe par *convexion* (transport d'un corps chaud dans toute sa masse); l'autre, le lapin mort, s'échauffe par *conduction* (transport de la chaleur par couches successives) : l'avantage est au premier de ces deux modes d'échauffement.

4. Le sang *protège les éléments anatomiques* et les soustrait aux influences extérieures directes. Il assure ainsi à l'organisme une certaine indépendance.

B. — FIXITÉ DU MILIEU INTÉRIEUR.

Le sang est un milieu très complexe et mobile. Il opère des échanges incessants soit avec les tissus, soit avec l'atmosphère extérieure dans laquelle vit l'organisme entier. Malgré les mouvements incessants d'entrée et de sortie, dont il est le siège, le sang ne subit cependant chez un même sujet que des variations restreintes et passagères. L'organisme tend constamment à maintenir ou à rétablir l'équilibre normal, tant au point de vue physique (teneur en globules, volume du sang, concentration moléculaire de la partie liquide, etc.) qu'au point de vue chimique. Dans une même espèce la composition du sang tel qu'on l'obtient par une saignée copieuse est également relativement fixe.

1. Pénétration de substances étrangères ou excès de substances préexistantes. — Le sang se débarrasse assez rapidement de toute substance étrangère que l'on fait pénétrer dans la circulation, comme aussi de tout excès de substances normales.

Ces substances sont éliminées par les émonctoires, fixées ou même détruites par les tissus. Cela dépend de la nature de la substance, de la dose, de la voie et de la rapidité de la pénétration et d'autres conditions inhérentes au sujet en expérience (Cl. BERNARD).

DASTRE et LOYE ont démontré que si on fait pénétrer dans les vaisseaux de grandes quantités d'une solution minérale inoffensive, les substances en excès s'éliminent par les reins, et, si la vitesse de pénétration est un peu grande, s'accumulent dans les séreuses sans entraîner aucun élément essentiel du sang.

Le *glucose* est un élément normal du sang. Lorsque cette substance s'accumule par suite d'un vice de la nutrition (diabète) au delà d'une certaine proportion (en général 3 p. 1000), l'excès de sucre s'élimine par les urines (Cl. Bernard). Le glucose injecté dans une veine de la circulation générale est retenu ou consommé par les tissus pour la plus grande partie ; la quantité excrétée par les reins dépend de la dose et de la vitesse de l'injection. Le glucose injecté dans la veine porte ou dans une branche de la veine porte est entièrement retenu par le foie (sous forme de glycogène), pourvu que la dose ne soit pas trop forte et l'injection trop rapide (Cl. Bernard). Si on injecte à des chiens [tibiale] 2 gr. de glucose par kilogramme [1 sucre, 6 eau], 85,6 p. 100 sont retenus si l'injection est faite en 15 m., 98,6 si elle dure 80 m. (Doyon et Dufourt).

La *glycérine* disparaît rapidement du torrent circulatoire. Nicloux a constaté que cette substance existe seulement en faible proportion dans le sang, à la suite de l'ingestion ou de l'injection intraveineuse de 2 grammes de glycérine par kilogramme d'animal, même pour les temps très courts qui suivent l'administration. La glycérine s'élimine par les urines. D'après Gréhant, l'*alcool* ingéré se retrouve dans le sang dans la proportion de 1 sur 10 environ ; après l'ingestion de fortes doses le sang contient 1/71, 1/76 d'alcool. L'ingestion de 1^{cc} par kilogramme d'animal maintient pendant quelques heures une proportion d'alcool de 1/1000 dans le sang. Vingt-deux heures seulement après l'injection de 5^{cc} d'alcool éthylique par kilogramme d'animal, on cesse de trouver de l'alcool dans le sang. La persistance d'une *proportion constante d'alcool dans le sang pendant plusieurs heures* explique tous les accidents aigus ou chroniques de l'alcoolisme (Gréhant). L'ivresse ne se montre qu'à partir de 0^{cc},3 ou 0^{cc},4 p. 100. Pour que l'anesthésie ait lieu, il faut que 100^{cc} de sang contiennent au moins 0,64 d'alcool absolu (chez le chien) (Gréhant).

Loeper a constaté que si on injecte dans les veines d'un lapin du *ferrocyanure* (50 centigrammes), ou du *sulfocyanure de potassium* (25 centigrammes), du bleu de méthylène (6 centigrammes), le sang se débarrasse au bout de trois heures des 4/5 ou 5/6 ; au bout de vingt-quatre heures, de la totalité de la substance injectée. Une partie de cette substance se répartit sur les tissus, plus spécialement sur le foie, les reins, l'intestin. La presque totalité est éliminée par les reins, une partie par la bile et les excréments. D'après Gola, le *mercure*, quelle que soit la voie d'introduction de ce métal, abandonne vite le sang ; il s'accumule sur les reins, le foie, l'intestin et s'élimine lentement. Les *albumines* étrangères au sang sont éliminées (Cl. Bernard, Achard et Gaillard). L'injection intraveineuse à un animal de son propre sérum peut suffire à provoquer l'albuminurie (Cl. Bernard).

Certains poisons disparaissent rapidement du sang. Cl. Bernard a constaté que si on fait communiquer la carotide de deux chiens dont l'un est empoisonné par la strychnine, l'autre ne présente aucun symptôme. — Marie, puis F. Blumenthal ont constaté que le lapin injecté sous la peau avec de la toxine tétanique ne contient plus de toxine bien avant l'apparition des contractures. J. Courmont et Doyon ont vu que chez la grenouille chauffée, sensible au tétanos, qui n'a reçu qu'une dose mortelle, la toxine n'a pas complètement disparu au moment où éclate le tétanos, mais qu'à un moment donné le sang d'une grenouille en plein tétanos généralisé ne peut plus tétaniser la souris. Heymans, Heymans et Masoin, Decroly, Rourre, Morishima ont tenté de préciser la durée du séjour de certains poisons dans le sang. Si on introduit dans les veines d'un animal une dose mortelle limite de certains poisons, la fixation du poison par les tissus est parfois si rapide que l'animal succombe fatalement, au bout d'un certain temps, même si la saignée et la transfusion sont pratiquées dès la fin de l'injection. Les choses se passent ainsi avec la toxine tétanique, l'arsenic ; la toxine diphtérique est moins prestement fixée. Avec le venin de cobra on peut sauver le sujet dans les premières dix minutes. Les dinitriles [nitriles malonique et pyrotartrique] prennent place immédiatement à la suite des toxines tétanique et diphtérique. La saignée doit être pratiquée pendant les deux minutes au plus qui suivent l'injection, faute de quoi l'issue fatale se produit comme si l'on n'était pas intervenu. En cinq minutes huit à neuf doses mortelles sont absorbées par les éléments cellulaires et disparaissent de la circulation sanguine. Il faut en effet injecter à un animal une dose de nitrile neuf à dix fois supérieure à la dose simplement mortelle pour qu'après cinq minutes le sang transféré à un autre détermine chez ce dernier une intoxication mortelle (HEYMANS, HEYMANS et MASOIN, DECROLY, ROURRE).

Les toxines persistent un temps plus ou moins long dans le sang suivant les conditions de réceptivité de l'organisme. J. COURMONT et DOYON ont démontré que la grenouille maintenue à + 10 ou + 16 est réfractaire à des doses de toxine tétanique qui donnent le tétanos à la grenouille chauffée. Or la toxine tétanique, recherchée par l'inoculation à la souris, disparaît plus rapidement du sang (et des organes) de la grenouille chauffée que de ceux de la grenouille froide. Injecté avec trois ou six doses mortelles, la grenouille froide conserve sa toxine pendant des mois; placée à l'étuve, elle devient tétanique (COURMONT et DOYON). — METCHNIKOFF a constaté que des Poissons tels que la carpe, des Amphibies comme la grenouille, l'axolotl, maintenus à de basses températures, ne deviennent pas tétaniques et conservent la toxine intacte pendant des mois dans leur sang. La tortue qui ne devient tétanique ni à chaud, ni à froid, a pendant des mois un sang capable de tétaniser la souris (METCHNIKOFF, COURMONT et DOYON); ce pouvoir diminue progressivement mais très lentement. Chez le lézard vert, la toxine persiste des mois dans le sang. Chez le caïman elle disparaît plus rapidement, surtout chez l'animal chauffé. Le lézard vert, le caïman sont comme la tortue réfractaires à la toxine tétanique à toute température (METCHNIKOFF).

Les *corps étrangers* (grains de carmin ou de vermillon, encre de Chine...) qui pénètrent ou que l'on introduit dans la circulation ne restent pas longtemps dans le sang ni dans la lymphe ; ils se déposent dans la rate, les ganglions, la moelle des os, le foie, les reins, les poumons, ils restent logés dans le tissu interstitiel de ces organes, dans l'intérieur des éléments cellulaires (HOFFMANN et RECKLINGHAUSEN, PONFICK, MARRO). Les éléments cellulaires tels que les *microbes*, lorsqu'ils pénètrent *dans l'organisme réfractaire*, ne s'éliminent par aucun des émonctoires qui servent à l'élimination des poisons solubles (Voy. p. 404); pourtant ils finissent réellement par disparaître complètement au bout de quelques jours, souvent même après quelques heures, sans que le sujet ait été incommodé. Dans la grande majorité des cas, ils sont saisis par des cellules amiboïdes et disparaissent dans leur intérieur par suite d'une véritable digestion (Voy. *Phagocytose*). Dès 1880, CHAUVEAU avait montré que les bactéridies, injectées dans les vaisseaux sanguins des moutons algériens, disparaissent au bout de quelques heures ; on les retrouve accumulées dans les poumons, la rate et d'autres viscères; là elles deviennent incapables de se reproduire et ne tardent pas à disparaître complètement. Opitz injecte dans le sang d'un chien 10 000 000 microbes ; vingt minutes plus tard il n'en retrouve qu'un très petit nombre.

II. Apports insuffisants ; soustractions exagérées. —

Lorsque l'équilibre est menacé par un apport insuffisant (inanition, soif...) ou la soustraction exagérée des éléments du sang (saignée, hypersécrétions glandulaires...) l'organisme fait appel aux réserves déposées dans les tissus et restreint les pertes subies par les émonctoires.

Un excès de chlorure de sodium introduit dans le sang est très rapidement éliminé. Inversement, la privation de sel marin est aussitôt suivie d'une diminution énorme de la quantité de chlorures excrétés par les urines. La teneur du sang fléchit au début mais se relève au bout de quelques jours ; les autres liquides de l'organisme s'appauvrissent au profit du sang (LIEBIG, SCHENCK, LANGLOIS et RICHET).

Régulations successives. — L'équilibre physique se rétablit parfois plus vite que l'équilibre chimique. Après la saignée, le sang recouvre très rapidement son volume primitif, plus lentement sa composition normale ; l'équilibre cellulaire est atteint plus tardivement. — L'ingestion de sel détermine au bout d'un temps donné une sensible élévation de la teneur des sérosités en chlorures et cependant l'abaissement cryoscopique de ces mêmes liquides n'augmente que très peu ou pas du tout (ACHARD et LOEPER, MAILLARD).

Influence de la suppression des émonctoires. Application à la pathologie. — Si on supprime l'émonctoire rénal qui est la grande voie d'élimination de l'organisme, la régulation est troublée mais non abolie. Les substances en excès passent par des émonctoires supplémentaires et sont rejetées dans les tissus. Le ferrocyanure est éliminé par la salive, la bile, l'intestin, le lait ; il s'accumule dans les organes et surtout dans le foie ; il pénètre dans l'humeur aqueuse et le liquide céphalo-rachidien où on ne le retrouve jamais dans les conditions ordinaires (ACHARD et LOEPER).

Les substances dissoutes déversées en excès dans les tissus peuvent provoquer un trouble grave dans l'équilibre physique des humeurs. Chez les malades dont les reins fonctionnent mal et qui ont une tendance à faire de l'anasarque, l'ingestion d'un excès de chlorure de sodium (10 grammes par exemple) peut provoquer l'apparition de l'œdème (WIDAL et LEMIERRE) et même de l'urémie (J. COURMONT. Le chlorure de sodium ingéré n'est pas éliminé (ACHARD et LOEPER) ; il s'accumule dans les tissus où il attire une grande quantité d'eau (WIDAL et LEMIERRE. — J. COURMONT).

Différenciation dans la série animale. — Plus on s'élève dans la série zoologique, plus le milieu organique intérieur s'isole et tend à conserver dans toutes les conditions ses propriétés normales.

Les *Invertébrés marins* ont pour milieu intérieur un liquide dont la teneur en sel égale de très près celle de l'eau de mer ; il suffit de diluer ou de concentrer le milieu extérieur pour voir le milieu intérieur de l'animal tendre aussitôt vers l'équilibre (L. FREDERICQ, BOTTAZZI, QUINTON, HÖBER) (Voy. p. 547).

Le phénomène d'isolement et de différenciation progressive par rapport au milieu dans lequel vit l'animal a pu être suivi chez certains animaux aquatiques tels que les *Crustacés* et les *Poissons*.

Chez certains Poissons (P. cartilagineux), la proportion de sel contenue dans le sang se rapproche de celle du milieu extérieur : chez d'autres (P. osseux), le sang devient tout à fait indépendant et présente une teneur en sel très différente de celle de l'eau dont il n'est cependant séparé que par une mince membrane (branchie, (L. FREDERICQ, BOTTAZI, HÖBER).

Il en est de même chez l'écrevisse ; quoique cet animal vive dans l'eau douce, c'est-à-dire dans un milieu renfermant fort peu de sel, son sang en contient toujours une proportion notable. Chez ces animaux, l'isolement est réalisé par une propriété nouvelle acquise graduellement par l'épithélium branchial, la propriété de choisir parmi les corps dissous dans l'eau, ceux qui peuvent sans inconvénients traverser la branchie (gaz de la respiration) et ceux qui doivent être arrêtés au passage (les sels dissous) (L. FREDERICQ, BOTAZZI).

Le Fundulus, petit Poisson osseux marin (LOEB), les jeunes truites, les têtards (A. MOORE) peuvent vivre indéfiniment dans l'eau distillée.

C. — ORIGINE DU SANG.

Les matériaux du sang sont les *aliments*, mais ceux-ci subissent une double élaboration successive : la première à proprement parler *extérieure* (digestion), qui les prépare à l'absorption, la seconde *intérieure* à l'organisme, qui donne au sang sa constitution propre et lui maintient son équilibre. En tenant compte de ce fait essentiel que tous les organes prennent au sang des substances qu'ils lui rendent transformées ou les interchangent entre eux, on peut dire avec Cl. BERNARD que le sang est un **produit de sécrétion**, c'est-à-dire d'élaboration des cellules de l'organisme. — Chaque organe fournit au sang quelque élément spécial nécessaire aux autres organes. La cellule dépend de son milieu ; mais le milieu à son tour est créé par les cellules solidarisées à leur usage. Cette mutuelle dépendance est le résultat de l'organisation ; le bénéfice en est une indépendance plus grande de l'individu organisé à l'égard du milieu extérieur.

D. — DISTINCTION ENTRE LE SANG ARTÉRIEL ET LES SANGS VEINEUX.

Le sang n'est pas partout, ni toujours un liquide semblable à lui-même. On distingue, chez un même animal, le sang artériel qui va du cœur aux organes et les sangs veineux qui des organes reviennent au cœur.

I. **Sang artériel**. — Le sang artériel constitue le type uniformisé du milieu intérieur. Il est formé par la réunion de tous les sangs veineux régénérés par les échanges avec le dehors (respiration pulmonaire, absorption digestive, excrétions) et l'apport de certaines sécrétions internes, telles que le sucre du foie. L'élimination de l'acide carbonique en excès et la fixation de l'oxygène au niveau des poumons, constitue le fait le plus saillant de cette régénération, caractérisé qu'il est par la coloration rouge vermeil qui en résulte et qui suffit à désigner dans le langage usuel le sang artériel.

Homogénéité. — Le sang est homogène et identique à lui-même, dans toutes les parties du système artériel, par suite du brassage qu'il subit dans les ventricules et de son passage à travers les poumons qui le modifient toujours dans le même sens et le chargent de l'oxygène nécessaire à la vie de tous les organes. — Pendant son parcours jusqu'aux organes, il ne subit aucune modification importante. Toutefois, l'inégalité du calibre des artères provoque une différence dans la répartition des éléments figurés (globules) et des éléments liquides (plasma) du sang et par suite une inégale distribution de certains principes, notamment des gaz.

Constance des propriétés. — La constance des propriétés physiques et chimiques normales du sang artériel est nécessaire à la continuité de la vie. Nous avons déjà dit que l'organisme assure cette continuité et lutte pour la réaliser quelles que soient les conditions dans lesquelles l'animal est placé. Il réagit contre les influences défavorables, rejette les substances étrangères ou simplement en excès et répare les pertes subies pourvu que les propriétés des éléments anatomiques n'aient pas été trop profondément altérées.

II. **Les sangs veineux**. — Le sang veineux est celui dont la constitution chimique a été modifiée par l'activité des tissus placés en bordure des capillaires de la circulation générale; il varie par conséquent d'un organe à l'autre, suivant le genre d'activité de cet organe. D'une manière générale le sang veineux contient moins d'oxygène que le sang artériel et plus de substances résiduelles parmi lesquelles les unes sont de véritables *déchets* destinés à être éliminés, les autres des corps encore utilisables dont le cycle n'est pas achevé (*sécrétions internes*).

La transformation du sang artériel en sang veineux est le plus généralement rendue très apparente à la vue par le changement de coloration qui résulte de la réduction de la matière colorante du sang par les tissus. Le sang de rouge vermeil devient bleu. Toutefois les sangs veineux peuvent, pour la couleur comme pour leurs autres propriétés, présenter tous les degrés jusques et y compris la teinte rouge artérielle.

Variations. — Tous les sangs veineux ne sont pas identiques; ils diffèrent : *a*) d'un organe à l'autre; suivant sa nature et sa fonction, chaque organe modifie le sang à sa manière ; *b*) pour un même organe suivant que celui-ci est au *repos* ou en *activité* (Cl. Bernard).

Lorsqu'on suspend l'activité des organes ou lorsqu'on exagère la circulation au delà de certaines limites, toutes les différences s'effacent.

L'activité chimique des tissus peut être ralentie par l'exposition d'un animal à la température de la glace fondante (animal à sang froid). S'il s'agit d'un animal à sang chaud, il peut suffire d'enduire la surface cutanée d'un enduit imperméable, ou de pratiquer la section du bulbe, à condition, dans ce dernier cas, d'entretenir la vie par la respiration artificielle. Après un temps suffisant, le sang des veines devient rouge et rutilant comme le sang artériel. Le même fait a été observé également parmi les Mammifères chez les marmottes. Si on réchauffe l'animal, on constate que la couleur des veines devient plus foncée au fur et à mesure que les éléments anatomiques, et en première ligne les muscles, recouvrent leur activité (Cl. Bernard). Brown-Séquard a montré qu'il était possible de provoquer l'*arrêt des échanges* entre le sang et les tissus par influence nerveuse. Exemple : chez des Mammifères (lapins, singes, chiens, chats, cobayes), le sang peut devenir rouge dans les veines alors qu'on insuffle de l'acide carbonique de bas en haut de la trachée dans le larynx ; l'animal respirant de l'air pur par un tube inférieur à l'autre, placé dans le conduit aérien. L'acide carbonique agit ici comme un excitant des nerfs sensibles du larynx dans le sens d'une dépression de l'activité des tissus (inhibition), et partant d'une diminution des échanges.

L'exagération de la circulation peut être produite localement par l'excitation des nerfs vaso-dilatateurs ou la section des nerfs vaso-constricteurs de la région correspondante. Le sang peut, dans ces conditions, traverser les organes avec une rapidité trop grande pour être modifié et se présenter dans les veines avec les caractères du sang artériel.

Le sang des *veines capsulaires* se rapproche du sang artériel par ses caractères ; il est rutilant et contient plus d'oxygène que le sang des autres veines (Alezais et Arnaud, Langlois).

E. — QUANTITÉ DE SANG.

I. **Méthodes d'investigation**. — La détermination de la quantité totale de sang contenu dans l'organisme ne peut pas être faite directement par la saignée. Il reste toujours une certaine quantité de ce liquide dans les organes. La carotide ne laisse pas écouler plus des 2/3 du sang total ; la crurale un peu moins (Dogiel, Dastre). Il faut par suite employer des artifices qui tous laissent une place à l'incertitude.

a) Gréhant et Quinquaud ont imaginé un procédé basé sur la propriété que possède l'oxyde de carbone de donner avec l'hémoglobine du sang une combinaison plus fixe que la combinaison formée par cette matière colorante avec l'oxygène. Pour obtenir le volume total du sang il suffit de faire respirer à l'animal un volume de gaz homogène contenant des proportions d'oxyde de carbone bien déterminées, afin d'apprécier après un quart d'heure, par exemple, le volume d'oxyde de carbone restant, ce qui donne le volume du gaz toxique qui a été fixé par la masse du sang. D'un autre côté, on mesure la capacité respiratoire des deux échantillons de sang, l'un pris avant l'empoisonnement, l'autre après : connaissant d'une part le volume total d'oxyde de carbone fixé, et d'autre part le volume de ce gaz qui a été absorbé par 100 centimètres cubes de sang, on obtient par une simple proportion le volume total cherché. Haldane et Smith ont appliqué ce procédé à l'homme en le modifiant.

b) Welcker mesure tout le sang qui s'échappe d'un animal saigné à mort, puis il injecte dans les vaisseaux, sous une pression faible, un liquide inoffensif destiné à laver l'appareil circulatoire (solut. NaCl à 7-9 p. 1000). On détermine la quantité de sang contenu dans les eaux de lavage réunies, en comparant leur couleur à celle d'un échantillon de sang dilué d'une quantité connue d'eau. — Soit un chien du poids de 10 kilos (défalcation faite du contenu de l'intestin). La saignée fournit 400 grammes de sang ; les eaux de lavage réunies donnent 5 litres d'un liquide dont la couleur égale celle d'un centimètre cube de sang dilué au 1/50 et contiennent par conséquent 100 grammes de sang. En tout, le chien contenait donc 500 grammes de sang, soit 1/20 de son poids. Le lavage doit être facilité par des compressions périodiques du thorax reproduisant les mouvements respiratoires et des frictions de tout le corps effectuées dans la direction du cœur (London). Pour favoriser les déterminations colorimétriques on peut faire passer au préalable un courant d'oxyde de carbone à travers les liquides (Gscheidlen). Malassez remplace ces déterminations par la numération des globules.

II. **Données numériques. Variations**. — Chez le chien, la quantité du sang est en moyenne, suivant les auteurs, de 6, 7, 8 ou 9 p. 100 parties du corps ; cependant cette quantité est parfois notablement dépassée (Dastre). Chez le lapin on a trouvé le plus souvent des quantités proches de 5 p. 100 ; chez la grenouille 3 à 5 p. 100 (Gürber, Gaule), 5 à 6 p. 100 (Langendorff) ; parmi les Poissons, 1,87 chez la carpe, 1,07 chez la perche (Welcker).

Le jeune renferme proportionnellement plus de sang que l'adulte. Dans l'espèce humaine, de ce que le cordon est lié aussitôt après la naissance ou un peu plus tard, résulte une grande différence dans l'état de l'enfant. Un enfant placé sur le plateau d'une balance et laissé en connexion avec le placenta maternel augmente graduellement de poids ; la pression utérine pousse le sang du placenta à l'enfant. La différence qui en résulte est en moyenne de 50 à 100 centimètres cubes de sang.

D'après Schücking, sur le fœtus humain à terme chez lequel on pratique immédiatement la ligature du cordon, la proportion du sang est de 1/14 à 1/16 du poids du corps ; dans les cas de ligature tardive, la proportion est comme 1 à 7 ; 1 à 10 ; 1 à 11. Si on tient compte du sang que renferme le placenta, la masse totale du sang diminue chez le fœtus proportionnellement au poids du corps à mesure que le développement avance (Cohnstein et Zuntz). La répartition du sang entre le fœtus et le placenta varie avec la durée de la gestation. Au début de la vie intra-utérine il y a dans le placenta une proportion bien plus forte de sang que dans le fœtus lui-même ; la différence tend à disparaître et dans la dernière période le fœtus renferme plus de sang que le placenta (Cohnstein et Zuntz). Si on intercepte le courant sanguin près de l'extrémité fœtale du cordon immédiatement après la naissance du fœtus (humain) sans donner à celui-ci le temps de respirer, on retire 50 à 125 grammes de sang du cordon ombilical (Sfameni).

La quantité proportionnelle de sang contenu dans le corps d'un animal présente un certain degré de stabilité témoignant de l'existence d'appareils régulateurs spéciaux. Chez un animal privé d'aliments et de boissons la quantité absolue de sang contenu dans le corps tombe progressivement au fur et à mesure qu'évoluent les phénomènes du jeûne ; la quantité relative du sang varie toutefois peu, le sang s'atrophie, diminue de quantité proportionnellement à la perte de poids du corps (Panum, Heidenhain, Voit, London). Voit a observé un chien qui, le vingt-deuxième jour de jeûne avait perdu, comparativement à un chien témoin, 32 p. 100 de son poids de sang; le résidu fixe avait passé de 18,11 p. 100 à 21,75 p. 100 ; le rapport du poids du sang au poids des intestins et des muscles n'avait pas sensiblement varié. London a constaté chez le lapin une tendance à l'élévation dans la période moyenne du jeûne, et une tendance à l'abaissement dans la période terminale ; les variations s'expriment par les quantités : 4,79 p. 100, 4,98 p. 100, 4,69 p. 100.

Par suite de la difficulté des expériences comparatives, on connaît mal les variations subies par la quantité de sang chez un même individu. Il est probable que les boissons, les repas augmentent passagèrement la quantité de sang. Cl. Bernard estime que pendant la digestion cette quantité peut s'élever chez certains animaux du simple au double. Cependant, chez le lapin il n'a pas constaté de différence. Les sudations, la diarrhée, diminuent momentanément la quantité de sang (Malassez, Tarchanoff). D'après quelques auteurs, le carnivore a proportionnellement plus de sang que l'herbivore. D'après Ranke, les sujets riches en graisses ont moins de sang que les sujets maigres ; peut-être ce fait tient-il à ce que la graisse est inactive et nécessite moins d'oxygène que le muscle ? La quantité de sang diminue dans l'anémie. (Chauveau) [cons. Anémie].

III. **Répartition**. — Ranke a calculé que chez les carnivores la quantité totale du sang est en moyenne de 5,6 p. 100 du poids du corps. L'appareil moteur représente 85,4 p. 100 du poids du corps et contient 34,8 p. 100 de la quantité totale du sang. Les viscères représentent 14,6 p. 100 du poids total de l'animal et contiennent 60,2 p. 100 de la quantité totale du sang. Donc en p. 100 du poids des organes la quantité de sang représente seulement 2,5 p. 100 dans l'appareil locomoteur, 20,9 p. 100 dans l'intestin. D'après MÉNICANTI, les poumons renferment environ 7 à 9 p. 100 du sang total ; la quantité est plus forte pendant l'inspiration que pendant l'expiration (SPEHL).

BRUNS estime que chez l'homme les extrémités renferment 3,8 p. 100 de leur poids de sang, soit seulement la moitié (1/26) du chiffre qui répond au rapport du poids du sang total au poids total du corps qui serait 7,6 p. 100, c'est-à-dire 1/13. Une jambe et un pied pesant 3,5 kilog. contiendront 133,5 gr. de sang.

IV. Variations suivant l'état de repos ou d'activité des organes. — Dans les conditions physiologiques ordinaires, la quantité de sang contenue dans un organe varie suivant l'état de repos et d'activité de cet organe. Pendant le fonctionnement, la circulation est plus rapide et plus abondante ; l'organe proportionne l'afflux sanguin à ses besoins nouveaux par l'intermédiaire du système nerveux (Cl. BERNARD). CHAUVEAU a calculé la quantité de sang qui traverse le muscle releveur de la lèvre supérieure chez le cheval ; cette quantité est cinq fois plus grande pendant la contraction que pendant le repos dans un temps donné. Le débit est sept fois plus fort dans la parotide du bœuf pendant la sécrétion que pendant le repos (MOUSSU et TISSOT).

CHAPITRE PREMIER

PROPRIÉTÉS GÉNÉRALES DU SANG.

Nous examinerons sous ce titre la constitution anatomique et physique, ainsi que quelques-unes des propriétés générales du sang.

A. — CONSTITUTION ANATOMIQUE ET PHYSIQUE.

I. Éléments figurés et partie liquide du sang. Répartition. — Le sang circulant est constitué par un liquide incolore, « le *plasma* », contenant en suspension des éléments solides de deux ordres : les *globules rouges* et les *globules blancs*.

Pour le constater il faut examiner au microscope, pendant la vie, certaines membranes minces telles que le mésentère, la langue, le poumon ou la membrane interdigitale de la grenouille, le mésentère des Mammifères, ou encore des petits Poissons à peine éclos et transparents que l'on peut tenir vivants dans une goutte d'eau sur une lame de verre, les têtards des batraciens anoures et les jeunes tritons dont la queue est très transparente.

33*

Expérience : On immobilise une petite grenouille par l'injection sous-cutanée d'une ou deux gouttes de curare au millième. On prépare une planchette de liège qui servira à supporter l'animal et que l'on placera ultérieurement sur la platine du microscope en l'y faisant tenir à l'aide des valets. Sur un point de la planchette, correspondant au trou que porte la platine du microscope, et par lequel arrivent les rayons lumineux, on pratique un orifice circulaire au-dessus duquel on dispose un petit cylindre creux, de liège, de la hauteur de 1 centimètre et demi à 2 centimètres. Le bord de ce cylindre présente en dedans une moulure verticale saillante de 2 ou 3 centimètres. On place la grenouille sur le dos ; on fait à un de ses flancs une ouverture en évitant de blesser la veine laté-

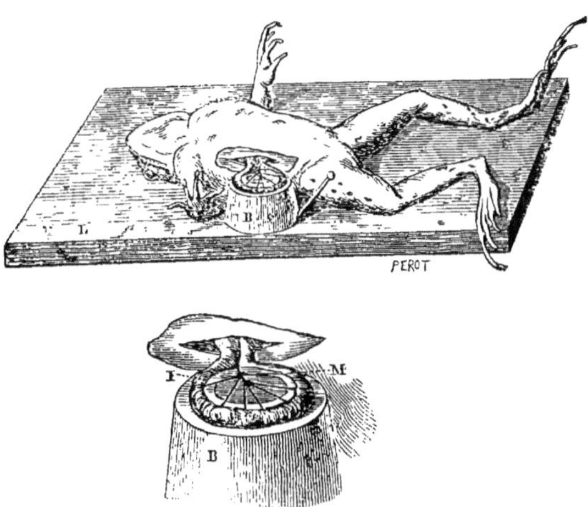

Fig. 126. — *Examen de la circulation sur le mésentère de la grenouille* (RANVIER).

rale, et on attire au dehors une anse d'intestin que l'on place sur le cylindre de liège, de manière à tendre modérément le mésentère sur l'ouverture de ce dernier. L'intestin retenu par la moulure saillante dont nous avons parlé n'a pas besoin d'être autrement fixé (fig. 126).

Dans les vaisseaux d'un certain calibre on distingue le long de la paroi une couche de plasma, et au centre la masse des globules entraînés par le courant. Dans les capillaires proprement dits les globules progressent plus lentement et parfois non sans peine en se déformant.

Dans les conditions ordinaires de la circulation les globules forment dans la plupart des capillaires une colonne dense, mais il existe aussi des capillaires isolés qui ne livrent passage que çà et là à des globules (*vasa-serosa*).

II. Séparation des éléments figurés du plasma. Dosage. — La séparation peut être obtenue soit spontanément en laissant déposer les globules, soit mécaniquement par centrifugation (fig. 127). Le sang de tous les animaux ne se prête pas également bien à cette séparation. Celui des Mammifères coagule avant que le dépôt soit effectué, à moins qu'il ne soit additionné de substances anticoagu-

lantes ou maintenu entre deux ligatures dans un vaisseau excisé. Cependant le sang des solipèdes recueilli à la sortie de la veine dans des éprouvettes entourées de glace se prête mieux à une séparation à cause de la lenteur avec laquelle il coagule et de la grande différence qui existe entre la densité des globules et celle du plasma. Le sang des Vertébrés dont les hématies sont nucléées (Oiseaux, Reptiles, Batraciens, Poissons), *recueilli à l'abri du contact des tissus*, coagule très lentement et se prête le mieux à la séparation des éléments figurés du plasma (DELEZENNE).

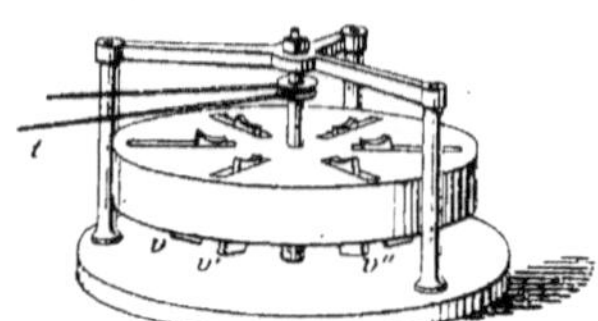

Fig. 127. — *Appareil à force centrifuge pour la séparation des globules et du plasma.*

Le sang est placé dans les vases v. v', v'' suspendus à la périphérie d'un disque creux. Le disque est animé d'un mouvement de rotation rapide autour de son axe.

Pour apprécier en clinique le rapport en volume des globules au plasma, on centrifuge le sang (généralement additionné d'une substance anticoagulante) dans des tubes gradués de très petit diamètre; au bout d'un certain nombre de minutes, les globules occupent une hauteur constante (hématocrite de HEDIN; travaux de HEDIN, JAKSH, DALAND, GARTNER). On peut aussi abandonner un mélange de sang et d'une substance anticoagulante [0,2 0/0, oxalate de pot.) à la sédimentation spontanée (BIERNACKI, O. MÜLLER, MARCANO, GRAWITZ). Il faut toujours opérer dans des conditions comparables, car tous les procédés ne donnent pas des résultats identiques. Lorsqu'on laisse le sang se déposer spontanément, la rapidité de la sédimentation dépend d'un certain nombre de conditions telles que le nombre des globules, la teneur du sang en albuminoïdes, la température, la forme du vase... (BIERNACKI, HANICKI, MARCANO).

La mensuration du sédiment ne peut pas remplacer la numération globulaire car le volume du dépôt ne dépend pas exclusivement du nombre des éléments figurés. Dans certains états pathologiques, les globules sont diminués de diamètre ou déformés. Suivant leur nature et leur degré de concentration, les substances anticoagulantes provoquent le ratatinement ou la distension des globules. Le même sang additionné d'une même solution saline neutre, fournit après centrifugation dans toutes les expériences le même volume de globules. Si on centrifuge du sang avec des solutions d'un même sel neutre à divers degrés de concentration, on constate que le volume des corpuscules est d'autant plus considérable, que les solutions employées sont plus diluées. Les solutions équimoléculaires des sels de constitution analogue, tels que KCl, $NaCl$, KBr, Ki, $KAzO^3$, AzO^3Na... fournissent un même volume de globules (HEDIN, KOEPPE, HAMBURGER).

Le liquide employé pour diluer le sang et retarder la coagulation, ne doit pas altérer le volume des globules; malgré cela, les chiffres obtenus par cette méthode sont un peu forts, car il reste toujours un peu de sérum entre les éléments figurés; toutefois le volume trouvé est dans un rapport constant avec le volume réel.

Pour connaître exactement le rapport en volume ou en poids des globules au plasma, il ne suffit pas d'isoler les globules par centrifugation. Il faudrait pouvoir tenir compte de la quantité de plasma interposé qui mouille les globules isolés. — On peut y arriver au moyen d'artifices :

Ch. Bouchard a donné une méthode basée sur le dosage de l'albumine dans le sérum de deux échantillons de sang d'une même saignée reçus presque simultanément dans deux capsules tarées dont l'une renfermait un poids connu d'une solution de sucre de canne pesant 1026 à l'aréomètre ; a étant le poids de l'albumine contenue dans un gramme de sérum pur : a' le poids de l'albumine contenue dans un gramme de sérum dilué ; l étant le poids de la liqueur sucrée mélangée au sang de la seconde capsule, on arrivait à connaître le poids x de sérum pur qui se trouvait mêlé à cette liqueur sucrée par la formule $x = \dfrac{la'}{a - a'}$. Cette méthode suppose que du fait du mélange de la solution de saccharose au sang il ne survient pas de changement dans la composition des globules, que la liqueur est pour eux indifférente.

Mayet rend le sang incoagulable au moyen d'une injection d'extrait de sangsues. Le sang est recueilli et centrifugé. On pèse le tout ; puis on sépare les deux parties composantes du sang. On pèse séparément les éléments figurés A, la partie liquide B. Pour obtenir le poids du plasma interposé z, on utilise le glucose naturellement contenu dans le plasma sanguin. La proportion de ce corps est la même dans le poids connu B de plasma pur et dans le poids ignoré z de liquide de mouillage des globules. Connaissant d'une part la quantité de glucose a renfermé dans la masse totale globulaire à la faveur du plasma z qu'elle retient, et sachant d'autre part quelle est la proportion $\dfrac{B}{b}$ du glucose dans le plasma pur, il est facile d'avoir le poids du plasma ajouté aux globules.

$$\frac{b}{B} = \frac{a}{z} \quad : \quad z = \frac{B \times a}{b}.$$

Les globules pèsent A — z. Une simple règle de trois établit leur proportion en poids pour 100 dans le sang examiné. Pour éviter la glycolyse, il faut opérer à 0°. Hoppe-Seyler, Bunge, Abderhalden, A. Gautier avaient employé antérieurement des méthodes analogues.

Stewart a décrit une méthode colorimétrique : une portion mesurée (ou pesée) du sang à analyser V est centrifugée ; une portion aussi grande que possible du liquide privé de globules v est prélevée et mesurée. Pour déterminer le liquide retenu par la bouillie globulaire, on dissout dans une quantité connue du sérum une quantité pesée (1 à 2 p. 100) d'oxyhémoglobine ; on mêle une partie déterminée de cette solution v' avec la bouillie globulaire ; le mélange est de nouveau centrifugé ; le liquide obtenu est comparé colorimétriquement avec le sérum additionné d'oxyhémoglobine ; on additionne ce dernier d'autant de sérum pur a jusqu'à ce qu'on obtienne l'égalité de teintes. Le volume pour 100 de sérum dans le sang considéré est :

$$\frac{100(v + av')}{V}.$$

Stewart, Tangl et Bugarsky, Roth, ont basé une méthode de détermination sur ce fait que les corpuscules sont de très mauvais conducteurs par rapport à la partie liquide du sang. On pourra donc déduire le volume des éléments figurés contenus dans une colonne de sang de la conductibilité de cette colonne si on connaît d'autre part la conductibilité du sérum du sang considéré.

III. Rapport des globules au plasma. — Chez l'homme, les *globules* représentent à l'état normal en moyenne *près de la moitié du volume total* du sang. Ce rapport est modifié dans divers états pathologiques.

Les sédiments les plus abondants ont été observés dans le choléra ; les plus faibles dans certains cas d'anémies secondaires (11 à 12 p. 100 de globules). — Chez la femme le dépôt est en général un peu moins abondant que chez l'homme.

Le poids des globules humides varie chez l'homme de 420 à 470 p. 1 000 de sang (A. Gautier).

Chez le chien, d'après Stewart, la quantité de liquide oscille entre 40 et 74 p. 100 du volume total du sang ; les écarts individuels sont considérables. Bunge a trouvé que 1000 grammes de sang défibriné contiennent, chez le porc : 436,8 de globules, 563,2 de sérum ; chez le cheval : 531,5 de globules, 468,5 de sérum ; chez le bœuf, 318,7 de globules, 681,3 de sérum. Abderhalden a trouvé 529,7 de globules, 470,3 de sérum dans 1000 grammes de sang défibriné de cheval ; 325,5 de globules, 674,5 de sérum dans 1000 grammes de sang défibriné de bœuf.

IV. **Microbes et parasites du sang.** — La peau et les muqueuses résistent à la pénétration des germes. Ceux-ci abondent dans l'intestin, mais on ne les trouve dans le sang que lorsque la résistance de la muqueuse fléchit par suite d'une condition particulière. Le passage des microbes dans le sang est favorisé par l'agonie, l'asphyxie, la réfrigération intense de l'organisme, l'hyperthermie (42°-43°), le surmenage, l'action d'un poison (phosphore, arsenic...) (Bouchard, Charrin, Roger, Vincent, Desoubry et Porcher, Wurtz et Hudelo, Charrin, Modica et Follin). Pasteur avait déjà constaté que pour produire le charbon général par voie intestinale, il faut que l'animal avale des spores bactéridiennes avec des herbes piquantes.

Il est certain néanmoins, que les microbes peuvent franchir la barrière intestinale sans que celle-ci présente de lésions apparentes. Mitchell a pu donner exceptionnellement le charbon mortel à des cobayes en faisant ingérer à l'animal des spores avec de la mie de pain trempée dans du lait. Chauveau a montré que la tuberculose pouvait se communiquer par ingestion de produits tuberculeux. Cornil, Dobroklonsky, F. Arloing ont constaté que les microbes de la tuberculose peuvent franchir la muqueuse intestinale saine sans laisser de traces de leur passage et infecter ensuite avec le temps tout l'organisme. Desoubry et Porcher, Nicolas ont constaté que *pendant la digestion*, quelques microbes peuvent pénétrer dans la veine porte ou dans les canaux lymphatiques qui les déversent dans le sang où ils sont d'ailleurs en général rapidement détruits. Trois heures après un repas de graisses additionnées de microbes de la tuberculose, Nicolas a retrouvé l'agent virulent dans le canal thoracique. Pour obtenir un sérum absolument pur, il faut donc saigner les animaux à jeun, Nocard (1).

Dans un certain nombre de maladies infectieuses, le microbe spécifique est difficile à trouver dans le sang, même par la méthode des cultures. Pour mettre le bacille typhique en évidence, il faut ensemencer le sang en grande quantité 2 à 4 centimètres cubes) dans beaucoup de bouillon (500 centimètres cubes, J. Courmont, Castellani, Busquet). Le vibrion cholérique est en général localisé dans l'intestin, mais il peut passer dans le sang. Inversement, dans le charbon, le microbe pullule dans le sang.

La voie sanguine n'est pas toujours la meilleure pour provoquer l'infection expérimentale. Chauveau et Arloing ont montré qu'une goutte de culture de vibrion septique peut suffire à provoquer la mort si on introduit le virus sous la peau, alors que 300 centimètres cubes injectés dans le sang restent sans effets 2 .

In vitro, la majorité des bactéries peuvent vivre dans le sang et les humeurs même si ces liquides proviennent de sujets réfractaires. Pfeiffer a établi que le meilleur milieu de culture pour le bacille de l'influenza se prépare en étalant un peu de sang frais (de préférence de pigeon) sur de la gélose.

Il existe chez des espèces animales, appartenant à tous les ordres de la classe des Vertébrés des parasites du sang (Flagellées....). Les parasites de la fièvre paludéenne et leurs congénères vivent dans l'intérieur des globules rouges.

B. — COLORATION.

I. **Matières colorantes.** — Le sang contient une matière colorante unique, l'hémoglobine. Celle-ci est fixée sur des éléments définis : les globules rouges, et se présente à deux états d'oxygénation différents. L'hémoglobine oxygénée est rouge vermeil ; l'hémoglobine réduite a une teinte plus foncée.

II. **Sang artériel et veineux.** — Dans les artères : l'hémoglobine oxygénée prédomine, par suite de l'action des poumons ; dans les veines, on trouve un mélange d'oxyhémoglobine et d'hémoglobine réduite par suite de l'activité réductrice des tissus que le sang a traversés.

La coloration des sangs veineux varie par suite suivant l'organe dont provient le sang et l'état de repos ou d'activité de cet organe. Le sang qui sort d'un muscle au repos est plus noir que celui qui

---

(1) La peau se défend par sa constitution et par une réaction locale ; les phagocytes mobiles s'accumulent au point de pénétration (Metchnikoff). Au niveau du tube alimentaire le tissu lymphoïde des amygdales, des plaques de Peyer et des follicules solitaires constitue une barrière efficace. On trouve des microbes dans les phagocytes de ces formations (Ribbert, Bizzozero, Manfredi, Ruffer). Dans les poumons ce sont les « cellules à poussières » qui sont chargées de détruire les microorganiques (Tchistowitch, Metchnikoff). La résorption des microbes suit les lois de la résorption des éléments figurés en général (Metchnikoff).

(2) Dans le même ordre d'idées rappelons qu'il faut pour donner le tétanos à un chien par la voie veineuse employer une quantité sensiblement plus forte de toxine que si l'injection est pratiquée sous la peau (J. Courmont et M. Doyon).

sort d'une glande en repos. Celui qui sort d'un muscle en travail
est plus foncé que celui qui émerge du même organe en repos.

Lorsqu'on examine le sang à travers les parois des veines et la peau, il faut
tenir compte des **particularités de structure** de ces organes. Les radiations
lumineuses transmises de la superficie à la profondeur, et celles qui sont

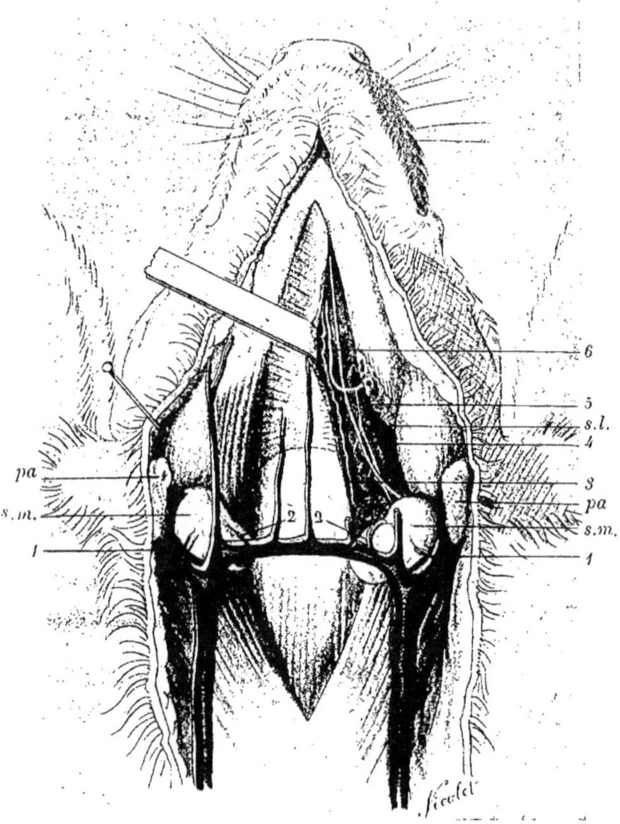

Fig. 128. — *Circulation de la glande sous-maxillaire chez le chien* (Doyon).

s. m. sous-maxillaire; *p. a.* parotide; *s. l.* sublinguales; 1, 2, petites veines émergeant
des glandes sous-maxillaires; 3, nerf hypoglosse; 4, canal de Wharton; 5, corde du
tympan; 6, lingual. Du côté droit, le digastrique a été abrasé; on voit la section du
muscle contre la glande sous-maxillaire.

réfléchies des couches profondes sont modifiées. La coloration bleue des veines
sous-cutanées relève en partie d'un phénomène de cet ordre.

Le sang veineux présente la couleur du sang artériel dans plusieurs circonstances :

a) Lorsque la circulation est très active. Le sang, dans ces conditions, séjourne dans les tissus un temps trop court pour être modifié. C'est ce qui se produit lorsque les capillaires sont dilatés sous l'influence de l'excitation des nerfs vaso-dilatateurs ou de la section des vaso-constricteurs. — Un cas particulier intéressant est celui de certaines *glandes* dans le genre de la sous-maxillaire. Au moment de leur activité, la consommation d'oxygène y augmente conformément à la règle ; mais en même temps la circulation s'y active d'une façon plus que compensatrice de cette dépense ; de sorte que le sang qui sort de la veine de la glande est plus rouge pendant l'activité de celle-ci que pendant son repos (Cl. Bernard, Chauveau). — L'activité circulatoire qui accompagne l'activité des organes est un phénomène secondaire lié au phénomène primitif par une action réflexe et qui se proportionne aux besoins de l'organe actif ; mais ces besoins ne sont pas les mêmes partout (fig. 128). Dans le muscle, c'est l'oxygène dont la consommation est grande ; dans la glande ce sont les matériaux de la sécrétion. L'activité circulatoire est proportionnée à la consommation de la substance dont le besoin se fait surtout sentir. Dans le rein, la sécrétion étant continue, le sang est à peu près toujours rouge à l'état physiologique (Cl. Bernard).

Le sang des veines capsulaires est rutilant.

b) Le sang veineux présente également la couleur du sang artériel lorsque les échanges sont ralentis ou suspendus (p. 514). Si le repos du membre est à peu près absolu, le nerf étant coupé par exemple, le sang veineux est alors parfaitement rouge (Cl. Bernard).

Chez le **fœtus** des mammifères, le sang offre partout une coloration uniforme ; le fœtus, faisant peu de mouvements, consomme peu d'oxygène. Ce n'est qu'après la naissance que la différence d'aspect entre sang artériel et sang veineux commence à s'établir (Cl. Bernard) (1).

III. **Modifications dans les intoxications**. — Le sang est rutilant dans l'empoisonnement par l'oxyde de carbone, brun lorsqu'il contient de la méthémoglobine, rouge violet sous l'influence du bioxyde d'azote. Le chlorure de calcium donne une teinte rouge vif. — Le carbonate de soude rend le sang immédiatement très rouge puis noir (Cl. Bernard). L'hydrogène sulfuré fait passer au vert sale la couleur rouge du sang oxygéné ; le sang oxycarboné résiste à l'action de ce réactif ; la différence était encore très nette au bout de dix-sept ans entre des échantillons conservés en tubes fermés (E. Salkowski). Dans l'intoxication par le cyanure de potassium, le sang prend une coloration rouge vif (Cl. Bernard) ; l'apparition de cette teinte caractéristique est liée à la présence de l'oxygène (Masoin). Le sang des animaux empoisonnés par la phénylhydrazine, examiné en couches minces, est vert (Lewin). Le sang des sujets morts par le froid présente une couleur rouge foncé sale analogue à celle du café (Tirelli).

IV. **Sang des Invertébrés**. — Le sang des Invertébrés est parfois incolore (Échinodermes, Aplysie, Doris...), le plus souvent coloré. Les pigments décrits sont nombreux ; quelques-uns seulement ont été bien caractérisés.

1) On trouve de l'**hémoglobine** chez certains Mollusques, Crustacés, Vers... (p. 615).

2) Le sang d'un certain nombre d'Arthropodes et de Mollusques présente, lorsqu'il a été exposé à l'air, une coloration bleue plus ou moins intense,

---

(1) Quelques auteurs ont cependant signalé une faible différence entre le sang de l'artère et le sang de la veine ombilicale ; le sang de l'artère serait un peu moins rouge que le sang de la veine.

azurée, outre-mer ou bleu de Prusse. Cette coloration est attribuée à une albuminoïde respiratoire, **l'hémocyanine**, incolore à l'état réduit, bleu dicroïque à l'état d'oxyhémocyanine (1).

Les animaux qui possèdent un sang bleu, coloré sans doute par une hémocyanine, sont les suivants :

a) Céphalopodes.

b) Un certain nombre de Lamellibranches : Mytilus, Anodonta, Unio, Mya, Pecten.

Beaucoup de Gastéropodes appartenant aux groupes les plus variés, les uns marins (Haliotis tuberculata L. et lamellosa Lam ; Cassidaria echinophora L. ; Triton corrugatus Lam ; Murex trunculus L. ; Capulus hungaricus L. ; Scaphander lignarius L), les autres d'eau douce (Paludina vivipara L. ; Limnea) ou bien terrestres (Cyclostoma elegans Müll. ; Arion ; Helix).

c) Beaucoup de Crustacés supérieurs (Homarus ; Astacus ; Palinurus ; Nephrops), de nombreux Crabes (Cancer ; Carcinus mœnas Penn. ; Pilumnus ; Eriphia ; Portunus ; Grapsus ; Maia), — enfin un Stomatopode : la Squilla.

La teinte bleue de l'hémocyanine est souvent masquée par un pigment rouge du groupe des lutéines qui colore le sang en rose [Tetronerythrine...]

d) Limules et plusieurs espèces de Scorpions.

3) Le liquide cœlomique des Sipunculiens est rendu trouble et comme laiteux par la quantité considérable d'éléments figurés qu'il tient en suspension ; il a une teinte jaunâtre ou rosée, lorsqu'il est enfermé dans le corps de l'animal, mais dès qu'on l'agite à l'air il passe en quelques secondes au rouge brun chocolat très foncé. Il redevient jaunâtre lorsqu'on fait agir le vide, les corps réducteurs.... Le corps qui absorbe l'oxygène a reçu de KRUKENBERG

---

(1) La couleur bleue du sang de certains Invertébrés a été vue d'abord par ERMAN (1817), par CARUS (1824), WARTON, JONES, 1846, puis étudiée par HARLESS (1847), P. BERT, RABUTEAU et PAPILLON, L. FRÉDÉRICQ, KRUKENBERG, CUÉNOT, GRIFFITHS, HEIM, HENZE, KOBERT. Le nom d'hémocyanine a été proposé par L. FRÉDÉRICQ.

L'hémocyanine rappelle par sa constitution et ses propriétés l'hémoglobine, sauf que le fer est remplacé par du cuivre.

HENZE, puis R. KOBERT ont obtenu l'hémocyanine à l'état cristallisé. La composition élémentaire du pigment, d'après HENZE, est la suivante : C, 53,66 p. 100 ; 4,7,33 p. 100 ; A2, 16,09 p. 100 ; S, 0,68 p. 100 ; Cu, 0,38 p. 100 ; 0,21,67 p. 100 (Céphalopodes). L'hémocyanine donne les réactions typiques des albuminoïdes ; elle est soluble dans l'eau, les alcalis, insoluble dans l'alcool, l'éther, le chloroforme, précipitable par le sulfate d'ammoniaque, les sels des métaux lourds, l'acide acétique dilué (soluble dans un excès). Elle ne dialyse pas. Le spectre ne présente pas de raies caractéristiques ; il s'estompe seulement aux deux extrémités. Additionné d'une solution forte de potasse ou de soude le sang qui contient de l'hémocyanine donne la réaction du biuret (HENZE). L'hémocyanine peut fixer de l'oxygène sous une forme instable ; oxydée, elle présente une coloration bleue, réduite, elle est incolore. La puissance absorbante de l'hémocyanine comparée à celle de l'hémoglobine est faible ; HENZE estime approximativement que 1 gramme d'hémocyanine peut fixer 4 centimètres cubes d'oxygène. On n'est pas définitivement d'accord sur les relations qui existent entre la teneur en cuivre, la capacité absorbante et la coloration de l'hémocyanine. Peut-être y a-t-il des hémocyanines différentes les unes des autres ? L'hémocyanine présente une certaine résistance à la putréfaction ; on en retrouve encore dans du sang putréfié en tube scellé, six mois après l'extraction du liquide (L. FRÉDÉRICQ). D'après COUVREUR, le sang de certaines espèces (Escargot, Tritonium) chauffé ou traité par l'alcool abandonne une partie insoluble comparable à l'hématine et contenant le cuivre ; putréfié, il donne un produit foncé insoluble contenant le cuivre et dérivé de l'hémocyanine. Toutefois, d'après d'autres auteurs (DHÉRÉ), l'existence d'un groupement analogue à l'hématine de l'hémoglobine, dans la molécule hémocyanine serait encore à démontrer.

le nom d'**hémérythrine**. D'après Griffiths, il a la composition suivante (?) : $C^{127}H^{761}Az^{135}FeS^2O^{153}$. Le fer est plus faiblement combiné que dans l'hémoglobine. D'après Kobert, l'hémérythrine (comme l'hémocyanine) est sans action sur la teinture de gaïac en présence de l'essence de térébenthine.

4) Le liquide périviscéral de certains Échinodermes (Sphaerechinus, Sphaera, contient l'**échinocrome**, pigment rouge, dont le spectre présente une bande entre D et E et une entre G et F (Mac Munn, Griffiths). Le sang de certains Chaetopodes (Sabella, Siphonostomum, Choronema, Brachiomma, Spirographis) renferme un pigment vert, la **chlorocruorine** (Milne Edwards, Dujardin), Quatrefages, Lankaster, Krukenberg) qui oxydé présente deux raies, une entre C et D, une entre D et E, réduit, une raie entre C et D (Lankaster, Griffiths). L'échinocrome et la chlorocruorine renferment du fer ; tous deux, mais surtout la chlorocruorine, peuvent être rapprochés de l'hémoglobine.

Cuénot a trouvé dans le sang de certains Mollusques (Aplysia depilans) un pigment rouge distinct de l'hémoglobine.

5) Le sang des Insectes est incolore ou peu coloré ; abandonné à lui-même hors de l'organisme, il vire au gris brun sale et même au noir (Krukenberg, L. Fredericq). Le phénomène ne se produit pas si le sang a été soumis un temps suffisant à une certaine température (50°-70°). D'après Fürth et Schneider, Dewitz, il est dû à l'action d'un ferment oxydant sur un chromogène. Le sang de certains Axidées présente des modifications comparables (Harless, Krukenberg).

État dans le sang des Invertébrés. — Les pigments sont généralement dissous dans le plasma. Toutefois l'hémoglobine s'observe, dans des corpuscules sanguins définis chez certains Mollusques tels que les Solen (manche de couteaux), les Arga... certains Vers tels que Glycera, Capitella, Phoronis, Thalassema, Hamingia... L'hémoglobine se rencontre à l'état de petits globules (émulsion) dans le plasma des larves de Chironomes ou Vers rouges.

L'hémocyanine est contenue dans des globules particuliers, chez le Palémon, le Scyllare.... L'hémérythrine du liquide cœlomique des Sipunculiens est enfermée dans des hématies discoïdes qui rappellent celles des Batraciens (Schwalbe, Krukenberg). L'échinochrome est lié aux éléments cellulaires.

C. — OPACITÉ.

Le sang est opaque, même en couches minces, par suite de la présence des globules.

Si par un artifice, on dissout ces éléments, le sang devient transparent ou tout au moins translucide ; la matière colorante (hémoglobine), primitivement fixée sur les globules rouges, diffuse dans le plasma. Ainsi modifié, le sang est dit *laqué* (voy. p. 592).

D. — ODEUR.

L'odeur du sang rappelle en général celle de la sueur de l'animal duquel il provient. Elle est exaltée par l'addition d'acide sulfurique tiède et paraît due à la présence d'acides gras volatils (Barruel 1827, Denis, Mateucci).

E. — **DENSITÉ.**

I. Chez l'homme, la femme, l'enfant. — Chez l'homme la densité du sang oscille en moyenne à l'état physiologique autour de 1059,6 (ZUNTZ et SCHUMBURG), 1056-1063 (HAMMERSCHLAG), 1054,9-1062 (SCHMALTZ) 1055, (LENHARTZ), 1045-1075 (LANDOIS), 1035-1068 (LLOYD JONES), 1045,5-1066,6 (SAHLI) ; chez le chien autour de 1054 (WETTENDORFF).

Au moment de la naissance, la densité peut atteindre des chiffres très élevés (DENIS, ANDRAL et GAVARRET, DELAFOND, POGGIALE ; 1070-1080 SCHIFF, 1056-1066 MONTI), tandis que celle du sang de la mère ne dépasse pas souvent 1040, puis elle décroît.

Chez la femme, la densité est plus faible que chez l'homme (1050-1056 au lieu de 1055-1060, GRAWITZ), et présente un relève-ment au moment de la puberté (1053 en moyenne). La densité diminue pendant la grossesse. PEIPER donne pour l'enfant le chiffre de 1051,2 ; pour la femme celui de 1053,5. Pendant la grossesse le sang contient 10 à 18 p. 100 d'eau de plus qu'à l'état normal, 66 p. 100 d'albumine totale au lieu de 70 à 72 p. 100 (BECQUEREL et RODIER, REGNAULT).

II. Variations. — La densité diminue sous l'influence d'une ingestion abondante d'eau, mais le phénomène est passager, aussi a-t-il souvent échappé à l'observation. SCHMALTZ a vu, après l'inges-tion de un litre de solution physiologique, la densité du sang tomber en trois quarts d'heure de 1059,7 à 1057. LŒPER a constaté que l'ingestion de un litre d'eau diminue de 6 à 10 grammes le taux des albuminoïdes, abaisse le nombre des globules, la quantité d'hémoglobine (12 à 13 au lieu de 14 p. 100). Au bout de une heure et demi à deux heures l'état normal est rétabli par suite de l'inter-vention des sécrétions sudorale ou rénale. La densité baisse après le repas ; elle est plus élevée le matin que le soir (LLOYD JONES).

La densité augmente sous l'influence de pertes d'eau exagérées par les poumons, la peau ou l'intestin. OKLANYSK, LYONNET ont constaté le fait dans le choléra. DASTRE a montré qu'il se fait pendant le trajet dans le poumon un double mouvement d'entrée et de sortie de l'eau du sang. Du fait de la sortie de l'eau par l'air expiré, le sang artériel est épaissi et concentré. Il y a aussi pénétra-tion d'eau provenant des lymphatiques. De ce fait le sang est dilué ; la lymphe épaissie. Ces deux actions inverses peuvent se compenser dans certaines circonstances ; en général la première est plus mar-quée que la seconde. L'hydratation du sang se rétablit dans l'in-testin. GRAWITZ a constaté sur lui-même que la simple accélération de la respiration provoque au bout de deux heures une perte d'eau (1064 à 1069). Langlois et Gautrelet ont observé le même fait chez le chien qui présente de la polypnée thermique.

La densité augmente sous l'influence de l'ingestion des divers sucres (lactose, glucose...) en solutions hypertoniques (Albertoni, Barbera) et dans l'abstinence. Sous l'influence du régime sec, elle s'élève d'une façon constante et progressive. Dans un cas, chez le chien soumis à la soif, la densité a passé de 1055 à 1071 en six jours (Wettendorff).

La densité diminue après la saignée, dans les maladies cachectisantes, les anémies (1035 à 1040 dans les anémies profondes), la syphilis (V. Jaksh, Sahli, Lyonnet...).

Hamel cite dans un cas d'anémie pernicieuse 1024 pour le sang complet, 1021 pour le sérum.

La proportion d'eau augmente dans le sang et les tissus après la ligature du pédicule des reins (Achard et Lœper). Pinzani a signalé une diminution de la proportion d'eau après la castration ovarienne chez la chienne.

L'influence du climat d'altitude est contestée. Pour les uns, la variation est nulle ou à peu près. Pour d'autres le sang se concentre : Muntz a constaté chez des lapins conservés au pic du Midi, en moyenne 1060,4 ; chez des lapins de la plaine 1046,2 ; Voornveld, Abderhalden ont noté un accroissement du poids spécifique proportionnel à l'augmentation de l'hémoglobine. Par contre, M. et L. Zuntz et Schumburg ont observé que la densité diminue après un séjour prolongé au mont Rose : 1062-1065 à Berlin ; 1032-1056 au mont Rose.

L'exercice musculaire élève la densité. Après une course à la rame de 16,7 kilomètres en soixante-neuf à soixante-douze minutes, Kuthy a vu chez trois personnes la densité passer de 1062,5 à 1066,0 ; de 1061,5 à 1065,5 ; de 1060,5 à 1066,0 ; Zuntz et Schumburg de 1059,6 à 1063 en moyenne après une marche de 25 kilomètres sous une charge de 22 à 31 kilogrammes. Lloyd Jones a vu la densité passer de 1058,5 à 1061 sous l'influence d'une course de 4/12 milles. L'élévation paraît due à la concentration du sang ; celle-ci s'explique par des pertes extérieures et aussi par ce fait que les muscles en activité s'enrichissent en eau aux dépens du sang (Ranke, Willebrand) par suite de l'élévation de la pression osmotique qui est la conséquence de l'augmentation des processus de décomposition dont ces organes sont le siège pendant le fonctionnement (Lœb). Des modifications vaso-motrices peuvent aussi intervenir. Certains capillaires livrent passage à de rares globules (vasa serosa) ; sous l'influence d'une vaso-dilatation les globules affluent (Zuntz et Cohnstein).

III. **Régulation.** — Le sang lutte énergiquement pour maintenir ses propriétés le plus longtemps possible aux dépens de l'eau des tissus.

Il existe une sorte de balancement entre l'eau des tissus et celle du sang. Après l'injection d'une solution hypertonique dans les veines, la masse du sang augmente, l'eau des tissus diminue ; le sang trop concentré attire l'eau des tissus. Après l'injection d'une solution hypertonique dans le tissu cellulaire sous-cutané, les tissus chargés d'un liquide concentré attirent l'eau du sang (ACHARD et LOEPER).

Chez le chien soumis à la soif, la densité du sang ne subit que des changements peu accentués pendant les premiers jours ; l'urine se concentre (WETTENDORFF). Le chien soumis à l'échauffement lutte contre la chaleur par la polypnée ; la perte totale d'eau par les poumons peut dépasser de beaucoup celle que subit le sang.

Chez le chien soumis à une déshydratation intense, la densité du sang varie de 1060 à 1070 pour une perte de poids de 4,4 p. 100 (GAUTRELET et LANGLOIS). La densité du sang du cœur est de 1028 à 1032 à 20° chez le crapaud (bufo vulgaris, Laur.) au sortir de l'eau ; sous l'influence de la transpiration elle s'élève en moyenne à 1052 pour une perte de poids totale oscillant entre 30 et 40 p. 100 (LANGLOIS et PELLEGRIN). DURIG a constaté chez les grenouilles que la densité s'élève de 1028 à 1068, pour une perte de poids de 34,8 p. 100 ; si la dessiccation et la perte de poids augmentent au delà de ces limites, la densité diminue.

Remarque. — Les Batraciens anoures perdent à l'air par transpiration une quantité considérable de leur poids. La mort survient toujours avant que l'animal ait perdu 50 p. 100 de son poids primitif (MILNE-EDWARDS). La rapidité de la dessiccation est un facteur important. La mort peut survenir lorsque la perte de poids est de 15 p. 100, si la dessiccation est rapide (KUNDE). Dans ces conditions, le sang perd plus d'eau que les autres tissus ; les muscles viennent ensuite (DURIG).

Si on exagère les pertes d'eau en faisant respirer des chats dans de l'air desséché, la vie peut se prolonger longtemps si la température de l'enceinte est inférieure à 38°. Si la température s'élève quelque peu, il se produit de la dyspnée, la température de l'animal s'élève ; la mort peut survenir avant que les modifications du sang aient eu le temps de se produire. Au bout d'un temps plus ou moins long, les animaux sont abattus, les réflexes diminuent. L'importance des modifications du sang et l'époque de la mort dépendent de la température et sont en relation avec la rapidité de la perte en eau plus qu'avec la grandeur de cette perte. Si la perte est lente elle est compensée par l'eau des tissus ; si elle est rapide, le sang s'épaissit alors que les tissus sont encore pourvus d'eau. Deux animaux du même âge n'éprouvent pas les mêmes pertes. L'injection sous-cutanée de solution physiologique peut ramener à la vie les sujets en expérience près de mourir (CZERNY).

IV. **Rapport avec l'hémoglobine.** — La densité du sang dépend surtout, en ce qui concerne les matières solides, de la richesse relative en hémoglobine. La courbe des variations de cette substance aux divers âges de la vie coïncide sensiblement avec celle des variations de la densité (LLOYD JONES, HAMMERS-CHLAG, SCHMALZ et MENICANTI, V. JAKSH)...

V. **Globules et sérum [plasma].** — Les globules ont une densité plus élevée que celle du sérum ou du plasma.

VI. **Méthodes d'évaluation.** — L'*évaluation directe* de la densité du sang se fait au moyen d'appareils appelés pycnomètres, parmi lesquels le pycnomètre de SCHMALTZ est le plus employé. C'est un tube capillaire dans lequel est recueilli le sang à examiner. La méthode consiste à faire deux pesées successives de l'appareil : la première lorsqu'il contient de l'eau distillée ; la seconde lorsqu'il est chargé de sang. Le produit de la division de la seconde pesée par la première représente le poids spécifique du sang. Les *procédés d'évaluation indirecte* sont d'un usage plus aisé. Ils se font au moyen de divers mélanges dont on peut à volonté faire varier la densité, laquelle est relevée au moyen d'un densimètre ordinaire. HAMMERSCHLAG se sert d'un mélange de chloroforme et de benzine. Le chloroforme a une densité de 1 526, la benzine de 0.899. Avant chaque expérience, on mélange les deux corps en proportions variables, de manière à avoir dans une série de tubes des liquides ayant une densité de 1 048, 1 050, 1 052 et ainsi de suite jusqu'à 1 060 par exemple. Au moyen d'une pipette on plonge au sein du premier mélange 1 048 une goutte de sang, et une seconde au sein d'une goutte du tube contenant le mélange à 1 050. On ferme ces tubes avec le doigt et on les retourne avec précaution de façon à répartir uniformément les deux liquides mélangés. Si la goutte descend dans le premier et remonte dans le dernier, cela prouve que le sang examiné a une densité supérieure à 1 048 et inférieure à 1 060. En opérant de cette façon on arrive à déterminer le mélange au sein duquel la goutte nagera librement sans ascension ni descente. Le chiffre qui exprime la densité de ce mélange indique la densité du sang. Les manipulations doivent être rapidement conduites pour éviter les phénomènes de diffusion. Au lieu d'opérer avec différents mélanges préparés d'avance, on peut opérer avec un seul dans lequel on ajoute de la benzine ou du chloroforme suivant que la goutte de sang monte ou descend. La benzine peut être remplacée par de l'huile de vaseline (CHANOZ), de l'huile d'olive (SPANGE)....

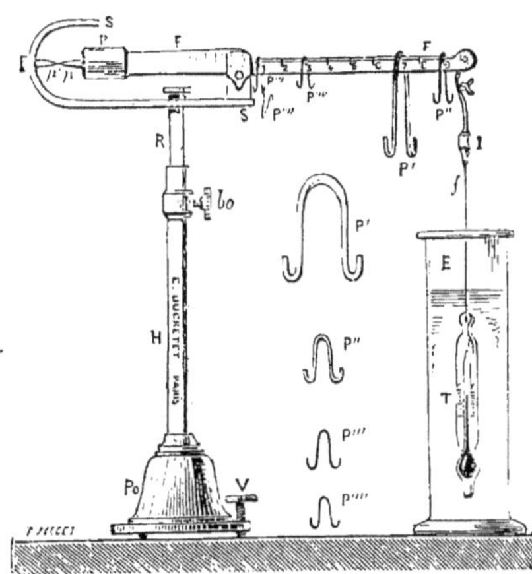

Fig. 129. — *Balance de* MOHR-WESTPHAL.

L'instrument est composé d'un levier à bras inégaux. Le plus court porte à son extrémité un contre-poids cylindrique P muni d'une pointe *p* qui lorsque l'équilibre est atteint se trouve juste en face d'une autre pointe *p'* placée en regard. On fait varier le poids en plaçant des cavaliers sur la branche la plus longue qui retient l'aréomètre et porte des divisions.

Pour mesurer la densité des mélanges, on peut employer la balance de MOHR (fig. 129) qui constitue un aréomètre à volume constant et à poids variable, dans lequel le poids varie au moyen de cavaliers placés sur le fléau de ladite balance. La densité dépendant de la température, l'aréomètre est muni d'un thermomètre dont on lit les indications en fin d'expérience. On note la densité obtenue et la température lue. Ce dispositif nécessite un volume de 50 centimètres cubes environ ; l'opération demande une minute.

F. — CHALEUR SPÉCIFIQUE.

La chaleur spécifique du sang est en moyenne voisine de 0,9 (BORDIER).

Sur un même chien, Bordier a trouvé 0,906 pour le sang artériel, 0,893 pour le sang veineux. Berthelot a trouvé 0,872 pour du sang défibriné datant de vingt-quatre heures.

Rappelons que la quantité de chaleur contenue dans un corps est égale au produit du poids du corps par la température de ce corps et la chaleur spécifique.

$$q = ptc.$$

G. — TEMPÉRATURE.

Chez les animaux inférieurs (Invertébrés, Poissons, Reptiles...), la température du sang suit les variations de la température du milieu extérieur ; chez les Oiseaux et les Mammifères, elle est relativement fixe, mais varie cependant d'un territoire vasculaire à l'autre et suivant certaines conditions.

La distribution comparée de la chaleur dans les divers segments de l'arbre vasculaire a été déterminée par Cl. Bernard à l'aide des sondes thermo-électriques décrites tome III, p. 350.

Les limites entre lesquelles la température oscille à l'état normal sont comprises (chez le chien), entre 37° et 42° cent. Le sang le plus froid provient des veines de la peau ; le plus chaud des veines sus-hépatiques. Chez le chien normal en digestion, Cl. Bernard a constaté à ce niveau des températures dépassant 41°,5.

Dans les membres, le sang de la veine sous-cutanée est moins chaud que le sang de l'artère ; cela s'explique en songeant que la veine est plus superficielle que l'artère et doit par conséquent perdre plus de chaleur par rayonnement au dehors ; parmi les vaisseaux profondément situés, le sang veineux est plus chaud que le sang artériel. Le sang de la veine cave est plus chaud que celui de l'aorte.

Les variations les plus fortes s'observent dans les veines ; elles dépendent de **l'activité des organes**.

Le sang artériel présente une fixité plus grande par suite de la totalisation et du mélange des sangs dans le cœur et de la régulation exercée par les poumons.

La digestion atténue les différences qui existent d'une région à l'autre, mais augmente la valeur absolue de la température (Cl. Bernard).

La chaleur n'est pas créée dans le sang (en négligeant la faible quantité de chaleur qui provient de l'oxydation de l'hémoglobine au niveau des poumons). Elle provient de l'activité des tissus. Le sang distribue et égalise la chaleur produite. Le phénomène est réglé par le système nerveux qui, agissant par des conducteurs séparés à la fois sur la production et la déperdition de la chaleur, compense les deux phénomènes de manière à obtenir un niveau moyen sensiblement constant (voy. p. 508).

Le sang est généralement moins chaud que les organes dont il provient. Dans bien des cas la température du rectum et du duodénum dépasse la température maxima constatée dans le sang (chez un animal en digestion) (Cl. Bernard).

H. — VISCOSITÉ.

I. **Variations**. — La viscosité du sang varie d'une espèce à l'autre. Elle paraît en général moindre chez les herbivores (lapin) que chez les carnivores (chien)

(HÜRTHLE). Chez un même sujet on observe des variations sensibles en rapport principalement avec le régime et la digestion. Chez le chien les valeurs minima correspondent au jeûne, les valeurs maxima à une alimentation azotée. Chez le lapin les chiffres les plus bas n'ont pas été observés pendant le jeûne, mais après l'ingestion de carottes (HÜRTHLE, RUSSEL BURTON-OPITZ). L'âge n'est pas indifférent ; la viscosité du sang est moindre chez le veau que chez le bœuf (TROMMSDORFF). La viscosité du sang total pris dans différents endroits et à des moments différents dans le même vaisseau peut varier du simple au double (A. MAYER).

La viscosité du sang dépend principalement du nombre des globules ; la viscosité du sang défibriné est plus grande que celle du sérum. Les variations des éléments visqueux de la partie liquide du sang et à plus forte raison des substances cristalloïdes ont une importance secondaire (JACOBJ). — A. MAYER a constaté que la viscosité du plasma est indépendante de la quantité de substances albuminoïdes (fibrinogène...) ; il incline [ainsi que BOTTAZZI] à faire intervenir une notion de qualité, d'état.

Dans une même espèce le coefficient de viscosité du *sérum* à l'état normal varie d'individu à individu, toutefois les valeurs qui le représentent oscillent relativement peu autour d'une constante. Cette constante diffère d'espèce à espèce. Le *plasma* présente des oscillations beaucoup plus considérables (A. MAYER).

La viscosité du sérum reste, dans de certaines limites, normale quelle que soit la viscosité des solutions introduites dans le sang (A. MAYER).

Les variations de la viscosité du sang (et du plasma) ne sont pas dans tous les cas parallèles à celles de la densité (HÜRTHLE, A. MAYER, HIRSCH et BECK).

II. **Rôle du facteur viscosité.** — HEFFTER, ALBANESE, TROMMSDORFF ont montré que pour entretenir le jeu régulier du cœur excisé de la grenouille au moyen d'une solution minéralisée, le liquide employé devait présenter une certaine viscosité. Des solutions isotoniques de chlorure de sodium oxygénées et légèrement alcalinisées avec du carbonate de soude pour fixer l'acide carbonique produit, conviennent parfaitement, si on les additionne d'un peu de gomme (2 p. 100 environ) pour augmenter leur viscosité (ALBANESE). Le quotient de frottement interne optimum est de 1,5 d'après TROMMSDORFF. Tous les travaux concernant l'importance du facteur viscosité dans les circulations artificielles ne sont cependant pas univoques.

On ne connaît pas exactement dans quelle mesure ni comment le facteur « viscosité » intervient. A. MAYER a montré que la viscosité des liquides constitue une force de résistance à l'action de la tension osmotique des sels qui y sont dissous ; sous l'influence d'une substance visqueuse la vitesse de déplacement diminue dans un osmomètre. Les liquides visqueux s'opposent à la plasmolyse des cellules végétales, à l'hématolyse des globules rouges ; ils conservent les globules (A. MAYER).

III. **Mesure.** — Le principe est le calcul du temps que mettent les liquides à remplir un espace donné après avoir traversé un capillaire de longueur donnée. On compare habituellement la viscosité du liquide en expérience à celle de l'eau distillée.

Si on prend pour l'eau à 38° une viscosité égale à 1, la viscosité du sang est en moyenne de 5,1 avec des variations de 1,39 à 9,21 à l'état pathologique (HIRSCH et BECK).

A. MAYER préconise l'appareil suivant. Soit un tube capillaire de verre, en U, à branches parallèles ; à la partie supérieure d'une des branches est adapté un

réservoir en forme de sphère creuse A ouverte à sa partie supérieure et surmontée d'un goulot. En un point de l'autre branche est soufflée une seconde
sphère de dimensions égales à la première. Les sphères occupent sur l'U une
position telle que le raccord supérieur de la seconde avec le capillaire est situé
dans un plan un peu inférieur au raccord inférieur de la première. Lorsqu'un
liquide est placé dans la sphère A, il s'écoule de lui-même dans la branche descendante du capillaire, puis dans la branche montante et s'élève peu à peu dans
la sphère B. On mesure au compte-secondes le temps qui lui est nécessaire pour
remplir cette sphère. Comme on a préalablement fait la même
mesure pour l'eau distillée choisie comme étalon, une simple
division des deux temps donne le coefficient de viscosité.

Pour prendre une mesure il faut prendre dans tous les cas la
même quantité de liquide, et bien lubréfier les parois des capillaires. Pour cela, l'extrémité des capillaires qui surmonte la
sphère B est reliée par l'intermédiaire d'un tube de caoutchouc
à une poire de caoutchouc mobile qui permet d'aspirer ou de
refouler à volonté le liquide dans l'appareil. *Toutes les mesures
doivent être prises à température constante.*

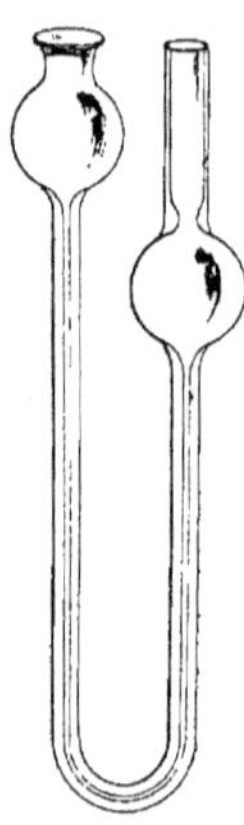

Fig. 130.

L'appareil exige peu de liquide ; sa construction permet de ne
pas tenir compte des différences de densité. Le liquide descend
d'autant plus vite dans une branche que sa densité est plus
forte ; par contre, il monte plus lentement, la compensation
pourrait être parfaite si on donnait à l'espace vertical une hauteur
inversement proportionnelle à la densité de chaque liquide à
examiner. A cet effet, il suffirait de remplacer la partie inférieure
de l'U par un tube de caoutchouc et de faire mouvoir les deux
sphères en sens inverse le long d'une tige graduée. Pratiquement, cette correction n'est pas nécessaire, car pour les densités entre lesquelles sont comprises
les liquides physiologiques, l'erreur provenant de leur fait dans la mesure du
coefficient de viscosité au moyen de l'appareil de verre ne porte que sur les
millièmes alors que toutes les autres causes inhérentes aux recherches biologiques imposent l'obligation de s'arrêter dans cette mesure à la deuxième décimale (A. MAYER).

La viscosité du sang dans différentes conditions peut être déterminée *sur l'animal vivant* en faisant couler directement le sang d'une artère dans un appareil
de mesure approprié (HÜRTHLE).

I. — RÉACTION.

1. Réaction alcaline. — Le sang fait virer au bleu le tournesol
comme le ferait un alcali.

Expérience. — On dépose une goutte de sang sur une plaque formée d'une
substance poreuse telle que le gypse sec et bien neutre, imprégnée de
teinture rouge de tournesol ; puis on chasse les globules à l'aide d'un jet d'eau.
Il reste une tache bleue sur fond rouge (LIEBREICH, 1868). On peut aussi se servir
d'un papier de tournesol glacé sec que l'on trempe dans le sang et que l'on
essuie au bout de quelques instants avec un linge imbibé d'eau (A. SCHÆFER).

L'effet produit sur la teinture rouge de tournesol est en moyenne à peu près le même que celui produit par une solution de soude de 2 à 4 grammes de substance par litre.

II. Interprétation du phénomène. Alcalinité et basicité. — Le fait de faire virer au bleu la teinture de tournesol constitue une donnée tout à fait empirique. Il ne faut pas en effet confondre les mots alcalinité et basicité. Le mot basicité exprime l'aptitude à saturer un acide. Le mot alcalinité a un sens purement conventionnel. Un corps alcalin est un corps qui possède sur certains réactifs colorés la même action que les alcalis types, la soude ou la potasse. Le sang est un liquide alcalin parce qu'il ramène au bleu le tournesol rouge; il peut par conséquent, comme les corps qui ont cette action, neutraliser une certaine quantité d'acide. Toutefois, tous les corps capables de neutraliser des acides n'ont pas une réaction alcaline ; l'urée qui existe dans le sang est précisément dans ce cas : tous les acides ne rougissent pas le tournesol, tels sont les acides gras.

Ajoutons que les divers indicateurs colorés n'ont pas du tout la même valeur vis-à-vis des corps à réaction dite alcaline. Si, par exemple, on titre une solution de carbonate de soude avec du tournesol, puis avec de la phénolphtaléine, le premer chiffre trouvé sera le double du second. Le bicarbonate de soude, alcalin au tournesol, est acide à la phtaléine. Le sang est alcalin au tournesol, mais non à la phtaléine.

III. Éléments à réactions hétérogènes du sang. Alcali diffusible et non diffusible. — Le sang est un mélange extrêmement complexe de substances parmi lesquelles un grand nombre ne sont pas exactement connues au point de vue de leurs propriétés basiques ou acides. La réaction constatée au tournesol est une résultante.

a. Parmi les substances actives existent certains sels qui font virer le tournesol au bleu comme le font les alcalis, mais qui en réalité sont des sels acides puisqu'ils renferment encore des atomes d'hydrogène remplaçables par un métal. Ces sels sont : le *bicarbonate de soude*, l'*urate de soude* et le *phosphate disodique*.

$$CO\begin{cases} ONa \\ OH \end{cases} \qquad PO\begin{cases} ONa \\ ONa \\ OH \end{cases}$$

Bicarbonate de soude. Phosphate disodique.

De fait, on peut prouver que le sérum sanguin possède des propriétés acides. Il suffit de saturer à l'aide d'une dose titrée de soude un volume donné de sérum, puis d'ajouter une solution acide de manière à neutraliser l'excès de soude. On connaît d'une part la dose totale de base ajoutée au sérum, d'autre part, la quantité de base neutralisée par la solution acide titrée qui a été employée ; la différence représente la part neutralisée par les substances acides du sérum (MALY, DROUIN).

b. L'alcalinité du sérum provient en partie de bases ammoniacales ou alcaloïdiques dont la présence constante dans le sang a été signalée par A. GAUTIER. Si on précipite les phosphates par une solution titrée de chlorure de baryum, sel neutre, la réaction alcaline n'est pas supprimée mais seulement diminuée (LABBÉ).

c. Le sang contient des substances organiques non diffusibles qui manifestent des propriétés acides et retiennent des alcalis. L'hémoglobine paraît être une de ces substances (ZUNTZ, LEHMANN, LÖWY, HAMBURGER, SPIRO et PEMBEL). L'alcali non diffusible peut être précipité avec des albuminoïdes par l'alcool. Le filtrat contient uniquement l'alcali diffusible (HAMBURGER) (1).

IV. **Alcali des globules et du plasma (sérum). Influence de CO^2 et des acides.** — Les globules contiennent plus d'alcali que le sérum (LÖWY). La proportion d'alcali non diffusible par rapport à l'alcali diffusible est plus forte dans les globules que dans le sérum (HAMBURGER).

| | EN 0/0 DE L'ALCALINITÉ TOTALE | |
	ALCALI DIFFUSIBLE.	ALCALI NON DIFFUSIBLE.
Sérum normal de cheval.........	37	.63
Après CO^2	49	51
Sang total normal de cheval	25.1	74.9
Bouillie globulaire..............	10.6	89.3

Hamburger.

Sang de chien..	5cc défibriné..............	6,68cc sol. 1/25 normal acide tartrique.
	5cc de bouillie globulaire..	19,75 (papier tournesol).
Sang de cheval.	5cc défibriné laqué........	11,75
	5cc sérum correspondant..	5,55

Lœwy.

Sous l'influence de l'acide carbonique et des acides en général, la quantité d'alcali augmente dans le sérum (ZUNTZ, 1868 ; GÜRBER). L'augmentation de

---

(1) SPIRO et PEMBEL mesurent la capacité acide du sang en ajoutant au sang laqué un volume connu de soude titrée puis une solution saturée de sulfate d'ammoniaque ; la soude qui reste est titrée dans le filtrat incolore. Les albuminoïdes précipitées par le sulfate d'ammoniaque fixent une partie de l'alcali.

l'alcalinité du sérum produite par CO^2 disparaît si l'on chasse le gaz; le phénomène est reversible (HAMBURGER).

Le plasma et le sérum du sang de la jugulaire contiennent plus de substances
solides, moins de chlore, plus d'alcali et moins de phosphate que le sang carotidien correspondant. Si on traite du sang carotidien avec autant de CO^2 qu'il
est nécessaire pour que ce sang devienne comparable au sang de la jugulaire,
l'alcali diffusible titrable du sérum augmente de 20 p. 100.

Alcalinité calculée
en Na^2CO^3.

Sérum de sang oxygéné	0,1166 p. 100
Sérum après traitement du sang par CO^2	0,2756
Sérum de sang oxygéné	0,1166
Le même sérum saturé de CO^2	0,159

(Gürber.)

V. **Méthodes de mesure**. — Les méthodes de mesure diffèrent suivant le point de vue auquel on se place.

1. Une première méthode consiste à déterminer la quantité **d'acide carbonique** que le sang est capable de fixer (WALTER, H. MEYER). On ne titre évidemment ainsi qu'une partie de l'alcalinité, principalement celle qui est due au bicarbonate de soude.

2. Une seconde méthode consiste à déterminer arbitrairement
l'alcalinité du sang par les **procédés** ordinaires de
l'alcalimétrie, en raisonnant comme si le sang
était une solution contenant uniquement de la soude
ou de la potasse. On procède par titrage direct ou
indirect. *a*) Dans le premier cas on fait couler lentement jusqu'au point neutre une liqueur titrée dans
un certain volume de sang. *b*) Dans le second on
ajoute au sang un excès d'une liqueur titrée acide,
puis on titre le surplus de l'acide combiné. La neutralisation est indiquée par un réactif coloré
(fig. 131).

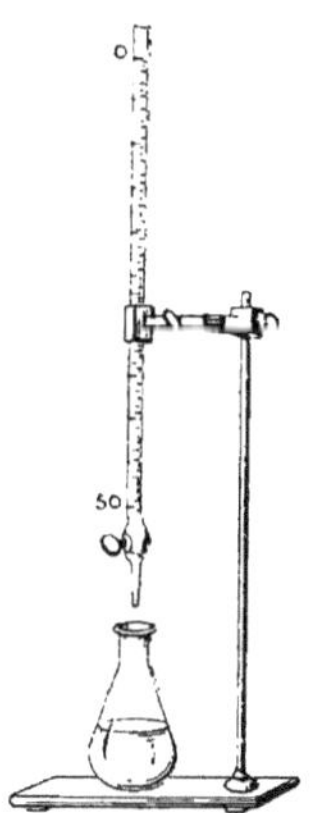

Fig. 131. — *Dispo-
sitif usité pour
le titrage de
l'alcalinité du
sang.*

Le titrage direct est difficile; la matière colorante du
sang apporte un obstacle à l'appréciation du virage du réactif
indicateur. Le titrage indirect a l'avantage d'éliminer la
matière colorante et de permettre de doser l'excès d'acide
dans une liqueur incolore.

La saturation des alcalis par les acides est très lente à la
température ordinaire. Une partie de l'alcali (combiné)
échappe au titrage. La saturation est accélérée par la chaleur et l'agitation ou le laquage des globules; une partie
importante de l'alcalinité étant inhérente aux globules il faut détruire ces éléments en les laquant avec de l'eau distillée (LOEWY).

Le titrage indirect donne des chiffres plus élevés que le titrage direct. L'acide
neutralise d'abord dans le sang toute l'alcalinité minérale qui lui est offerte;

puis il sature toutes les substances basiques non alcalines du sang telles que l'urée ; il entre enfin en réaction incomplète avec les substances albuminoïdes. La fraction salifiée de la basicité totale est d'autant plus grande que l'acide est plus énergique ou plus concentré. On obtient donc pour un même sang des chiffres d'autant plus faibles que les quantités de sang mises en œuvre sont plus grandes (1). Les acides de concentration plus élevée donnent des chiffres plus forts, les acides différents fournissent, toutes choses identiques d'ailleurs, des chiffres différents (A. et L. Lumière, H. Barbier). Il suit de là que pour obtenir des titrages constants il faut ramener les volumes de liqueur acide employés à la proportionnalité avec le poids de sang soumis à l'expérience (A. et L. Lumière, H. Barbier).

Comme **indice de neutralisation** on emploie le plus souvent des réactifs colorés dont la couleur vire suivant que le milieu est acide ou alcalin. Tous les réactifs colorés ne sont pas sensibles aux mêmes substances, de sorte que les titrages ne sont comparables, toutes choses égales d'ailleurs, que s'ils sont exécutés à l'aide d'un même réactif. De plus, tous les indicateurs ne présentent pas les mêmes facilités pour apprécier le virage. La teinture de tournesol présente une période de virage très longue. Le phénolphtaléine de phénol est sensible à l'acide carbonique, ce qui est un désavantage pour le sang. La coralline jaune (acide rosolique en C^{12}) en solution à 1 p. 100 est un bon réactif qui vire au jaune avec les acides et au rose violacé avec les alcalis, mais il est un peu sensible à l'acide carbonique et sa période de virage n'est pas nulle. L'emploi des papiers réactifs est à rejeter. Ils manquent absolument de sensibilité.

A. et L. Lumière, Barbier, rejettent le titrage direct, renoncent à l'emploi des matières colorantes et ramènent le titrage de l'excès d'acide à un dosage d'iode qui offre une sensibilité plus grande. Ce procédé nouveau est basé sur la propriété que possèdent l'acide iodhydrique et l'acide iodique de réagir l'un sur l'autre et d'abandonner leur iode en formant de l'eau, d'après la formule :

$$5HI + IO^3H = 6I + 3H^2O.$$

Si donc on introduit dans un excès d'une solution contenant 5 molécules d'iodure de potassium et 1 molécule d'iodate de potassium, une certaine quantité d'une liqueur acide, il y aura immédiatement, selon l'équation ci-dessus, mise en liberté de la quantité correspondante d'iode que l'on titre par l'hyposulfite de soude en présence d'empois d'amidon ou de sulfure de carbone (A. et L. Lumière, Barbier).

Le **plasma** et surtout le **sérum** présentent plus de facilité pour les titrages alcalimétriques que le sang total par suite de l'absence de la matière colorante. Pour des titrages directs le plasma comme le sang doit être rendu incoagulable.

Exemple : On verse 3 centimètres cubes de sang, exactement mesurés, à l'aide d'une burette de Mohr, dans une éprouvette de verre à parois épaisses contenant 12 centimètres cubes d'une solution concentrée et parfaitement neutre de sulfate de magnésium, de façon à retarder la coagulation. On agite à plusieurs reprises le mélange et on centrifuge de suite pendant vingt minutes. Le plasma obtenu est additionné de 3 ou 4 gouttes d'une solution de tournesol ou de tout autre réactif indicateur ; puis on y fait tomber goutte à goutte, à l'aide d'une burette

---

(1) Karfunkel le premier a signalé la remarquable décroissance des chiffres d'alcalinité trouvés avec des quantités croissantes de sang.

de Mohr graduée au dixième de centimètre cube, une solution $\frac{1}{25}$ normale d'acide tartrique. Pour le terme de la réaction on tient toujours compte du même ton de couleur. On a pris 3 centimètres cubes de sang. Il s'agit de savoir quelle quantité de soude saturerait la quantité d'acide qui est saturée par 3 centimètres cubes de sang. Supposons qu'on ait versé 6 centimètres cubes de la solution $\frac{n}{25}$ d'acide tartrique, c'est-à-dire $0^{gr},018$ d'acide. Celle-ci sera saturée par $2^{cc},4$ de la solution $\frac{n}{10}$ de soude contenant $0^{gr}.0096$ de NaOH. Par suite, 3 centimètres cubes de sang ont la même alcalinité que $0^{gr},0096$ de soude en solution aqueuse et 1 litre de sang que $3^{gr},2$ de soude. On conclut de là que l'alcalinité de sang est la même que celle d'une solution de soude contenant $3^{gr},2$ de NaOH par litre.

Drouin opère en général sur quelques millimètres cubes de sérum en présence de phtaléine du phénol et se sert d'une solution d'acide sulfurique au millième.

3. Cavazzani a cherché à établir le rapport d'affinité des protéines du sang avec les bases en traitant le sang par une solution très allongée d'acide sulfurique. Une ou plusieurs substances de nature protéique se précipitent ; le précipité se redissout lorsqu'il est traité par une solution alcaline et paraît dû à la rupture d'affinités alcalines. Cavazzani déduit la valeur alcalimétrique du sang de la quantité de solution acide nécessaire pour amener la précipitation considérée comme indice de la neutralisation.

Détermination de l'acidité et de la basicité vraies. — Les molécules d'acides, de bases se dissocient dans l'eau en donnant naissance à des ions H (acides) OH (alcalins). L'acidité du liquide dépend du nombre d'ions H, libérés, l'alcalinité du nombre d'ions O H libérés. Les acides forts, les bases fortes sont fortement dissociés, les acides faibles, les bases faibles sont faiblement dissociés.

L'acidité, l'alcalinité *vraies* sont représentées par le nombre de ions H ou OH existant à ce moment dans le liquide. Quand l'acide ou l'alcali sont forts, l'acidité vraie ou l'alcalinité vraie se confondent avec l'acidité ou l'alcalinité de la titration chimique. Quand l'acide ou l'alcali sont faibles, la titration chimique, agissant sur toutes les molécules, donne une acidité ou alcalinité plus forte que la réalité.

L'addition à la solution d'un sel (de l'acide ou de la base) diminue l'acidité ou alcalinité en diminuant la dissociation de l'acide ou de la base.

L'eau est partiellement dissociée en H (acide) et OH (base). Quand un sel est dissous dans cette eau, les ions du sel entrent en relations avec les ions de l'eau. Un équilibre s'établit régi par une loi établie par Ostwaldt. Si le sel est un sel d'acide très faible la solution est alcaline ; si le sel est d'une base faible, la solution est acide. Une solution de Co^3Na^2 est alcaline, parce que sous l'influence de l'eau, elle possède des OH libres. L'alcalinité varie avec la concentration parce que la dissociation varie. Il faut davantage d'acide pour neutraliser 10 centimètres cubes d'une solution $\frac{N}{20}$ que pour neutraliser 1 centimètre cube d'une solution $\frac{N}{2}$.

Du moment que l'alcalinité dépend de la dissociation, on peut conclure que les méthodes chimiques de mesure de l'alcalinité ne méritent aucune confiance. Le fait de recevoir le sang dans des solutions de différente concentration So^4Na^2,

NaCl...), le contact avec l'alcool, etc., modifient la dissociation des électrolytes du sang.

On peut toutefois espérer que la physico-chimie donnera le moyen de connaître avec précision l'acidité ou l'alcalinité des liquides organiques. Si on plonge un bâton de Ag dans une solution AzO^3Ag de concentration C', un autre bâton Ag dans une solution AzO^3Ag de concentration C^2 et si on réunit ces deux liquides par un siphon étroit renfermant une des dissolutions, on trouve entre les 2 Ag une différence de potentiel π; π est égale à une constante K multipliée par le logarithme du rapport de concentration C' et C^2; on a $\pi = K.\log. \frac{C}{C^2}$. (Loi de NERNST.) Une solution de concentration z étant donnée, on détermine son titre en la faisant entrer dans une pile de concentration analogue à celle qui a été décrite. On mesure $\pi' = K.\log. \frac{C'}{z}$. On en déduit z. Soit deux liqueurs ayant des H acides ; on y plonge une lame de platine saturé d'hydrogène, laquelle joue le rôle d'électrode d'hydrogène. On aura encore $\pi = K.\log. \frac{C'}{C^2}$, C' et C^2 étant les concentrations d'hydrogène. Cette méthode est rigoureuse au point de vue théorique et expérimental ; mais il faut prouver qu'elle est applicable aux liquides complexes et aux liquides organiques.

Un premier essai de mesure a été tenté par HÖBER. FRAENCKEL a repris ces tentatives dans de meilleures conditions en se servant d'électrodes de palladium chargés d'hydrogène (Voy. *Bibliographie*).

VI. Variations de l'alcalinité. — Nous exposerons les conclusions générales qui ont été établies, mais il faut être prévenu que tous les résultats cités par les auteurs ne sont pas comparables en raison de la diversité des méthodes et ne doivent pas inspirer la même confiance en raison du degré incertain de précision de certaines de ces méthodes.

1) **Modifications après la sortie hors des vaisseaux**. — Dès l'instant où le sang est extrait des vaisseaux le sang s'altère. Cette altération a pour effet de diminuer la réaction alcaline, d'augmenter l'acidité réelle du liquide ; elle est déjà très manifeste avant le début de la coagulation et ne se prolonge pas après la rétraction complète du caillot avec mise en liberté du sérum (ZUNTZ).

Il suit de là que les titrages portant sur le sang total devront être effectués avec une rapidité telle, que leur durée n'excède pas quelques secondes à partir du moment où le sang est recueilli. Après la séparation du sérum limpide d'avec le caillot il n'est pas nécessaire d'agir avec la même précipitation qu'avec le sang total, pourvu que l'on se tienne à l'abri des fermentations étrangères. — L'alcalinité peut diminuer de 50 p. 100 au moment de la coagulation (ZUNTZ, SCHULTZE). Le rapport du phénomène avec la coagulation n'est pas exactement connu. Le sang de peptone incoagulable présente les mêmes phénomènes quoique moins accusés (ZUNTZ et LOEWY). La réaction du sérum aseptique privé de globules ne varie pas (DOYON et MOREL). Le sang et le sérum peuvent acquérir des propriétés acides au tournesol lorsque ces liquides sont envahis par des microbes.

2) **Différence suivant les espèces.** — La réaction alcaline du sang total varie suivant les espèces animales. L'acidité réelle du sérum varie également d'une espèce à l'autre. Les chiffres de l'alcalinité du plasma ou du sérum vont en croissant des Poissons aux Reptiles, aux Batraciens, aux Mammifères et aux Oiseaux précisément dans l'ordre suivant lequel augmente l'intensité des combustions respiratoires, comme si l'alcalinité du milieu (ainsi que la chimie pure en fournit de nombreux exemples) favorisait ici l'intensité des oxydations intérieures (Drouin, Bottazzi et Ducceschi).

Alcalinité du sang (Bottazzi et Ducceschi).

ANIMAUX.	Alcalinité exprimée en cmc. de solution 1/25 N. d'acide tartrique nécessaires pour saturer 100 c.m. de sang.
Anguilla vulgaris	39,9
Rana esculenta	199,9
Bufo viridis	206,5
Emys europæa	216,6
Canis familiaris	233,31
Gallus bankiva	248,9

3) **Variations pendant la vie**. — La réaction du sang ne cesse jamais d'être alcaline au tournesol pendant la vie. Elle peut varier sous l'influence de causes physiologiques ou pathologiques, mais elle oppose aux agents de perturbation une certaine résistance et tend à redevenir normale. On n'est pas exactement fixé sur l'importance de ces variations ; beaucoup de celles qui ont été signalées, sont inférieures à la limite de sensibilité ou aux causes d'erreur des procédés de mesure employés.

4) **Influence du régime**. — Le jeûne prolongé augmente notablement les substances acides du sang, l'alcalinité peut diminuer de près de moitié.

Chez un animal omnivore nourri exclusivement avec de la viande, la réaction alcaline du sérum ne varie pas sensiblement, l'acidité réelle augmente beaucoup. Chez le même animal, le régime végétarien augmente nécessairement la teneur du sang en principes alcalins ; néanmoins lorsque ce régime est poussé à l'excès de sorte que la ration d'azote soit insuffisante, la nutrition générale est troublée au point que l'acidité réelle du sérum peut s'élever au-dessus de la normale (Cohnstein, Drouin). — L'ingestion de sucre diminue l'alcalinité du sang (Albertoni).

L'alcalescence augmente avec l'accroissement de la concentration dans la diète sèche ou sous l'influence de l'action répétée des purgatifs (Fodéra et Ragona).

L'influence des repas n'est pas élucidée. D'après Canard, Baldi, Hubner, Drouix, l'alcalescence augmente tandis que l'estomac sécrète un suc acide ; d'après Von Noorden, le phénomène est compensé par l'élimination rénale (ou autre); de fait l'urine peut devenir alcaline vers la 4e ou 5e heure de la digestion (Bence Jones).

5) Résistance aux alcalins et aux acides. — Les injections rapides de soude provoquent des effets foudroyants ; par contre, les animaux montrent une grande tolérance quand les injections sont faites lentement; le pouvoir d'absorption du sang est à peine augmenté même si la quantité d'alcali introduite est considérable; l'alcalinité du sang n'est pas augmentée d'une manière durable (Fodéra et Ragona, L. Fredericq). La soude paraît neutralisée ou rendue inoffensive à mesure qu'elle pénètre ; une grande partie est excrétée par les reins ; les urines sont fortement alcalines, parfois sanguinolentes (L. Fredericq).

L'ingestion des carbonates de métaux alcalins augmente seulement pendant quelques heures l'alcalinité du sang (Pergami, Burmin, Orlowski).

L'intoxication lente par les acides dilués diminue la réaction alcaline du sang et augmente l'acidité réelle (Lassar, Walter, Krauss).

Chez les carnivores l'organisme lutte quelque temps en fournissant une quantité d'ammoniaque anormale destinée à neutraliser les acides étrangers, en sorte que l'on retrouve ceux-ci à l'état de sels ammoniacaux dans l'urine (Walter, Hallervorden, Schmiedeberg, Salkowski, Gæhtgens).

Lorsque les limites de la fonction compensatrice sont dépassées l'intoxication acide se manifeste. L'organisme est dépouillé d'une certaine quantité d'éléments alcalins ; l'acidité réelle du sang augmente. La mort arrive avant que la totalité des alcalis du sang ait été neutralisée (Cl. Bernard, Walter). Des animaux qui vont mourir par suite d'une intoxication acide peuvent être ranimés par des injections de solution de soude (Spiro).

Chez les herbivores la faculté de résistance est très faible. Le lapin meurt si on ajoute à son régime 0,9 gr. HCl par kilogr. d'animal (Walter). Les lapins préalablement affaiblis par HCl et intoxiqués par l'acide chondroïtine sulfurique meurent en quelques semaines ; le mécanisme qui eût permis aux carnivores de résister ne paraît pas entrer en jeu, car dans les urines les bases (y compris l'ammoniaque) sont en déficit par rapport aux acides (Kettner). Chez l'homme la faculté de résistance existe à un degré intermédiaire.

Lorsque les principes acides atteignent certaines proportions, ils sont capables de produire des lésions variées. Des injections d'acide lactique, d'acide oxalique, d'acide phosphorique altèrent le rein (GAUCHER, KOBERT), le foie (MINKOWSKI, BOIX). — L'altération acide du sang provoque des troubles respiratoires et circulatoires relevant du système nerveux, le coma et la mort, (WALTER). HEITZMANN, J. TEISSIER ont vu que l'acide lactique s'oppose au dépôt des matières calcaires dans les os et dissout ces matières à mesure qu'elles se concrètent. Les phosphates apparaissent en quantité exagérée dans les urines; le squelette peut présenter les symptômes du rachitisme ou de l'ostéomalacie. D'après FERRIER, l'intoxication acide (acide ingéré ou formé in situ) peut amener, par suite de la solubilisation du phosphate tricalcique, non seulement la phosphaturie, mais peut-être aussi l'hémophilie. La teneur du sang en CO^2 diminue chez les animaux intoxiqués par les acides (SPIRO, LOEWY et MÜNZER). Chez les Oiseaux, MILROY a constaté que les urines changent de caractères, deviennent plus aqueuses, contiennent plus d'ammoniaque et moins d'acide urique.

6) Exercice musculaire. Empoisonnement. Asphyxie. — Dans le surmenage et toutes les fois que le système musculaire devient le siège de contractures intenses ou généralisées, la réaction alcaline du sang total et celle du sérum diminue, tandis que l'acidité réelle du sérum est augmentée (ZUNTZ, COHNSTEIN, WETZEL, DROUIN, FERRUZZA).

Le titre hémo-alcalimétrique diminue au cours de l'empoisonnement par un grand nombre de substances qui ne jouissent pas par elles-mêmes de propriétés acides, telles que : le fer, le manganèse, le nitrite de soude, le nitrite d'amyle, l'oxalate de soude, le toluyendiamine (FEITELBERG), le platine, le phosphore, l'arsenic, l'iode, le mercure (KOBERT, FEITELBERG, H. MEYER, WILLIAMS, FR. KRAUS, LOEWY et MUNZER). L'alcalinité diminue dans l'intoxication oxy-carbonée (ARAKI, SAIKI et WAKAYAMA).

L'asphyxie lente (FODÉRA et RAGONA), un fort et rapide abaissement de température (KARFUNKEL), la section de la moelle (chez le chien) (DRAGO) abaissent également l'alcalinité.

D'après KRAUSS, KOBERT, l'alcalinité du sang diminue lorsque les globules rouges sont détruits en nombre suffisant dans le sang; d'après BENTIVAGNI et CARINI, l'alcalinité augmente si les leucocytes augmentent, diminue si ces éléments diminuent.

7) États pathologiques. — La maladie abaisse fréquemment l'alcalinité du sang. Le fait a été constaté : chez les brightiques, au moment des crises urémiques (CHARRIN), après la ligature des deux uretères chez le chien (ORLOWSKY), au cours des infections, chez les rhumatisants, dans le coma diabétique, le choléra (CENTANI, PETRONE, MANFREDI), pendant la fièvre (SCHIFF, CALABRESE, DROUIN), dans la syphilis, la cachexie cancéreuse, les anémies graves.

Dans le choléra, Centani, Petrone, Manfredi prétendent avoir vu le sérum donner au tournesol la teinte rouge. Charrin estime que ces constatations ne peuvent être que celles de la dernière heure.

VII. Rapports avec l'immunité. — L'accroissement de l'acidité du sang fait fléchir la résistance à la maladie et favorise l'infection bactérienne :

Le surmenage favorise l'infection bactérienne, probablement en augmentant l'accumulation de l'acide lactique dans le sang (Charrin et Roger). Une culture de charbon symptomatique, sans effet dans des conditions déterminées, provoque la mort si on ajoute dans le muscle un peu d'acide lactique (Arloing). Roux et Nocard ont confirmé et étendu ces résultats. L'acide intervient en débilitant le terrain ; par lui-même il atténue le germe. Charrin a montré que des injections répétées de faibles doses d'acide modifient, d'une manière générale, la réceptivité de l'organisme et font fléchir l'immunité.

Les alcalins augmentent la résistance aux infections et le pouvoir bactéricide des humeurs. Fodor a constaté que le bicarbonate de soude augmente la résistance aux cultures de bacille charbonneux. Lauder-Brunton, Maragliano affirment que l'état bactéricide fléchit là où les sels de soude diminuent ; Lingelsheim et Boer ont constaté que l'addition d'alcalis divers augmente l'action bactéricide du sérum, etc... D'après Hegeler, si le sérum devient nettement acide le pouvoir bactéricide disparaît.

L'alcalinité du sang diminue progressivement et d'une manière très marquée lorsque l'infection est fatale ; si l'infection guérit, l'alcalinité, d'abord diminuée, devient d'une manière permanente supérieure à la normale. Une fois l'alcalinité accrue, la résistance aux infections ultérieures devient plus considérable (Charrin). — Calabrese, Cantani, Fodor et Rigler, Karfunkel ont constaté une élévation de l'alcalinité chez les animaux immunisés contre la diphtérie, la ricine, après l'injection de sérum antidiphtérique ; l'injection de toxines produit le phénomène inverse.

L'injection d'un acide à dose inoffensive est capable de diminuer la résistance du cobaye à l'atropine (Lorenzo Scofone).

J. — POINT DE CONGÉLATION.

I. **Signification.** — Le point de congélation renseigne sur le *nombre de molécules physiques* contenues dans le sang sans préjuger leur nature. Par sa généralité, la notion donnée par le point de congélation est comparable à celle fournie par la densité.

Une dissolution a une température plus basse que celle du corps dissolvant (Blagden, 1788). — Raoult a découvert une relation entre l'abaissement du point de congélation et le nombre de molécules qui se trouve dans la solution : a) des dissolutions équimoléculaires faites avec le même solvant ont le même point de congélation ; b) pour des dissolutions d'un même corps et de concentration différente, Δ est proportionnel au nombre des molécules contenues dans la solution.

$$\Delta = K \times \frac{N}{g}$$

K = constante pour chaque dissolvant ;
N = nombre de molécules ;
g = poids de dissolvant renfermant les N molécules.

Certains corps font exception (les électrolytes : sels, acides forts, bases). Le fait s'explique par l'hypothèse de la dissolution des molécules électrolytiques, par exemple NaCl en leurs composants les ions : Na,Cl. Sont actifs non seulement les éléments qui sont les molécules au sens des chimistes, mais tous les éléments particulaires, libres dans la solution, de quelque nature qu'ils soient : véritables molécules chimiques; ions provenant de la dissociation de celles-ci ; molécules condensées ; toutes ces particules hétérogènes, libres dans la liqueur, exercent individuellement au même titre et avec une égale énergie l'action cryoscopique. Pour en éviter l'énumération on les appelle monades.

Chaque molécule physique produirait dans 100 grammes d'eau un abaissement du point de congélation de 18°,5. Une dissolution aqueuse dont le point de congélation sera — 0,55 présentera donc pour 100 grammes d'eau $\dfrac{0,55}{18,5}$ monades,

pour 1000 grammes d'eau $\dfrac{0,55}{1,85} = 0.292$. Un abaissement du point de congélation de 1° correspond à $\dfrac{1}{18.5} = 0,54$ monades par litre de dissolution.

La dépression cryoscopique est indépendante de la nature des corps dissous et de la nature du dissolvant. Elle ne dépend que du nombre de molécules de l'un ou de l'autre et non de leur spécificité chimique (RAOULT).

II. Déterminations comparatives avec le sang total, le plasma et le sérum. —

Pour un sang de même origine, le point de congélation diffère peu s'il s'agit du sang total, du plasma ou du sérum. La présence d'éléments cellulaires est sans influence (DRESER, HAMBURGER, HEDIN).

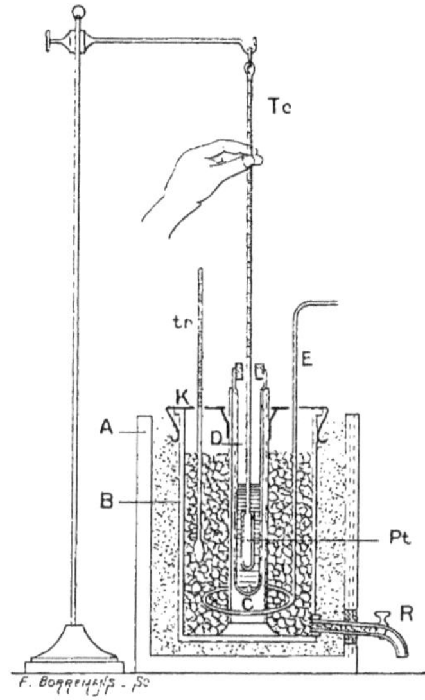

Fig. 132. — *Cryoscope de* CHANOZ.

Le liquide à cryoscoper est placé dans un tube à essai D. Celui-ci est engagé dans un tube de laiton C qui plonge dans un milieu réfrigérant (glace et solution de sel) dont le brassage est assuré par un agitateur E. Le vase B est placé dans une enceinte isolante A contenant de la sciure de bois. Un thermomètre cryoscopique T est plongé dans le tube à essai. Ce thermomètre est gradué en 1/50° de degré de + 3°,60 a — 5°. On refroidit lentement le liquide. Sa température s'abaisse au-dessous du point de solidification (surfusion). On provoque la congélation en projetant dans la masse un fragment de glace. La température du liquide remonte puis plus tard redescend. C'est le point culminant de l'ascension qui représente la congélation du liquide. — Sensibilité : en prenant certaines précautions 200me de degré, usuellement 100me de degré CHANOZ et LESIEUR. *J. de Phys. et Pathol. gén.*, 1903. — CHANOZ et DOYON. *Ibidem.* 1903.

Ex. chien normal. Sang défibriné........................... $\Delta = -0,590$
          Sérum .... $\Delta = -0,605$
                                                  (*Wettendorff*.)

Le sérum du sang coagulé a un abaissement du point de congélation plus élevé que le sérum du même sang défibriné (Hamburger). La dilution augmente le degré de dissociation des substances dissoutes et par suite l'abaissement du point de congélation (Hamburger).

	Abaissement observé.	Abaissement rapporté au sérum non dilué.
Sérum non dilué.................	0,647	0,647
1 sérum + 1 eau.................	0,331	0,662
1 sérum + 5 eau.................	0,136	0,816

La congélation et le dégel répétés du sang ne provoquent aucun changement, d'après Bottazzi.

Tableau I.

ESPÈCES.	VALEURS LIMITES.	NOMBRE DES OBSERVATIONS.	VALEURS MOYENNES.	AUTEURS.
Homme......	— 0,56 à 0,57 — 0,544 à 0,59 — 0,501 à 0,605 — 0,480 à 0,5103	2 8 10 20	— 0,565 — 0,562 — 0,551 — 0,497	Bousquet. Viola. Veit. Krönig et Fueth.
Chien........	— 0,583 à 0,642 — 0,573 à 0,692 — 0,605 à 0,645 — 0,550 à 0,639	4 21 6 11	— 0,59 — 0,610 — 630 — 597	Heidenhain. Fano et Bottazzi. Starling. Bugarsky et Tangl.
Chat........	— 0,601 à 0,649	4	— 0,633	Bugarsky et Tangl.
Lapin........	— 0,55 à 0,62	14	— 0,59	Korányi.
Mouton.......	— 0,567 à 0,665	24	— 0,618	Bugarsky et Tangl.
Porc.........	— 0,606 à 0,625	4	— 0,614	Hamburger.
Cheval......	— 0,527 à 0,587 — 0,600 à 0,605 — 0,560	19 4 1	— 0,558 — 0,602 — 0,560	Bugarsky et Tangl. Hamburger. Tamman.
Bœuf........	— 0,56 à 0,633	5	— 0,611	Bugarsky et Tangl.
Poule........	— 0,591 à 0,605 — 0,560 à 0,62	4 3	— 0,599 — 0,613	Hamburger. Gryns.

III. **Variations suivant les espèces**. — Le point de congélation du sang ou du sérum varie d'une espèce à l'autre. Les tableaux I, II, III résument un certain nombre de déterminations. Toutes ne sont pas comparables, car elles ont été faites avec des procédés différents, de précision variable.

Tableau II.

	ESPÈCES ANIMALES.	POINT de congélation du sang ou du milieu intérieur.	POINT de congélation du milieu extérieur.	AUTEURS
ANIMAUX MARINS. — Invertébrés.	Échinodermes, Sipunculus, Maia. Homarus......	— 2,195 à — 2,36	— 2,29 en moyenne (1).	Botazzi.
Poissons cartilagineux (sélaciens).	Trygon vulgaris. Scyllium canicula. Scyllium Catulus. Centrina......... Galeus Canis..... Raja undulata....	— 2,05	— 2º Atlantique à Arcachon, haute mer.	Rodier.
	Mustellus vulgaris Trygon violacea..	— 2,36 — 2,44	— 2,29 (Méditerranée à Naples.	Bottazzi.
Poissons osseux (téléostéens).	Lophius Piscatorius (baudroie). Orthagoricus mola (poisson lune).	— 0,62 à — 0,80	— 2º	Rodier.
	Charax puntazzo. Cerma (Serranus) gigas..........	— 1,04 : — 1,035 — 1,035 ; — 1,034	— 2,29	Bottazzi.
	Ganoïdes (Cavear).	— 0,76		Rodier.
Tortues marines.	Chelonia caouana (Thalanochelys caretta)........	— 0,602 — 0,61		Rodier. Bottazzi.
Mammifères marins.	Delphnis Phocaena.. Tursiops.........	— 0,74 — 0,83		Rodier. Jolyet.
ANIMAUX D'EAU DOUCE. — Tortue.	Emys europæa..	— 0º,463 à 0º,485		Bottazzi et Ducceschi.
Crustacés.	Écrevisse........	— 0,80	—0,02 à —0,03	L. Fredericq.

(1) Isotonique à une solution NaCl 3,783 p. 100.

Tableau III [Hamburger].

Sérum de l'homme....	— 0,526	47 observations.
— du bœuf....	585	22 —
— cheval..	564	34 —
— lapin	592	65 —
— mouton	619	24 —
— porc........	615	6 —
— chien	571	55 —
— chat........	638	5 —
— poule	603	7 —

Différenciation dans la série animale. — Le point de congélation du milieu intérieur des Invertébrés marins tend en général à se mettre en équilibre avec celui du milieu externe dans lequel vivent ces animaux. Bottazzi, L. Fredericq, Quinton ont constaté que les sels solubles du sang ou du liquide cavitaire de ces animaux sont ceux de l'eau de mer et varient suivant la concentration du milieu. Graduellement on constate en s'élevant dans la série animale que le sang se rend indépendant.

Le phénomène de différenciation peut être suivi chez des animaux appartenant à des espèces très voisines. L'écrevisse présente une pression osmotique élevée correspondant à une valeur de $\Delta = -0,80$ ou à une solution de chlorure de sodium à 1,3 environ. Cette pression osmotique élevée se maintient, quoique le sang ne se trouve séparé de l'eau douce extérieure ($\Delta = -0°,02$ à $-0°,03$) au niveau de la branchie que par une mince membrane. Par contre, en plaçant successivement des crabes (carcinus moenas) dans de l'eau plus ou moins salée, on peut faire augmenter ou diminuer du simple au double la proportion des sels contenue dans leur sang (L. Fredericq).

Chez les *Poissons cartilagineux*, le sang a une température de congélation légèrement inférieure, en tous cas très voisine de celle du milieu extérieur; chez les *Poissons osseux* d'une organisation plus élevée, le sang acquiert plus d'indépendance et présente des propriétés nettement distinctes de celle de l'eau de mer dans laquelle ils vivent.

Remarques. — Soit un animal marin dont le milieu intérieur est isotonique au milieu extérieur. La teneur en sels du liquide périviscéral ou du sang n'est pas cependant dans tous les cas la même que celle de l'eau de mer.

La plus faible teneur du milieu intérieur peut être compensée par des corps non conducteurs, non électrolytes (V. Henri et Lalou). Chez les poissons cartilagineux, la compensation est réalisée par de l'urée (Schröder ; Rodier).

D'après V. Henri et Lalou, la régulation entre le milieu intérieur et le milieu extérieur s'établit chez les oursins et chez les holothuries par osmose pure sans phénomènes de diffusion. Si, par exemple, on place des oursins dans de l'eau de mer diluée avec de l'eau douce, la concentration de leur liquide périviscéral diminue et leur poids augmente.

La teneur en chlore diminue progressivement et devient au moment de l'équilibre inférieure à celle du milieu extérieur.

L'augmentation de poids des oursins correspond à la diminution de la concentration de leur liquide périviscéral. Tout se passe comme si de l'eau pure passait de l'extérieur dans l'intérieur. Lorsqu'on place des oursins dans de l'eau de mer diluée et additionnée de saccharose en quantité isotonique à l'eau de mer le liquide périviscéral ne change pas pendant les deux premières heures et ne contient que des traces de sucre.

Il existe donc chez les animaux inférieurs des membranes semi-perméables qui ne laissent passer ni les sels dissous dans l'eau de mer, ni le sucre et qui laissent facilement passer l'eau (V. Henri et Lalou). Bottazzi et Enriques avaient déjà montré que l'estomac des aplysies est une membrane de cette nature.

IV. Stabilité chez les animaux supérieurs. — Chez les animaux supérieurs le sang tend à conserver un point de congélation à peu près invariable. Lorsqu'on injecte dans les veines des solutions minérales contenant des sels par eux-mêmes inoffensifs de titres variables, ou lorsqu'on cherche à priver le sang d'eau par une salivation ou des sueurs abondantes, l'équilibre physique moléculaire normal primitif ne tarde pas à se rétablir quoique la constitution chimique du plasma puisse changer, certaines substances s'éliminant du sang alors que d'autres y rentrent (Hamburger). La suppression de l'élimination rénale tout en provoquant une certaine augmentation de la concentration moléculaire du sang n'abolit pas l'action régulatrice (Achard et Lœper).

Le mécanisme de la régulation de l'équilibre physique est complexe. Les émonctoires éliminent les sels et l'eau en excès. Certaines substances peuvent s'accumuler dans les tissus (Achard et Loeper). Hamburger fait intervenir de plus une action élective et sécrétrice de l'endothélium vasculaire ; Winter la dissociation (l'ionisation) des molécules du chlorure de sodium contenu dans le sang ; Fano et Bottazzi celle des combinaisons supposées des sels minéraux (surtout le chlorure de sodium) avec les matières protéiques du sang. Lorsque les causes perturbatrices tendent à diluer le sang, le chlorure de sodium ou les combinaisons protéiques avec le chlorure de sodium se dissocieraient ; le nombre des éléments (monades) serait augmenté ; lorsque le sang se concentre par perte d'eau, le phénomène inverse se produirait ; les molécules se reconstitueraient, le nombre des éléments diminuerait. D'après A. Mayer, le rétablissement de la tension osmotique normale après l'introduction dans les vaisseaux de solutions non isotoniques, serait favorisé par des réactions vaso-motrices. Dans tous les cas, quel que soit le mécanisme régulateur, le nombre des éléments actifs sur le point de congélation tend à redevenir ce qu'il était.

Les propriétés des organes sont troublées lorsque la concentration moléculaire du sang dépasse certaines limites. A. Mayer a constaté que l'épilepsie se produit lorsque le point de congélation du sang atteint — 0,76-0,80 sous un grand nombre d'influences diverses. Toutefois, l'augmentation de la concentration du sang peut exister sans que les convulsions éclatent (injections de bromure de sodium). Carrion et Hallion ont constaté chez le lapin l'œdème aigu des poumons après l'injection intraveineuse de solutions salées fortes (au-dessus de 10 p. 100).

V. Variations. — Tout en étant relativement fixe, le point de congélation du sang peut néanmoins subir des changements transitoires (Hamburger, Fano et Bottazzi).

L'*acide carbonique* élève le point de congélation du sang et du sérum ; l'oxygène amène la valeur initiale (HAMBURGER, BOTTAZZI, CARRARA, NOLF).

CHEVAL.	MOYENNE DE 3 DÉTERMINATIONS.	
	Avant	Après
	l'action de CO_2 sur le sang.	
Sang laqué	— 0,594	— 0,663
Sérum	— 0,601	— 0,742
Bouillie de globules (laqués)	— 0,691	— 0,693
Sérum normal		— 0,598
Le même agité avec de l'air		— 0,591
Le même agité avec CO_2		— 0,645
Le même agité avec de l'air		— 0,590

(*Hamburger.*)

On a constaté des *différences suivant les individus* dans une même espèce, toutefois on ne sait pas si elles persisteraient chez des sujets placés un temps suffisant dans des conditions identiques (HAMBURGER).

Le point de congélation du sang s'abaisse sous l'influence du *régime sec* : l'augmentation est minime dans les premiers jours ; elle croît proportionnellement à la durée de ce régime (FANO et BOTTAZZI, WETTENDORF, A. MEYER).

Dans trois observations relevées au troisième jour du régime sec, WETTEN-DORFF a trouvé chez un chien les augmentations suivantes de Δ :

De — 0,59 à 0,61.
De — 0,61 à 0,68.
De — 0,60 à 0,65.

Au septième jour de soif, la moyenne de sept observations a donné la valeur $\Delta = 0,84$.

Le point de congélation s'abaisse momentanément après des transpirations abondantes et chez le diabétique privé d'eau (A. MAYER, LOEPER). Il s'élève de 1 à 2 centièmes de degré après l'ingestion abondante d'eau (2 litres en deux heures) (A. MEYER). D'après STEYRER, l'ingestion d'eau ne provoque pas nécessairement la dilution du sang ; l'ingestion de bière (Pilsen) abaisse le point de congélation : de — 0,54, par exemple, à — 0,64 dans un cas après l'ingestion de 5 litres en cinq heures.

La *saignée* provoque des modifications peu importantes tantôt dans un sens, tantôt dans un autre (HAMBURGER). LŒPER n'a pas constaté d'effet.

Le point cryoscopique n'est pas le même aux *divers points de l'appareil circulatoire*. La concentration est plus grande en général pour le sang veineux que pour le sang artériel ; pour le sang de la veine sus-hépatique que pour le sang de la veine porte ; par contre, la concentration du sang veineux rénal est en général moindre que celle du sang artériel rénal.

Après la mort, le point de congélation du sang subit un abaissement notable. (— 0,70 et même — 0,90', puis il remonte vers sa valeur normale MAGNANINI .

Dans la mort par submersion, le liquide pénètre dans la circulation (BROUARDEL, LOYE, VIBERT, BERGERON et MONTANO. PALTAUF' ; la dilution est plus grande dans le cœur gauche que dans le cœur droit CARRARA'. Dans le cadavre plongé dans l'eau il ne se produit aucune dilution.

Dans les néphrites la concentration augmente pendant que celle de l'urine diminue. L'augmentation n'est pas constante. Elle est parfois notable (maximum — 0.70 dans l'urémie) et porte surtout sur les substances minérales (KORANYI, BOUSQUET, VIOLA, LINDEMANN'. Dans les affections cardiaques, le sang est modifié dans le même sens ; les urines resteraient normales KORANYI, BOUSQUET'. Dans le diabète, à la période critique des maladies infectieuses et des asystolies avec œdème (LOEPER), on a noté une légère augmentation.

La concentration diminue pendant la grossesse (FARKAS et SCIPIADES'.

VI. Importance comparée des substances inorganiques et des substances organiques. — L'abaissement du point de congélation du sang ou du sérum est dû pour les trois quarts aux substances salines. Les tableaux (I et II) indiquent que la concentration moléculaire de ces liquides chez les animaux supérieurs est voisine de celle d'une solution de sel marin à 0,9 p. 100. Le point de congélation d'une solution de sel marin à 1 p. 100 est exactement — 0,589 (RAOULT, JONES, LOOMIS, ABEGG, NERNST et ABEGG, HAMBURGER).

Les variations des albuminoïdes influent relativement peu en raison du poids moléculaire élevé de ces substances.

Pour connaître la part des substances organiques dans l'abaissement du point de congélation du sérum, on détermine tout d'abord le point de congélation du sérum total. Soit $\Delta = -0,595$. On incinère ensuite le sérum ; supposons que les matières incinérées reprises par l'eau donnent $\Delta' = -0.480$. La part des substances organiques sera $= -0,115$: le nombre des molécules de la matière organique : $\Delta_2 = \Delta - \Delta'$, c'est-à-dire $\frac{0.115}{18,5}$ p. 100.0,062 p. 1000 (BOUSQUET'. Toutefois DASTRE fait remarquer avec raison qu'on n'est pas rigoureusement autorisé à confondre l'abaissement Δ' dû à la solution de matières incinérées avec l'abaissement qui serait dû aux matières minérales contenues dans la liqueur et certainement différentes.

Pour avoir une solution d'albumine ayant le même point de congélation qu'une solution d'urée à 60 grammes par litre, il faudrait dissoudre dans un litre d'eau 6 000 grammes d'albumine, la molécule d'albumine pèse en effet 6 000, celle de l'urée 60. — Une solution d'albumine à 50 p. 1000 a le même point de congélation qu'une solution à 0.27 p. 1000 de NaCl (JULLIARD).

Le sang des Poissons cartilagineux contient une très forte proportion d'urée (SCHRÖDER'. environ 20 à 27 grammes par litre, qui contribue ainsi pour une part importante à l'égalisation de la concentration moléculaire du sang de ces animaux avec celle de l'eau de mer dans laquelle ils vivent (RODIER).

Remarques. — Le point de congélation des liquides séreux s'éloigne peu de celui du sang $\Delta = -0^{\circ},50$ à $-0^{\circ},57$. En ce qui concerne les sécrétions, on a trouvé les valeurs suivantes : sueur de l'homme sain : moyenne — 0°,237 (maximum — 0°,46, minimum — 0°,08), ARDIN et DELTEIL; salive sous-maxillaire de chien; spontanée — 0°,109 à — 0°,266; provoquée par l'excitation de la corde — 0°,123 à — 0°,396, NOLF; bile : — 0°,54 à — 0°,56 DRESER, — 0°,53 à 0°,60 BRAND; lait normal : — 0°,54 à — 0°,57, en général — 0°,55, WINTER; urines de vingt-quatre heures : — 0°,75 à — 2°,41, CHANOZ et LESIEUR. Pour les organes SABBATANI a trouvé : cerveau — 0°,65; muscles — 0°,68; foie (sujet à jeun) — 0°,97 (après un repas abondant) — 1°15; rein — 0°,94. D'après L. FRE-DERICQ, chez le chien, le lapin, la grenouille, les Poissons osseux, les tissus ont une concentration en général supérieure à celle du sang, concentration d'ailleurs variable suivant les conditions physiologiques. La concentration augmente après la mort (SABBATANI et L. FREDERICQ). Chez les Sélaciens et beaucoup d'Invertébrés marins, les muscles et plusieurs autres tissus ont approximativement la même concentration moléculaire que celle du sang ; ils sont, par conséquent, en équilibre moléculaire avec l'eau de mer extérieure puisque le sang présente chez ces animaux l'isotonie avec le milieu extérieur. Chez l'écrevisse le sang et les tissus sont notablement plus concentrés que le milieu extérieur (L. FREDERICQ).

K. — CONDUCTIBILITÉ ÉLECTRIQUE.

I. Comparaison avec les autres tissus. — Le sang est de tous les tissus un des plus conducteurs. Par son intermédiaire le courant continu pourra atteindre les points les plus reculés de l'organisme, et modifier sensiblement la conductibilité d'une région.

Tous les électrothérapeutes savent que lorsque deux électrodes bien humectées appliquées sur la peau intacte sont reliées à une source électrique constante (pile ou accumulateur), l'intensité du courant croît dans les premiers instants, parfois d'une façon considérable. Il y a augmentation de la conductibilité électrique de la peau et cette augmentation est due surtout à l'afflux du sang au niveau des électrodes par le mécanisme d'une vaso-dilatation.

II. Variations. — Lorsqu'on interpose du sang dans différentes conditions entre les deux pôles d'une source électrique le courant passe inégalement suivant les cas.

III. Conductibilité comparée du sang total et du plasma (ou sérum). — Le courant passe mieux à travers le sérum qu'à travers le sang défibriné ou le sang total.

La différence est considérable; si la conductibilité électrique du sang est représentée par 60, celle du sérum sera 130.

Exemple : La conductibilité rapportée à une unité dont une colonne ayant 1 centimètre de long et 1 centimètre de section présente une résistance de 1 ohm est à 25° pour le sang défibriné de bœuf 52,50-70,89, et pour le sérum de ce sang 114,40-131,08; pour le sang défibriné de porc 44,49-51,51, et pour son sérum 119,34 à 126,77 (MAX OKER-BLOM).

Si on isole par une centrifugation très prolongée les globules du plasma on constate que la conductibilité des globules est presque négligeable, comparée à celle du plasma ou du sérum. Dans le sang total les choses se passent comme si les globules étaient des isolateurs (Stewart, Tangl et Bugarsky, Roth, Oker-Blom, A. Rollett).

IV. Substances conductrices. — Ce sont les électrolytes. On appelle ainsi des substances qui se décomposent en donnant naissance à des ions (dissociation électrolytique). Les électrolytes sont les acides, les bases, les sels. En solution aqueuse seuls ces corps conduisent l'électricité.

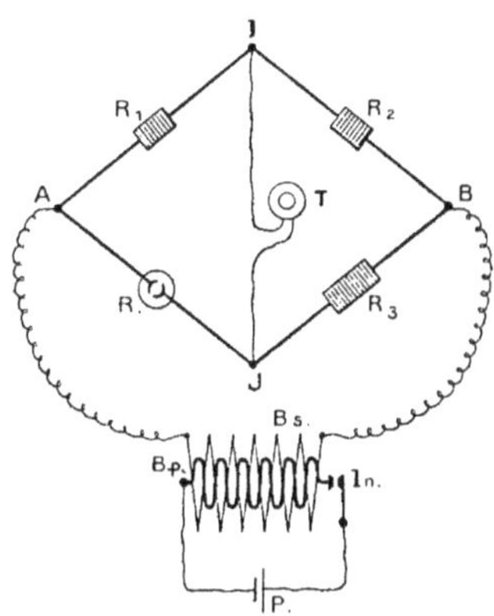

Fig. 133. — *Schème du dispositif de la mesure des résistances liquides par la méthode de* Kohlrausch.

Le courant secondaire d'une bobine B arrive à deux sommets opposés A et B d'un parallélogramme ; les deux autres sommets sont réunis par une diagonale (pont de Wheastone) comprenant un appareil de mesure T. Sur les quatre côtés du parallélogramme sont placées des résistances R^1, R^2, R^3. connues, la quatrième R est la résistance à mesurer. On emploie des courants alternatifs pour éviter la polarisation (Bp, Bs, bobines primaire, secondaire ; in, interrupteur). Ces courants entraînent l'emploi du téléphone comme appareil de mesure T, le galvanomètre n'étant sensible qu'au courant continu. Lorsque les rapports des résistances atteignent certaines valeurs, il ne passe aucun courant dans le pont de Wheastone, le téléphone donne le minimum de son. Pour mesurer la résistance R du liquide intercalé on fait arriver le courant par des électrodes en platine et on fait varier la résistance connue R^1 jusqu'à ce que le téléphone donne le minimum de son ; l'équilibre du pont est établi.

D'après les idées modernes, les corps conducteurs ont en dissolution aqueuse une nature spéciale :

Si la solution est très étendue, aucune molécule chimique n'existe dans le liquide. Toutes se sont scindées en donnant des ions. NaCl existe dans une pareille dilution sous la forme d'ion Na et d'ion Cl. Si la solution est concentrée il y a des ions, mais il y a aussi des molécules chimiques intactes dont on fera diminuer le nombre en diluant le liquide. NaCl existerait dans ce cas à l'état de molécules NaCl et d'ions Na et Cl. Le rapport du nombre des molécules ionisées au nombre total des molécules : intactes plus ionisées, exprime le degré de dissociation.

La conduction est liée à la désintégration des molécules chimiques, des électrolytes et au déplacement des ions. Sous l'influence du courant électrique les ions existant en liberté dans le liquide se dirigent vers l'une ou l'autre des électrodes : l'anion chargé d'électricité négative va au pôle positif, le cathion chargé d'électricité positive va au pôle négatif. Du fait de la succession de ces ions qui apportent des charges électriques aux électrodes, il y a passage continu d'électricité : courant électrique.

La conductibilité d'un liquide est proportionnelle à la quantité d'électricité qui traverse le liquide dans des conditions déterminées. Elle dépend du nombre et de la vitesse des convois qui charrient l'électricité. Tout ce qui modifiera le nombre des ions libres et la vitesse des ions modifiera par là même la quantité d'électricité transportée et la conductibilité de la liqueur. Pour une substance donnée, le nombre d'ions dépend principalement de la dilution.

Presque les trois quarts des molécules électrolytiques du sérum sont constituées par le chlorure de sodium dont les ions sont $\overset{+}{Na}$ et $\overset{-}{Cl}$. Le reste est constitué par les autres sels inorganiques, principalement le carbonate de soude Co^3Na^2 (ou $NaHCo^3$) et une quantité minime de sels organiques (sels de l'acide lactique, des acides gras et urates).

La conductibilité du sérum donne par suite la mesure approximative de la concentration des molécules inorganiques. Pour fixer les idées, rappelons que OKER-BLOM a trouvé que la conductibilité moyenne du sérum de bœuf est à 25° égale à celle d'une solution de chlorure de sodium à 7 p. 100 à la même température. A 25° cette solution a une conductibilité de 124,10.

Dans les conditions ordinaires les *électrolytes des globules* ne prennent pas part à la conduction à travers le sang total ou le sang défibriné. Pour qu'elles y prennent part il faut que les électrolytes passent dans le plasma ou le sérum par suite d'une altération ou de destruction de ces globules.

V. **Substances non conductrices de la partie liquide du sang**. — Le plasma et le sérum constituent un mélange d'électrolytes divers et de substances non électrolytiques non conductrices.

Les corps non conducteurs sont constitués principalement par les substances albuminoïdes. D'autres combinaisons organiques non dissociables interviennent également ; ce sont : le sucre, l'urée, la graisse, la cholestérine, les lécithines, la créatine..., mais, l'ensemble de ces derniers corps peut être négligé par rapport à la masse des albumines.

La conductibilité des électrolytes est diminuée par l'addition des non conducteurs. La diminution dépend de la nature des électrolytes et des non conducteurs (ARRHÉNIUS). Chaque gramme d'albumine ajouté à 100 centimètres cubes de sérum diminue la conductibilité électrique de ce sérum de 2,5 p. 100 (ST. BUGARSKY et F. TANGL).

VI. **Rapport des électrolytes aux substances non conductrices**. — Les électrolytes forment les trois quarts de toutes les molécules dissoutes dans le sérum.

Pour séparer les électrolytes, on soumet le sérum pendant un mois ou deux à la dialyse contre de l'eau distillée. On dessèche d'une part l'eau, d'autre part l'albumine et on reprend les résidus.

VII. **Influence de la température**. — La conductibilité s'accroît avec la température. Chaque élévation de température de 1° centigrade élève en moyenne la conductibilité du sérum de 2,21 p. 100 (Tangl et Bugarsky, Oker-Blom).

VIII. **Modifications dans le sang conservé hors des vaisseaux**. — La conductibilité du sang conservé hors des vaisseaux tend à augmenter d'une façon continue. Celle du sérum peut se maintenir à une valeur à peu près constante pendant un jour ou deux (125,0 à 25° pour le sérum de bœuf), parfois elle augmente. Oker-Blom attribue ce fait à la dissolution de quelques globules rouges demeurés dans le sérum ; peut-être pourrait-on faire intervenir la transformation en électrolytes de quelques molécules non électrolytes, comme cela a lieu pour l'urée qui par hydratation dans des conditions favorables donne du carbonate d'ammoniaque (Chanoz). La conductibilité du sérum provenant d'un caillot est plus grande que celle du sérum du sang défibriné. Exemple : La conductibilité du sérum d'un sang défibriné de bœuf était exprimée par le chiffre 109,8 ; celui du sérum provenant du sang coagulé, 114,40 (Oker-Blom).

IX. **Influence de la destruction des globules**. — Les électrolytes primitivement contenus dans les globules sont mis en liberté et tendent à augmenter la conductibilité du sang ; l'hémoglobine diffusée exerce l'effet inverse. L'addition de 1 gramme d'hémoglobine à 99 centimètres cubes de sérum abaisse la conductibilité de ce sérum de 0,8 p. 100 (Stewart). Suivant la prédominance de l'un ou de l'autre phénomène la résultante varie.

La dilution, le laquage par la chaleur augmentent la conductibilité du sang (Stewart, Oker-Blom, A. Rollett). Le laquage par la décharge d'un condensateur abaisse la conductibilité par suite de la diffusion de l'hémoglobine à l'exclusion des électrolytes qu'elle provoque (A. Rollett).

X. **Influence de la dilution**. — La conductibilité du sang ou du sérum rapporté au volume initial croît avec la dilution. Quelle que soit la dilution la conductibilité du sang est plus faible que celle du sérum. Cette différence existe entre les liquides non dilués pour deux raisons : dans le sang la dissociation est moins accusée et les globules s'opposent au déplacement des ions. Pour les grandes dilutions il y a encore une grande différence de même sens parce qu'après le laquage l'hémoglobine diffusée est un obstacle à la conduction de l'électricité. L'effet considérable de la dilution sur le sérum s'explique par l'augmentation du degré de dissociation de tous les électrolytes, le dédoublement hydrolytique de Na^2Co^3 et la diminution de l'effet empêchant de l'albumine par suite de la dilution (Hamburger).

Les effets de la dilution prouvent que dans le sang non dilué les électrolytes ne sont pas complètement dissociées. Dans le sang de bœuf défibriné, il y aurait 34 à 45 p. 100 de molécules électriques ionisées; dans le sérum il y en aurait 65 à 76 p. 100, la solution de NaCl en contenant 88 p. 100 (Oker-Blom).

XI. **Variations suivant les espèces et les individus.** — La conductibilité varie d'une espèce à l'autre.

La conductibilité électrique spécifique, c'est-à-dire rapportée à la conductibilité d'une colonne ayant 1 centimètre de long et 1 centimètre de section, est à 25° [$\times 10^{-4}$] pour le sang défibriné de bœuf 52,50-70,89, et pour le sérum de ce sang 114,40-131,08, pour le sang défibriné de porc 44,49-51,51 et pour son sérum 119,34 à 126,77 (Max Oker-Blom).

La conductibilité spécifique varie non seulement d'une espèce à l'autre, mais chez les individus d'une même espèce. Pour le sérum du sang du bœuf, Oker-Blom a observé des oscillations de 114,40 à 131,0 à 25°; pour le sang défibriné du bœuf, de 52,50 à 70,89; pour le sang défibriné de cochon, de 44,49 à 51,51.

Viola a trouvé chez huit personnes saines les chiffres suivants : 108,72; 118,28; 115,98; 115,34; 111,89 : 119,42; 112,35; 106,18. Il y a donc des variations individuelles. A l'état pathologique les variations oscillent entre des limites plus étendues, 98,29 à 142,01 ($\times 10^{-8}$ à 25°C) au lieu de 106,18 à 119,12.

D'après Dongier et Lesage, les différences sont faibles chez les sujets sains (surtout adultes) malgré les variétés d'origine et d'alimentation. Voici les chiffres donnés pour la résistivité $\left[\text{résistivité} = \dfrac{1}{\text{conduct. spécifique}}\right]$ à 16°,7 avec une approximation de 1/200 : sérum humain (adulte) : 100 à 103 *ohms*; mouton (au-dessous de deux ans) : 90 à 97 ; au-dessus de deux ans : 97 à 98 ; veau : 97 à 100; bœuf : 97,5 à 103,5 ; cheval : 99 à 104; chien : 93 à 96 ; lapin, cobaye : 96 à 97.

Ubbels a constaté que le sérum du sang jugulaire du veau, tout de suite avant la naissance, avait une conductibilité plus grande que celle du sérum du sang jugulaire de la mère peu avant la naissance.

Remarque. — La conductibilité de l'urine de l'homme oscille de 85×10^{-4} à 335×10^{-4} (Chanoz). La conductibilité de la bile est plus grande que celle du sang (Brand).

XII. **Applications.** — La conductibilité électrique peut servir approximativement à mesurer la concentration des molécules anorganiques. Elle ne donne pas comme l'abaissement du point de congélation la concentration de l'ensemble des particules anorganiques

et organiques. Il faut d'ailleurs tenir compte de la présence de substances non conductrices, de la diversité des électrolytes, des conditions différentes de dissociation de ces électrolytes, des frottements des ions mis en liberté suivant l'abondance relative des globules et du plasma.

BIBLIOGRAPHIE.

Répartition de la chaleur. — CL. BERNARD, *Chaleur animale*, 128, 351, 352, 355. *Liq. de l'organ.*

Fixité. — ACHARD et GAILLARD, *Biol.*, 1901, 123, permeab. rein à caséine; infl. favorisante des lésions du rein. — ACHARD et LŒPER, *Biol.*, 1901, 346, 382, 1902, 338. — MAILLARD, *Biol.*, 1901, 881. — BOHN, *Biol.*, 1903, 306.

Série zoologique. — BOTTAZZI. *Arch. biol. ital.*, 1897. — FREDERICQ, *Ac. roy. Belge*, t. IV, 209, *Livre jubilaire*, *Soc. méd. Gand*, 271. — QUINTON, *Stat. zool. Arcachon.* — HÖBER, *Biol. Centralbl.*, 1899.

Albuminuries digestives. — L'albumine peut apparaître sous l'influence de l'ingestion d'un excès d'œufs (CL. BERNARD) ou de viande (DUFOURT). — ASCOLI, *Münch. med. Wochensch.*, 1902, 11 mars. — DUFOURT, *Journ. de Phys. et Pathol. gén.*, 1902.

Sort des poisons. — ABELOUS, BARDIER, RIBAUT, *Biol.*, 1903, 420. — COURMONT et DOYON, *Journ. de Phys. et de Pathol. gén.*, 1899. — DECROLY. *Arch. int. de Pharm. et Thérap.*, 1897. — DECROLY et ROUSSE, *Ibid.*, 1899, t. VI, 211. — HEYMANS, *Bull. Acad. méd. Belgique*, 1898, 1899, 1900. *Arch. internat. Pharm. et Thérap.*, t. VIII, 1. — GOLA, *Arch. ital. biol.*, 1901. — MARRO, *Arch. ital. biol.*, 1901, 308. — NICLOUX, *Biol.*, 1899, 980, fœtus, 1902, 21 juin, alcool.. bibl., 1903, 391, 1016. *Journ. de Phys. et Path. gén.*, 1903, glycérine. — VULPIAN, *Leçons subst. tox. et méd.*, p. 572. — THOINOT, BROUARDEL, *Soc. méd. hôp.*, 1900, 896. — COURMONT et DOYON. *Biol.*, 1898, 602, 935.

Couleur. — BROWN-SÉQUARD, *Arch. de Phys.*, 1891, 818. — CL. BERNARD, *Liq. de l'organ.* — FÜRK, Vergleichende chem. Physiologie d. niederen Thiere, Iena, 1903, bibl. **Coloration des veines.** — HÉNOCQUE, *Spectroscopie des organ.*, Encyclopédie Léauté, Masson, Paris. p. 23. — KRUKENBERG, *Grund. einer Vergleich. Phys. d. Farbstoffe u. d. Farben*, Heidelberg, C. Winter, 1884. — **Intoxications.** — CL. BERNARD, *Liq. de l'organ.* — MASOIN. *Soc. méd. Gand*, 1896. — E. SALKOWSKY, *Zeit. f. Phys. Chemie*, t. XXVIII, 319, 1899. — LEWIN. *Zeit. f. Biol.*, 1901, 107, *C. R. Ac. sc.*, 1901, 599. — **Invertébrés.** — L. FREDERICQ, *Bull. Acad. roy.. Belgique*, t. XLVII, 1879, homard 1881. insectes. — HÉNOCQUE. *Spectroscopie biol.*, t. II, Paris, Masson, p. 76 et suiv., bibl. — HALLIBURTON, *Journ. of Phys.*, t. VI, 1885. Crustacés. — MEREJKOWSKI, *C. R. Ac. sc.*, t. XCIII, 1881, 1029 (tétronérythrine). — MAC-MUNN. *Quat. Journ. of microsc.*, 1885. — POULTON, *Proceed. roy. Soc.*, London, 1885, 270 (insectes). — JOLYET et REGNARD, *Arch. de Phys.*, t. IV, 1877. — KRUKENBERG, Vergleichende phys. Studien. Experimentelle Untersuchungen. C. Winter, Heidelberg. — LANKESTER, *Journ. of Anat. a. Phys.*, 1868. t. II, 114, *Proceed. of roy. Soc.*, t. XXI, 1871 (hémogl. des Chélopodes, larves de Chironomus). — **Hémocyanine.** — DHÉRÉ. *Biol.*, 1900, 458, 1903, 1014, cons. L. FREDERICQ. — CUÉNOT, *Station zool. d'Arachon.* — R. KOBERT, *Arch. f. d. ges. Phys.*, t. 98, bibl.

Chaleur du sang. — CL. BERNARD. *Liq. de l'organ.*, Leçons de phys. opératoire. — CHAUVEAU, Travail musculaire. — GRIJNS, *Arch. f. (Anat. et) Phys.*, 1893, 78, s. artér. rénal.

Chaleur spécifique. — BORDIER. *Journ. de Phys. et Pathol. gén.*, 1900, 381, bibl. — HILLERSON et STEIN-BERNSTEIN, *Phys. russe*, 1898, 43, *Arch. f. Phys.*, 249. — LLOYD, *Brit. med. Journ.*, 1072, 1897, n° 1920.

Odeur. — DENIS, *Essai sur l'appl. à la chimie du sang.* Paris. 1838. — FLORENCE, Thèse Lyon, p. 100. — MATEUCCI, *Ann. chim. et phys.*, t. LII, 1833, 137.

Quantité de sang. — ARLOING, art. CHEVAL, *Dict. de phys. de Richet*, p. 350. — ATHANASIU, art. CHAT, *Ibid.* — COHNSTEIN et ZUNTZ. *Arch. Pflüger*, 1884; fœtus. — DASTRE. *Arch. de Phys.*, 1893, 787. — GAULE, *Centralbl. f. Phys.*, 1889, t. III, 161, grenouille. — GRÉHANT, QUINQUAUD, *Journ. Anat. et Phys.*, 1882, *C. R. Ac. sc.*, 1882, t. XLIV, 1450. — GRÉHANT, Les gaz du sang, p. 123. — HALDANE et LORRAIN SMITH, *Journ. of Phys.*, 1900. — MALASSEZ. *Arch. de Phys.*, 1874-1875. *Biol.*, 1874, 266, grenouille, inanition, *Lambling*, Encycl. chimique, t. IX, 1895, 192, bibl. — LANDERGREEN, *Tigerstedt, Skand.*

Arch. f. Phys., t. IV, 4-5, 241. — LONDON, *Arch. biol.*, Pétersbourg. — JOLYET et LAFFONT, *Gaz. méd. de Paris*, 1877, 349. — MALL, *Arch. f. Phys. Du Bois-Raymond*, 1892, 409, infl. du système de la veine porte sur la distribut. du sang. — MENICANTE, *Zeit. f. Biol.*, t. XXX, 1894, 4, 439, poumons. — MORDHORST, *Deutsch. med. Wochensch.*, 1887, 642. — SPEHL, Thèse Bruxelles, 1883. — STEINBERG, *Arch. Pflüger*, 1881. — THIBAUT, *Bull. Ac. belge*, 1894, 23. — TIGERSTEDT, *Skand. Arch. f. Phys.*, t. III, 145. — RANKE, Die Blut vertheilung, Leipzig, 1871. — TARCHANOFF. *Arch. f. d. ges. Phys.*, 1881, 203, 525. — THIBAUT, *Bull. Ac. belge*, 1894, t. VIII, 1. 112. — VALENTIN, *Repertorium f. Anat u. Phys.*, 1837, t. II, 281. — VOIT, *Zeit. f. Biol.*, vol. 2, 307, 1866, vol. 30, 511, 1894. — WELKER, *Zeit. f. nat. med.*, 1858, t. IV, 145. — BRUNS, *Virchow's Arch.*, LXVI, 174.

Rapport des globules au plasma. — BARD, *Gaz. hebd.*, 1901, 20 janv., revue. — HAMBURGER, *Osmotischer Druck u. Ionenlehre*, bibl. — MARCANO, *Arch. med. exp.*, 1900, *Journ. de Phys et Pathol. gén.*, 1901, bibl. — GOBINOT, Thèse Lyon, 1902.

Poids relatifs des globules et du plasma. — BOUCHARD, in *Lambling*. Encyclopédie chimique, 1888, t. IX, Chimie physiologique, p. 152. — BUNGE, Chimie physiologique. — A. GAUTIER, Chimie biologique, t. III, p. 412, 1897. — LAMBLING, Chimie des liq. et tissus de l'organisme. Encyclopédie chimique, t. IX, I, p. 193, 1895, bibl.

Procédé colorimétrique. — STEWART, *Journ. of Phys.*, 1899. *Jahr. Thier. Chemie*, t. XXX, 181.

Détermination par la conductibilité électrique. — BUGARSKY et TANGL, *Centralbl. f. Phys.*, 11, 297, *Arch. f. Phys.*, 1897, 551. — ROTH, *Centralbl. f. Phys.*, 11, 271, *Orvosi hetilap*, 1897, n° 24. — STEWART, *Journ. of Phys.*, t. XXVI, 1899.

Sédimentation spontanée. — BIERNACKI, *Zeit. f. Phys. Chemie*, 12, 1894; 23, 1897. — HANICKI, *Jahrb. f. Thier. Chemie*, 1900, 174. — MARCANO, *Journ. de Phys. et de Path. gén.*, 1901, 167, bibl.

Densité. — ALBERTONI, *Centralbl. f. Phys.* 1902, 459. — BARBERA, *Soc. med chir. Bologna*, 1900, alimentation. — BUSCH a. KERR, *Med. News*, t. LXVII, 678, relat. between sp. gravity a. hemoglob. — CZERNY, *Arch. f. exp. Path. u. Pharmak.*, 34, 268, 1894, effets de l'augment. de densité du sang. — HAMMERSCHLAG, *Centralbl. f. klin. Med.*, 1891, 44, *Zeit. f. klin. Med.*, t. XX, 444 et *Wien. klin. Wochensch.*, 1890, 1018, méthode. — DUCCESCHI, *Lo Sperimentale*, t. LII, 283, 1828, sur cellules nerveuses. — HAYCRAFT, *Proc. roy. Soc. Edinburgh*, 18, 251, méthode. — HELLER, MAYER, SCHRÖTTER, *Zeit. f. klin. med. Journ.*, t. XXVIII, 586, rapp. avec hémogl. — HUNTER, *Journ. of Phys.*, t. XI, 115, meth. of raising sp. gravity. — GAUTRELET et LANGLOIS, *Biol.*, 1902, 840. — LANGLOIS, *Biol.*, 1902, 1379. — LANGLOIS et PELLEGRIN, *Biol.*, 1902, 1377. — GRAWITZ, *Zeit. f. klin. Med.*, 1892, *Centralbl. f. klin. Med.*, 1894, *Klin. Pathol. d. Blute*, 1902. — GLOGNER, *Virchows' Archiv*, 126, 109, tropiques. — KUTHY. *Közlemenyek az összeha soulito elet-es koitan koreböl*. Budapest, 1894, I, III. — LAZARUS BARLOW, *Proc. Phys. soc.* — *Journ. of Phys.*, t. XVI, 5-6, 13 variat. of volume of blood upon sp. gravity of blood a. muscle. — LLOYD JONES, *Journ. of Phys.*, VIII, I, XII, 299. — JELLINEK-SCHIFFER, *Wien. klin. Wochensch.*, 1900, 802, rapp. entre p. spécif., résidu sec, fer. — MENICANTI, *Deut. Arch f. klin. Med.*, 50, 407, hémogl. — MONTI, *Wiener med. Presse*, 1894, 1553, *Arch. f. kinderheilk.*, t. XVIII, 161. — MOIKOWSKI, *Arch. sc. biol. St.-Pétersb.*, t. IV, 3, 241, après exc. vague. — OTTOLENGHI, *Moleschott's Unters. Naturleh.*, 15, 212, 24, 149, asphyxie. — PEIPER, *Centralbl. bl. f. klin. Med.*, t. XII, 12, 217. — POPEL, *Arch. sc. biol. Petersb.*, t. IV, 4, 354, jeûne, ligature, uretère. — SHERRINGTON a. MONCKTON COPEMAN, *Journ. of Phys.*, t. XIV, 1, 52. — S. SCHOLKOFF, *Inaug. diss.* Berne, 1892. — SCHMALTZ, *Deutsch. Arch. f. klin. Med.*, t. XLVII, 145, *Deutsch. med. Wochensch.*, 1891, n° 16, 555. — SCHWENDTER, *Inaug. diss.* Berne, 1888. — SPANGE, *Maly's Jahrb. Virchow's*, t. XXX, 200, parallèle à teneur en hémogl. et volume des érythrocytes. — ZIEGELROTH, *Virchow's Arch.*, t. CXLVI, 3, 453, sang et tissus. — *Virchow's Arch.*, CXLVI, 3, 462, sudations abondantes, t. CXLI, 2, saignée. — ZUNTZ, *Arch. f. d. ges. Phys.*, t. LXVI, 539, crit. méth, HAMMERSCHLAG.

Influence de la déshydratation. — CZERNY, *Arch. f. exp. Path. u. Pharm.*, 1894. — DUCCESCHI, *Lo Sperimentale*, t. LII, 283, 1898, sur cellules nerveuses. — DURIG, *Arch. f. d. ges. Phys.*, 1907, t. XCII, 293.

Densité comparée des globules et du sérum. — PFEIFFER, *Zeit. f. klin. Med.*, t. XXXIII, p. 239, bibl.

Réaction.

Réaction, articles d'ensemble. — DROUIN, Thèse Paris, 1892. — GLATZEL, *Sitzungsb. phys. med. Soc. Erlangen*, 1896.

Substances acides. — Drouin, Thèse Paris, 1892, 57. — Maly, *Sitz. ber. Ak. Wiss. Wien.*, t. LXXXV, III, 1, V, 318, t. LXXVII, II, 1877, 21. — Krauss, *Arch. f. exp. Pathol. u. Pharm.*, 1889-90. — Spiro et Pemsel, *Zeit. f. phys. Chemie*, t. XVI.

Alcali diffusible et combiné. — Brandeburg, *Deut. med. Woch.*, 1902, t. XXVIII, 78. — Hamburger, Osmotischer Druck u. Jonenlehre. — Lehmann et Zuntz, *Arch. f. Anat. u. Phys. Du Bois-Reymond*, 1893, 556, *Arch. f. d. ges. Phys.*, t. LVIII, 459. — Loewy, *Arch. f. d. Anat. u. Phys. Du Bois-Reymond*, 1893, 556. — Loewy et Zuntz, *Arch. f. d. ges. Phys.*, t. LVIII, 511. — Spiro et Pemsel, *Zeit. f. Phys. Chemie*, t. XVI, 233. — Zuntz, *Arch. f. Phys. Du Bois-Reymond*, 1893, t. VI, 556, *diss. Bonn*, 1868.

Rapports entre alcalis des globules et du sérum. — Hamburger, *Osmotischer u. Druck u. Ionenlehre.* — Gurber, *Sitz. bern. med. Gesell. Wurzburg*, 1895, 28.

Alcalescence. — Hladik, *Zeit. f. klin., Med.*, 39, p. 194.

Espèces animales. — Bottazzi et Ducceski, *Arch. it. biol.*, t. XXVI, 2, p. 161. — Drouin, *C. R. Acad. sc.*, t. CXI. 828, Thèse Paris, 1892. — Haan et Zeehinsen, *Jahrb. f. Thier. Chemie*, 1900, 204, pas de diff. entre carnivores et herbivores.

Régime. — Cohnstein, *Virchow's Arch.*, 130, 1892, 332.

Digestion. — Baldi, *Lo Sperimentale*, t. LV, 400, 1885 (sang et salive). — Drouin, Thèse Paris, 1892. — London, *Arch. sc. biol. Pétersbourg*, t. IV, 5, 553, jeûne. — V. Noorden, *Arch. f. exp. Pathol. u. Pharm.*, t. XXII, 325, 1886, 87.

Rapports avec coagulation. — Biernacki, *Zeit. f. klin. Med.*, 1897. — Zuntz, *Centralbl. f. med. Wiss.*, 1867, 608. — Zuntz et Loewy, *Arch. f. d. ges. Phys.*, t. LVIII.

Influence des alcalis et acides. — Freundberg, *Arch. f. path. anat. u. Phys.*, Bd 125, H. 3, p. 556, 1891. — Jaquet, *Arch. f. exp. Pathol. u. Pharm.*, t. XXX, 5-6. 311. — Lehmann, *Arch. f. d. ges. Phys.*, t. LVIII, 428. — Puppier, *C. R. Acad. sc.*, 1875. — Pergami, *Jahresb. f. Thierchemie*, 1900. 206. *Arch. ital. Biol.*, 1900.

Intoxication acide. — Biernacki, *Münch. med. Woch.* 43, 653, 678. — Walter, *Arch. f. exp. Pathol. u. Pharm.*, t. VII, 148, 1877. — Loewy et Münzer, *Arch. f. anat. u. Phys.*, 1901, 81, alcalinité et teneur en CO^2. — Spiro, *Hofmeister's Beiträge z. chem. Phys. u. Pathol.*, t. I, 269. — Ellinger, *Deut. med. Woch.*, 1900, 580. — L. Fredericq, *Trav. lab.* — Winterberg, *Zeit. f. phys. Chemie*, 1898. — Milroy, *Journ. of Phys.*, t. XXVI, p. 12, oiseaux. — Pohl et Munzer, *Arch. f. exp. Pathol. u. Pharm.*, t. XLIII, § 28.

Influence des poisons. — Drouin, Thèse Paris, 1891-92, 9, 192, bibl. — Loewy et Müntzer, *Arch. f. anat. u. Phys.*, 1901. — Meyer, *Arch. f. exp. Pathol. u. Pharm.*, t. XIV, 313, 1881; Phosphore, t. XVII, 1883, bibl. — Kraus, *Arch. f. exp. Pathol. u. Pharm.*, t. XXVI. — Petruschky, *Deut. med. Wochensch.*, 1891, 20, chloroforme, etc. — Saiki et Wakayama, *Zeit. f. phys. Chemie*, t. XXXIV, 96. nitrite d'amyle, CO; phosphore. — Swiatecki, *Zeit. f. phys. Chemie*, t. XV, alcaleszenz d. durch die Wirkung grosser natrium sulfuricum Gaben verdichteten Blute. — Thomas. *Arch. f. exp. Path.*, t. XLI, 1, narkotische Stoffe.

Rapports avec la résistance aux microbes et aux poisons. — Charrin, Défenses de l'organisme. — Hamburger, Osmotischer Druck u. Ionenlehre, Wiesbaden, 1902, p. 271 et 280, t. I, bibl. — Scofone, *Arch. intern. Pharm. et Thérap.*, 1899, t. VI, 273. Inj. acide à dose inoff. diminue résist. à atropine. — Zagari et Innocente, *Arch. ital. biol.*, t. XVIII, 1893.

Contraction musculaire. — Burckhardt, *Corresp. bl. f. Schweizer Aertze*, n° 17, 552, 1881. — Cohnstein, *Virchow's Arch.*, t. CXXX, 332. — Folheringham, *Lancet*, 1896, 1020. — Hutchinson, *Lancet*, 3, 791, t. I, 17, 1166. — Wetzel, *Arch. f. d. ges. Phys.*, 1900, t. LXXXII, 510. — Zuntz, *Centralbl. f. med. Wiss.*, 1876, 801.

Rapports avec globules. — Caro, *Zeit. f. klin. Med.*, t. XXX, 339, leucocytose. — Drouin, Thèse Paris, 1892. — Löwy, Richter, *Deutsch. med. Wochensch.*, 1895, 33. 526: globules blancs, *Fortsch. d. Med.*, t. XIV, 369. — Jacob, *Fortsch. d. Med.*, t. XIV, 8, 289: 10, 371, leucocytose. — Krauss, *Arch. f. exp. Pathol.*, t. XXVI, 186.

Dans les veines comparées aux artères. — Brandenburg, *Deutsch. med. Wochensch.*, t. XXVIII, 78, 1902. Chez cheval alcal. plus grande dans jugul. que dans carotide. — Hamburger, Osmotischer Druck u. Ionenlehre, 1902, p. 280.

Divers. — Fodera et Ragona, *Jahresb. f. Thierchemie*, 1900, 207, asphyxie, pyrogallol. — Setchenow, *Phys. russe*, 1898, 85, origine des alcalis.

Méthodes. — Barbera, *Ann. d. Farmacoterapia e clinica*, 1898, n° 6. — Barbier et Lumière, *Arch. méd. exp.*, 1902. — Brandenburg, *Deutsch. med. Wochensch.*, t. XXVIII, 78, 1902. — Cavazzani, *Arch. ital. biol.*, t. XXXIV, 1900, 79. Quand le sang est traité par une sol. très allongée d'acide sulfurique, on précipite une substance albuminoïde: cette précipitation a lieu par l'adjonction de quantités presque exactement proportionnelles de la solution acide. — Drouin, *C. R. Acad. sc.*, t. CXI, 828, Thèse Paris, 1892. — Hladek, *Zeil. f. klin. Med.*, t. XXXIX, 194, 1900, méth. pour petite quantité de sang. — Hutchinson, *Lancet*, 3, 784, 815. — Dessèvre, Thèse Lyon, 1898, emploi de l'alcool acidifié par l'acide acétique. — Loewy. *Arch. f. d. ges. Phys.*, t. LVIII, 462; XIII, 34. — H. Meyer, *Arch. f. d. exp. Pathol. u. Pharm.*, t. XVII, 1883. — Orlowski, *Centralbl. f. Stoffwechsel u. Verdauungskr.*, 1902, t. II, 31. — Salkowski, *Centralbl. f. d. med. Wiss.*, 1898, 52, 913. — Schultz-Schultzenstein, Diss. Göttinguen, 1825; *Centralbl. f. d. med. Wissensch.*, 1894, n° 46. — Tauszk, *Ungar. Arch. f. Med.*, III, 359. — Wright, *Lancet*, 1897, 18, p. 8.

Méthode physico-chimique. — Höber, *Arch. f. d. ges. Phys.*, t. LXXXI. — Henry, *Rev. gén. des sc.*, 1902. — Hamburger, *Osmolischer Druck u. Ionenlehre*, t. 1, p. 508, 1902. — Farkas, *Arch. f. d. ges. Phys.*, 1903. — Fraenckel, *Ibidem*.

Indicateurs. — Berthelot, *C. R. Acad. sc.*, 1901. — Glaser, Indicatoren d. Acidimetrie u. Alcalimetrie. Wiesbaden, *Kreidel*, 1901. — Friedenthal, *Zeil. f. all. Phys.*, t. 1, 1, 56, sang neutre à phtaléine.

Viscosité. — Hirsch et Beck, *Deut. Arch. f. klin. Med.*, 1901. — Hürthle, *Arch. f. d. ges. Phys.*, 1900, t. LXXXII, 415, bibl. — Russel Burton-Opitz, *Arch. f. d. ges. Phys.*, 1900, t. LXXXII, 447, 464. — Trommsdorff, *Arch. f. exp. Pathol.*, t. XLV, 66. — Jacobi, *Deutsch. med. Wochensch.*, 1901, n° 8. — A. Meyer, *Biol.*, 1901, 1138, 1140, 1902, 365, 369, 765; 1901, 1140. — Pfeiffer, *Zeil. f. klin. Med.*, 1897, 215.

Concentration moléculaire. — Bouinevitch, *Medicinskoie obozrénié*. — Bousquet, *Thèse Paris, fac. méd.*, 1889. — Chanoz, Thèse Lyon, 1899, bibl. — Dastre, *Physique biol.*, t. I, Masson, Paris, travail d'ensemble. — Hamburger, *Osmolischer Druck u. Ionenlehre*, Wiesbaden, Bergmann, 1902, bibl. — Lindemann. *Deut. Arch. f. klin. med.*, 1899, urémie. — Lœper, *Biol.*, 1902. — A. Mayer, *Biol.*, 153, animaux soumis à la soif. — Vaquez et Bousquet, *Biol.*, 1899, 72, état pathol., inject. intra-vasculaires. — Vicarelli, *Arch. ital. biol.*, grossesses. couches, allaitement. — Farkas et Scipiades, *Arch. f. d. ges. Phys.*, 1903.

Régulation. — L. Fredericq, *Trav. lab.*, t. VI. — Achard et Lœper, *Biol.*, 1901, 337. — Höber, *Biol. Centralbl.*, 1899. — A. Mayer, *Biol.*, 1900, 388. — Maillard, *Biol.*, 1901, 880, par la dissociation électrolytique, rôle des sels minéraux.

Point de congélation des centres nerveux et organes. — A. Mayer, *Biol.*, 1902, 766 (autour de 0,70). — Sabbatini, *Journ. de Phys. et Pathol. gén.*, 1901, 938. — L. Fredericq, *Arch. belges*, 1903.

Influence de l'augmentation de la concentration moléculaire du sang. — A. Mayer, *Biol.*, 1902, 763.

Action des albumines. — Julliard, *Biol.*, 1901, 847.

Conductibilité électrique. — Bugarsky et Tangl, *Arch. f. d. ges. Phys.*, Bd 72, 531. — Galeotti, *Lo Sperimentale*, 1901, *Zeilschrift. f. Hyg.*, 1902, t. XLIII, 289, cond. des tissus; infl. de la coag.; cond. dimin. en même temps que survient mort des cellules du tissu. — Brand, *Arch. f. d. ges. Phys.*, 1902. — Chanoz, *Soc. méd. hôp. Lyon*, 1903, 195. — Hamburger, *Osmolischer Druck u. Ionenlehre*, p. 474. — H. Rollett, *Arch. f. d. ges. Phys.*, Bd 82, 1900, 223, 241. — Roth, *Centralbl. f. Phys.*, t. XI, 271. — Stewart, *Journ. of Phys.*, t. XXIV, 224: *Centralbl. f. Phys.*, t. XI, 332. — Oker-Blom, *Arch. f. d. ges. Phys.*, 1900; *Journ. de Physiol. et de Pathol. gén.*, 1900, 349. — Viola, *Estratto del periodico Rivisto veneta di science mediche*, t. XVIII, fasc. VIII, 1901. — Ubbels, *Inaug. diss. Giessen*, 1901.

CHAPITRE II

LES GLOBULES ROUGES.

Nous consacrons ce chapitre à un résumé des propriétés des globules rouges. L'étude de l'hémoglobine qui caractérise les globules rouges fera l'objet d'un chapitre particulier.

A. — FONCTION.

Les globules rouges ou hématies (de αἷμα, sang) sont des éléments différenciés en vue d'emmagasiner l'oxygène et de le transporter du poumon aux tissus à travers les vaisseaux. Ils doivent leur coloration et leur propriété spécifique à l'hémoglobine qu'ils contiennent.

Les globules rouges n'existent que chez les Vertébrés (1) ; chez ces animaux, ils représentent des organes de perfectionnement ajoutés pour faciliter les échanges gazeux qui se font continuellement d'une part entre le sang et le milieu extérieur, d'autre part entre le sang et les tissus.

Les globules rouges caractérisent le sang, où ils ont été signalés, grâce aux progrès de l'optique, par Malpighi (1661) (2), Schwammerdam (1658) et Leuwenhoek (1673) les premiers ; toutefois la lymphe en contient généralement un petit nombre.

B. — CONSTITUTION HISTOLOGIQUE.

Chez les *Oiseaux*, *Reptiles*, *Batraciens*, *Poissons*, les globules rouges sont nucléés. Il en est de même des globules des Mammifères pendant la période embryonnaire et fœtale.

Laveran a fait sur les hématies des Oiseaux des observations qui tendent à montrer que ces hématies possèdent une membrane d'enveloppe et que le protoplasme est de nature liquide. Chez les Oiseaux il existe parfois dans les globules rouges des parasites (haemamœba Danilewskyi) qui altèrent fort peu les hématies qui les logent. Lorsqu'on fixe dans une préparation de sang frais une hématie contenant un parasite arrivé à son développement complet, on voit parfois tout à coup le protoplasme de l'hématie disparaître ; on ne voit plus à côté du parasite que le noyau du globule rouge qui le contenait. A voir la rapidité avec laquelle le contenu du globule disparaît, on a la sensation d'une ampoule remplie d'une matière liquide qui se romprait sous l'effort du parasite et qui se viderait.

Les globules des *Mammifères adultes* ont à peu près complètement perdu les attributs qui caractérisent à première vue une cellule. Ils ne possèdent pas de noyau apparent, ni de membrane d'enveloppe. Les hématies nucléées n'apparaissent que dans des conditions déterminées : dans les anémies parvenues à un haut degré, après la saignée ; dans certaines affections qui intéressent directement la

---

(1) Seul l'Amphioxus n'en possède pas. Certains Invertébrés possèdent des globules colorés, soit par de l'hémoglobine, soit par d'autres pigments (voy. p. 525).
(2) Malpighi prit les corpuscules rouges du sang pour des globules de graisse.

moelle osseuse (leucémies, ostéo-sarcomes, certaines maladies infectieuses...).

La substance qui constitue les globules est d'apparence homogène. Vue au microscope sous une faible épaisseur, elle apparaît colorée en jaune orangé. Certains agents, destructeurs des globules rouges, tels que l'eau, séparent à une première phase de leur action ou lorsqu'on les emploie d'une façon ménagée, la matière colorante (hémoglobine) des éléments figurés ; ceux-ci subsistent avec leurs contours primitifs sous la forme de masses incolores, généralement plus volumineuses qu'auparavant. Ces masses constituent ce que A. ROLLETT a désigné sous le nom de *stroma* ; elles sont formées principalement par des matières albuminoïdes (globulines) qui ont été isolées et étudiées pour la première fois par DENIS DE COMMERCY.

D'après A. ROLLETT, l'hémoglobine est fixée à l'état amorphe sur une substance qu'il désigne sous le nom d'endosoma et qui répond au zooid de BRÜCKE. L'endosoma se trouverait entre les mailles du stroma, lequel servirait de support aux électrolytes (sels). — HAMBURGER soutient que le stroma forme un réseau protoplasmique enserrant dans ses mailles une masse rouge fluide ou semi-fluide.

C. — FORME ET DIMENSIONS.

I. **Forme.** — Les globules sont discoïdes chez tous les Mammifères (sauf les Caméliens) et chez certains Poissons (Cyclostomes) ; ils sont elliptiques chez les Caméliens, les Oiseaux, les Reptiles, les Amphibies et les Poissons (autres que les Cyclostomes).

Les globules discoïdes des Mammifères sont pour la plupart excavés au centre sur leurs deux faces. Examinés de profil, ils ont la forme d'un biscuit légèrement renflé à ses deux extrémités. Vus de face, le renflement des bords se reconnaît aux différences d'aspect présentées suivant la position de l'objectif. Après que l'on a bien mis au point lorsqu'on éloigne l'objectif, le bord du globule devient brillant et son centre obscur ; lorsqu'on rapproche l'objectif, le centre devient brillant et le bord obscur (RANVIER) (fig. 134).

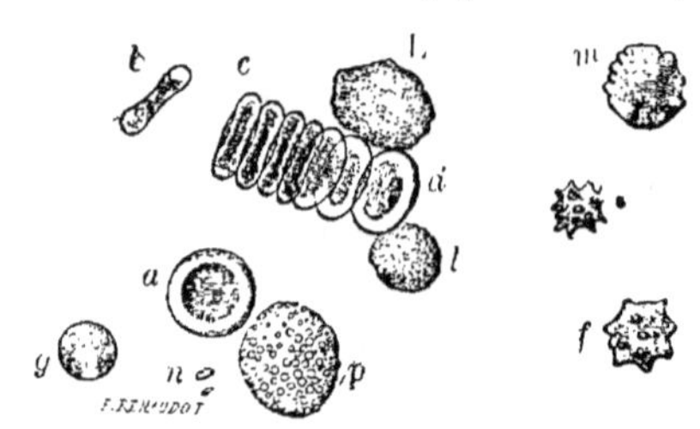

Fig. 134. — *Globules rouges et blancs du sang de l'homme* (grossissement de 1000 diamètres).

a, globule rouge vu de face ; b, vu de profil ; c, en pile ; d, vu de trois quarts ; e, f, épineux ; g, sphérique ; m, crénelé ; L, grosse cellule lymphatique du sang ; l, petite cellule lymphatique ; p, cellule lymphatique granuleuse ; m, granulations libres (RANVIER).

Chez les Oiseaux, Reptiles, Amphibies, les globules apparaissent biconvexes, lorsqu'on les examine de profil, par suite de la présence du noyau, qui fait bomber le centre du globule sur ses deux faces (fig. 135). — Chez tous les embryons, aussi bien des ovipares que des vivipares, les globules du sang sont d'abord sphériques.

Dans certains états pathologiques, notamment dans l'anémie pernicieuse, on observe des formes rappelant par leurs contours des objets très divers : une bouteille, une poire, une haltère, une étoile, un fuseau....

Fig. 135. — *Sang de grenouille.*

a, globule rouge vu de face ; *b*, vu de profil : *c*, vu de trois quarts ; *v*, vacuole : *n*, cellule lymphatique en repos ; *m*, cellule lymphatique présentant des prolongements amiboïdes ; *k*, cellule lymphatique morte ; *p*, cellule fusiforme incolore (RANVIER).

II. Dimensions. a) Variations d'une espèce à l'autre.

— Plus l'organisme est perfectionné, plus les globules sanguins sont petits. En effet, les dimensions de ces éléments augmentent à mesure qu'on descend dans la série animale ; les plus petits globules se rencontrent chez les Mammifères, les plus gros chez les Batraciens (PREVOST et DUMAS, WAGNER, MANDL, GULLIVER).

La même tendance se retrouve dans le cours du développement d'un même individu : les globules de l'embryon sont plus gros que les globules de l'adulte (HEWSON, PREVOST, WAGNER, GULLIVER, DAVY, BISCHOFF, PAGET).

MILNE-EDWARDS a montré que le diamètre des globules est en relation intime avec l'activité physiologique. Les hématies sont en général d'autant plus petites que les besoins respiratoires et l'activité musculaires sont plus grands. La taille exerce une influence en ce sens que, toutes choses égales d'ailleurs, les combustions et la respiration sont plus actives chez les petits animaux que chez les grands.

Exemple. — Parmi les Mammifères, les animaux doués d'une activité très grande tels que les chevrotins, cerfs, antilopes, ont de très petits globules, alors que le paresseux dont les mouvements sont très lents, a des globules presque aussi gros que ceux de l'éléphant.

DIMENSIONS DES GLOBULES DISCOÏDES.		DIMENSIONS DES GLOBULES ELLIPTIQUES.	
		petit diamètre.	grand diamètre.
Éléphant	9μ4	Lama — 4μ0	8μ0
Homme	7,5 (1)	Poule — 7,2	12,1
Chien	7,3	Pigeon — 6,5	14,7
Lapin	6,9	Grenouille — 15,7	22,3
Chat	6,5	Triton — 19,5	29,3
Mouton	5.0	Protée — 35,0	58,0
Chèvre	4,1		
Chevrotin porte-musc..	2,07		

Le diagnostic de l'espèce d'après les dimensions des globules est très difficile, sinon impossible. En effet, chez les Mammifères les variations ne vont que du simple au double ; chez les ovipares, du simple au quadruple. Dans une expertise médico-légale, on ne peut pas conclure que les globules trouvés proviennent du sang humain, mais dans bien des cas, on peut affirmer que le sang examiné ne peut être du sang humain.

III. **Variations chez un même sujet**. — Chez un même sujet toutes les hématies n'ont pas des dimensions identiques. Le diamètre moyen de ces éléments est 7μ,5 à 7μ,6 chez l'Homme ; mais on trouve à l'état normal des globules géants atteignant 9μ,5, et d'autres nains, n'ayant que 5μ,5 et même moins.

Dans les anémies provoquées par des hémorragies ou des états pathologiques le nombre des globules nains augmente ; en même temps apparaissent un nombre variable de globules géants d'un diamètre de 10, 12 et même 14 μ. Les gros globules se voient surtout dans l'anémie pernicieuse. Chez les ictériques Vaquez a trouvé des globules de 8 à 9 μ, 25, dans la cyanose chronique des globules de 11 μ et 12 μ (Vaquez, Quiserne). Dans le diabète les dimensions sont également augmentées mais moins (Vaquez). D'après Viault, Mercier, Egger, Quiserne, de petits globules apparaissent sous l'influence du passage d'une station basse à une altitude.

IV. **Influence du milieu intérieur**. — La forme et le volume des globules dépendent très étroitement de la concentration moléculaire et de la composition du sang.

Dans le sang défibriné conservé aseptiquement et à l'abri de l'évaporation, les globules se conservent bien pour la plupart pendant plusieurs jours (Doyon et Morel). L'hémolyse est nulle le premier jour ; elle ne devient nette qu'après plusieurs jours. Elle est accélérée par la chaleur (Limbeck, Nolf, Schur, Manca et Catterina). Le sang saturé de CO résiste encore mieux (Cl. Bernard,

(1) Vus de champ 2 μ, 5 à leur partie renflée ; 1 μ, 8 à 2 μ au niveau du point étranglé (Hayem).

Manca et Catterina). Sous l'influence d'une perte d'eau même légère, les globules prennent un aspect ratatiné, deviennent mûriformes, épineux, crénelés. D'autres causes peuvent du reste provoquer ces mêmes altérations.

Dès qu'ils sont mis en contact avec un liquide étranger quel qu'il soit, solutions salines hyper, hypo ou isotoniques, sérum légèrement dilué, lymphe... les globules biconcaves des mammifères perdent leur forme primitive et tendent à devenir sphériques. Replacés dans leur propre sérum, ils reviennent à leur forme primitive Hamburger, Malassez.

Le volume des globules rouges dépend étroitement de la concentration moléculaire du milieu (1). Il varie en raison inverse de la concentration (Hédin, Hamburger); toutefois ce principe n'exprime que l'allure générale du phénomène (Stassano et Billon. L'eau gonfle les globules puis les altère et les dissout. Certaines substances enlèvent à l'eau ses propriétés nocives. Si on centrifuge du sang avec des solutions d'un même sel (KCl, NaCl, KBr, KNO^3, AzO^3Na) à divers degrés de concentration, on constate que le volume des corpuscules sanguins est d'autant plus considérable que les solutions employées sont plus diluées. Les solutions concentrées diminuent le volume des globules. Pour chaque sel, il existe des solutions dont le degré de concentration est tel que le volume des corpuscules ne change pas, quoique leur forme et leur composition chimique se modifient (voy. p. 519).

Les solutions de substances différentes qui sont sans action sur le volume des corpuscules présentent également le même point de congélation; elles ont la même concentration que le sang dont proviennent les globules. Soit le chlorure de sodium: la solution de ce sel qui altère le moins le volume des globules des Mammifères doit contenir en moyenne 0,9 p. 100 de ce sel, celle qui altère le moins les globules de la grenouille doit contenir en moyenne 0,64 p. 100. Toutefois on constate des variations chez les différents individus et chez un même sujet (Hédin, Hamburger.

Restriction. — D'après Stassano et Billon. le volume des hématies au lieu de diminuer à partir de la solution isotonique à mesure que croît la concentration moléculaire. augmente tout d'abord et d'une façon marquée surtout chez les Oiseaux. Le volume total des hématies est toujours supérieur de deux à trois

---

(1) Dès 1870, Bouchard avait signalé l'influence nuisible aux globules que peut produire le mélange au sang d'une solution de substances solides trop ou trop peu concentrée et fait l'application de cette notion pour le dosage des globules à l'état frais (voy. p. 520). En 1872 et 1873, Malassez fit ses premiers essais en vue d'obtenir un liquide indifférent pour les globules rouges. Bouchard, Malassez prenaient pour critère d'un liquide indifférent l'absence de modification des dimensions du globule.

divisions des hématocrites au volume des hématies demeurées dans leur plasma naturel.

Remarques. — Un globule qui augmente de volume dans une solution hypisotonique d'un sel donné n'augmentera pas nécessairement dans la même mesure dans des solutions d'autres sels qui seront — d'après des déterminations physiques — isotoniques, isosmotiques. De même en ce qui concerne les solutions hyperisotoniques. On obtient un volume égal seulement lorsqu'on emploie des solutions isosmotiques qui sont isotoniques avec le sérum (HEDIN, HAMBURGER).

Les solutions plus concentrées que le sérum sanguin (par exemple NaCl au-dessus de 10 p. 1000) ne provoquent pas dans les globules rouges de *plasmolyse* comme chez les végétaux (décollement du protoplasma de son enveloppe). Cependant HAMBURGER a observé un phénomène plus ou moins comparable dans les globules nucléés de la grenouille et des Oiseaux. CALUGAREANU a constaté dans ces conditions une sorte de fixation du protoplasma ; chez la grenouille, le noyau devient plus visible. La plasmolyse chez les animaux ne s'observe bien que sur la cellule cartilagineuse, le protoplasma se sépare de son enveloppe capsulaire (CALUGAREANU).

LIQUIDES.	VOLUME (sédiment) des globules rouges.	VOLUME (sédiment) du mélange des globules rouges et blancs.	AUGMENTATION DE VOLUME p. 100 calculé par rapport au volume dans le sérum.	
			globules rouges p. 100.	globules blancs p. 100.
Solution NaCl a 0,7 p. 100....	43,5	46,25	+ 13	+ 12,8
Sérum (isotonique avec une solution NaCl à 0,9 p. 100)...	38,5	41		
Solution NaCl à 1 p. 100.....	36,75	39,25	— 4,54	— 4,2
Solution NaCl à 1,5 p. 100....	31,75	33,5	— 17,5	— 18,3

Comparaison des modifications de volume provoquées par des solutions hyper- et hypotoniques dans les globules rouges et dans un mélange de globules rouges et de globules blancs (HAMBURGER).

L'acide carbonique diminue le diamètre (MANASSEIN) des hématies ; leur volume augmente par suite de l'absorption d'une partie de l'eau du sérum (LIMBECK, GÜRBER) ; leur forme tend à devenir sphérique (HAMBURGER). Si on chasse l'acide carbonique avec de l'oxygène, on observe le phénomène inverse. Ces modifications sont reversibles ; elles peuvent être produites in vitro (LIMBECK, GÜRBER) et s'observent au degré près lorsqu'on compare le sang artériel au sang veineux plus riche en CO^2 (HAMBURGER). — Les acides dilués modifient le volume des globules dans le même sens que CO_2; les alcalis dilués exercent une action inverse. Le phénomène est également reversible; dans les deux cas le grand diamètre des hématies des Mammifères diminue (HAMBURGER).

MANASSEIN a constaté que le refroidissement des animaux, les hémorragies abondantes, l'alcool à doses toxiques, la quinine, l'acide cyanhydrique, l'oxygène... augmentent le diamètre des globules sanguins, tandis que les températures élevées, la morphine, l'acide carbonique.... le diminuent. — Le globule diminue de diamètre sous l'influence des repas, de l'injection hypodermique ou intra-veineuse de doses progressives de bouillon; inversement, l'injection de sulfate de soude augmente le diamètre des hématies (MARCANO).

	VOLUME du sédiment de 50cc de sang abandonné à la sédimentation spontanée pendant 24 heures.	VOLUME du sédiment de 10cc de sang après centrifugation.	VOLUME des éléments figurés de 50cc de sang.
Sang originel......................	19,07	3,75	17,17
100cc sang + 6cc eau..............	19,61	3,86	17,64
100 — + 6cc HCl 1 40 norm...	19,77	3,89	18,24
100 — + 6cc HCl 1 20 norm...	19,93	3,92	18,40
100 — + 6cc HCl 1 10 norm...	20,08	3,95	18,82
100 — ÷ 6cc eau..............	19,30	3,78	17,32
100 — + 6cc KOH 1 40 normal.	19,6	3,74	17,21
100 — + 6cc KOH 1 20 —	19	3,73	17,01
100 — + 6cc KOH 1 10 —	18,71	3,66	16,72

Influence de petites quantités d'acide ou d'alcali sur le volume des globules rouges.
(HAMBURGER.)

Diamètre de 100 globules rouges du cheval en μ.

	1	2	3	4	5	6	7	8
Sang de la carotide............	746	763	750	759	766	761	749	752
Sang de la jugulaire..........	749	741	749	747	752	765	731	729
Sang de la jugulaire après 7 minutes de stase...............	719	709,75	718	722	729	746	709	710
Le même sang traité pendant 5 minutes par CO_2...........	693,50	681	692	701	703	719	699	699
Le même sang de la jugulaire ayant subi la stase, agité avec O_2........................	—	756,25	—	746	—	759	—	—
Sang de la carotide agité avec O_2.	750	769,50	753	—	763	—	747	—

Détermination du diamètre moyen des globules rouges sous l'influence de O et CO_2
(HAMBURGER.)

V. **Méthodes de fixation**. — On dispose de nombreux moyens pour fixer les globules rouges. a) Le plus anciennement connu est la dessiccation *rapide*. Une goutte de sang est placée sur une lame et étalée rapidement en une couche régulière aussi mince que possible; on passe la lame deux ou trois fois sur la flamme d'une lampe à alcool, puis on recouvre la goutte desséchée d'une lamelle qu'on lute à la paraffine. *b*) Une bonne fixation est obtenue en chauffant pendant une demi-heure à deux heures une préparation, préalablement rapidement desséchée à l'air, à 110°-120° dans une étuve sèche (EHRLICH). *c*) Une autre méthode consiste à sécher le sang étalé par agitation à l'air, puis à plonger la lame dans un vase contenant des réactifs appropriés. JOSUÉ et ROGER sèchent le sang étalé par agitation à l'air, puis plongent la lamelle pendant deux minutes dans du chloroforme ; la lamelle est ensuite égouttée et séchée à l'air. On peut utiliser l'alcool absolu (cinq minutes), un mélange à parties égales d'alcool et d'éther... *d*) REGAUD et BARJON fixent le sang par l'acide osmique (une goutte de sang + 5 centimètres cubes solution aqueuse 1 p. 100 acide osmique) pendant cinq minutes en agitant ; on centrifuge après addition solution NaCl ; on passe le culot à l'alcool absolu puis on ajoute un peu de collodion faible en solution dans l'éther et on étale avec une pipette après agitation préalable.

VI. Méthodes de mesure. — Le volume ne peut être apprécié qu'en opérant sur une certaine quantité de sang. Celui-ci est additionné d'un liquide isotonique et anticoagulant (oxalate de soude...), abandonné à la sédimentation spontanée ou centrifugé dans des tubes capillaires (hématocrites). Une autre méthode consiste à mêler une certaine quantité de sang avec une solution saline neutre (Na^2SO^4) isotonique au sérum sanguin, puis à déterminer le poids spécifique du mélange centrifugé de sérum et de solution saline. Plus il y a de sérum dans le sang, plus son poids spécifique élevé modifiera le poids spécifique du mélange de sérum et de la solution saline. Du poids spécifique du sérum, de la solution saline ajoutée et du mélange (sérum + solution saline) on peut déduire le volume du sérum et par suite celui des globules (HAMBURGER).

Pour mesurer le diamètre, on se sert tantôt d'un oculaire micrométrique, tantôt de la chambre claire ou de la photographie. Si l'on veut établir une moyenne, il faut mesurer au moins 100 globules.

1. L'*oculaire micrométrique* renferme une plaque de verre graduée en 1/10 de millimètre et placée au foyer du verre supérieur. Le grossissement de cette lentille est de 10 diamètres. On a par suite sous les yeux une échelle dont chaque division répond à 1 millimètre. Supposons qu'on observe un globule dont l'image recouverte par l'échelle de l'oculaire occupe six divisions de celle-ci, soit donc 6 millimètres.

a) Admettons que le pouvoir amplifiant du microscope soit connu et de 800 diamètres, par exemple. Le globule sera vu sous un diamètre 800 fois trop fort, son diamètre sera $\dfrac{6^{mm}}{800} = 0,0075$.

b) Si le pouvoir amplifiant du microscope n'est pas connu, on l'établit au moyen du micromètre objectif. Cet appareil consiste en une lame de métal portant enchâssé à son centre un disque de verre sur lequel est tracé au diamant un millimètre divisé en cent parties égales. On place ce micromètre objectif sur la platine du microscope, et on met au point en se guidant sur les fines poussières du micromètre non essuyé. Si chaque division du micromètre objectif est couverte exactement par une division du micromètre oculaire, le microscope grossira cent fois, puisque chaque centième de millimètre est vu sous une amplitude répondant à 1 millimètre ; s'il faut huit divisions de l'oculaire pour couvrir une seule division du micromètre objectif, le microscope grossira 800 fois. Pour éviter de compliquer les mensurations par des fractions, le mieux est de déterminer une fois pour toutes combien vaut chaque division du micromètre oculaire. A cet effet, le micromètre objectif est placé sur la platine ; on observe avec un objectif puissant et l'oculaire micrométrique et on met au point. En tirant ou en enfonçant le tube de tirage, on amène à volonté les lignes exactement en coïncidence. Supposons que chaque division du micromètre objectif soit recouverte par cinq divisions de l'oculaire micrométrique : on saura que 5 divisions de celui-ci répondent à 1/100 de millimètre. Donc chaque division de l'oculaire est égale à 1/100 de millimètre divisé par $5 = 0^{mm},002$. On trace au moyen d'une pointe fine une ligne circulaire sur le tube de tirage ; on possède ainsi un repère qui sert à amener toujours le microscope au même grossissement. Si par exemple un globule est recouvert exactement par 4 divisions, il aura pour diamètre $4 \times 0^{mm},002 = 0,008$. (Cons. Thèse FLORENCE.)

2. Quand on dispose d'une *chambre claire* on peut dessiner les globules et mesurer l'image obtenue. Si on emploie un grossissement de 1000 diamètres par exemple, chaque millimètre de l'image obtenue correspondra à 1/1000 de millimètre de l'objet observé. On peut déterminer le pouvoir amplifiant employé en dessinant de la même manière un objet quelconque de grandeur connue, une *règle divisée micrométriquement* par exemple que l'on met sur le porte-objet à la place de la gouttelette de sang précédemment examinée (MALASSEZ). Au lieu de dessiner la préparation on peut la photographier.

D. — PROPRIÉTÉS PHYSIQUES.

Les globules rouges sont les éléments les plus lourds du sang. Ils se déposent au fond du vase lorsque la coagulation est suffisamment retardée.

Les globules rouges ne sont pas contractiles : ils ne peuvent ni se déplacer ni modifier leur forme de par leur activité propre. Par contre, ils sont *souples*, *élastiques*, *extensibles* et *déformables*.

Lorsqu'on examine la circulation capillaire dans une membrane transparente telle que le mésentère de la grenouille, on voit en certains points les globules s'étirer, se déformer pour franchir des obstacles. Dans les capillaires où circulent un grand nombre de globules, ceux-ci peuvent former un véritable magma sans perdre pour cela leur individualité, car ils peuvent se séparer après avoir subi une fusion apparente (STRICKER). Sur des préparations extemporanées de sang les hématies se laissent déprimer lorsqu'on les presse entre le porte-objet et la lamelle, mais elles reprennent d'elles-mêmes leur aspect normal dès que la cause de leur déformation a disparu. A. ROLLETT prend un volume de gélatine pure fusible à la température de la main et y mêle un à deux volumes de sang défibriné, puis refroidit brusquement le mélange. Si on examine au microscope une coupe mince de la masse solide après avoir eu soin de presser un peu le couvre-objet, on constate la formation de fissures dans la gélatine ; dans ces fissures se créent des courants ; les globules cheminent en se déformant et en prenant momentanément les formes les plus variées.

La souplesse, la constance et l'élasticité des globules varient suivant un grand nombre de conditions. Lorsqu'on refroidit le sang, ou lorsqu'on le rend incoagulable par l'addition soit de solutions saturées de sels neutres tels que le sulfate de soude, le sulfate de magnésie, le chlorure de sodium, soit de solutions sucrées, les globules rouges perdent leur mollesse et leur élasticité qui leur permettait de passer au travers des pores d'un filtre de papier, de sorte qu'on peut obtenir en

filtrant, un plasma incolore (Hewson, J. Müller, Denis). Dans certaines anémies
les globules sont comme ramollis; dans l'anémie saturnine au contraire, ils sont
en quelque sorte rigides et comme fixés (Malassez).

Examinés à l'état frais entre lame et lamelle, les globules (aussi
bien les discoïdes que les nucléés) ont une tendance à se réunir en
piles (1).

E. — CONSTITUTION CHIMIQUE.

I. Eau et résidu fixe. — Les globules rouges contiennent deux
à trois fois plus d'eau que de substances fixes.

Les saignées copieuses, l'inanition abaissent, d'après Bottazzi, la teneur en eau.
L'introduction dans les veines de solutions physiologiques de chlorure de sodium
provoque le phénomène inverse.

II. Albuminoïdes. — L'hémoglobine forme à elle seule les 8/10
à 9/10 du globule sec. Le stroma contient une substance albuminoïde incolore et insoluble désignée sous le nom de globuline. Les
noyaux des globules des Oiseaux renferment une nucléine combinée
à de l'histone (Kossel).

Pour obtenir une certaine quantité de stroma, Landois additionne du sang
défibriné de 10 volumes d'une solution de chlorure de sodium contenant un
volume de solution concentrée et 15 à 20 volumes d'eau; les stromas se déposent
sous forme d'un dépôt blanc. Wooldridge, Halliburton et Friend additionnent du
sang défibriné de plusieurs volumes d'une solution de sel marin à 1 p. 100. Les
globules sont séparés par la force centrifuge; on ajoute à la purée de globules
5 à 6 volumes d'eau et un peu d'éther, puis un centrifuge pour enlever les leucocytes. Le liquide sus-jacent est traité par quelques gouttes de sulfate acide de
sodium. Les stromas se précipitent; on les recueille sur un filtre et on les lave
rapidement avec de l'eau contenant une trace de sulfate acide de sodium.

La globuline a été isolée pour la première fois par Denis de Commercy. Elle est
soluble dans des solutions salines diluées et dans de l'eau contenant 0,1 p. 100
d'acide chlorhydrique; coagulable à 60-65° en dissolution dans l'eau salée à
5-10 p. 100, à 75° dans une solution de sulfate de magnésium à 5-10 p. 100;
précipitable par un excès de sulfate de magnésium ou de chlorure d'ammonium,
le sel marin (incomplètement); un courant de CO^2, la dialyse.

L'inanition prolongée, l'anémie expérimentale produite par la saignée, l'empoisonnement par le phosphore, les accès convulsifs consécutifs à la thyroïdectomie
s'accompagnent d'une diminution des substances azotées dans les globules rouges
(Bottazzi et Cappelli). Les globules des femelles contiennent moins d'azote que
ceux des mâles, ceux des nouveau-nés moins que ceux des adultes (Bottazzi).

---

(1) Dans l'anémie pernicieuse certaines formes à contours anormaux paraissent
douées de mouvements propres (Grawitz).

III. **Autres corps organiques**. — Les hématies contiennent de l'urée (Schöndorff) (1) : des lécithines : de la cholestérine (Boudet 1833, Hoppe-Seyler).

D'après Manasse, les lécithines représentent 1.867 p. 100 du résidu fixe ; d'après Abderhalden, 2.5 à 5 p. 1000 des globules humides. La cholestérine existe à l'état libre (Wooldridge, Hepner) : elle représente, d'après Hepner, 0.275 p. 100 du résidu fixe chez le cheval, 0.552 chez le chien ; d'après Abderhalden, 0.0388 à 0.0661 p. 1000 de globules humides chez le cheval, 0.2115 à 0.1255 chez le chien.

Les hématies ne renferment pas de graisses neutres (Hoppe-Seyler). Chez le chien, d'après Irisawa, elles contiennent de l'acide lactique.

IV. **Matières minérales**. — Les globules rouges contiennent du fer exclusivement sous forme d'hémoglobine (2). Les autres matières dont la présence est constante sont : le potassium, le phosphore, le chlore, le magnésium. Le sodium existe chez un certain nombre d'espèces animales : il fait défaut chez le cheval, le porc, le lapin.

Les cendres sont alcalines : les acides minéraux dosés dans ces cendres ne suffisent pas à la saturation des bases alcalines. Une partie de ces bases est combinée dans le globule rouge à l'acide carbonique (Na^2CO^3, $NaHCO^3$), une autre aux albuminoïdes. L'alcali combinée aux albuminoïdes diffuse difficilement. Les globules contiennent plus d'alcali difficilement diffusible que le sérum ou le plasma. L'alcalinité *totale* est plus grande dans les globules que dans le sérum (Zuntz, Loewy, Hamburger).

La potasse prédomine dans les hématies dont les globules sont nucléés (Bottazzi et Cappelli) et, parmi les Mammifères, chez le lapin, le porc, le cheval (Bunge, Abderhalden).

La présence de substances phosphorées à l'intérieur des globules rouges même chez les Mammifères a été mise en évidence par des réactions micro-chimiques. Si on traite une substance contenant de l'acide phosphorique par du molybdate d'ammoniaque, il se forme du phosphomolybdate d'ammoniaque qui sous l'action du pyrogallol prend une couleur brun noirâtre foncée (Lilienfeld et Monti, Wooldridge).

L'anémie expérimentale produite par la saignée, le jeûne prolongé, l'intoxication par le phosphore diminuent la potasse et la soude des globules rouges chez le chien (Bottazzi et Cappelli). Ces faits sont à rapprocher des pertes en azote que les globules subissent dans les mêmes conditions.

---

(1) Voy. *Sérum*.

(2) Déjà en 1757, Menghini avait constaté que le fer du sang est localisé dans la partie rouge de ce liquide.

V. Rapports entre la composition chimique des globules et celle du milieu. Perméabilité globulaire. — Il y a une étroite dépendance entre la composition des hématies et celle du milieu.

Transportés hors de leur plasma naturel, les globules subissent des modifications chimiques même en solution isotonique de chlorure de sodium.

La question des rapports entre la composition des globules et celle du plasma soulève le problème de la perméabilité des globules rouges.

Les hématies sont perméables aux gaz et à l'eau.

En ce qui concerne les substances dissoutes, les physiologistes ne sont pas d'accord sur tous les points.

1. Certaines substances ne pénètrent pas dans les globules, tels sont certains corps non électrolytes comme le sucre de canne, le glucose, le lactose, l'arabinose, la mannite, etc.

2. D'autres corps pénètrent en toute concentration et se partagent d'une manière égale entre les corpuscules et le milieu ambiant. Parmi eux :

a. Les uns n'exercent, par eux-mêmes, aucun effet nuisible, par exemple l'urée...

b. Les autres détruisent les globules même à doses minimes, par exemple AzH^4Cl, les produits bactériens, les sels biliaires, la saponine.

D'après HAMBURGER, les globules sont perméables aux substances suivantes : alcool (d'autant plus que le nombre des groupements hydroxyles est moindre dans la molécule), aldéhydes (sauf la paraldéhyde), kétones, éthers, antipyrine, amides, urée, uréthane, sels et acides biliaires, — moins : aux acides amidés neutres (glycocolle, asparagine...) ; le groupement amidé paraît exercer une influence défavorable à la pénétration ; cette influence est moindre dans les amides acides (acétamide...). Les globules sont perméables aux acides et aux alcalis. HÉDON a constaté que les globules ont la propriété de fixer les acides et les alcalis en solution dans $NaCl$ isotonique.

3. Une catégorie intermédiaire comprend des corps qui, d'après certains auteurs (KOEPPE ; HAMBURGER) ne pénètrent que partiellement et sous certaines conditions. D'après KOEPPE et HAMBURGER, les sels des métaux alcalins se trouveraient dans ce cas.

a) HÉDIN estime que $NaCl$, KCl, KnO, KBr, K^2SO^4 pénètrent, mais en faible quantité, dans les globules.

b) OKER-BLOM opère de deux façons, en dissolvant les substances dans le sérum qu'il mêle au sang ou en faisant une dissolution hypo ou hypertonique qu'il ajoute au sang. Les chlorures de potassium, sulfate de potassium, sulfate de magnésium dissous dans le sérum ne pénètrent dans les globules que d'une façon insignifiante; ils pénètrent bien quand on les mêle au sang après dissolution préalable dans l'eau pour avoir une solution hypertonique. Les chlorure et sulfate d'ammonium pénètrent mieux que les substances précédentes.

HÉDIN a employé la méthode cryoscopique, OKER-BLOM la mesure de la conductibilité du sang. L'emploi de ces deux méthodes est basé sur ce fait que les globules ne prennent pas part à l'abaissement du point de congélation ni à la conductibilité électrique du sang. Si donc on ajoute à une quantité déterminée de sang une quantité déterminée de substance, le point de congélation ou la conductibilité du *plasma* ou du *sérum* seront plus ou moins modifiés suivant que la substance ajoutée au sang aura été *absorbée* ou non par les globules. Il est évident toutefois, que ces méthodes perdent de leur signification si des échanges ont lieu entre les globules et le milieu ambiant.

c KOEPPE. HAMBURGER soutiennent que les sels ne pénètrent pas dans les globules comme tels. Les globules ne seraient perméables qu'aux ions, et en ce qui concerne les sels alcalins, qu'aux anions (ions acides). Si par exemple on plonge des globules dans une solution de NaCl, il se produit un échange entre l'ion électro-négatif de NaCl (radial acide Cl) et les ions électro-négatifs des combinaisons alcalines contenus dans les globules (radicaux acides Co^3, Po^4) jusqu'à ce qu'il s'établisse un équilibre des deux côtés.

HAMBURGER a constaté que les globules sont perméables à tous les anions (radiaux acides) des sels de soude. La méthode consiste à laver des globules avec une solution de glucose à 4.15 p. 100, puis à plonger ces éléments chargés de CO^2 dans une solution d'un sel déterminé; si la liqueur devient alcaline ou plus alcaline qu'avant, cela peut passer pour une preuve que les anions ont pénétré. D'après HAMBURGER, les globules sont tout à fait imperméables aux cathions Ca. Ba, Sr. Mg.

d) V. HENRI et CALUGAREANU soutiennent que les globules sont perméables pour certains sels aussi bien pour les anions que pour les cations et les molécules non dissociées. En effet, lorsqu'on plonge des globules rouges dans une solution de sucre ou de mannite, si les globules ne laissaient passer que les anions, puisqu'il n'y a pas d'ions négatifs dans la solution extérieure, les ions négatifs ne devraient pas sortir des globules rouges au dehors; par conséquent la conductibilité électrique de la solution de sucre (ou de mannite), dans laquelle plongent les globules, ne devrait pas changer. Or. V. HENRI et CALUGAREANU ont trouvé que cette conductibilité électrique a nettement augmenté. Donc, nécessairement des ions négatifs, des ions positifs et peut-être aussi des molécules de sels non dissociées sont sorties des globules au dehors. CALUGAREANU a fait l'expérience contraire en plongeant des globules rouges dans des solutions de NaCl concentrées; il a montré que ces globules se sont enrichis non pas en Cl (comme le veulent HAMBURGER, KOEPPE...) mais bien en NaCl. En effet, si on prend ces globules et qu'on les plonge ensuite dans des solutions de sucre ou de mannite, on voit qu'ils abandonnent à ces solutions plus de sel que les globules normaux. D'après V. HENRI, on ne peut pas supposer que seulement les ions Cl ont pénétré dans les globules; on doit admettre que ce sont les ions positifs, négatifs et les molécules non dissociées qui ont pénétré. En définitive, le seul fait certain c'est qu'il s'établit un certain équilibre, une répartition des substances salines et de l'eau entre le globule et la solution extérieure. Les solutions qui donneront lieu aux mêmes changements dans les globules rouges seront évidemment isoto-

Analyse des globules rouges (d'après Abderhalden).

1000 PARTIES EN POIDS DE GLOBULES ROUGES.	BOEUF.	TAUREAU.	MOUTON I.	MOUTON II.	CHÈVRE.	CHEVAL I.	CHEVAL II.	COCHON.	LAPIN.	CHIEN I.	CHIEN II.	CHAT.
Eau	594,858	618,63	604,79	627,78	608,72	613,45	613,20	625,61	633,53	644,26	627,16	624,17
Substances solides	408,141	381,39	395,23	372,24	394,30	386,84	386,82	374,38	366,48	355,75	372,85	375,82
Hémoglobine	316,74	318,27	303,29	322,05	324,02	315,08	316,31	326,82	331,90	327,52	328,81	329,95
Albumine	64,20	46,00	78,45	37,90	54,03	56,78	50,41	19,19	12,22	9,948	5,32	26,774
Sucre	—	—	—	—	—	—	—	—	—	—	—	—
Cholestérine	3,379	1,824	2,360	3,593	1,730	0,388	0,661	0,489	0,720	2,455	1,255	1,281
Lécithines	3,748	2,850	3,379	4,163	3,856	3,973	4,855	3,456	4,627	2,568	2,296	3,419
Graisses	—	—	—	—	—	—	—	—	—	—	—	—
Acides gras	—	—	—	—	—	—	0,0603	0,062	—	0,088	—	—
Phosphore sous forme de nucléines	0,0546	0,0580	0,069	0,0736	0,0806	0,095	0,125	0,1045	0,107	0,110	0,101	0,145
Soude	2,2322	2,509	2,135	2,380	2,174	—	—	—	—	2,821	2,856	2,705
Potasse	0,722	0,696	0,744	0,739	0,679	4,935	3,326	4,957	5,229	0,289	0,257	0,258
Oxyde de fer	1,671	1,681	1,606	1,707	1,575	1,563	1,488	1,599	1,652	1,573	1,59	1,599
Chaux	—	—	—	—	—	—	—	—	—	—	—	—
Magnésie	0,0172	0,026	0,046	0,0187	0,0403	0,0809	0,098	0,150	0,077	0,071	0,065	0,806
Chlore	1,8129	1,878	0,651	0,801	1,480	1,949	0,460	1,475	1,236	1,352	1,361	1,048
Acide phosphorique	0,7348	0,705	0,822	0,714	0,699	1,901	2,466	2,058	2,244	1,635	1,519	1,605
Phosphore anorganique	0,3502	0,397	0,455	0,275	0,279	1,458	1,916	1,653	1,733	1,298	1,214	1,186

niques entre elles; mais ceci ne veut pas dire qu'elles seront isotoniques au contenu globulaire (V. Henri).

Influence de l'acide carbonique sur la répartition des éléments du sang entre les globules et le milieu. — L'acide carbonique modifie la répartition des éléments du sang entre les globules et le plasma. Si on traite du sang défibriné par CO_2, les globules deviennent plus riches en chlore (Hamburger) et en eau (Limbeck); le sérum se concentre, il devient plus alcalin (Zuntz, Hamburger), et paraît plus riche en sucre, albumines, graisses (Hamburger).

L'oxygène provoque l'effet inverse de l'acide carbonique; le phénomène est reversible. Le sang artériel et le sang veineux correspondant présentent des différences de même sens. — Les acides dilués agissent comme l'acide carbonique, les alcalis dilués exercent l'effet inverse : le phénomène ici encore est reversible (Hamburger).

Gürber a constaté que si l'on porte des globules dans une solution de NaCl et si on fait passer à travers le mélange de l'acide carbonique, le liquide ambiant devient faiblement alcalin. Hamburger a étendu ces recherches à d'autres solutions salines et montré que la composition des globules et celle du milieu est modifiée.

Zuntz supposait, pour expliquer l'augmentation de l'alcalinité du sérum dans le sang défibriné après l'action de l'acide carbonique, que K_2CO_3 formé par CO_2 dans les globules (aux dépens de l'alcali non diffusible combiné aux albuminoïdes), passait dans le sérum : toutefois, Gürber a montré que les quantités originelles de K et de Na ne varient pas dans les globules et le sérum. Gürber soutenait lui-même l'hypothèse suivante : CO_2 par un effet de masse décompose NaCl; il se forme Na_2CO_3 qui reste dans le milieu liquide et HCl qui pénètre dans les globules. Hamburger estime que le point de vue physico-chimique rend mieux compte des faits. L'acide carbonique augmente dans les globules la quantité de K_2CO_3 aux dépens de l'alcali non diffusible combiné aux albuminoïdes, et la quantité des ions CO_3 libres aux dépens de K_2CO_3; par là il active les échanges avec le milieu ambiant qui devient alcalin par suite de la sortie de CO_3 hors des globules et de la formation de Na_2CO_3.

La concentration du sérum par suite de la pénétration de l'eau dans les globules explique pour une part l'augmentation de l'alcalinité du sérum ; l'augmentation du sucre, des albumines et des graisses paraissent dépendre pour la plus grande part de cette condition (Hamburger).

F. — NOMBRE DES GLOBULES ROUGES.

I. Équilibre cellulaire. — Le nombre des globules rouges par millimètre cube de sang, subit chez un même sujet des fluctuations tantôt dans un sens, tantôt dans un autre. Ces variations s'observent soit sous l'influence de facteurs bien déterminés (exercice musculaire, perte d'eau), soit chez des individus en pleine santé, sans cause apparente, alors même que les examens du sang sont pratiqués dans des conditions aussi identiques que possible.

Exemple : Lapin mâle, 2600 grammes, bien portant et très vif. On trouve un jour 5500000 globules; deux jours après 4910000; le jour suivant, 4330000 (Hédon).

Généralement les fluctuations du nombre des globules rouges sont passagères et oscillent autour d'un chiffre qui représente une sorte d'équilibre, la normale.

La normale n'est pas la même chez tous les sujets. Elle varie suivant l'espèce, l'individu, l'âge, le sexe, le milieu, le genre de vie. Elle est en rapport avec les besoins de l'organisme.

Les choses se passent comme s'il existait un mécanisme régulateur automatique comprenant une fonction formatrice et destructive des globules. Toutefois, dans un grand nombre de cas, il est difficile de démêler si la variation observée correspond à une augmentation ou à une diminution réelles du nombre des hématies, ou s'il ne s'agit pas d'une apparence due à une modification de la concentration du sang ou même à un simple changement dans la répartition des globules et du plasma dans le système vasculaire.

II. Influence de la stase. — Un obstacle mécanique, opposé à la circulation, la moindre stase veineuse concentre le sang noir (MALASSEZ, BALP, COHNSTEIN et ZUNTZ, etc...

III. Répartition dans l'arbre circulatoire. — Les auteurs ne sont pas d'accord. Les uns, parmi lesquels MALASSEZ, OTTO, LOEPER, soutiennent qu'il existe des différences dans les divers segments de l'arbre circulatoire et que les veines, plus particulièrement les veines de la peau, la veine rénale, les veines des parois de l'intestin, la veine splénique, contiennent plus de globules que les artères. D'après MALASSEZ, LOEPER, le sang veineux contiendrait en général 200 000 globules de plus que le sang artériel. D'autres auteurs, parmi lesquels COHNSTEIN et ZUNTZ, HAYEM, KRÜGER, considèrent que les différences constatées dépendent de conditions expérimentales défectueuses stase veineuse .

Influence du resserrement et de la dilatation des vaisseaux. — La vaso-constriction provoque, dans la région correspondante, une polyglobulie relative; par millimètre cube les globules sont augmentés. La vaso-dilatation provoque l'effet inverse (MALASSEZ, QUISERNE).

ZUNTZ et COHNSTEIN ont démontré que si l'on sectionne la moelle à un niveau très élevé la pression baisse et le nombre des globules tombe en quelques minutes de 5 à 3 millions par millimètre cube. L'excitation de la moelle cervicale relève la pression et le nombre des globules a la valeur normale. L'examen microscopique des parties transparentes démontre que normalement bien des capillaires sont très pauvres en globules; après la section de la moelle tous ces capillaires regorgent de globules, le plasma en excès se répartit également et dilue le sang, le phénomène est comparable a une résorption ; si on excite la moelle, ces mêmes capillaires se rétrécissent au point de ne plus contenir que du plasma, le phénomène est comparable à une filtration. Lorsque les capillaires contiennent un plus grand nombre de globules, les gros vaisseaux en contiennent moins.

IV. **Variations suivant l'espèce animale**. — D'une manière générale le nombre des globules rouges diminue à mesure qu'on descend dans la série animale.

Chez les *Mammifères*, le nombre varie entre 3 500 000 et 18 millions par millimètre cube. L'Homme adulte, bien portant, possède en moyenne 5 500 000 globules rouges par millimètre cube. Le chiffre de 4 500 000 s'observe souvent dans les grandes villes ; il est compatible avec une bonne santé, mais indique déjà une certaine faiblesse organique (Hayem). Le teint plus ou moins coloré ne préjuge rien (Leichtenstern et Reinert, Zuntz et Schumburg). Les Caméliens atteignent les chiffres les plus élevés. Le chien possède en moyenne 6 à 7 millions de globules rouges (moyenne 6 500 000 : 6 650 000. Hayem) : le lapin, 4 à 6 millions ; le cobaye, 4 à 5 millions : les Marsouins, 3 à 4 millions. Jolyet a trouvé 6 825 000 chez un Cétacé (Thursiops tursio). — Chez les *Oiseaux*, la richesse du sang en hématies varie entre 4 000 000 et 1 600 000 : la moyenne paraît être environ 3 000 000, chiffre bien inférieur à celui des Mammifères.

Malassez a trouvé en moyenne : chez le lézard gris, 1 375 000 globules ; chez le lézard vert, 840 000 : chez la couleuvre, 730 000 ; chez une tortue, 660 000 ; chez la grenouille rousse, 371 000 : chez la grenouille verte 250 000 ; chez un protée, 45 000. D'après Gürber, Durig le chiffre des hématies chez la grenouille oscille entre 800 000 et 1 000 000.

Chez les Poissons, il existe une différence très tranchée entre les osseux et les cartilagineux : chez les Poissons osseux les nombres varient entre 2 000 000 et 700 000, chez les cartilagineux entre 230 000 et 140 000 (Malassez). Sabrazès et Muratet ont trouvé 1 100 343 globules rouges chez l'hippocampe.

V. **Variations individuelles. Rapport avec la musculature**. — Indépendamment de toutes les conditions et en comparant des individus de même espèce, se trouvant dans les mêmes circonstances, on trouve des différences qu'on pourrait appeler idiosyncrasiques (Malassez, Hayem).

Le sang des individus forts et bien musclés contient relativement plus de globules rouges, d'hémoglobine et d'albumine. Malassez a trouvé des chiffres globulaires bas chez l'obèse et constate que le nombre des hématies chez les animaux soumis à l'engraissement augmente d'abord, puis diminue. Ces faits justifient l'opinion de Grawitz qui soutient qu'il existe un rapport entre la quantité des vecteurs d'oxygène dans le sang et l'importance des oxydations dont l'organisme est le siège.

VI. **Influence de l'âge**. — Chez le *fœtus* le nombre des globules rouges est faible dans les premières périodes de la vie intra-utérine.

Il augmente lentement et finit par atteindre au moment de la naissance à peu près la richesse globulaire maternelle (Cohnstein et Zuntz). Chez certaines espèces animales le nombre des hématies du fœtus dépasse à ce moment celui de la mère.

Après la naissance, le nombre des globules du sang fœtal s'élève, pendant quelques jours, bien au-dessus de celui du sang maternel et dépasse même celui de l'adulte. Cette augmentation est d'autant plus sensible que l'on a attendu plus longtemps pour lier le cordon (Hayem, Dupérié, Cohnstein et Zuntz, Töniessen, Engelsen, Reinl, Bidone et Gardini). Au moment où le nouveau-né exécute ses premières inspirations, il se produit une aspiration énergique du sang placentaire, soit une véritable transfusion faite dans l'organisme du nouveau-né. Or, comme à la suite de toute transfusion, la partie aqueuse du sang transfusé s'élimine ; cette élimination a des effets d'autant plus marqués que l'organisme commence à perdre des quantités considérables d'eau (poumons, peau) et qu'il reçoit peu d'aliments.

La richesse du sang en globules s'abaisse ensuite dès la deuxième semaine graduellement et atteint, d'après Otto, son minimum entre quatre et huit ans chez l'enfant. Le nombre des globules est alors de 4 000 000 tant chez les garçons que chez les filles. Le chiffre se relève ensuite progressivement, subit des oscillations pendant la vie et décline enfin dans la vieillesse. — D'après Loeper, le nombre des globules est un peu plus élevé chez l'enfant que chez l'adulte (Loeper).

Globules rouges et hémoglobine pendant les deux premières semaines de la vie, d'après Schiff.

AGE et JOURS.	GLOBULES ROUGES en mm. cc.		HÉMOGLOBINE. 100 exprimant la teneur chez l'adulte.	
	NOMBRE de CAS.	CHIFFRES moyens.	NOMBRE de CAS.	CHIFFRES moyens.
1	8	6,031,000	8	104,6
2	10	6,921,000	10	104,2
3	10	5,996,000	10	100,1
4	11	5,992,000	10	96,5
5	11	5,800,000	10	94
6	10	5,828,000	10	94
7	8	5,865,060	10	93,5
8	6	5,795,000	7	97,7
9	6	5,836,000	7	96,3
10	6	5,755,000	6	96,1
11	6	5,685,000	6	89,3
12	6	5,570,000	6	91,3
13	6	5,930,000	6	91,6
14	6	5,540,000	6	90,8

Le fœtus se ressent relativement peu de l'altération des conditions globulaires de la mère dans les cas d'anémie : il résiste relativement mieux que la mère. Bignami, Bidone et Gardini.

VII. **Sexe**. — D'une manière générale le sang des individus mâles est plus riche en matériaux solides et en globules que le sang des individus femelles. Les différences s'accentuent chez l'homme vers dix ans (Denis, Becquerel, Rodier).

	Hommes.	Femmes.
Exemple : Nombre de globules par ^{mmc}....	4,998,700	4,584,700
Hémoglobine p. 100^{cc} de sang..	14gr,57	13gr,27

Moyennes d'après 50 observations portant sur 25 hommes et 25 femmes, par Otto.

La **grossesse** diminue en général le nombre des globules (Andral et Gavarret, Becquerel et Rodier, Regnault). La déglobulisation ne se produit le plus souvent que les derniers mois et dépasse rarement la proportion d'un cinquième ou d'un quart.

Tout de suite après la **menstruation**, on constate le plus souvent une augmentation des globules et de l'hémoglobine (Hayem, Scherp, Reinl). D'après Sfameni les hématies augmentent avant et après, diminuent pendant la menstruation.

VIII. **Influence de l'alimentation**. — L'influence des *repas* est discutée. Certains auteurs ont constaté une diminution du nombre des globules (Vierordt, Malassez, Duperré et Cadet, Vierordt, Limbeck, Oliver) : d'autres, une augmentation (Buntzen et Sörensen, Marcano). Il faut tenir compte des différences dans la teneur en eau des aliments et de l'intervalle qui sépare la numération du repas. Dans tous les cas, le phénomène est très passager.

L'ingestion abondante d'eau dilue le sang. Buntzen a constaté chez le chien une diminution de 5,40 à 12,7 p. 100 des globules rouges à la suite de boissons abondantes ; Schmalz a vu tomber en trois quarts d'heure la densité de 1,0597 à 1,0574 après l'ingestion d'un litre de solution physiologique. Loeper a constaté un abaissement de 4 à 600 000 globules par litre d'eau absorbé dans les trois quarts d'heure qui suivent l'ingestion et le rétablissement de l'équilibre normal au bout d'une heure et demie à deux heures. D'autres auteurs (Nasse, Schulz, Leichtenstern) n'ont constaté aucun effet, même chez une femme qui avait absorbé en trois jours 21,5 litres d'eau distillée. Lorsqu'il y a un effet, il est toujours très passager.

D'après Loeper, l'ingestion de solutions hypertoniques (solutions concentrées de sulfate de soude, chlorure de sodium, sirop de glucose) amène la dilution du sang mais d'une manière inconstante, sans doute parce que le sel ou le sucre est dilué dans le tube intestinal et provoque un flux diarrhéique. (V. plus bas : Diarrhée.)

Chez les animaux soumis à l'*inanition* absolue, le nombre des globules rouges s'élève dès le premier jour progressivement jusqu'à la mort.

Exemple : Une chienne avait le premier jour 5 318 000 hématies, le dix-septième jour 7 767 000 (HAYEM et REYNE).

Lorsqu'on interrompt le jeûne, la concentration du sang total et du sérum se maintient d'abord, puis tombe au-dessous (sang total, sérum isolé) de la normale. L'équilibre primitif ne se retrouve que bien après que le corps a retrouvé son poids primitif. Ces faits prouvent que l'organisme tend à reconstituer les organes avant le sang. La perte en albumine, en globules est plus lente à réparer que la perte d'eau, le plasma se régénère plus rapidement que les globules, si bien que le sang paraît alors plus pauvre en globules (GRAWITZ, KIERITZKY).

Les résultats lointains du jeûne sont un état d'anémie marqué (WORM-MÜLLER, BUNTZEN, OTTO).

Le nombre des hématies augmente en général faiblement chez les jeûneurs tels que CETTI et BREITHAUPT, SUCCI, et les léthargiques qui par moments sont presque entièrement privés de nourriture (SENATOR et MULLER, LUCIANI).

TAUSZK a observé chez des jeûneurs prenant quelques aliments, même au début, une diminution passagère des globules.

Chez cinq lapins, LOEPER a trouvé après vingt-quatre heures d'inanition d'une façon constante une diminution de 4 à 500 000 globules. RONSSE et VAN WILDER ont constaté chez des lapins une augmentation, mais cette augmentation n'était pas régulière.

L'influence des *régimes* est discutée. HÖSSLIN a nourri deux chiens, l'un exclusivement avec des albuminoïdes, l'autre en ajoutant à la quantité minima d'albumine nécessaire des graisses et des hydrates de carbone. Au bout de sept mois, le chien soumis au régime mixte a été trouvé un peu moins riche en globules et en hémoglobine ; par contre, le sérum contenait plus de substances fixes que le chien soumis au régime albuminoïde exclusif. D'après HÖSSLIN, une ration insuffisante provoque seulement une diminution de la quantité de sang proportionnelle à la perte du poids du corps, mais ne modifie pas les rapports des globules et du plasma. GRAWITZ estime cependant, d'après des observations faites chez l'homme, qu'une ration insuffisante en ce qui concerne les albuminoïdes et les aliments capables de fournir de l'énergie, diminue le nombre des globules rouges, surtout si le sujet exécute au même moment un travail musculaire pénible.

Le *fer* est un élément essentiel du globule. Les aliments principaux contiennent une quantité de fer suffisante pour l'adulte. Chez le jeune, en raison de la croissance, on conçoit que l'anémie puisse apparaître par suite d'une insuffisance du fer alimentaire ; de fait, l'alimentation lactée exclusive, prolongée au delà de la première année, peut conduire le nourrisson à l'anémie, le lait étant relativement pauvre en fer (BUNGE, HEUBNER, MONTI). La médication ferrugineuse exerce une action favorable dans les anémies *surtout chez les sujets jeunes* ; le fer des organes et du sang augmente, la moelle osseuse prolifère (KUNKEL et CLOETTA, HOFMANN et MÜLLER). On discute depuis longtemps, sans être d'accord, pour savoir si le fer est mieux utilisé par l'organisme sous la forme de combinaisons organiques (hémoglobine, hématine...) que sous la forme saline. ABDERHALDEN soutient que le fer organique, ajouté à une ration pauvre en fer, augmente l'hémoglobine du sang et ne fait rien si l'alimentation est normale : le fer inorganique augmenterait dans les deux cas, non seulement l'hémoglobine, mais aussi le poids du sujet. ABDERHALDEN conclut : que le fer organique seul est « assimilé » et que le fer inorganique agit à la façon d'un stimulant. L'action stimulante sur les organes formateurs du sang et l'organisme serait d'autant plus grande que le fer organique est lui-même plus abondant dans la ration. F. et S. APORTI soutiennent que le fer inorganique est le mieux utilisé.

La *privation d'eau* concentre le sang et augmente le nombre apparent des hématies. Pour être suivie d'effet la privation doit être durable, telle qu'on la recommande dans certaines cures ; les premiers jours on ne constate aucun changement car le sang appelle l'eau des tissus. La concentration du sang disparaît rapidement lorsque la privation cesse (WETTENDORFF). Si on soumet des grenouilles à la dessiccation, les hématies peuvent s'élever de 800 000 à 2 500 000 ; l'augmentation peut dépasser 16 p. 100 pour une perte de poids de 30 à 31 p. 100. Si la dessiccation est poussée au delà, le chiffre diminue (GÜRBER, DURIG).

Augmentation des globules rouges sous l'influence d'un purgatif (HAYI.

Homme âgé de 33 ans.

A 3 h. 25 m.............. 4,850,000 globules rouges.
  3 h. 38 m. 5,025,000   —   On donne
  3 h. 40 m..............   —   —   23 grammes
  4 h. 15 m.............. 6,540,000   —   de sulfate de soude
  4 h. 55 m.............. 6,790,000   —   dans 85^{cc} d'eau.
  5 h. 20 m.............. 6,610,000   —
  6 h................... 5,710,000   —
  6 h. 45 m.............. 5,740,000   —
  7 h. 40 m. 4,930,000   —

La *diarrhée* concentre momentanément le sang (BROUARDEL, HAY, GRAWITZ, LOEPER, QUISERNE). Un sel purgatif agit d'autant mieux qu'il est plus concentré ; l'effet est nul si le sang a été au préalable concentré par privation d'eau, en privant le sujet d'eau et d'aliments (HAY). La présence d'aliments dans l'estomac est une condition défavorable (GRAWITZ).

Le *choléra* peut provoquer une concentration extrêmement accusée et persistante ; le sang et les tissus sont privés d'eau ; on a constaté le chiffre de 8 000 000 de globules à la période algide (C. SCHMIDT). La dysenterie ne concentre pas le sang ; le liquide évacué entraîne beaucoup d'albumine (GRAWITZ).

La *diurèse exagérée* (CONSTANTIN, QUISERNE, LOEPER), les *transpirations abondantes* (MALASSEZ, GRAWITZ, CONSTANTIN, QUISERNE), *toutes les hypersécrétions glandulaires* (MARCANO, QUISERNE, LOEPER), la *polypnée* thermique (chez le chien) (LANGLOIS), augmentent le nombre des globules. Dans l'*ascite* la ponction s'accompagne en général d'une hyperglobulie qui peut aller jusqu'à 1 ou 2 millions et qui est en rapport avec la rapidité de la reproduction du liquide et la concentration du sang (GILBERT et GARNIER).

Les polyuries abaissent en général de 300 à 450 000 le nombre des globules (LOEPER). L'excitation du nerf de la parotide chez le bœuf provoque un flux abondant de salive ; le nombre des hématies du sang veineux parotidien peut s'élever de 6 ou 7 millions à 9 millions (MOUSSU et TISSOT).

Chez la marmotte pendant l'*hibernation* le chiffre des globules peut tomber de 7 000 000 à 2 000 000 (VIERORDT, DUBOIS).

IX. Influence de la transfusion. — L'injection dans les vaisseaux d'un animal d'une certaine quantité de sang d'un sujet de même espèce provoque le phénomène symétrique du précédent ; le plasma surajouté est rapidement éliminé de l'appareil circulatoire (Voir page 434), les globules rouges d'abord très nombreux dans l'unité de volume diminuent peu à peu ; en peu de jours la normale est rétablie (TSCHIRJEW, WORM-MÜLLER, PAŠUM, LESSER, REGÉCZY).

1. LAPICQUE et CALUGAREANU ont constaté, que si on injecte à un chien la moitié du sang qu'on suppose devoir exister chez cet animal, on constate pendant six à dix jours une proportion considérable de globules, 7 à 9 ou 10 millions (l'hémoglobine passe de 0,45 à 0,60 ou 0,70 exprimée en milligrammes de fer par centimètre cube de sang) ; puis rapidement, en trois ou quatre jours tout revient à la normale. L'ablation de la rate ne change rien au phénomène.

HÉDON a observé que si on injecte des globules purs, débarrassés du sérum par des lavages répétés à l'eau salée, les globules transfusés ne se détruisent pas ou seulement graduellement, lorsqu'ils proviennent d'un animal de même espèce.

2. Si la transfusion de sang ou de globules purs est faite à un animal d'espèce étrangère dont le sérum est globulicide pour les éléments injectés, on peut provoquer la mort du sujet en expérience. Si le sérum de l'animal transfusé n'est pas toxique pour les globules injectés, la survie des hématies n'est pas de longue durée parce que le sérum ne tarde pas à devenir globulicide ; le sort du sujet dépend de la quantité de globules injectés étrangers et de l'intensité de la réaction hémolytique (HÉDON).

Exemples : Le sérum de chien est fortement hémolytique pour les globules du bœuf, du mouton, du lapin. Le chien meurt rapidement après la transfusion d'une quantité importante de ces globules en présentant les accidents dus à la dissolution des globules (passage de l'hémoglobine dans le plasma, l'urine ; embolies provoquées par les stromas dans les capillaires). — Le sérum de lapin est peu nocif pour les globules étrangers, altère à peine les globules du chien ; il agglutine et détruit à la longue les globules du porc, du cheval, de l'homme, et altère à peine les globules du chien et du bœuf. La transfusion avec les globules du porc, du cheval et de l'homme est grave ; la transfusion avec les globules du chien est également grave, mais les accidents éclatent plus tardivement, quelques jours après, quand se produit l'hémolyse. Si la dose de globules injectée n'est pas trop forte, l'animal peut se rétablir (HÉDON).

Les injections intraveineuses et hypodermiques d'eau salée, de sulfate de soude, de bouillon, d'urée, de sucre, diluent momentanément le sang et provoquent une diminution apparente des globules rouges. L'équilibre normal se rétablit très rapidement (MARCANO, LOEPER, HALLION et CARRION). La dilution n'est pas seulement le fait de la pénétration d'un peu de liquide dans les vaisseaux ; elle est hors de proportion avec la quantité injectée ; elle est la conséquence d'un appel de l'eau des tissus. Elle est plus considérable avec une solution hypertonique qu'avec une solution hypotonique. L'injection sous-cutanée de solutions hypertoniques détermine deux courants de sens inverse ; l'un, du sang et des tissus, a pour effet la dilution de la substance injectée, l'autre, de la solution injectée vers le sang et les tissus, a pour effet l'*élimination* du liquide accumulé. Les variations sont plus discrètes et plus durables que dans le cas d'injections intraveineuses. Le grand régulateur est dans tous les cas le rein (LOEPER).

X. Influence de l'exercice musculaire et de la fatigue. —

Un exercice violent et de courte durée amenant la sueur (MALASSEZ, WILLEBRAND), la marche (ZUNTZ et SCHUMBURG) provoquent une augmentation de globules probablement par suite de la concentration du sang (Voir page 528 : Densité).

Exemples : Trois rameurs font, en soixante-neuf à soixante-douze minutes, 16,7 kilomètres. Les globules rouges passent de 4 560 000 à 5 676 000 ; 4 754 000 à 5 476 000 ; 4 840 000 à 5 614 000. L'augmentation a été de 17, 15, 16 p. 100 (TAUSZK). Après une marche de 25 kilomètres, sous une charge de 22 à 31 kilogrammes, ZUNTZ et SCHUMBURG ont constaté en moyenne une augmentation de 9 p. 100. Chez un animal, l'hyperglobulie peut être provoquée par l'excitation du train postérieur (COHNSTEIN et ZUNTZ).

Le massage élève le nombre des hématies (J.-K. MITCHELL EDGECOMBE).

Des fatigues très prolongées peuvent amener le résultat inverse, peut-être par suite d'une destruction exagérée de globules (CADET).

La narcose, l'immobilisation prolongée abaissent le nombre des globules (COHNSTEIN et ZUNTZ).

XI. Influence de la raréfaction de l'air (climats d'altitude). — Un sujet qui vit à de grandes altitudes a dans son sang plus de globules qu'un sujet de même espèce qui vit au niveau de la mer. Un sujet transporté de la station basse dans la station élevée, ou réciproquement, prend en peu de temps le chiffre de globules qui correspond à l'altitude.

Ces faits ont été observés par VIAULT le premier dès 1890 ; puis confirmés, soit chez l'homme sain ou malade, soit chez les animaux, par un très grand nombre de physiologistes et de médecins (MÜNTZ, MERCIER, MIESCHER et ses élèves [EGGER, KARSCHER, SUTER et VEILLON]; WOLFF et KOEPPE; JAQUET et SUTER, LOEPER, ABDERHALDEN).

1. Plus on s'élève au-dessus du niveau de la mer, plus le nombre des globules augmente. Cela ressort du tableau suivant dressé par GRAWITZ d'après les moyennes observées aux différentes altitudes.

LOCALITÉS.	NIVEAU au-dessus de la mer (mètres).	NOMBRE des globules rouges.	AUTEURS des observations.
Batavia	0	5,295,000	EYKMAN.
Christiania		4,970,000	LAACHE.
Berlin	50	4,647,500	GOTTSTEN.
Hohenhonnef	236	5,332,000	SCHRÖDER.
		5,169,000	KARSCHER.
Bâle	266	5,345,000	SUTER.
		4,994,000	ABDERHALDEN
Zurich	412	5,752,000	STIERLIN.
Görbersdorff	561	5,800,000	SCHRÖDER.
Schömberg	650	5,887,000	SCHRÖDER.
Reiboldsgrün	700	5,970,000	F. WOLFF.
Davos	1 560	6,551,000 hommes.	KÜNDIG.
Arosa	1 800	7,000,000	EGGER.
Cordillères	4 392	8,000,000	VIAULT.

2. Tous les auteurs sont unanimes à reconnaître la très grande *rapidité avec laquelle le phénomène se produit ou disparaît* dès que le sujet se retrouve dans les conditions ordinaires.

L'évolution du phénomène n'est pas toujours uniforme. Lorsqu'on passe d'une station basse à une station élevée et qu'on séjourne dans les montagnes, la polyglobulie commence à se produire dès les premières heures, mais elle augmente lentement progressivement et n'atteint son maximum qu'au bout d'un certain temps, parfois plusieurs mois (KÜNDIG). Vingt-quatre à quarante-huit heures après le retour dans la plaine, les effets du climat d'altitude sont dissipés, cependant le chiffre des globules peut rester un certain temps un peu plus élevé que dans les conditions ordinaires. — Dans les ascensions en ballon le nombre des hématies s'élève rapidement, et revient au chiffre primitif pendant la descente (GAULE, CALUGAREANU et HENRI, JOLLY ; parfois même il tombe pendant quelques jours au-dessous de la normale (GAULE).

3. MIESCHER s'est préoccupé de fixer le *minimum de différence d'altitude* auquel on peut percevoir une augmentation nette. A cet effet, il a dirigé des recherches exécutées par ses élèves à différentes altitudes. E. VEILLON et F. SUTER ont constaté qu'en passant de Bâle (266 m.) à Langerbrück (700 m.), il se produit déjà une augmentation de 6,4 p. 100. — WOLFF et KOEPPE ont également observé à Reiboldsgrün (700 m.) une très forte augmentation.

4. L'augmentation du nombre des hématies sous l'influence du climat d'altitude se produit chez l'homme et chez les animaux. D'après quelques auteurs, elle est parfois plus accusée chez des sujets atteints d'affections pulmonaires que chez les individus sains. Le nombre des hématies peut élever à 7 ou 8 millions par millimètre cube chez l'homme. L'augmentation peut atteindre 9 à 40 p. 100 et même dépasser cette proportion. Chez l'homme le nombre des hématies peut atteindre 7 à 8 millions par millimètre cube. Dans les ascensions en ballon, CALUGAREANU, HENRI et JOLLY ont signalé une augmentation de 12 p. 100 au-dessus de 3 000 mètres ; GAULE, un maximun de 40 p. 100.

L'ablation de la rate rend passagèrement l'acclimatement à un climat d'altitude plus difficile : l'hyperglobulie est moindre (QUISERNE, VAQUEZ).

5. Pour VIAULT et la plupart des savants, l'augmentation des globules rouges est réelle et dépend de la diminution de tension de l'oxygène. L'hyperglobulie est due à une néoformation et présente le caractère d'une réaction de défense. L'organisme lutte pour maintenir fixe la teneur du sang artériel en O^2. Or, il est évident que l'hyperglobulie a pour effet principal d'augmenter la surface d'absorption du sang pour O^2.

L'hypothèse d'une néoformation et le caractère défensif de cette réaction s'appuie sur les faits suivants :

a. La capacité d'absorption du sang pour l'oxygène, loin d'être diminuée chez les animaux qui vivent sur les hauts plateaux, est augmentée (P. BERT, JOLYET, MUNTZ. Voy. : Gaz du sang).

b. Si on fait vivre un animal sous la pression de 760 millimètres Hg. dans une atmosphère artificielle contenant moins de 21 p. 100 d'oxygène, le nombre des globules augmente. Inversement l'hyperglobulie n'est pas produite chez les animaux séjournant dans des atmosphères artificielles d'oxygène et d'azote à pression très diminuée mais assez riches en oxygène pour que la tension de ce gaz dans le mélange soit sensiblement celle de l'oxygène dans l'air normal au niveau de la mer (JOLYET et SELLIER, REGNARD).

Dans une expérience, JAQUET a constaté, chez des lapins soumis pendant quatre semaines dans une caisse à une pression moyenne de 640 millimètres Hg. correspondant à l'altitude de Davos, que le nombre des hématies a monté de 4 552 000 à 6 091 000, et le taux de l'hémoglobine de 11,54 p. 100 à 14,40 p. 100.

c. L'augmentation de la tension de l'oxygène provoque les effets inverses. DOYON et MOREL ont constaté que le nombre des globules rouges avait diminué de plus d'un tiers chez des lapins soumis pendant vingt et un jours à une pression croissante (maximum 1 atmosphère + 1.118 gr. par cent. carré) dans la chambre de travail d'une cloche servant à la construction d'une pile de pont. La densité n'avait pas varié.

	QUINZE JOURS avant.	AU MOMENT de l'entrée dans la cloche.	AU SORTIR de la cloche.	HUIT JOURS après.
Lapin 1............ ...	5,360,000	5,239,000	3,115,000	5,487,000
Lapin 2...	5,050,000	5,301,000	3,239,000	5,394,000
Lapin témoin........	5,140,000	5,394,000	5,239,000	5,239,000

d. Lorsqu'on crée un obstacle mécanique à la respiration en créant un rétrécissement sur le trajet de la trachée (JOLYET et SELLIER, VAQUEZ, QUISERNE) ou lorsqu'on rétrécit le champ de l'hématose en supprimant la fonction d'un poumon (AUSCHER et LAPICQUE), on provoque les mêmes effets que si on soumet l'animal à une diminution de pression. En clinique tout obstacle à l'arrivée de l'air dans les voies respiratoires (sténose laryngée...) amène une augmentation du nombre des globules (QUISERNE, M. LABBÉ); toutefois il faut tenir compte dans l'appréciation des résultats de l'état général qui dans bien des cas (tuberculose...) tend à créer l'hypoglobulie (QUISERNE). Chez des malades auxquels on a dû faire subir la trachéotomie, aussitôt que l'obstacle apporté à l'hématose a été levé, la richesse globulaire du sang a diminué ; les chiffres fournis par des numérations successives ont montré un retour au chiffre normal des globules et même à un chiffre inférieur (MARCEL LABBÉ, QUISERNE). L'hyperglobulie est fréquente chez les sujets qui ont subi dans leur enfance le trachéotomie (M. LABBÉ).

Les malades atteints de maladie bleue sont perpétuellement

en état de subasphyxie par suite d'un vice mécanique congénital de la petite circulation, mettant obstacle à l'hématose. L'hyperglobulie est constante et augmente au moment des crises.

Kreuil le premier, en 1889, avait attiré l'attention sur l'hyperglobulie qui accompagne la cyanose congénitale. Vaquez confirma le fait en 1892. Il porta la question sur son véritable terrain en établissant une relation entre cette polyglobulie et celle qui résulte soit des altitudes, soit d'un obstacle à l'entrée de l'air dans les poumons. Bureau, Variot, Richardière, Banholzer, Testi, Potain, Marie et Lapicque, Gibson, Sikora, Duflocq et Jomier, Palleri et Mergari, Hasenfeld, Weill, Aubry, Babonneix, Lortat-Jacob, confirmèrent les faits.

L'hyperglobulie n'est pas fatale dans la cyanose congénitale. Lorsqu'elle apparaît et surtout lorsqu'elle atteint 9 000 000, le pronostic est grave. Ce fait prouve, d'après Vaquez, que l'hématose devient de plus en plus difficile et que l'organisme met en œuvre tous ses moyens de défense.

Dans la cyanose cardiaque chronique et dans l'asystolie, l'hyperglobulie existe (Vaquez, J. Teissier) ; toutefois le chiffre dépasse rarement 6 000 000 de globules (Vaquez). Lorsqu'il y a des œdèmes, l'hyperglobulie peut atteindre un chiffre plus élevé par suite de la soustraction de liquide au sang et de la concentration de ce liquide (Loeper).

Discussion et interprétation des résultats. — *a)* Le fait de l'augmentation des globules rouges dans les régions élevées n'est pas admis par tout le monde. Déjà anciennement Jourdanet (1875) a soutenu que les races vivant sur les hauts plateaux présentent un développement intellectuel et physique incomplet par suite de la raréfaction de l'oxygène.

L. Zuntz et les frères Loewy ont constaté une diminution des hématies pendant la première semaine de leur séjour sur le mont Rosa (à Gressoney, 2445 mètres, et au col d'Olen), puis un relèvement pendant la seconde semaine, sans toutefois que les chiffres aient dépassé ceux constatés avant le départ à Berlin. Kuthy a bien trouvé soit chez les animaux, soit chez l'homme, une augmentation en passant de Turin (276) à Gressoney la Trinita (1627), mais cette augmentation était faible et passagère. Kohlbrugge et Eykman ont constaté à Java une diminution dans les montagnes.

Amblard et Beaujard n'ont pas réussi à provoquer une hyperglobulie appréciable en soumettant un chien pendant deux heures à une dépression de 45 cent. de mercure. Ils n'ont pas constaté chez des lapins, après un séjour de deux à sept semaines à 2 000 mètres d'altitude, de modifications du sang plus considérables que celles que l'on peut voir apparaître pendant le même temps chez des animaux vivants en plaine. A. Mosso, qui a dirigé les expériences de Kuthy, conclut que l'hyperglobulie des climats d'altitude n'est pas démontrée ; il fait remarquer de plus, comme Jourdanet, que les individus qui habitent près des sommets n'ont pas le teint coloré des habitants des plaines.

b) Plusieurs auteurs ne nient pas l'hyperglobulie, mais considèrent que l'augmentation des hématies n'est qu'apparente. On invoque soit une modification de la densité du sang, soit un changement dans la répartition des globules et du plasma.

Contre l'hypothèse d'une néoformation globulaire on objecte la difficulté d'expliquer la rapidité de l'hyperglobulie et surtout la rapidité avec laquelle le chiffre primitif est de nouveau atteint, au retour. Quelques auteurs signalent l'apparition de formes nucléaires accompagnant habituellement la rénovation sanguine (1), mais le fait n'a pas été généralement vérifié. Pour expliquer le retour rapide à la normale quelques savants partisans de la néoformation supposent que les hématies peuvent être momentanément emmagasinées par certains organes.

c) GRAWITZ, WEISS, OLIVER... admettent une hyperglobulie relative due à la concentration du sang provoquée par la sécheresse de l'air. BUNGE et ABDERHALDEN invoquent également la concentration du sang, mais supposent que le phénomène résulte d'une exsudation du plasma, par suite de la contraction des vaso-moteurs. La plupart des auteurs, toutefois, n'ont pas constaté de modification de la densité ni dans les ascensions en ballon (GAULE, CALUGAREANU et HENRI, JOLLY) ni en montagne. On a même signalé une diminution de la densité, dans quelques cas (SCHUMBURG et ZUNTZ au mont Rosa ; GAULE dans une ascension en ballon).

d) COHNHEIM et LŒWY, SCHUMBURG et ZUNTZ, KUTHY... font intervenir un changement dans la répartition des globules et du plasma. D'après P. ARMAND-DELILLE et A. MAYER, l'hyperglobulie ne s'observe que dans le sang des vaisseaux périphériques, jamais dans celui des vaisseaux centraux ; l'augmentation n'est pas proportionnelle à l'altitude ni même constante.

Bien des influences peuvent par voie nerveuse modifier le calibre des vaisseaux ; l'asphyxie dans les cas de diminution importante de tension de l'oxygène et le froid. Pour A. Mosso le froid contribue plus que la dépression à modifier le sang dans la montagne. LAPICQUE et A. MAYER ont constaté que si on expose un animal au froid (0° à — 6°) pendant 30 minutes le nombre des hématies peut augmenter de 3 à 400 000 dans un vaisseau périphérique ; l'écart est proportionnel à la différence de température. Le froid peut du reste agir par différents mécanismes (v. Influence de la température). La dépression ne provoque directement aucun trouble circulatoire (L. CAMUS).

D'après VAQUEZ, il faut distinguer l'hyperglobulie rapide provoquée par le froid, l'ascension en ballon, de l'hyperglobulie qui s'établit lentement progressivement dans les stations de montagne. La première est uniquement périphérique, la seconde est générale.

XII. Influence de la température. — 1. Le sang se concentre et les globules rouges augmentent en quelques minutes et pour un temps très court après les douches et les bains froids ; la chaleur, les frictions de la peau, le bain froid *prolongé* provoquent les effets inverses (GRAWITZ, ROVIGHI, WINTERNITZ, MURRI, MANGIATI). L'aug-

----

(1) VIAULT, MERCIER, EGGER, QUISERNE, LAZARUS, VOORNVELD, ont constaté l'apparition de petits globules chez des sujets qui passent d'une station basse à une altitude ; des éléments de cet ordre ne se voient plus lorsque l'acclimatement est fait. Chez les animaux dératés et transportés à une altitude, chez l'homme dans la cyanose chronique, le diamètre des globules augmente ; il peut atteindre 8 μ et plus ; on peut même trouver des éléments de 11 μ à 12 μ (VAQUEZ, QUISERNE). SCHAUMANN et ROSENQVINT ont constaté des globules nucléés chez le lapin et le chien soumis à une dépression sous une cloche. GAULE a observé des globules anormaux et des globules nucléés dans le sang de l'homme sous l'influence d'une ascension en ballon. VOORNVELD, BENSAUDE, JOLLY, BONNIER, KOEPPE, A. et J. LŒWY, ABDERHALDEN, n'ont pas confirmé l'apparition des globules nucléés. SELLIER a observé chez des Oiseaux dans le noyau des figures karyokinétiques analogues à celles décrites par LUZET dans la régénération du sang après la saignée.

mentation des globules sous l'influence des bains froids peut atteindre 30 p. 100 (Knöpfelmacher). Chez les chlorotiques la diminution des globules consécutive à un bain froid prolongé peut durer quatre ou cinq jours (Murri).

Ces variations dépendent évidemment surtout des modifications vaso-motrices concomitantes, sans que l'on sache exactement s'il s'agit d'une simple différence dans la répartition des globules et du plasma dans les vaisseaux, ou d'un changement dans la concentration réelle du sang. Le froid provoque des réactions vaso-motrices ; il anémie la peau et les extrémités.

La réfrigération prolongée ou accentuée de l'organisme modifie la composition du sang, en provoquant l'altération et la destruction des hématies. Certaines hématies perdent leur matière colorante, d'autres sont complètement détruites. Il y a hémoglobinurie. Si la congélation est poussée jusqu'à déterminer la mort — 12° ; — 15°) la destruction globulaire est rapide et profonde. L'animal meurt comme un asphyxique, c'est-à-dire avec une profonde dyspnée et perte de connaissance. Le sang prend une couleur rouge foncé sale, analogue à celle du café. Le taux de l'hémoglobine baisse beaucoup. Les globules blancs sont détruits en masse. Le sang reste fluide et s'épanche dans les tissus (Tirelli). — Albertoni et Nyosi ont montré que chez un chien un bain froid de quatre heures triple, en provoquant des altérations globulaires, la quantité de fer éliminé par les urines. Reineboth et Kohlhardt ont également constaté la destruction globulaire provoquée par le froid.

2. Maurel a constaté que dans les pays chauds, les indigènes suivant le régime du pays ont moins de globules que les habitants des pays froids ou tempérés (le rapport entre les globules rouges et les blancs restant à peu près le même). Il a observé une diminution chez les blancs après un séjour sous les tropiques. Maurel considère que l'appauvrissement globulaire est en rapport avec une diminution des dépenses organiques. Tous les auteurs ne sont pas cependant d'accord sur ce sujet. Eykmann, Grijns, Glogner, Marestand n'ont pas observé de diminution des globules, mais plutôt de l'hyperglobulie. L'anémie des tropiques peut s'expliquer par des altérations globulaires provoquées soit par des parasites (Plehn), soit par la température (Grawitz et Löwenthal).

En été, Malassez a constaté par rapport à l'hiver, toutes choses égales d'ailleurs, des diminutions globulaires, atteignant 12 p. 100 ; il suffit d'aller à la campagne et de vivre au grand air pour observer le phénomène inverse.

XIII. **Influence de la lumière**. — L'absence de lumière est sans grande influence au moins chez l'adulte. Le fait a été constaté soit par des expériences, soit chez des chevaux vivant depuis des années dans des mines (Grawitz et Schöneberg). Chez le jeune, l'obscurité persistante peut provoquer un peu d'anémie (Schöneberg). C. Meyer a constaté que l'hyperglobulie consécutive à la dépression atmosphérique est plus tardive lorsque les animaux sont privés de lumière.

XIV. États pathologiques. — On groupe sous le nom d'anémies, les états dans lesquels les globules rouges diminuent de nombre. Les anémies pernicieuses sont caractérisées par une grande diminution des hématies et l'apparition de formes exceptionnelles ou altérées ; Quincke a vu dans ces états le chiffre des globules rouges tomber à 143 000 ; Laache cite des cas avec 360 000 où la reconstitution du sang a pu être obtenue. Les anémies sont provoquées par la chlorose, la tuberculose, le cancer, la syphilis ; les anémies pernicieuses apparaissent dans différentes conditions, notamment sous l'influence de certains parasites (botriocéphale, ankylostome...).

Les globules rouges augmentent dans l'asystolie avec œdème par suite de la soustraction de liquide au sang. Dans l'asystolie sans œdème l'augmentation est peu sensible (Loeper). Ribadeau-Dumas et Lecène, Dopter, Gouraud... ont constaté l'hypoglobulie après l'ablation des reins.

Dans certaines maladies, la crise est annoncée par une dilution du sang (Loeper).

XV. Intoxications. — Les globules diminuent à la suite d'un très grand nombre d'intoxications (cons. p. 592) ; sous l'influence de la morsure des serpents venimeux (Auché et Vaillant).

La diminution peut être de moitié dans les intoxications professionnelles par le plomb (Malassez).

XVI. **Médicaments**. — Le fer (voy. p. 580), l'arsenic, les lécithines (Stassano et Billon) relèvent la quantité de globules. Le cacodylate de soude relève le chiffre des hématies lorsqu'il est abaissé, dans certains états anémiques. L'action est nulle lorsque le médicament est injecté à des sujets dont la richesse globulaire est normale. L'augmentation du nombre des hématies persiste un certain temps après que l'on a cessé l'usage de la médication ; elle se fait parfois avec une rapidité surprenante et inexpliquée; chez un grand nombre de sujets, le chiffre des hématies est déjà considérablement augmenté une demi-heure après la première injection. Chez une chlorotique, par exemple, le chiffre des hématies s'était élevé de 1 178 000 à 2 821 000 trois quarts d'heure après les premières injections de 5 centigrammes de cacodylate (Widal et Merklen, Chiappori) ; d'après Ralph Stockmann et Greig l'arsenic relève le chiffre des hématies dans les anémies, mais est sans action à l'état normal.

Le mercure à dose thérapeutique augmente, d'après un grand nombre d'auteurs, chez les syphilitiques le nombre des hématies; le fait est cependant constesté par Oppenheim et Löwenbach. D'après quelques auteurs, l'iodure de potassium ou de rubidium relève également le chiffre des hématies dans la syphilis.

On a soutenu que le manganèse, le zinc, le cuivre, le nickel, le cobalt, étaient des succédanés du fer dans les anémies (BENDINI, CERVELLO et BARABINI, PITINI, MESSINA). Ces conclusions n'ont pas été uniformément confirmées (WOLF).

Le phosphore même à petites doses (répétées) diminue le nombre des hématies. VOGEL (expériences chez les Oiseaux).

XVII. Lésions et ablations d'organes. Ligatures. — L'ablation de la rate, la ligature de la veine splénique diminuent le nombre des globules (LAUDENBACH, CARRIÈRE et VANVERTS, WLAEF). La ligature du canal cholédoque chez le chien provoque une diminution de 50 p. 100 survenant au bout de trois semaines, un mois (VERBITZKI, DOYON).

VAQUEZ, WIDAL, RENDU, MOUTARD-MARTIN et LEFAS ont rapporté des cas où, à la suite de lésions de la rate (tuberculose, etc.), il est apparu de la polyglobulie avec ou sans cyanose; toutefois, dans les cas de splénomégalie avec polyglobulie, il y a des observations où la rate n'a pas présenté des lésions suffisantes pour expliquer l'augmentation du nombre des globules.

PINZANI a signalé une notable augmentation des hématies après la castration ovarienne. MONARI, BREUER et SEILLER par contre signalent dans ces conditions une diminution.

XVIII. Technique des numérations. — La numération des globules a été tentée méthodiquement, tout d'abord par VIERORDT. POTAIN le premier imagina un procédé à la fois rigoureux et pratique. Ce procédé, toujours en usage, consiste à *diluer le sang* avec un liquide inoffensif anticoagulant, à un titre déterminé et *à l'abri de toute évaporation*. La *dilution est opérée* au moyen d'une pipette dont la partie effilée contient exactement un centième du volume d'une ampoule qui la surmonte. Deux traits marqués sur le verre indiquent les limites correspondant à ces volumes. A l'aide d'un tube en caoutchouc qui prolonge la pipette en dessus, on fait une légère aspiration et l'on détermine l'ascension du sang obtenu par piqûre jusqu'au premier trait. On opère rapidement pour éviter l'évaporation. On plonge alors l'extrémité de la pipette dans le sérum et on aspire jusqu'à ce que le liquide atteigne le second trait fait au-dessus de l'ampoule. En agitant l'appareil, on obtient, grâce à une petite boule de verre placée dans l'ampoule, une dilution homogène de sang. Pour opérer facilement la numération, on porte une goutte du mélange sur un petit appareil imaginé par MALASSEZ. Cet appareil permet d'observer des quantités répondant chacune à un centième de millimètre cube. Il est formé d'une lame divisée par des lignes en rectangle ayant un quart de millimètre de longueur et un cinquième de millimètre de largeur. On place sur cette lame une goutte de sang et on rabat sur elle une lamelle bien plane qui est maintenue par trois pointes à un cinquième de millimètre de distance. Le nombre des globules trouvés dans chaque rectangle est celui que renferme un centième de millimètre cube de sang dilué. En ajoutant quatre zéros à la droite du chiffre, on a le nombre total des globules du sang contenus dans un millimètre cube de sang pur.

HAYEM a préconisé un autre dispositif également très pratique. Le sang est recueilli au moyen d'une pipette graduée, puis dilué dans une éprouvette. Une goutte du mélange est déposée dans une cellule en verre spéciale et transformée en une lame de liquide à surfaces parallèles d'une épaisseur uniforme et connue. Par un jeu de lentille, une sorte d'objectif transporte sur le fond de la cellule l'image d'un quadrillé photographié sur verre (HAYEM et NACHET).

Liquides employés pour la dilution. — HAYEM recommande les solutions suivantes :

a) Eau distillée...................................... 200 grammes.
Chlorure de sodium pur............... .... 1 gramme.
Sulfate de soude pur.......................... 5 grammes.
Bichlorure de mercure........................ 0gr,50

b) On remplace dans la solution précédente le bichlorure de mercure par 3cc,50 de la solution iodo-iodurée qui a pour formule :

Eau distillée.............................. 500 grammes.
Iodure de potassium......................... 25   —
Iode métallique.............................. excès.

La solution *a* convient parfaitement pour la numération des globules rouges et des globules blancs chez l'homme et chez les animaux ; elle ne peut être utilisée ni pour la numération des hématoblastes (excepté chez les ovipares), ni pour celle des autres éléments du sang lorsqu'il existe une lésion inflammatoire avec augmentation de la fibrine. Le liquide entraîne dans ce cas la formation d'amas plus ou moins étendus formés par une matière visqueuse dans laquelle sont englués de nombreux globules. La solution *b* permet de compter, en même temps que les hématoblastes, les globules rouges et les globules blancs. Elle doit être fraîchement préparée, l'iode s'évaporant assez rapidement (Hayem).

Brünings a imaginé un appareil combinant l'espace qui sert à compter, et 1 pipette utilisée pour le mélange en un même instrument.

G. — VOLUME ET POIDS DES GLOBULES ROUGES PAR RAPPORT AU PLASMA.

En volume les globules forment environ la moitié du sang total en poids le sang contient en chiffres ronds 1/3 de globules et 2/3 de plasma ; cependant la proportion des globules peut s'élever à 48, et même 50 p. 100.

Tableau résumant, d'après Lambling, *les analyses de* Hoppe-Seyler *pour les sangs d'homme, de chien et de cheval, et celles de* Bunge *pour le sang de bœuf.*

100 PARTIES DE SANG CONTIENNENT.	HOMME.	CHIEN.	CHEVAL.	BOEUF.
Globules....................	32,1	35,7	33,5	31,9
Dont { matières solides.......	13,6	15,4	13,3	12,8
Dont { eau..................	18,5	20,3	20,2	19,1
Plasma....................	67,9	64,3	66,5	68,1
Dont { matières solides.	6,1	5,6	6,5	5,9
Dont { eau.................	61,8	58,7	60,0	62,2

Dans les *anémies*, le poids des globules secs tombe, d'après Becquerel et Rodier, Andral et Gavarret, à 10, 8 et même 4 p. 100 du sang. Le volume peut tomber à 10 ou 8 au lieu de 50 p. 100 (Grawitz). La médication martiale relève le poids et le volume globulaire.

H. — DESTRUCTION DES GLOBULES. HÉMATOLYSE.

I. **Modes d'altération**. — Certains agents dissolvent complètement les globules : l'hémoglobine diffuse dans le plasma : le sang
devient translucide et sombre, on le dit *laqué*.

D'autres provoquent uniquement la séparation de la matière
colorante du stroma qui seule diffuse dans le plasma. Certains
agents aboutissent à la dissolution, mais séparent l'hémoglobine du
stroma à une première phase de leur action.

Il existe des agents qui non seulement dissolvent les globules,
mais transforment encore la matière colorante en pigments dérivés
tels que la méthémoglobine, l'hématine, etc.

Certains toxiques sans toucher à la forme du globule suppriment
sa fonction en se combinant avec l'hémoglobine, tels l'oxyde de
carbone.

II. **Conséquences**. — La destruction globulaire peut aboutir à
la mort si elle dépasse une certaine limite et s'accompagne d'un
certain nombre d'accidents.

L'alcalinité du sang diminue par suite probablement de la mise
en liberté d'acide phosphorique et d'acide phosphoglycérique
(Kraus, Kobert). Cependant, d'après Fodéra et Ragona, certaines
substances (glycérine, éther, pyrogallol) sont hémolytiques sans
modifier l'alcalinité.

Si la destruction globulaire est suffisamment intense, le fer et la
bilirubine augmentent dans la bile : on constate de l'hémoglobinurie,
de la cholurie et même de l'ictère dans quelques cas. Lorsque le
poison altère l'hémoglobine, on peut trouver dans l'urine de la
méthémoglobine ou de l'hématine. Lesné et Ravaut ont cherché à
déterminer les rapports que présentent entre elles l'hémoglobinurie,
la cholurie et l'urobilinurie secondaires à l'hématolyse expérimentale. On peut, suivant les doses de substances globulicides employées,
déterminer à petites doses de l'urobilinurie seule, à dose plus élevée
de l'urobilinurie et de la cholurie, celle-ci disparaissant la première, et à dose plus forte encore de l'hémoglobinurie suivie du
stade précédent. Si la destruction globulaire est très intense, on
observe le diabète bronzé.

Tous les agents hémolytiques sont susceptibles de déterminer des
thromboses plus ou moins étendues lorsqu'ils sont introduits à
dose suffisante dans les vaisseaux (Delezenne).

III. **Agents toxiques**. — L'hématolyse et le laquage sont provoqués par :

La chaleur, la congélation et le réchauffement successif, le vide (l'agitation mécanique des globules au contact de corps durs anguleux, les réduit à une espèce de poussière ténue et fait passer l'hémoglobine en solution) (MELTZER);

L'eau pauvre en sels, certains alcaloïdes et glycosides, les silicates alcalins, les sels d'ammonium, l'urée, la glycérine ;

Les vapeurs de chloroforme, d'éther, d'amylène, de petites quantités d'alcool, de paraldéhyde, de thymol, de nitrobenzine, d'acétone, d'éther de pétrole, de sulfure de carbone [il faut tenir compte de la concentration et de la température, une dose inefficace par elle-même peut devenir hémolytique si la température est élevée (KŒPPE)].

L'hydrogène antimonié, l'hydrogène arsénié ;

L'ammoniaque, les alcalis de concentration moyenne (10 p. 100), les solutions de savons à 1,5 et 2 p. 100 (1); les acides dilués :

Le mercure métallique ;

La bile, les sels biliaires, le sérum d'un animal d'une espèce éloignée, certaines toxines microbiennes, les venins.

1. **Action de l'eau.** — L'eau gonfle les globules, les rend sphériques, puis les détruit et dissout la matière colorante. L'eau est d'autant plus toxique qu'elle est plus pauvre en matériaux salins.

Il suffit de mêler une goutte de sang d'un sujet normal à vingt gouttes d'eau pure ou d'eau distillée pour dissoudre instantanément les hématies. Le liquide reste trouble lorsque le sang contient un nombre exceptionnel de globules blancs, 150 à 700 000 par millimètre cube, comme cela arrive dans la leucémie myélogène (SABRAZÈS).

Cl. BERNARD a constaté que l'on peut injecter chez un chien en digestion, c'est-à-dire contenant une quantité de liquide aussi voisine que possible du maximum normal, une quantité d'eau ordinaire très voisine de son poids de sang sans produire d'accidents. CHARBONNEL SALLE a constaté que l'introduction lente et graduelle d'une masse considérable d'eau (1/3 de la masse totale du sang) ne provoque aucun effet nocif. En élevant les doses de liquide injecté les urines deviennent albumineuses et sanguinolentes ; toutes les sécrétions sont diminuées ou taries (MAGENDIE, Cl. BERNARD). MOUTARD-MARTIN et RICHET ont confirmé ces faits et montré que les sécrétions sont ralenties aux doses moyennes de 5 à 20 grammes p. 1000 et arrêtées aux doses supérieures de 30 grammes p. 1000. — La mort immédiate survient chez le chien à la dose de 158 centimètres cubes p. 1000 (BOSC et VEDEL); chez le lapin, lorsque la quantité injectée atteint le 1/10 du poids du corps (MUNCK et FALCK, PICOT).

L'eau distillée injectée à raison de 20 centimètres cubes par minute dans les veines provoque la mort immédiate chez le chien, à la dose de 170 centimètres cubes par kilogramme d'animal (BOSC et VEDEL). Chez le lapin, injectée à la dose

---

(1) Leur action est due en partie à NaOH libre qu'elles contiennent (BOTTAZI).

de 5 centimètres cubes par minute, elle provoque la mort à des doses qui varient de 90 à 122 centimètres cubes par kilogramme (Bouchard, Mairet, Bosc et Vedel). Même aux doses de 30, 25, 20 centimètres cubes par kilogramme, la mort peut survenir assez rapidement ; dans tous les cas, il se produit des phénomènes toxiques sérieux.

2. **Dissolutions**. — Certaines substances telles que le chlorure de sodium, l'azotate de potasse, le saccharose, l'acétate de potasse, l'oxalate de potasse, le sulfate de magnésie, l'iodure de potassium, l'iodure de sodium, enlèvent à l'eau, lorsqu'elles sont en proportion suffisante, la propriété d'altérer les globules et de diffuser l'hémoglobine.

Pour chaque substance il existe une concentration pour laquelle le volume des globules n'est pas sensiblement modifié (1). La cryoscopie démontre que la concentration moléculaire d'une telle solution est la même que celle du sérum du sang dont proviennent les globules. La solution est dite isotonique au sérum.

Le titre de la dissolution d'un corps donné [NaCl par exemple] isotonique au sérum n'est pas le même pour chaque espèce animale ; on constate même des variations chez des individus d'une même espèce.

La solution de chlorure de sodium qui altère le moins le volume des globules des Mammifères doit contenir en moyenne 0,9 p. 100 de ce sel ; les globules de la grenouille ne changent pas de volume dans une solution de chlorure de sodium à 0,64 p. 100, ou dans une solution de $KAzO^3$ à 1,09 p. 100, ou de sucre de canne à 5,59 p. 100 ; les globules elliptiques des Oiseaux ne varient pas dans une solution NaCl à 1,17 p. 100 et dans des solutions de $KAzO^3$ et de sucre de canne isotoniques.

Plongés dans des solutions plus concentrées que le sérum (solutions hypertoniques), les globules se ratatinent ; les globules nucléés de la grenouille et des Oiseaux subissent une rétraction comparable à la plasmolyse observée par de Vries sur les cellules végétales dans les mêmes conditions.

Plongés dans des solutions moins concentrées que leur sérum correspondant (solutions hypotoniques) les globules augmentent de volume ; si la concentration s'abaisse au-dessous d'une certaine limite, l'hémoglobine diffuse, les globules s'altèrent et se dissolvent.

---

(1) Bouchard dès 1870, Malassez dès 1872 avaient déjà constaté ce fait lors de leurs recherches concernant le liquide le plus propre à empêcher la destruction des hématies extraites des vaisseaux.

3. **Substances globulicides**. — Certaines substances détruisent en solution aqueuse les globules quel que soit le titre de la solution.

a) Parmi elles, il en existe un certain nombre dont l'action globulicide disparaît lorsqu'elles sont dissoutes dans une solution isotonique d'un autre corps pour lequel les globules sont imperméables. Les choses se passent comme si l'agent destructeur était l'eau.

b) D'autres substances sont encore capables de détruire les globules rouges, même les solutions salées isotoniques, indépendamment de toute action osmo-nocive vraie.

La dextrine, le glycogène, la gélatine rentrent dans la première catégorie. L'urée, la glycérine, les sels d'ammonium également ; toutefois pour ce second groupe il y a une concentration limite très élevée, il est vrai, à laquelle les globules sont détruits, même en solutions salines isotoniques au sérum. In vitro la sortie de l'hémoglobine commence avec l'urée vers 20 p. 100 en solution NaCl à 0,95 p. 100 (globules de bœuf). Pour la glycérine la limite est encore plus élevée, à 40 p. 100 le liquide est encore peu teinté après trente heures (Hédon). L'albumine laque le sang même en solution très concentrée ; elle n'agit qu'en raison de sa tonicité (Julliard) (1).

Les silicates de soude et de potasse détruisent les globules rouges à toutes les concentrations, mais avec un temps perdu très considérable à partir d'un certain titre (Hédon).

Les solutions de sublimé (1/12 000 à 1/70 000) ont une action hémolytique ; plus concentrées que 1/3 000 elles coagulent (Fiocco).

Un certain nombre de corps du groupe des glycosides tels que la solanine, la saponine, la digitaline, la cyclamine... ont la propriété de dissoudre les globules rouges. Les effets de ces substances sont moins marqués dans le sérum sanguin que dans une solution isotonique de chlorure de sodium (Mayet, Pohl, Hédon).

Bile. — Sous l'influence de la bile les globules rouges disparaissent sans laisser de traces (Hünefeld, 1840). L'action est due aux acides et sels biliaires (Dusch, Rywosch, Rist et Ribadeau-Dumas).

Urines. — L'urine congèle en moyenne à — 1°,50 (cons. p. 557). Ce point de congélation fait de l'urine un liquide hypertonique par rapport au sérum sanguin dont le $\Delta = — 0°,54$ en moyenne. Il en résulte que les globules rouges placés dans l'urine normale hyper-

---

(1) Une solution à 50 p. 1000 correspond à une solution NaCl 0,27 p. 1000 ($\Delta = — 0°,016$) ; une solution à 1750 p. 1000 serait isotonique au sang (Julliard).

tonique, loin de s'y gonfler et de s'y détruire, conservent leur hémoglobine et prennent l'aspect de boule épineuse. L'urine peut devenir hémolytique dans deux conditions.

a) Lorsqu'elle est très peu concentrée, $\Delta = - 0°.30$, peu dense (1002, 1003). L'ingestion de boissons abondantes (A. Pugnet), l'alimentation exclusive par le lait prolongée pendant plusieurs semaines (Sabrazès et Fauquet), confèrent à l'urine la propriété de laquer les globules rouges. L'urine de nouveau-né immédiatement après l'accouchement, en dehors de toute influence de l'alimentation lactée, possède la même action (Sabrazès et Fauquet). L'urine du nourrisson congèle à — 0°,25 le premier mois, à — 0°,41 le second mois (Lesné et Merklen). L'urine du chien à la mamelle n'est pas hémolysante (Sabrazès et Fauquet).

b) Indépendamment de l'action hémolysante qu'exercent certaines urines dans lesquelles le globule rouge perd son hémoglobine parce qu'il est placé dans un milieu hypotonique, il peut exister dans l'urine humaine des substances globulicides vraies capables d'agir sur les hématies en milieu isotonique. Si on expérimente avec de l'urine pure, c'est-à-dire en versant simplement des globules à même l'urine, il peut arriver que les globules ne subissent aucune destruction, même si l'urine renferme des substances globulicides vraies. Si en effet l'urine est très concentrée, l'hypertonicité du milieu protège les globules contre des substances dont l'action globulicide n'est pas toujours très intense. Il faut ramener les urines à l'isotonicité par addition d'eau distillée, car alors les substances globulicides reprennent leurs droits et l'hémolyse peut se faire.

Pour étudier une urine supposée hémolysante, Pagniez opère, d'après le procédé Hamburger, de la façon suivante : on ajoute à 5 centimètres cubes d'une solution de NaCl à 7 p. 1000 (1), un petit nombre de gouttes d'urine (5 à 6) de façon à ne pas modifier l'isotonie du mélange et une goutte de sang ou mieux une émulsion de globules de lapin lavés au préalable dans une solution isotonique de NaCl. Lorsqu'il existe des substances globulicides le liquide après séjour à l'étuve pendant deux heures et centrifugation présente une forte teinte rouge témoignant de la destruction globulaire. Un tube témoin dans lequel on aurait remplacé les 6 gouttes d'urine par 6 gouttes d'eau distillée ne donne aucune teinte d'hémoglobine dans les mêmes conditions.

L'urine humaine normale acide exerce une action globulicide très nette dans ces conditions sur les globules du lapin. L'urine normale neutre (telle qu'elle est émise après le repas chez un grand nombre de sujets) n'est douée d'aucun pouvoir hémolysant dans les mêmes conditions d'expérience. La nature de la substance acide toxique est inconnue. On sait cependant que l'acide hippurique est doué d'un pouvoir hémolysant à dose relativement faible et transforme même l'hémoglobine à dose plus élevée (Pagniez). Dans l'urine provenant de malades, il paraît exister parfois d'autres facteurs que l'acidité capable de provoquer l'hémolyse.

Les globules humains sont plus résistants que les globules du lapin. L'urine humaine normale ne paraît pas contenir de substance globulicide capable de les détruire en dehors de toute action osmo-nocive. L'urine humaine pathologique

---

(1) La solution NaCl isotonique au sérum est la solution à 9 p. 1000 ; l'auteur préfère la solution à 7 p. 1000. L'auteur considère que pour mettre en évidence l'action d'un corps doué de propriétés hémolysantes peu énergiques il y a avantage à employer des solutions salées de concentration un peu moindre.

peut parfois détruire les globules humains. Cette action est toujours faible et s'exerce aux maximum quand les globules sont placés dans une urine pure, isotonique, impuissante à provoquer l'hémolyse par osmo-nocivité (Pagniez).

Liquide céphalo-rachidien. — Chez l'homme, le liquide céphalo-rachidien normal n'exerce aucune action hémolytique sur le sang du porteur ou de tout autre individu normal. L'hématolyse ne commence que lorsque le liquide céphalo-rachidien est étendu d'eau distillée à un peu plus que parties égales (12 gouttes d'eau distillée pour 10 gouttes d'eau distillée) (Bard).

Le pouvoir hémolytique du liquide céphalo-rachidien peut tenir soit à une diminution de la concentration moléculaire, soit à des lysines pathologiques (Bard). Il paraît exister dans quelques cas des anti-lysines qui agissent en sens inverse des lysines (Bard).

Le pouvoir hémolytique du liquide céphalo-rachidien se modifie à l'état pathologique. Très rarement ce liquide laque d'emblée le sang sans addition d'eau distillée. En général, dans les méningites tuberculeuses, les méningites cérébro-spinales septiques, etc..., le pouvoir hémolytique est augmenté en ce sens qu'il faut moins de 10 gouttes d'eau distillée pour 10 gouttes de liquide céphalo-rachidien pour laquer le sang. Le pouvoir hémolytique subit au cours des affections qui sont susceptibles de l'altérer des modifications variables, et de sens contraire. Presque toujours les maladies commencent par élever le pouvoir hémolytique, mais cette élévation met en jeu des forces défensives, et, à mesure que l'influence nocive s'éloigne, ou que l'affection marche vers la guérison, le pouvoir hémolytique s'abaisse progressivement, non seulement jusqu'à revenir à son degré normal, mais souvent même jusqu'à le dépasser en sens inverse (Bard).

Épanchements pathologiques. — Dans la grande majorité des cas, les épanchements pathologiques (épanchements des séreuses, urines hématuriques) n'exercent pas d'influence hématolytique sur le sang qu'ils contiennent en suspension. Toutefois, les liquides hémorragiques provenant des cancers contiennent toujours du sang laqué, par suite probablement de l'existence dans ces liquides de substances particulières (lysines), sécrétées par les cellules du cancer qui détruisent les globules. La présence de ce phénomène est donc, par suite, un indice important (mais non caractéristique) de l'origine cancéreuse d'un épanchement. L'absence d'hématolyse spontanément hémorragique crée une présomption capitale contre cette origine (Bard). D'après Panzacchi, les hémolysines cancéreuses peuvent être extraites par l'eau et résistent à 55° pendant trente minutes. D'après Micheli et Donati, toutes les tumeurs ne donnent pas des extraits hémolysants.

Sueurs. Extrait musculaire. — L'injection de sueur dans les veines détermine (chez le chien) une forte destruction des globules rouges. De 5 000 000 on tombe à 2 000 000 et moins (Arloing); Charrin et Mavrojannis ont constaté de l'hémoglobinurie.

L'extrait musculaire injecté dans les veines en solution isotonique NaCl amène l'hémoglobinurie.

Venins. — Le venin des serpents dissout très énergiquement les globules rouges (Flexner, Hideyo. Noguchi, Calmette). Les conditions de cette hémolyse ont été déterminées surtout par Calmette. Ce physiologiste a montré que la dissolution de globules bien lavés à l'eau physiologique, par le venin, ne se produisait que si on ajoute du sérum normal chauffé à 60°. L'adjonction de sérum normal, non chauffé, ne provoque pas l'hémolyse. Le sérum renferme donc à la fois une sensibilisatrice et une antihémolysine: la seconde de ces substances est détruite à 60°. Les hématies lavées et par suite non hémolysables fixent le venin. Si on les laisse pendant quelques minutes en contact avec une solution de venin et qu'on les lave ensuite à plusieurs reprises à l'eau physiologique en centrifugeant chaque fois pour éliminer toute trace de venin dissous. on constate que ces hématies s'hémolysent très rapidement aussitôt qu'on les met en présence d'un peu de sérum normal chauffé à 62°. Briot a constaté que le venin d'un Poisson venimeux. la vive (trachinus draco). exerce une action hémolytique dans les mêmes conditions que le venin de serpent ; l'action est cependant plus lente et moins intense. La substance hémolysante du venin de cobra n'est détruite qu'après une ébullition prolongée pendant quinze minutes (Calmette). Le pouvoir hémolytique du venin de vive résiste à 75° (une heure), à 100° (vingt minutes). (Briot).

Les hémolysines des venins de serpent et des venins de vive sont probablement distinctes. Le sérum antivenimeux de Calmette n'agit pas sur le venin de vive, mais empêche très vigoureusement l'action hémolytique des venins de serpent (cons. anticorps). Benedicenti et Polledro ont constaté que le venin du triton (spelerpes fuscus) détruit le protoplasme des globules rouges.

Suc pancréatique. — Le suc pancréatique pur n'exerce aucune action pendant les premières heures, puis il détruit les hématies. Le suc entérique agglutine les hématies sans les détruire. Le mélange du suc pancréatique pur et du suc entérique provoque en trente minutes une hémolyse rapide ; l'hémoglobine est détruite et transformée. partiellement au moins. en hématine. L'entérokinase se fixe sur les hématies (Delezenne).

Toxines microbiennes. — Un grand nombre de microbes sécrètent des substances qui dissolvent les hématies: tels sont: le streptocoque. le staphylocoque pyogène, le microbe du tétanos. le bacille d'Eberth, etc... (E. et P. Lévy, Bordet. Ehrlich, Morgenroth, Madsen, Bulloch et Hunter. Besredka, Neuser et Wechsberg, Tizzoni et Cantanni. Schur.... Le bacille de la peste a un pouvoir hémolytique faible (Raybaud).

4. **Action de la température.** — A 56°-60° les globules des mammifères se fragmentent en boules ; l'hémoglobine diffuse dans le plasma (Max Schultze). Pour laquer des quantités un peu importantes de sang il faut défibriner ce liquide et le chauffer au bain-marie sans dépasser 65°. Dans ces conditions le sang devient noir et translucide (A. Rollett, Stewart). Koeppe signale des variations même chez un même sujet; le laquage se produit souvent à 68°.

Les globules paraissent perdre la propriété de fixer O^2 à une température plus basse. Si on chauffe un animal dans une étuve, jusqu'à la mort, le sang a ordinairement perdu la propriété de devenir rutilant, quoique la température de ce liquide n'ait pas dépassé ordinairement 45° (Cl. Bernard, *Liquide de l'org.*, I, 438).

Vincent n'a pas constaté d'altération des globules rouges chez les animaux dont on amène la mort par hyperthermie en les soumettant à 38°-41°.

Sous l'influence des *brûlures* le sang est épaissi ; les globules sont altérés, l'hémoglobine modifiée, fréquemment on constate de l'hémoglobinurie (Tappeiner, etc... Stockis).

On peut injecter dans les veines (jugulaires) du chien d'assez fortes quantités de liquides (200 c.c. et plus) à 90° et 95° aussi rapidement que possible sans provoquer la mort. La masse sanguine du ventricule droit peut atteindre dans ces conditions en quelques endroits sinon dans sa totalité une température de 55°. Le sang perd presque tout de suite l'excès de chaleur dans les poumons, car la température de l'animal ne monte presque pas (Athanasiu et Carvallo). Les premières quantités d'urine qui s'écoulent dans ces conditions sont teintées de sang. Il y a hémoglobinurie temporaire par suite de la destruction d'un certain nombre de globules (Doyon et Dufourt).

Si on congèle le sang et si on le laisse dégeler ensuite l'hémoglobine se sépare du stroma ; un certain nombre de globules sont détruits (A. Rollett). Sous l'influence du froid l'eau du sang se sépare sous forme de glace ; les substances dissoutes sont privées de leur solvant. Au moment du dégel la glace se transforme en eau libre qui attaque les globules. — Dans le sang soumis à l'action de l'air liquide (— 190°) la plupart des globules sont explosés, fragmentés (Chanoz et Doyon).

Dans l'organisme soumis au froid les globules s'altèrent ou se détruisent ; on a observé l'hémoglobinurie ; le fer excrété par les urines et la bile augmente (v. p. 588).

L'eau glacée injectée dans les veines est relativement bien tolérée (Roger).

5. **Action de l'électricité**. — Sous l'influence des décharges d'une bouteille de Leyde ou de tout autre condensateur les globules se crénèlent puis prennent la forme de boules et se décolorent ; le sang se laque. Il faut un nombre moindre de décharges pour provoquer la translucidité du sang si les décharges sont régulièrement espacées par des pauses que si elles se succèdent rapidement. Le laquage est empêché par l'addition au sang de solutions salines concentrées (A. Rollett). Avec les décharges d'un condensateur l'échauffement du sang est à peu près nul. Une expérience élégante permet de le constater : On mêle 10 grammes de gélatine à 100 cen-

timètres cubes d'une solution NaCl à 0,76 p. 100. Le mélange fond lorsqu'il est chauffé à 40°; il se prend en gelée à 18-20°. Si on ajoute au mélange liquéfié du sang et si on le soumet après refroidissement aux décharges répétées d'un condensateur le mélange devient translucide mais ne fond pas.

Les courants induits peuvent également entraîner la dissolution des globules (Neumann, L. Hermann), mais par suite surtout de l'échauffement concomitant du sang. Lorsque l'action des courants induits est prolongée, les albumines sont coagulées, le sang est desséché et carbonisé (A. Rollett).

I. — RÉSISTANCE DES GLOBULES ROUGES.

Les globules rouges opposent aux agents de dissolution et de destruction une certaine résistance qui varie suivant un grand nombre de conditions. On a essayé en clinique de déterminer le degré de résistance des hématies : on a accumulé un grand nombre de faits, mais en réalité la signification de ces faits nous échappe le plus souvent; on ne sait pas exactement à quoi ils répondent.

Les procédés pour mesurer la résistance globulaire varient suivant le phénomène que l'on prend pour signe de l'altération.

1. *Méthode utilisant comme critère la sortie de l'hémoglobine.* — Hamburger (1883) prend pour critère la sortie de l'hémoglobine. Il place les globules dans des dissolutions d'une même substance (en général le chlorure de sodium) de concentration différente. En opérant avec des solutions décroissantes on peut déterminer soit la dissolution qui commence à provoquer la sortie de l'hémoglobine des globules les plus altérables, soit celle dans laquelle tous les globules disparaissent complètement. Dans le premier cas on détermine la résistance minima, dans le second la résistance maxima du sang. Il est probable que la différence de résistance des globules dans un même sang répond à des différences d'âge, mais on ne sait si ce sont les plus jeunes ou les plus vieux globules qui résistent le mieux. La quantité d'hémoglobine diffusée peut être mesurée au colorimètre (Lapicque et Vast). Pour établir si la solution renferme encore des globules, on se sert du microscope ou on centrifuge.

Préparation de la solution chlorurée. — On dissout 10 grammes de chlorure de sodium pur dans de l'eau distillée. On stérilise la solution et on la dilue avec de l'eau distillée stérilisée, de façon à obtenir un litre de liquide contenant 1 p. 100 de chlorure de sodium. On prend une certaine quantité de cette solution-mère; on l'étend convenablement dans un flacon jaugé avec de l'eau stérilisée. On prépare ainsi des solutions chlorurées à 0,55, 0,54, 0,50, 0,40 p. 100. etc.

Recherche. — Dans des tubes à essais stérilisés on distribue 15 centimètres cubes de ces solutions. On ajoute le même nombre de gouttes de sang dans les mêmes conditions. On agite deux à trois fois de la même façon également les tubes, puis on les bouche et on les abandonne à la même température, 15°, p. e. Après quelques heures (trois heures, p. c.), on examine les tubes en allant des solutions les plus concentrées aux moins concentrées.

Résistance minima. — Le premier tube dans lequel une coloration rose apparaît indique que les globules les moins résistants ont laissé diffuser leur matière colorante. Les autres globules ont résisté et forment un dépôt au fond du tube.

Résistance maxima. — En suivant les solutions décroissantes, on voit que la coloration rouge du liquide transparent augmente et que l'épaisseur du dépôt diminue. De nouveaux globules ont donc disparu, augmentant ainsi par leur matière colorante diffusée l'intensité de la coloration. Au delà d'une certaine solution il n'y a plus de dépôt. On ne trouve plus de globules. Le tube dans lequel a lieu cette réaction renferme la solution qui détruit les globules dont la résistance est maxima.

On trouve, par exemple les chiffres suivants : résistance minima : 0,50; maxima : 0,35.

Remarques. — Les réactions limites dépendent, entre autres choses :

a) De l'état d'asepsie du sang. Il faut opérer à l'abri des microbes (VAQUEZ). Dans le sang conservé à l'abri des microbes, la résistance se conserve, mais les limites sont repoussées (VAQUEZ, MANCA).

b) De l'action des gaz sur les globules. Les globules chargés de CO^2 perdent leur hémoglobine dans des solutions plus concentrées que des globules chargés d'O^2. Les acides dilués agissent comme CO^2; les alcalis exercent l'effet inverse (c. p. 603). L'oxyde de carbone exerce également une action protectrice (HAMBURGER).

c) Le mode de défibriner le sang modifie les limites auxquelles les globules perdent leur hémoglobine à cause de l'accès de O^2. Si on veut défibriner le sang on l'agitera dans un flacon presque plein, de façon à ne pas modifier sensiblement l'équilibre gazeux (HAMBURGER).

Rapport avec l'isotonie. — La sortie de l'hémoglobine n'a aucun rapport avec l'isotonie (DASTRE). Il existe un écart considérable entre le titre de la solution isotonique qui conserve le volume globulaire et le titre de la solution qui, la première, provoque la sortie de l'hémoglobine des mêmes globules.

En moyenne, d'après HAMBURGER, pour que le sérum du sang d'un animal provoque la sortie de l'hémoglobine des globules correspondants, il faut diluer : le sérum de grenouille avec 200 p. 100 d'eau ; le sérum de bœuf et d'Homme avec 50-80 p. 100 ; le sérum d'Oiseau avec 130-200 p. 100 ; le sérum des Poissons avec 110-145 p. 100. Il suit de là que les variations que le sang subit normalement dans sa teneur en eau sont sans influence à ce point de vue.

L'exode de l'hémoglobine n'est pas parallèle à celui des sels. Lorsque les globules rouges sont lavés dans une solution dite isotonique ou hypertonique de sucre ou de mannite, ils abandonnent à cette solution une partie de leurs sels, même quand ils ne perdent pas leur hémoglobine (V. HENRI et CALUGAREANU). La mesure de la conductibilité électrique des liquides surnageants peut nous renseigner sur la grandeur de cette émission de sel, et le colorimètre nous donne la quantité d'hémoglobine que ces liquides peuvent contenir. Plus les globules restent longtemps en contact avec les solutions, plus les sels et l'hémoglobine passent dans le liquide environnant en plus grande quantité. La solution hypertonique à 40 p. 100 lorsque le contact est prolongé, enlève aux globules une plus grande quantité de sels et d'hémoglobine que les solutions dites isotoniques. Il n'y a pas de proportion entre la quantité de sels et la quantité d'hémoglobine enlevés par les solutions lorsque la durée de contact est différente. Les globules rouges du chien abandonnent antérieurement et plus facilement leurs sels que l'hémoglobine. L'étude de l'influence de la température et du temps sur ces deux phénomènes, semble indiquer qu'ils suivent des lois physiques différentes. Les solutions de sucre ou de mannite refroidies enlèvent plus de sels et d'hémoglobine que les mêmes solutions maintenues à la température du laboratoire. Les solutions portées à 37°, 45° enlèvent aux globules des proportions plus faibles d'hémoglobine que les mêmes solutions à 17° et à 0°. L'action de ces solutions à 37° et à 45° sur la sortie des sels des globules est plus complexe. Il y a lieu de distinguer les solutions de concentrations faibles au-dessous de 21 p. 1000 de mannite, et de 40 p. 1000 de saccharose, et celles de concentration plus forte. Pour les solutions de concentration plus forte (qui n'enlèvent pas l'hémoglobine), la sortie des sels des globules est plus marquée à 37°, 45° qu'à 17° et 0°. Pour les solutions de concentration faibles qui enlèvent aux globules de l'hémoglobine, la sortie des sels se fait à 37° et à 45°, en quantité moindre qu'à 17° et à 0° (V. HENRI et CALUGAREANU).

Données numériques. — Le titre de la dissolution d'un corps donné qui provoque la sortie de l'hémoglobine varie suivant l'espèce, le sujet et chez un même sujet suivant un certain nombre de conditions (Voy. MOSSO, HAMBURGER, BOTTAZZI et DUCCESCHI).

Le tableau suivant donne la concentration des solutions limites pour la sortie et la rétention de l'hémoglobine des globules de différentes espèces.

ESPÈCES ANIMALES.	SOLUTIONS LIMITES ⁰/₀.	AUTEURS.
Homme....................	NaCl 0,40 — 0,44	HAMBURGER.
Bœuf....................	NaCl 0,60 — 0,56 KAzO³ 1,04 — 0,96 Sucre de canne 6,29 — 5.63	HAMBURGER.
Oiseaux....................	NaCl 0,45 — 0,417 KAzO³ 0,769 — 0,714 Sucre de canne 3,944 — 3.66	HAMBURGER.
Grenouille.................... (Rana esculenta)....................	NaCl 0,188 — 0,21 (à 0,22 généralement rétention). KAzO³ { 0.325 / 0,28	HAMBURGER.
Poissons { Tinca fluv. Cuv. d'eau douce. { Carpe..........	KAzO³ 0,714 — 0,625 NaCl 0,45	HAMBURGER. RODIER.
Téléostéens {.................... marins. {....................	NaCl 0,75 — 0.85	RODIER.
Sélaciens {...... [Poissons cartilagineux] {......	NaCl 1,35 — 1.6 NaCl 2,5	RODIER. MOSSO.

Zanier a vu que chez le fœtus de la vache l'hémoglobine ne commence à diffuser dans une solution NaCl qu'à un titre inférieur à celui qui est nécessaire pour le sang de la mère. (Cons. aussi L. Camus et Gley.)

Les globules chargés d'acide carbonique perdent leur hémoglobine dans des solutions plus concentrées que les globules oxygénés.

Exemple : Du sang extrait de la jugulaire perd, laisse diffuser l'hémoglobine dans une solution NaCl à 0,61 ; traité par CO^2 ce sang laisse diffuser la matière colorante dans une solution à 0,89 ; après traitement par O^2, l'hémoglobine ne diffuse plus que dans une solution NaCl à 0,61. — Les globules du sang artériel perdent leur hémoglobine dans des solutions NaCl plus faibles que les globules provenant du sang veineux (Hamburger, voir aussi Lesage, bibl. p. 615). Les acides dilués agissent comme CO^2 ; les alcalis exercent l'effet inverse. L'action des acides et des alcalis s'exerce même à la dilution de 1 : 20.000 ; 1 : 13.000 (Hamburger). L'action de CO^2 et de O^2 des acides et des alcalis est reversible. Les modifications provoquées par CO^2 sont supprimées par O^2 et inversement, etc... (Hamburger). Le phénomène se produit in vitro et in vivo (Hamburger).

Le sang défibriné à l'air est plus riche en O^2 ; il laisse diffuser l'hémoglobine dans une solution moins concentrée que le sang non défibriné.

SANG DE BŒUF.	SELS.	CONCENTRATION pour laquelle les globules se déposent dans un liquide incolore.	CONCENTRATION pour laquelle les globules se déposent moins complètement et par laquelle le liquide est rouge.
Sang défibriné.	$KAzO^3$ NaCl Sucre de canne	1,072 0,620 5,48	1,05 0,609 5,38
Sang non défibriné.	$KAzO^3$ NaCl Sucre de canne	1,089 0,6305 5,67	1,072 0,620 5,57

Hamburger.

Les globules des Mammifères recueillis et conservés à l'abri des microbes se comportent pendant longtemps (un mois et plus) de la même façon vis-à-vis des solutions salines (Vaquez, Manca) ; toutefois, peu à peu, à la longue, les limites absolues du phénomène sont modifiées (Manca et Catterina, Hamburger). Dans un cas, du sang commençait à laisser diffuser l'hémoglobine dans une solution NaCl à 0,68 p. 100 ; un second échantillon de même sang recueilli aseptiquement le même jour, mais expérimenté trois semaines après, a laissé diffuser l'hémoglobine dans une solution NaCl à 0,90 p. 100, et dans les solutions à peu près approximativement isotoniques de $KAzO^3$ et de sucre de canne (Hamburger).

La résistance ne varie pas avec la pression de l'air (Hamburger) ; cependant Gaule aurait constaté au cours d'ascensions en ballon des variations suivant l'altitude, vis-à-vis de NaCl.

2. *Autres méthodes.* — Une autre bonne méthode pour apprécier la résistance globulaire consiste à utiliser la numération. Malassez (1873, 1895) conseille de faire avec le sang à examiner et le liquide

de dilution choisi toujours le même, un mélange sanguin de titre constant, que l'on conserve soigneusement à l'abri de toute évaporation et dans lequel on compte les globules à intervalles de temps déterminé. Les chiffres obtenus ainsi vont baissant de plus en plus et plus ou moins rapidement suivant les divers degrés de résistance des globules dans les cas examinés (MALASSEZ, URCELAY). — CHANEL (1880), BARD et VEYRASSAT opèrent avec des solutions de titres variables, mais dans un temps donné.

3. *Résultats généraux concernant l'homme.* — En ce qui concerne le sang de l'homme, la diffusion de l'hémoglobine commence (résistance minima) le plus souvent dans les solutions à $0^{gr},44$, à $0^{gr},48$ NaCl p. 100 (HAMBURGER). Elle commence même en réalité dans les solutions à $0^{gr},50$ ou $0^{gr},52$ p. 100 ; toutefois il faut pour le constater laisser tomber à la surface des solutions bien centrifugées quelques gouttes d'un mélange de teinture de gaïac et d'essence de térébenthine, réactif qui permet de déceler des quantités infimes d'hémoglobine (BARD, VEYRASSAT). A partir de $0^{gr},46$, $0^{gr},44$ la résistance des globules — à en juger d'après la diffusion de l'hémoglobine — est lente, graduelle jusqu'à la solution de $0^{gr},38$ à $0^{gr},40$ p. 100 environ: puis brusquement l'hématolyse s'exagère. La destruction globulaire est totale vers $0^{gr},33$ ou $0^{gr},32$. Au-dessous de ce chiffre il persiste encore un certain nombre de globules qui peuvent se retrouver dans des solutions de titre très inférieur (VAQUEZ et RIBIERRE). — Chez l'enfant, d'après PARIS et SALOMON, la résistance minima est $0^{gr},44$ à $0^{gr},48$; la résistance maxima $0^{gr},32$ à $0^{gr},36$.

L'histoire clinique des variations de résistance des hématies commence en 1867 avec DUNCAN. Ce savant constata que les globules rouges des chlorotiques perdent leur matière colorante dans une solution saline dans laquelle les globules de l'homme normal restent intacts. En 1872, MALASSEZ recherchant avec POTAIN quel était le meilleur liquide de dilution pour compter les globules rouges, remarqua des différences sensibles dans la rapidité avec laquelle les hématies d'individus normaux ou malades se détruisent dans telles ou telles solutions salines. Le premier, il entreprit sur ce sujet des études méthodiques.

BARD et VEYRASSAT ont constaté des variations différentes et très étendues sous l'influence de diverses causes pathologiques; ces variations sont utilisables en clinique, mais à la condition de déterminer non pas les résistances minima ou maxima, mais la résistance moyenne, c'est-à-dire celle du plus grand nombre des globules et de tenir compte exclusivement de la valeur de cette résistance moyenne. La résistance moyenne est surtout diminuée dans les chloroses compliquées, les anémies graves idiopathiques. Elle est peu abaissée dans les chloroses franches ; normale ou même augmentée dans les cancers de l'estomac. Les différences de résistance des hématies peuvent donc avoir une valeur diagnostique (BARD et VEYRASSAT). Dans les hyperglobulies avec cyanose, les pneumonies franches, les néphrites et les tuberculoses, la résistance est en général diminuée, mais cette diminution varie de telle sorte qu'on ne peut en tirer des conclusions précises (BARD et VEYRASSAT). — HAYEM, MALASSEZ, LIMBECK, MARAGLIANO et VIOLA, VAQUEZ ont signalé une augmentation de résistance chez certains ictériques; VAQUEZ, chez certains sujets cachectiques atteints de tumeurs malignes ; LANG, au cours des maladies infectieuses, dans le cancer, l'ictère. Dans le purpura, chez l'enfant, la résistance maxima est de 0,38 à 0,44; la résistance minima 0,30 à 0,32 (PARIS et SALOMON). L'asphyxie, le jeûne prolongé, la thyroïdectomie, l'injection intraveineuse de peptone (BOTTAZZI), la saignée, l'intoxication par le salicylate de méthyle (J. TEISSIER et CHANOZ), le salicylate d'amyle (CHANOZ et DOYON) diminuent la résistance globulaire. BOTTAZZI, VIOLA ont constaté une augmentation après l'extirpation de la rate, dans des cas de néoformation abondante de globules; MANCA parfois après un fort travail musculaire.

J. — ÉVOLUTION DES GLOBULES ROUGES.

L'expérience indique clairement qu'il existe un appareil de régulation du nombre des globules rouges comprenant un système formateur et un système destructeur. LATSCHENBERGER a signalé, en particulier chez la grenouille, la présence dans le sang normal d'éléments de forme variée paraissant provenir de la destruction de globules rouges.

La durée de l'évolution d'un globule rouge est inconnue ; nos connaissances sont plus précises en ce qui concerne l'origine des globules et les foyers de destruction des globules.

1. Origine. — La genèse des globules rouges présente deux phases distinctes : *a)* la phase embryonnaire pendant laquelle apparaissent les premiers vaisseaux et leurs globules rouges; *b)* la phase fœtale qui se continue avec la phase adulte et se poursuit dans le cours de la vie. Dans cette dernière phase il y a lieu d'étudier à part les Vertébrés à hématies nucléées et les Mammifères.

1. Phase embryonnaire (aire vasculaire). — Cette phase se rencontre avec des caractères identiques chez un grand nombre de Vertébrés, et elle est particulièrement développée dans les embryons d'Oiseaux et de Mammifères chez lesquels elle a été maintes fois étudiée. On peut la résumer ainsi : des masses protoplasmiques périnucléées, germes vasculaires (USKOW), nées du feuillet interne de l'embryon (USKOW, VIALLETON), viennent se placer entre le mésoderme et l'ectoderme (fig. 475, p. 805, Embryologie Testut, 3e édition). Ces germes sont d'abord isolés les uns des autres et offrent l'aspect de nodules réguliers ou de cordons noueux. Ils ne tardent pas à entrer en communication les uns avec les autres par l'intermédiaire des prolongements cylindriques qu'ils s'envoient réciproquement, et forment ainsi un réseau dont les nœuds correspondent aux îlots de WOLFF. Au niveau de ces nœuds on voit apparaître des vacuoles remplies d'un liquide clair. Ces vacuoles s'accroissent et se fondent les unes avec les autres, tellement bien que le germe vasculaire est divisé en deux parties, l'une périphérique très mince, formant la paroi primordiale du vaisseau, l'autre centrale comprenant le reste du germe vasculaire rattaché à un point de la paroi du vaisseau. Cet amas multinucléé appendu à la paroi du vaisseau et saillant dans sa cavité constitue un *berceau de globules rouges* de KÖLLIKER. Il s'en développe de semblables au niveau de chaque nœud du réseau vasculaire primitif dont les parties cylindriques se creusent simplement en canaux, sans produire à leur intérieur de berceaux globulaires. Chacun de ces derniers se fragmente en autant de globules qu'il renferme de noyaux, et chaque globule rouge ainsi produit tombe dans la lumière vasculaire. *Les premiers globules sanguins sont tous nucléés chez tous les Vertébrés.* Ils sont arrondis ou ovalaires; leur protoplasma est chargé d'hémoglobine dès le début, ou s'il en manque dans quelques-uns, ne tarde pas à en acquérir. Chez les larves de Batraciens, ces globules renferment des granulations considérées par Ranvier comme analogues aux granulations vitellines, mais que Giglio-Tos regarde comme formées d'une substance albuminoïde spéciale, dérivée du noyau, l'érythrociline, qui a la propriété de produire de l'hémoglobine en se combinant avec des substances contenues dans le plasma. Ces granulations ne tardent pas à disparaître et le globule ressemble alors tout à fait à une hématie nucléée de Vertébré adulte.

Ces globules nucléés se rencontrent pendant une assez longue période de la vie intra-utérine chez les Mammifères, et jusque pendant le troisième mois de cette vie chez l'homme. Ils peuvent se multiplier par caryocinèse et se multiplient effectivement ainsi partout où le ralentissement du courant sanguin et l'abondance des matériaux nutritifs offrent des circonstances favorables à cette multiplication (Van der Stricht). Ils disparaissent du sang circulant chez l'homme à partir du troisième mois de la vie intra-utérine, à la fin duquel on n'en trouve plus guère. Chez les animaux à hématies nucléées, il est beaucoup plus difficile de fixer la période de la vie à laquelle on n'en rencontre plus du tout, car ceux qui leur succèdent leur ressemblent en tout et il est impossible de les distinguer d'eux.

2. **Phase fœtale.** — Il importe ici de distinguer deux cas, suivant que l'on a affaire à des Vertébrés à hématies nucléées ou bien aux Mammifères.

a *Vertébrés à hématies nucléées.* — D'une manière générale, on peut admettre que chez ces animaux les hématies naissent de globules particuliers mélangés au sang circulant ou renfermés dans les organes hématopoiétiques, et répondant aux *hématoblastes* de Hayem (hématoblastes nucléés). Ces éléments ont à peu près la forme des globules rouges adultes, quoique un peu plus petits que ces derniers, ils sont ovoïdes ou sphériques, munis d'un noyau, et leur protoplasma hyalin est chargé d'une légère quantité d'hémoglobine. Le caractère le plus frappant consiste dans la délicatesse et la vulnérabilité de leur protoplasme qui subit des modifications de forme ou des altérations dès que le sang est extrait des vaisseaux. Leur corps s'étire alors en longues pointes opposées, ou revêt toute autre forme.

L'origine de ces globules est encore l'objet de discussions qui peuvent être résumées dans deux opinions principales :

α) Les hématoblastes dérivent des globules blancs. C'est là une manière de voir déjà ancienne, et l'on pourrait citer bien des noms en sa faveur, mais pour s'en tenir aux seuls ovipares et ne pas faire intervenir ici des observations prises chez des Mammifères, il suffit de citer les nombreuses recherches de Georges Pouchet sur la genèse des globules rouges chez le triton. Pouchet attribue l'origine de ces globules à un élément particulier du sang auquel il donne le nom de noyau d'origine. Le noyau d'origine n'est autre chose qu'un lymphocyte (Mathias Duval), c'est-à-dire une variété de leucocyte. Cette forme initiale peut, d'après Pouchet, évoluer vers un globule blanc ou vers un globule rouge. Dans ce dernier cas, son protoplasme s'accroît mais devient absolument hyalin au lieu d'être granuleux comme celui des leucocytes et perd tout mouvement amiboïde. Il se charge ensuite d'une légère quantité d'hémoglobine et devient peu

à peu une hématie parfaite. Cette évolution peut s'accomplir dans le sang circulant, mais elle est particulièrement favorisée dans les organes hématopoiétiques.

β) Les globules rouges ne proviennent pas des leucocytes. Cette opinion a été
soutenue par un grand nombre d'auteurs, parmi lesquels on peut citer Lœwit,
Bizzozero, van der Stricht. Il est impossible de rapporter exactement la manière
de voir de chaque auteur, mais on peut résumer à peu près ainsi les résultats
communs à la plupart d'entre eux. Les premières formes des hématoblastes
ne seraient pas des globules blancs, mais des éléments spéciaux formant
une lignée à part qui se poursuivrait pendant toute la vie à travers l'organisme
en se reproduisant par caryocinèse. On peut appeler ces éléments des *cellules
rouges* ou érythroblastes (Lœwit). Les érythroblastes sont des cellules très voisines comme forme des lymphocytes ou des petits leucocytes mononucléés, mais
leur protoplasme est toujours hyalin, contrairement à celui des leucocytes qui
est finement granuleux, et il est absolument privé de mouvements amiboïdes.
De plus, il est d'abord incolore et ne se charge que peu à peu d'hémoglobine, de
sorte que la transparence parfaite de leur protoplasma permet seule, au début,
de distinguer les érythroblastes des leucocytes mononucléés. « A mesure que
les érythroblastes avancent en âge, ils se chargent d'hémoglobine et, finalement,
ils donnent naissance au corpuscule rouge parfait qui est entraîné dans la circulation » (O. van der Stricht). On voit par cette citation que ce dernier auteur ne
distingue pas le globule rouge parfait de l'érythroblaste avancé dans son évolution, mais il est bien évident que celui-ci, dans le cas des ovipares, répond à
l'hématoblaste nucléé de Hayem.

Les érythroblastes se reproduisent activement par caryocinèse, surtout dans
leur état jeune, lorsqu'ils sont encore incolores, et cette prolifération s'effectue
de préférence dans les organes hématopoiétiques. Nous parlerons de la structure
de ces derniers en étudiant l'hématopoièse des Mammifères, mais il faut bien
retenir dès maintenant que tous ces organes, foie, rate, moelle osseuse, ne sont
pas hématopoiétiques par eux-mêmes, c'est-à-dire ne renferment pas des
éléments spéciaux, seuls capables d'engendrer les hématies, ce sont simplement
des lieux particulièrement favorables à la multiplication des érythroblastes, et
ces derniers ne font pas partie de la constitution de l'organe en question ; ils y
trouvent seulement un abri et un milieu riche en éléments nutritifs. C'est ce
qui explique que l'hématopoièse se produise dans une série d'organes qui n'ont
entre eux aucun lien anatomique ni fonctionnel (foie embryonnaire, rate, moelle
des os).

b) *Vertébrés à hématies sans noyau.* — On peut admettre que vraisemblablement
les hématies des Mammifères sont produites par le développement des hématoblastes de Hayem, mais l'origine de ces derniers est encore controversée. En
groupant les manières de voir qui se rapprochent les unes des autres, on peut
énoncer deux opinions principales : 1° Les hématoblastes ne sont autre chose
que des érythroblastes ayant perdu leur noyau ; 2° ce sont des bourgeons sans
noyau engendrés par certaines cellules de la moelle osseuse. Enfin, il faut
ajouter qu'un certain nombre d'hématies sont engendrées, au moins pendant
une certaine période de la vie, dans les cellules vaso-formatives.

1° Les hématoblastes sont produits par les érythroblastes dont le noyau disparaît. Cette opinion est adoptée aujourd'hui par un grand nombre d'auteurs
qui, du reste, ne sont pas toujours d'accord sur la manière dont s'effectue la
disparition du noyau. Elle a une grande importance parce qu'elle est très
répandue. Nous l'exposerons un peu longuement en nous servant tout d'abord

d'un exemple concret emprunté aux recherches de van der Stricht, et nous rectifierons ensuite ce qu'il pourra y avoir de trop absolu dans cet exposé. Pour cet auteur, les érythroblastes des Mammifères, qui sont du reste absolument semblables à ceux des autres Vertébrés, subissent une évolution représentée dans la fig. 136, sous les lettres de 1 à 7. L'érythroblaste est d'abord incolore. Son noyau, muni d'un réseau chromatique très net, est d'abord assez volumineux et central (1, 2) ; puis le protoplasma se charge d'hémoglobine, et le noyau se resserre en quelque sorte en tassant son réseau chromatique ; il finit par former une boule de chromatine, compacte et fortement colorée,

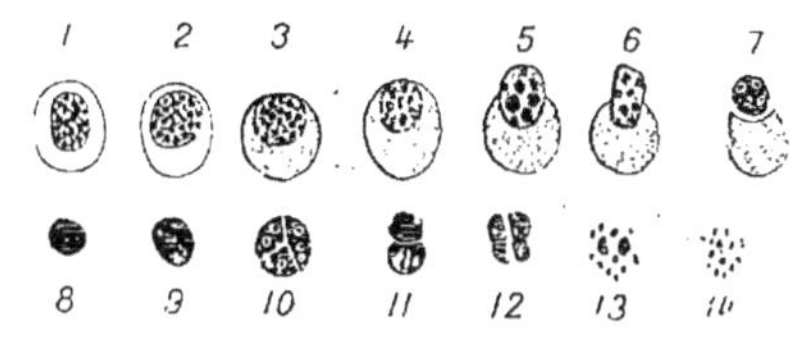

Fig. 136. — *Transformation des érythroblastes en hématoblastes.*

(Schème construit avec les données de van der Stricht : Vialleton.)

plus petite que le noyau primitif. Le noyau ainsi modifié devient peu à peu excentrique, puis fait saillie en dehors du contour de l'élément, et finit par abandonner ce dernier qui régularise son contour, échancré par la chute du noyau, et forme une plaquette chargée d'hémoglobine ou un hématoblaste de Hayem. Cette évolution peut se faire dans le sang circulant des tout jeunes embryons, mais le plus souvent elle a lieu dans les organes hématopoiétiques.

Le schème (fig. 137), construit avec les données de van der Stricht, permet de voir comment se fait l'hématopoïèse dans un des organes qui en sont chargés, la moelle osseuse. Cet exemple dispensera d'en donner d'autres. Dans la moelle osseuse des fœtus de Mammifères, les capillaires sanguins (c) présentent des solutions de continuité (p) par lesquelles le sang peut se répandre dans le tissu ambiant, et inversement les éléments libres de ce tissu peuvent passer dans le sang. Le tissu médullaire est constitué par une charpente connective très grêle de fibres minces (f. c.) renfermant dans leurs intervalles des vésicules adipeuses dont le nombre s'accroît avec l'âge de l'animal. Sur cette charpente connective et sur les vaisseaux s'appuie un réseau très délicat formé de cellules anastomosées entre elles (c. rés.) et constituant une sorte de tissu adénoïde. Les cellules qui contribuent à édifier ce réseau sont de deux sortes : les unes (c. rés.) sont des leucocytes munis de prolongements anastomosés entre eux, les autres sont des cellules géantes, munies d'un gros noyau multilobé ou bourgeonnant (m). Ces cellules géantes, dérivées du reste par simple accroissement des leucocytes, ont reçu de Howell le nom de mégacaryocytes. Dans les mailles du tissu adénoïde prennent place un grand nombre d'éléments libres qui sont : soit des leucocytes ordinaires (l) ou pourvus de granulations éosinophiles (l. e.), soit et surtout des érythroblastes. Ces derniers se montrent sous divers aspects répondant aux diverses phases de leur évolution. Les uns sont en voie de division indirecte (er. au bas de la fig. 137), les autres sont incolores, d'autres encore, pourvus d'hémoglobine, ont un noyau plus ou moins excentrique ; enfin on voit parmi eux des corpuscules hémoglobiques sans noyau qui ne peuvent se distinguer des globules rouges (gl. r.) contenus dans le capillaire (c) et qui proviennent soit du sang entraîné, soit d'érythroblastes ayant achevé leur évolution. Le noyau des érythroblastes tombe hors de ces derniers et, devenu libre dans le plasma sanguin, peut avoir une double destinée (van der Stricht) : ou bien il est englobé par les mégacaryocytes et phagocyté par eux comme le montrent les fig. 137 et 138, ou bien il subit dans le plasma une désintégration moléculaire dont les différentes phases sont représentées dans la fig. 136, sous les chiffres 8 à 14, et aboutissent à une sorte de pulvérisation ou d'émiettement du noyau. La propriété phagocytaire des mégacaryocytes explique la présence de ces derniers

dans les autres organes hématopoiétiques où ils jouent sans doute le même rôle. Les érythroblastes privés de leur noyau se rapprochent beaucoup par leurs caractères des globules rouges définitifs, ils finissent par passer dans le sang à travers les perforations des capillaires et se transforment en hématies vraies (fig. 137).

Nous avons rapporté ici le mode de production des hématies par expulsion du noyau des érythroblastes; c'est celui qu'acceptent nombre d'auteurs parmi lesquels on peut citer VAN DER STRICHT, RAMON Y CAJAL (dans son Histologie), et plus récemment MAXIMOW (1899), mais il en est d'autres et notamment POPPENHEIM et ISRAEL pour lesquels le noyau n'abandonne pas le corps de l'érythroblaste et se résorbe ou se détruit à l'intérieur de ce dernier. Cette dernière opinion, quelle que soit sa valeur intrinsèque, ne change pas beaucoup les données exposées

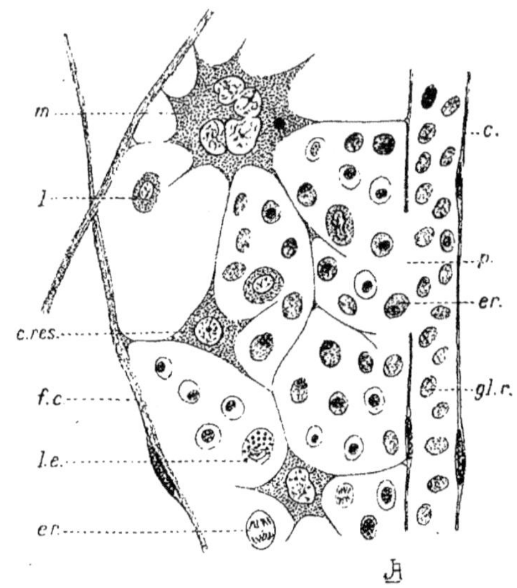

Fig. 137. — *Moelle osseuse de fœtus de Mammifère.* (Schème construit avec les données et les dessins de VAN DER STRICHT, VIALLETON.)

c, capillaire sanguin ; *c. rés.* cellules formant un réseau de tissu adénoïde ; *er*, érythroblastes à divers états d'évolution : *f. c.* fibre connective ; *gl. r*, globules rouges ; *l*, leucocyte ; *l. e*, leucocyte éosinophile ; *m*, mégacaryocyte ; *p*, perforation de la paroi du capillaire.

plus haut, c'est toujours d'un érythroblaste que vient une hématie et la genèse du sang reste la même dans ses grands traits, sinon dans ce qui touche le mode de disparition du noyau de l'érythroblaste. Sans entrer dans d'autres détails histologiques, sans rappeler les intéressantes données de DENYS sur la moelle osseuse, on peut maintenant comprendre clairement ce que nous avons déjà dit plus haut, à savoir qu'il n'y a pas, à proprement parler, d'organes hématopoiétiques, mais des organes dans lesquels l'hématopoièse se fait par évolution d'un élément étranger à leur structure, l'érythroblaste. Il faut ajouter que, dans cette théorie, les dimensions des érythroblastes dépourvus de noyau ne concordent pas avec celles des petits hématoblastes de HAYEM, qui ne mesurent guère que 2 μ de diamètre. Aussi ne peut-on songer à faire provenir ces petits hématoblastes des érythroblastes ou cellules rouges, et leur origine aussi bien que leur nature même sont encore entourées d'obscurité. Au contraire les gros hématoblastes peuvent parfaitement répondre à des érythroblastes qui viennent de perdre leur noyau et n'ont pas encore acquis la forme typique des hématies.

2° Les hématies naissent de certaines cellules renfermant de l'hémoglobine et qui émettent par leur périphérie des bourgeons globuleux complètement dépourvus de noyaux. Ces bourgeons se séparent de plus en plus du corps cellulaire sur lequel ils ont pris naissance et finissent par tomber dans le plasma ambiant où ils prennent peu à peu les caractères des hématies adultes. La fig. 139 empruntée à Ranvier permet de suivre aisément cette évolution. La cellule bourgeonnante de Malassez proviendrait elle-même des lymphocytes, de telle sorte que la genèse des hématies des Mammifères serait à rattacher en dernière analyse aux globules blancs, comme Pouchet l'admettait pour le triton, et comme un certain nombre d'observations tendent à l'établir pour les Mammifères. Van der Stricht pense que les bourgeons des cellules de Malassez sont des déformations artificielles dans un mode de préparation, et que la cellule de Malassez n'est autre chose qu'un érythroblaste altéré (fig. 138). La théorie de l'origine des hématies aux dépens de bourgeons des cellules globuligènes, s'accorde mieux que la précédente avec l'hypothèse de Hayem, car il est évident que les bourgeons peuvent se détacher de leur cellule-mère à des moments très

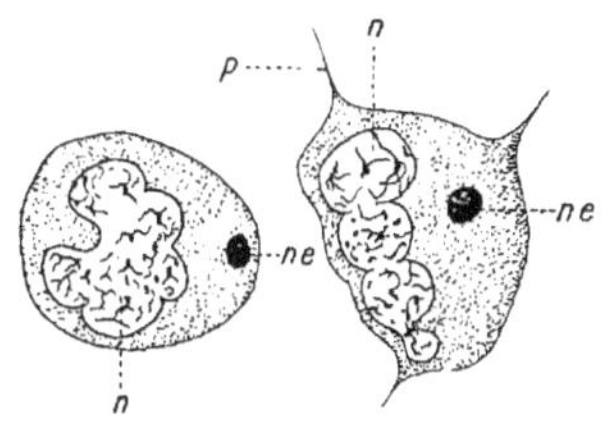

Fig. 138. — *Deux mégacaryocytes,* d'après Van der Stricht. L'un a un contour arrondi, l'autre émet de fins prolongements (Vialleton).

n, noyau du mégacaryocyte : *ne*, noyau d'érythroblaste phagocyté : *p*, prolongement protoplasmique.

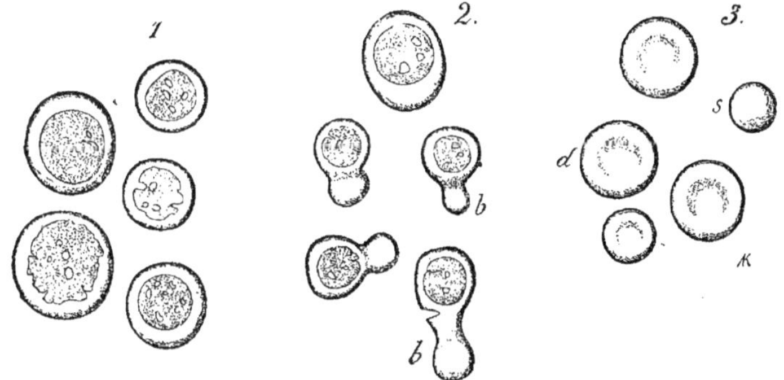

Fig. 139. — *Formation par bourgeonnement.*

1 et 2, éléments cellulaires nucléés chargés d'hémoglobine, trouvés dans la moelle rouge du lapin ; 1, cellules sphériques : 2, cellules bourgeonnantes aux différents stades de la formation des bourgeons *b*, qui se détacheraient pour former des globules rouges discoïdes 3, *d*, ou sphériques 3. *s* (Malassez).

divers et par suite présenter des dimensions très variables comme les hématoblastes de la série hématopoiétique de Hayem.

Origine des hématies dans les cellules vaso-formatives. — Ranvier a montré en 1874, que dans l'épiploon de lapins âgés de quelques semaines, il apparaît des réseaux vasculaires néoformés, par l'évolution de certaines cellules qui, d'abord arrondies, deviennent cylindriques et ramifiées et s'anastomosent entre elles puis avec les pointes d'accroissement de vaisseaux déjà existants. Dans l'épaisseur de ces cellules, des hématies prennent naissance par une élaboration spéciale du protoplasme, qui a été comparée, bien des fois, à celle des grains de chlorophylle dans les cellules végétales. Plus tard, ces cellules se creusent d'une lumière qui se poursuit par les anastomoses sus-indiquées jusque dans les vaisseaux préexistants, et les hématies qu'elles ont engendrées se mêlent à celles du reste du sang. Schaefer a retrouvé des cellules vaso-formatives dans nombre de points de l'organisme et notamment au niveau du derme des fœtus; il est donc certain qu'elles constituent une source importante d'hématies, source dont la durée est toutefois limitée à la période fœtale de la vie ou ne s'étend que peu au delà de cette dernière dans les premières semaines de la vie extra-utérine. R. y Cajal a soulevé une objection contre le rôle des cellules vaso-formatives, et il a soutenu qu'au lieu de représenter un élément de vaisseau en voie de formation, elles n'étaient autre chose que des restes de réseau vasculaire en voie de résorption et séparés de leurs congénères par atrophie de quelques-unes de leurs branches. Tout récemment, Retterer a décrit à nouveau les cellules vaso-sangui-formatives, comme il les appelle, dans l'épiploon de Mammifères nouveau-nés. En dehors de considérations générales sur lesquelles nous n'avons pas à insister ici, il a conclu en somme comme Ranvier et Schaefer, que c'étaient des éléments sangui-formateurs, qui subissaient la dégénérescence hémoglobique et produisaient par élaboration intra-protoplasmiques des hématies vraies.

II. Foyers de destruction. — Les hématies vieillies ou malades meurent rarement dans le sang de la circulation générale. Elles se détruisent généralement dans les organes et en particulier dans les organes hématopoïétiques, dans les ganglions, la moelle osseuse, le foie.

Les leucocytes phagocytaires abondants dans les organes hématopoïétiques absorbent les hématies, digèrent leur stroma et transforment l'hémoglobine en pigment ocre.

L'injection de sang dans les séreuses et dans les vaisseaux produit un dépôt de fer sous forme de rubigine, d'abord dans les ganglions correspondants, puis dans la moelle osseuse et la rate; si les injections sont massives, la rubigine s'accumule aussi dans le foie (Quincke, Lapicque, Auscher, Meunier). Lorsqu'on transfuse à un animal la moitié du sang supposé exister chez le sujet, l'hyperglobulie disparaît, brusquement en trois ou quatre jours, dix à douze jours après l'injection. L'ablation de la rate ne modifie en rien cette destruction (Lapicque et Calugareanu).

BIBLIOGRAPHIE

Globules rouges.

Globules nucléés. — Dominici, *Biol.*, 1897, 784, infections expérimentales. — Hayem, *Biol.*, 1899, 104, chlorose. — Petrone, *Congrès Phys. Turin*, 1901. — Raybaud et Vernet. *Biol.*, 1903, 672.

Élasticité. — Henle, *Cannstatt's Jahresb.*, Bd I, p. 32, 1850. — Lindwurm, *Zeit. f. rat. Med.*, Bd 6, 266. — Ryder, *Proc. amer. Phil. soc.*, 1894, 33, p. 273.

Viscosité. — Weber et Suchard, *Arch. de Phys.*, 1880.

Contractilité. — Browicz, *Verh. IXe Congress. f. inn. Med.*, 1890, 424; *Centralbl. f. med. wiss.*, 1890, 23 août; *Allg. med. Centr. zeil.*, 1890, 1123. — Cavazzani, *Riforma medica*, t. X, 105. — Dewitz, *Naturw. Rundsch.*, t. IX, 18, 221; *Zool. anz.*, t. XII, 315, 457. — Giovanni, *Gaz. med. ital.*, 1890, 225. — Hayem, *Sem. méd.*, 1890, n° 6. — Moser, *New-York med. Record*, t. XLVI, 173. — Visconti, *R. Lomb. Rend.* (2), t. XXIII, 610.

642   LES GLOBULES ROUGES.

Nombre.

Revues. — Quiserne, Thèse Fac. méd. Paris, 1902.

Alimentation. — Brouardel, *Union méd.*, 1876, n° 110. — Buntzen, *Maly's Jahresb.*, t. IX, 1879, 119. — Hayem, Le sang, 1889, p. 188-191. — Lambling, *Encyclop. chim.*, Le sang, 1895, p. 209, bibl. — Otto, *Maly's Jahresb.*, t. XVII, 1887, 136. — Malassez, *Biol.*, 1874, 266 (inanition chez la grenouille): 333 (repas).

Hibernation. — Dubois, *Phys. comparée de la marmotte*, Masson, p. 83. — Vierordt, Grundriss d. phys. d. Mensch., *Arch. f. phys. Heilk.*, 1892: *Zeil. f. rat. Med.*, t. XXXI.

Conditions diverses. — Marcano, *Journ. de Physiol. et de Pathol. gén.*, 1899, aliments, inject. intraveineuses... — Stassano et Billon, *C. R. Acad. sc.*, 1902: *Biol.*, 1902, 156, lécithines.

Dimensions. — Hamburger, *Osmotischer Druck u. Ionenlehre*, Wiesbaden, bibl. — Marcano, *Journ. de Phys. et Pathol. gén.*, 1899, 931. — Milne-Edwards, *Leçons de phys. et d'anat. comparées*, t. I, p. 50, bibl. — Welcker, *Zeil. f. rat. Med.*, t. XX, 1861.

Méthodes de détermination. — Florence, Thèse Fac. méd. Lyon, 1885, bibl., p. 107. — Malassez, *Biol.*, 1878, 19: 1889, 3, *Arch. de Phys.*, 1878.

Changements de volume. — Hamburger, *Osmotischer Druck u. Ionenlehre*, Wiesbaden, bibl. — Kaiserling, *Inaug. diss. Berlin*, Verschied, Zusatz Flüssigkeiten. — Stassano et Billon, *Biol.*, 1902, 288.

Plasmolyse. — Cons. Hamburger: Calugareanu, *Biol.*, 1903, 315.

Espèce. — Hayem, Le sang, 1889, p. 169. — Malassez, *Arch. de Phys.*, 1874, 50. — Lambling, *Encyclop. chim.*, Le sang, 1895, p. 183, bibl.

Age. — Cohnstein et Zuntz, *Pflüger's Arch.*, t. XXXIV, 1884. — Hayem, Le sang, 1889, 178. — Otto, *Maly's Jahresb.*, t. XVII, 1887. — Lambling, *Encyclop. chim.*, Le sang, 1895, p. 204, bibl. — Schwinge, *Arch. f. d. ges. Phys. Pflüger*, Thèse Göttingen, 1898, bibl.

Grossesse. — Wild, Thèse Zurich, 1897. — Bernhard, *Münch. med. Woch.*, 1892, n° 12-13. — Meyer, *Arch. f. Gynäk.*, 1887, t. XXXI. — Ferroni, *Annali di Ostetr. e Gynec.*, 1899, p. 78. — Nasse, *Arch. f. Gynäk.*, 1876. — Bidone et Gardini, *Arch. ital. Biol.*, 1899. — Seameni, *Ibid.*, 1899. — Rouslacroix et Benoit, *Biol.*, 1903, 395.

Saignée. — Hayem, Le sang, 1889, 562. — Otto, *Pflüg. Arch.*, XXXVI, 1885.

Menstruation. — Malassez, *Biol.*, 1874, 333.

Transfusion. — Lambling, Encyclopédie Fremy, Le sang, 1825, p. 217, bibl. — Tschiriew, *Maly's Jahresb.*, t. V, 1875. — Worm. Müller, *Transfusion u. Plethora*, Christiania, 1875.

Pertes aqueuses. — Brouardel, *Union méd.*, 1876, n° 110. — Grawitz, *Klin. Path. d. Blutes*, p. 460, bibl. — Hayem, Le sang, 1889, 192.

Ascite. — Gilbert et Garnier, *Biol.*, 1898, 115.

Fatigue. — Hayem, Le sang, 1889, 192. — Malassez, *Biol.*, 1874, 333. — Zuntz et Schumburg, *Phys. d. Marsches*, bibl. v. Coler. — Schjerning.

Influence de la tension d'O². — Armand, Delille et A. Mayer, *Biol.*, 1902, 1187: 1903. — Abderhalden, *Zeil. f. hyg.*, 1902, 443; *Arch. Pflüg.*, t. XLIII, 1902. — Amblard et Beaujard, *Biol.*, 1902, 486. — Auscher et Lapicque, *Biol.*, 1895, 406. — Brünings, *Arch. f. d. ges. Phys.*, 1903. — Egger, *Centralbl. allg. Pathol.*, t. IV, 9-10, 346: *Centralbl. klin. Med.*, t. XIV, 25, 62: *Arch. sc. phys. et nat.* (3), t. XXVIII, 12, 581: *Arch. f. exp. Pathol.*, t. XXXIX, 426: *Verhandl. XII° Congress. f. inn. med.*, Wiesbaden, 1893, 252. — Camus, *Biol.*, 1903, 721. — Fick, *Pflüg. Arch.*, t. LX, 589. — Fromont de Bouaille, Thèse de Paris, 1902. — Gottstein, *Berl. klin. Woch.*, t. XXXV, 439, 446. — Giacosa, *Zeil. f. phys. Chemie*, t. XXIII, 4-5, 326. — Grawitz, *Berl. klin. Woch.*, 1895, 713, 740. — Heller, Mayer, Schrötter, *Pflüg. Arch.*, 70, 487. — Jaruntowski, Schröder, *Münch. Woch.*, t. XLI, 48, 945. — Jaquet, *Sem. méd.*, 1900: *Arch. f. exp. Pathol.*, t. XLV, 1-2, t. XLXI, 274. — Jaquet et Stahelin, *Ibid.*, t. XLVI. — Karcher, Veillon, Suter, *Arch. f. exp. Pathol.*, t. XXXIX, 441. — Köppe, *Verhandl. XII° Congress*, Wiesbaden, 1893, 277. — Lapicque, Thèse Fac. sciences Paris, 1897. — Lapicque et A. Mayer, *Biol.*, 1903, 823. — Lazarus, *Berl. klin. Woch.*, 1895, 31-32. — Lawrinowitsch, *S. Petersb. med. Woch.*, 1898. — Meissen, Schröder, *Münch. med. Woch.*, t. XLIV, 610, 645. — Mercier, *Arch. de Phys.*, 1894, 769. — Miescher, Jaquet, *Arch. f. exp. Pathol.*, 39, 644. — Miescher, *Basel corresp. bl. f. Schweizer Aertze*, 1893. — Mosso, *Der Mensch auf d. Hohenalpen*, bibl. — Regnard, *Biol.*, 1892. — Rosengvist, *Pflüg. Arch.*, 68, p. 55. — Schaumann, Rosengvist, *Centralbl. f. innere Med.*, t. XVII, 22, p. 569: *Zeil. f. klin. Med.*, t. XXXV, 315. — Schröder, *Münch. med. Woch.*, 1898, 1332. — Sellier, Thèse Fac. méd. Bordeaux, 1895. — Suter, Jaquet, *Miescher's Arbeiten*, t II, 529. — Vaquez, *Biol.*, 1892, 84; 1895, 142; 1902, 915, 1903, 873. — Viault, *Biol.*, 1892, 569; *C. R. Acad. sc.*, t. CXI, 917; t. CXII, 5, 295; t. CXIV, 26, 1562; *Presse méd.*, 1897, 122. — Vornveld, *Arch. Pflüg.*, 1902, t. XCII. — Weiss, *Zeit. f. phys. Chemie*, t. XXII, 528. — Weil, *Biol.*, 1901, 213, cyanose congénitale, organes hématopoïétiques.

Ascensions en ballon. — Calugareanu et Henri, Jolly, *Biol.*, 1901, 1040, 1085. — Hénocque, Vallot, Raymond, Portier, *Biol.*, 1003. — Hermann, Schroetter, Zuntz, *Arch. Pflüg.*, 1902. — Gaule, *Arch. Pflüg.*, t. LXXXIX, 119.

Venins. — Auché et Vaillant, *Biol.*, 756.

Mercure. — Maurel, *Bull. gén. thérap.*, 1893, 193. — Wilbouchewitch, *Arch. de Phys.*, 1874, 537. Hg. à petites doses chez les individus atteints de syphilis, produit pendant un certain temps l'augmentation des globules rouges du sang en même temps qu'une légère diminution des gl. blancs : l'hypoglobulie syphilitique est arrêtée ; le sang revient à son état normal. Le traitement mercuriel trop longtemps prolongé produit les mêmes accidents que le mercure à hautes doses provoque d'emblée chez les animaux, c'est-à-dire l'hypoglobulie, la diarrhée. — Odendowski, *Wratsch.*, 1903.

Arsenic. — Chiapori, *Rif. med.*, 1901.

Lécithines. — Stassano et Billon, *C. R. Acad. sc.*, 1902.

Lumière. — Excit. périphériques. — Chéron, *C. R. Acad. sc.*, t. CXXI, 314. — Grawitz, *Klin. Pathol. d. Blutes*, 170. — Kronecker et Marti, *Acc. d. Lincei*, t. VI, 315.

Bains froids. — Tarchanoff, *Arch. f. d. ges. Phys.*, t. XXIII, p. 228. — Knöpflelmacher, *Wien. klin. Woch.*, 1893.

Température. — Knöpflelmacher, *Wien. klin. Woch.*, 1893. — Grawitz, *Klin. Pathol. d. Blutes*, bibl., 172. — Loewy, *Berl. klin. Wock.*, 1896, n° 41. — Tirelli, *Arch. ital. Biol.*, 1901. — Reinedoth et Kohlardt, *Deut. arch. klin. med.*, 1899.

Saisons. — Malassez, *Biol.*, 1902, 186.

Tropiques. — Maurel, *Biol.*, 1902, 184. — Grawitz, *Klin. Path. d. Blutes*, bibl., p. 171.

Répartition dans les divers segments et organes. — Cohnstein et Zuntz, *Arch. f. d. ges. Phys.*, t. XLII. — Hayem, *Le sang*, 1889, p. 197. — Malassez, *Arch. de Phys.*, 1874. — Otto, *Arch. f. d. ges. Phys.*, t. XXXVI, 1885. — Krüger, *Maly's Jahresb.*, t. XVII, 1887. — Röhrmann et Mühsam, *Zeit. f. Biol.*, t. XXVI, 1900; *Arch. f. d. ges. Phys.*, t. XLVI, 1889. — Moussu et Tissot, Malassez, *Biol.*, 1903.

Rate et sang splénique. — Malassez et Picard, *Biol.*, 1874, p. 339, 378. — Malassez, thèse Paris, 1873. — Grigorescu, *Arch. de Phys.*, 1891. — Laudenbach, *Arch. de Phys.*, 1896, art. critique, 1897.

Rate. — Bordet, Thèse Fac. méd. Paris, 1897, bibl. — Bottazzi, *Lo Sperimentale*, t. XLVIII. — Carrière et Vanverts, 1900, 1134. — Hartmann et Vaquez, *Biol.*, 1897, 126, splénectomie. — Mya, *Giornale d. Ac. med. Torino* (3), t. XXXIX, 193. — Paton, Gullaud, Fowler, *Journ. of Phys.*, 1902. — Phisalix, *Biol.*, 1902, 4, chez triton cellules propres de rate peuvent se transformer direct. en gl. rouges. — Sokoloff, *Virchow's Arch.*, t. CXII, 2, 209, hyperh. veineuse d. rate. — Vaquez, *Biol.*, 1897, 557.

Poids des globules. — Andral et Gavarret, Bequerel et Rodier, *Traité de chim. pathol.*, Paris, 1854, p. 59. — Krüger, *Petersb. med. Woch.*, 1882, n° 21.

Composition chimique.

Stroma. — Halliburton et Friend, *Journ. of Phys.*, t. X, *Maly's Jahresb.*, t. XX, III. — Wooldridge, *Arch. f. Phys.*, 1881, p. 387; *Maly's Jahresb.*, t. XI, p. 147. — Hoppe-Seyler, *Phys. Chemie*, p. 400, Berlin, 1881. — Lambling, *Encycl. chim.*, 1825; sang, p. 165. — Landois, *Lehrb. d. Phys. d. Menschen*, 1899, p. 62.

Cholestérine ; lécithine. — Boudet, *Ann. chimie et phys.*, t. LII, p. 341, 1833. — W. Brown, *Amer. Journ. of Phys.*, t. II, p. 3, 306 ; cholestérine, éthers of bird's blood. — Hepner, *Arch. Pflüg.*, t. LXXIII, 595, 1899. — Hürthle, *Zeit. f. phys. Chemie*, t. XXI, p. 331 (éthers, chol., sérum). — Manasse, *Zeit. f. phys. Chemie*, 1890, p. 437.

Modifications des globules. — Bottazzi et Cappeli, *Jahresb. f. Thierchemie*, 1900, p. 176, 178; *Arch. ital. biol.*, t. XXXII, p. 115.

Matières minérales. — Sacharjin, *Arch. de Virchow*, t. XXI, 1861; Wanach, *Maly's Jahresb.*, t. XVIII, 1888.

Perméabilité globulaire; échanges avec le milieu ambiant. — Hamburger, *Osmotischer Druck u. Ionenlehre*, Wiesbaden, bibliogr. — V. Henri et Calu

Gareanu, *Biologie*, 1902, p. 210, 356, 360, 460. — Calugareanu, Thèse Fac. sc., Paris, 1902. — Lesage, *Biologie*, t. LII, p. 712 (infl. CO_2).

Altérations des globules.

Modifications consécutives de l'urine. — Lesné, Ravaut, *Biologie*, 1901, 1106.
Rapports avec l'osmose. — Baumgarten, *Festschr. f. Jaffé*, 1901.
Dessiccation. — Welcker, *Zeit. f. rat. med.*, t. XX, p. 261.
Influence de l'eau. — Cl. Bernard, Liquides de l'organ. — Bosc et Vedel, *Biologie*, 1896, p. 612, 733. — Charbonnel-Salle, Thèse Fac. méd. Lyon, 18 . — Eschbaum, *Deut. med. Woch.*, 1895, p. 106. — Maurel, *Biologie*, 1896, p. 912, 967. — Picot, *C. R. Acad. sc.*, 1874, p. 62. — Sabrazès, *Biologie*, 1901, p. 575.
Action des alcaloïdes. Glucosides. — Bashford, *Arch. internat. Pharm.*, 1901, p. 101. — Hédon, *Biologie*, 1900, p. 507, 771 : 1901, p. 227, 391 : *C. R. Acad. sc.*, 1901 : *Congr. Turin*, 1901; *Arch. internat. Pharm.*, 1901, p. 393. — Pohl, *Arch. internat. Pharm.*, t. VII, 1900. — Mayet, *Biologie*, 1900 : *Arch. de Phys.*, 1883, p. 374. — Roux, *Biologie*, 1902, p. 256. — Ransom, *Deut. med. Woch.*, 1901, p. 194. — Stillmark, *Pharm. Inst. Dorpat*, t. III, 1889. — Rehns, *Biol.*, 1902, t. LXXXII, ricine.
Action des venins. — Calmette, *Le venin des serpents*, Paris, 1896. — Briot, *Biol.*, 1902. — Stephens et Myers, *Brit. med. Journ.*, 5 mars 1898, *C. R. Acad. sc.*
Action du pancréas. — Delezenne, *Biologie*, 1903. — Max Matthes, *Münch. med. Woch.*, 1902, p. 8.
Bile. — Kühne, *Centralbl. f. med. Wirch.*, 1863, p. 833.
Urines. — Camus et Pagniez, *Biologie*, 1902, p. 458. — Pagniez, Thèse Fac. méd. Paris, 1902, bibliogr. — Pugnat, *Biologie*, 1901, p. 395. — Sabrazès et Fauquet, *Biologie*, 1901, p. 163, 273, 372, 463.
Liquides des tumeurs. — Bard, *Biologie. Sem. méd.*, 1901. — Milian, *Biologie*, 1901, p. 207. — **Épanchements**, Julliard, *Biologie*, 1901, p. 629.
Influence de la température. — Athanasiu et Carvallo, *Biologie*, 1897, p. 706. — Cl. Bernard, *La chaleur animale*, p. 372. — Carrière, *Acad. méd.*, 1898, 15 fév. — Chanoz et Doyon, *Journ. de Phys. et de Pathol. gén.*, 1900 ; *Lyon méd.*, 1900. — Engelmann, *Arch. f. mikr. Anat.*, t. IV, p. 334. — Roger, *Biologie*, 1897, p. 695. — A. Rollett, *Arch. f. d. ges. Phys.*, Bd LXXXII, 1900, p. 237, bibliogr. — Schultze, *Arch. f. mikr. Anat.*, t. 1, 1861.
Influence de l'électricité. — A. Rollett, *Sitz. Wien. akad.*, t. XLVII, 1863, p. 359; *Maly's Jahresb.*, t. XI, p. 148 ; *Arch. f. d. ges. Phys.*, t. LXXXII, p. 231. — Scharffenorth, *Diss. inaug.* Halle, 1884. — Hermann, *Arch. f. d. ges. Phys.*, 1902, t. LXXXXI.
Suc pancréatique. — Delezenne, *Biol.*, 1903. — Mathies, *Münch. med. Woch.*, 1902, t. VIII. — Baumgarten, *Berl. klin. Woch.*, 1901, t. CXXIV.
Influences diverses. — Athanasiu et Langlois, *Biologie*, 1895, p. 719 : sels de cadmium. — Bunsy, *Dorpat*, 1863 : sels pulvérisés. — Hédon, *Biologie*, 1900 : silicates alcalins. — Manca, *Jahresb. f. Thierchemie*, t. XXX, p. 186 : chloroforme. — Meltzer, *John. Hopkins Hosp. Reports*, t. IX, p. 133 : agitateur mécanique. — Lapicque et Vart, *Biologie*, 1899, p. 368 ; toluine-diamine. — Lindstroem, *Presse méd.*, 1898, p. 267. Hg. — Julliard, *Biologie*, 1901, p. 847 : albumine. — Wertheimer et Meyer, *Arch. de phys.*, 1890, p. 197 ; pyrodine. — V. Wittich, *Königsb. med. Jahr.*, 1863, 332. — Thomas, *Arch. f. exp. Pathol. u. Pharm.*, p. 41 : alcool, éther, chlorof. — Tauzzig, *Arch. f. exp. Pathol.*, t. XXX, p. 174 : phosphore. — Stewart, *Journ. of Phys.*, 1901, p. 470, chlorh, amm. ; formaldéhyde.
Produits bactériens. — Bulloch et Hunter, *Centralbl. f. Bakt.*, 1900, p. 688 : pyocyanique. — Raybaud et Pellisier, *Biologie*, 1902, p. 637 : peste. — J. Camus et Pagniez, *Biologie*, 1901, p. 915: tuberculose. — Besredka, *Ann. Inst. Past.*, 1901, t. XV, p. 880. — Schur, *Hofmeister's Beiträge*, 1903.
Résistance globulaire. — Bianchi-Mariotti, *Centralbl. f. Bakt.*, t. XVI, p. 17 : *Wien. med. Presse*, 1894, p. 1340 ; infl. produits solubles microbiens sur isotonie et teneur en hémogl. sang. — Bizzozero, *Arch. p. l. sc. med.*, 1898, t. XXII, p. 21 ; sang conservé *in vitro*; sang oxy-carboné. — Bottazzi, *Arch. ital. biol.*, XXIII, p. 360 : thyroïdectomie. — Bottazzi et Ducceschi, *Lo Sperimentale*, 50, 3 ; classes différentes des Vertébrés. — Buffa, *Arch. intern. Pharm. et Therapie*, 1901, p. 291. Nouvelle méthode : électrolyse du sang en solution NaCl à 7 p. 100 puis numération ; $\frac{n}{n}$ = résistance. —

CHANEL, Thèse Fac. méd. Lyon, 1880. — DASTRE, *Biologie*, 1898, p. 148. — FULLONI, *Il Morgagni*, t. XXXIX. p. 149. — GALLERANI, *Ann. di chim.*, t. XVI, IV; *Arch. ital. biol.*, t. XVIII, p. 463 : jeûne. HAMBURGER, *Osmot. Druck u. Ionenlehre*. — GLEY et LANGLOIS, *Biologie*, 1895, p. 606; thyroïdectomie. — LANG, *Zeit f. klin. med.*, 1902, p. 411, t. VIII. — LAPICQUE et VAST, *Biologie*, 1899, p. 366 : application, méthode colorimétrique. — MALASSEZ, *Biologie*, 1895, t. I. — MANCA, *Lo Sperimentale*, 1894, p. 486; cocaïne; *Archiv italiano clinica medica*, 1896 : *Arch. ital. biol.*, 1902 : sang conservé hors de l'organisme; *Arch. ital. biol.*, XXIII, p. 317; *Lo Sperimentale*, t. XLVIII, p. 473; fatigue musculaire. — PARIS et SALOMON, *Biologie*, 1903, p. 273. — URCELAY, Thèse Fac. méd. Paris, 1895. — VAQUEZ, *Biologie*, 1897, p. 990; microbes. 1898, p. 159 : *Congr. méd. Paris*, 1900. — VAQUEZ et MARCANO, *Biologie*, 1896, p. 115; hémoglobinurie paroxystique. — VIOLA, *Gaz. degli ospit.*, 1894.

Lécithines. — Augmentent résistance. — DANILEWSKY: STASSANO et BILLON, *Biologie*, 1902, p. 156.

Sang veineux et artériel. — Cons. HAMBURGER, LESAGE, *Biologie*, t. LII, p. 719.

Infl. du temps, du chloroforme. — MANCA, *Maly's Jahresb.*, t. XXX, p. 186 : cons. HAMBURGER.

Évolution. — LATSCHENBERGER, *Centralbl. f. Phys.*, 1897; *Sitz. math. natur. Class.*, 1896, t. CV, abth. II, *Wien.*, t. III, p. 81.

CHAPITRE III

LA MATIÈRE COLORANTE DU SANG : HÉMOGLOBINE.

L'hémoglobine est la matière colorante qui confère aux globules rouges chez les Vertébrés leur couleur et leurs propriétés caractéristiques.

Hémoglobine chez les Invertébrés. — Certaines espèces d'Invertébrés, sans que rien puisse le faire prévoir *a priori*, ont de l'hémoglobine dans leur liquide cavitaire, soit dissoute dans le plasma, soit enfermée dans des hématies, alors que les espèces voisines ne présentent rien de semblable. Ainsi à côté d'Arca Noe L. dont le liquide cavitaire est incolore, se trouve l'Arca tetragona Poli dont le sang renferme de grandes hématies chargées d'hémoglobine.

On trouve de l'hémoglobine dissoute dans le plasma chez les espèces suivantes :

Gastéropodes. — Toutes les espèces du genre Planorbis.

Insectes. — Larves de la plupart des espèces de Chironomus.

Crustacés. — Apus productus L. et cancriformis Schäff; Branchipus diaphanus Prév. et stagnalis L.; espèces du genre Daphnia.

On trouve de l'hémoglobine enfermée dans de véritables hématies chez les espèces suivantes :

Amphineures. — Néoméniens.

Lamellibranches. — Arca tetragona Poli; A. pexata Gray; A. trapezia et quelques autres, Pectunculus (glycimeris L. ?); Gastrana (Tellina) fragilis L.; Tellina planata L.; Pharus (Solen) legumen L.

Échiuriens. — Bonellia minor Mar; Thalassema erythrogrammon Leuck, Rüpp.; T. Neptuni Gärtn.; Hamingia artica Dan. Kor.

Annélides Polychètes. — Travisia Forbesi G. Johnst.; Terebella lapidaria L.; les Capitellides; les Glycériens; le Polycirrus hematodes Clap.

Holothuries. — Trochostoma Dan. Kor.; Cucumaria Planci Brdt.; C. Lefevrei Th. Barr.; C. canescens Semp.; Thyone gemmata Pourt.; T. inermis Hell.; T. roscovita Her.

Hémoglobine musculaire. — Les muscles contiennent une certaine quantité d'hémoglobine. L'examen spectroscopique direct d'un muscle rouge dont les vaisseaux sanguins ont été lavés aussi soigneusement que possible permet de le constater (Ranvier, Hénocque). Kühne a pu préparer des cristaux d'hémine avec le suc musculaire de certains animaux. L'hémoglobine musculaire fixe CO, mais moins que l'hémoglobine globulaire (J. Camus et Nicloux).

A. — DISTINCTION ENTRE L'OXYHÉMOGLOBINE ET L'HÉMOGLOBINE.

L'hémoglobine se présente à deux états d'oxygénation différents : l'oxyhémoglobine et l'hémoglobine réduite. L'oxyhémoglobine diffère de l'hémoglobine réduite en ce qu'elle contient de l'oxygène sous une forme instable. Le terme hémoglobine désigne tantôt plus particulièrement l'hémoglobine réduite, tantôt généralement la matière colorante du sang quel que soit l'état sous lequel elle se présente.

B. — PRÉPARATION.

I. Historique. — L'oxyhémoglobine et l'hémoglobine réduite peuvent être préparées à l'état cristallisé.

Les cristaux de la matière colorante du sang ont été observés d'abord par Hünefeld (1840), Reichert (1849), puis étudiés et figurés d'une manière remarquable par O. Funke (1851-1855). Hoppe-Seyler, le premier, isola cette substance à l'état pur du stroma et lui donna le nom sous lequel elle est désignée.

II. Forme des cristaux. — La forme des cristaux varie, mais en définitive peut toujours être ramenée, chez la plupart des espèces animales, à un type fondamental, celui du prisme orthorhombique.

Ce n'est que dans des cas exceptionnels qu'on peut baser la reconnaissance de la nature du sang sur l'examen des cristaux de sa matière colorante. Pour un même sang on obtient, suivant les circonstances de la cristallisation, des formes cristallines différentes, et inversement pour des sangs d'espèce différente, on obtient des formes cristallines, qu'il est difficile, souvent même impossible de distinguer. Seuls les cristaux d'oxyhémoglobine de l'écureuil sont caractéristiques. Ils appartiennent au système hexagonal et représentent des tables hexagonales; ils sont uniaxes et polarisent. Les cristaux du cobaye sont généralement des tétraèdres. Cette forme n'est jamais observée avec le sang de l'homme. Si donc on se trouve en présence de tétraèdres, on pourra affirmer que les cristaux ne proviennent pas de sang humain, mais on ne pourra pas conclure avec certitude qu'il s'agit de sang de cobaye (F. Guelfi). D'après Dvornitschenko, les tables rectangulaires s'observent chez l'homme, mais non chez les animaux domestiques. Friboes a observé des formes variées suivant la quantité de liquide employé et l'origine du sang humain. Le travail de cet auteur peut être utilement consulté par le médecin (Voy. bibliographie).

III. Comparaison entre les cristaux d'oxyhémoglobine et d'hémoglobine réduite. — Les cristaux d'hémoglobine réduite

ont la même forme que les cristaux d'oxyhémoglobine correspondants. Ils diffèrent au point de vue chimique par une moindre teneur en O^2; ils sont plus robustes dans l'eau et partant plus difficiles à obtenir; leur couleur est d'un rouge plus foncé avec une nuance vers le bleu ou le pourpre. On peut facilement passer d'une forme à l'autre; au contact de l'air l'hémoglobine réduite passe à l'état d'oxyhémoglobine.

Les cristaux d'oxyhémoglobine ne peuvent souvent être reconnus qu'au microscope; généralement on les voit à la loupe, parfois ils sont visibles à l'œil nu. Ils ne dépassent guère 1 à 5 millimètres de longueur.

Désséchés complètement à 0° dans le vide, ils supportent sans se décomposer 100° et au-dessus. De petites quantités d'eau suffisent à les altérer graduellement même à la température ordinaire.

Fig. 140. — *Cristaux d'hémoglobine et d'oxyhémoglobine du chien.*

Les cristaux ont la forme d'aigrettes, de touffes, d'aiguilles de pin (d'après HÉNOCQUE).

IV. Préparation des cristaux d'oxyhémoglobine. — Pour obtenir rapidement

des cristaux d'oxyhémoglobine, on place sur le porte-objet d'un microscope une goutte de sang. Lorsque cette goutte est complètement desséchée, on la recouvre d'une goutte d'eau et d'une lamelle de verre. L'eau détruit les globules et dissout la matière colorante; au bout de quelque temps, le champ de la préparation se recouvre d'un épais réseau de cristaux (O. FUNKE). La préparation peut être fermée avec le baume de Canada (MOSER; FRIEBOES). Une goutte de sang de cobaye refroidie fait apparaître des cristaux (LANGENDORFF). Le sang veineux de la rate (chez l'homme) cristallise sans manipulation préalable par la dessiccation (KOBERT; FRIEBOES).

Pour préparer des cristaux en masse et à l'état pur, on suit le procédé classique de HOPPE-SEYLER, plus ou moins modifié par ZINOFFSKY, JAQUET, MAYET. Ce procédé consiste à séparer d'abord les globules du plasma, puis la matière colorante du stroma globulaire. On précipite ensuite l'oxyhémoglobine et on la fait cristalliser. On peut favoriser la séparation des globules, soit comme le fait HOPPE-SEYLER, à l'aide de la dissolution de sel marin, soit en soumettant le sang défibriné en nature à l'action d'une machine centrifuge. La rupture de l'union de la substance globulaire et du pigment (laquage) est obtenue par addition d'eau distillée (2 à 3 vol. pour 100 de globules) ou d'une petite quantité d'eau et d'une petite quantité d'éther (Hoppe-Seyler, Zinoffsky, Jaquet). (Mayet remplace l'éther par la benzine.) Les stromas qui persistent peuvent être séparés par la force centrifuge (Jaquet).

Fig. 141. — *Cristaux d'oxyhémoglobine du lapin* (obtenus en ajoutant de la bile à du sang défibriné contenant 13 p. 100 de matière colorante. Formes en aiguilles, réglettes, tables rhombiques, d'après Héxocquel.

L'agent précipitant le plus employé est l'alcool éthylique (Hoppe-Seyler). Pour chaque solution d'oxyhémoglobine existe une quantité d'alcool optima; un excès provoque la formation de dépôts amorphes. On peut substituer à l'alcool éthylique, soit l'alcool méthylique, soit l'acétone (Arthus et Roucuy).

Le *froid* favorise la cristallisation. Toute solution un peu concentrée de globules (libre de stroma) donne des cristaux avec le froid, sans addition d'un agent précipitant. Hüfner a remarqué que l'oxyhémoglobine préparée au moyen de l'alcool n'a plus exactement les mêmes propriétés que l'oxyhémoglobine préparée à l'aide du froid seul, notamment au point de vue de la dissociation.

Exemples. — « Dix litres de sang de cheval défibriné et filtré à travers un linge sont abandonnés pendant trois heures dans un endroit frais. Au bout de ce temps, les globules n'occupent plus d'ordinaire que le quart de la hauteur totale. La purée de globules séparée par décantation du sérum sus-jacent est traitée par trois fois son volume d'eau, portée à 35°, puis rapidement refroidie à 0°. On ajoute ensuite 30 à 40 centimètres cubes d'éther et on mélange.

La dissolution limpide obtenue est additionnée du quart de son volume d'alcool, également refroidie à 0°, et est introduite dans un mélange réfrigérant de glace et de sel. Au bout de trois jours, les cristaux sont recueillis, lavés deux fois avec un mélange refroidi à 0° d'alcool (1 vol.) et d'eau (4 vol.), puis ils sont dissous dans trois fois leur volume d'eau distillée à 35°. Cette dissolution est filtrée, refroidie, additionnée d'alcool froid, puis soumise à l'action du mélange réfrigérant. Finalement la purée cristallisée obtenue est étendue sur des assiettes plates et desséchée pendant huit heures à l'air, à une température de 18°-20°. Pour 10 litres de sang de cheval on obtient encore 520 grammes de cristaux (Zinoffsky).

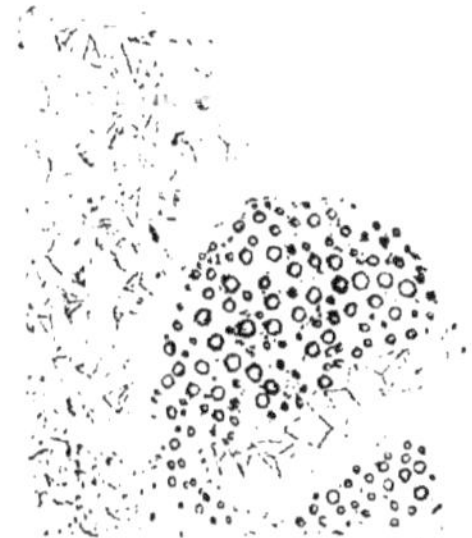

Fig. 142. — *Cristaux d'oxyhémoglobine et d'hémoglobine du cobaye* (d'après Héxocque).

Si on n'opère pas sur des quantités trop grandes de sang, on peut se servir de la machine à force centrifuge pour rendre plus complète la séparation des globules et du sérum. L'emploi de cette machine est nécessaire s'il s'agit du sang de chien. Si elle fait défaut, il faut avoir recours au procédé de Hoppe-Seyler et opérer la séparation des globules à l'aide de la dissolution de sel marin. On mélange à cet effet le sang défibriné à 10 volumes d'une solution de chlorure de sodium obtenue en ajoutant 1 volume de la solution saturée à 10 volumes d'eau. On abandonne au repos ce mélange pendant un ou deux jours dans un bain froid. Les globules sont séparés. Hoppe-Seyler conseillait de les additionner de nouveau de la solution chlorurée, puis de les séparer de nouveau et de répéter cette opération un certain nombre de fois jusqu'à lavage complet des globules; toutefois cette précaution est généralement considérée actuellement comme inutile (Zinoffsky).

Pour obtenir rapidement de beaux cristaux encore impurs, on peut suivre les procédés suivants :

a) On reçoit dans une solution de fluorure de sodium à 2 p. 100 un égal volume de sang au sortir de l'artère. Au bout de quelques jours, suivant la température, on voit apparaître, dans les couches inférieures des globules, un feutrage de cristaux que l'on peut examiner au microscope. A 40° la cristallisation est plus rapide (Arthus et Huber).

Fig. 143. — *Cristal d'oxyhémoglobine de l'homme.* (Un des cristaux est situé dans une grande lacune irrégulière, d'après Hénocque.)

b) 50 centimètres cubes de globules sanguins de cheval ou de chien sont additionnés de 100 centimètres cubes d'eau ; le mélange est introduit dans un tube dialyseur de Kühne. Si on plonge ce tube dans de l'alcool dilué à 20 ou 33 p. 100, on obtient un dépôt de cristaux dans le dialyseur (Arthus).

Kobert conseille de dialyser une bouillie de globules contre de l'eau distillée.

V. Conservation des cristaux d'oxyhémoglobine. — La dessiccation altère les cristaux d'oxyhémoglobine. La forme peut être conservée, mais les cristaux perdent la propriété de se dissoudre dans l'eau distillée. Ils se dissolvent dans l'eau alcalinisée ; les solutions ont une couleur brune.

Les cristaux d'oxyhémoglobine inclus dans le baume du Canada ou de Dammar se conservent pendant des années. Il suffit de mettre un peu de bouillie cristalline sur une lamelle sans recouvrir la préparation ; puis à dessécher celle-ci à la température la plus froide possible. Lorsque les cristaux n'ont plus le brillant que donne l'humidité, on ajoute le baume, puis on recouvre la préparation d'une grande lamelle. Éviter l'emploi de l'alcool.

VI. Préparation de cristaux d'hémoglobine réduite. — La préparation des cristaux d'hémoglobine réduite suppose comme condition essentielle qu'on opère en milieu non oxygéné.

Hermann, Gscheidlen, Kobert, Hüfner, conservent du sang en tube scellé à l'étuve ; il se forme des cristaux d'hémoglobine réduite lorsque le sang renferme des microbes.

Arthus et Rouchy obtiennent des cristaux d'hémoglobine en traitant par l'alcool fort ajouté en quantité convenable (un quart de volume, par exemple) les globules du sang de cheval putréfiés et laqués. Ex. : des globules de sang de cheval ont été séparés du sérum par centrifugation, puis lavés deux fois au chlorure de sodium à 1 p. 100 et centrifugés. Ils sont abandonnés pendant plusieurs jours à la température du laboratoire jusqu'à ce que se soit produite une putréfaction intense, puis laqués par un volume d'eau, additionnés d'un quart de leur volume d'alcool à 95 p. 100 et abandonnés pendant vingt-quatre heures à une température voisine et un peu inférieure à 0°. On trouve dans l'éprouvette où on a fait faire ce mélange, une quantité énorme de tablettes hexagonales noires et brillantes ayant de 2 à 3 millimètres de diamètre et même plus. Ces tablettes examinées au microscope, changent de coloration au contact de l'air. En même temps, elles se dissocient et se transforment en des amas de cristaux rouge vif, présentant des formes qu'on observe avec l'oxyhémoglobine du cheval.

Nencki et Sieber ont recommandé le procédé suivant: On dissocie des cristaux de sang de cheval dans de l'eau tiède; le liquide est additionné de sang en putréfaction et soumis dans un flacon bouché au caoutchouc à un courant d'hydrogène pur. Au bout de quelques heures on ferme à la lampe l'orifice des tubes adducteurs et abducteurs et on abandonne le tout à 20-25° pendant huit jours. Les dernières traces d'O^2 sont consommées par la putréfaction. A ce moment, le liquide a une belle couleur rouge-violette et ne contient plus que de l'hémoglobine. On fixe alors sur l'extrémité du tube abducteur un tuyau de caoutchouc dont l'autre extrémité plonge dans de l'alcool refroidi, et après avoir cassé la pointe du tube, on fait pénétrer dans le flacon, qui est alternativement réchauffé dans de l'eau tiède puis refroidi, une quantité d'alcool représentant environ 25 volumes p. 100. On bouche ensuite l'extrémité de caoutchouc et on abandonne le mélange au froid. Au bout de douze à vingt-quatre heures, l'hémoglobine se dépose en petits cristaux brillants.

VII. **Aptitude à cristalliser. Dissolvants des cristaux d'oxyhémoglobine et d'hémoglobine**. — Sont difficilement

solubles dans l'eau et cristallisent facilement les oxyhémoglobines d'écureuil, de cochon d'Inde et de rat : viennent ensuite les cristaux du sang de cheval et de chien, puis enfin ceux du sang de lapin, d'homme, de singe, de porc et de bœuf. Ces derniers sont très solubles et cristallisent difficilement. D'après Bücheler, 100 grammes d'eau dissolvent à 0° : $2^{gr},614$ d'oxyhémoglobine de cheval et à 20° : $14^{gr},375$. L'oxyhémoglobine provenant de globules à noyaux (Oiseaux) est difficile à préparer en raison de la ténacité avec laquelle la nucléine des noyaux adhère aux produits (Jaquet).

Les hémoglobines sont bien plus solubles que les oxyhémoglobines correspondantes. Les cristaux d'hémoglobine tombent vite en déliquescence lorsqu'ils sont abandonnés à l'air, en même temps qu'il y a rapidement absorption d'oxygène et transformation en oxyhémoglobine.

L'oxyhémoglobine est soluble dans la dissolution très étendue d'alcalis, d'ammoniaque et de carbonates alcalins, mais elle s'y altère au bout de quelques jours. Elle se dissout et se conserve au contraire dans la glycérine et les solutions étendues d'albumine, de sucre, de glycose. Elle est soluble dans l'urine et dans les diverses humeurs de l'économie, mais elle s'y altère rapidement.

L'oxyhémoglobine est insoluble dans l'alcool, elle se décompose rapidement dans l'alcool étendu d'eau; elle est également insoluble dans l'éther, les essences, le chloroforme, la créosote, le sulfure de carbone, la benzine.

VIII. **Coloration des solutions**. — Les dissolutions d'oxy-

hémoglobine sont en couches épaisses d'un rouge clair éclatant, en couches minces d'un jaune rougeâtre ; les dissolutions d'hémoglobine sont en couches épaisses d'un rouge-cerise foncé ; en couches minces elles sont vertes à la lumière transmise.

IX. Réactifs précipitants. Combinaison avec les métaux. — La plupart des acides minéraux même très étendus précipitent l'oxyhémoglobine en la décomposant. Les acides oxalique, tartrique, phosphorique, l'acide acétique peu concentré la décomposent sans précipitation.

L'oxyhémoglobine est précipitée par le carbonate de soude. La précipitation est complète par la saturation par le sulfate d'ammonium. La précipitation est également complète par 4 volumes d'une solution d'acétate de potassium additionnée d'un peu de baryte ou encore en ajoutant à 1 volume de la solution d'oxyhémoglobine 4 volumes d'un mélange préparé en saturant d'acétate de potassium 1 volume d'eau additionné de $0^{vol},25$ à $0^{vol},375$ d'alcool fort. Le sulfate de magnésium à saturation précipite le pigment, mais incomplètement (KRAUSS).

L'alcool précipite également l'oxyhémoglobine et dédouble peu à peu le pigment, surtout si la température est élevée. L'alcool absolu transforme l'oxyhémoglobine en parahémoglobine (1). L'oxyhémoglobine est précipitée de ses solutions par le chloroforme (PREYER, FORMANEK). Le précipité est difficilement soluble (KRÜGER).

L'oxyhémoglobine est précipitée par un grand nombre de sels des métaux lourds, notamment par le sulfate de cuivre, le chlorure et l'acétate de zinc, les nitrates mercureux et mercurique, le sous-acétate de plomb ammoniacal, le perchlorure de fer additionné d'un peu d'ammoniaque. Le nitrate d'argent, le sublimé, le perchlorure de fer ne donnent pas de précipité. L'acétate de plomb, le sous-acétate de plomb troublent les dissolutions d'oxyhémoglobine. L'iodure double de mercure et de potassium et le benzoate de soude précipitent le pigment en milieu acide. Les sels de métaux lourds forment avec la matière colorante du sang des composés dont quelques-uns présentent une belle coloration, sont peu solubles et comparables aux laques (JUTTE).

L'hémoglobine fixe de l'iode (KOURAÏEV).

X. Dialyse. — Comme la plupart des substances albuminoïdes l'oxyhémoglobine ne dialyse pas. On utilise même fréquemment cette propriété dans le but de vérifier le bon fonctionnement d'un dialyseur. Comme les substances protéiques et en général les

---

(1) NENCKI et SIEBER ont donné le nom de parahémoglobine à une modification de l'oxyhémoglobine que l'on obtient en maintenant cette dernière pendant plusieurs heures avec 10 volumes d'alcool absolu à une température voisine de 0°. Avec l'oxyhémoglobine de cheval, on obtient une masse rouge, formée par des cristaux insolubles dans l'eau.

substances colloïdes, l'oxyhémoglobine est partiellement retenue par les filtres de porcelaine dégourdie (ARTHUS et ROUCHY).

XI. Action sur la lumière polarisée. — L'hémoglobine une substance albuminoïde dextrogyre ayant une rotation spécifique $(\alpha) C = + 10°,4$. Les combinaisons avec O^2 et CO ont une rotation spécifique identique (GAMGEE, HILL). Toutes les nucléoprotéides et les nucléines sont également dextrogyres (GAMGEE, W. JONES).

C. — CONSTITUTION CHIMIQUE.

La matière colorante du sang est une substance albuminoïde très complexe. Nous étudierons d'abord sa constitution alimentaire, puis les produits plus simples que l'on obtient par une destruction ménagée.

Analyse élémentaire d'oxyhémoglobines.

ORIGINE DE l'oxyhémoglobine.	C	H	Az	S	Fe	O	P²O⁵	AUTEURS.
Homme........	54,57	7,11	16,38	0,568	0,33	21,04	—	OSBORNE.
Chien........	53,85	7,32	16,17	0,39	0,43	21,84	—	HOPPE-SEYLER.
	54,57	7,22	16,38	0,568	0,336	20,93	—	JAQUET.
Cheval........	54,87	6,97	17,31	0,65	0,47	19,73	—	Hoppe-Seyler et Kossel.
—	54,50	7,29	17,51	0,44	0,393	19,85	—	J. JUTT.
—	54,40	7,20	17,61	0,65	0,47	19,67	—	BÜCHELER.
—	54,76	7,03	17,28	0,67	0,45	19,81	—	OTTO.
—	51,15	6,76	17,94	0,39	0,34	23,43	—	ZINOFFSKI.
—	54,64	7,09	17,38	0,39	0,40	20,16	—	OSBORNE.
Bœuf........	54,66	7,25	17,70	0,477	0,400	19,543	—	HÜFNER.
Porc........	54,17	7,38	16,23	0,660	0,430	21,360	—	OTTO.
—	54,71	7,38	17,43	0,479	0,399	19,602	—	HÜFNER.
Cobaye	54,12	7,36	16,78	0,580	0,480	20,680	—	HOPPE-SEYLER.
Écureuil......	54,09	7,39	16,09	0,400	0,590	21,440	—	HOPPE-SEYLER.
Oie........	54,26	7,10	16,21	0,540	0,430	20,690	0,77	HOPPE-SEYLER.
Poulet........	52,47	7,19	16,45	0,857	0,335	22,500	0,197	JAQUET.

1. — **Analyse élémentaire**

Les éléments qui entrent dans la constitution de l'oxyhémoglobine sont : le carbone, l'hydrogène, l'azote, le soufre, le fer et l'oxygène. Chez les Oiseaux, on a signalé la présence du phosphore, mais on ne sait pas exactement si cet élément fait partie intégrante de la matière colorante, ou s'il provient en totalité de la nucléine du noyau globulaire.

Le poids moléculaire de l'oxyhémoglobine est extrèmement élevé. Il dépasse celui de la plupart des substances albuminoïdes. Des résultats d'analyse de ZINOFFSKY et JAQUET, on peut déduire comme formule minima pour l'oxyhémoglobine du cheval :

$$C^{712}\,H^{1130}\,Az^{214}\,S^2\,FeO^{245} = 16770$$

et pour celle du chien :

$$C^{758}\,H^{1203}\,Az^{195}\,S^3\,FeO^{218} = 16669.$$

Desséchées à 115°-118°, de préférence dans un courant d'hydrogène, les oxyhémoglobines perdent des quantités variables d'eau, qui sont approximativement : pour le sang de chien, 4 p. 100 (OTTO), 10,7 p. 100 (JAQUET) ; pour le sang de cheval, 4 p. 100 ; pour le porc, 5,9 p. 100 ; pour l'écureuil, 9,4 p. 100 ; pour le cobaye, 7 p. 100 ; pour la poule, 9,3 p. 100.

Fer. — Le fer est l'élément caractéristique de la matière colorante du sang. Le métal est incorporé à la molécule albuminoïde sous une forme telle qu'il ne peut pas être décelé par les réactifs ordinaires des sels de fer. Il est en quelque sorte dissimulé. Pour le mettre en évidence, il faut détruire au préalable l'édifice compliqué constitué par l'oxyhémoglobine. On réalise cette dislocation en incinérant la matière colorante ou, plus simplement, des globules rouges.

Exemples. — On centrifuge du sang défibriné ; les globules sont desséchés au bain-marie, puis incinérés dans un petit creuset de platine ou de porcelaine sous une cage d'évaporation. Après refroidissement le résidu couleur rouille formé par l'oxyde de fer est dissous avec un peu d'acide chlorhydrique, puis repris par l'eau. Le liquide prend une coloration bleu de Prusse avec le ferrocyanure de potassium, rouge avec le sulfocyanure de potassium. Un autre procédé consiste à chauffer de l'hémoglobine avec un oxydant énergique, tel que le persulfate d'ammoniaque en présence d'un excès d'ammoniaque. Il reste un liquide tenant en suspension de l'hydrate de peroxyde de fer (KUSTER, HUGOUNENQ).

L'oxyhémoglobine contient environ 0,335 p. 100 de fer, d'après les recherches concordantes de ZINOFFSKY, JAQUET, HÜFNER, LAPICQUE et GILARDONI, SAINT-MARTIN.

Dans les conditions ordinaires, la teneur en fer ne varie pas d'une espèce à l'autre ni chez un même sujet (HÜFNER, LAPICQUE). Toutefois BOHR soutient qu'il peut exister chez un même sujet plusieurs espèces d'oxyhémoglobine différant par leur teneur en fer.

JELLINEK et principalement BARD ont démontré qu'à l'état pathologique des différences très marquées apparaissent, en ce qui concerne le rapport fer et couleur. Dans les conditions ordinaires, ce rapport est relativement fixe, les dosages de l'hémoglobine, soit par la détermination du fer, soit par la colorimétrie, soit encore par la spectroscopie ou la spectrophotométrie, donnent des chiffres à peu près uniformes et suffisamment concordants. Par contre, le fer est supérieur à la couleur, c'est-à-dire marque, par rapport à la moyenne normale, un pourcentage plus élevé que cette dernière, toutes les fois qu'il s'agit d'une anémie simple, avec conservation de l'hématopoïèse et effort efficace de régénération normale (chlorose simple, anémies post-hémorragiques); au contraire le fer est inférieur à la couleur, dans tous les cas où la régénération fait défaut par suite de l'entrave apportée à l'hématopoïèse par une cachexie ou une maladie organique grave, tuberculose, cancer (Bard). Les écarts pathologiques sont en général de 4 ou 5 p. 100 à 15 ou 20 p. 100, mais peuvent dépasser ces chiffres. Les écarts extrêmes du fer en moins sont plus accusés que ceux en plus (Bard). Bathias a confirmé l'existence de variations dans la qualité de l'hémoglobine au cours de diverses affections et la dissociation que l'on observe parfois entre l'affaiblissement de la coloration du sang et la teneur en fer.

Le fer est puisé à l'extérieur avec les aliments. La quantité de métal introduite chaque jour dans ces conditions a été évaluée par Lapicque à 2 à 3 centigrammes pour un homme, suivant le régime mixte ordinaire à Paris. L'absorption a lieu, quelle que soit la forme sous laquelle le fer est donné (1) (Hoffmann, Abderhalden, Gaule, F. et S. Aporti), principalement par le duodénum, mais en général dans de très faibles proportions. Le fer absorbé est transporté par la partie liquide du sang et les globules blancs (Knape) à l'état de composé albumineux (Hoffmann), puis incorporé pour un temps à l'édifice vivant dans tous les tissus, surtout dans le foie, la rate, la moelle des os (Zaleski, Gottlieb, Jacobj, Woltering, Kunkel, etc.).

La sortie de l'organisme a lieu par ordre d'importance, par l'intestin (Mayer, Gottlieb), la bile, l'urine. L'élimination excrémentitielle de l'intestin ressort des faits suivants : a) Une anse intestinale séquestrée est refermée sur elle-même de façon que la continuité du canal soit conservée et replacée dans la cavité abdominale; elle sécrète un liquide riche en fer. L'élimination varie de $0^{mgr},6$ à $0^{mgr},9$ en vingt-quatre heures par décimètre carré de surface intestinale chez le chien (F. Voit). b) Cl. Bernard injectant dans les veines d'un chien du lactate de fer et du ferrocyanure de potassium, retrouva le fer (coloration bleu de Prusse) à la surface de l'estomac. Buchheim et Mayer ayant injecté une solution de sel de fer dans la jugulaire d'un animal, trouvèrent quelques heures plus tard la muqueuse intestinale recouverte d'une sécrétion où l'oxyde de fer était abondant. Gottlieb confirme l'élimination du fer par la muqueuse gastrique; Bunge soutient que le suc gastrique est riche en fer. c) Guillemonat a constaté que le méconium du fœtus contient toujours du fer. La quantité de fer éliminé par le tube digestif de l'homme en vingt-quatre heures est d'environ 20 à 30 milligrammes (A. Mayer). Une partie revient au fer contenu dans les aliments et non absorbé (fer résiduel), une partie au fer excrémentitiel, c'est-à-dire rejeté après absorption et assimilation organique. Il est impossible de faire la part du fer excrété du fer résiduel. La proportion du fer de la bile est extrêmement variable; elle est en moyenne de $0^{mgr},9$ pour 100 centimètres cubes de bile chez

---

(1) Les sels de fer sont transformés par le suc gastrique en chlorure et perchlorure de fer. Dans l'intestin le carbonate de soude transforme le perchlorure en oxyde ferrique qui reste dissous à la faveur des substances organiques : le chlorure fournit du carbonate ferreux soluble dans l'acide carbonique et les matières organiques (Bunge, Dastre). Le long de l'intestin les composés de fer non absorbés sont ensuite transformés en sulfures par suite des actions réductrices qui se passent en présence de combinaisons sulfurées.

le chien (Dastre). La bile de l'escargot est aussi riche en fer que celle des mammifères (Dastre). L'urine n'élimine qu'une très faible quantité de fer ; dans aucune des urines examinées par Lapicque la proportion ne montait à 1/2 milligramme par litre.

Certains organes, principalement le foie, la rate, la moelle osseuse, constituent des *réservoirs ferriques* destinés à emmagasiner le fer ou à réparer les pertes subies par le sang. Lorsqu'on injecte du fer dans les vaisseaux, le métal disparaît très vite du sang et s'accumule dans le foie, la rate, les reins, l'intestin (Jacoby). La teneur du foie et de la rate augmente lorsqu'on injecte dans les veines une solution d'oxyhémoglobine. Lapicque a vu dans ces conditions, chez le chien, la teneur en fer du foie s'élever de 0,10 p. 1000 (exceptionnellement 0,20) à 0,30-0,34 au bout de plusieurs jours. L'injection de sang dans le péritoine produit les mêmes effets (Lapicque, Ausher). La provision de fer dans le foie et la rate augmente encore lorsqu'il se produit dans l'organisme une destruction un peu considérable de globules rouges ; le fer de l'hémoglobine est retenu ; le reste de la matière colorante passe dans la bile (Quincke 1880, Glaeveke 1883, Lapicque, Ausher, Guillemonat).

Le dépôt de fer dans le foie et la rate constitue, d'autre part, une réserve dans laquelle le sang puise pour se reconstituer lorsqu'il a subi de grandes pertes. La provision diminue dans le foie à la suite des hémorragies profondes (Charrin). Si on pratique des saignées chez des sujets auxquels on a enlevé la rate, la réparation du sang est lente, incomplète (Emeljanow). L'accumulation du fer dans le foie et la rate est surtout marquée chez le nouveau-né (Bunge). Cette provision a sa raison d'être pendant la période d'allaitement, le lait renfermant une quantité de fer insuffisante. Lorsque l'alimentation lactée a fait place au régime de l'adulte, le fer du foie et de la rate revient à un taux normal. Charrin et ses élèves, Levaditi, Guillemonat ont observé, chez le cobaye, que dans la majorité des cas, le fer de la rate diminue sensiblement pendant que les fœtus se développent. Pour subvenir à la formation du dépôt de fer dans le foie et la rate du nouveau-né, la mère subit à la fin de la grossesse une déminéralisation consistant dans le passage de proportions variables de fer aux éléments en formation (Charrin). Vers la fin de la grossesse, la rate renferme généralement moins de fer qu'à l'état normal (Charrin et Levaditi, expériences sur des cobayes).

On peut déterminer, par les méthodes de l'histologie, les régions par où pénètre et sort le fer, ainsi que les organes qui accumulent l'excès de métal en soumettant les tissus à l'action d'une solution de sulfhydrate d'ammoniaque ; le fer se présente sous forme de granulations qui donnent aux tissus une coloration grise, noire ou verte (Macallum, Gaule, Hall, Hochhaus et Quincke ; Swirski, Abderhalden). Pour distinguer le fer organique du fer inorganique Macallum utilise une solution d'hématoxyline (1/2 à 5 p. 100). Les sels de fer donnent une coloration foncée ; le fer organique ne donne pas la réaction. Marfori a toutefois démontré que l'oxyde de fer dialysé ne donne pas la coloration bleu noirâtre typique.

II. — Produits de décomposition.

1° Dédoublement en un noyau pigmenté (hématine) et une matière albuminoïde (globine). — L'oxyhémoglobine en dissolution est dédoublée, soit par la chaleur à 70°-80°, soit par les acides ou les alcalis à froid.

On obtient d'une part : une matière colorante contenant tout le fer de l'oxyhémoglobine : l'hématine, et, d'autre part, une substance albuminoïde incolore : la globine.

Le dédoublement s'accompagne d'absorption d'O^2 si la réaction se passe au contact de l'air, fixation d'eau et production d'acides gras (Hoppe-Seyler, Schulz, Lawrow).

100 grammes d'oxyhémoglobine, décomposée par HCl dilué, donnent, d'après Lawrow :

94.09 p. 100 de substances albuminoïdes ;

4.47 p. 100 d'hématine ;

1,44 p. 100 d'autres éléments, parmi lesquels des acides gras.

Plus la solution d'acide ou d'alcali est concentrée, plus on ajoute de cette solution, plus la concentration de la solution d'oxyhémoglobine est forte, plus la température est élevée, plus dans ces conditions le dédoublement est rapide. Lorsque les albuminoïdes séparées sont insolubles dans le réactif, il se forme un précipité. Il ne se forme pas de précipité si on emploie l'acide acétique, l'acide tartrique, la potasse... Il se forme un précipité lorsqu'on emploie une quantité suffisante d'acide nitrique ou d'acide sulfurique. Si on dissout à chaud l'oxyhémoglobine en ajoutant une trace de NaCl dans l'acide acétique, il se forme de l'hémine qui seule précipite. Les acides, même les acides les plus faibles, l'acide carbonique, exercent une action destructive sur l'oxyhémoglobine. L'ammoniaque ne dédouble l'oxyhémoglobine que très lentement. L'acide phospholungstique, l'acide tannique, l'iodure de mercure et de potassium, le ferrocyanure de potassium précipitent les matières colorantes du sang en les altérant ; les sels (surtout ceux des métaux lourds) qui donnent facilement des acides en formant des combinaisons basiques, provoquent les mêmes effets. — L'oxyhémoglobine est parfois modifiée avant d'être dédoublée ; la chaleur à 80° transforme l'oxyhémoglobine en solution d'abord en méthémoglobine. L'hématine formée est altérée par certains réactifs.

L'hémoglobine réduite soumise à l'action des acides et des alcalis dans un milieu entièrement privé d'oxygène donne à la place de l'hématine, de l'hémochromogène. L'action des acides peut être d'emblée plus profonde ou s'arrêter quelque temps à l'hémochromogène. Les acides minéraux et les acides organiques énergiques décomposent rapidement l'hémochromogène, en détachent le fer sous forme de sel ferreux et transforment le pigment en hématoporphyrine.

Action du courant électrique. — Le courant électrique décompose l'hémoglobine pure en donnant lieu à de l'hématine, des acides gras et à d'autres corps non encore déterminés. Dhéré et V. Henri ont fait passer un courant de 110 volts à travers une solution d'hémoglobine contenue dans un tube en U qui permet de séparer les deux pôles. Au pôle positif apparaît en haut une couche de liquide clair comme de l'eau, des bulles gazeuses se dégagent aux deux pôles ;

il se forme enfin un précipité brun d'hématine. Le liquide clair contient des acides que la conductibilité électrique indique devoir être des acides gras.

Action des microbes. — L'oxyhémoglobine en solution aqueuse se conserve pendant des semaines si la solution ne contient pas de microbes, puis elle passe à l'état de méthémoglobine. La transformation est complète en quelques mois. Au contact des germes atmosphériques l'oxyhémoglobine se réduit entièrement et se transforme en hémoglobine réduite (L. FRÉDÉRICQ). D'après LABBÉ, certains microbes (celui de la diphtérie, par exemple), cultivés sur du sang, donnent de la méthémoglobine ; toutefois le plus grand nombre réduisent l'oxyhémoglobine. L'hémoglobine réduite peu à peu se transforme en méthémoglobine. Les toxines agissent comme les microbes qui les sécrètent, mais moins activement (LABBÉ). L'hémoglobine réduite conservée à l'abri de l'air résiste à la putréfaction (HOPPE-SEYLER, NEUMEISTER). Déjà anciennement HOPPE-SEYLER avait montré que du sang putréfié conservé dans un flacon bouché garde sa capacité respiratoire. Si le contact de l'air est largement assuré, une partie de l'hémoglobine reste ou repasse constamment à l'état d'oxyhémoglobine plus altérable. Il se forme de la méthémoglobine, puis des décompositions plus profondes surviennent.

Action des ferments digestifs. — La pepsine, la trypsine dédoublent la matière colorante du sang et transforment la globine.

Action des nucléo-protéides. — Les nucléo-protéides splénique et hépatique altèrent et décomposent l'oxyhémoglobine, qu'elle soit libre ou incluse dans les globules (BOTTAZZI ; HERLITZKA et BORRINO). (Les nucléo-protéides du foie font aussi disparaître le glycogène des solutions qu'elles contiennent) (BOTTAZZI).

2° Propriétés de la globine.

— Le noyau pigmenté et ses dérivés feront l'objet d'une étude approfondie plus loin. Les matières albuminoïdes (globines) ont été isolées par LECANU le premier en 1830 et rapprochées récemment par SCHULZ des histones. Les histones constituent un groupe créé par KOSSEL. Ce sont des substances albuminoïdes basiques, à teneur élevée en azote, combinées dans l'organisme à des complexes atomiques acides. On peut séparer les histones par l'action des acides dilués.

SCHULZ prépare la globine en ajoutant à une solution dépourvue de sel d'oxyhémoglobine une solution très diluée d'acide chlorhydrique jusqu'à ce que le précipité qui se forme tout d'abord se dissolve. On additionne alors la solution acide de 1/5 vol. d'alcool à 80° et 1/2 vol. d'éther, et on agite le mélange. L'hématine passe dans la solution éthérée. En neutralisant le liquide clair par de l'ammoniaque, la globine se précipite. On sépare le précipité, on le dissous dans de l'eau additionnée de quelques gouttes d'acide acétique dilué, on soumet le liquide à la dialyse et on précipite de nouveau la globine par l'alcool.

La globine a la composition élémentaire suivante : C : 54,97 ; H : 7,20 ; Az : 16,89 ; S : 0,42. Elle est insoluble dans l'eau, très soluble dans un peu d'acide ou d'alcali, insoluble dans l'ammoniaque en présence de sel ammoniac. La chaleur la coagule, le coagulum est soluble dans les acides. L'acide nitrique précipite la globine à froid, mais non à chaud.

Décomposée par les acides ou la trypsine, la globine donne de la leucine. LAWROW a constaté que la globine de l'oxyhémoglobine du cheval donne par dédoublement avec HCl et le zinc 20 p. 100 de son poids en bases hexoniques dont 12,4 à l'état d'histidine. En dissolvant à froid 200 gr. d'oxyhémoglobine de cheval dans HCl fumant, puis en chauffant pendant six heures, Fischer et Alderhalden ont isolé à l'état pur, pour 100 de pigment décomposé : de l'alanine, de la leucine, de l'acide aspartique, de l'acide glutamique, de la phénylanine, de l'acide pyrolidincarbonique. Präscher avait déjà obtenu de la tyrosine, de la leucine, de l'acide aspartique. On n'obtient pas de glycocolle. Si on déduit de l'oxyhémoglobine 4,2 p. 100 d'hématine, on calcule que la globine contient en acides monaminés : 3 d'alanine, 20,9 de leucine, 1,5 d'acide pyrolidincarbonique, 3,5 de phénylanine, 1,1 d'acide glutamique, 3,4 d'acide aspartique, en tout 33,5 p. 100 (chiffre en réalité trop faible d'un tiers par suite des pertes). Salaskin et Kowalevski ont obtenu de la leucénamide, de l'alanine, de la leucine, de la phénylalanine, de l'acide glutamique, de l'ac. aspartique et de l'ac. pyrolidincarbonique en soumettant de l'hémoglobine à l'action du suc gastrique.

La globine agit sur la lumière polarisée comme toutes les matières albuminoïdes. Elle est lévogyre. Sa rotation spécifique (z) C = 54°,2. (Gamgee, Hill).

III. — **Synthèse de l'oxyhémoglobine**.

Bertin-Sans et Moitessier ont réussi à réaliser la synthèse partielle de l'oxyhémoglobine en partant des produits de décomposition de ce pigment.

De l'oxyhémoglobine cristallisée est dédoublée en hématine et en matière albuminoïde à l'aide d'une solution alcoolique chaude d'acide tartrique. Ce liquide additionné avec précaution d'éther à 65° fournit un précipité floconneux qui lavé et dissous dans l'eau donne une liqueur présentant les réactions des matières albuminoïdes et sans action sur le spectre. On extrait d'autre part l'hématine et on la met en dissolution dans très peu d'alcool acidifié par l'acide tartrique. Le mélange des deux liqueurs étendues d'eau puis lentement neutralisé par la soude à 1 p. 100 donne le spectre de la méthémoglobine acide. Si l'on alcalinise la dissolution on voit apparaître le spectre plus caractéristique de la méthémoglobine en solution alcaline. Par l'addition de sulfure d'ammonium on produit le spectre de l'oxyhémoglobine puis celui de l'hémoglobine. En faisant barboter un peu d'air on voit de nouveau le spectre de l'oxyhémoglobine.

D. — ÉTAT DE LA MATIÈRE COLORANTE
DU SANG DANS LES GLOBULES.

La matière colorante est solidement fixée au globule, mais on ne sait à quel état.

Au microscope polarisant les globules sont monoréfringents, l'hémoglobine n'existe donc pas sous forme de cristaux. Elle se présente comme si elle était dissoute en couches minces.

Hoppe-Seyler a soutenu que le stroma forme avec la matière colorante une combinaison chimique. Il a donné le nom de phlébine à la combinaison pauvre en O^2, d'artérine à la combinaison riche en O^2. L'artérine et la phlébine se décomposeraient facilement en stroma, lécithines et oxyhémoglobine ou hémoglobine.

Kobert estime que l'artérine et la phlébine cristallisent lorsqu'on ajoute à une bouillie globulaire, en l'absence de grandes quantités d'eau, un agent destructeur dissolvant les globules (éther, chloroforme, sels biliaires...); les cristaux formés ne devraient pas être identifiés avec les cristaux d'oxyhémoglobine provenant de globules débarrassés du stroma.

Rollett estime que le globule ne contient pas assez d'eau pour dissoudre l'hémoglobine et que cette substance existe au moins partiellement à l'état amorphe fixée sur une substance hyaline distincte du stroma (endosoma).

Hamburger admet que les corpuscules sont constitués par un réseau protoplasmique (54 p. 100 en moyenne chez l'homme) contenant dans ses mailles un liquide rouge, 46 p. 100.

E. — RÉACTION.

L'oxyhémoglobine agit sur le tournesol à la façon d'un acide faible (Preyer). Mélangée à du carbonate de soude en dissolution, elle dégage le gaz carbonique de ce corps sous l'influence du vide (Preyer, Hoppe-Seyler). L'oxyhémoglobine déplace l'acide cyanhydrique du cyanure de mercure. On peut le reconnaître, soit à l'odeur, soit en recouvrant le mélange d'un verre de montre sur lequel on a déposé une goutte de nitrate d'argent (le verre devient opaque par suite de la formation de cyanure d'argent), soit en faisant passer à travers le sang, puis à travers une solution de soude un courant d'air (la solution alcaline donne la réaction du bleu de Prusse) (Michaelis et Cohnstein).

F. — FIXATION DE L'OXYGÈNE PAR L'HÉMOGLOBINE SOUS UNE FORME INSTABLE. — LOIS DU PHÉNOMÈNE.

I. Transformation de l'hémoglobine en oxyhémoglobine.
— La propriété la plus remarquable de l'hémoglobine est de fixer de l'oxygène sous une forme instable. L'hémoglobine absorbe de l'oxygène au contact de l'air au niveau des poumons; l'oxyhémoglobine formée est en partie réduite par les tissus situés en bordure des capillaires de la circulation générale et régénérée par la respiration.

C'est l'hémoglobine qui confère au globule rouge sa fonction caractéristique. La rupture du rapport intime qui existe entre la matière colorante et le stroma entraîne l'abolition de la fonction propre du globule. L'hémoglobine devient inapte à l'échange gazeux normal et même nuisible à l'organisme qui l'élimine rapidement. P. Bert a constaté qu'une dissolution de cette matière colorante même suffisamment riche et suffisamment oxygénée ne peut pas, au point de vue du rappel à la vie, jouer le même rôle que le sang lui-même (P. Bert ; Foa).

40*

L'oxyhémoglobine est transformée en hémoglobine réduite par : l'action du vide surtout combiné à la chaleur ; un courant d'un gaz inerte (hydrogène...) ; l'activité des cellules de l'organisme (surtout des muscles, P. BERT), de certains microbes ou levures, de la putréfaction à l'abri de l'air ; des réducteurs en solution neutre ou légèrement alcaline (1) : sulfure d'ammonium, sulfhydrate d'ammoniaque (2), solution alcaline fraîchement préparée de tartrate stanneux (3) ou ferreux (4), hydrosulfite de soude, de la limaille de fer, du fer récemment réduit par l'hydrogène, de la poudre de zinc, de l'hydrate d'hydrazine....

HOPPE-SEYLER a imaginé une expérience élégante démontrant la facilité avec laquelle l'hémoglobine se transforme en oxyhémoglobine. Un fragment d'une plante verte (Elodea canadensis), de 1 à $1^{mm},5$ de long, est introduit dans un tube de 1 à 2 centimètres de diamètre et de 20 à 30 centimètres de long. On couvre complètement la plante avec de l'eau ; on ajoute un peu de sang en putréfaction ; on étire le tube à la lampe de façon qu'il soit rempli aussi complètement que possible. Si on abandonne le tube à l'abri de la lumière tout l'oxygène est consommé ; il ne reste plus que de l'hémoglobine. Si on expose le tube au soleil, on voit apparaître au spectroscope les bandes caractéristiques de l'oxyhémoglobine par suite du dégagement d'oxygène par les parties vertes de la plante.

II. **Quantités d'oxygène fixé par l'hémoglobine**. — La quantité d'oxygène que l'hémoglobine réduite peut fixer sous une forme instable n'a pas une valeur fixe. Elle dépend de la pression de l'oxygène dans le milieu extérieur, de la température, de la qualité de la matière colorante.

En moyenne, 1 gramme d'hémoglobine agité à l'air à 0° et à 760 millimètres Hg, absorbe $1^{cc},34$ d'oxygène (HÜFNER).

SAINT-MARTIN a noté chez le chien les chiffres suivants : 1,35 ; 1,22 ; 1,35 ; 1,33 ; 1,34 ; 1,20 ; 1,35. Chez l'homme on constate de nombreuses variations dans les cas pathologiques, de sorte que la détermination de la quantité d'hémoglobine par la quantité d'O^2 absorbée expose à des erreurs (SAINT-MARTIN).

III. **Lois qui régissent l'absorption de l'oxygène par l'hémoglobine**. — Soit une solution d'hémoglobine au contact de l'air à une pression et à une température déterminées. Il y a dans la solution toujours non pas deux, mais trois corps en présence, à savoir : de l'oxyhémoglobine ; de l'hémoglobine (monoxygénée), et de l'oxygène.

Tension de dissociation. — Qu'est-ce qui dans l'hémoglobine maintient la combinaison entre l'hémoglobine et l'oxygène ? C'est

---

(1) Lentement à froid, plus rapidement si on chauffe.
(2) Un excès décompose l'hémoglobine.
(3) Solutions tartro-ammoniacales de chlorure d'étain.
(4) Solution de protoxyde de fer à laquelle on ajoute d'abord une certaine quantité d'acide tartrique, puis une quantité d'ammoniaque suffisante pour neutraliser l'acide tartrique. (Sol. de STOKES.)

une force extérieure, la pression exercée par le gaz oxygène sur la dissolution.

Qu'est-ce qui tend à détruire cette combinaison? C'est une force intérieure qui résiste à cette pression et tend à dissocier les deux composants.

Ces deux forces se font exactement équilibre et se mesurent par conséquent l'une par l'autre; autrement dit la tension de dissociation ou la tendance à la dissociation est mesurée par la pression qu'il faut exercer sur les composants pour les maintenir associés.

Équilibre stable. — Si la pression extérieure décroît, la tension intérieure qui lui est opposée se manifestera par la dissociation d'une certaine quantité d'oxyhémoglobine en ses composants et cette dissociation s'arrêtera à la limite où la tension de ce qui reste d'oxyhémoglobine non dissociée fait équilibre à la valeur nouvelle de la pression extérieure. Même phénomène en sens inverse si la pression extérieure s'accroît. La *réaction* est, comme on dit, *reversible*. Pour chaque valeur de la pression, il y a équilibre entre les forces intérieures et extérieures mises en conflit. Le système dans son ensemble est en équilibre stable. Les combinaisons dissociables sont en cela bien différentes de celles qui sont réalisées dans les corps dits explosifs; ces dernières sont en général indépendantes de la pression extérieure et se défont brusquement sous l'influence de quelque condition perturbatrice de leur équilibre intérieur qui est instable. L'organisme contient des unes et des autres de ces deux espèces de combinaisons et les utilise pour des fonctions différentes.

Influence de la pression. — La valeur de la pression qu'il faut considérer est celle de l'oxygène qui est au contact de la dissolution. Si c'est de l'oxygène pur cette pression est mesurée par le baromètre. Si c'est de l'air dans lequel l'oxygène entre, comme on sait, dans la proportion d'environ un cinquième, la pression de cet oxygène sera un cinquième environ de la pression marquée par le baromètre. En un mot, il faut considérer la *pression partielle de l'oxygène*, laquelle s'obtient dans tout mélange gazeux en multipliant la proportion centésimale de l'oxygène dans le mélange par la pression barométrique.

HüFNER a dressé la courbe de la dissociation telle qu'elle se produirait à la température de 37°,4 avec une solution d'oxyhémoglobine (et probablement aussi le sang) contenant 13 p. 100 de matière colorante en supposant qu'en dehors de la pression il n'existe aucune condition pouvant exercer sur le phénomène une influence défavorable (présence de substances réductrices, etc.).

On remarquera qu'avec la pression normale d'oxygène de 159,3 millimètres, il y a déjà plus de 5 p. 100 dissocié. Même avec une pression de 900 millimètres

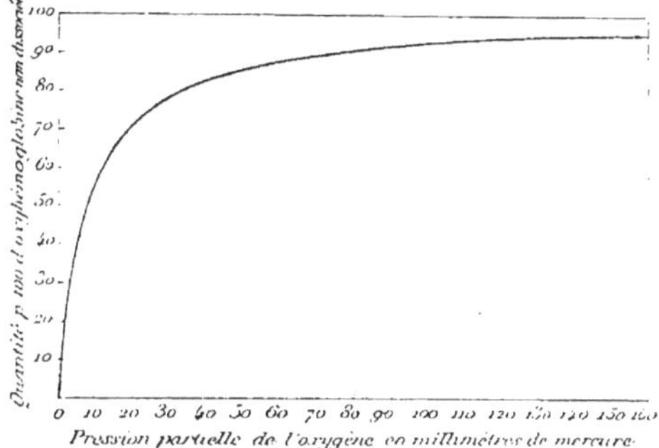

Fig. 144. — *Courbe de la dissociation de l'oxyhémoglobine* (d'après Hüfner).

d'oxygène, pression employée une fois par Lothar-Meyer (1857), seulement 99 p. 100 de la molécule sont combinés avec O^2.

Pression partielle de l'oxygène en mm. Hg.	Quantité pour 100 dissociée.	Quantité pour 100 non dissociée.
5,0	63.9	36,1
10,0	47,6	52,4
15,0	37,7	62,3
20,0	31,2	68,8
25,0	26,7	73,3
30,0	23,3	76,7
35,0	20,6	79,4
40,0	18,5	81,5
45,0	16,8	83,2
50,0	15,4	84,6
55,0	14,3	85,7
60,0	13,2	86,8
65,0	12,3	87,7
70,0	11,5	88,5
75,0	10,8	89,2
80,0	10,2	89,8
85,0	9,7	90,3
90,0	9,2	90,8
95,0	8,7	91,3
100,0	8,3	91,7
110,0	7,6	92,4
120,0	7,0	93,0
130,0	6,5	93,5
140,0	6,1	93,9
150,0	5,7	94,3
160,0	5,4	94,6

Loewy en se servant de sang frais humain légèrement oxalaté pour le rendre incoagulable, a obtenu des chiffres comparables à ceux de Hüfner :

Pression d'O^2.	Quantité d'oxyhémoglobine saturée par O^2.
35 mm.	77 p. 100.
30	75 —
25	65 —
22	58 —

HÜFNER a calculé la quantité d'oxyhémoglobine qui devrait se dissocier à différentes altitudes en supposant que la tenéur de notre air alvéolaire soit en moyenne de 16 p. 100 et la tension de la vapeur d'eau mêlée à cet oxygène égale à celle de la vapeur saturée de 37°,5, c'est-à-dire environ 47,5 millimètres.

Hauteur au-dessus de la mer en m.	Baromètre en mm. Hg.	Pression partielle O^2 en mm.	Pression partielle O^2 dans les poumons en mm.	Pour 100 non dissociés d'oxyhémoglobine.
0	760	159,3	114,0	92,6
500	714	149,9	106,6	92,1
1,000	670	140,7	99,6	91,6
2,000	591	124,1	86,96	90,5
3,000	522	109,6	75,9	89,3
4,000	460	96,6	66,0	87,9
5,000	406	85,3	57,4	86,3
6,000	358	75,2	49,7	84,5
7,000	316	66,4	43,1	82,6
8,000	279	58,6	37,0	80,3
9,000	246	51,7	31,8	77,8
10,000	217	45,6	27,1	74,9

En présence de ces résultats, HÜFNER fait remarquer que la cause du manque d'air à une altitude élevée ne peut pas résider dans une dissociation importante de l'oxyhémoglobine. A 5000 mètres on ressent généralement les effets de l'anoxhémie ; or, à cette altitude correspondrait d'après la courbe un degré de saturation du sang avec O^2 de plus de 85 p. 100, dans tous les cas supérieur aux 2/3 de la saturation complète.

Influence de la température. — La tension de dissociation de l'oxyhémoglobine augmente avec la température. La température agit en sens inverse de la pression ; elle augmente la force qui tend à séparer les deux composants. Il suit de là que, lorsqu'on chauffe une solution donnée d'oxyhémoglobine, l'oxygène tend à disparaître et l'oxyhémoglobine à se transformer en hémoglobine.

Influence de la qualité de l'hémoglobine. — HÜFNER a trouvé à l'hémoglobine d'une série d'animaux supérieurs (bœuf, chien, cheval, lapin, poulet...), une capacité d'absorption d'oxygène sensiblement la même; en moyenne $1^{cc},3$ d'oxygène à 0° et à 760 millimètres Hg. — SAINT-MARTIN admet au contraire que chez les différents sujets et même sur le même sujet, cette capacité peut varier d'après certaines conditions. La rénovation du sang qui suit la saignée l'exagère ; l'hecticité après les opérations l'abaisse légèrement.

Le mode de préparation de l'oxyhémoglobine exerce une grande influence sur les propriétés de la matière colorante. L'emploi de l'alcool fournit une oxyhémoglobine dont la capacité d'absorption pour l'oxygène est diminuée (LOEWY et HÜFNER).

BOHR s'est efforcé de démontrer que l'on peut obtenir, en partant du sang de chien ou de cheval, plusieurs variétés d'oxyhémoglobine dont les bandes d'absorption occupent la même disposition dans le spectre, mais qui diffèrent par leur teneur en fer, la quantité d'oxygène faiblement combiné, le poids moléculaire, la marche de la dissociation en oxygène et en hémoglobine sous l'action du vide et enfin le rapport d'absorption mesuré au spectrophotomètre. Hüfner soutient qu'il s'agit des produits d'altération de la matière colorante.

Part d'influence de chacune de ces conditions dans l'organisme vivant. — Dans l'organisme vivant (Mammifères, Oiseaux) la température est sensiblement fixe, la concentration de la solution ne varie pas non plus beaucoup, mais la pression partielle de l'oxygène change notablement quand le sang passe du système capillaire de la grande circulation à celui de la circulation pulmonaire, et c'est là justement la cause du transport de l'oxygène du poumon aux tissus. Soit une pression partielle de ce gaz égale à 13 centimètres dans l'air alvéolaire, sa pression peut tomber beaucoup au-dessous de ce chiffre dans le plasma des muscles, par exemple au moment de l'activité de ces organes. Il y a de ce fait dissociation de l'oxyhémoglobine du sang, appel de l'oxygène dans le muscle pour remplacer celui que le travail musculaire a consommé, formation par conséquent d'hémoglobine réduite, qui retourne au poumon par la voie des veines et y retrouve une tension partielle de l'oxygène qui la retransforme en oxyhémoglobine et ainsi de suite.

Rapport entre la propriété de fixer O^2 et la présence du fer. — Le fer se combine facilement avec O^2 et forme des oxydes. Or les composés ferriques suroxygénés oxydes ferriques cèdent facilement aux matières organiques de l'oxygène et les brûlent ainsi lentement. L'exemple le plus vulgaire est celui de la destruction du linge par la rouille : Fe^2O^3, $3H^2O$ devient $FeO.H^2O$. D'autre part, les composés ferreux tendent à remonter par une marche inverse à la condition antérieure de persel. Ils absorbent l'oxygène pour passer à l'état ferrique. Cette série d'alternatives dans lesquelles, suivant l'expression de Dastre, le fer joue le rôle d'un honnête courtier, peut se continuer indéfiniment et rappelle la fonction du globule rouge.

L'hémoglobine fixe de l'oxygène dans le rapport de un atome de fer pour un atome d'oxygène actif.

IV. Chaleur dégagée par la fixation de l'oxygène. — La fixation de l'oxygène sur l'hémoglobine avec transformation en oxyhémoglobine dégage $14^{cal}77$ pour $O^2 = 32$ (Berthelot).

G. — CARACTÈRES SPECTROSCOPIQUES DE L'OXYHÉMOGLOBINE ET DE L'HÉMOGLOBINE.

I. Historique. — L'analyse spectroscopique a été appliquée pour la première fois aux substances chimiques par Kirchoff et Bunsen en 1860, et par Hoppe-Seyler à l'étude de la matière colorante du sang. Les travaux de cet auteur furent complétés par Valentin, 1863 ; Stokes, 1864-1868 ; Preyer, 1868 ; Vierordt, Vogel, Mac-Munn ; Hénocque, etc.

II. **Conditions expérimentales**. — Pour observer les caractères spectroscopiques de la matière colorante du sang il n'est pas nécessaire d'opérer avec des solutions pures. Il suffit de diluer quelques gouttes (4^{cc}) de sang avec de l'eau distillée (100^{cc}) dans une cuve à faces parallèles.

Pour faire apparaître le spectre de l'hémoglobine réduite, le mieux est d'ajouter au liquide contenant l'oxyhémoglobine quelques gouttes d'une solution alcaline d'hydrosulfite de soude. On peut aussi employer à cet effet une solution alcaline de tartrate stanneux ou ferreux.

Si la réduction est opérée avec le sulfure d'ammonium on voit toujours apparaître à gauche de la bande de l'hémoglobine, au milieu de l'espace C-D, une bande étroite, très pâle, due à une action altérante spéciale du sulfure. L'oxyhémoglobine est

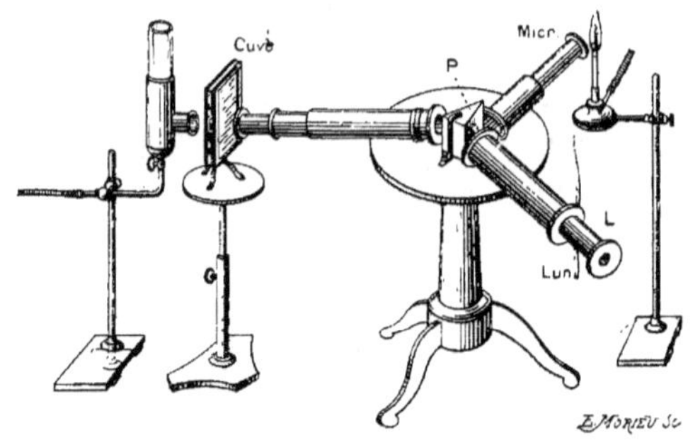

Fig. 143. — *Examen du sang au spectroscope.*

régénérée par agitation à l'air. Pour opérer dans des conditions comparables et fixer la position et l'intensité des bandes, les solutions *également concentrées* doivent être vues *sous une même épaisseur*. Il faut tenir compte de la situation de la fente du spectroscope, de l'éloignement et de l'intensité de la source lumineuse, de la clarté changeante de la chambre dans laquelle on opère.

Le sang perd ses caractères spectroscopiques lorsqu'il a été chauffé à 202° ; l'hémoglobine et ses dérivés à 210° (Strzyzowski).

III. **Constatations**. — Si on examine au spectroscope une solution d'oxyhémoglobine peu concentrée (1 p. 1 000) sous une faible épaisseur (1 centimètre cube), on constate l'apparition de deux bandes d'absorption dans la région jaune vert du spectre entre les raies D et E du spectre solaire ; l'une un peu plus sombre et un peu moins large au voisinage de la région D ; l'autre un peu plus claire et un peu plus large au voisinage de la raie E. De plus, toute la partie violette du spectre est absorbée.

Une solution d'hémoglobine réduite, examinée dans les mêmes conditions, présente une seule bande d'absorption très large, un peu diffuse, qui occupe les trois quarts de l'espace DE et dépasse un peu la ligne D vers C (Stokes, 1864).

Influence de la concentration des solutions. — Les caractères spectroscopiques varient suivant la concentration des solutions ou l'épaisseur de la couche de liquide interposée sur le trajet du faisceau lumineux.

Pour des concentrations très faibles, la première bande seule de l'oxyhémoglobine est visible; pour une concentration plus forte apparaît la deuxième bande en même temps que l'extrémité violette du spectre commence à s'obscurcir.

Pour des concentrations croissantes les deux bandes s'élargissent de plus en plus, puis se confondent en une bande unique bordée de rouge d'un côté et de vert de l'autre. Enfin l'obscurité venant de la partie violette du spectre rejoint la bande unique; le spectre est réduit au rouge.

A concentration égale, les dissolutions d'hémoglobine absorbent une plus grande étendue de l'extrémité rouge et une moins grande étendue de l'extrémité violette du spectre que les dissolutions d'oxyhémoglobine. Dans la région du vert, à droite et à gauche des raies Eb l'hémoglobine laisse passer plus de lumière que l'oxyhémoglobine. De plus, pour des concentrations très faibles pour lesquelles la bande de STOKES apparaît à peine, le raccourcissement du spectre par ses deux extrémités est déjà sensible.

Des graphiques, dus à ROLLETT, résument les différences présentées par les spectres des dissolutions d'oxyhémoglobine et d'hémoglobine pour les différentes concentrations. On a porté en abcisses les longueurs d'ondes, en

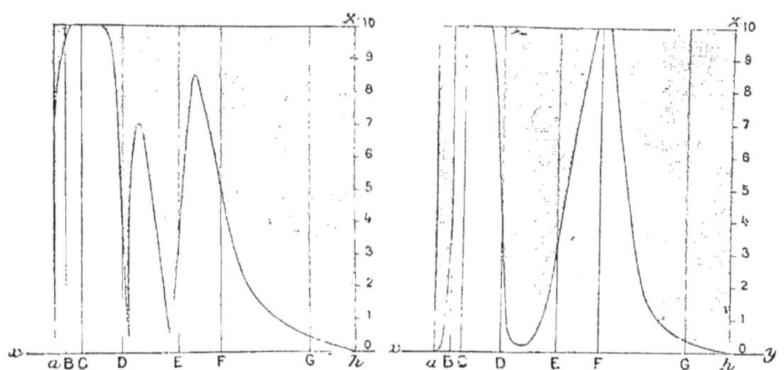

Fig. 146. — *Tableau représentant les spectres d'absorption d'une solution d'oxyhémoglobine et d'hémoglobine examinée sous une épaisseur de 1 centimètre.*

ordonnées les poids de matière colorante p. 100. En déplaçant dans chaque figure une ligne droite parallèlement à $a\,h$ et de bas en haut on a successivement tous les spectres que l'on obtient avec des dissolutions de concentration croissante observées toutes sous une épaisseur de 1 centimètre. Il est bien évident cependant que ces graphiques ne donnent qu'une idée approchée de la marche réelle de l'absorption des rayons lumineux par les dissolutions de pigment; l'absorp-

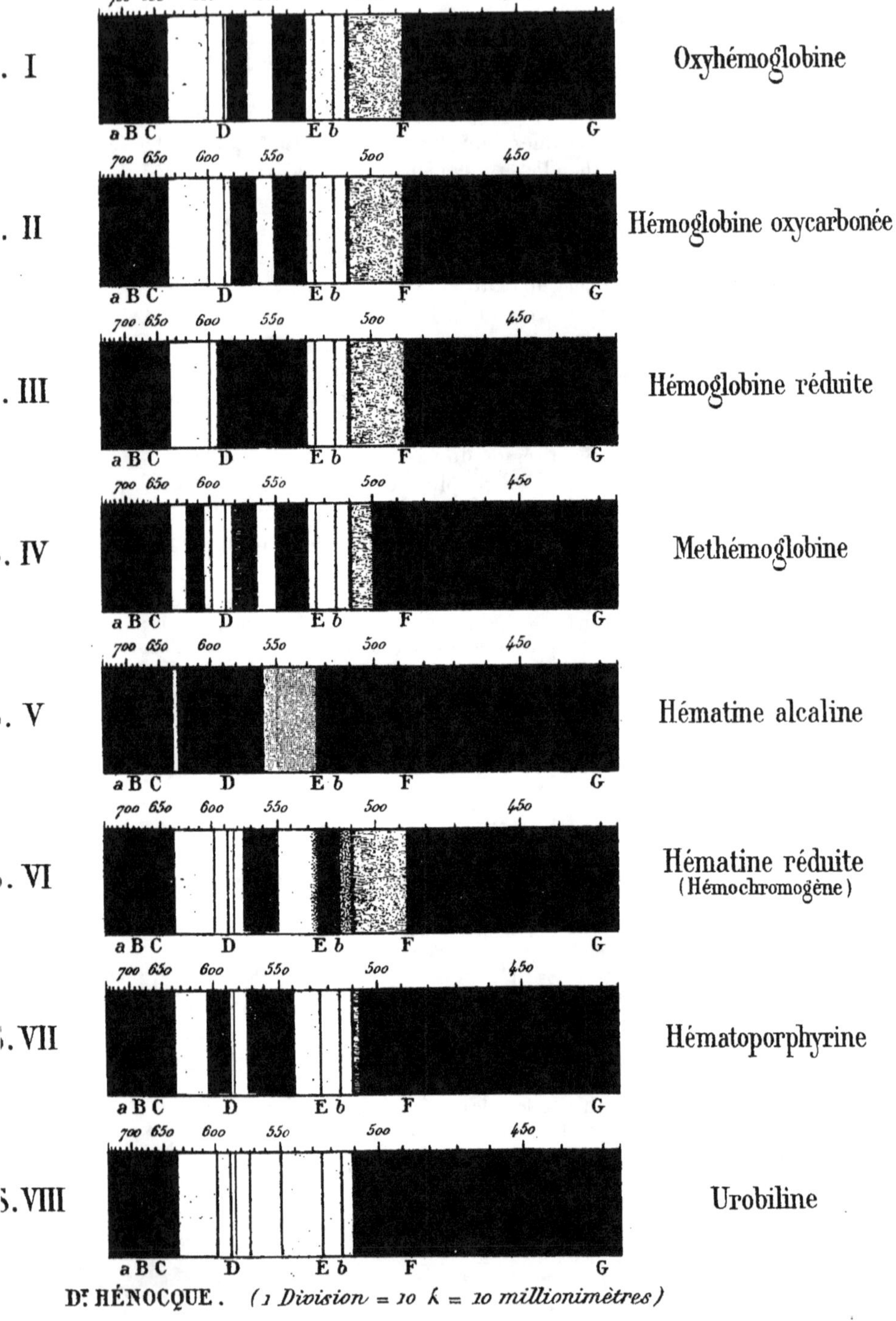

700 650 600 550 500 450
I
a B C D E b F G
Oxyhémoglobine
II
a B C D E b F G
Hémoglobine oxycarbonée
III
a B C D E b F G
Hémoglobine réduite
IV
a B C D E b F G
Methémoglobine
V
a B C D E b F G
Hématine alcaline
VI
a B C D E b F G
Hématine réduite
(Hémochromogène)
VII
a B C D E b F G
Hématoporphyrine
VIII
a B C D E b F G
Urobiline
Dr HÉNOCQUE. (1 Division = 10 Å = 10 millionimètres)

tion ne commence pas brusquement lorsqu'on passe d'une région claire à une région obscure (fig. 146).

Absorption des radiations de la région ultra-violette. — Les dissolutions d'oxyhémoglobine absorbent également certaines radiations de la région ultra-violette, invisible dans les conditions ordinaires du spectre ; plusieurs bandes apparaissent (SORET, 1883 ; d'ARSONVAL, 1890 ; GRABE, 1892 ; KOBERT, 1900).

Pour voir ces bandes au moyen d'un spectroscope ordinaire, il faut prolonger la partie visible de spectre au moyen d'une source de lumière très intense, aussi riche que possible en radiations violettes, en supprimant le plus possible toutes les couleurs moins réfrangibles et plus lumineuses par l'interposition sur le trajet du faisceau lumineux d'un verre violet très pur et très foncé (d'ARSONVAL). Un autre procédé consiste à recevoir un faisceau lumineux provenant du soleil ou d'une lampe à arc sur un écran fluorescent au cyanure de platine ou sur une plaque photographique par l'intermédiaire d'une lentille et de prismes en cristal de roche (BECQUEREL, RUTHERFORD, d'ARSONVAL, GRABE, KOBERT).

Sensibilité des caractères spectroscopiques. — Les deux bandes de l'oxyhémoglobine se retrouvent dans des solutions très faibles, à condition d'augmenter l'épaisseur de la couche liquide. On peut les retrouver dans des solutions à 1 p. 100 000 (HOPPE-SEYLER).

Lorsqu'on réduit une dissolution d'oxyhémoglobine très étendue, mais telle pourtant que les deux bandes, quoique faibles, soient encore visibles, on ne perçoit que très faiblement ou même pas du tout la bande de STOKES qui doit remplacer la double bande primitive. Si on a un mélange des deux matières colorantes, la présence de l'oxyhémoglobine sera révélée par les deux bandes lorsqu'on observera la dissolution sous une épaisseur très faible ; celle de l'hémoglobine par la forte absorption qui atteint la région située entre les deux bandes lorsqu'on augmente l'épaisseur du liquide observé (HOPPE-SEYLER).

IV. **Spectroscopie à travers les tissus.** — L'étude spectroscopique du sang est possible même au travers des tissus vivants (HOPPE-SEYLER, STROGANOFF, FUMOUZE, VIERORDT, HÉNOCQUE).

Chez l'homme, il suffit d'examiner à la lumière diffuse la surface de la paume de la main, l'oreille, les téguments du visage, la conjonctive palpébrale, les lèvres...

V. **Microspectroscopie.** — L'examen microscopique peut être associé à l'examen spectroscopique. Depuis l'emploi du spectroscope à vision directe on étudie l'image grossie par l'objectif avec un oculaire renfermant un spectroscope (type SORBY-BROWNING). Un petit spectroscope à vision directe remplaçant l'oculaire du microscope peut suffire (HÉNOCQUE).

VI. **Données théoriques concernant la spectroscopie.** — Un faisceau parallèle de lumière solaire traversant un prisme change de direction, est dévié vers la base du prisme et donne naissance à un faisceau divergent coloré ; la partie la moins déviée est rouge et la plus déviée est violette. Entre ces deux couleurs extrêmes on distingue, se fondant les unes dans les autres, les colorations suivantes : violet, indigo, bleu, vert, jaune, orangé, rouge. Ce faisceau coloré porte le nom de spectre et l'appareil qui sert à étudier ces diverses colorations le nom de spectroscope.

Le spectroscope se compose d'un tube AB portant une fente étroite en B et une lentille biconvexe en A ; ce tube, appelé collimateur, sert à faire tomber sur le prisme un faisceau de lumière parallèle émanant d'une flamme quelconque F. Ce faisceau est observé à la sortie du prisme au moyen d'une lunette CD mobile sur le pourtour du cercle supportant le prisme. On ne voit dans la lunette qu'une partie du spectre, mais en la déplaçant on peut étudier telle radiation que l'on voudra (fig. 147).

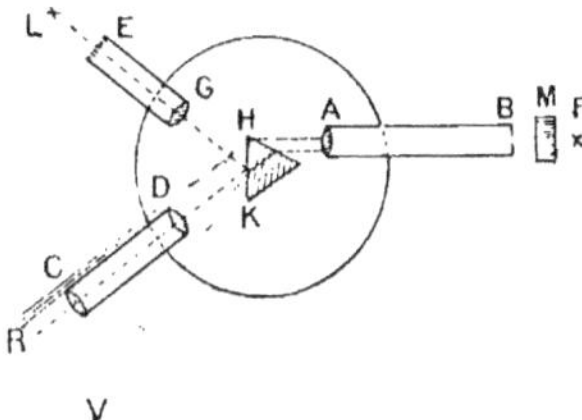

Fig. 147. — *Schéma du spectroscope.*

Afin d'avoir des repères parfaitement définis dans cette bande colorée, on se sert d'une échelle divisée. Le tube EG (fig. 147 et 148) porte en E des divisions généralement photographiées sur verre et numérotées de 0 à 200. Elles sont éclairées par une petite lampe L ; en G se trouve une lentille servant à rendre parallèles les rayons lumineux entrés par E dans le tube. Ces rayons, à la sortie, se réfléchissent sur la face HK du prisme et entrent dans la lunette CD.

En regardant en C on voit donc une coloration dépendant de la position de la lunette dans le faisceau coloré et en même temps, se détachant en clair sur les couleurs observées, l'image des divisions tracées en E, (fig. 150).

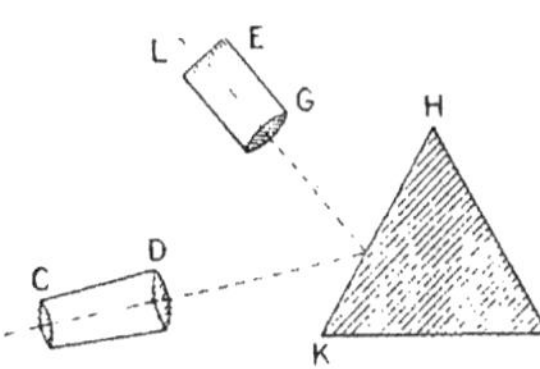

Fig. 148.

Si maintenant on place devant la fente B du tube AB une petite cuve M en verre contenant de l'eau additionnée de quelques gouttes d'hémoglobine ou de sang, on aperçoit des bandes noires caractéristiques qui proviennent de ce que certaines parties des radiations sont arrêtées par le liquide de la cuve.

Les divisions lumineuses sur lesquelles se projette cette partie du spectre permettent de noter exactement la place qu'occupent ces bandes.

La lunette qui sert à observer le spectre permet, par suite de son pouvoir grossissant, d'en étudier les détails. Les rayons traversant la cuve puis parallélisés par le collimateur et abordant le prisme agissent sur l'œil de l'observateur regardant directement sans lunette, comme si la source lumineuse était située à l'infini. De là l'impossibilité de distinguer les détails du phénomène et nécessité d'employer une lunette.

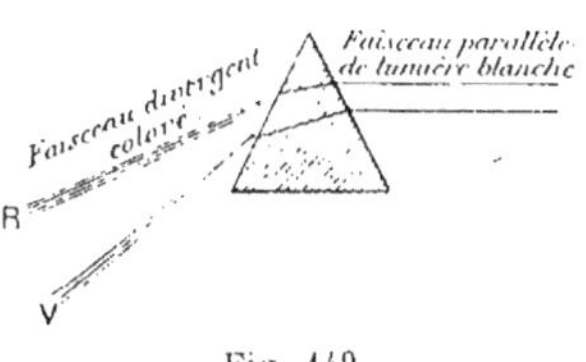

Fig. 149.

Les rayons divergents au sortir du prisme viennent former à travers l'objectif de la lunette une petite image du spectre, et comme certaines radiations ont été retenues par la cuve, il y a une interruption, une véritable lacune dans le spectre. L'oculaire de la lunette, qui n'est autre chose qu'une loupe, permet d'agrandir l'image formée par la lentille-objectif.

La figure 151 permet de se rendre compte de l'effet de la lunette sur la partie du spectre compris dans son champ. L'image *cd* avec la bande *ab* est vue en *c'd'* et la bande en *a'b'*.

Graduation en longueur d'ondes. — On peut expliquer les phénomènes lumineux en supposant l'existence d'un milieu éminemment élastique emplissant tout l'univers. Ce milieu se nomme l'éther. Si une molécule d'éther est écartée de sa position d'équilibre, elle oscille autour de cette position comme un petit pendule. La durée d'une vibration complète s'appelle « la période », mais en même temps elle communique son mouvement à la molécule voisine et ainsi de suite de proche en proche. Le mouvement vibratoire se transmet dans l'éther avec une vitesse de 300 000 kilomètres par seconde : c'est la vitesse de la lumière. Le chemin parcouru par le mouvement vibratoire pendant la durée d'une période vibratoire s'appelle la longueur d'onde.

Fig. 150.

Le mouvement vibratoire de l'éther reçu sur la rétine nous donne la sensation de la lumière et la couleur perçue dépend de la période du mouvement vibratoire, de la longueur d'onde. L'œil normal perçoit en général les mouvements

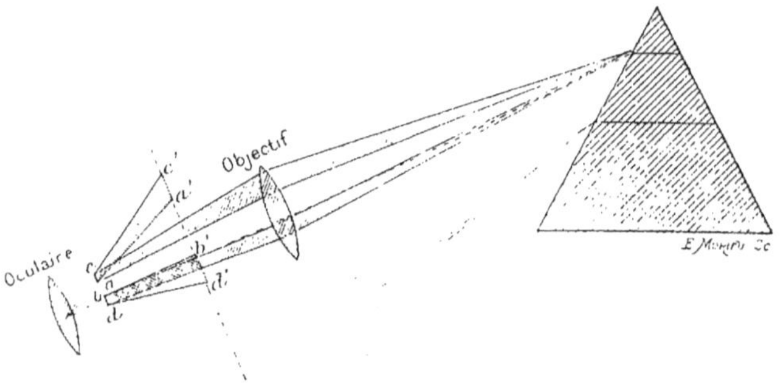

Fig. 151.

vibratoires de longueur d'onde comprise entre $0\mu,80$ et $0\mu,39$; μ représentant le millionième de mètre.

Dans le spectre les limites des différentes couleurs occupent les longueurs d'onde suivantes :

$0\mu.723$ | rouge.

647 }
585 } orangé.

} jaune.
571 {

492 | vert.

492 }
455 } bleu.

/ indigo.
424 (

397 { violet.

Puisque chaque radiation déterminée correspond à une longueur d'onde, on peut donc repérer très exactement telle ou telle région du spectre en la désignant par la longueur d'onde correspondante.

Dans un spectroscope, le spectre, pour l'observateur, se projette sur une échelle complètement arbitraire. Il faut trouver une relation entre la division de l'échelle d'un spectroscope donné et les longueurs d'onde correspondantes, relation qui varie d'un spectroscope à un autre, c'est-à-dire qu'il faut graduer un spectroscope afin de pouvoir spécifier exactement dans quelle région du spectre se produit telle raie ou telle bande d'absorption.

Il suffit de cinq ou six points de repère pour avoir pour un spectroscope donné la relation des divisions de l'échelle avec les longueurs d'onde.

a) On place dans la flamme bleue d'un bec de BUNSEN, un peu de sel marin fondu à l'extrémité d'un fil de platine. Le spectre se réduit en général à une raie jaune brillante. On amène la division 50 de l'échelle (préalablement éclairée) sur la raie jaune. La longueur d'onde de la raie jaune est $0\mu,589$; donc à la division 50 correspond la longueur d'onde $0\mu,589$.

b) On place successivement dans la flamme les sels suivants et on note exactement la position sur l'échelle de la raie la plus brillante qui prend naissance dans le spectre, dans le cas de chaque sel.

Chlorure de lithium.........	$0\mu,670$	se projette sur	28	de l'échelle.
— de potassium.......	$0\mu,768$	—	16	—
— de rubidium........	$0\mu,420$	—	160	—
— de thallium........	$0\mu,535$	—	77	—

c) On prend du papier quadrillé au millimètre, on trace deux droites perpendiculaires parallèlement à deux bords. Sur la droite horizontale on inscrit les divisions de l'échelle, chaque millimètre correspondant à une division. Sur la droite verticale on inscrit la longueur d'onde, les plus faibles observées se trouvant à la partie inférieure (0,420 dans le cas de la figure 152. On prend un millimètre pour deux millièmes de μ. On inscrit de millimètre en millimètre 420, 422, 424....

d) On porte sur le quadrillage

A l'intersection de la verticale 16 et de l'horizontale 768 un point.			
—	28	—	670 —
—	50	—	589 —
—	71	—	535 —
—	160	—	420 —

e) On joint tous ces points par une courbe. Cette courbe permet pour le spectroscope donné de transformer les divisions de l'échelle en longueurs d'onde. Si une bande d'absorption se projette sur l'échelle entre les divisions 30 et 32 par exemple, on cherchera la longueur d'onde correspondant à 30 ; on trouve 662 et la longueur d'onde correspondant à 32 ; on trouve 652. On en conclut que la bande se trouve dans le spectre dans la région comprise entre $0\mu,662$ et $0\mu,652$.

Si un chlorure volatilisé dans la flamme donne une ligne brillante à la division 83, et une autre à la division 89, on en conclut que parmi les lignes du spectre du corps il y en a deux plus brillantes que les autres ayant comme longueur d'onde $0\mu,524$ et $0\mu,513$. On aura donc affaire à du potassium.

Il faut avoir soin, avant de se servir de l'appareil, de produire la raie jaune du sodium et de faire coïncider la division 50 de l'échelle avec cette raie.

Remarque. — On peut opérer par comparaison. En se servant de deux flammes éclairantes L′ et L″ (2 becs de gaz), on obtient avec le concours du petit prisme à réflexion totale qui se trouve en avant de la fente du spectroscope deux spectres superposés. Soit par exemple sur le trajet de L″ une cuve contenant l'eau et du sang ; sur le trajet de L′ on place une cuve contenant un autre liquide à analyser. Si ce liquide contient du sang il y a concordance parfaite des raies d'absorption dans les deux spectres (fig. 153.

Spectroscope à vision directe. — On emploie beaucoup en biologie des spectro-scopes à vision directe dans lesquels la déviation est annulée bien que la dispersion persiste. L'effet est obtenu par une combinaison de prismes imaginés par AMICI. On utilise deux prismes de flint alternant avec trois prismes en crown.

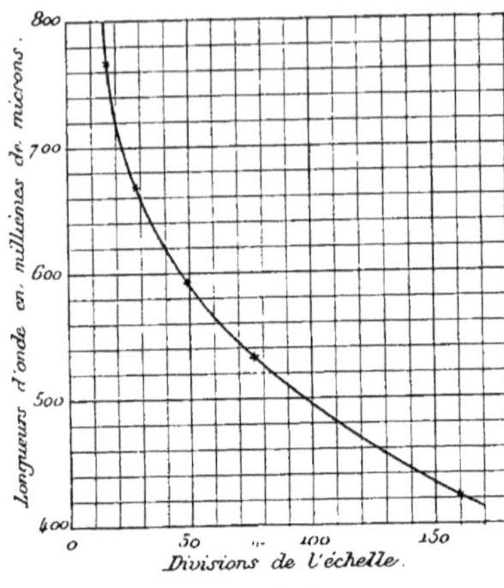

Fig. 152.

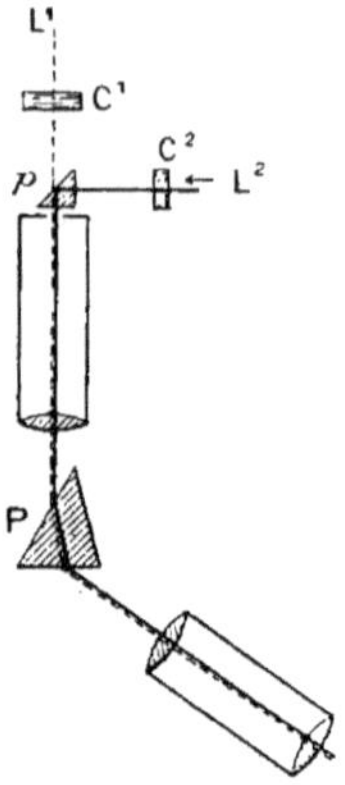

Fig. 153. — *Examen comparatif au spectroscope.*

La déviation imprimée à un rayon lumineux par l'ensemble de ces prismes est la différence des déviations produites séparément par les deux parties. La lumière sort de l'appareil sans déviation quant à sa direction moyenne, mais avec une dispersion de même sens que celle qui serait due au flint seul.

H. — RÉACTIONS DIVERSES.

I. **Réaction de Van Deen**. — La matière colorante du sang, ajoutée à un mélange d'essence de térébenthine vieillie (ozonisée) (1) et de teinture de gaïac, produit une coloration bleue. Cette réaction est fréquemment utilisée en médecine légale ; lorsqu'elle est négative on peut affirmer qu'il ne s'agit pas de sang ; lorsqu'elle est positive, il peut s'agir de toute autre substance que de sang, car elle est très banale.

Une goutte d'une solution concentrée d'oxyhémoglobine placée *sur du papier* imbibé de teinture récente de gaïac donne une tache rouge entourée d'une auréole bleuâtre. Le papier intervient dans ces conditions soit par suite d'une action de la cellulose, soit par suite de la présence d'un reste des substances oxydantes qui ont servi à blanchir le papier. Sur un support de verre ou de porcelaine le sang seul n'agit pas sur le gaïac.

---

(1) D'après FLORENCE, le moyen le plus commode d'obtenir une essence active est de la faire vieillir en vase ouvert. La substance active ne serait pas l'ozone, mais une aldéhyde de nature non encore déterminée.

La réaction de Van Deen est positive même à l'abri de l'air et avec du sang saturé de CO (Kowalewski).

La térébenthine vieillie peut être remplacée par quelques gouttes d'eau oxygénée (Schönbein). La réaction s'obtient aussi avec les leucocytes, le sérum, la sueur, la salive, les poumons, le foie, la thyroïde, les capsules, le pancréas, etc.... Pour la plupart des organes (foie, rate, cœur), elle est moins nette après l'ébullition qu'avant (Enriquez et Sicard).

La réaction de Van Deen n'est plus possible si le sang a été chauffé à 202°, l'hémoglobine à 210°, l'hématine et l'hémine à 356° (Strzyzowski). D'après Enriquez et Sicard la réaction bleue avec la teinture de gaïac et l'eau oxygénée est positive même après calcination des leucocytes ou des hématies.

II. Action sur l'eau oxygénée.

— L'oxyhémoglobine impure, c'est-à-dire contenant un peu de stroma, décompose l'eau oxygénée neutre sans changer de couleur (Hoppe-Seyler). L'oxyhémoglobine chimiquement pure ne dégage pas de bulles ; elle brunit, se transforme en méthémoglobine, puis se décolore avec départ de fer (Bergengruen 1888, Kobert).

Un grand nombre de substances jouissent de la propriété de détruire l'eau oxygénée ; une simple action physique (introduction de poudre de charbon, d'une baguette de verre) suffit parfois à provoquer ce résultat.

De tous les tissus le sang est un des plus actifs.

Cotton a constaté des différences d'une espèce à l'autre. Le sang de l'homme décompose l'eau oxygénée avec une puissance triple que le sang de bœuf et décuple que celui de mouton. — L'action destructive du sang appartient à la fibrine et aux globules (Schönbein, Al. Schmidt).

Il est probable que les substances actives du sang sont contenues dans le stroma. Ces substances présentent certaines analogies avec les ferments (Spitzer, Raudnitz). Ville et Moitessier ont isolé du stroma globulaire des hématies des substances qui décomposent l'eau oxygénée et se comportent à la façon des zymases. Ces substances peuvent être séparées dans le sang laqué au moyen du phosphate de calcium formé au sein même des liqueurs. Les solutions de ferment deviennent inactives lorsqu'on les porte à 70° pendant une heure. La fibrine préparée dans les conditions ordinaires doit son activité sur l'eau oxygénée à la fixation de ces substances extravasées. Raudnitz estime que l'action principale du sang sur l'eau oxygénée revient au stroma. Cette action est supprimée par l'ébullition. L'hémoglobine, la méthémoglobine, l'hématine exerceraient cependant, même après l'ébullition, une certaine influence, plus faible, due probablement à la présence du fer (Raudnitz).

L'acide cyanhydrique, l'hydrogène sulfuré, l'iode, l'hydroxylamine affaiblissent ou suppriment l'action du sang sur l'eau oxygénée. Il est à remarquer que ces substances exercent le même effet défavorable sur la décomposition de l'eau oygénée par le platine colloïdal (Schönbein, Jacobsen, Schaer, Buchner, Bredig et Müller, Bredig et Ikeda).

Parmi les autres humeurs de l'organisme, la bile fraîche est une des plus actives ; bouillie, la bile perd toute action (Dastre et Floresco). Les tissus enflammés exercent une action supérieure à celle des tissus normaux.

L'eau oxygénée s'emploie en médecine, soit comme antiseptique (Bernard, Baldy, P. Bert et Regnard), soit pour faciliter le décollement des pansements

(A. Poncet). Employée à trop fortes doses, elle peut provoquer dans les vaisseaux la formation d'une grande quantité de bulles d'oxygène et amener la mort. Le danger dépend de la quantité de gaz formé au contact du sang. Si cette quantité est faible, les bulles ne sont pas redoutables, car, petit à petit, elles disparaissent à mesure que l'oxyhémoglobine se réduit du fait de la vie des tissus. Une partie de l'eau oxygénée peut être décomposée par les tissus avant de pénétrer dans le sang. Plus une eau oxygénée est concentrée, plus elle expose à des accidents. Il suffit de 4 centimètres cubes d'eau oxygénée à 12 volumes pour tuer un lapin, de 2 centimètres cubes et demi pour tuer un cobaye (dans le tissu cellulaire) (L. Dor).

La valeur d'une eau oxygénée est donnée par la quantité d'oxygène gazeux que peut fournir ce liquide en se décomposant totalement. On dit qu'une eau oxygénée est à 10 volumes quand 1 centimètre cube de cette eau peut, par destruction totale, donner 10 centimètres cubes d'oxygène gazeux (mesuré dans les conditions normales). Chimiquement pure, l'eau oxygénée est neutre au tournesol; l'eau oxygénée commerciale renferme en général des quantités parfois considérables d'acides. Cette acidité peut amener l'irritation des tissus.

III. *Autres réactions.* — Pour déceler l'hémoglobine ou l'hématine dans un liquide (urine, par exemple) Rossel indique la réaction suivante : on ajoute 15 à 20 gouttes d'acide acétique concentré à 4 à 6 centimètres cubes du liquide, 6 à 8 centimètres cubes d'éther sulfurique et on agite. L'éther est décanté. On y ajoute 15 à 20 gouttes d'essence de térébenthine (ou 10 à 20 gouttes d'eau oxygénée fraîche) et 30 à 40 gouttes d'une solution d'aloïne qui se colore en rose après une à cinq minutes suivant la quantité de matière colorante présente. On ajoute le même volume d'eau qui dissout le colorant, lequel passe au rouge cerise intense. La solution d'aloïne doit être fraîche. On la prépare en dissolvant une petite quantité de poudre d'aloïne de Barbados dans 2 à 4 centimètres cubes d'alcool à 90° étendu de la quantité d'eau. Le lait, les sels de protoxyde de fer, les sels de cuivre, les nitrites réagissent aussi.

Un grand nombre d'autres réactions colorées comparables à la réaction de Van Deen ont été signalées. C'est ainsi que le sang colore en bleu-noir le papier imbibé de di ou de tétra-méthyl-paraphénylendiamine (Wurster). On n'est pas fixé sur la nature des substances du sang qui provoquent l'apparition de ces réactions. De plus, pas plus que la réaction de Van Deen ces réactions ne sont caractéristiques du sang.

I. — QUANTITÉ D'HÉMOGLOBINE.

Différents problèmes sont à résoudre. Quelle est la quantité totale d'hémoglobine dont dispose l'organisme ? Quelle est la concentration de la matière colorante dans le sang et la part de chaque globule ? Enfin la matière colorante se présente à deux états d'oxygénation dans le sang : l'oxyhémoglobine et l'hémoglobine. Quelle est la proportion de ces deux substances dans le sang?

I. — Quantité totale dans le sang.

La physiologie aurait le plus grand intérêt à déterminer d'une façon précise cette donnée qui seule permettrait de fixer les lois exactes qui président aux variations de la matière colorante. Malheureusement cette détermination suppose la connaissance dans chaque cas de la quantité de sang contenue dans le corps. Or, cette détermination ne peut être faite directement que chez les animaux et, ce qui exclut nécessairement une bien grande rigueur, chez des sujets différents.

Subbotin, Malassez ont établi un rapport constant à l'état normal entre le *poids du corps* et la quantité totale d'hémoglobine contenue dans le sang.

A un kilogramme de poids vif correspondent :

Chez le lapin......................	3gr,47 d'hémoglobine.	Subbotin.
Chez le chien.................	7gr,64 —	—
Chez l'homme	8gr,5 —	Malassez.

La quantité d'hémoglobine paraît surtout en rapport avec le développement du système musculaire et les besoins de la respiration élémentaire. Grawitz a démontré que les sujets très musclés ont un sang plus riche en hémoglobine, en globules et en albuminoïdes. On sait que pour Viault et d'autres auteurs le sang des sujets qui passent d'une station basse à une station élevée s'enrichit en globules et en matière colorante. Jaquet et Suter ont constaté par des expériences comparatives faites à Bâle (266ᵐ) et à Davos (1 600ᵐ) sur des lapins que la quantité de sang augmentait parallèlement.

II. — Quantité contenue dans un volume déterminé de sang.

Historique. — Les premières recherches méthodiques datent de H. Welcker, 1852. Puis vinrent les travaux de Mantegazza, 1865 ; J. Duncan, 1867 ; Subbotin, 1871 ; Quincke, 1872 ; Quinquaud ; Hayem ; Malassez ; Hénocque....

Conditions expérimentales. — La matière colorante est généralement dosée au contact de l'air et évaluée en oxyhémoglobine sans que l'on se préoccupe de préciser les proportions relatives d'hémoglobine réduite et d'oxyhémoglobine existant réellement dans le sang circulant.

Les résultats obtenus par les divers auteurs ne sont évidemment pas comparables en raison de la valeur inégale des procédés mis en œuvre ; toutefois, ils concordent généralement quant au sens des variations révélées.

Rapport avec la densité et le nombre des hématies. — A l'état normal la richesse en hémoglobine marche de pair avec la densité et le nombre des globules. La concordance disparaît à l'état pathologique (Duncan, 1867 ; Malassez, 1872 ; Worm-Müller ; Hayem).

Variations suivant les espèces animales. — Le tableau suivant résume un certain nombre de moyennes :

Chien............................ 14,5 p. 100 (HÉNOCQUE).
Cobaye.......................... 14 p. 100
Cheval.......................... 11,62 (NASSE).
   — .... 11,67 (SIMON).
Bœuf............................ 8,5 à 10,42 (SUBBOTIN).
Lapins bien nourris.............. 12 p. 100 (HÉNOCQUE).
Pigeons (à Paris)................ 11 à 11,5 p. 100, parfois 9 p. 100
                                   (HÉNOCQUE).

Lézards gris encore dans le sommeil
   de l'hibernation................ 7 p. 100 (HÉNOCQUE).
Lézard vert au mois d'août........ 13 p. 100 (HÉNOCQUE).
Lézards en captivité et anémiés.... 6 p. 100 ; 4,5 p. 100 ; 2 p. 100 (HÉNOCQUE).
Grenouilles...................... 8 à 10 p. 100 (HÉNOCQUE).
Axolotls......................... 6 à 10 p. 100 (HÉNOCQUE).
Poissons .... 6 à 8 p. 100 (HÉNOCQUE).
Planorbe corné (Invertébré)........ 1,5 p. 100 (DHÉRÉ).

Quantité chez l'homme et la femme. — La quantité d'oxy-hémoglobine contenue dans le sang de l'homme, à l'état physiologique, oscille entre 11 et 14 p. 100 suivant l'âge, le sexe et les divers états de croissance, de vigueur ou de fatigue. La normale chez l'homme de vingt à cinquante ans varie entre 13 et 14 p. 100. Le sang de la femme contient en général moins d'hémoglobine que celui de l'homme, 12 à 13 p. 100. La différence s'accuse seulement à partir de la puberté ; à partir de la ménopause, les différences tendent à disparaître (HAYEM, MONTI, SCHWINGE). GRAWITZ estime que si le sang de la femme contient moins d'hémoglobine que celui de l'homme, cela tient principalement au moindre développement de son système musculaire (Voy. p. 576 et 643).

Influence de l'âge. — Chez le fœtus la richesse du sang en hémoglobine augmente avec les progrès du développement (1). Le maximum est atteint après la naissance. Chez le nouveau-né à terme dont le cordon a été lié tardivement et qui a bien respiré, la teneur en hémoglobine est plus élevée que celle de la mère et de l'adulte. Pendant la gestation, la teneur du sang du fœtus en hémoglobine peut être égale, supérieure ou inférieure à celle du sang de la mère. Les résultats sont à cet égard divergents et paraissent varier, notamment suivant l'espèce animale.

La teneur en hémoglobine du nouveau-né décroît dès la deuxième semaine (COHNSTEIN et ZUNTZ, HAYEM, LEICHTENSTERN, CUZZI et NICOLA, ENGELSEN, PINZANI ; REINL, TIETZE, WISKEMANS et KRÜGER, SCHIFF ;

---

(1) Cependant PINZANI, BIDONE et GARDINI ont constaté chez des nouveau-nés venus au monde au bout de 7 mois et demi à 8 et demi de vie intra-utérine, un chiffre un peu supérieur à celui du nouveau-né à terme.

Bidone et Gardini, etc.). Dans l'enfance entre cinq et dix ans, la normale est plutôt abaissée ; elle oscille entre 11 et 12 p. 100. De dix à quinze ans, elle se relève surtout chez les jeunes filles qui atteignent facilement 13 p. 100 à l'époque des règles. Au delà le chiffre normal est atteint : 12 à 14 p. 100 (Hénocque). — Friedjung admet deux relèvements pour le fer : l'un, après la cessation du régime lacté exclusif ; l'autre, au moment de la puberté. La proportion d'hémoglobine diminue après quarante-cinq ans, d'après Ziegler.

Chez le poulet, Wolf a constaté la présence de l'hémoglobine dans la moitié caudale de la tache germinative dès le second jour de l'incubation.

Influence de la gestation. — Chez la femme grosse à terme on constate une diminution des globules rouges et de la quantité d'hémoglobine, 10,69 p. 100 ou 9,96 p. 100 au lieu de 12 ou de 11,78 (1). La diminution du nombre des globules est variable, mais dépasse rarement la proportion d'un cinquième ou d'un quart. Chez certaines espèces animales on a constaté des résultats opposés. Ainsi chez les brebis, le sang est, peu avant le part, notablement plus riche en hémoglobine (7,8 p. 100 contre 5,5 p. 100 en moyenne) et au contraire plus pauvre en globules (9 742 000 globules contre 12 090 000 en moyenne) que dans les conditions ordinaires.

Variations individuelles. — Plus un sujet est vigoureux, plus son sang contient d'albuminoïdes, de globules, d'hémoglobine. Grawitz établit un rapport entre le développement du système musculaire d'une part et le nombre de globules et la quantité d'hémoglobine d'autre part. Plus l'activité musculaire est grande, plus le nombre de vecteurs d'oxygène doit être abondant. Saint-Martin a relevé les chiffres suivants chez des chiens : 17,35 p. 100 ; 12,26 p. 100 ; 18,70 p. 100 ; 18,91 p. 100 ; 14,13 p. 100 : 12,70 p. 100 ; 18,95 p. 100.

Influence de l'alimentation. — Chez les animaux, on a constaté expérimentalement par des essais comparatifs que la quantité de sang diminue dans l'inanition proportionnellement à la perte de poids du corps. Le sang se concentre, mais sa composition change relativement peu. On admet généralement que la quantité d'hémoglobine reste constante. Subbotin a trouvé chez un chien inanitié, le premier jour, 13,8 p. 100 ; le trente-huitième jour, 13,38 p. 100 d'hémoglobine. Wettendorff a constaté une diminution chez les

_____

(1) Cuzzi et Nicola, Engelsen, Meyer, Pinzani, Doleris et Quinquaud. Winkelmann, Schröder, Dübner, Bidone et Gardini, etc. Möllenberg a constaté le plus souvent une augmentation de l'hémoglobine et des globules, parfois une diminution.

animaux soumis à la soif et dans l'inanition. Herrmann et Groll signalent une augmentation. Ronsse et Van Wylder ont constaté chez le lapin une augmentation, mais avec des irrégularités.

Chez l'homme on a constaté chez des maniaques et des jeûneurs, généralement une légère augmentation de la quantité d'hémoglobine ; cependant cette quantité peut fléchir dans le cours du jeûne passagèrement par suite d'une modification parallèle du nombre des hématies (Luciani).

Les modifications les plus caractérisées s'observent lorsqu'on interrompt l'inanition. La partie aqueuse du sang se reconstitue bien plus rapidement que la partie albuminoïde ; de plus, les choses se passent comme si l'organisme cherchait d'abord à couvrir les pertes des organes avant de réparer celles du sang (Grawitz, Voy. p. 579).

On n'est pas d'accord sur l'influence des régimes. Leichtenstern a observé sur lui-même qu'une nourriture abondante augmente la teneur du sang en hémoglobine ; par contre, Hösslin, sur de jeunes chiens n'a constaté aucune différence notable entre les effets d'un régime insuffisant et ceux d'un régime abondant. Grawitz conclut de recherches comparatives exécutées sur l'homme, qu'une nourriture insuffisante provoque une véritable anémie par hydrémie, surtout si le sujet est soumis à un exercice corporel pénible. Le nombre des globules, l'hémoglobine et la densité du sang diminuent chez les carnivores alimentés avec du pain, et augmentent avec le régime carné (Nasse, Verdeil, Subbotin, Bischoff et Voit, Tsuboi). Subbotin a trouvé chez des chiens nourris de viande une moyenne de 13,75 p. 100, et chez des chiens nourris de graisses et d'amidon 11,05 p. 100 au vingt-sixième jour, et 9,52 p. 100 au trente-huitième jour, tandis qu'après trente-huit jours de jeûne, un chien témoin avait encore 13,33 p. 100 d'oxyhémoglobine.

Vierordt et Leichtenstern, Hénocque ont noté une très faible augmentation, inférieure à 1 p. 100, d'oxyhémoglobine après les repas. L'usage des boissons aqueuses en excès est sans grande influence ; cependant Loeper a constaté qu'une ingestion de un litre d'eau fait tomber passagèrement le chiffre de l'hémoglobine de 14 à 12 ou 13. Oliver a noté une faible diminution à chaque repas. L'abstention de boissons provoque une augmentation de 1/2 à 1 p. 100 (Leichtenstern, Hénocque).

Influence des pertes d'eau. — Les sueurs répétées, les purgations augmentent la quantité d'oxyhémoglobine de 1/2 à 1 p. 100 (Leichtenstern, Hénocque).

Influence de la raréfaction de l'air. — Viault et, à sa suite, un grand nombre de savants, ont soutenu que le séjour dans les montagnes, à une altitude élevée, provoque non seulement l'augmentation des hématies, mais un accroissement dans la teneur du sang en hémoglobine. Jaquet et Suter évaluent à 20 p. 100 le gain en matière colorante chez des lapins qui avaient passé de *Bâle* (266^m) à *Davos* (1 600^m).

Giacosa, Mosso et Kuthy ont constaté des différences nulles ou insignifiantes même à des altitudes très grandes, dans le Mont Rose par exemple. Kohbrugge a vu qu'à *Java* le sang des individus vivant à la montagne était moins riche en matière colorante que le sang des sujets vivant dans la plaine. Abderhalden a bien constaté une augmentation des hématies et de l'hémoglobine, mais il soutient que le phénomène est dû à des facteurs multiples ; selon cet auteur, le sang des sujets qui passent d'une station basse à une station élevée se concentre et diminue de volume.

Les auteurs qui admettent l'hyperglobulie et l'augmentation de l'hémoglobine ne sont pas d'accord sur le parallélisme des deux phénomènes. Kundig, Vornveld admettent que l'augmentation de l'hémoglobine se produit plus lentement que l'augmentation des hématies ; le premier phénomène serait aussi plus faible. D'après Jaquet et Suter, le retour à la normale, dans la plaine, est lent. Abderhalden admet que l'évolution est parallèle. Hueppe admet un accroissement relatif des hématies par suite d'une modification du tonus vasculaire et une augmentation de la quantité absolue de l'hémoglobine si le séjour à une altitude est prolongé.

Il y a désaccord aussi en ce qui concerne les effets des ascensions en ballon. Calugareanu et Henri, Raymond et Portier, Jolly ont constaté que l'hémoglobine augmente dans la proportion 10 à 14 p. 100 en moins d'une heure à 3 600 mètres ; Gaule le premier a vu l'hyperglobulie dans ces conditions, mais il soutient que l'hémoglobine diminue alors qu'à *Davos* il trouve des chiffres plus élevés qu'à *Zurich*.

Influences diverses. — Le séjour à la campagne, les exercices modérés et réguliers, les frictions, l'hydrothérapie, les toniques généraux provoquent à la longue une augmentation de la quantité d'oxyhémoglobine du sang.

États pathologiques. Poisons. — La quantité d'oxyhémoglobine est diminuée dans la chlorose, la fièvre typhoïde, la tuberculose, le cancer (la syphilis, peu)... L'anémie est confirmée lorsque la quantité de matière colorante tombe au-dessous de 10,5 à 9 p. 100.

D'après Loeper, la proportion d'hémoglobine est supérieure à la normale (16 à 17 p. 100) chez les sujets atteints d'une affection congénitale du cœur, ce qui concorde avec l'hyperglobulie que l'on constate aussi chez eux. Chez les cardiaques la proportion est au-dessous de la normale.

Les poisons qui abaissent la teneur du sang en oxyhémoglobine sont très nombreux. Ce sont toutes les substances qui agissent directement sur le sang telles que les nitrites, les chlorates, les gaz toxiques, l'antipyrine, l'acétanilide... L'iodure de potassium agit de même, mais lentement. — La médication alcaline augmente plutôt la quantité d'oxyhémoglobine (Tripet, Salle, Loillier, Hénocque).

En dehors du fer (v. page 580) d'autres métaux auraient le pouvoir d'augmenter l'hémoglobine, tels seraient : le manganèse (CERVELLO, APORTI, STORTI, etc.), le nickel, le cobalt (PITINI, MESSINA, etc...), le cuivre, le zinc, etc... mais les résultats positifs obtenus ont été contestés (WOLF), etc.).

Dans la syphilis, de petites quantités de mercure augmentent la quantité d'oxyhémoglobine, de plus fortes la diminuent (GAGLIO ; contesté par OPPENHEIM et LÖWENBACH).

Quantité comparée de matières colorantes dans les artères et les veines. — Certains physiologistes soutiennent que la matière colorante du sang est plus abondante dans les veines que dans le sang artériel. Le fait n'est pas universellement admis. Ce qui est certain, c'est que toute stase augmente la quantité relative de matière colorante (et de globules) dans les veines (COHNSTEIN et ZUNTZ).

Limite compatible avec la vie. — La quantité d'oxyhémoglobine peut descendre au-dessous de 4 p. 100 et rester quelque temps à ce chiffre sans que la mort soit inéluctable. HÉNOCQUE a observé plusieurs accouchées qui ne présentaient que 4 p. 100 et constaté la prolongation de la vie pendant plus de trois ans, chez une petite fille atteinte de coxalgie suppurée, chez laquelle la quantité d'oxyhémoglobine a oscillé entre 3,5 et 4,5 à 5 p. 100. Les chiens auxquels on a lié le canal cholédoque survivent pendant des semaines et même des mois, quoique la quantité d'hémoglobine puisse tomber au-dessous de 4 p. 100 (DOYON). Néanmoins, à partir de 4 p. 100 la vie est compromise.

III. — Quantité moyenne d'hémoglobine contenue dans chaque globule. — Richesse ou valeur globulaire.

Même à l'état physiologique, on constate au microscope que dans un même sang tous les globules n'ont pas un pouvoir colorant identique, ce qui répond sans doute à des différences d'âge et de constitution des hématies. Si l'on fait abstraction de ces différences, on peut calculer la quantité moyenne d'hémoglobine contenue dans chaque globule. Il suffit, à cet effet, de déterminer : la quantité d'hémoglobine (H) et le nombre de globules (N) contenus dans un même volume de sang. La richesse de chaque globule (G) est exprimée par le quotient du rapport $\dfrac{H}{N}$ (MALASSEZ).

Exemple. — Soit un sang contenant par millimètre cube 5 000 000 globules et 12,5 p. 100 d'hémoglobine. Un millimètre cube de ce sang contiendra 0^{mgr},125 d'hémoglobine. La richesse d'un globule en hémoglobine est de 25 millionièmes de millionième de gramme ($\mu\mu$ gr.).

La valeur globulaire varie sensiblement d'une espèce à l'autre. Lorsque dans la série des Vertébrés on passe des Mammifères aux Oiseaux, de ceux-ci aux Poissons, puis aux Reptiles et aux Batraciens, on voit d'une façon générale le nombre des globules diminuer tandis que leur richesse en hémoglobine augmente. Chez les Oiseaux, l'augmentation d'hémoglobine globulaire compense et au delà la diminution de nombre, en sorte que leur sang peut contenir à volume égal plus d'hémoglobine que celui des Mammifères. Chez les Poissons, les Reptiles et les Batraciens, la diminution de nombre n'est pas compensée ; le sang de ces animaux contient à volume égal moins d'hémoglobine que les Mammifères et que les Oiseaux surtout. Ces vues ne sont vraies que si l'on compare les faits dans leur ensemble ; dans le détail il se rencontre des exceptions. On peut voir des espèces d'une classe supérieure être moins bien partagées en hémoglobine que des espèces appartenant à une classe inférieure. Les Poissons cartilagineux diffèrent des Poissons osseux plus qu'ils ne diffèrent des Batraciens (MALASSEZ).

La richesse globulaire est à peu près constante chez un même individu en état de santé ; en sorte que si les globules augmentent ou diminuent de nombre, la quantité d'hémoglobine augmente ou diminue proportionnellement. Le chiffre 29 exprime en millionième de millionième de gramme la richesse globulaire moyenne du sang de l'homme adulte. Les différences sont faibles entre individus d'une même espèce et entre espèces d'une même famille.

Dans un certain nombre d'états pathologiques la qualité des globules s'altère soit en même temps que leur quantité, soit indépendamment d'elle. Le plus souvent dans les anémies l'hémoglobine diminue alors même que le nombre des globules reste normal. Les globules ont alors un ton pâle comparé au ton jaune des globules sains ; certains sont parfois colorés à la périphérie, mais pas au centre. Exceptionnellement, la quantité d'hémoglobine s'abaisse moins que le nombre des globules. Ce dernier phénomène s'observe dans une forme particulière d'anémie dite anémie pernicieuse.

En clinique, on évalue généralement la richesse ou valeur globulaire d'un sang donné en comparant cette richesse à celle du globule du sang normal prise comme étalon.

$$R = \frac{\dfrac{H^1}{N^1}}{\dfrac{H}{N}} = \frac{H^1 \times N}{H \times N_1}$$

H : teneur du sang normal en hémoglobine par millimètre cube ; H¹ : teneur du sang examiné ; N : nombre de globules du sang normal par millimètre cube ; N¹ : nombre de globules du sang examiné.

Le quotient est égal ou très près de 1 si le sang examiné est normal ; supérieur à 1 lorsque la valeur globulaire dépasse la valeur normale ; inférieur à 1 si cette valeur est plus basse.

Poids de l'hémoglobine comparé au poids du stroma. — Les globules rouges renferment à l'état sec environ 8/10 à 9/10 de leur poids d'hémoglobine. Les globules nucléés sont relativement moins riches en matière colorante que les corpuscules discoïdes des Mammifères (ABDERHALDEN, BOTTAZZI). D'après des observations faites par ABDERHALDEN chez les animaux domestiques, les globules des espèces de petite taille semblent avoir plus d'hémoglobine que ceux des espèces de forte taille.

IV. — **Quantités comparées d'oxyhémoglobine et d'hémoglobine réduite contenues dans le sang.**

L'oxyhémoglobine caractérise le sang artériel auquel il donne sa coloration vermeille ; toutefois le sang ne séjourne pas assez long-temps dans les poumons pour que l'hémoglobine soit totalement oxygénée, ce qui est du reste théoriquement impossible. La portion non transformée est toujours assez faible dans les conditions phy-siologiques (1 gramme pour 100 centimètres cubes de sang, d'après OTTO) ; elle diminue à mesure que la tension de l'oxygène augmente dans l'air inspiré.

Chez les Vertébrés inférieurs, et notamment chez les Poissons, le sang artériel contient toujours, mêlé à de l'oxyhémoglobine, une notable quantité d'hémo-globine, par suite des conditions anatomiques particulières de la circulation.

Les veines contiennent toujours un mélange d'hémoglobine réduite et d'oxyhémoglobine. La quantité d'hémoglobine réduite varie suivant l'organe dont provient le sang et le degré d'activité de cet organe. En moyenne l'hémoglobine réduite est mélangée avec une quantité presque égale d'oxyhémoglobine.

Exemple. — OTTO a trouvé dans le sang de la veine crurale de seize chiens, de $10^{gr},21$ à $8^{gr},44$ d'oxyhémoglobine contre $6^{gr},21$ à $3^{gr},92$ d'hémoglobine. Les deux substances étaient dosées parallèlement à l'aide de la méthode spectro-photométrique.

D'après LABBÉ, chez les sujets sains la quantité d'hémoglobine réduite contenue dans le sang obtenu par la piqûre du doigt varie de 0,5 à 1 p. 100. La proportion augmente chez les cardiaques et peut atteindre, dans l'asystolie, 2, 3, 7 p. 100.

STROGANOFF, puis HÉNOCQUE, observant avec le spectroscope le sang des veines jugulaires de lapins asphyxiés lentement, ont constaté que, jusqu'à la dernière contraction cardiaque, il y a encore de l'oxyhémoglobine dans les veines. On ne trouve l'hémoglobine entièrement réduite dans le sang qu'après la mort.

Lorsque le sang extrait des vaisseaux d'un animal ne renferme que de l'hémo-globine réduite, la mort est certaine et définitive (MAC MUNN, HÉNOCQUE) ; toute-fois il ne faudrait pas conclure de là qu'après la mort on trouve toujours exclusivement de l'hémoglobine réduite. Dans la mort subite, par syncope, chez les foudroyés, certains noyés, dans les traumatismes du bulbe, dans la mort par anesthésie chloroformique lorsqu'elle se produit aux premières inspira-tions, le sang contient encore de l'oxyhémoglobine même à l'intérieur des veines caves et des cavités cardiaques droites.

Activité de réduction des tissus. — HÉNOCQUE a indiqué un artifice pour déterminer, *sans mutilation*, la rapidité avec laquelle les tissus sont capables de réduire l'oxyhémoglobine contenue dans le sang. On isole une certaine quantité de sang dans une région du corps, le pouce, par exemple, au moyen d'une ligature. En examinant au spectroscope à vision directe, la surface de l'ongle, on peut suivre toutes les phases de la durée de la réduction. La durée de la consommation de l'oxygène dans la phalange dépend de la quantité d'oxyhémoglobine à réduire et de l'énergie des échanges dans les tissus. L'expérience montre que cette durée peut varier entre trente secondes et cent secondes dans des conditions qui ne sont pas nécessairement pathologiques (HÉNOCQUE).

La durée de la réduction de l'oxyhémoglobine peut diminuer de moitié sous l'influence de la raréfaction de l'air (ascension à 3 ou 4000 mètres en ballon, repos prolongé à une grande altitude) ; le phénomène correspondrait à une augmentation de l'activité des échanges. Les ascensions en montagne peuvent amener le résultat inverse par suite de la fatigue (HÉNOCQUE, VALLOT, RAYMOND et PORTIER).

Remarquons toutefois que HERMAN, SCHROETTER, ZUNTZ en observant la muqueuse de la lèvre n'ont constaté aucun changement pendant une ascension en ballon.

J. — DOSAGE DE LA MATIÈRE COLORANTE DU SANG.

I. Méthodes principales. — Les méthodes varient suivant le but que l'on se propose et le degré d'exactitude recherché. En général on évalue la matière colorante en oxyhémoglobine sans se préoccuper d'éviter l'accès de l'air et sans tenir compte de la présence simultanée dans le sang circulant d'oxyhémoglobine et d'hémoglobine réduite. D'autres fois on cherche à déterminer les proportions relatives de ces deux substances. Dans le premier cas, on a recours le plus ordinairement à des procédés colorimétriques : dans le second, il faut employer la spectrophotométrie.

On a essayé de déduire la teneur du sang en hémoglobine, soit de la quantité de fer du sang, soit de la quantité d'oxygène que fixe l'hémoglobine lorsqu'on sature le sang par agitation à l'air. Le dosage du fer dans ce but ne peut être appliqué qu'aux espèces sanguines dont l'oxyhémoglobine a pu être préparée à l'état de pureté et analysée ; la teneur en fer peut varier. A l'état pathologique le rapport fer et couleur est modifié (BARD) ; le pouvoir absorbant de l'hémoglobine pour l'oxygène varie (SAINT-MARTIN). Ce n'est que dans les conditions physiologiques que la colorimétrie, la détermination du fer, la spectrophotométrie, donnent des résultats concordants (SAINT-MARTIN).

II. Colorimétrie. — La méthode colorimétrique est la plus généralement usitée.

Principe. — Si deux solutions de nature identique, examinées dans les mêmes conditions d'épaisseur et d'éclairement, présentent la même intensité de coloration, leur richesse en matière colorante est la même. Si on connaît la teneur en matière colorante d'une des solutions, on déduit celle de la seconde.

$$\frac{e}{e^1} = \frac{x}{p} \quad \text{d'où } x = \frac{ep}{e^1}$$

$p =$ le poids de la matière colorante par litre dans la solution ;
$e =$ l'épaisseur sous laquelle cette solution donne la même coloration que
   l'étalon ;
$e^1 =$ l'épaisseur sous laquelle la solution à doser présente cette coloration.

Conditions expérimentales. — Les colorimètres sont des appareils qui permettent de faire varier peu à peu d'une façon mesurable et continue, les épaisseurs sous lesquelles on considère les deux solutions, de façon à obtenir pour l'une ou pour l'autre la même coloration. On lit de chaque côté l'épaisseur sous laquelle est prise chaque liqueur. Soient e et e' ces épaisseurs ; appelons i et i' les intensités de coloration ; le rapport de ces intensités sera donné par la relation $\dfrac{i}{i'} = \dfrac{e'}{e}.$

Il est difficile de préparer et de conserver des solutions titrées d'oxyhémoglobine ; Hoppe-Seyler, Haldane ont recommandé l'emploi de solutions d'hémoglobine oxycarbonée qui se conservent pendant longtemps sans altération. Zangemeister transforme l'hémoglobine du sang à examiner en méthémoglobine, et compare la solution à une solution glycérinée de méthémoglobine. Généralement, on se contente de comparer le sang dilué avec des solutions d'une autre substance picro-carmin (Malassez, Gowers), ou des étalons de verre colorés dont la valeur colorimétrique a été préalablement déterminée une fois pour toutes (Jolyet et Laffont, Fleischl). Ces substances ne présentent généralement pas très exactement la teinte du sang ; quoi qu'il en soit, la méthode colorimétrique, même appliquée dans ces conditions défectueuses, est suffisante en clinique.

Pour opérer dans de bonnes conditions, les solutions ne doivent pas être de concentration trop différente. L'éclairage doit être égal des deux côtés de l'appareil. Malgré toutes les précautions prises, on n'est jamais sûr de réaliser cette condition. On remédie sûrement à cet inconvénient possible en pratiquant une opération comparable à une double pesée. Dans un des godets du colorimètre, on place l'étalon, dans l'autre, une solution quelconque d'hémoglobine, par exemple, quelques gouttes de sang étendues d'eau, avec une trace d'ammoniaque. On établit l'égalité de teinte, on retire l'étalon, on le remplace par la solution à titrer, et on établit l'égalité de teinte en faisant varier l'épaisseur de cette dernière seule ; l'épaisseur lue correspond sûrement à l'étalon (Lapicque).

Dispositifs variés. — Les dispositifs adoptés sont innombrables. Tantôt on étend le sang d'un volume toujours le même et on approche de la solution une série d'étalons colorés ou un étalon unique considéré sous une épaisseur variable (méthodes à étalon variable : Hayem, Malassez, Fleischl), tantôt on étend d'eau le sang à examiner ou on diminue l'épaisseur sous laquelle on l'examine jusqu'à ce qu'on soit arrivé à une couleur type à laquelle correspond une richesse connue en matière colorante (méthodes à étalon variable, Hoppe-Seyler, Jolyet et Laffont, Gowers, Giacosa).

Plusieurs notations sont employées pour exprimer la quantité d'hémoglobine. a) Une première façon de s'exprimer consiste à rapporter le chiffre donné par l'instrument choisi à la quantité en grammes d'hémoglobine. b) Une seconde, à rapporter la quantité relative d'hémoglobine à une échelle où le sang normal figure pour 100 et l'eau distillée pour 0. On aura ainsi 50, 70, etc., d'hémoglobine ; ces chiffres ne représentent rien par eux-mêmes, aussi le plus souvent fait-on la réduction en grammes par l'application de la règle de trois. Soit, par exemple, un sang où l'hémoglobine est évaluée à 75 ; 100° répondent à 14 grammes ;

1° à $\dfrac{14}{100}$; 75° à $\dfrac{14 \times 75}{100} = 10^{gr},50$. *c)* Un troisième mode de notation, usité par Hayem, consiste à rapporter le chiffre qui exprime la richesse du sang en hémoglobine à autant de globules normaux; dans le sang normal la quantité d'hémoglobine reprendra donc, par exemple, à 4 500 000 globules; dans un sang qui n'aurait que 1/3 de la quantité normale d'hémoglobine cette quantité équivaudrait à 1 500 000 globules sains.

Le procédé le plus simple consiste à comparer la teinte donnée par une goutte de sang desséché sur papier filtre avec les nuances d'une échelle empiriquement graduée sur du papier de même structure. Dans tous les cas où le nombre des hématies est diminué de moitié la tache rouge s'entoure d'un anneau humide; plus ce nombre baisse, plus la largeur de l'anneau augmente (Tallquist).

Hayem place sur une feuille de papier blanc une lame de verre portant deux petites cellules. L'une contient une solution d'un titre connu du sang à essayer; l'autre de l'eau pure. Au-dessous de cette dernière cellule on fait passer des rondelles de papier convenablement coloriées, et de plus en plus foncées. Chacune des teintes coloriées représente une solution de sang titrée. Dès qu'on a trouvé la rondelle qui correspond le mieux au mélange sanguin, le dosage est achevé.

L'appareil de Fleischl, très usité en Allemagne, est très analogue. Une tablette supporte au-dessus d'un miroir un cylindre divisé en deux moitiés; un des compartiments reçoit le sang dilué, l'autre de l'eau; une vis permet de déplacer sous le second compartiment un cône en verre rouge sur lequel sont inscrits des chiffres. Lorsque l'égalité des teintes est obtenue, le chiffre lu correspondant inscrit sur le verre rouge indique la teneur d'oxyhémoglobine en centièmes de la quantité contenue dans un sang normal; si, par exemple, on trouve 80, cela veut dire que le sang examiné contient 80 p. 100 de la quantité d'oxyhémoglobine du sang normal.

L'appareil de Gower est un des plus employés. Il se compose d'une éprouvette contenant de la glycérine picrocarminée dont la teinte est identique à celle d'une dilution au 1/100 de sang normal, et d'une seconde éprouvette cylindrique ouverte dans laquelle on dilue 20 millimètres cubes du sang à examiner jusqu'au moment où l'on atteint la nuance de l'étalon. La seconde éprouvette porte une graduation où on lit en degrés la teneur en hémoglobine.

Hénocque a imaginé un instrument (hématoscope) constitué par deux lames de verre rectangulaires et planes posées de telle sorte, que se touchant par un de leurs côtés elles s'écartent du côté opposé de 300 millièmes de millimètre. Il est ainsi circonscrit un espace prismatique variant de 0 à 300 millièmes de millimètre ou micra. L'instrument porte deux divisions. Celle du haut indique la distance des lames en micra. Celle du bas est telle que ses chiffres indiquent directement la quantité d'hémoglobine qui se trouve dans 100 grammes de sang. Cette seconde échelle en chiffres est construite de telle façon que le dernier chiffre, lu distinctement, indique la quantité d'oxyhémoglobine contenue dans 100 grammes de sang. Elle a été établie à la suite de recherches multiples sur le sang de l'homme et de divers animaux analysés par des procédés variés. Quelques gouttes de sang sont introduites entre les deux lames. Il ne reste qu'à lire la division de l'échelle inférieure, qui reste encore visible. Le chiffre indique la quantité d'hémoglobine contenue dans 100 grammes de sang. La présence d'un nombre anormal de globules blancs peut créer une cause d'erreur en augmentant l'opacité du sang (fig. 154).

III. Spectro-photométrie. — Les liquides colorés, et en particulier les liquides organiques, peuvent être distingués les uns des autres au moyen de l'analyse spectrale.

La position des bandes d'absorption dans le spectre permet de différencier des solutions qui, examinées directement sans le secours du spectroscope, semblent identiques comme couleur. C'est là une véritable analyse qualitative.

Si pour une solution donnée, on fait varier ou la concentration ou l'épaisseur traversée par le faisceau lumineux incident, on constate que les bandes d'absorption non seulement deviennent plus foncées, mais encore s'élargissent et tendent à envahir peu à peu le spectre entier.

On conçoit qu'en s'attaquant à ce côté de la question, on puisse baser une analyse quantitative en mesurant la quantité de lumière absorbée dans telle ou telle région du spectre. Il faut alors faire une

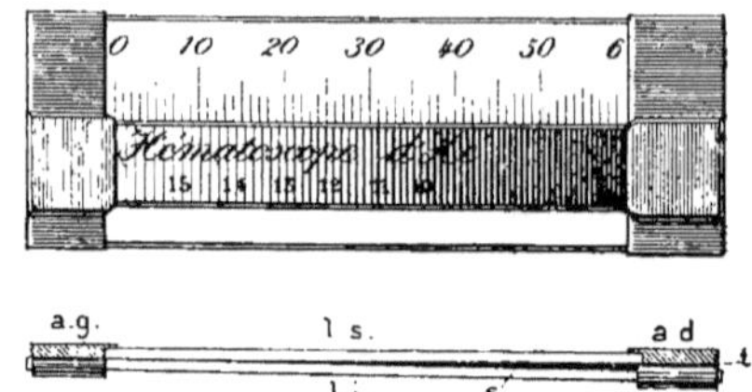

Fig. 154. — *Hématoscope de* HÉNOCQUE.

La lame inférieure *li* est séparée de la lamelle supérieure *ls* par un espace prismatique *s* représenté en noir. La lame inférieure porte à ses deux extrémités les agrafes de laiton. Celle de gauche *ag* maintient les lames en contact, celle de droite *ad* présente un talon *t* ayant trois dixièmes de millimètre d'épaisseur, ce qui détermine l'écartement des deux lames.

double mesure : 1° Déterminer la quantité de lumière absorbée dans une région donnée du spectre ; 2° Noter en longueurs d'onde la région du spectre où la mesure est faite.

La première mesure relève de la photométrie, la deuxième suppose faite la graduation en longueurs d'onde du spectroscope.

Principe de la méthode. — Le principe sur lequel repose la méthode est le suivant : comparer la même région du spectre lorsque la lumière traverse la dissolution et lorsque la lumière ne traverse que le dissolvant, estimer le *pour cent* de lumière absorbée qui est fonction de la quantité de matière en dissolution, puis en déduire la quantité de matière dissoute.

Les appareils spéciaux servant à appliquer la méthode s'appellent des spectrophotomètres.

Depuis le premier spectrophotomètre construit par M. Govi en 1860 et dont l'emploi était basé sur la loi fondamentale de la photométrie (les intensités lumineuses varient en raison inverse de la distance), de très nombreux appareils mettant en jeu des principes tout différents ont été réalisés.

Mais quel que soit le principe invoqué pour mesurer la quantité de lumière absorbée, un spectrophotomètre se compose essentiellement : 1° d'un système dispersif étalant l'un au-dessus de l'autre les deux spectres provenant l'un du faisceau de lumière ayant traversé le dissolvant, l'autre du faisceau de lumière ayant traversé la solution ; 2° d'un dispositif permettant d'isoler successivement les mêmes régions des deux spectres à comparer ; 3° c'est alors qu'intervient l'expérience photométrique proprement dite, consistant à atténuer par un procédé quelconque le faisceau traversant le dissolvant seul afin d'amener son intensité à égaler celle du faisceau ayant traversé la solution.

Cette extinction partielle d'un des faisceaux doit être obtenue en s'appuyant sur une loi connue (loi de la distance, polarisation, etc.), qui permette de déterminer numériquement la quantité de lumière arrêtée par le corps dissous.

Spectrophotomètre de VIERORDT. — La description du photomètre de VIERORDT, l'un des plus employés par les physiologistes, permettra de se faire une idée de la construction des autres spectrophotomètres qui n'en diffèrent que par le mode d'affaiblissement d'un des rayons lumineux.

Le spectrophotomètre de VIERORDT est un spectroscope ordinaire dont la fente est formée, d'un côté par une lame continue et de l'autre par une lame identique à la première que l'on a coupée en deux parties égales dont chacune est mobile au moyen d'une vis micrométrique ; on obtient ainsi deux fentes d'inégale largeur qui donnent dans le spectroscope deux spectres superposés d'intensités différentes. Si les deux fentes reçoivent des lumières d'inégale intensité, ou bien si l'une reçoit une lumière directe, l'autre cette même lumière modifiée par l'absorption qu'elle a subie en traversant un milieu coloré, on peut rendre égales les intensités d'une même radiation simple dans les deux spectres en faisant varier convenablement les largeurs des deux demi-fentes ; les intensités sont alors en raison inverse des largeurs des fentes.

M. KRÜSS a apporté à l'appareil de VIERORDT un perfectionnement notable par la substitution, à la fente unique de VIERORDT, de deux fentes superposées, une pour chaque spectre. Dans chacune de ces fentes, les deux bords se meuvent symétriquement au moyen d'une vis à double rappel, de telle façon que les milieux de chaque fente restent toujours en prolongement l'un de l'autre ; les deux spectres restent donc exactement superposés quel que soit l'écartement des fentes.

Emploi. — Pour se servir d'un spectrophotomètre, on dispose de deux sources lumineuses, de façon que le faisceau émanant de chacune d'elles traverse le même système dispersif donnant deux spectres superposés.

On place d'autre part dans deux cuves identiques en verre à faces parallèles, et le dissolvant et la solution.

Pour ne pas tenir compte du rapport d'intensité lumineuse des deux sources, c'est sur le trajet du même faisceau qu'on place successivement la cuve contenant le dissolvant et la cuve contenant la solution.

Dans chaque expérience on modifie la largeur des fentes, de manière que les régions étudiées des deux spectres présentent une égale intensité lumineuse ; les têtes des vis de rappel ayant une division indiquant la largeur des fentes, une simple lecture donne le rapport des ouvertures d'admission de la lumière.

. De cette façon, la source lumineuse sur le trajet de laquelle on n'interpose aucune cuve, sert d'étalon auxiliaire auquel on compare la lumière ayant traversé le dissolvant puis la solution.

Valeur de la méthode. — La méthode spectrophotométrique permet seule de résoudre rigoureusement le problème de la comparaison des rapports des intensités de chacune des radiations simples qui composent la lumière émise par chaque foyer, mais il importe de remarquer que si théoriquement les spectrophotomètres donnent des indications exactes, les mesures photométriques étant essentiellement subjectives dépendent de l'observateur : l'œil y joue le même rôle que le galvanomètre ou l'électromètre dans les mesures électriques par réduction à zéro. L'emploi obligatoire de l'œil impose aux mesures photométriques une limite d'exactitude déterminée par sa sensibilité, laquelle varie avec la nature du faisceau lumineux : maximum pour le vert et le jaune, minimum pour le rouge et le bleu.

En se plaçant dans les meilleures conditions possibles, l'œil est incapable d'apprécier à plus de 0,01 près l'égalité d'éclairement de deux surfaces contiguës, les teintes comparées étant identiques.

Ce fait limite l'exactitude des mesures photométriques.

Application au dosage de deux substances (oxyhémoglobine et hémoglobine). — Si la solution que l'on se propose d'analyser quantitativement au spectrophotomètre ne contient qu'une substance dissoute, il suffit pour résoudre la question, d'avoir une seule équation donnée par une expérience ; si au contraire la solution contient plusieurs matières dissoutes, il faudra autant d'équations que d'inconnues, et par conséquent un nombre d'expériences correspondant au nombre des résultats cherchés.

Pour poser les équations en question, il faut partir de définitions précises, et ces définitions et leur interprétation expérimentale ont été établies par l'un des créateurs de l'analyse spectrale : BUNSEN.

Soit I, l'intensité de la lumière incidente pour une longueur d'onde donnée quand cette lumière aura traversé une solution colorée, l'intensité sera réduite dans un certain rapport ; supposons que pour une épaisseur égale à l'unité, l'intensité ne soit plus que $\frac{I}{n}$, quand l'épaisseur sera égale à e fois l'unité, l'intensité transmise, pour la longueur d'onde déterminée, ne sera plus que :

$$\frac{I}{n^e}$$

On a donc :

$$I' = \frac{I}{n^e}$$

ou :

$$\frac{I}{I'} = n^e$$

de là la possibilité de doser la quantité de matière colorante dissoute ou en suspension en prenant comme constant le rapport $\frac{I}{I'}$ et comme variable e ; ici l'expérience spectrophotométrique sert à maintenir la constance du rapport, tandis qu'on fait varier e.

Telle est l'idée dont est parti BUNSEN pour définir ce qu'il appelle coefficient d'extinction.

On fait le rapport $\frac{I}{I'} = 10$ et le *coefficient d'extinction* est l'inverse du nombre exprimant alors l'épaisseur de la solution.

On voit facilement que les coefficients d'extinction de diverses solutions d'une même substance sont directement proportionnels aux concentrations.

Si on appelle C_1 C_2 etc., les poids d'une même substance colorante par unité de volume, et E_1 E_2 etc., les coefficients d'extinction correspondants, on aura :

$$\frac{E_1}{E_2} = \frac{C_1}{C_2} = \dots \quad \text{ou} \quad \frac{C_1}{E_1} = \frac{C_2}{E_2} = \dots = A$$

On convient de prendre pour unité de volume 1 centimètre cube, la valeur de A se trouve alors définie numériquement ; cette valeur étant fonction de la longueur d'onde, varie dans chaque région du spectre.

Supposons une solution de concentration C, on aura pour deux régions du spectre définies par leur longueur d'onde λ_1 et λ_2.

$$C = A_1 E_1 = A_2 E_2$$

ou :

$$\frac{E_1}{E_2} = \frac{A_2}{A_1}$$

Une autre solution de concentration différente de la même substance donnera pour les mêmes longueurs d'onde λ_1 et λ_2.

$$C_1 = A_1 E'_1 = A_2 E'_2$$

d'où :

$$\frac{E_1}{E_2} = \frac{E'_1}{E'_2}$$

De là cette remarque.

Le rapport des coefficients d'extinction mesurés dans deux mêmes régions du spectre pour les solutions d'une même substance est constant et indépendant de la concentration : il peut donc servir de caractéristique pour le corps donné.

Examinons maintenant le cas où dans une même solution se trouvent plusieurs matières colorantes. Vierordt, le premier, a montré expérimentalement que ces diverses matières dissoutes (sans réaction chimique l'une sur l'autre) agissaient chacune séparément comme si elles étaient seules.

Si C', C″, C‴ représentent les concentrations, et E', E″, E‴ les coefficients d'extinction correspondants, on aura :

$$\frac{C'}{E'} = A' \qquad \frac{C''}{E''} = A'', \text{ etc.,}$$

pour une longueur d'onde λ'.

On en tire la valeur du coefficient d'extinction totale

$$E = E' + E'' + \ldots = \frac{C'}{A'} + \frac{C''}{A''}$$

On aura de même pour une longueur d'onde λ'' :

$$E_1 = E'_1 + E''_1 + \ldots = \frac{C'}{A'_1} + \frac{C''}{A''_1} + \ldots$$

C'est ainsi que, comme il est dit plus haut, on parvient expérimentalement former autant d'équations qu'il y a de substances à doser.

Prenons l'exemple de deux substances, on aura le système d'équation suivant :

$$E = \frac{C'}{A'} + \frac{C''}{A''}$$

pour une longueur d'onde λ :

$$E_1 = \frac{C'}{A'_1} + \frac{C''}{A''_1}$$

pour une longueur d'onde λ', d'où l'action :

$$C' = \frac{A'\,A'_1\,(E\,A'' - E_1\,A''_1)}{A''\,A_1 - A'\,A_1}$$

$$C'' = \frac{A''\,A''_1\,(A'_1\,E_1 - A'\,E)}{A''\,A'_1 - A'\,A''_1}$$

Appliquons avec Hüfner ces notions au dosage de l'oxyhémoglobine, de l'hémoglobine, chaque matière colorante étant seule, puis au mélange de ces deux matières colorantes.

Oxyhémoglobine. — Le coefficient d'extinction étant déterminé pour l'appareil employé, l'expérience donne $A' = 0\,002\,07$ pour une longueur d'onde de $0\mu,558$, et $A'' = 0\,00131$ pour $0\mu,540$.

On aura pour une solution quelconque d'oxyhémoglobine, sa concentration en appliquant la formule :

$$C' = 0,00207\ E'$$

ou :

$$C' = 0,00131\ E'_1$$

suivant que l'expérience aura été faite dans la région du spectre de $0\mu,558$ ou de $0\mu,540$.

Hémoglobine. — Pour les deux mêmes régions du spectre, on a :

$$A_1 = 0,00135 \text{ pour } \lambda = 0\mu,558$$

$$A_1 = 0,00178 \text{ pour } \lambda = 0\mu,540$$

d'où :

$$C'' = 0,00135\ E' \qquad \text{ou} \qquad C'' = 0,00178\ E_1$$

Si on a un mélange des deux substances pour la région du spectre caractérisé par $h = 0\,558$, on aura un coefficient total d'extinction :

$$E = E' + E'' \qquad \text{ou} \qquad E = \frac{C'}{0.00207} + \frac{C''}{0.00135}$$

et par la région $0\mu,540$.

$$E_1 = E'_1 + E_1 \qquad E_1 + \frac{C'}{0.00131} + \frac{C''}{0.00178}$$

De là les valeurs de C' et de C'', obtenues en résolvant le système des deux équations comme il est dit plus haut (1).

Analyseur chromatique de Hénocque. — Hénocque a imaginé un petit appareil qui donne des résultats approximatifs mais suffisamment comparables pour être utilisés en clinique. L'appareil porte le nom d'analyseur chromatique. Il

---

(1) Contrairement aux propositions exposées plus haut, Gallerani soutient (*Archiv. ital. Biol.*, 1902) que l'extinction de lumière n'est pas proportionnelle dans un rapport simple avec l'épaisseur; la concentration et l'épaisseur n'auraient pas relativement à l'absorption une valeur égale, de sorte qu'on ne pourrait pas substituer à une concentration double une épaisseur double de cette dernière. Les conclusions de Gallerani ne peuvent pas être admises sans réserves.

est basé sur le principe suivant : un verre jaune est un atténuateur des deux bandes d'absorption de l'oxyhémoglobine. Il diminue leur intensité. On peut avoir une série de verres jaunes, d'épaisseur déterminée et progressive et les placer successivement devant le diaphragme du spectroscope jusqu'à ce que les deux bandes soient effacées. On connaît les épaisseurs et l'intensité de coloration des verres jaunes qui correspondent à une quantité donnée d'oxyhémoglobine contenue dans le sang alors que les deux bandes cessent d'être perceptibles. L'instrument de Hénocque est un petit spectroscope muni d'une sorte de disque permettant de faire passer successivement devant la fente de l'appareil des verres jaunes de différentes épaisseurs, du plus clair au plus foncé. On recherche quel est le verre qui efface en quelque sorte les deux bandes d'absorption du spectre. Le chiffre gravé sur le disque près du verre indique la quantité d'oxyhémoglobine contenue dans le sang (pour 100). Le disque porte aussi un verre bleu qui, contrairement à l'action des verres jaunes, est une sorte de condensateur et rend les deux bandes de l'oxyhémoglobine plus visibles.

IV. **Dosage du fer.** — Pour effectuer le dosage du fer dans le sang, il faut détruire la combinaison organique dans laquelle le métal est engagé de façon à rendre au fer ses propriétés et ses réactions habituelles. Quand on dispose de grosses quantités de sang, la destruction des matières organiques présente quelques difficultés, mais le dosage du fer dans ces cendres est facile et tous les procédés employés en chimie analytique sont applicables ici. Quand il s'agit d'analyser de faibles quantités de sang (15 à 25 grammes), il faut des procédés spéciaux très sensibles, car il s'agit de déceler au maximum un centigramme de fer mélangé à plus de 800 fois son poids de matières étrangères solides.

1. *Destruction de la matière organique.* — On peut se borner à calciner le sang. Généralement on chauffe moins mais on aide à la destruction en employant soit l'acide sulfurique, soit des oxydants. La calcination pure et simple est un procédé lent ; de plus, la surchauffe transforme le fer en sesquioxyde presque insoluble dans les acides.

2. *Dosage.* — Le fer peut être pesé à l'état de sesquioxyde anhydre, toutefois généralement on dose ce métal par des méthodes volumétriques soit à l'état de sel ferreux, soit à l'état de sel ferrique.

Fig. 155. — *Calcination du sang.*

a) *Procédé au permanganate de potasse.* — Le fer est dosé à l'état de sel ferreux. On fait tomber sur le sel en solution une liqueur centinormale de permanganate dont 1 centimètre cube = 0,00056 de fer jusqu'à coloration rose (procédés de Margueritte, de Moreau).

b) *Procédé à l'hyposulfite de soude et au salicylate de soude.* — Le fer est dosé à l'état de sel ferrique. Le dosage repose sur les réactions suivantes : le salicylate de soude colore en violet les solutions légèrement acides des sels ferriques, l'addition d'hyposulfite de soude réduit les sels ferriques en sels ferreux n'agissant plus sur le salicylate et la liqueur se décolore. L'addition d'un sel de cuivre facilite la réduction. Haswell, Bruel ont utilisé ces réactions.

c) *Procédé par précipitation à l'aide du nitroso β naphtol.* — Le principe indiqué par Jolles est le suivant : lorsqu'on fait réagir sur un sel ferrique une solution acétique de nitroso β naphtol $C^{10}H^6.OH.AzO$, il se fait une combinaison de formule

$(C^{10}H^6.OH.AzO)^3Fe$ insoluble que l'on pèse et qui contient 1/10 de fer seulement.

d) *Procédé colorimétrique.* — On utilise la coloration rouge donnée par les sulfocyanates alcalins avec les sels ferriques. La coloration est appréciée au colorimètre de Duboscq (Lapicque), ou comparée à une série d'échantillons (École des mines). Le dosage du fer de très faibles quantités de sang ne peut se faire que par le procédé colorimétrique.

3. *Technique.* — Nous nous limiterons au procédé colorimétrique de Lapicque et au procédé de Marguenitte appliqué au sang par Moreau.

a) *Procédé colorimétrique de* Lapicque. — Pour doser le fer dans le sang on prend un ballon d'environ 100 centimètres cubes préalablement taré. On y fait couler environ 2 centimètres cubes de sang, qu'on pèse au centigramme ; on ajoute 2 centimètres cubes d'acide sulfurique pur exempt de fer. On chauffe sur un brûleur Bunsen tout en cuivre, doucement d'abord, puis plus énergiquement quand la substance s'est dissoute et que l'eau s'est évaporée. Lorsque la solution sulfurique, toujours très noire, n'a plus l'aspect goudronneux, on éloigne un peu du feu le ballon et on y verse avec précaution, goutte à goutte, de l'acide azotique pur exempt de fer ; la solution vire vers le rouge, on chauffe de nouveau, on recommence à ajouter de l'acide azotique avec les mêmes précautions, et ainsi de suite, jusqu'au moment où le liquide n'est plus coloré qu'en jaune verdâtre très pâle ; il ne doit plus y avoir de reflet jaune. Le fer est alors apparent sous forme d'une fine poudre brillante.

Après avoir bien laissé refroidir, on ajoute 15 centimètres cubes d'eau distillée, et on fait bouillir avec précaution pendant quelques minutes. Toute la poudre doit s'être dissoute. On laisse refroidir, et la solution est prête alors pour la colorimétrie. On a fait préalablement une solution ferrique titrée de la manière suivante : $0^{gr},50$ de fil d'archal bien pur et bien décapé sont dissous dans un demi-litre d'eau distillée et 20 centimètres cubes d'acide sulfurique pur exempt de fer. On ajoute 10 centimètres cubes d'acide azotique pur, et on fait bouillir une demi-heure. Après refroidissement, la solution est étendue exactement à 1 litre. Au moment de s'en servir, on prend de cette solution 10 centimètres cubes qu'on étend à 100. D'autre part, on fait une solution à 10 p. 100 de sulfocyanate d'ammoniaque.

On a une petite fiole à long col jaugée à 2 traits, correspondant à 20 et 25 centimètres. On remplit jusqu'au trait inférieur avec la solution ferrique étendue, on complète à 25 avec la solution de sulfocyanate ; on agite et on remplit au quart à peu près, avec cette solution rouge les 2 cuves d'un colorimètre de Duboscq préalablement réglé pour l'égalité d'éclairage des deux moitiés du champ. On descend le piston de gauche jusqu'à ce qu'on obtienne une teinte orangée (aux environs de 4 millimètres d'épaisseur), et on établit l'égalité de nuance pour la cuve de droite aussi exactement que possible. On doit, dans plusieurs lectures successives, retrouver la même épaisseur à 1/10 de millimètre près. *Désormais le piston de gauche ne doit plus bouger.* On vide la cuve de droite, on

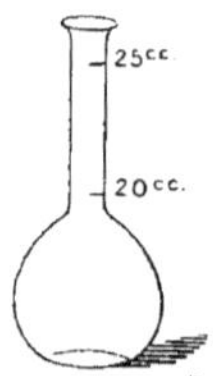

Fig. 156.

essuie le piston, on rince et essuie la cuve. On vide et rince la fiole jaugée, et on y verse le contenu du ballon où est le fer à doser. On rince ce ballon à deux reprises avec quelques centimètres cubes d'eau distillée, qu'on reverse dans la fiole jaugée, et on complète exactement le volume à 20 centimètres cubes. On remplit jusqu'au trait 25 avec *la même* solution de sulfocyanate que dans le titrage précédent, on agite ; on remplit au quart la cuve de droite du colorimètre, et on rétablit très exactement l'égalité de teinte avec la cuve de gauche en faisant remuer uniquement le piston de droite (en commençant par le faire plonger presque tout au fond de la cuve pour éviter les bulles d'air).

Soit c l'épaisseur lue à droite pour la liqueur titrée ; soit e' l'épaisseur lue également à droite pour le liquide provenant du sang : $\dfrac{c}{e}$ donne en milligrammes la quantité de fer contenue dans le poids de sang mis en œuvre ; la première décimale est sûre ; la seconde décimale est approchée (LAPICQUE).

b) *Procédé* MOREAU. — Un poids connu de sang, 10 grammes par exemple, est placé dans une capsule de platine de 100 centimètres cubes environ et sans avoir subi de dessiccation préalable est additionné de 12 grammes environ de poudre nitratée (nitrate de potasse pulvérisé 8 parties, carbonate de potassium pur et anhydre 1 partie, carbonate de sodium pur et anhydre 1 partie). — On chauffe le mélange de préférence sur un bec à soufflerie, doucement d'abord pour chasser l'eau, ensuite un peu plus fort pour que l'attaque ne soit pas trop intense. Quand toute la masse charbonneuse a disparu et que le liquide est clair, on laisse refroidir. — Par refroidissement le tout se prend en une masse cristalline qu'on traite avec précaution par un léger excès d'acide sulfurique étendu de son volume d'eau qui chasse l'acide carbonique des carbonates, l'acide azotique de l'excès de nitrate et l'acide azotique du nitrite formé. On porte à l'ébullition que l'on maintient tant qu'il se dégage des vapeurs nitreuses jaune orangé. Cette opération doit être faite avec soin, car il est indispensable qu'il ne reste point de nitrate dans la liqueur, sans quoi les résultats seraient complètement faux et trop élevés. On laisse un peu refroidir, on ajoute de l'eau distillée, on fait bouillir à nouveau un instant en s'assurant que tout est bien dissout et dans cette solution on dose le fer.

La solution ferrique est réduite par le zinc pur jusqu'à ce qu'une goutte ne colore plus la solution de sulfocyanate ; on étend à 100 centimètres cubes et on dose le fer par la solution de permanganate de potassium centinormale dont 1 centimètre cube correspond à $0^{gr},00056$ de fer.

Le nombre de centimètres cubes N de solution de permanganate employée est noté, mais il faut lui faire subir une réduction due à ce que pour colorer 100 centimètres cubes d'eau distillée, il faut une quantité appréciable de permanganate centinormale, environ $0^{cc}.3$.

$$(N - 0,3) \times 0,00056$$

représente la dose de fer pour la quantité de sang employée ; on calcule pour 100 grammes de sang

La solution de permanganate doit être renouvelée tous les trois ou quatre jours car elle se réduit spontanément. On la prépare en pesant simplement la dose voulue $0^{gr},316$ que l'on dissout dans l'eau. Le permanganate de potassium bien cristallisé, en aiguilles brun foncé, sans poussière rougeâtre à la surface, tel que le livre le commerce, est pur et titre entre 99 et 100 p. 100 de sel.

Pour vérifier le titre de la liqueur, MOREAU recommande le sulfate double de fer et d'ammoniaque. Pour titrer le permanganate N/100, on ajoute à environ 50 centimètres cubes d'eau distillée, 2 centimètres cubes d'acide sulfurique, une pincée de bicarbonate de soude et enfin $0^{gr},392$ de sel ferroso-ammonique ; on agite jusqu'à dissolution et on complète à 100 centimètres cubes. On obtient ainsi une solution ferreuse centinormale dont 10 centimètres cubes exigent pour être oxydés 10 centimètres cubes de solution centinormale de permanganate.

K. — COMBINAISONS DE L'HÉMOGLOBINE.

L'hémoglobine peut se combiner avec l'oxyde de carbone (Cl. Bernard), le bioxyde d'azote (Hermann), l'acide cyanhydrique (Hoppe-Seyler), l'acide carbonique (Torup et Bohr). Liebreich a décrit une combinaison avec l'acétylène; si cette combinaison existe, elle est très instable (Brocinier, Lambling).

L'oxyde de carbone, le bioxyde d'azote forment des combinaisons plus stables que l'oxyhémoglobine et par suite s'opposent à l'hématose. L'hémoglobine bioxyazotée est plus stable que l'hémoglobine oxycarbonée; le bioxyde d'azote peut à volume égal déplacer CO.

Les caractères spectroscopiques de l'hémoglobine oxycarbonée diffèrent peu de ceux de l'oxyhémoglobine. Le sang intoxiqué présente deux bandes d'absorption; il n'y a qu'une légère différence des positions des bandes (les deux bandes de l'hémoglobine oxycarbonée sont l'une et l'autre déviées vers la droite); en outre les solutions oxycarbonées sont plus transparentes pour les radiations bleues que les solutions d'oxyhémoglobine; aussi le spectre fourni par les premières est-il moins obscurci dans la région bleue que celui du sang artériel. Les hémoglobines oxycarbonées sont en général moins solubles dans l'eau et dans l'alcool que les oxyhémoglobines correspondantes (Cl. Bernard).

Hoppe-Seyler a décrit une combinaison de l'acide cyanhydrique avec l'hémoglobine qui au spectroscope ne peut pas être différenciée de l'oxyhémoglobine. Traitées par le sulfure d'ammonium ou le tartrate ferreux ammoniacal, les dissolutions d'hémoglobine cyanhydrique présentent la bande unique de l'hémoglobine, sans doute parce qu'il se forme du sulfocyanure ou du ferrocyanure d'ammonium. Avec l'eau oxygénée l'hémoglobine cyanhydrique se dédouble en cyanhématine et en une matière albuminoïde, sans qu'il se dégage d'O^2. D'après Szigeti, le cyanure de potassium ou l'acide cyanhydrique ajoutés à une dissolution d'oxyhémoglobine provoquent aussitôt le dédoublement du protéide; l'hématine mise en liberté fournit de la cyanhématine. Selon le degré de concentration de l'acide cyanhydrique, d'autres conditions, il se produit, soit de la cyanhématine, soit de l'hémoglobine cyanhydrique.

L'hydrogène sulfuré libre transforme l'oxyhémoglobine, même dans l'intérieur des globules, en une matière colorante nouvelle encore mal connue, désignée par Hoppe-Seyler sous le nom de thiométhémoglobine. Le pigment nouveau a une coloration verte et rappelle par ses caractères spectroscopiques la méthémoglobine. Les sulfures neutres ou les sulfhydrates, à condition de ne pas être employés en trop fort excès, n'agissent sur l'oxyhémoglobine que comme réducteurs (voy. p. 630).

L. — HÉMATINE.

L'hématine est le noyau pigmenté de l'oxyhémoglobine. C'est une matière azotée qui renferme tout le fer de la matière colorante du sang. L'hématine ne représente qu'une faible partie de la masse de cette matière colorante (4 p. 100

environ), mais c'est à elle que l'oxyhémoglobine paraît devoir ses propriétés caractéristiques.

I. Historique. — L'hématine est connue depuis les travaux de TIEDMANN et GMELIN et surtout de LECANU (1830); toutefois HOPPE-SEYLER le premier éclaircit les rapports qui unissent cette substance à la matière colorante du sang.

II. Conditions dans lesquelles apparait l'hématine. — In vitro, l'hématine se forme lorsqu'on dédouble, en présence de l'oxygène, l'oxyhémoglobine en solution, soit par la chaleur à 70°-80°, soit par les alcalis ou les acides à froid, soit par les sucs gastrique ou pancréatique, soit par le courant électrique. On peut aussi l'obtenir en partant de l'hémoglobine réduite, de la méthémoglobine, de la sulfométhémoglobine, cyanméthémoglobine, de l'hémoglobine oxycarbonée.

Chez un sujet vivant, on trouve de l'hématine dans les fèces (ou les vomissements), lorsque les aliments contiennent du sang. L'hémoglobine est dédoublée par l'acide chlorhydrique du suc gastrique, les diastases ou les microbes. Sous l'influence de certains toxiques (nitrobenzines, xanthogénates alcalins, alcalis caustiques, acides forts, hydroxylamine, hydrogène arsenié) le sang et même l'urine peuvent contenir de l'hématine. Les taches fraîches de sang donnent en général d'abord de la méthémoglobine; celle-ci peut, après un temps plus ou moins long, donner de l'hématine. RICHTER a trouvé dans des taches sèches datant de plus de quatre ans, de l'hémoglobine, de la méthémoglobine et de l'hématine.

III. Préparation. — On prépare l'hématine, soit en partant du sang, en décomposant l'oxyhémoglobine par la chaleur et en dissolvant l'hématine produite par l'alcool acidifié (procédé de CAZENEUVE), soit en partant d'une combinaison de l'hématine : l'hémine, qu'on décompose par les alcalis (NENCKI et SIEBER, SCHALFEJEFF).

Suivant le procédé employé, l'hématine diffère, principalement par suite de la facilité avec laquelle cette substance se combine avec certains réactifs.

1. *Procédé de* CAZENEUVE. — Le sang défibriné est chauffé à l'ébullition avec son poids de sulfate de soude non effleuri. Le coagulum recueilli est essoré légèrement en évitant de le dessécher. La masse humide encore chaude est épuisée par agitation dans un mortier avec de l'alcool à 93° contenant 10 grammes par litre d'acide oxalique. Il faut traiter le coagulum par l'alcool acide par petites portions et jeter sur un filtre. Deux litres d'alcool sont nécessaires pour épuiser le coagulum provenant d'un litre de sang. Le coagulum est complètement décoloré. On recueille une teinture alcoolique rouge brun très foncé. Il faut éviter de laisser macérer de longues heures le coagulum dans l'alcool acide. L'hématine pourrait se précipiter partiellement dans ce contact des matières albuminoïdes et autres principes avec la teinture concentrée.

Les teintures alcooliques réunies et filtrées sont additionnées goutte à goutte d'ammoniaque concentrée en agitant continuellement. Quelques gouttes d'ammoniaque suffisent, bien que la quantité à ajouter varie suivant les sangs. La teinture se trouble par suite de la précipitation de l'hématine.

Il faut que le milieu reste acide ; un excès d'alcali redissoudrait l'hématine. Si on avait atteint ou dépassé la saturation de l'acide oxalique, il faudrait faire intervenir un peu d'acide acétique pour rétablir la légère acidité du milieu.

L'hématine est recueillie sur un filtre en papier BERZÉLIUS. On lave à l'alcool froid. On redissout ensuite l'hématine dans l'eau ammoniacale à 50 p. 100, puis on reprécipite par l'acide acétique. L'hématine recueillie est lavée à l'eau distillée froide, à l'alcool à 93° et l'éther filtré froid. On obtient un rendement de 1 gramme environ d'hématine par litre de sang.

2. *Préparation en partant de l'hémine.* — L'hémine (voy. p. 668) est dissoute dans une solution très diluée de potasse, la solution est filtrée, puis précipitée par HCl diluée ; le précipité brun lavé avec de l'eau chaude jusqu'à ce que l'eau de lavage ne donne plus la réaction du chlore ; séché d'abord à une chaleur douce, puis à 120°-150°.

IV. Aspect. Dissolvants. — L'hématine est obtenue sous forme d'une poudre brune ou noire qui n'a pas une apparence cristalline nette. Elle est insoluble dans l'eau pure et la plupart des dissolvants ; soluble dans l'acide acétique surtout à chaud, l'acide nitrique à froid, l'alcool ou l'éther acidifiés, les alcalis même très étendus.

L'eau de chaux, l'eau de baryte, les solutions de sels neutres, des alcalis terreux précipitent l'hématine de ses solutions alcalines. Certains oxydes métalliques récemment précipités (oxydes de plomb, de zinc, d'alumine...) forment avec l'hématine des laques d'un beau vert dont l'éther enlève très facilement le pigment.

V. Couleur et caractères spectroscopiques des solutions. — La couleur des dissolutions varie suivant qu'elles sont acides ou alcalines. Les solutions acides sont toujours brunes. Les solutions alcalines sont dicroïques : à la lumière transmise elles sont rouges en couches épaisses, verdâtres en couches minces.

Les *solutions acides d'hématine*, outre qu'elles absorbent l'extrémité violette du spectre, présentent quatre bandes différant par leur intensité. La plus forte est dans le rouge ; les trois autres sont entre D et E. De ces trois, les deux plus larges sont à peu près également fortes et reliées par une ombre légère ; la bande située près de D est la plus étroite et la moins nette, on ne la voit pas dans les solutions très diluées. — Dans des solutions très concentrées la bande située dans le rouge est reliée par une ombre directement avec toute la partie sombre du spectre.

Les *solutions alcalines* présentent une seule bande située pour la plus grande partie vers le rouge et au delà de D ; cette bande est peu nette dans les solutions diluées. L'obscurcissement absolu dans le bleu commence vers la ligne E (1).

VI. Constitution. — On ne peut pas affirmer dans l'état actuel de la science que l'hématine telle qu'on la prépare soit un corps pur. L'hématine présente en effet une grande tendance à se combiner avec ses dissolvants et se comporte, tantôt comme une base, tantôt comme un acide. De plus, certains réactifs l'altèrent assez facilement. Il en résulte qu'on obtient suivant les conditions de la préparation des hématines différentes (Mörner).

L'hématine préparée par Nencki et Sieber, correspond à la formule $C^{32}H^{32}Az^4FeO^4$; celle préparée par R. v. Zeynek, à la formule $C^{34}H^{35}Az^5FeO^5$.

D'après Cazeneuve et Breteau la composition élémentaire de l'hématine varie suivant les espèces animales.

---

(1) Le spectre le plus caractéristique est celui de l'hématine acide, en raison de la bande nette située dans le rouge. A la rigueur cette bande pourrait être confondue avec celle que donne la méthémoglobine acide ; on se rappellera, à ce sujet, que le sulfure d'ammonium fait apparaître dans les cas de l'hématine le spectre de l'hémochromogène, dans le cas de la méthémoglobine celui de l'hémoglobine.

	BOEUF.	CHEVAL.	MOUTON.
C	64.68	63.37	64.24
H	5.33	5.38	5.32
Az	9.02	10.11	9.41
Fe	8.81	9.38	10.65
O	12.61	10.76	10.38
	100.00	100.00	100.00

Analyses de l'hématine du sang de différentes espèces animales par Cazeneuve et Breteau.

VII. Produits de décomposition. — L'hématine desséchée est caractérisée par sa stabilité ; elle résiste à 150°-170°. Elle donne la réaction de Van Deen même après avoir été chauffée à 360° (Strzyzowski). En milieu aqueux elle finit par se décomposer avec perte de fer. L'eau bouillante suffit à décomposer l'hématine en l'oxydant (Cazeneuve et Breteau) ; la perte de fer peut être de 1 à 2 p. 100.

L'hématine résiste à l'action des sucs digestifs et même dans une certaine mesure aux microbes, en particulier aux agents de la putréfaction.

Au-dessus de 180°-200°, l'hématine se décompose en donnant de l'acide cyanhydrique et du pyrrol. Calcinée, elle abandonne un résidu d'oxyde de fer.

L'hématine traitée par l'acide sulfurique en présence d'O^2 perd son fer et donne de l'*hématopoprhyrine* (Mulder, Hoppe-Seyler). A l'abri de l'air, il se forme un autre pigment noir privé de fer : l'hématoïdine.

Soumise à la distillation sèche ou fondue avec de la potasse, l'hématine donne du *pyrrol* :

$$HC = CH \atop HC = CH \Big\rangle AzH$$

Traitée par l'acide iodhydrique et de l'iodure de phosphonium, l'hématine donne une matière colorante exempte de fer : la *mésoporphyrine* et de l'*hémopyrrol* qui serait un méthylpropylpyrrol, d'après Nencki et Zaleski :

$$C^3H^7 - C = CH \atop C\,H^3 - C = CH \Big\rangle AzH$$

Lorsqu'on fait réagir les oxydants, par exemple le bichromate de sodium en solution acétique, on obtient d'une part 50 p. 100 de *pigments ferrugineux* solubles dans les alcalis, de constitution inconnue, et d'autre part 50 p. 100 de produits solubles dans l'éther, cristallisables, les acides hématiques (Küster).

Les *acides hématiques* sont :

Le premier une imide de l'acide tribasique :

$$C^5H^7 \Big\langle {CO \atop CO} \Big\rangle AzH \atop COOH$$

Le second est l'anhydride du même acide tribasique :

$$C^5H^7 \diagdown\!\!\!\begin{array}{c} CO \\ CO \\ COOH \end{array}\!\!\!O$$

Ces deux acides, l'imide et l'anhydride, chauffés en tube scellé avec de l'ammoniaque alcoolique perdent tous deux CO^2; de plus, l'acide qui est un anhydride, remplace O par AzH et ils donnent tous deux naissance à l'imide de l'acide hématique bibasique.

$$C^5H^6 \diagdown\!\!\!\begin{array}{c} CO \\ CO \end{array}\!\!\!\diagup AzH$$

Ce corps a une constitution connue qui est :

$$\begin{array}{l} C^2H^5 - C - CO \\ \qquad\; \| \qquad\quad\diagdown AzH \\ C\,H^3 - C - CO \diagup \end{array}$$

En effet, saponifié par le baryte, il donne le sel de baryum de l'acide éthyl-méthyl-maléique.

$$\begin{array}{l} C^2H^5 - C - COOH \\ \qquad\; \| \\ C\,H^3 - C - COOH \end{array}$$

ou le sel de baryum de l'acide β-éthyl-itaconique qui a pour formule :

$$\begin{array}{l} \qquad\quad H \\ C^2H^5 - C - COOH \\ \qquad\; | \\ C\,H^2 = C - COOH \end{array}$$

Cas d'isomérie signalé par Fittig.

On voit dans les acides hématiques le noyau du pyrrol.

$$\begin{array}{l} HC = CH \\ \; | \qquad\quad\diagdown AzH \\ HC = CH \diagup \end{array}$$

ce qui explique la genèse du pyrrol et de l'hémopyrrol.

L'action prolongée des oxydants tels que le persulfate d'ammoniaque en présence d'excès d'ammoniaque détruit les radicaux organiques et isole le fer à l'état de pigment ocre d'oxyde de fer contenant une assez forte proportion de carbone (Küster, Hugounenq).

Les dissolutions d'hématine traitées par les *réducteurs alcalins* (sulfure d'ammonium, hydrosulfite de sodium) deviennent d'un rouge vif et présentent un spectre d'absorption caractéristique. Le pigment nouveau qui apparaît dans ces conditions est l'*hémochromogène* (Stokes, Hoppe-Seyler) (1).

---

(1) D'après Bertin-Sans et Moitessier, l'hémochromogène n'est pas le produit direct de la réduction de l'hématine pure. En traitant de l'hématine pure en dissolution dans de la soude à 1 p. 100 et 1 p. 1000 par des réducteurs tels que le sulfure ammonique, l'hydrosulfite de sodium, le sulfure neutre de potassium, le sulfure acide de sodium, ces auteurs ont obtenu une substance qu'ils désignent sous le nom d'héma-tine réduite et qui est caractérisée au spectroscope par une bande, dont le milieu est sur D. L'hématine réduite est transformée secondairement en hémochromogène par addition soit d'un léger excès d'ammoniaque, soit de divers composés à fonction

L'hématine traitée en solution alcoolique par l'étain et l'acide chlorhydrique ou par le fer et l'acide chlorhydrique perd son fer et fournit de l'hématoporphyrine, puis, si l'on continue l'ébullition, un pigment jaune analogue à l'urobiline (NENCKI et SIEBER, LE NOBEL).

VIII. **Combinaisons de l'hématine avec les acides.** — Les premiers faits sont dus à TEICHMANN qui décrivit en 1853 les combinaisons cristallisées formées soit avec l'acide chlorhydrique, soit avec l'acide iodhydrique. TEICHMANN donna à ces combinaisons le nom d'*hémines* pour ne rien préjuger de leur nature. Depuis, un grand nombre de savants ont confirmé et étendu les découvertes de TEICHMANN.

La découverte de TEICHMANN a des applications importantes en médecine légale, car il suffit de très petites quantités de sang pour obtenir avec certains acides des cristaux absolument caractéristiques. La première application de la méthode à la médecine légale est due à BRÜCKE.

Hémines. — On donne le nom d'hémines aux combinaisons de l'hématine avec les acides chlorhydrique, iodhydrique, bromhydrique. Ces combinaisons sont considérées non pas comme des sels vrais mais comme des éthers ; on admet qu'elles se forment avec élimination d'une molécule d'eau (NENCKI, BIALOBRZESKI, KÜSTER).

Préparation. — L'hémine chlorhydrique peut se préparer en grand d'après le procédé suivant indiqué par SCHALFEJEFF. 200 centimètres cubes de sang défibriné sont mis dans un litre d'acide acétique glacial saturé de chlorure de sodium et porté au préalable à 90°-95°. On chauffe pendant dix minutes au bain-marie, puis on filtre à travers une mousseline. Après vingt-quatre heures, le précipité formé est lavé avec de l'eau et de l'alcool à 60-70 p. 100, puis séché sur de l'acide sulfurique dans le vide.

L'hémine peut être obtenue avec des traces de sang (TEICHMANN, HOPPE-SEYLER). A cet effet on dépose sur une lame de verre porte-objet une goutte d'eau contenant une trace de sang. On ajoute quelques cristaux très petits de NaCl ou une goutte d'une solution au 1/1000 de ce sel. On dessèche en ayant soin de ne pas dépasser 40° pour ne pas coaguler les albumines. Le résidu sec est humecté avec de l'acide acétique glacial. On recouvre la préparation avec une lamelle, puis on chauffe avec une lampe à alcool sans pousser jusqu'à l'ébullition de l'acide acétique. Il se forme de l'acétate de soude et de l'acide chlorhydrique, lequel se combine à l'hématine. Au besoin on renouvelle une ou deux fois l'acide acétique que l'on dépose sur les bords de la préparation et on chauffe de nouveau légèrement. FLORENCE recommande, pour réussir à coup sûr une préparation, d'éviter un excès de NaCl (une trace suffit), de ne pas chauffer au-dessus de 45°, d'évaporer complètement l'eau avant l'addition de l'acide acétique et de couvrir la préparation d'une lamelle. MÜLLER soumet les vieilles taches à l'action de l'acide acétique glacial pendant vingt-quatre heures, puis il place une goutte du liquide sur un porte-objet préalablement chauffé, ajoute une trace de NaCl et évapore ; l'auteur considère que la lamelle est inutile.

En remplaçant le chlorure de sodium (ou l'acide chlorhydrique) par le bro-

---

amine : éthylamine, aniline, glycocolle, taurine... soit d'une trace d'albumine de l'œuf. — Dans le même ordre d'idées, HOPPE-SEYLER avait remarqué qu'en solution très faiblement alcaline, l'hématine n'est pas attaquée par les réducteurs tels que le sulfure d'ammonium, mais que l'hémochromogène se produit, si on se trouve en présence d'albuminoïdes, d'acide aspartique, de substances analogues ou encore d'un excès d'alcali.

mure de sodium, l'iodure de sodium (ou les deux acides haloïdes correspondants) on obtient des cristaux d'hémine bromhydrique, d'hémine iodhydrique.

Le sang contient en général assez de chlorure de sodium pour que des cristaux apparaissent sans addition de ce sel ; pour la même raison, on constate souvent également la formation d'hémine chlorhydrique, lorsqu'on cherche à provoquer la formation d'hémine brom- ou iodhydrique. Pour obtenir des cristaux d'un seul haloïde, il faudrait partir d'une préparation de sang privé de chlore ou d'une oxyhémoglobine cristallisée (de cheval, par exemple) bien pure (KOBERT).

Applications médico-légales. — Les cristaux d'hémine peuvent être obtenus avec des taches minimes de sang, avec les excréments des punaises, avec les puces et des insectes piquants (SCHAUENSTEIN). La mouche domestique, d'après MAC MUNN, aurait du sang contenant de l'hémoglobine ; JANECEK prétend que ces excréments peuvent donner des cristaux d'hémine ; KOBERT n'a jamais obtenu aucun résultat positif. Les fèces normales de l'homme soumis à un régime mixte donnent des cristaux d'hémine. Pour les constater, il suffit de dessécher les matières, d'épuiser par l'alcool acidifié (acide sulfurique), puis de diluer avec une grande quantité d'eau, ce qui provoque la précipitation de l'hématine ; le précipité est dégraissé par l'éther, additionné d'iodure de sodium et chauffé avec de l'acide acétique (KOBERT). Le cas échéant, le sang peut être recherché dans l'urine avec cette méthode.

Des différentes hémines, l'hémine iodhydrique donne le maximum de sensibilité. La plus petite quantité de sang [$0,025^{mgr}$ représentant $0,002$ à $0,003^{mgr}$ d'hémoglobine] donne des cristaux caractéristiques. La méthode est au moins aussi sensible que n'importe quelle méthode chimique pour déceler des traces de sang (STRZYZOWSKI).

Forme et couleur des cristaux. — La forme est très variable et dépend du mode de manipulation (FLORENCE). On peut voir des tablettes rhombiques biréfringentes, des colonnes, des étoiles, des rosettes, des faisceaux, des formes arrondies ou en fuseaux, des paragrafes ; ce dernier cas se présente surtout lorsque le sang a été en contact avec les alcalis forts ou le sulfure d'ammonium (KOBERT).

Les cristaux d'hémine peuvent être vus au microscope, même avec un grossissement assez faible. Entre l'échec absolu et la réussite de beaux cristaux, il y a un état intermédiaire où l'on n'obtient que des granulations informes, un sable d'hémine avec lequel on ne peut se prononcer en médecine légale ; le sang putréfié donne souvent ce résultat (FLORENCE).

Les caractères cristallographiques de l'hémine (chlorhydrique, bromhydrique, iodhydrique) sont les mêmes chez tous les animaux, même chez les Invertébrés (SZIGETTI, KOBERT, MÜLLER).

La couleur des cristaux varie suivant l'éther. Les cristaux d'hémine chlorhydrique sont gris brun clair, ceux d'hémine bromhydrique brun rougeâtre, ceux d'hémine iodhydrique noirâtres (STRZYZOWSKI).

On peut obtenir des cristaux de 1, 10, 20 et même 30 μ.

Conditions favorables et défavorables. — On n'est pas exactement fixé sur les *délais* pendant lesquels il est encore possible de préparer avec le sang desséché des cristaux d'hémine. Un grand nombre de facteurs peuvent intervenir, à savoir la nature du substratum, la température, l'exposition au soleil, la putréfaction. Au bout de cinq ou six mois les résultats sont inconstants (Lewin et Rosenstein). Cependant Montalti a préparé des cristaux après quatre ans ; Scriba avec du sang datant de quarante ans ; Kobert avec du sang datant de douze ans. On ne sait pas combien de temps le sang se conserve dans un cadavre placé dans les conditions ordinaires. Avec des momies Kobert n'a eu (dans 4 cas) que des résultats négatifs. La putréfaction n'est pas un obstacle. au moins au début. Montalti a obtenu dans ces conditions de très beaux cristaux. Au bout d'un certain temps la putréfaction constitue un obstacle (Florence). Tamassia a recherché l'influence de la température sur le sang (probablement desséché). La cristallisation peut

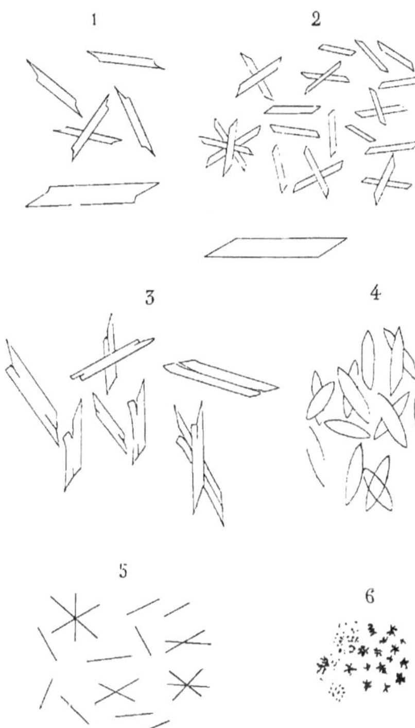

Fig. 157. — *Variétés de forme de cristaux d'hémine* (d'après Florence).

être obtenue après quatre ou cinq heures à 172° ; après dix minutes (même trente, Strzyzowski) à 190° ; si on chauffe pendant vingt minutes à 200° centigrades, on n'obtient plus que des cristaux en petit nombre et atypiques. D'après Katayama, Hammerl, la limite est 140°, 160° ; d'après Wachholz, 200°. Le fait de repasser un mouchoir taché de sang, soumet la tache à 150° environ et n'empêche pas l'obtention des cristaux (Tamassia). — La lumière solaire altère l'hémoglobine au point que la formation des cristaux d'hémine devient impossible (Ferrari, Morache). Hammerl a constaté que l'exposition au soleil d'un linge taché de sang pendant trois semaines, sept ou huit heures par jour, rend la préparation des cristaux impossible.

Un certain nombre de substances empêchent la formation des cristaux d'hémine lorsqu'elles sont ajoutées au sang ; ce sont, d'après L. Lewin et W. Rosenstein : l'acide chlorhydrique concentré, l'acide azotique, l'acide iodique, l'acide bromique, le chlorate de potasse en excès, l'acide sulfurique, le fer métallique, la rouille, l'acétate basique de fer, le chlorure de fer, plumbum aceticum, les sels d'argent, la chaux vive, le charbon, l'hydrogène sulfuré

(conduit plusieurs fois abondamment)... Kobert, puis Strzyzowski ont constaté le
même effet empêchant exercé par l'iode en nature, en solution alcoolique ou en
solution iodurée, si le métal n'est pas en trop petite quantité. L'iode ne peut servir
à donner des cristaux d'hémine que sous forme d'acide iodhydrique ou de iodhy-
date. Résultats douteux : ferrum oxyda-
tum fuscum, ferrum oxychloratum. La
présence des graisses n'est pas un
obstacle ; on peut du reste éliminer ces
substances par le xylol, le benzol, un
mélange d'alcool et d'éther (Lewin et
Rosenstein, Müller, Richter). Le tannin,
l'acide tannique n'exercent pas non plus
d'action empêchante ; toutes les taches
reposant sur le bois donnent des cristaux, même lorsque le bois est riche en
acide tannique (Richter, Nicoletti, Lewin
et Rosenstein). Les couleurs d'aniline
sont également sans influence (Richter,
Wachholz). L'action défavorable du fer et
de la rouille est réelle (Lewin et Rosenstein, Vitali), mais a été, suivant quelques
auteurs, exagérée ; Dornischenko a obtenu

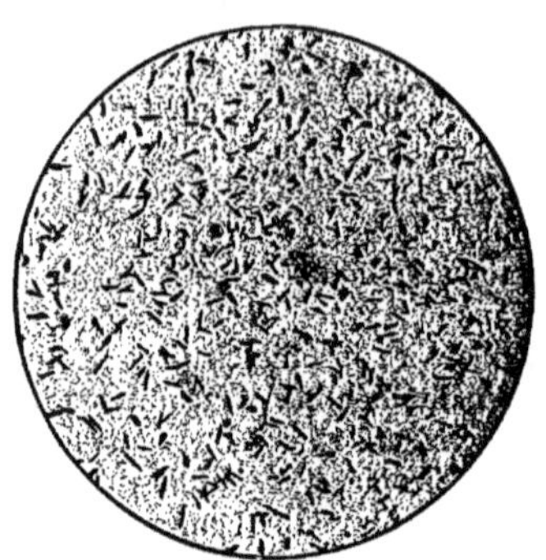

Fig. 158. — *Cristaux d'hémine*
(photographie d'une préparation).

des succès, même après dix ans de contact du sang avec le fer ; Richter,
Müller conseillent de traiter la tache dans ces conditions pendant seize heures
avec de l'acide acétique glacial.

Lewin et Rosenstein ont soutenu que l'on ne pouvait pas obtenir de cristaux
d'hémine en partant de l'hémochromogène ou de l'hématoporphyrine. —
Kobert a réussi à provoquer de tels cristaux, très caractéristiques, après avoir
transformé peu à peu des cristaux d'hémochromogène en hématine par le contact gradué de l'air. On obtient facilement des cristaux d'hémine en partant de
la méthémoglobine.

Toutes les préparations pharmaceutiques faites avec du sang ne sont pas
favorables à la formation de cristaux d'hémine. Kobert a obtenu des résultats
positifs avec quelques-unes, lorsqu'il ne s'agit pas de simples mélanges des
métaux ou de leurs sels métalliques avec le sang, mais de véritables combinaisons avec la matière colorante du sang. L'hématogène de Bunge, la ferratine de
Schmiedeberg ne donnent pas de cristaux.

La formaldéhyde à 4 p. 100 employée pour la conservation des pièces n'empêche pas la formation de l'hémine (Kobert, Wachholz).

D'après Ascarelli, on ne peut obtenir de cristaux d'hémine chez le poulet qu'à
partir du treizième jour de l'incubation.

Résistance des cristaux. Dissolvants. — Les cristaux d'hémine résistent à des
températures très élevées. Ils sont solubles dans le chloroforme additionné de
quinine (Schalfejeff). Les lessives alcalines étendues dissolvent les cristaux en
décomposant la substance ; l'hématine est mise en liberté et peut être précipitée
par les acides. L'hématine est insoluble dans l'eau, l'alcool, l'éther, le chloroforme, les acides dilués (à la température ordinaire).

Produits d'addition de l'hémine. — L'hémine fournit très aisément avec les
dissolvants employés des produits d'addition dont la forme varie suivant la substance considérée. L'hémine obtenue au moyen de l'acide acétique, suivant les pro-

cédés de Teichmann et de Schalfejeff, est probablement, d'après Nencki et Zaleski, de l'acétylhémine dans lequel le chlore aussi bien que l'acétyl est combiné au fer. Cet acéthylhémine contient encore deux hydroxyles qui peuvent facilement se combiner avec des radicaux acides et alcalins et même avec des corps indifférents (Nencki et Zaleski). En dissolvant de l'acéthylhémine dans le chloroforme contenant de la quinine et en additionnant le liquide filtré de 5 vol. d'alcool méthylique saturé d'acide chlorhydrique, on obtient par refroidissement des cristaux d'hémine diméthylique, groupés en rosette et insolubles dans les alcalis et l'ammoniaque. En dissolvant l'acéthylhémine dans le chloroforme quinique et en le mêlant à de l'alcool éthylique à 90° bouillant contenant 3 p. 100 d'acide chlorhydrique, on obtient de l'acéthylhémine diéthylique et de l'acéthylhémine monoéthylique. L'acéthylhémine monoéthylique $C^{36}H^{37}O^4Az^4ClFe$ est soluble dans les alcalis ; l'acéthylhémine diéthylique est formé par des cristaux groupés en étoiles insolubles dans l'ammoniaque, très solubles dans le chloroforme. L'acéthylhémine monoamylique $C^{34}H^{32}(C^5H^{11})Az^4FeO^4Cl$ est obtenu sous forme de cristaux rhombiques qui fondent au-dessus de 350°, très solubles dans le chloroforme, peu solubles dans l'alcool méthylique, éthylique, amylique, très peu solubles dans l'ammoniaque. L'hémine de l'acétone est obtenue en coagulant des globules fraîchement déposés avec de l'acétone, puis en chauffant pendant cinq minutes le mélange avec de l'acétone et de l'acide chlorhydrique ; le pigment se dissout et vire au rouge brun. On filtre sur mousseline. Par refroidissement le filtre laisse déposer des cristaux flexueux, allongés, comparables à des cheveux. La réaction est si facile à obtenir qu'elle peut servir à déceler le sang en médecine légale (Nencki et Zaleski).

D'après Wacholz on peut obtenir des cristaux d'hémine avec tous les acides forts organiques et tous les acides minéraux mêlés à de l'alcool à 90°-95° (acide sulfurique et alcool, 1 : 10.000 ; acide lactique et alcool, parties égales).

D'après Axenfeldt, Strzyzowski, Kobert, on obtient de véritables sels de l'hématine en chauffant quelques secondes du sang, de l'oxyhémoglobine. de l'hématine... avec une solution de certains acides dans la glycérine. Au bout de quelques secondes, on trouve au microscope de très petits cristaux ayant la forme de bâtonnets visibles seulement au microscope avec un objectif à immersion qui représentent probablement le sel des acides employés. Les auteurs ont employé des solutions de glycérine à 10 p. 100, des acides tartrique, oxalique. borique, salicylique, acétique, formique... ainsi qu'un mélange de deux gouttes d'acide sulfurique concentré avec 10 centimètres cubes de glycérine. La glycérine doit être aussi privée d'eau que possible ; elle agit en favorisant par son point d'ébullition élevé la formation et la dissolution des sels.

Combinaison de l'hématine avec l'acide cyanhydrique. — L'existence d'une combinaison de l'acide prussique avec l'hématine présentant des caractères spectroscopiques particuliers niée par Lewin, est admise par Hoppe-Seyler, Strassmann, Szigeti, Richter. — E. Ziemke et Fr. Müller ont préparé de la cyanhématine en dissolvant de l'hématine amorphe dans du cyanure de potassium. Les caractères spectroscopiques diffèrent de ceux de l'hématine alcaline : on constate une bande mal délimitée occupant presque tout l'espace entre D et E ;

$$\lambda = 578 \text{ à } 527 \text{ au lieu de } \lambda = 611 \text{ à } 582$$

l'obscurcissement absolu commence à F.

Si on réduit la cyanhématine avec du sulfure d'ammonium. on obtient le

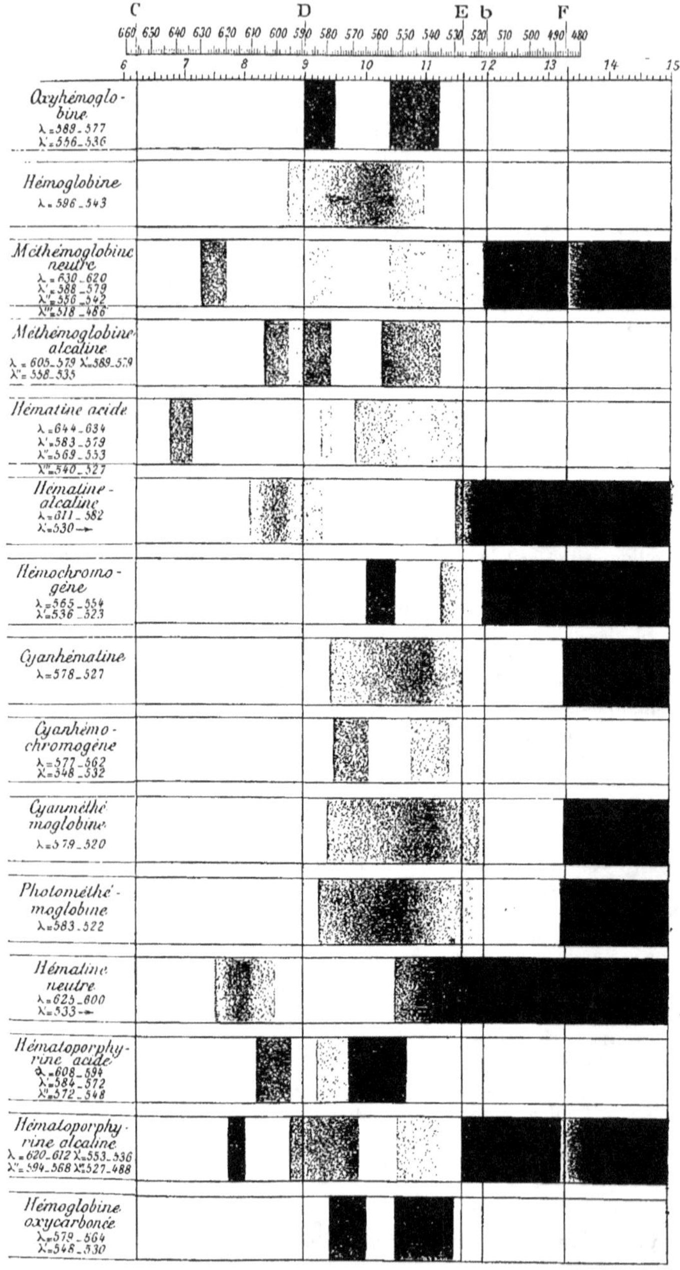

Fig. 159. — *Caractères spectroscopiques de la matière colorante du sang et de ses dérivés* (d'après E. ZIEMKE et Fr. MÜLLER).

cyanhémochromogène dont le spectre diffère de l'hémochromogène par quelques particularités.

IX. Combinaison de l'hématine avec le bioxyde d'azote. — Le bioxyde d'azote se fixe sur l'hématine. Une dissolution d'hématine (ou d'hémochromogène) dans l'alcool ammoniacal absorbe ce gaz et prend une couleur rouge vif sans dichroïsme. Le spectre d'absorption de cette combinaison ressemble au spectre de l'hémoglobine oxyazotique. Il présente entre D et E deux bandes dont la seconde est peu visible quand la dissolution est étendue. L'hématine oxyazotique est moins soluble dans l'alcool ammoniacal que l'hématine ordinaire. Les réducteurs (sels ferreux, sulfure d'ammonium...) sont sans action sur cette dissolution (Linossier).

X. Hématine végétale. — Linossier a retiré des spores de l'aspergillus niger un pigment noir qui présente une grande analogie avec l'hématine.

M. — HÉMOCHROMOGÈNE.

L'hémochromogène a été décrit pour la première fois par Stokes, qui obtint ce pigment en traitant les dissolutions d'hématine par les réducteurs alcalins. Hoppe-Seyler établit les rapports de ce nouveau pigment avec la matière colorante du sang normal. Il le considéra comme le groupement auquel l'hémoglobine doit sa couleur et ses propriétés vis-à-vis de l'oxygène et de l'oxyde de carbone. Pour cette raison, il désigna cette nouvelle substance sous le nom d'hémochromogène.

L'hémochromogène est difficile à isoler et à obtenir sous une forme solide et fixe. Il est très instable. Au contact de l'air il absorbe de l'oxygène et se transforme en hématine. En solution acide, il passe facilement à l'état d'hématoporphyrine avec perte de fer.

Les médecins légistes ont le plus grand intérêt à connaître l'hémochromogène, car ce pigment peut être obtenu avec de très faibles quantités de sang et présente des réactions caractéristiques et très sensibles. Le spectre d'absorption est le plus sensible de tous les dérivés de l'hémoglobine (Linossier, Florence). Une goutte d'une solution d'hématine dont une épaisse tranche n'aura pas donné de bandes suffira après réduction pour donner un spectre remarquablement éclatant et démonstratif. Il suffit d'une trace de sang pour obtenir des cristaux caractéristiques (Z. Donogany).

Préparation. — L'hémochromogène peut être préparé soit en partant de l'oxyhémoglobine, soit en partant de l'hématine. Stokes obtenait l'hémochromogène en traitant les dissolutions d'hématine par des réducteurs tels que le sulfure ammonique, l'hydrosulfite de sodium ; Hoppe-Seyler, en dédoublant à l'abri de l'air l'hémoglobine réduite par un alcali ou un acide (1). Zeynek fait agir un

---

(1) Les réactifs et une dissolution d'oxyhémoglobine sont placés séparément dans un appareil à boules. On fait passer à travers cet appareil pendant plusieurs heures un courant d'hydrogène ; on ferme à la lampe les deux extrémités, puis on provoque le mélange des deux liquides. Les matières albuminoïdes réduisent l'hématine qui se forme par dédoublement.

Sous l'influence de l'action des réducteurs sur les solutions alcalines (non ammoniacales) d'hématine il se formerait, d'après Bertin-Sans et Moitessier, un composé intermédiaire : l'hématine réduite, caractérisé par un spectre spécial. Ce composé fournirait secondairement l'hémochromogène par l'action de l'ammoniaque, des amines ou des matières albuminoïdes (Bertin-Sans et Moitessier).

petit excès d'hydrate d'hydrazine en solution à 50 p. 100 sur une solution
d'oxyhémoglobine ou sur de l'hématine en solution ammoniacale; on chauffe
doucement. Le pigment est précipité de ses solutions par un mélange d'alcool
et d'éther. L'hémochromogène précipité de ses dissolutions dans l'eau ammoniacale par l'alcool éthéré est une combinaison de ce pigment avec l'ammoniaque.
Traité par la soude il dégage aussitôt des vapeurs ammoniacales (LINOSSIER,
ZEYNEK). Z. DONOGANY prépare l'hémochromogène en additionnant le sang
(10 centimètres cubes) de sulfure ammonique (1 centimètre cube) et de pyridine (1 centimètre cube). Le même auteur a montré que si on additionne une

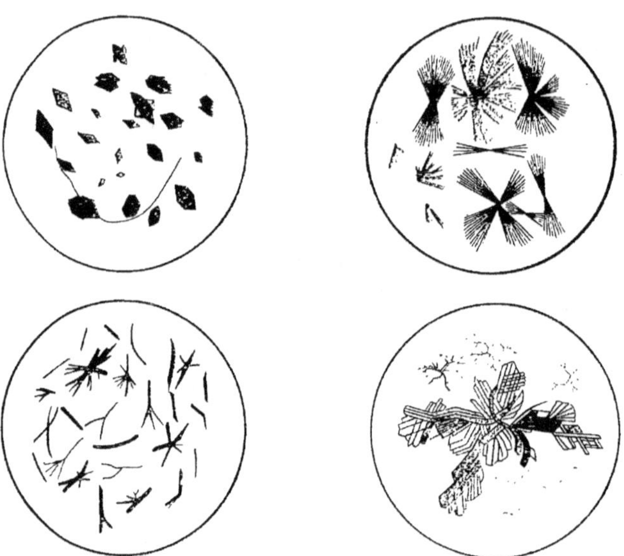

Fig. 160. — *Cristaux d'hémochromogène.*

1, 2, 4, cristaux provenant du chien; 3, de la chèvre, obtenus avec la pyridine
d'après DONOGANY.

goutte de sang d'une goutte de pyridine et d'un peu de sulfure d'ammonium,
et si on recouvre la préparation d'une lamelle, il se forme de l'hémochromogène
reconnaissable à ses caractères spectroscopiques. Le résultat est meilleur si le
sang a été au préalable mélangé avec une solution concentrée de soude. Au
bout de quelques heures, l'hémochromogène forme des amas rouge brun, qui
peu à peu donnent naissance à des cristaux. Ceux-ci sont généralement des
aiguilles, droites, courbes, ou ramifiées, isolées ou disposées en réseaux ou en
gerbes colorées en rouge orangé. Parfois on observe des plaques. Les cristaux
d'hémochromogène peuvent être obtenus même en partant d'une tache desséchée
à la condition de traiter cette tache au préalable avec une solution diluée de
soude. DONOGANY a obtenu des résultats positifs même avec des taches datant
de vingt ans placées sur de la rouille.

Dvornitschenko a constaté qu'une trace de sang sur un porte-objet additionné
d'une solution de KHO (1KHO : 2H²O), recouvert d'un couvre-objet, chauffé une ou

deux minutes avec une lampe à esprit-de-vin vire au rouge clair ou au pourpre (suivant l'épaisseur) et donne au microspectroscope un spectre à deux bandes (1).

Les cristaux d'hémochromogène se conservent longtemps dans une préparation entourée de baume de Canada et préservée par ce moyen du contact de l'air (Kobert). — En partant d'une préparation microscopique d'hémochromogène, on peut obtenir des cristaux d'hémine après avoir transformé le pigment en hématine par l'accès ménagé de l'air (Kobert).

Couleur et caractères spectroscopiques. — A l'état sec, l'hémochromogène est une poudre rouge. Les solutions alcalines ont une belle couleur rouge-cerise. Elles présentent un spectre d'absorption caractérisé par deux bandes, dont l'une, située à peu près au milieu de D et E, est de beaucoup la plus nette et persiste seule dans les solutions très diluées (2). A 50° les bandes disparaissent. En solution acide, l'hémochromogène présente quatre bandes ; toutefois il est possible que, sous l'influence de l'acide, il se forme un peu d'hématoporphyrine.

L'hémochromogène absorbe facilement l'oxyde de carbone. L'hémochromogène oxycarboné présente très sensiblement le même spectre que l'hémoglobine oxycarbonée (Hoppe-Seyler).

N. — HÉMATOPORPHYRINE.

L'hématoporphyrine est un dérivé de la matière colorante du sang caractérisé par l'absence de fer. L'intérêt particulier de cette substance réside dans ce fait qu'elle constitue un terme de passage aux pigments biliaires ; comme ces pigments, elle donne la réaction de Gmelin.

Préparation. — L'hématoporphyrine prend naissance lorsqu'on fait agir à une douce chaleur de l'acide sulfurique concentré sur de l'hématine ou de l'hémine. Le fer passe à l'état de sulfate, l'hématoporphyrine formée se dépose lorsqu'on étend d'eau la liqueur neutralisée par la potasse (Mulder, Hoppe-Seyler).

Nencki et Sieber ont substitué avec avantage une solution d'acide bromhydrique dans l'acide acétique à l'acide sulfurique. 5 grammes d'hémine ou d'acéthylhémine sont dissous peu à peu dans 75 centimètres cubes d'acide acétique cristallisable saturé à 10° par du gaz bromhydrique. Le liquide est abandonné à 15° pendant trois ou quatre jours et agité fréquemment. La coloration passe du rouge brun au ton rouge de l'hématoporphyrine. On verse le mélange dans un grand excès d'eau, et sature par la soude ; l'hématoporphyrine se précipite ; on la purifie par redissolution dans la soude et neutralisation à l'aide de l'acide acétique.

$$C^{32}\,H^{31}\,Cl\,Az^4\,O^3\,Fe + 2Br\,H + 3H^2\,O =$$
hémine.

$$2C^{16}\,H^{18}\,Az^2\,O^3 + Fe\,Br^2 + HCl + H^2.$$
hématoporphyrine

En l'absence d'O^2 ou en présence de substances réductrices, l'hémochromo-

---

(1) Florence a montré qu'il suffit de monter une trace de sang sur une lame porte-objet dans une très petite goutte de potasse caustique à 30 p. 100 pour obtenir au bout d'une heure une substance identique ou voisine de l'hémochromogène et très stable.

(2) Lorsqu'on opère la réduction de l'hématine par le sulfure d'ammonium, on constate souvent une bande supplémentaire très pâle à cheval sur D, due à une action spécifique du réactif.

gène fournit facilement au contact des acides faibles de l'hématoporphyrine
(Hoppe-Seyler).

Caractères. — La solubilité de l'hématoporphyrine diffère (et aussi sa constitution) suivant le mode de préparation de ce pigment. Les caractères spectroscopiques sont les mêmes.

L'hématoporphyrine obtenue par l'action de l'acide sulfurique concentré sur

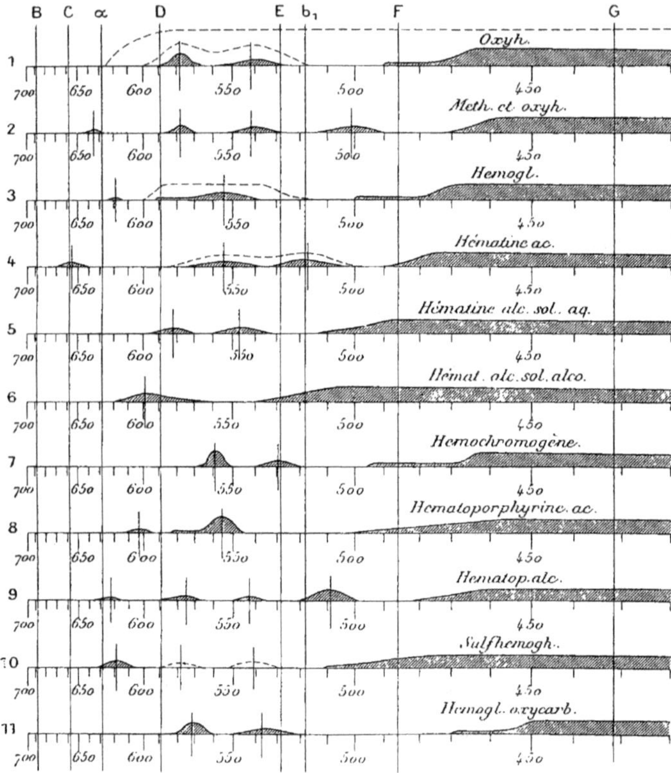

Fig. 161. — *Caractères spectroscopiques de la matière colorante du sang et de ses dérivés*
(d'après Formanek).

l'hématine est en flocons presque insolubles dans l'alcool, l'éther, les acides
étendus; facilement solubles dans les alcalis.

L'hématoporphyrine préparée par l'action de l'acide bromhydrique sur
l'hémine est une poudre amorphe, brun rougeâtre, à peu près insoluble dans
l'eau, l'acide acétique étendu, le benzène, le nitrobenzène, le bromure d'éthy-
lène, un peu soluble dans l'éther, le chloroforme, l'alcool amylique, le phénol,
facilement soluble dans l'alcool, les alcalis caustiques ou carbonatés, les acides
minéraux étendus; elle se dissout dans l'acide acétique cristallisable, mais
cette dissolution abandonne peu à peu des cristaux à peu près insolubles dans

l'alcool et dans l'acide chlorhydrique étendu et facilement soluble dans les alcalis (NENCKI et ROTSCHY).

Les dissolutions acides présentent une belle teinte violette; rouge-cerise lorsqu'elles sont concentrées. Au spectroscope, on constate deux bandes, l'une faible entre C et D, l'autre forte et plus large entre D et E, plus près de D que de E. Les solutions alcalines sont en partie violettes, en partie rouge ardent à brunes (le brun ne correspond pas aux solutions les plus pures). Au spectroscope : quatre bandes dont les principales sont à la droite de D.

Combinaisons. — L'hématoporphyrine peut se combiner avec les acides ou les bases, et former des éthers.

Le chlorhydrate $C^{16}H^{18}Az^2O^4$. HCl (NENCKI et SIEBER) cristallise en aiguilles rhombiques rouges solubles dans l'acide chlorhydrique étendu. Les sels neutres (sel marin, chlorure de magnésium, sulfate d'ammonium...) précipitent le chlorhydrate de ses dissolutions.

La dissolution de l'hématoporphyrine dans la soude chaude abandonne par refroidissement la combinaison $C^{16}H^{17}NaAz^2O^3$. H^2O en cristaux bruns biréfringents associés en choux-fleurs. Ce sel est plus soluble dans l'eau que le chlorhydrate, peu soluble dans l'alcool froid.

L'hématoporphyrine se combine avec d'autres métaux : elle donne aussi des dérivés méthylés et acétylés.

Produits d'altération. — L'hématoporphyrine et ses combinaisons sont facilement altérables. Desséchée à 100°, elle brunit, perd de son poids, et devient insoluble dans l'alcool et dans l'acide chlorhydrique faible. Chauffée à une température plus élevée, l'hématoporphyrine donne comme l'hématine des vapeurs à odeur de pyrrol.

Oxydée par les chromates ou les bichromates, elle fournit (50 p. 100) les deux acides hématiques $C^8H^9AzO^4$ et $C^8H^8O^5$ identiques à ceux que donne l'hématine dans les mêmes conditions (KÜSTER et KÖLLE).

Sous l'influence de l'hydrogène naissant ou de l'acide chlorhydrique et de l'étain à chaud, l'hématoporphyrine est réduite et transformée en pigments voisins des pigments de l'urine. L'hématoporphyrine ingérée ou injectée au lapin se retrouve dans l'urine sous forme d'urobiline (NENCKI et SIEBER).

Présence dans l'urine. — L'hématoporphyrine existe dans l'urine normale de l'homme d'une façon constante (1 milligramme p. 1000 d'après GARROD ; 2 milligrammes d'après SAILLET). La quantité de pigment augmente au cours de certaines affections (maladies fébriles, maladie d'ADDISON, de BASEDOW, phtisie, saturnisme, syphilis héréditaire, après l'ingestion de sulfonal, trional, tétronal, de viandes noires saignantes, de légumes à chlorophylle.

Dans les cas où l'hématoporphyrine est intense (administration prolongée du sulfonal) l'urine prend la couleur du vieux vin de Bordeaux (HAMMARSTEN) ou celle d'une solution alcoolique de sang-dragon (SALKOWSKI). Dans la plupart des cas, la présence de l'hématoporphyrine n'est indiquée par aucun caractère apparent, et l'urine ne donne directement aucun spectre. Il faut extraire la matière colorante de l'urine.

GARROD recommande le procédé suivant : 500 à 1000 centimètres cubes d'urine sont additionnés à froid de 20 centimètres cubes de soude à 10 p. 100. Le précipité est recueilli sur filtre, lavé, puis traité par de l'alcool additionné d'une quantité d'acide chlorhydrique suffisante pour que la dissolution soit complète. Le liquide, dont le volume ne doit pas dépasser 15 ou 20 centimètres cubes, est examiné au spectroscope sous une épaisseur de 3 à 4 centimètres. Après examen du spectre acide on alcalinise avec de l'ammoniaque, on redissout par addition d'acide acétique et on épuise par le chloroforme. La solution chloroformique présente alors le spectre à quatre bandes de l'hématoporphyrine alcaline et parfois aussi la bande d'urobiline.

Le procédé de SALKOWSKI est applicable surtout dans les cas où les urines sont riches en hémoporphyrine. On additionne 30 centimètres cubes d'urine d'une solution alcaline de chlorure de baryum (volumes égaux d'une solution de chlorure de baryum à 1/10 et d'eau de baryte saturée à froid) jusqu'à ce qu'il ne se produise plus de précipité. On filtre, on lave plusieurs fois à l'eau, puis à l'alcool le précipité obtenu, puis après l'avoir laissé égoutter, on triture la masse dans un mortier avec six à huit gouttes d'acide chlorhydrique et autant d'alcool absolu qu'il en faut pour obtenir une purée liquide. On attend quelque temps et on chauffe modérément, on jette sur un filtre sec. L'extrait ne doit pas mesurer plus de 6 à 8 centimètres cubes; puis on étudie au spectroscope.

L'urine contient vraisemblablement souvent un chromogène de l'hématoporphyrine. Des urines qui ne fournissent aucun spectre laissent voir le spectre de l'hématoporphyrine alcaline après addition d'un alcali et celui de l'hématoporphyrine acide après addition d'un acide. En épuisant à une lumière artificielle de l'urine normale par de l'éther acétique après addition d'acide acétique, puis exposant l'extrait à la lumière solaire, SAILLET a vu la quantité d'hématoporphyrine passer du simple au quadruple.

Applications médico-légales. — STRUVE (1881), KRATTER, HAMMERL, IPSEN, DVORNITSCHENKO, etc., ont tiré parti de l'hématoporphyrine, alors que d'autres méthodes de recherche du sang ne donnaient rien, surtout dans les cas de tissus ou de taches directement mais incomplètement brûlés, ou encore depuis longtemps desséchés et putréfiés. La teneur normale des tissus du cadavre en sang, suffit alors en général pour les poumons, les muscles; la peau donne des insuccès. On additionne le tissu ou la tache d'acide sulfurique concentré et on recherche les caractères spectroscopiques.

O. — MÉTHÉMOGLOBINE.

I. **Historique.** — Le nom de méthémoglobine est dû à HOPPE-SEYLER. Ce savant découvrit cette substance en 1865, mais ne la distingua pas bien de l'hématine. En 1867, GAMGEE obtint de la méthémoglobine avec le nitrite d'amyle; en 1868, PREYER établit que la méthémoglobine est une substance bien distincte des autres dérivés connus de la matière colorante du sang; en 1879, MARCHAND constata l'action du chlorate de potasse; en 1883, HÜFNER et OTTO préparèrent la méthémoglobine à l'état cristallisé.

II. **Agents qui provoquent la formation de la méthémoglobine.** — La méthémoglobine se produit spontanément au contact de l'air, à la longue dans le sang exposé à l'air ou sous l'influence de certains microbes (FILIPOWSKY).

Les agents chimiques qui provoquent sa formation sont nombreux et très divers, à savoir :

L'ozone, l'iode, le persulfate d'ammoniaque, l'hypochlorite de soude, le permanganate de potasse, le ferricyanure de potassium, les chlorates, les nitrites, par exemple, le nitrite d'amyle, les nitrates, les vapeurs nitreuses, l'acide osmique.

Le pyrogallol, l'hydroquinone, la pyrocatéchine.

L'hydrogène naissant, l'hydrogène palladié, l'hydrogène arsenié.

La nitroglycérine, le nitrobenzol, la térébenthine, l'aniline, la toluidine, la thalline, l'aniline, l'antifébrine, la phénacétine, l'acétanilide, la kairine, le phénokoll, la lactophénine, le bleu de méthylène, la pyrodine, la toluène-diamine, l'antipyrine, l'hydrazine, la phénylhydrazine, l'alloxanthine, l'hydroxylamine chlorhydrique...

Les acides, l'acide chromique, etc...

L'action des radiations du radium a pour effet de transformer peu à peu l'hémoglobine en méthémoglobine (V. Henri et A. Mayer).

Exemple. — Un moyen rapide et sûr pour obtenir de la méthémoglobine, consiste à faire une solution à 1-4 p. 100 de sang dans de l'eau distillée, puis à ajouter quelques cristaux de ferricyanure de potassium. On agite au contact de l'air puis on sépare rapidement le liquide du ferricyanure non dissous et on renouvelle l'opération jusqu'à ce qu'on ne constate plus au spectroscope les raies de l'oxyhémoglobine (Kobert).

La méthémoglobine peut être produite en partant de l'hémoglobine réduite, mais seulement en présence du ferricyanure ou du permanganate de potassium (Henninger, Zeynek).

La méthémoglobine peut apparaître dans l'urine, la bile. On l'a trouvée dans certains liquides kystiques, dans des tumeurs de l'ovaire, dans des foyers anciens produits par l'extravasation du sang dans le tissu cellulaire.

Dans les taches de sang la matière colorante se transforme d'abord en méthémoglobine puis en hématine; toutefois la méthémoglobine persiste parfois pendant plus de dix ans (A. Klein). Sur le cadavre, la méthémoglobine, lorsqu'elle existe, est transformée par des processus réducteurs en hémoglobine, fait dont les médecins légistes doivent être avertis.

III. Conditions. — Les agents qui transforment l'oxyhémoglobine en méthémoglobine n'agissent pas dans toutes les conditions.

Le chlorate de soude, l'aniline, l'acétanilide ne provoquent pas la formation de la méthémoglobine pendant la vie chez certains animaux tels que le lapin, le cobaye, la grenouille, mais agissent sur le sang de ces animaux *post mortem* ou *in vitro*.

Certaines substances empêchent jusqu'à' un certain point la formation de méthémoglobine aux dépens de l'oxyhémoglobine *in vitro* comme au sein de l'organisme.

Exemple. — L'injection préalable de carbonate, bicarbonate, d'acétate de soude, permet d'élever la dose mortelle de nitrite de sodium, d'aniline ou d'acétanilide chez le lapin. Le nitrite de sodium est particulièrement actif dans les conditions normales. Injecté sous la peau à la dose de 170 milligrammes par kilogramme, il tue le lapin en cinquante minutes environ. Une injection de 50 centigrammes de carbonate de soude pratiquée une heure ou une demi-heure avant l'injection d'une forte dose de nitrite (150 à 160 milligrammes par kilogramme) préserve l'animal. Il ne se forme pas de méthémoglobine (Masoin).

D'après Hayem, Hénocque, certains toxiques agissent sur la matière colorante *in situ* sans détruire les globules rouges ; ce sont, parmi les plus importants: les vapeurs nitreuses, le nitrite d'amyle en inhalations. Le sang agité à l'air reproduit l'oxyhémoglobine. D'autres détruisent plus ou moins les globules, tels l'acide pyrogallique, le permanganate de potasse, l'acide chromique, les chlorates de potasse et de soude, le nitrite de soude. D'autres ne paraissent agir que sur la matière colorante dissoute : tels sont les ferricyanures de potassium et de sodium.

Si on ajoute à du sang du ferricyanure de potassium, on ne constate aucun effet ; il suffit d'ajouter au mélange de l'eau distillée qui dissout les globules, pour obtenir la transformation de la matière colorante.

Le nitrite d'amyle ajouté au sang agit lentement et surtout à chaud.

IV. **Caractères du sang.** — La méthémoglobine donne au sang une coloration brune. Elle lui enlève le pouvoir de fixer de l'oxygène, d'éliminer de l'acide carbonique et expose à l'asphyxie.

Ad. Dennig a constaté chez le chien qu'après l'ingestion d'antifébrine ou de phénacétine, la survie est impossible lorsque les 2/3 de l'oxyhémoglobine sont remplacés par de la méthémoglobine.

V. **Propriétés de la méthémoglobine.** — La méthémoglobine cristallise sous la forme d'aiguilles, de prismes ou de tablettes à six pans (Hüfner et Otto, Zeynek). Elle est un peu soluble dans l'eau (celle du porc se dissout à raison de 5gr,851 pour 100 centimètres cubes d'eau), insoluble dans l'alcool, l'éther. Les dissolutions aqueuses de méthémoglobine ont une couleur jaune rougeâtre ou rouge brun suivant qu'elles sont peu ou très concentrées. Les solutions alcalines sont franchement rouges. L'agitation à l'air ne modifie pas les couleurs des solutions. Le sous-acétate de plomb précipite la méthémoglobine (il trouble aussi les solutions d'oxyhémoglobine), le précipité est soluble dans un excès de réactif (Hoppe-Seyler).

La méthémoglobine est une substance optiquement bien caractérisée. Les caractères spectroscopiques des solutions varient suivant la concentration et la réaction du milieu. Le spectre de la méthémoglobine (neutre ou légèrement acide au tournesol), celle qu'on obtient par l'action du ferricyanure de potassium sur des dissolutions de sang ou d'oxyhémoglobine, présente, pour une épaisseur ou un degré de dilution convenable, quatre bandes nettement délimitées. La bande la plus nette est dans le rouge ; une moins nette se trouve entre les lignes b et F ; les deux autres, situées entre D et E, sont moins accusées, surtout celle qui est située dans le voisinage de D (1).

Fig. 162. — *Cristaux de méthémoglobine* (obtenus en traitant le sang du lapin par le nitrite de sodium ; association de cristaux, prismatiques, très allongés, rhomboïdes ; au spectroscope les trois bandes caractéristiques étaient nettement visibles (d'après Hénocque).

Les solutions de méthémoglobine rendues alcalines par une goutte de potasse ou d'ammoniaque présentent un aspect différent. Les bandes situées dans le rouge et le bleu disparaissent. Le spectre est constitué par trois bandes : une pâle avant D et deux autres entre D et E qui pourraient être confondues avec les bandes de l'oxyhémoglobine. — On observe en réalité deux bandes entre D et E ; l'ombre dépasse D et prend en intensité vers le rouge.

---

(1) Les deux bandes situées entre D et E occupent la position de deux bandes de l'oxyhémoglobine. Plusieurs auteurs (Henninger, Araki, Dittrich, Lewin) soutiennent qu'elles proviennent d'un reste d'oxyhémoglobine non transformée ; d'autres (Bertin-Sans, E. Ziemke et Fr. Müller) qu'elles appartiennent bien en propre à la méthémoglobine. Henninger en partant de l'hémoglobine réduite, n'a pas vu apparaître les bandes 2 et 3 de la méthémoglobine.

Le spectre de la méthémoglobine acide peut être confondu avec celui de l'hématine acide. On les différencie en se rappelant que l'action des agents réducteurs tels que le sulfure d'ammonium ou la putréfaction transforme la méthémoglobine en hémoglobine réduite, tandisque les solutions acides d'hématine ne se transforment jamais en cette substance. De plus, quelques gouttes d'ammoniaque ou de solution concentrée de potasse donnent le spectre de la méthémoglobine alcaline très distinct de celui de l'hématine alcaline.

Si l'hématine est accompagnée d'oxyhémoglobine, la distinction d'avec la méthémoglobine est difficile.

VI. **Dérivés.** — La putréfaction, l'action des réducteurs tels que le sulfure d'ammonium, l'hydrosulfite de soude, l'indigo blanc transforment la méthémoglobine en hémoglobine qui régénère l'oxyhémoglobine au contact de l'air (Stokes. Hoppe-Seyler, Bertin-Sans et Moitessier . Les acides et alcalis forts la dédoublent en hématine et en une substance albuminoïde. Les solutions très diluées de méthémoglobine prennent une belle coloration rouge clair, sous l'influence de l'eau oxygénée; lorsqu'on chauffe ces solutions, il se forme de l'oxyhémoglobine (Kobert .

Le *bioxyde d'azote* déplace l'oxygène ; il se forme de l'hémoglobine oxyazotique. L'oxygène déplacé se porte sur le bioxyde d'azote qu'il transforme en acides azotique et azoteux Hürner et Künz).

La méthémoglobine fixe l'*acide cyanhydrique* Kobert). Il suffit de $0^{gr}000\,003$ d'acide pour modifier d'une façon caractéristique 1 centimètre cube d'une solution de méthémoglobine à 1 p. 100. Le spectre de la cyanméthémoglobine présente une large bande entre D et b dans le vert et une très grande ressemblance avec celui de la cyanhématine. Réduite par le sulfure d'ammonium, la cyanméthémoglobine donne de l'hémoglobine réduite Kobert, Ziemke. Fr. Müller). La formation de la cyanméthémoglobine explique la coloration rouge clair de la muqueuse stomacale et des taches cadavériques dans l'empoisonnement par l'acide cyanhydrique ou les cyanures Kobert). Masoin et Verbrugge ont montré que dans l'intoxication par les cyanures le sang veineux devient rouge vif en présence de l'oxygène.

Les solutions brunes de méthémoglobine préparées en faisant agir du ferricyanure de potassium sur des dissolutions d'oxyhémoglobine virent au rouge sous l'influence de la lumière; au spectroscope on constate une bande dans le vert. La lumière solaire est surtout active. Une solution à 1 p. 100 de méthémoglobine exposée pendant trente minutes sous une épaisseur de 3 millimètres au soleil de midi pendant l'été est complètement transformée (Bock, v. Zeynek, Kobert). La matière colorante qui prend naissance dans ces conditions a été désignée sous le nom de *photométhémoglobine*. En réalité, ce pigment est la cyanméthémoglobine. La lumière décompose partiellement le ferricyanure entraîné par la méthémoglobine; l'acide prussique mis en liberté se combine avec la méthémoglobine (J. Haldane, V. Zeynek, Ziemke et Müller).

Les dissolutions de méthémoglobine absorbent l'*acide carbonique*. Le gaz est fixé en quantités d'autant plus considérables que la pression est plus élevée. La courbe d'absorption a la même forme que celle de l'hémoglobine carbonique (Bohr).

D'après quelques auteurs, la méthémoglobine fixe l'*oxyde de carbone*. Si on fait passer un courant d'oxyde de carbone à travers du sang dont la matière colorante a été transformée en méthémoglobine au moyen du ferricyanure de potassium, le liquide passe du brun au rouge clair et présente un spectre caractérisé par une large bande entre D et E. Ce spectre n'est pas modifié par l'agitation à l'air ; le sulfure d'ammonium fait apparaître deux bandes de celles de l'hémoglobine oxycarbonée ou de l'hémochromogène oxycarbonée (SZIGETI). D'après BERTIN-SANS et MOITESSIER, l'hémoglobine oxycarbonée est transformée par le ferricyanure de potassium en méthémoglobine, tandis que l'oxyde de carbone mis en liberté resterait dessous dans le liquide. WEIL et ANREP ont soutenu qu'il se produit dans ces conditions de la méthémoglobine oxycarbonée.

VII. Constitution chimique. — La méthémoglobine a été rapprochée tantôt de l'oxyhémoglobine, tantôt de l'hémoglobine réduite. Le plus généralement on inclinait à admettre avec HÜFNER que la méthémoglobine présente la même constitution que l'oxyhémoglobine, mais que dans le premier pigment l'oxygène déplaçable par les réducteurs est plus fortement lié que dans le second. Le vide est en effet sans action sur la méthémoglobine. — L'opinion de HÜFNER était basée sur les déterminations suivantes : a) L'oxyhémoglobine et la méthémoglobine (du sang de porc) présentent la même composition centésimale. b) La quantité d'oxgène que perd une dissolution de méthémoglobine en se transformant en hémoglobine réduite est égale à celle que perd une solution d'oxyhémoglobine de même concentration (HÜFNER et KÜLZ. — LAMBLING). La constitution de la méthémoglobine est cependant loin d'être élucidée. Récemment HALDANE, V. ZEYNEK ont constaté que lors de la formation de la méthémoglobine sous l'influence de l'action du ferricyanure ou du permanganate de potassium sur l'oxyhémoglobine la première phase de transformation est caractérisée par la mise en liberté complète de l'oxygène faiblement combiné. Le ferricyanure est réduit à l'état de ferrocyanure. La quantité d'oxygène déplacée peut atteindre deux volumes pour un volume d'oxyhémoglobine (HÜFNER). La réaction peut être appliquée au dosage de l'oxygène dans le sang (HALDANE). Avec le nitrite de sodium le dégagement de l'oxygène n'a pas été observé.

BIBLIOGRAPHIE.

Hémoglobine.

Rôle de l'hémoglobine diffusée. — P. BERT. Leçons sur la respiration, p. 94. — FOA, *Arch. ital. biol.*, t. XXXIV.

État dans les globules. — HOPPE-SEYLER. *Zeit. f. phys. Chemie*, t. XIII.

Hémoglobine musculaire. — HÉNOCQUE, Spectroscopie des organes, p. 45. — Encyclopédie Léauté, Masson, Paris. — KÜHNE, *Virchow's Archiv*, t. XXXIII, p. 79. 1865. — RAY LANKESTER, *Pflüger's Archiv*, t. IV. p. 315, 1871. — ZALESKI, *Centralbl. f. med. Wiss.*, 1887. n. 5-6. — HOPPE-SEYLER. *Zeit. f. phys. Chemie*, t. XIII. — MAC MUNN, *Journ. of phys.*, 1885. — RANVIER, *Arch. de Phys. norm. et pathol.*, 1874.

Préparation. — ABDERHALDEN, *Zeit. f. phys. Chem.*, t. XXIV, 515 (chat). — ARTHUS, *Biol.*, 1895, 686. — ARTHUS et HUBER, *Biol.*, 1893, 970. — ARTHUS et ROUCHY. *Biol.*, 1899, 715. — HÉNOCQUE. *Arch. d'anat. microsc.*, 1399, t. III, bibl. — FREY, Inaug. diss. Würzburg, 1894. — FRIBOES, *Arch. f. d. ges. Phys.*, 1903. — KOBERT, *Zeitschrift. f. angewandte microsc.*, publié par Marpmann, t. V, 1900. — KRÜGER, *Zeit. f. phys. Chem.*, t. XXIV et XXV (chat). — LAMBLING, *Encycl. chim.*, t. IX, 1895, p. 24, bibl. Dict. de WURZ (art. Hémoglobine, bibl.). — MAYET. *C. R. Acad. sc.*, t. CIX. 156. — JAQUET, *Zeit. f. phys. Chem.*, t. XIV, 292. Oiseaux, thèse Bâle, 1889. — GUELFI, *Riforma medica*, 1897, 10. Sang humain desséché depuis plus de 18 à 72 heures ne donne plus de cristaux: sang de cobaye, chien en donne même 3 mois après ; *Maly's Jahresb.*, t. XXVII. 149. — SCHULZ, *Zeit. f. phys. Chem.*, t. XXIV, 449. — ST. V. STEIN. *Virchow's Arch.*, t. CLXII, 3, p. 477 ; une goutte sang cobaye inclus dans baume de Canada donne rapidement des cristaux, rôle des sels, H_2S. — SCHWANTKE, *Zeit. f. phys. Chemie*, t. XXIX, 1900, pigeon.

Cristaux d'hémoglobine réduite. — ARTHUS et ROUCHY, *Biol.*, 1899, 715. — NENCKI et SIEBER, *Ber. d. deut. Chem. Gesell.*, 1886. — ROLLETT, *Wien. Akad. Sizungsb. math. naturw. Class*, 52, 2e part. 246. — KÜHNE, *Arch. f. path. Anat.*, 34, p. 423.

Fixation d'iode. — KOURAIEV. *Ejenedelnik.*, 1901.

Solubilité. — BÜCHELER, Inaug. diss. Tubingen, 1883.

Réaction. — COHNSTEIN et MICHAELIS, *Arch. f. Anat. u. Phys.*, 1897, 392. — PREYER. *Arch. f. d. ges. Phys.*, 1, 405. — ROLLETT, *Wien. Acad. Sitzungsb.*, 3, 2ᵉ part. 246. — SCHMIDT, *Hämat. Stud. Dorpat*, 1865, 117.

Analyses. — JUTTE, Dissert. Dorpat, 1894. — H. KOSSEL. *Zeit. f. phys. Chem.*, t. II, — JAQUET. *Zeit. f. Phys. Chem.*, t. XII, 4, 285 (chien). — H. OTTO, *Zeit. f. phys. Chem.*, t. VII. — LAWROW, *Zeit. f. phys. Chem.*, t. XXVI, 343. — ZINOFFSKY, Inaug. diss. Dorpat, 1885. — LAPICQUE et GILARDONI, *Biol.*, 1900, 462, fer. — SAINT-MARTIN. *Biol.*, 1901, 304, fer.

Fer. — F. et S. APORTI. *Il Policlinico*, 1902, p. 300, anémies. — CHARRIN, *C. R. Acad. sc.*, 1899, t. CXXVIII, p. 1614. — HOFFMANN, *Münch. med. Woch.*, 1899.

Fer et couleur. — BARD, *Semaine médicale*, 1901, thèse MALLET, Genève, 1901. — JELLINEK, *Wien. klin. Woch.*, 1897, 1032. — JOLLES. *Centralbl. f. inn. med.*, 20, 681. — JELLINEK, SCHIFFER. *Wien. klin. Woch.*, 1899, 802 (poids spécifique, fer, résidu sec).

Recherche et dosage du fer. — Thèse MOREAU, Lyon. *Fac. méd.*, 1901, étude critique. Thèse LAPICQUE. Paris, *Fac. sc.*, 1897. — JOLLES. *Wien. klin. Woch.*, 1897, 74.

Matière albuminoïde combinée à l'hématine. — LAWROW, *Chem. u. med. unters. Festschr. f. Jaffé.* 1901; *Zeit. f. phys. Chem.*, t. XVI, 343, bibl. — SCHULZ, *Zeit. f. phys. Chem.*, 1898, t. XXIV, 142. — MOROCHOWETZ, *Physiologiste russe*, 1903, historique.

Produits de décomposition. — FISCHER et ABDERHALDEN, *Zeit. f. phys. Chemie.* 1902, t. XXXVI, p. 208. — SALASKIN et KOWALEWSKI. *Ibid.*, 1902.

Azote du pigment. — ZALESKI, *Arch. des sc. biol.*, 6, 51, pas d'argon.

Acides gras obtenus en décomposant la matière colorante. — GAUTIER. *Cours chimie.* 3, 395, Paris, 1892. — LEBENSBAUM. *Monatshefte f. Chem.*, 8, p. 165. — LAWROW. *Zeit. f. phys. Chem.*, 26, p. 343. — DHÉRÉ et VICTOR HENRI. *C. R. Acad. sc. Paris*, 1900. — FILIPOWSKI. *Arch. sc. biol.*, Pétersbourg. 1894.

Action des microbes. — L. FREDERICQ, *Bull. Acad. roy. Belgique* (3), t. XIX, 2, 87, t. XX, 8, p. 251. *Trav. labor.*, Liège. — HOPPE-SEYLER. *Zeit. f. phys. Chem.*, t. I, 121. — LABBÉ. *Biol.*, 1900.

Synthèse. — MOITESSIER, *C. R. Acad. sc.*, t. CXIV, 15, 923; *Bull. Soc. chim.*, Paris (3), t. IX, 243; *Montpellier méd.*, suppl., 1892, t. I, 603. — NENCKI. *Zeit. f. phys. Chem.*, 1898. — PREYER, *Ber. deut. Chem. Gesell.*, 30, 191. *Maly's Jahresb.*, t. I, 70.

Action des sels des métaux lourds. — BERTIN-SANS, thèse Montpellier, 1888. 17. — HOFMEISTER. *Zeit. f. phys. Chem.*, 2, p. 282; 4, p. 263. — JUTTE, thèse Dorpat. 1894; *Chem. Centralbl.*, 1895, t. II, 683. — KOBERT, *Arch. f. Dermat. u. Syph.*, 31, 4. — STRUVE. *Journ. prakt. Chem.* (2), t. VII, 346, zinc. — GAGLIO, *Arch. sc. méd.*, 21, nº 13 mercure.

Chloroforme. — KRÜGER, *Beitr.* HOFMEISTER, 1903.

Action des nucleo-albumines. — BOTTAZZI. *Arch. ital. Biol.*, 1899. — HERLITZKA et BORRUXO, *Arch. it. biol.*, 1903. — DARE, *Bull John Hopkins Hospital.* Baltimore, 1903.

Action sur l'eau oxygénée. — COTTON. *Bull. Soc. pharm.* Lyon, janv. 1901. — HOPPE-SEYLER. *Phys. Chem.*, Berlin, 1881, 384. — RAUDNITZ, *Zeit. f. Biol.*, t. XLIII, 91, *Kobert.* Thèses MICHAUT, CAPON, Lyon, 1900, 1902.

Action sur la résine de gaïac. — KOWALEWSKI. *Centralbl. f. med. Woch.*, 1889, 113. — SCHAER, *Arch. de Pharm.*, t. CCXXXVI, 571. — ENRIQUEZ et SICARD, *Ferm. oxyd. Actualités médic.*, chez BAILLIÈRE. — SCHÖNBEIN, *Zeit. f. Biol.*, 1-4. — RAUDNITZ. *Zeit. f. Biol.*, 1901. — BREDIG et IKEDA. *Zeit. f. phys. Chemie.* t. XXXVII.

Spectroscopie. — CORRADO. *Giorn. internat. d. sc. med.*, 11, 127, 161, 361. Tissus vivants et morts; empoisonnements. — HÉNOCQUE. Spectroscopie du sang, des organes, tissus, humeurs, urine... 3 vol. Encycl. Léauté. Paris, Masson. — LEWIN. *Zeit. f. anal. Chem.*, 38, 469; *Arch. f. Pharm.*, t. CCXXXV. 245; *Deut. med. Woch.*, t. XXIII, 216. — LINOSSIER. *Bull. Soc. chim.*, Paris, 1888, 691. — KRÜGER. *Zeit. f. Biol.*, N. F. VI, 47. — NIETER, Inaug. diss. Berlin, 1898. — IPSEN. *Viertelj. f. gericht. med.* (3), t. XV, III. — ZIEMKE et MÜLLER. *Arch. f. Anat. u. Phys.*, supp., 1901.

Spectroscopie à travers les tissus. — HÉNOCQUE. *Biol.*, 1892, 821; *Arch. de Phys.* (5), t. V, 1, 30.

Microspectroscopie. — HÉNOCQUE, *Biol.*, 1891, 684, 1900-1902, oculaire spectrosc.

Absorption des rayons violets. — D'ARSONVAL. *Arch. de Phys.*, 1890, 340. — GRABE, Inaug. diss. Dorpat, 1892. — GAMGEE. *Zeit. f. Biol.*, t. XXXIV, 505. — JESERICH. *Zeit. f. anal. Chem.*, 37, 276. — KOBERT. *Arch. f. d. ges. Phys.*, t. 82, 626, 1900. — SORET, *C. R. Acad. sc.*, 1883, 97, 1269. — WOLF. *Maly's Iahresb.*, t. 27, 152.

Méthode Hénocque. — BREMOND, *Bull. gén. thérap.*, 1888, 53, traitement par térébenthine. — HÉNOCQUE et BAUDOUIN. *Biol.*, 1888, 69. *Gaz. hebdom.*, 1888 38, fièvre typhoïde. — Hénocque, *C. R. Acad. sc.*, t. CVI, 146, homme sain et h. malade; *Biol.*, 1887, 669, médication thermale; *Biol.*, 1887, 715, chlorose-anémie; *Arch. de Phys.* (5), t. I, 4, 470; *Biol.*, 1889, 648, ascension; *Biol.*, 1889, rapports avec apnée, cons. aussi: *Arch. de Phys.*, t. VI (5), 1. p. 201. — Handler, *Zeit. f. Biol.*, t. VIII, 233, réduction hémogl. dans le cœur. — Malassez, Hénocque, disc. — *Biol.*, 1888, 167, 299. — Lapicque, *Biol.*, 1901, 1005.

Dissociation. — Lambling, *Dict.* Wurz. *art. Hémogl.*, bibl. — Hüfner, *Arch. f. Phys.* Du Bois-Reymond, 1901. — Löwy, *Centralbl. f. Phys.*, 1899; *Arch. f. Anat. u. Phys.* Du Bois-Reymond, 1900, 158. — Saint-Martin, *J. de Phys. et Pathol. gén.*, 1900. — Tobiensen, *Skand. Arch. f. Phys.*, t. IV, 273.

Pouvoir absorbant pour O². — Hüfner. — Saint-Martin, *C. R. Acad. sc.*, 131, p. 506.

Combinaison avec d'autres gaz qu'O², cons. **Oxyde de carbone**.

CO² : Bohr, *Centralbl. f. Phys.*, t. IV, 1890, 253. *Skand. Arch. f. Phys.*, t. III, 47, *C. R. Acad. sc.*, 124, p. 414.

Acétylène. — Brociner, *Ann. d'Hyg.*, t. XVII, 454. Liebreich *Ber. Chem. Gesell.*, 1868, 220.

Acide cyanhydrique. — Cons. *Lambling*, Dict. Würz, art. Hémogl.

Quantité. — Espèces animales. — Hénocque, Spectroscopie biol. Le sang, p. 110. — Heller, *Zeit. f. klin. Med.*, 28, 586, hundert gesunde Männer. — Quinquaud, *C. R. Acad. sc.*, 1873, 18 août. — Otto, *Pflüg. Arch.*, t. XXXVI. — Lambling, *Encyclop. chim.*, 9, 1895, Le sang, p. 184. — Subbotin, *Zeit. f. Biol.*, t. VII. — Saint-Martin, *C. R. Acad. sc.*, t. CXXXI.

Age. — Schwinge, *Arch. f. d. ges. Phys.*, Göttingen, 1898, bibl.

Sexe. — Blackwell, *New-York med. Journ.*, 1892; *Centralbl. f. Gynäk.*, 17, 794.

Raréfaction, air (ascensions en ballon). — Vallot, *C. R. Acad. sc.*, 1901. — Hénocque, *Biol.*, 1900, 1072, 1902. — Reymond et Portier, *Biol.*, 1901, 1003. — Gaule, *Arch. Pflüg.*, t. LXXXIX, 119.

Grossesse. — Becquerel et Rodier, Recherches sur la comp. du sang, Paris, 1844. — Bernhard, *Münch. med. Woch.*, 1892, n° 12-13. — Bidone, Gardini, *Arch. ital. biol.*, t. XXXII, 36, 1899. — Dübner, *Münch. med. Woch.*, 1890, n° 30-32. — Ferroni, *Annali d. Ostetr. e Gynec.*, 1899, 72. — Gschleiden, *Arch. f. Gynäk.*, 1822, t. IV, 172. — Meyer, *Arch. f. Gynäk.*, t. XXXI, 1145. — Morgenstern, *Embryol. Inst. d. k. k. Univ. Wien.*, 1887, 2, th. II, p. 61. — Nasse, *Arch. f. Gynäk.*, t. X, 1876. — Otto, *Maly's Jahresb.*, t. XVII, 1887. — Korniloff, *Zeit. f. Biol.*, t. XII, 1876. — Pinzani, *Bull. d. sc. med. d. Bologna*, 1888, 56; *Rev. veneta di sc. med.*, 1889, 4. — Spiegelber et Gscheidlen, *Arch. f. Gynäk.*, t. IV, 1872. — Schwinge, Göttingue, 1898, bibl., p. 2223. — Wild, *Arch. f. Gynäk.*, 53, p. 363; Thèse Zurich, 1897. — Wiskemann. *Zeit. f. Biol.*, t. XII, 1876.

Jeune. — Hermann, *Arch. f. d. ges. Phys.*, t. XLIII, 239. — Groll, *Königsberg*, 1887, H. Hausbrand. — Raum, *Arch. f. exp. Pathol.*, 1891.

Influence des métaux. — Ferrante Apierti, *Lo Sperimentale*, t. LIII, 274, 1899, arsenic, fer. — Gaule, *Zeit. f. Biol.*, 1897. — Hall, *Arch. f. Anat. u. Phys.*, 1894, 455. — Hayem, *C. R. Acad. sc.*, 1876. — Wolf, *Zeit. f. phys. Chemie*, t. XXV, 5, 442, sels de cuivre, de zinc. — Cervello, Aporti, Storti, *Arch. ital. Biol.*, 1901, 476.

Moelle osseuse. — Charrin, Chassevant, *Biol.*, 1897, 799, sans infl. dans anémie. — Danilewsky, *Arch. f. d. ges. Phys.*, 1895.

Influences diverses. — Contracture musculaire (Ranke), bains froids glacés lorsque cyanose apparaît (Pawlow) augmentent mat. col. Consulter : Tarchanoff, *Arch. f. d. ges. Phys.*, t. XXIII, 228.

Rétention biliaire. — Limbeck, *Centralbl. f. inn. Med.*, t. XVII, 33, 833. — Doyon et Dufourt, *Journ. de Phys. et Pathol. gén.*

Territoires vasculaires. — Hartmann, Inaug. diss. Dorpat., 1889, art. carotide; veine jugulaire. — Hayem, Le sang, 1889, 195. — Lutz, Dorpat, 1889, infl. du rein. — Malassez, Thèse Paris, 1873. — Mileken, Inaug. diss. Dorpat. 1889. — Tarchanoff, *Arch. f. d. ges. Phys.*, t. XXIII, p. 228.

Rôle du foie. — Fick, Diss. Dorpat, 1891; *Centralbl. f. Phys.*, 5, 308. — Koslow, Kasan, 1898. — Middendorff, Inaug. diss. Dorpat, 1889. — Ourvantzow, Kasan, 1898, mod. sang dans les organes (foie, intestin). — Wlaeff, Phys. Russe, 1899, 302.

Richesse des globules. — Hayem, Le sang, 1889, p. 169. — Malassez, *Arch. de Phys.*, 1877, 31, 634. — Mallet, Thèse Genève, 1901, bibl. — Laache, *Maly's Jahresb.*, t. XIV, 1883, 139.

Rapport avec le poids du corps. — Malassez, *Arch. de Phys.*, 1877, 39.

Toxicité. — Kuntzen et Krummacher, *Zeit. f. Biol.*, 1900, t. XI.

Colorimétrie. — Giacosa, *Arch. p. l. sc. med.*, 1896, 339; *Zeit. f. phys. Chemie*, 23, 526. — Lambling, Thèse Nancy, 1882, bibl. — Loewy, *Centralbl. f. med. Wiss.*, 1898, 427.

— Malassez, *Biol.*, 1876, 1891, 420 ; *Arch. de Phys.*, 1877, 1882, 1886. — Jolyet et Laffont, *Gaz. méd. Paris*, 1877, emploi du colorimètre Duboscq. — Müller, *Arch. f. Anat. u. Phys.*, 1901, 443. — Veillon, *Arch. f. exp. Pathol.*, t. XXXIX, 385, hemometer Miescher. — Winternitz, *Zeit. f. phys. Chemie*, t. XXI, 468, double pipette Hoppe-Seyler. — Zangemeister, *Zeit. f. Biol.*, t. XXXIII, 72. — Tallqvist, *Arch. gén. méd.*, t. III, 421, 1900, taches sur papier filtre ou linge, tableaux comparatifs.

Dosage simultané de l'oxyhémoglobine et de l'hémoglobine. — Garnier et Schlagdenhauffen, *Encyclop. chim.*, analyse des liquides et tissu de l'org., 171. — Hüfner, *Zeit. f. phys. Chemie.* 3 ; *Arch. f. Phys.*, 1900, 39. — Otto, *Pflüg. Arch.*, 36, 30. — Saint-Martin, Spectrophotométrie du sang, Paris, 1898.

Dosages comparés dans les artères et veines. — Gréhant, *C. R. Acad. sc.*, t. LXXX, 425. — Herter, *Zeit. f. phys. Chemie*, 1877, t. III. — Hoppe-Seyler, *Phys. Chemie*, 495. — Otto, *Arch. f. d. ges. Phys.*, t. XXXVI, 1885. — Pflüger, *Arch. f. d. ges. Phys.*, t. I, p. 69.

Spectrophotométrie. — D'Arsonval, *Arch. de Phys.*, 22, 111. — Lambling, *Dict. de Würz*, art. Hémogl., bibl. — Saint-Martin, Spectrophotométrie du sang, Paris, 1898.

Méthémoglobine. — Baldi, *La Terapia mod.*, 1890, n° 2, doses élevées antipyrine. — Bertin-Sans, Thèse Fac. méd. Montpellier, 1888 ; *C. R. Acad. sc.*, t. CVI, 1243. — Bokai, *Deut. med. Woch.*, 1887, 906, bildet sich methemoglobin in den Blute lebender Thiere bei tödtlicher intoxication mit chlorsaurem kali. — P. Binet, *Revue méd. Suisse Romande*, 1896, hydrog. sulfuré : sulfométhémoglobine. — Combemale, *Biol.*, 1891, 300, bleu de méthylène. — Dennig, *Deut. Arch. f. klin. Med.*, 65, 524, action de quelques médicaments : mesure de la quantité de méthémogl. formée ; indications de la transfusion. — Dittrich, *Arch. f. exp. Pathol. u. Pharm.*, 1892, t. XXIX, 247, travail d'ensemble. — Giacosa, *Arch. p. l. sc. med.*, 1879, nitrite d'amyle. — Hayem, Le sang, 1882, p. 366, 867, bibl. — Hénocque, Spectroscopie du sang, *Encyclop. Léauté*, p. 144. — Heintz, *Virchow's Arch.*, 1899, p. 44, action iode et sels. — Kobert, *Arch. f. d. ges. Phys.*, 1901, comb. avec l'eau oxygénée ; l'acide cyanhydr. : les sulfocyanates : les nitrites. — Kowalewsky, *Centralbl. f. d. med. Wiss.*, 1887, n°s 1 et 2, alloxantine. — Lambling, *Dict. de Würz*, art. Hémogl., 1902, bibl. — Masoin, *Arch. intern. Pharm. et Thér.*, 1899 ; *Acad. roy. Belgique*, 1897-1898. — Menzies, *Journ. of Phys.*, t. XVII. — Jäderholm, *Maly's Jahresb.*, 1884. — Jolyet et Regnard, *Biol.*, 1876, nitrite d'amyle. — A. Pugliese, *Arch. it. biol.*, t. XXII, 26, sang circulant des batraciens ; *Arch. it. biol.*, t. XXII, 1, p. 79, action venin crapaud. — A. v. Verkampfflane, Inaug. diss. Dorpat, 1892, méth. et dérivés. — Wertheimer, Meyer, *Arch. de Phys.*, 1890, pyrodine.

Constitution. — Haldane, *Journ. of Phys.*, t. XXII, XXV. — Hüfner et Külz, *Zeit. f. phys. Chemie.* 7, 366. — Hüfner, *Arch f. Phys.*, 1899, 491. — Zeynek, *Arch. f. Phys.*, 1899.

Influence de la lumière. — Bock, *Skand. Arch. f. Phys.*, Bd VI, p. 299, 1895 ; *Maly's Jahresb.*, t. XXV, p. 129. — Hüfner, *Zeit. f. Phys. Chemie*, Bd VII, p. 65, 1882. — Jäderholm, *Nord. med. Arkiv.*, Bd XVI, n° 17, 1884. — Kobert, *Arch. f. d. ges. Phys.*, Bd LXXXII, p. 601, 1899, trav. d'ensemble.

Cyanméthémoglobine. Voy. **Infl. de la lumière.** — Haldane, *Journ. of Phys.*, 25, 1900. — Kobert, *Maly's Jahresb.*, t. XXI, p. 443. — Masoin et Verbrugge, *Arch. de Pharmacodynamie*, t. III, p. 369. — Zeynek, *Zeit. f. Phys.*, t. XXXIII.

Methémoglobine carbonique. — Bohr, *Skand. Arch. f. Phys.*, t. VIII, p. 363.

Combinaison avec CO. — Bertin-Sans et Moitessier, *Bull. Soc. chim.* (3), t. VI, p. 663, *C. R. Acad. sc.*, t. CXIII, p. 4, 210. — Szigeti, *Vierteljahresch. l. gericht. med.* (3), t. II, p. 299.

Thiométhémoglobine. — Araki, *Zeit. phys. Chemie*, t. XIV, p. 412. — Harnack, *Zeit. phys. Chemie*, t. XXVI, p. 558. — Hoppe-Seyler, *Med. chem. unters*, Berlin, 1866, p. 151 ; *Phys. Chemie*, Berlin, 1881, p. 386. — Salkowski, Inactif sur hémogl. oxycarboné.

Hématine-Hémine. — Benczur, *Deut. Arch. f. klin. Med.*, t. XXXVI, 1885. — Bertin-Sans, Thèse de Montpellier, 1888. — Bertin-Sans et Moitessier, *C. R. Acad. sc.*, 1893. — Bialobrzeski, *Arch. sc. biol.*, 1897, t. V, 233 ; *Ber. deut. Chem. Gesell.*, 1896, p. 29, 2842, t. XXIX. — Cazeneuve, Recherches chimie médicale surhématine, Paris, 1876. — Cazeneuve et Breteau, *C. R. Acad. sc.*, t. CXXVIII, p. 11, 678 ; *Journ. Pharm. et Chimie* (6), t. IX, p. 7, 321, 1899, p. 372, 427. — Cloetta, *Arch. f. exp. Path. u. Pharm.*, p. 36, 349. — Ferrari, *Centralbl. f. Phys.*, 1901, 515, lumière. — Florence, Thèse Fac. méd. Lyon, 1885, taches sang. — Hoppe-Seyler, *Zeit. f. Phys. Chemie*, t. XIII, 1889, à propos de CO. — Küster, *Ber. deut. Chem. Gesell.*, t. XXVII, p. 572, chlorwasserstoffsaures u. brennvasserstoff saures Hämatin, *Zeit. f. phys. Chemie*, t. XXVIII, 1, XXIX, p. 185, 1900, t. XXVI, p. 426. — Linossier, Comb. avec bioxyde azote, *C. R. Acad. sc.*, t. CIV,

p. 19 : 1296. *Bull. Soc. chim.*, t. XLVII, p. 758. — Le Nobel, *Centralbl. f. med. Wiss.*, 1887, n° 17; *Arch. f. d. ges. Phys.*, p. 40, 501, Wirkung von Reductionsmitteln auf Hämatin. Vorkommen von Reduktionsproducte im path. Harne. — Jäderholm, *Zeit. f. Biol.*, t. XIII, 1900. — Misuraca, *Ann. d. chimica e d. Farmacol*, t. X, p. 6. 321, sangue in putrefazione ; *Riforma med. Roma*, 1889, 308, azione d. temperature elevate. — Mörner, hämincristalle, *Nord. med. Ark. Festb.*, t. I, 1, II, n° 26. — Montalti, grandezza d. cristalli emina in rapporto a antichita del sangue, *Sicilia med.*, 1891, t. III, p. 729 ; *Maly's Jahresb.*, 1894, t. XXIV, p. 119. — Nencki et Sieber, *Ber. deut. chem. Gesell.*, t. XVII, p. 2467. *Arch. f. exp. Pathol.*, t. XVIII, p. 401 ; t. XXIV, p, 443. — Nencki, *Zeit. f. Phys. Chemie*, 1898. — Nencki et Zaleski, *Deut. chem. Gesell.*, t. XXXIV, p. 1102. — Nicoletti, *Riv. sper. d. med. legal*, t. XIII, p. 146, azione d. ferro sulla producione d. st. emina. — Müller, Thèse Bonn, 1901. — Rosenfeld, *Arch. f. exp. Path.*, t. XL, 1/2, p. 137, hämin. — Lewin u. Rosenstein, *Virchow's Arch.*, p. 142, 134, 1895. — Janeak, *Zeit. f. anal. Chemie*, t. XXXI, p. 236, Grenzen d. Beweiskraft. d. Hämatinsspectrums u. d. Hämincrystalle. — Richter, *Jahr. ber. f. ger. Med.*, 1900. — Schalfejew, *Malys's Jahr.*, t. XV, 1885; *Le Physiologiste Russe*, 1898, t. XV ; *Journ. Soc. russe phys. et chimie*, t. XVII. — Szigeti, *Vierteljahresch. f. gericht med.*, t. XI, p. 299, Kohlenoxydhämatin ; *Maly's Jahrb.*, t. XIX, 1889. — Strzyzowski, *Chemiker Zeitung*, 1899, p. 305. — A. Tamassia, su alcune condizioni della cristallisazione dell' emina, *Riv. sperim. di med. legal*, t. XVI, 3, p. 155 ; *Maly's Jahresb.*, 1894, t. XXIV, p. 118. — Teichmann, *Zeit. f. rat. Med.*, nouv. série, 1853, 1854, 1856. — Wessel. *Arch. f. Pharm.*, 1864, p. 168, temps après lequel recherche impossible. — Ziekem et Müller. *Arch. f. Anat. u. phys. Du Bois-Reymond*, 1901, suppl. — Wachholz, *Jahr. f. ber. ger. Med.*, 1901.

Hématine neutre. — Arnold, *Zeit. f. phys. Chemie*. t. XXIX, 1899, 78 ; *Jahresb. f. Thier. Chemie Maly*, t. XXIX, 162, t. XXX, p. 165. — Wachholz, *Maly's Jahresb. f. Thier. Chemie*, t. XXX, p. 164.

Cyanhématine. — Hoppe-Seyler. *Physiolog. Chemie*, Berlin, 1878, p. 389, 397. — Szigeti, *Maly's Jahresb.*, t. XXIII, p. 621. — Ziekem et Müller. *Arch. f. Anat. u. Phys. Du Bois-Reymond*, 1901, supp.

Hématine dans l'urine et le sang. — Lewin, *Arch. f. exp. Pathol.*, t. XXV, 1889. — Neubauer, Vogel, Huppert, *Analyse d. Harns*, 1898, p. 553.

Hématine végétale. — Linossier, *C. R. Acad. sc.*, 1891.

Hémochromogène. — Bertin-Sans et Moitessier, *C. R. Acad. sc.*, 1893, 20 fév. 13 mars. — Copeman, *Journ. of Phys.*, t. XI, p. 401. — Donogany, *Virchow's Archiv*, t. CXLVIII, p. 234 ; *Naturwiss Ber. a. Ungarn.*, t. XI, 1893 ; *Centralbl. f. Phys.*, t. VI, p. 629. — Lambling, *Dict. de Wurz.* art. Hémogl., 1902, bibl. — Linossier. *Bull. Soc. chim.*, 1888, t. XLIX, p. 621. — Zeynek, t. XXV, p. 422, XXX. — Szigetti, *Wiener klin. Wochensch.*, 1893, p. 310. — Hoppe-Seyler, *Zeit. f. phys. Chemie*, t. XIII, p. 497.

Hématoporphyrine. — Hammarsten, *Skand. Arch. f. Phys.*, t. III. — Hoppe-Seyler, *Med. Chem. Unters.*, p. 528, 533. — Garrod, *Journ. of Phys.*, t. XIII. — Küster, *Ber. deut. chem. Gesell.*, t. XXX, p. 105. — Küster et Kölle, *Zeit. f. phys. Chemie*, p. 28, 34. — Lambling, *Dict. de Wurz*, art. Hémogl., 1902. — Le Nobel, *Arch. f. d. ges. Phys.*, p. 40. — Mac Munn, *Journ. of Phys.*, t. VII, VIII. — Nencki, *Arch. sc. biol. Pétersbourg*, t. II, p. 121 : *Corresp. bl. Schweizerärtze*, t. XVIII, p. 10, 313. — Nencki et Sieber, *Arch. f. exp. Path*, t. XXIV, p. 430 ; *Monatshefte, f. Chem.*, t. IX. — Nencki u. Rotschy, *Monatsh. f. Chem.*, t. X. — Neubauer, *Arch. f. exp. Path. u. Pharmakol.*, t. LXIII, p. 456, 1900 (sulfonal). — Saillet, *Revue de méd.*, t. XVI, 545. — Zoja, *Arch. it. biol.*, 3 fasc., t. XIX.

Hématoïdine. — Virchow, *Virchow's Arch.*, 1847, 1852. — Kobert, *Zeit. f. angewandte mikroscopie*, von Marpmann, Weimar, 1900, p. 242.

Dérivés divers de l'hémoglobine. — Haldane, *Journ. of Phys.*, t. IV, p. 298, hemogl. a. its immediate derivatives. — Hürthle, *Schles. Gesell. f. naterl. Cultur*, 1895, 17 mai, hemosterin. — Lehmann, *Würzburger, Sitzungsb.*, 1899, t. IV, p. 57. — Georgensburger, Inaug. diss. Jurjew, 1894. — Skrzeczka, Inaug. diss. Königsberg, 1887, extravasats.

CHAPITRE IV

LES GLOBULES BLANCS OU LEUCOCYTES.

Les globules blancs ont été découverts par Spallanzani en 1768 et par Hewson, 1770. Ils existent non seulement dans le sang mais aussi dans la lymphe, dans les liquides interstitiels et dans tous les tissus où ils peuvent pénétrer par suite de leur activité propre en franchissant la paroi vasculaire.

Le premier, Virchow à propos de ses travaux sur les leucémies réclama une place pour le globule blanc dans la pathologie. On doit à Metchnikoff d'avoir précisé cette place et mis en évidence le rôle prépondérant du leucocyte dans la défense de l'organisme.

A. — CARACTÉRISTIQUE.

Les globules blancs se différencient des globules rouges non seulement par l'absence de coloration, par la généralité de leur siège, mais par un grand nombre de caractères importants. Ils représentent dans l'organisme adulte des Vertébrés les éléments les plus voisins du type primitif tel qu'on l'observe chez les animaux inférieurs (amibes, plasmode des myxomycètes) et possèdent les propriétés originelles du protoplasme, à savoir : l'excitabilité ou faculté de réagir contre les excitations venues du dehors, laquelle se traduit par un phénomène de déformation, autrement dit de contractilité. Placé dans des conditions favorables, le leucocyte présente des mouvements. L'orientation et l'adaptation de ces mouvements permet d'attribuer au globule une sensibilité d'un ordre assez élevé. Enfin le leucocyte peut englober et digérer les substances avec lesquelles il est en contact, et abandonner dans certaines conditions au milieu dans lequel il est plongé, des produits de sécrétion de nature variée.

B. — CARACTÈRES HISTOLOGIQUES.

Les globules blancs sont des cellules nucléées, dépourvues de membrane d'enveloppe. Ils ne forment pas un tout réductible à un type morphologique unique (Virchow 1845, Wharton Jones 1846, Max Schultze 1865). D'après la forme et le nombre de leurs noyaux on peut établir une première distinction et classer les leucocytes en deux groupes principaux : les monucléaires et les polynucléaires.

Les *mononucléaires* ont un protoplasma homogène formant au noyau une enveloppe claire. On les divise eux-mêmes en deux classes : les lymphocytes et les grands mononucléaires. Les *lympho-cytes* sont les plus petits des globules blancs ; leur volume est égal ou inférieur à celui d'un globule rouge (6 μ) ; ils présentent un noyau arrondi et très foncé entouré de très peu de protoplasme. Les *grands mononucléaires* (7 μ à 7,5 μ) ont un noyau volumineux, arrondi ou légèrement contourné, pâle, ne prenant bien les couleurs que par places ; le protoplasme est abondant mais dépourvu de granulations. Dans les exsudats, on en rencontre parfois qui ont un ou deux noyaux. (METCHNIKOFF).

Les **polynucléaires** (9 μ à 9,5 μ) ont une forme arrondie et régulière. Leur noyau est en réalité unique mais polylobé et constitué par des masses réunies les unes aux autres par des filaments étroits de chromatine (RANVIER 1875) ; il se colore très fortement par les réactifs nucléaires (hématéine, bleu). Le protoplasme est granuleux.

EHRLICH a basé une classification des globules blancs sur l'analyse chromatique des granulations renfermées dans ces cellules. La méthode part de ce principe que les propriétés tinctoriales des granulations, leurs affinités vis-à-vis des couleurs acides, basiques ou neutres peuvent servir à définir les granulations. EHRLICH distingue des polynucléaires éosinophiles, neutrophiles et basophiles. Les *polynucléaires éosinophiles* sont remplis de granulations très grosses, très réfringentes, visibles sans coloration, fixant facilement les couleurs acides telles que l'éosine, l'orange G, l'induline, résistant à l'action dissolvante des acides étendus d'eau (HCl à 1 p. 100). Dans certains cas les granulations ont la configuration d'un bâtonnet et ressemblent aux formations cristalloïdes qu'on décèle dans le protoplasme végétal. Les *polynucléaires neutrophiles* sont des cellules dont les granulations extrêmement fines ne se colorent bien, d'après EHRLICH, que par un mélange de couleurs basiques et de couleurs acides d'aniline (triacide, bleu de méthylène — éosine — méthylal) ; toutefois DOMINICI et JOLLY ont réussi à colorer ces granulations soit à l'aide des couleurs acides (éosine), soit au moyen de couleurs basiques. Les *polynucléaires basophiles* fixent les couleurs basiques telles que le bleu de méthylène, le violet de méthyle, dahlia... (1).

---

(1) Pour comprendre les expressions couleurs basiques neutres ou acides, il faut adopter un langage conventionnel. On peut assimiler les couleurs d'aniline à des sels dans lesquels la matière colorante occupe tantôt la position acide, tantôt la position base. L'éosine par exemple est un éosinate de soude ; la substance qui colore sera dite acide parce qu'elle occupe la position acide, mais ce fait n'implique nullement une réaction déterminée au tournesol. Le bleu de méthylène est une couleur basique parce que c'est du chlorure de tétraméthylthionine, que la substance colorante est du tétraméthylthionine et qu'elle occupe la position base dans la substance employée.

D'après Ehrlich, les granulations sont des formations spécifiques. Un leucocyte donné ne renfermerait jamais, en plus de ses granulations propres, de formations granulaires *caractérisant* d'autres catégories de leucocytes. La nature chimique et la signification des granulations est inconnue. D'après Metchnikoff, les granulations éosinophiles proviennent peut-être de corps étrangers ou de substances solubles absorbés par les globules?

Il existe des formes intermédiaires entre les grands mononucléaires et les polynucléaires. Certaines de ces formes ont un noyau en biscuit ou en fer à cheval; le protoplasme est homogène mais présente quelquefois des granulations neutrophiles.

C. — ÉVOLUTION.

I. **Origine.** — L'origine des globules blancs doit être cherchée d'une part chez l'embryon dès le début de la formation, d'autre part chez le fœtus et dans le cours de l'animal adulte.

a' *Leucocytes de l'embryon.* — Le sang circulant dans les premiers vaisseaux de l'aire embryonnaire du poulet ne renferme pas de leucocytes avant le huitième jour de l'incubation (Prévost et Lebert 1844, alors que le cœur bat et que le sang circule dès la trente-cinquième heure environ. Il est donc certain que les leucocytes ne se forment pas en même temps que les premiers globules rouges, dans les ilots de Wolff. Ils naissent dans les ilots du mésenchyme interposés aux mailles du réseau vasculaire par simple différenciation de quelques-unes des cellules de ces ilots. La différenciation leucocytaire est donc la première qui se produise au sein du mésenchyme et elle précède beaucoup les autres transformations (cartilagineuse, fibreuse), que ce tissu est appelé à subir (Sedgwick, Minot). Les premiers globules blancs s'accumulent autour de certains vaisseaux de l'aire vas-

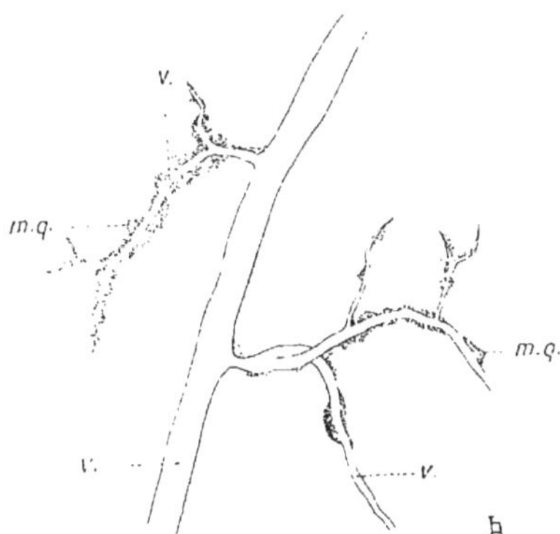

Fig. 163. — *Vaisseaux de l'aire vasculaire d'un embryon de poulet de six jours* (Vialleton). Figure réelle, chambre claire, oc. 2, obj. 1. Stiasnie.

Les vaisseaux sont entourés d'un manchon irrégulier de leucocytes; *mq.* manchon de globules blancs; *v.* vaisseaux sanguins.

culaire en leur formant un manchon irrégulier ou noueux (Vialleton) fig. 163. La destinée de ces formations n'a pas été suivie, mais en définitive les globules blancs finissent toujours par arriver dans le sang. Pendant ces premières phases les leucocytes se multiplient activement par *caryocinèse*, soit dans les nids périvasculaires, soit dans le sang circulant, et dans ce cas de préférence dans les points où la circulation très ralentie les laisse presque en repos et dans lesquels ils peuvent trouver des matériaux nutritifs abondants (O. van der Stricht). La périphérie de l'aire vasculaire, où le courant est très lent à cause de l'infinie ramification des vaisseaux et où la nutrition est facilitée par la proximité du vitellus constamment absorbé par les cellules entodermiques, est un des endroits les plus favorables à cette multiplication des leucocytes.

b) *Leucocytes du fœtus et de l'adulte.* — La phase fœtale est caractérisée par l'apparition d'organes qui, en même temps qu'ils s'édifient eux-mêmes, jouent un grand rôle dans la genèse du sang : tels sont le foie, la rate, la moelle des os. Ces organes hébergent, en même temps que des globules rouges, un grand nombre de globules blancs qui se multiplient activement par division indirecte, de sorte que tout organe hématopoiétique est en même temps un organe formateur de leucocytes. Mais en dehors de ces lieux de formation il en existe d'autres où les globules blancs soustraits à l'action directe du courant sanguin et constituant des groupes autonomes peuvent se multiplier à loisir : telle est l'écorce lymphoïde placée autour du tissu hépatique au-dessous du péritoine de certains Batraciens urodèles (salamandre, axolotl). Cette écorce, constituée par une couche continue de leucocytes, superposés sur deux ou plusieurs rangées, est une des sources de leucocytes les plus importantes. Ses éléments se multiplient par caryocinèse et passent ensuite dans les vaisseaux.

En dehors de ces points particuliers (organes hématopoiétiques, amas lymphoïdes), le sang circulant peut être considéré comme un lieu d'origine des leucocytes, puisqu'on sait (J. Arnold, Ranvier, Jolly) que les leucocytes peuvent s'y reproduire par division directe.

Chez les *Mammifères*, la source la plus importante des globules blancs est, à partir des derniers mois de la vie fœtale, et pendant le cours de la vie, la substance des follicules clos des ganglions lymphatiques et, plus précisément, les leucocytes occupant les mailles du réticulum délicat de la charpente de ces follicules. Dès ses premières recherches sur la caryocinèse, Flemming a montré que l'on trouve dans les follicules clos de véritables nids de prolifération des leucocytes. Les globules ainsi engendrés se répandent d'abord dans la lymphe et passent ensuite dans le sang.

c) *Origine distincte des différentes formes.* — Chez l'homme adulte les différentes formes de leucocytes ne paraissent pas correspondre aux périodes successives de l'évolution d'un même élément, mais avoir leur orgine dans des organes distincts : les lymphocytes proviendraient des ganglions, de la rate et des autres organes lymphoïdes ; les polynucléaires, des myélocytes granuleux à noyau unique de la moelle des os. Sur des coupes de la moelle osseuse on a constaté la présence de cellules offrant tous les stades qui établissent une transition avec les polynucléaires (Ehrlich, Dominici).

D'après Ehrlich, Levaditi, il est possible de constater une transition entre le grand mononucléaire non granulé, les formes de passage et les cellules polynucléées. Il ne paraît pas exister de transition entre les lymphocytes et les grands mononucléaires.

Chez les Mammifères, à l'état pathologique (leucémie myélogène, variole et autres infections), et après les saignées répétées, on constate le développement dans la rate, le foie, les ganglions, d'éléments amiboïdes qui à l'état normal se développent dans la moelle osseuse (Dominici, Ehrlich, Bezançon et Labbé, Nattan-Larrier, Roger et Weil, Levaditi). Cette rénovation est due soit à des embolies cellulaires (Ehrlich), soit à une réviviscence sur place du tissu embryonnaire atrophié (Dominici).

Chez la larve ammocète les mononucléaires et les polynucléaires proviennent d'un même organe, sorte de rate primitive qui longe l'intestin. Chez les têtards de grenouille et les Poissons cartilagineux il n'y a pas de moelle osseuse.

II. **Destruction.** — La question de savoir où meurent les globules blancs est indécise. Normalement ce ne paraît pas être dans le sang. D'après Jolly, les formes dégénérées, contrairement à l'opinion de Mezinescu, y seraient très rares.

D. — COMPOSITION CHIMIQUE DES GLOBULES BLANCS.

L'extrait aqueux des leucocytes contient une substance qui forme la partie principale du noyau de la cellule et qui a été désignée par Lilienfeld sous le nom de *nucléo-histone*.

Pour isoler cette substance on centrifuge et on filtre l'extrait aqueux de façon à le débarrasser de tout débris solide. La nucléo-histone est précipitée par l'acide acétique puis reprise par la soude faible. On recommence plusieurs fois cette double opération pour obtenir un produit plus pur. La nucléo-histone est une poudre blanche, insoluble dans un excès d'acide, soluble dans l'eau chargée d'un peu de carbonate de soude ou d'acide chlorhydrique. Traitée par les alcalis, les acides étendus ou l'eau bouillante, elle se dédouble en donnant : la leuco-nucléine et l'histone.

L'*histone* a des propriétés basiques. Elle se combine avec les acides. L'ammoniaque la précipite de sa combinaison et la redissout ensuite. Par décomposition avec HCl elle donne les trois bases hexoniques (lysine, arginine, histidine Lawrow). La *leuconucléine* a des réactions acides. Par ébullition avec les acides minéraux elle fournit de l'acide phosphorique, les bases de la nucléine et un hydrate de carbone.

L'histone supprime l'aptitude du sang à la coagulation lorsqu'elle est injectée dans les veines ou lorsque le sang est reçu dans une solution de cette substance. Inversement la leuconucléine possède des propriétés coagulantes. Ajoutée à du plasma salé on obtient une coagulation complète au bout de deux heures (Lilienfeld).

La nucléo-histone, combinaison des deux substances antagonistes, coagule les solutions de fibrinogène ou le plasma de cheval lorsqu'on l'ajoute en faibles quantités ; elle retarde au contraire la coagulation lorsqu'on en met davantage. L'injection dans les veines de solutions de nucléo-histone donne des thromboses généralisées amenant une mort rapide. Lorsque l'animal résiste, le sang qui sort de la veine a perdu sa coagulabilité.

Dastre a montré que le *glycogène* 1 du sang est localisé dans les leucocytes. Ces éléments renferment aussi des traces dosables d'*iode*, de l'*arsenic* engagé dans les nucléo-albumines (Stassano et Bourcet) et souvent des granulations de *graisses*. D'après Croftan, le sang de bœuf contient normalement des acides biliaires localisés probablement dans les leucocytes.

---

(1) D'après Ehrlich, Biffi, les granulations qui se colorent en rouge brun par l'iode ne sont pas toutes du glycogène ; quelques-unes se confondent avec les granulations éosinophiles ou pseudo-éosinophiles. Cons., au sujet des conditions dans lesquelles les leucocytes présentent la réaction iodée, Salmon, thèse Paris, 1899.

Analyse des leucocytes du thymus par LILIENFELD.

	Pour 100 de substances sèches.
Phosphore total	3,01
Azote total	15,05
Matières albuminoïdes	1,76
Leuconucléine	68,78
Histone	8,67
Lécithine	4,51
Graisses	4,02
Cholestérine	4,80
Glycogène	0,80
Bases de nucléines à l'état de combinaison argentique	15,17

Les leucocytes contiennent, en moyenne, 88,51 p. 100 d'eau, et 11,49 p. 100 de substances fixes.

Perméabilité. — HAMBURGER et SCHROEFF ont constaté que si on plonge des globules blancs chargés de CO^2, dans des solutions neutres, de $NaCl$, Na^2SO^4, $NaAzO^3$, etc., les solutions deviennent alcalines. Les auteurs supposent que les ions CO^3 sortent des cellules, pendant que Cl, SO^4, AzO^3 passent du liquide dans les globules; l'échange serait d'autant plus intense que les leucocytes sont plus chargés de CO^2. Les globules blancs seraient donc perméables aux ions électro-négatifs.

E. — NOMBRE DES GLOBULES BLANCS.

Toute numération doit tenir compte non seulement du nombre total des globules blancs par millimètre cube de sang, mais encore des formes observées. Il peut arriver que l'équilibre leucocytaire, c'est-à-dire la proportion des diverses formes de globules blancs les unes par rapport aux autres, soit modifié sans que le chiffre qui exprime le nombre total des leucocytes varie.

Nombre total par millimètre cube de sang. — Chez l'homme adulte le sang contient 5 à 10 000 leucocytes par millimètre cube (HAYEM); en moyenne, 6 000 (ZUNTZ et SCHUMBURG), 7 680 (RIEDER), 7 000 (COURMONT et MONTAGARD). Le chiffre de 10 000 constaté plusieurs fois chez un sujet est cependant déjà un fait anormal (HAYEM).

A la naissance l'enfant a de 15 à 20 000; au cinquième jour, 9 à 10 000; à 8 mois, 14 à 20 000; à 15 mois, 10 000; à 5 ans, 8 à 9 000; à 10 ans les chiffres sont encore de 7 800 à 8 500. A partir de 11 ans on constate le même chiffre que chez l'adulte (J. COURMONT et MONTAGARD).

Chez le fœtus on a signalé des chiffres très élevés; les résultats ne sont pas univoques et dépendent probablement de l'évolution.

Chez le chien on a trouvé : 6 à 10 000 (J. COURMONT et MONTAGARD), 10 611 (WETTENDORFF, moyenne de 8 observations), 8 à 15 000 (TALLQVIST et WILDEBRAND), 12 000 (BIEDL et DECASTELLO); chez le lapin : 8 500 à 10 900 en moyenne (J. COURMONT et LESIEUR), 10 008 en moyenne (TALLQVIST et WILDEBRAND); chez la génisse, 5 à 9 000; chez le cheval : 12 000 en moyenne; chez le cobaye à 6 mois : 6 à 7 000 (J. COURMONT et MONTAGARD).

Rapport normal avec le nombre des globules rouges. — Ce rapport oscille chez l'homme adulte entre 1 : 1200 et 1 : 500. D'après Rieder, il est en moyenne de 1 : 666. Chez un même sujet, dans un même vaisseau il est à peu près constant, mais il varie d'un individu à l'autre, au moins chez le lapin. Chez cet animal il oscille de 1 : 1300 à 1 : 400.

Équilibre leucocytaire entre les diverses formes. — Il existe entre les différentes formes de globules blancs des rapports à peu près constants tout au moins dans l'espèce humaine, chez les individus sains de même âge.

Courmont et Montagard indiquent comme proportion moyenne pouvant servir de base, les chiffres suivants (formule leucocytaire) :

Chez l'homme adulte :	lymphocytes	27	p. 100
	grands mononucléaires	1	—
—	intermédiaires	1	—
	polynucléaires neutrophiles	68,5	—
	polynucléaires éosinophiles	2	—
—	polynucléaires basophiles	0,5	—

Chez *l'enfant* immédiatement après la naissance le sang est surtout riche en polynucléaires, mais dès les premiers jours (12e environ) les mononucléaires prédominent et représentent, d'après Japha 58 p. 100 du nombre des leucocytes. Cette proportion élevée se maintient jusqu'à 6-11 ans (Grawitz, Courmont et Montagard). Chez le *vieillard* la proportion des globules à noyau polymorphe semble un peu supérieure à celle de l'adulte ; 70-75 p. 100 (Jolly, Besredka, J. Courmont et Montagard).

Répartition dans les vaisseaux. — D'après Semakine, les globules blancs sont distribués dans le sang d'une manière égale et uniforme, du moins dans les vaisseaux relativement gros bien visibles à l'œil nu. On pourrait donc conclure de la proportion des leucocytes à la périphérie à celle dans les grandes veines et artères internes, mais il convient de faire des réserves à ce sujet.

Variations. — Le nombre des globules et l'équilibre entre les différentes formes leucocytaires subissent des variations même à l'état physiologique. Ces variations peuvent acquérir une grande intensité à l'état pathologique. Dans bien des cas elles sont caractéristiques et présentent un intérêt pour le médecin au point de vue du diagnostic et du pronostic.

1) **Susceptibilités particulières.** — Certains animaux présentent une susceptibilité extrême aux influences extérieures. Le lapin, par exemple, présente de grandes et rapides variations à la suite de la simple fixation de l'animal sur la table d'opération, d'un coup sur la table (Goldscheider et Jacob, Semakine).

2) **Mécanisme des variations.** — Le phénomène n'a pas lieu dans tous les cas suivant le même mécanisme.

La *diminution* peut être due soit à une destruction globulaire, soit à l'émigration des cellules par diapédèse, soit à l'accumulation des globules blancs dans certains territoires des vaisseaux ou dans certains organes annexes tels que la rate, les ganglions, l'épiploon, les poumons. En réalité, la destruction ne peut bien être observée qu'*in vitro*; cependant l'accumulation dans le sang des produits de désintégration essentiels des leucocytes (acide phosphorique, nucléines) crée une présomption en faveur de l'existence du phénomène.

L'augmentation des globules blancs s'explique par le passage plus abondant dans le sang des éléments préexistants ou nouvellement formés dans les organes hématopoiétiques. WERIGO et JEGU-NOW ont constaté que pendant le stade d'hyperleucocytose qui suit l'injection intraveineuse de toxines et de culture microbiennes la *vena nutritia femoris* contient 20 à 50 fois plus de polynucléaires que l'artère correspondante; fait qui confirme les conclusions des histologistes sur l'origine médullaire de ces éléments.

La formule leucocytaire dépend des propriétés chimiotaxiques particulières des substances injectées ou néoformées et permet de préciser, dans une certaine mesure, la nature des organes hématopoiétiques qui prennent part à la réaction. La polynucléose indique une réaction des organes myéloïdes; la mononucléose une irritation des ganglions, des follicules clos, de la rate. La maladie de la mère ne retentit pas sur le nombre respectif des différentes variétés des leucocytes du sang du fœtus (TSCHISTOWITSCH ; YOUREWITSCH).

Les seuls changements de calibre des vaisseaux peuvent modifier le nombre des leucocytes dans ces vaisseaux. C'est à cette cause qu'il faut certainement attribuer une part tout au moins des changements provoqués par le froid ou l'excitation des nerfs vaso-moteurs; toutefois il est douteux que les modifications provoquées dans ces conditions puissent être très persistantes (RIEDER, SCHULZ, BECKER, DECASTELLO et CZIMIER).

3) **Réactions successives.** — Un même agent peut provoquer d'abord une diminution puis une augmentation des leucocytes (MALASSEZ et VIGNAL, WERIGO, RICHET et HÉRICOURT, DEMOOR, MASSART, EVERARD). C'est le cas ordinaire lorsqu'on injecte dans les veines de l'eau, du bouillon, des toxines et des cultures microbiennes. Pendant les premières heures les leucocytes sont détruits ou repoussés dans certains organes tels que les poumons, le foie, la rate, l'épiploon (GOLDSCHEIDER et JAKOB, METCHNIKOFF, WERIGO et

Jegunow, Pieralini, M. Labbé et Lortat-Jacob). Suivant le stade envisagé, une même maladie provoque la prédominance de formes leucocytaires différentes.

4) **Influence de l'alimentation.** — L'influence des *repas* est discutée : Nasse, Virchow, Moleschott, Sorensen, Deoma, Limbeck, Reinert, Ascoli, etc… Max Carstanjean, Tikhonow, Achard et Læper, Cot ont signalé une augmentation du nombre des leucocytes. Hofmeister a constaté dans le tissu adénoïde du tractus intestinal une prolifération de ces éléments, toutefois le fait est contesté par Goodaal, Guilland, Paton. D'après Hirt, Pohl, Rieder, ces faits caractérisent l'ingestion abondante de matières albuminoïdes. Chez le chien, Cot a constaté que la leucocytose n'est pas égale après l'ingestion de tous les aliments ; l'auteur range ces derniers dans l'ordre décroissant suivant : viande de bœuf crue, graisse, lait, viande de bœuf cuite. Pohl fixe le maximum de l'augmentation des globules dans le sang à 140 p. 100. La leucocytose n'atteint pas nécessairement le même degré chez tous les animaux avec le même aliment (Cot).

Sans nier l'influence des repas et en particulier les effets de l'ingestion d'albuminoïdes, Rieder, Japha font quelques réserves en ce sens qu'il faudrait pouvoir tenir compte des variations périodiques normales du nombre des leucocytes. Japha a constaté que chez le nourrisson il n'y a pas de leucocytose digestive ; chez l'adulte le phénomène n'est bien net qu'après le repas de midi; or l'hyperleucocytose de l'après-midi s'observe même pendant l'abstinence. Cot a observé des variations chez le chien sain soumis à l'abstinence aux heures correspondant aux périodes digestives habituelles. On n'est pas mieux fixé sur la nature des éléments qui apparaissent en plus grand nombre ; d'après Japha, ce sont des polynucléaires ; d'après Ehrlich et Lazarus, Goodaal, Guilland, Paton, des lymphocytes ; d'après Cot, les rapports des diverses variétés de leucocytes sont peu modifiés. L'ablation de la rate est sans influence (Goodaal, Guilland, Paton, Cot).

Dans *l'inanition* le nombre total des globules blancs diminue (expériences sur les jeuneurs Cecci et Succi); la proportion des éosinophiles augmente (expérience de Okintschitz sur le lapin).

Polétaew a trouvé chez les animaux au début une diminution puis une augmentation des globules blancs.

Le régime sec amène peu de changements (Wettendorff).

Infections et maladies. — Dans les infections et maladies, on observe généralement l'augmentation des leucocytes, parfois la diminution de ces éléments.

La variation peut ne porter que sur une seule forme leucocytaire. Des formes anormales peuvent apparaître.

Le chiffre total des globules blancs peut s'élever dans les infections, par millimètre cube, à 15-30 000 ; dans les leucémies, à plusieurs centaines de mille. Le rapport des globules blancs aux globules rouges peut tomber de 1 : 5-600 à 1 : 1 et même au-dessous.

La formule leucocytaire n'est caractéristique que dans des cas rares, néanmoins elle apporte toujours au clinicien une aide dans le diagnostic et le pronostic des maladies.

Les polynucléaires neutrophiles augmentent dans les inflammations, les suppurations, la plupart des maladies aiguës ; les éosinophiles dans l'asthme bronchique, certaines maladies de la peau (herpes gestationis, pemphigus, dermatite de Dühring, lèpre), dans la période de déclin et de convalescence des maladies infectieuses, dans l'anémie due à l'ankylostome, sous l'influence de la trichine, des ascarides, des oxyures, etc.

Les lymphocytes augmentent dans certaines formes de leucémies dites lymphogènes (Virchow), la variole (J. Courmont et Montagard), la syphilis (Biegarski), la coqueluche, les oreillons, le sarcome multiple de la peau (Dibella), le paludisme, etc.

Les maladies qui *abaissent le nombre des leucocytes* sont rares ; le fait s'observe à la période d'état de la fièvre typhoïde et de la rougeole ; dans le paludisme ; diverses anémies ou formes de grippe.

En général les troubles leucocytaires survivent quelque temps à la maladie causale (Sacquépée).

Intoxications. — L'effet dépend de la nature et de la dose du poison ainsi que du degré de résistance de l'organisme.

On a observé l'hyperglobulie dans la plupart des intoxications : après la morsure des serpents (Auché et Vaillard), l'injection de venin (Calmette), d'urine (Dopter et Gouraud), de bile, de sels ou de pigments biliaires (Gilbert et Herscher), sous l'influence de l'injection intraveineuse de la thallianine, produit obtenu par l'action de l'ozone sur une essence terpenée (Stassano et Billon), etc.

Le premier effet d'une intoxication peut être une hypoleucocytose passagère. Lorsque le sujet est réfractaire ou survit, l'hyperleucocytose est manifeste. L'hypoleucocytose persistante constitue nettement un signe défavorable. (Metchnikoff : expériences avec l'arsenic ; Lombard : avec l'atropine et la strychnine ; Bentivegna et Carini, avec l'arsenic, l'iode, le mercure, etc.).

Toutes les formes leucocytaires ne sont pas influencées dans tous les cas dans le même sens ni au même degré. C'est ainsi que le sérum d'anguille provoque une diminution des leucocytes polynucléaires (Delezenne) et une augmentation des mononucléaires (Clerc et Loeper). L'éosinophilie a été constatée sous l'influence de l'acide pyrogallique, de l'antipyrine, du mercure, du phosphore, de l'iodure de potassium, du camphre, du salicylate de soude (chez les rhumatisants), de la tuberculine, des nucléines, des sérums thérapeutiques, de l'oxyde de carbone, etc.

La diminution du nombre des globules blancs (hypoleucocytose) a été observée sous un grand nombre d'influences, à savoir : la contention, l'introduction dans le sang d'un grand nombre de substances telles que des corps solides (inertes ou microbes) (Werigo, 1892), la térébenthine, le bouillon, l'extrait de Liebig (Richet et Héricourt), la cocaïne, les vapeurs chloroformiques, etc. (Maurel, Benani). La quinine à faible dose diminue le nombre des leucocytes ; à haute dose elle provoque l'hyperleucocytose (Binz). Pendant l'anesthésie les polynucléaires augmentent ; l'hyperglobulie est précédée d'une diminution, Loewy et Pares. La peptone injectée dans les veines chez le chien provoque une hypoleucocytose (Samson, Himmelstjerna, Loewitt et Wright). La peptone n'est cependant pas leucolytique (Dastre, V. Henri et Stodel). L'hypoleucocytose est suivie d'hyperglobulie.

Les sels de mercure diminuent le nombre des leucocytes et augmentent la teneur du plasma en acide phosphorique et nucléines (Stassano).

Exercice musculaire. — L'exercice musculaire et le surmenage provoquent la leucocytose. Zuntz et Schumburg ont constaté une élévation des polynucléaires neutrophiles de 43 p. 100 en moyenne après une marche de 25 kilomètres sous une charge de 22 à 31 kilogrammes. L'augmentation disparaît en général le lendemain mais peut persister plusieurs jours. Willebrand a constaté une élévation de 47 p. 100 après un travail énergique de dix minutes. L'auteur admet une concentration du sang par suite d'une absorption d'eau par les muscles et une inégale répartition des leucocytes.

Action de la température. — Le froid détermine un changement dans la répartition des globules blancs et une destruction de ces éléments. D'après Rovighi, Winternitz, les leucocytes augmentent dans les vaisseaux périphériques. D'après Tirelli, ils sont repoussés dans les organes hématopoïétiques. Un grand nombre de globules blancs sont détruits. Le fait est prouvé d'après Tirelli, par des formes de plasmolyse et de karyolyse observées dans les survivants. La destruction dans les cas de réfrigération simple de l'organisme, porte principalement sur les lymphocytes et les mononucléaires. Si le froid est intense et prolongé, la leucopénie peut devenir si grave qu'on pourrait presque la considérer comme une destruction complète des leucocytes (Tirelli).

Si on élève la température d'un animal (cobaye) au-dessus de 42°-43°, on constate une diminution du nombre total des leucocytes ; les polynucléaires et les mononucléaires s'altèrent et se détruisent ; les éosinophiles augmentent (Vincent).

Excitations nerveuses. — La section de la moelle abaisse le nombre des leucocytes, l'excitation des nerfs élève ce chiffre (Counstein et Zuntz). Après l'excitation du bout central du sciatique chez le chien le nombre des polynucléaires est 1 1/2 à 2/3 plus élevé (J. Lepine).

Grossesse. — Les polynucléaires neutrophiles augmentent pendant les derniers mois, surtout chez les primipares. L'augmentation (maximum 12 à 20 000) est surtout manifeste au moment de l'expulsion ou après la délivrance. La leucocytose cesse à des périodes variables, deux à dix jours après (Rieder, Zangemeister et Wagner, Rouslacroix et Benoit).

Conditions diverses. — On a observé l'hyperleucocytose pendant l'agonie ; après l'ablation des reins, de la rate, la ligature des veines spléniques, la thyroïdectomie, la saignée. Pendant la menstruation, Hayem, Sfameni ont observé une légère augmentation (2 à 3 000) ; Loeper a constaté parfois une hypoleucocytose consécutive.

La ligature du canal thoracique et de ses branches collatérales ou la dérivation de la lymphe de ces vaisseaux au dehors amène la chute momentanée du nombre des leucocytes, mais non la disparition absolue de ces éléments même si la rate a été enlevée. Le chiffre se relève ensuite sans que des collatérales nouvelles apparaissent (Biedi et Decastello) (1).

____

(1) D'après Koronoff, une demi-heure après la ligature du canal thoracique chez le chien le nombre total des leucocytes augmente ; les lymphocytes diminuent.

La stase augmente surtout les polynucléaires. D'après Grigorescu, Proscu-
riakoff, Kaheleff, Emelianoff, les globules blancs sont plus nombreux dans les
veines efférentes de la rate que dans l'artère afférente.

Méthodes de numération. — On peut se contenter des procédés adoptés pour
la numération des globules rouges. Quelques auteurs emploient des liquides
artificiels colorés qui en imprégnant les globules blancs en rendent la reconnaissance plus facile. Regaud et Barjon recommandent le violet de gentiane
(chlorure de sodium 0,9 ; sulfate de soude déshydraté, 1 à 1/2 ; eau distillée, 100 ;
ajouter du violet jusqu'à ce qu'on ait obtenu une teinte foncée). D'autres
expérimentateurs se débarrassent des globules rouges par l'acide acétique
dilué à 3 p. 100. De la sorte, ils peuvent faire un mélange plus riche en sang
et opérer sur un nombre considérable de globules blancs (Lyonnet et Martel).
Pour la numération qualitative des variétés de globules blancs il suffit d'étaler
rapidement sur une lame une goutte de sang, de fixer la préparation (au sublimé
par exemple) et de la colorer pendant un quart d'heure avec une solution très
fine de bleu de méthylène (Mayet). Il faut éviter de piquer trop souvent au
même endroit en raison de l'inflammation provoquée.

F. — ALTÉRATIONS ET MORT DES GLOBULES BLANCS.

La vitalité des globules blancs est atteinte plus ou moins par tous
les milieux artificiels.

Dans *l'eau distillée* les globules meurent rapidement, mais leur
dissolution s'y fait lentement, de sorte qu'après vingt-quatre heures,
un grand nombre de leucocytes ont encore gardé leur forme
(Büchner).

Les *solutions salines* agissent, d'après Hamburger, sur les leucocytes comme sur les globules rouges du sang correspondant. Les
globules blancs augmentent de volume dans les solutions hypo-
isotoniques et se ratatinent dans les solutions hypertoniques.

Parmi les solutions salines les moins défavorables on peut ranger
les solutions de chlorure de sodium à 9 p. 1000 pour les leucocytes
des Mammifères, à 6 p. 1000 pour les leucocytes des Batraciens (Jolly).

L'acide carbonique, des traces d'autres acides augmentent le
volume et le diamètre des leucocytes, les alcalis provoquent le
phénomène inverse.

Les poisons généraux du protoplasme tels que les *anesthésiques*
suspendent l'activité des leucocytes.

Un grand nombre de substances telles que la quinine, l'émétine, etc... tuent
les globules blancs. Ceux-ci se montrent, suivant la substance, tantôt plus sensibles, tantôt moins que les globules rouges. Il existe des différences suivant
l'espèce (Maurel).

Les peptones, *in vitro* comme *in vivo* exagèrent la vitalité et la résistance des
leucocytes (Fano, Wright, Halliburton, Brodie, Lilienfeld, Bosc et Delezenne,
Dastre, V. Henri et Stodel).

Signes de la mort des globules. — Lorsque l'existence d'un leucocyte est menacée par un agent toxique, ce leucocyte prend la forme sphérique qu'il conserve après la mort. D'après Jolly, la cellule fixe les couleurs d'une façon homogène, le noyau se fragmente : il se forme des vacuoles. Mezinescu a observé la dégénérescence œdémateuse du noyau et l'éclatement de la cellule.

D'après Maurel, il existe, en ce qui concerne tout au moins certaines substances, telles que la cocaïne, la quinine, les vapeurs chloroformiques, etc., une certaine concordance entre les doses qui donnent aux leucocytes la forme ronde et celles qui produisent l'hypoglobulie. Les leucocytes qui ont pris la forme arrondie auraient un diamètre dépassant celui de certains capillaires, et seraient plus consistants que les globules normaux. Maurel estime qu'ils peuvent dans ces conditions être retenus par certains capillaires, et produire des embolies pulmonaires, par exemple.

Le bromhydrate de quinine donne *in vitro* la forme ronde aux leucocytes du lapin à la dose de 25 centigrammes pour 100 grammes de sang.

G. — MOUVEMENTS DES GLOBULES BLANCS.

Les globules blancs nous montrent la propriété contractile à son état le plus rudimentaire s'exerçant d'une façon indépendante et déréglée, en ce sens qu'elle peut se manifester dans toutes les directions et en dehors de l'action du système nerveux.

Description. — Au repos les globules blancs ont une forme à peu près sphérique. Placés dans des conditions favorables, ils présentent des changements de forme qui leur permettent le déplacement total ou seulement la poussée de prolongements protoplasmiques. Des portions de protoplasme s'allongent, grossissent ou bien diminuent de nouveau et font place à d'autres prolongements semblables, de telle façon que la forme des éléments change constamment. Un prolongement en se renflant considérablement devient quelquefois le corps de la cellule et celle-ci peut se déplacer par une sorte de reptation irrégulière.

Analogies. Historique. — Les mouvements des leucocytes sont lents. Ils rappellent ceux des animaux à protoplasme nu tels que les amibes et sont désignés pour cette raison sous le nom de *mouvements amiboïdes*. Découverts par Wharton Jones en 1846, ils ont été successivement étudiés par Davaine, 1856 ; Schulz, 1865 ; Ranvier, 1875.

Méthode d'examen. — L'observation des mouvements des globules blancs peut être faite sur l'animal vivant au niveau de certaines membranes minces (voy. Diapédèse). En général, on étudie ces déformations sur des préparations extemporanées faites avec du sang défibriné, une goutte de lymphe prise, soit dans le péritoine (triton à crête), soit sous la peau du dos (fig. 164). MAYET recommande la sérosité récente de vésicatoire, recueillie dix-huit à vingt heures environ après l'application du topique, avant que le liquide soit devenu purulent. La goutte de liquide est placée sur une lame, un peu de fécule de pomme de terre suffit pour supporter la lamelle (RANVIER).

Pour faire varier la température on emploie la platine chauffante. REGAUD a imaginé une platine-étuve électrique pouvant fonctionner automatiquement à la même température, constante à un dixième de degré près, pendant très longtemps. On peut aussi plonger le microscope avec la préparation dans un bain d'eau distillée chaude préalablement bouillie (RANVIER, MAUREL). Pour fixer les cellules pendant leurs mouvements on fait pénétrer le liquide fixateur (solution saturée d'acide picrique ou liquide de Flemming) sous un des bords latéraux de la lamelle. On colore à l'hématoxyline et on monte dans la glycérine (RANVIER, JOLLY).

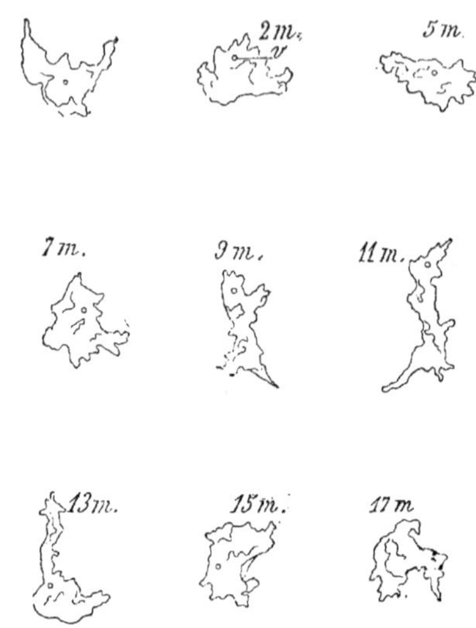

Fig. 164. — *Mouvements amiboïdes.*

La même cellule de la lymphe de la grenouille, observée à la température ambiante et dessinée à la chambre claire au bout de deux minutes, au bout de cinq minutes, et de deux en deux minutes, jusqu'à la dix-septième. Une vacuole *v* change de situation par rapport au centre de figure de l'élément et sert à apprécier les déplacements de sa masse (RANVIER).

Formes mobiles. — Les formes les plus actives sont les plus riches en protoplasme, c'est-à-dire les grands mononucléaires et les polynucléaires (y compris les éosinophiles).

JOLLY, WOLFF, ont constaté qu'un petit nombre de lymphocytes et les cellules médullaires (myélocytes) qui affluent dans certaines conditions (leucémies) peuvent présenter également des mouvements ; mais ceux-ci sont le plus souvent peu considérables, et peu étendus.

Conditions des mouvements. — Les mouvements des leucocytes dépendent de la composition du milieu et de la température.

a) **Composition du milieu**. — La présence de l'*oxygène* est nécessaire. Les mouvements cessent quand le provision de ce gaz qui était en dissolution dans le liquide est épuisée. Si l'on introduit une bulle d'air sous la lamelle dans une préparation dont les globules ont cessé d'avoir des mouvements, ces derniers réapparaissent pourvu que l'on n'ait pas attendu trop longtemps.

b) **Influence de la température**. — Le froid ralentit et arrête les mouvements ; la chaleur les accélère tant qu'elle ne dépasse pas un certain degré limite. Il existe des différences suivant l'espèce à laquelle appartient le sujet dont proviennent les globules et chez un même sujet suivant la forme globulaire.

Plus la température normale d'un animal est élevée, plus les limites inférieure et supérieure et le maximum d'activité sont reportés vers les températures élevées. Les Oiseaux dont la température normale dépasse 42° ont des leucocytes qui résistent pendant quelques instants à 51°. Les globules blancs de la grenouille ne résistent pas à 41°-42° ; à 40°, ils restent immobiles ; à 38° les mouvements diminuent d'énergie ; le maximum d'activité a lieu entre 31° et 37° ; à 10° les mouvements sont très lents (MAUREL). Les globules blancs de l'homme sont encore capables de se mouvoir à 15°, d'après METCHNIKOFF ; à 14°, d'après MAUREL, ils perdent cette propriété ; la vie des éléments est menacée au-dessus de 44° ; chauffés à 47° pendant quelques minutes, ils prennent la forme sphérique et meurent. Le maximum d'activité se produit entre 39° et 43° ; toutefois, d'après MAUREL, des températures de 42° à 43° prolongées pendant quelques heures sont mortelles.

D'après JOLLY, toutes les formes mobiles d'un même sujet ne commencent pas à se mouvoir *in vitro* à la même température. Les lymphocytes exigent une température relativement peu élevée ; les myélocytes, qui apparaissent dans certaines conditions dans le sang, une température élevée voisine de celle du corps.

Durée de la persistance des mouvements. — Si l'on maintient du sang défibriné de *Mammifères* à 15°, on constate que les globules blancs perdent au bout de quelques heures leur motilité ; toutefois ils reprennent leur activité si on les porte à la température du corps. Au bout de trois jours les propriétés des globules blancs paraissent définitivement perdues (HAMBURGER). Conservés à une température plus basse, les leucocytes pourraient, d'après quelques auteurs (BÜCHNER), rester inaltérés dans leur forme pendant quatre semaines environ et reprendre au bout de ce temps leur vitalité si les conditions de température redeviennent favorables. Déjà RECKLINGHAUSEN, RANVIER, CARDILE avaient constaté que les leucocytes peuvent vivre très longtemps *in vitro*. JOLLY a pu suivre les mouvements amiboïdes des leucocytes du sang du triton, *in vitro*, pendant un mois environ. D'après STASSANO, les polynucléaires sont plus fragiles après la saignée et dans le sang extravasé que les mononucléaires et les lymphocytes.

H. — DIAPÉDÈSE.

Les globules blancs ont la propriété de traverser la paroi des vaisseaux et d'une façon générale toutes les membranes animales.

Le phénomène est connu sous le nom de diapédèse. Il a été observé successivement par Dollinger, 1819 ; Dutrochet, Dujardin, Müller, 1824 ; Waller, 1846 ; Stricker, 1865 ; Cohnhein, 1866 ; Lortet, 1867, les premiers.

Démonstration. — *a*. On étale sur le porte-objet d'un microscope le mésentère d'une grenouille immobilisée par l'injection sous

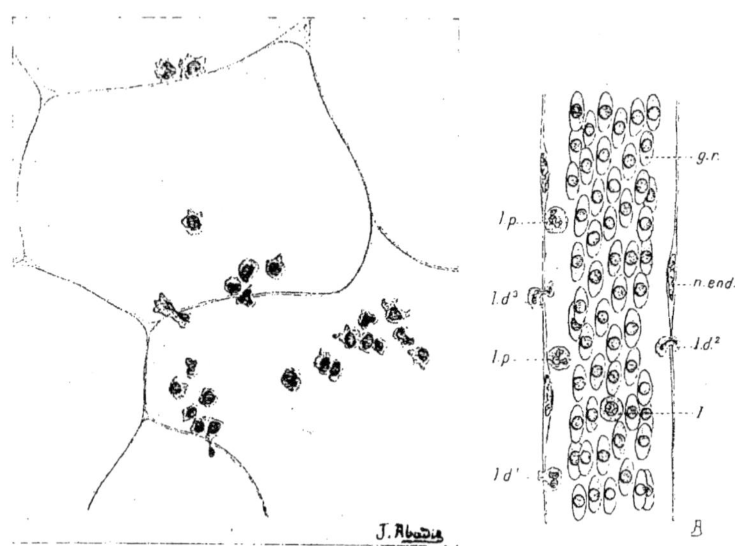

Fig. 165. — *Piège à globules retiré du sac dorsal d'une grenouille*. Figure réelle ; ch. cl. ; oc. 2, obj. 5 (Vialleton) (*).

Fig. 166. — *Capillaire du mésentère de la grenouille. Sang circulant et diapédèse* (schématique, d'après Vialleton) (**).

(*) Fixation par le sublimé, coloration par l'hématéine et l'éosine. On voit les leucocytes fixés au moment même où certains d'entre eux émettaient des pseudopodes. Deux sont en migration à travers la paroi cellulosique des cellules de la moelle.

(**) La majeure partie des globules forme une colonne serrée au centre du vaisseau, laissant un espace libre près des parois, rempli par une couche de plasma animée d'un mouvement moins rapide et renfermant des leucocytes presque immobiles (couche adhésive). Quelques leucocytes traversent la paroi. — *gr*, globules rouges ; *l*, leucocytes ; *ld¹*, *ld²*, *ld³*, leucocytes à divers stades de la diapédèse; *lp*, leucocytes de la couche adhésive ; *n.end*, noyau de l'endothélium vasculaire.

la peau d'une petite quantité de curare. Si l'on continue l'observation pendant plusieurs heures, on voit se dérouler les phénomènes suivants : tout d'abord il se produit une vaso-dilatation de toute la région ; le courant sanguin d'abord accéléré se ralentit ; les leucocytes s'accumulent le long de la paroi des veinules, s'immobilisent, adhèrent à la membrane vasculaire et poussent des prolongements protoplasmiques qui viennent faire saillie à la face externe du vaisseau. Le leucocyte prend la forme d'un bissac, il passe en s'étirant et redevient indépendant dans les tissus périvasculaires (COHNHEIM).

b. Si l'on place dans une plaie un sac de baudruche rempli d'un liquide nutritif (LORTET, 1867) ou un fragment de moelle de sureau (RANVIER), les globules blancs s'infiltrent à travers les parois du sac dans le liquide intérieur ou dans les cellules de la moelle du sureau (fig. 165).

Conditions. — La diapédèse s'opère principalement à travers les capillaires proprement dits et les veinules. Le leucocyte creuse dans la paroi un stomate temporaire qui se referme derrière lui. Des altérations préalables de la membrane ne sont pas nécessaires.

La perforation de la paroi est la conséquence de l'activité propre du globule. Il suffit, pour en être convaincu, d'observer les mouvements du leucocyte pendant son passage ; du reste, toutes les causes qui suppriment ces mouvements [anesthésie, etc.] entravent par cela même la diapédèse.

Les grands mononucléaires et les polynucléaires étant les plus contractiles, sortent le plus facilement des vaisseaux et méritent plus spécialement le nom de cellules migratrices.

En même temps que les leucocytes sortent des vaisseaux, on constate généralement une transsudation de certains éléments du plasma, parfois même le passage de quelques globules rouges ; ceux-ci sortent toujours en assez faible quantité, non pas en vertu de mouvements propres, mais passivement grâce à leur élasticité.

La diapédèse est un phénomène physiologique normal qui s'opère continuellement dans l'intimité des tissus. Son intensité augmente dans l'inflammation (COHNHEIM), l'empoisonnement curarique (COHNHEIM, TARCHANOFF).

La dilatation vasculaire, le ralentissement du courant sanguin, l'oxygène exercent une influence favorable. Les anesthésiques, le défaut d'oxygène, certains produits microbiens vaso-constricteurs (BOUCHARD), la quinine (BINZ), l'opium, exercent une influence inverse.

Exemple : On introduit sous la peau de cobayes vaccinés, de petits tubes de verre contenant des vibrions cholériques ; chez un animal non narcotisé, ces tubes se remplissent de leucocytes ; chez un cobaye qui a reçu de la teinture d'opium le phénomène se produit avec un retard de quelques heures (CANTACUZÈNE, OPPEL, GHEOHIEWSKY).

I. — SENSIBILITÉ DES GLOBULES BLANCS. — CHIMIOTAXIE.

Définition. — Le globule blanc est doué de la sensibilité tactile ; de plus, il possède une sorte de goût, d'instinct qui lui permet de percevoir les changements de composition chimique ou physique du milieu et d'orienter ses mouvements. L'expérience montre que certaines substances attirent les globules blancs et que d'autres repoussent ces éléments. Dans le premier cas, on dit que les leucocytes sont doués de propriétés chimiotaxiques positives, dans le second qu'ils sont doués de propriétés chimiotaxiques négatives.

Historique. — Le mot chimiotaxie a été créé par PFEFFER, 1884. La propriété qu'il exprime n'est pas spéciale aux globules blancs. MIQUEL (1883), STHAL, PFEFFER l'avaient signalée chez certains bactériacés et organismes végétaux inférieurs. Tous les organismes unicellulaires perçoivent des sensations qui provoquent des réactions. Un infusoire s'éloigne du cadavre de ses congénères et saisit par contre un être parasitaire. La chimiotaxie a été mise en évidence chez les globules blancs par LEBER, puis par PECKELHARING en 1889. MASSART et BORDET, 1890-1891, ont bien étudié cette propriété et introduit cette notion en pathologie générale.

Méthode de recherche. — Pour constater si un liquide possède des propriétés positives ou négatives, on remplit un petit tube de ce liquide, on ferme le tube à la lampe et on l'introduit sous la peau, p. ex. à la base de l'oreille du lapin. Lorsque la cicatrisation est achevée, on brise une des extrémités de ce tube sous la peau. Au bout de vingt-quatre heures, on examine au microscope le liquide et on compte les leucocytes. Lorsque la composition du liquide provoque la chimiotaxie négative des leucocytes, ceux-ci se tiennent éloignés des tubes ; dans le cas contraire les globules blancs pénètrent dans le tube et où ils peuvent même former des bouchons souvent très volumineux (LEBER, MASSART et BORDET). On peut utiliser des sacs de collodion ou mieux de baudruche, qu'on remplit de liquide et qu'on abandonne vingt-quatre à quarante-huit heures dans la cavité péritonéale d'un lapin, p. ex.

Substances actives, actions spécifiques. — Tous les leucocytes ne réagissent pas dans le même sens ni au même degré.

Parmi les substances qui attirent les globules blancs, se rangent la plupart des sécrétions microbiennes (MASSART et BORDET, GABRIT-CHEWSKY), les produits de désassimilation des cellules lésées et même les déchets de la nutrition normale (MASSART et BORDET), l'oxygène, la présure et autres diastases, la térébenthine (FOCHIER), la gélatine

(Delezenne), le gluten caséine (Ehrlich)... Le jéquirity, l'acide lactique, repoussent les leucocytes.

Les bactéries attirent surtout les polynucléaires ; les cellules animales, globules sanguins, etc..., surtout les mononucléaires (Metchnikoff). L'injection intrapéritonéale de la plupart des substances (bouillon, sérum artificiel, etc...) détermine l'appel des polynucléaires (Pieralini) ; l'injection péritonéale (cobaye) de préparations iodées, de pilocarpine, provoque l'appel de mononucléaires (M. Labbé et Lortat-Jacob).

Si on injecte dans le péritoine du cobaye un mélange de Proteus et de streptocoques, les Proteus sont au bout de peu de temps englobés par les leucocytes, les streptocoques restent en liberté jusqu'à la mort de l'animal. Les mêmes leucocytes qui manifestent une chimiotaxie positive vis-à-vis des premiers accusent une chimiotaxie négative par rapport aux streptocoques (Bordet).

Si on fait passer un courant au moyen d'un dispositif approprié à travers le péritoine les leucocytes s'accumulent au pôle + ; si le péritoine est enflammé, au pôle —. (Dineur.)

Éducation des leucocytes. — Les globules blancs peuvent s'habituer peu à peu à des substances qui les éloignaient d'abord et finir par être attirés par elles. La vaccination opère en quelque sorte une éducation des leucocytes ; elle transforme la chimiotaxie négative en positive (Massart), et rend la digestion plus rapide et plus complète (Metchnikoff, Delezenne, Charrin).

a) Si on injecte dans le péritoine du sang, du sperme, toutes sortes de liquides, des vibrions, la plupart des leucocytes de la lymphe péritonéale disparaissent tout d'abord. Le phénomène est d'autant plus accusé que la quantité de liquide injecté est plus grande et que sa température diffère plus de celle du péritoine normal ; il est faible, mais cependant encore évident avec la solution NaCl dite physiologique. Beaucoup de leucocytes se détruisent, partiellement au moins. Un grand nombre s'accumulent sur l'épiploon ; le fait apparaît nettement si le liquide injecté contient des poudres colorées en suspension. Si on pratique le jour suivant une seconde injection, on constate que les leucocytes affluent dans le péritoine. Des injections répétées préalables intra-péritonéales d'eau physiologique, de bouillon, d'urine, surtout de bouillon frais chauffé à 37°-39°, peuvent empêcher la destruction des leucocytes (Pieralini, Garnier, Issaef).

b) L'injection sous la peau d'un animal sensible de microbes virulents capables de provoquer une infection généralisée (charbon, vibrion de Gamaleia, streptocoq., coccobac. du choléra des porcs et des poules) ne provoque qu'une réaction locale insignifiante, un exsudat de liquide presque entièrement dépourvu de leucocytes dans lequel les microbes poussent librement pour de là envahir l'organisme entier. Chez les vaccinés, la réaction locale est plus manifeste ; l'exsudat est très riche en leucocytes ; les microbes ne se rencontrent à l'état libre que pendant peu de temps et sont bientôt englobés par les leucocytes.

c) Certains sérums dits préventifs (Voy. Sérum) n'agiraient, d'après Metchnikoff, qu'en stimulant les leucocytes. Charrin, Guillemonat et Levaditi attribuent à une augmentation de l'énergie réactionnelle des leucocytes l'augmentation de la résistance à l'infection qu'ils obtiennent par de simples injections salines.

J. — PROPRIÉTÉS DIGESTIVES. — PHAGOCYTOSE.

Définition. — Certaines formes leucocytaires peuvent englober et digérer toutes sortes d'éléments corpusculaires ou histologiques, d'où le nom de phagocytes sous lequel on les désigne.

Historique. — La connaissance de la phagocytose et de l'importance du phénomène est l'œuvre de METCHNIKOFF. GLEICHEN en 1799; KÖLLIKER, 1848; CARPENTIER, de BARY, etc..., avaient déjà constaté l'englobement et la digestion, avec expulsion de résidus, d'organismes vivants par certains êtres unicellulaires (amibes, rhizopodes, infusoires ciiiés, etc...). HAECKEL (1858) avait vu et décrit l'un des premiers l'englobement de grains de carmin (ou de cinabre) par les leucocytes de l'aplysie. Plusieurs auteurs (PANUM, 1874 ; GAULE, 1881 ; ROSER, 1851 ; GRAWITZ, 1877) avaient constaté la présence de microbes dans les leucocytes, mais on était généralement d'avis que les microbes se servaient des leucocytes comme de moyens de transport et de dissémination dans l'organisme. METCHNIKOFF rapprocha la phagocytose leucocytaire de la digestion intracellulaire opérée par les amibes et démontra toute l'importance du phénomène au point de vue de la défense de l'organisme et des métamorphoses.

Formes leucocytaires actives. — Tous les leucocytes ne possèdent pas au même degré les propriétés phagocytaires. Les plus actifs sont les grands mononucléaires et les polynucléaires neutrophiles.

L'englobement n'est pas un simple phénomène de pénétration mécanique dans le protoplasma mou des leucocytes, mais un acte physiologique vital (METCHNIKOFF). Lorsqu'on injecte dans le péritoine du cobaye des streptocoques et des bacilles Proteus, seuls ces derniers sont englobés (BORDET, METCHNIKOFF).

Action phagocytaire élective. — Comme les amibes, les infusoires, les différentes variétés de leucocytes phagocytes choisissent les corps qui leur conviennent le mieux. Les grands mononucléaires (macrophages de METCHNIKOFF) absorbent de préférence les cellules animales telles que globules sanguins, spermatozoïdes, les microbes de la lèpre, de la tuberculose, de l'actinomycose, les parasites amiboïdes du paludisme, de la fièvre du Texas, les Trypanosomes.

Les polynucléaires (microphages de METCHNIKOFF) absorbent de préférence les microbes qui amènent les infections aiguës.

Constatation. — On mélange d'une part, soit un peu de vermillon broyé dans de l'eau salée, soit des gouttes d'émulsions bactériennes ; d'autre part, un liquide contenant des leucocytes (exsudat obtenu par l'injection d'une substance attirant les leucocytes, telle que : gluten caséine, gélatine, térébenthine, cultures de staphylocoques dorés tués à 60°, bouillon ou sérosité récente de vésicatoire (Mayet), etc.).

Si l'on injecte dans le péritoine du cobaye des spermatozoïdes de l'homme et du taureau, du sang défibriné d'oie, les leucocytes mononucléaires s'incorporent les éléments étrangers, les tuent et les digèrent. Les éléments

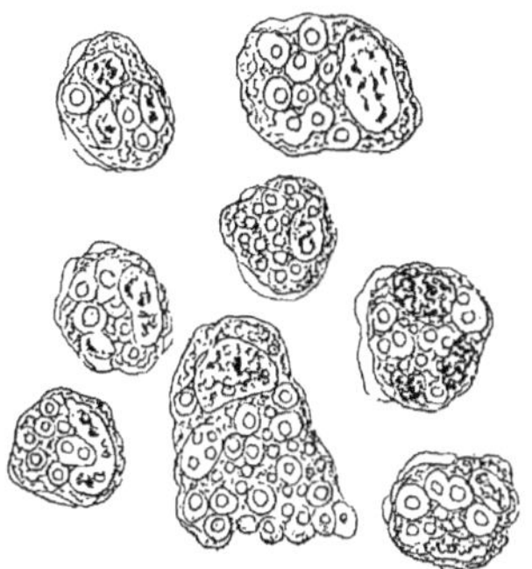

Fig. 167. — *Leucocytes de lapins remplis de spores tétaniques* (d'après Metchnikoff).

Fig. 168. — *Englobement rapide de globules rouges d'oie par les macrophages* (d'après Metchnikoff).

englobés sont transportés dans le système lymphatique, puis dans le système sanguin (Metchnikoff) (fig. 168).

On a vu des corpuscules pénétrer dans le noyau, mais il est probable qu'il s'agit d'un phénomène passif mécanique (Jolly).

Englobement des éléments vivants. — Les phagocytes sont parfaitement en état de saisir et de dévorer des microbes ou animalcules bien vivants et virulents (Metchnikoff).

Preuves. — Si on examine l'exsudat formé chez la grenouille, par l'inoculation d'un microbe mobile (pyocyanique…) ou le mélange d'un peu de lymphe de grenouille avec une trace de culture de microbes mobiles, on observe souvent dans l'intérieur des vacuoles des leucocytes, des microbes en train de se mouvoir rapidement.

En dehors de cette constatation directe, on peut s'assurer encore de l'état vivant des microbes au moment de leur englobement à l'aide d'une autre méthode. On retire une goutte de l'exsudat à une période avancée, lorsqu'il n'y a plus de microbes libres mais qu'il existe encore quelques rares bactéries plus ou moins bien conservées dans l'intérieur des phagocytes. Si on maintient une goutte suspendue d'un pareil exsudat autour de 30°, en ayant soin de la protéger contre la dessiccation, mais sans y ajouter un milieu nutritif quelconque, on constate que les leucocytes meurent plus ou moins vite, tandis que les microbes inclus reprennent de la vigueur, se reproduisent et fournissent une génération de microbes ; la goutte suspendue se transforme en une véritable culture pure [METCHNIKOFF (1), SALIMBENI (2), MESNIL (3)] (fig. 169 et 170).

Des exsudats qui ne contiennent que des bactéridies intra-phagocytaires, dont la plupart ont déjà perdu la propriété de se colorer de la façon normale par les couleurs d'aniline, produisent néanmoins le charbon mortel chez des animaux sensibles comme la souris et le cobaye (METCHNIKOFF, MESNIL, DIEUDONNÉ).

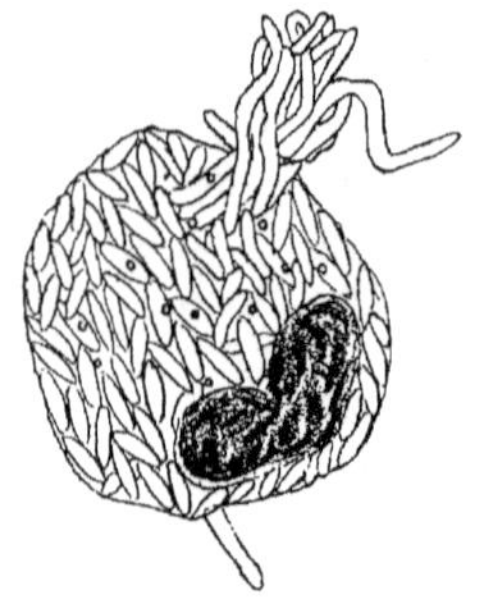

Fig. 169. — *Culture du bacille pesteux développée dans l'intérieur d'un macrophage de cobaye* (d'après METCHNIKOFF).

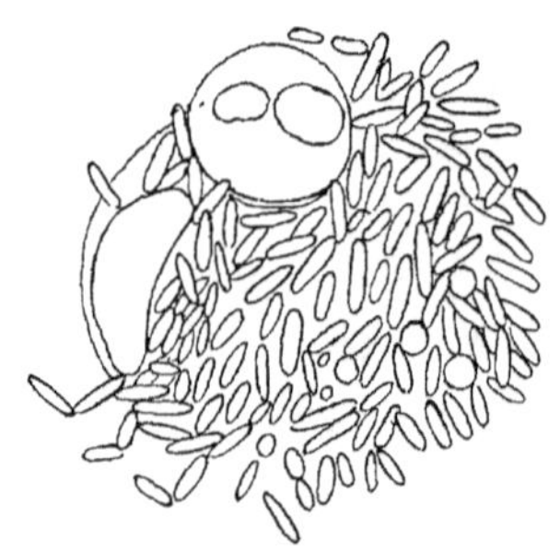

Fig. 170. — *Macrophage de cobaye éclaté à la suite du développement de bacilles pesteux dans son intérieur* (d'après METCHNIKOFF).

L'observation *in vitro* a permis de constater l'englobement des infusoires flagellés vivants par les leucocytes d'animaux réfractaires.

Des spirilles bien vivants conservent leur mobilité jusqu'au moment où ils finissent d'être englobés par les prolongements protoplasmiques de leucocytes de cobayes. Même lorsque le spirille est englobé presque totalement, la partie libre continue encore à se mouvoir ; ces mouvements ne cessent qu'après l'englobement total (METCHNIKOFF). Injectés dans le péritoine de rats immunisés, les Trypanosomes ne subissent aucune action nocive des humeurs, par contre ils sont englobés vivants, parfaitement isolés et très mobiles, par les globules blancs (LAVERAN et MESNIL).

Les Daphnies (petits crustacés d'eau douce) sont assez transparents pour permettre de suivre au microscope la lutte qui se produit entre les leucocytes et les spores d'un parasite végétal du groupe des Blastomycètes (METCHNIKOFF, 1884).

Acte final de la phagocytose. — L'acte final de la phagocytose est une digestion intracellulaire tout à fait comparable à celle que subissent les particules ingérées par les amibes.

Les éléments englobés sont ou logés directement dans le proto-

____

(1) Expérience avec le vibrion de GAMALEIA injecté sous la peau au cobaye vacciné.
(2) Expérience sur le cheval vacciné contre le streptocoque de MARMOREK.
(3) Expérience sur des grenouilles inoculées avec des bacilles du charbon et de la septicémie des souris.

plasme, ou entourés d'un liquide dont l'accumulation forme des vacuoles.

La digestion se fait le plus souvent dans un milieu faiblement acide, comme l'indique l'emploi du rouge neutre d'Ehrlich à 1 p. 100, en solution aqueuse. Toutefois elle s'accomplit parfois en milieu alcalin; c'est le cas du bacille tuberculeux. Tant que les phagocytes restent vivants, le suc acidulé qui remplit les vacuoles ou imbibe les microbes englobés ne se mêle pas avec le protoplasme qui, lui, est toujours alcalin. Après la mort des phagocytes, ce mélange se fait sans difficultés; l'alcalinité du protoplasme suffit largement pour neutraliser et même alcaliniser les sucs faiblement acides.

Agents de la digestion intraglobulaires. — Ce sont des ferments solubles auxquels Metchnikoff a donné le nom de **cytases**.

On extrait les cytases soit en faisant macérer des globules blancs (Metchnikoff), soit en filtrant sous une pression élevée (presse de Büchner), une bouillie leucocytaire (Delezenne). D'une manière générale, l'effet des extraits comparé à l'effet constaté dans le globule lui-même est toujours moins accentué. Il est probable que les ferments adhèrent aux leucocytes comme la zymase et la diastase protéolytiques à la levure de bière et ne peuvent être extraits en entier (Metchnikoff).

Certaines cytases sont comparables aux trypsines que l'on peut retirer par des macérations des amibes ou des actinies (Mesnil). Ces trypsines digèrent la fibrine, le blanc d'œuf coagulé, la gélatine... Elles agissent en milieu faiblement acide, neutre ou alcalin et présentent une très grande sensibilité au chauffage. Contenues dans l'eau, elles sont détruites à 55°-56° au bout de peu de temps. Si elles se trouvent dans les organes, réduites à l'état d'émulsion, leur sensibilité diminue : pour abolir dans ces conditions leur action, il faut élever la température à 58°-62°. Les cytases protéolytiques varient suivant l'espèce animale. Dans une même espèce Metchnikoff en distingue au moins de deux ordres : la macrocytase qui provient des grands mononucléaires et donne aux macérations des extraits des organes lymphoïdes (rate, épiploons, ganglions lymphatiques) la propriété de dissoudre les cellules animales; la microcytase qui provient des polynucléaires a son foyer principal dans la moelle des os et digère surtout les microbes.

Les globules blancs sécrètent un grand nombre d'autres ferments, en particulier : de l'amylase (Rossbach, Arthus, Zabolotny, Deutsch, Lortat-Jacob, etc.), des oxydases (Portier, Achalme), un ferment glycolytique; des ferments coagulants tels que le fibrin-ferment, des substances anticoagulantes (Delezenne), etc... L'entérokinase découverte par Pawlow dans le suc entérique paraît être un produit de sécrétion des leucocytes des plaques de Peyer (Delezenne). Les macérations de plaques de Peyer, de ganglions mésentériques, d'organes lymphoïdes (rate), de globules blancs isolés par centrifugation confèrent en effet à un suc pancréatique inactif le pouvoir de digérer les albumines (Delezenne), elles favorisent l'action des amylazes pancréatique et salivaire (Pozerski).

Diffusion des produits leucocytaires. — Les globules blancs déversent, dans certaines conditions, leurs produits de sécrétion dans le sang et les exsudats qui se forment dans l'organisme.

Metchnikoff soutient que les cytases ne se dégagent pas tant que les globules sont intacts, mais seulement après la mort et la dissolution de ces cellules.

Les faits qui permettent de supposer que l'exsudation des produits leucocytaires ne se produit que lorsque les globules sont altérés sont les suivants :

a) On compare sur un même animal, d'une part, le sang circulant ou le plasma bien pur, d'autre part le sérum, c'est-à-dire le liquide qui exsude du caillot formé par le sang sorti hors des vaisseaux, et on constate que le sérum possède des propriétés que le sang circulant ou le plasma pur ne possèdent pas.

C'est ainsi que le sérum paraît contenir (à l'exclusion du sang circulant et du plasma pur) du fibrin-ferment (Arthus, Delezenne) et des cytases bactéricides ou bactériolytiques (Gengou).

b) Si on injecte dans un organisme réfractaire des microbes et si on recherche le sort de ces microbes, on constate qu'il diffère suivant qu'il existe ou non des leucocytes dans cette région et suivant que les leucocytes sont plus ou moins résistants. Si l'injection est faite en un point où les leucocytes préexistent (péritoine), il peut arriver que le premier effet de l'injection soit une altération des phagocytes (phagolyse). Dans ce cas les microbes les plus faibles sont dissous dans le liquide ambiant, hors des leucocytes. Lorsque les leucocytes supportent l'injection sans être altérés, les microbes ne sont pas dissous ; ils sont pris par les phagocytes et digérés dans l'intérieur de ces cellules. Si l'injection est faite, non plus en un point où les leucocytes préexistent, mais en des régions qui en sont totalement ou à peu près dépourvues (tissu sous-cutané, liquide d'œdème, chambre antérieure de l'œil...) les microbes vivent jusqu'à ce que la réaction inflammatoire amène les phagocytes au point d'inoculation (Metchnikoff).

Des faits du même genre ont été observés après l'injection intrapéritonéale de globules rouges chez des animaux préparés par des injections préalables des mêmes globules. La dissolution se fait dans le liquide péritonéal si la phagolyse se produit; dans les leucocytes, si on empêche la phagolyse de se manifester (Metchnikoff).

Büchner, Bouchard et ses élèves soutiennent que la diffusion des produits leucocytaires peut être le résultat de la sécrétion des globules encore vivants.

Adaptation des propriétés digestives des leucocytes. — Les leucocytes s'adaptent progressivement à produire des quantités de plus en plus fortes de substances.

Exemple : Delezenne a montré que sous l'influence d'injections répétées de gélatine les leucocytes d'un animal acquièrent la propriété de digérer plus facilement la gélatine.

Un exsudat aseptique riche en leucocytes, débarrassé du sérum et lavé avec de l'eau physiologique, donne dans ce même liquide une solution qui digère faiblement la gélatine. Si on produit l'exsudation chez un chien traité préalablement avec plusieurs injections de cette substance, on obtient des leucocytes dont l'extrait obtenu par le même procédé digère d'une façon beaucoup plus considérable la gélatine. Le pouvoir digestif des leucocytes du chien préparé est quelquefois cinq fois plus fort que celui des leucocytes du chien normal. Il y a donc incontestablement dans cet exemple une propriété digestive acquise qui assure un renforcement notable de l'activité phagocytaire. Chez les chiens préparés les leucocytes ont un pouvoir digestif vis-à-vis de la gélatine sensiblement plus fort que celui de leur sérum sanguin, ce qui indique que la source du ferment soluble doit être cherchée précisément dans les phagocytes.

Extension de l'action phagocytaire aux substances dissoutes. — Les leucocytes fixent un grand nombre de substances dissoutes et les modifient. C'est là, sans doute, une des raisons de l'innocuité relative de l'injection de certaines substances dans le sang. Les lapins résistent à de hautes doses d'atropine, lorsque ce poison est injecté dans le sang ; l'injection intracérébrale de la centième partie d'une dose inoffensive dans le sang, provoque au bout de quelques minutes des accidents (dilatation pupillaire, excitation, anesthésie, paralysie) et la mort.

Les leucocytes fixent : le fer (Kobert, Stender, Samoiloff, Lipsky, Metchnikoff, Hoffmann), les combinaisons arsenicales (trisulfure d'arsenic, arsenite de potassium...) (Metchnikoff, Besredka), les sels solubles d'argent (Samoiloff), le calomel en solution huileuse, le salicylate de soude en solution aqueuse (Arnozan et Montel), l'atropine, la pilocarpine, la strychnine (Lombard, Calmette), l'iode (Labbé, Lortat-Jacob), l'abrine (Henseval), le mercure (Arnozan et Montel, Stassano, Collet), la gélatine (Delezenne)...

Exemples : Calmette, Lombard ont constaté que si on injecte un poison (pilocarpine, [atropine, strychnine...) dans les veines, et si on centrifuge le sang pour isoler les leucocytes, ceux-ci contiennent la presque totalité de la substance injectée. Delezenne injecte quelques centimètres cubes d'une solution de gélatine (10 p. 100) dans le péritoine ; il se produit un afflux considérable de globules blancs parmi lesquels prédominent les microphages. Lorsqu'à une goutte pendante d'un pareil exsudat on ajoute un peu de solution de rouge neutre d'Ehrlich, on voit presqu'immédiatement apparaître une coloration intense de nombreuses gouttelettes logées dans l'intérieur des leucocytes. La gélatine provoque donc une forte chimiotaxie positive des phagocytes mobiles et est absorbée par ces cellules. — COLLET injecte sous la peau du dos d'un cobaye 1 centimètre cube de gomme arabique triturée avec Hg; quatre jours après, il injecte dans le péritoine de l'animal quelques centimètres cubes d'eau salée qui provoque en peu d'heures un afflux de mono et de polynucléaires. Si on examine à ce moment le liquide péritonéal, on constate dans quelques globules blancs des sphères mercurielles, etc...

Généralité du phénomène. — La phagocytose ne caractérise pas uniquement certaines formes de leucocytes. Bien des organismes unicellulaires, tels que les amibes (fig. 171), possèdent cette propriété. Chez les Invertébrés les éléments actifs sont nombreux. Ce sont tantôt des cellules épithéliales du tube digestif; tantôt des cellules disposées entre la paroi du corps et celle du tube digestif, nageant librement ou plus ou moins fixées dans le tissu interstitiel.

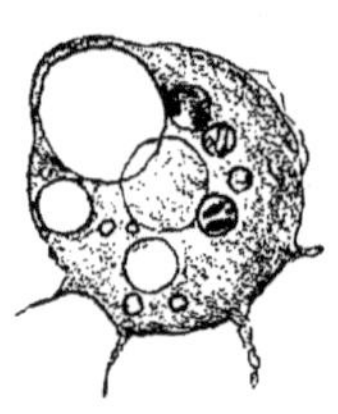

Fig. 171. — *Une amibe traitée avec le rouge neutre à 1 p. 100* (d'après METCHNIKOFF).

Chez les Ascaris et les Nématodes, il existe seulement quatre ou cinq ou un peu plus de ces cellules, mais celles-ci poussent des prolongements très longs capables d'explorer toute la cavité intérieure.

Si on s'élève dans la série animale, on voit, par suite de la différenciation des organes, le phénomène se localiser dans un certain nombre de cellules, en particulier dans le globule blanc.

Phagocytes fixes. — Les globules blancs ne sont pas chez les animaux supérieurs les seuls éléments capables de pousser des prolongements amiboïdes dans plusieurs directions et d'exercer une action phagocytaire. Ces propriétés caractérisent également des cellules fixes, c'est-à-dire définitivement attachées en certains endroits, à savoir : les cellules nerveuses, les grosses cellules de la pulpe splénique, des ganglions lymphatiques et de l'épiploon, certaines cellules endothéliales, les cellules de la névroglie, peut-être quelques cellules du tissu conjonctif (METCHNIKOFF). Les cellules dites cellules à poussières des voies respiratoires sont capables d'englober le noir de fumée, des microbes, d'autres corps étrangers et représentent, d'après TCHISTOWITCH, des globules blancs immigrés dans les alvéoles et dans les bronches. Les cellules étoilées du foie dites cellules de KUPFFER, sont, d'après METCHNIKOFF, peut-être aussi des globules blancs arrêtés dans les capillaires hépatiques. L'endothélium vasculaire a la propriété de fixer les sels de fer et d'argent, l'encre de Chine, le carmin ammoniacal (KOBERT, KOWAlewski), le mercure (Stassano), les microbes (notamment dans le foie, Lemaire). Les cellules endothéliales qui tapissent les séreuses peuvent se modifier sous des influences pathologiques ; elles passent dans le liquide exsudé, s'isolent, deviennent sphériques, prennent l'aspect de gros mononucléaires dont elles arrivent à partager les fonctions macrophagiques (Widal, Ravaut, Dopter). Les cellules endothéliales de revêtement des espaces sous-arachnoïdiens peuvent se mobiliser de la même manière et devenir macrophages, d'après Sabrazès et Muratet, et dévorer les hématies dans les cas d'ictus. Barjon et Cade ont observé fréquemment dans l'hydrocèle idiopathique des spermatozoïdes et des globules rouges phagocytés par les cellules endothéliales. Les globules de colostrum du lait sont doués de propriétés phagocytaires au même titre que les leucocytes du sang. Si on injecte sous la peau d'un cobaye en lactation du vermillon en suspension dans l'eau, on constate la présence de grains colorés dans les cellules à protoplasme granuleux du colostrum (Czerny, Mlle Lourié).

K. — CONDITIONS DANS LESQUELLES LES GLOBULES BLANCS INTERVIENNENT DANS L'ORGANISME.

Les globules blancs interviennent dans un très grand nombre de conditions, soit par eux-mêmes, soit par l'intermédiaire de leurs sécrétions.

Grâce à leurs propriétés phagocytaires, ils constituent des organes de défense pour l'organisme, et contribuent chez certains animaux inférieurs aux métamorphoses et à la disparition d'organes devenus inutiles.

Rapports avec la résorption. — Les globules blancs débarrassent l'économie des substances devenues inutiles en englobant tous les corps solides qu'ils rencontrent (débris cellulaires, globules rouges extravasés, leucocytes morts, microbes affaiblis, morts ou bien vivants...) et même certaines substances solubles pour tâcher de les digérer et de les supprimer.

Dans le tétanos, la rage... les cellules nerveuses lésées par le virus sont attaquées et souvent détruites par les globules blancs (Courmont, Doyon et Paviot, Carlos França).

Rapports avec l'immunité. — L'immunité naturelle ou acquise est un cas particulier de la résorption intracellulaire. Metchnikoff a démontré que la phagocytose est le facteur constant et principal de l'immunité naturelle ou acquise. L'introduction dans l'organisme animal d'un corps étranger ou de n'importe quelle catégorie de cellules, la pénétration de microbes dans les tissus ou les cavités du corps d'animaux réfractaires, provoque une inflammation localisée avec diapédèse d'un grand nombre de globules blancs. Le phénomène est très évident aussi bien chez les Invertébrés que chez les Vertébrés. Si on implante des épines de rosiers dans des Bipinnaires (larves d'étoiles de mer), au bout de peu de temps ces échardes sont entourées d'une masse de cellules amiboïdes tout fait comme dans l'exsudat de l'homme à la suite de l'introduction d'une épine ou d'un autre corps étranger (METCHNIKOFF).

Chez certains petits Crustacés transparents, les Daphnies, l'action préservatrice des phagocytes contre les parasites peut être suivie, au microscope, chez l'animal vivant. Ces Crustacés sont sujets à une maladie due à des Blastomycètes particuliers. Les spores du parasite ont la forme d'aiguilles fines, elles sont avalées avec la nourriture, elles perforent l'intestin et pénètrent dans la cavité du corps remplie de sang. Là, elles entrent en lutte avec les globules blancs qui les détruisent. Si elles ont le dessus elles germent et la Daphnie ne tarde pas à mourir (METCHNIKOFF).

L'existence même d'un foyer inflammatoire est un signe de la réaction de l'organisme et constitue dans bien des cas un symptôme favorable. FOCHIER a remarqué en clinique que les localisations suppuratives sont fréquemment le signal d'un amendement sérieux dans la marche de certaines maladies (septicémie puerpérale, états infectieux graves). Par des recherches expérimentales et cliniques cet auteur a montré les bons effets d'une méthode de traitement qui consiste à provoquer la formation d'abcès par des injections sous-cutanées de substances irritantes aseptisées, telles que la térében-thine (abcès de fixation). Lorsque la réaction se fait franchement, la guérison est presque la règle (FOCHIER, ARNOZAN).

Les globules blancs peuvent augmenter la résistance de l'organisme contre les agents d'infection et d'intoxication indirectement en donnant naissance à des substances qui exercent une influence destructive, soit sur les microbes (substances bactéricides ou lysines), soit sur les produits sécrétés par les microbes (substances antitoxiques) ou d'autres poisons solubles.

Rapports avec la nutrition. — Les leucocytes transportent à travers l'économie une partie des matériaux nutritifs absorbés au niveau de l'intestin, tels que de la graisse, du fer, des peptones. Peut-être ont-ils une part plus grande dans les phénomènes intimes de la nutrition, mais on ne saurait donner sur ce sujet aucune indication précise. RANVIER en observant le processus de réparation des plaies de la cornée a vu que les leucocytes polynucléaires abandonnent une partie de leur contenu paraissant servir à la nutrition des cellules de néoformation et à la cicatrisation.

Hématoblastes. — Granulations.

Le sang contient normalement, à côté des globules rouges et des leucocytes, d'autres éléments figurés, à savoir : les hématoblastes et des granulations de protoplasme.

Les hématoblastes (HAYEM) ou plaquettes (BIZZOZERO) ont été décrits pour la première fois, par MAX SCHULTZE. Ce sont des éléments incolores sur la nature et la signification desquels il règne encore bien des incertitudes.

Les hématoblastes sont très petits ; chez l'homme ils ont en moyenne 3 à 3 μ, 3 de diamètre. Leur forme est arrondie, elliptique ou irrégulière. Dans le liquide de HAYEM (1), l'aldéhyde formique, l'acide osmique, ils sont biconcaves (KEMP et CALHOUX). Le protoplasme est incolore et présente des réactions chimiques semblables à celles du noyau des globules blancs. Les hématoblastes existent chez tous les Vertébrés ; chez les animaux qui possèdent des globules rouges nucléés ils possèdent un noyau.

Un caractère important des hématoblastes est leur extrême altérabilité. Dans le sang extrait des vaisseaux, ils deviennent rapidement anguleux, irréguliers, puis se groupent en amas confus qui donnent naissance à des filaments. D'après KEMP et CALHOUX, SPANGARO, ils se détruisent dans la coagulation normale ou dans la défibrination.

Les hématoblastes peuvent être observés dans le sang circulant (mésentère de la grenouille, du cobaye). Pour les étudier sur une préparation, il faut prendre des précautions spéciales en raison de leur altérabilité. Un bon procédé consiste à piquer la peau à travers une goutte d'un liquide composé d'une solution aqueuse de chlorure de sodium à 7,5 p. 1000 colorée avec du violet ou du vert de méthyle (BIZZOZERO) et contenant 2 1/2 p. 100 d'aldéhyde formique (LAKER et KEMP, KEMP et CALHOUX). La goutte de sang se mêle à la matière colorante ; les plaquettes se reconnaissent à leur coloration intense et se distinguent des leucocytes parce qu'elles sont plus petites, discoïdes et d'un brillant particulier. Pour obtenir les hématoblastes en masse, MOSEN centrifuge 10 volumes de sang avec un volume d'une solution de chlorure de sodium à 0,7 p. 100 contenant 0,2 p. 100 d'oxalate d'ammoniaque ; les hématoblastes forment la couche superficielle des globules blancs.

En ce qui concerne le nombre, les chiffres varient sensiblement suivant les auteurs. — D'après HAYEM et CADET, le sang de l'homme adulte contient environ 200 à 300 000 hématoblastes par millimètre cube. KEMP et CALHOUX donnent comme moyenne de 75 observations sur 19 sujets : 778 000 par millimètre cube ; maximum 961 000 ; minimum 730 000. Chez le chien (15 observations sur 10 sujets différents) KEMP et CALHOUX ont trouvé : moyenne 381 000 ; maximum 461 000 ; minimum 349 000.

Les hématoblastes peuvent varier d'une façon brusque et considérable. Ils augmentent toutes les fois que le sang se répare, après la saignée, et

***

(1) Page 591.

au moment de la convalescence des maladies aiguës (pneumonie, scarlatine). Ils diminuent dans la fièvre (HAYEM), l'anémie progressive, les cachexies, les états infectieux graves, par exemple dans la fièvre typhoïde, dans l'inanition (HAYEM, HAYEM et CADET), sous l'influence des injections d'extraits de sangsues (LÖWIT), dans le sang extrait des vaisseaux (KEMP et CALHOUN)... Chez le nouveau-né le nombre des hématoblastes augmente progressivement jusqu'à huit ou neuf jours, époque à laquelle le chiffre normal est à peu près atteint.

Les hématoblastes se fixent facilement sur les corps étrangers plongés dans le sang (HAYEM, BIZZOZERO). Ils s'accumulent et s'agglutinent sur les points altérés des vaisseaux (EBERTH et SCHIMMELBUSCH). Pour HAYEM, BIZZOZERO, LAKER, SPANGARO, ils sont le point de départ de la coagulation, mais cette opinion est contredite par FANO, HLAVA, LÖWIT, SCHIMMELBUSCH.

Au point de vue chimique ils se rapprochent des globules blancs, car ils sont riches en nucléo-protéides et résistent à l'acide chlorhydrique dilué et à la pepsine (LILIENFELD).

Les granulations élémentaires de protoplasme proviennent probablement de la destruction des globules blancs ou des hématoblastes.

BIBLIOGRAPHIE.

Les globules blancs.

Numération. — Coloration. — Cons. COURMONT et MONTAGARD, Actualités médicales, Masson, 1903. — MALASSEZ, *Biol.*, 1899, 181. — CARSTANJEN, *Jah. f. Kinderh.*, 1900.
Ouvrages généraux. — LEVADITI, Le globule blanc. Carré et Naud, 1903, bibl. — METCHNIKOFF, *L'immunité dans les maladies infectieuses*, Masson.
Globules blancs dans la série. -- HAYEM, *Biologie*, 1899, p. 621, 623, Cheval. — GRIESBACH, *Verh. d. X. intern. Congress*, t. II, p. 1, 79, Invertébrés, Vertébrés. — TALLQVIST et WILLBRANDT, *Skand. Arch. f. Phys.*, t. X, 1899. — HÉRICOURT et RICHET, *Biologie*, 1893, p. 187, Proportion relative des leucocytes et des hématies chez le chien.
Invertébrés. — CUÉNOT, *Arch. de zool. expér. et gén.* (2), t. V. XLIII ; t. VII, 2, p. 321. — FÜRTH, *Vergleichende Chem. Phys. d. nideren Thiere, Iena*, 1903.
Variations du nombre des leucocytes. — AMES et HUNTLEY, Nucleinic acid. *the Journ. of amer. med. Ass.* — BOTKIN, *Virchow's Arch.* (14), t. I. 2, p. 238, Leucocytolyse. — CARRIÈRE et BOURNEVILLE, *Biologie*, 1899, p. 110, CO^2 amène éosinophilie. — HÉRICOURT et RICHET, *Biologie*, 1893, p. 187, 965 ; 1899, p. 415. — HIBBARD et WHITE, *Journ. of expér. méd.*, t. III, 6, p. 639, Leucocytosis of labor and the puerperium. — GEMÜND, *Münch. med. Woch.*, t. XIV, Hyperleucocyt. durch guajacetin ; *Goldscheider, Arch. f. Anat. u. Phys.*, 1894, p. 184. — MÜLLER, Inaug. diss. Berlin, 1894, Inject. de bactéries. — LEPINSKY et SVENSON, *Physiol. russe*, 1899, p. 306. — JACOB, *Arch. f. Phys. Du Bois-Reymond*, 1893, p. 567, Hyperleucocyt. artific. — PROKOVSKY, *Arch. sc. biol. Pétersb.*, 4/5 V. p. 319, Infl. extirpation corps thyroïde. — RONCAGLIOTA, Ergotine, *Clin. Genova*, 1895. — SACQUÉPÉE, *Arch. méd. exp.*, XIV, 124. — SCHULZ, *Deut. Arch. f. klin. Med.*, t. LI, 2/3, p. 234. — STASSANO, *C. R. Acad. sc.*, 1899, Sels solubles Hg., hypoleucocytose ; augmentation nucléine dans plasma. — TSCHISTOWITSCH, *St-Petersb. med. Woch.*, 1895, nos 37, 38, Subst. diverses ; *Centralbl. f. med. Wiss.*, 1894, no 14. — WERIGO, *Ann. Inst. Pasteur*, 1892, Subst. pulv., inertes ou microbes.
Digestion. — GRAVITZ, *Unters. d. Blut.*, 1902, bibl. — JAPHA, *Deut. med. Woch.*, 1900, t. XXVI, p. 181 ; *Jahrb. f. Kinderh.*, 1900, t. II ; *Deut. Zeit. Aertze*, 1901. — THIKHANOW, *Thèse Petersb.*, 1902. — CLOT, *Thèse Lyon*, 1903. — GOODAAL, GULLAND et PATON, *Journ. of Phys.*, 1903.
Inanition. — OKINTSCHITZ, *Arch. f. exper. Pathol. u. Pharm.*, t. XXXI, 4/5, p. 382.
Grossesse. — LAUBENBURG, *Arch. f. Gynäk.*, t. XL, 3, p. 419. — WILD, Thèse Zurich, 1897. — MEYER, *Arch. f. Gynäk.*, t. XXXI, I, p. 145. — ZANGEMEISTER et WAGNER, *Deut. med. Woch.*, 1903.
Survie. — JOLLY, *Biologie*, 1903. — DASTRE, *ibidem* 1903.
Mort du globule. — JOLLY, *Biologie*, 1898, p. 702. V. MAUREL.
Narcotiques. — CANTACUZÈNE, *Ann. Inst. Pasteur*, 1898, t. XII, p. 288. — OPPEL, *Ibid.*, 1901.

Actions diverses. — Bouchard, *C. R. Acad. sc.*, 1891. — Jolly, *Biologie*, 1897, p. 758. — Rauschenbach, Diss. Dorpat., 1882. — Tarchanoff, *Arch. de Phys.*, 1875. — Maurel. *Biologie*, 1901, p. 978, Eméline ; 1902, p. 248, Elixir Bonjean. — Loewy et Paris, *Biologie*, 1902, p.188, Chloroforme. — Willebrand, *Skand. Arch. f. Phys.*, XIV, travail musculaire. — **Action de la quinine**. — Binz, *Arch.¹ intern. Pharm. et Thérap.*, 1898, p. 289. — Maurel, *Biologie*, 1902, p. 1202, 1394, 1903, 580. — **De la caféine.** — Maurel, *Biologie*, 1899, p. 547.

De la température. — Maurel, *Biologie*, 1896, p. 538 : Rech. expér. sur les leucoc., Doin, Paris. 1890. — Hamburger, *Arch. f. (Anat. u.) Phys.*, supp. 1893, p. 155.

Des excitations sensitives. — J. Lépine, *Biologie*, 1902, p. 1393.

Ablation de la rate. — Dircks-Dilly. Thèse Lyon, 1902. — Dumoulin, Thèse Lyon, 1903. — Carrière et Vanverts. *Biologie*, 1900, p. 1134. — Nicolas et Dumoulin, *Journ. de Phys. et Pathol. gén.*, 1903.

Action des toxines. — Werigo et Jegunow. *Arch. Pflüg.*, t. LXXXIV, p. 451.

Anesthésie. — Loewy et Paris, *Biologie*, 1902, p. 188. — **Lécithines.** — Augmentent : Stassano et Billon, 1902. p. 167,170, *C. R. Acad. sc.*, CXXXIV, 1902. — **Pilocarpine.** — Monoleuc. Dircks, Thèse Lyon, 1902.

Froid. — Rey, Thèse Paris, 1899, Diminution. — Decastello et Czimer. *Wien. klin. Woch.*, 1899, p. 395. — Winternitz, *Centralbl. f. klin. Med.*, t. XIX, 9, p. 177. — Tirelli, *Arch. it. Biol.*, 1901. — **Injections salines ; bains chlorurés.** — Diminution. — Claisse, *Biologie*, 1902. p. 612. — **Ligature et fistule du canal thoracique.** — Biedl et Decastello, *Arch. Pflüg.*, t. LXXXVI, p. 259. — Korokoff, *Arch. scienc. biol. Petersb.*, 1899.

Bile. — Gilbert et Herscher. *Biologie*. 1902, p. 614. — **Venins.** — Auché et Vaillard, *Biologie*. 1901. p. 756.

Intoxications. — Achard et Loeper, *Biologie*, 1901, p. 217, Plomb, mercure, morphine, antipyrine, ictère. — **Cocaïne.** — Maurel, *Biologie*, 1901, p. 727, 0,20 suffisent pour 100 gr. de sang humain. — **Action de la peptone.** — Athanasiu et Carvallo, *Biologie*, 1896, p. 328, 526. — Boskin, *Virchow's Arch.* (13), t. VII, 3, p. 476. — Bruce, *Proc. roy. Soc. London*, t. LV, p. 333, p. 295. — Dastre et V. Henri, *Biologie*, 1903. — Delezenne, *Arch. de Phys.* (5), 1898, t. X, 3, p. 608 ; *Biologie*, 1898. p. 357 ; *Congr. méd. Paris*, 1900. Sect. de Physiol : à propos de la comm. de Camus. — Tschistowitsch, *Petersb. med. Woch.*, 1894, p. 56. — Wright, *Proc. roy. Soc.*, t. LII, p. 564. — **Hydrargyre.** — Gaglio. *Arch. di sc. med.*, 21, n° 13. — Stassano, *C. R. Acad. sc.*, 1899. — Maurel, *Bull. gén. thérap.*, 1893, p. 193.

Territoires vasculaires. — Jacob, *Arch. f. Phys. Du Bois-Reymond*, 1893, p. 574. — Bornstein. Inaug. diss. Breslau. 1887. — Röhmann, *Jahresb. schles. ges. f. Vaterl. Cultur*, t. XLV, p. 93. — Semakine, *Arch. sc. biol. Pétersb.*, 1895. — Omeliansky, *Arch. sc. biol. Pétersb.*, t. III, 2. p. 131.

Explication des variations de nombre ; mécanisme. — Zuntz et Schumburg, *Physiol. d. Marsches*, bibl. Coler, p. 110. — Schultz, Dissert. Leipzig, 1893. — Rieder, *Beitrage z. kentniss d. Leucocytose*, 1892.

Composition chimique. — Barker, *Bull. of the Johns Hopkins Hosp.*, Baltimore, 1894, Eisen in den granula. d. eosinophilen Leucocyten. — Lilienfeld, *Zeit. f. phys. Chemie*. XVIII, 5/6, p. 473. — Lawrow. *Zeit. f. phys. Chemie*, t. XXVIII, p. 388.

Glycogène et réaction iodée. — Dastre. *Arch. de Phys.*. 1899. — Kaminer, *Deut. med. Woch.*, 1899, t. XXV, 13, p. 235 ; *Berlin. klin. Woch.*, t. XXXVI, 6, p. 119, Fievre puerpérale. — Sabrazès et Muratet. *Biologie*. 1902, p. 603, Réact. iodophile dans épanch. séreux. — Labbé et Lortat-Jacob, *Biologie*, 1902, p. 830. — Salmon, Thèse Paris, 1899.

Iode ; arsenic. — Stassano et Bourcet. *C. R. Acad. sc.*, 1901. 24 juin. — **Acides biliaires.** — Choftan, *Arch. f. d. ges. Phys.*, t. 90, 1902.

Mouvements. — Schultze. *Arch. f. mikros. Anat.*, 1865, t. I. — Jolly, *Biologie*, 1901, p. 1069 ; 1902, p. 663 ; *Arch. méd. exp.*, 1902, XIV, 73. — Wolff, *Berl. klin. Woch.*, 1901, 1290. — **Diapédèse.** — Bibl. in *Dict. de Phys.* de Richet, article Diapédèse de Launois.

Phagocytose. — Metchnikoff, *L'immunité dans les maladies infect.*, bibl. Masson, Paris. — Lesage, *Biologie*, 1900, 9 juin. — Lombard. *Biologie*, 1091, p. 263, 438, Thèse Fac. méd. Paris, 1901. — Maurel, *Biologie*, 1901, p.137. — Mayet, *Biologie*, 1901. — Rouget, *Biologie*, 1900, p. 307. — Stassano, *C. R. Acad. des sc.*, p. 127, 680, Hg. — Critique : Tripier, Traité d'Anat pathol., Masson.

Action sur les éléments nerveux. — Valenza, *Biologie*, 1896. — Pugnat, *Biologie*, 1898, p. 242, Destruct. des cellules nerveuses chez les animaux âgés. — França et Athias, *Biologie*, 1899, p. 317. — Carlos França, *Biologie*, 1901, p. 243, Appli-

cation d'un sérum leucocytaire pour modifier l'aspect des lésions prov. par leucocytes.

Ferments. — Büchner, *Congrès méd. Paris*, 1900. — Metchnikoff, L'immunité dans les mal. infectieuses. — Pillon, *Biol.*, 1896, p. 294, 373 ; subst. thermogènes.

Phagocytose exercée par l'endothélium vasculaire. — Bronstein, *Phys. Russe*, 1899; *Arch. russes de Pathol. méd. clin. et bact. St-Pétersbourg*, t. VII, 1899 ; spores injectées dans sang s'éliminent vite ; élimination dépend d'action phagocytaire d'endoth. des capillaires ; celui des capill. musculaires serait inapte. — Cousin, *Biol.*, 1898, p. 454; conf. des trav. de Kowalewsky. — Kobert, cons. : *Arb. d. phys. Inst. Dorpat*, t. IX. — Stassano, *C. R. Acad. sc.*, t. CXXIX, p. 648, 1899 ; fixation de Hg. ; strychnine, curare. — Lemaire, *Arch. méd. exp.*, 1899. — **Phagocytes fixes**. — Widal, Ravaut, Dopter, *Biol.*, 1902, p. 1005. — Barjon, Cade, *Soc. méd. hôp. de Lyon*, 6 juin 1902 (hydrocèle). — **Action des noyaux**. — Jolly, *Biol.*, 1901, p. 1006.

Chimiotaxie. — Dineur, *Ann. de la Soc. roy. d. sc. méd. et nat. de Bruxelles*, 1892 ; sensibilité à l'électricité. — Massart et Bordet, *Ann. Inst. Pasteur*, 1891.

Désintégration des leucocytes. — Danilewsky, *Le Physiologiste. russe*, 1900, t. II. — Stassano, *C. R. Acad. sc.*, 1899, 16 oct., sels de mercure, rapport avec coagu-lation. — Mezinescu, *Biologie*, 1903. — Jolly, *ibidem*.

Abcès de fixation. — Fochier, *Congrès méd.*, Paris, 1900 ; *Lyon médical*, 1900. — Trifon, *Thèse Fac. méd. Lyon*, 1899. — **Leucothérapie**. — Touzet, *Thèse Lyon*, 1903.

Rôle dans la nutrition. — Ranvier, *R. C. Acad. sc.*, 1897, 22 fév.

CHAPITRE V

PARTIE LIQUIDE DU SANG.

Suivant les conditions de l'examen ou de l'expérience, on obtient des liquides différents : le plasma et le sérum. Dans une première partie, nous examinerons les caractères généraux de ces liquides; dans une seconde nous passerons en revue les différentes sub-stances qui entrent dans la composition, soit du plasma, soit du sérum.

A. — CARACTÈRES GÉNÉRAUX DU PLASMA ET DU SÉRUM.

I. **Distinction entre le plasma et le sérum**. — Le plasma est le sang moins les globules. Il est relativement difficile à préparer et surtout à conserver, car il coagule spontanément hors des vais-seaux. Toutefois le plasma obtenu en centrifugeant le sang des Oiseaux recueilli directement dans le vaisseau, à l'abri du contact des tissus, peut être maintenu liquide pendant très longtemps, parfois pendant un mois (Delezenne). Desséché avec précaution le plasma peut être parfaitement conservé à l'état sec jusqu'au moment où on juge convenable de l'employer. La poudre reprise par l'eau, régénère le plasma avec ses caractères (F. Glénard, L. Fredericq, Dastre et Floresco, A. Gautier).

Le **sérum** est le liquide qui exsude du caillot formé par le sang des vaisseaux. Il ne doit pas être identifié avec le plasma ; il n'a aucune tendance à coaguler spontanément, car il ne renferme plus de fibrinogène ou de fibrine ; par contre, il renferme des substances d'origine leucocytaire, que le plasma ou le sang circulant ne contient pas. C'est ainsi que le sérum renferme, à l'exclusion du plasma, du fibrin-ferment. GENGOU a démontré que le plasma du sang d'un animal peut être dénué de propriétés bactéricides alors que le sérum provenant du même sang possède un pouvoir bactéricide très accusé.

II. **Procédés pour obtenir le plasma et le sérum**. — Les procédés permettant d'obtenir le plasma sont étudiés à propos de la constitution du sang (p. 518) et de la coagulation.

On obtient le sérum pur en laissant le sang se coaguler au sortir du vaisseau dans un vase stérilisé, puis en centrifugeant le liquide exsudé. On peut hâter la séparation en recevant directement le sang dans les tubes du centrifugeur avant que le caillot se soit formé (CAMUS). On peut aussi centrifuger du sang défibriné.

Les propriétés du sérum diffèrent suivant la façon dont il est préparé. Le sérum exsudé d'un caillot a un abaissement du point de congélation plus élevé que celui obtenu avec le sang défibriné (HAMBURGER). La conductibilité électrique du sérum de bœuf exsudé étant 114,40, celle du sérum de bœuf obtenu avec du sang défibriné est de 109,8 (OKER-BLOM).

III. **Quantités relatives de plasma et de sérum dans le sang**. — Le plasma représente environ en volume la moitié du sang total. Le sérum est au caillot comme 1,5 à 2, lorsque la rétraction est complète (chez le cheval, ARLOING). Pratiquement on obtient par la centrifugation du sang environ 1/3 de son volume de sérum décoloré (DAREMBERG). Si on recueille le sang qui s'écoule d'un chien et si on examine des échantillons successifs, on reconnaît que le sang est d'autant plus riche en sérum que l'animal a perdu plus de sang (RICHET et HÉRICOURT).

Couleur du sérum. — Le sérum pur, obtenu par centrifugation rapide et prolongée (une heure), immédiatement après la saignée est incolore comme de l'eau (DAREMBERG, MAYET). Le sérum exsudé du caillot est fréquemment coloré par suite de la présence de rares globules flottant au milieu du liquide ou de la diffusion de l'hémoglobine résultant de l'altération des globules, soit par le froid, soit par les microbes.

Le sérum est parfois *lactescent*. Ce fait n'est pas forcément pathologique ; toutefois il est assez exceptionnel pour qu'on puisse presque le considérer comme tel.

La lactescence du sérum a été observée : dans la fièvre typhoïde (indépendamment de toute complication rénale), la tuberculose aiguë, la pustule maligne, certaines albuminuries (néphrites aiguës ou subaiguës), la dégénérescence amyloïde du rein, dans certaines infections expérimentales (le muguet chez le lapin, Noisette) ; sous l'influence du proteus vulgaris (Achard), pendant l'immunisation contre la diphtérie, le streptocoque (Dujardin-Beaumetz, Prevot) ; enfin, à un degré moindre, pendant la période asphyxique de l'asystolie (Jousset).

La lactescence du sérum n'a pas de rapports bien démontrés avec l'alimentation ; toutefois on observe parfois chez certains animaux (le cheval et surtout l'âne) un léger reflet blanchâtre dû à la digestion. Chez l'homme, Jousset n'a pas vu se produire la lactescence, dans ces conditions, même après un repas de graisses.

La lactescence est due à des corpuscules réfringents (probablement de nature graisseuse) insolubles dans l'éther seul, solubles dans l'éther si le sérum a été additionné au préalable d'un peu d'alcool. Au sérum lactescent correspond un plasma lactescent (Jousset).

D'après Hammarsten, Gilbert, Herscher, Lereboullet, Stein, Posternak, etc.... beaucoup de sérums (homme, surtout chez le nouveau-né ; cheval) donnent la réaction de Gmelin, par suite de la présence de pigments biliaires (bilirubine). [Le sang de bœuf contient normalement des acides biliaires localisés probablement dans les leucocytes. Croftan.]

Pouvoir rotatoire. — Le sérum observé au polarimètre Laurent avec le jaune du sodium dans un tube de 5 centimètres de long, fournit des rotations qui varient pour une même espèce d'un individu à l'autre entre 1° 14′ et 2° 11′ à gauche (Dongier et Lesage).

Indice de réfraction. — Sérum humain adulte : n = 1.3475 à 1.3518 ; chien : 1.3462 à 1.3470 ; bœuf : 1.3488 à 1.3500 ; t° 16°,7 (Dongier et Lesage).

B. — ÉTUDE DES PRINCIPALES SUBSTANCES CONTENUES DANS LA PARTIE LIQUIDE DU SANG.

I. — Substances albuminoïdes.

Le plasma contient une matière albuminoïde, la fibrine, qui se précipite en général dès que le sang ou le plasma est extrait des vaisseaux. Nous examinerons plus loin si la fibrine préexiste ou si elle prend naissance aux dépens d'une autre substance : le fibrinogène. En plus de la fibrine (ou du fibrinogène), le plasma contient encore d'autres substances albuminoïdes, en se basant sur des différences dans la solubilité dans certains réactifs et la température de coagulation.

Expérience : On prépare du plasma en laissant par exemple se déposer les globules dans du sang maintenu fluide dans la jugulaire excisée entre deux ligatures sur un cheval. Le segment de veine gonflé de plasma est placé dans un tube à parois minces. Celui-ci plonge dans un bain d'eau dont on élève graduellement la température.

A la température 56°, il se forme un premier précipité formé par le fibrinogène. Le liquide séparé par filtration a perdu la propriété de se coaguler spontanément et peut être assimilé au sérum. Il contient encore en solution : une albumine qui coagule à une température voisine de 75°; des globulines qui coagulent à une température comprise entre 68° et 75° (L. Fredericq).

1° *Fibrine*.

Préparation de la fibrine. — On la prépare en général en partant non du plasma, mais du sang, suivant un procédé indiqué par Ruysch en 1707. Il suffit d'agiter ce liquide dans un vase fermé avec des fragments de verre ou de le battre avec un balai de brindilles, de bois, de paille, de crin ou avec des baguettes de baleine ou de verre. La fibrine se présente dans ces conditions sous forme de filaments élastiques qui adhèrent entre eux et aux objets avec lesquels ils sont en contact. Lorsque le sang se coagule spontanément, la fibrine se présente sous la forme d'une gelée plus ou moins rétractile qui englobe les éléments figurés du sang.

La fibrine de battage n'est pas toujours rigoureusement équivalente à la fibrine du caillot spontané (Dastre). Chez l'animal, dans un état voisin de la défibrination totale (Voy. p. 723), il y a des cas rares où le battage fournit de la fibrine alors qu'il n'y aurait pas de coagulation spontanée. Le cas le plus fréquent est celui où le sang coagule spontanément et lentement alors que le battage ne fournit pas de fibrine appréciable.

La *détermination exacte* de la fibrine d'un échantillon donné de sang nécessite les précautions suivantes (Dastre) : *a)* le sang est reçu aseptiquement dans un flacon taré stérilisé et agité avec des baguettes formées d'une substance ne pouvant laisser de débris dans le magma; *b)* la fibrine est recueillie dans un nouet formé d'un linge fin et lavée sous un courant d'eau pendant douze à vingt-quatre heures; *c)* la fibrine doit être séparée du sang aussitôt après sa précipitation : sans cette précaution elle peut disparaître, suivant la température, dans la proportion de 3,6 à 44 p. 100 (en moyenne 8 p. 100); *d)* la pesée doit être faite après dessiccation à 105° pendant deux à cinq jours, la teneur en eau pouvant varier.

Quantité. Variations. — La quantité de fibrine fournie par le sang artériel varie, chez le chien normal, d'un animal à l'autre dans des limites assez étroites (1,18 à 2,15 p. 1000) (Lehmann, Dastre).

La quantité moyenne de fibrine fournie par le sang artériel étant 1,52 p. 1000 de sang, la quantité moyenne de fibrine du sang total est seulement 1,09. Le sang artériel est donc plus riche en fibrine que l'ensemble des sangs veineux; il est notablement plus riche que le sang de la veine cave inférieure (Dastre). Il y a des sangs veineux qui ne fournissent qu'une très faible quantité de fibrine, et qui ne coagulent pour ainsi dire pas spontanément; le sang des veines sus-hépatiques (1) (Lehmann, des veines rénales (Cl. Bernard, Frantz Simon, Brown-Séquard) et celui des veines capsulaires rentrent dans cette catégorie.

Les vaisseaux efférents de l'intestin, de la peau contiennent plus de fibrine que les vaisseaux afférents (Lehmann, Dastre). En ce qui concerne l'intestin, la moyenne pour le sang artériel afférent étant de 1,57 p. 1000, elle est de 4,12 pour le sang veineux mésaraïque. Les choses se passent comme s'il existait des organes formateurs ou destructeurs de la fibrine. Suivant des conditions encore mal précisées, le poumon agit tantôt pour augmenter, tantôt pour diminuer la fibrine du sang (Dastre).

Un animal que l'on a totalement défibriné refait de la fibrine. D'après Mathews, c'est l'intestin seul qui agit. Par des circulations artificielles, l'auteur s'est assuré que la fibrine n'est pas reconstituée dans les membres. L'ablation totale de l'intestin a pu empêcher la reformation de la fibrine (ou du fibrinogène) chez les animaux défibrinés.

La quantité totale de fibrine circulante dans le sang, représente environ 85 milligrammes par kilogramme du poids vif de l'animal (Dastre).

Les animaux peuvent survivre à la défibrination totale. L'opération ne peut être effectuée d'un coup, mais seulement par une série de saignées successives suivies de réinjection (Magendie, Dastre). La réparation de la fibrine est rapide ; la quantité de fibrine néoformée dépasse la quantité initiale (Magendie, Dastre). La fibrine néoformée présente quelques caractères distinctifs. Elle se dissout dans l'eau faiblement saline et se rapproche par ses caractères des globulines.

Le sang de l'homme contient à l'état normal 2,5 à 3,5 p. 1000 de fibrine, except. 4 p. 1000 (Andral). La quantité de fibrine augmente notablement dans certaines maladies inflammatoires aiguës (rhumatisme articulaire aigu, pneumonie, pleurésies, péritonites, etc...). La quantité de fibrine peut atteindre 5, 6, 7 et même 10,5 p. 1000 chez l'homme ; 13 chez le bœuf (Andral). Andral a observé une augmentation de 4,3 p. 1000 pendant les derniers mois de la grossesse.

Propriétés. — La fibrine présente les propriétés générales des matières albuminoïdes. Elle est insoluble dans l'eau, mais soluble dans les solutions salines de sels neutres assez riches en sels (Denis, 1838).

La fibrine se dissout dans les solutions au cinquième et au dixième de chlorure de sodium, chlorure de baryum, chlorure de calcium, chlorure de potassium, de sulfate ou de phosphate de soude, de sel ammoniaque... le fluorure de sodium en solution dans l'eau à 1 p. 100 dissout la fibrine lentement à 15°, rapidement

---

(1) Cl. Bernard fait cependant remarquer que le sang des veines sus-hépatiques coagule. Paulesco a constaté que la diminution de la coagulabilité ne se montre que pendant la digestion et qu'elle ne correspond pas à une diminution du taux des globulines du sang. P. Carnot et Gilbert ont obtenu des résultats variables. Dans un certain nombre de cas, ces auteurs ont trouvé par battage une très minime quantité de fibrine dans le sang sus-hépatique ; ce sang coagulait néanmoins normalement, mais le caillot obtenu avait une apparence gélatineuse et paraissait se rétracter fort peu, Dans d'autres cas (après l'anesthésie par le chloroforme ou l'éther, chez des sujets en digestion), Carnot et Gilbert ont trouvé une quantité de fibrine filamenteuse à peu près normale.

et abondamment à 40° (Arthus). Les solutions de fibrine dévient à gauche le plan de la lumière polarisée (Dastre).

La fibrine est précipitée de ses solutions par la dilution, par la dialyse, par le chlorure de sodium à saturation partiellement, par le sulfate de magnésie à saturation totalement. Les solutions sont précipitées ou coagulées par la chaleur, l'alcool, les acides, le formol, le sublimé, l'acétate de plomb, le sulfate de cuivre.

Les acides et les alcalis dilués dissolvent à la longue la fibrine et la transforment en acides — ou alcalis-albumines. Les sels neutres (Limbourg, Dastre), l'eau chloroformée ou additionnée d'alcool ou de phénol (Denys) (1), lui font également subir un commencement de digestion. Certains ferments solubles tels que la pepsine, la trypsine, la papaïne, certains microbes, les extraits de leucocytes... la transforment en peptones, ou même en d'autres produits plus simples tels que les acides amidés (tyrosine, etc.).

La fibrine fraîche décompose l'eau oxygénée (Thénard); elle fixe les ferments solubles (Wittich, Grützner, Gamgee) et l'entérokinase (Delezenne).

La composition élémentaire de la fibrine est, d'après Hammarsten : C 52,68 ; H 6,83 ; Az 16,91 ; S 1,10 ; O 22,48 p. 100. Calcinée, la fibrine, obtenue dans les conditions ordinaires, fournit des cendres contenant du phosphate de chaux (Virchow, 1846 ; Brücke, 1858). Hausermann a trouvé 9,1-10,1 milligrammes de fer dans 100 grammes de fibrine sèche (porc).

La fibrine ne se présente pas toujours avec des propriétés absolument identiques. Celle des très jeunes animaux, du cheval, des individus anémiés par des saignées répétées... sont plus molles, moins élastiques; elles finissent par se dissoudre dans l'eau tiède en donnant une solution qui a tous les caractères du blanc d'œuf; celle du sang artériel comme celle qui a été portée quelque temps à 80° est insoluble dans les solutions de sel marin au 1/10, et dans les autres sels de soude ou de potasse, tandis que la fibrine veineuse s'y dissout. La fibrine du sang veineux coagulée au repos, lorsqu'on la traite par trois fois son poids d'une solution de sel marin au 1/10, devient simplement filante, visqueuse, non filtrable (Magendie).

L'ébullition rend la fibrine opaque, cassante, difficile à attaquer par les sucs digestifs, insoluble dans les solutions salines diluées, incapable de décomposer l'eau oxygénée.

État dans le sang. — Au microscope on ne perçoit dans le plasma aucune particule de fibrine en suspension. Pour les uns, cette substance préexiste à un état physique différent ; pour les autres, elle dérive d'une substance mère, le **fibrinogène.**

Le fibrinogène est obtenu soit en chauffant du plasma à 56°, soit en additionnant ce liquide d'une solution saturée de chlorure de sodium (Hammarsten : 1 partie de plasma, 2 parties de solution) ou de sulfate d'ammonium [solution saturée de sulfate d'ammonium: 2,6 ; plasma (de cheval): 2,0 ; eau distillée: 5,4

---

(1) Denys admet qu'il se forme sous l'influence du chloroforme, de l'alcool ou du phénol un ferment analogue aux ferments digestifs. Rulot estime que la digestion par les solutions salines est un phénomène comparable. Les ferments peptonisants proviendraient de la désagrégation des globules blancs emprisonnés dans le caillot de fibrine. La dissolution ne s'obtiendrait plus si on opère sur de la fibrine pure, exempte de leucocytes.

(Reye)]. On peut partir soit du plasma oxalaté ou magnésié, soit du plasma obtenu par le procédé de la veine.

Le fibrinogène a la composition élémentaire suivante, d'après Hammarsten : C 56,93 ; H 6,90 ; Az 16,66 ; S 1,25. Il contient peu de glycocolle (Spiro). Le fibrinogène est insoluble dans l'eau distillée et les solutions salines saturées, soluble dans les solutions salines diluées.

Le fibrinogène diffère de la fibrine typique par quelques côtés.

Le fibrinogène précipité par addition de chlorure de sodium au sang oxalaté ou au sang magnésié, le fibrinogène non coagulé, se sépare de la fibrine non coagulée par les caractères suivants : le fibrinogène se dissout bien et abondamment dans NaCl à 1 p. 100. Il est précipité partiellement par 15 p. 100 de NaCl et totalement par 30 p. 100 (saturation). La fibrine se dissout d'une façon peu sensible (mais non pas nulle) dans NaCl à 1 p. 100 ; elle se dissout bien dans NaCl à 10 p. 100 ; elle n'est pas précipitée par NaCl à 15 p. 100 ; elle est *partiellement* précipitée par saturation de NaCl.

Le fibrinogène précipité dans la veine par chauffage ou précipité du sang oxalaté par chauffage à 56° ou précipité par chauffage à 56° de la solution de fibrinogène dite pure, est une substance albuminoïde coagulée qui ne peut pas être actuellement différenciée des autres substances albuminoïdes coagulées. Comme ces dernières, le fibrinogène obtenu dans ces conditions est insoluble dans l'eau et les solutions salines diluées (NaCl, MgSO⁴, NaSO⁴), (AzH⁴)²SO⁴, à 1 p. 100 environ ou plus. La fibrine obtenue par battage ne présente pas cette insolubilité. On peut la dissoudre rapidement et abondamment dans le chlorure de sodium à 10 p. 100, le fluorure de sodium à 1 p. 100. Chauffée à 56° la fibrine perd sa solubilité ; elle se transforme en une substance albuminoïde coagulée et ne peut plus être différenciée actuellement du fibrinogène coagulé.

De plus, supposons une solution de fibrinogène dans de l'eau faiblement salée, supposons une solution de fibrine dans de l'eau salée (on fait la solution fortement salée puis on dilue pour diminuer la salure). En ajoutant à ces deux liqueurs soit une solution de fibrin-ferment, soit du sérum sanguin, on provoque l'apparition d'un caillot dans la solution de fibrinogène et on ne provoque aucun changement dans la solution de fibrine.

En solution pure le fibrinogène coagule dès 52°, parfois dès 49° (Schwalbe). Le fibrinogène est retenu par les filtres en porcelaine.

2° *Albuminoïdes du sérum.*

Le sérum renferme des albuminoïdes qui se comportent comme un mélange vis-à-vis de certains réactifs et de la méthode des coagulations fractionnées.

On a isolé :

a) Des *globulines*. — Pour précipiter les globulines, il suffit : soit de dialyser le sérum ; soit de diluer le sérum avec de l'eau distillée ; soit d'additionner ce liquide d'acide acétique et de le diluer ; soit de diluer le sérum et de le soumettre à un courant d'anhydride carbonique (Panum, Al. Schmidt). On précipite aussi les globulines par la saturation par le sulfate de magnésium, et la demi-saturation par le sulfate d'ammonium (Hammarsten).

Les globulines sont solubles dans les alcalis et les sels neutres (Panum, Ham-

MARSTEN, REVE). En solution NaCl a 10 p. 100 elles coagulent entre 69°-76° (HAMMARSTEN).

En se basant sur des différences dans la solubilité et les conditions de précipitation on a distingué plusieurs globulines. La dialyse ne rend insoluble qu'une partie des globulines; il existe une globuline dans le sérum soluble dans l'eau (pseudo-globuline (MARCUS). HAMMARSTEN désigne sous le nom de fibrin-globuline une globuline qui coagule à 64° et représente probablement un reste de fibrine en solution. La quantité de fibrine qui apparaît pendant la coagulation est toujours moindre que celle du fibrinogène.

b) Une *albumine*. — Cette albumine n'est pas influencée par le sulfate de magnésie, mais précipite par le sulfate d'ammoniaque en cristaux en excès (1); elle coagule à 72°-73°; elle est soluble dans l'eau.

L'albumine a été obtenue *cristallisée* (GRUBER, MICHEL, PECKELHARING, WICHMANN, GRUZEWSKA). Le plasma du sang oxalaté est centrifugé, et traité par une solution de sulfate d'ammoniaque à saturation à froid pour éliminer les globulines. Après vingt-quatre heures, le liquide filtré est mis à la glacière puis reporté au bout de plusieurs heures (vingt en moyenne), à la température du laboratoire 18°-24°. Après vingt-quatre ou quarante-huit heures on trouve un dépôt abondant de cristaux (GRUZEWSKA) (exp. sur cobaye) (fig. 172).

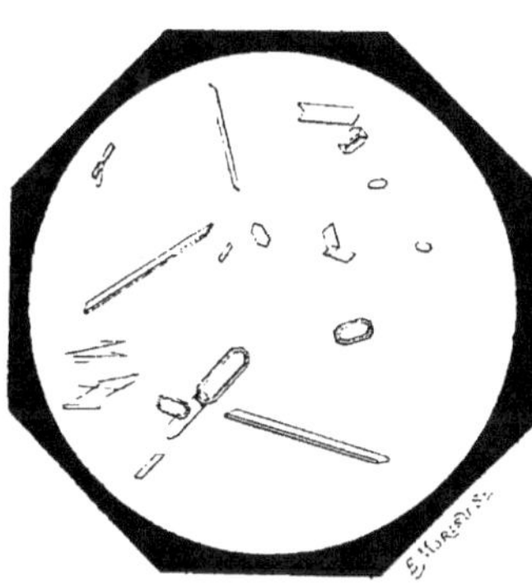

Fig. 172. — *Cristaux de l'albumine du sérum* (GRUZEWSKA).

c) Une *nucléo-protéide*. — Cette substance n'existe dans le sérum qu'en très faible quantité. PECKELHARING l'identifie avec le fibrin-ferment.

d) E. LUDWIG, FREUND, OBERMAYER ont signalé la présence d'*albumoses* dans le sang de malades atteints de leucémie ou de sarcome; HOFMEISTER, EMBDEN et KNOOP, LANGSTEIN, dans le sang normal.

La quantité totale d'albuminoïdes du sérum est plus élevée chez les Mammifères et les Oiseaux que chez les Vertébrés inférieurs; parmi les Mammifères, chez la mère que chez le fœtus. Chez l'homme, le sérum contient en moyenne 76 grammes d'albuminoïdes p. 1 000 de sérum (HAMMARSTEN). La quantité augmente dans le choléra; elle diminue dans les néphrites, le mal de BRIGHT, les maladies du cœur avec œdème, les affections puerpérales et les anémies graves, etc... (RODIER et BECQUEREL, C. SCHMIDT, JAKSH, etc...).

Le rapport entre la quantité de globulines et la quantité d'albumine varie suivant l'espèce animale et, chez un même sujet, suivant un certain nombre de conditions (état de jeûne, maladies, etc...) dont l'influence précise n'est pas élucidée. Chez l'homme, HAMMARSTEN a trouvé les chiffres suivants : albumine, 4,52 p. 100, globuline, 3,1 p. 100; PATEIN : albumine, 4,63 p. 100, globuline, 2,77 p. 100.

---

(1) L'adjonction de sulfate d'ammoniaque en quantités croissantes donne trois points critiques qui correspondent environ aux saturations suivantes : 1/3 (25,6 p. 100); 1/2 (38 p. 100); totale. On sépare ainsi : l'euglobuline, la pseudoglobuline, la sérum-albumine (FUHRMANN).

Le rapport de l'azote des albuminoïdes coagulables à l'azote total est, d'après Joachim : chez la poule, 90,6 p. 100; le bœuf; le cheval, 91,2.

Les globulines et l'albumine du sérum contiennent un complexe hydrate de carbone (Mörner, Krawkow, Langstein).

II. — **Ferments.**

Le sang contient des ferments solubles. Les uns préexistent et représentent probablement un excès, provenant de l'intestin ou d'autres organes, inutile au sang et destiné à être éliminé (*amylase, maltase, pepsine*) ; les autres n'apparaissent que dans certaines conditions, p. ex. lorsque le sang est extrait des vaisseaux, par suite de la désintégration ou de la sécrétion de certaines cellules, en particulier des globules blancs ; tels sont le *fibrin-ferment*, le *ferment glycolytique*, les *cytases*...

Oxydases. — Le sang renferme des ferments oxydants. Il forme de l'acide salicylique avec l'aldéhyde salicylique, de l'indophénol avec α naphtol, du carbonate de soude et de la paraphényldiamine, etc... (Salkowsky, Abelous et Biarnès, Röhmann et Spitzer).

Les ferments oxydants paraissent localisés dans le globule blanc. En effet, lorsqu'on suspend la coagulation du sang extrait des vaisseaux, au moyen de l'oxalate de potasse à 1 p. 1 000 de façon à obtenir la séparation couche par couche du plasma et des globules, on constate que presque toute l'oxydase reste fixée aux leucocytes et peut en être extraite par la macération dans l'eau chloroformée, le fluorure de sodium ou la digestion tryptique (Portier). Dans le sang qui a coagulé, l'oxydase est fixée en partie par la fibrine et passe en solution dans les liquides neutres ou faiblement alcalins qui ont la propriété de dissoudre cette substance. Une digestion en milieu acide détruit le ferment (Portier). L'existence des oxydases dans le sang circulant n'est pas prouvée. Chez les animaux inférieurs, la teinture de gaïac injectée dans le sang (ou les tissus) ne bleuit qu'après la mort (Portier).

Les liquides organiques des insectes contiennent une oxydase capable, en présence d'O^2, de transformer un chromogène existant dans le sang en un pigment sombre. Ces oxydases agissent de même sur la tyrosine, la pyrocatéchine, l'hydroquinone, la suprarénine, l'oxyphényléthylamine (Fürth et Schneider).

Amylase. — Le pouvoir amylolytique du sérum est à peu près nul chez le fœtus (Bial, Cavazzani, Nobécourt et Savini). Il se développe à partir de ce moment. La cachexie, le diabète, l'ablation du pancréas (Kaufmann), le cancer du pancréas (Carnot), la cachexie et les infections (Achard et Clerc) l'abaissent; l'injection d'un sérum anti-pancréatique agit de même, ce qui peut passer pour une preuve de l'origine pancréatique de ce ferment (Surmont, Drucbert); la pilocarpine à dose hypertoxique (Achard et Clerc) le renforce.

Action sur les éthers. — M. Hanriot a démontré que le sérum sanguin saponifie la monobutyrine. Ce physiologiste avait pensé pouvoir étendre l'action du sérum aux graisses neutres naturelles. M. Hanriot opérait avec de l'huile de pied de bœuf; pour faciliter l'attaque, il émulsionnait cette huile au moyen d'une solution de carbonate de soude, stérilisait le mélange et l'additionnait de sérum. A l'étuve, le liquide devenait acide. M. Hanriot concluait de ce fait à une saponification. Doyon et Morel ont démontré les faits suivants : *a*) que le sérum entièrement dépourvu de microbes ne fait pas diminuer l'alcalinité du mélange carbonate + huile (fait déjà noté par M. Arthus); *b*) lorsque le sérum n'est pas aseptique, le mélange devient acide après un séjour suffisant (24 à 26 heures) à l'étuve ; *c*) l'alcalinité d'un mélange qui n'avait pas changé tant que celui-ci était resté aseptique diminue dès qu'on l'ensemence avec quelques gouttes d'un mélange contaminé dont l'alcalinité a diminué, ou avec quelques gouttes d'une culture en bouillon provenant de ce milieu; *c*) le changement dans la réaction d'un mélange contaminé: huile + carbonate + sérum, doit être attribué pour la plus grande part à une variation du sérum ; la présence de l'huile n'est pas nécessaire pour que le milieu devienne acide à la phtaléine; *d*) pas plus que le sérum, le sang total ne contient de ferment agissant sur l'oléine; la diminution de l'alcalinité constatée dans le cas où le mélange contient des microbes n'est pas due à la mise en liberté d'acide oléique par saponification de l'oléine; il n'y a pas d'acide gras combiné au carbonate de soude.

Le sérum dédouble d'autres éthers que la monobutyrine (dibutyrine, tributyrine, triacétine, etc...). Il est sans action sur les éthers aromatiques oxydés tels que le phénétol (Doyon et Morel). Certains éthers sont saponifiés, mais faiblement, tel l'éther amyl-salicylique. Chanoz et Doyon ont constaté que cet éther est dédoublé principalement par le foie.

M. Hanriot avait annoncé que l'alcalinité de la liqueur exerçait une influence énorme sur l'action de la monobutyrinase. Doyon et Morel ont constaté que le carbonate de soude n'exerce aucune influence favorisante sur l'action du sérum. Par contre, les mêmes auteurs ont montré que le carbonate de soude en solution étendue saponifie la monobutyrine (et d'autres éthers) à la température de l'étuve à 37° et à des températures inférieures; la quantité d'acide mis en liberté est proportionnelle à la concentration de la liqueur en carbonate.

III. — **Hydrates de carbone.**

Le plasma et le sérum contiennent des hydrates de carbone parmi lesquels prédomine le glucose.

1° *Glucose.*

Identification. — L'identification repose sur les faits suivants : La substance réduit la liqueur cupro-potassique, dévie à droite le plan de la lumière polarisée, fermente avec la levure de bière en donnant de l'alcool et de l'acide carbonique (Cl. Bernard), forme des cristaux caractéristiques de phényl glucosazone (Pickardt, Külz, Muira, Hédon...), fusibles à 230°-232° (Bertrand), et avec le chloral du chloralose fusible à 187° (Hanriot et Richet). — Toutefois le glucose n'a pas été obtenu pur à l'état cristallisé.

Origine et Évolution. — La présence du sucre dans le sang a été constatée très anciennement, mais le phénomène était considéré comme pathologique ou accidentel et toujours rapporté à l'alimentation (Dobson, 1775 ; Wollaston, 1811 ; Tiedemann et Gmelin, 1826 ; Ambrosiani, 1836 ; Mac Grégor, 1837 ; Bouchardat, 1839 ; Simon, 1842 ; Thompson, 1845 ; Magendie, 1846).

Cl. Bernard (1849) découvrit que la présence du sucre dans l'organisme animal est indépendante de l'alimentation sucrée. Il montra, d'autre part, que le sucre se forme dans le foie. Cl. Bernard admit tout d'abord que son lieu de destruction est dans le poumon. Chauveau (1856) rectifia ce dernier point et établit que le sucre traverse les capillaires pulmonaires et se détruit dans les capillaires de la grande circulation. Ses travaux ultérieurs établirent le rôle énergétique essentiel de cette substance pour la production de la chaleur animale et du travail mécanique.

Répartition et Quantités. — Il suit de là que la proportion du sucre est sensiblement constante dans les artères et qu'elle varie dans les veines suivant un grand nombre de conditions. Dans les veines sus-hépatiques qui dérivent de la source sucrée du foie, cette proportion est notablement plus élevée que dans les artères. Dans toutes les autres veines qui procèdent des organes où le sucre se détruit cette proportion est plus faible que dans les artères, et d'autant plus faible que l'organe considéré a une fonction énergétique plus évidente et que l'activité de cette fonction est plus considérable. Il n y a pas de variations sensibles sur le parcours de l'arbre artériel.

Chez le cheval on trouve en moyenne dans le sang artériel un peu moins de 1 gramme de glucose par litre de sang ; chez le chien 1^{gr},5.

D'après S. Saito et K. Katsuyama le sang de poule contient 1,9 à 2,5 p. 1 000 de glucose. Chez les Invertébrés Couvreur a trouvé de petites quantités de glucose dans le sang des Mollusques marins et de l'escargot ayant mangé.

Conditions diverses. — L'*inanition* ne fait pas baisser immédiatement le sucre contenu dans le sang ; le glucose augmente même un peu de quantité parce que la fonction glycogénique se trouve excitée par l'abstinence. Si l'on continue l'inanition jusqu'à ce que mort s'ensuive, on voit les proportions de glucose, après s'être maintenues et s'être même un peu accrues, diminuer et s'éteindre. Dans ces cas mêmes on constate au moment de la mort qu'il existe de faibles quantités de matières sucrées dans le sang, pris au sortir du vaisseau (Chauveau).

Des saignées répétées peuvent doubler ou tripler transitoirement la proportion de glucose.

L'*asphyxie* rapide provoque l'augmentation de sucre dans le sang et peut amener la glycosurie. Le sang asphyxique agit vraisemblablement comme un excitant des fonctions du foie (Dastre). L'asphyxie longtemps prolongée diminue la quantité de sucre du sang (Cl. Bernard, Dastre). Le *curare* augmente le sucre du sang. Dans une expérience sur un chien en digestion, le sang de l'artère crurale contenait 1^{gr},50 de sucre p. 1000 ; celui de la veine crurale 1^{gr},10. Après l'action du curare on trouve 2^{gr},80 dans le sang artériel, 2^{gr},60 dans le sang veineux. L'hyperglycémie peut être telle que le sucre passe dans l'urine (Cl. Bernard). Le diabète curarique n'est qu'une forme du diabète asphyxique (Dastre). La *morphine* à haute dose produit le même effet que le curare (Cl. Bernard).

L'*excision du pancréas* provoque l'hyperglycémie et la glycosurie (Mering, Minkowsky). L'hyperglycémie est peu élevée dans le diabète à forme légère ; chez les animaux intensivement diabétiques le sucre du sang atteint 0,3 à 0.5 p. 100. En clinique, dans le diabète le plus grave, le sang ne renferme qu'exceptionnellement plus de 4 à 5 grammes, par litre, de glucose ; Born a signalé un cas avec 8^{gr},5. Chez les animaux dépancréatés, l'analyse comparée du sang artériel et du sang veineux, indique comme à l'état normal une légère supériorité pour le sang artériel (Chauveau et Kaufmann). Les *anesthésiques*, les *inhalations de chloroforme* déterminent chez l'animal une diminution du glycogène hépatique et une augmentation corrélative de la teneur du sang en sucre (Kaufmann, Lambert et Garnier). L'hyperglycémie cesse si les deux splanchniques ont été coupés (Kaufmann). L'hyperglycémie a encore été observée après l'administration (surtout intraveineuse et péritonéale) d'*adrénaline* (Blum, Harter et Wakemann, etc...), l'injection de pilocarpine dans la veine porte (Doyon et Kareff), après les grands *écrasements musculaires* (Cadéac et Maignon), dans l'empoisonnement par l'*oxyde de carbone* (Senef, Araki) ; après la ligature d'un membre (Schiff) : pendant la *grossesse* (Charrin et Guillemonat).

Lorsque le glucose dépasse dans le sang la proportion de 3 p. 1000, l'excès passe dans l'urine (Cl. Bernard). La relation n'est cependant pas absolue (Cl. Bernard). Dans le diabète par ablation du pancréas il n'y a pas de rapport étroit entre l'hyperglycémie et la glycosurie (Hédon). Toutes les substances qui provoquent la glucosurie n'amènent pas l'hyperglycémie. Dans le diabète provoqué par la phlorizine, le sucre du sang est plutôt diminué. L'acide chromique et ses sels provoque, d'après quelques auteurs, de la néphrite et de la glucosurie sans hyperglycémie.

La teneur du sang en sucre est réglée comme toutes les autres fonctions par un **mécanisme nerveux**. La section de la moelle au niveau du renflement brachial et dans les régions avoisinantes (entre la quatrième et la sixième paire cervicale) fait disparaître ou tout au moins diminue la quantité de sucre du sang (Cl. BERNARD, CHAUVEAU et KAUFMANN). Dans les quelques minutes qui suivent l'opération on peut voir une hyperglycémie passagère (CHAUVEAU et KAUFMANN). La proportion de sucre dans le sang est augmentée chez les animaux qui reçoivent un coup de massue sur le crâne (Cl. BERNARD); après la piqûre du quatrième ventricule (Cl. BERNARD); la section sous-bul-baire ou atloïdo-occipitale de la moelle (CHAUVEAU et KAUFMANN); l'excitation du bout central du vague; l'excitation des splanchniques (Cl. BERNARD, MORAT et DUFOURT). La section des deux vagues est sans influence (LAMBERT et GARNIER).

Dosage du glucose. — La détermination comprend deux opérations : *a*) obtenir la liqueur sucrée; *b*) l'analyse de cette liqueur.

Le liquide sucré qui sera analysé doit autant que possible contenir tout le sucre et être incolore. Les albuminoïdes gênent lorsqu'elles ne sont pas en état de dissolution définitive ou si elles se trouvent en grand excès. Il faut opérer dès la sortie du sang des vaisseaux et songer que le sucre se détruit *in vitro*.

Le procédé de Cl. BERNARD consiste à coaguler les albuminoïdes du sang à chaud au moyen du sulfate de soude et de l'acide acétique, puis à recueillir le filtrat. Le sucre est dosé dans la liqueur limpide au moyen de la liqueur de FEHLING. Avec ce procédé on n'épuise pas le magma; la quantité de sucre retenue est évaluée une fois pour toutes par des épreuves préliminaires.

DASTRE conseille avec raison de toujours épuiser le magma et recommande l'alcool. On peut traiter par ce réactif le magma tel que l'obtient (Cl. BERNARD) ou recevoir directement le sang dans l'alcool en le mesurant par différences de pesées. On filtre; on exprime; on reprend le magma par l'alcool chaud. La liqueur alcoolique, si elle est trop brune, peut être décolorée sur une petite quantité de noir animal facile à laver à l'alcool. On évapore et on redissout dans l'eau. Après filtration on a la liqueur sucrée pour l'analyse. En général, par ce procédé on ne laisse pas plus de 5 p. 100 de sucre, mais il est bien évident que les chiffres varient suivant la méthode d'épuisement (DASTRE).

L'analyse se fait au moyen de la liqueur cupro-potassique qui réduit en pré-sence des alcalis l'oxyde de cuivre à l'état d'oxydule. On peut éviter la précipi-tation de l'oxydule et doser par décoloration et virage, à la condition d'ajouter dans le ballon à analyse quelques centimètres cubes d'une solution de ferro-cyanure de potassium à un vingtième. DASTRE recommande d'ajouter à 100 c. c. de liqueur de VIOLETTE 1 gr. de ferrocyanure, d'étendre au litre, et de prélever 10 centimètres cubes de la solution, contenant 1 c. c. de liqueur cuprique, chaque fois qu'en veut faire une analyse.

Il faut opérer dans des conditions identiques au point de vue de la durée des opérations et de la concentration des liqueurs.

La liqueur cuprique ne fournit pas exactement la teneur d'un liquide en glycose, mais sa teneur en principes réducteurs évalués comme glucose. D'autres sucres (lactose, lévulose), le tannin, le chloral, le chloroforme, la cellulose, le mucus, l'hypoxanthine, la leucine, l'acide urique, les aldéhydes simulant le sucre réduisent comme lui la liqueur bleue et majorent ainsi la dose de glucose. Dans le procédé de Cl. Bernard, les urates sont retenus par le sulfate de soude; le chloroforme qui pourrait provenir d'une anesthésie est chassé par l'ébullition.

Technique de Cl. Bernard. — On tare sur une petite balance de Roberval, une petite capsule de porcelaine et un agitateur, puis on pèse 20 grammes de sulfate de soude en petits cristaux non effleuris dans la capsule; on laisse couler 20 grammes de sang directement par une saignée dans la capsule placée sur le plateau de la balance. Le sang est mélangé aux 20 grammes de sulfate de soude. On fait cuire le mélange directement sur une flamme de gaz ou d'alcool en remuant constamment la masse pour empêcher la calcination sur les bords de la capsule. On reconnaît que l'opération est terminée lorsque la mousse qui surmonte le

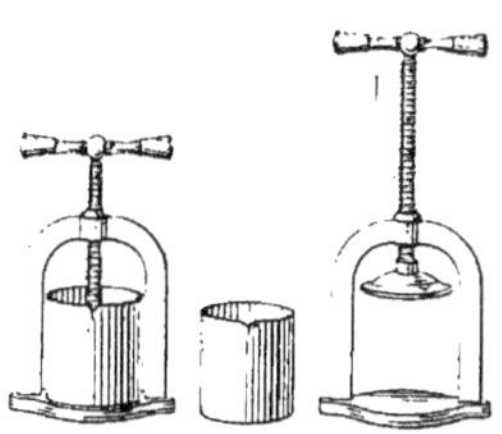

Fig. 173. — *Presse de* Cl. Bernard.

caillot est blanche et que ce dernier ne présente plus de points rougeâtres. La capsule est retirée du feu, placée de nouveau sur la balance. On rétablit le poids primitif en ajoutant de l'eau pour compenser la perte due à l'évaporation. Le tout est jeté dans une petite presse (fig. 173) dont on tourne lentement la vis. Le liquide passe au-dessus du plateau compresseur. On le verse sur un filtre qui surmonte une burette de Mohr. La burette a été légèrement chauffée pour empêcher la cristallisation du sulfate de soude. On verse dans le petit ballon qui est au-dessous de la burette un centimètre cube de liqueur de Fehling. On ajoute environ 20 grammes d'eau distillée et 10 à 12 pastilles de potasse. On purge la burette puis on serre la pince p pour empêcher tout écoulement.

On met sur le ballon le bouchon de caoutchouc qui donne passage au tube qui termine la burette et à un second tube coudé ayant un caoutchouc muni d'une pince à pression. Ce dernier tube sert de dégagement pour la vapeur lorsqu'on chauffe le liquide du ballon après avoir retiré la pince. Si on cesse de chauffer on empêche la rentrée de l'air qui oxyderait l'oxydule en pinçant le caoutchouc. On porte le liquide à l'ébullition à l'aide d'une lampe à alcool ou d'un bec de gaz; on laisse tomber le liquide contenu dans la burette, d'abord rapidement puis goutte à goutte. Le liquide bleu du ballon se décolore de plus en plus et devient parfaitement limpide, ce que l'on reconnaît surtout en observant les bulles de vapeur qui se dégagent. A ce moment le dosage est terminé, on lit sur la burette la quantité de liquide écoulé, soit n centimètre cube (fig. 174).

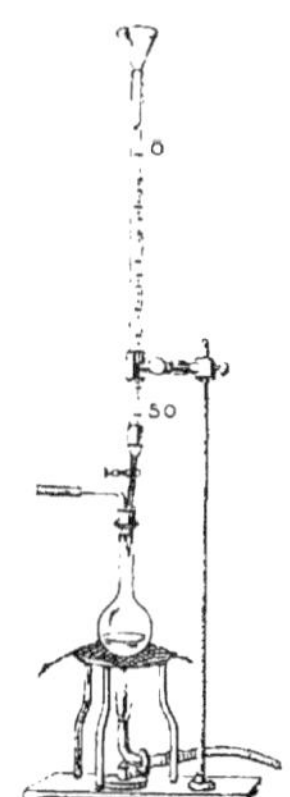

Fig. 174. — *Dosage du sucre, par le procédé de* Cl. Bernard.

La formule $S = \dfrac{8}{n}$ fait connaître en grammes le poids de sucre contenu dans un kilogramme du sang qu'on vient d'analyser. Ex. : il a fallu 4 centimètres cubes de liquide pour la décoloration. La formule donne 2 grammes de sucre pour 1 000 de sang. Comme on a employé 1 centimètre cube de liqueur de Fehling à 0,005, on en conclut que les n centimètres cubes contiennent 5 milligrammes de glucose. — Le mélange de 25 grammes de sang et de 25 grammes de sulfate de soude exprimés à la presse donne 38 centimètres cubes de liquide clair. Par suite, 1 centimètre cube de ce liquide représente la trente-huitième partie du sucre contenu dans 25 grammes de sang; n centimètres cubes contiennent 0,005 de sucre, 1 centimètre cube en contient $\frac{0,005}{n}$; 38 centimètres cubes $= \frac{0,005}{n} \times 38 = \frac{0,190}{n}$; 38 centimètres cubes représentent 25 grammes de sang; 1 000 centimètres cubes, c'est-à-dire 40 fois plus de sang, contiendront donc $\frac{0,190}{n} \times 40 = \frac{7,600}{n}$;

$$S = \frac{7,600}{n}.$$

Méthode de DASTRE. — Épuisement : on reçoit 25 grammes de sang dans 3 vol. d'alcool bouillant ; on chauffe à l'ébullition pendant dix minutes et on filtre. On reprend plusieurs fois le caillot par de l'alcool bouillant; puis on réunit les liqueurs alcooliques et on les distille sous pression réduite. On reprend par 25 centimètres cubes d'eau distillée.

Dosage : On place dans un ballon de 300 centimètres cubes la solution sucrée avec 10 fois la quantité nécessaire de liqueur de FEHLING additionnée d'un excès de potasse et l'on chauffe pendant trois minutes. On filtre alors sur un filtre BERZÉLIUS dont le poids de cendre est connu ; pendant que la liqueur bleue s'écoule on lave avec une pissette d'eau distillée bouillie et très chaude afin que Cu^2O ne soit pas au contact de l'air imbibé de liqueur bleue qui le dissoudrait. Le filtre bien lavé et contenant Cu^2O est séché à l'étuve à 80°, puis brûlé dans une nacelle de platine tarée. On réduit alors dans un courant d'hydrogène l'oxyde de cuivre formé et l'on pèse le cuivre métallique. On multiplie le poids de Cu par 0,569 et l'on a le poids de glucose. Le dosage peut être fait en une heure un quart.

2° *Hydrates de carbone autres que le glucose contenus dans la partie liquide du sang.*

Le dosage par la liqueur cupro-potassique donne généralement des chiffres plus élevés que le dosage au polarimètre (HÉDON, HANRIOT), ou par la levure de bière (OTTO). Dans le premier cas l'écart peut dépasser 50 p. 100. L'ébullition de l'extrait alcoolique du sang avec l'acide chlorhydrique ou l'acide sulfurique augmente le pouvoir réducteur. Il existe donc probablement dans le sang, en dehors du glucose, d'autres sucres.

COUVREUR a caractérisé le maltose (1), toutefois il n'est pas prouvé que ce sucre soit un élément constant du sang. PAVY a obtenu avec la phénylhydrazine une combinaison, un ozazone soluble dans l'eau chaude dont les cristaux fondent à 157°-158° et sont solubles dans l'eau chaude. Le sang normal contient des acides glucuroniques conjugués (P. MAYER).

BALDI, W. HENRIQUES ont trouvé dans le sang de la *jécorine*. C'est une substance phosphorée et sulfurée, soluble dans l'éther ; elle réduit la liqueur de FEHLING. Très instable, elle donne du glucose et les produits de dédoublement des lécithines lorsqu'on la traite au bain-marie par de l'acide sulfurique à 2 et demi p. 100. HENRIQUES admet que la jécorine existe normalement dans le sang et que

____

(1) D'après GRIMBERT le maltoseazone fond à 196°-198°.

la plus grande partie du glucose extrait de ce liquide en provient; d'autres auteurs pensent qu'elle prend naissance pendant les manipulations par suite de la combinaison du glucose et des lécithines.

MAGENDIE a signalé la présence de dextrines après une alimentation riche en fécule.

IV. — **Extrait éthéré**.

Variations. — Le poids de l'extrait éthéré varie suivant les espèces animales et les individus. Chez le chien il oscille entre 4 et 8 grammes pour 1000 de sang (DOYON et MOREL); chez l'homme, autour de 7,5 et 8,5 (BONNIGER).

Sous l'influence du **jeûne** et de l'**inanition**, le poids de l'extrait éthéré présente une augmentation qui peut atteindre le double du poids normal, par suite peut-être d'une augmentation de la quantité de graisse que le tissu adipeux cède aux tissus. A partir du quatorzième jour (chez le chien), le poids de l'extrait éthéré diminue. On observe ensuite une période de constance puis une nouvelle diminution à marche irrégulière. Au moment de la mort le sang contient encore une notable quantité d'extrait éthéré (SCHULZ, DADDI).

Variations du poids total de l'extrait éthéré sous l'influence du jeûne (DADDI).

Chien de berger Poids initial	Durée du jeûne.	Poids final.	Poids de l'extrait éthéré pour 100 grammes de sang normal.	POIDS DE L'EXTRAIT ÉTHÉRÉ APRÈS UN JEUNE DE JOURS :							
				7	14	21	28	35	42	49	56
kg. 30.160	56 jours.	kg. 15.360	0.747	0.819	0.6204	0.6183	0.6189	0.6015	0.3819	0.3584	0.3333

Un *repas de graisses* enrichit momentanément et parfois d'une façon peu sensible la teneur du sang en extrait éthéré. L'augmentation est plus faible mais réelle, même si le canal thoracique est lié (MUNK et FRIEDENTHAL); il est vrai que ce canal présente de nombreuses collatérales.

Éléments constituants divers. — Le sérum contient : *a)* des graisses neutres ;

b) De la cholestérine combinée aux acides oléique et palmitique (BOUDET, 1833). HÜRTHLE (1896) a trouvé dans un litre de sérum, 1 à 2 grammes d'éther oléique. HEPNER admet la présence de cholesterine libre ;

c) Des savons (0,05 à 0,15 p. 100, d'après MUNK).

Méthodes d'analyses. — On obtient l'extrait éthéré en desséchant le sang au bain-marie ; la masse est pulvérisée avec du sable fin, puis épuisée par l'éther dans un appareil de Soxhlet. D'après certains auteurs, une partie des substances solubles dans l'éther est retenue dans ces conditions. On obtient de meilleurs résultats, soit en traitant le sang au préalable par l'alcool, soit en employant la méthode générale préconisée par Dormayer pour l'extraction des graisses des tissus. Ceux-ci sont soumis à l'action préalable de la pepsine et de l'acide chlorhydrique. L'éther entraîne dans ce cas également les acides gras provenant des savons dédoublés par l'acide chlorhydrique.

V. — **Substances extractives**

Le sérum contient de l'urée, de l'acide urique, de l'ammoniaque, de la créatine (Verdeil, Marcet), de la créatinine (Verdeil, Marcet, Cools), des acides organiques tels que l'acide lactique, l'acide carbamique, parfois de l'acide hippurique (Verdeil et Dollfuss), de la xanthine et de l'hippoxanthine (Halliburton), de la glycérine (Nicloux).

Urée. — L'urée existe normalement dans le sang (Marchand, 1838 ; Simon, 1841 ; Strahl ; Verdeil, etc…) ; elle augmente pendant la digestion, surtout des matières albuminoïdes (Meige, Schöndorff, Lœper…), après la ligature des uretères et l'ablation des reins (Prévost et Dumas, Gréhant), dans certaines maladies rénales (Verdeil), dans le choléra, parfois la phase critique des maladies (Lœper), dans le diabète azoturique (jusqu'à 1,50 à 1,70 par litre de sérum) . .

		Urée p. 100.	
Sang de l'homme.....	Alimentation mixte.............	0,0611	Schöndorff.
Sang de chien (1)......	Alimentation exclusivement carnée ; en pleine digestion.....	0,120 à 0,1524	Schöndorff.
	Pendant le jeûne persistant.....	0,0348	Schöndorff.
Sang de porc...........................		0,0284	Schöndorff.
Sang de cheval........................		0,023 à 0,505	Schöndorff.
Sang de lapin.........................		0,043	Gréhant.
Sang de cobaye........................		0,045	Gréhant.
Sang d'oie...........................		0,0174	Schöndorff.
Sang de tursiops (Cétacé).............		0,114	Jolyet.
Poissons cartilagineux (Sélaciens)........		2 à 2gr,7	Schröder ; Rodier.

L'urée est également répartie entre les éléments figurés et la partie liquide du sang.

TENEUR POUR 100 EN URÉE (d'après Schönlein) :

	Du sang.	Du sérum.
Chien.............................	0,0506	0,0498
Porc.............................	0,0343	0,0385

(1) Meige a trouvé chez un chien à jeun 0,047 d'urée p. 100 de sang, chez un chien en digestion 0,1 et 0,11. — Lœper a vu deux heures après le repas l'urée s'élever de 0,17 à 0,33.

Acide urique. — Est décelé normalement dans le sang des oiseaux : surtout abondant après la ligature des uretères (MEISSNER). Dans le sang de l'homme on en trouve parfois des traces. On en trouve presque toujours dans les cas de pneumonies, néphrites, anémies graves, leucémies, dans les affections du cœur et dans la goutte (jusqu'à 0,15 d'urate de soude par litre). Si on abandonne dans un endroit frais un fil de soie dans un mélange formé d'une goutte de sérosité de vésicatoire provenant d'un goutteux et d'une trace d'acide acétique cristallisable, des cristaux microscopiques d'acide urique se déposent au bout de quelques heures sur le fil de soie (GARROD). Le sérum normal ne donne jamais cette réaction (GARROD), mais on la trouve chez des malades atteints de la goutte, de néphrites, etc.....

Ammoniaque. — Le sang artériel du chien contient en moyenne $0,35^{mgr}$ p. 100 d'ammoniaque. La veine porte contient des quantités beaucoup plus fortes, 1,45 (NENCKI, ZALESKI, HORODYNSKI).

BIEDL et WINTERBERG ont trouvé des chiffres très voisins, toutefois le sang de la veine porte et de ses branches ne contiendrait qu'exceptionnellement deux ou trois fois plus d'ammoniaque que le sang carotidien. BIEDL et WINTERBERG ont trouvé en moyenne $0,62^{mgr}$ p. 100 dans le sang de la circulation générale, 0,89 dans le sang de la veine porte.

Acide lactique. — Chez le chien 0,017-0,054 p. 100 (GAGLIO, IRISAWA). La quantité augmente après des injections intraveineuses de sucre : l'acide lactique fixe de la soude et déplace CO_2 (VAUGHAN, HARLEY). — S. SAITO et KATSUMAYA ont constaté que le sang de poule contient à l'état normal 0,0245-0,0284 p. 100 d'acide lactique, après CO : 0,0405-0,24 p. 100.

Glycérine. — Le sang de chien contient environ 2 milligrammes de glycérine p. 1000 ; le sang de lapin, 4 à 5 milligr. La quantité ne varie pas chez le chien suivant que l'animal est en digestion ou à jeun (NICLOUX, DOYON et MOREL).

VI. — Substances minérales.

Les cendres sont alcalines. Les éléments qui dominent sont : la **soude**, 4 à 5 grammes p. 1000, et le **chlore**, 3 grammes en moyenne p. 1000. Viennent ensuite, par ordre décroissant : l'acide phosphorique, la chaux, la magnésie.

La potasse et le fer n'existent qu'à l'état de traces (0,011 Fe. par litre de sérum) et proviennent vraisemblablement de la destruction de quelques éléments figurés du sang. La buée qui se condense sur la partie supérieure du vase dans lequel on reçoit directement le sang chaud sortant de la veine et qui se réunit en gouttelettes aqueuses, suffit à provoquer la dissolution de quelques globules et l'apparition d'un peu de fer dans le sérum (Socin).

La **soude** n'existe pas à l'état libre. Le sérum débarrassé des matières albuminoïdes par l'alcool donne avec le sublimé corrosif un dépôt cristallin brun d'oxychlorure de mercure comme font les carbonates alcalins. La soude ou la potasse donneraient un précipité jaune d'oxyde (Liebig).

La soude existe en partie à l'état de sels diffusibles, capables de dialyser, à savoir : chlorure de sodium, carbonate (ou bicarbonate) et phosphate, en partie liée aux matières albuminoïdes sous forme de combinaisons non diffusibles (Zuntz).

Le **chlorure de sodium** peut être obtenu à l'état cristallin en évaporant le sérum. Il obéit complètement aux lois de l'osmose. Si on dialyse le sérum contre une quantité déterminée d'eau, et si on compare la quantité de sels contenue dans le dialysat avec celle que donne les cendres, on obtient les mêmes valeurs (Gürber) (1).

Chez les animaux supérieurs le chlorure de sodium forme environ la moitié des matériaux inorganiques du sérum. Chez les Invertébrés marins les 85-90 centièmes de tous les sels dissous (Quinton).

Le sang des différentes espèces contient, chez les animaux supérieurs, sensiblement la même proportion de chlorure de sodium, en moyenne 5 grammes par litre. Jolyet a trouvé chez un Cétacé (tursiops) 8^{gr},6. Chez les Poissons marins la proportion de chlorures varie de 9^{gr},25 à 22^{gr},6 (Rodier), de 5 à 30 grammes (Mosso) par litre des Téléostéens aux Sélaciens. Chez les Poissons cartilagineux (Sélaciens), la proportion de chlore est toujours notablement inférieure à la quantité de chlore contenue dans l'eau de mer. Rodier l'évalue en chlorure de sodium à 15^{gr},5-17 grammes par litre ; chez la Torpille, il a trouvé 22^{gr},6. Chez les Invertébrés marins la composition du sang est très voisine de celle de l'eau de mer. L'eau de mer contient 26 à 31 grammes NaCl par litre.

Pour déceler le **carbonate de soude** il suffit de coaguler du sang de bœuf par la chaleur. On concentre la partie liquide par la congélation et on la traite par le chlorure de baryum. Il se forme immédiatement et sans addition d'acide carbonique, un précipité qui peut être séparé et qui fait effervescence avec les acides (Cl. Bernard). Avec le sang de chien, on obtient un précipité dans les mêmes conditions, mais ce dernier ne fait pas effervescence par les

---

(1) D'après Buffa, les chlorures sont combinés aux albumines. Quand on précipite les albumines du sérum par une solution saturée de sulfate d'ammonium, les chlorures sont mis en liberté et remplacés dans la molécule d'albumine par les sulfates formant un produit insoluble dans le sérum.

acides. Il est constitué probablement par des phosphates solubles (Cl. Bernard). Le carbonate de soude peut être extrait par l'eau bouillante après carbonisation du sérum ou séparé au moins en partie du sérum par la dialyse (Kossel). Si on dialyse du sérum contre une quantité déterminée d'eau, la quantité de carbonate de soude dans les cendres est trouvée plus élevée que cela aurait dû être d'après la méthode de dialyse, si tout le carbonate alcalin des cendres avait été primitivement dans le sérum sous cette forme (Gürber). Ce fait prouve que l'alcali existe dans le sérum en partie sous la forme d'une combinaison non diffusible avec les albuminoïdes ; l'incinération en fait du carbonate alcalin (1).

La quantité d'acide carbonique fixée par le sang et la facilité avec laquelle ce liquide cède ce gaz sous l'influence du vide sans addition d'un acide étranger prouve que dans le sang la fixation d'acide carbonique a lieu sous la forme de bicarbonate.

Le **phosphore**, la **chaux** et la **magnésie** sont peu abondants dans le sérum. Une partie de ces éléments sont entraînés du plasma par la précipitation de la fibrine.

L'acide phosphorique partage la soude avec l'acide carbonique dans une mesure qui varie probablement suivant la prédominance de l'un ou de l'autre de ces acides. *In vitro* l'acide carbonique expulse l'acide phosphorique de ces combinaisons avec la soude et vice versa suivant que l'un ou l'autre de ces acides est plus abondant. Une petite quantité de phosphore est à l'état de combinaisons organiques (lécithines, nucléines) et provient probablement en partie des éléments figurés du sang.

La chaux, la magnésie, les sulfates se comportent comme l'alcali. Ces substances sont combinées pour la plus grande partie aux albuminates et nucléo-albuminates (Aloy, Rosenschein).

SÉRUM DE CHEVAL.	TENEUR MINIMA EN CO_2.	TENEUR MAXIMA EN CO_2.
Sel de chaux diffusible.........	0,0126 p. 100	0,017 p. 100
Acide sulfurique diffusible......	0,0221 —	0,0335 —

(Rosenschein)

L'**iode** existe dans le plasma et dans le sérum et non dans les globules ; il est lié organiquement car il ne dialyse pas (Gley et Bour-

---

(1) La proportion d'alcali difficilement diffusible est plus forte dans le sérum que dans les globules. L'acide carbonique augmente la teneur du sérum en carbonate alcalin ; sous l'influence de ce gaz l'alcali, auparavant non diffusible, est rendu diffusible sous forme de carbonate alcalin. Les acides en général agissent dans le même sens (Zuntz, Lehmann, Loewy, Hamburger).

cet). — La présence de l'iode dans le sang a été signalée par A. Gautier le premier. Le sang ordinaire chez l'homme contient à peine 0,025 milligramme d'iode par kilogramme ; le sang menstruel contient environ quatre fois plus d'iode que le sang normal (Gautier). Dans cinq cas Bourcet a trouvé pour le sang menstruel 0,8 à 0,9 milligramme par litre. Chez le lapin, Gley et Bourcet ont trouvé 0,025 milligramme ; chez le chien, 0,013 à 0,112 milligramme par litre. L'iode diminue rapidement après une saignée abondante et disparaît complètement au bout de quelques jours (Gley et Bourcet).

Le sang normal ne contient pas d'arsenic. Il en est autrement du sang menstruel qui renferme en moyenne 28 milligrammes d'arsenic par kilogramme (A. Gautier). On a trouvé des traces de silice, de fluor (Wilson), de lithium (Folwarzny), un peu de plomb, de manganèse, de cuivre.

Effets de la dialyse sur la coagulabilité. — Le sérum de chien privé de sels par dialyse ne coagule ni par l'alcool, ni par la chaleur ou seulement à des températures très élevées (Hédon). Le phénomène rappelle celui qui a été signalé par Aronstein, Rosenberg, etc., pour d'autres solutions albuminoïdes (albumine de l'œuf, par exemple). Le sérum de cheval ne se comporte pas comme le sérum de chien (Hédon). Le sang d'escargot soumis à la dialyse prolongée et énergique (8 jours) ne coagule plus ou presque pas par la chaleur. Une trace d'un sel alcalino-terreux provoque la coagulation à 80°. Le sang d'escargot non dialysé se prend en masse à 72°-73° (Dhéré). Henze, Couvreur, contrairement à Dhéré, ont constaté que si on soumet à la dialyse du sang d'escargot pendant huit jours on obtient néanmoins, après ce laps de temps, la coagulation par la chaleur et la précipitation par l'alcool.

1000 *parties en poids de sérum contiennent, d'après* ABDERHALDEN.

	BŒUF.	TAUREAU.	MOUTON I.	MOUTON II.	CHÈVRE.	CHEVAL I.	CHEVAL II.	COCHON.	LAPIN.	CHIEN I.	CHIEN II.	CHAT.
Eau	913,64	913,38	917,44	916,81	907,69	902,05	915,06	917,610	925,60	923,98	923,02	926,93
Substances fixes	86,36	86,62	82,56	83,19	92,31	97,95	84,94	82,390	74,40	76,02	76,98	73,07
Albumine	72,5	69,73	67,50	68,40	78,07	84,24	70,82	67,741	53,57	60,44	61,12·	58,60
Sucre	1,05	1,02	1,06	1,04	1,26	1,176	1,49	1,212	1,65	1,83	1,32	1,52
Cholestérine	1,238	0,901	0,879	1,309	1,070	0,298	0,521	0,409	0,517	0,709	0,658	0,600
Lécithines	1,675	1,869	1,709	1,599	1,727	1,720	1,746	1,426	1,760	1,699	1,755	1,716
Graisses	0,926	3,542	1,352	1,262	0,624	1,300	0,834	1,956	1,193	1,051	1,642	0,788
Acides gras	—	0,743	0,710	0,721	0,611	—	0,604	0,794	0,809	1,221	1,251	0,499
Phosphore à l'état de nucléines.	0,0133	0,0134	0,0106	0,0164	0,018	0,020	0,015	0,0218	0,025	0,016	0,017	0,016
Soude	4,312	4,316	4,303	4,285	4,326	4,434	4,358	4,251	4,442	4,263	4,293	4,439
Potasse	0,255	0,262	0,256	0,254	0,246	0,263	0,254	0,270	0,259	0,226	0,259	0,262
Oxyde de fer	—	—	—	—	—	—	—	—	—	—	—	—
Chaux	0,1194	0,111	0,117	0,131	0,121	0,1113	0,111	0,122	0,116	0,113	0,111	0,110
Magnésie	0,0446	0,042	0,041	0,041	0,041	0,045	0,046	0,0413	0,046	0,040	0,046	0,043
Chlore	3,69	3,686	3,711	3,697	3,691	3,726	3,655	3,627	3,883	4,023	4,138	4,170
Acide phosphorique	0,244	0,235	0,232	0,240	0,237	0,240	0,242	0,1972	0,242	0,242	0,250	0,236
Phosphore anorganique	0,0847	0,062	0,073	0,085	0,070	0,0715	0,076	0,524	0,064	0,080	0,082	0,071

Composition générale du sang moyen tel qu'on l'obtient en pratiquant une saignée copieuse (mélange du sang artériel et des sangs veineux).

1000 parties de sang (en poids) contiennent, d'après ABDERHALDEN.

	BŒUF.	TAUREAU.	MOUTON I.	MOUTON II.	CHÈVRE.	CHEVAL I.	CHEVAL II.	COCHON.	LAPIN.	CHIEN I.	CHIEN II.	CHAT.
Eau	808,9	814,84	824,67	824,55	803,89	749,02	795,01	790,365	816,92	810,05	792,01	795,54
Substances fixes (1)	191,1	185,16	178,33	175,45	196,11	250,98	204,99	209,435	183,08	189,951	207,99	204,46
Hémoglobine	103,10	106,4	92,9	102,8	112,58	166,9	125,8	142,2	123,5	133,4	145,6	143,2
Albumine	69,80	61,79	70,85	58,66	69,72	69,7	62,70	46,61	25,02	39,68	36,41	44,78
Sucre	0,7	0,68	0,732	0,708	0,829	0,526	0,900	0,686	1,026	1,09	0,71	0,851
Cholestérine	1,935	1,209	1,332	2,038	1,299	0,346	0,576	0,444	0,611	1,298	0,922	0,895
Lécithines	2,349	2,197	2,220	2,417	2,466	2,913	2,982	2,309	2,827	2,052	1,994	2,325
Graisses	0,567	2,363	0,937	0,864	0,535	0,611	0,534	1,095	0,734	0,631	0,914	0,373
Acides gras	—	0,495	0,488	0,490	0,395	—	0,387	0,475	0,507	0,759	0,684	0,280
Phosph. à l'état de nucléines(2)	0,0267	0,0283	0,0285	0,0344	0,039	0,060	0,059	0,0578	0,055	0,054	0,054	0,072
Soude	3,635	3,712	3,638	3,677	3,579	2,691	2,630	2,406	2,785	3,675	3,657	3,686
Potasse	0,407	0,407	0,405	0,408	0,396	2,738	1,475	2,309	2,108	0,251	0,258	0,260
Oxyde de fer (3)	0,544	0,562	0,492	0,545	0,547	0,838	0,592	0,696	0,615	0,641	0,706	0,694
Chaux	0,069	0,064	0,070	0,069	0,066	0,051	0,054	0,068	0,072	0,062	0,049	0,053
Magnésie	0,0356	0,036	0,033	0,033	0,040	0,064	0,066	0,0889	0,037	0,052	0,054	0,059
Chlore	3,079	3,081	3,080	3,091	2,923	2,785	2,384	2,690	2,898	2,935	2,908	2,815
Acide phosphorique	0,4038	0,392	0,412	0,391	0,397	1,120	1,126	1,007	0,986	0,809	0,812	0,830
Phosphore inorganique	0,1711	0,174	0,190	0,145	0,142	0,806	0,807	0,749	0,685	0,576	0,583	0,555

(1) SAINT-MARTIN a trouvé chez le chien, pour le résidu sec, les valeurs suivantes : 26 p. 100 ; 19,82 p. 100... Le chiffre dépend surtout des variations de l'hémoglobine.
(2) Le sang normal contient de l'acide phospho-carnique, désigné sous le nom de nucléone par analogie avec les nucléines (PANELLA, SFAMENI). Le sang fœtal contient 0.210 p. 100 de nucléone (SFAMENI).
(3) Chez l'homme le sang contient : 0,62 p. 1000 de fer d'après JOLLES, 0,55 d'après BECQUEREL et RODIER. La quantité oscille chez le nouveau-né à terme autour de 0gr,45 p. 1000, chez le nouveau-né avant terme 0,47, dans les cas d'albuminurie du travail 0,38 ; chez les fœtus morts et macérés 0,22 (NICLOUX et VAN VYVE). Chez l'adulte le fer est diminué avec les anémies et les différents états cachectiques.

Composition du sérum (d'après HUBER).

SÉRUM.	NaCl en p. 100.	Na² CO³ en p. 100.	Pouvoir endosmotique calculé d'après l'absorption d'eau par le sérum pendant la dialyse (eau absorbée par 100cc de sérum).	Albumine dans 100 cc de sérum (procédé Kjeldahl).
Cheval......	0,553	0,1166	24,2	8,4
Lapin.......	0,575	0,07685	27,2	6,97
Porc........	0,5925	0,139	28,6	7,26
Bœuf........	0,61	0,1431	29,3	6,15
Mouton......	0,625	0,1325	31,0	6,51
Chien.......	0,69	0,0972	32,5	7,19
Chat........	0,725	0,05565	35,0	7,07

C. — ANTICORPS DU SÉRUM.

Le sérum possède normalement, ou peut acquérir, dans certaines conditions, des propriétés qui exercent incontestablement un rôle dans la défense de l'organisme.

Ces propriétés sont, pour la plus grande part tout au moins, d'origine leucocytaire ; quelques-unes caractérisent le sérum à l'exclusion du sang circulant et du plasma et dépendent d'une altération des globules blancs.

Suivant la nature de la réaction provoquée par le sérum, on distingue des propriétés dissolvantes, agglutinantes, antitoxiques, etc. On les rapporte à des substances que l'on désigne d'une manière générale sous le nom d'anticorps.

1. — Propriétés dissolvantes.

Le sérum peut présenter ou acquérir la propriété de dissoudre les microbes, les éléments figurés du sang et la plupart des éléments anatomiques. On rapporte cette propriété, lorsqu'elle existe, à des substances qu'on désigne sous le nom de *lysines* ou de *cytotoxines*.

Sérums hémotoxiques. — D'une manière générale, le sérum d'un animal dissout les globules du sang d'un autre animal, s'il s'agit de deux sujets appartenant à des espèces éloignées (LANDOIS. 1875).

Exemples : Les globules du sang de lapin sont très solubles dans le sérum de chien, de l'homme, du porc, du mouton. Le sérum du sang de chien, de porc, de mouton, de cheval, de lapin (1)... dissout les globules rouges du sang de

---

(1) Le sérum du sang de lapin est peu nocif pour les globules étrangers ; il agglutine à la longue les globules du porc, du cheval, de l'homme; il altère à peine les globules du bœuf, du chien (HÉDON). Sous l'influence de 2 ou 3 injections sous-cutanées espacées d'urine humaine, le lapin donne un sérum qui dissout les hématies de l'homme SCHATTENFROH, RUFFER et CRENDIROPOULO).

Le sérum de chien détruit les globules du chevreau ; le sérum du chevreau détruit lentement les globules du chien (HAYEM). Le sérum du chien ne détruit pas les globules du chat: celui du pigeon ne dissout pas les globules de la poule et inversement. Le sérum du lapin dissout les globules du cobaye et réciproquement. Le sérum du cheval laisse intact les globules du pigeon. De tous les globules, ceux du lapin et du cobaye paraissent les plus influencés par les sérums étrangers (LONDON).

l'homme ; réciproquement le sérum du sang de l'homme détruit les globules du sang de chien, de mouton, de lapin... Le sérum de tortue, de couleuvre, de grenouille, d'anguille... l'hémolymphe des crustacés ou des mollusques... dissolvent *in vitro* et *in vivo* avec une très grande intensité les globules blancs et, à doses plus fortes, les globules rouges du chien. A la dose de $0^{cc},02$ à $0^{cc},05$ par kilogramme, le sérum d'anguille détruit chez le chien, d'après DELEZENNE, les 8/10 des leucocytes et respecte complètement les globules rouges. L'injection d'une dose cinq à dix fois plus forte, $0^{cc},1$ à $0^{cc},2$ par kilogramme, provoque la dissolution rapide d'un très grand nombre d'hématies.

L'action hémolytique ne s'exerce qu'entre animaux de genres différents. Les sangs d'animaux appartenant à un seul et même genre n'ont pas d'action réciproque, alors même que les animaux appartiennent à des espèces différentes. Les sangs de l'homme et des singes anthropomorphes sont inactifs les uns vis-à-vis des autres. Les singes anthropomorphes sont donc à ce point de vue plus proches de l'homme que les autres singes (FRIEDENTHAL).

Le sérum de certains animaux est inoffensif ; toutefois si on injecte à ces animaux (dans le péritoine ou sous la peau) des globules appartenant à un sujet d'une autre espèce, on confère au sérum des individus ainsi traités le pouvoir de dissoudre les hématies des animaux appartenant à la seconde espèce. C'est ainsi que le sérum d'un cobaye normal laisse les hématies du lapin intactes ou à peu près ; le sérum sanguin d'un cobaye, ayant subi plusieurs injections de sang de lapin, dissout les globules rouges du lapin avec une grande intensité (BORDET, 1898). La substance hémolytique est spécifique ou à peu près, c'est-à-dire qu'elle dissout les globules rouges de l'espèce qui a fourni le sang injecté et aussi, quoique plus faiblement, les hématies d'espèces voisines (BORDET).

Substances hémotoxiques. — Le pouvoir destructeur des divers sérums pour les globules rouges étrangers disparaît quand ce sérum a été soumis pendant vingt-cinq à trente minutes à une température de $50°$ à $60°$ (en général à $56°$). Placés dans le sérum étranger ainsi chauffé, les globules rouges se conservent intacts pendant plusieurs heures (DAREMBERG, 1891). La dissolution des globules n'a aucun rapport direct avec la teneur du sérum en NaCl. Les sérums les plus globulicides sont les plus riches en NaCl ; les moins nocifs, les moins riches en NaCl (HUBER).

L'hémotoxine est constituée par deux substances différentes dont l'une (alexine, cytase), très peu stable, est détruite par un chauffage peu prolongé à $55°$-$56°$; tandis que l'autre — la substance sensibilisatrice (philocytase, fixateur) — résiste bien à cette température et n'est détruite que par un chauffage à $65°$-$68°$.

Le concours de ces deux substances est nécessaire pour que l'action hémolytique soit énergique. La substance sensibilisatrice n'existe en abondance que dans le sérum des animaux traités au préalable par les injections de sang ; l'alexine existe tout aussi bien dans le sérum des animaux neufs, n'ayant subi aucune injection, que dans celui des animaux traités (BORDET, METCHNIKOFF).

L'existence des deux substances : alexine et sensibilisatrice, ressort de la constatation suivante due à BORDET : Si on prive, par le chauffage à $55°$-$56°$, un sérum d'un animal préparé, de son action dissolvante, cette propriété peut lui être restituée à coup sûr si on ajoute un peu d'un sérum normal qui par lui-même est incapable de produire l'hémolyse. Le sérum chauffé des animaux préparés perd complètement le pouvoir de dissoudre les hématies correspondantes, mais il conserve son autre propriété acquise qui est l'agglutination des globules. Les hématies réunies en amas volumineux restent intactes indéfiniment si on les laisse dans le sérum préparé et chauffé. Dès qu'on leur ajoute une faible proportion de sérum normal (provenant d'une quantité d'espèces de Vertébrés, la dissolution des hématies ne tarde pas à se faire (BORDET, METCHNIKOFF).

La *substance sensibilisatrice* (BORDET), fixatrice (METCHNIKOFF), intermédiaire (EHRLICH) se fixe au globule rouge sans jamais le dissoudre. Un sérum capable de dissoudre les hématies d'espèce étrangère est chauffé à 56°, ce qui lui fait perdre cette propriété dissolvante. Lorsqu'on lui ajoute une certaine quantité de ces hématies, celles-ci restent intactes quoique agglutinées. Il suffit après quelques heures de contact de centrifuger le mélange pour séparer le sérum limpide de la masse des hématies. Le sérum se montre totalement dépouillé de sa substance intermédiaire c'est-à-dire qu'il devient incapable de dissoudre les globules rouges malgré l'addition d'une grande quantité d'alexine (sérum neuf, non chauffé. Au contraire les hématies, ayant fixé toute la substance sensibilisatrice, se dissolvent très rapidement lorsqu'on les met en contact avec du sérum neuf, qui renferme la quantité nécessaire d'alexine (EHRLICH et MORGENROTH).

La substance sensibilisatrice présente les caractères suivants. Elle résiste à 55°-56°, et même à 60°-65°. Elle est retenue par les globules même si on lave ceux-ci avec une solution NaCl dite physiologique. Elle se trouve dans le sérum des animaux préparés et se produit comme l'agglutinine au cours du traitement. Chez les animaux neufs, elle est souvent difficile à mettre en évidence. Pour la produire, il suffit d'injecter des globules; le stroma seul est nécessaire, l'hémoglobine ne donne pas lieu au développement de la sensibilisatrice (BORDET). Elle apparaît en grande abondance à la suite des injections de sang (BORDET, DUNGERN); il suffit même de donner simplement à manger du sang (METALNIKOFF). — La sensibilisatrice est distincte de la substance agglutinante. Toutes deux cependant présentent un caractère commun, la résistance à 55°-60°. La sensibilisatrice doit être rapprochée de l'entérokinase. Cette dernière n'agit pas, en effet, par elle-même à la façon d'un ferment dissolvant, mais elle se fixe sur la fibrine et facilite l'action de la trypsine. La sensibilisatrice circule dans les plasmas (exsudats, liquides d'œdème, liquide contenu dans le tissu cellulaire sous-cutané) de l'organisme vivant. Elle est probablement d'origine leucocytaire. On a constaté sa présence dans les organes lymphoïdes, la rate, les ganglions mésentériques, la moelle des os. Les sensibilisatrices ou fixateurs sont en général spécifiques. D'après BORDET, la substance sensibilisatrice agit comme mordant; d'après EHRLICH et MORGENROTH, elle forme des combinaisons avec des groupements moléculaires des cellules animales (ou de microbes).

L'alexine (BÜCHNER, BORDET) ou cytase (METCHNIKOFF) ou complément (EHRLICH) se rapproche des substances albuminoïdes; elle est détruite à 55°-56° (DAREMBERG, BÜCHNER). Elle n'agit qu'en présence des sels; lorsqu'on débarrasse le sérum de ces sels par la dialyse, il perd son pouvoir hémolytique; aussitôt qu'on restitue les sels, ce pouvoir réapparaît. L'alexine se trouve dans les sérums normaux. BORDET a constaté que le sérum des animaux injectés à plusieurs reprises avec du sang d'espèces étrangères, renferme presque la même quantité d'alexine que le sérum normal. L'alexine, d'après BÜCHNER, BORDET, METCHNIKOFF, se rattache aux ferments solubles digestifs. Elle est comparable à la trypsine. C'est un ferment sécrété par les globules blancs macrocytes. Elle représenterait la macrocytase échappée des phagocytes pendant la préparation des sérums (METCHNIKOFF). La macrocytase reste dans le corps des cellules (leucocytes macrocytes) tant que celles-ci sont à l'état normal; mais dès qu'elles subissent une lésion à la suite de l'introduction brusque dans le péritoine de substances étrangères, une partie de la macrocytase s'échappe et agit sur les globules rouges comme si elle avait été employée *in vitro*. La macrocytase s'échappe au moment de la phagolyse ou au moment où le sang retiré de l'organisme se coagule. METCHNIKOFF appuie cette conception sur de nombreuses preuves. D'après BÜCHNER, BORDET, la même alexine serait capable de dissoudre les hématies de plusieurs espèces de Vertébrés. EHRLICH soutient la pluralité des alexines.

Sérums isotoxiques. — L'organisme qui résorbe non plus des hématies d'espèce étrangère, mais des globules rouges de l'espèce propre est capable de développer des substances hémolytiques. On obtient des sérums dissolvant les hématies de même espèce provenant d'autres individus que ceux qui avaient été traités par sang et qui fournissaient le sérum (EHRLICH et MORGENROTH).

Effets inverses. Vaccination. — A très faibles doses les sérums destructifs possèdent un pouvoir inverse. Si on injecte à un animal de faibles doses d'un sérum hémolysant, on excite la production des globules rouges (METCHNIKOFF, BESREDKA, CANTACUZÈNE, BIELONOVSKY, ANDRÉ).

Inoculé à faible dose et d'une façon continue à un animal intact, il vaccine contre l'action des sérums de même nature plus forts (DELEZENNE).

L'hémotoxine peut provoquer la formation d'une antitoxine (BORDET, EHRLICH, MORGENROTH, METCHNIKOFF).

Sérums bactéricides. — Un liquide organique, privé d'éléments cellulaires vivants, est dit bactéricide dans trois conditions différentes :

Lorsqu'il tue un microbe mis à son contact ;

Lorsque, sans le tuer, il empêche sa pullulation, sa végétation ;

Lorsque laissant végéter le microbe il lui enlève tout ou partie de ses propriétés virulentes. Dans ce dernier cas, le liquide est dit plus spécialement atténuant.

La dissolution des microbes est un phénomène très rare. Nous l'étudierons plus spécialement sous le titre de bactériolyse.

GROHMANN, FODOR, FLÜGGE, NUTTALL, NISSEN, BÜCHNER, BEHRING, etc., ont vu que le sang ou le sérum est relativement un milieu défavorable pour les microbes ; ceux-ci de plus ne se développent pas d'une façon identique dans le sérum des animaux de même espèce suivant qu'on recueille ce sérum chez des sujets normaux ou chez des vaccinés. CHARRIN démontra en 1889 que le bacille pyocyanique examiné séparément dans un sérum normal et dans celui d'un sujet immunisé, offre une série de différences portant sur la forme, la qualité des produits, la disposition des germes, la rapidité de la pullulation. Ces changements se réalisent *in vitro* et dans l'organisme vivant. Les travaux de BEHRING et HANKIN, OGATA et YASHURA, ROGER, NICOLAS et COURMONT... ont contribué à mettre le phénomène en évidence ou à l'étendre à différents microbes.

Le pouvoir bactéricide peut appartenir au sérum normal. C'est ainsi que le sérum de rat détruit le bacille charbonneux avec une très grande rapidité (BEHRING). Lorsqu'il n'existe pas dans le sérum normal on le fait apparaître le plus souvent par l'immunisation des animaux. *Exemple :* le sérum de cheval neuf est un excellent milieu de culture pour le bacille de LÖFFLER ; dans le sérum de cheval immunisé ce même bacille perd très rapidement sa végétabilité et surtout sa virulence (J. NICOLAS). De simples injections salines peuvent

faire apparaître le pouvoir bactéricide du sang et du sérum (Charrin, Guillemonat, Levaditi).

Les substances bactéricides du sérum sont détruites à 55°-57°. Elles paraissent
de nature albuminoïde et n'agissent qu'en présence des sels du sérum (Büchner).
Le pouvoir bactéricide est en rapport avec l'alcalinité du sérum. Il disparaît
lorsque le sérum devient nettement acide (Charrin, Hegeler, Brandeburg, etc.)
(Voy. p. 543).

Origine leucocytaire. — Les substances bactéricides proviennent des leucocytes (Büchner, Denys) et doivent être identifiées avec les cytases sécrétées par
ces globules (Metchnikoff). Tout le monde est à peu près d'accord sur ce point.
La discussion porte sur le mécanisme de la mise en liberté des substances bactéricides. D'après Büchner, Bouchard, les substances bactéricides sont sécrétées par
les globules blancs vivants. D'après Metchnikoff la substance bactéricide ne
circule pas dans le plasma sanguin, ni dans celui des exsudats. Ce n'est pas un
produit de sécrétion. Son apparition est due, comme celle du fibrin-ferment, à la
destruction ou à l'avarie plus ou moins franche des phagocytes, soit dans le
corps même de l'animal, soit en dehors de l'organisme dans le sang extrait.
Hors de ces conditions, la substance bactéricide resterait dans les globules
phagocytes.

Exemples : a) On injecte des staphylocoques à plusieurs lapins, et, si on sacrifi
successivement ces animaux, on constate que la sérosité inflammatoire devient
bactéricide à mesure que les leucocytes l'envahissent. Si un exsudat a perdu
ses propriétés par un chauffage à + 60°, on les lui rend en ajoutant des leucocytes qu'on sépare ensuite par centrifugation (Denys et Van de Velde).

b) Les exsudats riches en leucocytes manifestent un pouvoir bactéricide supérieur à celui des sérums sanguins correspondants (Denys et Hayet, Büchner,
Bail, Schattenfroh, Jacob, Löwit, Bordet, Laschtschenko, Bentivegna et Carini).

c) Gengou a obtenu des exsudats riches en microphages en injectant dans la
plèvre de chiens et de lapins de la gluten caséine (méthode Büchner) — et des
exsudats riches en macrophages, en injectant des globules rouges lavés de
cobaye. On isole les leucocytes par centrifugation, on les lave avec de l'eau physiologique ; on ajoute un égal volume de bouillon, on congèle et on abandonne
à 37°. Les leucocytes tués par le froid abandonnent au liquide leur substance
bactéricide. Toujours le pouvoir bactéricide de l'extrait des microphages s'est
montré supérieur à celui du sérum sanguin correspondant. C'est la même
substance dans l'extrait et le sérum, car elle est détruite à 55° (les extraits de
macrophages ne donnent rien probablement par suite d'imperfection de
la méthode d'extraction).

d) On compare le plasma au sérum au point de vue bactéricide ; le plasma
possède un pouvoir bactéricide insignifiant ou nul, tandis que le sérum sanguin
manifeste presque toujours cette propriété à un degré prononcé (Gengou).

Rapport avec l'immunité. — D'après Metchnikoff, il n'y a pas de relation nécessaire entre le phénomène de l'immunité et le pouvoir bactéricide du sérum. A
l'appui de son opinion, Metchnikoff cite des cas où le sérum d'animaux sensibles
à l'infection est bactéricide et des cas où le sérum des animaux réfractaires
est dépourvu de cette propriété. Le sérum de rat tue la bactéridie du charbon
(Behring); cependant le rat est sensible au charbon. Le pigeon est réfractaire
au bacille de l'influenza de Pfeiffer ; cependant le sang de pigeon est le meilleur milieu de culture pour ce bacille. Le chien est réfractaire au bacille charbonneux, son sérum n'est pas bactéricide pour ce microbe. Les contradictions

entre le phénomène de l'immunité et le pouvoir bactéricide du sérum s'expliquent par ce fait que la substance bactéricide sécrétée par les globules blancs est retenue par les globules intacts.

Bactériolyse. — PFEIFFER a constaté (1894) que lorsqu'on injecte du vibrion cholérique dans le péritoine du cobaye vacciné les vibrions sont détruits sans le concours des phagocytes exclusivement à l'aide des humeurs. Avant d'être complètement dissous et détruits dans les liquides de l'organisme les vibrions se transforment en granules. Le phénomène se constate aussi avec le coccobacille typhique, mais il ne se produit pas avec la plupart des microbes.

D'après METCHNIKOFF, l'avarie des phagocytes (phagolyse) est indispensable. Si on l'empêche en préparant les phagocytes par des injections préalables de divers liquides, c'est la phagocytose presque instantanée qui se produit. De plus, le phénomène de PFEIFFER ne se produit pas dans les endroits où il n'y a pas du tout ou presque pas de leucocytes préexistants comme dans les tissus souscutanés. D'après METCHNIKOFF, la bactériolyse serait due, dans le phénomène de PFEIFFER, aux ferments phagocytaires qui, à l'état normal, restent dans les leucocytes, mais s'en échappent lors de la destruction ou d'une avarie passagère de ces cellules.

Analogies entre les propriétés bactéricides et bactériolytiques d'une part et les propriétés hémolytiques d'autre part. — Il y a une parenté étroite entre ces différentes propriétés. Comme l'hémolyse, la bactériolyse par les sérums spécifiques est due à l'action combinée de deux substances : a) l'une est la substance sensibilisatrice, fixatrice qui apparaît chez le cobaye vacciné contre le choléra ; cette fixatrice est détruite par le chauffage à 68°-70° ; b) l'autre est la cytase ou alexine ; elle est présente dans l'exsudat péritonéal et le sérum de l'animal (cobaye) neuf ; elle est détruite par le chauffage à 56° et le vieillissement (BORDET). Les microbes fixent les substances sensibilisatrices des sérums spécifiques (bactéricides, bactériolytiques) ; ajoutés à ces sérums, ils leur font perdre leurs propriétés (EHRLICH et MORGENROTH).

Sérums cytotoxiques. — D'une manière générale, il est possible d'obtenir des sérums cytotoxiques spécifiques capables d'agir au choix sur n'importe quel système cellulaire. Il suffit d'inoculer à un sujet des doses répétées d'un organe broyé, prélevé sur un animal appartenant à une espèce différente. Le sujet inoculé fournit un sérum qui, inoculé à un nouvel animal de l'espèce différente, amène la destruction des cellules de l'organe correspondant du magma injecté.

Sérum hépatotoxique. — Une émulsion de foie inoculée à un animal détermine une modification de son sérum telle que celui-ci inoculé à un autre animal provoque la destruction des cellules hépatiques. L'action est spécifique et bornée à ces seules cellules (DELEZENNE, DEUTSCH-LASZLO).

Sérum spermatotoxique. — LANDSTEINER, METCHNIKOFF, MOXTER, LONDON, SALVIOLI, ont préparé des sérums spermatotoxiques.

On obtient ces sérums par l'injection répétée dans la cavité péritonéale du cobaye du liquide spermatique provenant de l'homme, du taureau, du lapin...

Le sérum sanguin ou le liquide péritonéal du cobaye injecté acquièrent le pouvoir de paralyser et de tuer au bout de peu de temps les spermatozoïdes ; cependant ils ne les dissolvent pas, même d'une façon partielle. La disparition et la dissolution définitive des spermatozoïdes ne se produisent que dans l'intérieur des phagocytes, presque exclusivement dans les macrophages (METCHNIKOFF).

La spermotoxine qui apparaît dans le sérum des animaux préparés est constituée par deux substances correspondant à celles que l'on trouve dans les sérums hémolytiques, la macrocytase ou alexine; le fixateur ou sensibilisatrice.

Le sérum de cobaye n'agit que très faiblement sur les spermatozoïdes de cette espèce; ceux-ci restent mobiles sous cette influence pendant des heures. Si les cobayes ont été soumis à une ou plusieurs injections de sperme de leurs congénères, leur sérum et la lymphe intrapéritonéale deviennent toxiques et immobilisent leurs spermatozoïdes déjà après quelques minutes. Chez les cobayes mâles ainsi préparés le sérum acquiert cette propriété non seulement vis-à-vis des spermatozoïdes, d'autres cobayes mâles, mais également contre ceux de l'individu même qui fournit le sérum. Celui-ci devient donc nettement autospermotoxique,

Le fixateur, par contre, circule dans les plasmas de l'organisme vivant. En effet, les spermatozoïdes d'un cobaye dont le sérum est très autospermotoxique ne restent mobiles que très peu de temps (dix à vingt minutes), lorsqu'on les introduits *in vitro* dans du sérum d'un cobaye neuf. Les spermatozoïdes d'un cobaye normal vivent dans le même sérum pendant des heures. Les choses se passent comme si les spermatozoïdes du cobaye préparé avaient absorbé du fixateur pendant la vie de l'animal. Ce fixateur existerait donc dans les humeurs et aurait pénétré jusque dans les organes mâles. Les spermatozoïdes chargés de fixateur perdraient vite leurs mouvements lorsqu'on les transporte dans du sérum de cobaye neuf, riche en macrocytase: les spermatozoïdes témoins qui n'ont pas absorbé de fixateurs vivent plus longtemps dans le même sérum.

La macrocytase ne se trouve pas dans les plasmas; elle n'a pas pénétré jusqu'aux spermatozoïdes chez l'animal vivant. Si on retire, en effet, à un cobaye dont le sérum est très autospermotoxique, *in vitro*, ses organes on y trouve, notamment dans les épididymes, une masse de spermatozoïdes parfaitement vivants qui conservent pendant très longtemps leur mobilité dans l'eau physiologique (Metchnikoff). Tout prouve qu'à l'état normal, la macrocytase est renfermée dans les phagocytes et ne s'en échappe que lorsque le sang retiré se coagule ou pendant la phagolyse.

Macrocytase et fixateur ont probablement la même origine, les phagocytes; la macrocytase y reste fixée normalement, le fixateur diffuse.

Sérums leucotoxiques. — Metchnikoff, Funck, Pomerantzew, Delezenne, Bierry, etc., ont préparé des sérums toxiques pour les leucocytes en injectant des ganglions ou des exsudats riches en leucocytes. Ces sérums agissent en même temps contre les leucocytes mono et polynucléés. Si on injecte sous la peau des cobayes des rates de rats broyées dans la solution physiologique de chlorure de sodium, le sérum sanguin des cobayes en expérience acquiert à la longue la propriété d'agglutiner et de dissoudre les globules blancs suspendus dans la lymphe abdominale des rats (Metchnikoff).

Si on injecte à des oies, canards, lapins, des globules blancs provenant de chiens, si on prend le sérum des animaux préparés et si on l'injecte à des chiens, on constate que l'injection de ce sérum à des chiens provoque l'immobilisation des leucocytes, de l'albuminurie passagère, de l'amaigrissement, de la narcose, la mort en quelques jours (Bierry). Delezenne a préparé un sérum qui, injecté *in vivo*, détruit les leucocytes et provoque l'incoagubilité du sang.

Les sérums antileucocytaires sont spécifiques, c'est-à-dire qu'ils n'agissent que

contre les leucocytes de l'animal dont les globules ou les organes lymphatiques
triturés ont servi pour les injections (METCHNIKOFF).

SZIZAWINSKA a obtenu un sérum cytotoxique pour les globules du sang de
l'écrevisse en injectant du sang d'écrevisse dans le péritoine du cobaye. HIDEYO
NOGUCHI a obtenu des résultats du même ordre chez certains Invertébrés.

Sérums névrotoxiques. — DELEZENNE a obtenu une névrotoxine en injectant
des centres nerveux émulsionnés de chiens, dans le péritoine de canards.
L'introduction de très petites quantités de sérum de ces oiseaux ainsi traités
dans les hémisphères cérébraux de chiens, les tuait très rapidement ou provo-
quait des troubles graves qui parfois présentaient une analogie frappante avec
des attaques épileptiques.

DOYON et PARADIS ont constaté que le sérum des animaux préparés est plus
toxique que le sérum normal, mais ne provoque pas de lésions apparentes du
système nerveux. PIRONÈ a confirmé les expériences de DELEZENNE ; CENTANNI,
SARTIRANA, BŒRI, etc... ont observé des faits analogues en utilisant soit le chien
et le canard, soit d'autres espèces (lapin et chèvre, cobaye et poule). Du chien
au lapin, on n'obtient que de faibles résultats (ENRIQUEZ et SICARD).

Sérums néphrotoxiques. — LINDEMANN a préparé des cobayes auxquels il injec-
tait de la substance rénale de lapins. Au bout de quelque temps le sérum de
ces cobayes manifestait une action toxique sur les reins de lapins, occasionnait
une albuminurie et des phénomènes de néphrite aiguë. Le sang de lapins, qui
ont reçu des injections de reins broyés de chiens dans le péritoine, devient
néphrotoxique pour le chien. Le sang ou le sérum d'un chien ainsi rendu
néphrotoxique détermine de l'albuminurie quand on l'injecte à un animal
neuf (BIERRY).

CASTAIGNE et RATHERY ont constaté que si on injecte du rein de lapin à un
autre lapin, on obtient un sérum qui ne peut provoquer la mort d'un animal de
même espèce, mais qui détermine de l'amaigrissement, de l'albuminurie, des
lésions rénales. Le sérum obtenu en injectant du rein d'un animal à un animal
d'une autre espèce, par exemple le sérum d'un lapin auquel on avait injecté des
reins de cobaye, est très toxique ; il détermine des lésions des tubuli contorti.
Les injections de reins déterminent le même effet (du cobaye au lapin).

NEFEDIEFF a ajouté un fait intéressant. Le sérum sanguin de lapins auxquels
on a lié un des uretères devient, après un certain temps, manifestement néphrotoxique pour les lapins neufs. La néphrotoxine dans ce cas se développerait à
la suite de l'atrophie des éléments rénaux du côté de la ligature et représenterait un exemple d'isocytotoxine ou même d'autocytotoxine.

Le sang ou le sérum de chiens auxquels on a lié une artère rénale devient
au bout d'un certain temps néphrotoxique pour des chiens neufs (BIERRY).

LINDEMANN a pu produire des néphrites chez les chiens, en leur injectant le
sérum de chiens atteints de néphrite toxique due au chlorate de potasse. HOBBS
a provoqué des néphrites par l'injection de sérum urémique.

BIERRY a obtenu une néphrotoxine énergique pour le chien, par des injections
répétées, au lapin, non plus des cellules du rein de chien, mais des constituants
chimiques de ces organes (nucléo-albumines).

La néphrotoxine est d'origine globulaire probablement leucocytaire. Les effets
du sérum sont d'autant plus intenses qu'il est resté plus longtemps *in vitro* au
contact avec les globules, avant l'injection (BIERRY).

Remarque. — Cl. BERNARD avait remarqué que l'injection de sérum normal peut
provoquer de l'albuminurie même lorsqu'on injecte à un animal son propre

sérum. Linossier et Lemoine ont constaté que le sérum normal de l'homme, du cheval, du bœuf, détermine chez le lapin de l'albuminurie et des lésions rénales. Un quart de centimètre cube injecté dans le péritoine d'un lapin de 2 400 grammes suffit. Il faut donc, avant d'affirmer qu'un sérum est devenu néphrotoxique, examiner ses propriétés avant toute préparation ; tous les sérums ne sont pas néphrotoxiques d'emblée.

Sérum cardiotoxique. — Si on injecte à des lapins dans le péritoine), pendant dix jours, trois à quatre fois une émulsion de cœur d'autres lapins, on recueille un sérum qui provoque, lorsqu'on le substitue dans une circulation artificielle à travers un cœur excisé de lapins à un liquide nutritif (liquide de Locke), la diminution de l'amplitude, le ralentissement des contractions et bientôt l'arrêt du cœur. Le sérum normal provoque des phénomènes analogues mais moins accentués et passagers. La toxicité du sérum disparaît à 55°, mais reparaît si on ajoute du sérum normal Kuliabko et Metalnikow). Centanni, Ravenne, Ferranini ont préparé des sérums cardiotoxiques pour le chien, la grenouille, le crapaud.

Sérum toxique pour les glandes thyroïdes. — Mankowsky a obtenu en injectant au chat des thyroïdes de chien un sérum thyréotoxique. Les thyroïdes du chien s'atrophient ; la cachexie strumiprive survient. Gontscharukow a obtenu des lésions des thyroïdes en injectant du sérum de moutons préparés à des chiens. Demoor et Van Lint ont constaté que le sérum de cobayes et autres animaux préparés peut déterminer les caractères classiques de l'hypothyroïdisme des accidents convulsifs et la mort Voy. p. 480).

Sérum toxique pour les cils vibratiles. — L'épithélium à cils vibratiles de la trachée des bœufs fraîchement tués obtenu par le raclage de la muqueuse, est mis en suspension dans une solution appropriée de chlorure de sodium, puis injecté dans le péritoine de cobayes. Si l'on sacrifie les animaux à des intervalles variables, et si on examine le contenu du péritoine au microscope, on constate que les cellules à cils vibratiles conservent leur vitalité pendant plusieurs jours. Si à un cobaye ayant subi une première injection on injecte au bout de dix à douze jours dans le péritoine une nouvelle quantité de cellules épithéliales à cils vibratiles, on constate qu'au bout de dix-huit heures déjà il n'existe plus dans le péritoine une seule cellule vivante Dungern).

Sérum toxique pour les glandes salivaires, le pancréas, l'estomac. — Surmont, P. Carnot et M. Garnier ont réussi à obtenir une cytotoxine pancréatique dont les effets sont cependant variables et peu caractérisés. On n'obtient pas le tableau morbide de la dépancréatisation totale ; parfois, cependant, on produit des lésions nettes et assez étendues de dégénérescence cellulaire et de sclérose du pancréas. Le sérum antipancréatique abaisse le pouvoir amylolytique et tryptique du sang (Surmont et Druchert . Théohari et Aurele Babes ont préparé un sérum gastrotoxique.

II. — Propriétés agglutinatives du sérum.

Les sérums peuvent, dans certaines conditions, posséder la propriété d'immobiliser et d'agglutiner les éléments figurés (microbes Bordet, globules du sang Bordet, levures (Bissarié, Hédon, Schütze), blastomycètes Malvoz, trypanozomes (Laveran et Mesnil)... qu'ils tiennent en suspension.

Agglutination des hématies. — Le sérum d'une espèce peut être agglu-

tinant vis-à-vis des globules rouges d'une ou de plusieurs autres espèces
(Bordet, 1898).

Cette propriété peut être naturelle ou créée par l'expérimentation en injectant à un animal d'une espèce donnée du sang défibriné provenant d'une autre
espèce. Il existe de nombreuses variations individuelles.

Le sérum normal de certaines chèvres agglutine les globules rouges du lapin,
du pigeon, de l'homme, sans les détruire (au moins pendant plusieurs heures).
Il agglutine peu les globules du cheval, pas les globules du cobaye et du mouton
(Malkoff). Le sérum de poule est doué d'un pouvoir agglutinant énergique pour les
globules de chien, de rat, de lapin... le sérum de lapin agglutine à la longue les
globules de porc, de cheval, d'homme (Hédon) ; le sérum humain agglutine
souvent les globules rouges du lapin lavés (J. Camus et Pagniez). Beaucoup de
sérums humains sont capables d'agglutiner les globules humains et dans des
cas très rares de les détruire, en dehors de tout état pathologique apparent
(Ascoli, Lo Monaco, J. Camus et Pagniez).

Le sérum d'une espèce peut être agglutinant vis-à-vis des globules d'une
même espèce. Beaucoup de sérums humains sont capables d'agglutiner les
globules humains et, dans des cas très rares, capables de les détruire, en
dehors de tout état pathologique apparent (Ascoli, Lo Monaco, J. Camus et Pagniez).

Pour observer l'agglutination des globules on se sert de globules lavés dans
une solution salée à 9 p. 1000, de manière à débarrasser ces éléments de leur
sérum. On mélange dans un verre de montre deux à trois parties de sérum pour
une partie d'émulsion de globules (Bordet, J. Camus, Pagniez).

Lorsqu'un sérum agglutine plusieurs espèces globulaires, il contient, non pas
une, mais plusieurs agglutinines spécifiques qu'on peut séparer. Soit, par
exemple, un sérum de chèvre agglutinant les globules du pigeon, du lapin, de
l'homme. On ajoute au sérum des globules de pigeon, puis on centrifuge le
mélange, on isole les globules de pigeon. Le sérum restant, séparé, n'agglutine
plus les globules du pigeon, mais il continue à agglutiner les globules du lapin
et de l'homme, etc... (Malkoff).

Le pouvoir hémolytique et le pouvoir agglutinant coexistent, en général, dans
un sérum ; toutefois, les deux phénomènes, hémolyse et agglutination, sont
sous la dépendance de deux substances différentes. La substance agglomérante
résiste à un chauffage à 55°-56° pendant trente minutes, tandis que la substance
hémolytique a disparu. La substance agglomérante doit être rapprochée de la
sensibilisatrice (Bordet).

Remarques. — Les acides à très faibles doses provoquent l'agglutination des
globules de bœuf, lapin, cobaye... dans des solutions de corps non dissociables,
non électrolytes, capables de fournir des solutions isotoniques (Hédon). 10 centimètres cubes d'une solution de sucre de canne à 7 ou 8 p. 100 acidifiés par 0cc,5
HCl centinormal constituent un milieu dans lequel 3 gouttes de sang défibriné
de bœuf s'agglutinent en amas au bout de quelques minutes. La chaleur active
le phénomène. Les amines acides telles que l'asparagine, le glycocolle... qui
en solution aqueuse, à une certaine concentration, fournissent des solutions
isotoniques, sont également agglutinantes (Hédon).

L'addition d'une certaine quantité d'un corps dissociable suffit pour empêcher
l'action agglutinante de l'acide ou pour la faire cesser. Il suffit de neutraliser
l'acide, d'ajouter un sel neutre (chlorure de sodium, sulfate de soude, fluorure
de sodium), un sel alcalin, même un sel acide comme le phosphate de soude
monobasique (Hédon).

Les globules de chien (Delezenne) et d'homme (Hédox) ont déjà la propriété de s'agglutiner dans les solutions de sucre pures quand la quantité de sang ajoutée est un peu forte. Pour expliquer cette particularité, Hédox suppose que le sang de certaines espèces contient en lui-même une substance capable d'agglutiner les globules en milieu non électrolyte et jouant par conséquent le même rôle que celui de l'acide pour les globules d'autres espèces qui, eux, ne s'agglutinent point dans les solutions de sucre pures, quelle que soit la dose de sang employée. L'addition d'un sel empêche le phénomène (Hédox).

Certaines substances d'origine végétale telles que la ricine, l'abrine, la crotine des grains de croton, l'écorce de Robinia pseudo acacia provoquent la précipitation et l'agglutination des globules (Kobert).

L'abrine agit sur les globules de tous les animaux ; la ricine n'agit pas sur le sang des Poissons (Kobert).

Il suffit de quantités très faibles de poisons. On emploie des solutions au millième dans l'eau salée.

L'addition d'une solution décinormale d'acide sulfurique ($0^{cc},3$ pour la ricine, $2^{cc},25$ pour l'abrine) défait l'agglutination. Des quantités considérables de solution décinormale de soude rétablit l'agglutination. Par des additions successives d'acide et d'alcali on peut reproduire plusieurs fois ces phénomènes. Les globules acidifiés se chargent néanmoins de toxine, car injectés au cobaye ils provoquent la mort (Reiss).

Quelques sérums contiennent des anti-agglutinines ; le sang de mouton contient une antiricine, le sang de chien une anticrotine (Kobert).

Les hémotoxines végétales amènent aussi la coagulation du lait (Kobert).

L'extrait aqueux de fraises exerce une action agglutinante des plus marquées, surtout sur les globules du chien (Gley).

Agglutination des microbes. — Charrin et Roger ont remarqué que le bacille pyocyanique se développe différemment dans le sérum des animaux normaux et celui des animaux vaccinés. Au lieu de pousser sous forme de bâtonnets il s'allonge en filaments segmentés qui s'enchevêtrent entre eux et tombent au fond des tubes, laissant surnager un liquide limpide (1889). J. Courmont fit des constatations analogues avec le sérum des vaccinés contre le staphylocoque pyogène. Bordet observa que des microbes introduits dans le sérum d'animaux vaccinés perdent leurs mouvements, et au bout de peu de temps se réunissent en amas plus ou moins volumineux (1895). Gruber et Durham appliquèrent cette constatation au diagnostic des espèces bactériennes. Ils constatèrent que le pouvoir agglutinant des animaux vaccinés, quoique n'étant pas rigoureusement spécifique, peut néanmoins être utilisé pour la destruction de certaines bactéries.

L'agglutination du bacille de Lörfler par le sérum antidiphtérique (J. Nicolas), du bacille de Nicolaier par le sérum antitétanique (J. Courmont et Jullien) est très nette.

La découverte de l'agglutination des microbes a acquis une grande importance à la suite de son application au diagnostic des maladies. Widal observa (1897) l'agglutination en utilisant non plus seulement le sérum des immunisés mais celui des infectés. Il constata que le sérum du sang d'un typhique peut devenir agglutinant dès les premiers jours de la maladie. Widal indiqua le parti qu'on pouvait tirer de ce fait pour le diagnostic de la fièvre typhoïde. Le séro-diagnostic a été appliqué depuis avec succès à la tuberculose (S. Arloing et P. Courmont).

Le sérum agglutinant agglutine même les bacilles morts, tués par la chaleur

ou un antiseptique (formol), Widal et Sicard, Arloing, P. Courmont (b. tuberculeux).

La spécificité d'un sérum n'est pas absolue. C'est une question de degré. Un
même sérum très actif vis-à-vis d'un microbe peut dans certains cas en agglutiner un autre mais plus faiblement (Rodet). D'autre part, un sérum normal
peut agglutiner certains microbes. Le sérum normal de cheval agglutine la
plupart des microbes (coli, Eberth, tuberculose, morve, choléra). Le sérum du
sang humain normal agglutine le bacille charbonneux (Lambotte et Maréchal).
Le phénomène de l'agglutination ne constitue donc en médecine qu'une présomption au point de vue diagnostic.

L'agglutinine paraît se trouver au maximum dans le sang (Arloing et P. Courmont). Elle existe non seulement dans le sérum mais dans le plasma circulant,
le liquide des exsudats et transsudats, le liquide du péricarde.

L'agglutinine peut s'éliminer par les urines, la bile (Widal; Arloing et
P. Courmont), les larmes (Widal et Sicard). Dans la fièvre typhoïde le pouvoir
agglutinant des urines ne se manifeste que d'une façon inconstante et toujours à

Fig. 175. — *Réaction de* Widal, d'après J. Courmont.

Préparation d'une culture de vingt-quatre heures de B. d'Eberth additionnée de 1/10
de sang non typhique (séro-réaction négative). — Préparation d'une culture de vingt-
quatre heures de B. d'Eberth agglutinée par 1/10 de sang typhique (séro-réaction positive).

un faible degré. Landouzy et Griffon, Achard et Bensaude, Thiercelin et Lenoble,
Paul Courmont et Cade ont démontré que la propriété agglutinante peut passer
par le lait de la mère ou de la nourrice à l'enfant. Le sang du fœtus provenant
d'une mère convalescente de la fièvre typhoïde possède la propriété agglutinante (Mossé et Fraenkel). Hawthorn a observé la transmission de la mère au
fœtus dans la tuberculose expérimentale.

L'agglutinine doit être attribuée à quelque influence cellulaire; mais on ne
sait rien de sûr concernant l'origine. Probablement la source est dans la moelle
des os, les ganglions, la rate (Emden). On ne sait rien non plus sur le lieu où
se détruit l'agglutinine.

La substance active résiste à + 57-60°, et ne perd son activité qu'à + 80° (Widal
et Sicard), contrairement aux substances bactéricides qui sont détruites à + 57°
(Hayem). Le froid même à — 190° est sans action (P. Courmont, Chanoz, Doyon).
L'agglutinine résiste dans certaines limites au vieillissement, à la dessiccation
et aux microbes, sauf si c'est le microbe spécifique qu'on y cultive; elle est
détruite par lumière (P. Courmont).

L'agglutinine dialyse à travers le parchemin moins difficilement que les
cytases, alexines, substances bactéricides du sérum normal (Gengou). Ces der-

nières substances dialysent seulement dans les cas où le liquide inférieur est constitué par de l'eau pure; la dialyse est nulle si on remplace l'eau distillée par une solution physiologique de NaCl (Büchner). L'agglutinine précipite presque entièrement par saturation du sérum avec $MgSO^4$ (Widal et Sicard, Asakawa).

L'agglutinine doit être rapprochée par certains caractères (résistance à 55°) des substances fixatrices, cependant elle doit en être distinguée. La propriété agglutinative est souvent très marquée lorsque le pouvoir de fixer les cytases fait complètement défaut (Metchnikoff).

La présence de certains sels et notamment de NaCl paraît nécessaire (S. Arloing). Si on enlève les sels du sérum par la dialyse, l'agglutination n'est plus obtenue. L'agglutination se produit si on restitue les sels. Les sels solubles de chaux favorisent l'agglutination (S. Arloing, Joos).

Le phénomène a de grandes analogies avec celui de la coagulation des albuminoïdes. Bordet croit à des modifications dans les attractions moléculaires qui unissent les éléments agglutinés soit entre eux, soit avec le liquide ambiant.

Rapport avec l'immunité. — D'après Metchnikoff, la propriété agglutinative des humeurs n'a pas de rôle tant soit peu important dans l'immunité naturelle ni dans l'immunité acquise. Sans doute le sérum des animaux ayant acquis l'immunité est le plus souvent agglutinant vis-à-vis du microbe correspondant, mais d'un côté le sérum des individus doués d'immunité acquise peut être dépourvu de propriétés agglutinatives, tandis que de l'autre côté ce pouvoir peut être très développé dans le sérum d'individus sensibles. L'agglutination des microbes par des sérums spécifiques ne les empêche point de vivre ni de se reproduire. Les bacilles diphtérique (J. Nicolas), d'Eberth (P. Courmont) perdent de leur virulence; d'autre part le sérum antituberculeux provenant d'une chèvre ayant reçu sous la peau des cultures virulentes de bacille de Koch agglutine le bacille de la tuberculose, n'exerce aucune action bactériolytique sur ce microbe, favorise sa végétation et les effets nocifs (F. Arloing).

Pour que les produits microbiens donnent lieu à la formation d'anticorps, il n'est pas nécessaire que les microbes produisent une affection manifeste. Foenster a observé un pouvoir agglutinant considérable vis-à-vis du cocco-bacille typhique chez un enfant qui se trouvait au milieu d'une famille de typhiques, mais qui lui-même ne présentait aucun symptôme morbide.

En tant qu'agglutination le phénomène est sans effet défensif, mais il témoigne d'une réaction de l'organisme. Dans la fièvre typhoïde la propriété agglutinante apparaît le plus généralement très rapidement au bout de deux ou trois jours. La courbe du phénomène pendant l'évolution de la maladie peut donner des indications concernant le pronostic. Elle est parallèle à la défense de l'organisme (P. Courmont). Le pouvoir agglutinant baisse en général bientôt après la guérison (chez beaucoup, quinze à trente jours après le début de la pyrexie).

III. — **Propriétés précipitantes**.

Lorsqu'on injecte à plusieurs reprises dans le péritoine ou sous la peau d'un animal d'une espèce donnée (A) et en espaçant les injections de quatre à huit jours, un liquide albumineux [sérum sanguin (Tchistowitch, 1899), lait (Bordet, Uhlenhut et Schütze, Nolff), blanc d'œuf (Uhlenhut), urine albumineuse (Leclainche et Vallée, Mertens, Zuelzer, Blumenthal, Linossier et Lemoine, Camus), des solutions de fibrine (L. Camus), des liquides d'ascite (Arthus), de pleurésies (Butza)... provenant d'un animal d'espèce différente (B)], on communique au sérum de l'animal (A) la propriété de précipiter *in vitro* le liquide albumineux correspondant. Les essais avec des albuminoïdes digérées, peptones, etc., ont donné des résultats négatifs (MICHAELIS et OPPENHEIMER, etc.).

Le pouvoir précipitant du sérum a été découvert presque simultanément par TCHISTOWITCH et BORDET.

La formation du précipité semble être une combinaison chimique entre deux substances contenues l'une dans le sérum actif (substance précipitante ou précipitine), l'autre dans le sérum ordinaire (substance précipitable) (LINOSSIER et LEMOINE).

La sensibilité de la réaction est extraordinaire. Dans les cas favorables il suffit de quelques gouttes de sérum dilué au 1/100 000 pour amener une précipitation (exp. UHLENHUT et SCHÜTZE avec le lait).

Les sérums précipitants conservent leurs propriétés pendant des mois. La présence du fluorure de sodium à 3 p. 100 n'empêche pas leur action (ARTHUS). Le chauffage à 70° fait disparaître la propriété précipitante (BORDET). Les sérums précipitants peuvent être desséchés et gardent leurs propriétés. A l'état sec ils résistent à 130° (BIONDI).

Spécificité. — D'une manière générale les sérums précipitants sont spécifiques. Le sérum d'un lapin par exemple, ayant reçu des injections sous-cutanées de sérum d'un animal d'espèce différente, précipite à l'exclusion de tous les autres le sérum des animaux de cette espèce (LINOSSIER et LEMOINE, FALLOISE).

Toutefois la spécificité n'est pas absolue, aussi bien ce qui concerne l'origine que la forme chimique des albuminoïdes (LINOSSIER et LEMOINE, STRUBE, PHILIPPSON).

1. Spécificité concernant l'origine. — Un même sérum agit sur des espèces très voisines dans la classification (BORDET, WASSERMANN et SCHÜTZE). Le sérum des lapins traités par du sang humain donne un précipité, soit avec le sérum dilué de l'homme, soit avec celui des singes anthropomorphes; le sérum des lapins traité avec le sang des singes anthropomorphes donne un précipité avec le sérum de l'homme (WASSERMANN et SCHÜTZE; NUTTALL, GRÜNBAUM). PHILIPPSON n'a pas constaté un seul cas de sérum précipitant uniquement le sang d'animaux d'une seule espèce, mais des exemples nombreux de sérums qui agissent sur les différentes espèces d'un genre et dont l'action ne s'étend pas au dehors du genre. Ainsi le sérum de lapin préparé avec le sang de rana viridis (deux injections de 1 centimètre cube de sang défibriné) précipite le sang de rana viridis, rana fusca, mais non celui de hyla arborea, bufo vulgaris, salamandra maculoso. Dans certains cas cependant, l'action des sérums s'étend à des groupes plus larges que le genre, non plus par des précipités, il est vrai, mais par des troubles plus ou moins nets. Il y a des sérums agissant sur le sous-ordre des Ruminants, l'ordre des Primates, la classe entière des Mammifères, le groupe des Sauropsides (Oiseaux et Sauriens). Les sérums pour le bœuf et le mouton agissent sur tous les autres Ruminants; le sérum préparé au moyen du sang de cochon donne des nuages ou des troubles avec le sang des Mammifères appartenant à tous les ordres (NUTTALL). Une même précipitine peut donc agir sur un très grand nombre de sérums différents, la sensibilité de la réaction seule diffère : les précipités obtenus étant en général d'autant plus volumineux que l'animal dont on étudie le sérum est plus éloigné dans l'échelle des êtres vivants de celui dont le sang a servi aux injections provocatrices du développement de la précipitine. Il n'en existe pas moins une spécificité relative qui se traduit de deux manières (LINOSSIER et LEMOINE) :

a) En ce que es quantités de précipitine minima nécessaires pour provoquer un trouble dans un sérum donné sont beaucoup moindres quand ce sérum est le sérum correspondant ;

b) En ce que le précipité provoqué par une précipitine dans le sérum correspondant est incomparablement plus volumineux que dans un autre sérum. Aussi peut-on déceler le premier dans une solution assez diluée pour qu'un autre sérum, à la même dilution, ne soit pas troublé.

Exemple : Le sérum d'un lapin ayant reçu des injections de sang de génisse, employée à la même dose de 15 p. 100, troublait :

Le sérum de génisse dilué au maximum à............... 1 p. 5000
—   cheval   —   .... 1 p. 300
—   homme   —   .... 1 p. 50

2. *Spécificité concernant la forme chimique.* — Dans le sérum ce sont les globulines qui font acquérir au sérum de l'animal injecté la réaction précipitante Nolf, Falloise. Le liquide d'ascite, qui contient comme le sérum sanguin des globulines, peut être substitué à ce sérum (Arthus). Toutefois, d'après L. Camus. Linossier et Lemoine, il n'est pas absolument démontré que le sérum actif, capable de distinguer l'origine spécifique d'une albumine, est capable aussi d'en déterminer la nature chimique. L. Camus a constaté, après des injections de fibrine d'une espèce animale à une autre espèce, l'apparition d'un sérum spécifique pour l'ensemble des matières albuminoïdes de sang. Réciproquement, un animal immunisé par des injections de sérum donne un sérum qui précipite le sérum avec lequel a été faite l'immunisation et aussi les solutions de fibrine. Un sérum préparé par des injections d'albumines est actif contre les albumines et a un moindre degré contre les globulines (Oppenheimer et Michaelis). — L'albumine contenue dans l'urine humaine pathologique est précipitée par le sérum d'un lapin préparé par des injections répétées de sérum humain. Inversement on peut obtenir un sérum précipitant le sérum humain en injectant à un lapin de l'urine humaine albumineuse (Leclainche et Vallée. Mertens, Zuelzer, Blumenthal, Linossier et Lemoine, Camus, Umber). Le sérum obtenu après injection de lait précipite la caséine (Bordet, Wassermann. Schütze, Fuld).

Applications. — La méthode qui permet de différencier les divers sérums a reçu diverses applications.

Les cliniciens l'ont utilisée pour la recherche de l'albumine dans l'urine. Toutes les urines riches en albumines précipitent par le sérum actif, mais le précipité ne paraît pas proportionnel à la dose d'albumine. Pour rechercher des traces d'albumine il faut employer un grand excès de précipitine et réciproquement. Un sérum capable de distinguer l'origine spécifique d'une albumine n'est pas nécessairement capable de déterminer aussi la nature chimique de cette albumine (Linossier et Lemoine).

Les médecins légistes (Deutsch, Uhlenhut, Wassermann, Schulze) ont appliqué cette méthode à déterminer le sang humain. La réaction peut être obtenue même avec des extraits aqueux (sol. NaCl à 1 p. 100) de caillots ou de taches sanguines desséchées. La putréfaction n'est pas un obstacle même après plusieurs mois (Uhlenhut, Ogier) ; il en est de même pour un froid de — 10° pendant quinze jours (Uhlenhut). La réaction n'est plus possible après un chauffage à 130°-170° Ferrai. Les réserves concernant la spécificité imposent l'obligation pour l'expert qui veut déterminer l'origine d'une tache de sang de dissoudre celle-ci dans une petite quantité de liquide telle que le sérum correspondant à la précipitine puisse être troublé par elle. Une solution de sérum au millième par exemple a toujours paru troublée par la précipitine correspondante et jamais par une autre précipitine (Linossier et Lemoine). La méthode est en somme supérieure à toutes les autres pour différencier le sang humain du sang d'autres espèces, à la condition d'obtenir un précipité rapidement (une heure, par exemple) et avec du sang très dilué (Uhlenhut, Minovici, Stonesco, etc...).

Précipitation des cultures microbiennes filtrées. — On obtient un précipité lorsqu'on mêle des cultures filtrées à des sérums spécifiques [Krauss, Widal et Sicard, Nicolle], toutefois la réaction est inconstante.

IV. — **Propriétés antitoxiques.**

Le sang neutralise plus ou moins les effets d'un certain nombre de substances solubles, ce que l'on exprime en disant qu'il exerce vis-à-vis de ces agents un pouvoir antitoxique.

Historique. — La découverte des propriétés antitoxiques du sang a suivi de près la découverte de la vaccination contre les toxines microbiennes. Elle est due à Behring et Kitasato et a été faite à propos du *tétanos* et de la *diphtérie*. La toxine mélangée *in vitro* au sérum d'un animal immunisé devient inoffensive. L'injection simultanée, quoique en des points séparés de l'organisme, de la toxine et du sérum empêche l'intoxication (Behring et Kitasato, Roux, 1894) (1).

Action sur les poisons microbiens. — Le sang (ou le sérum) d'un animal immunisé contre le tétanos, mélangé avec une quantité de toxine tétanique plus que suffisante pour provoquer l'empoisonnement mortel, empêche l'éclosion de la maladie chez les animaux auxquels on injecte le mélange (Behring et Kitasato). On obtient les mêmes résultats en ce qui concerne la toxine diphtérique (Behring et Kitasato), le virus rabique (Marie), etc... Les propriétés antitoxiques peuvent exister, au degré près, même dans le sang normal. Le sérum normal de cheval peut neutraliser une certaine quantité d'antitoxine diphtérique (Roux et Martin, Cobbett).

Action sur les hémotoxines et les cytotoxines. — Les poisons globulicides et cytotoxiques donnent lieu à la production d'antitoxines. Camus et Gley. H. Kossel ont démontré que des animaux traités avec des doses croissantes de sérum d'anguille acquièrent une propriété antitoxique qui protège leurs globules contre l'action de l'ichtyotoxine ou substance toxique du sérum d'anguille. Si on mélange *in vitro* le sérum antitoxique avec des globules rouges de l'espèce qui fournit ce sérum et si on ajoute du sérum hémolytique d'anguille on constate que les hématies se conservent très bien. Dans des tubes

---

(1) Dès 1888, Héricourt et Richet avaient constaté l'action immunisante du sérum d'animaux réfractaires aux staphylocoques; toutefois ces auteurs n'avaient pas approfondi le mécanisme d'action du sérum. Les sérums de Richet et de Héricourt n'étaient peut-être pas antitoxiques; les sérums de l'organisme immunisé peuvent, sans être antitoxiques, présenter la propriété anti-infectieuse. C'est ainsi que Pfeiffer a obtenu chez des animaux bien immunisés contre le vibrion cholérique un sérum doué d'un fort pouvoir anti-infectieux totalement dépourvu de propriétés antitoxiques; les cobayes, très résistants à la péritonite cholérique, se sont montrés fort sensibles à la dose minima mortelle du poison cholérique. La résistance contre les microbes n'implique pas nécessairement l'insensibilité contre leurs poisons. L'immunité contre les microbes peut être acquise indépendamment de celle contre les toxines. Elle est plus facile à acquérir et a été réalisée la première (Metchnikoff).

témoins dans lesquels le sérum antitoxique est remplacé par du sérum normal de même espèce les globules rouges se dissolvent au contraire très facilement sous l'influence toxique du sérum d'anguille. D'autres antihémolysines artificielles ont été préparées par BORDET en injectant à un animal A du sérum hémolytique provenant d'un animal B; le sérum de l'animal A devient antihémotoxique et protège très bien les globules d'un animal de même espèce contre l'action dissolvante du sérum d'un animal B.

En dehors des sérums antihémolytiques on a obtenu plusieurs autres sérums anticytotoxiques analogues. DELEZENNE a préparé des sérums qui empêchent l'action du poison cellulaire qui détruit les cellules hépatiques. METCHNIKOFF, METALNIKOFF ont préparé des sérums qui empêchent les spermotoxines spécifiques d'immobiliser les spermatozoïdes; CENTANNI a obtenu une antinévrotoxine.

Les éléments spécifiques sensibles à l'action d'une cytotoxine ne sont pas indispensables pour le développement de l'anticytotoxine correspondante. Le fait se démontre expérimentalement pour le cas de l'antispermotoxine (METCHNIKOFF).

BORDET a démontré que dans le sérum antitoxique il existe deux antitoxines : une anticytase et un antifixateur.

Il existe dans le sang de l'homme et des animaux non préparés des antitoxines naturelles qui agissent contre les poisons cellulaires répandus dans le sang d'un grand nombre d'espèces animales. Pour révéler la présence de ces antitoxines, il est utile de chauffer les sérums normaux à 56°. On ajoute ensuite au sérum des globules rouges de même espèce et du sérum hémolytique d'espèce étrangère. Dans ces conditions, la dissolution des hématies ne se produit pas, tandis que leur mélange avec du sérum hémolytique produit inévitablement l'hémolyse (BESREDKA).

Action sur la bile. — La bile amène l'hémolyse. Le sérum normal, surtout le sérum du bœuf ou du mouton, empêche ou retarde le phénomène. L'injection de bile développe les propriétés protectrices du sérum (RUFFER et CRENDIROPOULO, HÉDON, RIST et RIBADEAU-DUMAS).

Action sur les ferments solubles. — Le sérum normal exerce une action empêchante sur les ferments solubles, tels que certaines diastases (amibodiastase, diastases des infusoires; les présures; la pepsine; la papaïne; les protéases des animaux inférieurs (actinies, etc.), des microorganismes; les tyrosinases; la laccase; l'émulsine; le ferment de l'urée (microc. ureae PASTEURI)... (FERMI, 1894. PUGLIESE et COGGI, HAHN, 1897, GLEY et CAMUS, MORGENROTH, FURTH et SPIRO, H. SACHS, HILDEBRANDT, DELEZENNE, GESSARD, MESNIL et MOUTON, MOLL, MALFITANO).

Si par exemple on met à l'étuve à 40° de la gélatine avec quelques gouttes de pancréatine, la gélatine perd rapidement la propriété de se gélifier lorsqu'on la transporte dans l'eau glacée ou lorsqu'on la ramène à la température ordinaire; $0^{cc},7$ de sérum de chien ajouté à 2 centimètres cubes de gélatine à 10 p. 100 peut neutraliser d'une façon complète l'action d'une dose de pancréatine capable de digérer la gélatine en quelques heures (DELEZENNE et POZERSKI) (1).

---

(1) Certains sérums qui exercent une action empêchante extrêmement marquée vis-à-vis des ferments protéolytiques de gélatine sont cependant capables d'attaquer eux-mêmes cette substance lorsqu'ils lui sont ajoutés en présence du chloroforme. Cette action du sérum est de nature diastasique. Le pouvoir digestif du sérum de chien disparaît complètement lorsque ce liquide est porté à 60°-62° pendant 30 minutes. Le sérum de chien traité préalablement par du chloroforme à l'étuve à 40° et débarrassé de cette substance, perd son action empêchante vis-à-vis des ferments protéolytiques et acquiert la propriété d'attaquer directement la gélatine, et la caséine (DELEZENNE,

L'action empêchante du sérum sur le pouvoir protéolytique d'un mélange suc pancréatique et suc intestinal est due à la neutralisation de la Kinase (Delezenne, Ascoli et Bezzola). Le sérum qui se montre le plus empêchant vis-à-vis de la Kinase d'une espèce animale déterminée n'est pas toujours celui de cette même espèce (Delezenne).

Les sérums préparés contre la présure végétale et contre la présure animale ne se suppléent pas; de même en ce qui concerne les tyrosinases végétale et animale (Morgenroth, Gessard).

Le pouvoir empêchant du sérum peut être augmenté par des injections (sous-cutanées, intra-péritonéales) du ferment considéré. Le fait a été vérifié particulièrement pour le lab, la pepsine, le ferment de l'urée...

Le mécanisme de l'action du sérum n'est pas élucidé et paraît ne pas être le même dans tous les cas. Si le sérum normal de cheval empêche la pepsine d'agir dans certains cas, c'est surtout à l'alcalinité ou aux sels du sérum qu'il faut l'attribuer (Briot); le sérum longuement chauffé à haute température (une heure à 100°) agit en effet comme le sérum non chauffé (Briot, Perin). L'anti-présure du cheval est une substance non dialysable, précipitable par l'alcool et certains sels; elle résiste à 56° mais perd toute action après trois heures à 62°.

Action sur les venins. — Phisalix, Bertrand et Calmette ont signalé l'existence même à l'état normal, de substances antivenimeuses dans le sang de quelques Mammifères sensibles au venin des serpents. Briot a observé le même fait en ce qui concerne le venin de vive. L'antitoxine est détruite à 62°; elle coexiste avec une sensibilisatrice qui résiste à cette température. On peut par des injections répétées immuniser les animaux contre les venins et renforcer les propriétés antivenimeuses du sérum.

Action sur les alcaloïdes. — Un certain nombre de corps du groupe des alcaloïdes et glucosides (quinine, pilocarpine, atropine, solanine, saponine, digitaline. cyclamine...) jouissent de la propriété de dissoudre à de très faibles doses les globules rouges (Mayet 1883, Pohl, Hédon, Ransom, Rehns).

Leur action s'observe facilement lorsqu'on laisse tomber quelques gouttes de sang dans un tube à essai contenant le poison dissous dans l'eau salée; pour une certaine dose le sang se laque en quelques secondes.

Si l'on étudie la toxicité de ces divers agents comparativement dans le *sérum sanguin* et dans une solution isotonique de chlorure de sodium, on constate qu'ils sont tous moins toxiques dans le sérum. Les choses se passent comme s'il existait dans le sérum quelque chose qui empêche le poison d'agir sur le globule (Mayet, Pohl, Hédon).

L'action protectrice du sérum n'est pas détruite par des températures élevées (Hédon). Un sérum d'une espèce éloignée peut être beaucoup plus protecteur pour un globule donné que celui de l'espèce correspondante, et notamment le sérum des animaux à sang froid (grenouille, anguille), préalablement chauffé à 55°-60° pour détruire l'alexine, a un pouvoir protecteur beaucoup plus énergique que celui des Mammifères pour les globules de ces derniers (Hédon).

L'action protectrice du sérum contre la solanine a été interprétée par Pohl, comme due au phosphate acide de sodium. Ce sel protège les globules contre

---

Pozerski). Le sérum normal (chien, lapin, mouton, chèvre, etc...) exerce une action favorisante sur le pouvoir amylolytique du suc pancréatique et de la salive. La dialyse, le chauffage ne lui font pas perdre cette propriété (Pozerki). Le sérum favorise par son alcalinité l'action de la lipase pancréatique (Potteny).

de fortes doses de solanine ; il est sans action sur les autres glycosides. Non seulement l'explication de Pohl n'est pas générale, mais elle ne rend pas compte de l'action du sérum ; ce liquide en effet, soumis à une dialyse prolongée, ne perd pas son pouvoir antitoxique contre la solanine (Hédon). Ransom constata que l'extrait éthéré du sérum protège les globules contre la saponine et que la substance antitoxique n'est autre que la cholestérine. Hédon a vérifié ce fait et constaté que la cholestérine protège également les globules contre tous les autres glycosides. C'est l'affinité du poison pour la cholestérine du stroma qui cause la toxicité pour le globule et l'hémolyse. Dans un milieu contenant de la cholestérine en solution, et l'un quelconque de ces glycosides, on peut ajouter des globules sans avoir d'hémolyse parce que le poison se fixe instantanément sur la cholestérine dissoute, et est neutralisé par elle (Ransom). Hédon a donné d'autres preuves que c'est bien la cholestérine qui est en cause : une émulsion de jaune d'œuf dans de l'eau salée exerce une action préservatrice très forte contre tous les glycosides hémolytiques ; tous ces poisons se fixent sur la substance cérébrale broyée et émulsionnée dans l'eau.

La réaction du milieu a une importance en ce qui concerne la solanine seulement. Pohl a vu qu'une certaine proportion de phosphate acide de sodium dans le milieu empêche l'hémolyse. Hédon a constaté en outre que les acides libres ont une action analogue, quoique moins prononcée que celle des sels acides. D'autre part, Hédon a vu que les alcalis libres et les sels alcalins ont une action inverse, c'est-à-dire favorisante de l'hémolyse. D'après Hédon, les globules ont la propriété de fixer quasi-instantanément sur leur substance les acides et les alcalis du milieu. Lorsque la quantité d'acide ou d'alcali du milieu est dans une proportion convenable par rapport au nombre de globules en suspension, ceux-ci s'emparent de tout l'acide ou de tout l'alcali du milieu, en conservant leur couleur normale, et le liquide ambiant devient neutre. Après avoir fixé l'acide ou l'alcali, les globules ne le lâchent plus, on peut les laver indéfiniment à l'eau salée, ils gardent les substances fixées. Ainsi impressionnés et lavés, leur résistance à la solanine est remarquablement modifiée. Les globules impressionnés par un acide (et surtout par le phosphate acide de soude) sont devenus *immun* vis-à-vis de la solanine. Impressionnés par un alcali, au contraire, les globules sont sensibilisés ; ils se laquent dans des solutions de solanine hypotoxiques pour des globules neufs. La preuve que l'action immunisante de l'acide réside bien dans le fait que les globules ne peuvent plus être attaqués par le poison, est dans ceci : quand on ajoute des globules neufs à une solution de solanine d'une concentration toxique limite, la solution perd toute toxicité pour de nouveaux globules qu'on y ajouterait après le laquage des premiers ; le poison est consommé dans l'acte de l'hémolyse (fixé par la cholestérine). Mais si on ajoute à une semblable solution des globules impressionnés par un acide, l'hémolyse n'a pas lieu ; les globules se déposent et la solution conserve toute sa toxicité pour des globules neufs. Les globules traités par un acide et notamment par le phosphate acide de sodium, deviennent donc impénétrables à la solanine (Hédon) (1).

---

(1) L'action antitoxique du phosphate acide de sodium contre la solanine ne se montre pas seulement sur les globules, mais aussi sur les épithéliums. La desquamation des branchies des Poissons qui survient très rapidement dans une solution aqueuse d'un sel de solanine, est totalement empêchée par l'addition d'une proportion convenable de phosphate acide de soude, sel inoffensif pour des animaux même à forte dose, et les Poissons continuent à vivre (Hédon).

Remarques. — Giofredi admet que le sérum des chiens accoutumés à de hautes doses de morphine exerce une action antitoxique et préventive contre l'empoisonnement par la morphine. Maramaldi a constaté les mêmes faits en ce qui concerne l'alcool. Les conditions dans lesquelles ces expériences ont été faites doivent être particulières; des essais faits au laboratoire, à l'instigation de M. Morat, concernant la pilocarpine et l'atropine n'ont pas donné de résultats positifs. Le sérum de chiens accoutumés à la pilocarpine ou à l'atropine n'empêchait nullement la pilocarpine de provoquer les sécrétions ou les mouvements des réservoirs contractiles et l'atropine de paralyser le vague (aux doses ordinaires).

Action sur les agglutinines. — Ehrlich a démontré qu'on peut obtenir des antitoxines contre l'abrine, la ricine, etc... Quelques sérums normaux contiennent des anti-agglutinines. Le sérum de mouton contient une antiricine, le sérum de chien une anticrotine (Kobert).

Action sur les poisons minéraux. — D'après Besredka, certains poisons minéraux (acide arsénieux) donneraient lieu au développement d'un contre-poison dans l'organisme animal, toutefois ce fait a été contesté par Morishimia. Serena a obtenu des résultats négatifs avec l'arsenite de potassium.

Propriétés. — Les antitoxines sont des substances non cristallisables, de composition chimique inconnue. Elles adhèrent intimement aux albuminoïdes du sérum, peuvent être précipitées avec les globulines par le sulfate d'ammoniaque à 26-44 p. 100 (Ide et Lemaire), à 38 p. 100 c'est-à-dire à 1/2 saturation (Pick, Freund et Sternberg). Les antitoxines restent en solution pendant la dialyse (Marcus et Seng). Si on soumet le sérum antitétanique à la dialyse, l'antitoxine passe à travers la membrane dialysante ; elle ne donne pas, dans le liquide dialysé, les réactions des substances albuminoïdes (Pröscher), etc.

Les antitoxines se distinguent en général par une grande résistance vis-à-vis des influences physiques et chimiques. Sous ce rapport, elles se rattachent aux agglutinines, aux fixateurs, aux précipitines — mais se distinguent des cytases. Elles résistent aux températures qui détruisent les cytases et ne sont altérées qu'au delà de 60°-65°. L. Camus a pu porter à 110° et même à 140°, pendant un quart d'heure, du sérum antivenimeux ou antidiphtérique desséché sans lui faire perdre ses propriétés vaccinantes et antitoxiques. Gardées à l'état sec dans le résidu des sérums évaporés, à l'abri de l'air et de la lumière, elles se conservent très longtemps sans s'affaiblir. Plus la température est basse, plus le sérum antidiphtérique se conserve longtemps. A 37°,5, sa valeur diminue de moitié en un mois (Tavel). En général, dans les conditions ordinaires, le sérum antidiphtérique perd le quart de son pouvoir immunisant en trois mois (S. Arloing).

Comme les agglutinines, les fixatrices, les antitoxines existent non seulement dans des sérums préparés, mais abondent aussi dans les plasma (du sang circulant, de la lymphe, des exsudats), la sérosité d'œdème provoqué par le ralentissement de la circulation (Vaillard et Roux). L'antitoxine existe surtout dans le sang, moins dans les globules que dans le plasma (Astros). On en trouve moins dans l'humeur aqueuse, peu dans la salive, l'urine, le lait (Ehrlich et Wassermann), le pus. Elles passent à travers le placenta. On retrouve l'antitoxine diphtérique dans le sang du nouveau-né.

Mode d'action. — Les antitoxines agissent :

a) Directement sur les poisons. Le fait a été constaté *in vitro* sur la ricine (Kobert, Ehrlich); l'ichtyotoxine (Camus et Gley, Kossel) ; les diastases (Dungern, Briot, Morgenroth) ; les substances globulicides, spermotoxiques, etc. Le froid ralentit la neutralisation, la chaleur active le phénomène. La neutralisation est plus lente dans les solutions diluées que dans les solutions concentrées (EHRLICH et KNORR).

b) Sur les éléments vivants en les préservant contre l'intoxication. CAMUS et GLEY ont démontré que les globules rouges du lapin immunisé contre le sérum d'anguille ne sont pas dissous *in vitro* par ce sérum. Toutefois, ce mécanisme n'est pas général. CALMETTE a montré que les hématies d'un animal hypervacciné contre le venin de serpents et fournissant un sérum très antitoxique et antihémolysant sont parfaitement hémolysables lorsqu'après les avoir débarrassées du sérum par une série de lavages et de centrifugations successives, on les met en contact avec des doses faibles de venin, additionné d'un peu de sérum normal chauffé à 62°.

Origine. — Les antitoxines sont probablement élaborées par les phagocytes. En faveur de cette opinion, METCHNIKOFF cite l'absorption de toxines par les leucocytes, la distribution des antitoxines dans l'organisme, la facilité avec laquelle les leucocytes réagissent contre toutes sortes de poisons (toxines microbiennes, poisons organiques et minéraux, alcaloïdes, combinaisons arsenicales).

Les antitoxines se régénèrent après des saignées répétées (ROUX et VAILLARD, SALOMONSEN et MADSEN). La pilocarpine est capable d'augmenter la production de l'antitoxine.

Rapports avec l'immunité. — D'après METCHNIKOFF, la résistance de l'organisme contre les microbes ne dépend pas de l'acquisition d'une propriété antitoxique des humeurs. Des animaux tout à fait réfractaires au tétanos (caïmans) peuvent développer une antitoxine après l'injection du poison. On ne constate pas la production de l'antitoxine chez tous les animaux devenus réfractaires. L'antitoxine fait complètement défaut dans l'immunité acquise des lapins vis-à-vis du microbe de la pneumo-entérite des porcs (METCHNIKOFF). A l'Institut PASTEUR on a remarqué qu'un bon rendement en antitoxine n'est pas en rapport direct et constant avec l'immunité de l'animal. Des animaux très résistants aux toxines peuvent ne posséder qu'un pouvoir antitoxique des humeurs insignifiant ou ne pas le posséder du tout. D'un autre côté, les animaux chez lesquels cette propriété est très développée peuvent mourir d'intoxication. F. ARLOING a montré que, si, à de fréquentes reprises, on inocule les bacilles de KOCH très virulents dans le tissu conjonctif sous-cutané d'un animal qui présente normalement une très grande résistance à la tuberculose (chèvre) on peut retirer un sérum qui jouit de propriétés antitoxiques très nettes mais est incapable de montrer des propriétés préventives ou curatives. L'immunité contre les toxines et le pouvoir antitoxique des humeurs sont donc deux phénomènes distincts. L'immunité contre les substances toxiques est un phénomène complexe qu'il est impossible de réduire simplement à une fonction antitoxique des humeurs.

V. — **Propriétés préventives du sérum.**

Les propriétés bactéricides, agglutinantes et antitoxiques du sérum doivent être distinguées du pouvoir préventif. Il existe des cas nombreux où le sérum d'animaux vaccinés empêche les animaux de prendre l'infection mortelle, et cependant le sérum n'exerce aucune influence sur la toxine du même microbe. Le fait de la possibilité de vacciner des animaux sensibles à l'aide de sérums d'animaux immunisés, tout à fait en dehors d'un pouvoir antitoxique quelconque, est prouvé par Metchnikoff, Pfeiffer. Un organisme dont le sérum est préventif lorsqu'on l'introduit dans un autre organisme peut lui-même ne pas être réfractaire au microbe en question.

Certains sérums normaux, d'autres substances telles que certaines solutions salines (Charrin, Guillemonat et Levaditi), etc..., peuvent exercer un effet préventif. Metchnikoff, Besredka, Charrin admettent que ces sérums et ces substances agissent en stimulant les leucocytes qui manifestent dans ces conditions une activité phagocytaire extraordinaire.

La stimuline du lapin normal résiste au chauffage à 60°; elle se rapproche sous ce rapport des agglutinines et des fixatrices.

Les propriétés préventives paraissent d'origine leucocytaire et provenir notamment de la rate et de la moelle des os.

Dans certaines maladies (au début de la typhoïde) le sérum peut exercer une influence favorisante (P. Courmont).

VI. — Utilisation des sérums en clinique.

Les propriétés défensives naturelles ou acquises du sérum ont été utilisées dans deux directions différentes :

a) Pour la préparation des sérums thérapeutiques ;

b) Pour faire le diagnostic des espèces microbiennes (Grüber) et révéler la nature (Widal) ou le pronostic (P. Courmont) de l'infection.

Au point de vue pratique, l'idée d'utiliser le sang des animaux vaccinés appartient à Richet et Héricourt (1888-1889). Bouchard, en 1890, rendit cette méthode plus simple en montrant qu'au lieu d'employer le sang en nature, il suffit d'injecter le sérum. A Behring et Kitasato revient l'honneur des premiers résultats décisifs. En 1890, 1891 ces auteurs signalent les propriétés antitoxiques du sang des animaux vaccinés contre le *tétanos* et la *diphtérie*. Roux, au congrès de Buda-Pesth en 1894, confirma les faits établis et donna à la méthode une très grande extension. Phisalix et Bertrand, Calmette découvrirent la sérothérapie contre les venins des serpents.

Les sérums thérapeutiques spécifiques ont une valeur curative et préventive démontrée dans la diphtérie (Behring et Kitasato, Roux), la peste (Yersin), le charbon symptomatique (S. Arloing), le venin des serpents (Calmette, Phisalix et Bertrand), le venin de la vive (Briot) ; préventive dans le tétanos (Behring et Kitasato) ; la rage (Marie). Le sérum des malades a une valeur diagnostique dans la fièvre typhoïde (Widal), la tuberculose (S. Arloing et P. Courmont).

Conditions pour obtenir un sérum actif. — En général les injections doivent être répétées, espacées (Bordet). La valeur d'un sérum ne dépasse pas certaines limites variables suivant l'animal. Elle ne dépend pas du nombre des injections ni de la quantité (Calmette et Breton). Demoor et Van Lint cependant ont obtenu le sérum antithyroïdien le plus actif en rapprochant beaucoup les injections (intrapéritonéales) et en saignant l'animal deux ou trois jours après la dernière injection. Dans tous les cas le mode de vaccination a une grande importance.

Action thérapeutique suivant la voie d'introduction. — Les sérums n'agissent pas ou peu, comme les toxines, par ingestion (Charrin, Gibier, Carrière, Nicolas et F. Arloing). La voie veineuse est dix fois plus active (en ce qui concerne l'antitoxine tétanique, la diphtérie, le charbon) que la voie sous-cutanée (S. Arloing, Descos et Barthélemy). D'après Sicard, Barthélemy, la voie sous-arachnoïdienne donne de bons résultats en ce qui concerne le tétanos. Roux et Borrel avaient conseillé l'injection intra-cérébrale mais beaucoup de chirurgiens considèrent cette pratique comme dangereuse. Récemment H. Meyer et Ransom ont conseillé l'injection dans les nerfs. Küster a obtenu un succès dans un cas de tétanos local chez l'homme.

VII. — Toxicité globale immédiate et éloignée des sérums normaux.

Toxicité immédiate globale des sérums. — La toxicité immédiate est déterminée par la méthode de Bouchard en injectant dans une veine le sérum sous une pression constante, faible et avec une vitesse modérée, 1 centimètre cube toutes les vingt secondes en moyenne (Guinard et Dumarest), jusqu'à la mort de l'animal. L'expérience est faite généralement sur le lapin.

Pour fixer les idées voici quelques chiffres indiquant le nombre de centimètres cubes nécessaire pour tuer un kilogramme de lapin :

Sérum de chien	10cc,55	Guinard et Dumarest.
»	8cc parfois 24cc	Pagano.
Sérum de chat	13cc	Guinard et Dumarest.
Sérum de bœuf	9cc,22	»　　　　»
Sérum de veau	13cc	Rummo et Bardoni.
Sérum de brebis	12cc	»　　　　»
Sérum de cheval	324cc	Guinard et Dumarest.
Sérum d'âne	117cc	»　　　　»
Sérum d'homme	17cc	»　　　　»
Sérum d'homme	10cc	Rummo et Bardoni.
Sérum d'anguille	moins de 1cc	A. Mosso.
Sérum de biche	2cc à 5cc	Sclava.

Le chiffre brut est une addition sans grand intérêt faite avec des éléments disparates dont quelques-uns seulement ont été dissociés (substances globulicides, bactéricides...). Brodie a constaté que l'injection dans les veines de 1 à 10 centimètres cubes de sérums d'animaux, d'espèces différentes et même de même espèce, provoque chez le chat des réflexes sur le cœur, la respiration et les vaisseaux. Des injections répétées provoquent l'immunité. Le sérum de bœuf provoque la vaso-constriction des vaisseaux du cobaye (Battelli et Mioni).

En général, plus le sérum provient d'une espèce éloignée par rapport à l'animal en expérience, plus il est toxique (Rummo et Bordoni). Le sérum normal de cheval est peu toxique pour le lapin ; celui de chien l'est bien davantage ; celui du bœuf se rapproche de celui du chien à ce point de vue.

La plus grande partie des substances toxiques est précipitée par l'alcool (Charrin 1890, Daremberg, Hayem, Mairet et Bosc). Les sérums de bœuf et de mouton perdent complètement leur toxicité après chauffage à 55° pendant trente minutes et pendant cinq minutes à 56° (Carré et Vallée). Ce fait de la sensibilité des substances toxiques du sérum au chauffage est à rapprocher des constatations de Daremberg sur les substances globulicides et de Büchner sur les produits bactéricides des sérums. Il existe un parallélisme assez étroit entre le pouvoir toxique et le pouvoir globulicide du sérum (Carré et Vallée). Les substances qui, d'après Brodie, provoquent des phénomènes circulatoires, respiratoires et vaso-moteurs chez le chat sont de nature albuminoïde et coagulent à 78°. A 57° le sérum de bœuf perd son pouvoir vaso-constricteur. Le sérum de cheval est inactif; il devient actif si on ajoute du sérum de bœuf chauffé. Les choses se passent comme si les sérums de cheval et de bœuf contenaient une alexine, le sérum de bœuf une sensibilisatrice (BATTELLI et MIONI).

Les substances toxiques des sérums normaux sont des produits leucocytaires mis en liberté au moment de la mort des leucocytes lors de la coagulation du sang. Si on sépare par la centrifugation le plasma des globules, les parties supérieures du plasma dépourvues de tout élément figuré sont à peu près inactives, les couches inférieures, riches en globules blancs, tuent rapidement les animaux inoculés (CARRÉ et VALLÉE, BRODIE).

Le sérum normal aseptique subit spontanément une atténuation dans ses propriétés toxiques, atténuation d'une rapidité variable suivant les espèces et suivant les individus, mais constante et généralement rapide à partir du cinquième jour pour s'arrêter ensuite du septième au quinzième ou vingtième jour, suivant les cas, à un point fixe qui échappera ensuite à l'influence du temps (DUMAREST). Le pouvoir antitoxique d'un sérum pathologique persiste plus longtemps que le pouvoir toxique (DUMAREST).

Cliniquement, l'essai toxique ne présente qu'une valeur relative (RUMMO et BORDONI, GUINARD et DUMAREST). Il peut y avoir avec le même sérum des variations d'un sujet à l'autre. De plus, le coefficient toxique n'est pas solidaire de la gravité du pronostic. Il est fréquent, par exemple, de constater la discordance entre la forme des accidents urémiques et celle des accidents de l'intoxication expérimentale (GUINARD, DUMAREST, LESNÉ, CHARRIN, STRAUSS).

DUMAREST et GUINARD ont observé une atténuation du pouvoir toxique du sang au cours de certaines intoxications aiguës, réalisées expérimentalement à l'aide de divers poisons microbiens tels que la malléine, la pneumobacilline, la toxine diphtérique...; l'état infectieux chronique entraîne au contraire en général l'aggravation du pouvoir offensif du sérum. Dans l'état d'immunité, la toxicité tend à récupérer un taux normal. LOEPER a observé une augmentation de la toxicité à la phase critique de certaines maladies.

Il n'y a pas de rapport dans la série animale entre les coefficients urotoxiques et sérotoxiques.

La *fatigue* augmente la toxicité du sang. Si on injecte das les veines d'un chien normal endormi par la morphine, le sang d'un autre chien tétanisé pendant un certain temps, le chien présente des modifications circulatoires et respiratoires (anhélation, palpitations) qui ne s'observent pas quand on injecte du sang de chien normal (A. MOSSO). L'augmentation de toxicité est due à des substances solubles dans l'alcool (ABELOUS). Le sang devient plus toxique après des brûlures étendues (KIJANITZIN, VASSALE), dans l'asphyxie (OTTOLENGHI), mais ce dernier fait est contesté par TIRELLI.

Toxicité à long terme. — A faibles doses, mais continuées, répétées, les sérums normaux et thérapeutiques provoquent des arrêts de développement (FÉRÉ) et des phénomènes de dénutrition (ARLOING, HAUSHALTER, PHISALIX et BERTRAND) (venins), HÉRICOURT et RICHET, DESGREZ). ARTHUS a signalé des accidents locaux à la suite d'injections plusieurs fois répétées et espacées de sérums (de cheval) normaux dans le tissu cellulaire, généraux à la suite d'injections intraveineuses.

Sang du hérisson. — Le sang normal du hérisson est toxique pour le cobaye. Chauffé à 58°, il devient inoffensif et manifeste même des propriétés antitoxiques vis-à-vis du venin des serpents (PHISALIX et BERTRAND).

Sang des Batraciens et serpents. — Deux centimètres cubes de sang frais défibriné de cobra, tue, en injection intraveineuse, un lapin de 1^{kgr},500 en trois minutes (CALMETTE). Le sang et le sérum de vipère contiennent des principes toxiques analogues à ceux du venin et provenant sans doute de la sécrétion interne des glandes ; il en est de même chez le crapaud, la salamandre. Le sang de couleuvre contient des principes toxiques analogues à ceux du venin et du sang de la vipère ; ils proviennent de la sécrétion interne des glandes labiales supérieures (PHISALIX et BERTRAND).

Sérum d'anguille. — Le sérum d'anguille est très toxique pour un grand nombre d'animaux (U. MOSSO). Il agit sur des Vertébrés à sang chaud et à sang froid et sur des Invertébrés. Il n'a pas de pouvoir toxique supérieur au sérum sanguin d'autres animaux sur les infusoires (MADAME METCHNIKOFF).

La dose mortelle en injection intraveineuse est, chez le chien, de 0^{cc},2 à 0^{cc},3 par kilogramme ; 0^{cc},1 à 0^{cc},2 chez le lapin. La mort survient en quelques minutes. Si on emploie 0^{cc},4 par kilogramme, chez le chien, la mort survient même si on pratique la respiration artificielle. Introduit dans l'estomac le sérum d'anguille n'est pas toxique.

La substance toxique ne dialyse pas. Elle est détruite par les acides minéraux ou organiques, les alcalis, soude, potasse ou ammoniaque (U. Mosso). Le chauffage à 58° pendant un quart d'heure seulement fait perdre au sérum d'anguille ses propriétés (CAMUS et GLEY).

L'analyse des effets toxiques du sérum d'anguille n'est qu'ébauchée. Ce sérum dissout les globules rouges (CAMUS et GLEY) et les globules blancs (DELEZENNE) du sang *in vitro* et *in vivo*. Injecté dans les veines d'un animal, il provoque, d'après DELEZENNE, des coagulations intravasculaires ou l'incoagulabilité du sang suivant la prédominance de la destruction des globules rouges ou des globules blancs (DELEZENNE). A la dose de 0^{cc},02 à 0^{cc},05 par kilogramme d'animal, le sérum détruit chez le chien les 8/10 des leucocytes et respecte à peu près complètement les globules rouges. L'injection d'une dose cinq à dix fois plus forte (0^{cc},1 à 0^{cc},2 par kilogramme) provoque la dissolution rapide d'un grand nombre d'hématies (DELEZENNE).

La toxicité du sérum d'anguille est due en partie à son action globulicide, en partie à un empoisonnement des éléments nerveux et musculaires. Il y a également ment flux de larmes et de salive et action myotique (CAMUS et GLEY).

Le sérum d'anguille est aussi un violent poison du système nerveux. Il tue à la façon d'une névrotoxine lorsqu'il est introduit dans le cerveau et il est alors 50 fois plus toxique que par la voie veineuse (DELEZENNE).

L'intoxication provoquée chez le lapin et le cobaye par l'injection intraveineuse peut se présenter sous deux formes : l'une caractérisée par des phénomènes convulsifs violents, la dyspnée, l'arrêt respiratoire ; l'autre où dominent les phénomènes paralytiques (CAMUS et GLEY).

A doses faibles mais répétées, le sérum d'anguille provoque des phénomènes de dénutrition pouvant aller jusqu'à la cachexie (RICHET et HÉRICOURT).

L'injection intraveineuse de quantités très faibles de sérum d'anguille et aussi de sérum de congre détermine chez le lapin et le cobaye, dans un laps de temps souvent extrèmement court, l'hémoglobinurie, des lésions structurales dans les éléments constitutifs du rein (CAMUS et GLEY) ; celles-ci sont caractérisées par la dégénérescence claire des cellules des tubuli contorti et par la formation de cylindres (PETIT).

RICHET et HÉRICOURT ont établi que l'injection sous-cutanée de sérum d'anguille chez le chien donne lieu à une réaction à la suite de laquelle le sérum sanguin contient une antitoxine immunisante. Le sérum d'un chien ainsi traité préserve le lapin contre l'action toxique du sérum d'anguille.

D'autre part, le mélange, *in vitro*, de sérum d'anguille et de sérum antitoxique rend le premier de ces liquides inefficace. On peut injecter impunément ce mélange à des lapins.

GLEY et CAMUS ont réussi à immuniser des lapins contre le sérum d'anguille par des injections intraveineuses de petites doses de ce liquide à deux ou trois jours d'intervalle pendant huit jours. L'action globulicide du sérum d'anguille ne se manifeste plus lorsqu'on a pris soin de mêler *in vitro* à l'échantillon de sang d'un lapin non immunisé, une quantité déterminée de sérum de lapin immunisé (CAMUS et GLEY). Il y a donc dans le sang des animaux immunisés une substance antitoxique qui exerce une action directe sur la toxine. La substance antitoxique résiste mieux à la chaleur que la substance globulicide (CAMUS et GLEY).

Les globules du lapin immunisé ne sont pas détruits *in vitro* par le sérum d'anguille, même s'ils sont isolés (immunité corpusculaire).

Certains animaux, tels le hérisson, la grenouille, le crapaud, la tortue, la poule, le pigeon, des Cheiroptères (*Vespertulia murinus*) (CAMUS et GLEY), les Cyprins (SCOFONE et BUFFA), sont pourvus d'une résistance plus ou moins marquée contre le sérum d'anguille. Les globules de ces animaux ne se dissolvent que sous l'influence de doses plus élevées. Les animaux habituellement très sensibles au sérum d'anguille, tels que le lapin, y sont plus ou moins réfractaires à certaines périodes de leur existence, notamment au moment de la naissance (CAMUS et GLEY).

L'immunité naturelle en ce qui concerne le sérum d'anguille paraît tenir à une constitution cellulaire spéciale. Le sérum d'aucun des animaux naturellement réfractaires ne contient de substances antiglobulicides (CAMUS et GLEY).

D'après CLERC et LOEPER, l'injection de peptone dans les veines atténue les effets d'une injection consécutive de sérum d'anguille. D'après PHISALIX, le sérum d'anguille immunise contre le sérum de vipère.

Plasma. — DASTRE et FLORESCO, *Biol.*, 1898, p. 22. — L. FREDERICQ, Recherches sur la constitution du plasma sanguin, 1878. Paris, Baillière. — GLÉNARD, Thèse Paris, 1875. — MARCUS, *Zeit. f. phys. Chemie*, 1899, t. XXVIII, p. 559; globuline. —SPIRO, ELLINGER, *Zeit. f. phys. Chemie*, 1897, p. 121; plasma de peptone. — BAR et DAUNAY, *Biol.*, 1904, 105, prop. accrue d. grossesse. — **Historique**. — MOROCHOWETZ, *Le Physiologiste Russe*, 1903, 70. — LECANU le premier en 1837 sépara glob. d. plasma en recevant sang dans sol. saturée sulfate soude et filtrant après dépôt glob.

Fibrine. — ARTHUS, *Biol.*, 1893, p. 327; *Arch. de Phys.*, 1893, p. 2, 392; 1894, p. 552. — FREDERIKSE, *Biol.*, 1894, p. 415; calcium. — GAUTIER, *C. R. Acad. sc.*, 1874, t. LXXIX, p. 227; sur un dédoubl. fibrine du sang, t. LXXX, p. 1360; prod. fibrine. — KOLLMANN, Inaug. diss. Dorpat., 1891; origine. — PFEIFFER, sang humain; rapport avec crusta phlogistica, *Zeit. f. klin. Med.*, p. 33, 215. — **Rapport entre la fibrine de battage et celle du caillot**. — DASTRE, *Biol.*, 1892, p. 426, 555. — **Dosage**. — DASTRE, *Arch. de Phys.*, 1893, p. 670; *Biol.*, 1893, p. 995. — KOSSLER et PFEIFFER, *Centralbl. f. inn. Med.*, 1896, n° 1. — **Quantité. Variation**. — DASTRE, *Arch. de Phys.*, t. IV, p. 3, 588; t. V, p. 628, 680, 1892; 1893, p. 170, 628; *Biol.*, 1893, p. 71. — MAGENDIE, *Leçons Collège de France*, 1851, p. 52. — PAULESCO, *Arch. de Phys.*, 1897, p. 21. — ANDRAL, Essai d'hématologie pathologique, Paris, Masson 1843. GROSSESSE, cons. ANDRAL. — LEWINSKI, *Arch. f. d. ges. Phys.*, 1903, t. 100. — **Fibrinolyse**. — DASTRE, *Arch. de Phys.*, 1893, p. 661; *Biol.*, 1893, p. 995. — PORTIER, Thèse Paris, 1898, 109. — **Propriétés**. — DASTRE, *Arch. de Phys.*, t. V, p. 791. — **Variétés**. — ARTHUS, Coagulation des liquides org., p. 101; Masson, Paris. — HAMMARSTEN, *Arch. f. d. ges. Phys.*, t. XXX.

— CL. BERNARD, La chaleur animale, p. 379. — A. GAUTIER, Chimie biol., p. 97. — **Rapports avec la rapidité de la coagulation.** — DASTRE, Biol., 1892, p. 937. **Oxydation; brunissement.** — L. FREDERICQ, Éléments de Phys., 1893, p. 61. — PORTIER, Thèse Fac. méd., Paris, 1898, p. 105, 106: oxydases. — **Cristaux.** — DZIERGOWSKI, Zeit. f. phys. Chemie, t. XXVIII, 1899, p. 65. MAILLARD avait cru (C. R. Acad. sc., 1900, t. CXXX, p. 192) observer des cristaux; ce sont des combinaisons de chaux avec des acides gras.

Fibrinogène. — ARTHUS, Biol., 1894, p. 306: La coagulation du sang. Carré et Naud, Paris. — HAYEM, ARTHUS, Biol., 1894, p. 308. — DASTRE, Arch. de Phys. (5), t. V, p. 2, 327; Biol., 1893, p. 995. — HAMMARSTEN, Arch. f. d. ges. Phys., t. XIX, p. 563, 1877: t. XXII, p. 431, 1880. — HAYEM, Biol., 1894, p. 309. — FREDERIKS, Zeit. f. phys. Chemie, t. XIX, p. 143. — MATHEWS, American Journ. of Phys., 1899, p. 53. — MITTELBACH, Zeit. f. phys. Chemie, 1894, t. XIX, p. 289; specifische Drehung. — REYE, Inaug. diss. Strassbourg, 1898, Nachweiss u. Bestimmung. — SCHÄFER, Journ. of Phys., t. XVIII, XX: conditions of coagulation.

Sérum. Couleur. — CAMUS, Biol., 1897, p. 230. — HÉNOCQUE, Spectroscopie des organes: Encyclop. Léauté. Paris, Masson, p. 69. — POUJOL, Biol., 1901, p. 424; procédé récolte. — DAREMBERG, Biol., 1901, p. 1055. — GILBERT et HERSCHER, POSTERNAK, Biol., 1901, p. 1000; 1902, p. 386, 1903, 1587. — MAYET, Soc. méd. des hôp. de Lyon, 1902. — **Préparation et conservation.** — CAMUS, Biol., 1900, p. 401. — POUJOL, Biol., 1901, 424.

Albuminoïdes. — ASCOLI, Arch. f. d. ges. Phys., t. LXXXVI, p. 103. — BLEIBTREU, Deut. med. Woch., 1894, p. 33: procentgehalt d. Blutserum a. Eiweiss u. procentgel. d. Blutes an serumeiweiss. — BIANCHI, MARIOTTI, Il Morgagni, t. XXXVIII, p. 417: alb. de siero d. sangue in alcune condiz. sperim. tiroïdectomia. — BRÜNNER, Inaug. diss. Bern., 1894; alb. du sérum sanguin. — CHABRIÉ, C. R. Acad. sc., t. CXIII, p. 17, 557: nouvelle substance album. du sérum sanguin chez l'homme. — EMBDEN et KNOOP, Hofmeister's Beitr., 1903. — LANGSTEIN, Beiträge Hofmeister's, 1901 — ENGEL, Arch. f. Hygiene, p. 20, 214: 28, 4, p. 334. — FAUST, Arch. f. exp. Pathol., t. XLI, p. 248: Pferdeblutserum albumin: primäre verdauungsproduct, t. XLI, p. 309: Glutolin, ein albuminoid d. Blutserums. — FRASSINETO, Arch. it. biol., t. XXIV, p. 457; alb. du sang. — FREUND et JOACHIM, Zeit. f. Phys. Chemie, 1902, XXXVI, 407. — L. FREDERICQ, Ann. Soc. méd. Gand; Arch. zool. exp. et Bulletin Acad. Belg., t. XLIV, 1877: séparation, méthode, dosage. — FUHRMANN, Hofmeister's Beitr., 1903. — HOUGARDY, Trav. lab., FREDERICQ, t. VI, Arch. biol. belges, 1901. — HAMMARSTEN, Ergebnisse der Physiol., t. I, bibl. — JOACHIM, Arch. f. d. ges. Phys., t. XCIII. — KERCKEFF, Bull. Acad. roy. Belgique (3), p. 35, 562: paraglobulin du sérum; Trav. lab., FREDERICQ, t. VI. — LIMBECK et PICK, quant. Verhältniss d. Eiweisskörper im Blutserum v. Kranken: Deut. med. Woch., 1894, nº 27. — LUZATTO, Arch. ital. biol., t. XXVI, p. 205, protéiques du sérum sanguin dans la putréfaction. — MARCUS, Zeit. f. phys. Chemie, 1899. — MÖRNER, Centralbl. f. Phys., t. VII, p. 581: reducirende substanz aus d. globulin d. Blutserums. — PORGES et SPIRO, Hofmeister's Beitr., t. III, 277. — PICK, Beiträge Hofmeister's, 1901-2. — RUBRECHT, Arch. ital. biol., t. XIV, p. 3, 431; signification des album. du sérum. — UMBER, Zeit. f. phys. Chemie, 1898, p. 258. — **Cristaux.** — GRUZEWSKA, C. R. Acad. sc., 1899, p. 1535. — MICHEL, Verhandl. phys. med. Gesell. Würzburg, p. 29, nº 3. — CHITTENDEN a. HARTWELL, Journ. of Phys., t. XI, p. 6, 435. — GÜRBER, Sitzungsb. phys. med. Gesell., 1894, p. 143; 1895, p. 26. — MAILLARD, Revue des sciences, 1898, p. 610. — **Dialyse.** — DHÉRÉ, Biol., 1903. — COUVREUR, Biol., 1903, p. 1247.

Alcali. — ARONSTEIN, Arch. f. d. ges. Phys., t. VIII, p. 75. — GÜRBER, Verhandl. Phys. med. Gesell. Wurzburg, 23, N. F., t. XXVIII, nº 7. — HAMBURGER, Osmotischer Druck. u. Jonenlehre, bibl. — ROSENSCHEIN, Thèse Würzburg, 1899. — **Chlorures.** — BUFFA, Arch. internat. Pharm. et Therap., 1900, p. 431: Arch. it. biol., 1902, combinés aux albumines. Quand on précipite albumines du sérum par sol. saturée sulfate ammonium, chlorures sont mis en liberté et remplacés dans la molécule d'albumine par les sulfates formant un produit insoluble dans le sérum. — LANGLOIS et RICHET, Journ. de Phys. et de Pathol. gén., 1900, 742. — HUBER, Thèse Würzburg, 1893. — ROSENSCHEIN, Thèse Wurzburg, 1899. — SCHENK in HOPPE-SEYLER, Phys. Chemie, 1881, p. 436. — **Fer.** — SOCIN, Zeit. f. phys. Chemie, t. XV, p. 119, sang de cheval. — HAUSERMANN, Zeit. f. phys. Chemie, plasma contient en général un peu de fer prov. des gl. blancs.

Glucose. — Identification. — CL. BERNARD, C. R. Acad. sc., 1849, 1855; Leçons sur le diabète. — HANRIOT, Biol., 1898, p. 543. — HÉDON, Trav. lab. phys. Montpellier, 1898. — MIURA, Zeit. f. Biol., 1895, t. XXXII, p. 279. — PICKART, Zeit. f. phys. Chemie, 1892, t. XVII, p. 217.

Historique. — Chauveau, *C. R. Acad. sc.*, t. LXII, 1008, 1856; *Biologie*, 1893, mémoires.

Influence travail musculaire. — Cavazanni, *Centralbl. f. Phys.*, t. VIII, p. 689. — Chauveau, *C. R. Acad. sc.*, t. LXII, 1008, 1856, t. XLII, Le travail musculaire. Paris; Asselin et Houzeau. — Chauveau et Kaufmann. *C. R. Acad. sc.*, 1886, t. CIII.

Saignée. — Cl. Bernard, Leçons sur le diabète et la glycogénie, 1877, 210. — V. Mering, *Arch. f. Anat. u. Phys.*, 1894, p. 203, 553. — Henriquez, *Zeit. f. phys. Chemie*, 1900, p. 251. — Garnier, *Journ. de Phys. et de Pathol. gén.*, 1899. — Schenk, *Arch. f. d. ges. Phys.*, 1894, p. 203, 535, t. LVIII. — Rose, *Arch. f. exp. Pathol. u. Pharm.*, 1903.

Asphyxie. — Dastre, Thèse Fac. méd. Paris, 1879.

Curare. — Dastre, Thèse Fac. méd. Paris, 1879.

Phlorhyzine. — Kossa, *Arch. f. d. ges. Phys.*, 1902. — Lewandowsky, *Arch. f. Phys.*, 1901. — Leone, *Arch. it. biol.*, 1901, 490. — **Pilocarpine**. — Doyon et Kareff, *Biologie*, 1904.

Maladies. — Charrin, Kaufmann, *Biol.*, 1893, p. 684, hyperglycémie pyocyanique, *Arch. de Phys.*, t. V, p. 641, hypoglycémie exp. d'origine infect. — Kalisch, *Wiener klin. Wochensch.*, 1898, p. 135, diabète. — Kaufmann, *Biol.*, 1894, p. 233, diabète expérimental. — Seegen, *Wien. klin. Wochensch.*, t. V, p. 14, diabète.

Divers. — Lambert et Garnier, *Biol.*, 1901, p. 198, 331.

Oxyde de carbone. — Araki, *Zeit. f. phys. Chemie*, t. XVI, XIX. — Senff, Thèse Dorpat, 1869.

Pancréas. — Kaufmann, *Biol.*, 1894, p. 233, 254.

Diabète. — Born, *Corresp. bl. f. Schw. Aertze*, 1892.

Système nerveux. — Anesthésiques. — Cl. Bernard, Leçons sur le syst. nerv., p. 440, t. 1; Leçons sur le diabète, p. 383. — Chauveau et Kaufmann, *Biol.*, 1893, mémoire. — Kaufmann, *Biol.*, 1894, p. 284, 288, piqûre 4ᵉ ventr., anesthésiques, *Arch. de Phys.* (5), t. VII, p. 209, 266, 287, 385. — Butte, *Biol.*, 1894, 167.

Divers. — Arthus, *Zeit. f. Biol.*, t. XXXIV, 1897, état dans le sang. — Bickel, *Arch. f. d. ges. Phys.*, t. LXXV, 1899, p. 248. — Butte, *Biol.*, t. XLIII, p. 347; *C. R. Acad. sc.*, t. CXI, p. 347, infl. valériane sur destruction. — Dastre, *Biol.*, 1892, 998, rapp. avec défibrination. — Kalisch, *Wiener klin. Wochensch.*, 1898, p. 135, état normal, diabète. — Seegen, *Wiener klin. Wochensch.*, 1890, nᵒˢ 3, 4: 1892, nᵒ 14; *Centralbl. f. Phys.*, t. VII, p. 368. — Tangl, V. Harley, *Arch. f. d. ges. Phys.*, t. LXI, p. 551.

Autres sucres. — Couvreur, *Soc. linéenne*, Lyon, 1898. — Freund, *Centralbl. f. Phys.*, t. VI, p. 345 (gommes). — Hanriot, *Biol.*, 1898, p. 543. — Hédon, *Biol.*, 1898. — Lambling, Encyclopédie chimique, 1825, t. IX, p. 418, bibl. — Pavy et Siau, *Journ. of Phys.*, t. XXVI, p. 282. — P. Mayer, *Zeit. f. phys. Chemie*, t. XXXII, p. 518.

Jécorine. — Binz, *Skand. Arch. f. Phys.*, 1899, t. IX: *Centralbl. f. Phys.*, t. XII, p. 209. — Henriquez, *Zeit. f. phys. Chemie*, 1897, t. XXIII, p. 3, 244; 40 gr. sang dans 350 cc. alcool; filtrer après vingt-quatre heures; broyer le précipité, l'épuiser par 300 cc. d'alcool, 2 fois; distiller alcool dans vide à 45°; reprendre le résidu par mélange 1/3 éther aqueux et 2/3 éther anhydre; jécorine est dissoute à exclusion de glucose préexistant. — Kolisch, Stejskal, *Wiener klin. Wochensch.*, 1898. — Jacobsen, *Skand. Arch. f. Phys.*, 1895, t. VI. — *Centralbl. f. Phys.*, t. VI, p. 368.

Dosage. — Abeles, *Zeit. f. phys. Chemie*, t. XV, p. 495. — Arthus, *Arch. de Phys.*, 1891, p. 425. — Barral, Thèse Fac. méd. Lyon, 1890, bibl. — Cl. Bernard, Leçons de Phys. opér., p. 489; Leçons sur le diabète, 1877, p. 203. — Bickel, *Arch. f. d. ges. Phys.*, 1899. — Chapelle, *Biol.*, 1900, p. 135. — Dastre, *Arch. de Phys.* (5), t. III, p. 3, 533, art. d'ensemble. — Fauchon, Thèse Lyon Fac. méd., 1898. — Garnier, *Journ. de Phys. et Pathol. gén.*, 1899, pesée du précipité. — Seegen, *Centralbl. f. Phys.*, t. VI, p. 501, 604. — Reid, *Journ. of Phys.*, t. XX, p. 316. — Schenck, *Centralbl. f. Phys.*, 1897, t. X, p. 607; *Arch. f. d. ges. Phys.*, 1890, t. XLVI, LV, LVII.

Ferments. — Amylase. — Achard et Clerc, *Biol.*, 1901, p. 709, 1076. — Bial, *Arch. f. d. ges. Phys.*, t. LII, p. 137, t. LIII, p. 156, Inaug. diss. Breslau, 1892. — Bourquelot, Gley, *Biol.*, 1895, p. 247, bibl. — Castellino, Paracca, *Il Morgagni*, t. XXXVI, p. 480. — Cavazzani, *Arch. it. biol.*, t. XX, p. 241; *Arch. p. l. scienze med.*, t. XVII 6 (plasma), t. XVIII, II. — Dastre, *Biol.*, 1895, p. 247, 283. — Hamburger, *Archiv f. d. ges. Phys.*, t. LX. — Kaufmann, *Biol.*, 1894, 130; diabète pancréatique; diminution. — Nobécourt et Sevin, *Biol.*, 1901, 1068. — Kobert, *Wiener med. Blat.*, t. XIV, p. 41. — Röhmann, *Jahresb. Schlesw. ges. f. Vaterl. Cultur*, t. LXIX, 97, med. Abth. — Surmont, *Biol.*, 1902, 54. — Tcherevkoff, *Arch. de Phys.*, 1896, p. 629. — Zanier, *Arch. it. biol.*, t. XXV, p. 60, dans le jeûne. — **Trypsine**. — Martz, *Journ. de Pharm. et Chimie* (6), t. VII, II, p. 539.

Divers. — Nobécourt et Merklen, *Biol.*, 1901, p. 148, sang et organes, lait de femme et de chienne, contiennent ferments dédoublant salol.

Oxydases. — Abelous et Biarnès, *Arch. de Phys.* (5), t. VI, 3, p. 591, *Biol.*, 1894, p. 537, 799, sang oxyde ac. salicylique; pouvoir plus marqué du sang des an. jeunes; *Biol.*, 1897, p. 249, crustacés; *Biol.*, 1897, p. 285, 576, 1898, 495. — Bourquelot, *Biol.*, 1897, p. 687. — Brandenburg, *Münch. med. Wochensch.*, 1900, réact. leucocytes avec teinture gaïac. — Fürth et Schneider, *Hofmeister's Beiträge z. Chemie Phys. u. Path.*, t. I, p. 229. — Giard, *Biol.*, 1896, p. 483, sang ascidia fumigata devient vert foncé au contact de l'air. — Medwedeff, *Arch. f. d. ges. Phys.*, 1896, t. LXV, p. 249. — Portier, Thèse Fac. méd. Paris, 1898, bibl., *Biol.*, 1898. — Sicard et Enriquez, in *Actualités méd.* Paris, Baillière.

Action du sang sur les graisses. Lipase. — Clerc, Thèse Fac. méd. Paris, 1901. — Doyon et Morel, *Journ. de Phys. et Pathol. gén.*, 1902; *Biol.*, 1902 et 1903, 982, 983, 984. — Doyon, *Biol.*, 1903, 1202. — Conhstein et Michaelis, *Arch. f. d. ges. Phys.*, t. LXIX, 1897, 1898, p. 76. — Sellier, *Soc. scient. et stat. zool. Arcachon*, 1900, t. I, p. 106 (Invertébrés); *Biol.*, 1902, p. 197.

Glycogène. — Czerny, *Arch. f. exp. Pathol.*, 1893. — Dastre, *Biol.*, 1895, p. 242; lymphe, p. 280; sang, lymphe; *Arch. de Physiol.*, 1895, p. 532. — Huppert, *Centralbl. f. Phys.*, 1892, p. 345; t. VI, p. 394; *Zeit. f. phys. Chemie*, 1893, t. XVIII, p. 144. — Gabritschewsky, *Arch. f. exp. Pathol.*, t. XXVIII, p. 272. — Goldberger, Weiss, *Wiener klin. Woch.*, 1897, p. 601: Iod reaction im Blute, ihre diagnost. Verwerthung in d. Chirurgie. — Kaufmann, *Biol.*, 1895, p. 153; *C. R. Acad. sc.*, t. CXX, p. 567; sang normal et diabète; *Biol.*, 1895, p. 316; glycog. du plasma. — Livierato, *Deut. Arch. f. Klin. med.*, p. 53, 303; *Archivio italiano di clinica medica*, 1893, t. XXXII; état normal et pathol. — Salmon, Thèse Paris, 1899.

Gommes. — Freund, *Centralbl. f. Phys.*, 1892, t. VI, p. 345. — Salomon, *Centralbl. f. Phys.*, t. VI, p. 512; *Arch. f. Phys. Du Bois-Reymond*, 1878.

Graisses. — Bonniger, *Zeit. f. Klin. med.*, t. XLII, p. 65. — Conhnstein, Michaelis, *Arch. f. d. ges. Phys.*, t. LXV, p. 473: *Arch. f. Anat. u. Phys.*, 1897, p. 146. — Daddi, *Arch. ital. biol.*, t. XXX, p. 37, 439; *Lo Sperimentale*, 1898, p. 52. — Dormayer, *Arch. f. d. ges. Phys.*, t. LXV. — Doyon et Morel, *Journ. de Phys. et de Pathol. gén.*, 1902; *C. R. Acad. sc.*, 1902: *Biol.*, 1902, 243, 498, 614, 784, 785, 1524, 1903, avril, juin, décembre. — Ebstein, *Virchow's Archiv*, p. 155, 571. — Hürthle, *Deut. med. Woch.*, 1896, n° 32. — Müller, *Sammlung klin. Vorträge begr.*, t. V. — Volkmann, *Breitkopf u. Härtel*, Leipzig, 1900. — Morel, Thèse Fac. Lyon, 1902-1903. — Munk et Friedenthal, *Centralbl. f. Phys.*, 1901, p. 297, bibl. — Röhmann, Mühsam, *Arch. f. d. ges. Phys.*, t. XLVI, 1882; Gehalt arterien u. Venenblut. an Trockensubstanz u. Fett.: *Maly's Jahresb.*, t. XIX, p. 122, 1889. — Rönnig, *Maly's Jahresb.*, 1874, t. IV, p. 113. — Prévost, *Rev. méd. Suisse romande*, t. XIV, p. 533; Abs. graisse dans sac lymphatique de grenouille ou tortue; format. consécut. d'embolies graisseuses. — Ribbert, *Corresp. bl. f. Schweizer Aertze*, t. XXIV, p. 459; Fettembolie. — Jaquet, Inaug. diss. Bâle, 1889; sang du saumon. — Schulz, *Arch. f. d. ges. Phys.*, t. LXV, p. 299. — Watjoff, *Deut. med. Woch.*, t. XXIII, p. 559; Maladies de reins. — Weigert, *Arch. f. d. ges. Phys.*, 1900, t. LXXXII, p. 86; bibl. — **Savons.** — Munk, *Centralbl. f. Phys.*, 1900, t. XIII; *Arch. f. Phys.*, 1890, p. 116: mod. rythme cardiaque, rend sang moins coagul.; fait tomber pression, à dose 0,06 par kilogr. d'animal. — Munk et Friedenthal, *Arch. f. Phys.*, 1901. — Hoppe-Seyler, *Zeit. f. phys. Chemie*, t. VIII, p. 503. — **Glycérine.** — Nicloux, *Biol.*, 1903, 1696, 1698. — Doyon et Morel, *Biol.*, 1903. — Mouneyrat, *Biol.*, 1903, 1207, 1596, 1599, discussion.

Urée. — Cavazzani, Lévi, *Arch. ital. biol.*, t. XXIII, p. 133; sang fœtus. — Cavazzani, Salvatore, *Ann. d. Obstetric. e Ginecol. Agosto*, 1894; fœtus. — Gréhant, Quinquaud, *Journ. Anat. et de Phys.*, p. 20; *C. R. Acad. sc.*, p. 98. — Gréhant, *C. R. Acad. sc.*, 1902, CXXXVII, 558; *Biologie*, 1903, 1264. — Kaufmann, *Biol.*, 1894, p. 93, 323, 371; *Arch. de Phys.*, p. 26, 531; cheval, artères: 32 à 52 mgr. p. 100; veine max.: 33 à 50; chien, art.: 22 à 176; veine jug. ou fém.: 26 à 171; chien à jeun: 29,5. — Quinquaud, *Biol.*, 1893, p. 952. — Schöndorff, *Arch. f. d. ges. Phys.*, t. LXIII, p. 192; t. LXXIV, p. 357. — Schröder, *Fest. f. Ludwig*, 1897. — Soldaini, *Arch. ital. clin. méd.*, 1897, avril; exc. plexus cardiaque diminue urée sang veines sus-hépat.

Acide urique. — Abeles, *Maly's Jahresb.*, t. XVII, p. 148. — Burian et Schur, *Arch. f. d. ges. Phys.*, t. LXXXII, p. 293. — V. Jaksh, *Wiener klin. Woch.*, t. IV, p. 39, 735; *Zeit. f. Heilkunde*, t. IX, p. 415; *Deut. med. Woch.*, 1890, p. 741. — Magnus Lévy, *Congr. f. innere medizin*, p. 16, 266. — Meissner, *Zeit. f. rat. med.*, 3e s., t. XXXI, p. 148. — Petren, *Arch. f. exp. Path.*, t. XLI, p. 263. — Schröder, *Maly's Jahresb.*,

1887, t. XVII, p. 148 ; 0,1 p. 1000 sang des oiseaux. — Weintraud, *Wien. klin. Rundschau*, 1896, p. 3.

Ammoniaque. — Brücke, *Sitz. ber. Wiener Akad.*, t. LVII, 1868, 2ᵉ partie, p. 20. — Grégor, *Centralbl. f. allg. Pathol. u. pathol. Anat.*, t, X, p. 1, 24. — Hartung, Inaug. diss. Halle, 1898. — Kühne, Strauch, *Centralbl. f. med. Wiss.*, 1864. — Nencki et Zaleski, *Zeit. f. phys. Chemie*, t. XXXIII, p. 193. — Nencki, Pawlow, Zaleski, *Arch. sc. biol. St-Petersbourg*, 1895, t. IV, p. 197 ; *Arch. f. exp. Path. u. Pharmak*, t. XXXII, p. 26. — Winterberg, *Wiener klin. Woch.*, 1897, p. 330 ; 1898, p. 668 ; *Zeit. f. klin. Woch.*, t. XXXVI, p. 389.

Acide lactique. — Asher et Jackson, *Zeit. f. Biol.*, t. XLI, p. 393. — Berlinerblau, *Arch. f. exp. Path.*, t. XXIII, p. 332 ; chez l'homme au maximum, 0,71 p. 1000. — Irisawa, *Zeit. f. phys. Chemie*, t. XVII, p. 340 ; bibl. — Salomon, *Virchow's Archiv*, t. CXIII, p. 356.

Substances minérales. — Landsteiner, *Zeit. f. phys. Chemie*, t. XVI, p. 13 ; infl. alimentation. — Moraczewski, *Virch. Arch.* (13). t. IX, p. 3, 385 ; Chlor. u. Phosphor gehalt bei Krebskranken. — Wanach, *St-Petersbourg*, 1888 ; Menge u. Vertheilung kaliums, natrums, chlors im menschenblut. — **Arsenic. Iode.** — A. Gautier, *C. R. Acad. sc.*, 1900, 6 août. — Bourcet, Thèse Fac. méd. Paris, 1900. — Bertrand, *Bull. Soc. chim.*, 1903.

Eau. — Dastre, *Arch. de Phys.* (5), p. 661. — Gréhant et Quinquaud, *C. R. Acad. sc.*, 1901, t. CVIII, p. 21. — Goldbach, *Zeit. f. Heilkunde*, t. XVII, p. 417. — **Chez les noyés.** — Brouardel, Vibert, Loye, *Arch. de Phys.*, 1889. — Coutagne, 1891, p. 599. — Magendie, Leçons sur les phén. de la vie 1837, t. IV, p. 353.

Phosphore. — Lilienfeld et Monti, *Zeit. f. phys. Chemie*, t. XVI, 1892. — Wooldridge, *Arch. f. Anat. u. Phys.*, 1881, p. 387. — **Nucléones.** — Panella, *Arch. it. biol.*, 1903, XXXIX, 283. — Sfameni, *Ibid.*, 1901.

Chaux. Magnésie. — Fokker, *Arch. f. d. ges. Phys.*, 1873, t. VII, p. 274. — Gerlach, *Ber. sächs. Gesell. Wiss.*, 1872, t. XXIV, p. 349. — Pribram, *Ber. sächs. Gesell. Wiss.*, 1871, t. XXIII, p. 279.

Bases volatiles. — Wurtz, *Biol.*, 1888. — **Divers.** — Hugounenq, *Biol.*, 1887, p. 161 ; ac. oxybutyrique dans sang diabétiques.

Constitution chimique générale. — Arronet, Inaug. diss. Dorpat, 1887, Sang de l'homme. — Abderhalden, *Zeit. f. phys. Chem.*, t. XXIII, p. 521 ; t. XXIV, p. 65 ; t. XXV, p. 115, 521. — **Résidu sec.** — Röhmann et Mühsam, *Arch. f. d. ges. Phys.*, t. XLVI.

Régime. — Inanition. — Grawitz, *Berl. klin. Woch.*, 1895, p. 1047. — Die Path. d. Blutes. — Hösslin, *Sitz. ber. d. Gesell. f. Morph. u. Phys. München*, t. VI, p. 2, 119. — Polataew, *Arch. sc. biol. Petersburg*, t. II, p. 5.

Ablation des reins. — Herter, Wakeman, *Journ. of exp. med.*, t. IV, I, p. 117 ; cons. *Sécrétions*, p. 410, 502.

Sexe. — Holz, Inaug. diss. Dorpat, 1892. — Schneider, Inaug. diss. Dorpat, 1891.

Grossesse. — Ostrowsky, Inaug. diss. Dorpat, 1892. — Bar et Daunay, *Biol.*, 1904.

Action du sérum sur les glucosides. — Bashford, *Arch. int. Pharmacodyna. Thérapie*, 1901, p. 101. — Hédon, *Biol.*, 1900, p. 771. — Mayet, *Biol.*, 1900. — Pohl, *Arch. de Pharmac. et Thérap.*, 1900. — Giofredi, *Arch. it. biol.*, 1902. — **La Bile.** — Rist et Ribadeau-Dumas, *Biol.*, 1903, 1519. — Ruffer, *Biol.*, 1903, 954.

Poisons minéraux. — Morishenia, *Arch. intern. Pharm.*, 1899. — Serena, *Policlinico*, 1901, 372.

Action du sérum sur les ferments. — Achard et Clerc, *C. R. Acad. sc.*, 1900 (lab.). — Briot, *Biol.*, 1902, p. 140. — Camus et Gley, *Biol.*, 1897, p. 825 ; *C. R. Acad. sc.*, t. CXXVIII, p. 1416 ; *Arch. de Phys.*, 1897, p. 764. — Delezenne, *Biol.*, 1903. — Pozerski, *Biol.*, 1903, 429. — Landsteiner, *Centralbl. f. Bakt.*, 1900, t. XXVII, p. 357. — Moll, *Hofmeister's Beiträge*, 1903. — Morgenroth, *Centralbl. f. Bakt.*, 1899. — Spiro et Fuld, *Zeitsch. f. phys. Chemie*, t. XXXI, p. 132. — Mesnil et Mouton, *Biol.*, 1903, 1019. — Malfitano, *Biol.*, 1903, 1614.

Résistance des sérums antitoxiques à la température. — L. Camus, *Biol.*, 1798, p. 235.

Précipitines. — Bordet, *Ann. Inst. Pasteur*, 1899. — Camus, *Biol.*, 1902, p. 100. — Linossier et Lemoine, *Biol.*, 1902, p. 86, 276, 712, bibliographie. — Tchistowitch, *Ann. Inst. Pasteur*, 1899, p. 406. — Nolf, *Revue gén. des sc.*, 1901. — Michaelis et Oppenheimer, *Arch. f. Phys.*, 1902, 436, suppl. — Ferrai, *Arch. it. biol.*, 1902. — **Action sur les urines albumineuses.** — Leclainche et Vallée, *Biol.*, 1901, p. 51. — Linossier et Lemoine, *Biol.*, 1902, p. 86, bibl., p. 415. — **Fibrine.** — Camus, *C. R. Acad. sc.*, 1901, t. CXXXII, p. 215.

Lait. — Uhlenhut et Schütze, *Deut. med. Wochensch.*, 1900, p. 734. — Nicolas, F. Arloing, *Biol.*, 1899, 810.

Liquides d'ascite. — Arthus, *Biol.*, 1902, p. 251, pleurésies. — Butza, *Biol.*, 1902, p. 406.

Action de la chaleur et de la dessiccation. — Biondi, *Lo Sperimentale*, 1901, p. 720.

Sérums hémotoxiques. — Bordet, *Ann. Inst. Pasteur*, 1898, 1901, 303. Bibl. in Metchnikoff, *Revue des sc. pures et appliquées*, 1901, 15 janvier, p. 8. — Rehns, *Biol.*, 1901, p. 333. — Ruffer, Crendiropoulo, *Biol.*, 1903. — London, *Arch. biol. Pétersbourg*, 1901. — Ascarelli, *Arch. it. biol.*, 1902, 494.

Venins. — Calmette, *C. R. Acad. sc.*, t. 122. — Briot, *Journ. de phys. et path. gén.*, 1903.

Névrotoxiques. — Delezenne, *Ann. Inst. Pasteur*, 1900.

Sérums néphrotoxiques. — Bierry, *C. R. Acad. sc.*, 1901 : *Biol.*, 1901, p. 840 ; *Biol.*, 1903, 476. — Hobbs, *Biol.*, 1901, p. 482. — Nebedieff, *Ann. Inst. Pasteur*, 1901. — Castaigne et Rathery, *Biol.*, 1902, p. 563. — Linossier et Lemoine, *Biol.*, 1903.

Spermatotoxiques. — Metchnikoff, *Immunité dans les mal. inf.* — Salvioli, *Arch. it. biol.*, 1902, 377.

Cytotoxines pancréatiques. — Surmont, P. Carnot, M. Garnier, *Biol.*, 1900, p. 445. — Cevidalli, *Arch. it. biol.*, 1902, 496. — **Gastrotoxiques.** — Théohari, A. Babès, *Biol.*, 1903, 459.

Existence simultanée dans le sérum normal de deux substances, l'une offensive, l'autre protectrice. — Phisalix et Bertrand, *Biol.*, 1895, 2 août, 23 nov. — J. Camus et Pagniez, *Biol.*, 1901, p. 732. — L. Camus et Gley, *Biol.*, 1901, p. 732.

Sérums antileucocytaires. — Delezenne, *C. R. Acad. sc.*, 1900, t. CXXX, p. 938, sérums antileucocytaires augmentent la coagulabilité du sang *in vitro* et déterminent l'incoagulabilité *in vivo*. — Funck, *Centralbl. f. Bakt.*, 1900, t. XXVII, p. 670. — Metchnikoff, *Revue des sc. pures et appl.*, 1901, 15 janv., p. 11.

Sérum toxique pour les capsules surrénales. — Bigart et Bernard, *Biol.*, 1901, p. 161, résultats positifs (canard et cobaye).

Sérum agissant sur les levures. — Bissarié, *Biol.*, 1901, p. 199. — Hédon, *Biol.*, 1901, p. 256.

Sérum cardiotoxique. — Kuliabko et Metalnikoff, *Versammlung nordischer naturforscher u. ärtze in Helsingfors*, 1902. — **Thyréotoxique.** — Russkij, *Vratsch*, 1902, p. 215. — Demoor, Lint, *Trav. lab. Heger, Inst. Solvay*, 1903.

Sérums cytolytiques. Anticorps. — Bordet, *Ann. Inst. Pasteur*, 1898, 1900. — Delezenne, *C. R. Acad. sc.*, 1900, t. CXXX, p. 938 ; *Ann. Inst. Pasteur*, 1900, Congrès méd. Paris, 1900. — Deutsch Laszlo, Congrès med. Paris, 1900. — Dungern, *Münchener med. Woch.*, 1899, n° 38, p. 1228. — Metchnikoff, *Ann. Inst. Pasteur*, 1899 ; *Presse méd.*, 1900 ; *Revue des sc. pures et appl.*, 1901, 15 janv. (bibl. et revue). — Schultze, *Deut. med. Woch.*, 1900, 5 juillet.

Application des propriétés globulicides des sérums à la zoologie. — Friedenthal, *Arch. f. Phys.*, 1900, p. 494. — Grünbaum, *Lancet*, 1902 ; *Centralbl. f. Phys.*, 1902, p. 55, 18 janv. — Philippson, *Inst. Solvay, Trav. lab. Heger*, 1903.

Rapports du pouvoir globulicide avec la teneur en NaCl. — **Rôle des sels.** — Huber, *Thèse Würzburg*, 1893. — Rosenstein, *Thèse Würzburg*, 1899. — Ludwig Rehtoen, *Transact. of the Chicago pathol. Soc.*, V, 1903.

Agglutination. — Camus et Pagniez, *Biol.*, 1901, 2 mars. — Sabrazès et Brengues, *Biol.*, agglutinines chimiques, 1899, p. 930. — **Température.** — Widal et Sicard, *Ann. Inst. Pasteur*, 1897, 381. — Courmont, Chanoz, Doyon, *Biol.*, 1900, 764.

Passage au fœtus. — Charrier et Apert, *Biol.*, 1896, p. 1105, bibl. — Hawthorn, *Biol*, 1904, 127.

Agglutinine, hémotoxine végétales. — Kobert, *Chem. Centralbl.*, 1900, t. II, p. 201, Sitzungsber. d. naturforsch. Ges. Rostock, 1900, p. 3. — Rehns, *Biol.*, 1902, p 212. — Cruz, *Arch. méd. exp.*, 1899, ricine.

Agglutination des hématies par le sérum humain. — J. Camus et Pagniez, *Biol.*, 1902, p. 559.

Agglutination chimique. — Hédon, *C. R. Acad. sc.*, t. CXXXI.

Développement de la propr. agglutinative par les produits solubles. — Rodet, *Biol.*, 1898, p. 776.

Passage dans les sécrétions. — Widal, *Biol.*, 1897, 13 nov. — Metchnikoff, Immunité, p. 472, 473. — Hawthorn, *Biol.*, 1904, 127.

Agglutination des levures. — Bissarié, Hédon, *Biol.*, 1901, p. 199, 256.

Technique. — Voies d'introduction. — Barthélemy, Thèse Lyon, 1903. — Calmette, Breton, *C. R. Acad. sc.*, 1902.

Toxicité globale des sérums. — Arthus, *Biol.*, 1903. — Alha. *Virchow's Arch.*, t. CXLIX, p. 405. — Battelli et Mioni. *Biol.*, 1903, 1548. — Battistini, Scofone. *Arch. ital. biol.*, t. XXVII, p. 3, 401, tox. sang d'animaux profondément anémiques. — Bar, Rénon, *Biol.*, 1894, p. 183. — Baylac, *Biol.*, 1897. — Baylac, Rouma, *Biol.*, 1898. p. 637, tétanos. — Bosc, Mairet, *Biol.*, 1894. — Brodie, *Journ. of Phys.*, t. XXVI. p. 48. — Cadiot, Roger. *Arch. de Phys.*, 1894, p. 440, pouvoir thermogène du sang veineux. — Castillino, *Il Morgagni*, t. XXXVII, p. 1. — Charrin, *Biol.*, 1890, p. 697. — Ceni, *Arch. it. biol.*, t. XXXVII. — Daremberg, *Biol.*, 1891. pouvoir globulicide: infl. t°. — Dumarest, Thèse Fac. méd. Lyon, 1897, bibl. — Héricourt, Richet, *Biol.*, 1891, p. 33, sérum pur de chien: innocuité des injections chez l'homme. — Hayem. *Biol.*, 1894, p. 227, propr. coagulatrices; infl. t°. — Guinard, Dumarest, *Biol.*, 1897. p. 414, 416, 496. — Gley, *Arch. de Phys.*, 1896, p. 771, chez chiens thyroïdectomisés. — Marcacci, *Arch. ital. biol.*, t. XVI, p. 1, pouvoir toxique du sang de chien. — Landsteiner, *Centralbl. f. Bakt.*, t. XXV, p. 546, specifisch auf Blutkörperchen wirkenden Sera. — Leclainche. Rémond, *Biol.*, 1894, p. 103, 1037; 1894, p. 331. — Lesné, Thèse Fac. méd. Paris, 1899. — Pagano, *Arch. ital. biol.*, t. XXI. p. 110; t. XXII, p. 3, 108. — Roger, *Biol.*, 1893. p. 92, act. inject. sang artériel sur température. — Roger, *Arch. de Phys.*, 1894, p. 256. — Rummo, Congrès méd. Paris, 1900. — Uhlenhuth, *Zeit. f. Hyg.*, t. XXVI, p. 3, 384. — Scilla e Trovati, mal. inf.; *Arch. it. clin. med.*, t. IV. — Sklava, *Arch. it. biol.*, 1903. — Scofone, *Giorn. d. R. Acc. med. di Torino.* 1898. p. 422, an. à jeun. — Tarnier et Chambrelent, *Biol.*, 1892, éclampsie. — Weiss, *Arch. f. d. ges. Phys.*, t. LXV, p. 215.

Nature des substances toxiques. — Mairet, Bosc, *Biol.*, 1894, p. 543, 586, 588, 654, précipité alcoolique. — **Action de la chaleur.** — Carré et Vallée, *Biol.*, 1902, p. 125. — **Origine leucocytaire.** — Carré et Vallée, *Biol.*, 1902, p. 125.

Pouvoir globulicide. — Bordet, *Ann. Institut. Pasteur.* t. XIII, p. 4, 273. — Daremberg, *Biol.*, 1891, infl. t°. *Sem. méd.*, 1892, n° 51. — Gley et Camus, *C. R. Acad. sc.*, t. CXXVI, p. 5, 428, immunisation. — Gürber, *Centralbl. f. Phys.*, t. XIII, p. 638, dû à albuminoïdes. — Landsteiner, *Centralbl. f. Bacteriol.* (1), t. XXV. 15/16, p. 546. — Metchnikoff, *Revue des sc. pures et appliquées*, 1901, 15 janv. Voy. *Sérums hémotoxiques.*

Asphyxie. — Ottolenghi, *Arch. it. biol.*, t. XXIII, p. 117. — Tirelli, *Gaz. Osped. e dell clin.*, 1898, 1021. — **Fatigue.** — Abelous, *Biol.*, 1894, p. 199; *Arch. de Phys.*, 1894, p. 433. — Carlo, *Arch. it. biol.*, 1893, t. XIX, p. 293, pouv. bactéricide.

Sérum d'anguille. — Bardier, *Biol.*, 1898, p. 548, provoque troubles cardiaques chez lapin non immunisé. — E. Buffa, *Giorn. di R. Acad. Torino*, 1899, p. 341. — Camus et Gley, *C. R. Acad. sc.*, 1898; *Biol.*, 1898, p. 129; *Arch. de Pharmacodynamie et de Thérapie*, 1898. — Delezenne, *Biol.*, 1897, t. XXXXII, rôle du foie à propos de coagul. — Héricourt et Richet, *Biol.*, 1897, t. LXXIV, p. 367, action locale. — Sérothérapie, *Biol.*, 1898, p. 137, effets lointains. — Mosso. *Atti. di R. Acc. d. Lincei.*, t. IV, 12, p. 665; V, 11, p. 804; *Arch. it. biol.*, t. XII, 1/2, p. 229; *Maly's Jahresb.*, t. XIX, p. 139, 1889. — Pettit, *Biol.*, 1898, p. 320, lésions rénales. — Springfield, Inaug. diss. Greifswald, 1889. *Maly's Jahresb.*, t. XIX, p. 140.

Altérations rénales. — A. Pettit, *Biol.*, 1901, p. 210; 1898, 19 mars, sérum anguille, congre; *Arch. internat. Pharmacodyn.*, 1901.

Immunité. — Camus et Gley, *Biol.*, 1898; *C. R. Acad. sc.*, 1898, p. 428; *Arch. intern. Pharmacodyn.*, 1898, p. 247; *Ann. Institut Pasteur*, 1899, bibl. — Richet, *Biol.*, 1897, p. 74, 367.

Toxicité à long terme des sérums. — Héricourt et Richet, *Biol.*, 1898, p. 137. — Desgrez, Thèse Fac. méd. Paris, 1895-96.

Toxicité du sang des serpents, Batraciens. — Calmette, *Biol.*, 1894, t. II. — Phisalix et Bertrand, *Biol.*, 1893, p. 477, 997; *Biol.*, 1894 (8), t. III; *Arch. de Phys.*, 1893-1894; *C. R. Acad. sc.*, 1893.

CHAPITRE VI

Nous grouperons dans ce chapitre nos connaissances concernant : 1° les gaz du sang ; 2° les modifications subies par le sang hors des vaisseaux ; 3° les effets de l'anémie, de la saignée et de la transfusion.

A. — GAZ DU SANG

Historique. — Les premières tentatives sont dues à BOYLE, 1636. MAYOW, 1674 ; PRIESTLEY, GIRTANNER, H. DAVY, NASSE, VOGEL, COLLARD DE MARTIGNY, MAGNUS en 1837, puis LOTHAR MEYER en 1857 ont les premiers essayé d'extraire méthodiquement les gaz du sang et de déterminer leur nature ; toutefois les proportions de ces gaz n'ont pu être fixées avec certitude que depuis l'emploi de la pompe à mercure imaginée par LUDWIG en 1860 et successivement perfectionnée par SETCHENOW, PFLÜGER en Allemagne ; GRÉHANT, CHAUVEAU en France. L'état des gaz dans le sang a été étudié par FERNET le premier en 1857 et précisé dans la suite, principalement, par les travaux de Cl. BERNARD sur CO, de HOPPE-SEYLER et STOKES sur l'hémoglobine, de P. BERT et de HÜFNER sur la dissociation.

Les modifications subies par les gaz du sang au niveau des tissus placés en bordure des capillaires de la circulation générale ont été déterminées et interprétées, dans les conditions d'exactitude actuellement les plus parfaites, principalement par CHAUVEAU.

Gaz normaux. — Dans les conditions normales le sang contient de l'oxygène, de l'acide carbonique, une faible quantité d'azote, des traces d'argon et d'oxyde de carbone.

Proportions relatives dans le sang artériel et dans le sang veineux. — En moyenne 100 centimètres cubes de sang contiennent 60 centimètres cubes de gaz. Dans le sang artériel comme dans le sang veineux la quantité d'acide carbonique est notablement plus forte que celle de l'oxygène. Le sang artériel et le sang veineux diffèrent par le rapport qui existe entre l'oxygène et l'acide carbonique (MAGNUS, 1837).

A titre d'exemple citons les résultats suivants obtenus par TISSOT sur le chien :

A L'ÉTAT DE REPOS CHEZ LE CHIEN.	O^2	CO^2	Az
100cc de sang *artériel* contiennent........	20 — 24cc	39cc	1cc,5
100cc de sang *veineux* contiennent........	8 — 12cc	46cc	1cc,5

Sang artériel. — Dans les conditions ordinaires le sang artériel contient plus d'oxygène et moins d'acide carbonique que le sang veineux correspondant. La proportion est à peu près la même dans toutes les parties de l'arbre artériel, toutefois dans les canaux fins les quantités relatives de plasma et de globules, n'étant plus les mêmes que dans les gros vaisseaux, il peut y avoir de ce chef une modification.

Sangs veineux. — Les sangs veineux renferment en général moins d'oxygène et plus d'acide carbonique que le sang artériel correspondant. Ce fait ne peut pas cependant servir à caractériser le sang veineux dans tous les cas, pas plus que la couleur qui en dépend. Les différences s'atténuent ou même s'effacent soit lorsque l'activité de réduction est abaissée (muscle paralysé), soit lorsque les effets de l'activité d'un tissu sont compensés par la rapidité de la circulation comme le fait se produit dans certaines glandes en activité.

La teneur du sang en CO_2 diminue considérablement chez les animaux intoxiqués par les acides, l'acide prussique, le fer, le platine, l'arsenic, le nitrite d'amyle, le phosphore, l'oxyde de carbone, sans que la diminution de l'alcalinité et de la capacité du sang de fixer CO_2 soit toujours parallèle (H. Meyer, Walter, Geppert et Zuntz, Minkowsky, Münzer et Loewy, Spiro, Saiki et Wakayama).

Fixité de la teneur en oxygène du sang artériel. — L'oxygène contenu dans le sang est incessamment détruit et constamment remplacé dans l'acte de la respiration. La valeur du sang artériel en ce gaz tend à rester fixe dans toutes les conditions et malgré les troubles portés à la nutrition générale. L'organisme lutte pour ce gaz et maintient cette valeur constante autant qu'il le peut.

Viault a constaté que la proportion d'oxygène contenue dans le sang des animaux et de l'homme vivant dans l'air raréfié des hautes montagnes (qu'ils soient indigènes ou simplement acclimatés) est sensiblement la même que celle qui est contenue dans le sang de l'homme et des animaux de la plaine.

Hallion et Tissot ont constaté que la quantité d'oxygène et d'acide carbonique est indépendante de la pression extérieure jusqu'à une pression de 48 centimètres Hg. correspondant environ à une altitude de 3 500 mètres. (L'azote s'échappe du sang à mesure que l'altitude augmente et que la pression barométrique baisse.)

Regnault et Reiset avaient constaté que l'absorption respiratoire d'O_2 est dans des limites assez larges indépendante de la richesse en O_2 de l'air que l'on respire. Rosenthal a soutenu, contrairement à cette opinion, qu'il se produit chez les animaux, auxquels on fait respirer une atmosphère suroxygénée (contenant par exemple 25 p. 100 d'O_2), un véritable emmagasinement de quantités notables d'O_2, non dans le sang, il est vrai, mais dans les tissus. Cependant, d'après Falloise, l'asphyxie se produit à peu près aussi vite dans ces conditions. L'augmentation de résistance existe mais paraît faible.

Pendant l'anesthésie avec le chloroforme, l'éther, le chloral, le chlorure et le bromure d'éthyle, le sang artériel est rutilant et renferme plus d'O_2 et moins de CO_2 que dans les conditions ordinaires (Cl. Bernard, P. Bert, S. Arloing, Livon).

·Le croton chloral et le chloralose augmentent CO_2 et diminuent O_2 lorsque l'anesthésie est complète (LIVON).

Pendant l'hibernation, le sang artériel contient autant d'O_2 qu'à l'état de veille ; le sang veineux contient moins d'O_2 ; les sangs artériels et veineux contiennent plus de CO_2. (DUBOIS, expériences sur la marmotte.)

L'oxygène n'existe plus qu'à l'état de traces dans le sang artériel dans les dernières périodes de l'asphyxie (LUDWIG, SETSCHENOW, HOLMGREN, ZUNTZ).

État des gaz dans le sang. — L'*azote* est à l'état de dissolution dans le plasma.

Oxygène. — L'oxygène existe dans le plasma à l'état de dissolution ; sur les globules rouges il est fixé à l'état de combinaison instable avec l'hémoglobine.

La portion qui existe à l'état de dissolution varie suivant la loi de DALTON. Le poids du gaz dissous varie proportionnellement à la pression. Pour le sang qui traverse les poumons la quantité d'oxygène dissous est proportionnelle à la tension que ce gaz possède au voisinage immédiat de la surface de l'alvéole pulmonaire.

Le gaz combiné à l'état d'oxyhémoglobine suit les lois de la dissociation. Le poids de l'oxygène combiné varie avec la pression mais ne lui est pas proportionnel.

P. BERT, FRAENCKEL et GEPPERT, TISSOT, HILL et MACLEOD, A. MOSSO et MARRO ont essayé de déterminer la proportion des gaz contenus dans le sang d'animaux portés à différentes pressions barométriques.

Les résultats ne sont pas absolument concordants, ce qui peut tenir en partie aux différences des conditions expérimentales.

P. BERT conclut que dans le sang au-dessous de 570 millimètres de pression O_2 et CO_2 commencent à diminuer, d'une manière inconstante il est vrai. HILL et MACLEOD ont obtenu des résultats peu concluants, sauf en ce qui concerne l'azote. TISSOT a observé une certaine indépendance jusqu'à une limite déterminée (jusqu'à une tension de 58 centimètres *Hg*.). A. MOSSO et MARRO ont constaté qu'à la pression de 430 (soit dans la chambre pneumatique, soit au Mont-Rose) le sang carotidien contient moins d'O_2 et de CO_2. P. BERT ; A. MOSSO et MARRO signalent que le sang contient moins d'O_2 que le sang tiré des vaisseaux et agité directement avec l'air (aux mêmes pressions). La saturation en ce qui concerne l'azote n'est obtenue chez le chien qu'après un séjour de une heure et demie dans l'atmosphère comprimée (HILL et MACLEOD).

Acide carbonique. — L'acide carbonique existe dans le sang sous deux états : dissous dans le plasma ; combiné dans le plasma et dans les globules rouges.

Le gaz combiné est plus abondant dans le plasma que dans les globules. Il s'y trouve combiné à la soude qu'il partage avec l'acide chlorhydrique, l'acide phosphorique et peut-être les substances albuminoïdes, pour former des carbonates, bicarbonates et phospho-carbonates. Les bicarbonates et les phospho-carbonates sont dissociables. — Les globules rouges fixent aussi une certaine quantité d'acide carbonique (AL. SCHMIDT). Une partie de ce gaz se combine avec l'hémoglobine (SETSCHENOW, ZUNTZ, BOHR, TORUP), une autre avec les bases alcalines disponibles. 1 gramme d'hémoglobine à 18°,4 et sous une pression de 30 mm. Hg. fixe 2,4 centimètres cubes de CO^2 (BOHR).

Les globules contiennent toujours 6 à 12 centimètres cubes (p. 100 de sang) d'acide carbonique de moins que leur volume de sérum (L. FREDERICQ). Si cependant on isole le cruor et le sérum et si on sature chacune de ces parties isolément avec de l'acide carbonique, on constate que le cruor fixe plus de gaz que le sérum (ZUNTZ, MATHIEU et URBAIN, SETSCHENOW). Ces faits ne sont contradictoires qu'en apparence. L'action de l'acide carbonique sur le sang total détermine des échanges entre les globules et le sérum qui modifient la composition chimique de ces éléments (Voy. p. 574).

Capacité respiratoire du sang. — Le sang ne séjourne pas assez longtemps dans les poumons pour que l'hémoglobine soit totalement transformée en oxyhémoglobine. Un sujet n'utilise, dans les conditions normales, qu'une partie du pouvoir absorbant de son sang pour l'oxygène. Il reste en réserve pour ainsi dire disponible une quantité d'hémoglobine représentée par la différence entre l'oxygène du sang artériel (16 à 18 p. 100 en moyenne) et la capacité respiratoire de ce sang, c'est-à-dire la plus grande quantité d'oxygène que ce liquide est capable de fixer à la même température et à la pression barométrique ordinaire par agitation à l'air.

La capacité respiratoire varie d'une espèce à l'autre. D'après JOLYET et REGNARD, 100 centimètres cubes de sang humain fixent environ 26 centimètres cubes d'oxygène ; 100 centimètres cubes de sang d'anguille, 7 à 9 centimètres cubes.

La capacité respiratoire n'est pas la même chez tous les sujets d'une même espèce ; elle peut varier suivant certaines conditions et en particulier chez l'homme dans les états pathologiques. D'après GRÉHANT, la capacité respiratoire du chien peut varier entre 13 et 32 ; le plus souvent on trouve 25 à 26, c'est-à-dire que 25 à 26 centimètres cubes d'O^2 sont absorbés par 100 centimètres cubes de sang. Les chiffres suivants : 23,49 ; 14,95 ; 25,24 ; 18,95 ; 15,24 ; 25,66 expriment en centimètres cubes la quantité d'oxygène fixée par 100 centimètres cubes de sang prélevé par SAINT-MARTIN sur différents chiens normaux.

Chez le fœtus, d'après NICLOUX, on ne constate que des variations très petites aux différentes périodes de la vie intra-utérine ; la capacité respiratoire est de 22 à 25 centimètres cubes, c'est-à-dire la même ou voisine de celle de l'adulte.

La capacité respiratoire est augmentée chez les sujets qui vivent à de hautes altitudes (P. BERT, 1878, VIAULT, MÜNTZ).

Le rapport entre la quantité d'oxygène fixée par le sang artériel et la quantité maxima que ce sang pourrait fixer n'est pas constant dans toutes les conditions. Il tend vers l'unité lorsque la masse totale de l'hémoglobine du sang diminue (sous l'influence d'une saignée ou de l'intoxication par l'oxyde de carbone) ; l'utilisation de l'hémoglobine devient alors plus complète (MEYER et BIARNÉS). — Le sang artériel des Oiseaux est saturé d'oxygène ; l'appareil respiratoire de ces animaux est donc plus actif et produit un meilleur effet utile que l'appareil respiratoire des Mammifères (Jolyet et Gréhant).

La trachéotomie à elle seule modifie la proportion des gaz du sang ; O^2 augmente dans le sang artériel (P. Bert, A. Mosso et Marro).

Le *liquide cavitaire des Invertébrés* présente une grande diversité au point de vue de sa puissance d'absorption pour l'oxygène; chez les uns, il y a de l'hémoglobine ou d'autres albuminoïdes respiratoires, rappelant l'hémoglobine, tantôt dissous dans le plasma (hémocyanine des Mollusques et Arthropodes), tantôt renfermés dans de véritables hématies (hémérythrine des Sipunculiens) ; chez d'autres, le liquide cavitaire se comporte exactement comme l'eau de mer au point de vue de la dissolution des gaz (Strongylocentrotus); enfin, il en est dont le liquide cavitaire est inapte à dissoudre autant d'oxygène que le milieu ambiant (Aplysie, Pholade). Le liquide cœlomique des Sipunculiens a une valeur respiratoire semblable à celle des sangs hémocyaniques d'Hélix et de Limule. Pour fixer les idées, rappelons que d'après Dhéré 100 centimètres cubes de sang à hémocyanine de l'octopus vulgaris peuvent fixer (après agitation à l'air) $4^{cc},20$ d'O^2 et contiennent 28 milligrammes 5 de cuivre.

100 centimètres cubes d'eau de mer à 20° dissolvent environ $0^{cc},58$ d'oxygène ; 100 centimètres cubes d'eau douce pure et très aérée, environ $0^{cc},8$. Un litre d'eau de Seine a fourni à Gréhant : CO^2 : 34,9 ; O^2 : 6,06 ; Az : 13,5. Le coefficient d'absorption d'O^2 pour l'eau pure à 37°,5 $= 0,02378$ (Winkler), 0,02403 (Bohr et Bock).

Limite pour CO^2 : D'après P. Bert, le sang de chien peut fixer environ 150 volumes de CO^2 p. 100.

Absorption de l'air par l'eau (Winkler).

1000^{cc}.	T°.	O^2.	Az.	TOTAL.
Eau distillée................	0°	10,19	18,45	28,64
(A 760^{mm} Hg.)..............	15°	7,04	13,07	20,11
	30°	5,24	10,15	15,39
Eau de conduite............	16°	3,62	15,90	19,52
	—	3,66	15,58	19,24
Eau de puits impure.........	13°	0,14	19,02	19,16
		0,16	19,11	19,27

Tension des gaz dans le sang. — Pour déterminer la tension des gaz dans le sang, la méthode (*méthode aérotonométrique*) (Pflüger) consiste à mettre le sang en contact avec une atmosphère de composition connue et contenant de l'oxygène et de l'acide carbonique ou un seul de ces gaz à une tension différente de celle qu'on leur attribue dans le sang. Le sang absorbe une partie des gaz de l'atmosphère ou lui en cède une partie des siens. L'expérience est terminée, lorsque l'équilibre s'est établi entre les deux milieux, c'est-à-dire lorsque la composition de l'atmosphère gazeuse demeure invariable. La tension nouvelle de chaque gaz dans le mélange, représente la tension qu'il possède dans le sang. Une condition importante est de prolonger l'expérience pendant un temps suffisant pour que l'équilibre de tension gazeuse soit établi complètement entre le sang et l'atmosphère de l'appareil. Des dispositifs particuliers sont dus à Pflüger, L. Fredericq, Bohr. Pour éviter les coagulations et prolonger l'expérience, on peut rendre le sang incoagulable par une injection intraveineuse de peptone (L. Fredericq), toutefois les conditions d'absorption de CO^2 par le sang sont alors modifiées (fig. 176).

Le tableau suivant résume à titre d'exemples quelques résultats. Ces résultats ont été obtenus dans des conditions différentes et par suite ne sont pas rigoureusement comparables entre eux.

Tension des gaz dans le sang.

	O^2 p. 100 d'une atmosphère.	CO^2 p. 100 d'une atmosphère.	Az.
Sang artériel......	10 p. 100, HERTER. 10 à 12 à 14 p. 100, L. FREDERICQ.	2 à 3,8 p. 100, STRASSBURG, NUSSBAUM, WOLFFBERG, 2,46 p. 100, L. FREDERICQ.	Tension voisine de celle que ce gaz possède dans l'atmosphère.
Sang veineux......	2,9 p. 100, STRASBURG. 2,23, NUSSBAUM.	5,4. STRASSBURG. 3,81, NUSSBAUM. 3,43, WOLFFBERG.	
Tissus et sécrétions.	Tension à peu près nulle.	Tension plus grande que dans le sang veineux. 5 à 9. STRASSBURG, L. FREDERICQ.	

D'après L. FREDERICQ, la tension de l'oxygène dans le sang artériel reste toujours inférieure à celle de l'oxygène dans l'air qui revient des poumons (environ 16 p. 100 d'une atmosphère).

Injections gazeuses dans la circulation, le tissu cellulaire et les séreuses. — Si on injecte chez le chien, une petite quantité d'air dans les vaisseaux, le phénomène passe inaperçu, à moins que l'air ne soit injecté dans certains organes intolérants (cœur, encéphale). Si on injecte une masse importante d'air, cet air s'accumule dans l'oreillette et le ventricule droit. Le sang devient spumeux. Le mélange est refoulé en partie dans les veines, par suite de l'insuffisance tricuspidienne qui se produit et des contractions de l'oreillette; l'air est refoulé jusqu'au cerveau où il crée un obstacle dans les fins réseaux (COUTY et FRANÇOIS-FRANCK) et par les veines cardiaques (FRANÇOIS-FRANCK). La masse principale du sang spumeux franchit les poumons et se distribue par l'aorte aux organes. La mort est due non pas à un obstacle mécanique à la fonction respiratoire, mais à l'anémie aiguë nerveuse centrale et à la mort myocardique qui résultent des embolies qui se produisent par les artères dans le cerveau et le cœur (FRANÇOIS-FRANCK).

Chez le lapin il suffit de la pénétration d'une très petite quantité d'air dans la jugulaire pour provoquer des convulsions et la mort.

Les injections d'O^2 dans les veines sont relativement bien supportées par suite de la facilité avec laquelle

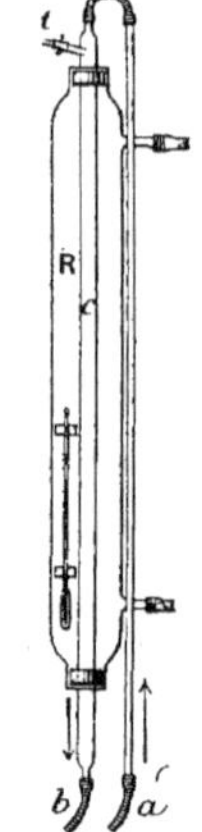

Fig. 176. — *Aérotonomètre de* L. FREDERICQ.

Le sang de la carotide arrive par le tube *a*, suinte à la surface du tube *c* contenant une atmosphère limitée chauffée à + 39° et retourne par le tube *b* à la veine jugulaire externe.

ce gaz se résorbe (LABORDE, GÄRTNER). La pénétration de l'air est dangereuse principalement par suite de la présence de l'azote qui n'est pas résorbé.

L'entrée de l'air dans les veines peut s'observer dans les cas de blessures de ces vaisseaux sous la seule influence de l'aspiration thoracique. Le phénomène se produit principalement dans la région du cou par suite de conditions particulières réalisées dans cette région (Voy. tome III, Circul., p. 238,242); exceptionnellement en clinique l'entrée de l'air a été signalée par les veines variqueuses de la région pelvienne au cours d'opérations faites sur l'utérus malade (Biermer, Delore et Piante). Chez l'homme l'entrée de l'air dans les veines est généralement mortelle.

Le gaz injecté, dans le tissu cellulaire ou les séreuses — qu'il soit pur ou représenté par un mélange de divers gaz — ne reste pas tel quel sur le point où l'on pratique l'insufflation. Avant de disparaître, il présente une série de modifications par suite desquelles à côté du gaz injecté, on rencontre les gaz du sang qui ne sont pas représentés en lui. Ce phénomène résulte de la diffusion qui s'exerce entre le gaz introduit et les gaz du sang (Sertoli, Strasburger, Rodet et Nicolas, Plumier, Pietro). Quel que soit le gaz qu'on injecte, le mélange gazeux qui le remplace finit toujours par prendre la même composition : O^2, 5 à 7 p. 100; CO^2, 5 à 7 p. 100; Az, 87 à 88 p. 100. (L'hydrogène injecté disparaît.) A partir de ce moment, le mélange reste invariable. Le volume du gaz injecté diminue d'abord rapidement jusqu'à une certaine limite (différente suivant le gaz employé), puis plus lentement au point de faire croire qu'il reste constant. Chez les animaux qui viennent de mourir, les masses gazeuses injectées présentent une composition différente suivant les cas, toutefois toujours il apparaît dans ces conditions de l'acide carbonique. Le facteur principal qui intervient dans tous les phénomènes de cet ordre est l'échange osmotique qui se produit entre les gaz introduits et les gaz du sang. Cet échange est réglé par la diffusion, c'est-à-dire par la tendance qu'ont ces gaz, les uns aussi bien que les autres, à se mettre à un degré égal de tension. Après la mort, les modifications dépendent surtout de la respiration des tissus (Pietro).

Extraction des gaz. — La seule méthode qui donne des résultats exacts est l'extraction par l'action combinée du vide et de la chaleur. Ces deux facteurs de dissociation dégagent tout l'oxygène combiné à l'hémoglobine et l'acide carbonique instable des bicarbonates; ceux-ci sont ramenés à l'état de carbonate neutre de soude. L'acide carbonique du carbonate neutre ne se dégagerait pas sous l'influence du vide et de la chaleur seuls; toutefois les globules rouges et, d'une manière générale, les albuminoïdes, jouent dans cette circonstance le rôle d'un acide faible et mettent en liberté la totalité du gaz (Pflüger). Le résidu d'une analyse antérieure, où des globules rouges privés de leurs gaz, décomposent intégralement une solution de carbonate de sodium (L. Fredericq). S'agit-il de l'extraction de l'acide carbonique du sérum seul, les carbonates neutres sont bien à leur tour attaqués par les albuminoïdes du sérum, mais le phénomène est très lent. Il est plus expéditif de faire l'analyse en présence d'un acide (acide phosphorique) ou, ce qui revient au même, de faire successivement dans le même ballon, sans le nettoyer, d'abord une analyse de sang par le vide et la chaleur seuls, puis une analyse de sérum; les globules rouges provenant des résidus de la première analyse jouent alors le rôle d'acide dans la seconde (Pflüger et Zuntz, L. Fredericq).

Extraction par la pompe à mercure. — Pour extraire le gaz au moyen de l'action combinée du vide et de la chaleur on emploie la pompe à mercure.

La pompe à mercure est essentiellement un baromètre, dont la chambre de vide très agrandie peut être mise en communication par un jeu de robinet,

tantôt avec le récipient contenant le sang à épuiser, tantôt avec l'éprouvette
qui doit recueillir les gaz. La cuvette inférieure du baromètre, rendue mobile
par un tube de caoutchouc, subit de son côté un jeu parallèle d'ascension et de
descente, pour tour à tour appeler les gaz du récipient dans la chambre et les
chasser de celle-ci dans l'éprouvette (fig. 177).

On commence par faire le vide dans le récipient avant d'y introduire le sang. Celui-ci, puisé dans les vaisseaux avec une seringue, est introduit dans le récipient par un ajutage plongeant sous le mercure (ou sous l'eau). La quantité introduite est mesurée en volume sur la graduation de la seringue, ou en poids par une double pesée de la seringue, l'une avant, l'autre après l'introduction.

Pour éviter la coagulation, il est utile d'aspirer au préalable dans la seringue une solution privée d'air, concentrée, de sulfate de soude (CHAUVEAU) (fig. 178).

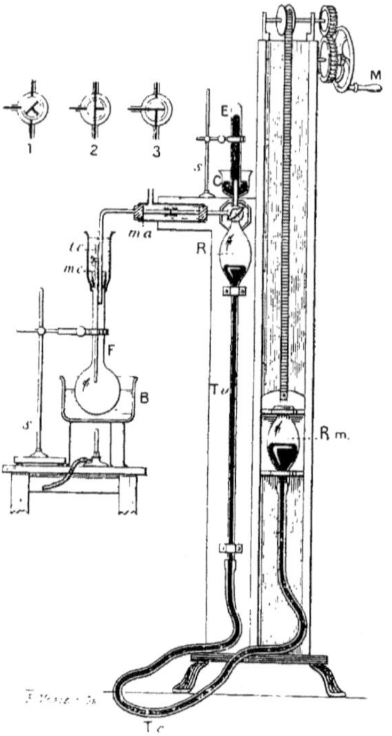

Fig. 177. — *Pompe à mercure. Dispositif
de* Gréhant (*).

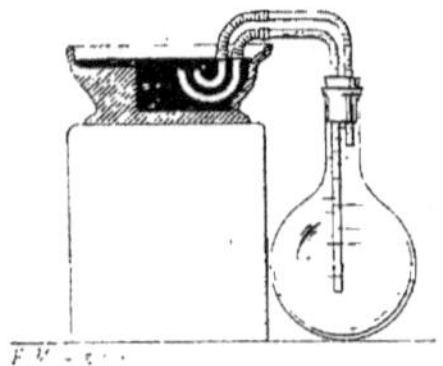

Fig. 178. — *Dispositif de* Chauveau *pour
charger la seringue avec une solution
de sulfate de soude* (**).

(*) Rm, réservoir mobile; M, manivelle actionnant ce réservoir; Tv, tube barométrique; R, réservoir; Tc, tube de caoutchouc; C, cuve; E, éprouvette pour recueillir les gaz; F, réservoir destiné à recueillir le sang; B, bain-marie; s, support; mc, ma, manchons en caoutchouc, pleins d'eau; tc, tube de caoutchouc; 1, 2, 3, positions du robinet surmontant le réservoir R; 1, pendant qu'on établit le vide dans le réservoir R; 3, pendant qu'on relie le réservoir R au réservoir F, contenant le sang; 2, pour chasser les gaz dans l'éprouvette E.
(**) La solution bouillie (privée d'air) est conservée dans un flacon muni de deux tubes plongeant dans une cuve à mercure. On aspire avec la seringue la solution sous le mercure.

Autant que possible, les sangs, si on les compare (sang artériel et sang veineux), doivent être extraits au même moment et avec la même vitesse, et analysés sans délai. Chauveau a imaginé une pompe à deux chambres et deux récipients dont la manœuvre permet d'agir sur les sangs que l'on compare avec une simultanéité absolue (fig. 179). Le sang peut être recueilli directement sans interrompre la circulation par une aiguille reliée à la seringue par un tube de caoutchouc (CHAUVEAU).

Extraction par la trompe à mercure. — La trompe à mercure permet de réaliser un vide plus parfait que la pompe, et de dissocier plus complètement l'oxy-

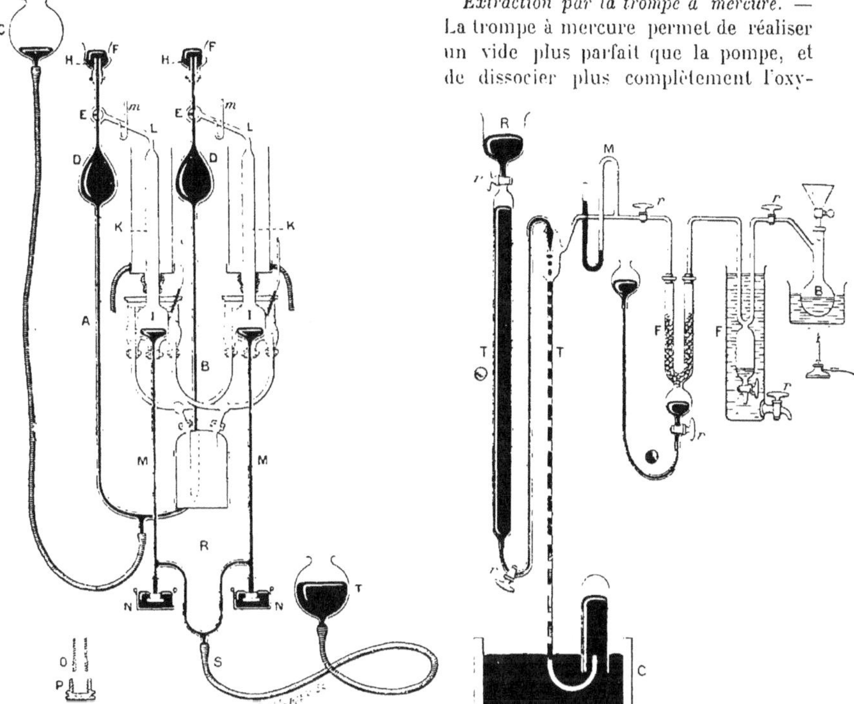

Fig. 179. — *Schéma de la pompe double de CHAUVEAU pour l'extraction des gaz du sang* (d'après TISSOT) (*).

Fig. 180. — *Trompe à mercure* (d'après OGIER) (**).

(*) Deux pompes à mercure A et B, placées l'une à côté de l'autre, fonctionnent simultanément à l'aide du même réservoir C. Les ampoules I et I sont destinées à recevoir le sang : elles se prolongent inférieurement par un tube M de 80 centimètres de long. Ce tube plonge dans une cuve à mercure N : il est terminé par une pièce métallique O, munie d'un pas de vis. La pièce P en se vissant sur la pièce O peut obturer hermétiquement l'extrémité du tube. Le sang est introduit dans les tubes M. Au préalable, on ajoute la vis P sur O, puis on chasse l'air de tout l'appareil en élevant les deux réservoirs C et T à un niveau supérieur à celui des réservoirs F.F. On ferme E, puis on abaisse T jusqu'à ce que le niveau du mercure atteigne la partie inférieure de l'ampoule I. Les cuves N, N sont élevées jusqu'à ce que la partie inférieure des tubes M,M plonge dans le mercure, la pièce P est dévissée : il ne reste plus qu'à introduire le sang. A chaque pompe sont joints deux systèmes : l'un destiné à chauffer l'ampoule I (65° à 70°), l'autre à refroidir le tube K pour condenser les vapeurs qui s'y engagent. (Consulter : *Traité de physique biologique* I.)

(**) B, ballon de 500 centimètres cubes (chauffé au bain-marie à 50-60) contenant le sang. F, tube en U servant à condenser la plus grande partie de la vapeur d'eau entraînée ; le tube est entouré d'un manchon contenant de l'eau et de la glace. F, appareil desséchant à boules de verre imprégnées d'acide sulfurique ; le jeu d'une boule pleine de Hg. permet de renouveler l'acide trop hydraté qui recouvre les perles de verre. — Le mercure s'écoule, emprisonnant dans sa chute des chapelets de bulles gazeuses.

hémoglobine. Saint-Martin évalue à 5 p. 100 et plus la quantité d'oxygène qui reste uni à la matière colorante après l'extraction par la pompe. L'inconvénient de l'emploi de la trompe à mercure est la longue durée de l'opération. Or, on sait que le sang abandonné à lui-même consomme peu à peu son oxygène (Cl. Bernard, P. Bert, Schutzenberger). On évite cette cause d'erreur, d'après Arthus et Huber, Saint-Martin, en additionnant le sang de 2 p. 100 de fluorure de sodium (fig. 180).

Extraction de l'oxygène par l'oxyde de carbone. — L'oxyde de carbone déplace l'oxygène du sang volume à volume, ce qui permet d'extraire ce dernier gaz. La saturation complète se produit avec une grande lenteur, mais il n'y a aucun inconvénient à prolonger l'expérience car l'oxyde de carbone empêche toute oxydation dans le sang recueilli (Cl. Bernard).

Extraction par le ferricyanure. — Haldane traite le sang laqué par addition d'eau distillée par le ferricyanure de potassium qui met en liberté O_2 instable de l'oxyhémoglobine. Barcroft et Haldane ont imaginé un ingénieux appareil qui permet de faire l'analyse des gaz du sang sur un centimètre cube de sang environ avec une certaine exactitude, spécialement en ce qui concerne l'oxygène.

Analyse des gaz. — Les tubes renfermant les gaz extraits sont bouchés au moyen du doigt et transportés sur une cuve à mercure.

L'*acide carbonique* est absorbé au moyen de la potasse ou de la soude. Chauveau conseille pour plus de simplicité de faire toutes les mesures sur les gaz saturés d'humidité. Pour réaliser cette condition, il faut absorber l'acide carbonique au moyen d'une solution, préparée d'avance, de potasse ou de soude dont la concentration ne dépasse pas le titre de 7 à 8 p. 100, car c'est seulement à partir et au-dessous de cette concentration que les solutions de potasse et de soude émettent à peu près la même quantité de vapeur d'eau que l'eau pure.

L'*oxygène* est dosé soit au moyen de l'acide pyrogallique, soit au moyen du phosphore ou par détonation. L'emploi de l'acide pyrogallique est fondé sur la propriété du pyrogallate de potasse d'absorber l'oxygène. On a donc tout avantage à commencer l'analyse des gaz du sang par celle de l'acide carbonique qui nécessite l'emploi de la potasse. Il suffit d'introduire, après cette première opération, une certaine quantité d'une solution saturée d'acide pyrogallique dans de l'eau bouillie.

Lorsque l'acide carbonique n'a pas été dosé au préalable, on introduit séparément la potasse et l'acide. Sous l'influence de l'oxygène, le pyrogallate de potasse prend une teinte noir foncé. La plus grande partie du gaz est absorbée au bout de cinq minutes; une faible portion reste et ne s'absorbe que lentement au bout d'une heure et plus. Le pyrogallate de potasse a l'inconvénient de dégager de l'oxyde de carbone (2 p. 100 de la quantité d'oxygène absorbé, d'après Calvert) et, par suite de la coloration noire qu'il prend, de rendre difficile la lecture des niveaux sur l'eudiomètre. Le phosphore donne de meilleurs résultats que l'acide pyrogallique. Il doit toujours être employé à l'état humide. L'absorption de l'oxygène ne se produit rapidement qu'au-dessus de 10°. Elle se fait mal en présence de CO_2 qu'il faut donc absorber avant. Le procédé de choix pour doser l'oxygène

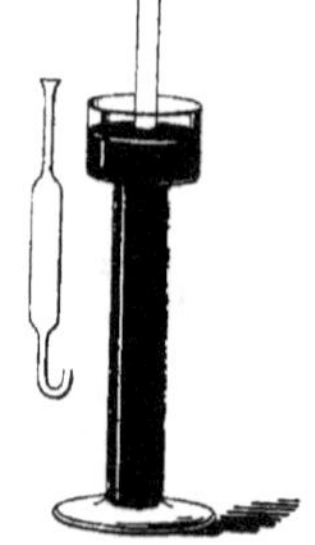

Fig. 181. — *Cuve à mercure, pipette et tube pour l'analyse des gaz.*

est le procédé par détonation (Chauveau). L'analyse est faite dans un tube eudiométrique muni à sa partie supérieure de deux électrodes en platine. On ajoute à l'oxygène un peu plus de deux fois son volume d'hydrogène et on fait passer l'étincelle électrique dans le mélange. Les deux gaz se combinent dans la proportion de 1 volume d'oxygène pour 2 volumes d'hydrogène. Le volume d'oxygène correspond donc au tiers du volume total disparu.

Si l'on ne connaît pas approximativement avant l'analyse, la composition du gaz en expérience, il est nécessaire de faire au préalable, sur un échantillon, une analyse au pyrogallate de potasse sans rechercher l'exactitude. Dans le cas où l'on aurait ajouté trop d'hydrogène, et où la combustion ne se produirait pas ou incomplètement, on n'a qu'à ajouter au mélange un volume quelconque de gaz de la pile. On n'a pas à tenir compte du gaz de la pile ajouté, puisque ce gaz, bien préparé, détone sans laisser de résidu (1).

L'*azote* est dosé par différence.

Remarques.—*a*) Il est plus simple et plus rapide de faire toutes les mesures sur le gaz où le mélange gazeux est saturé d'humidité plutôt que sur le gaz sec (Chauveau).

b) Lorsqu'on a introduit un réactif, le tube eudiométrique est agité avec une pince en bois de façon à favoriser l'absorption des gaz. On évitera de toucher le tube avec les doigts et de le sortir du mercure. Il faut attendre un temps suffisant que l'absorption soit complète.

c) Après chaque opération le tube eudiométrique est maintenu sur le mercure avec une pince mobile le long d'une tige verticale fixée au bord de la cuve. La température du mercure peut être considérée comme donnant celle du gaz à analyser.

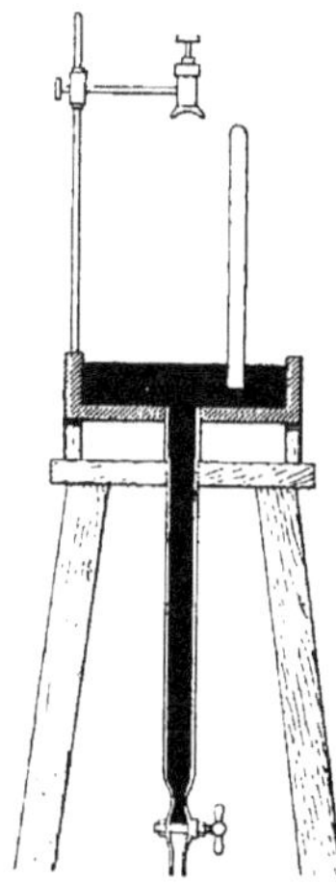
Fig. 182. — *Cuve à mercure.*

Éprouvette maintenue par une armature métallique mobile.

d) Avant de noter le volume du gaz on ramène celui-ci à la pression atmosphérique. A cet effet, on enfonce le tube dans la cuve de façon à faire coïncider le niveau du mercure à l'intérieur du tube avec celui de la cuve.

e) Pour ramener à zéro et à la pression de 760 millimètres des volumes gazeux saturés de vapeur d'eau, mesurés à la température *t* et à pression H, on emploie la formule :

$$V_0 = V_t \frac{H - f}{(1 + \alpha t)\,760}$$

V*t* est le volume mesuré du gaz à la pression atmosphérique H, à la température *t* ; *f* est la tension maxima de la vapeur d'eau à cette température, α est le coefficient de dilatation des gaz = 0,00366.

---

(1) *Préparation de l'hydrogène pur.* — L'hydrogène pur est préparé en traitant le zinc pur par l'acide chlorhydrique pur. On le fait passer dans un flacon laveur contenant une solution de potasse pour retenir l'acide chlorhydrique entraîné et on le recueille sur la cuve à mercure. Le zinc pur étant peu attaqué par HCl pur, on ajoute à l'acide quelques gouttes d'une solution de chlorure d'or ou de chlorure de platine.

Préparation du gaz de la pile. — Ce gaz est un mélange d'hydrogène et d'oxygène dans lequel ces deux gaz sont dans le même rapport de volume que dans l'eau. On le prépare en décomposant une solution de potasse. Préparé ainsi, ce gaz ne laisse pas de résidu après la combustion.

OXYDE DE CARBONE

Quantité normale dans le sang. — GRÉHANT, le premier, a démontré la présence dans le sang normal de gaz combustibles. DESGREZ et NICLOUX ont constaté que l'oxyde de carbone existe d'une façon constante.

	En moyenne.
NICLOUX : nouveau-nés à Paris (espèce humaine).....	$0^{cc},11$ p. 100 de sang.
Lapin, cobaye.......................	$0^{cc},14$ —
Chien........................	$0^{cc},04$ —
Conger vulgaris.......................	$0^{cc},025$ à $0^{cc},85$ p. 100

Une partie peut venir de l'oxyde de carbone qui existe normalement à l'état de traces dans l'air de Paris (et des grandes villes en général) (A. GAUTIER). De fait, le sang des animaux vivant à la campagne contient sensiblement moins d'oxyde de carbone que ceux vivant à Paris. Le sang des chiens isolés en mer contient des quantités intermédiaires (NICLOUX). Une partie paraît produite par l'organisme lui-même. L'expérience suivante confirme cette hypothèse. L'asphyxie fait diminuer la quantité d'oxyde de carbone contenue dans le sang. Or, si on a soin de ne pas pousser l'asphyxie jusqu'à la mort, on voit, après trois quarts d'heure ou une heure de respiration à l'air libre, que la proportion d'oxyde de carbone du sang est remontée à son taux primitif. La quantité d'oxyde de carbone contenue dans l'air du laboratoire $(1 : 30000)$ était insuffisante pour expliquer cette augmentation (NICLOUX).

La proportion de CO peut s'élever pendant l'anesthésie chloroformique à $0^{cc},2$ p. 100, soit $5^{cc},2$ par litre de sang. Il est probable que le chloroforme se décompose, sous l'influence des liquides alcalins de l'organisme, partiellement avec production d'oxyde de carbone. Cette décomposition peut expliquer un certain nombre d'accidents consécutifs à une administration prolongée du chloroforme (NICLOUX).

Toxicité de CO. — On avait reconnu depuis longtemps qu'il existe dans la vapeur qui résulte de la combustion du charbon, des propriétés toxiques susceptibles de donner la mort (ÉRASISTRATE, GALIEN). F. LEBLANC démontra en 1842 que le principe toxique est l'oxyde de carbone. Le mécanisme de l'empoisonnement a été élucidé par Cl. BERNARD.

La puissance toxique de CO est d'autant plus dangereuse que ce gaz ne possède ni odeur, ni saveur, ni couleur; CO est plus lourd que l'air.

Conditions exposant à l'intoxication oxycarbonée. — CO prend naissance, soit lorsqu'on brûle du charbon ou des produits riches en carbone en l'absence d'une quantité insuffisante d'oxygène, soit lorsqu'on fait passer CO_2 ou de la vapeur d'eau sur du charbon chauffé au rouge : $CO_2 + C = 2CO$; $C + H_2O = CO + H_2$.

CO existe dans le gaz d'éclairage (5 à 9 p. 100) dont il constitue un des éléments les plus toxiques (1) ; en brûlant, le gaz d'éclairage donne de grands volumes de CO_2 et des traces de CO.

Exposent à l'intoxication : les explosions de grisou, les incendies de théâtre (Opéra-Comique), les fours à chaux, les hauts-fourneaux (surtout au moment de la coulée de la lave), les tunnels mal aérés, l'usage de braseros ou de réchaud à

---

(1) D'après VALHEN et FERCHLAND le gaz d'éclairage est plus toxique qu'il ne devrait l'être d'après sa teneur en CO ; ce fait est contesté par KUNKEL.

charbon de bois sans hotte ; les gaines communes pour plusieurs cheminées, surtout lorsque dans ces gaines se déversent les produits de la combustion d'un appareil de chauffage à combustion lente (le tirage est lent et la fumée lourde tend à redescendre) ; la braise de boulanger ; CO apparaît encore : lorsqu'on étrangle le tuyau de fumée des poêles, dans les foyers lorsque la combustion est incomplète (notamment à l'allumage et lorsque le feu s'éteint). Les accidents sont fréquents lorsqu'on laisse le gaz d'éclairage en tension dans le caoutchouc qui se fissure souvent rapidement... La combustion du tabac à fumer dégage CO (Gréhant) ; la fumée rejetée par le fumeur peut dégager O, à 2,7 p. 100 CO (Wahl, Habermann). Les poêles en fonte ou en fer exposés à atteindre la température rouge peuvent provoquer des émanations de CO ; le gaz provient de la perméabilité de la fonte chauffée au rouge, de l'action directe de O^2 de l'air sur le carbone de la fonte chauffée au rouge, de la décomposition de CO^2 contenu dans l'air par son contact avec le métal, de l'influence de poussières organiques naturellement contenues dans l'air (Morin).

Formes de l'intoxication. — On peut envisager trois hypothèses : dans la première l'intoxication est brutale, l'atmosphère est surchargée d'oxyde de carbone ; dans la seconde elle est relativement peu chargée ; dans la troisième l'atmosphère est légèrement imprégnée.

a) Dans le premier cas l'intoxication est suraiguë, l'individu est foudroyé. Cette production exagérée de CO est en général le résultat d'un accident. Cette forme d'empoisonnement a été observée chez des ouvriers procédant à l'extinction de grandes masses de charbon, chez les gaziers qui déchargent les cornues, chez les mineurs, dans les incendies de théâtres, dans les explosions de grisou, les incendies de mines de houille.

b) A la deuxième hypothèse correspond l'intoxication progressive des tentatives de suicide au moyen de charbon ou aux accidents provoqués par le mauvais fonctionnement des poêles et des cheminées.

Chez l'homme, on observe tout d'abord de la céphalalgie, puis des vertiges, un abaissement de la mémoire, la confusion des idées, l'obscurcissement de l'intelligence et de la vue, une tendance au sommeil, une sorte de défaillance, de la faiblesse dans les jambes, la diminution de l'énergie musculaire, puis de l'impotence absolue, enfin la perte de connaissance, le sommeil, des convulsions, le coma.

Fréquemment on observe des nausées. Chez l'homme on a signalé des vomissements à toutes les périodes de l'intoxication ; chez le chien, d'après Descouts, les vomissements sont symptomatiques d'une intoxication avancée et précèdent de peu la mort. La digestion est suspendue. Parfois on a constaté de la glucosurie. Le cœur s'accélère d'abord (palpitations) puis s'affaiblit (Traube, Mosso). La respiration est d'abord légèrement ralentie, puis dyspnéique ; si CO est abondant, on peut observer l'arrêt de la respiration ; on a noté le Cheyne-Stokes (Mosso).

L'impotence apparaît souvent alors que la conscience et la sensibilité persistent. Les convulsions se produisent parfois dès le début. La mort n'est pas douloureuse si CO est respiré lentement et à petites doses (observ. chez l'homme et le singe).

Lorsque les sujets reviennent à la vie on observe souvent des troubles nerveux. Ceux-ci suivent immédiatement l'intoxication (somnolence, inertie intellectuelle, hébètement, état simulant l'ivresse, perte souvent très prolongée de la mémoire et du sommeil, céphalalgie, convulsions, nausées...) ou peuvent se présenter

plus tard (paralysies le plus souvent locales. Bourdon (1843), Brissaud, Rendu...);
dans les cas graves, l'intelligence peut être affectée au point de constituer un
véritable état de démence. Les phénomènes consécutifs sont plus durables
chez l'homme que chez les animaux. Chez ceux-ci on n'a jamais observé de
paralysies. Trois ou quatre jours après l'intoxication, on a observé des pneumonies, dues probablement à la paralysie des vagues et rappelant celles observées aux altitudes élevées (Mosso).

La *température* baisse, au point, si l'intoxication est lente et graduelle, de
placer les animaux à sang chaud dans des conditions d'existence analogues à
celles des animaux à sang froid; elle remonte ensuite au fur et à mesure que
l'élimination se produit. C'est l'inverse dans l'asphyxie par suppression de l'air
telle qu'on la réalise par la strangulation ou la ligature de la trachée; la température monte pendant tout le temps que dure l'asphyxie et baisse après la
mort (Cl. Bernard, Brown-Séquard). Descouts a constaté chez le chien un abaissement régulièrement progressif d'un demi-degré à un degré par quart d'heure
pendant les deux ou trois heures qui suivent la mort. D'après Landois et Bor-
syszkowski, on constate d'abord une élévation de quelques dixièmes, puis une
baisse qui peut dépasser un degré. D'après Mosso, les variations sont les mêmes
qu'après la saignée (augmentation légère puis diminution de courte durée; enfin
augmentation considérable et durable). En clinique on a noté fréquemment de
la fièvre (38, 39 à 41°).

Herlitzka, Mosso ont noté chez l'homme une première phase d'excitation cérébrale pendant laquelle la force musculaire est augmentée.

c) La troisième hypothèse qui se réalise lorsque l'air est légèrement imprégné
de CO est le propre de l'*intoxication professionnelle*. Son principal caractère est
l'*anémie*. Celle-ci s'accompagne de cyanose de la face, de céphalalgie, de vertiges, de ralentissement du pouls et de la respiration, de l'abaissement de la
température, de troubles gastro-intestinaux. On observe aussi de l'irritabilité
et d'autres troubles nerveux (hallucinations, amnésies périodiques, obscurcissement de la conscience). L'intoxication chronique s'observe chez les repasseuses,
les cuisinières, les pâtissiers.

A l'*autopsie*, le sang est uniformément rutilant dans toutes les parties du
corps; les tissus eux-mêmes qui sont injectés de sang sont aussi très rouges;
le foie est d'un rouge plus vif que de coutume. Les poumons sont plus consistants; ils se rétractent moins; ils sont œdémateux, plus livides, presque violacés
et présentent des ecchymoses sur les bords des lobes; à la section, on obtient un
liquide mousseux; l'œdème est constant. Les taches cadavériques sont rouges.

Les modifications caractéristiques du sang et des tissus ne sont pas apparentes
lorsque la moitié seulement du sang est oxycarbonée; la mort peut cependant
survenir dans ces conditions chez l'homme (Lacassagne et Martin).

Fixation par le sang. — Le sang fixe très rapidement avec énergie CO, même
dans des mélanges contenant très peu de ce gaz. La quantité fixée est approximativement proportionnelle à la quantité de CO contenue dans le milieu respiré
et au temps (Gréhant, Nicloux). Il résulte de ces faits que le sang est un réactif
précieux pour la recherche de petites quantités de CO contenues dans l'air et
que l'on peut déduire de la quantité de gaz fixé par le sang dans un temps
donné le titre du mélange respiré par un sujet (Gréhant). Gréhant a résumé
dans le tableau suivant ses résultats concernant la quantité de CO absorbé par
le sang (100 centimètres cubes) de chiens auxquels il faisait respirer pendant des
temps variables des mélanges de plus en plus rares :

MÉLANGE D'AIR et d'oxyde de carbone.	1 HEURE.	2 HEURES.	3 HEURES.	4 HEURES.	5 HEURES.
	cc.	cc.	cc.	cc.	cc.
1/1000............	8,0 —	10,0 —	18,3 —	17,4 —	16,8 —
1/2000............	4,1 —	7.8 —	» —	» —	» —
1/4000............	3,0 —	4,2 —	» —	» —	» —
1/6000............	1,6 —	3,3 —	» —	» —	» —
1/12000...........	» —	1,63 —	» —	» —	» —
1/15000...........	0,59 —	1,18 —	» —	» —	» —
1/30000...........	0,44 —	0,88 —	» —	» —	» —
1/60000...........	0,22 —	0,45 —	» —	» —	» —

In vitro la capacité d'absorption du sang pour CO croît au fur et à mesure que l'on débarrasse l'air de l'oxygène qu'il contient. Le refroidissement autour de 0° favorise l'absorption (Kostin).

Mécanisme de l'intoxication. — L'oxyde de carbone déplace l'oxygène volume à volume et forme avec l'hémoglobine du globule rouge une combinaison plus stable que l'oxyhémoglobine (Cl. Bernard). L'oxyde de carbone n'agit exactement que sur le globule rouge [1]. Les symptômes tels que la mort successive des nerfs et des muscles ne sont pas le fait de l'oxyde de carbone mais résultent simplement de la cessation des fonctions du sang (Cl. Bernard). La faiblesse caractéristique observée dans les muscles n'est pas l'effet d'une action locale de CO sur les muscles, mais résulte de l'anoxhémie de l'écorce cérébrale (Mosso). Les muscles privés d'hémoglobine (écrevisse...) se comportent dans CO comme dans un milieu privé d'air; l'excitabilité et la capacité au travail baisse (Audenino); les substances réduisantes et les produits de l'oxydation incomplète augmentent (Benedicenti).

L'oxyde de carbone est décomposé par les plantes vertes (chlorophylle).

Doses toxiques. — *a*. Il faut tenir compte du temps ; un sujet peut succomber après avoir respiré un certain temps dans une atmosphère qui paraissait tout d'abord inoffensive. La mort peut survenir dans une atmosphère contenant 1 sur 2000 et même 1 sur 7000 si on prolonge l'expérience.

b. De tous les animaux ce sont les Oiseaux que l'oxyde de carbone affecte le plus rapidement. Viennent ensuite les Mammifères. Le chien est plus sensible que le lapin. Dans une expérience, Gréhant a fait respirer un mélange à 1 p. 100 simultanément à un chien, un lapin et un Oiseau [2] (moineau ou canard). Le moineau est mort en quatre à cinq minutes, le chien en douze à vingt ; détaché au bout de vingt minutes, le lapin paraissait normal; la respiration a cessé près de deux heures seulement après le début de l'empoisonnement. L'oxyde de carbone agit moins énergiquement et surtout moins rapidement chez les Vertébrés à sang froid que chez les animaux à sang chaud. Gréhant a démontré que les Batraciens, Vertébrés inférieurs, sont beaucoup plus sensibles à l'action de CO^2 qu'à l'action de CO. D'après Kunkel, les Poissons et les grenouilles peuvent vivre plusieurs jours dans une atmosphère contenant un mélange de 50 p. 100 CO et 50 p. 100 O^2. Mislawsky a pu maintenir des grenouilles vivantes dans une atmosphère composée de 79 d'oxyde de carbone et de 21 d'oxygène. Vahlen a

---

(1) Un mélange renouvelé à $\frac{1}{300}$ est toxique en 33 minutes chez le canard.

(2) L'hémoglobine du muscle fixe CO mais moins que l'hémoglobine des globules (d'après J. Camus et Nicloux).

CONDITIONS.	SANG NORMAL.	SANG OXYCARBONÉ.	QUANTITÉ DE SANG oxycarboné suffisante pour une réaction positive.	AUTEURS.
Sang conservé *in vitro*.	Perd de l'oxygène et noircit avec le temps.	Reste rouge et inaltéré même s'il est un peu chauffé ; résiste à la putréfaction.		Claude Bernard.
Sang + 60 eau + réducteur tel que hydrosulfite de sodium (examen au spectroscope).	Apparition de la bande de Stokes.	Spectre à deux bandes conservé.	30 p. 100.	Hoppe-Seyler.
Sang + 4 à 10 vol. eau + sol. tannin à 2 ou 3 p. 100 jusqu'au dépôt complet du précipité formé par la combinaison du tannin avec les albuminoïdes.	Formation d'un précipité noir brun.	Formation d'un précipité rouge cramoisi clair ; la réaction est surtout nette au bout de quelques heures et persiste longtemps.	10 p. 100 et même 5 p. 100 pour un œil exercé.	Kunkel.
Sang + 1/2 vol. sol. soude d = 1,34, ou sang + 20 eau + 20 lessive soude à 1,34.	Brun sale.	Beau rouge.	25 p. 100.	Hoppe-Seyler, Salkowski.
Sang dilué + 1 goutte sol. à 0,025 p. 100 de permanganate de pot., abandonner 20 m. à 40°. — La même réaction est obtenue avec sol. 1 p. 100 pyrocatéchine ou hydroquinone.	Coloration jaune (mét-hémoglobine).	Reste rouge.		Weyl et Anrep.
Sang + 4 à 5 vol. solut. sous-acétate plomb).	Coloration brune puis chocolat.	Belle coul. rouge ; se conserve 3 sem. si sang en tube fermé.	11 à 12,5 p. 100.	Rübner.
Sang dilué + qq. gouttes sol. sel de cuivre (sulfate, nitrate, acétate, chlorure).	Précipité chocolat foncé.	Précipité rouge brique.		Zaleski ; Ipsen.
10cc d'eau + 5 gouttes de sang + 5 gouttes de sulfure jaune d'ammonium, mêler doucement puis ajouter qq. gouttes d'acide acétique dilué jusqu'à ce que le mélange soit faiblement acide.	Coloration vert sale.	Coloration rose.	12 p. 100.	Kunyosi-Katayama.
Sang dilué (3 : 100) + qq. gouttes d'une sol. de potasse + avec précaution qq. gouttes d'une sol. aqueuse de pyrogallol ; agiter, conserver dans un vase fermé à l'abri de l'air.	Noir brun.	Conserve teinte rouge.		Landois.
Sang + 50 eau + 1/2 à 2/3 vol. eau saturée par H²S.	Vert sale.	Reste rouge (même après 17 ans).	20 à 25 p. 100.	E. Salkowski.
Alcaliniser 5 à 10cc sang avec lessive caustique, ajouter un peu de glucose bien pulv. ; bien boucher, éviter air, placer au froid.	Vire au rouge sombre noir après 4 ou 5 heures.	Reste rouge cerise clair ; instable.	10 p. 100.	Ipsen.

observé des grenouilles plongées dans CO pur à 19°-22° dont le cœur battait encore après une heure. AUBERT, KUNKEL, VAHLEN ont d'ailleurs démontré que la température exerçait une influence. Une grenouille privée d'O^2 présente encore des mouvements après plusieurs heures ou un jour si la température est au-dessous de 15°; les mouvements cessent au bout d'une heure environ si la température dépasse 20°. Chez les Invertébrés le gaz n'est pas toujours absorbé; lorsqu'il se forme de l'hémoglobine oxycarbonée la mort ne s'ensuit pas fatalement, ce qui indique que l'hémoglobine du sang rouge de certains animaux inférieurs ne joue qu'un rôle de perfectionnement accessoire. Les puces, quoique privées d'hémoglobine, ressentent CO; elles sortent du chien et accusent un malaise (Mosso).

Un mélange contenant 0,35 à 0,40 p. 100 respiré pendant une heure provoque chez l'homme les phénomènes de l'empoisonnement (fréquence du pouls, céphalalgie, vertiges, torpeur, inconscience, arrêt de respiration, (Mosso.

c) Dans une même race il existe certainement des variations individuelles, mais le rôle de l'âge, du sexe, des maladies n'est pas élucidé. D'après CL. BERNARD, l'influence de la digestion et de l'abstinence sur la survie (chez le lapin) n'est pas appréciable. Si on fait respirer un même mélange à deux individus, c'est celui qui a une respiration plus active qui ressent davantage les effets Mosso, exp. chez l'homme). Les symptômes apparaissent plus rapidement lorsque le sujet exécute un travail musculaire qu'au repos. HALDANE a constaté qu'un homme normal au repos ne ressent rien en général lorsque l'oxygène contenu dans le corps est diminué d'un tiers, mais qu'il en est autrement si le sujet monte un escalier ou fait un autre exercice musculaire.

La mort survient toujours avant que tout l'oxygène du sang soit déplacé. Le sang le plus oxycarboné que GRÉHANT a pu obtenir chez l'animal vivant par la voie pulmonaire pouvait encore absorber 2 à 4 centimètres cubes d'O^2.

d) GRÉHANT donne au rapport : $\dfrac{CO}{CR}$, le nom de coefficient d'empoisonnement, CO (poids d'hémoglobine oxycarbonée), CR (poids d'hémoglobine pouvant encore absorber de l'oxygène au moment de l'empoisonnement).

Ce rapport atteint 4, 5 et même 6 chez le chien et le lapin, au moment de la mort. L'homme peut succomber lorsque la moitié ou le tiers de l'hémoglobine est encore disponible. Il est possible que l'état organique des viscères exerce une influence (LACASSAGNE et MARTIN, NICLOUX).

e) Les animaux placés dans O^2 comprimé résistent à de très fortes proportions de CO. HALDANE a montré que des souris ne succombent pas à l'empoisonnement par CO même à 50 p. 100 lorsqu'elles se trouvent dans O^2 à deux atmosphères. Mosso a constaté que des lapins, des singes ne sont pas empoisonnés dans une atmosphère contenant 6 p. 100 de CO, à la condition que la pression atteigne deux atmosphères d'O^2 pur ou dix atmosphères d'air; à la pression ordinaire les animaux succombent lorsque la pression de CO est de 0,5 p. 100 et moins encore. En sortant des appareils contenant de l'oxyde de carbone, les animaux meurent immédiatement, mais si l'on purifie progressivement le milieu où ils se trouvent on produit un véritable lavage du sang et, au bout d'environ une demi-heure ils peuvent être sans danger ramenés à l'air libre. Ces faits trouvent leur application dans le cas d'empoisonnement accidentel par CO : deux singes placés dans une atmosphère contenant 1/100 de CO, étaient au bout d'une demi-heure complètement intoxiqués; leur respiration était presque complètement suspendue; à ce moment on enleva les deux singes de la cloche;

l'un d'eux laissé sans secours à l'air libre mourut ; l'autre placé dans l'oxygène comprimé à deux atmosphères se réveilla immédiatement, et au bout d'une demi-heure put être extrait de l'appareil complètement rétabli.

Un chien meurt en vingt minutes environ dans un mélange d'air et de CO à 1 p. 100 ; un animal de la même espèce peut respirer un mélange d'O^2 et de CO à 1 p. 100 pendant quarante-cinq minutes et même pendant deux heures et quinze minutes sans succomber (GRÉHANT).

Réactions caractéristiques du sang oxycarboné. Dosage de CO. — Le sang artériel et le sang oxycarboné présentent de grandes analogies ; cependant l'hémoglobine oxycarbonée est plus stable que l'oxyhémoglobine ; ce caractère sert de base aux réactions qui permettent de déceler la présence de CO dans le sang. Les réactions les plus caractéristiques ont été groupées dans un tableau.

La preuve décisive de la présence de l'hémoglobine oxycarbonée ne peut être fournie que par l'extraction de CO. Le dégagement a lieu dans le vide sous l'influence de la chaleur (40°) ; mais il est extrêmement lent dans ces conditions (ZUNTZ, SAINT-MARTIN) ; on l'accélère considérablement en décomposant la matière colorante, suivant le procédé de LELORRAIN (1868), par un acide [acide phosphorique (1) ou acétique (GRÉHANT, MISLAWSKI, NICLOUX)] ; acide tartrique (SAINT-MARTIN, OGIER). L'oxyde de carbone est ensuite caractérisé, soit à l'aide du spectroscope, en concentrant dans un petit échantillon de sang, tout l'oxyde de carbone extrait d'un volume beaucoup plus considérable de liquide (SAINT-MARTIN), soit chimiquement. *a*) CO peut être absorbé par une solution chlorhydrique de protochlorure cuivreux. Une fois les lectures faites, le gaz absorbé est mis en liberté par addition d'un excès de potasse ; on constate ensuite que CO brûle avec une flamme bleue. La solution de chlorure cuivreux est préparée en chauffant du cuivre métallique avec HCl et quelques gouttes d'acide nitrique ; le liquide noir obtenu est introduit dans des flacons remplis jusqu'au col de tournure de cuivre et bien bouchés ; il s'y décolore peu à peu. Le réactif doit être clair et fournir avec l'eau un abondant précipité blanc de chlorure cuivreux ; il absorbe environ vingt à vingt-cinq fois son volume de CO et environ 12 volumes d'O^2. Pour renouveler la provision du réactif, il n'y a qu'à remplir les vides du flacon avec HCl ordinaire. *b*) NICLOUX utilise la réaction indiquée par A. GAUTIER de CO sur l'acide iodique anhydre. Cet acide est oxydé à 150° en donnant CO^2 avec mise en liberté de la quantité d'iode correspondante ; l'iode est retenu par une solution alcaline et dosé par le procédé de RABOURDIN : mise en liberté de l'iode de l'iodure de potassium par l'acide sulfurique nitreux, dissolution de l'iode dans un volume connu de chloroforme et comparaison de la teinte obtenue avec celle fournie dans les mêmes conditions par une solution titrée d'iodure de potassium. *c*) GRÉHANT se sert du grisoumètre qu'il a imaginé. CO est brûlé sous l'influence d'un fil de platine maintenu au rouge par un courant électrique ; 2 volumes de CO mêlés à 1 volume de O^2 détonent en produisant 2 volumes de CO^2. S'il s'agit des gaz du sang, GRÉHANT absorbe seulement CO^2 et laisse O^2 qui servira à brûler le gaz combustible. Se rappeler que l'acide pyrogallique et la potasse en solution concentrée peuvent dégager une trace de CO (CALVERT, CLOEZ, BOUSSINGAULT).

Élimination. — Le sang prélevé sur un animal intoxiqué par CO conserve longtemps sa couleur et par suite son CO. Il en est de même du sang resté dans

---

(1) A 45° B, volume égal.

les vaisseaux, lorsque l'animal est mort (1). Les choses se passent différemment lorsque le sang continue à circuler dans le corps de l'animal. L'oxyde de carbone disparaît (Cl. Bernard). Dans une expérience Cl. Bernard a injecté à un chien 46 centimètres cubes de CO dans le bout central de la jugulaire; une demi-heure après 100 centimètres cubes de sang artériel (carotide) contiennent 2 centimètres cubes de CO; vingt-quatre heures après, 100 centimètres cubes de sang ne contiennent plus de CO.

Chez un chien dont le sang a été à moitié oxycarboné, l'élimination dure environ cinq à six heures à condition de faire respirer à l'animal de l'air pur (Gréhant).

Dans l'organisme CO est déplacé par l'oxygène introduit par la respiration et l'action de certains tissus.

a) L'oxygène déplace *in vitro* à la longue CO et régénère l'oxyhémoglobine, surtout si la température est un peu élevée (38°) (Donders, Podolinsky, Cl. Bernard). Le même phénomène se produit évidemment dans l'économie sous l'influence des mouvements respiratoires.

b) Cl. Bernard, injectant des cyanures métalliques dans le sang, avait remarqué que ces sels empoisonnent par l'acide cyanhydrique qu'ils dégagent au niveau des poumons. Il supposa que les tissus, en particulier les muscles, pouvaient également intervenir dans la disparition de CO du sang. Mislawski et Chirokly ont constaté que si on pratique des circulations artificielles à travers divers organes avec du sang dont les quantités de CO et d'oxyhémoglobine sont préalablement déterminées par la spectrophotométrie, la dissociation de l'hémoglobine oxycarbonée se produit rapidement dans les poumons et dans le foie et ne se produit pas dans les muscles. Montuori a observé que le passage à travers le tissu pulmonaire ou l'adjonction d'un lambeau de ce tissu déplace le gaz toxique.

L'élimination est d'autant plus lente que l'atmosphère ambiante renferme plus de gaz délétère (Cl. Bernard). Un animal empoisonné par CO à 1/100 qui continue à respirer de l'air ne renfermant que 1 1000 n'élimine qu'une quantité très faible de CO absorbé et meurt intoxiqué (Gréhant). CO disparaît par contre beaucoup plus rapidement après un empoisonnement partiel si on fait respirer à l'animal de l'oxygène pur au lieu d'air pur.

D'après Gréhant, l'oxyde de carbone est entièrement éliminé en nature par les poumons.

Passage de la mère au fœtus. — L'oxyde de carbone passe de la mère au fœtus (Gréhant et Quinquaud). Entre 1/1000 et 1/10 000 les teneurs des deux sangs en oxyde de carbone sont identiques et ces teneurs sont proportionnelles à la quantité d'oxyde de carbone contenue dans le milieu respiré. Au-dessus de 1/1000, l'identité disparaît et la différence va en s'accentuant d'autant plus que le mélange mortel est respiré moins longtemps (Nicloux).

Le fait du passage de l'oxyde de carbone de la mère au fœtus relève d'une

---

(1) La putréfaction est sans effet pendant un temps qui varie suivant les conditions. Le sérum exsudé par le caillot ne se teint pas en rouge. Les hématies conservent plus longtemps leurs caractères normaux; l'hémolyse est ralentie (Cl. Bernard). Sur le cadavre, Gréhant, Nicloux, Martin n'ont pas constaté de variations dans le sang même après quarante-huit heures. Le sang contenant CO, surtout s'il est saturé, conservé dans des flacons ou dans des tubes d'essai remplis et fermés à la lampe, se conserve pendant des années avec ses propriétés caractéristiques (Hoppe-Seyler). La putréfaction provoque à la longue la formation d'hémoglobine puis d'hématine (Raimondi).

dissociation de l'hémoglobine oxycarbonée du sang maternel au niveau du placenta puisque les circulations maternelle et fœtale sont complètement indépendantes (Nicloux).

Rôle des branchies. — Les branchies se comportent d'une façon analogue au placenta. Le sang des poissons fixe CO lorsque les branchies sont entourées par des globules oxycarbonés ou une solution d'hémoglobine oxycarbonée (Nicloux, L. Camus); le sang des Poissons peut contenir p. 100, 5, 6 et même 7 fois plus de CO que le milieu extérieur.

Pénétration par d'autres voies que le poumon. — L'oxyde de carbone injecté sous la peau dans le tissu cellulaire est moins toxique que lorsqu'on fait pénétrer ce gaz par les poumons. Lorsqu'on injecte 2 litres de gaz sous la peau d'un lapin, l'animal meurt au bout de huit à dix heures et présente tous les caractères de la mort par l'oxyde de carbone ; si on n'injecte qu'un litre ou 1/2 litre de gaz l'animal peut survivre et n'être pas empoisonné. C'est un cas particulier d'un fait général. Les gaz qui pénètrent dans l'économie par la voie sous-cutanée ou le sang sont rapidement rejetés par les poumons (Cl. Bernard).

Pour amener la mort chez un chien de 8 kilogrammes, il faut injecter par la veine jugulaire ou une veine de la circulation générale plus de 400 à 500 centimètres cubes (à raison de 0^{cc},6 à 1 centimètre cube par minute sous une pression d'eau de 25 à 30 centimètres cubes); 50 centimètres cubes suffisent par la veine porte (Montuori).

Par la peau, l'absorption est faible et très lente (Chauveau).

Traitement rationnel. — La transfusion peut rendre des services. Les inhalations d'oxygène s'imposent (Gréhant). Cl. Bernard, Mosso ont pu rappeler à la vie des animaux chez lesquels la respiration avait cessé et le cœur s'était arrêté depuis quelques minutes, par la respiration artificielle ou sous l'influence de l'air comprimé (1). Mosso a constaté que si on ouvre le thorax d'un animal qui vient de succomber à CO, le cœur reprend ses battements au contact de l'air pourvu qu'il ne se soit pas écoulé un temps trop long (une heure).

B. — MODIFICATIONS SUBIES PAR LE SANG HORS DES VAISSEAUX.

Le sang extrait des vaisseaux subit des modifications physiques et chimiques. Il coagule ; la fibrine diminue ; l'oxygène, le glucose disparaissent; l'extrait éthéré diminue considérablement, etc. Ces modifications paraissent dues principalement aux éléments figurés.

I. — Coagulation.

Constatation. — Le sang extrait des vaisseaux se prend en gelée au bout d'un temps plus ou moins long; peu à peu la masse se rétracte et exsude un liquide. Par suite de la coagulation le sang se sépare donc en deux parties : l'une solide, opaque, rouge : c'est le caillot; l'autre liquide, transparente, incolore ou légèrement teintée en jaune : c'est le sérum.

Caillot. — Le caillot est essentiellement constitué par une trame élastique,

----

(1) Les tractions de la langue (procédé de Laborde) doivent être pratiquées.

filamenteuse, blanchâtre, englobant dans ses mailles les éléments figurés du sang (MALPIGHI, GUGLIELMINI). La trame est formée par la fibrine et provient du plasma. Si, en effet, on retarde suffisamment la coagulation pour laisser aux globules le temps de déposer, le plasma recueilli se coagule. HEWSON en donna le premier la démonstration ; il suspendit la coagulation en mélangeant le sang au sortir de la veine avec une solution de sulfate de soude. Ayant attendu que les globules se fussent précipités par leur propre poids, il put décanter la partie liquide surnageant ; ce liquide étendu d'eau se prit spontanément en un caillot transparent. LECANU (1837) puis BERZELIUS isolèrent les globules du plasma en recevant le sang dans une solution saturée de sulfate de soude. MÜLLER filtra du sang (de grenouille) délayé dans de l'eau sucrée ; les globules ne passent pas, le filtrat incolore coagule. GLÉNARD, L. FREDERICQ en séparant le plasma des globules dans un tronçon de veine jugulaire de cheval, L. FREDERICQ. A. GAUTIER en retardant la coagulation par

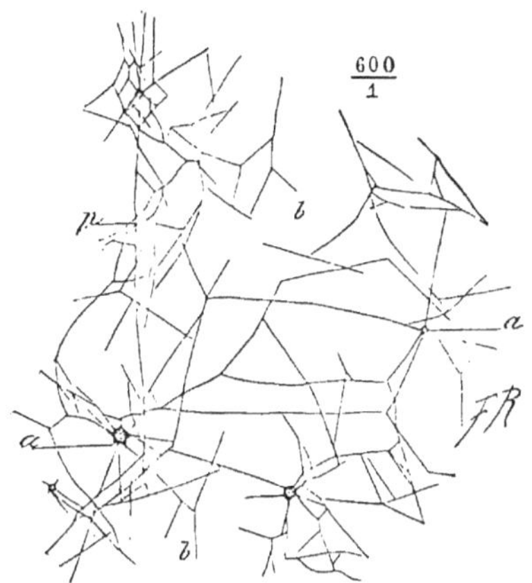

Fig. 183. — Réticulum fibrineux du sang de l'homme, après col. avec le sulfate de rosaniline : *a*. granulation libre formant le centre d'un système du réticulum (RANVIER).

l'emploi du froid, parfirent la démonstration de HEWSON.

Lorsque le sang se coagule spontanément, le caillot représente environ la moitié du poids total du sang, le sérum exprime l'autre partie ; le rapport varie suivant la marche de la coagulation, la consistance du caillot, etc.

Le caillot n'a pas toujours le même aspect dans toutes ses parties. Lorsque le sang se dépose lentement, la séparation des globules et du plasma commence avant le dépôt de fibrine. Il se forme à la surface du caillot une couche blanchâtre, exempte de globules rouges, à laquelle on a donné le nom de *couenne*. Le phénomène s'observe avec le sang recueilli au cours de certaines maladies inflammatoires telles que la pneumonie, le rhumatisme articulaire aigu, l'érysipèle, les affections purulentes, l'urémie et chez quelques espèces animales, telles que le cheval, dans les conditions ordinaires (ANDRAL, LASSAIGNE).

Le caillot peut ne pas se rétracter et ne pas abandonner de sérum. Le fait s'observe dans certains cas de purpura hémorragique, l'anémie pernicieuse, la cachexie paludéenne, l'intoxication diphtérique expérimentale (HAYEM ; BENSAUDE...), la mort par hyperthermie (Cl. BERNARD), lorsque la coagulation est ralentie, notamment avec le sang d'Oiseau (SPANGARO).

CORNIL et CARNOT ont remarqué une certaine indépendance entre le phénomène de la coagulation et la formation de filaments de fibrine par battage. Ils ont noté bien souvent, en particulier, que du sang très rapidement coagulable ne contenait pas une quantité considérable de fibrine et qu'inversement du sang mal coagulable en contenait beaucoup. Au cours de la pneumonie ou du rhumatisme articulaire aigu notamment, il est facile de constater que la quantité de fibrine est considérable et que par contre le sang est généralement moins coagulable qu'à l'état normal. D'autre part, il y a de très grandes différences dans la proportion de fibrine filamenteuse entre plusieurs sangs se coagulant normalement. Les différences peuvent tenir à ce que la fibrine ne prend pas forcément la forme filamenteuse (Gilbert et Carnot) (fig. 184, 185).

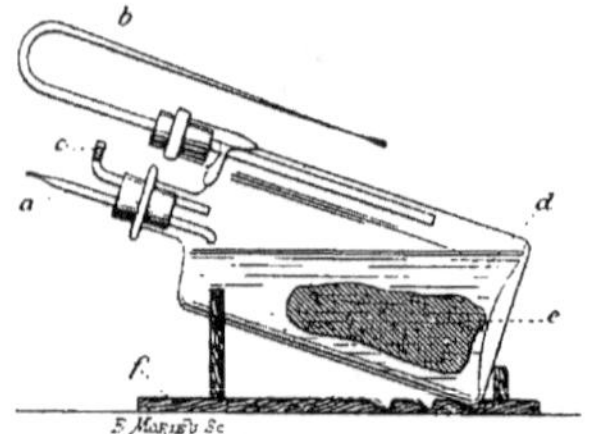

Fig. 184. — *Dispositif pour recueillir le sérum à l'abri des microbes* (fig. d'après J. Courmont) (*).

Fig. 185. — *Caillot et sérum.*

(*) Le sang est recueilli dans le flacon stérilisé par l'intermédiaire du tube *a* ; ce tube est fermé à la lampe après la récolte. Pour recueillir le sérum *d*, on fait plonger la branche intérieure du tube *b* dans le liquide puis on souffle par le tube *c* qui est muni d'un tampon d'ouate ; *e*, caillot (en usage dans le lab. du prof. Arloing).

Influence de l'espèce animale et des tissus. — Le sang des Mammifères, quelles que soient les précautions employées pour le recueillir, coagule dans un délai qui n'excède guère quinze à vingt minutes dans les conditions ordinaires de température. Le sang de chien coagule en moyenne en une à trois minutes, le sang de lapin en une demie à une minute et demie (A. Rollett). Le sang de tous les Vertébrés à globules rouges nucléés (Oiseaux, Reptiles, Batraciens, Poissons) présente une très grande résistance à la coagulation spontanée lorsqu'il est recueilli directement dans les vaisseaux, au moyen d'une canule, en évitant soigneusement le contact des tissus. Les éléments figurés se déposent rapidement et se tassent au fond du verre ; il se forme une abondante couche de plasma limpide et transparent. En centrifugeant le sang recueilli dans ces conditions, on hâte la séparation du plasma et des globules et on augmente la durée du temps pendant lequel le sang reste incoagulable. Quand l'opération est bien conduite elle peut donner un plasma qui se conserve liquide parfois pendant près d'un mois (1) (Delezenne). Le sang de ces mêmes espèces animales, recueilli au niveau d'une plaie, coagule au contraire très rapidement en deux à huit minutes en moyenne, par suite de l'*action coagulante des tissus*. Il suffit de laisser le sang en contact avec un fragment de tissu ou d'ajouter une goutte d'extrait de muscle à un échantillon prélevé directement dans les vaisseaux

---

(1) Bordet et Gengou introduisent dans la veine de l'aile la pointe effilée, recourbée en bec, d'un tube de verre de calibre assez gros, stérilisé, garni d'un tampon d'ouate à son orifice supérieur. Le sang monte dans le tube assez rapidement. Lorsque la quantité recueillie est suffisante, on retire le tube du vaisseau ; on laisse couler librement les premières gouttes de sang qui s'échappent par l'extrémité pointue. La portion de sang qui s'écoule ensuite est recueillie dans des tubes que l'on centrifuge ; mais on n'utilise pas la dernière portion, celle qui représente le sang qui a pénétré dans le tube aussitôt après la perforation de la veine par l'effilure. Ce sang a pu se mêler à une trace de suc provenant de la plaie ou de la lésion vasculaire et acquérir ainsi la propriété de se coaguler à bref délai. De fait cette partie de sang recueilli se prend assez rapidement en caillot ; le sang placé dans les tubes à centrifuger fournit un plasma presqu'indéfiniment liquide.

pour en déterminer aussitôt la coagulation. Cette influence coagulante des tissus a le caractère d'une fonction de défense.

DELEZENNE, SPANGARO, ARTHUS, MILIAN, WRIGHT ont démontré que le rôle de la plaie peut s'observer, moins frappant, mais pourtant très net, chez les Mammifères. Le sang de chien (lapin, cobaye, etc.), qui s'écoule en baignant une plaie cutanée, coagule plus vite (2 à 3 minutes) que le sang qui ne touche pas à la plaie (15 à 20 ou même 50 minutes). Si on fait des lavages de la plaie à l'eau salée on constate que les tissus cèdent à l'eau une substance capable de hâter la coagulation ; cette substance est altérée, puis détruite par la chaleur (ARTHUS).

Chez les embryons de Mammifères au stade de développement qui correspond à l'existence exclusive de globules rouges nucléés dans le sang la coagulation se fait comme chez les Vertébrés à globules nucléés (DELEZENNE) (1).

Le sang de l'escargot ne contient pas de fibrinogène et ne coagule pas spontanément (COUVREUR). Chez les Invertébrés marins, à l'exception des Crustacés, le sang ne coagule pas (CUÉNOT, BOTTAZZI).

Influence des corps étrangers. — La coagulation est plus rapide quand on saupoudre la surface du sang d'eau, ou d'une matière pulvérulente, telle que charbon, poudres minérales et végétales (VIRCHOW, BRÜCKE, FR. GLÉNARD, L. FREDERICQ).

L'action des corps étrangers doit être vraisemblablement rattachée aux phénomènes d'adhésion. En effet, si à travers une jugulaire on fait passer un fil de soie et à travers l'autre jugulaire un fil de platine huilé de même diamètre, on constate au bout de quelques minutes, que le fil de soie est recouvert d'un coagulum formé de globules blancs et de fibrine, tandis qu'autour du fil de platine huilé il n'y a pas de coagulum, sauf aux points où le fil passe les parois et où le tissu du vaisseau est lésé (MANTEGAZZA). La coagulation de sangs très coagulables peut être empêchée en versant ces liquides dans un vase dont les parois sont recouvertes de vaseline ou d'huile ou de paraffine et en les recouvrant en outre d'une couche de ces substances. On peut même dans ces conditions agiter le sang avec une baguette de verre huilée sans qu'il y ait dépôt de filaments de fibrine. Si les globules blancs rencontrent quelque part sur la paroi huilée un point qu'ils puissent mouiller et auquel ils adhèrent, la coagulation commence là et s'étend à toute la masse (LÖWIT, FREUND). — L'adhérence des globules blancs avec les corps avec lesquels ils sont en présence, paraît favoriser la mise en liberté du fibrin-ferment par les leucocytes.

Influence de la paroi vasculaire, des séreuses, des articulations. — Le sang conservé entre deux ligatures dans un segment du système circulatoire reste liquide (HEWSON, 1770 ; BRÜCKE, SCUDAMORE, F. GLÉNARD, L. FREDERICQ).

Expérience : L'opération est pratiquée de préférence sur un cheval. L'animal est assommé par un coup de marteau sur le front. On fait une incision longitudinale de la peau, du tissu cellulaire et du peaussier sur la ligne médiane au-devant de la trachée, à la partie inférieure du cou. On isole la jugulaire sur une petite étendue avec les doigts et le scalpel, puis on lie ce vaisseau. L'animal une fois saigné par le procédé usuel dans les abattoirs (large incision au niveau de la fourchette du sternum), la jugulaire est disséquée jusqu'au niveau de sa bifurcation supérieure, les collatérales liées, puis on fait refluer le plus

---

(1) RODIER a constaté que le sang de la tère, sorte de raie (Poisson cartilagineux), prélevé sur l'animal vivant, se coagule très facilement même lorsqu'il n'a pas été recueilli au contact des tissus.

de sang possible dans le segment veineux et on lie le bout supérieur (L. Fredericq) (fig. 186).

Les globules rouges plus lourds se déposent au fond, les globules blancs au-dessus, le plasma surnage. Si on attend un temps suffisant, le segment vasculaire sèche au point d'offrir la consistance de la corne. Le plasma est transformé en une laque dure et transparente; repris par l'eau, il s'y désagrège et s'y dissout; le liquide obtenu est susceptible de se coaguler en masse même après filtration (F. Glénard).

L'expérience ne réussit en général que si l'on prend deux précautions: 1° la veine doit être bien isolée de ses enveloppes celluleuses; 2° elle doit être suspendue à l'air libre et dans un endroit frais. Malgré tout, l'expérience ne comporte pas une signification absolue; à une observation attentive, on constate qu'il se forme, au niveau de la couche des leucocytes, un caillot blanc (L. Fredericq, Glénard).

La persistance du sang à l'état liquide dans un vaisseau excisé, s'explique peut-être par le défaut d'adhérence des leucocytes aux parois vasculaires lisses. Si, en effet, on altère ou si on détruit la membrane interne d'un vaisseau chez un animal vivant, le sang s'y coagule immédiatement et la coagulation commence au point même où a été effectuée l'altération.

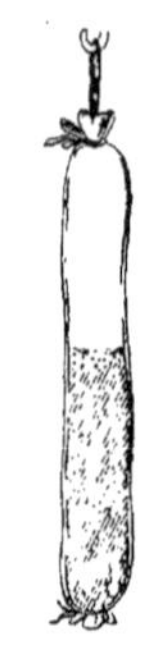

Fig. 186. — *Conservation du sang liquide dans une veine excisée.*

Le sang épanché dans les articulations et les séreuses et retiré par ponction est généralement incoagulable (Tuffier et Millian).

Influence de la saignée. — La coagulabilité du sang varie au cours d'une même hémorragie; les dernières quantités obtenues se coagulent beaucoup plus vite que les quantités recueillies au début (Voy. *Saignée*).

Influence de la température. — Une température suffisamment basse suspend le phénomène de la coagulation. Le sang de cheval reste fluide pendant plusieurs heures et même plusieurs jours si l'on a soin de le recevoir au sortir de la veine dans un vase entouré de glace ou de mélanges réfrigérants de façon que sa température s'abaisse brusquement au-dessous de 0°; toutefois la coagulabilité n'est pas abolie; il suffit d'un petit nombre de degrés pour que le phénomène apparaisse de nouveau (Hewson). Chanoz et Doyon ont constaté que la coagulabilité n'est pas abolie, même si le sang a été abaissé à — 180° au moyen de l'air liquide.

Le sang reste fluide d'une manière permanente chez les sujets morts de froid (Tirelli); il coagule lentement chez les animaux morts d'hyperthermie (Vincent).

Conditions diverses. Hémophilie. — D'après Carrara, le sang asphyxique coagule *in vitro* plus vite que le sang normal. Le sang des veines sus-hépatiques se coagule difficilement, toutefois l'inanition, d'après quelques auteurs, favorise la coagulation (Vierordt, Thackral) (Voy. p. 723).

Chez certains sujets (homme) le sang ne coagule pas. Cette affection (hémophilie) est de nature inconnue, mais d'après Ferrier, elle est parfois en relation avec la décalcification de l'organisme (dont la phosphaturie est une manifestation).

Rôle des globules. — Les globules blancs paraissent intervenir d'une façon prépondérante dans la coagulation. Cela ressort des faits suivants :

a) Certains liquides tels que les liquides d'ascite, de pleurite, d'hydrocèle... sont comparables au plasma en ce sens qu'ils contiennent de la fibrine (ou du fibrinogène , mais ils ne coagulent pas spontanément. Or, on obtient un coagulum semblable à celui qui se forme dans le plasma lorsqu'on additionne ces liquides de certains éléments du caillot sanguin, notamment de la couenne qui est très riche en globules blancs (BUCHANAM, 1836, 1845).

b) Si on refroidit du sang de cheval et si après que le dépôt des globules est achevé on laisse le sang se réchauffer, on voit les filaments de fibrine se produire d'abord au voisinage de la couche des globules blancs.

c) Si on isole du plasma les globules rouges et les globules blancs et si on ajoute au plasma une émulsion de globules rouges ou de globules blancs, on constate que la coagulation est plus rapide avec ces derniers (A. SCHMIDT).

L'isolement des globules est obtenu en refroidissant du sang de cheval dès sa sortie de la veine ; les globules rouges se déposent au fond du vase, les globules blancs au-dessus, le plasma surnage. On décante ce dernier et on racle délicatement la couche de globules blancs. Un autre procédé consiste à exciser entre deux ligatures la veine jugulaire chez le cheval, puis à suspendre le vaisseau à l'air libre ; on isole par des ligatures chaque couche, lorsque la sédimentation est terminée.

Fibrin-ferment ou plasmase. — Les globules blancs provoquent la coagulation par l'intermédiaire d'une substance qui par certains de ses caractères peut être rapprochée des ferments solubles. Cette substance existe dans le caillot fixée sur la fibrine et diffuse dans le sérum. Elle a été isolée à l'état de pureté relative par Al. SCHMIDT le premier ; cet auteur la désigne sous le nom de fibrin-ferment, DUCLAUX sous le nom de plasmase.

*Préparation. Procédé d'*Al. SCHMIDT. — On ajoute au sérum sanguin 15 à 20 volumes d'alcool fort et on maintient le précipité ainsi produit en contact avec l'alcool, pendant plusieurs semaines, puis on le sépare par filtration et on le dessèche dans le vide. La poudre obtenue dans ces conditions est broyée dans l'eau.

Procédé de HAMMARSTEN. — Saturer le sérum sanguin de sulfate de magnésie à la température de 30° ; séparer par filtration les globulines précipitées, laisser refroidir le filtrat et en séparer les cristaux qui se sont déposés. Le filtrat étendu de neuf volumes d'eau est additionné de soude jusqu'à formation d'un précipité floconneux, persistant de magnésie. Ce précipité est rapidement lavé, fortement pressé, finement broyé dans l'eau, dissous par addition d'acide acétique étendu jusqu'à réaction neutre ou à peine acide, et la solution obtenue est dialysée. Cette solution possède les propriétés générales qui caractérisent la plasmase.

Caractères. — Le fibrin-ferment en solution devient inactif à 75° ; à l'état sec, il résiste à une température plus élevée ; il agit le mieux à 40°. Le froid suspend les propriétés du ferment sans le détruire. Un léger excès d'alcali ou d'acide agit dans le même sens. L'activité réapparaît par neutralisation. De grandes quantités d'alcali ou d'acide détruisent le ferment (DASTRE). Les sels de chaux, de baryum, de strontium favorisent l'action de la plasmase (comme celle de la présure) (GREEN, RINGER et SAINSBURY, ARTHUS et PAGÈS, Al. SCHMIDT). Les agents antagoniste sont les sels des métaux alcalins et en particulier les oxalates (ARTHUS et PAGÈS). Il faut du reste tenir compte de la dose. Les sels coagulants à faible dose peuvent être hostiles à la coagulation lorsqu'ils sont concentrés ; les sels qui précipitent à haute dose peuvent rendre la coagulation plus difficile à faible dose. Un certain équilibre salin est nécessaire à la coagulation (DASTRE).

Pour manifester la présence du fibrin-ferment dans les liquides et tissus de l'organisme, on peut avoir recours comme réactifs soit à des solutions de fibrinogène, soit à des exsudats séreux non spontanément coagulables (liquides d'hydrocèles humains, sérosités péritonéale et péricardiaque du cheval), soit à du plasma de cheval séparé à 0° ou à du plasma d'Oiseau. On peut encore utiliser le plasma du sang magnésié (3 de sang, 1 d'une solution saturée de sulfate de magnésie 30 p. 100) dilué à 10-20 volumes d'eau distillée ou à du plasma de chien fluoré à 3 p. 1 000 (ARTHUS).

Fibrin-ferment des tissus. — La source principale à laquelle le sang emprunte le ferment est la masse des leucocytes. Les globules rouges paraissent en contenir aussi un peu. Il en est de même d'un assez grand nombre de tissus de l'organisme. On peut en effet obtenir des coagulations avec des macérations filtrées de divers organes. L'expérience réussit surtout avec les ganglions lymphatiques, le thymus, le testicule et le muscle. Il existe des différences très marquées suivant l'espèce animale. Le sang d'Oiseau coagule lentement s'il est recueilli directement dans le vaisseau, rapidement s'il est recueilli au contact des tissus ou dans un verre dont on a sali le fond en frottant légèrement un fragment de tissu d'Oiseau, ou encore si on ajoute au liquide une seule goutte de suc obtenu par l'expression d'un fragment de tissu, d'une macération de muscle dans la solution physiologique de sel marin.

Par contre, l'extrait de muscle de chien ou de lapin active très peu la coagulation du sang d'Oiseau. Le sang des Reptiles, Batraciens et des Poissons se comporte comme celui de l'Oiseau ; les tissus de ces animaux paraissent également très riches en plasmase. — RAUSCHENBACH a trouvé de la plasmase dans une grande quantité de protoplasma divers ; GROHMANN, dans des végétaux et dans des mycéliums de champignons.

Proferment. — Le fibrin-ferment n'existe pas dans le sang circulant ; il apparaît lorsque le sang a été épanché.

A. SCHMIDT a montré qu'il est possible de séparer par l'action de l'alcool un peu de fibrin-ferment d'un coagulum normal de fibrine qui s'est formé dans du sang en repos. Si on reçoit dans l'alcool du sang au sortir de la veine la même méthode ne donne plus de ferment. ARTHUS a observé que le sang de chien additionné de fluorure de sodium (3 p. 1000) au moment de la saignée ne coagule pas spontanément et que le fait est dû à l'absence de fibrin-ferment et non à la présence du fluorure agissant comme antagoniste du ferment. En effet, le sang fluoré coagule par addition de petites quantités de sérum ou de sang défibriné : d'autre part, l'addition de fluorure au sang extrait des vaisseaux, non pas aussitôt après la prise, mais à un moment voisin de la coagulation, n'empêche pas la coagulation (ARTHUS). Si on ajoute 15 à 20 volumes d'eau distillée au sang, au moment où il est extrait des vaisseaux, la liqueur ainsi obtenue ne contient pas de fibrin-ferment. Si on ajoute de l'eau distillée au sang quelque temps après la prise et surtout après défibrination par battage, le liquide contient du fibrinferment ARTHUS (1).

Rapports avec la destruction globulaire. — La théorie régnante rattache la genèse du ferment coagulateur à la destruction des globules blancs.

A. SCHMIDT a montré que les leucocytes disparaissent dans la proportion du tiers, de la moitié, ou même des deux tiers dans le sang défibriné. DASTRE éta-

---

(1) Le sang dilué avec NaCl à 9 p. 1 000 centimètres cubes coagule plus lentement que le sang pur et d'autant plus qu'il est plus dilué (DASTRE, STODEL).

blit que la production du fibrin-ferment n'est pas la conséquence de la destruction anatomique nécessaire du globule blanc : *a)* les globules blancs déficients
après la défibrination ne sont pas détruits, ils se retrouvent dans la fibrine et sur
les parois des vases ; *b)* les globules blancs sont remarquablement résistants ; si
au lieu d'employer la méthode infidèle des numérations successives on emploie l'observation directe au microscope on constate que la vitalité des leucocytes persiste longtemps (p. 702) et que certains agents (peptone) supposés
leucolytiques n'exercent pas la moindre action défavorable sur ces éléments
(Dastre, V. Henri, Stodel). Les polynucléaires accusent il est vrai dans le sang
extravasé quelques indices de désagrégation, mais les mononucléaires qui
prédominent dans la lymphe thoracique ne présentent aucune altération pendant la coagulation de ce liquide (Dastre, Stassano, V. Henri, Lesage, Stodel) ;
c) les expériences précitées d'Arthus concernant l'action du fluorure de sodium
et l'eau distillée viennent à l'appui des conclusions de Dastre. Il n'y a donc pas
liaison nécessaire entre la mort du globule et l'émission de fibrin-ferment.
Dastre estime qu'il faut distinguer entre la production (sécrétion) endocel-
lulaire de ferment et son émission au dehors ; l'émission serait surtout sous la
dépendance des conditions osmotiques du milieu (1).

Nature chimique. — D'après Peckelharing, le fibrin-ferment est une nucléo-
protéide ; il donne avec la pepsine et HCl un résidu de nucléine et contient plus
de 1 p. 100 de phosphore ; le rôle de la chaux serait en rapport avec la formation
du ferment, la chaux transformant le proferment en ferment définitif. On remarquera à ce propos que les deux principales albuminoïdes du thymus : la nucléo-
histone et la nucléo-protéide forment avec la chaux des combinaisons qui agissent
sur les solutions de fibrinogène comme le fibrin-ferment (Huiskamp). D'après
Hammarsten, il est possible que le ferment soit simplement entraîné par la formation du précipité.

Questions indécises. — L'action du fibrin-ferment peut être rapprochée de celle
de la présure. Dans un cas comme dans l'autre, il règne sur le mécanisme de
l'apparition du caillot bien des incertitudes.

En ce qui concerne le sang, deux hypothèses sont en présence :

a) D'après Hammarsten, Arthus, la fibrine ne préexiste pas ; le sang contiendrait
une substance, le fibrinogène, qui pendant la coagulation se transformerait en
fibrine typique (2).

b) D'après Duclaux, la fibrine préexiste. Les molécules de cette substance sont

---

(1) D'après Kemp et Calhoun, Spangaro, les plaquettes s'altèrent et diminuent de
nombre pendant la coagulation. D'après Ducceschi l'agglutination des plaquettes est le
premier phénomène qui caractérise le sang extrait des vaisseaux. Klebs, Welti, Mosso,
Wlassow, Bremer, Müller, Arnold, Feldbausch, Schwalbe, estiment que le rôle essentiel
dans la coagulation appartient aux globules rouges. L'influence des solutions sur la
coagulation marcherait de pair avec les altérations des hématies qu'elles déterminent.
Heynsius, puis Landois admettent une fibrine d'origine globulaire. D'une manière générale tous les agents qui détruisent brusquement dans le sang une certaine quantité
de globules rouges sont susceptibles de déterminer des thromboses plus ou moins
étendues. Tel est le cas des sels biliaires, de la tolyendiamine, de la saponine, de la
phalline, etc., du sérum normal d'une espèce éloignée, des sérums hémolytiques artificiels.... (Hayem, Delezenne, etc...)

(2) On trouve moins de fibrine que de fibrinogène. Hammarsten avait primitivement
supposé que le fibrinogène donne de la fibrine typique et une globuline ; cette hypothèse a été reprise par Heubner. Actuellement Hammarsten admet que le fibrinogène se
transforme intégralement en fibrine dont une partie (globuline) reste en solution.

suspendues dans le sang par suite d'un équilibre entre la pesanteur et les forces moléculaires qui s'exercent entre les molécules de fibrine et les molécules du liquide environnant. Sous l'influence de l'agent coagulant, l'état d'équilibre est troublé, soit que l'adhésion entre la fibrine et le liquide diminue, soit que l'attraction entre les particules de fibrine augmente ; les molécules de fibrine s'agrègent, forment des masses visibles qui se précipitent en donnant le caillot.

Anticoagulants. — *In vitro* on empêche la coagulation en ajoutant au sang des solutions concentrées de divers sels tels que le chlorure de sodium, le sulfate de magnésie, le sulfate de soude (HEWSON, 1774, LECANU, BERZÉLIUS, DENIS de Commercy, 1861) ou de sucre (J. MÜLLER). Soit, p. ex. un volume d'une solution de sulfate de magnésie contenant 25 à 28 p. 100 de sel pour 3 ou 4 volumes de sang. Le chlorure de sodium peut être ajouté à raison de 4 p. 100 de sang. Pour produire l'incoagulabilité complète il suffit de 3 gr. et demi de carbonate sodique anhydre par litre de sang artériel de chien. (Le bicarbonate à la dose de 39^{gr},6 par litre de sang donne une incoagulabilité imparfaite (SABBATANI).

Si l'on reçoit le sang au sortir du vaisseau, dans un vase où l'on a placé de *l'oxalate de potasse* pulvérisé et si on agite vigoureusement pour assurer la dissolution rapide de ce sel, la coagulation ne se produit pas pourvu qu'on ait employé la dose nécessaire (1 gr. pour 1 litre de sang). On obtient le même résultat si l'on substitue à l'oxalate de potasse soit *l'oxalate de soude*, soit *l'oxalate d'ammoniaque* dans les mêmes proportions et dans les mêmes conditions. Les *fluorures*, notamment le fluorure de sodium à la dose de 1^{gr},5 à 2 gr. pour 1 litre de sang, les *savons d'alcalis* à la dose de 5 à 10 gr. p. 1000, possèdent la même propriété anticoagulante que les oxalates. Si on prend ces sangs oxalatés, fluorés ou savonnés, et si on leur ajoute une solution de chlorure de calcium, ou de sulfate de chaux ou en général d'un sel soluble de chaux, en quantité suffisante pour que le mélange contienne un petit excès de sel de chaux dissous, on provoque la coagulation du sang. Le même résultat est obtenu si, au lieu d'un sel de chaux, on ajoute un sel de strontiane, mais non pas un sel de baryte ou de magnésie (ARTHUS et PAGÈS).

La chaux n'est pas indispensable à la formation de la fibrine. Des solutions de fibrinogène et de fibrin-ferment ne renfermant que des traces de chaux donnent néanmoins une fibrine typique (avec 0,006 de CaO p. 100 de substances sèches). L'addition de chlorure de calcium accélère la coagulation, mais est sans influence sur la quantité de fibrine formée (HAMMARSTEN). D'après PECKELHARING, la chaux transforme le proferment en fibrin-ferment. D'après ARTHUS, le plasma de sang oxalaté ou fluoré ne coagule pas parce qu'il ne contient pas de ferment ; l'addition de chaux aurait pour effet de transformer le proferment en fibrin-ferment. La chaux en excès empêche la coagulation (ARTHUS, FLEIG et LEFÉBURE).

Le sang additionné de 2 à 3 p. 1000 de *citrate de soude* (ou de potasse), au moment de la prise, ne coagule pas spontanément et se comporte comme le sang oxalaté à 1 p. 1000. Il peut être amené à coaguler par addition d'une quantité convenable de chlorure de calcium en solution. Le mécanisme de l'action du citrate n'est pas élucidé ; ce sel ne précipite pas les sels de chaux du sang. *In vivo* : 0^{gr},768 de citrate trisodique anhydre par kilogramme d'animal (1^{gr},718 par litre de sang *in vitro*) suffisent. Sont actifs : l'acide citrique, les citrates monosodique, bisodique et surtout trisodique (Peckelharing ; Al. Schmidt ; Arthus ; Luigi Sabbatani).

Certains *extraits d'organes* tels que l'extrait de têtes de sangsues (Haycraft), le produit de la digestion papaïnique du foie des Mammifères (Dastre et Floresco), l'extrait de foie des Crustacés et de l'escargot (Abelous et Billard) agissent non seulement *in vitro*, mais également en injections intraveineuses. La *chlorophylle* exerce également une action anticoagulante (Cordier).

Extrait de sangsues. Ixodes. — L'extrait de sangsues retarde d'une façon prolongée la coagulation du sang *in vitro*. *In vivo* (chez tous les animaux de laboratoire), injecté dans le courant circulatoire, il rend le sang incoagulable (Haycraft, 1884). L'injection sous-cutanée est sans résultat. Il n'y a pas d'immunité après une injection ou plusieurs injections successives (Dickinson). L'action sur la coagulabilité du sang est proportionnelle aux doses employées. La substance active est localisée dans la partie céphalique de la sangsue (Haycraft, Apathy).

Pour préparer l'extrait, Mayet et Gobinot donnent le procédé suivant (modification des procédés de Contejean et Ledoux) : 50 têtes de sangsues vigoureuses et vivantes sont coupées (l'animal rampant a $3^{cm},5$ ou 4 centimètres de l'extrémité) ; jetées dans l'alcool absolu (changé de vingt-quatre heures en vingt-quatre heures), pendant trois jours ; elles en sont retirées assez dures pour être coupées en petits morceaux très menus. On les sèche à l'air ou dans le vide. Finalement on les triture dans un mortier ou mieux au moyen d'un moulin à poivre. Le produit obtenu est mis en contact avec 10 centimètres cubes d'eau salée à 8 p. 1000, additionnée si l'on veut d'un peu de chloroforme ; on place pendant les dernières heures le flacon à l'étuve à 30°. Quarante-huit heures après, le produit peut être injecté. — Le liquide d'injection peut être stérilisé sans inconvénient à 120° ; les propriétés anticoagulantes ne disparaissent complètement qu'après un long chauffage à 140° (Bosc et Delezenne). La liqueur est noirâtre et impossible à clarifier. 2 centimètres cubes de cette solution, par kilogramme d'animal, suffisent pour obtenir un effet actif.

D'autres animaux suceurs de sang possèdent une sécrétion orale analogue à celle des sangsues. L'*ixodes ricinus* possède une substance qui a le pouvoir de rendre incoagulable *in vitro* et en injection intraveineuse le sang et la lymphe. Cette substance perd son activité après une ébullition de 5 minutes (Sabbatani).

Substances anticoagulantes agissant indirectement. — Un certain nombre de substances sont sans action appréciable lorsqu'on les mêle au sang, *in vitro* ; mais provoquent l'incoagulabilité si on les injecte *in vivo* dans les veines en quantité convenable. Le sang extrait dans ces conditions ne coagule plus ou seulement après un temps très long. Ce groupe comprend des substances de nature très diverse au point de vue chimique telles que : les peptones, des extraits d'organes, le sérum de certains animaux, les venins, certains ferments solubles (diastases, émulsine...), des toxines microbiennes (staphylococcie, pyocyanique...), des toxines végétales (ricine, abrine...).

Action des peptones. — Chez le chien, l'injection intraveineuse d'une solution de peptones du commerce fait perdre au sang sa coagulabilité (Schmidt-Mülheim, 1880). Pour obtenir ce résultat, il suffit d'injecter environ 3 décigrammes de peptone de Witte (produit sec) par kilogramme d'animal. Le mieux est de dissoudre la peptone dans 10 fois son poids d'eau salée à 7 p. 1,000 et de pousser l'injection rapidement, soit par la jugulaire, soit par une veine du membre inférieur, vers le cœur.

Condition d'action. — La peptone n'agit qu'à la condition d'entrer assez brusquement dans le courant circulatoire. En injection lente, elle n'empêche pas le sang de se coaguler, mais elle immunise l'animal. *In vitro* l'action est nulle ou à peu près (Schmidt-Mülheim, 1880; Fano, 1881); il faut toujours employer 11 à 15 fois plus de peptone pour agir sur la même quantité de sang que dans l'organisme (Grosjean, Dastre et Floresco, Camus et Gley). L'introduction d'une grande quantité de peptone de Witte (4 grammes par kilogramme d'animal) dans la cavité péritonéale ne rend pas le sang incoagulable (Contejean).

Substances actives. — Les peptones commerciales sont des produits complexes. Les substances actives sont, d'après Politzer, 1885, et Grosjean, 1892, les albumoses ou propeptones, d'après Pick et Spiro des impuretés contenues dans ces albumoses. Fiquet estime que les peptones et les albumoses ne sont pas toxiques ni anticoagulantes lorsqu'elles sont pures. Les impuretés sont, d'après cet auteur, des produits de fermentation bactérienne (albumotoxines et ptomaïnes). Les albumotoxines doivent leur toxicité surtout à des ferments.

Les peptones agissent qu'elles aient été préparées par la pepsine, la trypsine ou l'acide chlorhydrique seul (à 0,2-0,4 p. 100). D'après Arthus et Huber, les albumoses provenant de la gélatine (géloses) et de la caséine (caséoses) possèdent les mêmes propriétés que le peptone de Witte; d'après Pick et Spiro, toutes ne conviennent pas, notamment celles qui proviennent de la caséine et de l'édestine.

Durée de la période d'incoagulabilité. — Pour des injections faites rapidement, une dose de 10 centigrammes de peptone par kilogramme de chien produit un retard de coagulation d'une heure et demie environ dans la majorité des cas; une dose de 15 centigrammes rend en général le sang non spontanément coagulable. Une minute, souvent même trente secondes après la fin de l'injection, le sang est incoagulable (Grosjean). Plus on a injecté de peptone, plus longue est la durée pendant laquelle on peut extraire des vaisseaux un sang incoagulable. Avec 15 centigrammes par kilogramme de chien cette durée est d'environ quarante minutes; avec 30 centigrammes, elle est d'environ une heure. En somme, on peut dire d'une façon générale que l'incoagulabilité du sang persiste d'autant plus longtemps que l'injection a été plus riche en peptone et plus rapide (Grosjean). Pour provoquer l'incoagulabilité, les géloses doivent être injectées à la dose de 2 grammes par kilogramme de chien, les caséoses à la dose de 1^{gr},5 (Arthus et Huber).

Le sang de peptone conservé à l'abri des germes finit par se coaguler au bout d'un temps plus ou moins long (Contejean). Le contact avec les tissus coagule rapidement le sang de peptone, surtout chez les Oiseaux et aussi un peu chez le chien (Spangaro).

Mécanisme de l'action des peptones. — L'incoagulabilité n'est pas due à l'action directe de la peptone elle-même sur le sang (Schmidt-Mülheim, Fano). En effet, cette substance est sans action sur le sang *in vitro*; d'autre part, le sang de chien peptonisé, injecté dans les vaisseaux du lapin, diminue la coagulabilité du sang de ce dernier animal sur lequel, cependant, l'injection de peptone elle-même n'a aucune action anticoagulante (Fano, 1881-82). Le produit anticoagulant résulte donc d'une réaction de l'organisme intoxiqué par les peptones.

La question de savoir dans quelle partie de l'organisme se forme la substance anticoagulante a été posée par Contejean dès 1895, et résolue par les travaux de Gley et Pachon d'une part, de Delezenne d'autre part.

Le *foie* paraît être l'organe exclusif de la sécrétion de la substance anticoagulante. En effet : *a)* toute cause qui supprime ou diminue le fonctionnement du foie met obstacle à l'action de la peptone. Cette substance ne rend plus le sang incoagulable après l'extirpation du foie ou l'injection dans le canal cholédoque d'une solution d'acide acétique à 2,5 p. 100; elle agit moins après la ligature des lymphatiques du foie (GLEY et PACHON). *b)* Si l'on fait circuler à travers le foie du chien une solution de peptone commerciale (peptone de WITTE), on recueille par les veines sus-hépatiques un liquide doué de propriétés anticoagulantes très énergiques sur le sang *in vitro* (DELEZENNE). — L'extirpation complète des intestins ne diminue pas l'action de la peptone (GLEY). En pratiquant des injections de peptone additionnée de sang dans des organes isolés (intestin, rate, poumons, cerveau, muscles), DELEZENNE a toujours obtenu des résultats négatifs. Le violet de méthyle se fixe sur les cellules hépatiques et paralyse leur fonction anticoagulante (CAVAZZANI, RIVAUT).

La présence des *globules blancs* du sang est indispensable à la formation du principe anticoagulant. Si, en effet, on injecte par la veine porte, à travers un foie isolé et préalablement lavé par un courant d'eau salée, 40 à 50 centimètres cubes de sang ou de lymphe additionné *in vitro* d'une faible quantité de peptone (5 à 10 centimètres cubes d'une solution à 1 p. 100), on recueille, par les veines sus-hépatiques, un liquide incoagulable qui peut lui-même retarder notablement la prise en caillot d'un échantillon de sang auquel il est ajouté. La même expérience, répétée avec une solution simple de peptone ou avec de la lymphe débarrassée aussi complètement que possible des leucocytes qu'elle contenait (plasma lymphatique additionné de peptone), donne toujours, au contraire, des résultats négatifs; le liquide de circulation coagule d'ordinaire spontanément quelques minutes après son passage à travers le foie et il accélère invariablement la coagulation du sang *in vitro*.

Plasma de peptone hépatique. — La liqueur obtenue en injectant des peptones dans le foie dans des circonstances convenables jouit à un haut degré du pouvoir anticoagulant sur le sang *in vitro* (DELEZENNE). Centrifugée, elle constitue ce que DASTRE a appelé le plasma de peptone hépatique. Desséchée dans le vide, le plasma garde ses propriétés anticoagulantes, même après un chauffage à 120°-140° pendant quinze minutes, et reste soluble (L. CAMUS).

Substance anticoagulante. — DELEZENNE, en opérant sur des liquides très actifs, a montré qu'on pouvait isoler une substance soluble dans l'eau, qui conserve ses propriétés malgré l'ébullition prolongée. Cette substance agit indifféremment *in vitro* sur le sang de tous les animaux. Injectée dans les veines du lapin (réfractaire à l'action anticoagulante de la peptone), elle provoque soit le retard, soit l'absence de la coagulation. L'agent actif s'altère rapidement à l'air; additionné de quelques gouttes de chloroforme, il conserve ses propriétés. Il traverse difficilement le filtre placentaire. Le sang de la mère peut être rendu incoagulable par l'injection intraveineuse d'une solution de peptone, alors que celui du fœtus conserve sa coagulabilité (DELEZENNE et WERTHEIMER).

Animaux réfractaires. — Tous les chiens ne sont pas sensibles à l'action anticoagulante des peptones aux doses ordinaires; toutefois l'immunité dont il s'agit n'est que relative. Il suffit, en général, d'employer une dose un peu plus forte pour obtenir l'incoagulabilité (GLEY). Les injections intraveineuses produisent le même effet chez le chat que chez le chien. Le lapin est réfractaire aux doses actives chez le chien (ALBERTONI, FANO); l'immunité n'est que relative (GROSJEAN, GLEY).

Chez les Oiseaux, la peptone retarde la coagulation, à la condition que les animaux soient à l'état de jeûne (Spangaro). Chez le crapaud, la peptone agit d'une manière différente de celle avec laquelle elle agit chez le chien, le chat, l'Oiseau. Son action n'est plus liée à la fonction hépatique ; elle se manifeste chez les animaux privés de foie, et *in vitro* aux mêmes doses que dans le sang circulant (quatre parties de sang pour une de peptone en solution à 10 p. 100) ; de plus, une première injection ne confère pas l'immunité contre une seconde injection. La peptone injectée dans les veines agit sur la tortue (*Emys europaea*) (Persano). Injectée dans la veine porte des Poissons Elasmobranches elle amène l'incoagulabilité. Elle est sans effet sur les Crustacés (Bottazzi).

Immunité. — Une première injection intraveineuse de propeptone qui a rendu incoagulable le sang d'un chien, confère à cet animal, pour un temps qui croît avec la dose injectée, l'immunité contre une seconde injection (Schmidt-Mülheim, Grosjean, Contejean, Gley et Le Bas).

D'après Delezenne, on peut conférer par une première injection de peptones l'immunité contre une injection de sérum d'anguille ou d'extrait de muscles d'écrevisses, et, inversement, immuniser contre une injection de peptones par une injection d'extrait de muscles d'écrevisses. D'après Phisalix cependant, ni la peptone, ni le venin de vipère, ni l'extrait de sangsues n'immunisent contre l'action coagulante du venin de vipère ; le venin n'immunise pas contre l'action anticoagulante de la peptone. D'après Athanasiu et Carvallo, l'injection de peptone n'immunise pas contre l'action coagulante de l'extrait de foie.

Distinction entre l'action anticoagulante et l'action sur la pression. — La peptone injectée dans les veines du chien provoque, en même temps que l'incoagulabilité du sang, l'abaissement de la pression artérielle (et la narcose). Les deux phénomènes sont indépendants l'un de l'autre. On peut observer l'abaissement de la pression artérielle sans pour cela que l'injection de peptone diminue la coagulabilité du sang (Fano, 1881). L'abaissement se produit à l'exclusion de l'incoagulabilité après la destruction du foie (Camus et Gley). Dans les conditions normales, l'action anticoagulante persiste pendant un certain temps après que la pression sanguine est redevenue normale (Grosjean).

Conditions défavorables. — Le violet de méthyle injecté par la veine porte est fixé par le foie (Cavazzani) et entrave la fonction anticoagulante de cet organe (Rivaut). La bile, en particulier les sels biliaires, exercent également une action défavorable (Delezenne).

Extraits d'organes. — L'extrait de muscles d'écrevisses, de corps d'anodontes, de foie, d'intestin et de testicules de chien... retardent ou suspendent la coagulation lorsqu'on les introduit dans l'organisme en injections intraveineuses ; ajoutés au sang *in vitro*, ces extraits n'empêchent pas et même accélèrent la coagulation (Heidenhain, 1891 ; Contejean, 1896 ; Foa et Pellacani ; Salvioli). Exemple : on tue des écrevisses par l'eau bouillante ; les muscles sont maintenus en contact avec de l'alcool fort pendant plusieurs jours puis séchés, pulvérisés. La poudre est reprise par l'eau bouillante dans les proportions de 5 à 10 grammes de muscle pour 100 centimètres cubes d'eau. Si on injecte cette liqueur chez le chien à raison de 40 à 50 centigrammes de muscle par kilogramme, on rend le sang incoagulable pendant quelques heures ; ce sang non spontanément coagulable possède la propriété d'empêcher *in vitro* la coagulation d'un sang normal. Par contre, si l'on reçoit du sang normal *in vitro* sur de l'extrait de muscles d'écrevisses, la prise en masse est accélérée.

On peut conférer, par une première injection d'extrait de muscles d'écrevisses, l'immunité contre une seconde injection (DELEZENNE).

Lait. — Le lait de vache frais, écrémé, n'a pas d'action anticoagulante directe *in vitro* ; souvent il possède une action coagulante directe, parfois il est sans action directe appréciable. Le lait de chienne a une action coagulante directe sur le sang de chien. Le lait frais écrémé possède une action anticoagulante indirecte. Cette action peut être mise en évidence par une injection intraveineuse de 5 cc. de lait par kilog. à un chien. Quelques chiens présentent une immunité naturelle. La stérilisation à 110°-115° ne fait pas disparaître cette propriété du lait. L'incoagulabilité est généralement accompagnée de divers phénomènes tels que cris, nausées, vomissements, narcose, diarrhée, baisse de la pression sanguine ; toutefois, ces phénomènes ne sont pas liés fatalement à l'incoagulabilité du sang. Le chien est sensible aux injections intraveineuses de lait de chienne ; l'incoagulabilité du sang à la suite de cette injection peut être absolue (L. CAMUS). D'après DELEZENNE, la chienne en lactation est insensible aux injections de lait. D'après CAMUS, l'état de lactation n'empêche pas les chiennes d'être sensibles aux injections de lait de vache et aux injections de leur propre lait. Les injections intraveineuses de lait écrémé n'ont pas d'action anticoagulante indirecte sur le sang de lapin. Cependant le lapin est sensible aux injections de lait ; on peut constater l'action de cette substance sur la pression (L. CAMUS).

Venins. Ferments. Alcaloïdes. — Le venin de vipère agit différemment suivant qu'il est inoculé au chien ou au lapin. Il rend le sang du chien incoagulable et coagule le sang de lapin (FONTANA, GEOFFROI, HUNAULD, PHISALIX). Les ferments injectés provoquent des vomissements, des tremblements, des contractions tétaniques et l'incoagulabilité du sang.

DOYON et KAREFF ont constaté que l'atropine injectée chez un chien, trois à quatre heures après le repas, dans une veine provenant de l'intestin, à la dose de 0,01 à 0,02 par kilog. rend le sang incoagulable et abaisse la pression artérielle (*Biologie*, fév. 1904). 0,01 de chlorhydrate de morphine par kilogramme provoque chez le chien à jeun l'incoagulabilité du sang pendant quelques heures. L'effet est le même que la morphine soit ingérée ou injectée dans le péritoine ou le sang (PUGLIESE).

Coagulants. — La *gélatine* est un agent coagulateur *in vitro* et *in vivo* (DASTRE et FLORESCO). On l'utilise en médecine localement, principalement pour arrêter les hématémèses et les hémorragies de l'intestin ; en chirurgie, pour éviter les pertes de sang dans les interventions sur le foie. La gélatine s'emploie en solution dans de l'eau salée physiologique à la dose de 5 gr. pour 100.

La quantité poussée dans une veine peut varier de 80 à 400 gr. pour un chien de 15 kilog. ; si on prélève du sang dans une artère on constate que la coagulation est accélérée. *In vitro*, la démonstration peut être faite comparativement. Le sang de la saignée est distribué par un tube trifurqué dans trois tubes à essai contenant : l'un la gélatine salée, le second, la même quantité de solution physiologique ; le troisième recevra le sang pur. Pour éviter la complication de la gélification les tubes sont maintenus à 32-38°. La gélatine est exclue du caillot ; elle se réfugie dans le sérum (DASTRE et FLORESCO).

D'après CAMUS et GLEY la gélatine agit par ses propriétés acides et aussi par la chaux qu'elle contient (GLEY et RICHAUD. ZIBELL). La gélatine neutralise l'action de la peptone (1 de gélatine contre 3 de peptone de Witte (Dastre et Floresco). La gélatine n'agit pas en injection intrapéritonéale (L. Camus et Gley).

Le *chlorure de calcium* en solution dans l'eau salée physiologique à raison de 10 p. 100 et injecté dans les veines d'un chien à raison de 2 décigrammes par kilogramme, provoque la coagulation (Dastre).

Certains *extraits d'organes* précipitent *in vitro* la coagulation : tels sont les extraits de foie, de muscles, de reins, de thyroïdes, d'intestin, de thymus, de muscles d'écrevisses et d'une manière générale le suc provenant de tous les organes, de tout protoplasme animal ou végétal ; l'eau de lavage des plaies agit de même (Buchanam, Heidenhain, Al. Schmidt, Wooldrigde, Rauschenbach, Contejean, Delezenne, Foa et Pellecani, Arthus, Grubert, Grohmann, Samson-Himmelstjerna, Nauck, Conradi). Pour la plupart, ces extraits provoquent l'incoagulabilité du sang lorsqu'on les injecte dans les veines. D'après Arthus, les macérations d'organes hâtent la coagulation *in vitro* en accélérant la formation et la sécrétion du fibrin-ferment par les leucocytes. Les mêmes organes qui fournissent un suc coagulant *in vitro*, donnent lorsqu'ils ont été soumis à l'autolyse à 37° un suc qui retarde la coagulation *in vitro* (Conradi).

Gilbert et Carnot ont utilisé l'action hémostatique des extraits de foie ingérés. Le chauffage fait disparaître l'action coagulante des extraits hépatiques ; l'action anticoagulante persiste (Dastre, Mairet et Bosc). Conradi a constaté que la chaleur (100°) détruit les substances coagulantes des sucs des organes, mais est sans action sur les propriétées anticoagulantes des extraits obtenus après l'autolyse de ces mêmes organes.

L'injection intraveineuse de *nucléo-albumines* (Wooldrigde, Halliburton et Brodie, Huiskamp), de certains *colloïdes de synthèse* (Pickering) détermine des coagulations intravasculaires lorsque ces corps sont injectés avec rapidité et en quantité massive. L'injection de petites doses rend le sang incoagulable. Si l'animal ne succombe pas aux hautes doses, il est immunisé pour quelques heures contre une nouvelle injection et son sang est devenu incoagulable.

Le *tissu pulmonaire* exerce sur le sang qui le traverse une action anticoagulante. Si en effet on supprime complètement sur un chien vivant le cycle de la grande circulation pour ne laisser au sang d'autre trajet à parcourir que celui de la circulation pulmonaire et du cœur, en moins d'une heure, le sang a perdu par le fait de cette circulation restreinte toute aptitude à la coagulation spontanée. Il récupère cette aptitude quand on lui permet de nouveau de traverser les capillaires de la circulation générale. Le parenchyme des organes abdominaux jouerait le rôle principal dans le rétablissement de cette propriété (Pawlow, Bohr, Lukjanow, L. Fredericq).

Injecté dans les veines d'un animal à la dose de 0,05 à 0,15 par kilogramme, le *mucus*, dilué dans du chlorure de sodium à 8 p. 1000, provoque en quelques minutes des thromboses et la mort. *In vitro*, le mucus favorise également la coagulation (Charrin et Moussu ; Rodier).

L'injection de CO dans la veine porte provoque des thromboses (Montuori).

Phénomènes qui accompagnent la coagulation. — L'alcalinité du sang diminue d'une manière constante depuis le moment où le sang sort des vaisseaux jusqu'à celui où la coagulation est achevée (Pflüger et Zuntz). D'après Leiter, le sang perd une trace d'ammoniaque au moment de la coagulation.

Phénomène électrique. — Quand un liquide se coagule, sa constitution physico-chimique change. Du fait de cette modification pourrait résulter une perturbation électrique entre le caillot apparu et le liquide restant. Chanoz et Doyon ont recherché s'il y a production d'une force électro-motrice (variation du potentiel, création d'une force électro-motrice).

Deux électrodes convenables, réunies à un appareil de mesure approprié, plongent dans du sang frais oxalaté. On provoque la coagulation autour de l'une des électrodes. Des indications dans le temps de l'appareil de mesure permettent de déduire l'intensité du phénomène cherché. — Pour contenir le sang, le système préféré consiste en un vase de verre mince cylindrique de 15 centimètres de haut, d'une contenance de 400 centimètres environ. Une cloison verticale en liège paraffiné divise le vaisseau en deux parties égales que l'on remplit de sang. Au moment voulu, on fait communiquer les deux liquides en enlevant l'opercule obturateur d'une ouverture circulaire, creusée dans la paroi verticale. Chaque compartiment reçoit une électrode immergée dans le liquide sanguin. Les électrodes employées étaient de deux sortes. Pour les déterminations électrométriques on a utilisé des électrodes impolarisables de Paalzow-Bouty; pour le galvanomètre, des électrodes en platine. Les appareils de mesure étaient soit un galvanomètre balistique à circuit mobile du type d'Arsonval, construit par Nalder's, soit un électromètre capillaire de Lippmann. Les déviations du galvanomètre étaient connues en observant directement sur une échelle translucide placée à un mètre de l'appareil les déplacements du spot réfléchi par le miroir concave du circuit mobile. Une différence de potentiel de $1/1000$ de volt dans ce circuit donnait un déplacement du spot de 90 divisions environ. En ce qui concerne l'électromètre, une différence de potentiel de $1/1000^e$ de volt produisait un déplacement du ménisque de 4 divisions du micromètre de la lunette.

En rendant minima les causes d'erreur, en négligeant les perturbations de la première minute qui suit l'introduction de la substance coagulante, Chanoz et Doyon n'ont jamais observé (même pendant plus d'une heure d'observation) de déplacement supérieur à 17 divisions pour le galvanomètre, à 1 division pour l'électromètre capillaire. Étant données les nombreuses causes d'erreur, on ne peut pas dire actuellement si ces déplacements sont le fait d'un phénomène électrique lié à la coagulation. En tout cas, on peut affirmer que si, dans les conditions précitées, la coagulation du sang est accompagnée d'un phénomène électrique, ce phénomène est inférieur à $1/4000^e$ de volt.

Les principales causes d'erreur se rattachent : a) aux variations accidentelles de l'état électrique des électrodes en usage, b) à l'agitation du liquide, au déplacement des électrodes (phénomène de Ed. Becquerel-Krouchkoll), c) à l'addition du sel de calcium qui provoque la coagulation (pile de concentration), d) aux variations thermiques inégales.

Conductibilité électrique. — La conductibilité électrique diminue dans la coagulation diastasique, mais non dans la coagulation par la chaleur (Galeotti).

Phénomène thermique. — Quelques auteurs (Valentin, etc.) ont constaté un dégagement de chaleur.

Chanoz et Doyon ont constaté que la coagulation du lait s'opérant vers 32° sous l'action combinée de la présure et d'une petite quantité de chlorure de calcium ne s'accompagne pas d'un phénomène thermique appréciable. Le phénomène, s'il existe, est inférieur à $1/30^e$ de degré centigrade.

II. — **Disparition de l'oxygène.**

Dans le sang extrait des vaisseaux l'oxygène disparaît, la quantité d'acide carbonique augmente. Schutzemberger a constaté sur du sang oxygéné conservé à l'étuve à 37°, en dosant l'oxygène de demi-heure en demi-heure (par le procédé à l'hyposulfite), que la déperdition en O^2 pour le sang frais ne dépasse pas 3 ou 4 centimètres cubes par heure pour 100 centimètres cubes de sang. Lorsque la putréfaction commence, cette déperdition devient au contraire très rapide. Cl. Bernard avait déjà constaté cette altération progressive du sang et remarqué que ce liquide au sein de l'hydrogène continue à former de l'acide carbonique pendant longtemps.

Le sang additionné de 1 p. 100 de fluorure de sodium se conserve cinq ou six heures sans consommation d'O^2 ni production de CO^2. Le sang fluoré à 1,33 p. 100 se conserve à t° basse sans perte d'O^2 mais non sans production de CO^2 pendant cinq jours. Passé cinq jours et pour peu que la température s'élève, il y a à la fois consommation d'O^2 et production de CO^2, mais le volume de CO^2 dépasse de beaucoup celui d'O^2 disparu (Arthus et Huber, Saint-Martin).

III. — Disparition du sucre (glycolyse).

Lorsque le sang est conservé hors des vaisseaux le sucre disparaît. Au bout de vingt-quatre heures, à la température du laboratoire, on n'en trouve que des traces (Cl. Bernard).

Portier a constaté que le sang (de chien et de lapin) peut détruire de petites quantités de certains sucres surajoutés, tels que : glucose, galactose, lévulose, mannose, maltose, diacétone (sucre en C^3 à fonction cétonique provenant de l'oxydation de la glycérine); il est sans action sur d'autres, tels que : saccharose, lactose, xylose, arabinose, sorbose.

La glycolyse ne dépend pas de l'action des microbes (Arthus). Dans le sang soumis à l'ébullition le sucre ne se détruit plus (Cl. Bernard). D'après Barral la destruction de l'agent glycolytique a lieu à 54°. La glycolyse est nulle ou très lente de 0° à 15° (Barral; Arthus).

La glycolyse ne se produit pas dans le vide (Spitzer); l'acide acétique (Cl. Bernard), l'acide carbonique, l'oxyde de carbone, l'antipyrine (Brouardel et Loye), l'extrait de sangsues (Colenbrander, Ryvoch) entravent ou empêchent le phénomène.

La présence des éléments figurés paraît indispensable à la production de la glycolyse. Cette conclusion ressort des faits suivants :

a) Si on laque un volume de sang avec 10 volumes d'eau distillée, le sucre ne disparaît pas à l'étuve même au bout de trois jours. Il est essentiel d'opérer à l'abri des microbes (Doyon et A. Morel).

Exemple : On prélève à un chien trois échantillons de sang artériel. Le premier est dosé immédiatement; les deux autres sont reçus directement dans des vases stérilisés contenant, l'un de l'eau distillée, l'autre une solution NaCl.

	GLYCOLYSE P. 1000 DE SANG	
	Immédiatement après la saignée.	Après 48 heures à 37°
50 grammes de sang (échantillon témoin)....	1^{gr},54	»
50 grammes de sang + 500^{cc} eau distillée....	—	1^{gr},37
50 grammes de sang + 500^{cc} NaCl à 9 p. 1000.	—	traces ?

b) La glycolyse n'a pas lieu, ou tout au moins est peu accentuée, dans le sérum débarrassé des globules par la centrifugation (Doyon et A. Morel).

GLYCOLYSE P. 1000 DE SÉRUM.

		A l'origine.	Après 144 heures à 37°
Sérum (de cheval) recueilli après 20 heures de repos du sang à 8-12°	non centrifugé........	0ᵍʳ,66	néant,
	centrifugé pendant 20 minutes........	0ᵍʳ,63	0ᵍʳ,47

c) Le sérum filtré sur porcelaine a perdu tout pouvoir glycolytique sur le glucose surajouté (Portier).

L'agent glycolytique ne paraît pas préexister dans le plasma. Le sang fluoré à 1 p.100 (1/2 p. 1000 peuvent suffire) ne perd pas son sucre; l'addition tardive de fluorure après la sortie du sang n'empêche pas la glycolyse (Arthus). L'oxalate ralentit le phénomène et le ralentit d'autant plus qu'il est ajouté au sang à un moment plus rapproché de la prise (Arthus).

Les propriétés de l'agent glycolytique, la façon dont il se comporte vis-à-vis de la chaleur permettent de le rapprocher des ferments solubles, toutefois il n'a pu jusqu'ici être isolé et préparé chimiquement à la manière des autres ferments. La fibrine fraîche fixe l'agent glycolytique; l'alcool le détruit (Arthus).

Les produits de destruction du sucre sont inconnus.

IV. — **Fibrinolyse**.

La fibrine au contact du sang générateur diminue de 3,6 à 44 p. 100, en moyenne 8 p. 100 (Dastre).

V. — **Modifications de l'extrait éthéré**.

Cohnstein et Michaelis ont constaté que, si on mélange du sang et du chyle et si on fait passer à travers ce mélange un courant d'air, la proportion des graisses diminue. Doyon et A. Morel ont déterminé les modifications que subit l'extrait éthéré dans le sang recueilli aseptiquement et conservé à l'étuve à l'abri des microbes. Les résultats de leur étude peuvent être ainsi résumés :

1° L'extrait éthéré diminue dans le sang conservé aseptiquement à l'étuve;

2° Il n'y a pas augmentation en quantité équivalente de l'acidité du sang, de la glycérine, des acides gras libres ou à l'état de savons ;

3° La présence de l'oxygène est nécessaire. La diminution de l'extrait éthéré est insignifiante dans un échantillon conservé en tube scellé soumis au préalable pendant deux ou trois heures au vide de la trompe;

4° La diminution des éthers *in vitro* paraît liée à l'existence des globules du sang. Elle n'a pas lieu ou elle est extrêmement faible dans le sérum pur débarrassé de globules par la centrifugation ; elle a lieu, quoique atténuée, dans le sérum recueilli à la suite de la coagulation et contenant encore des globules;

5° L'extrait éthéré disparaît dans le sang laqué avec de l'eau distillée.

TABLEAU I. — *Modifications de l'extrait éthéré dans le sang total ou défibriné* (1).

CONDITIONS	Extrait éthéré. p. 1000	Alcalinité de l'extrait alcoolique au SO^4H^2 N/10.	Acides organiques combinés à l'état d'éthers. p. 1000	Acides gras combinés à l'état de savons. p. 1000	Acides organiques libres. p. 1000
Sang de chien rendu incoagulable par une injection de peptone. — Immédiatement après la saignée	5,752	2,3	4,234	0,531	0,320
Après 36 h. à 37° en présence de l'air	2,025	2,9	0.700	0,816	0,507
Après 96 h. à 37° *dans le vide*	5.224	2,2	4,200	0,572	0,333
Sang défibriné provenant d'un chien 6 heures après un repas de graisses. — Immédiatement après la saignée	6,700	»	4,982	0,620	0,200
Après 48 h. à 37°	3,800	»	2.350	0,693	0,290
Après 96 h. à 37°	3,300	»	1,917	0,780	0,320
Après 144 h. à 37°	2,400	»	1,250	0,840	0,450
Après 192 h. à 37°	1,600	»	0,700	0,960	0,620
Après 192 h. à 37° *dans le vide*[1]	6,010	»	»	»	0,490
Sang défibriné provenant d'un chien à jeun depuis 24 h. — Immédiatement après la saignée	5,100	»	»	»	»
Après 216 h. à 37°	0,900	»	»	»	»

[1] Ce dernier échantillon a donné une culture.

TABLEAU II. — *Modifications de l'extrait éthéré dans le sérum.
Influence de la centrifugation.*

CONDITIONS	Extrait éthéré. p. 1000	Acides organiques combinés à l'état d'éthers. p. 1000	Acides gras combinés à l'état de savons. p. 1000	Acides organiques libres. p. 1000	Glycérine libre. m. Past. un. p. 1000
Sérum de cheval recueilli 20 heures après la saignée (le sang étant maintenu à 8-12°). — *Non centrifugé* — Immédiatement après la saignée	4,23	3,05	0,21	0,40	néant.
Après 144 h. à 37°	1,94	0,77	0,55	0,98	néant.
Centrifugé — Immédiatement après la saignée	3,96	2,95	0,29	0,53	néant.
Après 144 h. à 37°	3,85	2,78	0.29	0,50	néant.

(1) On a recherché la glycérine sans succès dans tous les échantillons; avec la méthode employée (méthode de PASTEUR) on pouvait retrouver dans 100 centimètres

TABLEAU III. — Dosage de la glycérine.

QUANTITÉ DE SANG.	CONDITIONS	GLYCÉRINE.
114 grammes.........	Témoin, dosé immédiatement.	2 milligr. 3.
114 —	Dosé après un séjour de 74 heures à 37°.	2 milligr. 5.

Chien saigné quatre heures après un repas abondant de graisses. Le sang défibriné est divisé en deux échantillons ; asepsie rigoureuse. Dosage de la glycérine par la méthode de Nicloux (Doyon et A. Morel).

C. — ANÉMIE.

Persistance des propriétés des tissus privés de sang. — Le sang est nécessaire à l'entretien de la vie des cellules, mais seulement en tant que réserve alimentaire, réserve prochaine et non pas immédiate, puisque les cellules ont dans leur intérieur des provisions de substances et d'énergie, qui leur permettent de manifester leurs propriétés pendant quelque temps après le départ du sang. Un muscle exsangue peut se contracter pendant quelque temps ; toutefois l'aptitude au travail est moindre, la hauteur des contractions est moins grande, la fatigue plus rapide et plus accusée que lorsque le muscle est irrigué (JENSEN). Si pendant l'hiver on prend une grenouille, et si après avoir ouvert une veine abdominale on lui injecte par ce vaisseau de l'eau salée ou sucrée ou même du mercure jusqu'à ce que tout le sang ait été expulsé, on voit encore l'animal aller, sauter, manifester tous les signes ordinaires de la vie, et cela pendant plusieurs jours.

La mort des tissus est précédée par une période d'excitabilité accrue (FAIVRE, Cl. BERNARD, ROSENTHAL, Ch. RICHET, WALLER) (fig. 187).

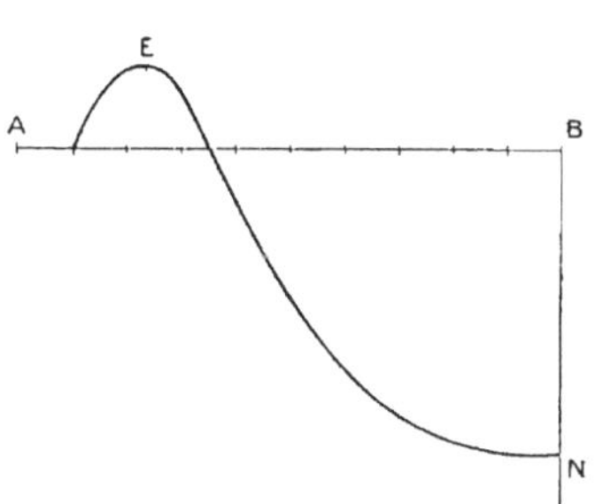

Fig. 187. — *Schéma de la marche de l'excitabilité dans l'anémie* (RICHET).

AB, ligne des temps ; état normal ; E, excitabilité accrue ; N, mort du tissu.

La mort est due : a) à la cessation de l'apport des matériaux de la nutrition, c'est-à-dire à l'épuisement des réserves et à l'impossibilité de les reconstituer ; b) à l'intoxication par les substances nuisibles qui résultent du fonctionnement et ne sont plus entraînées. Les substances nuisibles sont d'autant plus abondantes que le milieu est plus pauvre en oxygène. Dans ces conditions la nutrition est déviée et aboutit à un plus grand nombre de dérivés azotés, très toxiques, insuffisamment oxydés, intermédiaires entre les albuminoïdes et l'urée. Au total, en l'absence d'oxygène,

---

cubes de sang 0ᵍʳ,2 de glycérine surajoutée avec des erreurs plus petites que 0ᵍʳ,002. La glycérine surajoutée ne disparaît pas dans le sang (Doyon et A. Morel).

les tissus fabriquent plus de ptomaïnes qu'à l'état normal (Bouchard, A. Gautier).
Dans les conditions ordinaires le sang oxyde, détruit sur place ces substances
nuisibles et constitue à ce titre un énergique moyen de défense. Bouchard,
Charrin ont observé que les urines des individus vivant au grand air sont moins
toxiques que les urines des sujets qui mènent une vie sédentaire.

L'épuisement des réserves et l'abondance des produits de déchets nocifs dépendent de l'activité chimique des tissus. Celle-ci est fonction de la température.
Plus la température ambiante est élevée, plus l'activité chimique des éléments
est intense, plus vite apparaît aussi la fatigue et la mort. La mort survient
moins vite chez les animaux inférieurs, ou chez les animaux supérieurs dont les
tissus se sont trouvés quelque temps exposés à un refroidissement préalable,
que chez les animaux supérieurs dans les conditions ordinaires.

La persistance des propriétés des tissus varie encore suivant la nature et l'organisation de chacun d'eux.

Anémies locales. — Pour priver un organe de sang on peut lier (ou comprimer)
les artères afférentes (fig. 188),
ou, lorsque cela est possible, introduire dans leur intérieur une
sonde terminée à son extrémité
par une ampoule que l'on gonfle,
soit avec de l'air, soit avec de
l'eau (L. Fredericq). Un procédé

Fig. 188. — *Pince permettant de comprimer
un vaisseau éloigné* (L. Fredericq).

employé par Panum, Flourens, Vulpian consiste à injecter des poudres (lycopodes)
dans les vaisseaux.

Circulation collatérale. — La suppression de la circulation qui est la conséquence de la ligature de l'artère nourricière d'un organe est en général d'assez
courte durée. Au bout d'un petit nombre de jours la circulation se rétablit entièrement dans le territoire primitivement anémié ; le sang arrive par la voie
détournée de la circulation collatérale réalisée par l'élargissement des petites
anastomoses qui existent dans presque toutes les régions du corps entre les
artérioles émanées des troncs voisins. La dilatation des anastomoses s'explique
par l'augmentation de la pression générale en amont combinée avec la diminution de pression en aval dans le territoire anémié, ou par une action vaso-dilatatrice locale d'origine réflexe ; le point de départ du réflexe serait soit physique
(diminution de pression locale), soit chimique (asphyxie locale).

Certaines artères ne communiquent avec d'autres vaisseaux artériels que par
l'intermédiaire d'un réseau capillaire. Ces artères sont dites terminales. Leur
obstruction provoque fatalement la nécrose de l'organe. L'anémie et la nécrose
peuvent être précédées par une hyperhémie veineuse transitoire qui peut aller
jusqu'à l'hémorragie. Le phénomène s'observe à la suite de la ligature de
l'artère rénale chez le chien et le lapin ; de la ligature de l'artère pulmonaire.

Il existe d'ailleurs, en ce qui concerne le développement de la circulation collatérale, de grandes différences entre les espèces animales. Chez le chien la
ligature de l'artère hépatique est le plus souvent sans effet ; chez le lapin, elle
provoque la nécrose du foie et la mort (Doyon et Dufourt).

Chez le chien, la circulation ne cesse pas dans le ventre et dans le membre
inférieur après la ligature de l'aorte immédiatement au-dessous de l'artère
sous-clavière gauche, même après la section complète du corps sauf la colonne ;
la pression dans l'artère fémorale se maintient à 12-30 m. Hg. et s'élève sous
l'influence d'une injection d'adrénaline dans la jugulaire à 200-220 m. ; l'iodure

de potassium, le sulfo-indigotate de soude, injectés dans la jugulaire, peuvent être décelés dans les organes abdominaux (VELICH). Les communications se font notamment par la moelle (HEIDENHAIN, VELICH, ELLENBERGER et BAUM, MARÈS).

Bande d'Esmarch. -- L'anémie locale est mise en pratique par les chirurgiens pour faire des amputations sans hémorragie. ESMARCH a indiqué le procédé suivant : on enroule fortement autour du membre à partir de son extrémité (depuis les doigts par exemple), une bande élastique qui refoule complètement le sang des parties ainsi comprimées. En faisant ensuite, avec un fort tube de caoutchouc, une ligature serrée autour de la partie supérieure de l'appareil, le membre débarrassé de la bande roulée demeure exsangue. L'anémie est plus complète qu'après la saignée; la mort locale arrive aussi plus vite. CLAUDE BERNARD a constaté que les fonctions du nerf moteur sont abolies au bout d'une minute environ, celles du muscle au bout de trois minutes. Sur lui-même Ch. RICHET a constaté la disparition des mouvements volontaires au bout de vingt minutes, et une plus longue persistance de l'excitabilité électrique des muscles. La sensibilité persiste dans une certaine mesure ou plutôt est dissociée. Les sensations douloureuses sont abolies, mais il persiste une sensation obtuse de contact (Ch. RICHET). — JABOULAY a eu recours à cette méthode pour provoquer des anesthésies locales; toutefois au niveau de la constriction la douleur est extrêmement vive. Lorsqu'on enlève le lien de façon à laisser de nouveau le libre accès au sang les régions anémiées présentent une énorme hyperhémie artérielle. TSCHUEWSKY a démontré que la fermeture momentanée (un quart à une minute) d'une artère provoque une accélération consécutive du courant circulatoire; le phénomène ne se produit pas après la section des nerfs de la région correspondante.

Anémie cérébrale ; anémie médullaire. — L'anémie cérébrale entraîne assez rapidement la mort de l'individu par suite de la domination que le cerveau et le bulbe exercent sur les autres appareils. La vie psychique est presque immédiatement suspendue chez les animaux supérieurs. La sensibilité consciente est abolie; aussi les chirurgiens ont-ils eu recours à la compression des vaisseaux du cou pour provoquer l'anesthésie. Les autres fonctions cérébrales sont plus résistantes. — La ligature des deux carotides et des deux vertébrales ne produit pas la mort immédiate chez le chien (ASTLEY, COOPER, VULPIAN), en raison des nombreuses anastomoses avec les artères spinales. En général, la mort est au contraire très rapide chez le lapin.

L'oblitération des artères émanant de l'hexagone provoque la nécrose du territoire cérébral correspondant.

L'anémie cérébrale peut être obtenue sans soustraction sanguine ni ligatures en changeant les conditions d'équilibre d'un quadrupède, en le mettant la tête en l'air (SALATHÉ, Ch. RICHET). En plaçant un lapin dans la position verticale et en l'attachant sur une planche, on le fait mourir en une vingtaine de minutes environ. Quelquefois cependant l'expérience ne réussit pas. Chez le chien elle ne réussit jamais dans les conditions normales ; toutefois HAYEM a montré qu'après une hémorragie abondante quoique non immédiatement mortelle, un chien meurt au bout de deux à trois minutes, si on le place dans la position verticale (confirmé par Ch. RICHET).

Les expériences faites sur les décapités sont sans grande signification, car les lésions produites sont si graves qu'on ne peut plus comparer une tête détachée du tronc à une tête privée de sang (LOYE).

L'anémie médullaire par oblitération de l'aorte abdominale a été réalisée pour

la première fois par Sténon chez les Poissons, Schwammerdam chez les Mammifères. L. Fredericq a observé chez le chien les phases suivantes : une période
d'excitation motrice de la moelle ; une période de paralysie motrice de la moelle ;
une période d'excitation sensible de la moelle ; une période d'anesthésie de la
moelle. Après le rétablissement de la circulation on distingue successivement :
le rétablissement de la sensibilité de la moelle ; le rétablissement de la motilité
de la moelle. La période d'excitation motrice survient quinze, vingt ou vingt-
cinq secondes après l'occlusion de l'aorte. La paralysie motrice est complète
moins d'une minute après la suppression de la circulation dans la moelle
lombaire. La période d'excitation de la portion sensible de la moelle lombaire
débute une minute et demie ou deux minutes et demie après l'occlusion de
l'aorte ; puis survient l'anesthésie complète de l'arrière-train (environ trois
minutes après l'occlusion). Les organes périphériques, nerfs et muscles, conservent leur irritabilité beaucoup plus longtemps (L. Fredericq).

L'anémie comme l'anesthésie porte son action d'abord sur les hémisphères
puis sur la moelle, enfin sur les nerfs (Cl. Bernard). L'anémie a une action prédominante sur les appareils moteurs, l'anesthésie sur les appareils sensitifs (Loteyko
et Stefanowska). L'excitabilité du nerf se perd chez l'homme une heure après la
mort, celle des muscles après trois heures ; les muscles présentent des modifications analogues à la réaction de dégénérescence (Babinski ; Marie et Cluzet).
— Les nerfs peuvent cependant déterminer dans le muscle le bruit musculaire
(d'Arsonval) et le courant d'action (Tissot) plusieurs heures après la mort.

La ligature permanente de l'aorte chez le chien au-dessus du tronc cœliaque
détermine la paralysie des pattes de derrière ; l'animal pousse des cris plaintifs,
parfois de véritables hurlements ; les crises douloureuses surviennent par accès.
La mort a lieu dans le courant de la quatrième heure au milieu de crises convulsives de tout le corps. La ligature de l'aorte prolonge un peu la survie après
la ligature de la veine porte (Cruveilhier, 1900).

Anémie du cœur. — L'anémie brusque du cœur, à un moment où cet organe
a conservé toute son excitabilité, provoque l'arrêt du cœur ; quelques secondes
après, les muscles cardiaques sont envahis par des trémulations fibrillaires vio-
lentes auxquelles on a donné le nom de délire du cœur et qui se poursuivent
pendant plusieurs minutes. Le phénomène a été observé : à la suite de la ligature d'une des artères du cœur ou d'une des branches de ces artères (Cohnheim
et Schulthess-Rechberg) ; après l'injection d'eau chargée de poudre de lycopode
dans une coronaire (Sée) ou l'interruption momentanée de la circulation cardiaque propre au moyen d'une baguette de verre engagée par l'aorte (Porter).

L'anémie lente, telle qu'elle se produit dans la mort par hémorragie générale, ne provoque pas ces effets. Par contre, le phénomène apparaît dans d'autres
conditions que l'anémie : à la suite de l'application à la surface du cœur d'une
série de chocs d'induction même très faibles (Ludwig et Hoffa, 1850), d'un courant alternatif de 120 volts (chez le chien) (Battelli) ; par des lésions mécaniques
(piqûre) faites chez le chien d'un point limité situé le long de la branche descendante de l'artère coronaire sur la face antérieure du ventricule et au niveau
de l'union de ses deux tiers inférieurs avec son tiers supérieur (Kronecker
et Schmey) ; lorsqu'on soumet les parois des ventricules à une température
relativement basse (+ 26) ; dans certains empoisonnements (chloroforme)...

Les trémulations peuvent être provoquées sur le cœur séparé du corps et
anémié, ce qui prouve que l'anémie pure ne suffit pas à expliquer le phénomène
(Langendorff, Prévost).

Les trémulations sont irrémédiables chez le chien et le cobaye adultes; passagères chez l'embryon de chien, le jeune chien, le rat, le lapin. Elles ne se produisent pas chez les animaux à sang froid (Prévost, Battelli, Arabian).

Les trémulations sont empêchées par le chloral (Gley). L'application d'un courant alternatif de 240 volts sur le cœur quelques secondes après l'apparition des trémulations les fait cesser chez les chiens de petite et moyenne taille (Battelli). Le massage du cœur peut rétablir les fonctions du cœur dans les cas d'arrêt par le chloroforme ou la suffocation, même après dix minutes, jamais après vingt minutes. Le massage peut faire cesser les trémulations (Battelli, Arabian, Tuffier et Hallion); toutefois, en général, les animaux ne survivent pas. Le massage peut, par lui-même, provoquer des trémulations fibrillaires; mais celles-ci sont moins fréquentes si l'animal a reçu un repas d'albuminoïdes et d'hydrates de carbone (Battelli). Le massage a été essayé chez l'homme dans les cas d'arrêt brusque du cœur, mais les résultats éloignés ont été nuls (Baz, Zezas, Prus, Mikwicz, Sorgenfrey, Boehm, Tuffier et Hallion, etc.).

D. — LA SAIGNÉE.

Quantité de sang que l'on peut soustraire sans provoquer la mort. — La résistance varie d'un sujet à un autre et suivant les conditions dans lesquelles la saignée est faite. Une hémorragie qui serait mortelle dans les conditions ordinaires, ne l'est plus si on remplace le sang enlevé par une solution minéralisée appropriée.

Telle saignée qui paraît relativement bien supportée sur le moment, provoque ultérieurement la mort. L'ablation de la rate entrave la réparation sanguine.

En général, les chiens bien portants convenablement nourris ne succombent pas avant d'avoir perdu en sang 1/20 au moins du poids du corps; les pertes de 1/19 à 1/14 sont habituellement mortelles et représentent la moyenne de la perte sanguine à faire subir en une fois à un chien pour le tuer immédiatement (Hayem, L. Frédéricq). La vie peut être mise en danger et l'animal mourir ultérieurement à la suite d'une saignée bien inférieure à 1/20 du poids du corps. — D'après Hédon, un chien peut survivre même après une perte de 1/20 lorsqu'on lui transfuse de l'eau salée après l'hémorragie. Un lapin de 2000 à 2300 grammes supporte bien une perte de sang de 45 grammes. Si la perte dépasse ce chiffre (50 à 70), l'animal meurt, à moins que l'on fasse une injection d'une solution NaCl à 9 p. 1000 ou d'une solution équimoléculaire d'autres combinaisons de soude ou encore de sucre (Leersum). D'après Hédon, lorsque la perte de sang chez le lapin atteint environ 1/23 du poids du corps la transfusion d'une solution physiologique ne restaure plus l'animal ou ne lui permet qu'une survie de quelques heures. La transfusion d'un liquide approprié permet la survie même si l'animal a eu des convulsions et une syncope (Hédon).

Les *saignées répétées* sont bien supportées, si elles ne sont pas trop abondantes. Un cheval du poids moyen de 450 kilogrammes supporte très bien pendant plus de deux ans une saignée mensuelle de 6 kilogrammes, lors même qu'elle est combinée à des infections périodiques par des toxines microbiennes (préparation du sérum antidiphtérique), à condition de maintenir la nourriture à une bonne moyenne (Arloing). Beaucoup de cliniciens et d'éleveurs estiment que les saignées modérées excitent la nutrition et provoquent l'augmentation de poids du corps (Buntzen, Hayem).

D'après Cl. Bernard, la soustraction du sang produit la mort plus vite chez l'adulte que chez l'enfant.

Régénération du sang après la saignée. — Si la saignée n'entraîne pas immédiatement la mort le sang tend à régénérer. Tolmatscheff a montré que l'on peut, dans l'espace d'environ soixante jours, soustraire à un chien par des saignées successives une quantité de sang à peu près égale à la masse totale de sang que l'animal possédait au début de l'expérience.

Le sang recouvre très vite son volume primitif, en général en quelques heures; en vingt-quatre à quarante-huit heures si la saignée est très abondante (Buntzen, Arloing, Vinay). Le rétablissement du volume primitif est dû à l'apport de l'eau des tissus et à la diminution des sécrétions, particulièrement de la sécrétion rénale.

Modifications provoquées par la saignée. — La saignée provoque des modifications dans la constitution physique et chimique du sang. Ces modifications se produisent au cours même de la saignée et persistent, au moins en ce qui concerne quelques-unes d'entre elles, un temps assez long. Les modifications sont plus accusées après une première saignée qu'après une seconde. Plus les saignées sont nombreuses, moins la reconstitution du sang est parfaite.

Modifications des propriétés et de la constitution physique du sang par la saignée. — Toute perte de sang, même de peu d'importance (50 à 70 centimètres cubes chez l'homme, Grawitz), modifie immédiatement la densité sanguine; le sang est dilué (Andral et Gavarret, Tolmatscheff, Röhmann et Mühsam...). Chez un chien dont la densité était de 1050, on a observé après une saignée de 75 centimètres cubes les chiffres suivants: une heure après, 1039; dix-neuf heures après, 1041; trois jours après, 1043; cinq jours après, 1050; sept jours après, 1051. En général, le retour à la normale a lieu trois jours après la saignée. Après des hémorragies graves la dilution peut n'atteindre son maximum qu'après plusieurs jours (Hünerfauth). D'après Wettendorff, l'effet de la saignée est nul chez un animal soumis à la soif.

Le volume primitif du sang se rétablit très rapidement de sorte que les *globules rouges* paraissent très clairsemés dès les premiers moments de la saignée. Le nombre des hématies peut tomber à la fin d'une saignée copieuse à 68-42 p. 100 du nombre trouvé au commencement (Vierordt). La reconstitution est lente; elle exige plusieurs jours, parfois même plusieurs semaines (1). L'ingestion de fer exerce une influence favorable (2). La reconstitution du volume du sang ne se fait plus à la suite de saignées répétées ou très abondantes (Loeper).

Les *globules blancs* augmentent, surtout les polynucléaires (Nasse, Remak, Henle, Malassez, Hayem, Hunerfauth, Lyon, Rieder, Bier, Maurel, Stassano et Billon). Après une saignée de 300-500 centimètres cubes de sang chez un homme de 65 kilogrammes, le nombre des leucocytes se maintient pendant

---

(1) D'après Bier, les pertes de sang qui abaissent chez le lapin le nombre des globules rouges au-dessous des 2/5 sont toujours mortelles. Lorsque l'animal survit, la régénération est toujours terminée en 14 jours.

(2) Chez le chien, immédiatement après la saignée, le nombre des hématoblastes diminue; peu après, souvent après un jour, il se relève brusquement comme dans tous les cas de réparation du sang, puis s'abaisse peu à peu en même temps que l'on voit la richesse globulaire se relever vers la normale par des poussées successives. Si par des saignées répétées on fatigue le pouvoir de réparation de l'organisme on trouve dans le sang un nombre considérable d'hématoblastes et de petits globules rouges, comme dans les cas d'anémie chronique spontanée (Hayem.)

plusieurs jours au-dessus de la normale (MAUREL, STASSANO et BILLON). Chez le lapin, MAUREL a constaté que le nombre des leucocytes peut s'élever de 6 820 à 18 600, vingt-quatre heures après une saignée de 13 grammes. Le phénomène se produit indépendamment de toute infection ; il débute aussitôt après la saignée. Après la saignée les polynucléaires paraissent un peu altérés ; l'hyperleucocytose est due surtout à des poussées de monocucléaires (STASSANO).

Régénération des globules rouges et de l'hémoglobine chez un adulte bien portant à la suite d'une saignée de 425 grammes de sang. d'après OTTO.

	POIDS du sujet.	NOMBRE de globules.	RICHESSE en hémoglobine pour 100cc.
	kg.		gr.
Immédiatement après la saignée......	84,46	5.219.000	15,14
Une demi-heure après....	83,87	4.762,000	13,63
1 jour après	84,30	4.681,000	13,41
2 —	84,35	4,836.000	13,82
3 —	84,10	4.988,000	14,26
4 —	84,42	5,220,000	14,42
5 —	84,52	5,225,000	14,56
6 —	84,66	5,216,000	14,84
7 —	84,78	5,221,000	15,10

On observe de l'hypoleucocytose soit lorsque la saignée est trop copieuse par rapport au foie de l'animal, soit lorsque la saignée est faite à un moment où il existe de l'hyperleucocytose (MAUREL), soit comme phénomène consécutif (LOEPER).

Le nombre des leucocytes revient au chiffre normal lorsque le nombre des hématies commence à augmenter (HAYEM, MAUREL).

La *coagulabilité* augmente. Si l'on fait périr un chien par hémorragie, on constate que les portions de sang tirées en dernier lieu se coagulent pour ainsi dire immédiatement alors que le sang du début de la saignée est parfois encore liquide (HEWSON, F. ARLOING, MILLIAN). L'accélération produite par une hémorragie se maintient quelque temps, deux semaines au moins (ARTHUS). Le phénomène explique probablement en partie l'arrêt spontané des hémorragies et la difficulté de tuer un chien par hémorragie (Cl. BERNARD, LAULANIÉ).

L'*alcalinité* baisse et remonte lentement quelques heures après la saignée (ZUNTZ, VIOLLA et JONA).

La *viscosité* du sang total et du sérum diminue (JACOBI, SCHREIBER, HAGENBERG, HÜRTHLE, RUSSEL BURTON-OPITZ).

La *résistance des globules* faiblit momentanément (VIOLLA et JONA).

Le *point de congélation* n'est pas sensiblement modifié (HAMBURGER, LIMBECK, LOEPER).

Modifications de la composition chimique. — L'*hémoglobine* diminue (WELCKER, HEIDENHAIN, PANUM, LESSER)... La diminution est proportionnelle à la quantité de sang enlevé ; on ne constate de changements importants que si les pertes de sang sont très abondantes et réitérées.

HÉNOCQUE a observé un abaissement de l'oxyhémoglobine à 4,5 p. 100 chez des femmes qui avaient eu des hémorragies considérables à la suite de l'accouchement. D'après des expériences de BIZZOZERO et SALVIOLI sur le chien et le lapin, la diminution de l'hémoglobine est en moyenne de 11,14 p. 100 de la quantité primitive pour chaque saignée de 1/100 du poids du corps. La teneur en hémoglobine diminue immédiatement. Le changement est déjà sensible, même si l'intervalle qui sépare deux saignées n'est que de quelques secondes.

La rénovation a été maintes fois constatée expérimentalement et en clinique. Chez quelques espèces, il n'y a pas toujours parallélisme entre la teneur en hémoglobine et le nombre des globules. Chez l'homme et quelques espèces animales (chien) lorsque la régénération du sang est en pleine évolution, il peut apparaitre de jeunes globules qui n'ont pas une teneur normale en matière colorante, de sorte que le nombre primitif des globules rouges est atteint avant que la régénération de l'hémoglobine soit complète (OTTO, LAUDENBACH, GRAWITZ...). D'après GALLERANI, le désaccord peut s'expliquer par un changement dans la qualité de l'hémoglobine reconstituée? Chez le lapin, d'après BIER, HÉDON, les deux phénomènes sont parallèles; il n'y a pas de disproportion marquée entre le nombre des globules et le pouvoir colorant.

Chez les femmes pendant la *période menstruelle*, il y a diminution de la quantité d'hémoglobine de 1 à 3,5 p. 100; cette diminution est souvent précédée et suivie d'une légère augmentation (VAUTHRIN, HÉNOCQUE, HAYEM, SHERP, REINL). D'après SFAMENI, les globules rouges et les globules blancs augmentent les jours qui précèdent immédiatement le commencement de l'hémorragie menstruelle, puis diminuent durant celle-ci, avec cette différence que les premiers décroissent beaucoup, les seconds peu, de telle sorte que les leucocytes se maintiennent toujours au-dessus du chiffre moyen des époques éloignées de la menstruation.

La saignée fait baisser sensiblement le total des albuminoïdes proportionnellement à la quantité de sang enlevé. La *fibrine* diminue régulièrement dans le cours d'une évacuation unique (ANDRAL, BRÜCKE). Par contre, les saignées répétées à des intervalles suffisants ont pour effet d'augmenter graduellement cette substance dans une proportion qui peut dépasser la quantité primitive (NASSE, 1842; MAGENDIE, 1851; S. MAYER, 1867; JURGENSEN, 1880; HAYEM, 1882; DASTRE).

En ce qui concerne le *sérum*, la diminution est plus marquée pour l'albumine que pour la globuline (BUNGE, RUBBRECHT).

L'*urée* diminue légèrement. Le taux de $NaCl$ reste assez fixe (LOEPER).

D'après d'ARSONVAL, le sang de chien serait plus riche en peptones après une hémorragie qu'à l'état normal. D'après BOTTAZZI, les globules rouges perdent de l'azote.

Une saignée copieuse augmente la quantité de *sucre*, toutefois il faut un certain temps pour que l'augmentation se manifeste (CL. BERNARD, V. MERING, SCHENK, ROSE).

Symptômes. — Le *pouls* augmente de fréquence (HALES) et suit une marche ascendante durant l'évacuation du quart de la masse sanguine; mais, à partir de ce moment, le nombre des pulsations décroit par de nouvelles saignées et revient au chiffre initial quand la masse du sang a diminué de moitié; enfin, si l'hémorragie continue, les pulsations se précipitent de nouveau, atteignent un chiffre qu'elles n'ont pas encore dépassé, puis se ralentissent graduellement et de plus en plus jusqu'à l'agonie (ARLOING).

L'amplitude du pouls s'exagère si le cœur s'accélère, ce qui est la règle sous l'influence des petites saignées et des saignées moyennes; l'amplitude augmente si le cœur se ralentit, ce qui est une exception toujours passagère dans le cours d'une expérience (ARLOING).

Le dicrotisme est généralement plus accusé (Chauveau et Arloing). Après les évacuations abondantes la forme classique du pouls est généralement profondément modifiée ; Arloing a noté une grande tendance à la formation d'un plateau au sommet de la pulsation.

Chez le chien les inégalités respiratoires du rythme disparaissent (L. Frédéricq).

La *pression artérielle* baisse (Hales) ; le phénomène n'est pas proportionnel à la quantité de sang extraite (Worm-Müller, Arloing). Il existe à cet égard des différences d'une espèce à une autre. Une saignée de 1 p. 100 qui peut passer inaperçue chez le chien, suffit à réduire la pression de moitié chez le lapin (L. Frédéricq). Pour obtenir chez le chien une chute de pression égale au sixième de la pression normale, il faut évacuer un tiers environ de la masse du sang (Arloing). Chez l'homme, pour produire une diminution appréciable, il faut dépasser les limites imposées par la thérapeutique habituelle. La ventouse de Junon est sans effet notable (Treves).

La régulation consécutive de la pression est due à un appel exercé sur le sang des veines, à l'adaptation du système vasculaire à la quantité de sang qu'il contient par contraction, à l'accélération des battements du cœur et à la résorption rapide de la lymphe interstitielle qui comble en partie le déficit.

Arloing a constaté sur les grands animaux, au moyen de l'hémodromographe de Chauveau, que les saignées petites et moyennes s'accompagnent de la dilatation des capillaires et augmentent l'irrigation des tissus. Si les pertes de sang outrepassent certaines limites, le tiers de la masse du sang, l'irrigation des tissus diminue insensiblement ; la circulation se trouble profondément parce que les capillaires modifient le jeu du cœur à chaque instant, tantôt dans un sens, tantôt dans l'autre, par leur relâchement et leur resserrement.

Les *sécrétions* diminuent ou s'arrêtent (Voy. p. 387).

Les *symptômes nerveux* provoqués par une saignée copieuse suivent une marche constante et rappellent ceux de l'asphyxie. Les éléments sensitifs sont les premiers atteints. La conscience des perceptions sensorielles disparaît d'abord, puis la sensibilité générale.

A une phase plus tardive, on observe la syncope, des convulsions, l'expulsion des matières fécales, de l'urine, des sueurs. L'apparition des convulsions est un présage certain de la mort (P. Bert).

La saignée modérée produit une certaine dépression nerveuse.

Beaucoup d'auteurs signalent simplement ce fait que la saignée abaisse la *température* ; l'abaissement est peu marqué lorsqu'il s'agit d'une saignée ordinaire, mais acquiert une réelle importance à la suite d'hémorragies copieuses et répétées. D'après A. Mosso, quand un chien perd environ la moitié de son sang ou même seulement quatre dixièmes, la température rectale présente les modifications suivantes :

a) Une augmentation variable de quelques dixièmes de degré ou même de plus d'un degré, qui se produit pendant la saignée.

b) A cette augmentation instantanée, suivie quelquefois d'un rapide abaissement, s'en ajoute une autre qui va lentement en augmentant et qui dure plusieurs heures, accompagnée souvent de frissons.

c) Une augmentation de la température qui se manifeste les jours suivants, comme une fièvre continue et qui quelquefois atteint 40°. La cause de ces modifications est inconnue.

La production de chaleur mesurée au calorimètre ou indirectement par l'oxygène consommé ne varie pas (L. Frédéricq).

Pembrey et Gürber ont constaté chez le lapin que des pertes de sang de plus de la moitié du sang total n'influent pas sur les échanges respiratoires, à la condition de remplacer le sang enlevé par une solution minérale physiologique.

La *lymphe* interstitielle est rapidement résorbée. La rate, la moelle osseuse... s'appauvrissent en fer (Quincke). Les tissus et spécialement les muscles perdent 20 à 30 p. 100 du chlore qu'ils renferment (Langlois et Richet). La circulation de la lymphe s'accélère dans le canal thoracique (Hoche); cons. p. 843.

L'afflux de lymphe dans les vaisseaux sanguins a pour conséquence la dilution du sang. Le drainage des tissus qui résulte de la résorption interstitielle explique la soif qui se manifeste après une hémorragie abondante et favorise l'absorption. Les phénomènes d'intoxication consécutifs à l'introduction de poisons dans une séreuse se développent plus rapidement (Magendie).

La saignée augmente la *désassimilation des matières albuminoïdes*; les urines éliminent une plus grande quantité d'azote (Bauer, Jürgensen).

Les saignées modérées passent pour exciter la *nutrition*. Beaucoup de cliniciens et d'éleveurs ont constaté l'augmentation du poids du corps (Buntzen) Hayem).

Dans l'anémie l'appauvrissement du sang constitue une condition favorable à l'apparition des souffles. La condition nécessaire est le passage du sang d'une partie rétrécie dans une partie dilatée (Chauveau). L'application du stéthoscope sur une veine ou une artère peut suffire à réaliser cette condition (Chauveau) (1).

---

(1) Voici, en ce qui concerne les anémiques, les conclusions du remarquable travail de Chauveau :

Chez les anémiques, l'abaissement de la proportion des globules sanguins, caractères essentiels de la maladie, s'accompagne toujours d'une diminution plus ou moins considérable de la masse totale du sang. Chez les chevaux anémiques, les artères sont beaucoup plus petites que chez les sujets de même taille en bonne santé. Chauveau estime que les animaux les moins anémiques ont dans les artères un tiers moins de sang que les sujets bien portants.

La diminution de la masse totale du sang en faisant baisser la pression exercée pendant la diastole du cœur sur les valvules sigmoïdes augmente beaucoup la force d'impulsion qui anime le sang quand il est chassé dans le système artériel, force d'impulsion dont l'intensité est encore accrue souvent par l'accélération plus grande qu'acquièrent les battements du cœur dans l'anémie.

L'anémie confirmée a pour signe stéthoscopique essentiel un bruit de souffle cardiaque isochrone avec la systole ventriculaire. Ce bruit de souffle, tout à fait identique à celui des rétrécissements organiques légers de l'orifice aortique, présente son maximum d'intensité à la base du cœur et se prolonge sur le trajet de l'aorte ascendante, des sous-clavières et des carotides, jamais plus loin. Il est dû : 1° à la légère coarctation que le retrait des cavités du cœur, suite de la diminution du sang, fait éprouver aux orifices ventriculo-artériels (ce rétrécissement est très prononcé sur les cœurs d'animaux tués par hémorragie, examinés quelques heures après la mort; les orifices affectent alors une forme triangulaire) ; 2° à la force vraiment remarquable avec laquelle le sang franchit ces orifices rétrécis, force qui concourt singulièrement à la production de la veine fluide murmurante que forme le sang en entrant dans l'aorte et l'artère pulmonaire largement béantes.

L'anémie n'engendre pas par elle-même le bruit de souffle dans les artères; mais on peut en produire, en comprimant ces vaisseaux, sur les malades atteints de cette affection, peut-être un peu plus facilement que sur les individus bien portants. On peut entendre un bruit de souffle dans les veines du cou des anémiques, mais rien que dans les veines du cou, car, c'est là seulement que se trouvent réalisées les conditions nécessaires à la formation de la veine fluide, cause de ce bruit de souffle. Ce bruit est en général continu, souvent avec renforcement au commencement de la diastole ventriculaire. Parfois, il ne se fait entendre que pendant cette diastole. Mais ce murmure

Modifications histologiques. — Au début de la réparation sanguine apparaissent des hématies de forme et de constitution anormales. On voit des macrocytes, des formes polychromatophiles et des globules nucléés. La moelle osseuse présente, à la suite de saignées copieuses répétées, une tendance à la congestion et au retour à l'état embryonnaire. La saignée est, somme toute, le meilleur excitant des organes hématopoiétiques.

Indications. — Aux xviie et xviiie siècles puis au début du xixe, du temps de Broussais, la saignée était considérée comme une sorte de panacée et pratiquée souvent jusqu'à l'épuisement du malade. Magendie, un des premiers, réagit contre cette pratique. De nos jours la saignée est prescrite dans un petit nombre de cas, notamment dans l'œdème pulmonaire et dans certaines pneumonies, pour drainer les poumons, faciliter la résorption de l'exsudat et soulager le cœur (Charrin, L. Fredericq). Elle doit être proscrite dans la plupart des infections, car elle prive l'organisme d'une partie de ses moyens de défense (oxygène, globules rouges, leucocytes phagocytaires, sérums bactéricides...); la réparation s'opère péniblement si les organes hématopoiétiques sont anormaux (Charrin), après l'ablation de la rate Laudenbach. Dans les intoxications, la saignée, même suivie de la transfusion, n'est généralement pas efficace; le liquide sanguin n'est en effet qu'un lieu de passage pour un grand nombre de substances délétères qui vont agir très vite sur les éléments anatomiques (cons. p. 509).

Saignée séreuse. — On donne ce nom à la soustraction spontanée au milieu sanguin du fait de la formation d'un épanchement séreux quelconque (transsudats) non plus du sang total, mais d'un liquide de composition voisine du sérum. Le taux des albuminoïdes du sang s'abaisse seulement dans les cas d'épanchements récidivants riches en albumines. Au moment de la formation brusque d'un épanchement ou d'un œdème considérable, on constate une hyperglobulie relative passagère; l'hyperglobulie est persistante si l'épanchement est progressif (Gilbert et Garnier, Loeper).

E. — TRANSFUSION.

Retour des propriétés des tissus sous l'influence de l'irrigation sanguine. — On peut rendre aux tissus anémiés leurs propriétés en faisant de nouveau circuler du sang artérialisé dans leurs vaisseaux, pourvu que la durée de la suppression de l'afflux sanguin n'ait pas dépassé certaines limites, variables d'ailleurs suivant les tissus.

Sous l'influence du sang, les muscles retrouvent leur contractilité, même si la rigidité cadavérique est déclarée (Kay, 1834; Brown-Séquard, 1851; Stannius); si on a provoqué le délire du cœur, les contractions fibrillaires cessent (Langendorff).

---

n'est pas un signe pathognomonique d'anémie, car les personnes en parfaite santé peuvent toutes présenter aussi de pareils souffles. Cependant, il est incontestable que la production de ces bruits est plus facile dans l'anémie extrême que dans l'état de santé. Dans tous les cas, du reste, ils sont l'effet des vibrations d'une veine fluide, qui, le plus souvent, se forme à l'extrémité inférieure de la jugulaire interne, quand le sang y pénètre après avoir traversé le rétrécissement produit sur le trajet de ce vaisseau, soit par l'application du stéthoscope, soit par les pressions musculaires, soit enfin par le retrait exagéré qu'une anémie poussée à ses dernières limites fait éprouver aux parois de la veine (Chauveau).

Les battements du cœur peuvent reprendre sous l'influence du massage ou de l'application directe d'un courant alternatif de 240 volts, même après un délai de 20 à 30 minutes, chez un chien dont le cœur a été arrêté soit par le chloroforme, soit par la suffocation, soit par l'apparition des mouvements fibrillaires. L'expérience réussit surtout si le chien est en état de digestion, et si la température normale a été maintenue (PRÉVOST, BATTELLI, ARABIAN).

Le retour des fonctions du système nerveux médullaire devient impossible (chez le chien dont on a lié l'aorte thoracique) après vingt minutes d'anémie (L. FREDERICQ, COLSON, BATTELLI). On observe dans ces conditions la nécrose des éléments de la moelle (SINGER, SPRONCK); les lésions sont comparables à celles constatées dans la mort par hyperthermie et dans les intoxications. — Chez le lapin dont on a lié les carotides et les vertébrales, il est le plus souvent impossible de ranimer le cerveau si la suspension de la circulation a duré plus de deux ou trois minutes (KUSSMAUL et TENNER). Si, cependant, on pratique l'insuf-flation pulmonaire, on peut voir l'animal revenir à la vie après un temps plus long (17 m.) (BROWN-SÉQUARD).

Circulations artificielles. — La vie des organes isolés du corps peut être entretenue, d'une façon souvent presque indéfinie, par une circulation artificielle de sang. Cette méthode a été appliquée pour la première fois par LUDWIG à l'étude systématique des fonctions et appliquée depuis à tous les organes.

Pour maintenir en vie le cœur de la grenouille, de la tortue, on fait circuler le sang à travers les cavités de l'organe. S'il s'agit du cœur d'un Mammifère on obtient le même résultat en dirigeant le courant sanguin par l'aorte sous une certaine pression en évitant les bulles d'air à travers les artères coronaires sans que le sang pénètre dans les cavités de l'organe (LANGENDORFF, HÉDON et GILLIS, WAROUX, LAPICQUE).

Le myocardiogramme du ventricule (ou fragment isolé du myocarde) du cœur de chien excisé fonctionnant à vide, mais nourri par les artères coronaires, présente la même forme générale (trapézoïde à plateau plus ou moins ondulé) que le tracé cardiographique recueilli sur le cœur *in situ* rempli de sang et fonctionnant normalement (preuve que la contraction du cœur n'est pas une secousse mais un vrai tétanos résultant de la fusion de trois ou quatre secousses élémentaires). Si on remplace l'arrivée du sang artérialisé par du sang pauvre en O^2 et riche en CO^2, les cardiogrammes trapézoïdes se transforment en cardiogrammes simples (collines à sommet unique). Le rétablissement des conditions normales de nutrition du muscle cardiaque fait réapparaître les tracés normaux(WAROUX).

Pour entretenir les mouvements du cœur, on peut employer soit le sang défibriné, soit le sérum. Il est utile d'employer le sang de la même espèce animale. Cependant, cette condition n'est pas rigoureuse. Le sang des Mammifères, surtout s'il est dilué avec une solution dite physiologique de NaCl, peut entretenir les mouvements du cœur excisé de la grenouille (KRONECKER et MAC GUIRE, HEFFTER, GÖTHLIN, ROY, MARTINS, OTT, SCHÜCKING).

Le laquage du sang par l'eau distillée crée, en ce qui concerne le sang de certaines espèces, une condition défavorable (KRONECKER et MAC GUIRE, LANGEN-DORFF et BRANDEBURG). Le sang laqué des lapins ne peut pas entretenir les mouvements du cœur du lapin. Le sang laqué de bien des Mammifères (cheval, mouton, veau, cobaye, lapin, chèvre) et de l'homme provoque ra pidement l'arrêt du cœur de la grenouille, alors que le sang normal de ces espèces convient parfaitement. Les sangs laqués du chien et du chat n'exercent pas d'action défavorable. D'après LANGENDORFF et BRANDEBURG, les dangers de certains sangs laqués dépendent de leur teneur élevée en potasse. En fait K^2O est toxique pour le cœur. L'adjonction de Ca supprime la toxicité de K^2O (RINGER et HOWELL) et celle du sang laqué (GÖTHLIN, BRANDEBURG).

Pour l'intestin, la simple immersion de l'organe dans du sang défibriné suffit pour entretenir les contractions péristaltiques pendant plusieurs heures (COHNHEIM).

Applications à l'homme. Transfusion du sang ou des globules. — La transfusion peut rappeler à la vie un sujet placé en danger de mort par une hémorragie. Cette opération a été pratiquée par LOWER, le premier, en 1665, sur les animaux, puis appliquée à l'homme par DENIS, à Paris, en 1867. Prohibée en France en 1668 par un arrêt du Parlement, à la suite de nombreux accidents, la transfusion fut reprise en 1818 par BLUNDELL. Primitivement, chez l'homme, l'opération avait surtout pour but de remplacer un sang avarié par du sang pur.

Les deux animaux entre lesquels se pratique la transfusion doivent appartenir à la même espèce (HARWOOD, PRÉVOST et DUMAS), ou au moins au même groupe naturel (MILNE-EDWARDS, DELAFOND, LANDOIS). La transfusion à un animal du sang d'un autre animal, appartenant à une espèce différente, expose à des accidents graves et à la mort. Les accidents sont dus surtout aux propriétés globulicides du sérum sur les globules injectés. Le sérum de chien injecté à petites doses au lapin provoque la mort en quelques minutes par thromboses (HAYEM).

Le mode de transfusion le plus recommandable est la transfusion du sang complet de vaisseau à vaisseau. On abouche une artère d'un animal dans une veine d'un autre sujet par l'intermédiaire d'un tube en évitant l'accès de l'air. La transfusion de sang défibriné expose à des coagulations intravasculaires, à des stases dans les capillaires et à des infarctus dans les organes, même si le sang provient d'un animal de même espèce ou du même sujet, surtout si l'animal a été privé au préalable de la plus grande partie de son sang (HÉDON).

D'après HÉDON, l'injection de globules rouges purs débarrassés du sérum par des lavages à l'eau salée est plus efficace que l'injection de solutions salines et moins dangereux que la transfusion du sang.

Les globules transfusés survivent ou ne se détruisent que graduellement lorsqu'ils proviennent d'un animal de même espèce. Si la transfusion est faite avec des globules provenant d'un animal pour lequel le sérum est toxique, on provoque la mort. Le sérum de chien, par exemple, est fortement hémolytique pour les globules du bœuf, du mouton, du lapin ; le chien meurt rapidement après la transfusion de quantités importantes de ces globules en présentant les accidents dus à la dissolution des globules : passage de l'hémoglobine dans le plasma et l'urine, embolies de stromas dans les capillaires. Si le sérum n'est pas toxique, la survie des hématies n'est pas de longue durée parce que le sérum ne tarde pas à devenir globulicide ; le sort du sujet dépend de la quantité de globules injectés et de l'intensité de la réaction hémolytique. Il ne suffit donc pas que le sérum normal du transfusé respecte les globules étrangers (c'est-à-dire ne les agglutine ni dissolve dans les premiers jours) pour que ces globules puissent servir à restaurer l'animal épuisé par une hémorragie.

Le sérum du lapin est peu nocif pour les globules étrangers ; il agglutine et détruit à la longue les globules du porc, du cheval, de l'homme ; il altère à peine les globules du bœuf et du chien. La transfusion du lapin avec des globules de porc, de cheval, d'homme provoque des accidents graves : la transfusion avec des globules de chien amène des accidents plus tardifs, quelques jours après, quand se produit l'hémolyse ; l'animal peut se rétablir si les globules n'ont pas été injectés en trop grande quantité (HÉDON).

Remarque. — L'injection d'hémoglobine dans les veines provoque une formation exagérée de bilirubine par le foie (Tarchanoff, Stadelmann, etc.).

Transfusion de dissolutions. — Le sang peut être suppléé dans une certaine mesure par des mélanges artificiels. Ces liquides, pour entretenir la vie des tissus et notamment les mouvements rythmés du cœur, doivent présenter des propriétés chimiques et physiques déterminées.

Ringer a montré qu'une solution purement inorganique suffit à entretenir le jeu du cœur chez les Vertébrés inférieurs. Rusch, Locke, Kuliabko ont montré que l'irritabilité du cœur excisé des Mammifères (homme, lapin...) (1) et des Oiseaux persiste fort longtemps par circulation dans les coronaires d'un liquide nutritif artificiel ne contenant que des sels, un peu de glucose et de l'oxygène. Kuliabko a même réussi à ranimer peu à peu le cœur d'un enfant mort d'une pneumonie double, apporté au laboratoire 20 heures après la mort et une demi-heure après l'autopsie. Hédon et Fleig ont constaté qu'un fragment d'intestin grêle de lapin, le gros intestin, le rectum, la vessie, l'utérus gravide et en général tous les organes à fibres lisses et pourvues de ganglions présentent pendant 2 à 20 heures des contractions rythmées lorsque les organes sont plongés dans une solution à 37° de constitution analogue à celle employée par Locke et Kuliabko. D'autres organes ne présentent aucun mouvement spontané mais conservent cependant très longtemps leur irritabilité (œsophage de lapin, p. e.). L'excitabilité des muscles du squelette et des nerfs moteurs peut être entretenue pendant quelques heures après la mort par une circulation de liquide nutritif dans les vaisseaux ; mais pour ce qui concerne les centres nerveux, ce liquide paraît impuissant à prolonger d'une manière notable leur irritabilité (Hédon et Fleig). Bottazzi a cependant constaté que la circulation artificielle faite avec une solution de NaCl (8 à 10 p. 1000) et de Cl^2Ca à 1 p. 5000) saturée d'oxygène augmente considérablement la durée des fonctions des centres nerveux. Les nerfs centrifuges restent excitables même lorsque le cœur est ranimé plusieurs heures après la mort de l'animal soit avec du sang (Langendorff), soit avec la solution de Ringer (H. E. Hering). Le vague était resté actif six heures après la mort, les accélérateurs après plus de cinquante-trois heures (chez le singe).

Locke et Kuliabko emploient une solution (voisine de celle de Ringer) contenant : 0,02 0/0 $CaCl^2$; 0,02 0/0 KCl ; 0,02 0/0 $NaHCO^3$; 0,9 0/0 NaCl ; 0,1 0/0 de dextrose (Hédon et Fleig) ; 0,6 0/0 NaCl ; 0,03 KCl ; 0,01 $CaCl^2$; 0,03 SO^4MgO ; 0,05 PO^4HNa^2 ; 0,13CO^3NaH ; 0,1 0/0 glucose.

Les substances organiques (albuminoïde, glucose) ne sont pas nécessaires. Ringer, etc... L'oxygène est indispensable, toutefois l'intestin est loin d'exiger autant de ce gaz que le cœur (Hédon et Fleig). Du reste, l'addition d'O^2 est inutile ; la teneur ordinaire du liquide suffit (Locke, Hering, Gross). Le glucose n'est pas indispensable mais exerce une action favorable (Gross). D'après Loeb et Moore, les contractions rythmiques ne se produisent que dans des solutions contenant des électrolytes. Le chlorure de sodium ne suffit pas à lui seul pour faire revivre les organes. NaCl est nécessaire, mais il nuit s'il existe en excès (2).

---

(1) Le cœur du chien entre en trémulation s'il est irrigué par les coronaires, à moins qu'il ne soit chlorarisé ; dans ces conditions il peut battre plus d'une heure (Lapicque et Mme Gatin-Gruzewska).

(2) Le Fundulus (poisson marin) ne peut pas vivre dans une solution pure NaCl de même concentration que l'eau de mer (Loeb, A. Moore).

Déjà Kronecker et Stirling avaient remarqué que le cœur de grenouille irrigué avec une solution pure de NaCl s'arrête rapidement. Merunowicz, Gaule, Stienon ont obtenu de meilleurs résultats en alcalinisant les solutions. Ringer démontra que certains sels tout en ne pouvant à eux seuls provoquer ou entretenir les mouvements rythmés, exercent cependant une action favorable. KCl et $CaCl_2$ exercent une action antagoniste. $CaCl_2$ renforce et accélère le cœur ; KCl diminue la fréquence et l'amplitude de la contraction. Le calcium excite le rythme cardiaque (Ringer, Howell) ; cependant, ajouté à une solution isotonique d'un corps non conducteur, il ne provoque pas le rythme du cœur. Lorsqu'un cœur irrigué par NaCl s'arrête, il suffit pour le faire revivre d'ajouter à la solution un peu de Ca ; Ca, d'après Loeb, agit indirectement en neutralisant l'action toxique de NaCl [1]. Hédon et Fleig ont constaté que SO_4Mg et $PO_4H Na_2$ ne sont pas nécessaires au maintien de l'irritabilité des organes à fibres lisses mais augmentent la durée de la survie ; CO_3NaH et $CaCl_2$ sont absolument indispensables. Les divers sels de Ca ont la même action que le chlorure ; 0,002 à 0,005 ^{mg} de $CaCl_2$ par litre suffisent. D'après Schuking et Rusch, les solutions nutritives doivent renfermer des substances alcalines capables de fixer CO_2 ; un excès de CO_2 constitue une condition défavorable (Gross). Les solutions doivent été isotoniques aux cellules de l'organisme et présenter, suivant quelques auteurs, un certain degré de viscosité.

La durée de la survie dépend de la température. Kuliabko a obtenu des battements pendant plusieurs heures même après 44 heures d'arrêt avec des cœurs de lapins, maintenus à 0°. Dans le liquide nutritif refroidi à 0° et maintenu à la glacière l'intestin grêle conserve son irritabilité pendant un temps très long, 5 ou 6 jours (Hédon et Fleig). Les contractions péristaltiques reprennent à 15°. L'intestin présente déjà des contractions rythmiques vers 26° et même à 15° si on refroidit très progressivement le liquide (Hédon et Fleig).

Stokvis, Leersum ont pu ranimer des animaux (lapins) après une saignée mortelle en injectant dans les vaisseaux, soit une solution physiologique de NaCl, soit des solutions équimoléculaires d'autres combinaisons sodiques (acétate, nitrate, formiate), soit de glucose ou de saccharose.

Utilisation en clinique. Lavage du sang. — On substitue généralement, de nos jours, à la transfusion du sang l'injection de solutions minérales obtenues en dissolvant en proportion convenable dans l'eau différents sels tels que le chlorure de sodium, le sulfate de soude, le carbonate de soude, le phosphate de soude. Ces sels ne sont pas toxiques par eux-mêmes et enlèvent à l'eau ses propriétés nocives sur les globules.

Le plus souvent on injecte du *chlorure de sodium* qui existe normalement dans

---

D'après Richet et Cololian, l'eau de mer contient de 26 à 31 grammes par litre NaCl. Les doses toxiques pour les Poissons des sels de sodium par litre d'eau sont :

	Poissons de mer.	Poissons d'eau douce.
Sulfate	37 gr.	36 gr.
Bromure	25 —	24^{gr},5
Chlorure	71 —	12 gr.
Iodure	10 —	9^{gr},5
Chlorate	8^{gr},5	17 gr.
Azotate	19 gr.	14 —

[1] Lingle soutient que l'arrêt attribué a NaCl est dû à l'épuisement de O_2 des solutions.

le sang. Les solutions de ce sel qui altèrent le moins les éléments figurés du sang de l'homme et des Mammifères sont les solutions à 9 p. 1000; toutefois, en clinique on utilise le plus souvent les solutions à 7,5 p. 1000 qui donnent de bons effets et surchargent moins l'organisme en chlorures.

Les solutions minérales sont injectées le plus souvent *sous la peau*; mais on peut les faire pénétrer soit par *les muscles*, soit par *les veines* (fig. 189).

La *quantité de liquide* que l'on peut introduire sans provoquer aucun trouble appréciable, immédiat ou consécutif, est considérable. Dans les veines, cette quantité peut être portée, en une seule fois, au delà du 1/3 du poids de l'animal, à la condition de pousser l'injection avec une vitesse modérée ne dépassant pas 3 centimètres cubes par minute (DASTRE, DASTRE et LOYE, GUINARD, TONZIG). Pour les sels considérés il n'y a pas, suivant l'expression de DASTRE, de dose toxique mais une vitesse toxique. En clinique, les doses injectées varient de 250 grammes à 5 à 6 litres par vingt-quatre heures (HALLION).

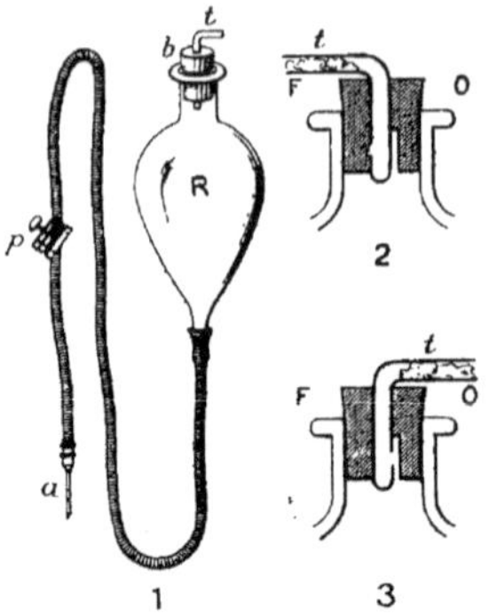

La toxicité immédiate du chlorure de sodium est de 4 à 5 grammes par kilogramme d'animal (lapin); la toxicité éloignée, de 3 à 4 grammes (BOUCHARD, MAIRET et BOSC). L'animal résiste à 1 gramme de sel par kilogramme de poids. MAUREL, LALOU et A. MAYER ont montré que les solutions très concentrées de chlorure de sodium, chlorure de potassium, sulfate de soude, sulfate de magnésie, bicarbonate de soude, phosphate de soude, glucose, peuvent amener chez le chien l'épilepsie, par suite de l'augmentation de concentration moléculaire du sang.

Fig. 189. — *Appareil de* HALLION *pour injecter en clinique des solutions minérales aseptiques.*

R, réservoir; *p*, pince à pression; *a*, aiguille; *b*, bouchon traversé par un tube *t*. Les deux figures latérales montrent le détail de la fermeture. Le tube *t* contient de la ouate; dans la position 2 il est fermé; dans la position 3 il est ouvert et permet l'écoulement du liquide contenu dans le réservoir R.

Dans les cas où une injection abondante est poussée dans les veines, l'eau salée ne reste pas tout entière dans le sang. Une partie seulement de cette eau grossit momentanément la masse sanguine, l'autre partie, la plus importante, se dépose provisoirement dans les tissus, foie, lymphatiques, séreuses... A partir d'un certain moment, la quantité qui pénètre est équilibrée par la quantité qui sort par les urines (DASTRE).

Les injections de solutions minérales *relèvent la pression artérielle lorsque celle-ci est abaissée.* La méthode trouve par suite son application principale dans le collapsus post-hémorragique. Les sujets exsangues peuvent être ramenés à la vie (DASTRE). Les injections ne modifient pas sensiblement la pression lorsque celle-ci est normale (DASTRE). La régulation rapide est l'effet de facteurs multiples : actions vaso-motrices; transsudation; accumulation du sang dans les veines (TAPPEINER, WORM-MÜLLER, LESSER, REGECZY, COHNSTEIN et MÜLLER, etc.).

Le liquide évacué ressort à peu près tel qu'il a été introduit. Il n'entraîne pas les éléments essentiels à la constitution de l'organisme, ni même la plupart des toxines ou poisons contenus dans les infections, pendant la maladie, dans le sang (DASTRE, DASTRE et LOYE, GUINARD, CARRION et HALLION). Il n'y a pas, au sens précis du mot, lavage du sang (Dastre). L'intensité de l'élimination des déchets organiques n'est pas en rapport avec l'abondance de la sécrétion urinaire. Du reste la polyurie ne se produit que chez les sujets normaux ou encore parfois après une hémorragie. Elle n'a pas lieu chez les malades dont le rein fonctionne mal, chez les sujets atteints d'infections, de septicémie ou d'asystolie. V. Henri et A. Mayer ont constaté que le plasma et le sérum se modifient; les globulines et le fibrinogène disparaissent graduellement, le plasma devient opalescent, sa viscosité diminue, la coagulabilité spontanée est très accrue, les substances du sérum coagulables par la chaleur disparaissent; d'autre part, Roger a observé l'apparition plus rapide dans l'urine, de quelques substances introduites expérimentalement dans l'organisme telles que le ferrocyanure de potassium, le sulfo-indigotate de soude.

Récemment Charrin a démontré l'utilité des solutions minérales à un autre point de vue. Employées même à faibles doses, 1/2 centimètre cube, 1/4 centimètre cube par kilogramme, ces solutions *excitent la nutrition*, augmentent les échanges respiratoires, relèvent le taux de l'urée, influencent le système nerveux (Charrin et Meyer, Garnier et Lambert, Fornaca et Micheli). La *résistance de l'organisme aux maladies est souvent augmentée* sous l'influence d'injections répétées (Charrin, Cassin, Guillemonat, Levaditi). On peut créer par cette méthode l'immunité.

Toutes les transfusions provoquent de la leucocytose. Cohnstein et Zuntz. L'injection d'eau distillée diminue le nombre des hématies mais augmente le nombre des leucocytes (Maurel, Gilbert et Herrscher, Ribadeau-Dumas).

L'innocuité des injections des solutions minérales suppose un bon état des organes, spécialement des reins. Si l'excrétion rénale est entravée, NaCl s'accumule dans les tissus, attire l'eau et crée l'œdème. Le phénomène s'observe chez les malades qui ont une tendance à faire de l'anasarque (Widal, Lemierre, Merklen, J. Courmont). Hallion a observé de l'œdème pulmonaire chez des lapins auxquels il avait injecté des solutions hypertoniques. S. Lalou et A. Mayer ont constaté que les injections intraveineuses de solutions salines concentrées peuvent abaisser le point cryoscopique du sérum (sans changer la viscosité) et déterminer des attaques d'épilepsie. Ruschaupt signale des crampes dans les mêmes conditions.

On constate souvent à la suite des injections minérales un peu d'hyperthermie; parfois même, surtout dans les cas d'injections intraveineuses, de véritables accès de fièvre avec alternatives de froid et de chaud (Fornaca et Micheli).

L'injection de quelques centimètres cubes de la solution physiologique de NaCl dans le foie ou les reins fait sécréter ces glandes (Coakley Byron). Les solutions salines concentrées, injectées à petites doses répétées, abaissent la tension artérielle chez l'homme, probablement par une action vaso-motrice (P. Teissier et Lévi) et améliorent l'acuité auditive (Lévi et Bonnier).

D'après Barbera, l'injection d'une solution de NaCl à 5 p. 100 dans la jugulaire du lapin paralyse le nerf de Cyon

BIBLIOGRAPHIE.

Gaz.

D'Arsonval, *Biol.*, 1880, 17 janv. — Cl. Bernard. Subst. toxiques et médic., 1857, p. 116, 179; Liquides de l'organ., t. I, p. 167, 354, 365 : t. II, p. 427. Leçons sur les anesthés., p. 140, 390. — P. Bert, Leçons sur Phys. de Resp., p. 127, 137, 139. bibl. Pression barométrique, p. 47, 135, 144. — Biernacki, *Centralbl. f. inn. med.*, t. XVI,

p. 14, 337, im pathologischem Menschenblute. — Bohr, *Centralbl. f. Phys.*, 1887, p. 293.
— Couvreur, *Soc. linéenne, Lyon*, après section des vagues. — Dubois, *Biol.*, 1894,
821, marmotte en hibernation. — Gréhant, Les gaz du sang, Paris, Masson, 1894. —
Hill, Nabarro. *Journ. of Phys.*, 17, t. XX-XXIII, dans muscles et cerveau, pendant
repos et activité. — Quinquaud, *C. R. Acad. sc.*, 1873. — Reynard, Blanchard, *Biol.*, 1880,
24 juillet. — Urbain, Mathieu, *Arch. de Phys.*, 1872. — Tigerstedt, *Skand. Arch. f. Phys.*,
t. XI, p. 217, méthodes pour déceler de petites quantités de CO_2. — Viault, *Biol.*, 1891, 87.

Entrée de l'air dans les veines. — François-Franck, *Biologie*, 1903, p. 261. —
Piante, Thèse de Lyon, 1903, bibl.

Capacité respiratoire. — Biarnès, Thèse Fac. méd. Toulouse, 1893, rapport avec
t^o; *Presse méd.*, 1897, p. 122. — Haldane, Smith, *Journ. of Phys.*, t. XXV, méth. ferricyanure. — Mayer, Biarnès, *Arch. de Phys.*, t. V, rapp. avec t^o; *Biol.*, 1893, p. 821. —
Maragliano, *Centralbl. f. d. med Wiss.*, 1884, 13 proc. clinique. — Nicloux, *Biol.*,
1901, p. 120. — Peyron, Thèse Fac. méd. Paris, 1891, *Biol.*, t. XLIII, p. 835. — Langlois, Rachid, *Biol.*, 1900, p. 382, infl. du cacodylate de soude. — Saint-Martin, *C. R.
Acad. sc.*, t. 131.

Acide carbonique; Fixation sur les globules. — P. Bert, *C. R. Acad. sc.*,
1878, 28 oct. — Bohr, *Centralbl. f. Phys.*, 1890, p. 249, t. IV. — L. Frédericq, *C. R.
Acad. sc.*, 1877, 9 juil. — Recherches sur la constitution du plasma, 1878. — Gréhant et
Quinquaud, *Biol.*, 1886, p. 216, infl. des poudres, du peroxyde de fer pour l'extraction.
— Kraus, *Centralbl. f. Phys.*, t. XII, p. 265. — A. Schmidt, *Arb. Ludwig's, Institut.*,
Leipzig, 1868. — Torup. *Maly's Jahresb.*, t. XIII, 1887, p. 119. — Zuntz, *Hermann's
Handb. d. Phys.*, t. IV, 2ᵉ partie, — Petry, *Beitr. Hofmeister's*, 1903. — **Dans les
intoxications.** — Loewy et Münzer, *Arch. f. Anat. u. Phys.*, 1901, p. 81. — Saiki et
Wakayama, *Zeit. f. phys. Chemie*, t. XXXIV, p. 96. — Spiro. *Hofmeister's Beiträge z.
Chemie Phys. u. Pathol.*, t. I, p. 269.

Air suroxygéné. — Falloise, *Bull. Acad. sc. Belg.*, 1900. — Rosenthal, *Arch. f.
Phys.*, 1898, p. 271. — L. Frédericq, *Trav. lab.*, t. IV.

Inj. peptones. — Lahousse, *Arch. f. Phys.*, 1889. — Blachstein, *Arch. f. Phys.*, 1891.
— Grandis, *Arch. f. Phys.*, 1891. — **Morphine et anesthésies.** — Livon, *Biologie*,
1903, p. 397. — Barcroft, *Maly's Jahresb.*, t. XXX, 177 bibl. — Guinard, Thèse de
Lyon, 1898.

Animaux hibernants. — Dubois, *Biol.*, 1901, 1902. Phys. comparée de la marmotte. *Annales Univ. de Lyon.* — Paris, Masson, 1896.

Ascensions. — Hallion et Tissot, *Biol.*, 1901, p. 1031, 34.

Azote. — Bohr, *C. R. Acad. sc.*, t. CXXIV, p. 414, absorpt. Az et H. par sang. —
Jolyet, Sigalas, *C. R. Acad. sc.*, t. CXIV, 12, p. 686. — Regnard, Schlösing, *C. R. Acad.
sc.*, t. 124, 302, argon.

Tension. — L. Frédericq, *Centralbl. f. Phys.*, t. VIII, p. 34, *Arch. de biol.*, 1895,
14, p. 119. — Haldane, Smith, *Journ. of Phys.*, 19, Emploi d'un mélange titré de CO
dans lequel on fait respirer l'animal. — Hüfner, *Zeit. f. phys. Chemie*, t. XII, p. 58 ;
t. XIII, p. 285. — V. d. Maesen, *Trav. lab. Frédericq, Liége*, 1893-1895. — Jaquet, *Arch.
f. exp. Pathol. u. Phys.*, t. XXX, p. 322. — Ide, *Arch. f. Phys.*, 1893, p. 491, asphyxie.
— Smith, *Journ. of Phys.*, t. XXII, 4, p. XXIX, in various pathol. condit. — Strassburg,
Arch. Pflüger, t. VI, 1872, p. 65. — Werigo, *Arch. f. d. ges. Phys.*, t. LI.

Pressions diverses. — P. Bert, Pression barométrique. — Hill et Macleod, *Journ.
of Phys.*, 1903. — A. Mosso et Marro, *Arch. ital. Biol.*, 1903.

Gaz combustibles. — Gréhant, *Biol.*, 1894, p. 459 ; *Arch. de Phys.*, 1894, p. 620.
t. VI, 3, p. 591. — Saint-Martin, *C. R. Acad. sc.*, t. CXIX, 1, p. 83, présence de l hydrogène et du méthane dans azote résiduel du sang.

Divers. — Gréhant, *Biol.*, 1893, p. 616, Abs. par sang de l'hydrogène et du protoxyde d'azote introduits par les poumons ; *Biol.*, 1888, p. 348, Rech. dans le sang des
produits de la combustion du gaz de l'éclairage.

Technique. — Barcroft et Haldane, *Journ. of Phys.*, 1902. — Geppert, *Arch. f.
d. ges. Phys.*, 1897-1898, t. LXIX, p. 472. — Gréhant, Les gaz du sang, Encyclopédie
Léauté, Paris, Masson. — Gréhant, Louis d'Henry, *Biologie*, 1893, p. 534. — Kossel,
Raps, *Berliner Phys. Gesell.*, 1893 ; *Arch. f. (Ann. u.) Phys.*, 1893, p. 198, Selbsthätige
Blutgaspumpe. — Lambling, *Biologie*, 1889, Erreur que comporte extract. O_2 au moyen
de la pompe. — Lapicque, *Biologie*, 1891, 25 juillet. — Loewy, *Arch. f. Anat. u. Phys.*,
1898, p. 484. — Novi, *Arch. f. d. ges. Phys.*, t. LVI, p. 289. — Saint-Martin, *Biologie*,
1900, p. 666, *Biologie*, 1903, p. 951. — Tissot, *Traité de Phys. biol.*, Masson, t. I. —
Zoth, *Zeit. f. Instrumentenkunde*, 1896, t. XVI, p. 7, mars.

Oxyde de carbone.

Dans le sang normal. — Saint-Martin, Desgrez, Nicloux, *C. R. Acad. sc.*, 1897, 1898, 1901, 10 juin. t. CXXXII, bibl. : *Biologie*, 1898 : *Arch. de Phys.*, 1898. — Nicloux, *Biologie*, 1898 (asphyxie) : 1901, p. 612, 953 ; 1901, p. 955 (rôle des membranes); *C. R. Acad. sc.*, 1901, 17 juin (nouveau-né). — **Généralités.** — Gréhant, Encyclopédie Léauté, Masson, Paris. — Sachs, Viewey et fils, Braunschweig, 1900.

Rapport avec la présence du chloroforme. — Desgrez et Nicloux, *C. R. Acad. sc.*, 1897. — Saint-Martin, *C. R. Acad. sc.*, t. CXXVI, p. 533.

Action toxique. — Cl. Bernard, Phys. opératoire, Leçons sur les anesthésiques et l'asphyxie. Substances toxiques et médicamenteuses. — Gréhant, Encyclopédie Léauté, libr. Masson, bibl., 1903. — Dreser, *Arch. f. exp. Pathol. u. Pharm.*, t. XXIX, p. 119. — Mosso, *Arch. ital. Biol.*, 1901. — Paoli, *Arch. ital. Biol.*, 1900. — Moureaux. Thèse Lyon, 1904, bibl.

Animaux à sang froid. Invertébrés. — Dubois, *Soc. linéenne Lyon.* — Gréhant, Encyclop. Léauté : *Biologie*, 1887. — Linossier, *Biologie*, 1889. — Nicloux, *Biologie*, 1903, p. 793. rôle membrane poissons.— Kunkel, *Festschrift für A. Fick.* 1899, p. 53.

Digestion. — Cl. Bernard, Leçons anesth., p. 449.

Température. — Cl. Bernard, Leçons anesth. et asphyx., p. 468, 479.

Disparition de CO du sang. — Cl. Bernard, Leçons anesth. — Gréhant, Encyclop. Léauté, *Biologie*, 1902, p. 63. — Piotrowski, *Biologie*, 1893, p. 432. — Saint-Martin, *C. R. Acad. sc.*, t. CXII, p. 1232. — Wachholtz, *Arch. f. d. ges. Phys.*, 1899, t. LXXIV, p. 338, bibl. — Gaglio, *Arch. f. exp. Path. u. Pharm.*, 1887, t. XXII, p. 233.

Influence d'O². — Cl. Bernard, Leçons anesth. et asphyx., p. 483. — Gréhant, *C. R. Acad. sc.*, t. CXXXII, CXXXIII, p. 951 : *Biologie*, 1902, p. 63. — Mosso, *C. R. Acad. sc.*, 1900. — Kostin, *Arch. Pflüger*, t. LXXXIII. — Benedicenti, *Arch. ital. Biol.*, 1902.

Passage mère au fœtus. — Gréhant et Quinquaud, *Biologie*, 1883. — Nicloux, *Congrès Turin*, 1902 : *Biologie*, 1901, p. 711 : *C. R. Acad. sc.*, 1901, p. 67.

Dissociation. — Bock, *Centralbl. f. Phys.*, t. VIII, p. 385. — Hüfner, *Arch. f. Phys. Du Bois-Reymond*, 1895, p. 209, 213. — Saint-Martin, *Journ. de Phys. et de Pathol. gén.*, 1900, sept.—**Chlorophylle.**— Bottomey et Jackson, *Soc. roy. Londres*, 1903.

Cristaux. — Cl. Bernard, Leçons anesth. et asphyx., p. 467. — Lachowicz et Nencki, *D. Chem. gesell.*, t. XVIII, p. 2129.

Réactions. — Kostin, *Arch. f. d. ges. Phys.*, t. LXXXIII, bibl. — Sachs, Braunschweig chez Vieweg et fils, 1900.

Action des microbes. — Cl. Bernard, Leçons sur les anesthés. et l'asphyxie, p. 421. — Hoppe-Seyler, *Zeit. phys. Chemie*, t. XVI, p. 505. — Winternitz, *Zeit. phys. Chemie*, t. XXI, p. 468. — Saint-Martin, Rech. exp. sur la respir., Paris, 1893, p. 275. — Raimondi, *Arch. ital. Biol.*, 1902, p. 471. — **Action des organes.** — Cl. Bernard, Leçons sur les anesthés. et l'asphyxie, 1875, p. 460, 461, 485. — Mislawsky et Chirokhy. Comm. orale. — Montuori, *Jahresb. f. Thierchemie*, 1902, t. XXX, p. 180. — **Dosage.** — Gréhant. Encyclop. Léauté, 1903, bibl. — **Procédé acide iodique.** — Nicloux, *Arch. de Phys.*, 1898, p. 381. — Rabourdin, *C. R. Acad. sc.*, 1850, t. XXXI, p. 784. — **Procédé au chlorure cuivreux.** — Saint-Martin, t. CXXVI, p. 1036, *Journ. de Phys. et de Pathol. gén.*, t. I, p. 105 : t. VII, p. 735; Rech. exp. sur la Respir., Paris, 1893. — **Procédé au carmin.** — Haldane, *Journ. of Phys.*, t. XVIII, p. 463.

Coagulation du sang.

Ouvrages d'ensemble. — Arthus, La coagulation du sang. bibl. *Scientia*. Carré et Naud, Paris, bibl. — Duclaux, Traité de microbiologie, t. II, p. 310.

Rétractilité du caillot. — Cavazzani, *Arch. it. biol.*, t. XXVII, 3, p. 388, couleur, aniline. — Gley, *Biologie*, 1896, p. 1075. — Lenoble, Thèse de Paris, 1898. — Hayem. *C. R. Acad. sc.*, t. CXXIII, 21, p. 894, 1896. — Hayem et Bensaude, *Biologie*, 1901, p. 45. — Grenet, *Biologie*, 1903, 1568.

Couenne. — Andral. Essai d'hématologie pathol., Paris, Masson et Fortin, 1843.— Pfeiffer, *Zeit. f. Klin. med.*, t. XXXIII, bibl.

Rapidité. — Brodie et Russell, *Journ. of Phys.*, t. XXI, 4/5, p. 403. — Delezenne, *C. R. Acad. sc.*, t. CXXII, 22, p. 1281; *Biologie*, 1896, p. 783 ; 1897, p. 462, 489, 507 ; *Arch. de Phys.* (5), t. IX, 2, p. 333, 347. — Rodier, *Soc. scient. et zool. Arcachon*, 1900, p. 129. — Spangaro, *Arch. it. biol.*, t. XXXII, sauf d. serpents.— Schönlein, *Zeit. f. Biol.*,

t. XV, p. 394, 1879. — Tiegl, *Arch. f. d. ges. Phys.*, t. XXIII. — Vierordt, *Arch, f. Heilkunde*, t. XIX, p. 193, 1878.

Rôle de la saignée. — Arthus, *Biologie*, 1902, p. 214. — F. Arloing, *Biologie*, 1901, p. 672. — Milian, *Biologie*, 1901, p. 672.

Rôle de la plaie. — Arthus, *Biologie*, 1902, p. 93, 136. — Delezenne et Spangaro (cons. rapidité). — Milian, *Biologie*, p. 578. — Whright, *Journ. of Phys.*, 1902. —

Rôle de la paroi. — Brücke, *Arch. f. path. Anat.*, t. XII. p. 81, 1857. — Freund, *Wiener med. Jahrb.*, 1886, p. 46. — Löwit, *Prager med. Woch.*, 1889. — Lister, *Arch. f. phys. Heilkunde*, 1858. — Mayet, *Ass. française avancement d. sciences Limoges*, 1890. — Strauch, Thèse Dorpat, 1889.

Expérience de la veine. — Glénard, Thèse Fac. méd. Paris, 1875, *C. R. Acad. sc. Paris*, t. LXXXI, LXXX. — Fredericq, Recherches sur la constitution du plasma sanguin, Paris, Baillière, 1878.

Influence des gaz. — Mathieu et Urbain, *C. R. Acad. sc.*, t. LXXXII, p. 515 : t. LXXIX, p. 665, 628 ; t. LXXXIII, p. 422; *Bull. Soc. chim.*, t. XXXIII, p. 483, 1874. — Wright, *Proc. roy. Soc.*, t. LV. p. 333, 279. 1874. — Glénard. Thèse de Paris, 1875. — L. Fredericq, Le plasma sanguin.

Conditions diverses. — Thackrah in Rollett. *Hermann's Handb. d. Phys.*, t. IV, 1re part., p. 103. — Vierordt, *Arch. f. Heilkunde*, t. XIX, p. 193, 1878. — Nasse, *Handw. d. Phys. Wagner's*, t. I, p. 104, 1842.— **Asphyxie.** — Carrara, *Arch. ital. Biol.*, 1903.

Sang des épanchements. — Tuffier et Millian, *Biologie*, 1901, p. 704.

Plasmase. — Arthus, *Biologie*, 1901, p. 962. — Athanasiu et Carvallo, *Arch. de Phys.* (5), t. IX, p. 2, 375, fibrin. f. et alcalinité du plasma peptonique. — Bonne, Würzbourg, 1889. — Birk, Diss. Dorpat, 1880. — Castellino, *Arch. it. biol.*, t. XXIV, 1, p. 40, nature du zymogène du fibrin. ferment du sang. — Dastre, *Biologie*, 1897, p. 469. — Dastre et Floresco, *Biologie*, 1897, p. 28; 1898, p. 22, dans le plasma oxalaté et de peptone. — Edelberg, *Arch. f. exp. Path. u. Pharm.*, t. XII, p. 283, 1880, effets dans l'organisme. — Fich, *Arch. f. d. ges. Phys.*, t. XLV, p. 293, 1889, mode d'action des f. coagul. — Foa et Pellacani, *Arch. it. biol.*, t. IV, p. 56. — Peckelharing, *Centralbl. f. Phys.*, t. IX, p. 102. — Peckelharing et Huiscamp, *Zeit. f. Phys. Chemie*, t. XXXIX, p. 22. 1903. — Gamgee, *Journ. of Phys.*, 1879. — Grohmann, Diss. Dorpat, 1884. — Hammerschlag, *Arch. f. exp. Path. u. Path.*, t. XXVII, p. 414, 1890, rapp. avec fièvre. — Halliburton, *Journ. of Phys.*, t. IX, p. 1, 229, nature. — Latschenberger, *Centralbl. f. Phys.*, t. IV, 1820, p. 10. — Lea et Green, *Journ. of Phys.*, t. IV, p. 380, 1884. — Lea et Dickinson, *Journ. of Phys.*, t. XI, p. 307, 1890. — Kohler. Inaug. diss. Dorpat, 1877, Thrombose u. Transfusion, Eiter u. septische Infection u. d. Beziehung z. Fibrin-ferment. — Rauschenbasch, Dissert. Dorpat, 1883. — A. Schmidt.

Proferment. — Non existence dans le sang circulant. — Arthus, *Biologie*, 1901, p. 1025. — Duclaux, *Traité de microbiologie*, p. 331. — Haycraft, *Journ of Anat. u. Phys.*, t. XXII, 1888, p. 172.

Rôle des globules blancs. — Bayon, *Zeit. f. Biol.*, 1903. — Dastre v. Henri. Stadel, Stassano, *Biol.*, 1903, nov. — Poljakoff, *Arch. f. Anat. u. Phys.*, 1901, p. 117.

Injection de fibrin-ferment ou des globules blancs dans le sang. — Jakowicki, Diss. Dorpat, 1875. — Birk, Diss. Dorpat, 1880. — Sachsendahl, Diss. Dorpat. — A. Schmidt, *Arch. phys. norm. et path.*, t. IX, p. 513, 1882. — During, *Deut. Zeit f. Chir.*, XXII, p. 425. — Groth, Diss. Dorpat, 1884.

Rôle de la chaux. — Arthus, La coagulation du sang. Carré et Naud, bibl. *Scientia*, Paris. — Duclaux, Traité de microbiologie. t. II. — Freund, *Wiener med. Jahrb.*, 1889, p. 553. — Horne, *Journ. of Phys.*, t. XIX, p. 4. 386. 1896. — Hammarsten, *Zeit f. phys. Chem.*, t. XXII, XXVIII. — Peckelharing, *Festschr. f. Virchow*, t. I, p. 435; *Verhandl. d. k. Akad. d. Wiss. Amsterdam*, 1892 ; *Centralbl. f. d. med. Wiss.*, 1892, p. 531. — Sabbatani, *Arch. ital. Biol.*, 1903. — Fleig et Lefébure, *J. de Phys. et de Path. gén.*, 1902, 615.

Injections de chlorure de calcium. — Dastre, *Biologie*, 1896, p. 560.

Influence de la réaction. — Dastre et Floresco, *Arch. de Phys.*, 1897. — Floresco, *Arch. de Phys.*, 1897, p. 777. — Spiro et Ellinger, *Zeit. f. phys. Chem.*, 1897. Voy. aussi *Gélatine*.

Action des sels de fer. — Dastre et Floresco. *Biologie*, 1898. p. 281. — Gaglio, *Ann. d. Chim. d. Farmacol.*, t. XI, p. 233 ; *Arch. it. biol.*, t. XIII, p. 487, 1890.

Citrates, — Arthus, *Biologie*, 1902, p. 527. — Sabbatani, *Biologie*, 1902, p. 716. *Arch. ital. Biologie*, 1903.

Hémophilie. — Ferrier, *Biologie*, 1903, p. 933.

Extrait de sangsues. — Bosc et Delezenne. *C. R. Acad sc.*, 1896, t. CXXIII,

p. 465, imputrescibilité.— Bohr, *Centralbl. f. Phys.*, 1888, n° 11, effets respiratoires.— Contejean, *Biologie*, 1894, p. 833.— Gobinot, Thèse de Lyon, 1902.— Haycraft, *Arch. f. exper. Path. u. Pharm.*, 1884.— Fubini et Benedicenti, *Arch. ital. biol.*, t. XV, 1, p. 61 ; *Moleschott's Unt. z. natur.*, t. XIX, p. 520.— Ledoux, *Arch. de biol.*, t. XIV : *Trav. lab. Fredericq*, 1893, t. IV : *Bull. Acad. sc. Belg.*, 1894, t. XXVII. 6, p. 954. — Kuznetzow, *Hermann's Jahresb. f. Phys.*, t. IV, 1825 ; *I. d. russischen ges. z. Erhalt. d. Volksges.* — Krulitschewski, Inaug. diss. St-Pétersb., 1896.— Sahli, *Centralbl. f. innere med.*, 1894, n° 22.

Extraits d'organes. — Abelous et Billard, *Biologie*, 1897, p. 991, foie, crustacés, 1898, p. 86 ; rôle foie dans action anticoag. suc hépatique écrevisse, 1898, p. 212, pas d'immunisation. — Billard, Thèse Fac. méd. Toulouse, 1898, suc hépatique, crustacés. — Camus, *Cinquantenaire, Biologie*, 1899, p. 387, sang et tissus escargot ont action anticoagulante indirecte sur sang ; poudre de foie à action anticoagulante directe. — Contejean, *Biologie*, 1892, p. 752. — Conradi, *Hofmeister's Beitr.*, 1901-1902. — Dastre et Floresco, *Biologie*, 1898, p. 20, produit dig. papaïnique, foie de chien contient un agent anticoagul. et un agent coagulant : ce dernier est détruit par ébullition. — Delezenne, *Biologie*, 1897, p. 228 : *Arch. de Phys.*, 1898, p. 510 : *Biologie*, 1897, p. 228, rôle foie. — Dickinson, *Journ. of Phys.*, t. XI, p. 566, Leech. extrait. — Heidenhain, *Arch. f. d. ges. Phys.*, 1891. — Spangaro, *Arch. ital. biol.*, 1899, t. XXXII, p. 210, contact tissus hâte. — **Chlorophylle.** — Cordier, *Biologie*, 1903, 1371.

Peptones ; voies d'introduction. — Camus et Gley, *Biologie*, 1896, p. 621.

Origine, variétés. — Arthus et Huber, *Arch. de Phys.*, 1896, p. 856. — Pick et Spiro, *Zeit. f. phys. Chemie*, t. XXXI, p. 235.

Coagulation in vitro à la longue. — Contejean, *Biologie*, 1896, p. 714 : *Arch. de phys.*, 1895, p. 45.

Plasma de peptone hépatique. — Camus, *Biologie*, 1897, p. 1087.

Substances défavorables. — Ravaut, *Biologie*, 1901, p. 443. — Delezenne, *Biologie*, 1898, p. 427.

Action sur la pression. — Camus et Gley, *Biologie*, 1896, p. 558.

Rôle du foie. — Camus et Gley, *Biologie*, 1898, t. III. — Contejean, *Biologie*, 1895, p. 93 ; 1896, p. 717, 753, 1117. — Gley, *Biologie*, 1896, p. 523, 663, 739, 779, 1053. — Gley et Pachon, *C. R. Acad. sc.*, 1895 ; *Biologie*, 1895, p. 742 ; 1896, p. 523. — *Arch. de phys.* (5), t. VII, 4, p. 711 ; 1896, p. 75. — Hédon et Delezenne, *Biologie*, 1896, p. 633, extirp. foie combinée à fistule Eck. — Noaf et Pachon, *Biologie*, 1898, p. 365, nature de la réaction hépatique. — Starling, *Journ. of Phys.*, 1895, t. XIX, à propos de ligature des lymphatiques du foie. — Delezenne, *Arch. de Phys.*, 1896, p. 655 : *Biologie*, 1897, p. 42, sérum anguille. — **Rôle des globules blancs.** — Delezenne, *Biologie*, 1897, p. 42, 228 ; 1898, p. 354, 357 ; 1899, p. 833 : *C. R. Acad. sc.*, 1896, p. 1872 : *Arch. de Phys.*, 1896, p. 655 : 1897, p. 646 — Dastre, *Biologie*, 1903, nov.— Bayon, *Zeit. f. Biol.*, 1903.

Action sur la circulation. — Abelous, *Arch. de Phys.*, 1894, p. 53. — Thompson, *Journ. of Phys.*, t. XXV. — Doyon, *Biologie*, 1902, déc. — **Sur la respiration.** — Bohr, *Centralbl. f. Phys.*, 1888. — **Les sécrétions.** — Doyon, *Biologie*, 1902, déc. : 1903, 314.

Passage à travers le placenta. — Wertheimer et Delezenne, *Biologie*, 1895, p. 191.

Animaux réfractaires. — Gley, *Biologie*, 1896, p. 245, 658, 785 ; *Biologie*, 1896, p. 159, Action anticoagulante du sang de lapin sur le sang de chien.

Action du sang de lapin. — Gley, *Biologie*, 1896, p. 759 ; 1897, p. 243, injecté dans veines du chien, diminue coagulabilité, et immunis. contre peptone.

Toxicité. — Gley, *Biologie*, 1896, p. 785, mort fréquente chez le chien en 12 à 16 heures après des doses de 0 gr. 30 par kilog. dans veines.

Sort dans les vaisseaux. — Hofmeister, *Zeit. f. phys. Chemie*, 1881, t. V, p. 127. — Denys et Poost, *La Cellule*, t. VI, 2, p. 411.

Rôle du système nerveux. — Contejean, *Biologie*, 1895, p. 729 ; 1896, p. 753 ; *Arch. de Phys.*, 1896, p. 159.— Gley et Pachon, *Arch. de Phys.*, 1896.

Injections sous-cutanées, dans les séreuses. — Contejean, *Arch. de Phys.*, 1895. — Heymann, Inaug. diss. Berlin, 1896 ; *Chem. Centralbl.*, 1896, t. II, p. 51.

Peptones ; divers. — Albertoni, *Centralbl. f. med. Wiss.*, 1880. — Athanasiu et Carvallo, *Arch. de Phys.* (5), 1896, t. VIII, 4, p. 866. — Campbell, *Bul. lab. John Hopkin's Univers.*, t. IV, 1, p. 1. — Contejean, *Biologie*, 1894, p. 716, 833 : 1895, p. 93 ; 1896, p. 715, 717, rôle intestins ; *Arch. de Phys.*, 1895, p. 45, (5), t. VII, p. 245. — Dastre, *Biologie*, 1896, p. 569. — Dastre et Floresco, *Biologie*, 1896, p. 360 ; *Arch. de Phys.*, t. IX, p. 216 ; *C. R. Acad. sc.*, p. 94, 124, 306, fibrin-ferment. — Fano, *Arch. f. Phys.*, 1881 ; *Arch. ital. biol.*, 1882 ; *Lo Sperimentale*, 1882. — Ledoux, *Trav. lab. Fredericq, Liége*, 1895, t. IV, p. 45 ; *Bull. Acad. sc. belge*, 1894, t. XXVII, 6, p. 954.

— Grosjean, *Arch. biol.*, 1892, p. 381 ; *Trav. lab. Fredericq*, t. IV, p. 45. — Lahousse, *Bull. Acad. roy. de méd. de Belgique*, 1892 (4). t. IV, 4, p. 385. — Politzer, *Verhandl. naturw. med. ver. Heidelb.*, 1885, t. III, H. 14, p. 292. — Salkowski, *Centralbl. f. d. med. Wiss.*, 1895, n° 31. — Schmidt-Mülheim, *Arch. f. Phys.*, 1880, p. 33. — Shore, *Journ. of Phys.*, 1820, t. XI, p. 561. — Spangaro, *Arch. ital. biol.*, 1899, t. XXXII, p. 225, oiseaux. — Starling, *Journ. of Phys.*, 1895, t. XIX, p. 45. — Thompson, *Journ. of Phys.*, 1896, t. XX, p. 455 : 1899, t. XXIV et XXV.

Venins. — Albertoni, *Lo Sperimentale*, 1879, Manuale di Phisiologia, 1884. — Delezenne, *Arch. de Phys.*, 1898, p. 510. — Martin, *Journ. of Phys.*, 1894, t. XV, p. 379. — Phisalix, *Biologie*, 1899, p. 834, 865, 881. — Stephens et Myers, *Journ. of Phys.*, t. XXIII.

Toxines. — Athanasiu, Carvallo, Charrin, *Biologie*, 1896, p. 860, toxine pyocyanique détermine incoagul. et diminution nombre leucocytes. — Delezenne, *Arch. de Phys.*, 1898, p. 510. — Salvioli, *Berl. klin. Woch.*, 1894.

Sérums. — Hayem, *Biologie*, 1894, p. 296. — Mosso, *Arch. ital. biol.*, 1883, t. X, p. 142, sérum anguille sur chien. Cons. aussi : Sérum antileucocytaire, p. 772.

Lait. — Camus. *Journ. de Phys. et Pathol. gén.*, 1901, p. 190.

Immunité. — Abelous et Billard, *Biologie*, 1898, p. 212. — Contejean. *Arch. de Phys.*, 1895, p. 45. — Dastre et Floresco, *Biologie*, 1898, p. 457. — Delezenne. *C. R. Acad. sc.*, 1900 ; *Biologie*, 1897, 1898. — Gley, *Biologie*, 1897, p. 243. — Gley et Le Bas, *Arch. de Phys.*, 1897, p. 848. — Phisalix, *Biologie*, 1896, p. 1129 : 1899, p. 834, 881. — Spiro et Ellinger, *Zeit. f. phys. Chemie*, t. XXIII, p. 121.

Gélatine. — Camus et Gley, *Biologie*, 1898, p. 1041 : *Arch. de Phys.*, 1897, p. 772. — P. Carnot, *Biologie*, 1896, p. 758. Les médications hémostatiques, Masson et Cie, *Actualités médicales*, bibl. — Dastre et Floresco, *Arch. de Phys.*, 1896, p. 402 : *Biologie*, 1896, p. 243, 358. — Floresco, *Arch. de Phys.*, 1897, p. 777. — Gley et Richard. *Biologie*, 1903, 464. — Gaglio, *Arch. ital. Biol.*, 1901, p. 497.

· **Mucus.** — Charrin et Moussu, *Biologie*, 1901, p. 60. — Rodier. *Trav. lab.*, Arcachon.

Influence ; rôle des acides et de l'alcool. — Oré, *C. R. Acad. sc.*, 1875. t. LXXXI, p. 830, 900, en inject. intraveineuses. effet nul.

Action des organes. Origine du fibrinogène. — Bour. *Centralbl. f. Phys.*, 1888 : *Maly's Jahresb.*, t. XVIII, 1888. — L. Fredericq, *Revue gén. sc.*, 1891, n° 30. — Lukianow, *Centralbl. f. Phys.*, 1890. — Pawlow. *Arch. f. Phys.*, 1887. — Mathews. *Amer. Journ. of Phys.* — Courmont et Lesieur, *Biol.*, 1901.

Nucléo-albumines. Colloïdes de synthèse. — Dastre. *Biol.*, 1896, p. 561. — Halliburton et Pickering, *Journ. of Phys.*, 1895, t. XVIII, p. 285. — Halliburton. Gregor. Brodie, *Journ. of Phys.*, 1894, t. XVII, p. 435. — Huiskamp, *Zeit. f. phys. Chemie*, t. XXXII, etc. — Martin, *Journ. of Phys.*, t. XV, p. 375. — Pickering. *Journ. of Phys.*, t. XVII, XVIII, p. 54. — Pickering. *Journ. of Phys.*, XX, p. 310. — Pickering. Grimaux. *Biol.*, 1895, p. 441. — Rennenkampff, Inaug. diss. Dorpat, 1891 : *Centralbl. f. Phys.*, 1891, t. V, p. 364, cytoglobine. — Wright. *Journ. of Phys.*, t. XII, p. 2, 184 : *Roy. Irish. Acad. proc.* (3). t. II, p. 2, 117.

Phénomènes thermiques. — Chauoz et Doyon, *Biol.*, 1900 : *Journ. de Physiol. et de Pathol. gén.*, 1900. — Jolyet et Sigalas. *Biol.*, 1893, p. 993.

Phénomènes électriques. — Chauoz et Doyon. *Journ. de Phys. et de Pathol. gén.*, 1900 ; *Biologie*, 1900, 396. — Dubois : Waller, *Biologie*, 1903, 1148, 1149. à propos de l'action électrogène des zymases.

Conductibilité électrique. — Galeotti, *Lo Sperimentale*, 1901, 757.

Perte d'ammoniaque. — Lister, *Arch. f. phys. Heilkunde*, 1858, p. 259. — Richardson. *The causes of coag. of the blood*, London, 1858.

Glycolyse.

Arthus. *Arch. de Phys.*, 1891, p. 425 : 1892, p. 337 ; *C. R. Acad. sc.*, t. CXIV, p. 11, 605 ; *Biologie*. 1901, 6 déc. — Barral, Thèse de Lyon, 1890. — Bendix, *Zeit. f. diät. u. phys. Therap.*, 1899, t. II, p. 3. — Bendix et Bickel. *Deut. med. Woch.*, 1902, t. XXVIII. p. 3. — Blumenthal. *Charité Annalen*, t. XXIV : *Zeit. f. diät. u. phys. Therap.*, 1898. t. I, p. 3, Isol. dans pancréas, ovaire, foie... d'une subst. précipitable par l'alcool prov. destruction du sucre. — Biernacki, *Jahresb. f. Thierchemie*, 1900, p. 189 . — Chauveau et Kaufmann, *Biologie*, 1893, p. 22, mémoire. — Colenbrander. *Nederl. Tijdsch. v. Geneeskunde*, 1892, t. II, p. 433, extr. de sangsues. — Doyon et Morel, *Biologie*, 1903, 215. — Fauchon, Thèse Fac. méd. Lyon, 1898. — Garnier, *Biologie*, 1899, p. 427. — Hédon. *Trav. lab. Montpellier*, 1898, p. 139, extrait sangsues : peptone. — Nasse et Framm.

Arch. f. d. ges. Phys., t. LXIII, 1896, p. 203. — Pavy et Siau, *Journ. of Phys.*, t. XXVII, p. 451. — Portier, *C. R. Acad. sc.*, t. CXXXI, p. 1217; *Biologie*, 1903. — Pierallini, *Zeit. f. Klin. med.*, Bd XXXIX, 1, 2, extraits d'organes, urines. — Rywosch. *Centralbl. f. Phys.*, 1897, t. XI, p. 495, infl. extrait sangsues. — Sansoni, *Arch. it. biol.*, t. XVII, p. 1, 130, diabète; *Gaz. d. Osp. Nap.*, t. XIII, p. 343; *Riforma medica*, t. VII, p. 160. — Spitzer, *Arch. f. d. ges. Phys.*, t. LX, p. 303, Zuckerstörende Kraft d. Blutes u. d. Gewebe.

Extrait éthéré.

Doyon et Morel, *Journ. de Phys. et Pathol. gén.*, 1902 ; *Biologie*, 1902 et 1903, 682, 683, 982, 983, 984, 1209.

Fibrinolyse.

Dastre. *Arch. de Phys.*, 1891.

Anémie.

D'Arsonval, *Arch. de Phys.*, 189. — Battelli. *Journ. de Phys. et de Pathol. gén.*, 1900, p. 443, bibl. Arrêt des battements du cœur par son électrisation au moyen de courants induits ou de courants alternatifs de 120 volts. Après la ligature de l'aorte à son origine chez le cobaye, la persistance des réflexes (réflexe nasal et réflexe des extrémités) est de 1'10 en moyenne ; celle des mouvements respiratoires spontanés de 2'30 en moyenne. — Brown-Séquard. *Journ. de la Phys. de l'homme et des animaux*, 1858, p. 95. — Colson, *Arch. de biol.*, t. X, Trav. lab. L. Fredericq, p. 3, Trav. d'ensemble. — Cooper, *Gaz. méd. Paris*, 1838, p. 100 ; *Guy's Hosp. Reports*, 1836. — L. Fredericq, *Bull. Acad. roy. Belg.*, 1889, t. XVIII : Trav. labor., p. 3. — S. Mayer, *Zeit. f. Heilkunde*, 1883. — Richet, *Dict. de Phys.*, art. Anémie. — N. Sténonis, Element. myelogiae specimen, cui accedunt canis carchariae dissectum caput et dissectus piscis ex canum genere. Amstelodamiae, 1667, p. 109. — J. Schwammerdami, Tractatus de respiratione. Lug. Batav., 1667, p. 61. — Tscharenwsky, *Arch. f. d. ges. Phys.*, 1903. — Vulpian, Leçons sur la Phys. comparée du syst. nerv., Paris, 1860, p. 436.

Cœur. — Arabian, Thèse de Genève, 1903, bibl. — Prevost. *Revue Suisse romande*, 1898, p. 545.

Muscle. — Jensen. *Arch. f. d. ges. Phys.*, t. LXXXVI. p. 47.

Bande d'Esmarch. — Cl. Bernard, *Anesth.*, p. 273. — Bies, *Virchow's Archiv.* t. CXVIII, p. 256, 444. — Jaboulay, *Lyon médical*, 1900, p. 401.

Ligature aorte. — Réduction des échanges. — Bohr et Henriquez. *Biologie.* 1897, p. 303. — Cruveilhier, Thèse de Paris, 1900. — Rulot et Cuvelier, *Trav. lab. Fredericq.* t. VI, bibl. Lorsqu'on procède à l'occlusion de l'aorte au niveau de la crosse on obtient une réduction des échanges respiratoires de moitié à peu près. En partant de la terminaison de l'aorte, si on l'obstrue en des endroits de plus en plus rapprochés de la crosse, la diminution dans les échanges se fait aussi progressivement et c'est quand la poitrine, les membres antérieurs et la tête sont seuls traversés par le courant sanguin que l'on observe la valeur la plus faible des échanges respiratoires.

Persistance ; propriétés ; Nerfs et muscles ; Dissociation nerveuse. — Babinski, *Biologie.* 1899, 343. — Tissot. *Arch. de Phys.*, 1894, 142. — Brown-Séquard, *Arch. de Phys.*, 1894, 188. — Ioteyko et Stefanowska, *Biologie.* 1901, p. 1113 ; 1902, p. 32, Comparaison avec anesthésie. — Marie et Cluzet. *Biologie.* 1899, p. 441, 1004.

Décapitation. — Loye, La mort par décapitation, Paris, 1888. — Hayem et Barrier. *Arch. Phys. norm. et pathol.*, 1887.

Rappel du cœur à la vie. — Gley, *Biologie*, 1890, p. 411. — Tuffier et Hallion, *Biologie*, 1898, p. 989, Massage. — Battelli. *Journ. Phys. et Pathol. gén.. Congrès Turin*, 1901.

Circulations artificielles. — Bottazzi, *Journ. de Phys. et de Pathol. gén.*, 1900, p. 443. — Göthlin, *Skand. Arch. f. Phys.*, t. XII, 1. — Kuliabko, *Centralbl. f. Phys.*, 1902, p. 588. — Loeb, *Arch. f. d. ges. Phys.*, 1900, p. 229. — Locke, *Congrès Turin*, 1901. — Lingle, *American J. of Phys.*, 1902, t. VIII, rôle NaCl. — Magnus, *Arch. f. exp. Pathol.*, t. XLVII, p. 200, O^2 suffit : CO^2 altère mouvements. — Moore, *Amer. Journ. of Phys.*, t. V, p. 87. — Prevost et Battelli, *Revue méd. Suisse romande*, 1901 (cœur de chien, chat, arrêté par asphyxie ou chloroforme, peut être ranimé par le massage mais seulement si les animaux ont reçu un peu avant une nourriture mixte) (albumine et hydrates de carbone). — Schücking. *Arch. f. Phys.*, 1901, suppl., p. 218. — Rusch, *Arch. f. d. ges. Phys.*, 1899, t. LXXII, p. 636.

Phénomènes chimiques dont le siège est le sang. — Cl. Bernard. Chaleur animale, p. 132; *Journ. de l'Anat. et de la Phys.*, t. II, 1865, p. 302. — Bert, Leçons sur la Phys. comparée de la respiration, 1870, p. 118. — Schutzenberger, *C. R. Acad. sc.*, 1874, 4 avril-9 mars.

Rôle antitoxique du sang. — A. Gautier, Chimie de la cellule vivante. — Slosse, *Ann. Soc. Roy. d. scienc. méd. et nat. Bruxelles*, 1897. Foie soustr. à circul. et aération dispose du sucre qu'il contient en fabriquant à ses dépens des subst. combustibles (acides gras supérieurs) dont la richesse en C et H et la pauvreté en O^2 sont les princ. caractères. — Ioteyko, *Journ. méd. Bruxelles*, 1898 (muscles). — C. Richet, art. Asphyxie, *Dict. de Phys.*

Saignée. — Arloing, *Revue de méd.*, 1881. — Bergendal, *Skand. Arch. f. Phys.*, t. VII, p. 186, resp. et circ. — Bier, Thèse de Würzburg, 1895. — Bierfreund, *Arch. f. klin. Chir.*, t. XLI, 1, régén. hémogl. — Charpentier, Butte, *Biologie*, 1889, p. 653, infl. hémorrag. mère sur vitalité fœtus. — Dastre, *Biologie*, 1893, p. 71, fibrine. — Desfosses et Martinet, *Presse méd.*, 1902, 12 juillet. — Dogiel, *Centralbl. f. med. Wiss.*, 1891, n° 19. — Faney, Thèse de Paris, 1826. — L. Fredericq, *Mém. Acad. roy. Belgique*, Concours, 1884-1885; *Trav. lab. Liége*, bibl., 1886, p. 139. — Hamburger, *Osmot. Druck u. Jonenlehre*. — Hayem, Du sang....; Leçons sur les mod. du sang.... Paris, Masson; *Biologie*, 1899, p. 1208. — Hoche, *Arch. de Phys.*, 1896, p. 446. — Hösslin, Temps nécessaire pour réparation, *Münch. med. Woch.*, 1889, p. 815; *Sitzungsb. d. ges. f. Morph. u. Phys. München*, 1889, p. 87. — Quincke, *Deut. Arch. f. klin. Med.*, t. XXXIII, 1883. — Magendie, Leçons Collège France, 1851-1852. — Laguesse, *Biologie*, 1890, p. 361, régén. sang après saignée chez l'embryon. — Luzet, régén. après saignée chez oiseaux, *Biologie*, 1891, p. 419; *Arch. de Phys.*, 1891, p. 455-467, bibl. — Klug, *Wien. med. Presse*, 1895, p. 1197. — Malassez, *Biologie*, 1879, 15 nov. — Maurel, *Biologie*, 1903, p. 259 — Mariotti, *Morgagni*, 1896. — Stassano et Billon, *Biologie*, 1903, p. 257. — Torup, *Biologie*, 1888, 28 avril, p. 413, Reconst. albuminoïdes. — Tscherewkow, *Arch. f. d. ges. Phys.*, t. LXII, p. 304, Circ. lymphe, canal thoracique. — Viola, Iona, *Arch. ital. biol.*, t. XXIV, p. 220; *Arch. de Phys.* (3), t. VII, p. 37, 1895. — Vinay, Thèse agrég. Paris, 1880, bibl. — White, *Brit. med. Journ.*, 1896, p. 836, Effets hémorr. répétées sur compos. — Ziegler, *Beitr. z. Path. Anat. u. Phys.*, t. II, I, Amaurose.

Transfusion. — Battistini, Scofone, *Arch. ital. biol.*, t. XXVIII, I, p. 38. — Behier, *C. R. Acad. sc.*, 1874. — Brown-Séquard, *C. R. Acad. sc.*, 1851, t. XXXII, p. 855. — — Delens, Laugier, Vilbert, *Ann. hyg. publ.* (3), t. XXXIV, 4, p. 348, Guérison du suje transfusé; maladie et mort du sujet transfuseur; action dommages-intérêts. — Dominici, *Biologie*, 1893, p. 543, Transf. du chien à l'homme bien tolérée. — Hayem, Cours de thérap. exp.; *Leçons sur les émissions sanguines; La transf...*, Paris, 1881; *Biologie*, 1894, p. 291; *C. R. Acad. sc.*, t. CVIII, p. 445. — Hédon, *Arch. méd. exp.*, 1902, p. 297. — Glénard, Thèse Fac. méd. Paris, 1875, bibl. — Laborde, *C. R. Acad. sc.*, t. CIV, p. 794, dans tête des décapités. — Geelmuyden, *Arch. f. Anat. u. Phys.*, 1892, p. 480, Folgen übergrosser Blutfülle. — Landois, *Beiträge z. Phys. d. Blute*, Leipzig, 1878; *Münch. med. Woch.*, 1891, p. 869, Emploi extr. de sangsues. — Marshall, *Zeit. f. phys. Chemie*, t. XV, p. 62, Mélange sang défibriné et sol. salines. — Milne-Edwards, Leçons sur l'Anat. et Phys. comparée, t. I, bibl., p. 320. — Jardet et Nivière, *Biologie*, 1898, p. 349, Glycosurie consécutive à transfusion sang artériel dans veine porte. — Jullien, Thèse agrég. Paris, 1875. — Landerer, *Arch. f. exp. Path. u. Pharm.*, t. XV, p. 426, 1882. — Jakowicki, *Centralbl. f. med. Wiss.*, 1875, p. 468. — Wright, *Brit. med. Journ.*, 1891, p. 1203.

Transfusion de solutions minérales. — Carrion et Hallion, *Biologie*, 1896, p. 1015; 1899, p. 156, *Soc. obstétrique*, Paris, 1900, 20 déc. — Charrin, *Biologie*, 1896, p. 465. — Chassevent, *Biologie*, 1896, p. 499. — Dastre et Loye, *Arch. de Phys.* (4), t. II, p. 693; *Biologie*, 1889, p. 261. — Delbet, *Biologie*, 1826, p. 587. — Hallion, *Soc. méd. et chir. Paris*, 1901, 7 mars. — Langlois, *Biologie*, 189, Effets nég. chez décapsulés. — Lejars, *Biologie*, 1896, p. 976, Monographie, Masson, Paris. — Roger, *Biologie*, 1896, p. 921, 976. — Tuffier, *Biologie*, 1896, p. 302. — Tuffier et Dujarrier, *Gaz. hebd.*, 1896. — V. Henri et A. Mayer, *Biologie*, 1902, p. 824-828.

Rôle dans les infections et immunité. — Charrin et Desgrez, *Biologie*, 1869, p. 805; *Arch. de Phys.*, 1896, p. 780. — Claisse, *Biologie*, 1896, p. 806, Inj. min. massives abaissent leucocytose pendant infections.

Chlorure de sodium. — Bosc et Vedel, *Biologie*, 1896, p. 736-749; 1898, p. 842, Eau de mer; *Arch. de Phys.*, 1896, p. 937; *C. R. Acad. sc.*, t. CXXIII, 1, p. 63. — Carrion et Hallion, *Biologie*, 1896, Conc. moléculaire urine, *Congrès méd. Paris*, 1900. — Dastre, *Biologie*, 1893, 871. — Desmons, Thèse de Paris, 1898. — Hallion, *Biologie*, 1897, p. 1042 (eau de mer); *Arch de Phys.*, 1896, p. 707, Technique injections. — Lingle, *Americ.*

J. of Phys., 1902. — Malassez, *Biologie*, 1896, p. 504, 511, 1097 ; 1897, p. 301. — Maurel, *Biologie*, 1897, p. 10, 77, 152, 159, 215. — Mayet, *Biologie*, 1896, p. 1024, 253, 202 ; *Arch. de Phys. norm. et pathol.*, 1883, t. I, p. 374 ; *Lyon médical*, 1891, t. LXVII, p. 37, 77, 158, 184. — Quinton, Quinton et Julia, *Biologie*, 1897, p. 890, 935, 965, 1063 ; 1898, p. 469. — Surmont et Brunello, *Biologie*, 1894, p. 797, Infl. sur élimination chlore par estomac et acidité suc gastrique.

Eau de mer. — Ramenée par l'eau distillée (83 p. 190) au degré de concentration moléculaire des liquides organiques est mieux supportée que l'eau chlorurée à n'importe quel titre (Quinton et Hallion).

Solutions salines concentrées. — P. Teissier et Lévi, *Biologie*, 1902, p. 27. — Lévi et Bonnier, *Biologie*, 1901, p. 1100. — Lalou et Mayer, *Biologie*, 1902, p. 452. — Coakley et Biron, *Biologie*, 1901, p. 1158.

Souffles. — Chauveau, *Gaz. méd.*, Paris, 1858, p. 247, 261, 273, 312, 340, 355, 482, 581, 592, 616. — Potain, *Clinique méd. de la Charité*, Masson, éditeur, Paris.

DEUXIÈME SECTION

LYMPHE. — LIQUIDE CÉPHALO-RACHIDIEN

A. — LYMPHE.

Topographie. — La lymphe circule dans un système de canaux qui prennent naissance dans les espaces intercellulaires du tissu conjonctif par des culs-de-sac clos et se jettent dans le sang par deux troncs vasculaires principaux : le canal thoracique qui s'abouche dans la veine sous-clavière gauche et la grande veine lymphatique droite qui s'abouche dans la veine sous-clavière droite. Sur le trajet des lymphatiques existent des ganglions (1).

Signification. Origine. — Le réseau satellite du système porte est spécialement différencié en vue de l'absorption digestive. Les canaux qui le constituent sont pour cette raison désignés sous le nom de *chylifères*. Ils débouchent dans le canal thoracique qui centralise d'autre part les lymphatiques d'une partie des membres inférieurs et du tronc.

Le système périphérique général représente un appareil d'excrétion. Il recueille une partie des produits résiduels de l'activité organique des tissus. Les corpuscules (globules, fragments de tissus ou d'organes) épanchés dans les séreuses ou le tissu cellulaire sous-cutané et soumis à la résorption peuvent passer en nature sans altérations dans la lymphe (Hayem et Lesage, Metchnikoff), mais le plus souvent ils sont saisis par les cellules amiboïdes et disparaissent dans leur intérieur (Metchnikoff).

Anciennement la formation de la lymphe était considérée comme

---

(1) Les ganglions caractérisent les Mammifères ; on en trouve quelques-uns très petits et peu nombreux chez les Oiseaux (Hewson, Panizza Vialleton, et Fleury, p. 845, 846).

un phénomène de filtration lié d'une façon intime aux variations de la pression sanguine et compliqué de phénomènes de diffusion et d'osmose s'établissant entre le plasma, les liquides filtrés et les tissus. Cette hypothèse, imaginée par Ludwig, est encore de nos jours soutenue par Starling et Bayliss, Cohnstein... Sans nier l'intervention de ces facteurs, on admet plus généralement à l'heure actuelle que la lymphe est un véritable produit de sécrétion. La théorie de Ludwig n'explique pas tous les faits. Déjà Chauveau, en 1857, au cours de ses discussions avec Colin et Bérard à l'Académie de médecine, avait montré que le plasma lymphatique contient moins de glucose que le plasma sanguin ; mais à cette époque l'ensemble des données concernant l'origine de la lymphe et le rôle de la pression sanguine, paraissait tellement conforme à nòs connaissances sur les phénomènes de dialyse et d'osmose, que ce fait n'attira pas l'attention. Heidenhain, en 1890, insista sur les différences qui séparent le plasma sanguin et le plasma lymphatique ; ce physiologiste, développant cette idée que les membranes animales exercent une action

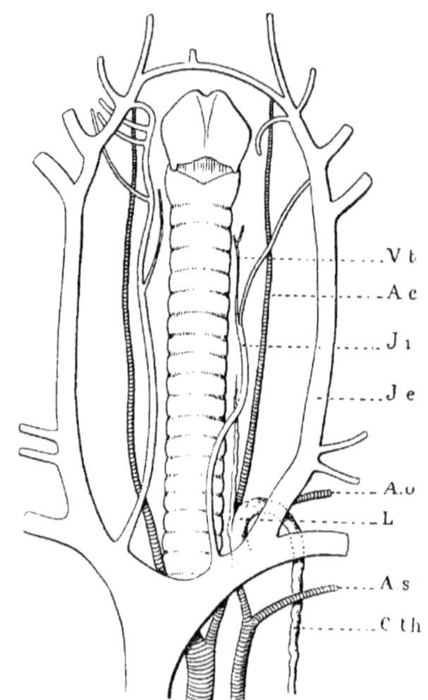

Fig. 190. — *Canal thoracique chez le chien.*

L, Cth, canal thoracique ; As, Ac, sous-clavière, carotide : Je, Ji, jugulaires externe et interne.

élective propre, considéra la lymphe comme un produit de sécrétion des parois des capillaires. Récemment Asher et Barbera, Moussu ont observé des faits qui établissent un rapport entre la formation de la lymphe et les phénomènes vitaux dont les tissus sont le siège.

Propriétés. — La lymphe varie en quantité et qualité d'une région à l'autre et dans une même région suivant l'état de repos ou d'activité des organes. On donne le nom de *chyle* à la lymphe qui provient des intestins pendant la digestion.

Constitution et propriétés physiques. — La lymphe est constituée par un liquide (plasma) contenant en suspension des globules blancs, quelques globules rouges et dans certaines conditions des globules graisseux et des microbes.

Les *globules blancs* sont presque tous des lymphocytes et des mononucléaires; cependant on trouve aussi de rares polynucléaires, notamment dans le canal thoracique et la citerne de Pecquet. La plupart des leucocytes sont immobiles, par suite probablement du défaut d'oxygène. Le nombre des globules blancs varie suivant la région. Dans le chyle, pendant la digestion, on en voit fort peu. Dans l'intervalle des repas, on trouve 8000 globules blancs par millimètre cube en moyenne dans le canal thoracique.

Après un repas de graisse, la lymphe intestinale (et parfois même celle des membres inférieurs, par suite probablement d'un reflux du chyle, Munk et Rosenstein, Pflüger) contient des *corpuscules graisseux* à l'état de très fine émulsion.

Les *globules rouges* passent en grand nombre dans la lymphe sous l'influence des injections intraveineuses d'extrait de sangsues, de peptone (Laulanié, Gley), de bile (Asher), ou, chez le cheval, dans les lymphatiques du cou après la ligature de la veine jugulaire (Laulanié).

Le chyle renferme toujours des *microbes* pendant la période digestive (Desoubry et Porcher). Nicolas et Derias ont constaté que si on mêle des bacilles de la tuberculose à une soupe grasse, trois heures après des bacilles se retrouvent dans le canal thoracique.

La *couleur* et la *transparence* dépend de la nature et de l'abondance des éléments solides en suspension. La lymphe qui revient de la tête et des membres est généralement incolore et limpide; celle qui provient des intestins est trouble. Le chyle et la lymphe contenant des graisses à l'état d'émulsion et un excès de leucocytes sont opaques et laiteux. La présence d'un grand nombre de globules rouges ou d'hémoglobine diffusée (après l'injection intraveineuse de bile, Asher) donne au liquide l'aspect rosé. Par suite de sa richesse plus grande en produits de désassimilation, la lymphe a un *pouvoir osmotique* plus élevé que celui du sang; le point de congélation est un peu plus bas (Hamburger, Starling et Leathes). La *densité* oscille de 1007 à 1043. La *réaction* est alcaline.

Retirée du corps, la *lymphe coagule* après un temps qui varie de trois à trente minutes en moyenne. Le caillot est moins abondant et moins rétractile que celui du sang. La coagulabilité varie suivant qu'il s'agit de lymphe recueillie au repos ou durant l'activité et sous l'influence d'un grand nombre d'actions chimiques. Certaines substances (peptones, extraits d'organes) injectées dans les veines rendent la lymphe passagèrement incoagulable. On ralentit la coagulation *in vitro* en diluant simplement la lymphe à divers degrés avec l'eau salée à 9 millièmes. Les leucocytes mononucléaires et lymphocytes restent parfaitement actifs (Dastre, V. Henri, Stodel, Lesage).

Constitution et propriétés chimiques. — La lymphe contient des substances *albuminoïdes* comparables à celles du sang, mais généralement en quantité moindre (20 à 70 p. 1000).

Parmi ces substances existe la fibrine : on obtient $0^{gr},4$ à $0^{gr},8$ en moyenne pour 1000 chez le chien (au lieu de 2 à 4 grammes dans le sang) ; 2,18 chez le cheval (au lieu de 5 grammes). D'après Gmelin, Colin, la lymphe qui a traversé les ganglions contiendrait plus de fibrine que la lymphe des canalicules.

L'*extrait éthéré* est généralement plus abondant que dans le sang. Dans un cas, chez le chien, le poids de l'extrait éthéré du sang était de $0^{gr},4077$ p. 100, le poids de celui de la lymphe de $0^{gr},5859$ (Daddi)

L'extrait éthéré contient des graisses neutres, des lécithines, et des substances cristallisées paraissant appartenir à la famille des amines. L'extrait éthéré est surtout abondant dans le chyle ; il varie suivant le mode d'alimentation et peut s'élever pour l'ensemble au-dessus de 6 p. 100. Doyon et Morel ont trouvé, après un repas de graisse, chez le chien, les chiffres suivants : 43 grammes à $64^{gr},7$ d'extrait éthéré p. 1000 de chyle.

La graisse existe principalement à l'état de très fine émulsion. La lymphe et le chyle contiennent aussi des savons.

L'extrait éthéré diminue dans le chyle conservé à l'étuve, mais d'une façon relativement peu appréciable (Doyon et Morel). Dans un cas par exemple, le chiffre est tombé de 47 grammes à 43 grammes p. 1000 après vingt-quatre heures à 37° ; dans un autre de $67^{gr},7$ à $57^{gr},04$ p. 1000 après quarante-huit heures à 37° (Doyon et Morel).

On trouve toujours du *glucose* (Chauveau) et du *glycogène*. Le glucose existe dans le plasma et en moindre quantité que dans le plasma sanguin (Chauveau) ; Dastre a trouvé en moyenne, chez le chien à jeun, $0^{gr},960$ p. 1000. Le glycogène est localisé dans les globules blancs ; il existe en quantité généralement supérieure à celle du sang. Dastre a trouvé chez une vache $0^{gr},097$ de glycogène p. 1000. — Glycose et glycogène disparaissent rapidement dans la lymphe abandonnée à elle-même et dans les mêmes conditions que dans le sang (Dastre).

Wurtz a trouvé 0,1 à 0,2 d'*urée* p. 1000. Biedl et Winterberg, 0,5 milligr. d'*ammoniaque* dans la lymphe thoracique chez un chien en digestion.

Les *sels* sont à peu près les mêmes que ceux du plasma ; ils représentent en moyenne 6 à 8 p. 1000. Le chlorure de sodium domine.

Les *gaz* sont parfois assez abondants. CO^2 prédomine toujours ; presque pas d'O^2. Dans un cas, Hammarsten a trouvé : $42^{cc},28$ de gaz p. 100, dont $40^{cc},32$ CO^2, $0^{cc}43$, O^2 ; $1^{cc},63$ Az.

On a signalé la présence de l'*amylase* (Magendie, Cl. Bernard, Schiff, Böhm et Hoffmann, Röhmann, Dastre), de la *maltase* (Dubourg, Tebb, Bourquelot et Gley), de la *présure* (Floresco).

D'après Tappeiner, le chyle contient normalement de la bile (probablement réabsorbée par l'intestin).

Le sérum lymphatique possède d'une manière générale les propriétés du sérum sanguin et notamment le pouvoir antitryptique (Gley et Camus).

Conditions modifiant la production et les propriétés de la lymphe.

— Ces conditions sont multiples ; leur mode d'action est mal connu en ce qui concerne le plus grand nombre.

Influence de l'activité des tissus. — La lymphe paraît être, en partie tout au moins, un produit d'élaboration des tissus ; l'élaboration est proportionnelle au degré d'activité de ces tissus.

Le *travail physiologique total d'une région* de l'organisme suractive considérablement la circulation lymphatique de la région considérée. La quantité de lymphe charriée par un vaisseau donné, peut être 5, 10 et 20 fois plus grande que pendant le repos.

Expérience : Chez le cheval, les lymphatiques de chaque moitié droite et gauche de l'extrémité céphalique se déversent dans le système veineux par l'intermédiaire d'un seul grand conduit (exceptionnellement plusieurs) satellite de la carotide et de la trachée et d'un accès relativement facile. Si on donne au sujet un repas homogène (du foin), on porte au maximum l'activité des muscles servant à la mastication et à la déglutition, des glandes buccales et salivaires, et la circulation de ces organes. L'écoulement de la lymphe, qui était presque insignifiant, augmente instantanément et progressivement, puis atteint un maximum qui persiste tant que l'activité est la même. La quantité de lymphe varie de temps à autre ; le maximum est atteint lorsque la mastication se fait du côté de la fistule lymphatique ; au contraire, il y a diminution notable de cette quantité lorsque la mastication se fait du côté opposé à la fistule. Lorsque le phénomène se ralentit, il suffit de donner au sujet des éléments plus recherchés,

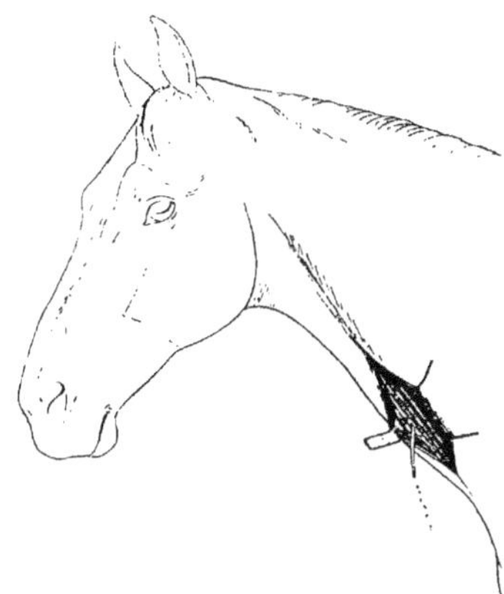

Fig. 191. — *Lieu d'élection pour pratiquer les fistules lymphatiques* (Moussu).

La peau et le muscle peaussier étant incisés, les muscles trachéliens déplacés vers le bas, on trouve dans la plaie : la jugulaire en haut, la carotide appliquée sur la trachée, le grand lymphatique du cou et le cordon vaguo-sympathique masqué par les vaisseaux.

par exemple de l'avoine pour stimuler l'appétit à nouveau ; aussitôt l'écoulement reprend son activité. L'intensité du résultat dépend en partie de l'âge et de

l'individu. Les variations individuelles sont plus fortes chez la vache que chez
le cheval (Moussu).

La mise en activité d'une région quelconque de l'organisme est
susceptible d'influencer à distance la production de la lymphe
d'une région au repos relatif. Hamburger, Moussu ont constaté chez
le cheval que le travail des membres peut augmenter la quantité
de lymphe produite dans la région céphalique.

Fig. 192. — *Répartition des lymphatiques de la tête et de l'encolure
chez le cheval* (Moussu).

Tous les tissus ne semblent pas concourir également à la production de la
lymphe. Tout le monde est d'accord pour admettre que les mouvements actifs
et passifs exagèrent l'écoulement ; d'après Heidenhain, Pugliese, Hamburger,
le résidu fixe de la lymphe diminue légèrement dans ces conditions. En ce
qui concerne les glandes, les expériences ne sont pas univoques. D'après
Asher et Barbera, le travail physiologique des glandes et la formation de la
lymphe vont de pair. De fait le fonctionnement de la sous-maxillaire (Asher et
Barbera, Bainbridge), du foie (Asher et Barbera), de la thyroïde (Morat, Asher et
Barbera) s'accompagne chez le chien dans les organes correspondants de la formation abondante de lymphe. La preuve que le phénomène est lié à la sécrétion
et non à la suractivité circulatoire qui accompagne le fonctionnement est donnée
par l'expérience suivante : après l'administration d'atropine l'excitation de la
corde du tympan provoque toujours la suractivité circulatoire, mais non l'écoulement de la salive (Heidenhain) et de la lymphe (Cohnheim, Asher et Barbera,
Bainbridge). En opposition avec ces résultats et avec ses propres conclusions
concernant l'origine de la lymphe, Moussu fait remarquer que si on excite chez
le bœuf les nerfs sécréteurs de la parotide en ayant soin de détourner de la
bouche le flot de salive pour éviter les mouvements de déglutition, la quantité

de lymphe recueillie au niveau du cou n'augmente pas et parfois même est moindre qu'à l'état de repos.

Pendant la *digestion* l'influence la plus marquée est celle de l'ingestion de graisses. Le chyle devient plus abondant et lactescent. La lymphe des autres parties du corps peut également être modifiée. Dans un cas de fistule lymphatique du membre inférieur, observé par Munk et Rosenstein chez une femme, la teneur en graisse. qui était de 1 p. 100 à l'état de jeûne environ et même moins, s'élevait rapidement à 4,3-4,5 p. 100. L'ingestion des albuminoïdes augmente également l'écoulement de lymphe dans le canal thoracique (Asher et Barbera).

Stase veineuse. — En général la stase veineuse provoquée dans les membres augmente passagèrement la quantité de lymphe produite, tantôt peu, tantôt beaucoup (Ludwig, Tomsa, Paschuttin, Emminghaus, Heidenhain, Pugliese). — Moussu n'a constaté sur le cheval qu'une relation tardive et de bien faible importance.

Les résultats sont peut-être plus décisifs en ce qui concerne la lymphe du canal thoracique. L'obturation de la veine porte, de la veine cave inférieure au-dessous du diaphragme exagèrent l'écoulement (Heidenhain). Dans le second cas, les intestins sont très anémiés, et l'exagération de l'écoulement paraît devoir être mise sur le compte de la congestion du foie ; Starling a constaté, en effet, que la pression capillaire s'élève dans le foie et, d'autre part, que la ligature des lymphatiques hépatiques empêche le phénomène.

Pression artérielle. Influences vaso-motrices. — Une certaine pression est nécessaire à l'entretien régulier de la vitalité des tissus et par suite à la production normale de la lymphe. Les variations de la pression ont un retentissement, mais assez faible.

Après la section du sympathique cervical (chez le cheval) on constate une vaso-dilatation extrêmement marquée s'accompagnant rapidement de sudation intense ; l'écoulement de la lymphe est ralenti par rapport à la normale. La paralysie des vaso-constricteurs n'augmente donc pas toujours (1) la quantité de lymphe dans la région correspondante tout en augmentant l'afflux du sang. L'excitation faible du sympathique cervical provoque des effets inverses : la pression locale est augmentée ; la lymphe coule plus abondante. On remarquera que l'excitation du sympathique provoque sinon chez le cheval, tout au moins chez le bœuf, le chien, la sécrétion sous-maxillaire et peut déterminer des mouvements de déglutition :

---

(1) Peckelharing, Mensonides. Dourdouffi. Ostroumoff, Marcacci, Rogowicz, Lewaschew, Pugliese ont constaté que la vaso-dilatation entraîne d'une manière générale l'accélération du cours de la lymph .

les résultats peuvent se trouver faussés du fait du travail musculaire ainsi fourni (Moussu).

Anémie. Saignée. — Les ligatures artérielles restent généralement sans effet, en raison des anastomoses qui établissent des suppléances.

La ligature de l'aorte exerce à peine une influence sur l'écoulement par le
canal thoracique ; le liquide continue à s'écouler pendant quelques heures, parfois
il perd son aptitude à la coagulation spontanée et s'accroît en matériaux solides
albuminoïdes. Starling a fait remarquer que la ligature de l'aorte augmente la
pression dans la veine cave inférieure et par suite n'arrête pas la sécrétion
lymphatique du foie. Il est toutefois hors de doute que l'écoulement de la lymphe
peut continuer par le canal thoracique plusieurs heures après la mort (Heidenhain, Wertheimer, Asher, Gies, Pugliese).

Moussu a constaté chez le cheval que la saignée, si elle est suffisante pour provoquer une chute notable de la pression générale,
diminue le cours lymphatique. Au bout de plusieurs heures, l'écoulement revient à la normale, par suite de l'absorption interstitielle
et intestinale. Hoche a constaté chez le chien que la saignée
augmente l'écoulement par le canal thoracique. L'expérience n'est
pas en contradiction avec celle de Moussu, car, d'une part, le relève-
ment de la tension se fait en partie aux dépens de l'absorption intestinale et, d'autre part, il y a dans l'expérience des actions multiples.

Lymphagogues. — Certaines substances, dites lymphagogues,
provoquent une augmentation considérable de l'écoulement de la
lymphe, lorsqu'on les injecte dans les veines. Les unes sont cristallisables et bien définies, ce sont : le sucre, l'urée, l'acide urique,
les chlorure, sulfate, azotate de sodium... (Heidendain) ; les autres
sont des corps plus ou moins complexes et bien définis, tels que les
extraits de certains organes (1) [muscles d'écrevisses, moules, anodontes, têtes et corps de sangsues, intestins et foie de chien, blanc
d'œuf (Heidenhain) ; thyroïde (Heger) ; les peptones (Heidenhain,
Gley, Asher), certaines toxines microbiennes (Charrin et Athanasiu, Moussu)... le curare (Paschuttin, Lesser, Tarchanoff)]. La bile
augmente la lymphe hépatique (Asher et Barbera). L'extrait aqueux
de fraises injecté dans les veines du chien, amène l'augmentation
de la lymphe du canal thoracique, retarde la coagulation du sang et
fait baisser la pression artérielle (Clopatt, Gley). D'après Pugliese,
la caféine est lymphagogue.

Les modifications subies par la lymphe sont encore peu connues et paraissent
dépendre en partie de la dose. Les substances cristalloïdes diminuent les maté-

____

(1) On traite les matériaux par l'alcool à 97°, on les dessèche, on les pulvérise ; 5 parties de poudre dans 100 parties d'eau, donnent un extrait très actif.

riaux fixes de la lymphe, à doses moyennes (HEIDENHAIN); elles l'augmentent à doses très faibles (ASHER et BARBERA). PUGLIESE a noté une diminution de la quantité p. 100 en éléments fixes après l'injection d'une solution hypertonique de NaCl. Les extraits d'organes augmentent, d'après HEIDENHAIN, la teneur de la lymphe en albumine et celle du sang en globules et en principes fixes. Le curare augmente les substances solides de la lymphe et diminue celles du sérum sanguin.

HEIDENHAIN a soutenu que les extraits d'organes agissent en stimulant l'activité élective des capillaires sanguins d'où résulterait le passage d'une partie du plasma dans les lymphatiques. A l'appui de cette hypothèse, HEIDENHAIN a fait valoir les modifications comparées du sang et de la lymphe sous l'influence de ces agents (Voy. plus haut) et montré que toute cause abaissant la vitalité des cellules capillaires sans modifier (?) la perméabilité des vaisseaux sanguins, telle que la ligature prolongée de l'aorte, empêche l'action des extraits d'organes.

ASHER et BARBERA, BAINBRIDGE établissent un rapport entre l'action lymphagogue de certaines substances et leur action excito-sécrétoire; toutefois, les lymphagogues n'excitent pas les sécrétions (extraits de sangsues, peptone) (ELLINGER, DOYON, FALLOISE). DOYON a constaté que la peptone exerce une action d'arrêt sur la sécrétion biliaire et fait contracter énergiquement la vésicule. L'expérience est réalisée sur le chien curarisé à la dose limite. On enregistre les mouvements de la vésicule en plaçant dans cet organe par le fond une ampoule en baudruche, reliée à un manomètre à eau muni d'un flotteur en bougie inscripteur. On peut apprécier les variations de la sécrétion en introduisant une canule dans le cholédoque et en reliant cette canule à un tube placé horizontalement sur une règle graduée; on compare, avant et après l'injection de peptone, le nombre de centimètres parcourus par le ménisque de bile le long de la règle dans un temps donné. La peptone (de WITTE) était injectée dans la jugulaire à la dose de 60 à 70 centigrammes par kilogramme d'animal, dans 25 centimètres cubes d'eau. La contraction de la vésicule peut durer près d'une demi-heure. La pilocarpine provoque une augmentation de la lymphe, mais il n'est pas prouvé que le phénomène soit toujours sous la dépendance de l'hypersécrétion concomitante. Le fonctionnement salivaire total provoque de fréquentes déglutitions et par suite des mouvements musculaires qui faussent les résultats.

Quantité. — Bien que la quantité soit variable, nous citerons quelques chiffres pour fixer les idées.

Le tableau suivant donne, d'après MOUSSU, les quantités de lymphe écoulée chez divers gros animaux par une fistule pratiquée au gros tronc lymphatique trachéal droit.

Espèce animale.	Quantité totale écoulée en 10 minutes.
Cheval âgé	1 gr.
—	4,50
—	6,20
—	2
—	1,30
—	2
—	2
—	2
—	1
—	0,60
Bœuf âgé	4,65
Génisse (un an)	26
Vache âgée	10
Vache	2

Colin a recueilli en vingt-quatre heures, par une fistule faite au canal thoracique d'une vache, 95^{kgr},286 de lymphe ; Lesser, en quatre heures, chez un chien, 300 centimètres cubes. En général on recueille beaucoup moins de liquide. En trois heures et demie par exemple, Doyon et Morel ont obtenu chez un chien de 14^{kgr},8, après un bon repas de graisses, 58 centimètres cubes de chyle. En moyenne, d'après Heidenhain, un chien de 10 kilogrammes donne 640 centimètres cubes par le canal thoracique en vingt-quatre heures.

Chez une jeune fille de dix-huit ans, du poids de 60 kilogrammes, Munk et Rosenstein ont recueilli, par une fistule existant au membre inférieur, 1134 à 1 372 de lymphe entre douze et treize heures après le repas ; 50 à 70 et même 120 grammes par heure après un jeûne de dix-huit heures.

Krause estime la quantité de lymphe à 1/3 du poids du corps ; Ludwig à 1/4 environ. Des évaluations exactes sont impossibles.

Ganglions lymphatiques.

Les ganglions constituent chez l'adulte des centres générateurs de lymphocytes. Il suffit d'examiner une préparation de glande lymphatique pour constater, d'une part, la multiplication par voie karyocinétique de ces cellules lymphatiques au sein des centres germinatifs, d'autre part, leur pénétration dans les sinus lymphatiques.

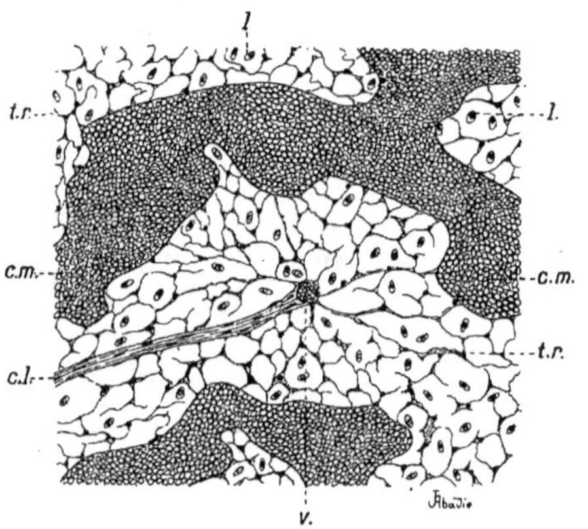

Fig. 193. — *Portion de la substance médullaire d'un ganglion lymphatique après injection interstitielle de nitrate d'argent. Figure réelle : oc. 2, obj. 4, Stiassnic.*

cl, cloison connective ; *cm*, cordons médullaires ; *l*, leucocytes ; *tr*, tissu réticulé ; *v*, vaisseau (d'après Vialleton).

Grâce aux leucocytes qu'ils renferment, les ganglions constituent une sorte de barrière, de rempart défensif contre les agents figurés qui tendent à envahir l'organisme. Le gonflement des ganglions dans les infections montre assez à cet égard leur importance. Lorsqu'on injecte des globules rouges ou tout autre élément figuré dans le péritoine, les corps étrangers sont englobés par des macrophages qui les emportent et les accumulent dans les ganglions de l'épiploon et du mésentère (Metchnikoff).

Manfredi a trouvé que les ganglions de l'homme et des animaux renferment souvent des microbes pathogènes ou non. L'injection simultanée de cultures et de suc ganglionnaire atténue l'infection (Manfredi).

Il est possible que les ganglions modifient la composition chimique de la lymphe qui les traverse. D'après Gmelin, Colin, la lymphe d'origine intestinale, recueillie avant son passage à travers les ganglions, ne contiendrait pas de fibrine.

Pendant la digestion la graisse se distribue dans les ganglions mésentériques d'une manière irrégulière et y subit des modifications. La graisse en émulsion circule dans le système caverneux du ganglion en partie à l'état libre et en partie à l'intérieur des cellules migratrices. Grâce aux éléments mobiles du sang, elle pénètre même dans l'intérieur des follicules. En même temps qu'elle circule

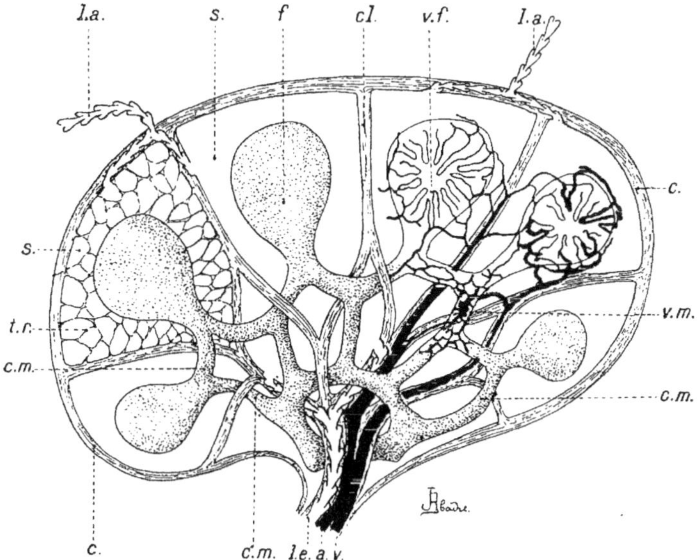

Fig. 194. — *Coupe sagittale d'un ganglion lymphatique* (schéma. d'après VIALLETON).

La capsule *c* envoie dans l'intérieur du ganglion des cloisons *cl*, déterminant des loges dans lesquelles les follicules clos *f* sont placés, maintenus par le tissu réticulé *tr*. Les follicules forment la *substance corticale* des ganglions. Ils émettent vers le centre de ce dernier des prolongements cylindriques. les *cordons médullaires*, *cm*, qui, anastomosés entre eux, et s'entrecoupant de mille manières avec les cloisons, forment la *substance médullaire*. A droite, on a représenté la circulation dans deux follicules et dans les cordons médullaires. Les lymphatiques afférents et efférents sont aussi indiqués : *c*. capsule conjonctive : *cl*. cloisons ; *cm*. cordons médullaires : *f*. follicules clos ; *la*. lymphatiques afférents : *le*, lymphatiques efférents : *s*, sinus périfolliculaire : *tr*, tissu réticulé ; *a*. artère ; *v*. veine : *vf*, vaisseau du follicule : *vm*. vaisseau des cordons médullaires.

elle se transforme ; d'abord colorable en noir par l'osmium, elle devient peu à peu moins colorable (POULAIN).

Les ganglions lymphatiques contiennent 0ᵍʳ,06 à 0ᵍʳ,58 p. 1000 de fer (GUILLEMONAT et DELAMARE).

VIALLETON et son élève FLEURY ont démontré que les ganglions opposent chez les Mammifères une assez grande résistance aux liquides injectés et par conséquent au cours de la lymphe. Chez les Oiseaux cette résistance est nulle par suite de la simplicité de structure des ganglions chez ces animaux. Il est remarquable que l'imperméabilité relative des ganglions chez les Mammifères coïncide avec l'apparition de valvules sur les troncs lymphatiques. VIALLETON, qui a établi ce rapprochement, estime que les valvules en maintenant la lymphe en amont des ganglions lui permettent de s'y accumuler jusqu'au moment où elle atteint la pression qui lui est nécessaire pour les traverser.

B. — LIQUIDE CÉPHALO-RACHIDIEN.

Historique. — L'étude du liquide céphalo-rachidien a été ébauchée par WILLIS, VIEUSSENS, COTUGNO (1784), puis reprise par MAGENDIE, un des premiers (1825). Depuis que QUINCKE en 1890 a démontré qu'il était possible d'obtenir le liquide céphalo-rachidien sans mutilation importante chez l'homme, l'étude de ce liquide a pris une grande importance ; on a reconnu que les caractères du liquide céphalo-rachidien pouvaient constituer un élément important pour le diagnostic.

Topographie. — Le liquide céphalo-rachidien existe entre la pie-mère et l'arachnoïde et enveloppe de toute part la moelle et le cerveau.

Le canal épendymaire et les ventricules latéraux du cerveau contiennent un liquide assimilé au liquide céphalo-rachidien. Les deux nappes, extérieure et intérieure, communiquent, au moins chez certaines espèces, à des époques déterminées du développement et même, chez l'adulte, par les trous de MAGENDIE et de LUSCHKA situés sous le vermis du cervelet immédiatement en arrière de la région bulbaire postérieure.

Moyens de l'obtenir. — Chez l'homme et les animaux on peut, sans mutilation importante et sans danger, donner issue au liquide céphalo-rachidien en perforant le grand cul-de-sac sous-arachnoïdien de la queue de cheval (QUINCKE, 1890). La ponction est pratiquée chez l'homme entre la cinquième et la quatrième vertèbre lombaire sur une ligne transversale qui réunit entre elles les deux crêtes iliaques. Pour augmenter les chances de succès, on exagère la courbure de la colonne vertébrale sous le sommeil anesthésique. DASTRE, CAVAZZANI ont imaginé des canules permettant de recueillir le liquide chez le chien par une fistule pratiquée entre l'occiput et l'atlas.

La soustraction du liquide cérébro-spinal peut amener la paralysie respiratoire, la diminution de la durée et de la vivacité des réflexes (KRÖNIG, GUMPRECHT, FÜRBRINGER, LICHTSHEIM, SEGA ; cons. MONGOUR, *Biologie*, 1903, 1361).

Chez l'homme, l'écoulement spontané du liquide céphalo-rachidien à l'extérieur a été observé : temporairement par le nez ou l'oreille dans des cas de fracture du crâne ; pendant des mois et même des années par le nez (probablement à travers les gaines des filets de l'olfactif et la lame criblée de l'ethmoïde), sans qu'il existe d'autre état pathologique ni une altération appréciable de la santé (TILLAUX, 1877 ; SAINT-CLAIR THOMSON, 1896).

Constitution. — Le liquide céphalo-rachidien n'est pas toujours identique à lui-même ; il varie aux différents moments de la journée (CAVAZANNI, SAINT-CLAIR THOMSON) et suivant un certain nombre de conditions encore mal déterminées.

Analyses du liquide cérébro-spinal [NAWRATSKI].

CAS.	EAU.	ALBUMINE.	RÉSIDU fixe moins l'albumine.	SUBSTANCES anorganiques.	SUBSTANCES organiques moins l'albumine.
	p. 100	p. 100	p. 100	p. 100	p. 100
Hommes...... 1	98,9232	0,594	1,0174	0,7867	0,2307
— 2	98,8575	0,1007	1,0418	0.8683	0,1735
— 3		0,0468			
— 4		0,1966			
— 5		0,0672			
— 6		0,0955			
Femmes...... 7		0.0845			
— 8		0,5805			
Veau...........	98,8865	0,0221	1,093	0,813	0,2794

Chez l'homme le liquide était retiré par la ponction lombaire ; les sujets étaient dans l'âge moyen et étaient atteints pour la plupart de paralysie progressive. La teneur élevée en albumine du cas 8 s'explique par une pachyméningite hémorragique récente.

Origine. — Elle est inconnue, SPINA aurait observé de visu la formation de gouttelettes claires de liquide cérébro-spinal à la surface du cerveau. Il suffit pour cela de provoquer une forte hyperhémie locale ; le liquide transsude directement à travers la paroi amincie des vaisseaux de la substance corticale. D'après PETTIT et GIRARD, VENEZIAM, le liquide céphalo-rachidien est sécrété par les plexus choroïdes. Les cellules de revêtement des plexus choroïdes des ventricules latéraux présentent des modifications histologiques à la suite de l'administration de muscarine, d'urée, de toxines, etc., comparables à celles qui s'observent dans les cellules glandulaires (PETTIT et GIRARD). Le violet de méthyle se fixe sur les plexus et amène leur dégénérescence. Dans ces conditions le liquide céphalo-rachidien est modifié ; il devient plus alcalin et moins abondant (VENEZIAM).

Passage dans le liquide céphalo-rachidien des substances contenues dans le sang. — Certaines substances passent, d'autres non. Après la mort, la membrane arachnoïdo-pie-mérienne devient inerte et n'oppose plus aux substances qui pourraient la traverser de dehors en dedans, la barrière solide qu'elle leur oppose lorsqu'elle remplit son rôle physiologique à l'aide des éléments histologiques encore vivants qui entrent dans sa structure. Dans les différentes formes de méningite, les méninges paraissent se comporter différemment au point de vue de la perméabilité de dehors en dedans, c'est-à-dire de l'organisme vers la cavité arachnoïdienne (WIDAL, SICARD, MOXON, GRIFFON, CRUCHET).

Absorption par la voie sous-arachnoïdienne. — La voie sous-arachnoïdienne peut être utilisée soit pour retirer un peu de liquide dans un but diagnostique, soit pour faire pénétrer des médicaments (LÉONARD CORNING, 1885 ; SICARD, 1898 ; CATHELIN et TUFFIER).

Deux cents centimètres cubes d'eau salée peuvent être injectés sans inconvénient par cette voie à un chien de 10 à 15 kilogrammes; le liquide fuse en partie dans les ventricules latéraux; 10 à 15 centimètres cubes d'huile sont bien supportés et résorbés lentement (Sicard). L'iodure de potassium, le bleu de méthylène mélangé à dose suffisante au liquide céphalo-rachidien se retrouvent dans l'urine (Widal, Sicard, Ravaut). Certaines substances agissent à dose plus faible, lorsqu'on les injecte dans l'espace sous-arachnoïdien, que lorsqu'on les injecte dans le sang. Levandowski a constaté le fait pour la strychnine. La chirurgie a bénéficié de cette méthode. L'injection dans le cul-de-sac sous-arachnoïdien de la queue de cheval de chlorhydrate de cocaïne (1 centigramme et demi à 3 centigrammes) suffit chez l'homme à provoquer pendant quelques heures l'anesthésie des membres inférieurs et d'une partie du tronc (méthode de Bier, 1898, Seldowitch et Zeidler, Tuffier). L'anesthésie peut durer une heure ou une heure et demie; elle est le plus souvent telle que l'on peut tout couper ou cautériser sans que le patient éprouve la moindre douleur et puisse accuser autre chose qu'une sensation de contact.

Toutes ces substances médicamenteuses et notamment la cocaïne exposent à une réaction méningée. Sicard a observé la diapédèse à la suite de l'injection d'huile ou d'encre de Chine; Ravaut, Aubourg ont constaté la présence de polynucléaires à la suite de la rachi-cocaïnisation dans le liquide cérébro-spinal. Pour obvier à cet inconvénient, quelques chirurgiens font pénétrer les substances médicamenteuses dans l'espace cellulo-adipeux situé entre la dure-mère et la paroi osseuse, facilement abordable par la voie sacro-coccygienne (*injections extra-durales*).

Constitution et propriétés du liquide céphalo-rachidien.

1. CONSTITUTION ET PROPRIÉTÉS PHYSIQUES.

Quantité	Se reproduit incessamment et rapidement. L'écoulement par une fistule est régulier et continu, mais présente de petites oscillations en rapport surtout avec l'agitation du sujet, la respiration, la systole cardiaque.	On cite des patients qui perdaient plus de 1 litre en 24 heures; les mouvements augmentent l'écoulement. D'après Cavazzani, l'excitation du bout central du vago-sympathique chez le chien amène un ralentissement ou un arrêt de l'écoulement. Les lymphagogues sont sans action. La pilocarpine, l'éther accélèrent l'écoulement; l'atropine, l'hyoscyamine, l'injection intraveineuse de violet de méthyle exercent l'effet inverse (Cavazzani). Sicard conteste l'action de la pilocarpine. — D'après quelques auteurs, il y a des variations suivant l'état d'abstinence et de digestion.
Constitution	Pas d'éléments corpusculaires, sauf quelques rares lymphocytes.	La présence de leucocytes traduit d'une façon constante l'existence d'une altération ou irritation de l'axe nerveux cérébro-spinal ou des méninges (méningites, injections de cocaïne... (Widal et Ferrier).
Propriétés optiques	Limpide, incolore, très fluide	Peut devenir opalescent dans les méningites; contient de l'hémoglobine ou des pigments dérivés [donnant une teinte jaune ou verdâtre, mais ne présentant ni les réactions de la bile, ni celle de l'hémoglobine] dans les fractures du crâne, certaines maladies du système nerveux, les hémorragies cérébrales, certains ictères chroniques... (Bard — confirmé par Widal, Sicard et Ravaut; Gilbert et Castaigne, Rendu et Géraudel, Tuffier et Milian...)
Densité	1005 à 1008, inférieure à celle du sang.	
Réaction	Neutre ou faiblement alcaline; l'alcalinité est plus faible que celle du sang; elle correspond chez le chien à 0.093 NaOH%, chez le bœuf à 0,101 p. 100 (Cavazzani).	Contient plus de substances solides le matin (Cavazzani, Saint-Clair Thomson), plus alcalin le matin (Cavazzani, Saint-Clair Thomson). La morphine augmente l'alcalinité, le curare la diminue (Cavazzani).
Concentration moléculaire	En général supérieure à celle du sérum sanguin. Le point de congélation (examiné chez des malades indemnes de lésions méningées aiguës mais atteints de lésions diverses) oscille entre — 0,56 — à 0,75. Le liquide céphalo-rachidien pur ne laque pas le sang et peut supporter une addition d'eau distillée assez étendue sans provoquer cet effet; en moyenne le laquage ne commence que lorsqu'on a additionné 9 gouttes d'eau distillée à 10 gouttes de liquide et ne devient bien net qu'avec 10 gouttes (Bard).	Au cours de certaines méningites la relation entre le sang et le liquide céphalo-rachidien est inversée (Widal, Bard). Le point de congélation s'abaisse au-dessous de la normale (Widal, Sicard, Monod, Ravaut).
Pression sur le vivant	Chez l'homme: généralement inférieure à 150 mm. d'eau lorsque le sujet est couché (Quincke, Krönig), oscillations en rapport avec respiration, systoles cardiaques.	Varie suivant la position. Dans les états pathologiques elle peut atteindre 500 et 700 mm. d'eau (méningites, tumeurs cérébrales...) (Naunyn). Augmente dans l'épilepsie provoquée par l'excitation de l'écorce, l'injection intra-veineuse d'absinthe (Cavazzani et d'Ormea).
	a) Des traces d'albuminoïdes (au-dessous de 0,1 p. 100) représentés surtout par des globulines; le liquide ne m...	Au cours de certaines méningites les albuminoïdes augmentent; la fibrine apparaît (Widal).

2. Constitution et propriétés chimiques		
Substances azotées......	au bleu la teinture de gaïac, colore les solutions à acide tannique en brun, les solutions d'hydroquinone en rose plus foncé et donne avec l'ortholuidine un précipité rose violet soluble dans l'éther. — La substance oxydante est précipitable par l'alcool; son action est supprimée par l'ébullition. — Pas de diastase ou des traces (CLERC).	Des ferments peuvent apparaître pendant l'urémie ou dans les méningites cérébro-spinales à polynucléaires (DIRCKSEN).
Hydrate de carbone.....	CL. BERNARD a découvert dans le liquide céphalo-rachidien une substance réduisant la liqueur de FEHLING, qu'il a considérée dès le début comme du GLUCOSE. NAWRITZKI, GRIMBERT et COULAND, PATEIN, GUERBET ont apporté des preuves nouvelles de cette affirmation. NAWRITZKI a extrait cette substance de 2 litres de liquide recueilli sur 85 veaux et démontré qu'elle fermente avec la levure de bière en donnant CO^2, dévie à droite le plan de la lumière polarisée et forme avec la phényl-hydrazine des cristaux caractéristiques de glucosazone. Le liquide céphalo-rachidien de l'homme contient en moyenne 0,04 p. 100 de glucose, 0,020 à 0,072 de substances réductrices, d'après DIRCKSEN. Dans tous les cas, moins que le sang. Le glucose disparaît après la mort, même en l'absence des microbes (HOPPE-SKYLER, VIRCHOW, NAWRITZKI, PATEIN); contesté par DIRCKSEN.	Le glucose augmente dans le diabète.
Substances inorganiques..	Surtout NaCl : 0,692 p. 100 chez le veau (NAWRITZKI). 0,525 — 0,675 p. 100 (ACHARD et LOEPER). 0,615 — 0,720 chez des malades atteints d'affections nerveuses diverses (SICARD et WIDAL). KCl : 0,0339 p. 100 chez le veau (NAWRITZKI).	L'ingestion d'un excès de NaCl provoque l'augmentation de cette substance dans le liquide céphalo-rachidien si l'élimination rénale est empêchée (ACHARD et LOEPER). SALKOWSKY signale une teneur élevée en K dans les épanchements aigus et attribue ce fait à la fièvre.
3. Toxicité. — Nulle.	Celui des épileptiques, d'après PELLEGRINI, amène chez le cobaye des convulsions (5cc pour 100 gr. d'animal, en injection intraveineuse). Faits analogues de SOCQUES et CASTAIGNE (urémie), DIDE et SACQUÉPÉE (épilepsie).	Peut donner la rage si le liquide provient d'un animal enragé (DEXIAES et SABRAZÉS). — CONCETTI, SICARD, DONZELLO ont constaté que le liquide céphalo-rachidien est bactéricide pour certains microbes.
4. Passage de sang au liquide céphalo-rachidien		
Substances pénétrant. Parasites.	Alcool (NICLOUX), pigments et sels biliaires (MAGENDIE, GILBERT et CASTAIGNE, parfois); urée dans l'urémie (COMBA, DIRCKSEN); glucose dans le diabète; chlorures dans la pneumonie...	L'iodure de potassium ne pénètre pas à l'état physiologique; à l'état pathologique tantôt l'iodure pénètre, tantôt ne pénètre pas, sans qu'on puisse saisir la raison de cette différence (WIDAL, SICARD, RAVAUT). CASTELLANI a découvert dans plusieurs cas de maladie du sommeil une espèce de trypanosome à la fois dans le sang et le liquide céphalo-rachidien.
Substances ne pénétrant pas..........	Agglutinine typhique (WIDAL, SICARD, ACHARD, BENSAUDE), tuberculeuse (ANTOINE et P. COURMONT); chlorure de lithium (ACHARD et LOEPER).	Le mercure ne pénètre pas, même après un traitement par l'huile grise ou des injections de calomel (LAUNOY, LEROUX, SICARD). Cependant dans un cas d'hydrargyrisme chronique RAYMOND et SICARD ont trouvé des traces de mercure. La ligature du pédicule rénal provoque le passage de certaines substances (ferrocyanure) qui dans les conditions normales ne pénètrent pas (ACHARD et LOEPER).

BIBLIOGRAPHIE.

Lymphe.

Éléments figurés. — Egger, *Journ. méd. de Bruxelles*, t. I. 3, p. 25. — Hayem, *Biologie*, 1899, p. 621. — Botkin, *Virchow Archiv*, t. CXLV, 2, p. 369. — Maurel, *Biologie*, 1902, p. 740.

Sérum — Gley et Camus, *Biologie*, 1902. p. 802. — Asher et Barbera, *Zeitsch. f. Biol.*, 1898, V, 36, p. 210.

Pression osmotique. — Hamburger, *Osmotisch. Druck. u. Jonenlehre.* — Leathes, *Journ. of Phys.*, 1895, t. XIX, p. 1. — Fano et Bottazzi, *Arch. ital. biol.*, t. XXVI, 1, p. 45.

Action toxique — Pagano, *Arch. ital. biol.*, t. XXI, p. 110; t. XXII, 3, p. 108. — Asher et Barbera, *Zeit. f. Biol.*, 1898, t. XXXVI.

Canal thoracique. — Camus, *Biologie*, 1893, p. 1021, Anomalies du chien. — Moreau, *Biologie*, 1894, p. 813, anomalie. — Weischer, *Deut. Zeit. f. Chir.*, t. XXXVIII, p. 487.

Ligature. — Biedl, *Wiener klin. Woch.*, 1896, p. 1051 ; *Arch. slav. St-Pétersb.*, 1900. — Harley, *Brit. med. Journ.*, 1892, Ligat. canal empêche sur le chien les pigments biliaires de pénétrer dans le sang à la suite de la ligature du cholédoque, contredit par Wertheimer, Mülheim, *Arch. f. Phys.*, 1877, cons. aussi : *Globules blancs.*

Procédés pour recueillir la lymphe. — Pugliese, *Arch. f. d. ges. Phys.*, 1898, t. LXXII, p. 604. — Paschutin, *Sitz. ber. math. phys. Classe Sächs. gesell. Wiss. Leipzig*, 1873. — Colin, *Phys. comparée*, t. II. — Lesser, *Arch. phys. Anstalt.* Leipzig, 1872, p. 94.

Fistule. — Gubler et Quevenne, *Gaz. méd. Paris*, 1854, n° 24. — Munck et Rosenstein *Virchow's Arch.*, Bd CXXIII : *Arch. f. Phys. Du Bois-Reymond*, 1890. — Hensen, *Arch. f. d. ges. Phys.*, 1875, Bd X, p. 94. — Odenius et Lang, *Nordiskt. med. Ark.*, 1874, Bd VI, n° 13.

Ferments. — Bial, Inaug. diss. Breslau, 1892, diastase. — Röhmann, *Arch. f. d. ges. Phys.*, t. LII, p. 157 : *Jahresb .Schles. G. f. Vaterl. Cultur*, t. LXIX : *Med. Abth.*, p. 72, diastase. — Röhmann et Bial, *Arch. f. d. ges. Phys.*, t. LV, p. 469, Einfluss d. Lymphagoga auf d. diast.Wirkung.

Graisses. — Dobroslavine, *Bull. Soc. Chim.*, t. XIV, p. 189, mat. grasses cristallisées. — Hédon, *Arch. de Phys.*, 1897.

Sels biliaires. — Croft, *Arch. f. d. ges. Phys.*, t. 90, 1902.

Microbes. — Nicolas et Derias, *Biologie*, 1902, p. 987.

Quantité. — Asher et Barbera, *Zeit. f. Biol.*, p. 36. — Cohnstein, *Virchow's Arch.*, p. 135. — Cohnsteim, *Arch. f. d. ges. Phys.*, t. LIX, p. 508; t. LX, p. 291, t. LXII, p. 58, t. LXIII. — Colin, Phys. comparée des anim., t. II, p. 101. — Hamburger, *Zeit. f. Biol.*, p. 27. 30 ; *Arch. f. Phys.*, 1897, 132. — Krause, *Zeit. f. rat. med.*, 1885, t. VII, p. 148. — Noel Paton, *Journ. of Phys.*, p. 11. — Paschutin, *Arb. phys. Anstalt.*, Leipzig, p. 7, 1873. — Pugliese, *Arch. f. d. ges. Phys.*, 1898, t. LXXII. p. 604. — Orlow, *Arch. f. d. ges. Phys.*, p. 59. — Lazarus Barlow, *Journ. of Phys.*, p. 19. — Lesser, *Arb. Phys. Anstalt*, Leipzig, p. 6. — Starling. *Journ. of Phys.*, p. 16, 17. 18. — Timofejensky, *Zeit. f. Biol.*, 1899 : action lymphagogues sur état des album. dans sang et lymphe. — Tschirwinsky, *Arch. f. exp. Path. u. Phys.*, t. XXXIII, p. 155, action de quelques produits.

Rapidité de l'écoulement. — Asher et Barbera, *Zeit. f. Biol.*, 1898, t. XXXVI, p. 161. — Cohnstein, *Centralbl. f. Phys.*, 1895, Heft 13, p. 401. — Cl. Bernard, *Liq. de l'org.*, 410, 411. — Shore, *Journ. of Phys.*, 1890, t. XI, p. 529 ; *Arch. f. d. ges. Phys.*, 1896, vol. LXIII, p. 587. — Tschirwinsky, *Centralbl. f. Phys.*, 1895, Bd IX, n° 2, p. 49. — Starling, *Journ. of Phys.*, 1896, vol. XIX, p. 312. — Ranvier. *C. R. Acad. sc.*, t. CXIX, p. 1175. — Colin, in art. Cheval, Arloing, *Dict. de Phys. Richet*, p. 455. — Hopkins, *Trans. am. micro. Soc.*, t. XVII, 1895, apparatus for illust. circ. of lymph. — Weliky, *Petersb. med. Wochen.*, 1877.

Ganglions. — Asher et Barbera, *Zeit. f. Biol.*, 1898, t. XXXVI, p. 235. — Colin, *Phys. comparée*, t. II, p. 43, 44. — Gmelin in Kühne, *Lehrb. d. phys. Chem.*, 1868, p. 261. — Poulain, *Biologie*, 1901, p. 786, 642. — Guillemonat et Delamare, *Biologie*, 1901, p. 897. — Delamare, *Biologie*, 1902, p. 483. — Vialleton, *Biologie*, 1902, *Bibliographie anat.*, fasc. 1, t. XII. — Fleury, Thèse Montpellier, 1902.

Substances médicamenteuses. — Camus et Gley, *Arch. de Pharmacodyn.*, t. I, 1895. — Spiro, *Arch. f. exp. Pathol. u. Pharm.*, 1897. Bd XXXVIII, 113, Atropine, pilocarpine, peptone. — Ellinger, *Beiträge Hofmeister's.*

Atropine. — Cons. Gley et Camus, Spiro, Cohnheim, *Vorl. über allgem. Pathol.*, 1882, Bd I, p. 493. — Asher et Barbera, *Zeit. f. Biol.*, 1898, vol. XXXVI, p. 202.

Toxines microbiennes. — Athanasiu, Carvallo, Charrin, *Biologie*, 1896, p. 860. — Moussu, *Biologie*, 1900.

Extrait de fraises. — Gley, *Biologie*, 1902, 912.

Travail musculaire. — Hamburger, *Zeit. f. Biol.*, t. XXX, p. 2, 143. — Moussu, Thèse de Paris, 189 . — Pugliese, *Arch. f. d. ges. Phys.*, t. LXXII, p. 604, bibl.

Action des glandes, Asher et Barbera. — Bainbridge, *Journ. of Phys.*, t. XXVI, p. 79. — Moussu, Thèse de Paris. — Doyon, *Biologie*, 1903, 314.

Pression artérielle et stase veineuse. — Moussu, *Biologie*, 1900, p. 235, Thèse de Paris. — Peckelharing et Mensonides, *Arch. néerland. d. sc. exactes et natur.*, 1887, t. XXI, p. 69, Infl. hyperémie active. — Laulanié, in art. Cheval, Arloing, *Dict. Richet de Phys.*, p. 450.

Chyle. — Panzer, *Zeit. f. phys. Chemie*, XXX, 1900.

Origine. — Asher, Asher et Barbera. *Deut. med. Woch.*, t. XXIV, p. 730; *Zeit. f. Biol.*, t. XXXVI, p. 454; XXXVII, 2, p. 261. — Asher et Bush. *Zeit. f. Biol.*, t. XL, p. 333. — Cohnstein, *Arch. f. Phys. Du Bois-Reymond*, 1896, p. 379; *Arch. f. d. ges. Phys.*, t. LIX, p. 350; LXIII, p. 587. — Doyon, *Biologie*, 1903, 314. — Hamburger, *Arch. f. Phys. Du Bois-Reymond*, 1895, 3/4, p. 364. — Heidenhain, *Arch. f. d. ges. Phys.*, t. LVI, p. 632; LIX, p. 209; *Jahresb. d. Schles. ges. f. Vaterl. Cultur*, t. LXVIII, p. 59. — Lafayette Mendel, *Journ. of Phys.*, t. XIX, p. 3, 227, Passage of sodium, jodide, from blood to lymph. — Lazarus-Barlow, *Journ. of Phys.*, t. XIX, 5/6, p. 418. — Ostowsky, *Centralbl. f. Phys.*, 1896, t. IX, p. 697. — Pugliese, *Arch. d. Farm. e Therap.*, t. V, p. 1897; *Arch. f. d. ges. Phys.*, t. LXXII, p. 603. — Hürthle, *Arch. f. d. ges. Phys.*, t. LXXII. — W. Popoff, *Centralbl. f. Phys.*, t. IX, p. 52. — Roth, *Orvosi hetilap*, 1898, p. 593, 610, 622. — E. H. Starling, *Lancet*, 1894, p. 683, 785; *Journ. of Phys.*, t. XIV, p. 131, 1893; t. XVI, p. 224, 1894 (mechanical factors).

Liquide céphalo-rachidien.

Ardin-Delteil et Monfrin, *Biologie*, 1903, 1513, Toxicité nulle chez paralytiques généraux. — Cl. Bernard, Liquide de l'organisme, t. II, p. 403. — Bard, *Biologie*, 1901, p. 717, 1903, 1498. — *Semaine médicale*, 1903, 14 oct. — Brocard, *Biologie*, 1901, p. 540, hist. — Cruchet, *Biologie*, 1902, 1422. — Cadol, Thèse de Paris, 1900, Anesthésie. — Castaigne, *Biologie*, 1900, p. 906, Perméabilité dans urémie nerveuse; *Biologie*, 1900, p. 908; *Presse méd.*, 1900, p. 325, Toxicité. — Cappelleti, *Arch. it. Biol.*, 1901. — Cavazzani, *Centralbl. f. Phys.*, 1896, t. X, p. 145; *Riforma medica*, 1892, t. VIII; *Maly's Jahresb.*, p. 22; *Centralbl. f. Phys.*, 1900, p. 473, f. oxydant; 1901, p. 216; 1902, p. 39, bibl. — Diracksen, Thèse de Paris, 1901, Comp. chimique. — D'Ormea, *Arch. it. Biol.*, 1902. — Gilbert et Castaigne, *Biologie*, 1900, p. 877, Passage pigments et sels biliaires chez ictériques. — Griffon, *Biologie*, 1901, p. 342. — A. Grober, *Münchener med. Woch.*, 1900, p. 245, Analys. cas hydrocéphalie chronique. — Mathieu, Thèse Lyon, 1904, bibliogr. — Lambling, Encyclopédie chimique: *Liquides et tissu de l'organ.*, 76, 9, p. 396, bibl. — Nicloux, Thèse Fac. méd., Paris, 1900, Alcool. — Nawratzki, *Zeit. f. phys. Chem.*, t. XXIII, Glucose. — Mignon, *Presse méd.*, 1900, p. 203, bibl. — Marland, Thèse Fac. méd. Lyon, 1900, Hydrorrhées nasales, bibl. — Salkowski, *Festschrift f. Jaffé*, 1901, Analyse hydrocéphale. — Saint-Clair Thompson, Léonard Hill, Halliburton, *Proceedings Royal Society London*, vol. LXIV. — Ombredanne, *Biologie*, 1900. — Technique, inj. sous-arachn. craniennes. — Ravaut, Aubourg, *Biologie*, 1901, p. 637, Altérations passagères des méninges après cocaïne. — Quincke, *Berlin. klin. Woch.*, 1891, n° 38. — Laignel-Lavastine, *Biologie*, 1901, p. 529, Numération éléments figurés. — Sicard, *Presse méd.*, 1899, p. 333, 1900; Thèse Fac. méd. Paris, 1899; *Biologie*, 1901, p. 1050, Liquide céphalo-rachidien, Encyclopédie Léauté, Masson, 1902. — Spina, *Arch. f. d. ges. Phys.*, Bd LXXIX, t. LXXVI, p. 204. — Sega, *Arch. it. Biol.*, t. 37. — Spalitta et Consiglio, *Arch. it. Biol.*, 1901. — Tuffier, *Presse méd.*, 1900, p. 323. — Tuffier et Hallion, *Presse méd.*, 1900, p. 191, Anesthésie. — Widal, Sicard, Ravaut, *Biologie*, 1900, p. 838, 840, 901; 1902, p. 159, Ictères chroniques; *Presse méd.*, 1900, p. 128. — Widal, Ferrier, *Biologie*, 1901, p. 803. — Zanier, *Centralbl. f. Phys.*, t. X, 1897, p. 353, Pression osmotique. — Yvon, *Journ. de Pharm. et de Chimie* (4), p. 26.

Bibliographie complémentaire du sang.

Sang du fœtus. — Alalykin, Inaug. diss. Saint-Petersburg, 1892. — Doléris et Quinquaud, *Nouv. Arch. d'obst. et de gynécol.*, t. III, p. 535. — Elder et Hutchinson,

Centralbl. f. innere med., t. XVII, p. 190. — FISCHL, *Prag. med. Woch.*, 1892, nᵒˢ 12 et 13, Enfant. — CAVAZZANI et SAWATORE, *Centralbl. f. Phys.*, t. IX, p. 25 (urée). — SFAMENI,, *Arch. it. Biol.*, 1900, t. XXXIV, p. 224. Eau, subst. minérales. — HOCK et SCHLESINGER *Centralbl. f. klin. med.*, 1891, nᵒ 46, 873, Enfants. — A. WOINO ORANSKY, Inaug. diss. Saint-Petersburg, 1892. — PAGANO, *Arch. it. Biol.*, t. XXVII, p. 3, 446, Toxicité. — SCHIFF, *Jahresb. f. Kinderheilk.*, t. XXXIV, p. 159. — SCHWINGE, *Arch. f. d. ges. Phys.*, 1898, p. 306, bibl. — TIETZE, Inaug. diss. Breslau. — Köhler. — SCHERENZISS, Inaug. diss. Dorpat, 1888, Karow. — H. WINTERNITZ, *Zeit. f. phys. Chem.*, t. XXII, p. 449.

Invertébrés. — OTTO V. FÜRTH, Iena chez Fischer, 1903, Traité général et bibliographie. — BOTTAZZI, *Arch. it. Biol.*, t. XXVIII, 1897. — BIZZONI, 1889, C. amib. des moll. et arthrop. — CATTANEO, PAVIA, *Atti Soc. ital. des sc. nat.*, t. XXXI, Milano, 1889, Carcinus maenas: *Arch. it. Biol.*, t. X, p. 2, 267, Amœbocytes des crustacés. — COUVREUR, *Biologie*, 1900, p. 395; *Soc. linéenne Lyon*, 1900, sang escargot renferme urée; mat. colorante bleue: pas de sucre: incoagul. — CUÉNOT, *Arch. zool. exp.* (2), t. XLIII; VII, 2, p. 321. — DHÉRÉ, *Biologie*, 1900, 458. — HALLIBURTON, *Journ. of Phys.*, 1885, Hémocyanine. — HEIM, Thèse Fac. Paris, 1892, Crustacés décapodes. — HÉNOCQUE, Spectroscopie des organes, Encyclopédie Léauté. Paris, Masson, p. 76-78. — HOWELL, *Rev. scient.*, 1887, t. I, nᵒ 8, p. 253. Hémogl. sang échinodermes. — L. FREDERICQ, *Bull. Acad. roy. de sc. de Belg.* (3), t. XX, 12, p. 582; *Arch. zool. exp.* (2), IX, 1, 124; Conserv. hémocyanine; *Trav. lab. Liége*, 1878, vers à soie; *Arch. zool. exp.*, 1878, poulpe; *Acad. roy. belge*, 1878-1879, homard; Livre jubilaire dédié à V. Beneden, 1899, écrevisse; *Arch. zool. exp.*, 1891. — GEDDES, *Proc. of Roy. Soc.*, 1880, coalescence of amœboidcells. — KNOLL, *Sitz. ber. d. K. Akad. W. Wien*, t. CII, III, Blutkörperchen bei Wirbellosen Thieren. — KRUKENBERG, *Phys. Sitzber. Heidelberg*, 1882. — PH. OWSJANNIKOW, *Bull. Acad. imp. sc. Saint-Petersbourg* (5), t. II, 5, 365. Blukörperchen. Krebs. Anodonte. — Mosso, *Arch. it. Biol.*, t. X, I, p. 48. Sang des poissons dans l'état embryonnaire et l'absence de leucocytes; *Atti d. R. Acc. de Lincei*, t. IV, 9, p. 489. sangue embryonale di scyllium catulus. — WAGNER, *Arch. slaves de Biol.*, IV, 3, p. 297, sang des araignées.

TABLE ALPHABÉTIQUE

MASSON & Cie, ÉDITEURS
Libraires de l'Académie de Médecine, 120, boulevard Saint-Germain, Paris (VIe)

Pr. n° 374

EXTRAIT DU CATALOGUE MÉDICAL [1]

RÉCENTES PUBLICATIONS   Janvier 1904

OUVRAGE COMPLET

Traité de Pathologie générale

PUBLIÉ PAR

CH. BOUCHARD

MEMBRE DE L'INSTITUT
PROFESSEUR DE PATHOLOGIE GÉNÉRALE A LA FACULTÉ DE MÉDECINE DE PARIS

SECRÉTAIRE DE LA RÉDACTION

G.-H. ROGER

Professeur agrégé à la Faculté de médecine de Paris, Médecin des hôpitaux.

COLLABORATEURS :

MM. ARNOZAN — D'ARSONVAL — BENNI — F. BEZANÇON — R. BLANCHARD — BOINET — BOULAY — BOURCY — BRUN — CADIOT — CHABRIÉ — CHANTEMESSE — CHARRIN — CHAUFFARD — J. COURMONT — DEJERINE — PIERRE DELBET — DEVIC — DUCAMP — MATHIAS DUVAL — FÉRÉ — GAUCHER — GILBERT — GLEY — GOUGET — GUIGNARD — LOUIS GUINON — J.-F. GUYON — HALLÉ — HÉNOCQUE — HUGOUNENQ — M. LABBÉ — LAMBLING — LANDOUZY — LAVERAN — LEBRETON — LE GENDRE — LEJARS — LE NOIR — LERMOYEZ — LESNÉ — LETULLE — LUBET-BARBON — MARFAN — MAYOR — MENETRIER — MORAX — NETTER — PIERRET — RAVAUT — G.-H. ROGER — GABRIEL ROUX — RUFFER — SICARD — RAYMOND TRIPIER — VUILLEMIN — FERNAND WIDAL.

6 *vol. grand in-8°, avec figures dans le texte :* **126 fr.**

Chaque volume est vendu séparément.

TOME I. — 1 vol. grand in-8° de 1018 pages avec figures dans le texte : **18** fr.

TOME II. — 1 vol. grand in-8° de 940 pages avec figures dans le texte : **18** fr.

Tome V. Fig. 20. — Paralysie faciale gauche

1. La librairie Masson et Cie envoie gratuitement et franco de port les catalogues suivants à toutes les personnes qui lui en font la demande. — Catalogue général contenant, classés par subdivisions, tous les ouvrages ou périodiques publiés à la librairie. — Catalogues de l'Encyclopédie scientifique des Aide-Mémoire : I. Section de l'ingénieur. — II. Section du biologiste. — Catalogue des ouvrages d'enseignement.

Traité des ▨ ▨ ▨ ▨ ▨ ▨ ▨ ▨ ▨ ▨
▨ ▨ Maladies de l'Enfance

Deuxième Édition, revue et augmentée

PUBLIÉE SOUS LA DIRECTION DE MM.

J. GRANCHER   ET   **J. COMBY**
PROFESSEUR A LA FACULTÉ DE PARIS   MÉDECIN
MEMBRE DE L'ACADÉMIE DE MÉDECINE   DE L'HÔPITAL DES ENFANTS-MALADES

5 volumes grand in-8° avec figures dans le texte. *En souscription :* **100** francs.

TOME I. 1 volume grand in-8° de 1060 pages, avec figures : **22** fr.

Chapitre premier : **Physiologie et Hygiène de l'Enfance.**
Chapitre II : **Maladies infectieuses.**
Chapitre III : **Maladies générales de la nutrition.**
Chapitre IV : **Intoxications.**

TOME II. 1 volume grand in-8° de 964 pages, avec figures : **22** fr.

Chapitre V : **Maladies du tube digestif.**
Chapitre VI : **Maladies du pancréas.**
Chapitre VII : **Maladies du péritoine.**
Chapitre VIII : **Maladies du foie.**
Chapitre IX : **Rate et ses maladies.**
Chapitre X : **Maladies des capsules surrénales.**
Chapitre XI : **Maladies génito-urinaires.**

Sous presse : TOME III

Vient de paraître :

Les Fractures ▨ ▨ ▨ ▨ ▨ ▨ ▨
▨ ▨ ▨ ▨ ▨ ▨ ▨ des Os longs

Leur Traitement pratique

PAR LES DOCTEURS

J. HENNEQUIN   ET   **Robert LŒWY**
Membre   Ancien interne des Hôpitaux
de la Société de Chirurgie   Lauréat de l'Institut

AVEC 215 FIGURES DANS LE TEXTE

PRÉCIS D'OBSTÉTRIQUE

PAR

A. RIBEMONT-DESSAIGNES

Professeur agrégé à la Faculté de médecine de Paris. Accoucheur de l'Hôpital Beaujon.
Membre de l'Académie de médecine.

ET

G. LEPAGE

Professeur agrégé à la Faculté de médecine de Paris.
Accoucheur de l'Hôpital de la Pitié.

SIXIÈME ÉDITION ENTIÈREMENT REFONDUE

1 volume grand in-8° de 1420 pages avec 568 figures dans le texte dont 400 dessinées par
RIBEMONT-DESSAIGNES. Relié toile : **30 fr.**

Cette nouvelle édition du **Précis d'obstétrique** n'est pas une simple réédition de l'édition précédente plus ou moins modifiée, mais est le résultat d'un remaniement complet.

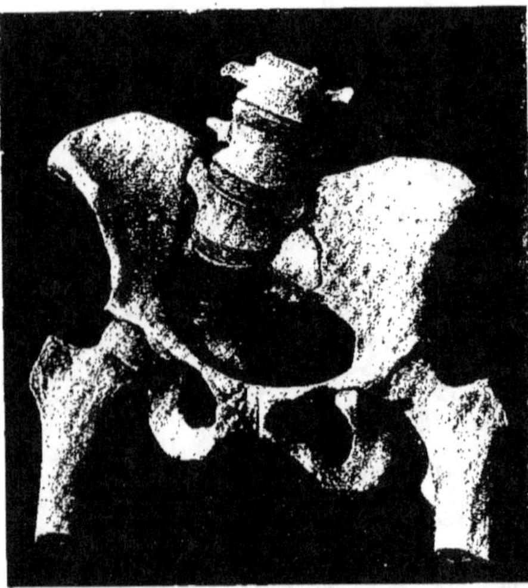

Fig. 376. — Bassin oblique ovalaire avec synostose de l'articulation sacro-iliaque du côté droit.

Pour rester dans le cadre d'une œuvre didactique, il était nécessaire que le volume ne fût pas augmenté. C'est à quoi sont arrivés les auteurs en supprimant la presque totalité des notions anatomo-physiologiques concernant l'appareil génital de la femme et en procédant à une revision soigneuse des figures et du texte.

Ils ont pu ainsi 1° ajouter un certain nombre de figures nouvelles ; 2° développer certaines questions de pratique, telles que celles des complications et hémorragies de la délivrance, des infections puerpérales, des ruptures de l'utérus, de l'ophtalmie purulente des nouveau-nés, etc. ; mettre au point la plupart des questions importantes ; 3° traiter des sujets nouveaux, tels que l'application de la radiographie à l'obstétrique. A la pathologie médicale du nouveau-né ont été ajoutées des notions sommaires sur la pathologie chirurgicale de l'enfant qui vient de naître.

Précis Élémentaire d'Anatomie, ✦ ✦ ✦ ✦ ✦ ✦ ✦ ✦ ✦ ✦ ✦ ✦ ✦ de Physiologie et de Pathologie

PAR

P. RUDAUX

Ancien chef de clinique à la Faculté de médecine de Paris

avec Préface par **M. RIBEMONT-DESSAIGNES**

1 volume avec 462 figures. Cartonné toile . . . . **8 fr.**

Ce volume, destiné aux élèves sages-femmes, contient les notions qui leur sont nécessaires et sert en quelque sorte de complément à la nouvelle édition du **Précis d'Obstétrique**, où les auteurs, en raison de la publication de ce petit volume, ont cru pouvoir supprimer la presque totalité des notions anatomo-physiologiques.

CHARCOT — BOUCHARD — BRISSAUD

BABINSKI — BALLET — P. BLOCQ — BOIX — BRAULT — CHANTEMESSE — CHARRIN
CHAUFFARD — COURTOIS-SUFFIT — DUTIL — GILBERT — GUIGNARD — G. GUILLAIN
L. GUINON — GEORGES GUINON — HALLION — LAMY — LE GENDRE
A. LÉRI — MARFAN — MARIE — MATHIEU — NETTER — ŒTTINGER
ANDRÉ PETIT — RICHARDIÈRE — ROGER — RUAULT
SOUQUES — THOINOT — THIBIERGE — TOLLEMER
FERNAND WIDAL

TRAITÉ DE MÉDECINE

DEUXIÈME ÉDITION

(Entièrement refondue)

PUBLIÉE SOUS LA DIRECTION DE MM.

BOUCHARD	**BRISSAUD**
Professeur à la Faculté de médecine de Paris Membre de l'Institut.	Professeur à la Faculté de médecine de Paris Médecin de l'hôpital St-Antoine.

10 volumes grand in-8°, avec figures dans le texte

En Souscription. . . . . **150** francs.

Chaque volume est vendu séparément. JANVIER 1904.

Le succès de la première édition du **Traité de Médecine** de MM. Charcot, Bouchard et Brissaud a rendu nécessaire une seconde édition, et, loin de se borner à une réimpression, les auteurs ont voulu présenter au public un ouvrage nouveau, gardant le plan et les idées qui avaient assuré le succès sans précédent du traité, mais complétant et remaniant la plupart de ses parties. Comprenant désormais 10 volumes, dont 9 déjà ont été publiés, le **Traité de Médecine** reste le plus complet, le plus documenté des livres de ce genre, et l'autorité croissante qui s'attache aux noms de ceux qui y collaborent en confirme et en assure le succès persistant.

TOME I. 1 vol. grand in-8° de 845 pages, avec figures dans le texte : **16 fr.**

Les bactéries, par L. GUIGNARD. — *Pathologie générale infectieuse*, par A. CHARRIN. — *Troubles et maladies de la nutrition*, par PAUL LE GENDRE. — *Maladies infectieuses communes à l'homme et aux animaux*, par G.-H. ROGER.

TOME II. 1 vol. grand in-8° de 896 pages, avec figures dans le texte : **16 fr.**

Fièvre typhoïde, par A. CHANTEMESSE. — *Maladies infectieuses*, par F. WIDAL. — *Typhus exanthématique*, par L.-H. THOINOT. — *Fièvres éruptives*, par L. GUINON. — *Érysipèle*, par E. BOIX. — *Diphtérie*, par A. RUAULT. — *Rhumatisme articulaire aigu*, par W. ŒTTINGER. — *Scorbut*, par TOLLEMER.

TOME III. 1 vol. grand in-8° de 702 pages, avec figures dans le texte : **16 fr.**

Maladies cutanées, par G. THIBIERGE. — *Maladies vénériennes*, par G. THIBIERGE. — *Maladies du sang*, par A. GILBERT. — *Intoxications*, par H. RICHARDIÈRE.

TOME IV. 1 vol. grand in-8° de 680 pages, avec figures dans le texte : **16 fr.**

Maladies de l'estomac, par A. MATHIEU. — *Maladies du pancréas*, par A. MATHIEU. — *Maladies de l'intestin*, par COURTOIS-SUFFIT. — *Maladies du péritoine*, par COURTOIS-SUFFIT. — *Maladies de la bouche et du pharynx*, par A. RUAULT.

Tome V. 1 vol. grand in-8°, avec figures en noir et en couleurs dans le texte : **18 fr.**

Maladies du foie et des voies biliaires, par A. CHAUFFARD. — *Maladies du rein et des capsules surrénales,* par A. BRAULT. — *Pathologie des organes hématopoïétiques et des glandes vasculaires sanguines, moelle osseuse, rate, ganglions, thyroïde, thymus,* par G.-H. ROGER.

Tome VI. 1 vol. grand in-8° de 612 pages, avec figures dans le texte : **14 fr.**

Maladies du nez et du larynx, par A. RUAULT. — *Asthme,* par E. BRISSAUD. — *Coqueluche,* par P. LE GENDRE. — *Maladies des bronches,* par A.-B. MARFAN. — *Troubles de la circulation pulmonaire,* par A.-B. MARFAN. — *Maladies aiguës du poumon,* par NETTER.

Tome VII. 1 vol. grand in-8° de 550 pages, avec figures dans le texte : **14 fr.**

Maladies chroniques du poumon, par A.-B. MARFAN. — *Phtisie pulmonaire,* par A.-B. MARFAN. — *Maladies de la plèvre,* par NETTER. — *Maladies du médiastin,* par A.-B. MARFAN.

Tome VIII. 1 vol. grand in-8° de 580 pages, avec figures dans le texte : **14 fr.**

Maladies du cœur, par M. ANDRÉ PETIT. — *Maladies des vaisseaux sanguins,* par W. ŒTTINGER.

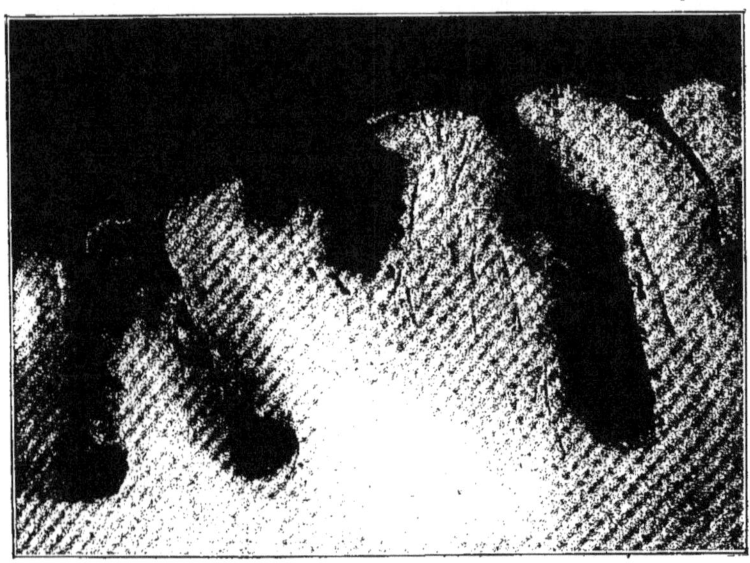

Figure extraite du Tome IX.

Tome IX. 1 vol. grand in-8° avec figures dans le texte

Maladies de l'encéphale, par E. BRISSAUD, SOUQUES et TOLLEMER. — *Maladies de la protubérance et du bulbe,* par G. GUILLAIN. — *Maladies intrinsèques de la moelle épinière,* par P. MARIE, O. CROUZON et A. LÉRI. — *Maladies extrinsèques de la moelle épinière* par G. GUINON. — *Maladies des méninges,* par G. GUINON. — *Syphilis des centres nerveux,* par H. LAMY.

Tome X. 1 vol. grand in-8° avec figures dans le texte. *Sous presse.*

nomycose. — Adénomes. — Alopécies. — Anesthésie locale. — Balanites. — Bouton d'Orient. — Brûlures. — Charbon. — Classifications dermatológiques. — Dermatites polymorphes douloureuses. — Dermatophytes. — Dermatozoaires. — Dermites infantiles simples. — Ecthyma.

TOME II.

Avec 168 figures en noir et 21 planches en couleurs. **40** fr.

Eczéma. — Electricité. — Eléphantiasis. — Epithéliomes. — Eruptions artificielles. — Erythèmes. — Erythrasma. — Erythrodermies. — Esthiomène. — Favus. — Folliculites. — Furonculose. — Gale. — Gangrène cutanée. — Gerçures. — Greffes. — Hématodermites. — Herpès. — Hydroa vacciniforme. — Ichtyose. — Impétigo. — Kératodermie symétrique. — Kératose pilaire. — Langue.

TOME III.

Avec 201 figures en noir et 19 planches en couleurs. **40** fr.

Lèpre. — Lichen. — Lupus. — Lymphadénie cutanée. — Lymphangiome. — Madura (Pied de). — Mélanodermies. — Milium et Pseudo-Milium. — Molluscum contagiosum. — Morve et Farcin. — Mycosis fongoïde. — Nævi. — Nodosités cutanées. — Œdème. — Ongles. — Maladie de Paget. — Papillomes. — Pelade. — Pellagre. — Pemphigus. — Perlèche. — Phtiriase. — Pian. — Pityriasis, etc.

TOME IV.

Avec 213 figures en noir et 25 planches en couleurs. **40** fr.

Poils. — Porokératose. — Prurigo. — Prurit. — Psoriasis. — Psorospermose. — Purpura. — Rhinosclérome. — Rupia. — Sarcomes. — Sclérodermie. — Séborrhée. — Séborrhéides. — Sensibilité. — Sudoripares (Glandes). — Tatouages. — Telangiectasie. — Tokelau. — Trichophytie. — Trophonévroses. — Tuberculoses. — Tumeurs. — Ulcères de jambes. — Ulcères des pays chauds. — Urticaire. — Urticaire pigmentaire. — Vergetures. — Verrues. — Vitiligo. — Xanthomes. — Xeroderma. — Zona.

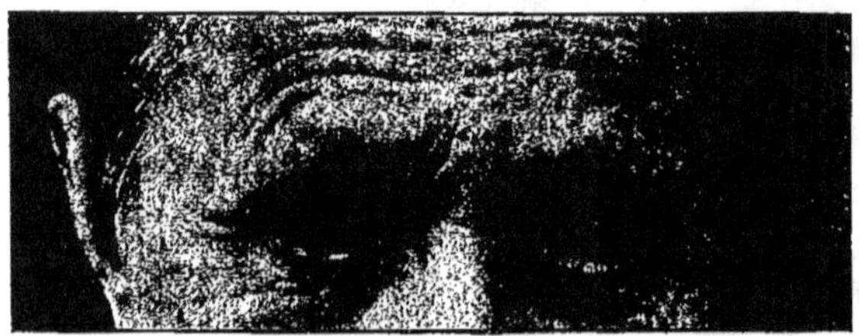

Tome IV. Agénésie sourcilière

Cours de ❧ ❧ ❧ ❧ ❧ ❧ ❧ ❧ ❧ ❧ ❧ ❧

❧ ❧ ❧ ❧ Dermatologie exotique

Par E. JEANSELME
Professeur agrégé à la Faculté de médecine de Paris
Médecin des Hôpitaux.

1 vol. in-8°, avec 5 cartes et 108 figures en noir et en couleurs. **10** fr.

Traité
de Chirurgie

Publié sous la direction

DE MM.

Simon DUPLAY
Professeur de Clinique chirurgicale à la Faculté
de médecine de Paris
Chirurgien de l'Hôtel-Dieu
Membre de l'Académie de médecine

Paul RECLUS
Professeur agrégé à la Faculté de médecine
Chirurgien des hôpitaux
Membre de l'Académie de médecine

PAR MM.

BERGER — BROCA — Pierre DELBET — DELENS — DEMOULIN
J.-L. FAURE — FORGUE — GÉRARD-MARCHANT
HARTMANN — HEYDENREICH — JALAGUIER — KIRMISSON — LAGRANGE
LEJARS — MICHAUX — NÉLATON
PEYROT — PONCET — QUÉNU — RICARD — RIEFFEL — SEGOND
TUFFIER — WALTHER

DEUXIÈME ÉDITION, ENTIÈREMENT REFONDUE
8 volumes grand in-8° avec nombreuses figures dans le texte. . . **150** fr.

TOME PREMIER. 1 vol. grand in-8° de 912 pages avec 218 figures. **18** fr.

Reclus. Inflammations. — Traumatismes. — Maladies virulentes. — **Broca.** Peau et tissu cellulaire sous-cutané. — **Quénu.** Des tumeurs. — **Lejars.** Lymphatiques, muscles, synoviales tendineuses et bourses séreuses.

TOME II. 1 vol. grand in-8° de 996 pages avec 361 figures . . . **18** fr.

Lejars. Nerfs. — **Michaux.** Artères. — **Quénu.** Maladie des veines. — **Ricard et Demoulin.** Lésions traumatiques des os. — **Poncet.** Affections non-traumatiques des os.

TOME III. 1 vol. grand in-8° de 940 pages avec 285 figures. . . **18** fr.

Nélaton. Traumatismes, entorses, luxations, plaies articulaires. — **Lagrange.** Arthrites infectieuses et inflammatoires. — **Quénu.** Arthropathies. Arthrites sèches. Corps étrangers articulaires. — **Gérard-Marchant.** Crâne. — **Kirmisson.** Rachis — **S. Duplay.** Oreilles et Annexes.

TOME IV. 1 fort vol. de 896 pages, avec 354 figures . . . . . . **18** fr.

Delens. Œil et annexes. — **Gérard-Marchant.** Nez, fosses nasales, pharynx nasal et sinus. — **Heydenreich.** Mâchoires.

TOME V. 1 fort vol. de 948 pages, avec 187 figures . . . . . . **20** fr.

Broca. Vices de développement de la face et du cou. Face, lèvres, cavité buccale, gencives, langue, palais et pharynx. — **Hartmann.** Plancher buccal, glandes salivaires, œsophage et larynx. — **Broca.** Corps thyroïde. — **Walther.** Maladies du cou. — **Peyrot.** Poitrine. — **Delbet.** Mamelle.

TOME VI. 1 fort vol. de 1127 pages, avec 218 figures. . . . . . **20 fr.**

Michaux. Parois de l'abdomen. — **Berger**. Hernies. — **Jalaguier**. Contusions et plaies de l'abdomen. — Lésions traumatiques et corps étrangers de l'estomac et de l'intestin. — **Hartmann**. Estomac. — **Jalaguier**. Occlusion intestinale. Péritonites. Appendicite. — **Faure et Rieffel**. Rectum et Anus. — **Quénu**. Mésentère. Rate. Pancréas. — **Segond**. Foie.

TOME VII. 1 fort vol. de 1272 pages, avec 297 figures dans le texte. **25 fr.**

Walther. Bassin. — **Rieffel**. Affections congénitales de la région sacro-coccygienne. — **Tuffier**. Rein. Vessie. Uretères. Capsules surrénales. — **Forgue**. Urètre et prostate. — **Reclus**. Organes génitaux de l'homme.

TOME VIII. 1 fort vol. de 971 pages, avec 163 figures dans le texte. **20 fr.**

Michaux. Vulve et Vagin. — **Pierre Delbet**. Maladies de l'utérus. — **Segond**. Annexes de l'utérus, ovaires, trompes, ligaments larges, péritoine pelvien. — **Kirmisson**. Maladies des membres.

TABLE ALPHABÉTIQUE des 8 volumes du *Traité de Chirurgie*.

Traité de Technique ❧ ❧ ❧ ❧ ❧

❧ ❧ ❧ ❧ ❧ ❧ ❧ ❧ ❧ ❧ ❧ ❧ ❧ Opératoire

PAR MM.

Ch. **MONOD**	J. **VANVERTS**
Professeur agrégé	Ancien interne
à la Faculté de Médecine de Paris	Lauréat des Hôpitaux de Paris
Chirurgien de l'Hôpital Saint-Antoine	Chef de Clinique
Membre de l'Académie de Médecine	à la Faculté de Médecine de Lille

2 vol. gr. in-8°, formant ensemble 1960 p. et illustrés de 1908 fig. **40 fr.**

Tome I : 1° *Méthodes et procédés de l'asepsie et de l'antisepsie, moyens de réunion et d'hémostase, anesthésie; 2° Opérations sur les divers tissus; 3° Opérations sur les membres, le crâne et l'encéphale, le rachis et la moelle, l'appareil visuel, le nez, les fosses nasales, les sinus de la face, le naso-pharynx, l'oreille, le cou, le thorax, le sein.*

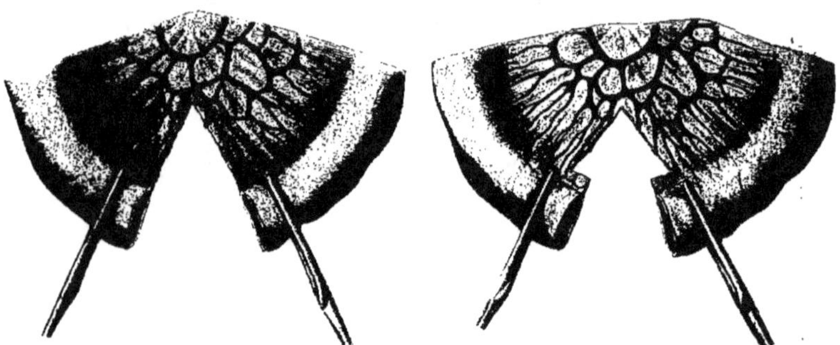

Tome II. Fig. 260 et 261. Résection du mésentère.

Tome II : *Opérations sur la bouche, les glandes salivaires, le pharynx, l'œsophage, l'estomac, l'intestin, le rectum et l'anus, le foie, les voies biliaires, la rate, le rein, l'uretère, la vessie, l'urètre, les organes génitaux de l'homme et de la femme.*

Vient de paraître :

QUATRIÈME ÉDITION DU

Traité de Chirurgie d'urgence

PAR

FÉLIX LEJARS

Professeur agrégé à la Faculté de médecine de Paris, Chirurgien de l'hôpital Tenon
Membre de la Société de chirurgie.

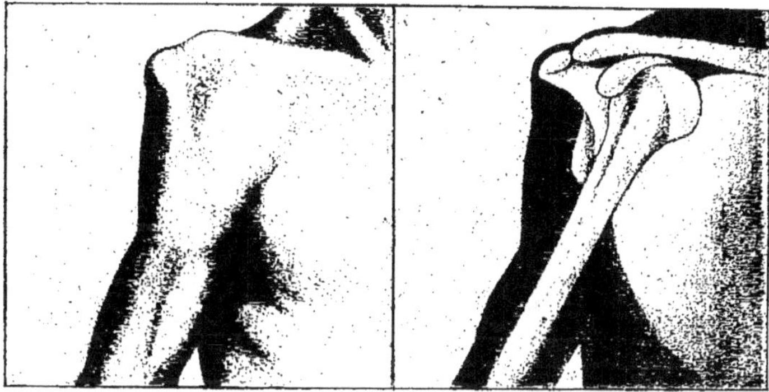

Fig. 570. — Luxation intra-coracoïdienne.

1 volume grand in-8⁰ de 1046 pages, avec 820 figures dans le texte (dont 478 dessinées d'après nature par le Dʳ E. Daleine et 167 photographies originales), et 16 planches hors texte en couleurs. Relié toile. . **30** fr.

Parmi les additions faites à cette édition il faut signaler : *les Fractures des os de la face; les Abcès du sein; les Plaies du rachis et de la moelle; les Ruptures de l'utérus pendant le travail; les Plaies de la vulve et du vagin et les Abcès vulvovaginaux; les Traumatismes de la verge; les Hernies inguino-interstitielles et les Étranglements rétrogrades; les Hernies périnéales; les Fractures de l'omoplate, du bassin, des os du carpe et du tarse,* etc. Du reste tous les chapitres ont été repris et refondus avec le double souci de multiplier les détails pratiques et de ne pas trop grossir l'ouvrage. Cette fois encore l'auteur a mis à profit la réfection du livre pour étendre et améliorer l'illustration : un certain nombre de figures ont été supprimées ou refaites, 124 sont entièrement nouvelles; des 835 figures et planches du volume, 148 seulement sont des figures non originales. Au chapitre des Luxations et des Fractures, il lui a semblé utile de faire précéder l'exposé du traitement d'un bref résumé de l'exploration nécessaire et de la représentation des types principaux. C'est dans le même but que plusieurs régions ont été dessinées dans l'*attitude chirurgicale* : région de *la joue, latérale du cou, sus et sous-claviculaire, inguino-crurale, périnée, poignet, face interne du pied, aisselle.* Enfin seize planches en couleurs, d'après des aquarelles d'A. Leuba, représentent les temps principaux de certaines opérations : *trépanation du crâne et de l'apophyse mastoïde, entéro-anastomose; hystérectomie abdominale; entérostomie; appendicite; rupture de grossesse tubaire; colpotomie; uréthrotomie externe; cystostomie; kélotomies inguinale, crurale, ombilicale; entérectomie pour gangrène herniaire; cerclage de la rotule; suture osseuse.*

Traité
de Physiologie

PAR

J.-P. MORAT
PROFESSEUR A L'UNIVERSITÉ DE LYON

Maurice DOYON
PROFESSEUR AGRÉGÉ A LA FACULTÉ DE MÉDECINE DE LYON

5 vol. grand in-8°, avec fig. en noir et en couleurs dans le texte. En souscription (décembre 1903). **55 fr.**

I. — **Fonctions élémentaires.** — II. — **Fonctions d'innervation.** — III. — **Fonctions de nutrition.** — Circulation; calorification. — IV. — **Fonctions de nutrition** (suite). — Digestion; absorption; respiration; excrétion. — V. — **Fonctions de relation.** — Sens. — Langage; expression; locomotion. — **Fonctions de reproduction**, à l'exception du développement embryologique.

Tome II. Fig. 136. Troubles trophiques après section du sympathique cervical.
Tête de lapin, aspect normal. | Inflammation de la conjonctive et opacité du cristallin.

Ces volumes ne seront pas publiés dans l'ordre ci-dessus, mais le seront dans celui de leur achèvement. — Chaque volume sera vendu séparément. — Toutefois, les éditeurs acceptent jusqu'à nouvel ordre, **au prix à forfait de 55 francs**, des souscriptions à l'ouvrage **complet**. — Les souscripteurs payeront en retirant chaque volume le prix marqué; mais le tome V et dernier leur sera fourni gratuitement ou à un prix tel qu'ils n'aient, en aucun cas, payé plus de 55 francs pour le total de l'ouvrage.

Janvier 1904.

Volumes publiés :

II. — **Fonctions d'innervation**, par J.-P. MORAT. 1 vol. grand in-8°, avec 263 figures noires et en couleurs. . . . . **15** fr.

III. — **Fonctions de nutrition.** — Circulation, par M. DOYON; Calorification, par J.-P. MORAT. 1 vol. grand in-8°, avec 173 figures noires et en couleurs. . . . **12** fr.

IV. — **Fonctions de nutrition** (*suite et fin*). — Respiration; excrétion, par J.-P. MORAT; Digestion; absorption, par M. DOYON. 1 vol. grand in-8°, avec 167 figures en noir et en couleurs . . . . **12** fr.

Sous Presse : TOME I. — **Fonctions élémentaires.**

C'est un grand traité de physiologie, tel qu'il n'en était pas paru depuis la troisième édition (1888) de l'ouvrage classique de Beaunis, que les auteurs ont eu le courage d'entreprendre et qu'ils mèneront certainement à bien, si l'on en juge par le remarquable spécimen qui forme le premier volume.

E. GLEY (*Archives de physiologie*).

Traité
de
Physique Biologique

PUBLIÉ SOUS LA DIRECTION DE MM.

D'ARSONVAL
Professeur au Collège de France
Membre de l'Institut et de l'Académie de médecine.

CHAUVEAU
Professeur au Muséum d'histoire naturelle
Membre de l'Institut et de l'Académie de médecine.

GARIEL
Ingénieur en chef des Ponts et Chaussées
Professeur à la Faculté de médecine de Paris
Membre de l'Académie de médecine.

MAREY
Professeur au Collège de France
Membre de l'Institut et de l'Académie de médecine.

SECRÉTAIRE DE LA RÉDACTION
M. WEISS
Ingénieur des Ponts et Chaussées
Professeur agrégé à la Faculté de médecine de Paris.

Le **Traité de Physique Biologique** sera publié en trois volumes : Tome I. *Mécanique. Actions moléculaires. Chaleur.* — Tome II. *Radiations. Optique.* — Tome III. *Électricité. Acoustique.* — Chaque volume sera vendu séparément.

Les tomes I et II sont vendus **25 fr.** chaque. On souscrit dès maintenant à l'ouvrage complet au prix de **70 fr.** — Ce prix restera tel jusqu'à la publication du tome III.

Au moment où dans les Facultés de médecine s'est produit un changement considérable dans l'enseignement de la physique, il a semblé utile de réunir en un ouvrage tous les matériaux qui pouvaient faire le fond de cet enseignement.

Déjà les maîtres qui ont pour ainsi dire fondé la Physique biologique ont écrit sur certains points spéciaux des traités importants. — Mais, si l'on en excepte les manuels à l'usage des étudiants, il n'a encore paru aucun ouvrage d'ensemble. Il y avait là, semble-t-il, une lacune à combler.

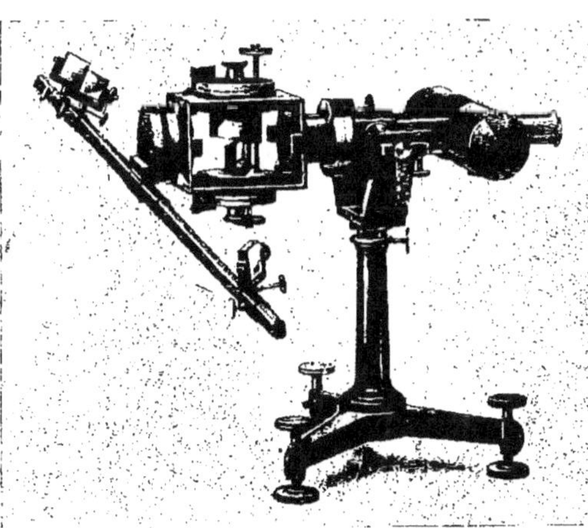

Tome II. Fig. 364.

TOME PREMIER

1 volume in-8° de 1150 pages avec 591 figures dans le texte : **25 fr.**

Ce volume contient : Des erreurs dans les mesures. Principes généraux de mécanique, par M. G. WEISS. — Propriétés des solides. Résistance des matériaux. Architecture des os, par M. GARIEL. — Architecture des muscles. Principes généraux de méthode graphique. La contraction musculaire, par M. G. WEISS. Locomotion humaine, par M. PAUL RICHER. — La locomotion animale, par M. MAREY. — Principes généraux d'hydrostatique et d'hydrodynamique, par M. WEISS. — Cœur. Cardiographie, par M. WERTHEIMER. — Circulation du sang dans les vaisseaux. Pression et vitesse pouls et sphygmographie, par M. E. MEYER. — Pléthysmographie, par M. HALLION. — Capillarité et tension superficielle. Solubilité des solides. Imbibition, par M. A. IMBERT. — Filtration, par M. GARIEL. — Osmose, par M. A. DASTRE. — Propriétés des gaz. Analyse des gaz. Gaz du sang. Phénomènes physiques de la respiration, par M. J. TISSOT. — Principes généraux de la chaleur, par M. WEISS. — Thermométrie, par M. GARIEL. — Température, par M. J.-P. LANGLOIS. — Calorimétrie. Etuves et régulateurs de température, par M. C. SIGALAS. — Chaleur animale, par M. LAULANIÉ. — Travail fourni par les animaux. Rendement des moteurs animés. Propagation de la chaleur. Protection des animaux, par M. GARIEL. — Influence de la pression sur la vie, par MM. P. REGNARD et P. PORTIER. — Influence des agents atmosphériques sur les

Tome II. Fig. 193. — Buste de CLAUDE BERNARD éclairé à la lumière des microbes photogènes.

éléments cellulaires, par M. A. CHARRIN. — Actions hygrométriques sur les végétaux. Influence de la chaleur sur les végétaux. Actions mécaniques sur les végétaux, par M. MANGIN.

TOME DEUXIÈME

1 volume in-8º de 1160 pages avec figures dans le texte : **25 fr.**

Principes généraux d'optique géométrique, par M. G. WEISS. — Constitution des radiations, par M. G. WEISS. — Spectroscopie et analyse spectrale, par M. HÉNOCQUE. — Mesure et utilisation de la lumière, par M. ANDRÉ BROCA. — Photographie, par M. A. LONDE. — Chaleur rayonnante, par M. GARIEL. — Polarisation rotatoire et polarimétrie, par M. MALOSSE. — Phosphorescence et fluorescence, par M. GARIEL. — Action de la lumière sur les animaux, par M. RAPHAEL DUBOIS. — Biophotogenèse ou production de la lumière par les êtres vivants, par M. RAPHAEL DUBOIS. — Action des radiations sur les végétaux, par M. MANGIN. — Diffusion, par M. GARIEL. — Endoscopie, par M. GUILLOZ. — Etude optique de l'œil. Œil réduit. Aberrations chromatiques, par M. SIGALAS. — Puissance des Systèmes centrés. Numérotage des verres, par M. SIGALAS. — Accommodation, par TSCHERNING. — Emmétropie, Myopie, Hypermétropie, Presbytie, par M. BERTIN-SANS. — Astigmatisme, par M. IMBERT. — Détermination et correction des amétropies, par M. IMBERT. — Instruments d'optique physiologique : Ophtalmomètres, Optomètres, Ophtalmoscopes, par A. IMBERT. — Acuité visuelle. Champ visuel, par SULZER. — Impressions lumineuses sur la rétine, par M. CHARPENTIER. — Phénomènes entoptiques, par M. WEISS. — Mouvements des yeux, par M. GARIEL. — Vision binoculaire, par M. TSCHERNING. — Loupe et microscope, par M. GUILLOZ. — L'œil dans la série animale, par M. PETTIT.

TOME TROISIÈME : Électricité — Acoustique (Sous presse).

Traité d'Anatomie Humaine

PUBLIÉ SOUS LA DIRECTION DE

P. POIRIER   et   **A. CHARPY**

Professeur d'anatomie à la Faculté
de médecine de Paris
Chirurgien des hôpitaux

Professeur d'anatomie
à la Faculté de médecine
de Toulouse

AVEC LA COLLABORATION DE

O. AMOËDO — A. BRANCA — CANNIEU — B. CUNÉO — G. DELAMARE
Paul DELBET — DRUAULT — P. FREDET — GLANTENAY
A. GOSSET — P. JACQUES — TH. JONNESCO
E. LAGUESSE — L. MANOUVRIER — MOTAIS — A. NICOLAS
P. NOBÉCOURT — O. PASTEAU — M. PICOU
A. PRENANT — H. RIEFFEL — CH. SIMON — A. SOULIÉ

5 vol. grand in-8° avec figures noires et en couleurs

ÉTAT DE LA PUBLICATION (Janvier 1904)

Tome I. — **Introduction**. — **Notions d'Embryologie**. — **Ostéologie**. — **Arthrologie**. *Deuxième édition, entièrement refondue.* 1 fort volume grand in-8°, avec 814 figures, noires et en couleurs . . . . **20 fr.**

Tome II. — 1er fascicule : **Myologie**. *Deuxième édition, entièrement refondue.* 1 volume grand in-8°, avec 331 figures. . . . . **12 fr.**

2e fascicule : **Angéiologie** (Cœur et artères). Histologie. *Deuxième édition, entièrement refondue.* 1 volume grand in-8° avec 150 figures . . . **8 fr.**

3e fascicule : **Angéiologie** (Capillaires. Veines) *Deuxième édition revue.* 1 vol. grand in-8° avec 85 figures. . . . . **6 fr.**

4e fascicule : **Les Lymphatiques**. 1 volume grand in-8° avec 117 fig. **8 fr.**

Tome III. — 1er fascicule : **Système nerveux**. Méninges. Moelle. Encéphale. Embryologie. Histologie. *Deuxième édition, entièrement refondue.* 1 vol. grand in-8° avec 265 figures. . . . . **10 fr.**

2e fascicule : **Système nerveux**. Encéphale. *Deuxième édition, entièrement refondue.* 1 vol. grand in-8° avec 151 figures . . . . **10 fr.**

3e fascicule : **Système nerveux**. Les nerfs. Nerfs crâniens. Nerfs rachidiens. 1 volume grand in-8° avec 205 figures. . . . . **12 fr.**

Tome IV. — 1er fascicule : **Tube digestif**. Développement. Bouche. Pharynx. OEsophage. Estomac. Intestins. Anus. *Deuxième édition, entièrement refondue.* 1 volume grand in-8° avec 201 figures. . . . . **12 fr.**

2e fascicule : **Appareil respiratoire**. Larynx. Trachée. Poumons. Plèvre. Thyroïde. Thymus. *Deux^{me} édit. revue.* 1 volume grand in-8° avec 121 fig. **6 fr.**

3e fascicule : **Annexes du Tube digestif**. Dents. Glandes salivaires. Foie. Voies biliaires. Pancréas. Rate. **Péritoine**. 1 volume grand in-8° avec 561 figures. . . . . **16 fr.**

Tome V. — 1er fascicule : **Organes génito-urinaires**. Reins. Uretère. Vessie. Urètre. Prostate. Verge. Périnée. Appareil génital de l'homme. Appareil génital de la femme. 1 volume grand in-8° avec 431 figures . . . **20 fr.**

2e fascicule : **Les Organes des Sens** (pour paraître en Février 1904).

Traité d'Anatomie
Pathologique
GÉNÉRALE

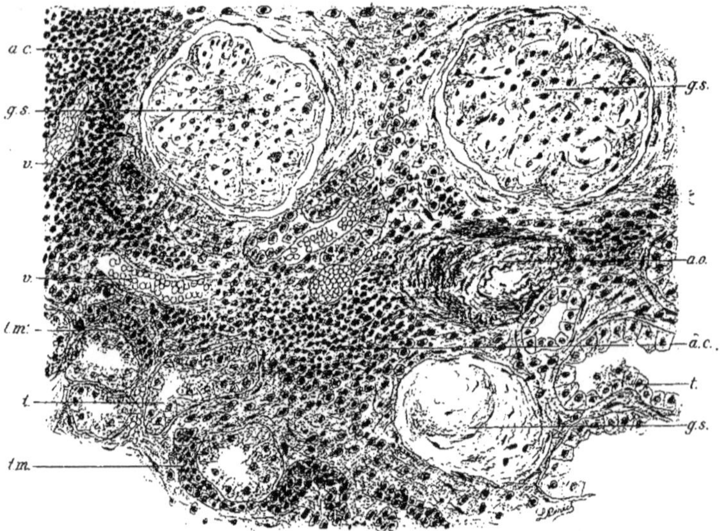

Fig. 60. — Néphrite chronique avec détails des lésions sur un point limite.

PAR

R. TRIPIER
Professeur d'Anatomie pathologique à la Faculté de Médecine
de l'Université de Lyon

1 vol. grand in-8° avec 239 figures en noir et en couleurs

Ce livre est le produit de longues études qui correspondent à 20 années d'enseignement de l'anatomie pathologique. Ayant rempli les fonctions de médecin dans les hôpitaux et tout d'abord étudié l'anatomie pathologique plus particulièrement dans ses rapports avec la clinique, l'auteur n'a jamais perdu de vue ce but essentiellement pratique. 239 figures, dont un grand nombre en couleurs, exclusivement exécutées sous la direction de l'auteur, illustrent ce traité et complètent l'exposé des lésions. Ce livre qui s'adresse aux étudiants et aux savants sera également précieux pour les praticiens soucieux de se tenir au courant.

2

COLLECTION DE PLANCHES MURALES

DESTINÉES A

L'Enseignement
de la Bactériologie

Publiées par l'INSTITUT PASTEUR DE PARIS

Cette collection touche comme principaux sujets : charbon, rouget, choléra des poules, pneumonie, lèpre, suppuration, peste, gonocoque, choléra, fièvre typhoïde, morve, tuberculose, lèpre, actinomycose, diphtérie, tétanos, etc., et les maladies à protozoaires : coccidies, paludisme, maladie de la mouche tsé-tsé, trypanosomes, etc.

Conditions de la Publication. — La collection comprend actuellement 65 planches du format 80×62 centimètres, tirées en couleurs sur papier toile très fort, munies d'œillets permettant de les suspendre sur deux pitons et réunies dans un carton disposé spécialement à cet effet. *Elle est accompagnée d'un texte explicatif rédigé en trois langues (français, allemand, anglais).* **Prix : 250 francs** (port en sus). (*Les planches ne sont pas vendues séparément.*)

CLINIQUE MÉDICALE LAËNNEC

PLANCHES MURALES
DESTINÉES A L'ENSEIGNEMENT
de l'Hématologie
et de la Cytologie
PUBLIÉES SOUS LA DIRECTION
DE

L. LANDOUZY   et   **M. LABBÉ**
Professeur de Clinique   Chef de Laboratoire

SANG NORMAL, SANG PATHOLOGIQUE, SERUM, CYTODIAGNOSTIC

La collection comprend 15 planches du format 80×62 centimètres, tirées en couleurs sur papier toile très fort, munies d'œillets permettant de les suspendre sur deux pitons et réunies dans un carton disposé à cet effet. *Elle est accompagnée d'un texte explicatif en trois langues (français, allemand, anglais).*

Prix de la Collection : 60 francs (port en sus). (*Les planches ne sont pas vendues séparément*).

ALBARRAN ET IMBERT. — ***Les Tumeurs du Rein***, par MM. J. ALBARRAN, Professeur agrégé à la Faculté de Médecine de Paris et L. IMBERT, Professeur agrégé à la Faculté de Médecine de Montpellier. 1 vol. grand in-8° avec 106 figures dans le texte, en noir et en couleurs . . . . **20 fr.**

BOREL. — ***Choléra et Peste dans le Pèlerinage musulman.*** *Étude d'Hygiène internationale*, par le Dr FRÉDÉRIC BOREL, médecin sanitaire maritime, ancien médecin de l'Administration sanitaire de l'Empire ottoman. 1 vol. in-8°, avec 6 tableaux . . . . **4 fr.**

BRISSAUD. — ***Leçons sur les maladies nerveuses*** (Salpêtrière, 1893-1894), par le professeur BRISSAUD, recueillies et publiées par HENRY MEIGE. 1 vol. in-8° avec 240 fig. . . . . **18 fr.**

— ***Leçons sur les maladies nerveuses*** (*Deuxième série*; hôpital Saint-Antoine), par le professeur BRISSAUD, recueillies et publiées par HENRY MEIGE. 1 vol. in-8° avec 165 figures . . . . **15 fr.**

BROCA. — ***Leçons cliniques de Chirurgie infantile***, par A. BROCA, chirurgien de l'Hôpital Tenon (Enfants-Malades), professeur agrégé. 1 vol. in-8° broché, avec 75 figures et 6 planches hors texte en photocollographie. . . . . **10 fr.**

CHARRIN. — ***Leçons de pathogénie appliquée.*** *Clinique médicale, Hôtel-Dieu* (1895-1896), par A. CHARRIN, professeur agrégé, médecin des hôpitaux, assistant au Collège de France. 1 vol. in-8° . . . . **6 fr.**

— ***Les Défenses naturelles de l'organisme*** : *Leçons professées au Collège de France*, par A. CHARRIN. 1 vol. in-8°. . . . . **6 fr.**

DEGUY ET WEILL. — ***Manuel pratique du traitement de la diphtérie*** (*Sérothérapie, Tubage, Trachéotomie*), par DEGUY, chef du laboratoire de la Faculté à l'hôpital des Enfants (Service de la diphtérie), et BENJAMIN WEILL, moniteur de tubage et de trachéotomie de la Faculté à l'hôpital des Enfants-Malades. Introduction par A.-B. MARFAN, 1 vol. in-8° br., avec figures . . . . . . **6 fr.**

DIEULAFOY.   ***Clinique médicale de l'Hôtel-Dieu de Paris***, par le Professeur G. DIEULAFOY, 4 vol. gr. in-8°, avec figures dans le texte.

    I. 1896-1897. 1 vol. in-8° . . . . **10 fr.**
    II. 1897-1898. 1 vol. in-8° . . . . **10 fr.**
    III. 1898-1899. 1 vol. in-8° . . . . **10 fr.**
    IV. 1900-1901. 1 vol. in-8° . . . . **10 fr.**

DUCLAUX. — ***Pasteur. Histoire d'un esprit***, par E. DUCLAUX, membre de l'Institut, directeur de l'Institut Pasteur, 1 vol. gr. in-8°, avec 22 figures. . . **5 fr.**

— ***Traité de microbiologie***, par E. DUCLAUX.
  Tome I. *Microbiologie générale.* — Tome II. *Diastases, toxines et venins.* — Tome III. *Fermentation alcoolique.* — Tome IV. *Fermentations variées des diverses substances ternaires.* Chaque volume gr. in-8° avec figures. **15 fr.**
L'ouvrage formera 7 volumes qui paraîtront successivement.

DUPLAY. — ***Cliniques chirurgicales de l'Hôtel-Dieu***, par SIMON DUPLAY, professeur à la Faculté de médecine de Paris, membre de l'Académie de médecine, recueillies et publiées par les Drs M. CAZIN et L. CLADO.

    1re SÉRIE. 1 vol. in-8°, avec figures dans le texte . . . . **7 fr.**
    2e SÉRIE. 1 vol. in-8°, avec figures dans le texte . . . . **8 fr.**
    3e SÉRIE. 1 vol. in-8°, avec figures dans le texte . . . . **8 fr.**

DUVAL. — ***Précis d'histologie***, par M. MATHIAS DUVAL, professeur à la Faculté de médecine de Paris, membre de l'Académie de médecine. *Deuxième édition revue et augmentée.* 1 vol. gr. in-8°, avec 427 figures dans le texte. . . **18 fr.**

FARABEUF. — ***Précis de Manuel opératoire***, par L.-H. FARABEUF, professeur à la Faculté de médecine de Paris, membre de l'Académie de médecine. *Nouvelle édition.* 1 volume in-8°, avec 799 figures dans le texte. . . . . **16 fr.**

GAUTIER (A.). — *Cours de Chimie minérale et organique*, par M. ARM. GAU-TIER, membre de l'Institut, professeur à la Faculté de médecine de Paris. *Deuxième édition*, revue et mise au courant. 2 vol. grand in-8°, avec figures.
    I. *Chimie minérale.* 1 vol. grand in-8°, avec 244 figures dans le texte. **16 fr.**
    II. *Chimie organique.* 1 vol. grand in-8°, avec 72 figures. . . . . . . **16 fr.**

— *Leçons de Chimie biologique normale et pathologique. Deuxième édition* publiée avec la collaboration de M. ARTHUS, professeur de physiologie à l'Université de Fribourg. 1 vol. in-8°, avec 110 figures. . . . . **18 fr.**

GRASSET. — *Consultations médicales sur quelques maladies fréquentes*, par le Dr GRASSET, professeur à l'Université de Montpellier. *Cinquième édition, revue et considérablement augmentée.* 1 vol. in-16, reliure souple. . . . **5 fr.**

— *Leçons de Clinique médicale*, faites à l'hôpital Saint-Éloi de Montpellier, par le Dr J. GRASSET, professeur de clinique médicale à l'Université de Montpellier.
    1re SÉRIE (1886-1890). 1 vol. in-8°, avec 10 planches. . . . . **12 fr.**
    2e SÉRIE (novembre 1890–juillet 1895). 1 fort vol. in-8°, avec une figure dans le texte et 10 planches lithographiées. . . . . **12 fr.**
    3e SÉRIE (novembre 1895–mars 1898). 1 vol. in-8° de VII-826 pages, avec 20 planches hors texte, dont 10 en couleurs et 6 en phototypie . . . **15 fr.**

HAYEM. — *Leçons sur les maladies du sang* (*Clinique de l'hôpital Saint-Antoine*), par GEORGES HAYEM, professeur, médecin des hôpitaux, membre de l'Académie de médecine, recueillies par MM. E. PARMENTIER, médecin des hôpitaux, et R. BENSAUDE, chef du laboratoire d'anatomie pathologique à l'hôpital Saint-Antoine. 1 vol. in-8°, avec 4 planches en couleurs. . . . . **15 fr.**

JAVAL. — *Entre aveugles* : *Conseils à l'usage des personnes qui viennent de perdre la vue*, par le Dr Émile JAVAL, directeur honoraire du laboratoire d'ophtalmologie de l'École des Hautes Études, membre de l'Académie de médecine. 1 vol. in-16 avec frontispice. . . . . **2 fr. 50**

KIRMISSON. — *Leçons cliniques sur les maladies de l'appareil locomoteur* (*os, articulations, muscles*), par le Dr KIRMISSON, professeur à la Faculté de médecine, chirurgien des hôpitaux, membre de la Société de chirurgie. 1 vol. in-8°, avec figures dans le texte . . . . **10 fr.**

— *Traité des maladies chirurgicales d'origine congénitale*, par le professeur KIRMISSON. 1 vol. in-8°, avec 311 fig. et 2 pl. en couleurs . . . **15 fr.**

— *Les Difformités acquises de l'Appareil locomoteur pendant l'enfance et l'adolescence*, par le professeur KIRMISSON. 1 vol. in-8°, avec 430 figures dans le texte. . . . . **15 fr.**

LAVERAN. — *Du Paludisme* et de son hématozoaire, par A. LAVERAN, membre de l'Académie de médecine, membre de l'Institut de France. 1 vol. grand in-8°, avec 4 planches en couleur et 2 planches photographiques. . . . . . . **10 fr.**

— *Traité du Paludisme*, par A. LAVERAN. 1 vol. grand in-8°, avec 27 figures dans le texte et une planche en couleurs . . . . **10 fr.**

— *Traité d'hygiène militaire*, par le Dr LAVERAN. 1 vol. in-8°, avec 270 fig. **16 fr.**

Manuel de pathologie externe, par MM. RECLUS, KIRMISSON, PEYROT, BOUILLY, professeurs agrégés à la Faculté de médecine de Paris, chirurgiens des hôpitaux. Septième édition entièrement refondue, illustrée de nombreuses figures. 4 vol. in-8°, avec figures dans le texte. . . . . **40 fr.**
    I. *Maladies des tissus et des organes*, par le Dr P. RECLUS.
    II. *Maladies des régions : Tête et Rachis*, par le Dr KIRMISSON.
    III. *Maladies des régions : Poitrine et abdomen*, par le Dr PEYROT.
    IV. *Maladies des régions : Organes génito-urinaires, membres*, par le Dr BOUILLY.
Chaque volume est vendu séparément. . . . . **10 fr.**

MEIGE (HENRY) ET FEINDEL (E.). — *Les Tics et leur Traitement.* Préface de M. le Professeur BRISSAUD. 1 vol. in-8° de 640 pages . . . . **6 fr.**

METCHNIKOFF. — *L'immunité dans les maladies infectieuses*, par Élie METCHNIKOFF, professeur à l'Institut Pasteur, membre étranger de la Société royale de Londres. Un vol. gr. in-8° avec 45 figures en couleurs dans le texte. **12 fr.**

— *Études sur la Nature humaine, essai de philosophie optimiste*, par Elie METCHNIKOFF, professeur à l'Institut Pasteur. 1 vol. in-8° avec fig. dans le texte. **6 fr.**

OLLIER. — *Traité expérimental et clinique de la régénération des os* et de la production artificielle du tissu osseux, par le Pr OLLIER, professeur de clinique chirurgicale à la Faculté de médecine de Lyon. 2 vol. in-8°, avec figures dans le texte et planches en taille-douce. (Grand prix de chirurgie.). . . . . . **30 fr.**

— *Traité des Résections* et des opérations conservatrices que l'on peut pratiquer sur le système osseux, par le Pr L. OLLIER. 3 vol. . . . . **50 fr.**

    I. *Introduction.* — *Résections en général.* 1 vol. in-8°, avec 127 fig. . . . **16 fr.**
    II. *Résections en particulier. Membre supérieur.* 1 vol. in-8°, avec 156 fig. **16 fr.**
    III. *Résections en particulier. Résections du membre inférieur, tête et tronc.*

      1 vol. in-8°, avec 224 fig. . . . . **22 fr.**

PANAS. — *Traité des maladies des yeux*, par Pн. PANAS, professeur de clinique ophtalmologique à la Faculté de médecine, chirurgien de l'Hôtel-Dieu, membre de l'Académie de médecine, membre honoraire et ancien président de la Société de chirurgie. 2 vol. gr. in-8°, avec 453 fig. et 7 pl. en coul. Reliés toile. **40 fr.**

— *Leçons de clinique ophtalmologique*, *professées à l'Hôtel-Dieu*, par PH. PANAS, recueillies et publiées par le Dr A. CASTAN (de Béziers). 1 vol. in-8°, avec figures dans le texte. . . . . **5 fr.**

PANAS ET ROCHON-DUVIGNEAUD. — *Recherches anatomiques et cliniques sur le glaucome et les néoplasmes intra-oculaires,* par le professeur PANAS et le Dr ROCHON-DUVIGNEAUD, ancien chef de clinique de la Faculté. 1 vol. in-8°, avec 41 figures dans le texte. . . . . **7 fr.**

PETIT. — *Guide thérapeutique des Infirmeries régimentaires*, par le Dr HENRY PETIT, médecin-major de 1re classe. 1 vol. in-12 de 350 p., cart. toile anglaise. **3 fr. 50**

PONCET. — *Traité clinique de l'actinomycose humaine. Pseudo-actinomycoses et botryomycose*, par ANTONIN PONCET, professeur de clinique chirurgicale à l'Université de Lyon, membre correspondant de l'Académie de médecine, et LÉON BÉRARD, chef de clinique chirurgicale à l'Université de Lyon. *Ouvrage couronné par l'Académie de médecine et par l'Institut.* 1 vol. in-8°, avec 45 fig. dans le texte et 4 planches hors texte en couleurs. . . . . **12 fr.**

— *Traité de la cystostomie sus-pubienne chez les prostatiques. Création d'un urèthre hypogastrique. Application de cette nouvelle méthode aux diverses affections des voies urinaires*, par ANTONIN PONCET et XAVIER DELORE, ex-prosecteur, ancien chef de clinique chirurgicale à l'Université de Lyon. *Ouvrage couronné par l'Académie de médecine.* 1 vol. in-8°, avec 42 fig. . . . . . **8 fr.**

— *Traité de l'uréthrostomie périnéale dans les rétrécissements incurables de l'urèthre ; création au périnée d'un méat contre nature*, par ANTONIN PONCET et XAVIER DELORE. 1 vol. in-8°, avec 11 figures dans le texte . . . . **4 fr.**

PROUST. — *Douze conférences d'hygiène rédigées conformément aux programmes du 12 août 1890*, par A. PROUST. Nouv. éd. 1 vol. in-18, cartonné toile. . . . . **2 fr. 50**

— *La Défense de l'Europe contre la Peste et la Conférence de Venise de 1897*, par A. PROUST. 1 vol. in-8°, avec fig. et 1 carte en couleurs. . . **9 fr.**

PRUNIER. — *Les Médicaments chimiques,* par LÉON PRUNIER, membre de l'Académie de médecine, pharmacien en chef des hôpitaux de Paris, professeur à l'École supérieure de pharmacie.

    I. *Composés minéraux.* 1 vol. grand in-8°, avec 137 fig. dans le texte. . **15 fr.**
    II. *Composés organiques.* 1 vol. grand in-8°, avec 47 fig. dans le texte. **15 fr.**

RANVIER. — *École pratique des Hautes Études. Laboratoire d'histologie du Collège de France.* Travaux publiés sous la direction de L. RANVIER, professeur d'anatomie générale, Membre de l'Institut, avec la collaboration de M. L. MALASSEZ, directeur adjoint, et des répétiteurs et préparateurs du cours.

    Tomes I à XVIII (1884-1900). Chaque vol in-8° avec pl. hors texte . . **20 fr.**
    Les tomes V et VIII ne se vendent plus séparément.

— *Traité technique d'histologie,* 2ᵉ éd., entièrement refondue et corrigée, par M. L. RANVIER. 1 vol. gr. in-8° de 880 p., avec 414 grav. dans le texte et 1 pl. en chromo . . . . **12 fr.**

RECLUS. — *L'anesthésie localisée par la cocaïne,* par le Dr PAUL RECLUS, professeur agrégé à la Faculté de médecine de Paris, chirurgien de l'hôpital Laënnec, membre de l'Académie de médecine. 1 vol. petit in-8° avec 59 figures dans le texte. . . . . **4 fr.**

REDARD. — *Traité pratique des déviations de la colonne vertébrale,* par P. REDARD, ancien chef de clinique chirurgicale de la Faculté de médecine de Paris, chirurgien en chef du dispensaire Furtado-Heine, membre correspondant de l'«American Orthopedic Association». 1 volume grand in-8°, avec 231 figures dans le texte. . . . . **12 fr.**

REGNARD. — *La Cure d'altitude,* par le Dr PAUL REGNARD, membre de l'Académie de médecine, professeur de physiologie générale à l'Institut national agronomique, directeur adjoint du laboratoire de physiologie de la Sorbonne. *Deuxième édition.* 1 fort vol. grand in-8°, avec 29 planches hors texte et 110 figures dans le texte, relié toile pleine. . . . . **15 fr.**

RÉNON. — *Étude sur l'Aspergillose chez les animaux et chez l'homme,* par M. RÉNON, ancien interne des hôpitaux de Paris. 1 vol. in-8°, avec figures dans le texte.. . . . . **5 fr.**

ROGER. — *Les maladies infectieuses,* par G.-H. ROGER, professeur agrégé à la Faculté de médecine de Paris, médecin de l'hôpital de la porte d'Aubervilliers, membre de la Société de Biologie. 1 vol. in-8° de 1520 pages publié en 2 fascicules avec figures dans le texte. . . . . **28 fr.**

SOULIER (H.). *Traité de Thérapeutique et de Pharmacologie,* par M. H. SOULIER, professeur à la Faculté de médecine de Lyon, membre correspondant de l'Académie de médecine. *Additionné d'un mémento formulaire des médicaments nouveaux* (1901). *Ouvrage couronné par l'Académie des sciences et par l'Académie de médecine.* 2 vol. grand in-8°. . . . . **25 fr.**

THIBIERGE. — *Syphilis et Déontologie. Secret médical; responsabilité civile; énoncé du diagnostic; jeunes gens syphilitiques; la syphilis avant et pendant le mariage; divorce; nourrissons syphilitiques; nourrices syphilitiques; domestiques et ouvriers syphilitiques; syphilitiques dans les hôpitaux; transmission de la syphilis par les instruments; médecins syphilitiques; sages-femmes et syphilis* par GEORGES THIBIERGE, médecin de l'hôpital Broca. 1 vol. in-8° broché. **5 fr.**

TRABUT. — *Précis de Botanique médicale,* par L. TRABUT, professeur d'histoire naturelle médicale à l'École de médecine d'Alger. *Deuxième édition,* entièrement refondue. 1 vol. in-8°, avec 954 figures.. . . . . **8 fr.**

Encyclopédie Scientifique ✦ ✦ ✦ ✦ ✦

✦ ✦ ✦ ✦ ✦ ✦ ✦ des Aide-Mémoire

Publiée sous la direction de **H. LÉAUTÉ**, Membre de l'Institut
Au 1ᵉʳ Décembre 1903, 332 VOLUMES publiés
Chaque ouvrage forme un vol. petit in-8°, vendu : Br., **2** fr. **50**. Cart. toile **3** fr.
DERNIERS VOLUMES MÉDICAUX PUBLIÉS
dans la *SECTION DU BIOLOGISTE*

BAZY. — *Maladies des Voies urinaires, Urètre, Vessie*, par le Dʳ Bazy, chirurgien des hôpitaux, membre de la Société de chirurgie. 4 vol.
    I. *Moyens d'exploration et traitement.* 2ᵉ édition. II. *Séméiologie.* III. *Thérapeutique générale. Médecine opératoire.* IV. *Thérapeutique spéciale.*

BONNIER. — *L'Oreille*, par Pierre Bonnier. 5 vol.
    I. *Anatomie de l'oreille.* II. *Pathogénie et mécanisme.* III. *Physiologie : Les Fonctions.* IV. *Symptomatologie de l'oreille.* V. *Pathologie de l'oreille.*

BROCQ ET JACQUET. — *Précis élémentaire de Dermatologie*, par MM. Brocq et Jacquet, médecins des hôpitaux de Paris. 2ᵉ édition entièrement revue. 5 vol.
    I. *Pathologie générale cutanée.* II. *Difformités cutanées, éruptions artificielles, dermatoses parasitaires.* III. *Dermatoses microbiennes et néoplasies.* IV. *Dermatoses inflammatoires.* V. *Dermatoses d'origine nerveuse. Formulaire thérapeutique.*

CHARRIN. — *Poisons de l'Organisme*, par le Dʳ A. Charrin, professeur agrégé, médecin des hôpitaux. 3 vol.
    I. *Poisons de l'urine* (2ᵉ éd.). II. *Poisons du tube digestif.* III. *Poisons des tissus.*

CHATIN ET CARLE. — *Photothérapie. La lumière, agent biologique et thérapeutique*, par A. Chatin, préparateur chef adjoint du Laboratoire d'Électrothérapie à l'hôpital Saint-Louis, et M. Carle, ancien Chef de clinique des maladies cutanées à la Faculté de Médecine de Lyon.

FAISANS. — *Maladies des Organes respiratoires. — Méthodes d'Exploration ; Signes physiques*, par le Dʳ Léon Faisans, médecin de l'Hôpital de la Pitié. *Troisième édition.*

GRÉHANT. — *Hygiène expérimentale : L'Oxyde de Carbone*, par N. Gréhant, professeur de Physiologie générale au Muséum d'histoire naturelle.

HÉDON. — *Physiologie normale et pathologique du Pancréas*, par E. Hédon, professeur de physiologie à la Faculté de médecine de Montpellier.

LAVERAN. — *Prophylaxie du Paludisme*, par A. Laveran, membre de l'Institut et de l'Académie de Médecine.

LE DAMANY (P.) — *Les Épanchements pleuraux liquides*, par P. Le Damany, professeur à l'École de médecine de Rennes.

MERKLEN. — *Examen et Séméiotique du Cœur, signes physiques*, par le Dʳ Pierre Merklen, médecin de l'hôpital Laënnec. *Deuxième édition.*

ROMME. — *L'Alcoolisme et la Lutte contre l'Alcool en France*, par le Dʳ R. Romme, préparateur à la Faculté de médecine de Paris.
— *La Lutte sociale contre la Tuberculose.*

SERGENT (Edmond et Étienne). — *Moustiques et maladies infectieuses. Guide pratique pour l'étude des moustiques*, par les Dʳˢ Edmond et Étienne Sergent, de l'Institut Pasteur de Paris. Avec une Préface du Dʳ E. Roux.

SERGENT ET BERNARD. — *L'Insuffisance surrénale*, par E. Sergent, ancien interne, médaille d'or des Hôpitaux, et L. Bernard, chef de clinique adjoint à la Faculté. *Ouvrage couronné par la Faculté de Médecine de Paris.*

TRIPIER ET PAVIOT. — *Péritonite sous-hépatique d'origine vésiculaire* dans ses rapports avec la colique hépatique, la pérityphlite, l'appendicite, etc., par R. Tripier, Professeur d'Anatomie pathologique à la Faculté de Lyon et J. Paviot, Agrégé, Médecin des Hôpitaux.

VOUZELLE. — *La Syphilis*, par le Dʳ Vouzelle, ancien interne des hôpitaux. 2 vol.
    I. *Chancre et syphilis secondaire.* II. *Syphilis tertiaire et hérédo-syphilis.*

Bibliothèque Diamant

DES

Sciences médicales et biologiques

A l'usage des Étudiants et des Praticiens

Cette Collection est publiée dans le format in-16 raisin, avec nombreuses figures dans le texte, cartonnage à l'anglaise, tranches rouges.

VIENT DE PARAITRE

QUATORZIÈME ÉDITION

entièrement refondue et considérablement augmentée du

MANUEL DE PATHOLOGIE INTERNE

par Georges DIEULAFOY

Professeur de Clinique médicale à la Faculté de médecine de Paris
Médecin de l'Hôtel-Dieu, membre de l'Académie de médecine

4 vol. in-16 *diamant avec figures en noir et en couleurs, cartonnés à l'anglaise, tranches rouges* . . . . . **32 francs**

DERNIERS VOLUMES PUBLIÉS

ARTHUS. — *Éléments de Chimie physiologique*, par MAURICE ARTHUS, professeur de physiologie et de chimie physiologique à l'Université de Fribourg (Suisse). *Quatrième édition revue et augmentée.* 1 vol., avec figures. . . **5 fr.**

— *Éléments de Physiologie*, par MAURICE ARTHUS. 1 vol., avec figures. . **8 fr.**

BARD. — *Précis d'anatomie pathologique*, par M. L. BARD, professeur à la Faculté de médecine de Lyon, médecin de l'Hôtel-Dieu. *Deuxième édition, revue et augmentée.* 1 volume, avec 125 figures . . . . **7 fr. 50**

BERLIOZ. — *Manuel de Thérapeutique*, par le Dr F. BERLIOZ, professeur à l'Université de Grenoble, avec une préface du professeur BOUCHARD. *Quatrième édition revue et augmentée.* 1 vol. . . . . **6 fr.**

— *Précis de Bactériologie médicale*, par F. BERLIOZ, avec une préface du professeur LANDOUZY. 1 vol. avec figures. . . . . **6 fr.**

BROCA (A.). — *Précis de Chirurgie cérébrale*, par Aug. BROCA, chirurgien de l'hôpital Tenon, professeur agrégé à la Faculté de médecine. 1 vol. avec fig. **6 fr.**

GILIS. — *Précis d'Embryologie, adapté aux sciences médicales*, par PAUL GILIS, professeur agrégé à la Faculté de médecine de Montpellier, avec une préface de M. le professeur MATHIAS DUVAL. 1 vol., avec 175 figures. . . . . . . **6 fr.**

LAUNOIS. — *Manuel d'Anatomie microscopique et d'Histologie*, par M. P.-E. LAUNOIS, professeur agrégé à la Faculté de médecine, médecin des hôpitaux. Préface de M. le professeur MATHIAS DUVAL. *Deuxième édition entièrement refondue.* 1 vol., avec 261 figures . . . . **8 fr.**

SOLLIER. — *Guide pratique des maladies mentales* (séméiologie, pronostic, *indications*), par le Dr PAUL SOLLIER, chef de clinique adjoint des maladies mentales à la Faculté de médecine de Paris. 1 vol. . . . . **5 fr.**

SPILLMANN ET HAUSHALTER. — *Manuel de diagnostic médical et d'exploration clinique*, par P. SPILLMANN, prof. de clinique médicale à la Faculté de médecine de Nancy et P. HAUSHALTER, prof. agrégé. *Quatrième édition entièrement refondue.* 1 vol., avec 89 figures. . . . . **6 fr.**

THOINOT ET MASSELIN. — *Précis de Microbie. Technique et microbes pathogènes*, par M. le Dr L.-H. THOINOT, professeur agrégé à la Faculté de médecine de Paris, médecin des hôpitaux, et E.-J. MASSELIN, médecin vétérinaire. Ouvrage couronné par la Faculté de médecine (Prix Jeunesse). *Quatrième édition entièrement refondue.* 1 vol., avec figures en noir et en couleurs. . . . . . . **8 fr.**

WURTZ. — *Précis de Bactériologie clinique*, par le Dr R. WURTZ, professeur agrégé à la Faculté de médecine de Paris, médecin des hôpitaux. 2e *édition revue et augmentée*, 1 vol., avec tableaux et figures. . . . . **6 fr.**

BIBLIOTHÈQUE
d'Hygiène thérapeutique

DIRIGÉE PAR

Le Professeur PROUST

Membre de l'Académie de médecine, Médecin de l'Hôtel-Dieu,
Inspecteur général des Services sanitaires.

Chaque ouvrage forme un volume in-16, cartonné toile, tranches rouges,
et est vendu séparément : **4 fr.**

Chacun des volumes de cette collection n'est consacré qu'à une seule maladie ou à un seul groupe de maladies. Grâce à leur format, ils sont d'un maniement commode. D'un autre côté, en accordant un volume spécial à chacun des grands sujets d'hygiène thérapeutique, il a été facile de donner à leur développement toute l'étendue nécessaire.

VOLUMES PUBLIÉS :

L'Hygiène du Goutteux, par le Professeur PROUST et A. MATHIEU, médecin de l'hôpital Andral.

L'Hygiène de l'Obèse, par le Professeur PROUST et A. MATHIEU.

L'Hygiène des Asthmatiques, par E. BRISSAUD, professeur à la Faculté de Paris, médecin de l'hôpital Saint-Antoine.

L'Hygiène du Syphilitique, par H. BOURGES, préparateur au laboratoire d'hygiène de la Faculté de médecine.

Hygiène et thérapeutique thermales, par G. DELFAU, ancien interne des hôpitaux de Paris.

Les Cures thermales, par G. DELFAU, ancien interne des hôpitaux de Paris.

L'Hygiène du Neurasthénique (*Deuxième édition*), par le Professeur PROUST et G. BALLET, professeur agrégé, médecin des hôpitaux de Paris.

L'Hygiène des Albuminuriques, par le Dʳ SPRINGER, chef du laboratoire de la Faculté de médecine à l'hôpital de la Charité.

L'Hygiène des Tuberculeux, par le Dʳ CHUQUET, ancien interne des hôpitaux de Paris, médecin consultant à Cannes, avec une préface du Dʳ DAREMBERG, correspondant de l'Académie de médecine.

Hygiène et thérapeutique des maladies de la bouche, par le Dʳ CRUET, dentiste des hôpitaux de Paris, avec une préface du Professeur LANNELONGUE, membre de l'Institut.

L'Hygiène des Diabétiques, par le Professeur PROUST et A. MATHIEU, médecin de l'hôpital Andral.

L'Hygiène des maladies du cœur, par le Dʳ VAQUEZ, professeur agrégé à la Faculté de médecine de Paris, médecin des hôpitaux, avec une préface du Professeur POTAIN, membre de l'Institut.

L'Hygiène du Dyspeptique, par le Dʳ LINOSSIER, professeur agrégé à la Faculté de médecine de Lyon, membre correspondant de l'Académie de médecine, médecin à Vichy.

Hygiène thérapeutique des Maladies des fosses nasales, par MM. les Dʳˢ LUBET-BARBON et R. SARREMONE.

L'ŒUVRE MÉDICO-CHIRURGICAL

Dr CRITZMAN, directeur

SUITE DE MONOGRAPHIES CLINIQUES

SUR LES QUESTIONS NOUVELLES

En Médecine, en Chirurgie et en Biologie

La science médicale réalise journellement des progrès incessants. Les traités de médecine et de chirurgie auront toujours grand'peine à se tenir au courant. C'est pour obvier à ce grave inconvénient que nous avons fondé ce recueil de Monographies, avec le concours des savants et des praticiens les plus autorisés.

Chaque monographie est vendue séparément. . . . . **1 fr. 25**

Il est accepté des abonnements pour une série de 10 Monographies consécutives au prix à forfait et payable d'avance de **10** francs pour la France et **12** francs pour l'étranger (port compris).

MONOGRAPHIES EN VENTE (Décembre 1903).

2. **Le Traitement du mal de Pott**, par A. Chipault, de Paris.
4. **L'Hérédité normale et pathologique**, par le prof. Ch. Debierre, de Lille.
5. **L'Alcoolisme**, par Jaquet, privat-docent à l'Université de Bâle.
6. **Physiologie et pathologie des sécrétions gastriques**, par A. Verhaegen.
7. **L'Eczéma**, *maladie parasitaire*, par Leredde.
8. **La Fièvre jaune**, par Sanarelli, de Montevideo.
9. **La Tuberculose du rein**, par Tuffier, prof. agr., chir. de l'hôp. de la Pitié.
10. **L'Opothérapie.** *Traitement de certaines maladies par des extraits d'organes animaux*, par le prof. A. Gilbert et L. Carnot.
11. **Les Paralysies générales progressives**, par M. Klippel.
12. **Le Myxœdème**, par G. Thibierge.
13. **La Néphrite des saturnins**, par H. Lavrand, prof. chargé de cours à la Faculté catholique de Lille, lauréat de l'Académie de Paris.
14. **Traitement de la syphilis**, par le Professeur E. Gaucher.
15. **Le Pronostic des tumeurs**, *basé sur la recherche du glycogène*, par A. Brault, méd. de l'hôp. Tenon.
16. **La Kinésithérapie gynécologique.** *Traitement des maladies des femmes par le massage et la gymnastique (système de Brandt)*, par H. Stapfer.
17. **De la Gastro-entérite aiguë des nourrissons** par A. Lesage, méd. des hôp.
18. **Traitement de l'Appendicite.** par Félix Legueu, prof. agr., chir. des hôp.
19. **Les lois de l'Energétique dans le régime du diabète sucré**, par E. Dufourt, méd. de l'hôp. thermal de Vichy.
20. **La Peste** (*Epidémiologie. Bactériologie. Prophylaxie. Traitement*), par H. Bourges, chef du laboratoire d'hygiène à la Faculté de médecine de Paris.
21. **La Moelle osseuse à l'état normal et dans les infections**, par G.-H. Roger, prof. agr. à la Faculté de Paris, méd. des hôp., et O. Josué.
22. **L'Entéro-colite muco-membraneuse**, par Gaston Lyon, ancien chef de clinique médicale de la Faculté de Paris.
23. **L'Exploration clinique des fonctions rénales par l'élimination provoquée**, par Ch. Achard, prof. agr. à la Faculté, méd. des hôp. et J. Castaigne.
24. **L'Analgésie chirurgicale**, par voie rachidienne (injections sous-arachnoïdiennes de cocaïne), par Tuffier, prof. agr. à la Faculté de Paris, chir. des hôp.
25. **L'Asepsie opératoire**, par MM. Pierre Delbet, prof. agr. à la Faculté de Paris, chir. des hôp., et Louis Bigeard, chef de clinique chirurgicale adjoint.
26. **Anatomie chirurgicale et médecine opératoire de l'Oreille moyenne**, par Broca, prof. agr. à la Faculté de Paris, chir. des hôp.
27. **Traitements modernes de l'hypertrophie de la prostate**, par E. Desnos.
28. **La Gastro-entérostomie** (Indications, Procédés d'investigation et procédés opératoires, Résultats), par les Professeurs Roux et Bourget (de Lausanne).
29. **Les Ponctions rachidiennes accidentelles** et les complications des plaies pénétrantes du rachis, par E. Mathieu, directeur du Val-de-Grâce.
30. **Le Ganglion lymphatique**, par M. Dominici.
31. **Les Leucocytes.** *Technique* (*Hématologie, cytologie*), par M. le prof. Courmont et F. Montagnard.
32. **La Médication hémostatique**, par le Dr P. Carnot, docteur ès sciences.
33. **L'Elongation trophique.** *Cure radicale des maux perforants, ulcères variqueux, etc., par l'élongation des nerfs*, par le Dr A. Chipault, de Paris.
34. **Le Rhumatisme tuberculeux** (*pseud-rhumatisme d'origine bacillaire*), par le professeur Antonin Poncet et Maurice Mailland.
35. **Les Consultations de nourrissons**, par Ch. Maygrier, agrégé.
36. **La Médication phosphorée**, par le professeur Gilbert et le Dr Posternak.

REVUE D'ORTHOPÉDIE

PARAISSANT TOUS LES DEUX MOIS

SOUS LA DIRECTION DE

M. le Dr KIRMISSON

PROFESSEUR DE CLINIQUE CHIRURGICALE INFANTILE A LA FACULTÉ DE MÉDECINE
CHIRURGIEN DE L'HÔPITAL TROUSSEAU
MEMBRE DE LA SOCIÉTÉ DE CHIRURGIE
MEMBRE CORRESPONDANT DE L'« AMERICAN ORTHOPEDIC ASSOCIATION »

Avec la collaboration de MM.

O. LANNELONGUE
Professeur à la Faculté de médecine de Paris,
Membre de l'Institut.

LE DENTU
Professeur à la Faculté de médecine de Paris,
Membre de l'Académie de médecine.

A. PONCET
Professeur à la Faculté
de médecine de Lyon.

PIÉCHAUD
Professeur à la Faculté
de médecine de Bordeaux.

PHOCAS
Professeur agrégé à la Faculté
de médecine d'Athènes

Secrétaire de la Rédaction : Dr GRISEL, chef de clinique à l'hôpital Trousseau.

La **Revue d'Orthopédie** paraît tous les deux mois, par fascicules grand in-8°, illustrés de nombreuses figures dans le texte et de *planches hors texte*, et forme chaque année un volume d'environ 500 pages.

ABONNEMENT ANNUEL : PARIS, **15** fr. — DÉPARTEMENTS, **17** fr. — UNION POSTALE, **18** fr.

Annales des Maladies de l'Oreille et du Larynx

du Nez et du Pharynx

DIRECTEURS :

M. LERMOYEZ
Médecin de l'Hôpital Saint-Antoine

P. SEBILEAU
Professeur agrégé, chirurgien des hôpitaux.

E. LOMBARD
Oto-Rhino-Laryngologiste des Hôpitaux

SECRÉTAIRES DE LA RÉDACTION : H. BOURGEOIS ET H. CABOCHE

Les **Annales des Maladies de l'Oreille et du Larynx** paraissent tous les mois, et forment chaque année un volume in-8°, avec figures dans le texte.

ABONNEMENT ANNUEL : PARIS, **12** fr. — DÉPARTEMENTS, **14** fr. — UNION POSTALE, **15** fr.

REVUE GÉNÉRALE D'OPHTALMOLOGIE

RECUEIL MENSUEL BIBLIOGRAPHIQUE, ANALYTIQUE, CRITIQUE

DIRIGÉ PAR MM.

Le Professeur **DOR**, à Lyon.

Le Dr **E. ROLLET**, à Lyon.

La *Revue* paraît tous les mois et forme chaque année un vol. gr. in-8°, avec figures.

ABONNEMENT ANNUEL : Paris, **20** fr. — Départements, **22** fr. — Union postale, **22** fr. **50**.

REVUE DE LA TUBERCULOSE

Paraissant tous les trois mois

POUR FAIRE SUITE AUX

Études expérimentales et cliniques sur la Tuberculose

Fondées par le Professeur **VERNEUIL**, de l'Institut

SOUS LA DIRECTION DE MM.

CH. BOUCHARD, Président de l'Œuvre de la Tuberculose

BROUARDEL, CHAUVEAU, CORNIL, A. FOURNIER, J. GRANCHER, LANNELONGUE, NOCARD,
F. RAYMOND, CH. RICHET, KELSCH, L. LANDOUZY

Rédacteur en chef : Dr Henri CLAUDE
Médecin des hôpitaux.

ABONNEMENT ANNUEL : Paris, **12** fr. — Départements, **14** fr. — Union postale, **15** fr.

A LA MÊME LIBRAIRIE

L'Alimentation et les Régimes chez l'homme sain et chez les malades, par Armand Gautier, membre de l'Institut et de l'Académie de médecine, professeur à la Faculté de médecine de Paris. 1 volume in-8 avec fig. Broché..... 10 fr.

Traité d'Anatomie pathologique générale, par Raymond Tripier, professeur à la Faculté de médecine de Lyon. 1 volume grand in-8 de xii-1015 pages, avec 239 figures en noir et en couleurs....................................... 25 fr.

Traité de Pathologie générale, publié par Ch. Bouchard, de l'Institut, professeur à la Faculté de Paris. Secrétaire de la rédaction : G.-H. Roger, professeur agrégé à la Faculté de Paris. 6 vol. grand in-8, avec fig. dans le texte. 126 fr.

L'Eau de Mer, milieu organique, constance du milieu marin originel comme milieu vital des cellules, à travers la série animale, par René Quinton, assistant du laboratoire de physiologie pathologique des Hautes Études au Collège de France. 1 volume in-8, broché.................................

Manuel de Pathologie interne, par Georges Dieulafoy, professeur de clinique médicale de la Faculté de médecine de Paris, médecin de l'Hôtel-Dieu, membre de l'Académie de médecine. *Quatorzième édition entièrement refondue et considérablement augmentée.* 4 volumes in-16 diamant, avec figures en noir et en couleurs, cartonnés à l'anglaise, tranches rouges.................... 32 fr.

Traité des Maladies de l'Enfance, *Deuxième édition revue et augmentée*, publiée sous la direction de MM. J. Grancher, professeur à la Faculté de médecine de Paris, membre de l'Académie de médecine. J. Comby, médecin de l'hôpital des Enfants-Malades. 5 vol. gr. in-8, avec fig. dans le texte. *En souscription.* 100 fr.

Nouveaux Procédés d'Exploration, leçons professées à la Faculté de médecine de Paris, par Ch. Achard, agrégé, médecin de l'hôpital Tenon, recueillies et rédigées par P. Sainton et M. Loeper. *Deuxième édition revue et augmentée.* 1 volume grand in-8, avec figures dans le texte en noir et en couleurs........... 8 fr.

Traité d'Hygiène, par A. Proust, professeur d'hygiène à la Faculté de médecine de l'Université de Paris, membre de l'Académie de médecine. *Troisième édition, revue et considérablement augmentée*, avec la collaboration de A. Netter, professeur agrégé à la Faculté de médecine, et H. Bourges, chef du laboratoire d'hygiène à la Faculté de médecine. 1 volume grand in-8 de 1245 pages avec 204 figures dans le texte.. 25 fr.

Collection de Planches murales destinées à l'enseignement de la Bactériologie, publiées par l'Institut Pasteur de Paris. 65 planches du format 80×62 centimètres, tirées en couleurs sur papier toile très fort, munies d'œillets permettant de les suspendre sur deux pitons et réunies dans un carton disposé spécialement à cet effet, *avec texte explicatif rédigé en français, allemand et anglais.* Prix (port en sus).. 250 fr.

Planches murales destinées à l'enseignement de l'Hématologie et de la Cytologie, publiées sous la direction de L. Landouzy, professeur de clinique et M. Labbé, chef de laboratoire. (Clinique médicale Laënnec.) Sang normal, sang pathologique, sérum, cytodiagnostic. 15 planches du format 80×62 centimètres, tirées en couleurs sur papier toile très fort, munies d'œillets permettant de les suspendre sur deux pitons et réunies dans un carton disposé à cet effet, *avec texte explicatif en français, allemand et anglais.* Prix (port en sus)........... 60 fr.

Traité de Physique biologique, publié sous la direction de MM. d'Arsonval, Gariel, Chauveau, Marey; secrétaire de la rédaction, M. G. Weiss, ingénieur des Ponts et Chaussées, professeur agrégé à la Faculté de médecine de Paris. 3 vol. in-8 brochés. *En souscription jusqu'à la publication du tome III*........ 70 fr.

Journal de Physiologie et de Pathologie générale, publié par MM. Bouchard et Chauveau. Comité de rédaction : MM. J. Courmont, E. Gley, P. Teissier. Paraît tous les deux mois avec planches et figures dans le texte. — Abonnement annuel : Paris, 28 fr.; Départements et Union postale............. 30 fr.

7687-03. — Corbeil. Imp. Éd. Crété.